普通高等教育"十一五"国家级规划教材

无机化学

（第二版）

主　编　刘又年

副主编　雷家珩　王林山

科学出版社

北　京

内 容 简 介

本书为"普通高等教育'十一五'国家级规划教材"。

全书内容包括:化学热力学和动力学、化学平衡、氧化还原与电化学、结构化学的基本原理以及元素化学的基本知识,符合大学本科无机化学课程教学的基本要求。本书深化了无机化学的基本理论,强调了基本理论的应用,并注重与元素化学的有机衔接。与第一版相比,本书具有更强的系统性和可读性。

本书可作为高等院校应用化学、化学、化工、制药、矿物、冶金、材料等专业本科生的无机化学课程教材,也可供高等院校教师参考。

图书在版编目(CIP)数据

无机化学/刘又年主编. —2版. —北京:科学出版社,2013.8
普通高等教育"十一五"国家级规划教材
ISBN 978-7-03-038399-0

Ⅰ.①无… Ⅱ.①刘… Ⅲ.①无机化学-高等学校-教材 Ⅳ.①O61

中国版本图书馆CIP数据核字(2013)第193284号

责任编辑:陈雅娴 杨向萍/责任校对:郭瑞芝
责任印制:张 伟/封面设计:迷底书装

科学出版社出版
北京东黄城根北街16号
邮政编码:100717
http://www.sciencep.com
涿州市般润文化传播有限公司印刷
科学出版社发行 各地新华书店经销
*
2007年8月第 一 版 开本:787×1092 1/16
2013年8月第 二 版 印张:33 1/4 插页:1
2023年6月第二十二次印刷 字数:873 000

定价:69.00元

(如有印装质量问题,我社负责调换)

第二版前言

本书是普通高等教育“十一五”国家级规划教材，作为高等院校应用化学、化学、化工、制药、矿物、冶金及材料等专业本科生的无机化学课程教材，第一版收到了较好的教学效果，并受到了教学人员的普遍好评，对课程建设起到了推动作用，如中南大学的无机化学课程相继被评为国家精品课程和国家级精品资源共享课。“加强基础研究，是实现高水平科技自立自强的迫切要求，是建设世界科技强国的必由之路”，近年来，无机化学学科得到了很大的发展，涌现出许多新理论、新方法，特别是新型结构和功能的无机化合物，这对无机化学课程的教学内容和教学方法提出了新的要求。

本书在保持原有基本体例和特色的前提下，与第一版相比，第1章改写了无机化学的发展等，第3章在系统化和易读性方面做了较大的改动，第6章改为以酸碱的质子理论为基础介绍酸碱解离平衡和pH计算，第9章增加了原子结构一些新的提法，第10章补充了离域π键简介等。另外，为了加深学生对无机化学新知识的了解，调整和补充了“化学知识拓展”和“化学史话”部分，如第11章增加了准晶体发现，第12章增加了配位超分子化学，第16章增加了石油化工中的非加氢脱硫技术，第20章增加了钒的液流电池，第21章增加了铁氧体，第23章增加了LED光电材料等。

教材编写组于2013年3月在中南大学召开了第二版教材审稿会。参加会议的代表为来自东北大学、北京科技大学、重庆大学、武汉理工大学、湖南科技大学、湖南工业大学、湖南理工学院、中南大学等高校的无机化学专家、学者、任课教师以及科学出版社的编辑，与会代表对本次修订提出了许多中肯的意见。

本书仍是一项集体研究的成果，由东北大学、北京科技大学、重庆大学、武汉理工大学、湖南科技大学、湘潭大学和中南大学7校合编，主编单位为中南大学。本书由刘又年担任主编，雷家珩、王林山担任副主编，湖南大学尹双凤教授担任主审，最后由刘又年、王一凡统稿。编者分工如下：中南大学刘又年教授(第1、21、22章)、刘绍乾副教授(第2章)、王一凡副教授(第3章，附表一、二)、古映莹教授(第6、7章，附表三、四)、关鲁雄教授(第9章、第12章第二作者)、曾小玲副教授(第15章第一作者)、易小艺教授(第13、23章)、周建良副教授(第14章第二作者)、张寿春副教授(第12章第一作者、第15章第二作者、附表五)，湖南科技大学蔡铁军教授(第4、8章，附表六)，北京科技大学王明文副教授(第5、20章)，武汉理工大学杨光正副教授、雷家珩教授(第10、11章)，湘潭大学邓建成教授(第14章第一作者)，重庆大学张云怀教授(第16章)、余丹梅副教授(第17章)，东北大学王林山教授(第18、19章)。

本书采用的很多素材来自各种无机化学相关的教材、专著及学术论文等，编者特向所有提供素材的同仁表示衷心的感谢。再者，湖南大学尹双凤教授在审阅全书时提出了许多具体的修改意见。科学出版社陈雅娴和本书第一版责任编辑杨向萍、赵晓霞等对本书的出版给予了大力的指导和帮助。另外，在本书第一版使用过程中，广大师生提出了许多宝贵意见和建议；中南大学化学化工学院的全体编者和部分研究生完成了本书的全部校对工作。在此一并向他们表示诚挚的谢意。

限于编者的学识水平及时间等，书中难免存在疏漏和不足，敬请读者批评指正。

为了进一步加强无机化学教学，与本书配套的《无机化学学习指导（第二版）》（王一凡、古映莹主编，科学出版社）也将同时出版。

编　者

2023年6月于长沙

第一版序

化学起源于古代人类的生产实践，而社会生产力的不断发展促进了工农业生产，从而推动了化学的发展。但是，从化学的起源发展到化学成为一门科学（或称为近代化学），却经历了漫长的时间。一般认为，近代化学萌芽于17世纪。1661年，波义耳（Robert Boyle）发表了他的名著《怀疑派的化学家》，在该书中他首次给"元素"以科学的定义，开始将化学引导到科学的基础上进行研究。1777年，拉瓦锡（Antoine Laurent Lavoisier）以论文的形式提出燃烧的氧化学说并得到普遍承认，这个学说使一大类化学现象得到科学的理解。19世纪初，道尔顿（John Dalton）提出了原子学说，并且经阿伏伽德罗（Amedeo Avogadro）等发展成为原子分子学说，从1860年开始被化学家广泛接受。原子学说明显地促进了化学科学的建立。原子学说成为化学发展中的一个里程碑，"化学中的新时代是从原子学说开始的（所以近代化学的始祖是道尔顿）"（恩格斯《自然辩证法》）。20世纪初开始建立的量子力学对化学的影响，使近代化学基本定型。

由于化学的日益发展，其内容也日益丰富。近代化学被分为无机化学、分析化学、有机化学和物理化学四大分支，以更便于研究和学习。20世纪60年代以来，随着计算机技术、现代物理方法以及各种先进测试手段的广泛应用，化学学科的发展更加迅速和深入，研究领域大为扩展，与相邻学科之间的关系也发生了某些变化。化学学科已成为科学的中坚，被誉为"21世纪的中心科学"之一。

无机化学是化学领域中发展最早的一个分支，最近几十年来这门学科发展很快，无论研究的深度还是广度都令世人瞩目。人类生存与繁衍的三大要素（粮食、环境和资源）以及作为现代文明支柱的三大学科（能源、信息和材料）都与现代的无机化学密切相关。因此，不仅在化学类各专业中需要进行无机化学教学，而且在某些与现代化学相关的学科的工程技术人才培养中无机化学也具有毋庸置疑的重要性。

教材是知识传授和能力培养的一种"工具"。教材建设是教学改革的重要环节，编写的教材中应包括教改成果。中南大学黄可龙教授邀约东北大学、北京科技大学、重庆大学、武汉理工大学、湘潭大学、湖南科技大学的无机化学骨干教师联合编写《无机化学》，通过编者相互交流、取长补短，充分利用他们在无机化学教学与科研第一线的丰富经验，发挥其聪明才智，有利于编写出符合创新人才培养目标和具有时代气息的优秀教材。

综观全书，我认为该书无论在知识的深度还是广度上都达到了一种新的水平，结构安排和编写方法颇具特色，突出反映了各位编者多年积累的教学经验和各高校的教学改革新成果，体现出"交流、合作、共享"的优越性。

作为一名已经进入耄耋之年的退休已久的无机化学教师，在该书即将出版发行之际，我高兴地向编写组的全体老师表示衷心的祝贺！我相信，通过该书的编写、出版和推广使用，将进一步促进各校无机化学教学质量的稳步提高和教学改革的深入发展！多年来我国高等教育工作者所形成的严谨治学的优良传统一定能够代代相传、发扬光大！

2007年7月于中南大学云麓园

第一版前言

无机化学课程是其他化学课程的先导和重要基础，在现代化学和工程技术人才培养中具有无可争议的重要性。随着科学技术的日新月异，计算机技术、现代物理方法以及各种波谱技术的广泛应用，无机化学的研究领域，无论在深度还是在广度上都发生了前所未有的变化，其成果无论是在新物种合成还是在高科技新材料应用方面都令人耳目一新。改革创新是时代的主旋律，也是本书编写的指导思想，根据应用化学等专业的培养目标，本书在阐述无机化学的基本原理、基本知识、基本方法和基本技能的同时，着重反映21世纪理工科无机化学教学和学科的发展，力求加强学生科学精神和创新能力的培养。

本书的作者均为相关高校长期工作在无机化学教学与科研第一线的骨干教师，本书融入了各位作者多年来的教学经验和各高校的教学改革成果以及科学研究成果，选材恰当、语言简洁、循序渐进。书中穿插有化学家史话、化学史话、化学新知识和思考题，有利于素质教育和启迪学生的创新思维；其中重要的化学名词标有英文，章末的本章小结为中英文对照，有利于学生掌握重点和提高专业英语水平；章后配有足量的习题，部分习题参考答案统一列在书后；附录列出了无机化学常用数据附表；主要参考书目便于学生自学和扩充知识。本书的编写体现出“科学性、系统性、先进性、启发性和可读性”的鲜明特点。

本书是一项集体研究成果，被列为“普通高等教育‘十一五’国家级规划教材”，由东北大学、北京科技大学、重庆大学、武汉理工大学、湘潭大学、湖南科技大学和中南大学等七校合编，主编单位为中南大学。本书由黄可龙担任主编并统稿，雷家珩、王林山担任副主编，编者分工如下：黄可龙教授（第1、23章）、刘绍乾副教授（第2章）、王一凡副教授（第3章）、蔡铁军教授（第4、8章）、王明文副教授（第5、20章）、古映莹教授（第6、7章）、关鲁雄教授（第9、12章）、杨光正副教授和雷家珩教授（第10、11章）、邓建成教授（第13、14章）、曾小玲副教授（第15章）、张云怀副教授（第16章）、余丹梅博士（第17章）、王林山教授（第18、19章）和刘又年教授（第21、22章）。此外，关鲁雄、古映莹教授负责全书审稿，刘又年教授、刘绍乾副教授负责全书的英文审校，王一凡副教授负责教材编写的组织协调，王一凡、曾小玲副教授分别负责教材理论化学和元素化学部分的校订工作。在编写过程中，科学出版社高等教育出版中心杨向萍老师提出了许多宝贵意见，此外还得到中南大学教务处和化学化工学院、东北大学无机化学教研室、湖南科技大学化学化工学院等许多老师的关心和帮助，在此一并表示感谢！

由于编者水平有限，加之时间仓促，书中错误在所难免，望读者批评指正。

编　者

2007年4月

目　　录

第1章　绪　　论

1.1　化学是一门中心科学

化学是一门在原子和分子的水平上研究物质的组成、结构和性质以及其相互作用和反应的科学。化学作为自然科学中的核心基础学科(学科:学术的分类,指一定科学领域或一门科学的分支),它涉及物理、生物、地理、生态、医学等学科的方方面面,通常被称之为中心科学(central science)。化学由于其探索自然、创造新物质的本性,在人类文明的萌芽、形成及发展中起着不可或缺的作用,更是推动了现代文明的突飞猛进。同时,人类对探索未知世界无限的激情与勇气,以及对健康和高品质生活质量的不断追求,成为驱动化学快速发展的原动力。

1.1.1　化学的主要特征

化学是研究包括原子、分子、分子片段、超分子等各种物质的不同层次与复杂程度的聚集态的合成和制备、反应和转化,分离和分析,结构和形态,化学物理性能和生物与生理活性及其规律和应用的科学。因此,与其他学科比较,化学有如下特征:

1. 化学是认识和创造新物质的科学

人们通过研究物质的变化,创造了新分子、新的化合物,继而制备出具有特殊性质的新材料。化学元素周期表中有100多种元素,人们以这些元素及其衍生物为基础,自19世纪末以来,以惊人的速度发现和创造新的化合物。没有其他的自然科学能像化学这样制造出如此众多的新物质。这些新物质成为当今人类社会赖以生存的物质宝库,已经或正在满足着人们日益增长的物质需求,以及包括经济、文化、科技、教育在内的社会需求。

2. 化学是一门以实验为基础的科学

化学起源于人类的生产劳动。例如,我国古代在冶炼、染色、制盐、酿造、造纸、火药以及炼丹术等方面的发展直接推动了化学的发展。反过来化学也促进了上述行业的进步。

1.1.2　化学的发展简史

与其他自然科学类似,化学伴随着人类的诞生而出现。钻木取火、用火烧煮食物、烧制陶器、冶炼青铜器和铁器都是化学技术的应用,这些极大地促进了当时社会生产力的发展,成为人类进步的标志。现在,化学作为一门中心科学,仍然在科学技术和社会生活的方方面面起着巨大的作用。

化学chemistry,德文是chemie,它们是从拉丁词chemia转化而来。最初可能是从埃及古字chemi来的,不过这个名字的意义很晦涩,有埃及、埃及的艺术、宗教的迷惑、隐藏、秘密或黑暗等意义。

1. 化学的前奏

作为人类文明的起点,火的利用开启了人类利用化学技术的大门,随后的冶金术的兴起,火药和造纸技术以及炼丹术与炼金术发展,进一步为化学科学的发展奠定了基础。

2. 化学科学的诞生

炼金术、冶金术和医药化学对近代化学的产生有无可怀疑的贡献,但它们的研究目的多属于实用性质。直到17世纪以前,化学还不能称为一门真正意义上的科学。英国科学家波义耳(R. Boyle,1627—1691)是“把化学确立为科学”(恩格斯语)的第一人,因此被誉为“化学之父”(墓碑语)。波义耳的名言“化学不是为了炼金,也不是为了治病,它应当从炼金术和医学中分离出来,成为一门独立的科学”,“空谈毫无用途,一切来自实验”,使化学成为一门真正的科学、一门实验科学。

3. 化学的第二次革命

随后法国的拉瓦锡(A. L. Lavoisier,1743—1794)1783年出版名著《关于燃素的回顾》,提出燃烧的氧化学说;1789年出版《初等化学概论》,揭开了困惑人类几千年的燃烧之谜,以批判统治化学界近百年的“燃素说”为标志,发动了第二次化学革命,被誉为“化学中的牛顿”。拉瓦锡首次给元素下了一个科学和清晰的定义:“元素是用任何方法都不能再分解的简单物质”,列出了当时符合这个定义的包括33种物质的元素表。

4. 化学的第三次革命

道尔顿(J. Dalton 1766—1844, 英国) 1803年创立的化学原子论,揭示了各种化学定律、化学现象的内在联系,成为说明化学现象的统一理论。他在1807年发表的“化学哲学新体系”中,全面阐述了化学原子论的思想,完成了化学领域内一次极为重大的理论综合。

5. 现代化学的兴起

19世纪末,物理学上出现了三大发现,即X射线、放射性和电子。这些新发现猛烈地冲击了道尔顿关于原子不可分割的观念,从而打开了原子和原子核内部结构的大门,揭露了微观世界中更深层次的奥秘。1930年,美国科学家鲍林(L. Pauling,1901—1994)把量子力学处理氢分子的成果推广到多种单质和化合物中,建立了价键理论,阐明了共价键的方向性和饱和性,此后鲍林又提出杂化轨道理论,还提出电负性、键参数、杂化、共振、氢键等概念。鲍林是现代最伟大的化学家之一,他是现代结构化学的奠基人。他把化学从理论上提高到了一个新的水平,并把化学结构理论引入生物大分子结构研究,提出了蛋白质分子多肽链的螺旋结构。鲍林1954年获诺贝尔化学奖,1962年获诺贝尔和平奖。

1.1.3 化学面临的挑战

进入21世纪以来,信息技术、材料科学及生物医学等学科发展很快,对化学这门基础学科提出新的挑战。限于篇幅及作者的学识,仅在下列几个方面进行简述,感兴趣的读者可参阅有关专著。

1. 材料科学中的基本化学问题

①分子聚集体高级结构-材料结构-理化性质-功能之间的关系，特别是定量关系；②合成功能分子与构筑高级结构的理论和方法；③分子器件的研究；④仿生材料研究；⑤智能材料研究等。

2. 实现可持续发展的基本化学问题(绿色化学)

可持续发展基本战略包含保证人类生存、生存质量和生存安全三方面的内容。绿色化学的主要化学基础问题是：①改变现有生产的化学合成路线和工艺路线，包括环境友好的原料、反应介质和条件及原子经济性，使其成为保证人类可持续发展并与生态环境协调发展的洁净、节能、节约的生产方式；②用新的环境友好的、对人类和生物无害的化学品，取代现在使用的有害的化学品；③用新的工作方法代替原来的有害工作方法。

3. 生命科学中的基本化学问题

①生物大分子之间、生物大分子与小分子之间的各种相互作用的规律；②关于生物体系的多层次结构(特别是分子以上细胞以下的高级结构)与功能的关系；③生命体系复杂过程的化学研究。

化学向其他学科的渗透趋势在 21 世纪将会更加明显。更多的化学工作者会投身到研究生命、研究材料的队伍中，并在化学与生物学、化学与材料、化学与能源等的交叉领域大有作为。化学必将为解决基因组工程、蛋白质组工程中的问题以及理解大脑的功能和记忆的本质等重大科学问题做出巨大的贡献。

化学的发展已经并将会进一步带动和促进其他相关学科的发展，同时其他学科的发展和技术的进步会反过来推动化学本身的不断前进。研究单分子中的电子过程与能量转移过程，探讨分子间的作用力和电子的运动，描述相关现象的慢过程，跟踪超快过程等。这些研究将有助化学工作者不断地汲取数学、物理学和其他学科中发展的新理论和新方法，在更深层次揭示物质的性质及物质变化的规律。面对 21 世纪社会发展的需求和新技术、新科学的召唤，化学用武之地将更加广泛，其中心科学的作用将更加突出。

1.2　无机化学简介

化学科学发展从波义耳时代算起至今已有 350 多年历史，已根深叶茂，形成许多学科分支。依照其应用和研究方向的区别，化学传统上可分为无机化学、有机化学、物理化学和分析化学，即所谓的“四大化学”。但随着现代科学技术的发展以及学科的融合交叉等，衍生出许多新兴的与之相关的交叉学科，如生物化学、高分子化学、环境化学和核化学等。其他与化学有关的边缘学科还有地球化学、海洋化学、大气化学、环境化学、宇宙化学等。

无机化学是研究无机物质的组成、性质、结构和反应的科学。无机物质包括除有机化合物以外的所有元素及其化合物，因此无机化学的研究范围极其广阔。化学中最重要的一些概念和规律，如元素、分子、化合、分解、定比定律和元素周期律等，都是无机化学早期发展过程中形成和发现的。目前无机化学仍是化学科学中最基础的部分。因为它研究的对象覆盖整个周期表中的元素，遇到的结构类型丰富多彩，研究的化学键型复杂多变，涉及化学根本问题的规律及理论也大都是由无机化学衍生出来的。无机化合物的多样性,衍生了在实践中的一系列重要应用。

1.2.1 无机化学的现代特征

无机化学最早的研究对象是矿物和无机物。到15世纪后期,人们逐渐积累了较多的无机化学知识,无机化学知识开始形成有联系的、渐成体系的倾向。今天,无机化学将构筑分子与固体之间的多层次桥梁通道,打通微观、介观、宏观的界限,打破化学家合成高纯化合物和电子学家制造芯片与器件的分工;配位化学、金属有机化合物化学、生物无机化学、无机固体化学和非金属化学取得的重要进展,推动着无机化学学科向前发展。无机化学的发展具有如下特点,即从宏观到微观,从定性描述到定量化方向,既分化又综合,还出现许多边缘学科。

1.2.2 无机化学的研究领域

无机化学的发展显示了两个方面的趋势。①学科领域更为拓宽,无机化学与有机化学、物理化学、高分子化学以及生物化学等交叉,形成了物理无机化学、元素无机化学、固体无机化学、金属有机化学、生物无机化学、配位化学等新的学科领域;②研究方法手段更为先进,更加重视物理的实验技术和理论,结合化学的实验方法、量子化学理论方法、建模计算虚拟实验以及化学信息学方法连用,对分子、簇合物、超分子、纳米材料、分子聚集体等层次的结构进行更深入的研究。

1. 元素无机化学

各种元素及其化合物的化学合成、反应、性质及其应用的研究是无机化学最基础的工作。在元素无机化学研究方面,一般依据天然资源与经济实力,国民经济与社会的必需以及尖端科技的要求等具体情况有所选择和侧重。主族元素金属有机化合物作为材料前驱体正处于发展阶段。稀土元素固体化学研究的重点是研究在激光、发光、高密度存储、永磁、能源和传感等有广泛应用前景的领域。过渡元素的多酸化学是丰产元素化学传统的研究领域。近年来杂多酸由于其在催化、生物、离子交换及其他功能材料方面的应用,成为当前热门领域之一。稀散元素化学主要集中在具有特异性质的合金及无机盐、金属有机等化合物的合成、性质、状态、结构及应用工作。丰产元素的多核配合物和金属有机化合物中的化学问题是该领域中值得研究的重要方向。

2. 固体无机化学

固体无机化学当前的发展趋势主要表现在两个方面:①新型固体化合物的设计和合成。化学工作者掌握了精湛的化学反应技巧以及对于物质结构和成键复杂性的深刻理解,在寻找和开发新的材料方面,可以进行分子设计和剪裁。②新的化学和物理制备方法。运用新的化学反应步骤,在特殊条件下(超高温、超低温、超高压、强超声、辐射、等离子体、强激光、超高真空及无氧无水等),或者在非常温和的条件下(如通过溶胶-凝胶过程制备高温陶瓷),合成出新的化合物,并发展成为功能材料和器件。由此制备一系列具有特定形态、特殊结构以及特殊要求的块材和复合材料。

3. 配位化学

自1892年维尔纳(A. Werner)提出配位化学的概念以来,配位化学始终处于无机化学研究的主流,并建立了有关理论,如鲍林的杂化轨道理论,分子轨道理论,晶体场-配位场理论,前线轨道理论,轨道对称性守恒原理等。国际有关无机化学期刊中有70%的论文与配位化学有关。研究以配位化学键为特点的金属配位化学,以其花样繁多的价键形式和空间结构以及金属配合物的特殊性能而使得其在生产实践和新技术开发等方面的工作与物理化学、有机化学、生物化学、固体物理和环境科学相互渗透,也成为众多学科领域的交叉研究热点,引起化学工作者们的兴趣和关注。

4. 生物无机化学

20世纪60年代以来,无机化学和生物学交叉逐渐形成了新的领域即生物无机化学。它是研究金属离子和生物分子结合、反应、性质及机理等方面的内容,生物无机化学的兴起有助于人们对生命现象的了解,同时对生物技术的发展起着重要的基础作用。在生物无机化学中采取模拟物或天然酶和金属蛋白方法进行研究。在电子传递、金属离子与蛋白质或DNA的相互作用和生物矿化等方面显示了对基本的生物无机反应进行共性研究的重要性。微量元素与疾病发生、植物生长等密切相关,研究与国民经济和人类健康水平关系重大的某些微量元素具有重要的意义。

5. 物理无机化学

无机化学发展的一个重要标志是广泛应用物理的理论和方法指导无机化学合成,并对合成物的结构、性能和反应等进行表征。这就是物理无机化学研究的重要范畴。20世纪70年代以来,人们采用量子力学方法来定量研究比较复杂的模型体系中的微观粒子运动问题。簇合物分子的稳定性,f轨道是否参与成键,结构“异常”或有张力的分子的电子结构和成键等问题是化学工作者感兴趣的研究课题。目前,除了简单的反应过程以外,利用仪器观察反应过程或途径目前仍然是非常困难的。量子化学理论和计算方法的发展,使得提供反应途径的信息成为可能。谱学方法、模式识别方法用于新材料的合成、预测等也是开展研究的重要方面。

1.3 如何学好无机化学

化学是一门中心科学,无机化学是其重要的分支。作为一门重要的基础课,如何深入扎实学习掌握其基础理论和基本概念,并在学习有关知识的基础上,创新性地思维,创造性地学习,这在学习中是十分重要的。

在学习中,要注意无机化学学科的自身继续发展和与相关学科融合发展,无机化学与其他学科纵横交叉,研究无机化学科学的基本问题与解决实际问题相结合。要针对人类健康、生产和生活中所接触到的一些自然现象和热门问题进行知识原理的学习、研究方法的掌握、前沿热点的跟踪。要注意学习无机化学时,可通过利用信息技术来学习知识,这是因为该课程的信息量大,知识内容广,知识的更新速度快。

无机化学是一门与化学及其相关专业有关的重要的基础课,具有承前启后的作用。在学习中应注意和处理好如下的关系。

1. 课程学习与创新思维的关系

无机化学中有许多的反应式、理论体系、原理方法等，这些都是建立在已知的基础上，然而还有许多未知领域；在课程学习过程中，既要掌握已知的概念理论，又要探知未知领域，这样才能培养科学的想象力、学习的兴趣和好奇心，才能使得我们不断求索和创新。

2. 理论学习和实验的关系

无机化学设有理论课和实验课，理论课与实验课是一个整体，相互补充、完善，在学习中，实验可以加深感性认识，而理论可以加深对感性认识的理解。

3. 现有课程与后续课程的关系

无机化学课的内容涉及面广，有关内容已经涉及后续课程，如物理化学、有机化学、分析化学等知识。但无机化学既不是简单的重复，同时又不能代替后续的课程。它主要着重于对有关概念和理论的物理意义的初步理解，并能够应用这些概念和理论来说明元素和化合物的性质及其有关的问题。

4. 化学原理与元素化学的关系

元素和化合物的性质是无机化学的重要组成部分，把每种化合物的性质和结构联系起来，并从理论上加以理解是其关键和困难所在。无机物的客观属性可以用不同的概念理论加以解释或用不同的方法加以处理，如近代共价键理论就有价键理论和分子轨道理论等，而这两种理论中亦有多种处理方法，如价键理论中的杂化轨道、共振等。这是学习无机化学中要注意的地方。

无机化学是一门充满活力和生机的学科，兴趣是最好的老师，我们要学会享受化学的美妙之处，学好化学，为将来的专业学习打好坚实的基础。

本章小结

化学是研究物质的性质和变化的科学，在人类认识和改造世界的过程中起着极其重要的作用。它是一门发现创造新物质的科学，也是一门实验科学。作为一门中心科学，化学涉及人类的生存、生活质量及健康等方面，在我们的日常生活中如健康医疗的改进、自然资源的转化和地球环境的保护以及衣食住行的供应等方面产生了决定性的影响。

通过无机化学的学习，我们将能够运用化学的基本原理和思维方法去理解和描述现代科学、技术和工程领域的各种现象，甚至于对我们认识原子和分子的行为提供强大的洞察力。

Chemistry is the study of the properties of materials and the changes that materials undergo, which provides important understanding of our world and how it works. As a central science, chemistry is often used to describe the principles in the aspects of our lives, from everyday activities like melting of ice and evaporation of water to more far-reaching matters like the development of drugs to cure cancer. Chemistry is an extremely practical science and has been very influential in its impact on our daily living, such as improvement of health care, conservation of natural resources, protection of the environment, provision of our everyday needs for food, clothing and shelter.

By studying inorganic chemistry, we will be able to use fundamental chemical principles and ideas to understand and describe various matters. Furthermore, an understanding of behavior of atoms and molecules provides powerful insights in other areas of modern science，technology and engineering.

化学家史话——拉瓦锡

拉瓦锡(A. L. Lavoisier，1743—1794)，法国伟大的化学家，生于巴黎的一个律师之家，曾有一段时间想承父业，在马萨林学院获得法律硕士学位。但由于爱好自然科学，在这方面具有广博知识的他最后决心专门从事化学研究。他曾向法国科学院提交了大量的实验研究报告，著有《化学概论》等著作。1777 年他在论文《燃烧通论》中提出新的燃烧学说，否定了燃素学说，带来了一场“化学的革命”。1768 年，年仅 25 岁的拉瓦锡当选为法国科学院院士，同年成为一个包税人，承包国家税收。1789 年法国爆发资产阶级革命，1793 年法国国民议会发布命令，逮捕所有包税人，拉瓦锡被捕入狱，1794 年 5 月 8 日被推上断头台。他的特点是善于应用数学和物理手段，在牢固的基础上去建立崭新的化学，被誉为“定量化学之父”。

化学知识拓展——计算机在无机化学中的应用

计算机(computer)俗称电脑，是一种能够按照程序运行，自动、高速处理海量数据的现代化智能电子设备，由硬件系统和软件系统所组成。计算机对人类的生产活动和社会活动产生了极其重要的影响，其应用领域已扩展到社会的各个领域，并且带动了全球范围的技术进步，由此引发了深刻的社会变革。计算机是人类进入信息时代的重要标志之一。与计算机在其他领域的应用类似，在化学方面，可用于计算、拟合、模拟、制表、绘图、选择、判别、存贮、检索、统计、管理、自动控制、人工智能、专家系统等诸多方面。

1. 化学常用软件介绍

化学专业绘图软件的种类繁多，常用的主要有：

(1) Origin 是美国 OriginLab 公司推出的数据分析和制图软件，简单易学、操作灵活、功能强大，既可以满足一般用户的制图需要，也可以满足高级用户数据分析、函数拟合的需要。官方网站：http://www. originlab. com。

(2) ChemOffice 是美国剑桥公司研究开发的桌面化学软件，功能非常强大，包括化学结构绘图、分子模型及仿真、化学信息搜寻整合系统等一系列完整的软件。ChemDraw 是世界上最受欢迎的化学结构绘图软件，是各期刊指定的绘图软件，也是使用得最多的软件。官方网站：http://www. cambridgesoft. com/software/chemoffice。

(3) ISIS/Draw 是 Symyx 公司推出的智能化学绘图软件，能自动识别化合价、键角和各种环，能绘制复杂的生物分子和聚合物等的化学结构，操作简单，使用方便，可剪贴 ISIS/Draw 结构图到 Microsoft Office 等其他软件中，具有很好的兼容性。官方网站：http://www. mdl. com/products/framework/isis_draw/index. jsp。

2. 数据库

数据库是一种综合服务性的软件工程。化学数据库包括数据、常数、谱图、文摘、操作规程、应用程序等。数据库能存贮大量信息，并可根据不同需要进行检索。

3. 数值计算及化学模拟

数值计算主要是利用计算数学方法，对化学各专业的数学模型进行数值计算求解。例如量子化学、结构化学中的一些演绎性的计算，分析化学中的条件预测，化工中的各种应用计算等。模拟是计算机应用的重要方面，主要有数值模拟、实验模拟、实时控制和模式识别等。

4. 专家系统

专家系统是数据库与人工智能结合的产物。它把“知识规则”作为程序，让机器模拟专家的分析、推理过程，达到用机器代替或部分代替专家的效果。专家系统可以移植，利用一个专家系统的框架，改变其数据库、知识库内容，就可形成另一专业的专家系统。专家系统有“学习”功能。如果知识库不够全面或形势发展、情况有变化，机器输出的答案不正确时，使用者可以随时按键纠正。机器“学习”了新的知识后，下次回答同样问题就不再出错。专家系统是软件系统，可以复制交流。如果各单位根据自己的专长，设计相应的专家系统，则经过复制交流，每个单位都可掌握许多“专家”，形成强大的智力资源。

（中南大学　刘又年）

第2章　气　　体

自然界中的物质都是由原子、分子和离子等微观粒子组成的。这些微观粒子在不停息地做无规则运动。微观粒子间存在着相互作用的引力和斥力，这些作用力随着温度和压力的不同而改变，从而导致了物质存在状态的不同。在常温常压条件下，物质主要以气态(gaseous state)、液态(liquid state)和固态(solid state)三种物理聚集状态存在。在合适的温度和压力条件下，物质还可能以液晶态(liquid crystal state)、等离子态(plasma state)、超导态(superconducting state)、超流态(superfluidity state)等形式存在。以不同状态存在的物质处于不同的相(phase)，相是体系内部物理性质和化学性质完全均匀的一部分。如果体系以单相存在，则称为均相体系(homogeneous system)，如常温常压下的氧气和氮气的混合物(气相)。如果体系以多相存在，则称为非均相体系(heterogeneous system)，如常温常压下 CCl_4 和 H_2O 的不混溶体系。相与相之间在指定的条件下有明显的界面(interface)，从宏观角度看，界面上物质的性质会发生显著的变化。

由于气体分子间距离较远，气体分子本身的体积远小于其容器的体积，所以，气体分子间作用力很小，且分子不停地做无规则的自由运动，这些性质决定了气体具有高扩散性和高压缩性，没有一定的形状和体积。对液体而言，由于液体分子间的平均距离比气体分子间的小得多，所以，分子间的作用力比气体分子间的作用力大得多。而且，液体的可压缩性比气体也小得多，因此，虽然液体没有固定的形状，但有一定的体积。由于组成固体的粒子紧密地结合在一起而不能自由运动，固体既难于压缩，更不能流动。因此，固体有一定的形状和体积。根据组成固体物质的粒子内部结构是否有规则，又将固体分为晶体(crystalline solid)和非晶体(amorphous solid)两大类。

在对物质世界的认识过程中，科学家对气体的研究最早，也最透彻。气体无处不在，人类就生活在地球的由大约20种元素和分子组成的无色、无味的大气层中。没有空气，人类一刻也无法生存。在大气层的整个生态环境中，O_2、N_2、CO_2 和水蒸气等气体始终参与复杂的氧化还原反应循环。许多生化过程和化学变化大都在空气中进行。在工业生产中，许多气体参与重要的化学反应。而且，很多的分子化合物在常温常压下都是气体，因此，科研工作者尤其是化学专业的科研工作者必须掌握气体的基本知识。

本章将在气体的性质、理想气体状态方程的基础上，讨论理想气体状态方程的应用，重点讨论混合气体的性质，如道尔顿分压定律等，并介绍气体分子运动论和真实气体的性质。

2.1　气体的性质

气体的基本物理特性为扩散性和可压缩性。主要表现在：

(1) 气体可被压缩。在外界作用力下，气体可被压缩进某一密闭容器中，如给自行车轮胎打气，而液体、固体不具备这样的特性。

(2) 气体可产生压力。吹气球时，能感受到气体对气球内壁产生的压力，而且，在气球内壁各点产生的压力都相等。

(3) 气体产生的压力与容器中气体的量成正比。气球中吹入的气体越多,对气球内壁产生的压力就越大。

(4) 气体的压力随着气体温度的升高而增加。例如,自行车轮胎在炎热的夏天比在其他季节更容易发生爆胎。

(5) 气体没有固定的体积和形状。当将一定量的气体引入一密闭容器中时,气体扩散并均匀地充满容器的整个空间。或者说,气体的体积和形状就是其容器的体积和形状。

(6) 不同的气体能以任意比例迅速、均匀地混合。

(7) 气体的密度比液体和固体的密度小很多。

思考题 2.1　在宏观性质上,气体和液体、固体有什么不同?为什么液体可压缩性差?

2.1.1 理想气体状态方程式

1662 年,英国化学家波义耳在研究气体压强和体积关系的过程中,得出了波义耳定律:在一定温度下,一定量气体的体积与其压强成反比。

1787 年,法国科学家查尔斯(J. Charles)在考察气体压强和温度关系的过程中,提出了查尔斯定律:体积不变时,一定量气体的压强与其热力学温度成正比。

1811 年,意大利物理学家阿伏伽德罗(A. Avogadro)为了解释气体反应体积定律,提出了阿伏伽德罗假设:在同温同压下,相同体积的气体含有相同数目的分子。在阿伏伽德罗假设的基础上即可得出阿伏伽德罗定律:在一定的温度和压强下,气体的体积与气体的物质的量成正比。

综合上述几个定律,即可得到 p、T、n 与 V 之间的定量关系:

$$pV=nRT \tag{2-1}$$

式(2-1)就是气体的状态方程。严格地说,该方程只适用于理想气体,故称为理想气体状态方程(the ideal gas equation)。

式(2-1)中的 R 称为通用气体常量(universal gas constant),又称摩尔气体常量(molar gas constant)。已知在标准状况下,1mol 的任何气体都占有 22.414L 的体积。将 $V=22.414\text{L}$,$T=273.15\text{K}$,$p=101.3\text{kPa}$,$n=1\text{mol}$ 代入式(2-1)可求出摩尔气体常量 R 的值:

$$R=\frac{pV}{nT}=\frac{101.3\text{kPa}\times 22.414\text{L}}{1\text{mol}\times 273.15\text{K}}=8.314\text{kPa}\cdot\text{L}\cdot\text{K}^{-1}\cdot\text{mol}^{-1}$$

$$=8.314\text{Pa}\cdot\text{m}^3\cdot\text{K}^{-1}\cdot\text{mol}^{-1}=8.314\text{J}\cdot\text{K}^{-1}\cdot\text{mol}^{-1}$$

显然,在法定计量单位的系统内,R 的量纲会因为方程式中各物理量的单位不同而改变,但 R 的取值不变。

如果式(2-1)中的气体压强 p 的单位用大气压(atm),则摩尔气体常量 R 的值为

$$R=\frac{PV}{nT}=\frac{1.0\text{atm}\times 22.414\text{L}}{1\text{mol}\times 273.15\text{K}}=0.0821\text{atm}\cdot\text{L}\cdot\text{K}^{-1}\cdot\text{mol}^{-1}$$

不同化学组成的气体,分子间的相互作用情况是千差万别的。为什么在使用理想气体状态方程描述气体的性质时不考虑气体的化学组成呢?这里的根本原因是低压。低压时,气体分子间的距离很大,其分子的大小相对于整个容器而言是微不足道的,气体分子间的作用力对气体的宏观物理性质不会产生显著的影响。此时,大量气体分子的杂乱无章的热运动是决定低压下气体性质的主要原因。

从低压气体的性质,我们就可以抽象出理想气体的微观模型,即:① 气体分子的体积与气体占体积相比可以忽略不计;② 分子之间没有相互吸引力;③分子之间及分子与器壁之间发生的碰撞完全是弹性碰撞。

实际上,理想气体是不存在的,但理想气体的概念却不是臆造出来的,它是在客观事实基础上抽象出来的理论模型。

2.1.2 理想气体状态方程的应用

理想气体状态方程在实际工作中有很多应用。

1. 计算 p,V,T,n 中的任意物理量

在理想气体状态方程式中,若已知 p,V,T,n 四个物理量中的任意三个,即可计算余下的未知物理量。

【例 2-1】 一体积为 438L 的钢瓶中装有 0.885kg 的氧气(O_2),试计算 21℃时该钢瓶中氧气的压力。

解 已知 $V=438\text{L},\quad T=21+273=294(\text{K})$

$$n(O_2)=\frac{0.885\times10^3\text{g}}{32.0\text{g}\cdot\text{mol}^{-1}}=27.7\text{mol}$$

$$p=\frac{nRT}{V}=\frac{27.7\text{mol}\times8.314\text{kPa}\cdot\text{L}\cdot\text{K}^{-1}\cdot\text{mol}^{-1}\times294\text{K}}{438\text{L}}=154.6\text{kPa}$$

2. 确定气体的密度

若将理想气体状态方程(2-1)重排,可以得到如下表达式:

$$\frac{n}{V}=\frac{p}{RT}$$

将上式两边同时乘以气体的摩尔质量 M,得

$$\frac{nM}{V}=\frac{m}{V}=\frac{pM}{RT}\quad 即\quad \rho=\frac{pM}{RT}\tag{2-2}$$

通过测定气体的或易挥发液体蒸气的密度,可以了解物质的性质。

【例 2-2】 为了实施绿色化学方案,在聚苯乙烯容器的生产过程中,化学工程师利用生产过程中产生的废弃 CO_2 代替氯氟碳作发泡剂。试计算 CO_2 在(1)标准状况下;(2)室温下(20℃,101.325kPa)的密度(单位 $\text{g}\cdot\text{L}^{-1}$)。

解 (1) 已知 $M(CO_2)=44.01\text{g}\cdot\text{mol}^{-1},\quad T=273.15\text{K},\quad p=101.325\text{kPa}$

根据式(2-2)

$$\rho=\frac{pM}{RT}$$

$$\rho(CO_2)=\frac{101.325\text{kPa}\times44.01\text{g}\cdot\text{mol}^{-1}}{8.314\text{kPa}\cdot\text{L}\cdot\text{mol}^{-1}\cdot\text{K}^{-1}\times273.15\text{K}}=1.96\text{g}\cdot\text{L}^{-1}$$

(2) 已知 $M(CO_2)=44.01\text{g}\cdot\text{mol}^{-1},\quad T=20+273=293(\text{K}),\quad p=101.325\text{kPa}$

$$\rho(CO_2)=\frac{101.325\text{kPa}\times44.01\text{g}\cdot\text{mol}^{-1}}{8.314\text{kPa}\cdot\text{L}\cdot\text{mol}^{-1}\cdot\text{K}^{-1}\times293\text{K}}=1.83\text{g}\cdot\text{L}^{-1}$$

气体的密度比液体、固体的小。通常气体的密度单位以 $\text{g}\cdot\text{L}^{-1}$ 表示。

3. 确定气体的摩尔质量

根据理想气体状态方程，还可以计算气体的摩尔质量，进而求得相对分子质量或相对原子质量。从式(2-1)可得

$$M = \frac{mRT}{pV} \tag{2-3}$$

这是利用质谱仪测定气体摩尔质量的现代方法的重要基础。

【例 2-3】 氩气(Ar)可由液态空气蒸馏而得到。若氩的质量为 0.7990g，温度为 298.15K 时，其压力为 111.46kPa，体积为 0.4448L。计算氩的摩尔质量 $M(\mathrm{Ar})$、相对原子质量 $A_r(\mathrm{Ar})$。

解 已知 $m(\mathrm{Ar})=0.7990\mathrm{g}$，$T=298.15\mathrm{K}$，$p=111.46\mathrm{kPa}$，$V=0.4448\mathrm{L}$

根据式(2-3)可得

$$M(\mathrm{Ar}) = \frac{0.7990\mathrm{g} \times 8.314\mathrm{kPa \cdot L \cdot mol^{-1} \cdot K^{-1}} \times 298.15\mathrm{K}}{111.46\mathrm{kPa} \times 0.4448\mathrm{L}} = 39.95\mathrm{g \cdot mol^{-1}}$$

因为 Ar 为单原子分子，所以，Ar 的相对原子质量 $A_r(\mathrm{Ar})=39.95$。

思考题 2.2 什么是理想气体？在什么条件下真实气体接近于理想气体？举例说明。

思考题 2.3 同温同压下，气体的摩尔质量越大，则密度越大，摩尔体积越大，对吗？

2.2 气体混合物及分压定律

2.2.1 理想气体的混合

在比较温和的条件下，理想气体状态方程不仅适用于单一气体，也适用于混合气体，原因如下：

(1) 气体可以快速地以任意比例均匀混合。当几种不同的理想气体在同一容器中混合时，相互间不发生化学反应，分子本身的体积和它们相互间的作用力都可以略而不计。

(2) 混合气体中的每一个组分在容器中的行为和该组分单独占有该容器时的行为完全一样。理想气体混合时，混合气体中每一组分气体都能均匀地充满整个容器的空间，且不互相干扰，如同单独存在于容器中一样，任一组分气体分子对器壁碰撞所产生的压力不因其他组分气体的存在而改变，与它独占整个容器时所产生的压力相同。

2.2.2 道尔顿分压定律

在理想气体的混合气体中，各组分气体的物质的量、分压和分体积之间存在着下列关系。

1. 物质的量与摩尔分数

摩尔分数(mole fraction)是物质的量之比。混合物中 B 物质的摩尔分数定义为：B 的物质的量与混合物的总物质的量之比，用符号 x_B 表示，即

$$x_B = n_B / n_{总} \tag{2-4}$$

式中：n_B 为 B 的物质的量；$n_{总}$ 为混合物中各组分物质的物质的量之和。

$$n_{总} = n_1 + n_2 + n_3 + \cdots + n_i$$

设一气体由 A、B 两种气体组成，则气体 B 的摩尔分数为

$$x_B = n_B/(n_A + n_B)$$

式中：n_B 为气体B的物质的量；n_A 为气体A的物质的量。同理，气体A的摩尔分数为

$$x_A = n_A/(n_A + n_B)$$

显然，$x_A + x_B = 1$。

2. 分压与分压定律

英国科学家道尔顿1801年在研究气体混合物行为时观察到：在任何容器内的气体混合物中，如果各组分之间不发生化学反应，则各组分气体都均匀地分布在整个容器内，如同单独存在于该容器中一样，任一组分气体分子对容器壁碰撞所产生的压力不受其他组分气体存在的影响，和它独占整个容器时所产生的压力相同。同年提出了道尔顿分压定律(Dalton's law of partial pressures)，即：理想气体混合物的总压力为各组分气体分压力之和。其中某一组分气体在气体混合物中的分压力等于在相同温度下它单独占有整个容器(与混合气体相同体积)时所产生的压力。道尔顿分压定律的数学表达式为

$$p_{总} = p_1 + p_2 + p_3 + \cdots \quad (T、V一定) \tag{2-5}$$

式中：$p_{总}$ 为混合气体的总压；$p_1, p_2, p_3, \cdots$ 分别为各组分气体的分压。

假设在温度 T(K)时，将 n_A(mol)的A气体放在体积为 V(L)的容器中，压力为 p_A。然后，将 n_B(mol)的B气体引入该容器(T、V 不变)，A、B两种气体不发生化学反应，且符合理想气体特征。因此，我们可以分别写出A、B两种气体各自的理想气体状态方程：

$$p_A V = n_A RT \quad 即 \quad p_A = \frac{n_A RT}{V} \tag{2-6}$$

$$p_B V = n_B RT \quad 即 \quad p_B = \frac{n_B RT}{V} \tag{2-7}$$

因为A、B两种气体占据同样的体积，具有同样的温度，所以每一组分产生的压力只取决于该组分的物质的量。因此，总压力等于两种组分的压力(分压)之和，即

$$p_{总} = p_A + p_B = \frac{n_A RT}{V} + \frac{n_B RT}{V} = \frac{(n_A + n_B)RT}{V} = \frac{n_{总} RT}{V} \tag{2-8}$$

式(2-6)和式(2-8)相除，得

$$\frac{p_A}{p_{总}} = \frac{n_A}{n_A + n_B} = x_A$$

即

$$p_A = x_A p_{总} \tag{2-9}$$

同理

$$p_B = x_B p_{总} \tag{2-10}$$

式(2-5)～式(2-10)都在温度(T)、体积(V)恒定时适用。

【例2-4】 0℃时，一体积为15.0L的钢瓶中装有6.00g的氧气和9.00g的甲烷，计算钢瓶中两种气体的摩尔分数、分压以及钢瓶的总压力。

解

$$n(O_2) = \frac{6.00\text{g}}{32.0\text{g} \cdot \text{mol}^{-1}} = 0.188\text{mol}$$

$$n(CH_4) = \frac{9.00\text{g}}{16.0\text{g} \cdot \text{mol}^{-1}} = 0.563\text{mol}$$

则

$$x(O_2) = n(O_2)/[n(O_2) + n(CH_4)] = 0.188\text{mol}/(0.188\text{mol} + 0.563\text{mol}) = 0.250$$

$$x(CH_4) = 1 - x(O_2) = 1 - 0.250 = 0.750$$

根据式(2-6)和式(2-7)可得

$$p(O_2) = \frac{n(O_2)RT}{V} = \frac{0.188\text{mol} \times 8.314\text{kPa} \cdot \text{L} \cdot \text{mol}^{-1} \cdot \text{K}^{-1} \times 273\text{K}}{15.0\text{L}} = 28.45\text{kPa}$$

$$p(CH_4) = \frac{n(CH_4)RT}{V} = \frac{0.563\text{mol} \times 8.314\text{kPa} \cdot \text{L} \cdot \text{mol}^{-1} \cdot \text{K}^{-1} \times 273\text{K}}{15.0\text{L}} = 85.20\text{kPa}$$

根据道尔顿分压定律可知，钢瓶的总压力就是瓶中各气体的分压之和，即

$$p_{总} = p(O_2) + p(CH_4) = 28.45\text{kPa} + 85.20\text{kPa} = 113.65\text{kPa}$$

分压定律的实际应用很多。在实验室，常用于计算化学反应中不溶于水的气体的产量。当用排水集气法收集气体时，收集到的气体是含有水蒸气的混合物，计算气体的产量时必须考虑到水蒸气的存在。不同温度下水的蒸气压如表 2-1 所示。

表 2-1 不同温度下水的蒸气压

T/K	p/kPa	T/K	p/kPa
273	0.6106	333	19.9183
278	0.8719	343	35.1574
283	1.2279	353	47.3426
293	2.3385	363	70.1001
303	4.2423	373	101.3247
313	7.3754	423	476.0262
323	12.3336		

【例 2-5】 乙炔是一种重要的焊接燃料，实验室用电石(CaC_2)与水反应制备乙炔：

$$CaC_2(s) + 2H_2O(l) \longrightarrow C_2H_2(g) + Ca(OH)_2(aq)$$

某学生在室温(23℃)时用排水集气法收集乙炔，气体总压力为 98.4kPa，总体积为 523mL，已知 23℃时水的蒸气压为 2.8kPa，计算该同学收集到的乙炔气体质量。

解

$$p(C_2H_2) = p_{总} - p(H_2O) = 98.4\text{kPa} - 2.8\text{kPa} = 95.6\text{kPa}$$

$$V = 0.523\text{L}, \quad T = 23 + 273 = 296(\text{K})$$

根据理想气体状态方程，得

$$n(C_2H_2) = \frac{p(C_2H_2)V}{RT} = \frac{95.6\text{kPa} \times 0.523\text{L}}{8.314\text{kPa} \cdot \text{L} \cdot \text{mol}^{-1} \cdot \text{K}^{-1} \times 296\text{K}} = 0.0203\text{mol}$$

因此，收集到的乙炔质量为

$$m(C_2H_2) = 0.0203\text{mol} \times 26.04\text{g} \cdot \text{mol}^{-1} = 0.529\text{g}$$

思考题 2.4 混合气体的密度等于其中各组分气体在同温同体积时的密度之和吗?

*3. 分体积与分体积定律

在恒温(T)和恒压($p_{总}$)条件下，如果 n_A(mol)的 A 气体所占体积为 V_A，n_B(mol)的 B 气体所占体积为 V_B，当这两份气体混合后，混合气体的总体积等于 V_A 与 V_B 之和，即

$$V_{总} = V_A + V_B \quad (T、p \text{ 恒定}) \tag{2-11}$$

这就是气体的分体积定律，该定律由阿马格(Amage)首先提出。这里 V_A 和 V_B 分别是 A 气体和 B 气体的分体积，即 A 气体或 B 气体单独存在并具有与混合气体相同温度和压力时占有的体积。所以，混合气体中某组分气体的分体积等于该气体在总压力条件下单独占有的体积，即

$$V_B = \frac{n_B RT}{p_{总}} \tag{2-12}$$

也就是说，在相同温度与压力下，气态物质的量与其体积成正比，所以

$$\frac{n_A}{n_{总}} = \frac{n_A}{n_A + n_B} = \frac{V_A}{V_A + V_B} = \frac{V_A}{V_{总}} \tag{2-13}$$

分体积定律是理想气体性质的必然结果，根据理想气体方程式可以证明。因为混合气中各组分间不发生化学反应，则

$$n_{总} = n_1 + n_2 + n_3 + \cdots + n_i$$

在 T，p 恒定的条件下

$$V_{总} = \frac{n_{总}RT}{p} = \frac{n_1 RT}{p} + \frac{n_2 RT}{p} + \cdots = V_1 + V_2 + \cdots$$

设

$$\varphi_B = \frac{V_B}{V_{总}} \tag{2-14}$$

则 φ_B 为 B 组分的体积分数，即 B 的分体积与混合气体的总体积之比。根据式(2-13)得

$$\frac{V_B}{V_{总}} = \frac{n_B}{n_{总}} = x_B$$

所以

$$\varphi_B = x_B \tag{2-15}$$

即组分 B 的体积分数等于其摩尔分数。由式(2-9)和式(2-15)可得

$$\frac{p_B}{p_{总}} = \frac{V_B}{V_{总}} = x_B = \varphi_B \tag{2-16}$$

$$p_B = \varphi_B p_{总} \tag{2-17}$$

即混合气体中组分 B 的分压 p_B 等于组分 B 的体积分数与总压的乘积。

2.3　气体分子运动论

2.3.1　气体分子运动论的基本要点

在一定压力下，气体受热时为什么会膨胀？在温度一定时，被压缩的气体的压力为什么会增加？要进一步回答这些问题，必须了解气体物理性质的微观本质。微观上看，气体分子的运动空间远大于其分子粒子的大小，气体分子运动的速率有大有小，且不断相互碰撞而改变运动的方向。气体的性质就是这种微观气体分子运动的宏观表现。这里，需要一个理论模型来帮助描述，理解当压力、温度等这些实验条件改变时，气体分子微观状态的变化是怎样影响气体的宏观性质的。这个理论模型就是分子动力学理论(the kinetic-molecular theory)，或称为气体分子运动论。

气体分子运动论的发展到成熟，经过了各国科学家们大约 100 年的努力。1857 年德国物理学家克劳修斯(R. Clausius)发表了《论热运动类型》，不仅从统计观点解释了气体的压力，而且推导出了著名的气体压力公式[$p=(1/3)nmv^2$]。之后，英国物理学家麦克斯韦(J. C. Maxwell)和奥地利物理学家玻耳兹曼(L. Boltzmann)于 1860 年和 1872 年先后用概率和统计力学原理对克劳修斯的理论进行了完善和补充，形成了完整的气体分子运动论。

气体分子运动论的要点概括如下：

(1) 气体由大量的处于不停息地、随机地运动着的分子组成(这里“分子”的概念表示组成气体的最小微粒,它们可能是分子,也可能是原子,如惰性气体)。

(2) 气体分子的自身体积相对于其容器的总体积而言可以忽略不计。

(3) 气体分子间的吸引力和排斥力可以忽略不计。

(4) 气体分子的能量在碰撞过程中相互传递,只要气体体系的温度不改变,气体分子的平均动能不随时间改变。或者说,气体分子间的碰撞完全是弹性碰撞。

(5) 气体分子的平均动能($\bar{E}_K$)与热力学温度成正比($\bar{E}_K=CT$),在任意确定的温度时,所有气体分子都具有相同的平均动能。

2.3.2 分子的速率分布

气体分子运动论认为,气体分子在容器内不断地做无规则运动,分子与分子、分子与容器壁间频繁地相互碰撞,使每个分子的运动速率在随时改变。某一个分子在某瞬间的速度是随机的。在某一时刻,容器中的一些分子可能移动很快,而一些分子可能移动很慢,但大多数分子的运动速率接近平均速率。分子总体的速率分布遵循一定的统计规律。1860 年麦克斯韦和 1872 年玻耳兹曼分别用概率和统计力学的方法从理论上推导出了气体分子的速率分布与能量分布规律,这一规律称为麦克斯韦-玻耳兹曼(Maxwell-Boltzmann)速率分布。20 世纪中叶,高真空技术的发展使科学家们能通过实验直接测定某些气体分子的速率分布,验证了麦克斯韦-玻耳兹曼分布规律。

图 2-1 给出了氮气分子在 0℃和 1000℃下的两条速率分布曲线。图 2-1 中横坐标为分子的速率(m · s^{-1}),纵坐标为 $\Delta N/N\Delta v$,其中 ΔN 代表速率在 $v\sim(v+\Delta v)$ 的分子数,$\Delta N/N$ 代表速率在 $v\sim(v+\Delta v)$ 的分子数(ΔN)占总分子数 N 的比值。而 $\Delta N/N\Delta v$ 则表示在速率 v 处单位速度间隔内的分子份额。当 Δv 值很小时,也可将纵坐标的高度看作具有速率 v 的分子份额。

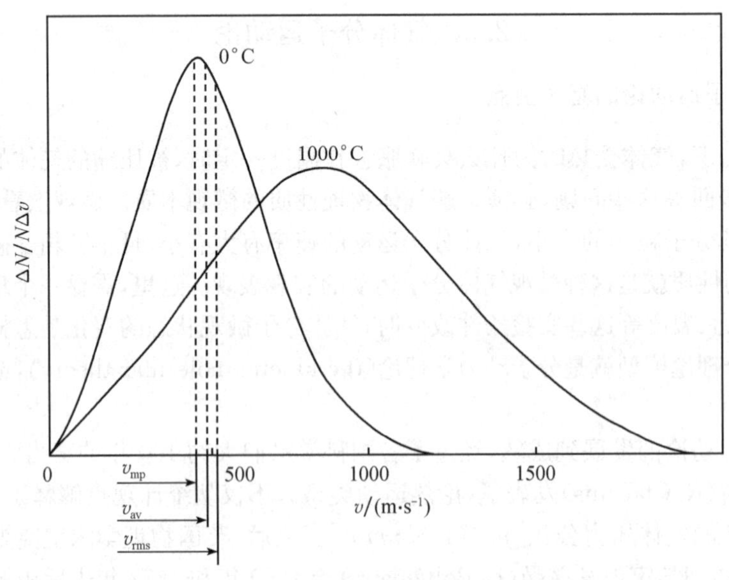

图 2-1 不同温度时 N_2 的速率分布

从图 2-1 可以看出,氮分子在 0℃时的速率分布曲线的最高点位于约 450m · s^{-1}处,这表示

0℃时，在相同速率区间(Δv)内，氮分子速率在 450m·s^{-1}附近的概率最大。因此，这个速率被称为最概然速率(most probable speed，v_{mp})。速率小于 100m·s^{-1}和大于 1200m·s^{-1}的分子所占的份额都很小。而氮分子在 1000℃时的速率分布曲线的最高点位于约 800m·s^{-1}处，此温度时速率在 450m·s^{-1}的分子所占的份额比 0℃时的小得多。比较这两条速率分布曲线可知：一定温度下，每种气体的分子速率分布是一定的。除了少数分子的速率很大或很小以外，多数分子的速率都接近于方均根速率(root-mean-square speed，v_{rms})。速率分布都显示两头少中间多的不对称峰形分布规律。温度较高时，速率高的分子所占份额较大，而且温度高时速率分布曲线较宽且平坦，即分子具有更宽广的速率分布。而低温时，分子的速率分布则比较集中。

图 2-1 表示一定温度时分子的三种速率，分别是最概然速率(v_{mp})、平均速率(average speed，v_{av})和方均根速率(v_{rms})。它们的意义各不相同。最概然速率是概率最大的速率，即在一定温度下，在相同速率区间内，分子以 v_{mp} 速率运动的概率最大；平均速率是分子具有的各种速率的算术平均值；方均根速率是均方速率的平方根。对于同一气体在不同温度时，这三种速率的大小关系为：$v_{rms}>v_{av}>v_{mp}$。

气体分子的方均根速率(v_{rms})可从理想气体状态方程导出：

由统计物理学可知

$$pV=\frac{Nm\overline{v^2}}{3} \tag{2-18}$$

式中：N 为容器中气体分子总数；m 为一个气体分子的质量；$\overline{v^2}$为分子的均方速率，是 v 的均方值，即 v^2 的平均值。将式(2-18)与理想气体方程 $pV=nRT$ 合并整理，得

$$nRT=\frac{1}{3}Nm\overline{v^2} \tag{2-19}$$

因为，$N=nN_A$，其中 N_A 为阿伏伽德罗常量，则

$$RT=\frac{1}{3}N_Am\overline{v^2} \tag{2-20}$$

因为 m 为一个气体分子的质量，则 $mN_A=M$，M 为气体的摩尔质量。因此

$$RT=\frac{1}{3}M\overline{v^2}$$

得

$$v_{rms}=\sqrt{\overline{v^2}}=\sqrt{\frac{3RT}{M}} \tag{2-21}$$

式中：R 为摩尔气体常量；T 为热力学温度；M 为气体分子的摩尔质量。

根据物理学对动能的定义，对一个质量为 m，运动速率为 v 的物体，其动能为 $E_K=\frac{1}{2}mv^2$。而对于分子群，其平均动能为 $\bar{E}_K=\frac{1}{2}m\overline{v^2}$。统计物理学导出了气体分子的平均动能与温度的关系，即单原子分子的平均动能为 $\bar{E}_K=\frac{3}{2}KT$，式中：K 为玻耳兹曼常量，在数值上等于摩尔气体常量 R 除以阿伏伽德罗常量 N_A，即

$$K=\frac{R}{N_A}=\frac{8.314\text{J}\cdot\text{mol}^{-1}\cdot\text{K}^{-1}}{6.023\times10^{23}\text{mol}^{-1}}=1.381\times10^{-23}\text{J}\cdot\text{K}^{-1}$$

其中 K 的物理意义为分子气体常量。

因此

$$E_K = \frac{3}{2}\left(\frac{R}{N_A}\right)T \tag{2-22}$$

式(2-22)说明，在任意给定温度时，任何气体的分子都具有相同的平均动能。那么，在相同温度时，由较轻的分子(如 H_2)组成的气体与由较重的分子(如 N_2)组成的气体具有相同的平均动能。所以，相同温度时，较轻的气体分子比较重的气体分子具有更高的方均根速率(v_{rms})。

利用式(2-21)可以计算气体分子的方均根速率。计算时必须注意各物理量单位的匹配。

【例 2-6】 计算 25℃时氮分子的方均根速率。

解

$$T=25+273=298(\text{K})$$

$$M(N_2) = 28.0\text{g} \cdot \text{mol}^{-1} = 28.0\times10^{-3}\text{kg}\cdot\text{mol}^{-1}$$

$$R = 8.314\text{J}\cdot\text{mol}^{-1}\cdot\text{K}^{-1} = 8.314\text{kg}\cdot\text{m}^2\cdot\text{s}^{-2}\cdot\text{mol}^{-1}\cdot\text{K}^{-1}\quad(\text{因为 } 1\text{J} = 1\text{kg}\cdot\text{m}^2\cdot\text{s}^{-2})$$

$$v_{rms}(N_2) = \sqrt{\frac{3RT}{M(N_2)}} = \sqrt{\frac{3\times 8.314\text{kg}\cdot\text{m}^2\cdot\text{s}^{-2}\cdot\text{mol}^{-1}\cdot\text{K}^{-1}\times 298\text{K}}{28.0\times10^{-3}\text{kg}\cdot\text{mol}^{-1}}}$$

$$= 5.15\times10^2\text{m}\cdot\text{s}^{-1}$$

根据式(2-21)，可求出在同一温度下，两种不同气体分子的方均根速率之比：

$$\frac{v_{rms}^A}{v_{rms}^B} = \frac{\sqrt{3RT/M_A}}{\sqrt{3RT/M_B}} = \frac{\sqrt{M_B}}{\sqrt{M_A}} \tag{2-23}$$

显然，在同一温度下，摩尔质量大的分子运动得慢。

思考题 2.5　在什么条件下 N_2 和 O_2 的分子平均动能相同？此时它们的方均根速率 v_{rms}、最概然速率 v_{mp} 以及平均速率 v_{av} 是否相等？为什么？

*2.4 真实气体

尽管理想气体状态方程在低压和较高温度时可以较好地适用于真实气体(real gases)如 He、H_2、O_2、N_2 等，但是，实际上所有真实气体都会在一定程度上偏离理想气体状态方程。这是因为真实气体分子都具有一定的体积，该体积由气体分子中原子的大小、原子间键的长度和方向决定。而且，真实气体分子间存在一定的相互作用力。为了定量表示真实气体对理想气体的偏离程度，引入压缩系数 Z 的概念：

$$Z = \frac{pV}{nRT} \tag{2-24}$$

从式(2-24)可知，对于理想气体，在任何压力下，压缩系数 $Z=1$。而对于真实气体，情况却并不都是这样，对不同的气体，测定 n(mol)气体在温度 T 下和压强 p 下的体积 V，并计算其 Z 值，并将 Z 对 p 作图，如图 2-2 所示。

图 2-2 表明，在高压时，各种气体对理想气体行为($Z=1$)的偏离很大，而且，不同气体的偏离程度各不相同。显然，真实气体在高压时不是理想气体。而在低压时，各种气体对理想气体的偏离都较小。因此，理想气体状态方程只适用于低压时的真实气体。

同样，真实气体对理想气体行为的偏离也受温度的影响，而且温度越低偏离越大。当温度降低到接近气体的液化点时，这种偏离会变得非常明显。

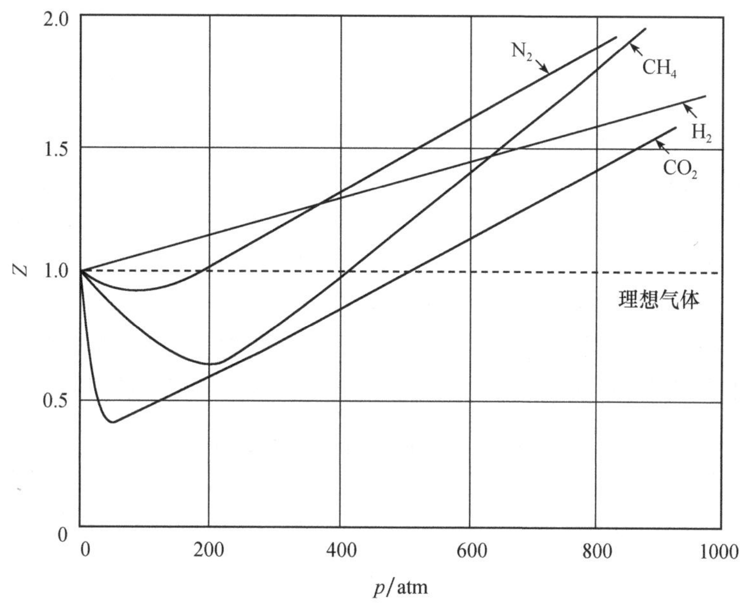

图 2-2 几种气体(1mol)在 300K 时 Z 对 p 的关系图

其中 CO_2 是 313K 时的数据(因为高压下 CO_2 在 300K 时液化)

1 atm=1.013 25×10^5Pa

产生这种偏离的原因可以从分子水平上探究,主要有以下两种:

(1) 分子间作用力的影响。分子间的作用力比共价键力要弱得多,而且其作用范围只有几十至几百皮米。因此,常压(低压)时,分子间的作用力可以被完全忽略。气体的行为接近于理想气体行为。当压力增加时,气体体积减小,分子间的距离缩短,此时,气体分子间的作用力将增加。当压力增加到一定程度时,分子间的作用力将不能被忽略。那么,分子间的作用力将如何影响气体的宏观行为呢?按照气体分子运动论,压力是由大量分子碰撞容器壁造成的宏观效应。而压力增加时分子间的作用力增加,此时,每一个与容器壁发生碰撞的分子将受到容器中其他分子的吸引力(可看作是气体的内聚力),这种吸引力将削弱分子对容器壁的碰撞力,从而导致气体的宏观性质压力偏低(相对于理想气体)。降低气体的温度时,将会发生同样的效应。因此,当温度降低到一定程度时,分子间的吸引力将起主要作用,最终导致气体液化。

(2) 气体分子体积的影响。在常压时,分子本身的体积远远小于分子间的体积(自由体积)。因此,自由体积实际上等于容器的体积。然而,随着压力的增加,分子体积占整个容器体积的比例也增大,自由体积降低。当压力很高时,自由体积将明显小于容器体积。而我们在使用理想气体状态方程时,却仍然用容器的体积作为气体的体积代入 pV/nRT 进行计算,显然,pV/nRT 的计算值比实际值高。因此,分子体积的影响随着压力的增加而增大,最终,其影响将超过分子间力的影响,导致 Z 升高到理想值以上。特别是对于那些组成较复杂的摩尔质量较大的分子来说,它们本身的体积要比简单分子大,由此产生的偏差也会较大。

由于上述偏离,要使理想气体状态方程能应用于真实气体,必须对其进行两个方面的修正:①将气体的测量压力调高以消除分子间作用力的影响;②将气体的测量体积调低以消除分子本身体积的影响。

1873 年,荷兰物理学家范德华(J. van der Waals)对理想气体状态方程做出了改进。改进后的气体方程称为范德华气体状态方程(van der Waals equation):

$$\left(p+a\frac{n^2}{V^2}\right)(V-nb)=nRT \tag{2-25}$$

式中：p 为测量的压力；V 为容器的体积；n 为气体物质的量；T 为气体的热力学温度；a，b 分别为对气体压力和体积的校正常量，称为范德华常量。

实验测得不同气体的 a，b 值都大于零(表 2-2)。表 2-2 中，常量 a 与分子中的电子数有关，从而与分子的复杂性和分子间作用力有关，因此常量 a(单位为$Pa \cdot m^6 \cdot mol^{-2}$)是用于校正因分子间作用力而导致的压力偏差。由于气体分子对器壁的碰撞而产生的压力与气体的浓度 n/V 成正比。因此，分子间的吸引作用导致压力的减小也与 n/V 成正比，所以压力校正项为 $a(n/V)^2$。常量 b(单位为 $m^3 \cdot mol^{-1}$)用于校正高压下因分子自身的体积对自由体积造成的偏差，应扣除分子自身的总体积才是分子运动的自由空间，即理想气体的体积。所以，$V_{理想}=(V-nb)$。

表 2-2 某些气体的范德华常量

气 体	$a/(10^{-1}Pa \cdot m^6 \cdot mol^{-2})$	$b/(10^{-4}m^3 \cdot mol^{-1})$
Ne	0.211	0.171
Ar	1.36	0.322
H_2	0.248	0.266
O_2	1.38	0.318
N_2	1.41	0.391
CH_4	2.28	0.428
CO_2	3.59	0.427
HCl	3.72	0.408
NH_3	4.22	0.371
NO_2	5.35	0.442
H_2O	5.54	0.305
SO_2	6.80	0.564
C_2H_5OH	12.2	0.841

根据分子运动论，因为理想气体分子无体积，分子间无作用力，所以，对于理想气体而言，范德华气体状态方程中的常量 a 和 b 都为零。而常压时真实气体分子间的距离也远大于分子本身，因此，可以用理想气体状态方程代替范德华气体状态方程，即

$$p+\frac{n^2a}{V^2}\approx p,\quad V-nb\approx V$$

进行相关的气体物理量的计算。

【例 2-7】 分别按理想气体状态方程式和范德华方程式计算：(1) 1.000mol NO_2(g)在 20℃、体积为 20.00L 时的压力，并比较两种方法的相对偏差 d_r。(2)如果将该气体的体积等温压缩 2.000L，气体的压力为多少？相对偏差 d_r 又为多少？

解 (1) 已知　　$T=20+273=293(K)$，　$V=20.0L$，　$n=1.0mol$

由表 2-2 查得 NO_2 的 $a=5.35\times10^{-1}Pa \cdot m^6 \cdot mol^{-2}$，$b=0.442\times10^{-4}m^3 \cdot mol^{-1}$

$$p_1=\frac{nRT}{V}=\frac{1.000mol\times8.314L \cdot kPa \cdot mol^{-1} \cdot K^{-1}\times293K}{20.00L}=121.8kPa$$

$$p_2=\frac{nRT}{V-nb}-\frac{an^2}{V^2}=\frac{1.0mol\times8.314L \cdot kPa \cdot mol^{-1} \cdot K^{-1}\times293K}{20.00L-1.0mol\times0.0442L \cdot mol^{-1}}-$$

$$\frac{5.35\times10^{-1} \cdot Pa \cdot (10^3L)^2 \cdot mol^{-2}\times(1.0mol)^2}{(20.00L)^2}$$

$$=122.1kPa-1.338kPa=120.8kPa$$

$$d_r = \frac{p_1 - p_2}{p_2} = \frac{121.8 - 120.8}{120.8} \times 100\% = 0.828\%$$

(2) 当将体积压缩至 2.0L 时

$$p_1' = \frac{nRT}{V_2} = \frac{1.000\text{mol} \times 8.314\text{L} \cdot \text{kPa} \cdot \text{mol}^{-1} \cdot \text{K}^{-1} \times 293\text{K}}{2.000\text{L}} = 1218.0\text{kPa}$$

$$p_2' = \frac{nRT}{V_2 - nb} - \frac{an^2}{V_2^2} = \frac{1.000\text{mol} \times 8.314\text{L} \cdot \text{kPa} \cdot \text{mol}^{-1} \cdot \text{K}^{-1} \times 293\text{K}}{2.000\text{L} - 1.000\text{mol} \times 0.0442\text{L} \cdot \text{mol}^{-1}} - \frac{5.35 \times 10^{-1} \cdot \text{Pa} \cdot (10^3\text{L})^2 \cdot \text{mol}^{-2} \times (1.000\text{mol})^2}{(2.000\text{L})^2}$$

$$= 1245.5\text{kPa} - 133.8\text{kPa} = 1111.7\text{kPa}$$

$$d_r' = \frac{p_1' - p_2'}{p_2'} = \frac{1218.0 - 1111.7}{1111.7} \times 100\% = 9.56\%$$

根据计算可知，压力增大时，使用理想气体方程式的计算偏差明显增大。因此，对于高压（包括低温）时的气体行为，需用范德华方程进行相关的计算。

思考题 2.6 说明真实气体偏离理想气体的原因以及范德华方程中 a,b 的物理意义。

思考题 2.7 低压高温下，如何将范德华方程式简化为理想气体状态方程式？

*2.5 气体临界现象

由于气体分子间存在作用力，在适当的温度时，压缩气体可以使其液化。但随着温度的升高，气体分子的动能增加，分子扩散膨胀的倾向占优势，使气体越来越难以液化。对于每一种气体都存在一个特定的温度，当温度升高到这个温度以上后，无论给气体施加多大的压力都不能使其液化。这个温度就是该气体的临界温度 T_c(critical temperature)。这就是说，气体的液化必须发生在临界温度以下。例如，水汽在低于 100℃时，常压(101kPa)下就可以自动液化，但高于 100℃时，需加压才能使其液化。若将水汽的温度升高到 374.14℃(水汽的 T_c)以上，无论施加多大的压力都不能使水汽液化。这是因为，加压虽然可以使分子间距离缩小、吸引力增大，但吸引力的增加是有限度的。当加压使分子间距离缩小到一定程度仍然不能克服气体分子热运动导致的扩散膨胀倾向时，只靠加压是不能使气体液化的，只有同时降温（减少热运动）和加压（增加吸引力），才能使气体液化。在临界温度时使气体液化所需要的最低压力称为临界压力 p_c(critical pressure)。在 p_c 和 T_c 条件下，1mol 气体所占有的体积称为临界体积 V_c(critical volume)。表 2-3 中列举了几种常见物质的临界数据。

表 2-3 几种常见物质的临界数据

物质名称	He	O_2	N_2	H_2O	NH_3	CO_2	H_2
正常沸点/K	4.22	90.20	77.36	373.2	239.82	194.65	20.28
临界温度/K	5.19	154.59	126.21	647.14	405.5	304.13	32.97
临界压力/MPa	0.227	5.043	3.39	22.06	11.35	7.375	1.293
临界体积/($\text{mL} \cdot \text{mol}^{-1}$)	57	73	90	56	72	94	65

摘自 Lide D. R. CRC Handbook of Chemistry and Physics. 82nd ed. 2001-2002

从表 2-3 中的数据可知，气体的沸点越低，临界温度也越低，就越难以液化。那些沸点和临界温度都低于室温的气体，如 H_2、N_2、O_2 等，在室温时无论施加多大的压力都不能使其液化，因此，将这一类气体称为“永久气体”。

本章小结

在压强不高、温度不低的条件下，可以忽略气体分子自身的体积和相互之间的引力而将之看作为理想气体，本章叙述了理想气体状态方程式的各种表达形式、分压定律和分体积定律等混合气体中各组分物理量的表示方法和计算方法，并简单介绍了真实气体性质对理想气体的偏差及其修正公式——范德华方程式。

Gas laws are originally generalized by researchers from their years of investigations and proved later by kinetic-molecular theory. These laws are only workable to ideal gas, a gas mode summarized from real gas at relatively high temperature and law pressure. Van der Waals equation, which was redesigned from ideal gas law, describes real gas behavior more accurately. The ideal gas law and Dalton's law of partial pressures are introduced in details in this chapter.

化学家史话——道尔顿

道尔顿(J. Dalton，1766—1844)，英国化学家，出生在英国坎伯一个贫困的乡村，家境十分困顿，仅接受了极少的初级教育。15 岁去外地谋生，边当教师边自学。1793 年出版了第一本科学著作《气象观察与研究》。1799 年，他开始致力于气体混合物的研究，之后提出了道尔顿分压定律。1803 年，他提出了著名的原子论，该理论是继拉瓦锡的氧化学说之后，理论化学的又一次重大进步。他还是第一个发现色盲疾病的人。原子论的建立使道尔顿名震欧洲，各种荣誉纷至沓来。但在荣誉面前，他开始骄傲、保守，最终故步自封。他对盖·吕萨克气体反应的体积定律和阿伏伽德罗的分子论等都给予了无情的抨击。道尔顿一直到死都是新元素符号的反对者。

化学知识拓展——等离子态

等离子态是除固、液、气态外，物质存在的第四态。简单地说，等离子态就是离子化的气态。当给气体施加足够的能量，将电子从原子或分子中释放出来，并使离子和释放出来的电子共存，这种状态就是等离子态，处于这种状态的物质叫等离子体。气体和等离子体是完全不同两种状态，气体中物质的组成只有一种(图 2-3)，而等离子虽然体宏观上也是气态，但微观上的组成却不一样，是由自由电子和正离子组成的(图 2-4)。例如，氧气的组成就是 O_2 分子，而供给氧气能量使其成为等离子体后，其组成就是 O_2^+ 和 e^- 等粒子(图 2-5)。根据等离子体形成时所需温度的高低，可将等离子体分为高温等离子体和低温等离子体。高温等离子体中的粒子温度高达上千万以至上亿度。低温等离子体是在常温下发生的等离子体。高温等离子体主要应用于能源领域的可控核聚变。低温等离子体则可应用于科学技术和工业的许多领域。例如，低温

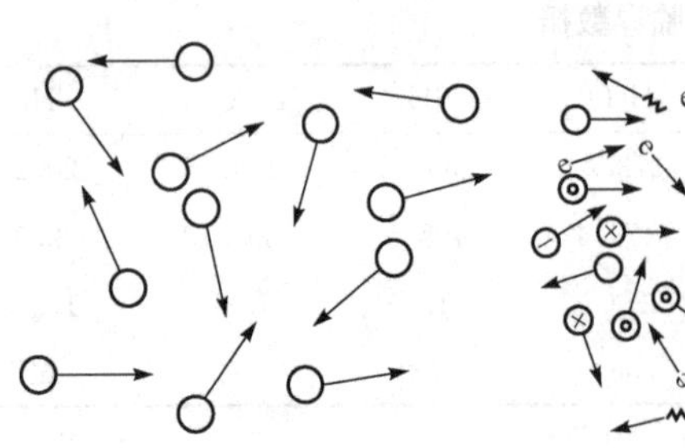

图 2-3 物质的气态

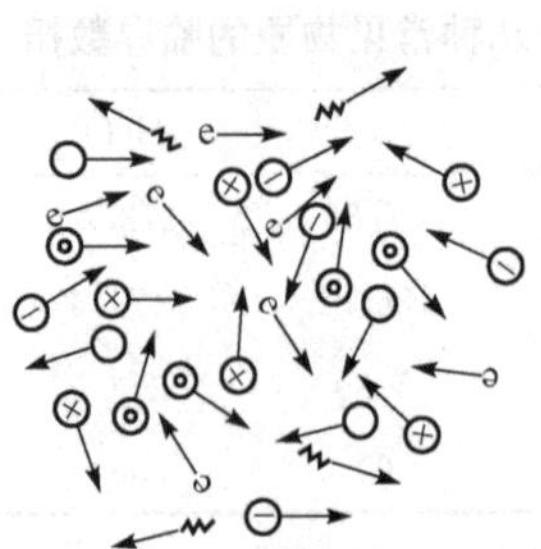

图 2-4 物质的等离子态

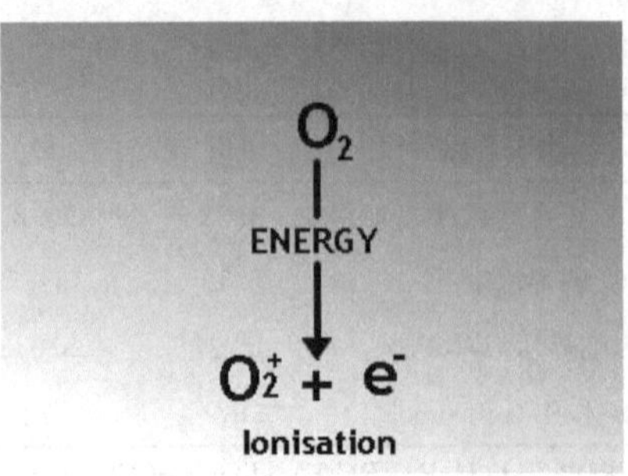

图 2-5 氧等离子体的形成

等离子体可以被用于氧化、变性等表面处理，或者在有机物和无机物上进行沉淀涂层处理，目前，对医用材料表面改性的有效方法之一就是等离子体聚合法。另外，低温等离子体还可运用在等离子电视，婴儿尿布表面防水涂层，增加啤酒瓶阻隔性，电脑芯片的蚀刻等。高温等离子体的研究已有半个世纪的历程，现正接近聚变点火的目标。低温等离子体的研究与应用只是在近年来才显示出强大的生命力，并正处于蓬勃发展的时期。

习　　题

1. 为什么潮湿的空气比干燥的空气密度小？
2. 在标准状况下，多少摩[尔]的 AsH_3 气体占有 0.004 00L 的体积？此时，该气体的密度是多少？
3. 由 0.538mol He(g)、0.315mol Ne(g)和 0.103mol Ar(g)组成的混合气体在 25℃时体积为 7.00L，试计算：
   (1) 各气体的分压。
   (2) 混合气体的总压力。
4. 在 76m 深的水下，压力为 849.1kPa，要使潜水员使用的潜水气中氧气的分压保持为 21.3kPa(这是氧气在压力为 101.3kPa 的空气中的分压)，潜水气中氧气的摩尔分数是多少。
5. 现有 1.00mol CCl_4，体积为 28.0L，温度为 40℃，分别计算：(1)服从理想气体方程时；(2)不服从理想气体方程时($a=20.4\times10^{-1}\text{Pa}\cdot\text{m}^6\cdot\text{mol}^{-2}$，$b=0.1383\text{L}\cdot\text{mol}^{-1}$)该气体的压力。
6. 试解释在以下两种情况下，分子间的作用力对气体性质的影响是增加还是减弱。
   (1) 等温下压缩气体。
   (2) 等压下升高气体的温度。
7. 用加热氯酸钾($KClO_3$)的方法制备氧气，氧气用排水集气法收集，在 26℃、102kPa 压力下收集到的气体体积为 0.250L。
   (1) 收集到多少摩[尔]氧气？
   (2) 有多少克 $KClO_3$ 发生分解？(已知 26℃时水的蒸气压为 3.33kPa)
8. 已知 O_2 的密度在标准状态下是 $1.43\text{g}\cdot\text{L}^{-1}$，计算 O_2 在 17℃和 207kPa 时的密度。
9. 某烃类气体在 27℃及 100kPa 下为 10.0L，完全燃烧后将生成物分离，并恢复到 27℃及 100kPa，得到 20.0L CO_2 和 14.44g H_2O，通过计算确定此烃类的分子式。
10. 30℃时，在 10.0L 容器中，O_2、N_2 和 CO_2 混合气体的总压力为 93.3kPa，其中 O_2 的分压为 26.7kPa，CO_2 的质量为 5.00g。计算 CO_2 和 N_2 的分压及 O_2 的摩尔分数。
11. 在室温常压条件下，将 4.0L N_2 和 2.0L H_2 充入一个 8.0L 的容器，均匀混合，则混合气体中 N_2 和 H_2 的分体积分别是多少？

(中南大学　刘绍乾)

第 3 章　化学热力学基础

化学反应种类繁多，但无论是什么反应，都会遇到反应的可能性、方向和限度的问题。这类问题在化学中由美国的吉布斯(J. W. Gibbs)在 1873～1878 年间所提出的化学热力学来研究。化学热力学(chemical thermodynamics)是研究化学反应的物质转变和能量变化规律的一门科学，它是热力学原理在化学中的应用。

热力学(thermodynamics)是研究宏观系统热能与其他形式能相互转换规律的一门科学。18 世纪中叶，瓦特(J. Watt)蒸汽机的广泛使用是第一次工业革命的主要标志，为提高热机效率，人们从理论上研究能量转化规律，诞生了热力学理论。热力学定律是在 19 世纪中叶至 20 世纪初由无数实验事实所总结出来的，具有高度的普遍性和可靠性。热力学方法是一种宏观的研究方法，它只研究由大量微观粒子所构成的宏观集合体的平均行为，不讨论宏观集合体内部的微观结构和个别微粒；只预测过程发生的可能性，而不管该过程是否实现，怎么实现及实现的快慢。往往只需知道体系的始、终态和外界条件，就能得到可靠的结论。

迄今热力学的发展史已逾百年，形成了一套完整的理论和方法。与此同时，热力学又处在不断发展之中，特别是自 20 世纪 60 年代以来，热力学已从主要研究平衡态或可逆过程性质的经典热力学，发展成为非平衡态或不可逆过程的热力学，并在自然科学和社会科学的许多领域，尤其是在生物体系中得到了应用。

本章主要讨论经典的化学热力学，通过介绍热力学的基本概念和定律，要求学生重点掌握化学反应的热效应计算和自发进行方向的判断等内容。

思考题 3.1　热力学研究方法有什么特点和局限性？

思考题 3.2　化学热力学主要解决化学中的哪些问题？

3.1　化学热力学的基本概念

3.1.1　系统与环境

热力学的研究对象称为系统(system)，又称体系，它是根据研究的需要从周围的物质世界中人为地划分出来的一部分。除系统以外的其余部分称为环境(surrounding)。系统与环境之间的界面，不一定是明显的物理界面。

根据系统与环境之间有无物质和能量的交换，系统通常分为三类：

敞开系统(open system)：系统与环境之间既有物质又有能量的交换。

封闭系统(closed system)：系统与环境之间只有能量而无物质的交换。

封闭系统可以是密闭容器，如图 3-1(a)，此时，系统的体积若不变，压力可以有变化。封闭系统也可以是敞口容器，如图 3-1(b)，此时的系统与环境由容器壁和一个假想的膜相隔，系统的压力若不变，体积可以有变化。

孤立系统(isolated system)：系统与环境之间既无物质也无能量的交换。

真正的孤立系统并不存在，但可考虑将系统与环境合起来，看作一个超大的孤立系统，此系统在热力学上称为宇宙。

3.1.2　状态与状态函数

系统的状态(state)是系统宏观物理和化学性质的综合表现,这些宏观性质有组成(n、m)、温度(T)、压力(p)、体积(V)、密度(ρ)、黏度(η)等。若系统的宏观性质都有确定值,此时可称系统处于一定状态,这种状态是热力学平衡态。若系统的宏观性质变了,状态也就随之而变,变化前的状态称为始态(initial state),变化后的状态称为终态(final state)。因而,描述状态的宏观性质又称为状态函数(state function)。

(a) 密闭容器

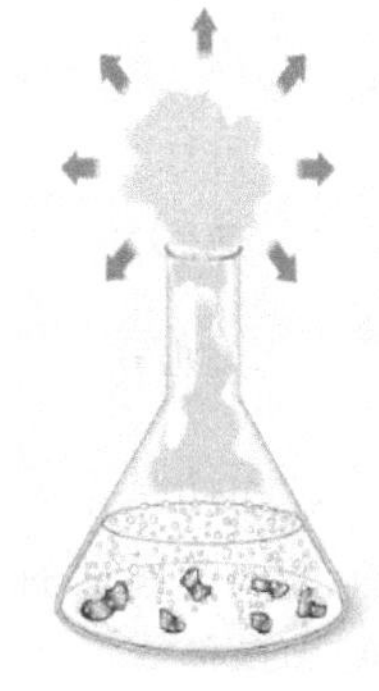

(b) 敞口容器

图 3-1　封闭系统的两种情况

例如,理想气体的状态可由 n、T、p、V 描述。1mol 理想气体在 273.15K、101.325kPa 下占有 22.4L 体积。此时系统的 n、T、p、V 都有确定值,称该理想气体处于一定状态。又因为理想气体状态函数之间存在 $pV=nRT$ 关系,实际上只需知道 n、T、p、V 中的任意 3 个状态函数,就可确定第 4 个状态函数。也就是说,用 3 个状态函数就可确定理想气体的状态。

状态函数的特征:

(1) 系统状态一定,状态函数就有一定值,而且是惟一值。

(2) 状态变化时,状态函数的变化值只取决于始态和终态,与变化途径无关。若系统发生一系列变化后回到原状态,则状态函数恢复原值,即变化值为零。

(3) 状态函数的集合(和、差、积、商)也是状态函数。

状态函数可分为两类:一类为广度性质(extensive property),这类性质在一定条件下具有加和性,其数值与系统中物质的量有关,如 V、m 等;一类为强度性质(intensive property),此种性质的数值不随系统中物质的量而改变,仅由系统中物质本身的特性所决定,如 T、p、ρ 等。

3.1.3　过程与途径

系统中发生的一切状态变化称为过程(process),如气体的膨胀、液体的蒸发、固体的溶解和化学反应等。

常见的过程有:

(1) 等温过程(isothermal process):系统状态变化的始态与终态的温度相等,且等于环境温度。

(2) 等压过程(isobar process):系统状态变化的始态与终态的压力相等,且等于环境压力。

(3) 等容过程(isovolumic process):系统状态变化的始态与终态的体积相等,并且状态变化在系统体积恒定的条件下进行。

(4) 绝热过程(adiabatic process):系统状态变化是在系统与环境之间无热交换条件下进行的。

(5) 循环过程(cyclic process):系统从某状态出发,经过一系列状态变化后仍然回到始态。

系统由同一始态变到同一终态可经由不同的方式,这种不同的方式称为途径(path)。每种途径可由多种不同的过程构成。因此,途径可以说是系统由始态到终态所经历的各种具体过程的总和。

思考题 3.3　系统与环境间的界面必须是真实存在的，对吗？为什么？

思考题 3.4　恒压过程与等压过程，恒温过程与等温过程有区别吗？

3.1.4　热和功

1. 热和功

热和功是系统和环境之间能量传递的两种不同形式，只有在能量传递的过程中才存在。而能量的传递具有方向性，皆以系统为中心。增加系统能量者，其值为正值；减少系统能量者，其值为负值。

热和功都不是状态函数，其数值大小与状态变化的途径有关。

热(heat)是因温度不同而在系统和环境之间传递的能量形式，用符号 Q 表示，其本质是物质粒子混乱运动的宏观表现。热有化学反应热、相变热和因简单变温所引起的热传递。旧键断裂，新键形成，使化学键能发生显著变化是产生化学反应热的根本原因。而物质因其聚集状态改变，物质粒子之间相互作用改变所引起的能量变化是产生相变热的原因。

热力学规定：系统向环境放热，Q 为负值；系统从环境吸热，Q 为正值。

功(work)是除了热以外，系统和环境之间传递的其他一切能量形式，用符号 W 表示，如机械功、体积功、电功、表面功和拉伸功等，其本质是物质粒子做定向运动的结果。

热力学规定：系统对环境做功，W 为负值；环境对系统做功，W 为正值。

由于化学反应通常不做电功、表面功等非体积功，因此，对于常伴随有体积变化的一般化学反应和相变过程来说，体积功有着特殊的意义。

2. 体积功

下面以理想气体等温膨胀为例，来讨论体积功。

如图 3-2 所示，有一导热性能极好的圆筒形气缸置于温度为 T 的大环境中，由于环境极大，失去或得到少量的热 Q 不会导致温度改变，系统和环境的温度在变化过程中始终相等。假设活塞自身没有质量，活塞(截面积为 S)与气缸之间无摩擦力，气缸内充有 0.178mol 的理想气体。若缸内气体反抗所承受的外力 $F_{外}$ 使活塞在抵抗外力方向上移动了 dL 距离，则系统克服外力对环境所做的功可以用式(3-1)计算：

$$\delta W_{体} = -F_{外}dL = -p_{外}SdL = -p_{外}dV \tag{3-1}$$

式中，$p_{外}$ 为外压，$p_{外} = F_{外}/S$；dV 为气体体积的变化值，$dV = SdL$。热力学中将引起系统体积变化所做的功称为体积功(volume work)，用 $\delta W_{体}$ 表示。式(3-1)就是体积功的计算通式。除体积功外，其他形式的功为非体积功，用 $\delta W'$ 表示。

在等温条件下，系统从始态变为终态全过程的体积功为各微小体积功之和：

$$W_{体} = -\sum_{V_1}^{V_2} \delta W_{体} = -\int_{V_1}^{V_2} p_{外}dV \tag{3-2}$$

若外压 $p_{外}$ 恒定，则有

$$W_{体} = -\int_{V_1}^{V_2} p_{外}dV = -p_{外}\int_{V_1}^{V_2} dV = -p_{外}\Delta V = -p_{外}(V_2 - V_1) \tag{3-3}$$

图 3-2 中缸内理想气体的始态、中间态、终态皆为平衡态，而平衡态时系统承受的外压 $p_{外}$ 与系统压力相等，即在上述 3 种平衡态时外压 $p_{外}$ 分别等于一大两小 3 块砖头、一大一小 2 块砖头

和 1 块大砖头的重量所产生的压力 p_1、p'、p_2。设理想气体的始态条件为 $p_1=405.5\text{kPa}$，$V_1=1.00\text{dm}^3$，$T_1=273\text{K}$；中间态条件为 $p'=202.6\text{kPa}$，$V'=2.00\text{dm}^3$，$T'=273\text{K}$；终态条件为 $p_2=101.3\text{kPa}$，$V_2=4.00\text{dm}^3$，$T_2=273\text{K}$。则系统由同一始态到同一终态的不同等温膨胀途径，如图 3-2 所示。

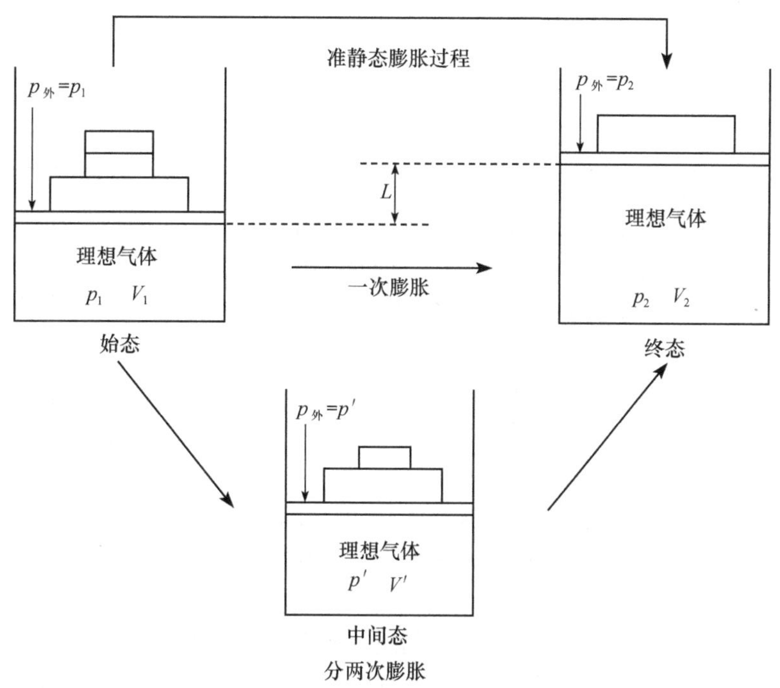

图 3-2　理想气体等温膨胀的不同途径

对于有限多次膨胀途径，皆为理想气体反抗恒外压而等温膨胀的过程，可用式(3-3)计算体积功，见表 3-1。结果表明，从同一始态到同一终态分步膨胀的次数越多，即经过的中间平衡态越多，则系统对环境做的总体积功会越大。

若将图 3-2 中始态时一大两小 3 块砖头想象成无穷小的颗粒(图 3-3)，则每次取走一颗，气体将膨胀一次，外压每次仅比内压减少一个无穷小量 $\mathrm{d}p$，从而使系统在整个等温膨胀过程中都无限接近于平衡态。经过无限长的时间和无穷多次膨胀，当颗粒取得剩下一块大砖头的量时，到达同一终态，此过程称为准静态过程(quasistatic process)。此时系统对外做的总体积功在数值上为同一始、终态条件下不同膨胀途径中的最大功(表 3-1)，其计算公式为

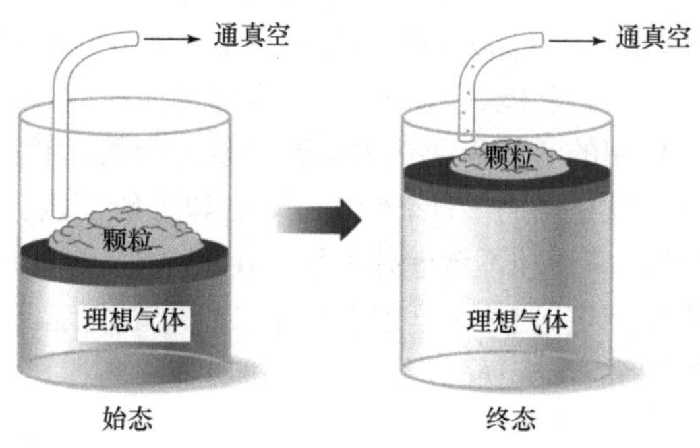

图 3-3　理想气体准静态等温膨胀

$$W_r = -\sum_{V_1}^{V_2} p_{外} dV = -\int_{V_1}^{V_2} p_{外} dV = -\int_{V_1}^{V_2} \frac{nRT}{V} dV = -nRT\ln\frac{V_2}{V_1} \tag{3-4}$$

表 3-1　理想气体等温膨胀和等温压缩所做体积功的对比

途径	等温膨胀		等温压缩	
	计算公式	体积功	计算公式	体积功
一次完成	$-p_2(V_2-V_1)$	−304J	$W_1=-p_1(V_1-V_2)$	1216J
分两次完成	$-p'(V'-V_1)-p_2(V_2-V')$	−405J	$-p'(V'-V_2)-p_1(V_1-V')$	818J
准静态过程	$W_r=-nRT\ln(V_2/V_1)$	−560J	$W_r=-nRT\ln(V_1/V_2)$	560J

表 3-1 中理想气体等温膨胀做体积功的计算结果也说明了功不是状态函数，其数值与所经历的途径有关。由于理想气体等温膨胀是通过系统对环境做功的同时又向环境吸热来实现的，从同一始态到同一终态，途径不同，功 W 就不同，而系统与环境之间所交换的总能量仍然一样，这样，途径不同，热 Q 也会不同。因此，热也不是状态函数。

此外，上述分有限多次膨胀完成的途径代表的是自然界中存在的自发过程，简称自发过程(spontaneous process)，而准静态膨胀过程代表的是一种理想化的过程——可逆过程(reversible process)，对这两种特殊过程后面还将讨论。

理想气体系统也可以从终态经不同途径的等温压缩过程回到始态。表 3-1 列出了上述理想气体在等温条件下一次压缩、分两次压缩和分无穷多次压缩(准静态压缩过程)3 种途径回到始态所做体积功的计算数据。

结果表明，如果理想气体从同一终态回到同一始态分步压缩的次数越多，则环境对系统做的总体积功会越小。而对于准静态压缩过程，环境对系统所做的总体积功在数值上为同一始、终态条件下不同压缩途径中的最小功。值得注意的是，同一始、终态条件下压缩过程的最小功与膨胀过程的最大功在数值上相等。

思考题 3.5　系统从始态到终态，若恒温变化，则表示它与环境之间无热量交换，对否？

思考题 3.6　体积功的计算式中为什么压力是外压？什么情况下可用内压代替？

3.2　能量转换守恒与热力学能

3.2.1　热力学能

热力学能(thermodynamic energy)又称内能(internal energy)，它是系统内部所储藏的能量，包括系统内分子的平动能、转动能、振动能、分子内部的振动能和转动能、电子运动能、原子核内的能以及分子间相互作用的势能等。热力学能是状态函数，用符号 U 表示。

热力学研究系统的能量就是热力学能，不包括动能和势能。因为化学反应只改变热力学能，而化学热力学通常只研究静止和不考虑外力场作用的系统。

热力学能的绝对值无法测定，但热力学能变化值 ΔU 可以确定，因为 ΔU 是系统与环境之间所交换的总能量，热和功是能量交换的形式，而热和功是可测的。

此外，根据焦耳(J. P. Joule)实验，热力学已证明，当理想气体的量及组成一定时，其热力学能只是温度的单值函数。也就是说，温度 T 不变，理想气体系统发生物理变化的热力学能变 $\Delta U=0$。

3.2.2 热力学第一定律

1. 热力学第一定律

经过迈耶(J. R. Mayer)、焦耳(Joule)和亥姆霍兹(H. von Helmholtz)等科学家的共同努力,科学界终于在 19 世纪中叶公认了能量转化与守恒定律。

能量转化与守恒定律指出:自然界的一切物质都具有能量。能量既不能消灭,也不能创造。能量的各种形式之间可相互转化,能量在不同的物体之间也可相互传递,而在转化和传递过程中能量的总量保持不变。应用于宏观的热力学系统即为热力学第一定律(the first law of thermodynamics)。

20 世纪初,爱因斯坦(A. Einstein)在狭义相对论中提出了质能关系式:$E=mC^2$。根据此关系式,质量实际上是能量非常密集的形式,这样就可以从热力学第一定律的角度来解释核反应为什么能放出巨大的能量。

2. 热力学第一定律的数学表达式

当封闭系统发生物理或化学变化、由状态Ⅰ变化至状态Ⅱ时,系统的热力学能改变量 ΔU 等于体系和环境之间交换的热 Q 和功 W 之和,即

$$\Delta U = U_2 - U_1 = Q + W \tag{3-5}$$

对于系统状态发生微小变化时,则有

$$\mathrm{d}U = \delta Q + \delta W \tag{3-6}$$

式(3-5)和式(3-6)是热力学第一定律的数学表达式,这说明不同途径的热和功之和必相等,因为热力学能 U 是状态函数。例如,下列反应可通过直接反应或组成原电池的方式进行,尽管各自的 Q 数值不同,W 数值也不同,但 ΔU 相同。

$$Zn(s) + Cu^{2+}(aq) \rightleftharpoons Zn^{2+}(aq) + Cu(s)$$

【例 3-1】 设有 1mol 理想气体,由 487.8K、20L 的始态,反抗恒外压 101.325kPa 迅速膨胀至 101.325kPa、414.6K 的状态。因膨胀迅速,系统与环境来不及进行热交换。试计算 W、Q 及系统的热力学能变 ΔU。

解 按题意此过程可认为是不做非体积功的绝热膨胀过程,故 $Q=0$,$W'=0$。

$$W = -p_{外}\Delta V = -p_{外}(V_2 - V_1)$$

$$V_2 = \frac{nRT_2}{p_2} = \frac{1\times 8.314\times 414.6}{101.325} = 34(\mathrm{L})$$

$$W = -101.325\times(34-20) = -1420.48(\mathrm{J})$$

$$\Delta U = Q + W = 0 - 1420.48 = -1420.48\ (\mathrm{J})$$

3.3 化学反应热效应和焓

3.3.1 等容反应热与等压反应热

化学反应常伴随着能量的变化,将热力学第一定律应用于化学反应,则系统的热力学能改变量与反应物和产物的热力学能的关系为

$$\Delta U = U_{产} - U_{反} = Q + W = Q - p_{外}\Delta V + W' \tag{3-7}$$

化学反应一般不做非体积功，即 $W'=0$。当反应发生后，若再通过物理变化使产物的温度与反应物的起始温度相等，整个过程中反应系统吸收或放出的热量称为该等温条件下化学反应的热效应，简称反应热(heat of reaction)，即

$$\Delta U = Q - p_{外}\Delta V \tag{3-8}$$

则

$$Q = \Delta U + p_{外}\Delta V \tag{3-9}$$

反应热是反应物化学键断裂和产物化学键形成所引起的热交换。尽管热和体积功都是反应能量交换的形式，但体积功在数值上一般比热小，故化学反应的能量交换以热为主。研究化学反应有关热变化的学科称为热化学(thermochemistry)。

热化学是热力学第一定律在化学中的具体应用，它诞生于热力学第一定律发现之前。但在热力学第一定律确立之后，热化学中的赫斯(G. H. Hess)定律等便成了热力学第一定律的必然结论。

1. 等容反应热

若等容过程，则 $\Delta V=0$，代入式(3-9)得

$$Q_V=\Delta U+p_{外}\Delta V=\Delta U$$

整理后得

$$Q_V = \Delta U \tag{3-10}$$

式(3-10)中 Q_V 称为等容热。对于化学反应，Q_V 即为在等容等温条件下的反应热，简称等容反应热。式(3-10)表明，在不做非体积功条件下，在等容过程中系统与环境所交换的热在数值上等于反应的热力学能变，即 $\Delta U_r=Q_V$。换言之，等容反应热 Q_V 只与反应的始、终态有关，而与反应途径无关。

2. 等压反应热

大多数化学反应和物理过程是在恒外压条件下进行的，如在实验室的烧杯或试管等敞口容器中进行的实验，此时的系统与环境大气由一个假想的膜相隔。反应过程中系统只反抗恒外压(大气压)做体积功，而不做非体积功，这种反应称为等压反应，属于等压过程。

对于等压过程，则 $p_{外}= p_{体}=p_1= p_2$，若不做非体积功，可代入式(3-9)，得

$$Q_p = \Delta U + p_{外}\Delta V = \Delta U + p\Delta V \tag{3-11}$$

式(3-11)中 Q_p 称为等压热。对于等压反应，Q_p 即为在等压等温条件下的反应热，简称等压反应热。式(3-11)表明，在等压反应过程中，若系统吸热，则所吸收的热部分用来增加系统的热力学能，部分用来反抗大气压(恒外压)做体积功。

3.3.2 焓与焓变

1. 焓

对于不做非体积功的等压反应或等压过程，可应用式(3-11)，整理后得

$$\Delta U = Q_p - p\Delta V \tag{3-12}$$

即

$$U_2 - U_1 = Q_p - p(V_2 - V_1) \tag{3-13}$$

因 $p_{体}=p=p_1=p_2$，移项整理得

$$(U_2 + p_2V_2) - (U_1 + p_1V_1) = Q_p \tag{3-14}$$

定义

$$H = U + pV \tag{3-15}$$

则

$$U_2 + p_2V_2 = H_2, U_1 + p_1V_1 = H_1$$

$$\Delta H = H_2 - H_1 = Q_p \tag{3-16}$$

式(3-15)中 H 为具有广度性的状态函数，称为焓(enthalpy)，是一个具有能量量纲的热力学函数，其物理意义并不明确。此外，由于 U 的绝对值不能确定，H 的绝对值也无法确定。式(3-16)则表明，在不做非体积功条件下，系统在等压反应中与环境所交换的热在数值上等于反应的焓变，即 $\Delta H_r = Q_p$。换句话说，等压反应热 Q_p 只与反应的始、终态有关，而与反应途径无关。

焓的导出虽借助于等压过程，但不是说其他过程就没有焓变。根据焓的定义式(3-15)，一般情况下发生微小变化时的焓变为

$$dH = dU + d(pV) = dU + pdV + Vdp \tag{3-17}$$

从(3-17)式可知，Vdp 只是体现了压力变化对焓变的影响，不是能量；pdV 也不是体积功。因此，一般情况下，焓变的物理意义不明确。只有在特定的条件下，如不做非体积功的等压过程，dH 才具有明确的物理意义。因为此时 $dp=0$，$pdV=p_{外}dV$(此时 pdV 在数值上才等于体积功)。由(3-17)式推算

$$\begin{aligned} dH &= dU + pdV + Vdp = \delta Q + \delta W + pdV + Vdp \\ &= \delta Q_p - p_{外}dV + \delta W' + pdV + Vdp \\ &= \delta Q_p - p_{外}dV + pdV \\ &= \delta Q_p \end{aligned} \tag{3-18}$$

由于化学反应一般为不做非体积功的等压反应，其反应热 $\delta Q_p = dH$ 或 $Q_p = \Delta H$，因而，化学热力学中常用焓变 ΔH 来直接表示等压反应热 Q_p。

对于组成及量一定的理想气体，$pV=nRT$，则理想气体的焓为

$$H = U + pV = U + nRT \tag{3-19}$$

而理想气体的热力学能 U 仅是温度的单值函数，故理想气体的焓也只是温度的单值函数，因为 n、R 在式(3-19)中皆为常数。即若 T 不变，则 $\Delta H=0$。

2. 反应热的测定

前已述及，系统不做非体积功时，等容反应 $\Delta U_r = Q_V$，等压反应 $\Delta H_r = Q_p$。因此，只要测得 Q_V 或 Q_p，就能获得相应条件下的热力学能变 ΔU 和焓变 ΔH。

弹式量热计和杯式量热计可分别用来测定等容反应热 Q_V 或等压反应热 Q_p，其测定原理是能量守恒，即 $Q_{系统} = -Q_{环境}$。

以弹式量热计(图 3-4)和水为吸热介质为例，一些有机物在体积恒定的氧弹(其剖面如图 3-5所示)中燃烧后所放出的热量可由下式计算

$$\begin{aligned} Q_{系统} &= -Q_{环境} = -C\Delta T \\ &= -[C(H_2O) + C(cal)]\Delta T \\ &= -[c(H_2O)m(H_2O) + C(cal)]\Delta T \end{aligned} \tag{3-20}$$

式中：C、$C(H_2O)$、$C(cal)$ 分别为量热计总热容、吸热介质热容和量热计热容(需校准)；$c(H_2O)$ 为吸热介质的比热容；$m(H_2O)$ 为吸热介质的质量。

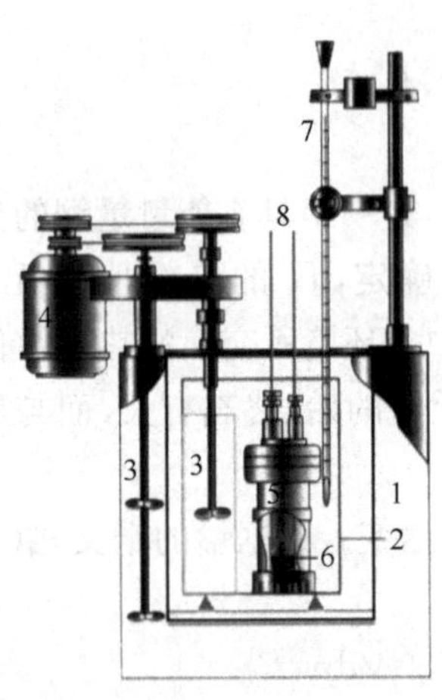

图 3-4　弹式量热计示意图

1. 绝热套；2. 钢质容器；3. 搅拌器；4. 电动泵；5. 氧弹；6. 样品盘；7. 温度计；8. 点火电线

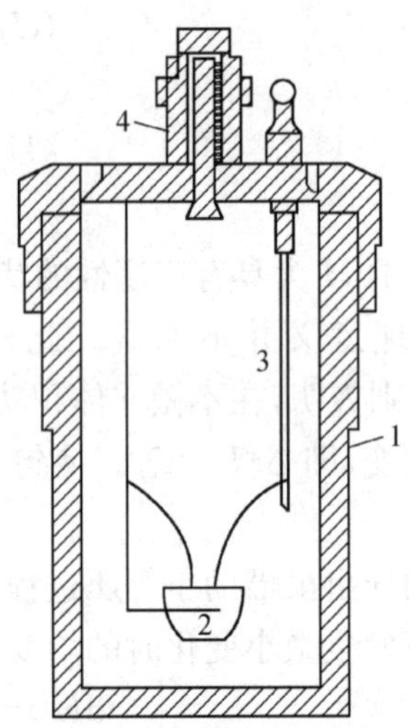

图 3-5　氧弹剖面图

1. 筒；2. 燃烧皿；3. 进气管兼电极；4. 出气道

在不发生相变和化学变化时，系统与环境所交换的热与由此引起的温度变化之比称为系统的热容(heat capacity)，用符号 C 表示。

$$C=\lim_{\Delta T\to 0}\left(\frac{Q}{\Delta T}\right)=\frac{\delta Q}{\mathrm{d}T} \tag{3-21}$$

热容是系统的广度性质，其大小与物质种类、状态和物质的量有关，也与热交换的方式有关，单位为 $\mathrm{J\cdot K^{-1}}$；1mol 物质的热容称为摩尔热容，以 C_m 表示，单位为 $\mathrm{J\cdot mol^{-1}\cdot K^{-1}}$；单位质量物质的热容称为比热容(specific heat capacity)，用符号 c 表示，单位为 $\mathrm{J\cdot g^{-1}\cdot K^{-1}}$。常用的热容有等容热容和等压热容。等容热容是等容条件下的热容，用符号 C_V 表示；等压热容是等压条件下的热容，用符号 C_p 表示。

热力学可证明，在不做非体积功条件下，系统经过等容过程，有

$$\mathrm{d}U=\delta Q_V=C_V\mathrm{d}T=nC_{m,V}\mathrm{d}T \tag{3-22}$$

若等容摩尔热容 $C_{m,V}$ 不随温度变化，则

$$\Delta U=Q_V=C_V\Delta T=nC_{m,V}\Delta T \tag{3-23}$$

同理，在不做非体积功的条件下，系统经过等压过程，则有

$$\mathrm{d}H=\delta Q_p=C_p\mathrm{d}T=nC_{m,p}\mathrm{d}T \tag{3-24}$$

若等压摩尔热容 $C_{m,p}$ 不随温度变化，则

$$\Delta H=Q_p=C_p\Delta T=nC_{m,p}\Delta T \tag{3-25}$$

热力学可证明，液、固态物质的 $C_{m,p}$ 与 $C_{m,V}$ 近似相等，即

$$C_{m,p}-C_{m,V}\approx 0 \tag{3-26}$$

热力学可证明，理想气体系统的 $C_{m,p}$ 与 $C_{m,V}$ 只相差一个摩尔气体常量 R，即

$$C_{m,p}-C_{m,V}=R \tag{3-27}$$

3. 等容反应热与等压反应热的关系

若知道 Q_p 与 Q_V 的关系，Q_p 就能由 Q_V 的数据求算，反之亦然。

假定是理想气体反应，尽管同一化学反应在等压等温或等容等温下进行的终态不同，但其终态产物的温度仍然相同。这些不同终态的理想气体产物再分别经过等温的物理变化过程（此过程理想气体热力学能变和焓变均为零），最终都可以达到同一终态。因此，可将 $\delta Q_V = dU$，$\delta Q_p = dH$，$pV = nRT$ 一并代入式(3-17)，得

$$\begin{aligned}\delta Q_p &= \delta Q_V + d(nRT) \\ &= \delta Q_V + RT dn \end{aligned} \tag{3-28}$$

整理后为

$$\delta Q_p = \delta Q_V + dn(RT) \text{ 或 } Q_p = Q_V + \Delta n(RT) \tag{3-29}$$

式中：Q_p 和 Q_V 分别为反应进度(下一小节将介绍)为 1mol 时的反应热，即摩尔反应热 $Q_{V,m}$ 和 $Q_{p,m}$；dn 或 Δn 也为反应进度等于 1mol 时理想气体产物的物质的量减去理想气体反应物的物质的量。

若是真实气体反应，则真实气体产物的物理变化过程的 ΔH 和 ΔU 虽不为零，但很小，可近似为零。此时，式(3-29)变为

$$\delta Q_p \approx \delta Q_V + dn(RT) \quad \text{或} \quad Q_{p,m} \approx Q_{V,m} + \Delta n(RT) \tag{3-30}$$

若反应物和产物均为液、固态物质，则 $dV \approx 0$，式(3-17)中 $d(pV) \approx 0$，此时

$$\delta Q_p \approx \delta Q_V \quad \text{或} \quad Q_p \approx Q_V \text{，即 } dH \approx dU \tag{3-31}$$

若是有气体参与的多相反应，则仅考虑气体对 $d(pV)$ 的贡献，式(3-29)变为

$$\delta Q_p \approx \delta Q_V + dn_g(RT) \quad \text{或} \quad Q_{p,m} \approx Q_{V,m} + \Delta n_g(RT) \tag{3-32}$$

式(3-32)即等压反应热与等容反应热的关系式。式中，dn_g 或 Δn_g 表示产物中气体物种的物质的量的总和减去反应物中气体物种的物质的量的总和。

【例 3-2】 固体柠檬酸的燃烧反应为

$$C_6H_8O_7(s) + \frac{9}{2}O_2(g) = 6CO_2(g) + 4H_2O(l)$$

298.15K 时，在弹式量热计中 10.0g 固体柠檬酸完全燃烧所放出的热为 103.6kJ。试求该反应在等压及 298.15K 条件下进行时的等压反应热 $\Delta_r H_m$。

解 柠檬酸的摩尔质量 $M = 192.0 g \cdot mol^{-1}$，故其物质的量为

$$n = \frac{10.0}{192.0} = 5.21 \times 10^{-2} (mol)$$

而弹式量热计中发生的是等容反应，所以

$$Q_V = -103.6 kJ$$

$$Q_{V,m} = Q_V / n = \frac{-103.6}{5.21 \times 10^{-2}} = -1.99 \times 10^3 (kJ \cdot mol^{-1})$$

则反应的摩尔恒压热效应为

$$\begin{aligned}\Delta_r H_m &= Q_{p,m} = Q_{V,m} + \Delta n_g(RT) \\ &= -1.99 \times 10^3 + (6 - 4.5) \times 8.314 \times 10^{-3} \times 298.15 = -1.98 \times 10^3 (kJ \cdot mol^{-1})\end{aligned}$$

> 思考题 3.7　热不是状态函数，为什么计算化学反应的等压热效应 Q_p 时又只取决于始、终态？

3.3.3 热力学标准态与热化学方程式

1. 化学反应计量式和反应进度

化学反应计量式就是化学反应方程式，它仅表示化学反应总的计量结果。

对任一反应，可写为

$$aA+dD=eE+fF$$

也可写成

$$0=eE+fF-aA-dD$$

或简化成

$$0=\sum_B \nu_B B \tag{3-33}$$

式(3-33)为反应计量式的标准缩写式。式中B代表参与反应的任意物种，ν_B为物种B相应的化学计量数(stoichiometric number)，它可以是整数或分数；对于反应物，ν_B为负值(如$\nu_A=-a$)；对于产物，ν_B为正值(如$\nu_E=e$)。

反应进度(extent of reaction)表示反应进行的程度，常用符号ξ表示，其定义为

$$\xi=\frac{n_B(\xi)-n_B(0)}{\nu_B} \tag{3-34}$$

式中：$n_B(0)$为反应起始时刻t_0，即反应进度$\xi=0$时，B的物质的量；$n_B(\xi)$为反应进行到t时刻，即反应进度$\xi=\xi$时，B的物质的量。反应进度ξ的单位为mol。例如：

	$N_2(g)$	$+3H_2(g)$	$\longrightarrow 2NH_3(g)$	ξ
t_0时n_B/mol	3.0	10.0	0	0
t时n_B/mol	2.0	7.0	2.0	ξ

$$\xi=\frac{\Delta n(N_2)}{\nu(N_2)}=\frac{\Delta n(H_2)}{\nu(H_2)}=\frac{\Delta n(NH_3)}{\nu(NH_3)}=\frac{2.0-3.0}{-1}=\frac{7.0-10.0}{-3}=\frac{2.0-0}{2}=1.0(\text{mol})$$

$\xi=1.0$mol时，表明按该反应计量式进行了摩尔级的反应，即1.0mol N_2和3.0mol的H_2反应并生成了2.0mol的NH_3。由于反应热和热力学能变与反应进度有关，为便于比较不同反应的$\Delta_r H$和$\Delta_r U$，常选择单位反应进度($\xi=1.0$mol)时的$\Delta_r H$和$\Delta_r U$来表示之，写作$\Delta_r H_m$和$\Delta_r U_m$。

若选择的始态ξ不为零，则以反应进度的变化$\Delta\xi$或$d\xi$表示，即

$$\Delta\xi=\xi(t)-\xi(0)=\frac{\Delta n_B}{\nu_B} \quad 或 \quad d\xi=\frac{dn_B}{\nu_B} \tag{3-35}$$

2. 热力学标准态

为了比较不同化学反应的反应热大小，需要规定共同的比较标准。热力学标准态(standard state)是指在某温度T和标准压力$p^\ominus$(100kPa)下该物质的状态。标准态不仅用于气体，也用于液体、固体或溶液。同一种物质，所处的状态不同，标准态的含义也不同。现分述如下：

气体：标准压力下的纯气体或混合气体中分压为标准压力的某气体，并认为气体均具有理想气体的性质。

液体、固体：标准压力下的纯液体、纯固体(纯净物)。

溶液中的溶质：标准压力下，溶质活度为1或浓度为$1\text{mol}\cdot L^{-1}$。

标准态明确指定了标准压力$p^\ominus$为100kPa，但未指定温度。热力学常用298.15K为参考温度，因此手册中的热力学数据大多是298.15K的数据。在符号中表示298.15K时常简写，如$\Delta_r H_m^\ominus(298K)$、$\Delta_r S_m^\ominus(298K)$、$\Delta_r G_m^\ominus(298K)$等。

3. 热化学方程式

表示化学反应与热效应关系的反应方程式称为热化学方程式(thermodynamic equation)。它包括以下要求：

(1) 写出化学反应计量式。

(2) 注明反应系统的温度及压力。因同一反应在不同温度下反应热是不同的。压力对反应热也有影响,但影响不大。例如,$\Delta_r H_m^{\ominus}$(298K)表示该反应在298.15K、各反应物的压力均为100kPa(此压力称为标准压力,用$p^{\ominus}$表示)。此符号中的上标"⊖"表示标准态,下标"m"表示反应进度ξ=1mol,下标"r"表示化学反应。

(3) 标明参与反应的各种物质的聚集状态,用g、l和s分别表示气态、液态和固态,用aq表示水溶液(aqueous solution)。如果是固体,还要指明是什么晶形的固体。例如,碳的固体有石墨和金刚石,硫的固体有单斜硫、斜方硫等不同晶形。

比较下列两个热化学反应方程式,可知注明参与反应的物质状态的重要性。

① $2H_2(g)+O_2(g)=\!=\!=2H_2O(l)$ $\Delta_r H_m^{\ominus}(298K)_1=-571.66kJ\cdot mol^{-1}$

② $2H_2(g)+O_2(g)=\!=\!=2H_2O(g)$ $\Delta_r H_m^{\ominus}(298K)_2=-483.64kJ\cdot mol^{-1}$

以炭的燃烧反应为例,其热化学方程式为

$$C(石墨,p^{\ominus})+O_2(g,p^{\ominus})=\!=\!=CO_2(g,p^{\ominus}) \quad \Delta_r H_m^{\ominus}(298K)=-393.51kJ\cdot mol^{-1}$$

思考题3.8 为什么要引入反应进度的概念?它与反应计量式、热化学方程式有关吗?

3.3.4 赫斯定律和反应热的计算

1. 赫斯定律

如果每一个化学反应的反应热都要通过实验测定,则工作量太大,且有些反应热还很难测定。为此,化学家依据现有的实验数据研究了反应热的理论计算方法。

1836年,俄国化学家赫斯(G. H. Hess)在大量实验的基础上总结出:"一个化学反应不管是一步完成或是分几步完成,它的反应热都是相同的。"这就是赫斯定律(Hess's law)。由于当年反应热的测定条件是不做非体积功、等压或等容条件,而等压反应热$Q_p=\Delta H$,等容反应热$Q_V=\Delta U$,只取决于始态和终态。因此,这个定律可更准确地表述为:在不做非体积功、等压或等容条件下,任何一个化学反应不管是一步完成还是分几步完成,其反应热只决定于系统的始态和终态,与反应所经历的途径无关。赫斯定律是热化学计算的基础。

例如碳的燃烧反应,在298.15K下,可按反应式①一步完成:

① $C(石墨)+O_2(g)=\!=\!=CO_2(g)$ $\Delta_r H_{m,1}^{\ominus}=-393.51kJ\cdot mol^{-1}$

也可分下列两步完成:

② $C(石墨)+\frac{1}{2}O_2(g)=\!=\!=CO(g)$ $\Delta_r H_{m,2}^{\ominus}=-110.53kJ\cdot mol^{-1}$

③ $CO(g)+\frac{1}{2}O_2(g)=\!=\!=CO_2(g)$ $\Delta_r H_{m,3}^{\ominus}=-282.98kJ\cdot mol^{-1}$

反应热的计算可应用赫斯定律的图解法,确定始态为C(石墨)+O_2(g),终态为CO_2(g),则变化的途径如图3-6所示。

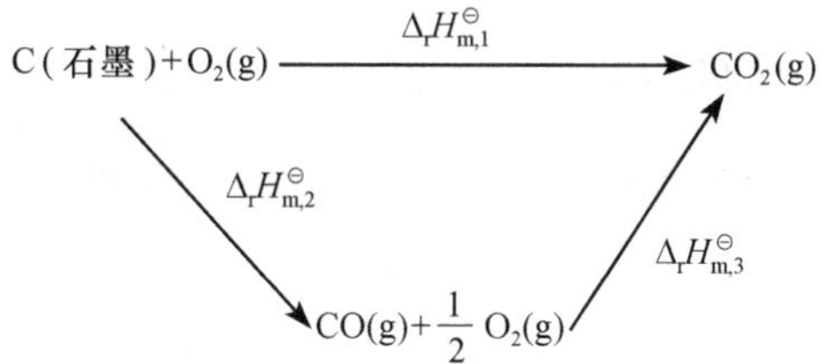

图3-6 状态变化的两种途径

则

$$\Delta_r H^{\ominus}_{m,1} = \Delta_r H^{\ominus}_{m,2} + \Delta_r H^{\ominus}_{m,3}$$
$$= -110.53 + (-282.98) = -393.51(kJ \cdot mol^{-1})$$

经计算发现，上述三个化学反应方程式之间的关系为："反应②式＋反应③式＝反应式①"。由此可得赫斯定律的推论：一个反应若是另外两个或更多个反应之和，则该反应的等压或等容反应热必然是各分步反应的等压或等容反应热之和。此推论又称为赫斯定律的代数法，即热化学方程式能像代数方程式一样进行加减消元运算，得出的热化学方程式之间的关系即为化学反应热之间的关系。

2. 标准生成热与标准燃烧热

(1) 标准生成热(standard heat of formation)，即某物质的标准摩尔生成热，是指在给定温度及标准压力下，由指定单质（习惯上称为稳定单质）作为始态一步生成 1mol 该物质的反应（称为生成反应）的热效应，符号为 $\Delta_f H^{\ominus}_m$，单位 $kJ \cdot mol^{-1}$，下标"f"表示生成。各种物质 $\Delta_f H^{\ominus}_m(298K)$ 数据见附表一。

所谓稳定单质是指在给定的温度和压力下生成反应的产物中所含各种元素的能够稳定存在（实际上是热力学规定的）的单质。例如，在 298.15K、$p^{\ominus}$下，$O_2(g)$、$H_2(g)$、C(石墨)、S(斜方)、$Br_2(l)$、Hg(l) 等均为稳定单质，而 $Br_2(g)$、$O_2(l)$、C(金刚石)、S(单斜)等则不是稳定单质。由于理论上稳定单质本身不可能再发生生成反应，因此，规定稳定单质的标准生成热为零。

(2) 标准燃烧热(standard heat of combustion)，即某物质的标准摩尔燃烧热，是指在给定温度及标准态下，1mol 可燃物质完全燃烧（或完全氧化）所放出的热效应，符号为 $\Delta_c H^{\ominus}_m$，单位 $kJ \cdot mol^{-1}$，下标"c"表示燃烧。这里"完全燃烧"是指将可燃物中的 C、H、S、P、N、Cl 等元素氧化为 $CO_2(g)$、$H_2O(l)$、$SO_2(g)$、$P_2O_5(s)$、$N_2(g)$、HCl(aq)；由于反应物已"完全燃烧"，上述这些指定的完全燃烧终产物理论上便不能再燃烧，因此，规定这些产物为不燃物或其燃烧热为零。各种物质标准燃烧热 $\Delta_c H^{\ominus}_m(298K)$ 的数据见书末附表二。

3. 标准反应热的计算

应用赫斯定律，可由相关反应的已知热效应数据（如标准生成热或标准燃烧热）间接计算任一指定反应的热效应。

1) 由标准生成热计算标准反应热

现以葡萄糖在体内氧化供给能量的反应为例。该反应（⑤式）可由下列四种物质的生成反应①、②、③、④，加减消元处理得出：

① $6C(石墨) + 6H_2(g) + 3O_2(g) = C_6H_{12}O_6(s)$　　$\Delta_r H^{\ominus}_{m,1} = \Delta_f H^{\ominus}_m[C_6H_{12}O_6(s)]$

② $O_2(g) = O_2(g)$　　$\Delta_r H^{\ominus}_{m,2} = \Delta_f H^{\ominus}_m[O_2(g)]$

③ $C(石墨) + O_2(g) = CO_2(g)$　　$\Delta_r H^{\ominus}_{m,3} = \Delta_f H^{\ominus}_m[CO_2(g)]$

④ $H_2(g) + \frac{1}{2}O_2(g) = H_2O(l)$　　$\Delta_r H^{\ominus}_{m,4} = \Delta_f H^{\ominus}_m[H_2O(l)]$

⑤ $C_6H_{12}O_6(s) + 6O_2(g) = 6CO_2(g) + 6H_2O(l)$　　$\Delta_r H^{\ominus}_{m,5} = ?$

因反应⑤＝(6×反应③＋6×反应④)－(1×反应①＋6×反应②)，则根据赫斯定律的代数法，⑤式的反应热为

$$\Delta_r H^{\ominus}_{m,5} = (6\Delta_r H^{\ominus}_{m,3} + 6\Delta_r H^{\ominus}_{m,4}) - (1 \times \Delta_r H^{\ominus}_{m,1} + 6\Delta_r H^{\ominus}_{m,2})$$
$$= \{6\Delta_f H^{\ominus}_m[CO_2(g)] + 6\Delta_f H^{\ominus}_m[H_2O(l)]\} - \{1 \times \Delta_f H^{\ominus}_m[C_6H_{12}O_6(s)] + 6\Delta_f H^{\ominus}_m[O_2(g)]\} \quad (3\text{-}36)$$

由式(3-36)可看出，等式右边第一个大括号内均为产物的标准生成热 $\Delta_f H^{\ominus}_m$之和，第二个大括号内均为反应物的标准生成热 $\Delta_f H^{\ominus}_m$之和。因此，只要反应条件一致，则可由式(3-36)类推出任一化学反应的标准反应热 $\Delta_r H^{\ominus}_m$，由该反应的反应物和产物的 $\Delta_f H^{\ominus}_m$数据计算的公式。

若任一化学反应的通式如下

$$a\mathrm{A} + d\mathrm{D} = e\mathrm{E} + f\mathrm{F}$$

则该反应在标准态下的反应热为

$$\Delta_r H^{\ominus}_m(T) = [e\Delta_f H^{\ominus}_m(\mathrm{E},T) + f\Delta_f H^{\ominus}_m(\mathrm{F},T)]_{产物} - [a\Delta_f H^{\ominus}_m(\mathrm{A},T) + d\Delta_f H^{\ominus}_m(\mathrm{D},T)]_{反应物} \quad (3\text{-}37)$$

或

$$\Delta_r H^{\ominus}_m(T) = \sum \nu_B \Delta_f H^{\ominus}_m(\mathrm{B},T) \quad (3\text{-}38)$$

式中，$\Delta_f H^{\ominus}_m(\mathrm{B},T)$为参与反应的任一物种 B 的标准生成热；$\nu_B$ 为 B 相应的化学计量数。由于附表一为 298.15K 的标准生成热数据，更常用的为下列公式：

$$\Delta_r H^{\ominus}_m(298\mathrm{K}) = \sum \nu_B \Delta_f H^{\ominus}_m(\mathrm{B},298\mathrm{K}) \quad (3\text{-}39)$$

【例 3-3】 反应 $2C_2H_2(g)+5O_2(g)=4CO_2(g)+2H_2O(l)$在标准态及 298.15K 下的反应热效应为 $\Delta_r H^{\ominus}_m(298\mathrm{K}) = -2600.4\mathrm{kJ\cdot mol^{-1}}$。已知相同条件下，$CO_2(g)$和 $H_2O(l)$的标准生成热分别为$-393.51\mathrm{kJ\cdot mol^{-1}}$和$-285.83\mathrm{kJ\cdot mol^{-1}}$。试计算乙炔 $C_2H_2(g)$的标准生成热$\Delta_f H^{\ominus}_m(298\mathrm{K})$。

解　根据乙炔的氧化反应式，有

$$\Delta_r H^{\ominus}_m(298\mathrm{K}) = 4\Delta_f H^{\ominus}_m[CO_2(g)] + 2\Delta_f H^{\ominus}_m[H_2O(l)] - 2\Delta_f H^{\ominus}_m[C_2H_2(g)] - 5\Delta_f H^{\ominus}_m[O_2(g)]$$

故

$$\Delta_f H^{\ominus}_m[C_2H_2(g),298\mathrm{K}] = \frac{4\times(-393.51)+2\times(-285.83)-5\times0-(-2600.4)}{2}$$
$$= 227.4(\mathrm{kJ\cdot mol^{-1}})$$

还需补充说明的是，对于有离子参加的化学反应，若知道离子的生成热，则反应热同样可用上述公式计算。标准离子生成热是指在给定温度下，由处于标准状态的稳定单质生成 1mol 离子所放出或吸收的热。用 $\Delta_f H^{\ominus}_m(\mathrm{B,aq}\infty)$表示，aq∞表示无限稀释的水溶液。由于溶液中正、负离子总是按电中性的原则而共存，因此无法测出单一离子的生成热，故规定氢离子在无限稀释水溶液中的标准生成热为零，并以此为基础计算其他离子的数据。离子生成热数据见附表一。

2）由标准燃烧热计算标准反应热

大多数有机物从稳定单质直接合成很难，例如，研究环己烷和甲基环戊烷之间的异构化时，两种物质的生成热就不易由实验测定。但它们可以燃烧或氧化，故可利用这些物质的标准燃烧热数据，计算任一指定反应的热效应。

现以反应 $(COOH)_2(s)+2CH_3OH(l)=(COOCH_3)_2(s)+2H_2O(l)$ 为例，应用赫斯定律的图解法，来推导由参与反应物质的标准燃烧热数据求算该反应标准反应热的公式。已知在 298.15K 时 $\Delta_c H^{\ominus}_m[(COOH)_2,s] = -246.0\mathrm{kJ\cdot mol^{-1}}$，$\Delta_c H^{\ominus}_m(CH_3OH,l) = -726.8\mathrm{kJ\cdot mol^{-1}}$，

$\Delta_c H_m^\ominus[(COOCH_3)_2,s]=-1678kJ\cdot mol^{-1}$。

以反应物为始态，以反应物和产物的燃烧产物 $CO_2(g)$、$H_2O(l)$ 为终态，则 $\Delta_r H_m^\ominus$ 与 $\Delta_c H_m^\ominus$ 的关系如图 3-7：

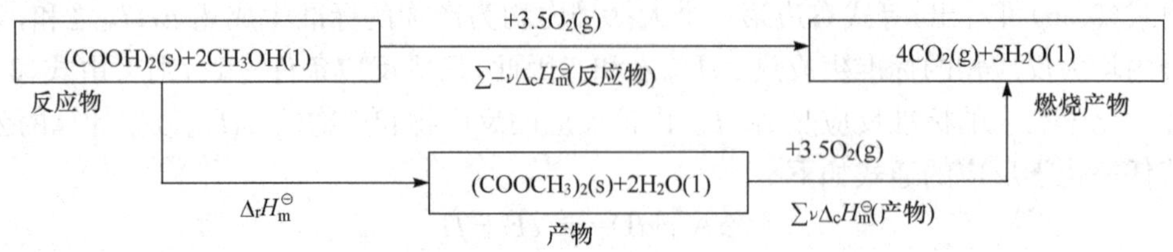

图 3-7 两种变化途径及 $\Delta_r H_m^\ominus$ 与 $\Delta_c H_m^\ominus$ 的关系

图中 $\sum -\nu\Delta_c H_m^\ominus$（反应物）之所以加一个负号，是因为反应物的化学计量数为负值。

根据赫斯定律的图解法，有

$$\sum -\nu\Delta_c H_m^\ominus(\text{反应物}) = \Delta_r H_m^\ominus + \sum \nu\Delta_c H_m^\ominus(\text{产物})$$

则利用标准燃烧热 $\Delta_c H_m^\ominus$ 计算任一化学反应标准反应热的公式为

$$\Delta_r H_m^\ominus = \sum -\nu\Delta_c H_m^\ominus(\text{反应物}) - \sum \nu\Delta_c H_m^\ominus(\text{产物}) \tag{3-40}$$

或

$$\Delta_r H_m^\ominus = -\sum \nu_B\Delta_c H_m^\ominus(B,T) \tag{3-41}$$

式中，$\Delta_c H_m^\ominus(B,T)$ 为参与反应的任一物种 B 的标准燃烧热；ν_B 为 B 相应的化学计量数。由于附表二为 298.15K 的标准燃烧热数据，则更为常用的是下列公式

$$\Delta_r H_m^\ominus(298K) = -\sum \nu_B\Delta_c H_m^\ominus(B,298K) \tag{3-42}$$

应用式(3-42)，上例中草酸与甲醇反应在 298.15K 时的标准反应热为

$$\begin{aligned}\Delta_r H_m^\ominus(298K) &= \{\Delta_c H_m^\ominus[(COOH)_2(s)]+2\Delta_c H_m^\ominus[CH_3OH(l)]\}-\{\Delta_c H_m^\ominus[(COOCH_3)_2(s)]+2\times 0\}\\ &= -246.0+2\times(-726.8)-(-1678)\\ &= -21.6\ (kJ\cdot mol^{-1})\end{aligned}$$

当然，由于从手册上查得的仅为 298.15K 时的数据，故运用上述公式一般只能求算 298.15K 时任意反应的标准反应热，但化学反应的热效应随温度的不同是有所不同的。若在 298.15K～T 物质无相变，同一反应在某一温度 T 时的标准反应热，热力学已经证明，可由下式求得

$$\Delta_r H_m^\ominus(T) = \Delta_r H_m^\ominus(298K) + \int_{298K}^{T}\Delta_r C_p\,dT \tag{3-43}$$

此公式称为基尔霍夫(G. R. Kirchhoff)定律(本教材不要求掌握)。式中，$\Delta_r C_p$ 为产物的等压摩尔热容总和与反应物的等压摩尔热容总和之差值，即

$$\Delta_r C_p = \left(\sum C_p\right)_{\text{产物}} - \left(\sum C_p\right)_{\text{反应物}} = \sum \nu_B\, C_{p,m}(B) \tag{3-44}$$

式中，$C_{p,m}(B)$ 为参与反应的任一物种 B 的等压摩尔热容；ν_B 为 B 的化学计量数。

思考题 3.9 赫斯定律的作用是能使热化学方程式像代数式一样进行加减消元运算来求任意化学反应的热效应，这种说法对否？

3.4 热力学第二定律和熵

大量事实证明，自然界中发生的任何变化都有一定的方向性。化学热力学同样需要研究这些物理和化学变化的方向。然而，热力学第一定律说明的仅仅是发生变化时所遵循的能量关系，对变化过程的方向并没有给出任何限制。解决这些问题所依据的是热力学第二定律。

3.4.1 化学反应的自发性

1. 自发过程

自发过程是在一定条件下无需任何外力帮助就能自动进行的过程。例如，水往低处流，烧红的铁块会慢慢变冷，室温下冰的融化，潮湿空气中铁钉的生锈，金属钠和氯气反应生成氯化钠等。

自发过程的特征：

(1) 单向性。自发过程总是自动地朝一个方向进行，决不会自动地逆向进行。例如，0℃以下的水会自发结冰，但同样条件下冰不会自动融化。自发过程的逆过程也称不自发过程。

(2) 具有做非体积功的潜能。理论上，任何自发过程都有做非体积功的潜能。例如，飞泻而下的瀑布可以推动发电机做电功。锌与硫酸铜的反应也可设计组装成原电池做电功。过程的自发性越大，做非体积功的潜能也越大。

(3) 具有一定的限度。自发过程总是单向地趋于平衡态，此平衡态就是自发过程的限度。例如，热会自动地由高温物体传给低温物体，直至两物体温度相等为止。

自发过程和不自发过程都可能发生，只是自发过程一旦发生，便自动进行，而不自发过程则需要外界干预。例如将水抽往高处就需水泵做功，要将氯化钠转化为金属钠和氯气则需要电解，即需付出环境对系统做电功的代价。

2. 化学反应自发的推动力

判断一个化学反应能否自发，在什么条件下自发，在化学和工业生产中意义重大。那么，推动化学反应自发的因素有哪些呢？

19世纪70年代，法国的贝特罗(P. E. M. Berthelot)和丹麦的汤姆生(J. Homson)曾认为自发进行的反应是放热反应。这种观点有一定道理，因为处于高能态的系统是不稳定的，而能量交换以热为主的化学反应，将一部分能量以热的形式释放给环境从而变成低能态的产物则更稳定。事实上，放热反应的确大多是自发的。室温时一些自发的放热反应的例子如下

$$Na(s)+\frac{1}{2}Cl_2(g)=\!=\!=NaCl(s) \qquad \Delta_r H_m^\ominus=-411.2kJ\cdot mol^{-1}$$

$$H_2(g)+\frac{1}{2}O_2(g)=\!=\!=H_2O(g) \qquad \Delta_r H_m^\ominus=-241.8kJ\cdot mol^{-1}$$

$$2Fe(s)+\frac{3}{2}O_2(g)=\!=\!=Fe_2O_3(s) \qquad \Delta_r H_m^\ominus=-824.2kJ\cdot mol^{-1}$$

$$NH_3(g)+H_2O(l)+CO_2(g)=\!=\!=NH_4HCO_2(s) \qquad \Delta_r H_m^\ominus=-185.6kJ\cdot mol^{-1}$$

$$6CaO(s)+CO_2(g)=\!=\!=CaCO_3(s) \qquad \Delta_r H_m^\ominus=-178.2kJ\cdot mol^{-1}$$

可见，**自然界中能量降低的趋势是化学反应自发的一种重要推动力**。是不是所有吸热反应或过程都不自发呢？事实并非如此。有些吸热反应或过程也能自发进行，如在室温时下列

反应或过程都是吸热而自发的。

$H_2O(s) = H_2O(l)$　　$\Delta_r H_m^\ominus = 6.01kJ \cdot mol^{-1}$

$Ba(OH)_2 \cdot 8H_2O(s) + 2NH_4Cl(s) = BaCl_2(aq) + 2NH_3(aq) + 10H_2O(l)$　$\Delta_r H_m^\ominus = 80.3kJ \cdot mol^{-1}$

$KNO_3(s) = K^+(aq) + NO_3^-(aq)$　　$\Delta_r H_m^\ominus = 8.28kJ \cdot mol^{-1}$

碳酸氢铵和碳酸钙的分解反应也是吸热反应，但在室温下不能自发进行，若升高温度[$T(NH_4CO_3) > 117℃$，$T(CaCO_3) > 846℃$]，却可以自发进行。

$NH_4HCO_3(s) = NH_3(g) + H_2O(l) + CO_2(g)$　　$\Delta_r H_m^\ominus = 185.6kJ \cdot mol^{-1}$

$CaCO_3(s) = CaO(s) + CO_2(g)$　　$\Delta_r H_m^\ominus = 178.2kJ \cdot mol^{-1}$

可知，反应放热(能量降低的趋势)并不是决定反应自发性的惟一因素。考察这少数自发而又吸热的反应或过程可以发现一个共同点，就是系统由原来较为有序的状态变为一种更加无序的状态，产物分子的活动范围变大，或者活动范围大的分子增多了，即由始态至终态，系统的混乱程度增大了。由此可见，**混乱度增大的趋势是自发的化学反应的又一重要推动力**。

3.4.2 热力学第二定律

由自然界中的自发过程可知：任何系统在没有外界影响时，总是单向地趋于热力学平衡态，而绝不可能自动地逆向进行。这一结论就是热力学第二定律(the second law of thermodynamics)。

热力学第二定律建立于提升热机效率的研究之中。1824 年，卡诺(N. L. S. Carnot)研究了其采用科学抽象法而建立的理想化模型，即所谓的"卡诺热机"，并得出结论："热机的效率只与两个热源的温差有关，而与热机的工作物质无关。任何热机的效率都不能高于理想热机的效率。"

后来，开尔文(L. Kelvin)和克劳修斯(R. J. E. Clausius)也分别研究了卡诺原理，发现其中包含了一个极为重要的自然规律，即热力学第二定律。该定律有多种表述，但不管表述如何，其实质都是一样的，即自发过程都是热力学上的不可逆过程。克劳修斯的表述为"不可能从单一热源吸取热，使之全部转变为功，而不留下其他影响"。开尔文的表述为"热不可能自动地从低温物体传至高温物体而不引起其他影响"。这再次说明，功和热是能量传递的不同形式，一种有序，一种无序，二者在转化过程中存在方向性，即有序能量——功可以全部无条件地转化为无序能量——热，而热全部转化为功是不可能的或有条件的。

3.4.3 可逆过程和不可逆过程

可逆过程是指系统经历的一个从状态 A 变化到状态 B 的过程，条件是再从状态 B 沿原路返回到状态 A 时，不在环境中留下任何痕迹(系统和环境同时复原)。

或者说，在热力学中，可逆过程是指系统的某些属性能够在无能量损失或耗散的情形下通过无穷小的变化实现反转的热力学过程。由于这些变化都是无穷小的，热力学系统在整个过程中几乎都处于平衡态。

前述图 3-3 所示的理想气体准静态等温膨胀过程之所以是可逆过程，是因为系统从始态经历无穷多步等温膨胀过程到终态，然后可经无穷多步等温压缩过程回到始态。热力学可证明，在此往返过程中，环境在正过程中得的功在逆过程中全部还给系统(因为同一始、终态时，准静态等温压缩过程环境对系统所做的最小压缩功等于准静态等温膨胀过程系统对环境所做的最大膨胀功，见表 3-1)，而在正过程中环境供给系统的热，又在逆过程中原封不动地收回来了，因而系统和环境能够同时复原。

可逆过程在自然界中并不严格存在，它是从实际过程中抽象出来的一种理想过程，实际过程只能尽量地趋近于它。例如相平衡、化学平衡可近似地看作可逆过程。可逆过程所做的功，称为可逆功(reversible work)，用 W_r 表示。在同一始、终态之间，可逆过程系统对外做的功最大，而自发过程系统对外做的功相对较小，因此，只要始、终态确定，可逆功就有确定值，并可作为其他过程的比较标准。

再者，可逆膨胀过程系统从环境吸收的热也是最大热，称为可逆热(reversible heat)，用 Q_r 表示，在同一始、终态之间总是比自发膨胀过程吸收的热要大。

自发过程在热力学中称为不可逆过程(irreversible process)，即无论用什么方法都不能使系统和环境同时复原的过程。

思考题 3.10　等温可逆过程，系统对环境所做的膨胀功最大，而环境对系统所做的压缩功最小，若不考虑做功的方向，两功数值相等，这一结论对热力学研究有什么意义吗?

3.4.4　熵和熵变

1. 熵的定义和熵变

在研究卡诺热机的过程中，德国物理学家克劳修斯意识到传递的热与热源温度之比 Q/T 的意义，提出了熵的概念。熵(entropy)代表系统混乱度的大小。常用符号 S 表示。系统的混乱度越大，熵值越大。热力学已经证明，熵是状态函数，属于广度性质，其单位是 $\mathrm{J \cdot K^{-1}}$。因此，熵变的大小也只取决于系统的始态与终态，与变化途径无关。熵变的计算公式已由热力学导出(其推导过程从略)，即系统由始态变至终态时引起状态函数熵的变化值 ΔS 为

$$\Delta S = S_2 - S_1 = \sum \frac{\delta Q_r}{T} = \int_1^2 \frac{\delta Q_r}{T} \tag{3-45}$$

对于系统的状态发生一微小的变化时(系统的始态与终态是两个非常接近的平衡态)，则熵的微小变化值 $\mathrm{d}S$ 为

$$\mathrm{d}S = \frac{\delta Q_r}{T} \tag{3-46}$$

式(3-45)、(3-46)中：Q_r 为可逆热；δQ_r 为微量可逆热；T 为系统的热力学温度。式(3-45)、(3-46)均表明，当系统的状态发生变化时，其熵的变化值等于其由始态至终态经可逆过程这种途径变化的热温商。需要加以说明的是，系统由同一始态到同一终态，也可经不可逆过程的途径变化过去，但状态函数熵的变化值 ΔS 是一样的。

对于等温过程来说，式(3-45)又可变为

$$\Delta S = S_2 - S_1 = \int_1^2 \frac{\delta Q_r}{T} = \frac{\int_1^2 \delta Q_r}{T} = \frac{Q_r}{T} \tag{3-47}$$

对于非等温过程来说，体系由始态变至终态，既可经可逆过程，也可经不可逆过程，但用来计算熵变的只能是可逆过程。而可逆过程是由无穷多步的微小变化所构成的。因 T 值相对较大，每个微小变化对 T 的影响将微乎其微，可看作一个个微小的等温过程。也就是说，非等温过程的熵变等于其可逆过程途径中等温微小变化的热温商之和，故熵变需用式(3-45)作定积分计算。在本教材的实际应用中，并不要求用式(3-45)积分计算 ΔS，仅用它阐明熵的定义。

此外，熵变 ΔS 之所以与温度成反比，是因为在低温时系统内部分子、离子或原子的热运动程度小，整个系统混乱度小，吸收一定量的热后，混乱度变化较大，在高温时混乱度本来较大，吸收同样量的热，混乱度只是略为增加。

2. 熵的物理意义

熵概念提出之初因缺乏物理意义的解释，曾受人质疑。直到玻耳兹曼把熵与系统状态的存在概率联系起来，熵才被人们广泛接受。

著名的玻耳兹曼关系式为

$$S = k\ln\Omega \tag{3-48}$$

式中：$k=1.38\times10^{-23}\mathrm{J\cdot K^{-1}}$，称为玻耳兹曼常量；$\Omega$ 为热力学概率（混乱度），是一个微观物理量，即某一宏观状态所对应的微观状态数。这一关系式为宏观物理量——熵作出了微观的统计解释，揭示了热现象的本质，建立了宏观与微观的联系桥梁。

为了更好地理解玻耳兹曼关系式，请看艾特金斯（B. W. Atkins）设计的“棋盘游戏”。图 3-8(a)是一个有 1600 个格点的棋盘示意图。该棋盘分为两个区域，中间区域为系统Ⅰ，有 100 个格点；外面区域为系统Ⅱ，有 1500 个格点。系统Ⅰ、系统Ⅱ合起来构成一个大的系统。

现有 100 颗棋子，设游戏开始前所有棋子都集中于中间区域，且无挪动的余地和交换位置的自由，此即为大系统所处宏观状态的始态，也就是说，此时系统Ⅰ和系统Ⅱ分别对应的微观状态数都为 1，根据玻耳兹曼关系式，总熵为

$$S_{\mathrm{I+II}}=S_{\mathrm{I}}+S_{\mathrm{II}}=k\ln\Omega_{\mathrm{I+II}}=k\ln\Omega_{\mathrm{I}}+k\ln\Omega_{\mathrm{II}}=k\ln(\Omega_{\mathrm{I}}\cdot\Omega_{\mathrm{II}})$$

$$\Omega_{\mathrm{I}}=1,\Omega_{\mathrm{II}}=1,\text{则 }\Omega_{\mathrm{I+II}}=\Omega_{\mathrm{I}}\cdot\Omega_{\mathrm{II}}=1,\text{故 }S_{\mathrm{I+II}}=k\ln\Omega_{\mathrm{I+II}}=0$$

开始玩游戏，先完全无规则地将一颗棋子，放到外面区域任意格子之中，此即为大系统所处宏观状态的中间状态 1：从系统Ⅰ挪出一颗棋子[图 3-8(b)]。

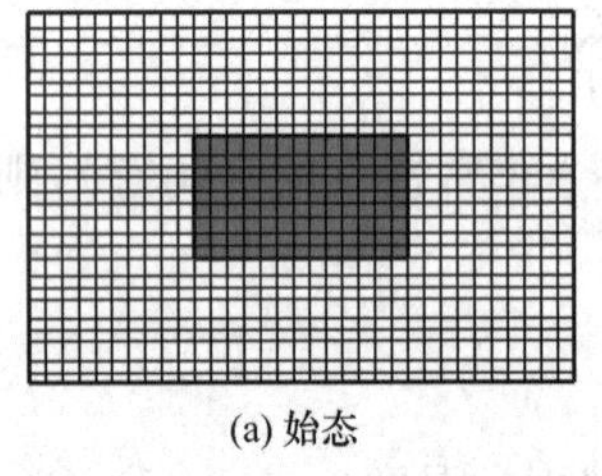
(a) 始态

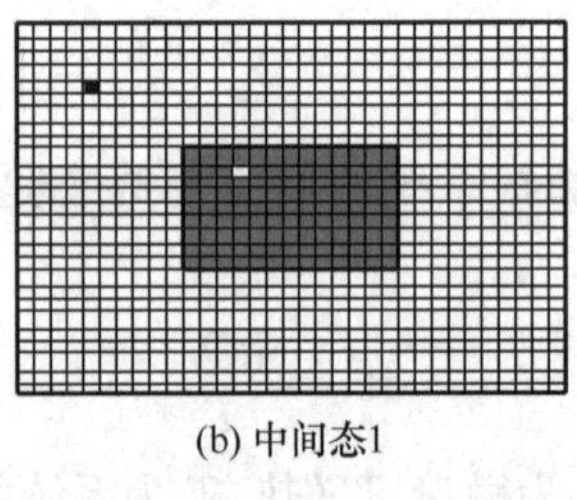
(b) 中间态1

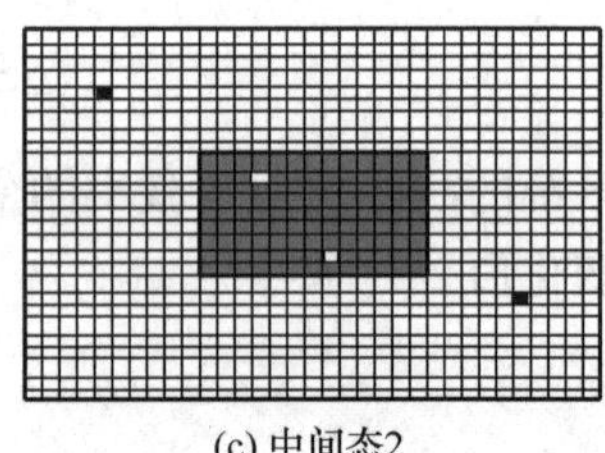
(c) 中间态2

图 3-8　棋盘游戏示意图

此时系统Ⅰ和系统Ⅱ对应的微观状态数分别为 100 和 1500，因 $\Omega_{\mathrm{I}}=100$，$\Omega_{\mathrm{II}}=1500$，故这种宏观状态——中间态 1 所对应的微观状态数等于 $\Omega_{\mathrm{I+II}}=\Omega_{\mathrm{I}}\cdot\Omega_{\mathrm{II}}=100\times1500=1.5\times10^5$，根据玻耳兹曼关系式，中间态 1 的总熵为

$$S_{\mathrm{I+II}}=k\ln\Omega_{\mathrm{I+II}}=11.92k=1.64\times10^{-22}(\mathrm{J\cdot K^{-1}})$$

继续游戏，再从中间区域挪出一个棋子，此即为大系统所处宏观状态的中间状态 2：从系统Ⅰ挪出两颗棋子[图 3-8(c)]。

此时系统Ⅰ和系统Ⅱ对应的微观状态数的计算较前述的两种宏观状态复杂。对于系统Ⅰ来说，第一个空格点可在 100 个位置上任选，而第二个空格点的任选程度要小一些，只可在 99 个位置上任选，考虑棋子被挪动的次序可以颠倒，而不至于影响结果，所以

$$\Omega_{\mathrm{I}}=(100\times99)/2=4950$$

同样，挪到外面区域的棋子可一样考虑。第一颗棋子1500个任选位置，第二颗棋子1499个任选位置，故对于系统Ⅱ来说，此时

$$\Omega_{\mathrm{II}}=(1500\times1499)/2=1\ 124\ 250$$

这种宏观状态——中间态2所对应的微观状态数等于 $\Omega_{\mathrm{I+II}}=\Omega_{\mathrm{I}}\cdot\Omega_{\mathrm{II}}=4950\times1\ 124\ 250=5.6\times10^{9}$，根据玻耳兹曼关系式，中间态2的总熵为

$$S_{\mathrm{I+II}}=k\ln\Omega_{\mathrm{I+II}}=k\ln(\Omega_{\mathrm{I}}\cdot\Omega_{\mathrm{II}})=22.44k=3.09\times10^{-22}(\mathrm{J\cdot K^{-1}})$$

依次玩下去，将系统Ⅰ中的棋子一一挪到系统Ⅱ中去，可分别计算出大系统各个宏观状态对应的微观状态数及其熵值。可以预计，微观状态数和熵值将会越来越大。因此，熵具有统计意义，它是系统混乱程度的一种量度。

3. 热力学第三定律和标准熵

在一定条件下，自发的化学反应是不可逆过程，反应系统的熵变不能由其热温商直接求算，但熵是状态函数，反应前后的熵值具有确定值，如下述反应：

$$a\mathrm{A}+d\mathrm{D}=\!=\!=e\mathrm{E}+f\mathrm{F}$$

该反应的熵变应为

$$\Delta_{\mathrm{r}}S_{\mathrm{m}}=(eS_{\mathrm{E}}+fS_{\mathrm{F}})-(aS_{\mathrm{A}}+dS_{\mathrm{D}})=\sum\nu_{\mathrm{B}}S_{\mathrm{B}} \tag{3-49}$$

由式(3-49)可知，求熵变的大小关键在于求算式(3-49)中各物质的熵值 S_{B}。

(1) 规定熵与热力学第三定律。1912年普朗克(M. Plank)在理查兹(T. W. Richards)和能斯特(H. W. Nernst)的工作基础上，根据统计理论指出：在绝对零度时，对于任何纯物质的完整晶体(指晶体内部无任何缺陷，因此时热运动几乎停止，质点排列完全有序)来说，其熵值 S_0 为零。这就是热力学第三定律(the third law of thermodynamics)。以此为相对标准求得的熵值 S_T 称为物质的规定熵(conventional entropy)。并非所有物质在绝对零度时都能形成完整晶体，如玻璃体、同位素共存体等就不能形成，其绝对零度时熵值非零。但热力学可证明，规定熵的概念也可用于非完整晶体的纯物质。

(2) 标准摩尔熵 $S_{\mathrm{m}}^{\ominus}$。标准状态下1mol纯物质在温度 T 时的规定熵称为标准摩尔规定熵，简称标准摩尔熵(standard molar entropy)，用 $S_{\mathrm{m}}^{\ominus}$ 表示，单位是 $\mathrm{J\cdot K^{-1}\cdot mol^{-1}}$，一些物质 $S_{\mathrm{m}}^{\ominus}$ 的值见书末附表一。需要指出的是，水溶液中离子的 $S_{\mathrm{m}}^{\ominus}$ 是在标准状态下水合 $\mathrm{H^+}$ 离子的标准摩尔熵值规定为零的基础上求得的相对值。

物质的标准摩尔熵 $S_{\mathrm{m}}^{\ominus}$ 值一般呈现如下的变化规律。

(i) 同一物质，$S_{\mathrm{m}}^{\ominus}$(气)$>$ $S_{\mathrm{m}}^{\ominus}$(液)$>$ $S_{\mathrm{m}}^{\ominus}$(固)。

(ii) 分子结构相似的物质，当相对分子质量接近时，$S_{\mathrm{m}}^{\ominus}$ 相近；否则，相对分子质量大的物质的 $S_{\mathrm{m}}^{\ominus}$ 较大。

(iii) 相对分子质量相等或相近的物质，结构复杂的 $S_{\mathrm{m}}^{\ominus}$ 值大，如 $S_{\mathrm{m}}^{\ominus}(\mathrm{C_2H_5OH,l})>S_{\mathrm{m}}^{\ominus}(\mathrm{CH_3OCH_3})$。

(iv) 气态多原子分子的 $S_{\mathrm{m}}^{\ominus}$ 值较单原子的大，如 $S_{\mathrm{m}}^{\ominus}(\mathrm{O_3})>S_{\mathrm{m}}^{\ominus}(\mathrm{O_2})>S_{\mathrm{m}}^{\ominus}(\mathrm{O})$。

(v) 同一物质，当 $T_2>T_1$ 时，$S_{\mathrm{m}}^{\ominus}(T_2)>S_{\mathrm{m}}^{\ominus}(T_1)$。

(vi) 压力对液态、固态物质的熵值影响较小，而对气态物质的影响较大。如压力增加，气态物质的 $S_{\mathrm{m}}^{\ominus}$ 值降低。

上述 $S_{\mathrm{m}}^{\ominus}$ 值的变化规律也可用图形表示，如图3-9。

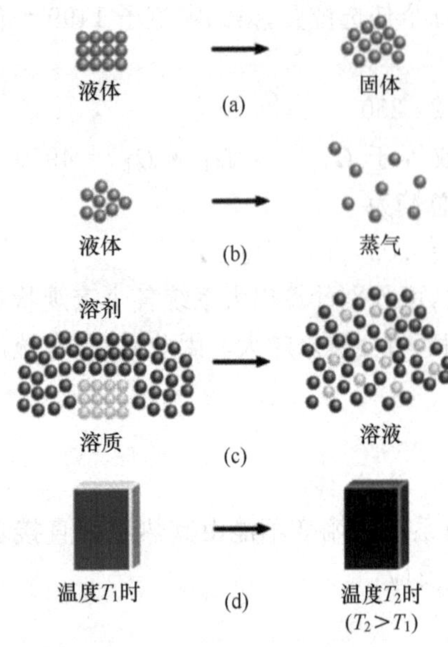

图 3-9 $S_m^\ominus$的变化规律

4. 标准反应熵变的计算

由标准摩尔熵 $S_m^\ominus(T)$可计算任一化学反应的标准熵变 $\Delta_r S_m^\ominus(T)$。

设化学反应为

$$aA+dD = eE+fF$$

则由式(3-49)可得

$$\Delta_r S_m^\ominus(T) = (eS_E^\ominus + fS_F^\ominus)_{产物} - (aS_A^\ominus + dS_D^\ominus)_{反应物}$$
$$= \sum \nu_B S_B^\ominus(B,T) \tag{3-50}$$

因附表一中标准摩尔熵 $S_m^\ominus$为 298.15K 的数据，则 298.15K 时，式(3-50)变为

$$\Delta_r S_m^\ominus(298K) = \sum \nu_B S_B^\ominus(B, 298K) \tag{3-51}$$

此外，当温度改变不太大时，因 $\Delta_r S_m^\ominus$变化不大，可以将 298.15K 时的 $\Delta_r S_m^\ominus$数据近似地当作某温度 T 下的 $\Delta_r S_m^\ominus$来应用。

虽本教材不要求严格计算某温度 T 下的 $\Delta_r S_m^\ominus(T)$，但若要求算，前提是在 298.15K～T 温度之间物质无相变，$\Delta_r S_m^\ominus(T)$ 则可由下式严格求算

$$\Delta_r S_m^\ominus(T) = \Delta_r S_m^\ominus(298K) + \int_{298K}^{T} \frac{\Delta_r C_p}{T} dT \tag{3-52}$$

式中，$\Delta_r C_p$可按式(3-44)计算，即为产物的等压摩尔热容总和与反应物的等压摩尔热容总和之差值。

【例 3-4】 碳酸钙的分解反应为

$$CaCO_3(s) = CaO(s) + CO_2(g)$$

已知 $CaCO_3(s)$、$CaO(s)$、$CO_2(g)$在 298.15K 下的标准摩尔熵 $S_m^\ominus$分别为 92.9、39.75、213.74J·K^{-1}·mol^{-1}。试计算在 298.15K 下该反应的标准摩尔熵变 $\Delta_r S_m^\ominus(298K)$。

解 因为 $\Delta_r S_m^\ominus(298K) = \sum \nu_B S_B^\ominus(B, 298K)$，故

$$\Delta_r S_m^\ominus(298K) = S_m^\ominus[CaO(s)] + S_m^\ominus[CO_2(g)] - S_m^\ominus[CaCO_3(s)]$$
$$= 39.75 + 213.74 - 92.9$$
$$= 160.6\ (J \cdot K^{-1} \cdot mol^{-1})$$

3.4.5 热力学第二定律的熵表述

自发的化学反应有两个推动力：能量降低的趋势和混乱度增大的趋势。对于孤立系统来说，推动系统内化学反应自发进行的因素就只有一个，那就是熵增加。因此，引入熵后，热力学第二定律又有熵表述：孤立系统内任何变化都不可能使熵的总值减少。也称熵增加原理(principle of entropy increase)。其数学表达式为

$$\Delta S_{孤立} \geqslant 0 \quad 或 \quad dS_{孤立} \geqslant 0 \tag{3-53}$$

式中：$\Delta S_{孤立}$ 或 $dS_{孤立}$ 表示孤立系统的熵变。若不可逆过程，则 $\Delta S_{孤立} > 0$；若可逆过程，则 $\Delta S_{孤立} = 0$；总之，熵有增无减。对于化学反应，熵增加原理也可表示为

$$
dS_{孤立}或\Delta S_{孤立}\begin{cases} >0 & 正向自发(不可逆过程) \\ =0 & 化学平衡(可逆过程) \\ <0 & 正向不自发(不自发过程) \end{cases} \tag{3-54}
$$

式(3-54)即为孤立系统中反应能否自发或平衡的熵判据，简称熵判据。

真正的孤立系统并不存在，但如果把系统和环境加在一起，就构成了一个大的孤立系统，其熵变用 $\Delta S_{总}$ 表示。因此，式(3-53)可改写为

$$
\Delta S_{总} = (\Delta S_{系统} + \Delta S_{环境}) \geqslant 0 \tag{3-55}
$$

但式(3-55)一般不用，因为要运用熵判据较麻烦，则既要计算系统的熵变又要计算环境的熵变，而且环境的熵变有时还不好算。

实际上，系统由同一始态到同一终态，不管是经可逆过程还是经不可逆过程，熵变 dS 是一样的。如果一般系统经过一个未知过程，假定该过程的热温商 $\delta Q/T$ 和熵变 dS 已知，根据式(3-54)和 $dS=\delta Q_r/T$，要判断该过程是什么过程，则有

$$
\frac{\delta Q}{T}\begin{cases} < dS & 为自发过程(不可逆过程) \\ = dS & 为可逆过程(系统处于平衡) \\ > dS & 为不自发过程(不可能发生的过程) \end{cases} \tag{3-56}
$$

式(3-56)为一般系统中过程能否自发的熵判据。实际上式(3-56)也可表示为

$$
TdS \geqslant \delta Q \tag{3-57}
$$

式(3-57)是适合于一般系统的热力学第二定律的熵表述。也就是说，若 $TdS>\delta Q$，为不可逆过程；若 $TdS=\delta Q$，则是可逆过程。

思考题 3.11　只要是熵增加的过程，就一定是自发过程吗？

3.5　化学反应方向和吉布斯自由能

在判断化学反应自发性和方向时，能否找到一个比熵判据更为方便的，即无需考虑环境，只需考虑系统本身的情况，就可以解决大多数化学反应的自发性和方向问题的判据呢？为此，1876～1878 年，吉布斯(J. W. Gibbs)从等压等温条件和一般系统热力学第二定律的熵表述出发引入了新的热力学函数，以作为一般系统过程或反应自发方向的判断依据。因为大多数反应是在等压等温下进行的。

3.5.1　吉布斯自由能及其判据

1. 吉布斯自由能

由热力学第一定律的数学表达式(3-6) $dU=\delta Q+\delta W$，得

$$
\delta Q = dU - \delta W = dU - (\delta W_e + \delta W') = dU + p_{外}dV - \delta W' \tag{3-58}
$$

再根据热力学第二定律的熵表述，将式(3-57) $\delta Q\leqslant TdS$ 代入式(3-58)，得

$$
\delta Q = dU + p_{外}dV - \delta W' \leqslant TdS \tag{3-59}
$$

移项得

$$
TdS - dU - p_{外}dV + \delta W' \geqslant 0 \tag{3-60}
$$

在等压等温、不做非体积功条件下，$T_{始}=T_{终}$，$p_{始}=p_{终}=p_{体}=p_{外}$，$\delta W'=0$，则

$$TdS=TdS+SdT=d(TS);\ p_{外}dV=pdV=pdV+Vdp=d(pV)$$

故式(3-60)又可写成

$$d(TS)-dU-d(pV)\geqslant 0 \tag{3-61}$$

不等式两边同时取负值，则式(3-61)变为

$$dU+d(pV)-d(TS)\leqslant 0 \tag{3-62}$$

整理后得

$$d(U+pV-TS)\leqslant 0 \tag{3-63}$$

而$U+pV=H$，故又可变为

$$d(H-TS)\leqslant 0 \tag{3-64}$$

式中：$H-TS$ 由状态函数 H、T、S 组合而成，故这一组合也是系统的状态函数，称为吉布斯自由能，用符号 G 表示，即 G 的定义为

$$G=H-TS \tag{3-65}$$

因为焓和熵都是广度性质，吉布斯自由能也是广度性质。

2. 吉布斯自由能判据

将式(3-65)代入式(3-64)中，则在等压等温、不做非体积功条件下，得

$$dG_{T,p}\leqslant 0 \quad 或 \quad \Delta G_{T,p}\leqslant 0 \tag{3-66}$$

式(3-66)表明，若 $dG_{T,p}$或 $\Delta G_{T,p}<0$，为自发过程。即在等压等温条件下，自发变化总是向吉布斯自由能减小的方向进行。若 $dG_{T,p}$或 $\Delta G_{T,p}=0$，则是可逆过程。

若在做非体积功条件下由式(3-60)继续推导，可证明吉布斯自由能可看作是在等压等温条件下系统总能量中具有做非体积功本领的那部分能量。因为此时吉布斯自由能的减少值在数值上等于可逆过程所做非体积功，也为在同一始、终态时系统对外所做非体积功中的最大非体积功，即

$$-dG_{T,p}\geqslant-\delta W' \ 或 \ -\Delta G_{T,p}\geqslant-W' \tag{3-67}$$

式(3-67)适合于做非体积功的等压等温过程。若$-dG_{T,p}>-\delta W'$，则为自发过程；若$-dG_{T,p}=-\delta W'$，则为可逆过程。

但一般情况是等压等温、不做非体积功的反应或过程，式(3-66)又可表达为

$$dG_{T,p}\ 或\ \Delta G_{T,p}\begin{cases}<0 & 反应正向自发(自发过程)\\=0 & 化学平衡(可逆过程)\\>0 & 反应正向不自发(不自发过程)\end{cases} \tag{3-68}$$

式(3-68)是在等压等温、不做非体积功条件下化学反应或过程能否自发的判据，又称吉布斯自由能判据。式中，$dG_{T,p}$或 $\Delta G_{T,p}$表示该条件下的吉布斯自由能变，单位为 $kJ\cdot mol^{-1}$。此外，应注意的是，其计算结果只能判断反应自发的可能性。

思考题 3.12　是否说 $\Delta_r G_{T,p}$为负，就一定会反应？或者说，$\Delta_r G_{T,p}$越负，就越容易反应呢？

思考题 3.13　当 $\Delta_r G_{T,p}=0$ 时，表示不再自发，也即 G 达到最小值。对吗？

3.5.2　标准吉布斯自由能变的计算

1. 吉布斯-亥姆霍兹公式

根据吉布斯自由能的定义，$G=H-TS$，则

$$dG = dH - d(TS) = dH - TdS - SdT \tag{3-69}$$

由式(3-69)可得等压等温下状态变化的吉布斯自由能变 $dG_{T,p}$ 或 $\Delta G_{T,p}$ 为

$$dG_{T,p} = dH_T - TdS_T \quad 或 \quad \Delta G_{T,p} = \Delta H_T - T\Delta S_T \tag{3-70}$$

式(3-70)就是著名的吉布斯-亥姆霍兹公式。此公式把影响过程或化学反应自发的两个因素：能量变化(表现为等压热 ΔH)与混乱度变化(表现为熵变 ΔS)完美地统一起来了。按式(3-70)，化学反应自发进行的方向取决于 ΔH 和 $T\Delta S$ 值的相对大小，即与 ΔH 和 ΔS 的符号以及温度有关。显然，温度 T 对 ΔG 影响明显，而 ΔH 和 ΔS 实际上随温度的改变很小。具体影响情况见表 3-2。

表 3-2　ΔH 和 ΔS 的符号以及温度对正向反应自发性的影响

ΔH	ΔS	ΔG 低温	高温	温度对正向反应自发性的影响
−	+	−	−	任何温度下均自发，如 $2O_3(g) \longrightarrow 3O_2(g)$
+	−	+	+	任何温度下不自发，如 $3O_2(g) \longrightarrow 2O_3(g)$
−	−	−	+	低温自发，如 $T<1118.6K$，$CaO(s)+CO_2(g) \longrightarrow CaCO_3(s)$
+	+	+	−	高温自发，如 $T>1118.6K$，$CaCO_3(s) \longrightarrow CaO(s)+CO_2(g)$

从表 3-2 可知，只有 ΔH 和 ΔS 两者符号相同时，才可能通过改变温度来改变反应的方向；$\Delta G=0$ 时的温度即化学平衡时的温度，也称转变温度

$$T_{转变} = \frac{\Delta H}{\Delta S} \tag{3-71}$$

在放热熵减的情况下，这个温度是正向能自发进行的最高反应温度；在吸热熵增的情况下，这个温度是正向能自发进行的最低反应温度。

对于任意一等压等温、不做非体积功的化学反应：

$$a\mathrm{A}+d\mathrm{D} = e\mathrm{E}+f\mathrm{F}$$

若等压为 $p^{\ominus}$，则该反应的 $\Delta G_{T,p}$ 为标准吉布斯自由能变，由式(3-70)可得

$$\Delta_r G_m^{\ominus}(T) = \Delta_r H_m^{\ominus}(T) - T\Delta_r S_m^{\ominus}(T) \tag{3-72}$$

因此，只要计算出 $\Delta_r G_m^{\ominus}(T)$ 的结果，根据其符号便可判断反应自发进行的方向。

【例 3-5】 已知在 298.15K 时，反应 $N_2(g)+3H_2(g) = 2NH_3(g)$ 的标准反应热 $\Delta_r H_m^{\ominus}$ 和标准反应熵变 $\Delta_r S_m^{\ominus}$ 分别为 $-92.22kJ \cdot mol^{-1}$ 和 $-198.76J \cdot mol^{-1} \cdot K^{-1}$。判断反应在 298.15K、标准态下正向能否自发进行，并求最高反应温度。

解　根据吉布斯-亥姆霍兹公式

$$\begin{aligned}\Delta_r G_m^{\ominus}(298K) &= \Delta_r H_m^{\ominus}(298K) - T\Delta_r S_m^{\ominus}(298K)\\ &= (-92.22) - 298.15 \times (-198.76 \times 10^{-3})\\ &= -32.96\ (kJ \cdot mol^{-1}) < 0\end{aligned}$$

正向反应自发。

若使 $\Delta_r G_m^{\ominus}(T)=\Delta_r H_m^{\ominus}(T)-T\Delta_r S_m^{\ominus}(T)<0$，则正向自发。

又因为 $\Delta_r H_m^\ominus$、$\Delta_r S_m^\ominus$随温度变化不大，即

$$\Delta_r G_m^\ominus(T) \approx \Delta_r H_m^\ominus(298\text{K}) - T\Delta_r S_m^\ominus(298\text{K}) < 0$$

即

$$-198.76 \times 10^{-3} T > -92.22$$

而按不等式运算规则，有

$$T < (-92.22)/(-198.76 \times 10^{-3}) = 463.98\text{K}$$

则最高反应温度为 463.98K。

【例 3-6】 已知 298.15K 时 $\Delta_f H_m^\ominus[\text{HgO(s)}] = -90.83\text{kJ} \cdot \text{mol}^{-1}$，$S_m^\ominus[\text{HgO(s)}] = 70.29\ \text{J} \cdot \text{mol}^{-1} \cdot \text{K}^{-1}$；$S_m^\ominus[\text{Hg(l)}] = 76.02\text{J} \cdot \text{mol}^{-1} \cdot \text{K}^{-1}$，$S_m^\ominus[O_2(g)] = 205.138\text{J} \cdot \text{mol}^{-1} \cdot \text{K}^{-1}$。试判断 $2\text{HgO(s)} = 2\text{Hg(l)} + O_2(g)$ 在 298.15K、标准态下正向能否自发，并估算最低反应温度。

解 根据吉布斯-亥姆霍兹公式

$$\Delta_r G_m^\ominus(T) = \Delta_r H_m^\ominus(T) - T\Delta_r S_m^\ominus(T)$$
$$\Delta_r G_m^\ominus(298\text{K}) = \Delta_r H_m^\ominus(298\text{K}) - T\Delta_r S_m^\ominus(298\text{K})$$

而

$$\begin{aligned}\Delta_r H_m^\ominus(298\text{K}) &= \Delta_f H_m^\ominus[O_2(g)] + 2\Delta_f H_m^\ominus[\text{Hg(l)}] - 2\Delta_f H_m^\ominus[\text{HgO(s)}] \\ &= 0 - 2 \times (-90.83) = 181.66(\text{kJ} \cdot \text{mol}^{-1})\end{aligned}$$

$$\begin{aligned}\Delta_r S_m^\ominus(298\text{K}) &= S_m^\ominus[O_2(g)] + 2S_m^\ominus[\text{Hg(l)}] - 2S_m^\ominus[\text{HgO(s)}] \\ &= 205.138 + 2 \times 76.02 - 2 \times 70.29 = 216.598(\text{J} \cdot \text{mol}^{-1} \cdot \text{K}^{-1})\end{aligned}$$

故

$$\begin{aligned}\Delta_r G_m^\ominus(298\text{K}) &= 181.66 - 298.15 \times 216.598 \times 10^{-3} \\ &= 117.08(\text{kJ} \cdot \text{mol}^{-1}) > 0\end{aligned}$$

正向反应不自发。

若使 $\Delta_r G_m^\ominus(T) = \Delta_r H_m^\ominus(T) - T\Delta_r S_m^\ominus(T) < 0$，则正向自发。

又因为 $\Delta_r H_m^\ominus$、$\Delta_r S_m^\ominus$随温度变化不大，即

$$\Delta_r G_m^\ominus(T) \approx \Delta_r H_m^\ominus(298\text{K}) - T\Delta_r S_m^\ominus(298\text{K}) < 0$$

则

$$T > 181.66\text{kJ} \cdot \text{mol}^{-1}/216.598 \times 10^{-3}\text{kJ} \cdot \text{mol}^{-1} \cdot \text{K}^{-1} = 838.7\text{K}$$

因此，最低反应温度为 838.7K。

2. 标准生成吉布斯自由能计算

用吉布斯-亥姆霍兹公式计算化学反应的吉布斯自由能变，涉及等压反应热和反应熵变的计算，计算过程繁琐。若由一些相关的、特殊反应的 $\Delta_r G_m^\ominus$的已知数据来间接计算，就可更简便地计算任一化学反应的 $\Delta_r G_m^\ominus$。

由于 G 是状态函数，化学反应的 $\Delta_r G$ 也只取决于始、终态，与所经历的途径无关。因此，其吉布斯自由能的变化应为

$$\Delta_r G = \sum G(\text{产物}) - \sum G(\text{反应物}) \tag{3-73}$$

从 $G = H - TS$ 看，虽然可以求出反应温度 T 下的规定熵 S，但无法知道 H 的绝对值，因此也无法确定 G 的绝对值。要计算反应的 $\Delta_r G$，就得用类似由标准生成热计算反应热的方法解决。

由指定单质(或稳定单质)生成 1mol 物质的生成反应的吉布斯自由能变称为该物质的摩尔生成吉布斯自由能。在标准状态下某物质的摩尔生成吉布斯自由能称为该物质的标准生成吉布斯自由能(standard molar Gibbs free energy of formation)，常用符号 $\Delta_f G_m^\ominus$表示，单位为 $\text{kJ} \cdot \text{mol}^{-1}$。

按照 $\Delta_f G_m^\ominus$ 的定义，热力学实际上已规定稳定单质的 $\Delta_f G_m^\ominus$ 为零。像 $\Delta_f H_m^\ominus$ 一样，$\Delta_f G_m^\ominus$ 也是相对值。各种物质的 $\Delta_f G_m^\ominus(298K)$ 数据见书末附表一。

热力学可证明，利用书末附表中查到的 $\Delta_f G_m^\ominus$ 值，按照标准生成热求算反应热的方式，可求算在 298.15K、不做非体积功条件下的任一化学反应的 $\Delta_r G_m^\ominus$。如化学反应为

$$aA + dD = eE + fF$$

$$\Delta_r G_m^\ominus(298K) = (e\Delta_f G_E^\ominus + f\Delta_f G_F^\ominus)_{产物} - (a\Delta_f G_A^\ominus + d\Delta_f G_D^\ominus)_{反应物}$$

$$= \sum \nu_B \Delta_f G_B^\ominus(298K) \tag{3-74}$$

式(3-74)为由标准生成吉布斯自由能计算标准反应热的公式。如果要求计算某温度 T 下化学反应的 $\Delta_r G_m^\ominus(T)$，仍然要用吉布斯-亥姆霍兹公式，即用式(3-72)近似计算，得

$$\Delta_r G_m^\ominus(T) = \Delta_r H_m^\ominus(T) - T\Delta_r S_m^\ominus(T)$$

$$\approx \Delta_r H_m^\ominus(298K) - T\Delta_r S_m^\ominus(298K) \tag{3-75}$$

注意，与 $\Delta_r H_m^\ominus$ 和 $\Delta_r S_m^\ominus$ 不同，温度对 $\Delta_r G_m^\ominus$ 有很大影响。

【例 3-7】 已知在 298.15K 时 $NH_3(g)$、$NO(g)$、$H_2O(g)$ 的标准生成吉布斯自由能 $\Delta_f G_m^\ominus$ 分别为 $-16.45kJ \cdot mol^{-1}$，$86.55kJ \cdot mol^{-1}$，$-228.572kJ \cdot mol^{-1}$，计算反应：$4NH_3(g) + 5O_2(g) = 4NO(g) + 6H_2O(g)$ 的 $\Delta_r G_m^\ominus(298K)$。

解　根据式(3-74)

$$\Delta_r G_m^\ominus(298K) = 4\Delta_f G_m^\ominus[NO(g)] + 6\Delta_f G_m^\ominus[H_2O(g)] - 4\Delta_f G_m^\ominus[NH_3(g)] - 5\Delta_f G_m^\ominus[O_2(g)]$$

$$= 4\times 86.55 + 6\times(-228.572) - 4\times(-16.45) - 0 = -959.43(kJ \cdot mol^{-1})$$

由标准生成吉布斯自由能计算 $\Delta_r G_m^\ominus$ 的结果，可能与吉布斯-亥姆霍兹公式计算的结果不完全一样，因为采用不同实验方法所得到的数据之间存在误差。

思考题 3.14　引入标准生成吉布斯自由能的概念有什么意义？

本章小结

根据化学反应(含相变过程)的能量变化判断化学反应方向的自发性，是化学反应的一个根本性的问题，本章介绍了化学热力学的几个重要概念，包括：系统与环境、状态与状态函数、过程与途径、热与功、可逆过程与不可逆过程。

介绍了化学反应中的能量关系，包括：热力学能、热和功的相互关系和热力学第一定律的数学表达式。介绍了状态函数焓的概念和应用赫斯定律由生成热、燃烧热、键焓数据求算标准态下的反应热效应的方法。

影响反应自发性的因素是能量的降低(表现为放热)和混乱度的增大(表现为熵增)，其综合表现就是吉布斯自由能判据。本章介绍了标准态下化学反应的吉布斯自由能变的计算方法。

To estimate the spontaneous direction of a reaction based on the energy change during the reaction or a phase change is a key question of thermodynamics. Several important concepts in thermodynamics including system and surrounding, state and state function, path and process, heat and work, reversible process and irreversible process are introduced. The first law of thermodynamics and its expression are presented. The concept of enthalpy(H) and the methods to determine the reaction heat under standard state($\Delta_r H^\ominus$) using Hess law, heat of formation($\Delta_f H_m^\ominus$), heat of combustion($\Delta_c H_m^\ominus$), and bond enthalpy are also introduced.

The changes in energy($\Delta_r H^\ominus$) and chaotic degree($\Delta_r S^\ominus$) of the system during a chemical reaction are two factors to determine the spontaneous direction. The change in Gibbs free energy(ΔG), defined and calculated by Gibbs equation, $G=H-TS$, can be applied to determine whether a reaction or a phase change is spontaneous. The change in Gibbs free energy of a chemical reaction under standard state($\Delta_r G_m^\ominus$) can be computed using

Gibbs-Helmholtz equation.

化学家史话——吉布斯

吉布斯(J. W. Gibbs,1839—1903),美国物理学家。1839 年 2 月 11 日生于康涅狄格州的纽黑文。父亲是耶鲁大学教授。1854 年到耶鲁学院工程系学习,1863 年获得博士学位。1871 年从欧洲留学回国后任耶鲁学院的数学物理教授。1903 年 4 月 28 日在家乡逝世。

1873～1878 年吉布斯在《康涅狄格科学院学报》发表了三篇总计约 400 页的论文,堪称化学热力学的经典之作。他把这些文章寄给世界各地的科学家,但当时没有几个人能读懂他的理论。其实,吉布斯对化学热力学已经叙述得十分翔实。他以严密的逻辑推理和数学形式,推导出了数百个公式,提出了化学势的概念,采用热力学势来处理热力学问题,从而建立了关于物相变化的相律。他引入新的热力学函数,提出热力学基本方程,创立了化学热力学。1902 年,吉布斯把统计理论发展成为系统理论,并提出涨落现象的一般理论。他对矢量分析的发展也有贡献。

吉布斯从不低估自己工作的重要性,也从不炫耀自己的工作。他的心灵宁静而恬淡,从不烦躁和恼怒,是一名笃志于事业而不乞求同时代人承认的罕见伟人。

化学知识拓展——21 世纪的一种新能源:可燃冰

人类社会的能源利用早已进入化石燃料时代,但过度的能源开采也使我们面临资源枯竭和环境破坏两大问题。开发清洁高效的新能源,已经是世界各国解决未来能源问题的主要出路。"可燃冰"就是人们关注的焦点之一。所谓可燃冰即天然气水合物(gas hydrate),因多呈白色或浅灰色晶体,外貌类似冰雪,可以像固体酒精一样被点燃而得名。可燃冰是由天然气与水分子在高压(>100atm)和低温(0～10℃)条件下合成的一种固态结晶物质。从化学结构来看,它由水分子构成像笼子一样的多面体格架,以甲烷为主的气体分子被包含在笼子格架中。可燃冰的密度稍低于冰的密度,电介常数和热传导率均低于冰。

1810 年,可燃冰首次在实验室发现。1934 年,苏联在被堵塞的天然气输气管道里发现了可燃冰。1965 年,苏联首次在西西伯利亚永久冻土带发现可燃冰矿藏。可燃冰是全球第二大碳储库,仅次于碳酸盐岩,其蕴藏的天然气资源潜力巨大。据保守估计,"全世界的可燃冰形式存在的碳的总量是地球上已知化石燃料(石油、煤)中碳含量的 2 倍"。仅美国海域的可燃冰资源量就有约 5663 亿 m^3,其蕴藏的天然气约有 920 000 亿 m^3,可满足美国未来数百年的需要。由于可燃冰分解释放后的天然气主要是甲烷,它比常规天然气含杂质更少。因此,可燃冰将可能成为 21 世纪的一种主要的洁净能源。

有人预言:"谁掌握可燃冰的勘探开采技术,谁就可以执 21 世纪世界能源之牛耳。"目前,可燃冰的勘探手段较多,如地震地球物理探查、流体地球化学探查、海底地质取样、钻探等,但这些手段还不够成熟。可燃冰受其特殊的性质和形成条件的限制,只分布于特定的地理位置和地质构造单元内。一般来说,除与永久冻土带相关的可燃冰之外,海底发现的可燃冰通常在水深 300～500m 以下,主要附存于陆坡、岛屿和盆地的表层沉积物或沉积岩中,也可散布于洋底。这些地点的温压条件使可燃冰的结构保持稳定。可燃冰在海洋里的资源量是陆地的 100 倍以上。西伯利亚气田开采甲烷的实践表明,目前可燃冰的开采技术是可行的。关键是如何解决同时产生的大量甲烷对气候和地质带来的温室效应、海底滑坡、海水毒化等问题。

可燃冰作为 21 世纪的替代能源是世界能源发展的一种趋势,不仅具有经济意义,而且具有政治意义。

习　题

1. 状态函数的含义及其基本特征是什么? T、p、V、ΔU、ΔH、ΔG、S、G、Q_p、Q_V、Q、W、$W_{体}$ 中哪些是状态函数? 哪些属于广度性质? 哪些属于强度性质?
2. 下列叙述是否正确? 试解释之。
   (1) $Q_p = \Delta H$,H 是状态函数,所以 Q_p 也是状态函数。
   (2) 化学计量数与化学反应计量方程式中各反应物和产物前面的配平系数相等。

(3) 标准状况与标准态是同一个概念。

(4) 所有生成反应和燃烧反应都是氧化还原反应。

(5) 标准摩尔生成热是生成反应的标准摩尔反应热。

(6) $H_2O(l)$的标准摩尔生成热等于 $H_2(g)$的标准摩尔燃烧热。

(7) 石墨和金刚石的燃烧热相等。

(8) 单质的标准生成热都为零。

(9) 稳定单质的 $\Delta_f H_m^\ominus$、$S_m^\ominus$、$\Delta_f G_m^\ominus$均为零。

(10) 当温度接近绝对零度时，所有放热反应均能自发进行。

(11) 若 $\Delta_r H_m$ 和 $\Delta_r S_m$ 都为正值，则当温度升高时反应自发进行的可能性增加。

(12) 冬天公路上撒盐以使冰融化，此时 $\Delta_r G_m$ 值的符号为负，$\Delta_r S_m$ 值的符号为正。

3. 1mol 气体从同一始态出发，分别进行等温可逆膨胀或等温不可逆膨胀达到同一终态，因等温可逆膨胀对外做功 W_r 大于等温不可逆膨胀对外做的功 W_{ir}，则 $Q_r > Q_{ir}$。对否？为什么？

4. 有人认为，当系统从某一始态变至另一终态，无论其通过何种途径，而 ΔG 的值总是一定的，而且如果做非体积功的话，ΔG 总是等于 W'。这种说法对吗？

5. 一系统由 A 态到 B 态，沿途径Ⅰ放热 120J，环境对系统做功 50J。试计算：

(1) 系统由 A 态沿途径Ⅱ到 B 态，吸热 40J，其 W 值为多少？

(2) 系统由 A 态沿途径Ⅲ到 B 态对环境做功 80J，其 Q 值为多少？

6. 在 27℃时，反应 $CaCO_3(s) = CaO(s) + CO_2(g)$的摩尔等压热效应 $Q_p = 178.0\text{kJ} \cdot \text{mol}^{-1}$，则在此温度下其摩尔等容热效应 Q_V 为多少？

7. 在一定温度下，4.0mol $H_2(g)$与 2.0mol $O_2(g)$混合，经一定时间反应后，生成了 0.6mol $H_2O(l)$。请按下列两个不同反应式计算反应进度 ξ。

(1) $2H_2(g) + O_2(g) = 2H_2O(l)$

(2) $H_2(g) + \frac{1}{2}O_2(g) = H_2O(l)$

8. 已知

(1) $Cu_2O(s) + \frac{1}{2}O_2(g) \longrightarrow 2CuO(s)$ $\quad \Delta_r H_m^\ominus(1) = -143.7\text{kJ} \cdot \text{mol}^{-1}$

(2) $CuO(s) + Cu(s) \longrightarrow Cu_2O(s)$ $\quad \Delta_r H_m^\ominus(2) = -11.5\text{kJ} \cdot \text{mol}^{-1}$

求 $\Delta_f H_m^\ominus[CuO(s)]$。

9. 有一种甲虫名为投弹手，它把从尾部喷射出爆炸性排泄物的方法作为防卫措施，所涉及的化学反应是氢醌被过氧化氢氧化生成醌和水：

$$C_6H_4(OH)_2(aq) + H_2O_2(aq) \longrightarrow C_6H_4O_2(aq) + 2H_2O(l)$$

根据下列热化学方程式计算该反应的 $\Delta_r H_m^\ominus$。

(1) $C_6H_4(OH)_2(aq) \longrightarrow C_6H_4O_2(aq) + H_2(g)$ $\quad \Delta_r H_m^\ominus(1) = 177.4\text{kJ} \cdot \text{mol}^{-1}$

(2) $H_2(g) + O_2(g) \longrightarrow H_2O_2(aq)$ $\quad \Delta_r H_m^\ominus(2) = -191.2\text{kJ} \cdot \text{mol}^{-1}$

(3) $H_2(g) + \frac{1}{2}O_2(g) \longrightarrow H_2O(g)$ $\quad \Delta_r H_m^\ominus(3) = -241.8\text{kJ} \cdot \text{mol}^{-1}$

(4) $H_2O(g) \longrightarrow H_2O(l)$ $\quad \Delta_r H_m^\ominus(4) = -44.0\text{kJ} \cdot \text{mol}^{-1}$

10. 利用附表中 298.15K 时有关物质的标准生成热的数据，计算下列反应在 298.15K 及标准态下的等压热效应。

(1) $Fe_3O_4(s) + CO(g) = 3FeO(s) + CO_2(g)$

(2) $4NH_3(g) + 5O_2(g) = 4NO(g) + 6H_2O(l)$

11. 利用附表中 298.15K 时的标准燃烧热的数据，计算下列反应在 298.15K 时的 $\Delta_r H_m^\ominus$。

(1) $CH_3COOH(l) + CH_3CH_2OH(l) \longrightarrow CH_3COOCH_2CH_3(l) + H_2O(l)$

(2) $C_2H_4(g) + H_2(g) \longrightarrow C_2H_6(g)$

12. 人体所需能量大多来源于食物在体内的氧化反应，例如葡萄糖在细胞中与氧发生氧化反应生成 CO_2 和 H_2O(l)，并释放出能量。通常用燃烧热去估算人们对食物的需求量，已知葡萄糖的生成热为 $-1260kJ \cdot mol^{-1}$，$CO_2(g)$和 $H_2O(l)$的生成热分别为 $-393.51kJ \cdot mol^{-1}$ 和 $-285.83kJ \cdot mol^{-1}$，试计算葡萄糖的燃烧热。

13. 不查表，指出在一定温度下，下列反应中熵变值由大到小的顺序：

(1) $CO_2(g) \longrightarrow C(s) + O_2(g)$

(2) $2NH_3(g) \longrightarrow 3H_2(g) + N_2(g)$

(3) $2SO_3(g) \longrightarrow 2SO_2(g) + O_2(g)$

14. 对生命起源问题，有人提出最初植物或动物的复杂分子是由简单分子自动形成的。例如尿素(NH_2CONH_2)的生成可用反应方程式表示如下：

$$CO_2(g) + 2NH_3(g) \longrightarrow (NH_2)_2CO(s) + H_2O(l)$$

(1) 利用附表数据计算 298.15K 时的 $\Delta_r G_m^\ominus$，并说明该反应在此温度和标准态下能否自发。

(2) 在标准态下最高温度为何值时，反应就不再自发进行了？

15. 已知 298.15K 时，$NH_4HCO_3(s) \longrightarrow NH_3(g) + CO_2(g) + H_2O(g)$的相关热力学数据如下：

	$NH_4HCO_3(s)$	$NH_3(g)$	$CO_2(g)$	$H_2O(g)$
$\Delta_f G_m^\ominus/(kJ \cdot mol^{-1})$	−670	−17	−394	−229
$\Delta_f H_m^\ominus/(kJ \cdot mol^{-1})$	−850	−40	−390	−240
$S_m^\ominus/(J \cdot K^{-1} \cdot mol^{-1})$	130	180	210	190

试计算：(1) 298K、标准态下 $NH_4HCO_3(s)$能否发生分解反应？

(2) 在标准态下 $NH_4HCO_3(s)$分解的最低温度。

16. 已知合成氨的反应在 298.15K、$p^\ominus$下，$\Delta_r H_m^\ominus = -92.38kJ \cdot mol^{-1}$，$\Delta_r G_m^\ominus = -33.26\ kJ \cdot mol^{-1}$，求 500K 下的 $\Delta_r G_m^\ominus$，说明升温对反应有利还是不利。

17. 已知 $\Delta_f H_m^\ominus[C_6H_6(l), 298K] = 49.10kJ \cdot mol^{-1}$，$\Delta_f H_m^\ominus[C_2H_2(g), 298K] = 226.73\ kJ \cdot mol^{-1}$；$S_m^\ominus[C_6H_6(l), 298K] = 173.40J \cdot mol^{-1} \cdot K^{-1}$，$S_m^\ominus[C_2H_2(g), 298K] = 200.94\ J \cdot mol^{-1} \cdot K^{-1}$。判断 $C_6H_6(l) \overline{\overline{\quad}} 3C_2H_2(g)$在 298.15K、标准态下正向能否自发，并估算最低反应温度。

18. 已知乙醇在 298.15K 和 101.325kPa 下的蒸发热为 $42.55kJ \cdot mol^{-1}$，蒸发熵变为 $121.6\ J \cdot mol^{-1} \cdot K^{-1}$，试估算乙醇的正常沸点(℃)。

(中南大学　王一凡)

第 4 章　化学动力学基础

化学反应在生产实践中的应用主要有两个方面的问题：一是反应进行的方向、最大限度以及外界条件对平衡的影响；二是反应进行的速率和反应的历程（机理）。前者属于化学热力学的研究范围，后者属于化学动力学的研究范畴。

化学动力学（chemical kinetics）与化学热力学的研究对象都是化学反应体系，但二者的着眼点不同，研究方法也不同。化学热力学以热力学三个基本定律为基础，用状态函数研究在一定条件下从给定始态到指定终态体系发生自发变化的可能性、方向和限度问题。但是，如何把自发变化的可能性变为现实性？其速率和途径如何？这些问题主要由化学动力学来研究。因此，化学动力学的基本任务是：考察反应过程中物质运动的实际途径；研究反应进行的条件（如温度、压力、浓度、介质、催化剂等）对化学反应过程速率的影响；揭示化学反应能力之间的差异。从而使人们能够选择适当反应条件，掌握控制反应的主动权，使化学反应按照所希望的速率进行。

4.1　基本术语、化学反应速率和理论简介

4.1.1　基本术语

1. 基元反应

宏观上能一步完成的反应称为基元反应（elementary reaction），否则就是非基元反应。所谓一步完成，系指反应物的分子、原子、离子或自由基等通过一次碰撞（或化学行为）直接转化为产物。例如

$$Br_2 \longrightarrow 2Br \tag{4-1}$$

$$Br + H_2 \longrightarrow H + HBr \tag{4-2}$$

这些都是基元反应，而反应 $H_2 + Br_2 = 2HBr$ 经实验证实是非基元反应。

2. 反应分子数

基元反应中参加反应的微粒（分子、原子、离子、自由基等）数目称为反应分子数（molecular number of reaction）。例如，基元反应(4-1)、(4-2)的反应分子数分别为 1、2。于是将这两个基元反应按其反应分子数分别称为单分子反应、双分子反应。大多数气相基元反应是单分子或双分子反应，三分子反应已属少有，更难有分子数超过 3 的反应。因为要使多个分子在同一时间同一空间碰撞而发生反应的概率非常小。

3. 反应历程

一个复杂反应要经过若干个基元反应才能完成，这些基元反应代表了反应所经过的途径，动力学上称为反应机理或反应历程（reaction mechanism）。例如，反应式

$$H_2 + Br_2 = 2HBr \tag{4-3}$$

并不是指 1 个 H_2 分子与 1 个 Br_2 分子一次性碰撞生成 2 分子 HBr。实验证明 H_2 与 Br_2 的反应是通过一系列反应步骤完成的：

$$Br_2 \longrightarrow 2Br$$
$$Br + H_2 \longrightarrow HBr + H$$
$$H + Br_2 \longrightarrow HBr + Br$$
$$H + HBr \longrightarrow H_2 + Br$$
$$Br + Br + M \longrightarrow Br_2 + M$$

完成反应物到产物转变所经历的基元反应序列称为该反应的反应历程，反应历程指出了完成反应方程式所示化学变化的真实过程。

4. 简单反应和复杂反应

像式(4-3)这一类反应历程中至少包含两个基元反应步骤的反应被称为复杂反应。但的确有少数反应方程式既可表示反应的计量关系，同时也可表示一个一次性化学反应过程(基元反应)，如 $NO_2 + CO \Longrightarrow NO + CO_2$，这类反应称简单反应。

思考题 4.1　什么是基元反应？$2NH_3 \Longrightarrow N_2 + 3H_2$ 是基元反应吗？

4.1.2　化学反应速率的表示

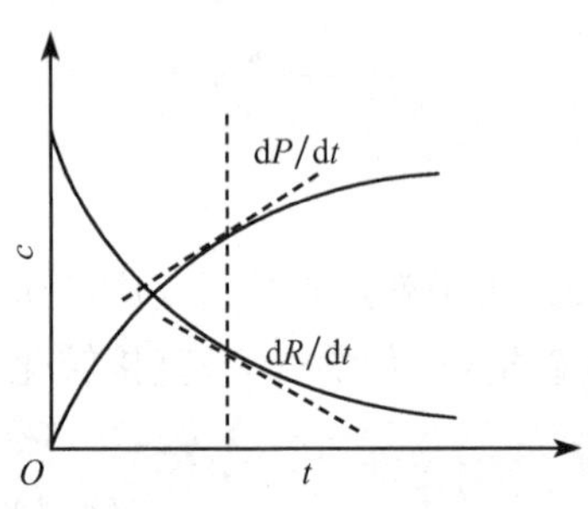

图 4-1　反应物和产物的浓度随时间的变化

反应开始后，反应物的数量(或浓度)不断降低，生成物的数量(或浓度)不断增加，如图 4-1 所示。在大多数反应体系中，反应物 R(或产物 P)的浓度随时间的变化往往不是线性关系，开始时反应物的浓度较大，反应速率较快，单位时间内生成的产物也较多，而在反应后期，反应物的浓度较小，反应较慢，单位时间内得到的生成的产物数量也较少。为了定量地比较反应进行的快慢，必须引入反应速率的概念。

物理学中的“速度”(velocity)是矢量，有方向性，而“速率”(rate)是标量。本书一律采用标量“速率”来表示浓度随时间的变化率。

1. 反应速率

定义单位体积反应体系中反应进度随时间的变化率作为反应速率(瞬时速率)，以符号 r 表示，即

$$r = \frac{1}{V} \cdot \frac{d\xi}{dt} = \frac{1}{V} \cdot \frac{dn_B}{\nu_B dt} \tag{4-4}$$

式中：V 为反应体系的体积，这样定义的反应速率通常只适用于均相反应体系。

化学动力学中习惯用物质浓度随时间的变化率来表示反应的快慢，因此对均相恒容反应体系反应速率的定义式(4-4)可以写成

$$r = \frac{dc(B)}{\nu_B dt} \tag{4-5}$$

式中：$c(B)$为 B 的浓度；r 的量纲为[浓度]·[时间]$^{-1}$，常用单位是 $mol \cdot L^{-1} \cdot s^{-1}$。$\nu_B$ 为化学反应式中物质 B 的化学计量数，对反应物取负值，生成物取正值；对气相化学反应，在一定

温度下以分压作为浓度单位不仅常见，而且方便，这时反应速率的常用单位为 $\mathrm{Pa \cdot s^{-1}}$。

2. 组分速率

动力学中有时为了方便，习惯使用一种反应物或产物的浓度随时间的变化率来表示反应的快慢，称为组分速率(rate of composition)，并用符号 r_B 表示，即

$$r_B = \left| \frac{\mathrm{d}c(\mathrm{B})}{\mathrm{d}t} \right| \tag{4-6}$$

对于任意反应

$$e\mathrm{E} + f\mathrm{F} = h\mathrm{H} + g\mathrm{G}$$

有 $r_E = -\mathrm{d}[\mathrm{E}]/\mathrm{d}t, r_F = -\mathrm{d}[\mathrm{F}]/\mathrm{d}t, r_H = \mathrm{d}[\mathrm{H}]/\mathrm{d}t, r_G = \mathrm{d}[\mathrm{G}]/\mathrm{d}t$。可见，因化学计量数不一样，组分速率的数值也将不一样。为了区分，前两者称为反应物 E 或 F 的消耗速率，后者称为产物 H 或 G 的生成速率。按照反应速率 r 的定义，对上面的化学反应有

$$r = -\frac{1}{e}\frac{\mathrm{d}c(\mathrm{E})}{\mathrm{d}t} = -\frac{1}{f}\frac{\mathrm{d}c(\mathrm{F})}{\mathrm{d}t} = \frac{1}{h}\frac{\mathrm{d}c(\mathrm{H})}{\mathrm{d}t} = \frac{1}{g}\frac{\mathrm{d}c(\mathrm{G})}{\mathrm{d}t} = \frac{1}{\nu_B}\frac{\mathrm{d}c(\mathrm{B})}{\mathrm{d}t} \tag{4-7}$$

例如，对于 N_2O_5 的分解反应

$$N_2O_5 = N_2O_4 + \frac{1}{2}O_2$$

反应速率既可用 N_2O_5 浓度随时间变化率表示，也可用 N_2O_4 或 O_2 浓度随时间变化率表示，在同一时刻，各种组分速率之间的关系为

$$r = -\frac{\mathrm{d}c(N_2O_5)}{\mathrm{d}t} = \frac{\mathrm{d}c(N_2O_4)}{\mathrm{d}t} = 2\frac{\mathrm{d}c(O_2)}{\mathrm{d}t}$$

对于气相反应，压力比浓度容易测定，因此也可用参加反应各物种的分压来代替浓度，对上述反应有

$$r' = -\frac{\mathrm{d}p(N_2O_5)}{\mathrm{d}t} = \frac{\mathrm{d}p(N_2O_4)}{\mathrm{d}t} = 2\frac{\mathrm{d}p(O_2)}{\mathrm{d}t}$$

其中 r' 的量纲为([压力]·[时间]$^{-1}$)。对于理想气体，$p_B = c(\mathrm{B})RT$，所以 $r' = r(RT)$。

必须特别指出的是，反应速率 r 一定要与相应的化学反应方程式一同使用。

3. 化学反应速率方程

大量的实验事实表明，除参加反应各物质本身固有的特性外，还有很多可变因素影响反应速率，但最基本的是浓度与温度。化学动力学主要讨论这两个因素影响反应速率的规律。

1) 反应速率与浓度的关系——化学反应速率方程

在恒定的温度下，反应速率是体系中各种物质浓度的函数，反应速率 r 对各物质浓度 $c_1, c_2, c_3, \cdots, c_B, \cdots$ 的这种依赖关系一般可表示为

$$r = f(c_1, c_2, c_3, \cdots, c_B, \cdots) \tag{4-8}$$

式(4-8)称为化学反应速率方程(rate equation of chemical reaction)。

对指定反应体系速率方程的形式并不是唯一的，可以有不同的表示。最常见、最方便动力学处理的速率方程形式为

$$r = kc(1)^{n_1}c(2)^{n_2}c(3)^{n_3}\cdots c(\mathrm{B})^{n_B} = k\prod_{\mathrm{B}} c(\mathrm{B})^{n_B} \tag{4-9}$$

这种表示浓度随时间变化关系的解析表达式称之为化学反应动力学方程(kinetics

equation of chemical reaction)。必须指出:反应速率方程需要靠动力学实验所提供的信息来确定,因此反应速率方程又被称之为经验速率方程。

严格地讲,体系中各物质都以其特定的方式,或大或小地影响反应速率,但动力学关心的通常只是那些对反应速率起举足轻重作用物种的浓度。通过大量实验可以找到表示这些物质浓度对反应速率影响的函数关系式——化学反应经验速率方程,对同一反应体系经验速率方程的形式随实验方法、测定范围、准确程度及数据处理方式的不同而有所区别。例如,气相反应:$H_2+Br_2 \xlongequal{} 2HBr$ 的速率方程为

$$r=\frac{kc(H_2)c(Br_2)^{1/2}}{1+\frac{c(HBr)}{k'c(Br_2)}} \tag{4-10}$$

如果考察的仅仅是其反应初期的动力学行为,则得到的速率方程为

$$r=kc(H_2)c(Br_2)^{1/2} \tag{4-11}$$

如果控制反应物的浓度 $c(H_2) \ll c(Br_2)$,那么动力学实验中观察到似乎只有 H_2 的浓度影响反应速率,即速率方程为

$$r=k'c(H_2) \tag{4-12}$$

所以,某反应速率方程的形式是与获得动力学数据的实验条件密切相关的,撇开这些条件谈论速率方程实际上只会导致错误的结果。

思考题 4.2 非基元反应是由一系列基元反应组成的,因而它的反应速率方程是各基元反应速率的代数和,对吗?

2) 反应级数与反应速率系数

(1) 反应级数(order of reaction)。定义反应级数 n 等于经验速率方程 $r=k\prod_B c(B)^{n_B}$ 中浓度因子的指数和 $n=\sum_B n_B$,其中 n_B 称作组分 B 的级数。

例如,当溴化氢合成反应具有式(4-10)所示反应速率方程时,由于不具有式(4-9)的限定形式,所以反应级数的概念不适用,也就是说该反应不具有简单的反应级数。当反应具有式(4-11)所示反应速率方程时,反应级数为 1.5,其中对 H_2 为一级、对 Br_2 为 0.5 级。当反应具有式(4-12)所示反应速率方程时,称该反应为准一级或动力学上的一级反应。作为实验结果的反应级数可以是正整数、负整数、零,甚至是分数。

(2) 反应速率系数(rate coefficient of reaction)。式(4-9)中的比例常数 k 称为反应速率系数或比速率,其物理意义是各反应物的浓度均等于单位浓度时的反应速率。k 的量纲是[浓度]$^{1-n}$ · [时间]$^{-1}$。

从式(4-9)可知,如果以 $mol \cdot L^{-1}$ 作为浓度单位,时间用秒(s),则 k 的单位对一级反应($n=1$)是 s^{-1},二级反应为 $L \cdot mol^{-1} \cdot s^{-1}$。当以 Pa 作为浓度单位时,二级反应速率系数 k 的单位为 $Pa^{-1} \cdot s^{-1}$。

【例 4-1】 气相分解反应:$2N_2O \xlongequal{} 2N_2+O_2$ 的速率方程为 $r_p=k_p p^2(N_2O)$。实验测得 $T=986K$ 时在 12.0L 的恒容反应器中,当 $p(N_2O)=50.0kPa$ 时反应速率 $r_p=2.05Pa \cdot s^{-1}$。设反应体系中各组分均可视为理想气体。求该反应以 Pa 为浓度单位时的反应速率系数 k_p。

解 因为 $r_p=k_p p^2(N_2O)$,由 $r_p=2.05Pa \cdot s^{-1}$,$p(N_2O)=50.0kPa$ 求出

$$k_p=2.05/(50.0\times10^3)^2=8.20\times10^{-10}(Pa^{-1} \cdot s^{-1})$$

思考题 4.3　化学反应的级数越大，其反应的速率也越大，对吗？

4.1.3　化学反应速率理论简介

为了从理论上阐述基元反应的动力学特征，阐明反应速率的快慢及其影响因素，并对反应速率进行定量计算，科学家们提出了一系列关于基元反应速率的理论。在反应速率理论的发展过程中，先后形成了碰撞理论、过渡态理论和单分子反应理论等动力学研究中的基本理论。

碰撞理论(simple collision theory)是 20 世纪初建立起来的最常用的反应速率理论之一，它借助于气体分子运动论，把气相中的双分子反应看作是两个分子激烈碰撞的结果，以硬球碰撞为模型，导出宏观反应速率系数的计算公式，故又称为硬球碰撞理论(hard-sphere collision theory，SCT)。

过渡态理论(transition state theory，TST)又称为活化配合物理论，这个理论是在统计力学和量子力学发展的基础上提出来的。过渡态理论原则上提供了一种计算反应速率的方法，只要知道分子的某些基本物性，即可计算某反应速率系数，故这个理论也称之为绝对反应速率理论(absolute rate theory，ART)。下面将对碰撞理论和过渡态理论给予简单的介绍。

1. 碰撞理论

1918 年，路易斯(G. N. Lewis)在气体分子运动论的基础上提出了反应速率的碰撞理论。理论的基本要点是：对气相双分子基元反应 $A+B \longrightarrow P$。

(1) 气体分子 A 和 B 均视为无相互作用(独立子)、无内部结构、完全弹性的硬球。

(2) 气体分子 A 和 B 必须经过碰撞才能发生反应。只有碰撞时的相对平动能大于某能量阈值(E_c)的分子对才能发生反应，这种能够发生反应的碰撞称为有效碰撞。

(3) 在反应进行过程中，气体分子运动速率与能量仍然保持玻耳兹曼平衡分布。

一个化学反应的反应速率 r 与单位体积、单位时间内分子碰撞的次数 Z 成正比，即 $r \propto Z$，Z 是一个相当大的数值。例如，碘化氢气体在 973K 时的分解反应：

$$2HI(g) \longrightarrow H_2(g) + I_2(g)$$

理论计算可知，浓度为 1×10^{-3} mol · L^{-1} 的 HI 气体，每秒钟分子间碰撞次数(碰撞频率)为 3.5×10^{28} L^{-1} · s^{-1}。若每次碰撞都发生反应，反应速率约为 5.8×10^{4} mol · L^{-1} · min^{-1}，但实验测得该条件下实际反应速率为 1.2×10^{-8} mol · L^{-1} · s^{-1}。

这说明在反应分子的成千上万次碰撞中，大多数碰撞并不能起化学反应，只有很少次数碰撞对于反应才是有效的。这种能够发生反应的碰撞称为有效碰撞。能够发生有效碰撞的分子称为活化分子(activating molecular)。活化分子具有比普通分子更高的能量，在碰撞时才能克服电子云之间的相互排斥作用而相互接近，从而打破原有的化学键而形成新分子，即发生化学反应。

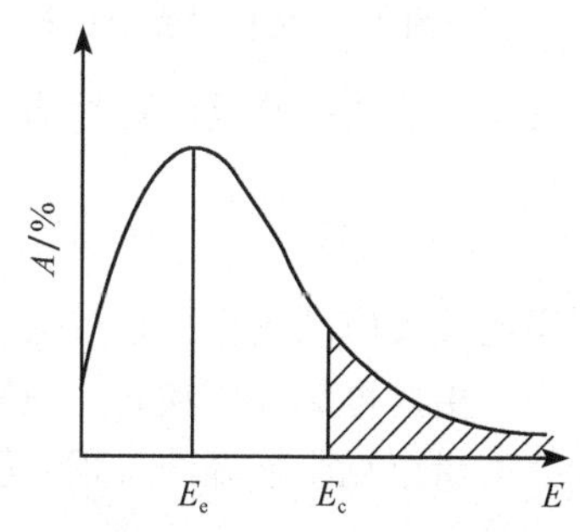

图 4-2　分子能量分布示意图

分子能量分布如图 4-2 所示。在一定温度下，图中横坐标表示能量，纵坐标表示具有一定能量的分子百分数。曲线下面的面积表示分子百分数的总和为 100%。E_e 为分子的平均能量，E_c 为阈能。分子能量大于阈能的分子为活化分子，用图的阴影部分表示，其面积表示活化分子所占的百分数。

反应速率主要取决于单位时间内的有效碰撞次数。

若能量的分布符合麦克斯韦-玻耳兹曼分布，则

$$r = Z\mathrm{e}^{-E_c/RT} \tag{4-13}$$

可见，E_c 越高有效碰撞所占的比例也就越小，故反应速率越慢。

碰撞理论非常直观，比较成功地解释了某些实验事实，对于一些简单的反应，由公式(4-13)计算所得的值与实验结果基本相符。但由于碰撞理论把反应分子看成没有内部结构的刚性球体的模型过于简单，对不少反应，尤其是具有复杂结构分子间的反应，理论计算所得的结果与实验值相差较大，因此，过渡态理论应运而生。

2. 过渡态理论

1935 年后由埃林(Eyring)、鲍兰尼(Polanyi)等在统计力学和量子力学发展的基础上提出来的过渡态理论，其基本出发点是：化学反应不是只通过简单碰撞就变成产物，而是要经过一个由反应物分子以一定的构型存在的过渡态，形成这个过渡态需要一定的活化能，故过渡态又称活化配合物(activating complex)，活化配合物与反应物分子之间建立化学平衡，总反应的速率由活化配合物转化成产物的速率决定。

化学反应是从反应物到生成物逐渐过渡的一个连续进行的过程。以双分子基元反应为例

$$\mathrm{A+BC \longrightarrow AB+C}$$

反应过程可表示为

$$\mathrm{A+BC \rightleftharpoons [A\cdots B\cdots C]^{\neq} \longrightarrow AB+C}$$

在活化配合物[A…B…C]$^{\neq}$中，旧键 B—C 已经削弱，新键 A—B 正在形成，它处于高能量状态，非常不稳定，一方面它可分解为原反应物，另一方面它可转变为产物。反应过程中势能变化如图 4-3 所示。

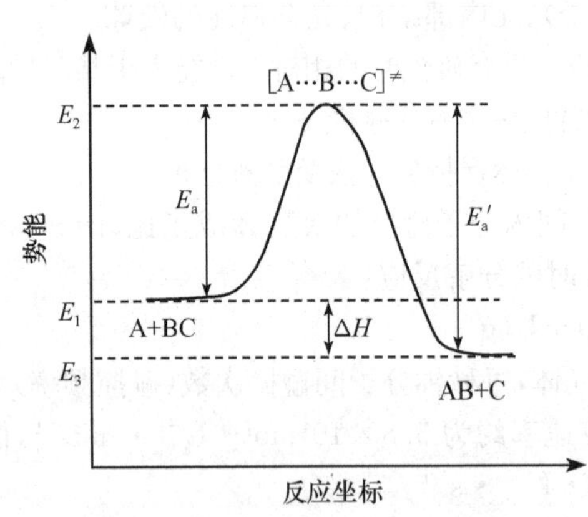

图 4-3　反应过程中势能变化示意图

图中 E_1 为反应物分子的平均能量，E_2 为活化配合物分子的平均能量，E_3 为产物分子的平均能量。活化配合物的平均能量和反应物平均能量之差称为活化能。E_a 是正反应的活化能，E'_a是逆反应的活化能，即

$$E_a = E_2 - E_1 \qquad E'_a = E_2 - E_3$$

反应的热效应是反应物平均能量与产物平均能量的差值

$$\Delta H = E_a - E'_a \tag{4-14}$$

$$\text{若 } E_a < E'_a\text{，则 } \Delta H < 0$$

说明该反应的正反应是放热反应，逆反应是吸热反应。

由此可见，反应物分子必须越过能峰，反应才能进行。化学反应也就是反应物分子吸收足够能量以克服能峰的过程。能峰越高，反应的阻力越大，反应就难进行。活化能的大小代表了能峰的高低。形成新键需要克服的斥力越大，或破坏旧键克服的引力越大，需要消耗的能量越大，能峰就高。不同物质的化学键能不同，改组化学键所需的能量不同，因而不同化学反应在一定温度下具有不同的活化能。反应的活化能越大，活化分子数越少，反应速率越慢；反之，活化能越小的反应速率越快。活化能是决定反应速率的内因。

过渡态理论考虑了分子的微观结构，提供了一个完全由微观结构和运动形式计算反应速率的途径和方法。在实际应用时最大的问题是多原子体系的统计力学和量子力学计算还存在很大困难。而且由于活化配合物的寿命极短（一般为 10^{-12} s 左右），对其进行观测非常困难。但 20 世纪 60 年代以后，随着激光技术、分子束技术以及光电子能谱等实验技术的出现，对过渡态的探测和研究大大前进了一步。

总之，过渡状态理论把反应速率和反应过程中物质的微观结构联系起来了，因而可借助于某些微观物理量，通过复杂的理论计算，可获得反应过程中分子间相互作用的位能变化，从而进一步了解反应所经历的途径及反应速率的有关知识。

思考题 4.4　什么是活化能？试简述基元反应中活化能的物理意义。

4.2　浓度对化学反应速率的影响

4.2.1　质量作用定律

1. 定律的内容

对于基元反应，$aA+bB \longrightarrow gG+hH$，其反应速率与各反应物浓度（带有相应的指数）的乘积成正比，其中各浓度的指数就是反应物中各相应物质的系数，即

$$r = kc(A)^a \cdot c(B)^b \tag{4-15}$$

基元反应的这个规律称为质量作用定律（law of mass action ）。该定律实际上是 19 世纪中期（1867 年）由挪威化学家古德贝格（C. M. Guldberg）和瓦格（P. Waage）在总结了前人的大量工作并结合自己的实验而提出来的。当初的表述是“化学反应速率与反应物的有效质量成正比”，这里的“有效质量”本意也就是指浓度。

按照质量作用定律，单分子反应 $A \longrightarrow P$ 服从一级动力学规律 $r=kc(A)$；双分子反应 $A+B \longrightarrow P$，$r=kc(A)\cdot c(B)$，$2A \longrightarrow P$，$r=kc(A)^2$ 均服从二级反应动力学规律。

例如，对于基元反应

$$H_2+2I \longrightarrow 2HI$$

$$Br+H_2 \longrightarrow HBr+H$$

按质量作用定律，这两个基元反应的速率分别为

$$r = kc(H_2)c(I)^2$$

$$r = kc(Br)c(H_2)$$

2. 适用范围

质量作用定律仅适用于基元反应。如果一个化学反应在通常条件下所得到的反应速率方程与按质量作用定律写出的速率方程形式相同，并不能说明该反应一定是简单反应；但反应速率方程与按质量作用定律写出的速率方程形式不同，则一般可以说该反应是复杂反应。

根据质量作用定律，对单独一个基元反应，其速率方程的形式一目了然，当体系中存在多个相互有关联的基元反应时，情况就不那么简单了。但是，一般来说对一个基元反应，即使体系中存在涉及与该基元反应相同组分的其他基元过程，质量作用定律的适用性并不受影响。

思考题 4.5　为什么质量作用定律不能用于非基元反应？

4.2.2 具有简单级数反应的速率方程

本小节讨论具有简单级数的反应，介绍其速率方程以及它们的速率系数 k 的量纲、半衰期等各自的特征。

1. 一级反应

凡是反应速率只与物质浓度的一次方成正比者称为一级反应(first order reaction)。例如，放射性元素的蜕变反应(如镭的蜕变)及 N_2O_5 的分解反应

$$^{226}_{88}Ra \longrightarrow ^{222}_{86}Rn + ^{4}_{2}He$$

$$N_2O_5 = N_2O_4 + \frac{1}{2}O_2$$

其他如分子重排反应(例如顺丁烯二酸转化为反丁烯二酸)、蔗糖水解反应等也是一级反应。

对于反应 $A \longrightarrow P$，速率方程为 $r = kc(A)$。根据反应速率的定义可以写出浓度对时间的微分方程

$$-\frac{dc(A)}{dt} = kc(A) \tag{4-16}$$

分离变量、积分，并利用初始条件：当 $t=0$ 时，反应物 A 的浓度为 $c_0(A)$；积分上限时间为 t，反应物 A 的浓度用 $c(A)$ 表示(通常省略下标 t)。解出浓度与时间的关系为

$$\ln\frac{c_0(A)}{c(A)} = kt \tag{4-17}$$

也可写成指数形式

$$c(A) = c_0(A)\exp(-kt) \tag{4-18}$$

以上各式均为速率方程(4-15)的积分式，都是一级反应的动力学方程。对于气相一级反应，只要将浓度 $c(A)$ 用分压 $p(A)$ 替代，处理方法及动力学规律完全相同。

对一级反应动力学方程的进一步分析说明：

(1) 反应进行时，反应物的浓度随时间按指数规律下降[式(4-18)]，因 $r=kc(A)$，所以反应速率亦随之以相同的方式持续下降。只有 $t\rightarrow\infty$，才能使 $c(A)\rightarrow 0$，即一级反应需用无限长时间才能反应完全。

(2) 半衰期。反应物消耗了一半所需的时间称为半衰期(half-life)，用 $t_{1/2}$ 表示。

当 $c(A)=\frac{c_0(A)}{2}$，根据式(4-17)得一级反应的半衰期

$$t_{1/2} = \frac{\ln 2}{k} = \frac{0.693}{k} \tag{4-19}$$

可见，一级反应的半衰期与反应的速率系数 k 成反比，而与反应物的起始浓度无关。这一特点是一级反应特有的，可以作为判断一个反应在动力学上是否属于一级反应的根据。

(3) 由式(4-17)可知 $\ln\{c(A)\}$ 对 t 作图应为一直线，其斜率等于 $-k$。这一特点在处理一级反应实验数据时尤其重要。

【例 4-2】 气相单分子反应：$AB = A+B$，在温度 T 时，恒容反应实验数据如下：

t/s	0	20	50	80	100	120	150	180	200
$p_{总}$/kPa	50.65	54.70	60.27	65.87	67.87	70.91	74.45	77.49	79.52

已知反应开始前体系中只有 AB,求该温度下的反应速率系数 k 及 $t_{1/2}$。

解　设 p_0、p 分别表示 AB 的初始压力与 t 时刻的压力。那么 t 时刻产物 A 或 B 的压力均为(p_0-p),此时体系的总压为 $p_{总}=p+2(p_0-p)$,因此可以求出 AB 在 t 时刻的压力为:$p=2p_0-p_{总}$

t/s	p/kPa
0	50.65
20	46.60
50	41.03
80	35.43
100	33.43
120	30.39
150	26.85
180	23.81
200	21.78

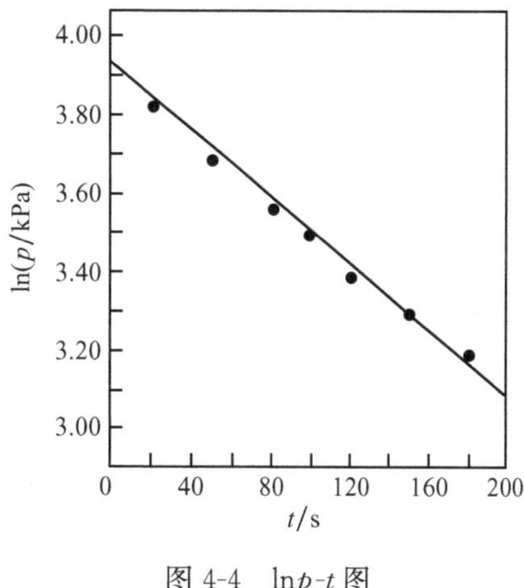

图 4-4　ln$p$-t 图

以 ln$p$ 对时间 t 作图(图 4-4)得一条直线。直线的斜率 $m=-4.2\times10^{3}\,s^{-1}$。按质量作用定律,该反应的速率方程为 $-\frac{dp}{dt}=kp$,动力学方程为 $\ln\frac{p}{p_0}=-kt$。

因此反应速率系数及半衰期分别为

$$k=-m=4.2\times10^{3}\,s^{-1}$$

$$t_{1/2}=\frac{\ln2}{k}=165s$$

2. 二级反应

反应速率和物质浓度的二次方成正比的反应称为二级反应(second order reaction)。

二级反应最为常见,如乙烯、丙烯和异丁烯的二聚作用,$NaClO_3$ 的分解,乙酸乙酯的皂化,碘化氢、甲醛的热分解等都是二级反应。反应有 AA 型($2A\longrightarrow P$)和 AB 型($A+B\longrightarrow P$)两种,下面仅对 AA 型反应进行讨论。

对于反应 $2A\longrightarrow P$,速率方程为 $r=k_2c(A)^2$。根据反应速率的定义可以写出浓度对时间的微分方程

$$-\frac{dc(A)}{dt}=kc(A)^2\quad(其中\ k=2k_2)\tag{4-20}$$

采用与一级反应相同的处理方法解出浓度与时间的关系为

$$\frac{1}{c(A)}-\frac{1}{c_0(A)}=kt\tag{4-21}$$

AA 型反应有如下两个特点:

(1) 以 $1/c(A)$对 t 作图为一直线,直线的斜率为速率系数 k,截距的倒数为$c(A)_0$。

(2) 半衰期。令 $c(A)=c_0(A)/2$ 求出

$$t_{1/2}=\frac{1}{kc_0(A)}\tag{4-22}$$

可见,AA 型二级反应的半衰期与反应物的初始浓度成反比。初浓度越高,消耗掉一半反应物所用时间越短。反应过程中反应物浓度与反应速率都随时间持续下降,且远比一级反应要迅速。

【例 4-3】 已知恒容气相双分子反应：$NO + O_3 = NO_2 + O_2$ 在 25℃时反应速率系数 $k = 1.20 \times 10^7\ L \cdot mol^{-1} \cdot s^{-1}$。如果 $c_0(NO) = c_0(O_3) = 0.1 mol \cdot L^{-1}$，求半衰期及反应进行到 1.0s 时 O_3 的浓度。

解 按照质量作用定律，该基元反应的速率方程为

$$r = kc(NO)c(O_3)$$

因为 $c_0(NO) = c_0(O_3)$，所以速率方程可以简化为

$$\frac{dc(O_3)}{dt} = kc(O_3)^2$$

按照单纯二级反应处理，动力学方程[式(4-21)]为

$$\frac{1}{c(O_3)} - \frac{1}{c_0(O_3)} = kt$$

代入有关数据计算出

$$t_{1/2} = \frac{1}{kc_0(O_3)} = 8.33 \times 10^{-7} s$$

反应 1.0s 时 O_3 的浓度

$$c(O_3) = 8.30 \times 10^{-8} mol \cdot L^{-1}$$

3. 零级反应

反应速率与物质的浓度无关者称为零级反应(zeroth order reaction)。

1) 速率方程

$$r = -\frac{dc(A)}{dt} = k \tag{4-23}$$

2) 动力学方程

$$c_0(A) - c(A) = kt \tag{4-24}$$

3) 半衰期

$$t_{1/2} = \frac{c_0(A)}{2k} \tag{4-25}$$

反应总级数为零的反应并不多，已知的零级反应中最多的是表面催化反应。例如，氨在钨上的分解反应

$$2NH_3 \xrightarrow{W\ 催化剂} N_2 + 3H_2$$

由于反应只在催化剂表面上进行，反应速率只与表面状态有关，若金属 W 表面已被吸附的 NH_3 所饱和，再增加 NH_3 的浓度对反应速率不再有影响，此时反应呈零级反应。

4. 单纯 n 级反应

1) 速率方程

$$-\frac{dc(B)}{dt} = kc(B)^n \quad (n \neq 1) \tag{4-26}$$

2) 动力学方程

$$\frac{1}{n-1}[c(B)^{1-n} - c_0(B)^{1-n}] = kt \tag{4-27}$$

3) 半衰期

$$t_{1/2} = \frac{2^{n-1} - 1}{(n-1)kc_0(B)^{n-1}} \tag{4-28}$$

【例 4-4】 在 1073K 时，发生反应 $2NO(g)+2H_2(g) \longrightarrow N_2(g)+2H_2O(g)$ 用初始浓度法得到下列实验数据：

实验编号	$c(H_2)/(mol \cdot L^{-1})$	$c(NO)/(mol \cdot L^{-1})$	$r/(mol \cdot L^{-1} \cdot s^{-1})$
1	0.0060	0.0010	7.9×10^{-7}
2	0.0060	0.0020	3.2×10^{-6}
3	0.0060	0.0040	1.3×10^{-5}
4	0.0030	0.0040	6.4×10^{-6}
5	0.0015	0.0040	3.2×10^{-6}

试确定该反应的速率方程。

解 由表中数据可以看出，当 $c(H_2)$ 不变时，$c(NO)$ 增大至 2 倍，r 增大至 4 倍，这说明 $r \propto c(NO)^2$；当 $c(NO)$ 不变时，$c(H_2)$ 减小一半，r 也减小一半，即 $r \propto c(H_2)$。

因此，该反应的速率方程式为

$$r = kc(NO)^2c(H_2)$$

该反应对 NO 是二级反应，对 H_2 是一级反应，总反应级数为三级。

将表中任意一组数据代入上式，可求得反应速率系数

$$\begin{aligned} k &= \frac{r}{c(NO)^2c(H_2)} \\ &= \frac{7.9\times10^{-7}\,mol \cdot L^{-1} \cdot s^{-1}}{[1.0\times10^{-7}\,mol \cdot L^{-1}]^2\times6.0\times10^{-3}\,mol \cdot L^{-1}} \\ &= 1.3\times10^{2}\,L^2 \cdot mol^{-2} \cdot s^{-1} \end{aligned}$$

必要时求出多个 k 值，取平均值。

思考题 4.6　一个化学反应进行完全所需要的时间是半衰期的 2 倍吗？

4.3　温度对化学反应速率的影响

4.3.1　范特霍夫规则

人们早已知道温度可以影响反应速率的事实。1884 年，荷兰物理化学家范特霍夫(van't Hoff)根据实验归纳得到近似规则：当温度升高 10K，反应速率增加 2～4 倍，即

$$\frac{k_{T+10}}{k_T} = 2 \sim 4 \tag{4-29}$$

按此规则，一个反应从同一初始浓度开始，达到相同的转化率，在 400K 时只要 1min 就能完成，而在 300K 时却至少要 17h 才能完成。如果不需要精确的数据或手边的数据不全，则可根据这个规律估计出温度对反应速率的影响。

4.3.2　阿伦尼乌斯公式

1889 年，瑞典科学家阿伦尼乌斯(S. A. Arrhenius)在前人工作的基础上结合他自己的实验，总结出一个物理意义更为明确的经验关系式，称为阿伦尼乌斯公式

$$k = A\exp\left(-\frac{E_a}{RT}\right) \tag{4-30}$$

对数形式

$$\ln k = -\frac{E_a}{RT} + \ln A \tag{4-31}$$

微分形式

$$\frac{d\{\ln k\}}{dT} = \frac{E_a}{RT^2} \tag{4-32}$$

式中:A 和 E_a 分别为两个与温度、浓度无关的常数,其大小取决于化学反应本身。A 称为指前系数(preexponential coefficient)或频率系数,具有与反应速率系数 k 相同的单位。E_a 称为反应的阿伦尼乌斯活化能(activation energy),其单位为$J \cdot mol^{-1}$。以上几个表示反应速率与温度关系的函数式都称为阿伦尼乌斯公式或阿伦尼乌斯定律。这个公式最初是从气相反应中总结出来的,后来发现对液相中的反应也同样适用。

4.3.3 阿伦尼乌斯活化能

1. 活化能

在式(4-30)中,E_a 和 T 值都在指数上,显然这两个数值的大小对 k 值有很大的影响。T 上升 k 必定增大,而 E_a 越大,则 k 越小。

阿伦尼乌斯定律表明温度对反应速率影响的大小主要取决于 E_a 的值,E_a 的值越大反应速率随温度的变化越显著。因此阿伦尼乌斯活化能 E_a 是表征反应体系动力学特征的重要参数。

按照阿伦尼乌斯定律(4-31)以不同温度下速率系数的对数 $\ln k$ 对温度的倒数 $1/T$ 作图($\ln k$-$1/T$ 图)应得到一条直线,从该直线的斜率($-E_a/R$)和截距($\ln A$)可以求出活化能与指前系数。所以,$\ln k$-$1/T$ 图在分析温度对动力学行为的影响时特别有用。

2. 适用范围

(1) 阿伦尼乌斯定律是对基元反应速率受温度影响行为的定量描述。复杂反应动力学中使用该定律只是借用其形式描述反应速率与温度的关系。阿伦尼乌斯定律的表述及对常数 E_a、A 的解释都只适用于基元反应。

(2) 由于阿伦尼乌斯定律用速率系数代替反应速率,所以要求在定律适用的温度范围内反应速率方程的形式不能改变(质量作用定律有效)。

(3) 作为经验关系的阿伦尼乌斯定律并不是非常精确的。例如,理论上和精密的实验都表明指前系数 A 是与温度有关的,但在一般实验精度范围内认为 A 是与温度无关的常数不会引起大的偏差。

【例 4-5】 双分子反应:$Cl + H_2 \longrightarrow HCl + H$,不同温度下的速率系数值如下表,求该温度范围内反应的活化能 E_a。

T/K	298	400	520	600	860	950	1050
$k/(10^6 L \cdot mol^{-1} \cdot s^{-1})$	1.02	10.9	54.0	105	440	590	792

解 利用以上数据作 $\ln k$-$1/T$ 图,见 4-5,作图数据见下表:

$(10^3/T)/K^{-1}$	$\ln k$
3.36	13.8
2.50	16.2
1.92	17.8
1.67	18.5
1.16	19.9
1.05	20.2
0.95	20.4

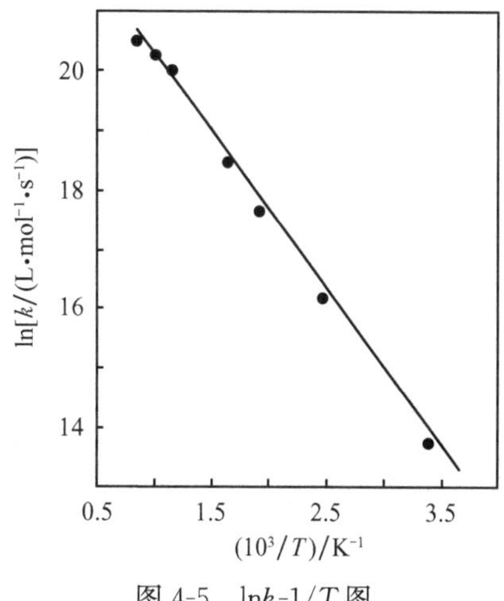

图 4-5　$\ln k$-$1/T$ 图

从图 4-5 中求出直线的斜率

$$m = -2.77\times 10^{3}\,K^{-1}$$

按照式(4-30)可以求出该反应的活化能

$$E_a = -mR = 23kJ\cdot mol^{-1}$$

同时也能从截距 $\ln A$ 求出指前系数

$$A = 1.1\times 10^{10}\,L\cdot mol^{-1}\cdot s^{-1}$$

4.4　催化作用简介

催化作用无论在工业生产中或是在科学实验中都应用得非常广泛。例如，许多熟知的工业反应如氮氢合成氨、SO_2 氧化制备 SO_3、氨氧化制备硝酸、尿素的合成、合成橡胶、高分子的聚合反应等，都是采用催化剂的反应。在生命现象中大量存在着催化作用，例如，植物的光合作用、有机体内的新陈代谢、蛋白质、碳水化合物和脂肪的分解作用、酶的作用等都是催化作用。据统计，80%～90%的化工产品生产都与催化作用有关。可以说，没有催化剂，就不可能建立近代的化学工业。因此，探索催化作用的规律、选择高效的催化剂就成为近代化学的一个极为重要的研究领域。由于催化反应类型众多、机理复杂，其动力学受催化剂性质的影响很大，而且催化动力学研究还涉及大量相关学科的知识，下面仅选取酸碱催化、酶催化与气-固相催化作为例子进行简单的描述。

4.4.1　催化概念及其特征

1. 催化剂与催化作用

如果把某种物质(可以是一种到几种)加到化学反应体系中，可以改变反应的速率(反应趋向平衡的速率)而本身在反应前后没有数量上的变化同时也没有化学性质的改变，则该种物质称为催化剂(catalyst)。这种作用则称为催化作用(catalysis)。当催化剂的作用是加快反应速率时，称为正催化剂。通常由于正催化剂用得比较多，所以一般如不特别说明，都是指正催化剂。当催化剂的作用减慢反应速率时，称为负催化剂或阻化剂。例如，减缓金属腐蚀的缓蚀剂，防止橡胶、塑料老化的抗老化剂等均为负催化剂。

催化是对化学反应速率的一种作用。从这一点讲，它与温度、压力等因素一样都能使化学反应速率发生改变。当在反应体系中加入少量其他催化剂时，反应速率可以有很大改变，能使催化剂作用加强的少量外加物称助催化剂；如果反应产物能对该反应起加速作用，这种催化作用称自身催化作用；毒物是使催化剂的作用减弱的外加物。通常都选用催化反应速率系数作为衡量催化剂催化能力的一个指标，称其为催化活性。

2. 催化反应的分类

按催化剂与反应物系的相态将催化反应分为三类：

(1) 均相催化反应(homogeneous catalysis)。催化剂与反应物系处于同一相。例如气相催化反应，液相酸、碱催化，配位催化等。

(2) 多相催化反应(heterogeneous catalysis)。催化剂与反应物系不属同一相，反应是在相与相的界面上进行。例如，气-固相催化或液-固相催化，反应物系为气相或液相，催化剂为固相。

(3) 酶催化反应(enzyme catalysis)。因为酶多是复杂的大分子化合物，它是介于多相与均相之间的，所以单独列为一类。

这三类反应在催化机理、动力学规律等方面都有各自的特点，但它们又都因催化剂的加入而发生变化，所以都具有共同的基本特征。

3. 催化剂的特征

(1) 催化剂能加快反应到达平衡的速率，是由于改变了反应历程、降低了活化能。

(2) 催化剂在反应前后，其化学性质没有改变，但在反应过程中参与了反应(与反应物生成某种不稳定的中间化合物)。一般认为，催化剂主要是与反应物或中间物(非产物物种)反应，同时催化剂一定会在随后形成产物的过程中重新生成出来。

催化剂除了上述两个基本特征之外，还具备有如下的几个特征：

(1) 在反应前后，催化剂本身的化学性质虽不变，但常有物理形状的改变，如块状变为粉状或结晶的大小有变化等。例如，催化 $KClO_3$ 分解的 MnO_2，作用进行后，从块状变为粉状。催化 NH_3 氧化的铂网，经过几个星期表面就变得比较粗糙。

(2) 催化剂不影响化学平衡。从热力学的观点来看，催化剂只能缩短达到平衡所需的时间，而不能移动平衡点。对于已达平衡的反应，不可能借加入催化剂以增加产物的百分比。催化剂对正、逆两个方向都发生同样的影响，所以对正方向反应的优良催化剂也应为逆反应的催化剂。例如，苯在 Pt 和 Pd 上容易氢化生成环己烷(473～513K)，而在 533～573K 环己烷也能在上述催化剂上脱氢。同样，在相同条件下，水合反应的催化剂同时也是脱水反应的催化剂。又如用 CO 和 H_2 为原料合成 CH_3OH 是一个很有经济价值的反应，在常压下寻找甲醇分解反应的催化剂就可作为高压下合成甲醇的催化剂。

催化剂不能实现热力学上不能发生的反应，因此我们在寻找催化剂时，要求首先进行热力学的分析，看这个反应在该条件下发生的可能性。

(3) 催化剂对反应具有特殊的选择性。包含两个方面的含义：①不同的反应需要选择不同的催化剂。例如，氧化反应与脱氢反应所选用的催化剂是不同的。又如同为氧化反应，SO_2 的氧化催化剂为 V_2O_5，而乙烯氧化却用 Ag 作催化剂。②对同样的反应物如果选择不同的催化剂，可以得到不同的产物。例如，C_2H_5OH 在不同的催化剂上能得到不同的产品。在 473～

523K 的金属铜上得到 CH_3CHO+H_2；在 623～633K 的 Al_2O_3 上得到 $C_2H_4+H_2O$；在 673～723K 的 ZnO、Cr_2O_3 上得到丁二烯等。

(4) 在催化剂或反应体系内加入少量的杂质常可以强烈地影响催化剂的作用。这些杂质可起助催化剂或毒物的作用。例如，合成氨的铁催化剂中加入 Al_2O_3 可以提高催化作用，Al_2O_3 就是助催化剂，而原料气中的 O_2、H_2O、CO、S、PH_3、As 等对铁催化剂都是毒物。

思考题 4.7　什么是催化作用？催化作用有什么特点？

4.4.2　催化反应的机理

催化剂所以能改变反应速率，是由于降低了反应的活化能、改变了反应历程的缘故(图 4-6)。在有催化剂 J 存在的情况下，反应 A+B+J 沿着活化能较低的A…J、AJ+B、A…B…J 等新的途径进行。比较图 4-6 中曲线的最高点相当于反应过程的中间状态，即无催化剂时的 A…B 和有催化剂 J 时的 A…J 与 A…B…J。非催化反应要克服一个活化能为 E_0 的较高的能峰，而在催化剂的存在下，反应的途径改变，反应活化能 $E_a=E_1-E_2+E_3$，只需要克服两个较小的能峰(E_1 和 E_3)。显然，有催化剂参加反应时的活化能远远小于无催化剂时的活化能。

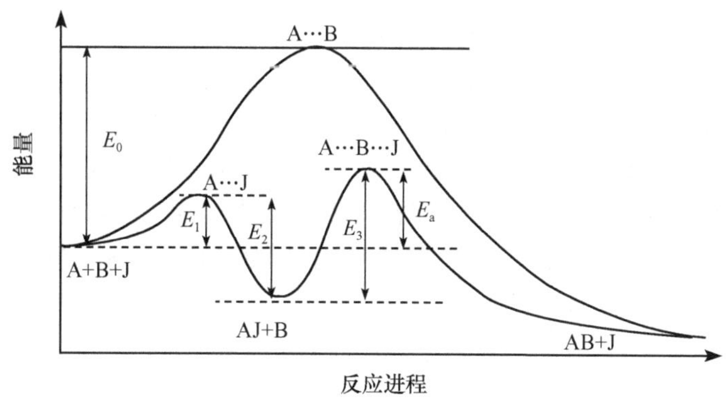

图 4-6　催化剂改变反应的途径示意图

4.4.3　均相催化

1. 气相催化

气相催化中常见的催化剂有 NO、H_2O 等。例如，用 NO 把 SO_2 氧化成 SO_3 其反应机理为

$$2NO+O_2 \longrightarrow 2NO_2$$
$$NO_2+SO_2 \longrightarrow NO+SO_3$$

2. 液相酸碱催化

在均相反应中酸与碱的作用是非常普遍的。虽然酸碱催化作用有很多不同类型，但几乎所有酸、碱催化反应都至少在一个步骤中包含质子的转移。质子转移一般比其他化学键的形成或断裂要快，所以溶液中酸、碱催化作用常常是很有效的。例如，甲醇与乙酸的酸催化的酯化反应

$$CH_3OH + H^+ \longrightarrow CH_3OH_2^+ \text{(正碳离子)}$$

$$CH_3OH_2^+ + CH_3COOH \longrightarrow CH_3COOCH_3 + H_2O + H^+$$

4.4.4 多相催化

多相催化作用是与反应分子在催化剂表面上的吸附分不开的，反应分子吸附在固体表面的某些部位上，形成活化的表面中间化合物，使反应的活化能降低，反应加速，再经过脱附而得到产物。

对于气-固相催化反应来说，固体表面是反应的场所，比表面的大小直接影响反应的速率，增加催化剂的比表面总是可以提高反应速率，因此人们多采用减小催化剂粒径以增大比表面或选用比表面大的海绵状或多孔性材料来固载催化剂。

气-固相多相体系的动力学要比均相体系复杂得多。这主要是因为多相催化反应是在固体催化剂表面上实现的多步骤过程。一般地说，可有下列五步：

(1) 反应物从气体本体扩散到固体催化剂表面。

(2) 反应物被催化剂表面所吸附。

(3) 反应物在催化剂表面上进行化学反应。

(4) 生成物从催化剂表面上脱附。

(5) 生成物从催化剂表面扩散到气体本体中。

每一步都有它们各自的历程和动力学规律。所以，研究一个多相催化过程的动力学，既涉及固体表面的反应动力学问题，也涉及吸附和扩散动力学的问题。

气-固相催化反应在工业化学反应中占有重要的地位，大家熟知的合成氨、氨氧化制硝酸、石油及其产品的加工、SO_2 氧化为 SO_3 制硫酸等都是以固体物质为催化剂的气-固相催化反应过程。固体催化剂主要是过渡金属和它们的氧化物，如 Fe、Co、Ni、Pd、Pt、Cr、Mn、W、Ag、Au、Al_2O_3、Cr_2O_3、V_2O_5、ZnO、NiO、Fe_2O_3 等。

4.4.5 酶催化反应

在生物体进行的各种复杂的反应，如蛋白质、脂肪、碳水化合物的合成和分解等基本上都是酶催化反应。所有已知的酶本身也是一种蛋白质，其质点的直径范围在 10～100nm，因此酶催化作用可看作是介于均相与多相催化之间。

1. 酶催化的显著特征

(1) 很高的催化活性。例如脲酶催化尿素水解的能力大约是 H^+ 的 10^{14} 倍。

(2) 催化的专一性。一种酶只能催化一种特定的反应。酶分子能与反应物(被称作基质或底物)形成酶-底物配合物。酶分子中一些部位与底物之间的相互作用可能很弱，但酶分子中至少有一个部位与底物分子间存在很强的相互作用，反应就在这类部位发生。酶分子的这种部位被称为活性中心。再加上酶分子特定的构型，使酶催化作用具有高度的专一性，就好像一把钥匙开一把锁一样。例如，富马酸酶只能催化反丁烯二酸水合生成羟基丁二酸的反应，对其他反应则不显示催化活性。又如，乳酸脱氢酶只能催化 *l*-乳酸脱氢为丙酮，而对 *d*-乳酸却无作用。

(3) 催化反应条件温和。一般在常温常压下就能进行。例如工业合成氨需在高温高压下进行，而固氮生物酶能在常温常压下将空气中的氮转化为氨。而且由于酶是一种蛋白质，对温度较敏感，高温将使其变性而失活。

2. 酶催化反应历程

酶催化作用既可以看成是底物（substrate）与酶形成了中间化合物，也可以看成是在酶的表面上首先吸附了底物，而后再进行反应。

米恰利-门顿（Michaelis-Menten）、布里格斯（Bringgs）、霍尔丹（Haldane）、亨利（Henry）等研究了酶催化反应动力学，先后提出了酶催化反应的历程。

酶（E）与底物（S）先形成中间化合物（ES），然后中间化合物（ES）再进一步分解为产物，并释放出酶（E）：

$$E + S \underset{k_{-1}}{\overset{k_1}{\rightleftharpoons}} ES \xrightarrow{k_2} E + P$$

在恒定的温度下，对于某一特定的酶催化作用来说，典型的酶催化反应速率曲线如图 4-7 所示。图 4-7 中纵坐标为反应速率，横坐标为底物的浓度，r_m 为最大反应速率。而当 $c(S)$ 的数值较小时，反应速率 r 与 $c(S)$ 成线性关系，且与酶的总浓度也成正比。反应对底物（S）来说是一级反应。当底物的浓度 $c(S)$ 很大时，反应速率 r 与 $c(S)$ 无关，只与酶的总浓度成正比，达到最大反应速率 r_m，对底物（S）来说是零级反应。

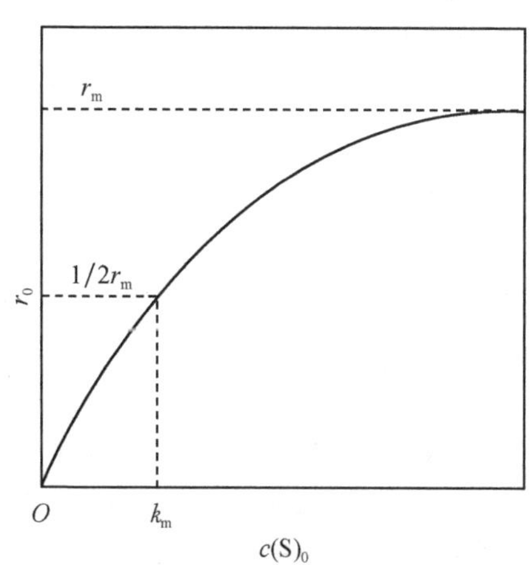

图 4-7　典型的酶催化反应速率曲线

实验证明，酶催化作用的速率与酶的种类、底物、温度、pH 以及其他干扰物质有关。在众多复杂的生物化学反应过程中，酶催化的特点是效率高、选择性强及反应条件温和等。

本 章 小 结

化学动力学包括化学反应速率和反应机理的研究，是研究化学反应的现实性的一门学科。本章介绍了反应速率的表示方法，包括：化学反应速率的概念、表示法及计算，基元反应，反应级数、反应分子数和活化能的基本概念及有关计算。

本章还介绍了反应速率的影响因素，包括：浓度（质量作用定律）、温度（阿伦尼乌斯公式）、催化剂对反应速率的影响及有关计算。

本章还简单介绍了有效的碰撞理论和过渡态理论的基本要点，并用它们解释了影响反应速率的因素。

Chemical kinetics is the study of the reality of chemical reactions (the rate and mechanism mechanics of reaction). This chapter discusses the basic concepts of rate of reaction, elementary reaction, order of reaction, and activation energy, as well as the expression of rate of reaction. Effective collision theory and transition state theory are presented. Also discussed are the law of mass action and Arrhenius equation, as well as the effect of concentration, temperature and catalyst on the rate of reaction, the limit of law of mass action. A few examples of simple order of reaction and their kinetics equation of chemical reaction are discussed. There is also a brief introduction of catalysis.

化学家史话——古德贝格和瓦格

古德贝格（C. M. Guldberg，1836—1902），挪威应用数学家；瓦格（P. Waage，1833—1900 年），挪威化学家。

古德贝格和瓦格受动态平衡观念的影响，在前人工作的基础上，在 1862～1864 年，合作完成了近 300 个实

验，确立了质量作用定律，于1864年用挪威文发表了他们的研究结果。古德贝格和瓦格认为：影响化学反应的是所谓"活动质量"，即单位体积的质量，而不是物质的绝对质量。古德贝格和瓦格全面阐述了质量作用定律，只是他们对这个定律的表述与我们今天的表述有所不同。他们所说的活动质量，实际上是我们所说的浓度。因此，浓度对反应速率影响的规律被称为质量作用定律，这个名称一直沿用至今。古德贝格和瓦格所接受的动态平衡观念是从力学意义上理解的，他们的规律所描述的仍然是亲和力。由于荷兰化学家范特霍夫后来的工作证明，这个特殊的力应当用反应速率常量来代替。从这里，可以看出科学家们将物理学与化学早期结合的某些特征及其意义。

古德贝格和瓦格的研究结果发表后，并没有引起人们的注意。甚至于1867年，他们用法文出版了《化学亲和力研究》一书，仍然没有引起人们的重视。后来，范特霍夫和德国化学家霍斯特曼分别从热力学导出了平衡常量关系，在德国的一个重要刊物上全面阐述了他们的结果。这已经是古德贝格和瓦格在他们用法文发表著作后的第12年，即1879年。此后，这个定律才引起化学界的重视。

化学知识拓展——多酸光化学的研究进展

多酸种类繁多，结构独特，具有特殊的氧化还原性、酸碱性和表面性质。多酸在催化反应中起传递氧或传递电子的作用，这种作用与其结构紧密相关。多酸的结构化学中以十聚钨酸、科琴结构和当森结构杂多酸研究得较成熟。1933年，科琴(Keggin)阐述了$PW_{12}O_{40}^{3-}$的1∶12结构。其特征为：①具有Td对称性；②中心原子呈四面体配位，如$[PO_4]_3$配原子呈八面体配体，三个八面体为一组即三金属簇M_3O_{10}，它们共边相连，共有四组三金属簇，它们之间以及与四面体之间都是共边相连。一共是12个八面体围绕着中心四面体。1953年，当森(Dawson)阐述了$K_6[P_2W_{18}O_{62}]\cdot 14H_2O(P_2W_{18}^{6-})$的2∶18结构。它是由两个A-型α-$PW_9$单元，结合成一个对称性为$D_{3h}$的簇。结构中存在两种钨原子，6个"极位"的和12个"赤道"位的钨原子。

光催化作为高级氧化技术的一种，是利用光生强氧化剂将有机污染物彻底氧化为H_2O、CO_2等小分子。此法能处理多种污染物，适用范围广，特别是对难降解的有机物具有很好的氧化分解作用。因大多数有机物光解的有效波长应小于300nm，需要吸收较高的能量。因此开发研究新型、高效催化材料已成热点。而钼和钨的所有杂多酸化合物在紫外区都有很强的吸收，它们接受和吸收电子的能力可用来阐释光合成的各个步骤。因此，以多酸为催化剂的光催化氧化的研究已成为光催化领域的新的热点。

人们早在20世纪80年代就已经注意到α-科琴结构$H_3PW_{12}O_{40}$光化学还原生成杂多蓝，并将这一现象用于P、Si、As、Ge等元素的比色试验以及尿酸、糖及其他生物化合物的认定。但由于结构确定的化合物种类不多，多酸的光化学发展缓慢。1973年，日本东京工业大学的山濑利博注意到同多钼酸铵盐的光致变色的效应，并在这方面做了大量的工作，使得多酸光化学的研究受到了普遍的关注。其后，美国的希尔(Hill)和福科斯(Fox)，希腊的巴巴克斯当第伦(Papaconstantinon)等研究小组对多酸的光化学原理、光催化反应以及光化学合成做了大量开创性的工作，为多酸光化学的进一步发展奠定了基础。

TiO_2作为一种有效的光催化剂，近年来就其机理和改性的研究一直很热。TiO_2负载多酸的光催化氧化效果也处于探讨之中。实验表明在室温和常压下$SiW_{12}O_{40}^{4-}$对甲烷无任何光催化活性，负载于TiO_2后，生成了CO、CO_2和H_2O，且转化率随温度升高而升高。另有研究表明：W^{4+}和Ti^{4+}的离子半径相近；W—O和Ti—O键长相似；WO_2和TiO_2的晶体结构相似，所以W^{4+}可以取代TiO_2晶格中的Ti^{4+}。3%WO_x-TiO_2能有效降解甲基蓝，同时紫外吸收谱带移向可见光区。因此，光催化多酸在污水处理、光催化降解有机物中有潜在的应用。目前进行的研究表明，多酸能有效氧化消除有机污染物，使其矿化为对环境无害的CO_2和简单无机物。

采用$Cu_3(PW_{12}O_{40})_2$催化剂，经UV-vis漫反射光谱研究表明其紫外漫反射光谱由260nm移动至350nm，并且吸收强度的增强而增大。在紫外光照下，能催化甲醛完全消除。$NdPW_{12}O_{40}/TiO_2$(粒径为11～14nm)的复合催化剂，在紫外光照射下，光催化消除丙酮可达到排放要求；光催化消除甲醇，可100%矿化。与纯的TiO_2相比，复合催化剂的吸收光能力显著增强，同时吸收带边也向长波方向延伸了20nm，扩大了催化剂对光的吸收范围。

目前多酸光催化方面的研究前沿包括以下几个方面：

(1) 通过溶胶-凝胶及水热合成技术，获得比表面较大、活性高的含多酸的多相光催化剂，可催化多种难降解的有机物完全氧化成简单无害的无机物。与均相体系相比具有更强的活性。

(2) 探索多相光催化反应的机理并为设计合理的反应装置提供依据。多酸的吸收峰尽管都位于紫外区，但其尾部的谱带可延伸到 350～400nm，通过对多酸组成的改变（更换杂原子或配原子），可以有效地调节多酸的光谱性质，如果激发波长能进入可见光区，则有望利用太阳能来进行环境除污。

(3) 多酸光催化技术具有操作简单、二次污染少等突出优点，在环保方面具有相当诱人的应用前景。但是目前其研究还处于实验室阶段。

习　题

1. 某基元反应 $A+2B\xrightarrow{k}2P$，试分别用各种物质随时间的变化率表示反应的速率方程式。
2. 对反应 $A\longrightarrow P$，当反应物反应掉$\frac{3}{4}$所需时间是它反应掉$\frac{1}{2}$所需时间的 3 倍，该反应是几级反应？请用计算式说明。
3. 试证明一级反应的转化率分别达 50%、75%和 87.5%，所需时间分别是 $t_{1/2}$、$2t_{1/2}$和 $3t_{1/2}$。
4. 若某一反应进行完全所需时间是有限的，且等于 c_0/k（c_0 为反应物起始浓度），该反应为几级反应？
5. 某总反应速率系数 k 与各基元反应速率系数的关系为 $k=k_2(k_1/2k_4)^{1/2}$，则该反应的表观活化能和指前因子与各基元反应活化能和指前因子的关系如何？
6. 反应 $CH_3CHO=\!=\!=CH_4+CO$ 其 E_a 值为 190kJ · mol^{-1}，设加入 I_2(g)（催化剂）以后，活化能 E_a 降为 136kJ · mol^{-1}，设加入催化剂前后指数前因子 A 值保持不变，则在 773K 时，加入I_2(g)后反应速率常数 k' 是原来 k 值的多少倍？（求 k'/k 值）
7. 根据范特霍夫规则，$\frac{k_{T+10}}{k_T}=2\sim4$，在 298～308K，服从此规则的化学反应之活化能 E_a 的范围为多少？
8. 某气相反应的速率表示式分别用浓度和压力表示时为：$r_c=k_c[A]^n$ 和 $r_p=k_p p_A^n$，试求和 k_c 与 k_p 之间的关系，设气体为理想气体。
9. 基元反应，$2A(g)+B(g)=\!=\!=E(g)$，将 2mol 的 A 与 1mol 的 B 放入 1L 容器中混合并反应，那么反应物消耗一半时的反应速率与反应起始速率间的比值是多少？
10. 设反应的半衰期为 $t_{1/2}$，反应 3/4 衰期为 $t_{3/4}$，试证明：对于一级反应 $t_{3/4}/t_{1/2}=2$；对于二级反应 $t_{3/4}/t_{1/2}=3$，并讨论反应掉 99%所需时间 $t_{0.99}$与 $t_{1/2}$之比又为多少。
11. 基元反应 $A\longrightarrow P$ 的半衰期为 69.3s，要使 80% 的 A 反应生成 P，所需的时间是多少？
12. 某反应的反应物消耗掉 1/2 所需的时间是 10min，反应物消耗掉 7/8 所需的时间是 30min，则该反应是几级。
13. 某一级反应，在 298K 及 308K 时的速率系数分别为 $3.19\times10^{-4}\,s^{-1}$ 和 $9.86\times10^{-4}\,s^{-1}$。试根据阿伦尼乌斯定律计算该反应的活化能和指前因子。
14. 乙烯转化反应 $C_2H_4\longrightarrow C_2H_2+H_2$ 为一级反应。在 1073K 时，要使 50%的乙烯分解，需要 10h。已知该反应的活化能 $E_a=250.6$kJ · mol^{-1}。要求在 30min 内有 75%的乙烯转化，反应温度应控制在多少？

（湖南科技大学　蔡铁军）

第5章 化学平衡原理

根据吉布斯自由能判据，如果一个化学反应正向能够自发进行，则反应将进行到什么程度为止？最大平衡产率如何？这将是本章所要研究的主要问题。

5.1 化学平衡与标准平衡常数

5.1.1 化学平衡的基本特征

在一定的反应条件下，一个反应既能由反应物变为生成物，在相同条件下，也能由生成物变为反应物，这样的反应称为可逆反应(reversible reaction)。原则上所有的化学反应都具有可逆性，只是不同的反应其可逆程度可能有很大的差别。

一个反应从反应物出发，正反应速率大于零，逆反应速率为零，反应总是要朝着生成物的方向进行，至少生成那么一点儿。随着反应的进行，正反应速率逐渐减小，逆反应速率逐渐增大。当正反应和逆反应的反应速率相等时，体系内各物质的分压(或浓度)便维持一定，不再随时间而变化，此时称该体系达到了热力学平衡态，简称化学平衡(chemical equilibrium)。处于平衡态的物质的浓度或分压称为平衡浓度或平衡分压。

化学平衡是一种动态平衡(dynamic equilibrium)，宏观上看反应已经停止，体系内各物种的浓度或分压不随时间而变化，但微观上反应仍在进行，只是正逆反应速率相同。化学平衡是相对的，同时又是有条件的。一旦维持平衡的条件发生了变化(如温度、压力的改变，充入一定量的气体等)，体系的宏观性质和物质的组成都将发生变化。原有的平衡将被破坏，平衡发生移动，直至建立新的平衡。

5.1.2 吉布斯自由能与化学平衡——化学反应等温方程式

如前所述，根据标准摩尔吉布斯自由能变 $\Delta_r G_m^\ominus(T)$ 可以判断当反应物和生成物都处于标准状态时化学反应进行的方向。但实际反应体系中各物质不可能都处于标准状态，采用 $\Delta_r G_m^\ominus(T)$ 作为反应自发性的判据具有局限性。化学反应的真正推动力是任意状态的摩尔吉布斯自由能变 $\Delta_r G_m(T)$，即 $\Delta_r G_m(T)$ 判据。那么某一反应在温度 T 时，任意状态的 $\Delta_r G_m(T)$ 与标准状态的 $\Delta_r G_m^\ominus(T)$ 之间的关系如何呢？我们用化学反应等温式(reaction isotherm，也称为范特霍夫等温式)来描述。以理想气体的反应为例，对于反应：

$$mA(g) + nB(g) \xlongequal{\quad} pC(g) + qD(g) \tag{5-1}$$

或记作

$$0 = \sum\nolimits_B \nu_B B$$

ν_B 为化学计量数，对于生成物取正值，反应物取负值。则化学反应等温式为

$$\Delta_r G_m(T) = \Delta_r G_m^{\ominus}(T) + RT\ln\frac{(p_C/p^{\ominus})^p(p_D/p^{\ominus})^q}{(p_A/p^{\ominus})^m(p_B/p^{\ominus})^n} \tag{5-2}$$

式中：$p/p^{\ominus}$为任意状态的相对分压，即相对于标准状态（$p^{\ominus}=100$kPa）的分压，量纲为 1。式(5-2)可简写为

$$\Delta_r G_m(T) = \Delta_r G_m^{\ominus}(T) + RT\ln\prod_B p_B^{\nu_B} \tag{5-3}$$

定义反应商 J：

$$J = \frac{p_C^p \cdot p_D^q}{p_A^m \cdot p_B^n} = \prod_B (p_B/p^{\ominus})^{\nu_B} \tag{5-4}$$

则式(5-3)化为

$$\Delta_r G_m(T) = \Delta_r G_m^{\ominus}(T) + RT\ln J \tag{5-5}$$

5.1.3 标准平衡常数

若体系处于平衡状态，则 $\Delta_r G_m(T)=0$，以平衡分压 p^{eq}代入式(5-2)则得

$$0 = \Delta_r G_m^{\ominus}(T) + RT\ln\frac{(p_C^{eq}/p^{\ominus})^p(p_D^{eq}/p^{\ominus})^q}{(p_A^{eq}/p^{\ominus})^m(p_B^{eq}/p^{\ominus})^n} = \Delta_r G_m^{\ominus}(T) + RT\ln\prod_B (p_B^{eq}/p^{\ominus})^{\nu_B} \tag{5-6}$$

令

$$K^{\ominus} = \frac{(p_C^{eq}/p^{\ominus})^p(p_D^{eq}/p^{\ominus})^q}{(p_A^{eq}/p^{\ominus})^m(p_B^{eq}/p^{\ominus})^n} = \prod_B (p_B^{eq}/p^{\ominus})^{\nu_B} \tag{5-7}$$

所以

$$\Delta_r G_m^{\ominus}(T) = -RT\ln K^{\ominus} \tag{5-8a}$$

或

$$\ln K^{\ominus} = -\Delta_r G_m^{\ominus}(T)/RT \tag{5-8b}$$

化学反应的 $\Delta_r G_m^{\ominus}(298\text{K})$可以查表计算，任意温度 T 的 $\Delta_r G_m^{\ominus}(T)$可由吉布斯-亥姆霍兹公式计算。据此计算得到的 $K^{\ominus}$称为标准平衡常数(normal equilibrium constant)，也称热力学平衡常数，简称为平衡常数①。

关于标准平衡常数，需注意以下几点：

(1) 标准平衡常数在数值上等于平衡时的反应商，即等于参与反应的各物种的相对平衡分压(浓度)并以其化学计量数为指数的幂的乘积，其量纲为 1。

溶液中常见的四大平衡及其平衡常数表达式如表 5-1 所示。

---

① 最初采用经验平衡常数，一般用浓度表示平衡状态各物质的定量关系，对于气体也是如此，称为浓度平衡常数，记作 K_c。对于纯气相反应，还可以采用分压或摩尔分数表示，分别记作 K_p、K_x。除 K_x 外，一般说来，K_c 和 K_p 都是有量纲的，且与方程式写法有关，K_p 的值还与分压的单位有关。K_c、K_p 和 K_x 的换算关系可由理想气体状态方程推导得出：$K_p = K_c(RT)^{\sum\nu_g}$，$K_p = K_x p^{\sum\nu_g}$，其中$\sum\nu_g$ 为生成物和反应物气体计量系数之和，即气体物质的量的变化量，R 为摩尔气体常量，其取值和单位与气体分压所用单位有关。一般地，K_c 中浓度的单位为 mol · L^{-1}，则分压单位用 kPa 时，R 为 8.314J · K^{-1} · mol^{-1}。p 为总压力，单位一般也采用 kPa。本书讨论问题均采用标准平衡常数。

表 5-1　常见平衡的平衡常数名称、符号和表达式

序号	化学反应方程式	平衡常数表达式	符号	常数名称
A	$HAc(aq)+H_2O(l) \rightleftharpoons H_3O^+(aq)+Ac^-(aq)$	$K_a^\ominus=\frac{c(H_3O^+)\cdot c(Ac^-)}{c(HAc)}$	$K_a^\ominus$	酸常数
B	$CN^-(aq)+H_2O(l) \rightleftharpoons HCN(aq)+OH^-(aq)$	$K_b^\ominus=\frac{c(HCN)\cdot c(OH^-)}{c(CN^-)}$	$K_b^\ominus$	碱常数
C	$AgCl(s) \rightleftharpoons Ag^+(aq)+Cl^-(aq)$	$K_{sp}^\ominus=c(Ag^+)\cdot c(Cl^-)$	$K_{sp}^\ominus$	溶度积
D	$MnO_2(s)+4H^++2Cl^- \rightleftharpoons Mn^{2+}+Cl_2(g)+2H_2O$	$K^\ominus=\frac{c(Mn^{2+})\cdot [p(Cl_2)/p^\ominus]}{c(H^+)^4\cdot c(Cl^-)^2}$		
E	$Cu^{2+}(aq)+4NH_3(aq) \rightleftharpoons [Cu(NH_3)_4]^{2+}(aq)$	$K_f^\ominus=\frac{c([Cu(NH_3)_4]^{2+})}{c(Cu^{2+})\cdot c(NH_3)^4}$	$K_f^\ominus$	稳定常数

平衡常数表达式中的 p 为分压，$p^\ominus=100kPa$，一般不省略。c 既可以表示浓度，也可以表示相对浓度。对于溶液体系，规定用质量摩尔浓度的标准浓度 $b^\ominus=1mol\cdot kg^{-1}$，对于稀溶液，经常采用 $c^\ominus=1mol\cdot L^{-1}$ 代替，$c^\ominus$ 一般可省略。同样，反应商 J 的表示法与标准平衡常数相同，只是使用任意状态的相对浓度或相对分压而已，量纲同样为 1。

对于非理想溶液，应以活度 a 代替浓度 c，如不特别指明，在本书中不考虑。

在已达平衡的系统中，各物质都以相同的相存在，如均为气态或液态时，这样的平衡称为均相化学平衡(homogeneous phase chemical equilibrium)，包括纯气相反应、溶液中的电离平衡，如表 5-1 中酸碱平衡 A、B，配位平衡 E 等。如果反应物和生成物以不同的相存在，这样的平衡称为多相化学平衡(multiple phase chemical equilibrium)，如表 5-1中的沉淀溶解平衡 C、氧化还原平衡 D 等。可见：对参加反应的纯固体、纯液体或稀溶液中的溶剂，其浓度可认为在反应过程中不发生变化，可看作常数，通常不出现在平衡常数表达式中；对于气体和溶液，分别采用各自的标准压力和标准浓度得到相对分压和相对浓度。

(2) 标准平衡常数仅是温度的函数，与反应的起始浓度无关。

(3) 平衡常数与化学方程式的写法有关，如 373K 时

$$N_2O_4(g) \rightleftharpoons 2NO_2(g) \qquad K_1^\ominus=p(NO_2)^2/p(N_2O_4)=0.36$$

$$\frac{1}{2}N_2O_4(g) \rightleftharpoons NO_2(g) \qquad K_2^\ominus=p(NO_2)/p(N_2O_4)^{1/2}=\sqrt{K_1^\ominus}=0.60$$

平衡常数可由热力学数据间接计算或直接测定平衡浓度(分压)而获得。

> 思考题 5.1　平衡浓度是否随时间变化？是否随起始浓度变化？是否随温度变化？平衡常数是否随起始浓度变化？转化率是否随起始浓度变化？

5.1.4　多重平衡

前面讨论的都是单一体系的化学平衡问题，但实际的化学过程往往有若干种平衡状态同时存在。在指定条件下，一个反应体系中的某一种(或几种)物质同时参与两个(或两个以上)的化学反应并共同达到化学平衡，称为同时平衡(simultaneous equilibrium)，也称多重平衡(multiple equilibrium)。在多重平衡体系中，至少有一种物质是相同的。例如，298K，气态的

SO_2、SO_3、NO、NO_2 及 O_2 在一个反应器里共存时，至少会有

① $SO_2(g)+\frac{1}{2}O_2(g) \rightleftharpoons SO_3(g)$　　$K_1^\ominus=\frac{p(SO_3)/p^\ominus}{p(SO_2)/p^\ominus \cdot [p(O_2)/p^\ominus]^{1/2}}$

② $NO(g)+\frac{1}{2}O_2(g) \rightleftharpoons NO_2(g)$　　$K_2^\ominus=\frac{p(NO_2)/p^\ominus}{p(NO)/p^\ominus \cdot [p(O_2)/p^\ominus]^{1/2}}$

③ $SO_2(g)+NO_2(g) \rightleftharpoons SO_3(g)+NO(g)$　　$K_3^\ominus=\frac{p(SO_3)/p^\ominus \cdot p(NO)/p^\ominus}{p(SO_2)/p^\ominus \cdot p(NO_2)/p^\ominus}$

三种平衡关系共存。其中 SO_2 既参与平衡①，又参与平衡③，并且其分压是唯一确定的，即平衡系统中共同物质的状态是确定的，只能有一个浓度(或分压)数值。因此，各个平衡的平衡常数间必定存在某种联系。推导如下：

因为 G 是具有广度性质的状态函数，式③=式①－式②，所以

$$\Delta_r G_{m,3}^\ominus = \Delta_r G_{m,1}^\ominus - \Delta_r G_{m,2}^\ominus$$

根据

$$-\Delta_r G_m^\ominus(T) = RT\ln K^\ominus$$

则

$$-RT\ln K_3^\ominus = -RT\ln K_1^\ominus - (-RT\ln K_2^\ominus)$$
$$\ln K_3^\ominus = \ln K_1^\ominus - \ln K_2^\ominus$$

即

$$K_3^\ominus = K_1^\ominus / K_2^\ominus$$

可见，反应式、$\Delta_r G_m^\ominus$相加减时，平衡常数 $K^\ominus$则相乘除。

在多重平衡的系统中，只有几个反应都达到平衡后，系统才处于化学平衡状态。即使有部分反应先期达到“平衡”，此“平衡”也必定受尚未平衡反应的影响，于是未平衡的反应就会带动“已达平衡”的反应继续进行，使其反应更加完全，甚至使本来不能自发进行的反应变得可以自发进行。通过一个反应带动另一个反应，称为反应的偶合，此类反应称为偶合反应(coupling reaction)。

5.2　标准平衡常数的应用

5.2.1　预测反应方向

应强调指出，在恒压等温下，一个给定化学反应进行的方向的热力学判据为 $\Delta_r G_m(T)$，根据化学反应等温式(5-5)和式(5-8)可得

$$\Delta_r G_m(T) = \Delta_r G_m^\ominus(T) + RT\ln J = -RT\ln K^\ominus + RT\ln J = RT\ln\frac{J}{K^\ominus} \tag{5-9}$$

则 $\Delta_r G_m(T)$判据可化为下述形式：

$\Delta_r G_m(T)<0$，$J/K^\ominus<1$ 即 $J<K^\ominus$，正反应自发进行；

$\Delta_r G_m(T)>0$，$J/K^\ominus>1$ 即 $J>K^\ominus$，正反应不自发进行，逆反应自发进行；

$\Delta_r G_m(T)=0$，$J/K^\ominus=1$ 即 $J=K^\ominus$，处于平衡状态。

经过对数转化后，$RT\ln J$ 项一般较小，若 $\Delta_r G_m^\ominus(T)$的绝对值很大，则 $\Delta_r G_m(T)$的正负由 $\Delta_r G_m^\ominus(T)$决定，即用 $\Delta_r G_m^\ominus(T)$代替 $\Delta_r G_m(T)$判断反应进行的方向。通常认为：当一个反应的平衡常数 $K^\ominus \geqslant 10^6$ 时，反应进行得很完全。带入式(5-8)，可得 $\Delta_r G_m^\ominus(T)=-34.2\text{kJ}\cdot\text{mol}^{-1}$，故

一般认为：当$|\Delta_r G_m^{\ominus}(T)|>40\text{kJ}\cdot\text{mol}^{-1}$时，可用$\Delta_r G_m^{\ominus}(T)$代替$\Delta_r G_m(T)$判断反应进行的方向，此时参与反应的各物质浓度或分压的变化不足以改变反应方向。当$|\Delta_r G_m^{\ominus}(T)|<40\text{kJ}\cdot\text{mol}^{-1}$时，有可能通过改变反应条件来改变反应进行的方向，需要结合反应具体条件计算$\Delta_r G_m(T)$，采用$\Delta_r G_m(T)$判据（或根据J与$K^{\ominus}$的关系）进行准确判定。

【例 5-1】 某反应：$A(s)\longrightarrow B(s)+C(g)$，已知$\Delta_r G_m^{\ominus}(298\text{K})=40.0\text{kJ}\cdot\text{mol}^{-1}$。试问：(1)该反应在298K时的平衡常数；(2)当$p_C=1.0\text{Pa}$时，该反应是否能正方向自发进行？

解 (1) 根据式(5-8) $\ln K^{\ominus}=-\Delta_r G_m^{\ominus}(T)/RT$

$$\ln K^{\ominus}=-\frac{40.0\times10^3}{8.314\times298}=-16.1 \qquad K^{\ominus}=1\times10^{-7}$$

(2) 平衡时： $p_C=1.0\text{Pa}$ $\quad J=p_C/p^{\ominus}=\frac{1.0\times10^{-3}}{100}=1.0\times10^{-5}$

根据式(5-5)

$$\Delta_r G_m(T)=\Delta_r G_m^{\ominus}(T)+RT\ln J$$

$$\Delta_r G_m(298\text{K})=40+8.314\times10^{-3}\times298\times\ln(1.0\times10^{-5})=12(\text{kJ}\cdot\text{mol}^{-1})>0$$

反应不能向正方向自发进行。

以上计算结果表明：当$\Delta_r G_m^{\ominus}(T)=40.0\text{kJ}\cdot\text{mol}^{-1}$时，$K^{\ominus}=1\times10^{-9}$，可以认为该反应不能自发进行。即使当产物C的分压由标态降低为1.0Pa时，反应商J值降低了5个数量级，$\Delta_r G_m(T)$仍为正值，未能改变反应的方向。

【例 5-2】 已知298K、100kPa下，水的饱和蒸气压为3.12kPa，$CuSO_4\cdot5H_2O(s)$、$CuSO_4(s)$、$H_2O(g)$的$\Delta_f G_m^{\ominus}(\text{kJ}\cdot\text{mol}^{-1})$分别为$-1880.06$、$-661.91$、$-228.50$。

(1) 下述反应的$\Delta_r G_m^{\ominus}$、$K^{\ominus}$各是多少？

$$CuSO_4\cdot5H_2O(s)\rightleftharpoons CuSO_4(s)+5H_2O(g)$$

(2) 若空气中水蒸气的相对湿度为5.0%，上述反应的$\Delta_r G_m$是多少？$CuSO_4\cdot5H_2O(s)$是否会风化？$CuSO_4(s)$是否会潮解？

解 (1) $\Delta_r G_m^{\ominus}=\sum_B \nu_B\Delta_f G_m^{\ominus}=75.65\text{kJ}\cdot\text{mol}^{-1}$ $\qquad K^{\ominus}=5.25\times10^{-14}$

(2) 相对湿度定义为

$$\text{相对湿度}\xlongequal{\text{def}}\frac{\text{空气中水蒸气的分压}}{\text{该温度下水的饱和蒸气压}}\times100\%$$

$$p(H_2O)=p(H_2O,\text{饱和})\times\text{相对湿度}=3.12\times5.0\%=0.16(\text{kPa})$$

$$J=[p(H_2O)/p^{\ominus}]^5=1.0\times10^{-14}$$

$$\Delta_r G_m(T)=\Delta_r G_m^{\ominus}(T)+RT\ln J=-4.22\text{kJ}\cdot\text{mol}^{-1}$$

$\Delta_r G_m(298\text{K})<0$，反应正向自发进行，$CuSO_4\cdot5H_2O(s)$会风化，$CuSO_4(s)$不会潮解。

在例5-2中，水蒸气的分压并未降低到1.0Pa的低水平，却使$\Delta_r G_m^{\ominus}(T)$高达$75.65\text{kJ}\cdot\text{mol}^{-1}$的反应方向发生了改变，原因在于$H_2O(g)$的化学计量数为5，从而极大地降低了反应商$J$，进而改变了反应方向。可见，采用$\Delta_r G_m^{\ominus}(T)$近似代替$\Delta_r G_m(T)$作为反应方向的判据具有一定的局限性。

5.2.2 判断反应程度

平衡常数$K^{\ominus}$值的大小表明反应进行的程度，也称反应的限度。$K^{\ominus}$值越大，表明反应进行越完全；$K^{\ominus}$值越小，表明反应进行的程度越少。例如：

酸碱中和反应：

$$H^+(aq)+OH^-(aq) \rightleftharpoons H_2O(l) \qquad K^{\ominus}(298K)=1.0\times10^{14}$$

平衡常数很大，反应进行得很完全。这类反应在宏观上难以观察到反应的可逆性。但对于下述反应：

HgS 溶解：　$HgS(s) \rightleftharpoons Hg^{2+}(aq)+S^{2-}(aq) \qquad K^{\ominus}(298K)=6.44\times10^{-53}$

CO 分解：　$CO(g) \rightleftharpoons C(s)+\frac{1}{2}O_2(g) \qquad K^{\ominus}(298K)=6.9\times10^{-25}$

平衡常数很小，反应基本不能发生。

更进一步，利用平衡常数 $K^{\ominus}$ 和平衡浓度(分压)之间的相互关系，可以求出体系中各组分的平衡浓度、某一反应物的转化率等。一般方法为：①写出反应方程式。②设未知数 x。一般设一较小的量为未知数，以利于后面解题过程中能够采用近似处理，简化计算。③将反应过程中各组分的浓度(分压)以及其变化值列于反应式对应的位置上。④将平衡浓度(分压)代入平衡常数表达式中。⑤解出未知数 x。解的过程可采取合理的近似，然后应检查近似处理的合理性，方法是将 x 的值代入近似表示式中，计算所产生的误差应小于 5%。在本课程中有关化学平衡的计算，一般只要求达到 5%的准确度就够了。如果近似计算引起的误差大于 5%，则需要解完整的数学方程。

【例 5-3】 反应 $CO(g)+Cl_2(g) \rightleftharpoons COCl_2(g)$ 在恒温恒容条件下进行。已知 373K 时 $K^{\ominus}=1.5\times10^8$。反应开始时 $c_0(CO)=0.0350mol\cdot L^{-1}$，$c_0(Cl_2)=0.0270mol\cdot L^{-1}$，$c_0(COCl_2)=0$。计算 373K 反应达到平衡时各物种的分压和 CO 的平衡转化率。

解　根据

$$pV=nRT \qquad p=\frac{n}{V}RT=cRT$$

可得

$$p_0(CO)=109kPa \qquad p_0(Cl_2)=83.7kPa$$

设平衡时 Cl_2 的分压为 x(为什么这样设)，则

	$CO(g)$	+	$Cl_2(g)$	$\rightleftharpoons$	$COCl_2(g)$
开始 p_B/kPa	109		83.7		0
变化 p_B/kPa	$-(83.7-x)$		$-(83.7-x)$		$83.7-x$
平衡 p_B/kPa	$25.3+x$		x		$83.7-x$

代入平衡常数表达式

$$K^{\ominus}=\frac{p(COCl_2)/p^{\ominus}}{p(CO)/p^{\ominus}\cdot p(Cl_2)/p^{\ominus}}=\frac{(83.7-x)/100}{\left(\frac{25.3+x}{100}\right)\left(\frac{x}{100}\right)}=1.5\times10^8$$

因为 $K^{\ominus}$ 很大，故而 x 很小，近似认为：

$$83.7-x\approx83.7, \quad 25.3+x\approx25.3$$

解得

$$x=2.2\times10^{-6}(kPa)$$

因 $x=2.2\times10^{-6}\ll25.3$，所以近似是合理的。

各物种的分压为

$$p(Cl_2)=x=2.2\times10^{-6}(kPa)$$
$$p(CO)=25.3+x\approx25.3(kPa)$$
$$p(COCl_2)=83.7-x\approx83.7(kPa)$$

CO 的转化率为

$$\alpha(CO)=\frac{n_0-n^{eq}}{n_0}=\frac{p_0-p^{eq}}{p_0}=\frac{109-25.3}{109}=77\%$$

5.3 化学平衡的移动

任何化学平衡都是在一定温度、压力、浓度条件下的暂时的动态平衡。一旦维持平衡的条件发生改变，原有的平衡就会被破坏，平衡体系的宏观性质和物质的组成也随之变化，从而出现一个新的平衡态，这个过程称为化学平衡的移动。由 $\Delta_r G_m(T)=RT\ln\frac{J}{K^{\ominus}}$ 可以看出，凡是能够改变反应商 J 和平衡常数 $K^{\ominus}$ 的因素都会导致化学平衡的移动。

5.3.1 浓度(或分压)对化学平衡的影响

浓度(分压)对化学平衡的影响是通过改变反应商 J 进而通过 $J/K^{\ominus}$ 的比值决定 $\Delta_r G_m(T)$ 的符号，从而也决定了化学平衡移动的方向。

在一定温度下，若 $J=K^{\ominus}$，则 $\Delta_r G_m(T)=0$，体系处于平衡状态。如果这时增加反应物的浓度(分压)，或者从反应体系中取走某一生成物，则必然使 $J<K^{\ominus}$，从而使 $\Delta_r G_m(T)<0$，化学反应将向正反应方向自发地进行，即平衡向正反应方向移动。从反应速率角度考虑也是如此。平衡时，正反应速率与逆反应速率相等，当增加反应物的浓度(分压)时，正反应速率增大，平衡被打破而正向移动。随着正反应的进行，反应物的浓度(分压)逐渐降低，生成物的浓度(分压)逐渐增加，直到 J 重新等于 $K^{\ominus}$，建立新的平衡。

【例 5-4】 25℃时，反应 $Fe^{2+}(aq)+Ag^{+}(aq)\rightleftharpoons Fe^{3+}(aq)+Ag(s)$ 的 $K^{\ominus}=3.2$。(1)当 $c(Ag^{+})=1.00\times10^{-2}mol\cdot L^{-1}$，$c(Fe^{2+})=0.100mol\cdot L^{-1}$，$c(Fe^{3+})=1.00\times10^{-3}mol\cdot L^{-1}$ 时反应向哪一方向进行？(2)平衡时，Ag^{+}、Fe^{2+}、Fe^{3+} 的浓度各为多少？(3)Ag^{+} 的转化率为多少？(4)如果保持 Ag^{+}、Fe^{3+} 的初始浓度不变，使 $c(Fe^{2+})$ 增大至 $0.300mol\cdot L^{-1}$，求 Ag^{+} 的转化率。

解 (1) 计算反应商 J，判断反应方向。

$$J=\frac{c(Fe^{3+})}{c(Fe^{2+})\cdot c(Ag^{+})}=\frac{1.00\times10^{-3}}{0.100\times1.00\times10^{-2}}=1.00 \quad (c\text{ 为相对浓度})$$

$J<K^{\ominus}$，反应正向自发进行。

(2) 计算平衡组成。设浓度变化为 x

	$Fe^{2+}(aq)$ +	$Ag^{+}(aq)\rightleftharpoons$	$Fe^{3+}(aq)$ + $Ag(s)$
开始 $c_B/(mol\cdot L^{-1})$	0.100	1.00×10^{-2}	1.00×10^{-3}
变化 $c_B/(mol\cdot L^{-1})$	$-x$	$-x$	x
平衡 $c_B/(mol\cdot L^{-1})$	$0.100-x$	$1.00\times10^{-2}-x$	$1.00\times10^{-3}+x$

$$K^{\ominus}=\frac{c^{eq}(Fe^{3+})}{c^{eq}(Fe^{2+})c^{eq}(Ag^{+})}=\frac{1.00\times10^{-3}+x}{(0.100-x)\times(1.00\times10^{-2}-x)}=3.2$$

整理并解得

$$3.2x^2-1.352x+2.2\times10^{-3}=0 \qquad x=1.6\times10^{-3}mol\cdot L^{-1}$$

平衡时各浓度为

$c(Ag^{+})=8.4\times10^{-3}mol\cdot L^{-1}$ $c(Fe^{2+})=9.84\times10^{-2}mol\cdot L^{-1}$ $c(Fe^{3+})=2.6\times10^{-3}mol\cdot L^{-1}$

(3) Ag^{+} 的转化率为

$$\alpha(Ag^{+})=\frac{c_0(Ag^{+})-c^{eq}(Ag^{+})}{c_0(Ag^{+})}=16\%$$

(4) 设达到新的平衡时 Ag^{+} 的转化率为 α'，则

	$Fe^{2+}(aq)$ +	$Ag^{+}(aq)$ $\rightleftharpoons$	$Fe^{3+}(aq)+Ag(s)$
开始 $c_B/(mol\cdot L^{-1})$	0.300	1.00×10^{-2}	1.00×10^{-3}
平衡 $c_B/(mol\cdot L^{-1})$	$0.300-1.00\times10^{-2}\alpha'$	$1.00\times10^{-2}(1-\alpha')$	$1.00\times10^{-3}+1.00\times10^{-2}\alpha'$

$$K^{\ominus}=\frac{1.00\times10^{-3}+1.00\times10^{-2}\alpha'}{(0.300-1.00\times10^{-2}\alpha')[1.00\times10^{-2}(1-\alpha')]}=3.2$$

解得

$$\alpha'=43\%$$

可见增加一种反应物的浓度,可以使另一种反应物的转化率大为增加。在实际生产过程中,为了尽可能充分地利用某一种物料,往往使用过量的另一种物料(一般是价格便宜、比较容易得到的物料)和它作用,使平衡向正反应方向移动,以提高前者的转化率。

5.3.2 压力对化学平衡的影响

压力变化对化学平衡的影响视化学反应的具体情况而定。对只有液体或固体参加的反应,压力对平衡的影响很小;对有气体物质参加的反应,改变压力有可能使平衡发生移动。

对于有气体参与的化学反应,如式(5-1),平衡时

$$K^{\ominus}=\frac{(p_{\mathrm{C}}^{\mathrm{eq}})^{p}\cdot(p_{\mathrm{D}}^{\mathrm{eq}})^{q}}{(p_{\mathrm{A}}^{\mathrm{eq}})^{m}\cdot(p_{\mathrm{B}}^{\mathrm{eq}})^{n}}=\prod_{\mathrm{B}}(p_{\mathrm{B}}^{\mathrm{eq}})^{\nu_{\mathrm{B}}}\quad(p\text{ 为相对压力})\tag{5-10}$$

恒温下压缩为原体积的 $1/x(x>1)$时

$$J=\frac{(xp_{\mathrm{C}}^{\mathrm{eq}})^{p}\cdot(xp_{\mathrm{D}}^{\mathrm{eq}})^{q}}{(xp_{\mathrm{A}}^{\mathrm{eq}})^{m}\cdot(xp_{\mathrm{B}}^{\mathrm{eq}})^{n}}=x^{\sum\nu_{\mathrm{B,g}}}K^{\ominus}\tag{5-11}$$

对于气体分子数增加的反应,$\sum\nu_{\mathrm{B}}>0,x^{\sum\nu_{\mathrm{D}}}>1$,$J>K^{\ominus}$,平衡向逆反应方向移动,即向气体分子数减少的方向移动;对于气体分子数减少的反应,$\sum\nu_{\mathrm{B}}<0,x^{\sum\nu_{\mathrm{B}}}<1$, $J<K^{\ominus}$,平衡向正向移动,即向气体分子数减少的方向移动;对于反应前后气体分子数不变的反应,$\sum\nu_{\mathrm{B}}=0,x^{\sum\nu_{\mathrm{B}}}=1$, $J=K^{\ominus}$,平衡不移动。可见,在一定温度下,增加平衡时的总压力,化学平衡向气体总的化学计量数减少的方向即体积减小的方向移动;反之,降低总压力,平衡向气体总的化学计量数增加的方向即体积增大的方向移动;若反应前后气体总的化学计量数相等,则压力对平衡移动不产生影响。

思考题 5.2　总压力的改变也可以通过充入惰性气体实现。在有气体参与的化学反应中,达到平衡后充入惰性气体,平衡如何移动?分别考虑等压反应和等容反应的情况。

【例 5-5】 已知反应在总压为 101.3kPa 和 325K 达到平衡时,N_2O_4 的解离度为 50.2%。试求:(1)反应的 $K^{\ominus}$;(2)相同温度下,若压力增加为 5×101.3kPa,求 N_2O_4 的解离度。

解　(1) 设 $n_0(N_2O_4)=a$ mol,平衡时的解离度为 α,有

	$N_2O_4(g)$ $\rightleftharpoons$	$2NO_2(g)$
开始:n_B/mol	a	0
平衡:n_B/mol	$a(1-\alpha)$	$2a\alpha$
平衡:$n_{总}$/mol	$\sum n_{\mathrm{B}}^{\mathrm{eq}}=a(1-\alpha)+2a\alpha=a(1+\alpha)$	
摩尔分数 x_B	$\frac{1-\alpha}{1+\alpha}$	$\frac{2\alpha}{1+\alpha}$
平衡分压:p^{eq}/kPa	$p\frac{1-\alpha}{1+\alpha}$	$p\frac{2\alpha}{1+\alpha}$

$$K^{\ominus}=\frac{[p^{\mathrm{eq}}(NO_2)/p^{\ominus}]^2}{p^{\mathrm{eq}}(N_2O_4)/p^{\ominus}}=\frac{\left(\frac{p}{p^{\ominus}}\frac{2\alpha}{1+\alpha}\right)^2}{\frac{p}{p^{\ominus}}\frac{1-\alpha}{1+\alpha}}=\frac{p}{p^{\ominus}}\cdot\frac{4\alpha^2}{1-\alpha^2}$$

将 $p=101.3\text{kPa}$、$\alpha=50.2\%$代入，得

$$K^{\ominus}=\frac{101.3}{100}\times\frac{4\times0.502^2}{1-0.502^2}=1.37$$

(2) 当压力变为 $5\times101.3\text{kPa}$ 时，此时 $K^{\ominus}$不变，设 N_2O_4 的解离度为 α'，有

$$K^{\ominus}=\frac{p}{p^{\ominus}}\cdot\frac{4\alpha^2}{1-\alpha^2}=\frac{5\times101.3}{100}\times\frac{4\alpha^2}{1-\alpha^2}=1.37$$

解得

$$\alpha'=0.251=25.1\%$$

结果表明增加压力，N_2O_4 的解离度降低，平衡向气体化学计量数减少的方向移动。

5.3.3 温度对化学平衡的影响

温度对平衡移动的影响，主要是影响平衡常数 $K^{\ominus}$的数值，因为平衡常数是温度的函数。其变化的具体情况随反应标准摩尔焓变不同而不同。

根据

$$\Delta_r G_m^{\ominus}(T)=-RT\ln K^{\ominus} \tag{5-12}$$

$$\Delta_r G_m^{\ominus}(T)=\Delta_r H_m^{\ominus}-T\Delta_r S_m^{\ominus} \tag{5-13}$$

则

$$\ln K^{\ominus}=-\frac{\Delta_r H_m^{\ominus}}{RT}+\frac{\Delta_r S_m^{\ominus}}{R} \tag{5-14}$$

若反应在 T_1 和 T_2 时的平衡常数分别为 $K_1^{\ominus}$和 $K_2^{\ominus}$，且 $\Delta_r H_m^{\ominus}$和 $\Delta_r S_m^{\ominus}$随温度变化较小，则近似地有

$$\ln K_1^{\ominus}(T_1)=-\frac{\Delta_r H_m^{\ominus}}{RT_1}+\frac{\Delta_r S_m^{\ominus}}{R} \tag{5-15}$$

$$\ln K_2^{\ominus}(T_2)=-\frac{\Delta_r H_m^{\ominus}}{RT_2}+\frac{\Delta_r S_m^{\ominus}}{R} \tag{5-16}$$

相减得

$$\ln\frac{K_2^{\ominus}(T_2)}{K_1^{\ominus}(T_1)}=\frac{\Delta_r H_m^{\ominus}}{R}\cdot\frac{T_2-T_1}{T_1\cdot T_2} \tag{5-17}$$

式(5-17)是表述平衡常数与温度关系的重要方程式，称为范特霍夫方程。与描述液体蒸气压与温度关系的克拉贝龙-克劳修斯(Clapeyron-Clausius)方程(5-18)在形式上是一致的

$$\ln\frac{p_2}{p_1}=\frac{\Delta_{vap}H_m}{R}\cdot\frac{T_2-T_1}{T_2\cdot T_1} \tag{5-18}$$

式中：p 为液体的饱和蒸气压；$\Delta_{vap}H_m$ 为液体的摩尔蒸发焓。

实际上相平衡可以看作化学平衡的一种，对于水的气液平衡

$$H_2O(l)\rightleftharpoons H_2O(g)\qquad \Delta_r H_m^{\ominus}=\Delta_{vap}H_m\qquad K^{\ominus}=p/p^{\ominus}$$

反应的焓变等于水的蒸发焓，反应的平衡常数等于水的饱和蒸气压与标态压力之比(相对压力)，可见克拉贝龙-克劳修斯方程仅是范特霍夫方程的一个特例。

思考题 5.3　$K^{\ominus}$值改变，平衡是否移动？平衡位置移动，$K^{\ominus}$值是否改变？催化剂是否改变平衡位置？

5.3.4 勒夏特列原理

事实上，早在 1907 年法国化学家勒夏特列(Le Chatelier)就定性地得出了平衡移动的普

遍原理，即任何一个处于化学平衡的系统，当某一确定系统平衡的因素发生改变时，系统的平衡将发生移动。平衡移动的方向总是向着减弱外界因素的改变对系统影响的方向。增加反应物浓度（分压）时，平衡向生成物方向移动，以削弱对反应物浓度（分压）增加的影响（当然不能完全消除掉这种影响）；压力增加时，气体单位体积内分子数增加，平衡向化学计量数减小方向移动，以减少单位体积的分子数；温度升高时，平衡向吸热方向移动，减弱温度升高的影响，这称为勒夏特列原理（Le Chatelier's principle）。其简洁表述为：如果对平衡系统施加外力，则平衡将沿着减小外力影响的方向移动。根据勒夏特列原理可以定性判断平衡移动的方向，而根据平衡常数可以定量计算平衡移动的程度。

思考题 5.4　对于一个在标准状态下是吸热、熵减的化学反应，当温度升高时，根据勒夏特列原理判断，反应将向正反应方向（吸热方向）移动；根据吉布斯-亥姆霍兹公式判断，$\Delta_r G_m^\ominus$ 的正数值将更大，即反应更不利于向正方向进行。这两种矛盾的判断中，哪一种是正确的？

本 章 小 结

为了提高可逆反应的产率，人们特别关心化学反应的限度及其影响因素的问题，本章介绍了平衡常数的概念、平衡常数大小的影响因素和有关计算。

本章介绍了利用反应商判据判断平衡移动的基本原理，温度一定的条件下，浓度和压力对平衡移动的影响，表现为平衡常数不变而反应商的改变；浓度和压力一定的条件下，温度对平衡移动的影响，表现为平衡常数的改变。

本章还介绍了利用标准平衡常数计算平衡组成、转化率以及平衡移动的程度。

The special attention has been paid on the extent of a chemical reaction and its influence factors in order to increase the yield of a reversible reaction. The concept of the equilibrium constant, the influence factors and relevant calculation of it have been introduced in this chapter.

We also studied the principal of equilibrium shifting using the criterion of reaction entropy. The influences of concentration and pressure to the equilibrium shifting under the condition of unaltered temperature can be observed in the change of the reaction entropy instead of the equilibrium constant. The influence of temperature to the equilibrium shifting under the condition of unaltered concentration and pressure can be observed in the change of the equilibrium constant.

The calculations of the equilibrium composition, conversion and extent of equilibrium shifting through the standard equilibrium constant have also been investigated in this chapter.

化学家史话——范特霍夫

范特霍夫（J. H. van't Hoff，1852—1911），荷兰化学家，1852 年 8 月 30 日生于鹿特丹一个医生家庭。1874 年获博士学位，1876 年起在乌德勒州立兽医学院任教。1877 年起在阿姆斯特丹大学任教，先后担任化学、矿物学和地质学教授。1885 年被选为荷兰皇家学会会员，还是柏林科学院院士及许多国家的化学学会会员。1911 年 3 月 1 日在柏林逝世。

范特霍夫首先提出碳原子是正四面体构型的立体概念，弄清了有机物旋光异构的原因，开辟了立体化学的新领域。在物理化学方面，他研究过质量作用和反应速率，发展了近代溶液理论，包括渗透压、凝固点、沸点和蒸气压理论；应用相律研究盐的结晶过程；与奥斯特瓦尔德（Ostwald）一起创办了《物理化学杂志》。1901 年，他以溶液渗透压和化学动力学的研究成果，成为第一个诺贝尔化学奖获得者。主要著作有《空间化学引论》、《化学动力学研究》、《数量、质量和时间方面的化学原理》等。

范特霍夫精心研究过科学思维方法，曾作过关于科学想象力的讲演。他竭力推崇科学想象力，并认为大多数卓越的科学家都有这种优秀素质。他具有从实验现象中探索普遍规律性的高超本领。同时又坚持："一种理论，毕竟是只有在它的全部预见能够为实验所证实的时候才能成立"。

化学知识拓展——非平衡态热力学

熵增原理和平衡态热力学使世界趋向均匀、混乱、无序，这好像是一种乏味甚至令人悲观的未来图景。为什么在绝大多数物理、化学系统中，人们看到的总是从非平衡趋向平衡、从有序趋向无序的退化，而在生物界和人类社会系统中，占统治地位的演化却是从无序向有序、从低级向高级的进化？生命世界（包括生物、人类和社会）和物理世界（无生命世界）之间为什么存在这种鸿沟？这种鸿沟能不能沟通？许多在形式上看来互不相干的领域有没有统一的内在规律？在对待时间这一古老的问题上，热力学和物理学也存在着根本的分歧。无论是牛顿力学，还是量子力学和相对论力学，时间和空间坐标一样，本质上只是一个描述运动的几何参量。其基本方程，如牛顿运动方程、薛定谔方程，对于时间来说都是可逆的、对称的。也就是说，这些方程既可以说明过去，又可以决定未来，在方程中不出现任何"时间箭头"的问题。总之，动力学给我们描述的是一个可逆的、对称的世界图景。但热力学第二定律却指出，一个孤立系统，无论其初始条件和历史如何，它的一个状态函数熵会随着时间的推移单调地增加，直至达到热力学平衡态时趋于极大，从而指明了不可逆过程的方向性，即"时间箭头"只能指向熵增加的方向。克劳修斯（Clausius）把这一理论推广到全宇宙，就得出了"宇宙热寂说"的悲观结论。生物学的进化论描述的却是系统从无序到有序，由简单到复杂，由低级到高级，由无功能到有功能、多功能的有组织的方向演化。于是又产生了一个克劳修斯和达尔文（Darwin）的矛盾——退化和进化的矛盾。当代著名物理学家威格纳（Wigner）曾经说："近代科学中最重要的间隙是什么？显然是物理科学和精神科学的分离。"

1921 年，勃雷（W. C. Bray）发现均相溶液中发生的化学振荡反应——碘钟，H_2O_2 与 KIO_3 在硫酸稀溶液中催化反应时，释放出 O_2 的速率以及 I_2 的浓度会随时间呈周期性的变化。当系统中加入淀粉指示剂时，这种振荡能够显示出无色和蓝色的周期性变化。其主要反应为

$$2IO_3^- + 2H^+ + 5H_2O_2 \xlongequal{} I_2 + 5O_2 + 6H_2O$$

$$5H_2O_2 + I_2 \xlongequal{} 2IO_3^- + 2H^+ + 4H_2O$$

1959 年，贝洛索夫（B. P. Belousov）和扎鲍廷斯基（A. M. Zhabotinsky）发现了著名的 BZ 振荡反应。在铈离子催化下，溴酸钾氧化柠檬酸时产生浓度振荡现象（浓度发生周期性变化）。该反应在室温下发生，铈从黄色的高氧化态（Ce^{4+}）到无色的低氧化态（Ce^{3+}）振荡，加入指示剂邻菲咯啉，溶液显示出红色（Ce^{3+}）和蓝色（Ce^{4+}）的周期性变化。

以普里戈金（Prigogine）为代表的布鲁塞尔学派指出：在宇宙的一个局部——一个远离平衡的开放系统中，不可逆过程扮演着建设者的角色，它使系统中的局部表现出惊人的协同一致，为人们构造出奇妙的时空有序结构，这种有序结构称为耗散结构或自组织。耗散结构只有通过与外界交换能量（在某些情况也交换物质）才能维持。平衡结构是一种"死"的结构，它最好不与外界发生任何联系和作用，这样才能长久地保持下去。耗散结构则是一种"活"的结构，它需要与外界不断进行物质和能量的交换，依靠能量的耗散才能维持其有序状态。这是两类结构间最本质的区别。

产生耗散结构的必要条件为：第一，系统必须是一个开放系统。只要从外界流入的负熵流足够大，就可以抵消系统自身的熵产生，使系统的总熵减少，逐步从无序向新的有序方向发展，形成并维持一个低熵的非平衡态的有序结构。第二，系统应当远离平衡态，提出"非平衡是有序之源"这一著名论断。第三，系统内部各个要素之间存在非线性的相互作用，这是进化的复杂性和多样性的来源。第四，系统从无序向有序演化是通过随机的涨落来实现的。

在生物界里这种自发的组织现象是十分普遍的，如白蚁、蜜蜂。普里戈金指出，激光、化学振荡等是物理学和化学中最简单的自组织现象，其鲜明地表征了从微观的低级运动向宏观的有序高级运动的演化（或称进化）。既然我们能够在通常的物理、化学条件下实现进化，就说明生物、人类社会的变化和物理、化学的热力学规

律(特别是热力学第二定律)虽有矛盾但又是统一的。统一的客观事实基础就是自组织现象的普遍存在,而统一的条件和原理就是耗散结构的形成。1977年普里戈金因在建立耗散结构理论方面的贡献荣获诺贝尔化学奖。

习　题

1. 写出下列反应的标准平衡常数表达式。

(1) $CH_4(g)+2O_2(g) = CO_2(g)+2H_2O(l)$

(2) $PbI_2(s) = Pb^{2+}(aq)+2I^-(aq)$

(3) $BaSO_4(s)+2C(s) = BaS(s)+2CO_2(g)$

(4) $Cl_2(g)+H_2O(l) = HCl(aq)+HClO(aq)$

(5) $ZnS(s)+2H^+(aq) = Zn^{2+}(aq)+H_2S(g)$

(6) $CN^-(aq)+H_2O(l) = HCN(aq)+OH^-(aq)$

2. 填空题

(1) 对于反应:$C(s)+CO_2(g) = 2CO(g)$,$\Delta_r H_m^{\ominus}(298.15K)=172.5kJ \cdot mol^{-1}$,填写下表:

	$k_{正}$	$k_{逆}$	$v_{正}$	$v_{逆}$	$K^{\ominus}$	平衡移动方向
增加总压力						
升高温度						
加催化剂						

(2) 一定温度下,反应$PCl_5(g) \rightleftharpoons PCl_3(g)+Cl_2(g)$达到平衡后,维持温度和体积不变,向容器中加入一定量的惰性气体,反应将________移动。

(3) 对化学反应而言,$\Delta_r G_m$是________的判据,$\Delta_r G_m^{\ominus}$是________的标志。

3. 氧化亚银遇热分解:$2Ag_2O(s) = 4Ag(s)+O_2(g)$。已知$Ag_2O$的$\Delta_f H_m^{\ominus}=-31.1\ kJ \cdot mol^{-1}$,$\Delta_f G_m^{\ominus}=-11.2kJ \cdot mol^{-1}$。求:

(1) 298K时Ag_2O-Ag体系的$p(O_2)$。

(2) Ag_2O的热分解温度[在分解温度,$p(O_2)=100kPa$]。

4. 已知反应$C(s)+CO_2(g) = 2CO(g)$,$K_1^{\ominus}=4.6(1040K)$,$K_2^{\ominus}=0.50(940K)$。

(1) 上述反应是吸热还是放热反应? $\Delta_r H_m^{\ominus}=?$

(2) 在940K的$\Delta_r G_m^{\ominus}=?$

(3) 该反应的$\Delta_r S_m^{\ominus}=?$

5. 已知$2NO(g)+Br_2(g) = 2NOBr(g)$是放热反应,$K^{\ominus}=1.16\times10^2(298K)$。判断下列各种起始状态反自发进行的方向。

状　态	温度 T/K	起始分压 p/kPa		
		$p(NO)$	$p(Br_2)$	$p(NOBr)$
Ⅰ	298	0.01	0.01	0.045
Ⅱ	298	0.10	0.01	0.045
Ⅲ	273	0.10	0.01	0.108

6. 已知$\Delta_f G_m^{\ominus}(COCl_2)=-204.6kJ \cdot mol^{-1}$,$\Delta_f G_m^{\ominus}(CO)=-137.2kJ \cdot mol^{-1}$,试求:

(1) 下述反应在25℃时的平衡常数$K_1^{\ominus}$:$CO(g)+Cl_2(g) \rightleftharpoons COCl_2(g)$;

(2) 若$\Delta_f H_m^{\ominus}(COCl_2)=-218.8kJ \cdot mol^{-1}$,$\Delta_f H_m^{\ominus}(CO)=-110.5kJ \cdot mol^{-1}$,以上反应在373K时平衡常数是多少?

(3) 由此说明温度对平衡移动的影响。

7. 某温度下,Br_2和Cl_2在CCl_4溶剂中发生下述反应:$Br_2+Cl_2 \rightleftharpoons 2BrCl$,平衡建立时,$c^{eq}(Br_2)=c^{eq}(Cl_2)=$

0.0043mol·L^{-1}，c^{eq}(BrCl)＝0.0114mol·L^{-1}，试求：

(1) 反应的平衡常数 $K^{\ominus}$。

(2) 如果平衡建立后，再加入 0.01mol·L^{-1}的 Br_2 至系统中(体积变化可忽略)，计算平衡再次建立时，系统中各组分的浓度。

(3) 用以上结果说明浓度对化学平衡的影响。

8. 下列反应：$2SO_2(g)+O_2(g) \rightleftharpoons 2SO_3(g)$在 427℃和 527℃时的 $K^{\ominus}$分别为 1.0×10^5 和 1.1×10^2，求在该温度范围内反应的 $\Delta_r H_m^{\ominus}$。

9. 已知 1000K 时，$CaCO_3$ 分解反应达平衡时 CO_2 的压力为 3.9kPa，维持系统温度不变，在以上密闭容器中加入固体碳，则发生下述反应：(1)$C(s)+CO_2(g) \rightleftharpoons 2CO(g)$；(2)$CaCO_3(s)+C(s) \rightleftharpoons CaO(s)+2CO(g)$，若反应(1)的平衡常数为 1.9，求反应(2)的平衡常数以及平衡时 CO 的分压。

10. PCl_5 遇热按 $PCl_5(g) = PCl_3(g)+Cl_2(g)$分解。2.695g PCl_5 装在 1.00L 的密闭容器中，在 523K 达平衡时总压力为 100kPa。

(1) 求 PCl_5 的摩尔分解率及平衡常数 $K^{\ominus}$。

(2) 当总压力 1000kPa 时，PCl_5 的分解率(mol)是多少？

(3) 要使分解率低于 10%，总压力是多少？

11. 已知血红蛋白(Hb)的氧化反应 $Hb(aq)+O_2(g) \rightleftharpoons HbO_2(aq)$的 $K_1^{\ominus}$(292K)＝85.5。若在 292K 时，空气中 $p(O_2)$＝20.2kPa，O_2 在水中溶解度为 2.3×10^{-4} mol·L^{-1}，试求反应 $Hb(aq)+O_2(aq) \rightleftharpoons HbO_2(aq)$的 $K_2^{\ominus}$(292K)和 $\Delta_r G_m^{\ominus}$(292K)。

12. 已知：$CaCO_3(s) = CaO(s)+CO_2(g)$的 $K^{\ominus}$＝62(1500K)，在此温度下 CO_2 又有部分分解成 CO，即 $2CO_2 = 2CO+O_2$。若将 1.0mol $CaCO_3$ 装入 1.0L 真空容器中，加热到 1500K 达平衡时，气体混合物中 O_2 的摩尔分数为 0.15。计算容器中的 n(CaO)。

13. 已知反应 $CO(g)+H_2O(g) \rightleftharpoons H_2(g)+CO_2(g)$ 的 $\Delta_r H_m^{\ominus}$＝−41.2kJ·mol^{-1}，在总压为 100kPa、温度为 373K 时，将等物质的量的 CO 和 H_2O 反应。待反应达平衡后，测得 CO_2 的分压为 49.84kPa，求该反应的标准摩尔熵变。

14. 以白云石为原料，用 Si 作还原剂来冶炼 Mg，在 1450K 下发生的主反应为

$$CaO(s)+2MgO(s)+Si(s) = CaSiO_3(s)+2Mg(g)$$

$\Delta_r G_m^{\ominus}$＝−126kJ·mol^{-1}，反应器内蒸气压升高到多少，反应将不能自发进行？

15. 在一密闭容器中下列反应：$N_2O_4(g) \rightleftharpoons 2NO_2(g)$在 348K 达平衡时，气体化合物的压力为 100kPa，测得此时的密度 ρ＝1.84g·dm^{-3}。求上述反应的平衡常数 $K^{\ominus}$。

(北京科技大学 王明文)

第 6 章　酸碱理论与解离平衡

6.1　酸 碱 理 论

6.1.1　酸碱理论的发展

人们对于酸碱的认识，经历了一个由浅入深、由低级到高级的认识过程。早在化学科学萌芽时期，人们就已通过实验现象认识了酸碱的性质，并归纳出有酸味、能使蓝色石蕊试纸变红的物质是酸；有涩味、滑腻感、能使红色石蕊试纸变蓝，并能与酸反应生成盐和水的物质是碱。后来，人们试图从酸的组成上来定义酸，1777 年法国化学家拉瓦锡提出了所有的酸都含有氧元素，后来又从氢卤酸不含有氧的这一事实出发，1810 年，英国化学家戴维(S. H. Davy)指出，酸中的共同元素是氢，而不是氧。此后不久，德国化学家利比希(J. Liebig)又提出酸是含有能被金属置换的氢原子的化合物。

1884 年，瑞典化学家阿伦尼乌斯根据电解质的电离理论，提出了第一个酸碱理论，阿伦尼乌斯指出：酸是在水溶液中经电离只生成 H^+ 一种阳离子的物质；碱是在水溶液中只生成 OH^- 一种阴离子的物质。酸与碱中和反应的本质是 H^+ 和 OH^- 化合生成作为溶剂的 H_2O。

酸碱电离理论从物质的组成上阐明了酸、碱的特征，是人类对酸碱的认识从现象到本质的一次飞跃，它对化学科学的发展起到了积极作用，至今这一理论仍在化学各领域中被广泛地应用。然而，这种理论有局限性，它把酸和碱只限于水溶液体系中，因此对非水体系和无溶剂体系都不适用。另外，该理论仅把碱看成为氢氧化物，这样就不能解释一些不含 OH^- 基团的分子(如 NH_3)或离子(如 F^-、CN^-、CO_3^{2-} 等)在水中所表现出的碱性。这说明电离理论还不完善，需要进一步补充和发展。

所以，在酸碱理论的发展过程中相继出现了弗兰克林(E. C. Franklin)的溶剂理论、布朗斯台德(J. N. Brønsted)和劳莱(T. M. Lowry)的质子理论、路易斯(G. N. Lewis)的电子理论，以及鲁克斯(Lux)的氧化物-离子理论、乌萨诺维奇(Usanovich)的正负理论等，这些酸碱理论的提出使酸碱的范围不断扩大，人们对酸碱的认识不断发展和深化。

6.1.2　酸碱的质子理论

1. 酸碱的定义

1923 年，丹麦化学家布朗斯台德和美国化学家劳莱分别各自独立地提出了酸碱的质子理论。该理论将酸和碱分别定义为：凡能给出质子(H^+)的物质都是酸(常称为布朗斯台德酸或质子酸)，凡能接受质子的物质都是碱(常称为布朗斯台德碱或质子碱)。即酸是质子给予体(proton donor)，碱是质子接受体(proton acceptor)。

按照酸碱质子理论，酸和碱并不是孤立的，而是统一在对质子的关系上，这种关系可以表示为

$$\text{酸} \rightleftharpoons \text{碱} + H^+$$

满足上述关系的一对酸和碱称为共轭酸碱对(conjugate acid-base pair)。例如：

$$H_2O \rightleftharpoons OH^- + H^+$$
$$HCl \rightleftharpoons Cl^- + H^+$$
$$NH_4^+ \rightleftharpoons NH_3 + H^+$$
$$[Al(H_2O)_6]^{3+} \rightleftharpoons [Al(H_2O)_5OH]^{2+} + H^+$$
$$H_2CO_3 \rightleftharpoons HCO_3^- + H^+$$
$$HCO_3^- \rightleftharpoons CO_3^{2-} + H^+$$

这种共轭关系体现了酸碱之间的相互依存关系，即“有酸才有碱，有碱才有酸，酸中有碱，碱中有酸”。

从上述几对共轭酸碱可以看出，酸和碱可以是分子，也可以是阴离子或阳离子，另外像 $H_2PO_4^-$、HCO_3^{2-} 等物质，既可以给出质子表现为酸，又可以接受质子表现为碱，所以是两性物质。

2. 酸碱反应的实质

根据酸碱质子理论可知，酸和碱是成对存在的，酸给出质子，必须有接受质子的碱存在，质子才能从酸转移至碱。因此，酸碱反应的实质是两个共轭酸碱对之间的质子转移反应，可用通式表示为

$$酸_1 + 碱_2 \rightleftharpoons 酸_2 + 碱_1$$

式中，酸$_1$和碱$_1$、酸$_2$和碱$_2$互为共轭酸碱对，质子从一种物质（酸$_1$）转移到另一种物质（碱$_2$）上。这种反应无论是在水溶液中，还是在非水溶液中或气相中进行，其实质都是一样的，解决了非水溶液中和气体间的酸碱反应，为研究质子反应开辟了广阔的天地。

例如，酸碱中和反应可以用质子转移反应来表示

$$\underset{酸_1}{H_3O^+} + \underset{碱_2}{OH^-} \xrightarrow{} \rightleftharpoons \underset{碱_1}{H_2O} + \underset{酸_2}{H_2O} \quad (H^+:\ H_3O^+ \to OH^-)$$

盐的水解反应也可以表示成质子转移反应

$$\underset{酸_1}{NH_4^+} + \underset{碱_2}{H_2O} \rightleftharpoons \underset{碱_1}{NH_3} + \underset{酸_2}{H_3O^+} \quad (H^+:\ NH_4^+ \to H_2O)$$

酸碱电离理论中的弱酸（碱）的解离平衡也可以看成是质子转移反应

$$HAc + H_2O \rightleftharpoons H_3O^+ + Ac^- \quad (H^+:\ HAc \to H_2O)$$

在液氨体系中的中和反应也可表示为质子转移反应

$$NH_4^+ + NH_2^- \rightleftharpoons NH_3 + NH_3 \quad (H^+:\ NH_4^+ \to NH_2^-)$$

非溶液体系中的酸碱反应也可表示为质子转移反应

$$HCl(g) + NH_3(g) \rightleftharpoons NH_4Cl(s) \quad (H^+:\ HCl \to NH_3)$$

3. 酸碱的强度

酸和碱的强度是指酸给出质子的能力和碱接受质子的能力强弱。给出质子能力强的物质

是强酸，接受质子能力强的碱是强碱；反之，便是弱酸和弱碱。质子理论认为，决定酸碱强弱的因素有两个，其一是酸碱本身给出或接受质子的能力，在具有共轭关系的酸碱对中，它们的强度是相互制约的。酸强，其共轭碱就弱；酸弱，其共轭碱就强。例如，HCl 在水中是强酸，其共轭碱 Cl^- 就是较弱的碱；HAc 在水中是弱酸，其共轭碱 Ac^- 就是较强的碱。因此，从酸性看，HCl>HAc，从碱性看，$Ac^->Cl^-$。其二，由于质子酸和质子碱的酸碱性要通过溶剂分子来转移质子方可体现，同一种酸在不同的溶剂中，呈现出不同的强度。例如 HNO_3，在水中为强酸，溶于冰醋酸时，其酸度大大降低，而溶于纯硫酸中却显碱性。

$$HNO_3 + H_2O \longrightarrow H_3O^+ + NO_3^- \qquad (HNO_3\ \text{为强酸})$$

$$HNO_3 + HAc \rightleftharpoons H_2Ac^+ + NO_3^- \qquad (HNO_3\ \text{为弱酸})$$

$$HNO_3 + H_2SO_4 \rightleftharpoons H_2NO_3^+ + HSO_4^- \quad (HNO_3\ \text{为碱})$$

所以，讨论酸碱的相对强度，必须以同一溶剂作为比较标准。在水溶液中比较酸的强弱，以溶剂水为标准。在 HAc 水溶液中，HAc 与 H_2O 作用，HAc 给出 H^+ 生成了 H_3O^+ 和 Ac^-

$$HAc + H_2O \rightleftharpoons H_3O^+ + Ac^-$$

同样，在 HCN 水溶液中有下列反应

$$HCN + H_2O \rightleftharpoons H_3O^+ + CN^-$$

在上述反应中，HAc、HCN 给出 H^+，是酸；H_2O 接受 H^+，是碱。通过比较 HAc 和 HCN 在水溶液中的解离常数(见 6.2 节和附表三)可以确定 HAc 是比 HCN 较强的酸。以 H_2O 这个碱作为比较的标准，可以区分 HAc 和 HCN 给出质子能力的差别，这就是溶剂水的“区分效应”。然而强酸与水之间的酸碱反应几乎是不可逆的，强酸在水中完全解离，水能够同等程度地将 $HClO_4$、HCl、HNO_3 等强酸的质子全部夺取过来，以水来区分它们给出质子能力的差别就不可能了；或者说，水对这些强酸起不到区分作用，水把它们之间的强弱差别拉平了。这种作用被称为溶剂水的“拉平效应”。溶剂水对很强的酸或极弱的酸都没有区分效应，只有拉平效应。如果要区分强酸的真实强弱，必须选取比水碱性更弱的碱作为溶剂。例如以纯乙酸为溶剂，$HClO_4$ 就不是完全解离，它与 HAc 发生如下反应

$$HClO_4 + CH_3COOH \rightleftharpoons [CH_3C(OH)_2]^+ + ClO_4^-$$

其他强酸也能发生类似的反应，冰醋酸作溶剂对水中的强酸体现了区分效应。

不难看出，溶剂的碱性越强时溶质表现出来的酸性就越强，所以，区分强酸要选用较弱的碱(HAc 比 H_2O 的碱性弱)，弱碱对强酸有区分效应，强碱对弱酸也有区分效应。同样，对碱来说，也存在着溶剂的“区分效应”和“拉平效应”。

确定了酸碱的相对强弱之后，可用其判断酸碱反应的方向。酸碱反应是争夺质子的过程，其结果总是强碱夺取了强酸给出的质子而转化为它的共轭酸——弱酸；强酸则给出质子转化为它的共轭碱——弱碱。总之，酸碱反应主要是由强酸与强碱向生成相应的弱酸和弱碱的方向进行，且相互作用的酸和碱越强，反应就进行得越完全。

酸碱质子理论与电离理论相比，扩大了酸和碱的范畴，增加了离子酸和离子碱，排除了“盐”的概念。它不仅适用于水溶液体系，也适用于非水体系和气相体系。此外，它还把许多离子平衡都归结为酸碱反应而使之系统化。但是质子理论也有局限性，它的基本观点是质子的授受，不能解释没有质子转移的酸碱反应，此外，酸必须含有氢原子并且能给出质子，因而，质子酸不能包括那些不交换质子而又具有酸性的物质，如 SO_3、BF_3、$SnCl_4$、$AlCl_3$ 等物质，它们和含氢酸一样在非水溶剂中仍然可以中和碱，由于这类物质并不多，所以不影响质子理论的普遍接受和应用。

6.1.3 酸碱的电子理论

1. 酸碱的定义

为了说明不含质子化合物的酸性，就在布朗斯台德酸碱概念提出的同时，也就在 1923 年，美国化学家路易斯提出了酸碱的电子理论。该理论认为：碱是任何可以给出电子对的物质，酸是任何可以接受电子对的物质。这样的酸、碱常称为路易斯酸、碱。按照该理论，酸是电子对接受体(electron pair acceptor)，必须具有可以接受电子对的空轨道，而碱是电子对给予体(electron pair donor)，必须具有未共享的孤对电子。酸碱反应不再是质子的转移，而是电子对的转移，路易斯酸和路易斯碱之间的反应是酸碱加合反应生成酸碱配合物的过程。

在路易斯酸碱电子理论中，酸碱的定义既无对溶剂品种的限制，也适用于无溶剂的体系。下面列出了几种路易斯酸和路易斯碱以及它们之间进行反应所得的产物。在这些反应中都形成了配位键。

$$\text{A(路易斯酸)} + :\text{B(路易斯碱)} \longrightarrow \text{A} \leftarrow \text{B(酸碱加合物)}$$

$$H^+ + :OH^- \longrightarrow H^+ \leftarrow OH^-$$

$$H^+ + :CN^- \longrightarrow H^+ \leftarrow CN^-$$

$$BF_3 + :F^- \longrightarrow [BF_3 \leftarrow F]^-$$

$$Ag^+ + 2:NH_3 \longrightarrow [NH_3 \rightarrow Ag \leftarrow NH_3]^+$$

由于含有配位键的化合物是普遍存在的，所以电子理论的酸碱范围极为广泛，酸碱配合物几乎无所不包。凡是金属离子都是酸，与金属离子结合的不管是阴离子或中性分子都是碱。而电离理论中所谓盐类如 $MgSO_4$、$SnCl_4$ 等，金属氧化物如 CuO、Fe_2O_3 等以及各种配合物如 $[FeCl_4]^-$、$[Cu(NH_3)_4]^{2+}$ 等都是酸碱配合物。许多有机化合物也可看作酸碱配合物，如乙醇可以看作由乙基离子 $C_2H_5^+$(酸)和羟基离子 OH^-(碱)组成的，乙酸乙酯可看作由乙酰离子 CH_3CO^+(酸)和乙氧离子 $C_2H_5O^-$(碱)组成的，甚至烷烃类也可看作是由 H^+(酸)和碳阴离子 R^-(碱)组成的酸碱配合物。

由此可见，路易斯酸碱的范围极为广泛，它包容了前面所论及的几种酸碱定义，所以又把路易斯酸碱称为广义酸碱。用路易斯酸碱理论可以处理较多的反应，包括配合物的形成反应。

在此，要注意区别路易斯酸和质子酸(布朗斯台德酸)，质子酸所指的是整个 HA 分子，既包括质子 H^+，也包括其共轭碱 A^-，而按电子理论，HA 实质上是路易斯酸碱加合物，而路易斯酸则仅指 HA 中的 H^+ 部分。

2. 酸碱反应类型

根据酸碱电子理论，酸碱反应分为以下四种类型：

(1) 酸碱加合反应，如

$$Cu^{2+} + 4NH_3 \rightleftharpoons [Cu(NH_3)_4]^{2+}$$

前面所讨论酸碱反应的例子都属于加合反应。

(2) 碱取代反应，如

$$HCN + H_2O \rightleftharpoons H_3O^+ + CN^-$$

在酸碱配合物如 HCN 中加入碱 H_2O，则碱 H_2O 取代另一个碱 CN^-，所以称为碱取代反应。

（3）酸取代反应，如

$$Al(OH)_3 + 3H^+ \longrightarrow Al^{3+} + 3H_2O$$

在酸碱配合物如 $Al(OH)_3$ 中加入酸 H^+，则酸 H^+ 取代另一个酸 Al^{3+}，所以称为酸取代反应。

（4）双取代反应，如

$$HCl + NaOH \longrightarrow NaCl + H_2O$$

在此反应中，酸 H^+ 取代酸 Na^+，同时碱 OH^- 取代碱 Cl^-，既然有酸和碱两种取代反应，所以称为双取代反应。

由于路易斯酸碱是多种多样的，分类比较粗略，反应比较复杂，目前还没有公认的定量理论将它们系统连贯起来。

酸碱电子理论扩大了酸碱的范围，可以有不含氢的酸，并把酸碱概念用于许多有机反应和无溶剂体系。此外，它还把所有的反应简化成酸碱反应和氧化还原反应两大类。但是酸碱电子理论对酸碱的强弱不能给出定量的标准，电子理论认为，酸、碱强弱的顺序就是取代的顺序，而取代需用某种酸或碱作参比标准，参比标准不同，测出酸碱强度的顺序可能不同。这是酸碱电子理论的不足之处。

6.2　弱酸弱碱的解离平衡

6.2.1　水的解离平衡与酸碱指示剂

1. 水的解离平衡

按照酸碱质子理论，水的自身解离平衡可表示为

$$2H_2O(l) \rightleftharpoons H_3O^+(aq) + OH^-(aq)$$

或简写作

$$H_2O(l) \rightleftharpoons H^+(aq) + OH^-(aq)$$

其标准平衡常数表达式

$$K_w^\ominus = \left[\frac{c(H_3O^+)}{c^\ominus}\right]\left[\frac{c(OH^-)}{c^\ominus}\right] \tag{6-1a}$$

通常简写为

$$K_w^\ominus = c(H_3O^+)c(OH^-) \tag{6-1b}$$

式中：$K_w^\ominus$为水的离子积常数，简称水的离子积(ion product of water)。

25℃时，纯水中 $c(H^+) = c(OH^-) = 1.0\times10^{-7}\,mol\cdot L^{-1}$，$K_w^\ominus = 1.0\times10^{-14}$。

水的解离反应是强酸强碱中和反应的逆反应，已知该中和反应的 $\Delta_r H_m^\ominus = -55.84\,kJ\cdot mol^{-1} < 0$，是比较强烈的放热反应，则水的解离反应是比较强烈的吸热反应，根据平衡移动原理，不难理解水的离子积 $K_w^\ominus$随着温度的升高而增大。在表 6-1 中给出了某些温度下的 $K_w^\ominus$值。

表 6-1　不同温度下水的离子积常数 $K_w^\ominus$

T/K	$K_w^\ominus$	T/K	$K_w^\ominus$
273	1.15×10^{-15}	323	5.31×10^{-14}
283	2.96×10^{-15}	333	1.26×10^{-13}
293	6.87×10^{-15}	363	3.73×10^{-13}
298	1.01×10^{-14}	373	5.43×10^{-13}
313	2.87×10^{-14}		

2. 溶液的 pH

溶液中 H_3O^+ 浓度或 OH^- 浓度的大小反映了溶液的酸碱性的强弱。水溶液的酸碱性可统一用 H_3O^+ 浓度表示。在化学科学中，通常以 pH 来表示溶液中的 $c(H_3O^+)$，pH 就是 $c(H_3O^+)$ 的负对数，即

$$pH = -\lg c(H_3O^+) \tag{6-2}$$

同样也可以用 pOH 来表示溶液中的 $c(OH^-)$，即

$$pOH = -\lg c(OH^-) \tag{6-3}$$

由于 25℃时，在水溶液中

$$K_w^{\ominus} = c(H_3O^+)c(OH^-) = 1.0 \times 10^{-14}$$

将等式两边分别取负对数，得

$$-\lg K_w^{\ominus} = -\lg c(H_3O^+)c(OH^-) = 14.00$$

令

$$pK_w^{\ominus} = -\lg K_w^{\ominus}$$

则

$$pK_w^{\ominus} = pH + pOH = 14.00 \tag{6-4}$$

pH 是用来表示水溶液酸碱性的一种标度。pH 越小，$c(H_3O^+)$ 越大，溶液的酸性越强，碱性越弱。溶液的酸碱性与 $c(H_3O^+)$、pH 的关系可概括如下：

酸性溶液　$c(H_3O^+) > 10^{-7} mol \cdot L^{-1} > c(OH^-)$，$pH < 7 < pOH$

中性溶液　$c(H_3O^+) = 10^{-7} mol \cdot L^{-1} = c(OH^-)$，$pH = 7 = pOH$

碱性溶液　$c(H_3O^+) < 10^{-7} mol \cdot L^{-1} < c(OH^-)$，$pH > 7 > pOH$

一些常见液体的 pH 见表 6-2。

表 6-2　常见液体的 pH

液体名称	pH	液体名称	pH
胃液	1.0～3.0	唾液	6.5～7.5
柠檬汁	2.4	牛奶	6.5
醋	3.0	纯水	7.0
葡萄汁	3.2	血液	7.35～7.45
橙汁	3.5	眼泪	7.4
尿	4.8～8.4		

pH 仅适用于表示 $c(H_3O^+)$ 或 $c(OH^-)$ 在 $1mol \cdot L^{-1}$ 以下的溶液的酸碱性。如果 $c(H_3O^+) > 1mol \cdot L^{-1}$，则 $pH < 0$；$c(OH^-) > 1mol \cdot L^{-1}$，则 $pH > 14$。在这种情况下，就直接写出 $c(H_3O^+)$ 或 $c(OH^-)$，而不用 pH 表示这类溶液的酸碱性。

3. 酸碱指示剂

借助于颜色的改变来指示溶液 pH 的物质称为酸碱指示剂。它们通常是一类复杂的有机分子，并且都是弱酸或弱碱，或是酸碱性都弱的两性物质，这种有机酸及其共轭碱(或有机碱及其共轭酸)具有不同的结构和颜色。

若以 HIn 表示指示剂，其在水溶液中存在着下列平衡：

$$HIn(aq) + H_2O(l) \rightleftharpoons H_3O^+(aq) + In^-(aq)$$

$$K_a^\ominus(\mathrm{HIn})=\frac{c(\mathrm{H_3O^+})c(\mathrm{In^-})}{c(\mathrm{HIn})} \tag{6-5}$$

$$\frac{c(\mathrm{H_3O^+})}{K_a^\ominus(\mathrm{HIn})}=\frac{c(\mathrm{HIn})}{c(\mathrm{In^-})} \tag{6-6}$$

若溶液的酸性增强，HIn 的解离平衡向左移动，$c(\mathrm{HIn})$增大。当

$$\frac{c(\mathrm{H_3O^+})}{K_a^\ominus(\mathrm{HIn})}=\frac{c(\mathrm{HIn})}{c(\mathrm{In^-})}\geqslant 10$$

溶液中的 $\mathrm{pH}\leqslant \mathrm{p}K_a^\ominus(\mathrm{HIn})-1$，指示剂 90%以上以弱酸 HIn 形式存在，溶液呈现 HIn 的颜色。当

$$\frac{c(\mathrm{H_3O^+})}{K_a^\ominus(\mathrm{HIn})}=\frac{c(\mathrm{HIn})}{c(\mathrm{In^-})}\leqslant \frac{1}{10}$$

溶液中的 $\mathrm{pH}\geqslant \mathrm{p}K_a^\ominus(\mathrm{HIn})+1$，指示剂 90%以上以共轭碱 $\mathrm{In^-}$ 形式存在，溶液呈现 $\mathrm{In^-}$ 的颜色。当

$$\frac{c(\mathrm{H_3O^+})}{K_a^\ominus(\mathrm{HIn})}=\frac{c(\mathrm{HIn})}{c(\mathrm{In^-})}=1$$

溶液中的 $\mathrm{pH}=\mathrm{p}K_a^\ominus(\mathrm{HIn})$，溶液中 HIn 与 $\mathrm{In^-}$ 各占 50%，呈现两者的混合颜色。

$\mathrm{pH}=\mathrm{p}K_a^\ominus(\mathrm{HIn})\pm 1$ 称为指示剂的变色范围，不同指示剂具有不同的$\mathrm{p}K_a^\ominus(\mathrm{HIn})$值，因此各有其不同的变色范围。

上述分析表明，指示剂的变色范围应当是 2 个 pH 单位，但由于人的视觉对各种颜色的敏感程度有差异以及指示剂两色之间相互掩盖，实测的变色范围往往略小于 2 个 pH 单位。常见指示剂的变色范围列于表 6-3 中。

表 6-3　几种常见酸碱指示剂的变色范围

指示剂	变色范围(pH)	酸　色	过渡色	碱　色	$\mathrm{p}K_a^\ominus(\mathrm{HIn})$
百里酚蓝	1.2～2.8	红色	橙色	黄色	1.7
甲基橙	3.1～4.4	红色	橙色	黄色	3.4
溴酚蓝	3.0～4.6	黄色	蓝紫	紫色	4.1
溴甲酚绿	4.0～5.6	黄色	绿色	蓝色	4.9
甲基红	4.4～6.2	红色	橙色	黄色	5.0
溴百里酚蓝	6.2～7.6	黄色	绿色	蓝色	7.3
中性红	6.8～8.0	红色	橙色	黄色	7.4
酚酞	8.0～10.0	无色	粉红	红色	9.1
百里酚酞	9.4～10.6	无色	淡蓝	蓝色	10.0

用酸碱指示剂测定溶液的 pH 是很粗略的，只能知道溶液 pH 在某一个范围。用 pH 试纸测定 pH 就比较准确，然而，更准确的方法是用 pH 计。

6.2.2　一元弱酸、一元弱碱溶液的解离平衡

作为弱电解质的弱酸和弱碱在水溶液中大部分以中性分子形式存在，只有少部分与水发生质子转移反应，存在着未解离的分子和离子之间的平衡。

盐溶解在水中得到的溶液可能是中性、酸性或者碱性，这取决于盐的性质。由强酸强碱作用所生成的盐，如 NaCl，在水中完全解离产生的阳、阴离子不与水发生质子转移反应，即这种盐不水解，其水溶液为中性。而由弱酸和强碱作用生成的盐如 $\mathrm{Na_2CO_3}$、NaAc 等，由强酸与弱

碱作用生成的盐如 NH_4Cl、$FeCl_3$ 等，或者由弱酸和弱碱作用生成的盐如 NH_4Ac、NH_4CN 等，它们在水中完全解离产生的阳、阴离子中的一种或多种能与水发生质子转移反应，即俗称的水解反应，使得它们的水溶液可能显中性、酸性或碱性。这些能与水发生质子转移反应的离子物种称为离子酸（如 NH_4^+）或离子碱（如 Ac^-）。

通常将只能给出一个质子的酸称为一元弱酸，能给出多个质子的酸称为多元弱酸；只能接受一个质子的碱称为一元弱碱，能接受多个质子的碱称为多元弱碱。

在一元弱酸 HA 和一元弱碱 B 的水溶液中，存在着下列质子转移反应：

$$HA(aq) + H_2O(l) \rightleftharpoons H_3O^+(aq) + A^-(aq) \tag{6-7}$$

$$B(aq) + H_2O(l) \rightleftharpoons BH^+(aq) + OH^-(aq) \tag{6-8}$$

式(6-7)的平衡常数表达式可写成

$$K_a^\ominus(HA) = \frac{[c(H_3O^+)/c^\ominus][c(A^-)/c^\ominus]}{[c(HA)/c^\ominus]} \tag{6-9a}$$

或简写为

$$K_a^\ominus(HA) = \frac{c(H_3O^+)c(A^-)}{c(HA)} \tag{6-9b}$$

式中：$K_a^\ominus(HA)$ 为弱酸 HA 的解离常数。弱酸解离常数的数值反映了酸的相对强弱。在相同温度下，解离常数大的酸是较强的酸，其给出质子的能力强。

弱酸的解离常数可以借助 pH 计测定溶液的 pH 来确定。若已知弱酸的解离常数 $K_a^\ominus$，就可以计算出一定浓度的弱酸的平衡组成。实际上，在弱酸溶液中同时存在着弱酸和水的两种解离平衡：

$$HA(aq) + H_2O(l) \rightleftharpoons H_3O^+(aq) + A^-(aq)$$

$$2H_2O(l) \rightleftharpoons H_3O^+(aq) + OH^-(aq)$$

它们都能解离出 H_3O^+。二者之间相互联系，相互影响。通常情况下，$K_a^\ominus \gg K_w^\ominus$，只要 $c(HA)$ 不是很小时，H_3O^+ 主要由 HA 解离产生。因此，计算 HA 溶液中的 $c(H_3O^+)$ 时，就可以不考虑水的解离平衡。

令 $c_0(HA)$ 为弱酸溶液的起始浓度，平衡时有

$$c(H_3O^+) = c(A^-) \qquad c(HA) = c_0(HA) - c(H_3O^+)$$

代入式(6-9b)，有

$$K_a^\ominus(HA) = \frac{c(H_3O^+)^2}{c_0(HA) - c(H_3O^+)} \tag{6-10}$$

利用式(6-10)，解一元二次方程，可以在已知弱酸的起始浓度和解离常数的前提下，求出溶液的 $c(H_3O^+)$ 及 pH。

当弱酸的解离常数 $K_a^\ominus$ 很小，而且当其起始浓度 $c_0(HA)$ 较大时，会有 $c_0(HA) \gg c(H_3O^+)$，于是式(6-10)可简化成

$$K_a^\ominus(HA) = \frac{c(H_3O^+)^2}{c_0(HA)} \tag{6-11}$$

溶液的 $c(H_3O^+)$ 可以用下列公式求得

$$c(H_3O^+) = \sqrt{K_a^\ominus c_0(HA)} \tag{6-12}$$

一般来说，当 $c_0(HA)/K_a^\ominus > 500$ 时，即可用式(6-12)求得一元弱酸溶液的 $c(H_3O^+)$ 及 pH 近似值。

同理,式(6-8)所表示的一元弱碱的解离平衡也有

$$K_b^{\ominus}(B) = \frac{c(OH^-)^2}{c_0(B) - c(OH^-)} \tag{6-13}$$

式中:$K_b^{\ominus}(B)$为弱碱的解离平衡常数;$c_0(B)$为弱碱的起始浓度;$c(OH^-)$为平衡时体系中的 OH^- 浓度。当 $c_0(B)/K_b^{\ominus}(B) > 500$ 时,也有

$$c(OH^-) = \sqrt{K_b^{\ominus} c_0(B)} \tag{6-14}$$

对于一对共轭酸碱对来说,酸的解离平衡常数 $K_a^{\ominus}$ 与其共轭碱的解离平衡常数 $K_b^{\ominus}$ 之间有确定的对应关系。设酸 HA 的质子转移平衡为

$$HA(aq) + H_2O(l) \rightleftharpoons H_3O^+(aq) + A^-(aq)$$

$$K_a^{\ominus}(HA) = \frac{c(H_3O^+)c(A^-)}{c(HA)}$$

而其共轭碱的质子转移平衡为

$$A^-(aq) + H_2O(l) \rightleftharpoons HA(aq) + OH^-(aq)$$

$$K_b^{\ominus}(A^-) = \frac{c(HA)c(OH^-)}{c(A^-)}$$

溶液中同时存在水的自身解离平衡:

$$2H_2O(l) \rightleftharpoons H_3O^+(aq) + OH^-(aq)$$

$$K_w^{\ominus} = c(H_3O^+)c(OH^-)$$

代入 $K_a^{\ominus}(HA)$ 与 $K_b^{\ominus}(A^-)$ 的表达式并相乘,得

$$K_a^{\ominus}(HA) \cdot K_b^{\ominus}(A^-) = K_w^{\ominus} \tag{6-15a}$$

任何一对共轭酸碱的解离常数都符合这一关系,可简化为通式

$$K_a^{\ominus} K_b^{\ominus} = K_w^{\ominus} \tag{6-15b}$$

等式两边分别取负对数,有

$$pK_a^{\ominus} + pK_b^{\ominus} = pK_w^{\ominus} \tag{6-15c}$$

25℃时

$$pK_a^{\ominus} + pK_b^{\ominus} = 14.00 \tag{6-15d}$$

弱酸、弱碱在水溶液中解离的百分数可以用解离度 α 表示。在等容反应中,已解离了弱酸(或弱碱)的浓度与原始浓度之比等于其解离度。

一元弱酸的解离度可表示为

$$\alpha = \frac{c(H_3O^+)}{c_0(HA)} \times 100\% = \frac{\sqrt{K_a^{\ominus}(HA)c_0(HA)}}{c_0(HA)} \times 100\% = \sqrt{\frac{K_a^{\ominus}(HA)}{c_0(HA)}} \times 100\% \tag{6-16}$$

而一元弱碱的解离度则为

$$\alpha = \sqrt{\frac{K_b^{\ominus}(B)}{c_0(B)}} \times 100\% \tag{6-17}$$

虽然解离平衡常数 $K_a^{\ominus}$和 $K_b^{\ominus}$不随浓度变化,但作为转化百分数的解离度 α 却随起始浓度 c_0 的变化而变化。式(6-16)和式(6-17)表明了一元弱酸、一元弱碱溶液的浓度、解离度和解离常数之间的关系,称为稀释定律。它表明在一定温度下,$K_a^{\ominus}$、$K_b^{\ominus}$为定值,某弱电解质的解离度 α 随着其溶液的稀释而增大。

弱酸(碱)的解离度的大小也可以表示酸的相对强弱。在温度和浓度相同的情况下,解离度大的酸(碱),$K_a^{\ominus}(K_b^{\ominus})$大,其 pH 小(大),为较强酸(碱);解离度小的酸(碱),$K_a^{\ominus}(K_b^{\ominus})$小,其

pH 大(小),为较弱酸(碱)。

【例 6-1】 计算 25℃时,0.10mol·L^{-1} HAc 溶液中的 H_3O^+、Ac^-、HAc、OH^- 浓度、溶液的 pH 及 HAc 的解离度。

解 已知 $K_a^\ominus(HAc)=1.8\times10^{-5}$

$$HAc(aq)+H_2O(l)\rightleftharpoons H_3O^+(aq)+Ac^-(aq)$$

	HAc(aq)	H_3O^+(aq)	Ac^-(aq)
初始浓度/(mol·L^{-1})	0.10	0	0
平衡浓度/(mol·L^{-1})	$0.10-x$	x	x

$$K_a^\ominus(HAc)=\frac{c(H_3O^+)c(Ac^-)}{c(HAc)}$$

$$1.8\times10^{-5}=\frac{x^2}{0.10-x}$$

$$x=1.3\times10^{-3}\,mol\cdot L^{-1}$$

实际上,溶液中同时存在水的解离平衡:

$$H_2O(l)+H_2O(l)\rightleftharpoons H_3O^+(aq)+OH^-(aq)$$

因为 $K_a^\ominus\gg K_w^\ominus$,水的解离产生的 H_3O^+ 远远小于 HAc 解离产生的 H_3O^+,所以溶液中的 H_3O^+ 主要来自于 HAc 的解离。故

$$c(H_3O^+)=c(Ac^-)=1.3\times10^{-3}\,mol\cdot L^{-1}$$

$$c(HAc)=(0.10-1.3\times10^{-3})mol\cdot L^{-1}\approx0.10mol\cdot L^{-1}$$

溶液中的 OH^- 来自水的解离

$$K_w^\ominus=c(H_3O^+)c(OH^-)=1.0\times10^{-14}$$

$$c(OH^-)=7.7\times10^{-12}\,mol\cdot L^{-1}$$

该溶液的

$$pH=-\lg c(H_3O^+)=-\lg1.3\times10^{-3}=2.89$$

HAc 的解离度

$$\alpha=\frac{c(H_3O^+)}{c_0(HA)}\times100\%=\frac{1.3\times10^{-3}}{0.10}\times100\%=1.3\%$$

【例 6-2】 已知 25℃时,0.20mol·L^{-1} 氨水的解离度为 0.95%,求溶液中 $c(OH^-)$、pH 和氨的解离常数。

解

$$NH_3(aq)+H_2O(aq)\rightleftharpoons NH_4^+(aq)+OH^-(aq)$$

	NH_3(aq)	NH_4^+(aq)	OH^-(aq)
初始浓度/(mol·L^{-1})	0.20	0	0
平衡浓度/(mol·L^{-1})	0.20(1−0.95%)	0.20×0.95%	0.20×0.95%

$$c(OH^-)=(0.20\times0.95\%)mol\cdot L^{-1}=1.9\times10^{-3}\,mol\cdot L^{-1}$$

$$pH=14-pOH=14-(-\lg1.9\times10^{-3})=11.27$$

$$K_b^\ominus(NH_3)=\frac{c(NH_4^+)c(OH^-)}{c(NH_3)}=\frac{(1.9\times10^{-3})^2}{0.20-1.9\times10^{-3}}=1.8\times10^{-5}$$

【例 6-3】 计算 0.10mol·L^{-1} NH_4Cl 溶液的 pH。

解 因为 NH_3-NH_4^+ 为共轭酸碱对,已知 $K_b^\ominus(NH_3)=1.8\times10^{-5}$,则

$$K_a^\ominus(NH_4^+)=K_w^\ominus/K_b^\ominus(NH_3)=1.0\times10^{-14}/1.8\times10^{-5}=5.6\times10^{-10}$$

又 $c_0(NH_4^+)/K_a^\ominus(NH_4^+)>500$,则

$$c(H_3O^+)=\sqrt{K_a^\ominus(NH_4^+)c_0(NH_4^+)}=\sqrt{5.6\times10^{-10}\times0.10}=7.5\times10^{-6}\,(mol\cdot L^{-1})$$

$$pH=5.13$$

【例 6-4】 计算 0.10mol·L^{-1} NaAc 溶液的 pH。

解 已知 $K_a^\ominus(HAc)=1.8\times10^{-5}$,$K_b^\ominus(Ac^-)=K_w^\ominus/K_a^\ominus(HAc)=1.0\times10^{-14}/1.8\times10^{-5}=5.6\times10^{-10}$

因为 $c_0(Ac^-)/K_b^{\ominus}(Ac^-)>500$，则

$$c(OH^-)=\sqrt{K_b^{\ominus}(Ac^-)c_0(Ac^-)}=\sqrt{5.6\times10^{-10}\times0.10}=7.5\times10^{-6}\ (mol\cdot L^{-1})$$

$$pH=14-pOH=14-(-\lg7.5\times10^{-6})=8.88$$

6.2.3 多元弱酸、多元弱碱溶液的解离平衡

在水溶液中一个分子能解离出一个以上 H_3O^+ 的弱酸称为多元弱酸。例如，H_2CO_3 和 H_2S 等是二元弱酸，H_3PO_4 和 H_3AsO_4 等是三元弱酸。多元弱酸在水溶液中的解离过程是分步进行的。前面讨论的一元弱酸弱碱的解离平衡原理完全适用于多元酸碱的解离平衡。现以 H_2CO_3 为例来讨论多元弱酸的解离平衡，其分步解离平衡为

$$H_2CO_3(aq)+H_2O(l)\rightleftharpoons H_3O^+(aq)+HCO_3^-(aq)\qquad K_{a_1}^{\ominus}=\frac{c(H_3O^+)c(HCO_3^-)}{c(H_2CO_3)}=4.2\times10^{-7}$$

$$HCO_3^-(aq)+H_2O(l)\rightleftharpoons H_3O^+(aq)+CO_3^{2-}(aq)\qquad K_{a_2}^{\ominus}=\frac{c(H_3O^+)c(CO_3^{2-})}{c(HCO_3^-)}=4.7\times10^{-11}$$

在多元弱酸溶液中，同样除了酸自身的多步解离平衡之外，还有溶剂水的解离平衡。这些平衡中有相同的物质 H_3O^+，平衡时溶液中的 $c(H_3O^+)$保持恒定。此时，$c(H_3O^+)$满足各平衡的平衡常数表达式的数量关系。关键是各平衡的 $K^{\ominus}$ 相对大小不同，它们解离出来的 H_3O^+ 对溶液中 H_3O^+ 的总浓度贡献不同。虽然，少数多元弱酸的各级解离平衡常数相差很小，但多数多元弱酸的各级解离平衡常数都相差很大，在此情况下，若 $K_{a_1}^{\ominus}\gg K_w^{\ominus}$，且 $K_{a_1}^{\ominus}/K_{a_2}^{\ominus}>10^3$，则溶液中的 H_3O^+ 主要来自多元弱酸的第一级解离平衡，计算 $c(H_3O^+)$时只考虑第一步解离，即按一元弱酸的质子转移平衡做近似处理。

【例 6-5】 计算室温下饱和 CO_2 水溶液（$0.040mol\cdot L^{-1}\ H_2CO_3$ 溶液）中的 H_3O^+、H_2CO_3、HCO_3^-、CO_3^{2-} 和 OH^- 浓度，以及溶液的 pH。

解　已知 $K_{a_1}^{\ominus}=4.2\times10^{-7}$，$K_{a_2}^{\ominus}=4.7\times10^{-11}$，因为 $K_{a_1}^{\ominus}\gg K_w^{\ominus}$，$K_{a_1}^{\ominus}/K_{a_2}^{\ominus}>10^3$，所以在计算溶液中的 H_3O^+ 浓度时可当作一元弱酸处理。

H_2CO_3 的第一步解离反应：

$$H_2CO_3(aq)+H_2O(l)\rightleftharpoons H_3O^+(aq)+HCO_3^-(aq)$$

$$c(H_3O^+)=\sqrt{c_0(H_2CO_3)K_{a_1}^{\ominus}(H_2CO_3)}=\sqrt{0.040\times4.2\times10^{-7}}=1.30\times10^{-4}(mol\cdot L^{-1})$$

$$c(HCO_3^-)=c(H_3O^+)=1.30\times10^{-4}mol\cdot L^{-1}$$

$$c(H_2CO_3)\approx0.040mol\cdot L^{-1}$$

根据第二步解离计算 $c(CO_3^{2-})$：

$$HCO_3^-(aq)+H_2O(l)\rightleftharpoons H_3O^+(aq)+CO_3^{2-}(aq)$$

$$K_{a_2}^{\ominus}=\frac{c(H_3O^+)c(CO_3^{2-})}{c(HCO_3^-)}=c(CO_3^{2-})=4.7\times10^{-11}$$

所以

$$c(CO_3^{2-})=K_{a_2}^{\ominus}=4.7\times10^{-11}(mol\cdot L^{-1})$$

OH^- 来自 H_2O 的解离平衡：

$$H_2O(l)+H_2O(l)\rightleftharpoons H_3O^+(aq)+OH^-(aq)$$

$$K_w^{\ominus}=c(H_3O^+)c(OH^-)=1.0\times10^{-14}$$

$$c(OH^-)=\frac{K_w^{\ominus}}{c(H_3O^+)}=\frac{1.0\times10^{-14}}{1.30\times10^{-4}}=7.69\times10^{-11}(mol\cdot L^{-1})$$

溶液的

$$pH=-\lg c(H_3O^+)=3.89$$

三元酸解离的情况与二元酸相似。例如，H_3PO_4 就是分三步解离的，由于其 $K_{a_1}^{\ominus}$、$K_{a_2}^{\ominus}$、$K_{a_3}^{\ominus}$ 相差很大，故磷酸的 H_3O^+ 也可看成是由其第一步解离决定的，求出 $c(H_3O^+)$ 后，根据各级解离平衡常数的表达式可求各步酸根的浓度。

【例 6-6】 试计算 0.10mol·L^{-1} 的 H_3PO_4 溶液中的 H_3PO_4、$H_2PO_4^-$、HPO_4^{2-}、PO_4^{3-}、H_3O^+ 及 OH^- 的浓度。

解 (1) 已知 $K_{a_1}^{\ominus}(H_3PO_4) = 6.7\times10^{-3}$，$K_{a_2}^{\ominus}(H_3PO_4) = 6.2\times10^{-8}$，$K_{a_3}^{\ominus}(H_3PO_4) = 4.5\times10^{-13}$，且

$$K_{a_1}^{\ominus}(H_3PO_4) \gg K_{a_2}^{\ominus}(H_3PO_4) \gg K_{a_3}^{\ominus}(H_3PO_4)$$

因此，可由 H_3PO_4 的第一步解离求 $c(H_3O^+)$。

$$H_3PO_4 + H_2O \rightleftharpoons H_3O^+ + H_2PO_4^-$$

	H_3PO_4	H_3O^+	$H_2PO_4^-$
初始浓度/(mol·L^{-1})	0.10	0	0
平衡浓度/(mol·L^{-1})	$0.10-x$	x	x

$$K_{a_1}^{\ominus} = \frac{c(H_3O^+)c(H_2PO_4^-)}{c(H_3PO_4)} = \frac{x^2}{0.10-x} = 6.7\times10^{-3}$$

因为

$$\frac{c_0}{K_{a_1}^{\ominus}} = \frac{0.10}{6.7\times10^{-3}} \approx 13 < 500$$

不能用近似公式，需解一元二次方程，解得

$$x = 2.4\times10^{-2}(\text{mol}\cdot\text{L}^{-1})$$

故

$$c(H_3O^+) = c(H_2PO_4^-) = 2.4\times10^{-2}\text{mol}\cdot\text{L}^{-1}$$

(2) 由 H_3PO_4 的第二步解离求 $c(HPO_4^{2-})$。

$$H_2PO_4^- + H_2O \rightleftharpoons H_3O^+ + HPO_4^{2-}$$

	$H_2PO_4^-$	H_3O^+	HPO_4^{2-}
平衡浓度/(mol·L^{-1})	2.4×10^{-2}	2.4×10^{-2}	y

$$K_{a_2}^{\ominus} = \frac{c(H_3O^+)c(HPO_4^{2-})}{c(H_2PO_4^-)} = \frac{2.4\times10^{-2}\times y}{2.4\times10^{-2}} = 6.2\times10^{-8}$$

$$y = 6.2\times10^{-8}(\text{mol}\cdot\text{L}^{-1})$$

故

$$c(HPO_4^{2-}) = 6.2\times10^{-8}\text{mol}\cdot\text{L}^{-1}$$

计算结果表明，第二步解离出来的 H_3O^+ 浓度$[c(HPO_4^{2-})]$远远小于溶液中的 H_3O^+ 浓度，因此 $c(H_3O^+)$ 由第一级解离决定是完全正确的。

(3) 溶液中 PO_4^{3-} 由 H_3PO_4 的第三步解离产生。

$$HPO_4^{2-} + H_2O \rightleftharpoons H_3O^+ + PO_4^{3-}$$

	HPO_4^{2-}	H_3O^+	PO_4^{3-}
平衡浓度/(mol·L^{-1})	6.3×10^{-8}	2.4×10^{-2}	z

$$K_{a_3}^{\ominus} = \frac{c(H_3O^+)c(PO_4^{3-})}{c(HPO_4^{2-})} = \frac{2.4\times10^{-2}\times z}{6.3\times10^{-8}} = 4.5\times10^{-13}$$

$$z = 1.16\times10^{-18}(\text{mol}\cdot\text{L}^{-1})$$

即

$$c(PO_4^{3-}) = 1.16\times10^{-18}\text{mol}\cdot\text{L}^{-1}$$

可见，第三步解离出的 H_3O^+ 更是小到可以忽略不计的程度。

(4) OH^- 来自 H_2O 的解离平衡

$$K_w^{\ominus} = c(H_3O^+)c(OH^-) = 1.0\times10^{-14}$$

$$c(OH^-) = \frac{K_w^{\ominus}}{c(H_3O^+)} = \frac{1.0\times10^{-14}}{2.4\times10^{-2}} = 4.17\times10^{-13}(\text{mol}\cdot\text{L}^{-1})$$

由以上两例的计算，可以得出以下结论：

(1) 多元弱酸的解离是分步进行的，一般 $K_{a_1}^{\ominus} \gg K_{a_2}^{\ominus} \gg K_{a_3}^{\ominus}$…溶液中的 H_3O^+ 主要来自于弱酸的第一步解离，计算 $c(H_3O^+)$或 pH 时可以只考虑第一步解离。

(2) 对于二元弱酸，当 $K_{a_1}^{\ominus} \gg K_{a_2}^{\ominus}$ 时，c(酸根离子)$\approx K_{a_2}^{\ominus}$，而与弱酸的初始浓度无关。

(3) 对于三元弱酸，若 c(弱酸)一定时，c(酸根离子)与 $c(H_3O^+)$成反比。

多元弱酸强碱盐溶液在水中完全解离产生的阴离子，如 CO_3^{2-}、PO_4^{3-} 等可看作多元离子碱，如同多元弱酸一样，这些阴离子与水之间的质子转移反应(水解)也是分步进行的，每一步都有相应的解离常数，共轭酸碱解离常数间的关系也符合式(6-15)。现以 Na_3PO_4 为例，在水溶液中有下列解离平衡

$$PO_4^{3-}(aq) + H_2O(l) \rightleftharpoons OH^-(aq) + HPO_4^{2-}(aq) \qquad K_{b_1}^{\ominus}(PO_4^{3-})$$

$$HPO_4^{2-}(aq) + H_2O(l) \rightleftharpoons OH^-(aq) + H_2PO_4^-(aq) \qquad K_{b_2}^{\ominus}(PO_4^{3-})$$

$$H_2PO_4^-(aq) + H_2O(l) \rightleftharpoons OH^-(aq) + H_3PO_4(aq) \qquad K_{b_3}^{\ominus}(PO_4^{3-})$$

在第一步解离反应(水解)中，HPO_4^{2-} 是 PO_4^{3-} 的共轭酸，HPO_4^{2-} 的解离常数是$K_{a_3}^{\ominus}(H_3PO_4)$，根据式(6-15)有

$$K_{b_1}^{\ominus}(PO_4^{3-}) = \frac{K_w^{\ominus}}{K_{a_3}^{\ominus}(H_3PO_4)}$$

同理

$$K_{b_2}^{\ominus}(PO_4^{3-}) = \frac{K_w^{\ominus}}{K_{a_2}^{\ominus}(H_3PO_4)}$$

$$K_{b_3}^{\ominus}(PO_4^{3-}) = \frac{K_w^{\ominus}}{K_{a_1}^{\ominus}(H_3PO_4)}$$

因为

$$K_{a_1}^{\ominus}(H_3PO_4) \gg K_{a_2}^{\ominus}(H_3PO_4) \gg K_{a_3}^{\ominus}(H_3PO_4)$$

所以

$$K_{b_1}^{\ominus}(PO_4^{3-}) \gg K_{b_2}^{\ominus}(PO_4^{3-}) \gg K_{b_3}^{\ominus}(PO_4^{3-})$$

这说明 PO_4^{3-} 的第一级解离(水解)反应是主要的，计算 Na_3PO_4 溶液 pH 时，可以只考虑第一步质子转移反应。对于其他多元弱酸强碱盐溶液的 pH 计算也可以照此处理。

【例 6-7】 计算 25℃时 0.10mol·L^{-1} Na_3PO_4 溶液的 pH。

解　已知

$$K_{a_1}^{\ominus}(H_3PO_4) = 6.7\times10^{-3},\quad K_{a_2}^{\ominus}(H_3PO_4) = 6.2\times10^{-8},\quad K_{a_3}^{\ominus}(H_3PO_4) = 4.5\times10^{-13}$$

且

$$K_{a_1}^{\ominus}(H_3PO_4) \gg K_{a_2}^{\ominus}(H_3PO_4) \gg K_{a_3}^{\ominus}(H_3PO_4)$$

因此只考虑 PO_4^{3-} 的一级水解

$$PO_4^{3-}(aq) + H_2O(l) \rightleftharpoons OH^-(aq) + HPO_4^{2-}(aq)$$

平衡浓度/(mol·L^{-1})　　$0.10-x$　　　x　　　x

$$K_{b_1}^{\ominus}(PO_4^{3-}) = \frac{x^2}{0.10-x} = \frac{K_w^{\ominus}}{K_{a_3}^{\ominus}(H_3PO_4)}$$

$$= \frac{1.0\times10^{-14}}{4.5\times10^{-13}} = 2.2\times10^{-2}$$

因为 $K_{b_1}^{\ominus}(PO_4^{3-})$较大，$0.10-x\neq0.10$，必须解一元二次方程

$$x^2 + 0.022x - 2.2\times10^{-3} = 0$$

$$x = 0.037$$

即

$$c(OH^-) = 0.037 mol \cdot L^{-1}$$

$$pH = 14 - pOH = 14 - (-\lg 0.037) = 12.57$$

6.2.4 两性物质溶液的酸碱平衡

两性物质包括酸式盐如 $NaHCO_3$、NaH_2PO_4、$NaHPO_4$ 等在水中解离的 HCO_3^-、$H_2PO_4^-$、HPO_4^{2-} 等两性阴离子，也包括弱酸弱碱盐如 NH_4Ac、NH_4CN 等在水中同时解离的 NH_4^+ 和 Ac^-，NH_4^+ 和 CN^- 等离子酸和离子碱。两性物质在水溶液中既能给出质子又能接受质子，即作为酸的解离和作为碱的解离同时存在。不过，它们的水溶液显中性、酸性或碱性的三种可能性都有。

1. 两性阴离子

以 $NaHCO_3$ 溶液中的 HCO_3^- 为例，HCO_3^- 作为酸在水溶液中的质子转移平衡为

$$HCO_3^-(aq) + H_2O(l) \rightleftharpoons CO_3^{2-}(aq) + H_3O^+(aq)$$

$$K_{a_2}^{\ominus}(H_2CO_3) = \frac{c(H_3O^+)c(CO_3^{2-})}{c(HCO_3^-)}$$

HCO_3^- 作为碱在水溶液中的质子转移(水解)平衡为

$$HCO_3^-(aq) + H_2O(l) \rightleftharpoons H_2CO_3(aq) + OH^-(aq)$$

$$K_{b_2}^{\ominus}(CO_3^{2-}) = \frac{c(H_2CO_3)c(OH^-)}{c(HCO_3^-)} = \frac{K_w^{\ominus}}{K_{a_1}^{\ominus}(H_2CO_3)}$$

同时存在着水的解离平衡

$$H_2O(l) + H_2O(l) \rightleftharpoons H_3O^+(aq) + OH^-(aq)$$

$$K_w^{\ominus} = c(H_3O^+)c(OH^-)$$

根据得失质子的数目相等的原则，有

$$c(H_3O^+) + c(H_2CO_3) = c(CO_3^{2-}) + c(OH^-)$$

将上述各平衡关系代入上式得

$$c(H_3O^+) + \frac{c(H_3O^+)c(HCO_3^-)}{K_{a_1}^{\ominus}(H_2CO_3)} = \frac{K_{a_2}^{\ominus}(H_2CO_3)c(HCO_3^-)}{c(H_3O^+)} + \frac{K_w^{\ominus}}{c(H_3O^+)}$$

整理后得

$$c(H_3O^+) = \sqrt{\frac{K_{a_1}^{\ominus}(H_2CO_3)[K_{a_2}^{\ominus}(H_2CO_3)c(HCO_3^-) + K_w^{\ominus}]}{c(HCO_3^-) + K_{a_1}^{\ominus}(H_2CO_3)}} \quad (6\text{-}18)$$

由于 $K_{a_1}^{\ominus}(H_2CO_3)$、$K_{a_2}^{\ominus}(H_2CO_3)$ 都很小，即 HCO_3^- 的两种解离程度都很小，当 $NaHCO_3$ 溶液浓度不是很小时，可认为平衡时 $c(HCO_3^-) \approx c_0(HCO_3^-)$，则上式变为

$$c(H_3O^+) = \sqrt{\frac{K_{a_1}^{\ominus}(H_2CO_3)[K_{a_2}^{\ominus}(H_2CO_3)c_0(HCO_3^-) + K_w^{\ominus}]}{c_0(HCO_3^-) + K_{a_1}^{\ominus}(H_2CO_3)}}$$

如果 $c_0 \gg K_{a_1}^{\ominus}$，上式可简化为

$$c(H_3O^+) = \sqrt{\frac{K_{a_1}^{\ominus}(H_2CO_3)[K_{a_2}^{\ominus}(H_2CO_3)c_0(HCO_3^-) + K_w^{\ominus}]}{c_0(HCO_3^-)}}$$

若 $K_{a_2}^{\ominus} \cdot c_0 \gg K_w^{\ominus}$，则

$$K_{a_2}^{\ominus}(H_2CO_3)c_0(HCO_3^-)+K_w^{\ominus}\approx K_{a_2}^{\ominus}(H_2CO_3)c_0(HCO_3^-)$$

则上式可进一步简化为

$$c(H_3O^+)=\sqrt{K_{a_1}^{\ominus}(H_2CO_3)K_{a_2}^{\ominus}(H_2CO_3)}$$

对于一般的两性阴离子溶液，只要符合上述有关近似条件，溶液的 $c(H_3O^+)$ 均可用下式进行粗略计算

$$c(H_3O^+)=\sqrt{K_{a_1}^{\ominus}K_{a_2}^{\ominus}} \tag{6-19a}$$

或

$$pH=\frac{1}{2}(pK_{a_1}^{\ominus}+pK_{a_2}^{\ominus}) \tag{6-19b}$$

对于其他的两性阴离子水溶液的 $c(H_3O^+)$ 或 pH，也可类推得到近似计算公式。

例如，对于 $H_2PO_4^-$ 溶液 $c(H_3O^+)=\sqrt{K_{a_1}^{\ominus}K_{a_2}^{\ominus}}$，$pH=\frac{1}{2}(pK_{a_1}^{\ominus}+pK_{a_2}^{\ominus})$；

对于 HPO_4^{2-} 溶液 $c(H_3O^+)=\sqrt{K_{a_2}^{\ominus}K_{a_3}^{\ominus}}$，$pH=\frac{1}{2}(pK_{a_2}^{\ominus}+pK_{a_3}^{\ominus})$。

从近似计算公式可以看出，这些两性阴离子溶液的 pH 与其原始浓度无关。

两性阴离子溶液的酸碱性取决于显两性的阴离子酸碱性的相对大小。例如，NaH_2PO_4 溶液中，$H_2PO_4^-$ 作为酸的解离平衡：

$$H_2PO_4^-(aq)+H_2O(l)\rightleftharpoons HPO_4^{2-}(aq)+H_3O^+(aq)$$
$$K_{a_2}^{\ominus}(H_3PO_4)=6.2\times10^{-8}$$

$H_2PO_4^-$ 作为碱的解离平衡：

$$H_2PO_4^-(aq)+H_2O(l)\rightleftharpoons OH^-(aq)+H_3PO_4(aq)$$
$$K_{b_3}^{\ominus}(PO_4^{3-})=1.5\times10^{-12}$$

可见，$H_2PO_4^-$ 的酸性强于碱性，故 NaH_2PO_4 溶液显酸性；相反，Na_2HPO_4 溶液中，HPO_4^{2-} 的碱性大于酸性，所以显弱碱性。

2. 由弱酸和弱碱组成的两性物质溶液

以 NH_4Ac 为例，在水溶液中 NH_4Ac 完全解离，解离出的 NH_4^+、Ac^- 均与水发生质子转移反应

$$NH_4^+(aq)+H_2O(l)\rightleftharpoons NH_3(aq)+H_3O^+(aq)$$
$$Ac^-(aq)+H_2O(l)\rightleftharpoons HAc(aq)+OH^-(aq)$$

总反应为

$$NH_4^+(aq)+Ac^-(aq)\rightleftharpoons NH_3(aq)+HAc(aq)$$

反应的标准平衡常数

$$K^{\ominus}=\frac{c(NH_3)c(HAc)}{c(NH_4^+)c(Ac^-)}$$

将平衡关系式代入，则

$$K^{\ominus}=\frac{K_w^{\ominus}}{K_a^{\ominus}(HAc)K_b^{\ominus}(NH_3)}$$

溶液中 $c(H_3O^+)$ 的近似计算公式为

$$c(H_3O^+)=\sqrt{\frac{K_w^{\ominus}K_a^{\ominus}(HAc)}{K_b^{\ominus}(NH_3)}}$$

将上式推广到大多数由弱酸和弱碱盐组成的两性物质溶液，则它们的酸碱性主要与 $K_a^{\ominus}$、

$K_b^\ominus$的相对大小有关,具有下列三种情况:

(1) 当 $K_a^\ominus > K_b^\ominus$ 时,溶液呈酸性,如 NH_4F;

(2) 当 $K_a^\ominus = K_b^\ominus$ 时,溶液呈中性,如 NH_4Ac;

(3) 当 $K_a^\ominus < K_b^\ominus$ 时,溶液呈碱性,如 NH_4CN。

另外,我们也可以以 $K_a^\ominus$表示阳离子酸(NH_4^+)的解离常数,$K_a^{\ominus\prime}$表示阴离子碱(Ac^-)的共轭酸(HAc)的解离常数。当 $c_0 K_a^\ominus \gg K_w^\ominus$,$c_0 \gg K_a^{\ominus\prime}$时,这类两性物质溶液的 $c(H_3O^+)$或 pH,也可用类似于式(6-19)的近似计算公式计算。其通式为

$$c(H_3O^+) = \sqrt{K_a^\ominus K_a^{\ominus\prime}} \tag{6-20a}$$

或

$$pH = \frac{1}{2}(pK_a^\ominus + pK_a^{\ominus\prime}) \tag{6-20b}$$

【例 6-8】 计算 25℃时 0.10mol · L^{-1} NH_4CN溶液的 pH。已知 NH_4^+ 的 $K_a^\ominus(NH_4^+) = 5.6 \times 10^{-10}$,HCN 的 $K_a^\ominus(HCN) = 5.8 \times 10^{-10}$ 。

解 由于 $c_0 K_a^\ominus \gg K_w^\ominus$,且 $c_0 \gg K_a^{\ominus\prime}$,故 NH_4CN溶液的 pH 为

$$pH = \frac{1}{2}(pK_a^\ominus + pK_a^{\ominus\prime}) = \frac{1}{2}(9.25 + 9.23) = 9.24$$

6.2.5 影响盐类水解的因素

大多数盐类的水解反应进行的程度都很微弱,盐类水解程度的大小,首先取决于盐的组成,形成盐的酸或碱越弱,则盐的水解作用越强。若盐的水解产物是很弱的电解质,且为溶解度很小的难溶物或气体,则水解程度就极大,水解反应实际上进行得很完全。Al_2S_3 的水解(多元碱 S^{2-} 的解离引起)就是一个典型的例子:

$$Al_2S_3 + 6H_2O \longrightarrow 2Al(OH)_3 \downarrow + 3H_2S \uparrow$$

化学平衡移动的一般规律适用于盐溶液中的质子转移反应。影响盐类水解平衡的因素有温度和浓度。盐的水解反应是酸碱中和反应的逆反应,中和反应是放热反应,所以盐的水解反应是吸热反应。因此,升高温度,平衡向吸热反应方向移动,从而促进盐的水解。

另外,稀释定律同样适用于盐类的水解反应,当温度一定时,盐浓度越小,水解度 α 越大。总之,加热和稀释有利于盐类的水解。

抑制或利用盐类的水解反应,在化工生产和科学实验中是经常使用的方法。例如,在分析化学和无机制备中,经常采用升高温度的方法使水解反应进行完全以达到分离和合成的目的;在多种常见无机化合物的生产中,必须除去铁杂质,这一个过程的主要反应之一就是利用 Fe^{3+} 水解最终生成 $Fe(OH)_3$ 沉淀,再经过滤将其除去。而实验室中配制一些易水解盐类的溶液时,就要抑制其水解,如 KCN 是剧毒物质,它在水中有明显的水解现象(实际上是离子碱 CN^- 在水中的解离平衡)

$$CN^-(aq) + H_2O(l) \rightleftharpoons HCN(aq) + OH^-(aq)$$

生成挥发性的剧毒物 HCN。为了阻止 HCN 的生成,所以在配制 KCN 溶液时,经常先在水溶液中加入适量的碱,以抑制水解;同样,实验室中配制 $SnCl_2$ 溶液时,利用盐酸来溶解 $SnCl_2$ 固体而不用蒸馏水作溶剂,原因就是用酸来抑制 Sn^{2+} 的水解。

6.3 缓 冲 溶 液

在实际生活和生产中,许多反应往往需要控制在一定的酸碱性范围内才能顺利进行。那么,

如何才能使溶液的 pH 不随反应的进行而发生很大的变化呢？通常采用加入缓冲溶液的方法。缓冲溶液是一种能够抵抗外来少量的强酸、强碱和水的稀释，而保持溶液本身的 pH 基本不变的溶液。它一般是由弱酸和其共轭碱，或弱碱和其共轭酸组成，例如，HAc-NaAc、NH_3-NH_4Cl、H_2CO_3-$NaHCO_3$ 等可以组成不同 pH 的缓冲溶液。缓冲溶液在化学反应和生物化学系统中占有重要地位。

6.3.1　同离子效应与盐效应

1. 同离子效应

在离子平衡系统中，某一物种浓度的变化将使平衡发生移动，例如，在 HAc 溶液中存在下列平衡：

$$HAc(aq) + H_2O(l) \rightleftharpoons H_3O^+ (aq) + Ac^- (aq)$$

若向该溶液中加入一些 NaAc 晶体，NaAc 在溶液中完全解离，于是溶液中$c(Ac^-)$增加，使上平衡向左移动，从而降低了 HAc 的解离度。

【例 6-9】 在 $0.10 mol \cdot L^{-1}$的 HAc 溶液中加入 NaAc 晶体，使 NaAc 浓度达到 $0.20 mol \cdot L^{-1}$。计算该溶液的 pH 和 HAc 的解离度 α。

解	$HAc(aq)+H_2O(l) \rightleftharpoons$	$H_3O^+(aq)$	$+Ac^-(aq)$
初始浓度/($mol \cdot L^{-1}$)	0.10	0	0.20
平衡浓度/($mol \cdot L^{-1}$)	$0.10-x$	x	$0.20+x$

$$K_a^\ominus = \frac{x(0.20+x)}{0.10-x} = 1.8 \times 10^{-5}$$

由于 $c_0/K_a^\ominus \gg 500$，加上平衡左移，可近似有

$$0.20 + x \approx 0.20, \quad 0.10 - x \approx 0.10$$

解得

$$x = 9.0 \times 10^{-6}$$

即

$$c(H_3O^+) = 9.0 \times 10^{-6} mol \cdot L^{-1}$$
$$pH = 4.74$$

解离度

$$\alpha = \frac{c(H_3O^+)}{c_0} = \frac{9.0 \times 10^{-6}}{0.10} = 9.0 \times 10^{-3}\%$$

例 6-9 和例 6-1 比较，HAc 的解离度 α 缩小为 1/144。在弱电解质的溶液中，加入与其具有相同离子的易溶强电解质，而使弱电解质解离度降低，这种现象称为同离子效应(common ion effect)。

2. 盐效应

在 HAc 溶液中加入 NaAc 后，除了 Ac^- 对 HAc 的解离平衡产生同离子效应外，Na^+ 对平衡也有一定的影响。在弱电解质的溶液中加入其他强电解质时，该弱电解质的解离度将会增大，这种影响称为盐效应(salt effect)。

在例 6-1 中，求得 $0.10 mol \cdot L^{-1}$的 HAc 溶液解离度 α 为 1.3%，这是忽略了溶液中离子

之间的相互作用，以浓度 c 代替活度 a① 的近似结果，或者说成是当近似认为 $\gamma=1$ 时的近似结果。

若使这种溶液中 NaCl 的浓度也达到 $0.20 mol \cdot L^{-1}$，当然这时溶液的离子强度 I② 将增大。于是 γ 偏离 1 的程度将增大，可以计算出此时 $\gamma(H^+)=0.70$，$\gamma(Ac^-)=0.70$，HAc 分子受离子强度的影响很小，$\gamma(HAc)=1.0$。由此算得 $c(H^+)=1.9\times10^{-3} mol \cdot L^{-1}$，解离度 $\alpha=1.9\%$。因此，可以定性地认为强电解质的加入，增大了溶液的离子强度，使离子的有效浓度不足以与分子平衡，只有再解离出部分离子，才能实现平衡，于是实际解离出的离子增加，即解离度增大。但解离度的增大并不显著，在计算中可以忽略由盐效应引起的弱电解质的解离度的变化。

6.3.2 缓冲溶液及缓冲原理

1. 缓冲溶液的概念

有许多外界因素会使纯水和一般溶液的 pH 发生改变而不易保持恒定，如空气中的二氧化碳，使溶液的 pH 降低，如果加少量的强酸或强碱于溶液中，pH 的变化就更为显著。但是有这样一种溶液，当在其中加入少量强酸、强碱或稍加稀释时，溶液的 pH 基本保持不变，这种能抵抗外加少量强酸、强碱或稍加稀释而保持溶液 pH 基本不变的溶液称为缓冲溶液(buffer solution)。缓冲溶液对强酸、强碱或稀释的抵抗作用，称为缓冲作用。

按酸碱质子理论，缓冲溶液是由浓度足够大的共轭酸碱对两种物质组成的，这两种物质合称为缓冲系或缓冲对。常见的缓冲系见表 6-4。

表 6-4 常见的某些缓冲系

缓冲系	弱 酸	共轭碱	$pK_a^\ominus$(25℃)	pH 范围
HAc-NaAc	HAc	Ac^-	4.74	3.74～5.74
H_2CO_3-$NaHCO_3$	H_2CO_3	HCO_3^-	6.38	5.38～7.38
H_3PO_4-NaH_2PO_4	H_3PO_4	$H_2PO_4^-$	2.17	1.17～3.17
$H_2C_8H_4O_4$-$KHC_8H_4O_4$ 1)	$H_2C_8H_4O_4$	$HC_8H_4O_4^-$	2.95	1.95～3.95
NH_4Cl-NH_3	NH_4^+	NH_3	9.25	8.25～10.25
$CH_3NH_3^+Cl^-$-CH_3NH_2 2)	$CH_3NH_3^+$	CH_3NH_2	10.63	9.63～11.63
$NaH_2PO_4^-$-Na_2HPO_4	$H_2PO_4^-$	HPO_4^{2-}	7.20	6.20～8.20
Na_2HPO_4-Na_3PO_4	HPO_4^{2-}	PO_4^{3-}	12.32	11.32～13.32

1) 邻苯二甲酸-邻苯二甲酸氢钾
2) 盐酸甲胺-甲胺

① 在电解质溶液中，由于离子之间相互作用的存在，离子不能充分发挥其作用，通常把电解质溶液中离子实际发挥作用的浓度称为有效浓度，或活度。显然活度的数值比其对应的浓度数值要小些。一般用关系式 $a=\gamma c$ 表达浓度与活度的关系，式中 a 表示活度，c 表示浓度，γ 称为活度系数。

② 强电解质在水溶液中是完全解离的，但由于离子间存在着相互作用，离子的行动并不完全自由。同性电荷的离子相斥，异性电荷的离子相吸，因此就正离子而言，在其附近负离子要多一些，而在负离子附近正离子多一些。通常说在正离子的周围存在着由负离子形成的“离子氛”，同样负离子周围存在着由正离子形成的“离子氛”。显然，离子的浓度越大，离子所带电荷数目越多，离子与它的离子氛之间的作用越强。通常用离子强度 I 来衡量溶液中离子与它的离子氛之间相互作用的强弱。

2. 缓冲原理

缓冲溶液怎样才能保持pH相对稳定，而不因加入少量强酸或强碱引起pH有较大的变化？现以HAc和NaAc组成的混合溶液为例来说明缓冲作用原理。

HAc为弱电解质，只能部分解离，而NaAc为强电解质，几乎完全解离：

$$HAc(aq) + H_2O(l) \rightleftharpoons H_3O^+(aq) + Ac^-(aq)$$

$$NaAc(s) \xrightarrow{H_2O} Na^+(aq) + Ac^-(aq)$$

在HAc和NaAc的混合溶液中，由于有同离子效应存在，抑制了HAc的解离，所以溶液中存在大量的HAc分子和Ac^-。当向这个溶液中加入少量强酸时，大量的Ac^-立即与外加H^+结合生成HAc，使HAc的解离平衡向左移动，因此，溶液中的H^+浓度不会显著增大。当加入少量强碱时，OH^-与H^+结合生成水，这时HAc的解离平衡向右移动，溶液中大量未解离的HAc就继续解离以补充H^+的消耗，使H^+浓度保持稳定，从而使溶液的pH基本不变。

弱碱与弱碱盐组成的缓冲溶液，其缓冲作用的原理完全类似。

6.3.3 缓冲溶液pH的近似计算

缓冲溶液中都存在着同离子效应。缓冲溶液pH的计算实质上就是弱酸或弱碱在同离子效应下的pH的计算。现以弱酸HA与其共轭碱A^-组成的缓冲溶液为例进行讨论。

在溶液中发生的质子转移反应为

$$HA(aq) + H_2O(l) \rightleftharpoons H_3O^+(aq) + A^-(aq)$$

$$c(H_3O^+) = \frac{K_a^\ominus(HA)c(HA)}{c(A^-)}$$

将等式两边分别取负对数

$$pH = pK_a^\ominus(HA) - \lg\frac{c(HA)}{c(A^-)}$$

或

$$pH = pK_a^\ominus(HA) + \lg\frac{c(A^-)}{c(HA)} \tag{6-21a}$$

对共轭酸碱对来说，25℃时

$$pK_a^\ominus + pK_b^\ominus = 14.00$$

上式也可写作

$$pH = 14.00 - pK_b^\ominus(A^-) + \lg\frac{c(A^-)}{c(HA)} \tag{6-21b}$$

应当指出的是，式(6-21)中$c(HA)$和$c(A^-)$是共轭酸、碱的平衡浓度，但由于同离子效应的存在[除了$pK_a^\ominus$(或$pK_b^\ominus$)<2的情况外]，通常可将平衡时的$c(HA)$和$c(A^-)$看作等于其初始浓度$c_0(HA)$和$c_0(A^-)$来计算，不会产生较大误差。

【例6-10】 计算200mL 0.20mol·L^{-1}的NH_3和300mL 0.10mol·L^{-1} NH_4Cl混合溶液的pH，并分别计算在此混合溶液中加入20mL 0.10mol·L^{-1} HCl、20mL 0.10mol·L^{-1} NaOH和100mL H_2O后，混合溶液的pH。

解 此混合溶液由 NH_4^+-NH_3 组成，共轭酸为 NH_4^+，查表知 $pK_a^\ominus=9.25$。

(1) 忽略两溶液混合所引起的体积变化，原混合液的 pH 可用式(6-21)计算

$$pH=pK_a^\ominus+\lg\frac{c(NH_3)}{c(NH_4^+)}=9.25+\lg\frac{0.20\times 200}{0.10\times 300}=9.37$$

(2) 加入 20mL 0.10mol·L^{-1} HCl 后，加入的 HCl 相当于 0.002mol H^+，它将消耗 0.002mol 的 NH_3，并生成 0.002mol 的 NH_4^+，故有

$$NH_3(aq) + H_2O(aq) \rightleftharpoons NH_4^+(aq) + OH^-(aq)$$

平衡浓度/(mol·L^{-1})　$\frac{0.20\times200-0.10\times20}{520}$　　$\frac{0.10\times300+0.10\times20}{520}$

溶液的 pH

$$pH=9.25+\lg\frac{0.20\times 200-0.10\times 20}{0.10\times 300+0.10\times 20}=9.32$$

可见，加入 20mL 0.10mol·L^{-1} HCl 后，溶液的 pH 由 9.37 减小为 9.32，pH 减少了 0.05，结果表明缓冲溶液具有抵抗外来少量强酸的能力。

(3) 加入 20mL 0.10mol·L^{-1} NaOH 后，加入的 NaOH 相当于 0.002mol OH^-，它将消耗 0.002mol 的 NH_4^+，并生成 0.002mol 的 NH_3，故有

$$NH_3(aq) + H_2O(aq) \rightleftharpoons NH_4^+(aq) + OH^-(aq)$$

平衡浓度/(mol·L^{-1})　$\frac{0.20\times200+0.10\times20}{520}$　　$\frac{0.10\times300-0.10\times20}{520}$

溶液的 pH

$$pH=9.25+\lg\frac{0.20\times 200+0.10\times 20}{0.10\times 300-0.10\times 20}=9.43$$

可见，加入 20mL 0.10mol·L^{-1} NaOH 后，溶液的 pH 由 9.37 增大为 9.43，pH 增加了 0.06，结果表明缓冲溶液具有抵抗外来少量强碱的能力。

(4) 加入 100mL H_2O 后，缓冲溶液中共轭酸、碱的浓度同时降低，而共轭酸、碱的物质的量和缓冲比不变，据式(6-21)可知，pH 基本不变，说明缓冲溶液具有抵抗稀释的作用。

> 思考题 6.1　若由 NaH_2PO_4 与 Na_2HPO_4 构成缓冲系统，如何计算溶液的 pH?

6.3.4 缓冲容量和缓冲范围

任何缓冲溶液的缓冲能力都有一定的限度，只有在加入的酸和碱不超过一定量时，才能发挥缓冲作用。若加入的酸和碱的量过大，缓冲溶液的缓冲能力就将减弱乃至完全丧失。化学上用缓冲容量(buffer capacity)来表达缓冲溶液的缓冲能力，它是指使单位体积缓冲溶液的 pH 改变一个单位时，所需外加一元强酸或一元强碱的物质的量。

不同的缓冲溶液有其各自的缓冲范围，缓冲范围是指能够起缓冲作用的 pH 区间，它可由弱酸的 $K_a^\ominus$或弱碱的 $K_b^\ominus$计算出来。

由式(6-21)已知，缓冲溶液的 pH 主要是由 $pK_a^\ominus$或 $K_b^\ominus$决定的，其次还与缓冲比$c(A^-)/c(HA)$有关。当 $c(A^-)/c(HA)=1/10\sim10/1$ 时，根据式(6-21)有

$$pH=pK_a^\ominus\pm1 \tag{6-22a}$$

或

$$pH=14.00-pK_b^\ominus\pm1 \tag{6-22b}$$

在这一 pH 范围缓冲作用有效，此范围称为缓冲范围(buffer range)。表 6-4 列出的常见缓冲溶液的 pH 范围就是它们的缓冲范围。

总之，要使缓冲有效，不仅应使缓冲溶液 pH 在缓冲范围之内，而且应尽可能接近 $pK_a^\ominus$。此外，共轭酸碱的浓度应适当的大，才能保证较强的缓冲能力。

6.3.5　缓冲溶液的配制

根据对缓冲容量的讨论，在配制一定 pH 的缓冲溶液时，为了使所配制的溶液具有一定的缓冲能力，应按下列原则和步骤进行：

(1) 选择适当的缓冲系。在选择缓冲溶液时，除要求缓冲溶液对反应没有干扰，有足够的缓冲容量外，还要使所要求的 pH 包括在此缓冲溶液的缓冲范围内，并且尽量接近共轭酸的 $pK_a^\ominus$，使缓冲容量接近极大值。例如，欲配制 pH=4.0 的缓冲溶液，可选择 $HCOOH\text{-}HCOO^-$ 缓冲系，HCOOH 的 $pK_a^\ominus=3.75$；还可选择 $HAc\text{-}Ac^-$ 缓冲系，HAc 的 $pK_a^\ominus=4.75$。在相同条件下，选择 $HCOOH\text{-}HCOO^-$ 缓冲系的缓冲容量更大一些。

(2) 配制的缓冲溶液要有适当的总浓度。若总浓度太低，则缓冲容量过小；若总浓度太高，则造成溶液中离子强度太大，而且在实际应用中也没有必要。一般总浓度控制在 0.05～0.2mol · L^{-1} 范围内为宜。

(3) 计算所需共轭酸和共轭碱的量。为方便起见，常使用相同浓度的共轭酸和共轭碱溶液配制。设缓冲溶液的总体积为 V，共轭酸的体积为 $V(HB)$，共轭碱的体积为 $V(B^-)$，混合前浓度均为 c，则

$$c(HB) = cV(HB)/V$$
$$c(B^-) = cV(B^-)/V$$

代入式(6-21)，得

$$pH = pK_a^\ominus + \lg\frac{cV(B^-)/V}{cV(HB)/V}$$

$$pH = pK_a^\ominus + \lg\frac{V(B^-)}{V(HB)} \tag{6-23}$$

$$V = V(HB) + V(B^-)$$

利用上式很容易计算出共轭酸、共轭碱的体积。

(4) 校正。按计算结果，分别量取 HB 溶液 $V(HB)$ 和 B^- 溶液 $V(B^-)$ 相混合，就可配制成 V 体积的、pH 与所需 pH 接近的缓冲溶液。如果要求 pH 较精确的实验，还需用 pH 计对所配缓冲溶液的 pH 进行校正。

【例 6-11】 如何配制 100mL pH 约为 9.00 的缓冲溶液？

解　(1) 选择缓冲系。由表 6-4 可知，$NH_4Cl\text{-}NH_3$ 缓冲系中共轭酸的 $pK_a^\ominus=9.25$，与欲配制缓冲溶液的 pH 较为接近，可选用此缓冲系。

(2) 确定总浓度。若配制具备中等能力的缓冲溶液，并计算方便，选用浓度均为 0.10mol · L^{-1} 的 NH_4Cl 和 NH_3 溶液，应用式(6-23)可得

$$9.00 = 9.25 + \lg\frac{V(NH_3)}{V(NH_4^+)}$$

$$100 = V(NH_4^+) + V(NH_3)$$

计算可得

$$V(NH_4^+) = 64mL,\quad V(NH_3) = 100 - 64 = 36(mL)$$

按计算结果，量取 0.10mol · L^{-1} 的 NH_4Cl 溶液 64mL 和 0.10mol · L^{-1} 的 NH_3 溶液 36mL，混合均匀即可得所需的缓冲溶液，如有必要，可用 pH 计校正。

根据上述方法配制的缓冲溶液与实际测定值还有一定误差，因为没有考虑离子强度所引起的偏差及温度等因素的影响。为了准确又方便地配制所需 pH 的缓冲溶液，科学家对缓冲溶液的配制进行了精密的系统研究，并制订了许多配制准确 pH 缓冲溶液的配方，在实际工作中往往不需临时计算，可查有关手册，根据这些标准配方进行配制，就可得到所需准确 pH 的缓冲溶液。

*6.3.6 人体血液中的缓冲系

缓冲溶液无论是在化学工业还是医学上，都有重要的作用和广泛的用途。例如，在生物体内进行的许多化学反应都需要酶作催化剂，而每一种酶只有在一定的 pH 下才具有活性。人体内的各种体液都有一定的 pH 范围，见表 6-2。正常人的血液的 pH 相当稳定，始终维持在 7.40±0.05 范围内，有许多因素都能引起血液中酸度增加或碱度增加，如果血液中的 pH 改变 0.1 单位以上，就会出现酸中毒或碱中毒的现象，严重时甚至危及生命。血液的 pH 之所以能维持在一个窄小的范围内，是由于血液中存在的多种缓冲系的缓冲作用及肺、肾的生理调节的结果。

在红细胞中存在的缓冲系主要有 HCO_3^--H_2CO_3、HPO_4^{2-}-$H_2PO_4^-$、HbO_2^--H_2bO_2（氧合血红蛋白）和 Hb^--H_2b（血红蛋白）。其中以氧合血红蛋白和血红蛋白缓冲系最重要。当人体各组织和细胞代谢产生大量 CO_2 时，主要通过它们发挥缓冲作用。首先，代谢产生的大量 CO_2 与血红蛋白离子作用如下：

$$CO_2 + H_2O + Hb^- \rightleftharpoons H_2b + HCO_3^-$$

产生的 HCO_3^- 由血液运输至肺，并与氧合血红蛋白作用：

$$HCO_3^- + H_2bO_2 \rightleftharpoons HbO_2^- + H_2O + CO_2$$

这说明由于氧合血红蛋白和血红蛋白的缓冲作用，将代谢产生的大量 CO_2 从组织和细胞迅速运输至肺并呼出，血液的 pH 不致受太大影响。

在血浆中存在的缓冲系主要有 HCO_3^--H_2CO_3、HPO_4^{2-}-$H_2PO_4^-$ 和 H_nP-$H_{n-1}P^-$（H_nP 代表蛋白质）。其中以 HCO_3^--H_2CO_3 缓冲系浓度最高，缓冲能力最强，在维持血液正常 pH 中发挥的作用最重要。当人体各组织和细胞代谢产生比 CO_2 酸性更强的非挥发性酸，如硫酸、磷酸和乳酸等进入血浆时，主要由 HCO_3^- 发挥其抗酸作用，与这些酸解离出的 H^+ 结合生成 H_2CO_3，增加的 H_2CO_3 可以从肺部以 CO_2 的形式呼出，而损失的 HCO_3^- 可由肾的生理调节得到补充。HCO_3^- 是血浆中抵抗非挥发性酸的最主要成分，习惯上把血浆中的 HCO_3^- 称为碱储。体内产生的碱性物质则由 H_2CO_3 发挥其抗碱作用。因此，血浆的 pH 可以保持相对恒定。

此外，在肾液、唾液中也存在 HCO_3^--H_2CO_3 缓冲系，在细胞内和尿液中存在 HPO_4^{2-}-$H_2PO_4^-$ 缓冲系，同时尿也被 NH_3-NH_4^+ 系统所缓冲。

本 章 小 结

本章介绍了酸碱质子理论的基本要点，包括：质子酸和质子碱的概念、质子酸和质子碱之间的共轭关系和质子转移反应的类型。酸碱电子理论的基本要点，包括：路易斯酸与路易斯碱的概念、路易斯酸与路易斯碱之间通过加合反应生成酸碱配合物的规律。

本章依据化学平衡原理介绍了各种类型水溶液 pH 的计算方法，包括：弱酸、弱碱、两性物质溶液的 pH 的计算。本章讨论了水溶液中酸碱平衡移动的影响因素，包括同离子效应和缓冲原理。

Both Brϕnsted and Lewis acid-base definitions were introduced in the chapter. A Brϕnsted acid is a proton donor, and a Brϕnsted base is a proton acceptor. A Lewis base is a substance with a lone pair of electros available to form a covalent bond. A Lewis acid is a substance with an empty orbital that can overlap with the lone pair on the base to form the bond.

The definition of pH and $pK_a^\ominus$ were introduced. The method of calculation the pH, the acid dissociation constant K_a and the ions concentrations in aqueous solution were discussed.

化学家史话——路易斯

路易斯(G. N. Lewis，1875—1946)，美国物理化学家。1875 年 10 月 25 日生于马萨诸塞州的一个律师家庭。13 岁进入内布拉斯加大学预备学校。21 岁在哈佛大学获得学士学位，24 岁获得博士学位。1900 年去德国哥丁根大学进修，回国后在哈佛任教。1904～1905 年担任菲律宾计量局局长。1905 年到麻省理工学院任教，1911 年升任教授。1912 年起担任加利福尼亚大学化学学院院长兼化学系主任。曾获得戴维奖章、瑞典阿伦尼乌斯奖章、美国的吉布斯奖章和里查兹奖章。他还是原苏联科学院的外籍院士。1946 年 3 月 23 日逝世。

路易斯研究过许多化学基础理论并进行扩充。1901 年和 1907 年，他先后提出“逸度”和“活度”两个概念；1916 年提出共价键的电子理论；1923 年对价键理论和共用电子对成键理论作了进一步阐述。1921 年将离子强度的概念引入热力学，提出了稀溶液中盐的活度系数由离子强度决定的经验定律。1923 年与兰德尔合著《化学物质的热力学和自由能》，该书深入探讨了化学平衡，对自由能、活度等概念作出了新的解释。同年，提出路易斯酸碱概念，认为酸是反应中接受电子对的物质，碱是给予电子对的物质。这是一个重大的理论突破，在有机反应和催化反应中得到了广泛应用。此外，他还研究过重氢及其化合物、荧光、磷光等现象。主要著作有《价键及原子和分子的结构》、《科学的剖析》等。

路易斯经常采用非传统的研究方法。他具有很强的分析能力，能够设想出简单而又形象的模型和概念。他经常在未充分查阅文献资料时就开展研究工作。他认为，若彻底掌握了文献资料，就有可能被前人思想束缚，因而影响自己的独创精神。他培养了许多名化学家，是一位优秀的科学家和卓越的导师。

化学知识拓展——酸碱催化剂

酸碱催化剂是因物质的酸碱性质而起催化作用的催化剂。酸碱催化剂种类繁多，按酸碱的聚集状态可分为液体酸碱催化剂和固体酸碱催化剂；按酸碱的性质可分为质子酸碱(又称布朗斯台德酸碱，简称 B-酸、B-碱)催化剂和路易斯酸碱(简称 L-酸、L-碱)催化剂。

酸碱催化作用是以酸碱作为催化剂的催化。反应物分子与酸碱相接触，或吸附在催化剂固体表面的酸碱部位上，就会发生酸碱反应，形成活性中间络合物，然后再分解出产物，使催化剂复原。

酸碱催化作用的类型有：

(1) 均相酸碱催化反应，主要有水解、水合、缩合、酯化、烷基化、重排等(多为液相)。例如，乙烯在硫酸催化剂的作用下水合为乙醇，环氧氯丙烷在氢氧化钠催化剂的作用下水解为甘油；苯和卤代烃在三氯化铝催化剂的作用下烷基化为烷基苯。

(2) 多相酸碱催化反应，主要有烯烃聚合、催化裂化、烯烃和烷烃的异构化、缩合、加成、歧化等(催化剂为固相)。例如，烷烃在 REY 分子筛或硅铝胶上催化裂化为汽油和 C3、C4 气体，苯和乙烯在固体磷酸上烷基化为乙苯，丙烯在硫酸镍上低聚，烯烃在固体碱(碳酸钠或碳酸钾)催化作用下二聚等。

有些反应既可酸催化也可碱催化，但产物不完全相同。例如，芳烃和单烯在酸催化下反应生成的产物是烷基加到芳香环上生成的，而碱催化作用则使芳烃的侧链烷基化。又如，在酸或碱催化作用下，烯烃可发生顺、反异构化和双键异构化反应，而仅在酸催化作用下尚可发生骨架异构化反应。

习　题

1. 根据酸碱质子理论，判断下列物质哪些是酸，哪些是碱，哪些是两性物质，哪些是共轭酸碱对。

   HCN，H_3AsO_4，NH_3，HS^-，$HCOO^-$，$[Fe(H_2O)_6]^{3+}$，CO_3^{2-}，NH_4^+，CN^-，H_2O，$H_2PO_4^-$，ClO_4^-，HCO_3^-，NH_2-NH_2(联氨)，$[Zn(H_2O)_6]^{2+}$，PH_3，H_2S，$C_2O_4^{2-}$，HF，HSO_3^-，H_2SO_3

2. 在酸碱质子理论中为什么说没有盐的概念？下列各物质是质子酸还是质子碱？指出它们的共轭物质。

Ac^-，$[Al(H_2O)_6]^{3+}$，$[Al(H_2O)_4(OH)_2]^+$，$HC_2O_4^-$，HPO_4^{2-}

3. 根据酸碱质子理论：酸越强，其共轭碱就越________；碱越强，其共轭酸就越________。反应方向是________，生成________。

4. 根据酸碱电子理论，下列物质中不可作为路易斯碱的是　　（　　）

(1) H_2O　(2) NH_3　(3) Ni^{2+}　(4) CN^-

5. 试解释解离常数与解离度的概念，并说明温度或浓度对它们的影响。

6. 解离度大的酸溶液中 $c(H_3O^+)$ 就一定大，对吗？

7. 计算下列溶液中的 $c(H_3O^+)$ 或 pH。

(1) 0.050mol·L^{-1} $Ba(OH)_2$ 溶液　(2) 0.050mol·L^{-1} HAc 溶液　(3) 0.50mol·L^{-1} $NH_3\cdot H_2O$ 溶液

(4) 0.10mol·L^{-1} NaAc 溶液　(5) 0.010mol·L^{-1} Na_2S 溶液。

8. 下列叙述中正确的是　　（　　）

(1) 弱电解质的解离度大小表示了该电解质在溶液中解离程度的大小。

(2) 同离子效应使溶液中的离子浓度减小。

(3) 浓度为 1.0×10^{-10} mol·L^{-1} 的盐酸溶液的 pH=7。

(4) 中和等体积 pH 相同的 HCl 和 HAc 溶液，所需的 NaOH 的量相同。

9. 浓度相同的下列溶液，其 pH 由小到大的顺序如何？

(1) HAc　(2) NaAc　(3) NaCl　(4) NH_4Cl

(5) Na_2CO_3　(6) NH_4Ac　(7) Na_3PO_4　(8) $(NH_4)_2CO_3$

10. 已知 H_2S 的 $pK^\ominus_{a_1}=6.88$，$pK^\ominus_{a_2}=14.15$，$NH_3\cdot H_2O$ 的 $pK^\ominus_b=4.74$，试比较 S^{2-}、HS^- 和 NH_3 的碱性强弱。

11. 已知 298K 时某一元弱酸的浓度为 0.010mol·L^{-1}，测得其 pH 为 4.0，求其 $K^\ominus_a$ 和 α，以及稀释至体积变成 2 倍后的 $K^\ominus_a$、α 和 pH。

12. 计算 0.20mol·L^{-1} $H_2C_2O_4$ 水溶液中各离子的平衡浓度。

13. 已知氨水溶液的浓度为 0.10mol·L^{-1}。(1)计算该溶液的 OH^- 浓度、pH 和氨的解离度。(2)若在该溶液中加入 NH_4Cl，使其在溶液中的浓度为 0.10mol·L^{-1}，计算此溶液的 OH^- 浓度、pH 和氨的解离度。(3)比较上述结果，说明了什么？

14. 分别计算两性物质 $HCOONH_4$ 溶液和 $NaHCO_3$ 溶液的 pH，并解释为何前者呈弱酸性，而后者呈弱碱性。

15. 求 300mL 0.50mol·L^{-1} H_3PO_4 和 500mL 0.50mol·L^{-1} NaOH 的混合溶液的 pH。

16. 已知由弱酸 HB($K^\ominus_a=5.0\times10^{-6}$)及其共轭碱 B^- 组成的缓冲溶液中，HB 的浓度为 0.25mol·L^{-1}，在 100mL 此溶液中加入 0.20g NaOH 固体(忽略体积变化)，所得溶液的 pH 为 5.60，计算加 NaOH 之前溶液的 pH。

17. 选择缓冲系的依据是什么？试计算下列各缓冲溶液的缓冲范围。

(1) Na_2CO_3-$NaHCO_3$　(2) HCOOH-NaOH　(3) HAc-NaOH

(4) NaH_2PO_4-Na_2HPO_4　(5) Na_2HPO_4-Na_3PO_4　(6) H_3PO_4-NaH_2PO_4

欲配制 pH=3.0 的缓冲溶液，选择哪种缓冲体系最好？

18. 欲配制 250mL pH 为 5.00 的缓冲溶液，问在 125mL 1.0mol·L^{-1} NaAc 溶液中应加入多少毫升 6.0mol·L^{-1} 的 HAc 溶液？

19. 今有 2.00L 0.500mol·L^{-1} 的氨水和 2.00L 0.500mol·L^{-1} 的 HCl 溶液，若配制 pH=9.00 的缓冲溶液，不允许再加水，最多能配制多少升缓冲溶液？其中 $c(NH_3)$、$c(NH_4^+)$ 各为多少？

20. 今有 2.00L 0.100mol·L^{-1} 的 Na_3PO_4 溶液和 2.00L 0.100mol·L^{-1} 的 NaH_2PO_4 溶液，仅用这两种溶液(不可再加水)配制 pH 为 12.50 的缓冲溶液，最多能配制这种缓冲溶液的体积是多少？需要 Na_3PO_4 和 NaH_2PO_4 溶液的体积各是多少？

（中南大学　古映莹）

第 7 章　沉淀与溶解平衡

沉淀的生成和溶解现象在我们的生活中经常发生，例如，肾结石通常是由于生成了难溶性的 CaC_2O_4 和 $Ca_3(PO_4)_2$，天然溶洞中石笋和钟乳石的形成与 $CaCO_3$ 沉淀的生成和溶解反应有关，工业上常利用沉淀的生成和溶解反应来制取或分离无机化合物。按照电解质在水中溶解度的大小，可以将电解质分为易溶电解质和难溶电解质两大类。本章所讨论的是难溶电解质在溶液中的多相离子平衡。

7.1　沉淀与溶解平衡

7.1.1　溶解度

溶解性是物质的重要性质之一，常以溶解度来定量表明物质的溶解性。溶解度 S 是在一定温度下，达到溶解平衡时，一定量的溶剂中含有溶质的质量。难溶电解质在水溶液中的溶解度通常以一定温度下饱和溶液中每 100g 水所含溶质的质量来表示，单位为 g/100g H_2O。

事实上在水中不存在绝对不溶的物质，只是溶解程度大小不同。习惯上把溶解度大于 1g/100g H_2O 的物质称为可溶物，溶解度小于 0.01g/100g H_2O 的物质称为难溶物，溶解度介于 0.01～1g/100g H_2O 的物质称为微溶物。本章所讨论的对象包括难溶物和微溶物。

7.1.2　溶度积

在一定温度下，将难溶电解质晶体放入水中，就发生溶解和沉淀两个过程。以 $BaSO_4$ 为例，在一定温度下把 $BaSO_4$ 晶体放入水中，由于水分子是一种极性分子，有些水分子中带正电荷的一端与 $BaSO_4$ 固体表面上的负离子 SO_4^{2-} 相互吸引，而另一些水分子中带负电荷的一端与 $BaSO_4$ 固体表面上的正离子 Ba^{2+} 相互吸引。这种相互作用削弱了固体上 SO_4^{2-} 和 Ba^{2+} 之间的相互作用，使得一部分 SO_4^{2-} 和 Ba^{2+} 脱离固体表面，成为水合离子进入溶液。这种由于水分子和固体表面粒子相互作用，溶质粒子脱离固体表面而以水合离子状态进入溶液的过程称为溶解。

另一方面，在溶液中的水合 SO_4^{2-} 和 Ba^{2+} 不断做无规则运动。随着 SO_4^{2-} 和 Ba^{2+} 的不断增多，其中一些水合 SO_4^{2-} 和 Ba^{2+} 在运动中相互碰撞结合成 $BaSO_4$ 晶体，或碰到固体表面受到固体表面的吸引，重新回到固体表面上来。这种处于溶液中的溶质粒子转为固体状态，并从溶液中析出的过程称为沉淀(图 7-1)。

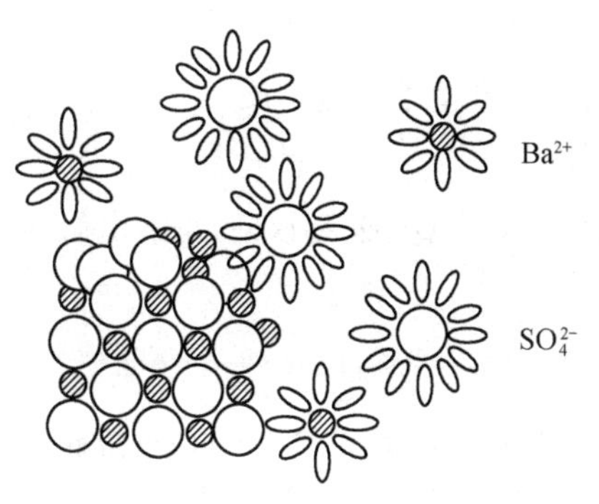

图 7-1　$BaSO_4$ 的溶解和沉淀过程

任何难溶电解质的溶解和沉淀过程都是相互可逆的。开始时溶解速率较大，沉淀速率较小，在一定条件下，当溶解和沉淀速率相等时，便建立了一种动态的多相离子平衡。$BaSO_4$ 的沉淀-溶解平衡可表示如下：

$$BaSO_4(s) \underset{沉淀}{\overset{溶解}{\rightleftharpoons}} Ba^{2+}(aq) + SO_4^{2-}(aq)$$

该平衡的标准平衡常数表达式为

$$K_{sp}^{\ominus} = \frac{c(Ba^{2+})}{c^{\ominus}} \frac{c(SO_4^{2-})}{c^{\ominus}}$$

可简写为

$$K_{sp}^{\ominus} = c(Ba^{2+})c(SO_4^{2-})$$

$K_{sp}^{\ominus}(BaSO_4)$称为溶度积常数，简称溶度积(solubility product constant)。

对于一般的沉淀反应：

$$A_nB_m(s) \rightleftharpoons nA^{m+}(aq) + mB^{n-}(aq)$$

溶度积常数的通式为

$$K_{sp}^{\ominus}(A_nB_m) = c(A^{m+})^n c(B^{n-})^m \tag{7-1}$$

即溶度积等于沉淀-溶解平衡时离子浓度幂的乘积，每种离子浓度的指数与化学计量式中的计量数相等。应该指出的是，在沉淀-溶解多相离子平衡系统中，必须有未溶解的固相存在，否则不能保证系统处于平衡状态。

与其他平衡常数的性质一样，在稀溶液中$K_{sp}^{\ominus}$的数值只随温度变化而改变。例如，$BaSO_4$的溶度积$K_{sp}^{\ominus}$，298K时为1.1×10^{-10}，323K时为1.98×10^{-10}，可见，$BaSO_4$的$K_{sp}^{\ominus}$随温度的升高而增大，但是变化不大。

7.1.3 溶度积和溶解度的关系

溶解度S和溶度积$K_{sp}^{\ominus}$都可以用来表示难溶电解质的溶解性，两者之间有着必然的联系，可以相互换算。S与$K_{sp}^{\ominus}$之间的换算关键在于找出难溶电解质溶解并解离出的离子浓度与溶解度S之间的关系。在相关溶度积$K_{sp}^{\ominus}$的计算中，离子浓度必须是物质的量浓度，其单位是$mol\cdot L^{-1}$，而溶解度的单位往往是$g/100g\ H_2O$。对难溶电解质来说，其饱和溶液是极稀的溶液，可将溶剂水的质量看作与溶液的质量相等，这样就能便捷地计算出饱和溶液的浓度，进而求得溶度积。

对于一般的沉淀-溶解平衡

$$A_nB_m(s) \rightleftharpoons nA^{m+}(aq) + mB^{n-}(aq)$$

平衡浓度/$(mol\cdot L^{-1})$ $\qquad nS \qquad mS$

S与$K_{sp}^{\ominus}$之间的关系为

$$K_{sp}^{\ominus} = (nS)^n(mS)^m \tag{7-2a}$$

对于AB型难溶电解质：

$$S = \sqrt{K_{sp}^{\ominus}(AB)} \tag{7-2b}$$

对于AB_2型(或A_2B型)难溶电解质：

$$S = \sqrt[3]{\frac{K_{sp}^{\ominus}(AB_2)}{4}} \tag{7-2c}$$

【例 7-1】 在25℃下，AgCl的溶解度为$1.92\times10^{-3}g\cdot L^{-1}$，求同一温度下AgCl的溶度积。

解 已知$M_r(AgCl)=143.3$，将AgCl的溶解度单位换算成$mol\cdot L^{-1}$，则

$$S = \frac{1.92\times10^{-3}}{143.3}mol\cdot L^{-1} = 1.34\times10^{-5}mol\cdot L^{-1}$$

假设在 AgCl 饱和溶液中，溶解的 AgCl 完全解离：

$$AgCl(s) \rightleftharpoons Ag^+(aq) + Cl^-(aq)$$

平衡浓度/$(mol \cdot L^{-1})$　　　S　　S

$$K_{sp}^{\ominus}(AgCl) = c(Ag^+)c(Cl^-) = S^2 = 1.8 \times 10^{-10}$$

【例 7-2】 已知 25℃时，$Ag_2C_2O_4$ 的溶度积为 5.3×10^{-12}，试求 $Ag_2C_2O_4(s)$在水中的溶解度$(g \cdot L^{-1})$。

解　假设在 $Ag_2C_2O_4$ 饱和溶液中，溶解的 $Ag_2C_2O_4$ 完全解离：

$$Ag_2C_2O_4(s) \rightleftharpoons 2Ag^+(aq) + C_2O_4^{2-}(aq)$$

平衡时的浓度/$(mol \cdot L^{-1})$　　　$2x$　　x

$$K_{sp}^{\ominus}(Ag_2C_2O_4) = c(Ag^+)^2\, c(C_2O_4^{2-}) = 4x^3 = 5.3 \times 10^{-12}$$

$$x = 1.1 \times 10^{-4}$$

$$M_r(Ag_2C_2O_4) = 271.7$$

$$S = 1.1\times10^{-4} \times 271.7 g \cdot L^{-1} = 3.0 \times 10^{-2} g \cdot L^{-1}$$

表 7-1 列出了不同类型难溶电解质的溶度积和溶解度。

表 7-1　不同类型难溶电解质的溶度积和溶解度

电解质类型	难溶电解质	溶解度 $S/(mol \cdot L^{-1})$	溶度积 $K_{sp}^{\ominus}$
AB	AgCl	1.3×10^{-5}	1.8×10^{-10}
A_2B	$Ag_2C_2O_4$	1.1×10^{-4}	5.3×10^{-12}
AB_2	CaF_2	3.35×10^{-4}	1.5×10^{-10}

从表 7-1 可以看出，对于相同类型的难溶电解质，如 $Ag_2C_2O_4$ 与 CaF_2，溶度积越大的，溶解度也越大，可以直接用溶度积比较溶解度的大小。但对于不同类型的难溶电解质，如 AgCl、$Ag_2C_2O_4$ 和 CaF_2，就不能直接用溶度积来比较溶解度的大小，必须通过计算进行确定。

应该指出的是，由于影响难溶电解质溶解度的因素很多，在运用式(7-2)进行溶度积与溶解度之间的换算时，应注意以下几点：

(1) 只适用于离子强度很小，浓度可以代替活度的溶液。对于溶解度相对较大的难溶电解质(如 $CaSO_4$、$CaCrO_4$ 等)，溶液中离子强度较大，由于离子间的静电作用，存在着一定数量的“离子对”，这些“离子对”如同未解离的分子一样，减少了溶液中游离的水合离子浓度或有效离子浓度。“离子对”的浓度相当于“分子溶解度”。由溶度积计算得到的溶解度只与有效离子浓度相关，而没有反映出“离子对”的“分子溶解度”。因此若用式(7-2)来进行计算，将会产生较大误差。

(2) 只适用于溶解后解离出的阴离子、阳离子在水溶液中不发生水解等副反应或副反应程度很小的物质。对于难溶的硫化物、碳酸盐、磷酸盐、氰化物等，由于 S^{2-}、CO_3^{2-}、PO_4^{3-}、CN^- 的水解(阳离子 Fe^{3+} 等也易水解)，其实测溶解度都大于由式(7-2)计算出的溶解度。例如，在 AgCN 饱和溶液中，CN^- 发生水解：

$$CN^-(aq) + H_2O(l) \rightleftharpoons HCN(aq) + OH^-(aq)$$

CN^- 的消耗使下列 AgCN 的溶解平衡向右移动：

$$AgCN(s) \rightleftharpoons Ag^+(aq) + CN^-(aq)$$

CN^- 的水解度与其共轭酸 HCN 的 $K_a^{\ominus}$ 以及自身浓度 $c(CN^-)$ 有关，$K_a^{\ominus}$ 越小，水解度越大；$c(CN^-)$ 越小，水解越剧烈，而由式(7-2)进行溶度积与溶解度之间的换算所产生的偏差越大。

(3) 只适用于已溶解部分能全部解离的难溶电解质。某些难溶电解质，如 $Pb(OH)_2$、

Hg_2Cl_2、Hg_2I_2 等，在水中溶解时，溶解了的分子不是完全解离，溶液中除了水合离子外，还有分子，溶液中存在着溶解了的分子与水合离子间的解离平衡：

$$Pb(OH)_2(s) \rightleftharpoons Pb(OH)_2(aq)$$
$$Pb(OH)_2(aq) \rightleftharpoons Pb(OH)^+(aq) + OH^-(aq)$$
$$Pb(OH)^+(aq) \rightleftharpoons Pb^{2+}(aq) + OH^-(aq)$$

由于弱电解质分子的存在及它的分步解离，Pb^{2+} 浓度不等于溶解度 S，OH^- 浓度也不等于 $2S$。此时若仍按式(7-2)来进行溶度积与溶解度之间的换算也会产生较大误差。

7.2 沉淀的生成和溶解

7.2.1 溶度积规则

对于任一难溶电解质的多相离子平衡，在任意条件下：

$$A_nB_m(s) \rightleftharpoons nA^{m+}(aq) + mB^{n-}(aq)$$

其反应商为

$$J = c(A^{m+})^n c(B^{n-})^m$$

J 等于生成物离子的相对浓度幂的乘积，所以反应商在多相离子平衡中又称为离子积。

根据化学平衡移动的一般原理，将离子积 J 与溶度积 $K_{sp}^{\ominus}$ 进行比较，可以得出：

(1) $J > K_{sp}^{\ominus}$，平衡向左移动，沉淀从溶液中析出。

(2) $J = K_{sp}^{\ominus}$，处于平衡状态，溶液为饱和溶液。

(3) $J < K_{sp}^{\ominus}$，平衡向右移动，无沉淀析出，若原来体系中有沉淀存在，则沉淀溶解。

以上称为沉淀-溶解平衡的反应商判据，又称溶度积规则，它是难溶电解质多相离子平衡移动规律的总结。应用溶度积规则可以判断溶液中沉淀的生成与溶解趋势。

7.2.2 同离子效应与盐效应

根据溶度积规则，在难溶电解质溶液中，如果 $J > K_{sp}^{\ominus}$，就会有沉淀生成。因此，要使溶液中某种离子析出沉淀，就必须加入与析出沉淀离子有关的沉淀剂。例如，在 $AgNO_3$ 溶液中加入 NaCl 溶液，当混合溶液中 $J = c(Ag^+)c(Cl^-) > K_{sp}^{\ominus}(AgCl)$ 时，就会有 AgCl 沉淀析出。NaCl 就是沉淀剂。

1. 同离子效应

在难溶电解质饱和溶液中，加入含有相同离子的易溶强电解质，难溶电解质的多相离子平衡将会发生移动。如同弱酸或弱碱溶液中的同离子效应那样，在难溶电解质溶液中的同离子效应将使其溶解度降低。

【例 7-3】 求 25℃时，$Ag_2C_2O_4$ 在 0.010mol · L^{-1} $K_2C_2O_4$ 溶液中的溶解度。

解 $Ag_2C_2O_4(s) \rightleftharpoons 2Ag^+(aq) + C_2O_4^{2-}(aq)$

	Ag^+	$C_2O_4^{2-}$
开始浓度/(mol · L^{-1})	0	0.010
平衡浓度/(mol · L^{-1})	$2x$	$0.010+x$

$$(2x)^2(0.010 + x) = K_{sp}^{\ominus}(Ag_2C_2O_4) = 5.3 \times 10^{-12}$$

x 很小，所以 $0.010 + x \approx 0.010$

$$x = 1.15 \times 10^{-5}$$

即

$$S = 1.15 \times 10^{-5}\,\text{mol} \cdot \text{L}^{-1}$$

在例 7-2 中，我们已求得 $Ag_2C_2O_4$ 在水中的溶解度为 $1.1 \times 10^{-4}\,\text{mol} \cdot \text{L}^{-1}$，可见，$Ag_2C_2O_4$ 在含有 $C_2O_4^{2-}$ 的溶液中溶解度降低了。

2. 盐效应

在生产实践及科学实验中，常加入适当过量的沉淀剂，使沉淀趋于完全。但应注意，如果加入沉淀剂太多时，不仅不会产生明显的同离子效应，往往还会产生相反的作用，使沉淀的溶解度增大。这主要是因为随着溶液中离子浓度的增加，带相反电荷的离子间相互吸引、相互牵制的作用增强，形成了“离子氛”，妨碍了离子的自由运动，减小了离子的有效浓度，从而减小了被沉淀离子与沉淀剂相遇的机会，使沉淀速率减慢，这时溶解速率会暂时超过沉淀速率，致使溶解度增大。这种由于加入易溶强电解质而使难溶电解质溶解度增大的现象称为盐效应。

表 7-2 列出了 $PbSO_4$ 在不同浓度 Na_2SO_4 溶液中的溶解度。

表 7-2　$PbSO_4$ 在不同浓度 Na_2SO_4 溶液中的溶解度

$c(Na_2SO_4)/(\text{mol} \cdot \text{L}^{-1})$	0.00	0.001	0.01	0.02	0.04	0.100	0.200
$S(PbSO_4)/(\text{mmol} \cdot \text{L}^{-1})$	0.15	0.024	0.016	0.014	0.013	0.016	0.023

由表 7-2 可知，当 Na_2SO_4 的浓度从 0 增加到 $0.04\text{mol} \cdot \text{L}^{-1}$ 时，$PbSO_4$ 溶解度逐渐变小，同离子效应起主导作用，当 Na_2SO_4 的浓度大至 $0.04\text{mol} \cdot \text{L}^{-1}$ 时，$PbSO_4$ 的溶解度最小；当 Na_2SO_4 的浓度大于 $0.04\text{mol} \cdot \text{L}^{-1}$ 时，$PbSO_4$ 的溶解度逐渐增大，盐效应起主导作用。

因此，在进行沉淀反应时，要使某种离子完全沉淀(一般来说，残留在溶液中的被沉淀离子的浓度小于 $10^{-5}\text{mol} \cdot \text{L}^{-1}$ 时，可以认为沉淀完全)，首先，应选择适当的沉淀剂，使生成的难溶电解质的溶度积尽可能小；其次，加入适当过量的沉淀剂(一般过量 20%～50%)以产生同离子效应。一般来说，若难溶电解质的溶度积很小时，盐效应的影响很小，可忽略不计；若难溶电解质的溶度积较大时，溶液中各种离子的总浓度也较大时，就应该考虑盐效应的影响。

7.2.3　沉淀的酸溶解

根据溶度积规则，对于已达到沉淀-溶解平衡的体系，只要设法降低溶液中有关离子的浓度，使 $J < K_{sp}^{\ominus}$，沉淀就可溶解。降低离子浓度的方法有很多，例如，通过氧化还原反应、生成配合物或使有关离子生成弱电解质等。本小节主要讨论酸碱平衡对沉淀-溶解平衡的影响。

对于难溶弱酸盐 MA，由于其阴离子 A^- 对质子具有较强的亲和力，则它们的溶解度将随溶液的 pH 减小而增大。

1. 难溶金属氢氧化物的溶解

金属氢氧化物可看作是弱酸盐，利用弱酸盐在酸中的溶解度差异，控制溶液的 pH，可以达到分离金属离子的目的。

现对难溶金属氢氧化物 $M(OH)_n$ 的溶解度与溶液 pH 的定量关系进行讨论。在难溶金属氢氧化物 $M(OH)_n$ 饱和溶液中，存在如下沉淀-溶解平衡：

$$M(OH)_n(s) \rightleftharpoons M^{n+}(aq) + nOH^-(aq)$$

$$K_{sp}^{\ominus}[M(OH)_n] = c(M^{n+})c(OH^-)^n$$

金属氢氧化物 $M(OH)_n$ 的溶解度 S 等于溶液中金属离子的浓度 $c(M^{n+})$。即

$$S = c(M^{n+}) = \frac{K_{sp}^{\ominus}[M(OH)_n]}{c(OH^-)^n} \tag{7-3a}$$

或

$$S = c(M^{n+}) = \frac{K_{sp}^{\ominus}[M(OH)_n]}{(K_w^{\ominus})^n}c(H^+)^n \tag{7-3b}$$

根据式(7-3)可以绘出难溶金属氢氧化物 $M(OH)_n$ 的溶解度与溶液 pH 的关系图(通常称为 S-pH 图)。此外利用上式还可以计算氢氧化物开始沉淀和沉淀完全时溶液的$c(OH^-)$,从而求出相应条件的 pH。

开始沉淀时:

$$c_{始}(OH^-) \geqslant \sqrt[n]{\frac{K_{sp}^{\ominus}[M(OH)_n]}{c_0(M^{n+})}}$$

式中:$c_0(M^{n+})$ 为溶液中 M^{n+} 的起始浓度。即溶液中 OH^- 的浓度小于$c_{始}(OH^-)$,就不形成 $M(OH)_n$ 沉淀;若溶液中有沉淀,只要将溶液的 OH^- 浓度控制在 $c_{始}(OH^-)$以下,原有的 $M(OH)_n$ 沉淀将溶解,且溶解后溶液中 M^{n+} 浓度为 $c_0(M^{n+})$。

沉淀完全时:

$$c_{终}(OH^-) \geqslant \sqrt[n]{\frac{K_{sp}^{\ominus}[M(OH)_n]}{1.0 \times 10^{-5}}}$$

分析化学中认为,当溶液中离子浓度小于 $1.0\times10^{-5}mol \cdot L^{-1}$时,这种离子已沉淀完全。

可见,利用不同离子形成氢氧化物沉淀和沉淀完全时溶液的 pH 的差异,可将不同的离子进行分离。

表 7-3 列出了一些常见金属氢氧化物开始沉淀和接近沉淀完全的 pH。表中括号内的数字是实际沉淀的 pH,与计算值稍有出入,这是因为实际溶液中的情况往往比较复杂,如碱式盐的生成、氢氧化物的聚合作用等,都会使计算值与实际值产生偏差。

表 7-3 一些常见金属氢氧化物沉淀的 pH

金属氢氧化物	开始沉淀 pH $[c(M^{n+})=10^{-2}mol \cdot L^{-1}]$	接近沉淀完全 pH $[c(M^{n+})=10^{-5}mol \cdot L^{-1}]$	$K_{sp}^{\ominus}$
$Fe(OH)_3$	2.2 (2.2)	3.2 (4.0)	4.0×10^{-38}
$Al(OH)_3$	3.7 (3.8)	4.7 (6.0)	1.3×10^{-33}
$Cr(OH)_3$	4.4 (5.0)	5.4 (8.0)	6.3×10^{-31}
$Cu(OH)_2$	5.2 (5.0)	6.7 (6.5)	2.2×10^{-20}
$Zn(OH)_2$	6.5 (6.8)	8.0 (9.0)	1.2×10^{-17}
$Pb(OH)_2$	7.5 (7.2)	9.0 (8.0)	1.2×10^{-15}
$Co(OH)_2$	7.2 (7.5)	8.7 (10.0)	2.3×10^{-16}
$Ni(OH)_2$	7.3 (7.2)	8.8 (9.0)	5.0×10^{-16}
$Fe(OH)_2$	7.5 (5.8)	9.0 (7.0)	8.0×10^{-16}
$Mn(OH)_2$	8.6 (8.3)	10.1 (10.0)	1.9×10^{-13}
$Mg(OH)_2$	9.4 (10.6)	10.9 (12.0)	5.1×10^{-12}

注:括号内为实际沉淀的 pH

【例 7-4】 在含有 0.10mol·L^{-1} Fe^{3+} 和 0.10mol·L^{-1} Ni^{2+} 的溶液中，欲除掉 Fe^{3+}，Ni^{2+} 仍留在溶液中，应控制 pH 为多少？

解 查表 $K_{sp}^{\ominus}[Fe(OH)_3]=4.0\times10^{-38}$，$K_{sp}^{\ominus}[Ni(OH)_2]=5.0\times10^{-16}$

$Ni(OH)_2$ 开始沉淀时，溶液中 OH^- 的浓度 $c_{始}(OH^-)$

$$c_{始}(OH^-)\geqslant\sqrt[2]{\frac{K_{sp}^{\ominus}[Ni(OH)_2]}{c_0(Ni^{2+})}}=\sqrt[2]{\frac{5.0\times10^{-16}}{0.10}}=7.1\times10^{-8}\,mol\cdot L^{-1}$$

$$pH_{始}\geqslant 6.85$$

$Fe(OH)_3$ 完全沉淀时，$c_{终}(Fe^{3+})=1.0\times10^{-5}\,mol\cdot L^{-1}$

$$c_{终}(OH^-)=\sqrt[3]{\frac{K_{sp}^{\ominus}[Fe(OH)_3]}{1.0\times10^{-5}}}=1.59\times10^{-11}\,mol\cdot L^{-1}$$

$$pH\geqslant 3.20$$

所以，若控制 pH 为 3.20～6.85，可保证 Fe^{3+} 完全沉淀，而 Ni^{2+} 仍留在溶液中。

图 7-2 为一些难溶金属氢氧化物的 S-pH 图。图中每条线的右方区域内任何一点对应的离子积 $J>K_{sp}^{\ominus}$，是沉淀生成区；每条线的左方区域内任何一点对应的离子积 $J<K_{sp}^{\ominus}$，是沉淀溶解区；线上任何一点内 $J=K_{sp}^{\ominus}$，体系处于平衡状态。两条曲线相隔越远，两离子的分离效果越好。由于 $K_{sp}^{\ominus}[Fe(OH)_3]=4.0\times10^{-38}$，比其他常见难溶金属氢氧化物的溶度积小很多，在含铁杂质的金属离子混合液中，常通过控制溶液 pH，使 Fe^{3+} 水解生成 $Fe(OH)_3$ 而除去。例如，在 $CuSO_4$、$NiSO_4$ 或 $CoCl_2$ 的提纯除 Fe^{3+} 时，Fe^{3+} 沉淀完全的 pH 约为 3.20（例 7-4），而 Cu^{2+}、Co^{2+} 和 Ni^{2+}（浓度为 0.10mol·L^{-1}）开始沉淀的 pH 分别为 4.7、6.7 和 6.9，与 Fe^{3+} 沉淀完全时的 pH 相差较大。因此在实际应用中，一般控制 pH 在 4 左右，就能将铁杂质除去。在图 7-2 中可以看出 $Ni(OH)_2$ 和 $Co(OH)_2$ 的 S-pH 曲线挨得很近，不能利用生成难溶氢氧化物的方法将两者分离。

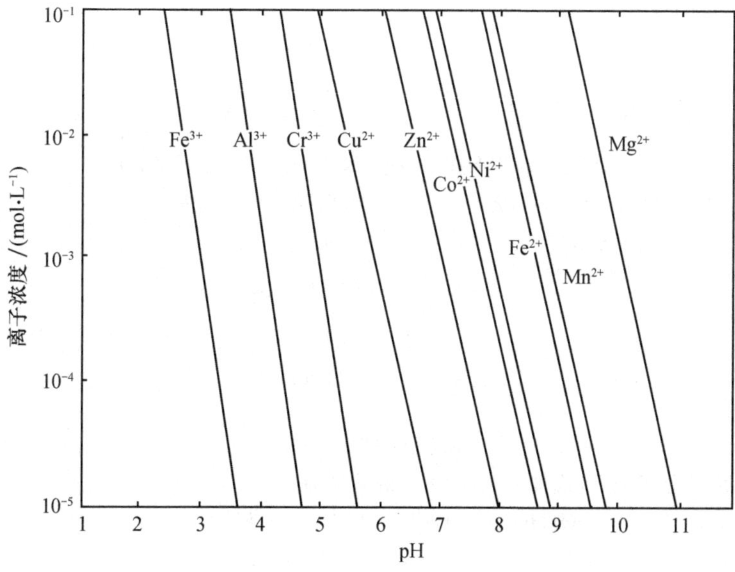

图 7-2　一些难溶氢氧化物的 S-pH 图

对于 $K_{sp}^{\ominus}$不是很小（$K_{sp}^{\ominus}$：10^{-12}～10^{-13}）的难溶金属氢氧化物，常使用氨-铵盐缓冲溶液来控制 pH，达到沉淀的生成或溶解的目的。

【例 7-5】 在 0.20L 0.50mol·L^{-1}的 $MgCl_2$ 溶液中加入等体积的 0.100mol·L^{-1}氨水溶液。

(1) 试通过计算判断有无 $Mg(OH)_2$ 沉淀生成。

(2) 为了不使 $Mg(OH)_2$ 沉淀析出，加入 $NH_4Cl(s)$的质量最低为多少？（设加入固体 NH_4Cl 后溶液的体积不变）

解 (1) 等体积混合，不考虑因溶液混合所引起的体积变化，则反应发生前浓度减半。

$$c_0(Mg^{2+}) = 0.25\text{mol}\cdot\text{L}^{-1} \qquad c_0(NH_3) = 0.050\text{mol}\cdot\text{L}^{-1}$$

先求溶液中的 OH^- 浓度。体系中 OH^- 浓度主要由下列平衡决定：

$$NH_3(aq) + H_2O(l) \rightleftharpoons NH_4^+(aq) + OH^-(aq)$$

初始 $c_B/(\text{mol}\cdot\text{L}^{-1})$　　0.050　　0　　0

平衡 $c_B/(\text{mol}\cdot\text{L}^{-1})$　　$0.050-x$　　x　　x

$$\frac{x^2}{0.050-x} = K_b^{\ominus}(NH_3) = 1.8\times10^{-5}$$

解得

$$x = 9.5\times10^{-4}$$

即

$$c(OH^-) = 9.5\times10^{-4}\text{mol}\cdot\text{L}^{-1}$$

若混合后，有 $Mg(OH)_2$ 沉淀生成，则有如下平衡：

$$Mg(OH)_2(s) \rightleftharpoons Mg^{2+}(aq) + 2OH^-(aq)$$

此时

$$J = c_0(Mg^{2+})\,c_0(OH^-)^2 = 0.25\times(9.5\times10^{-4})^2 = 2.3\times10^{-7}$$

$$K_{sp}^{\ominus}[Mg(OH)_2] = 5.1\times10^{-12}$$

而

$$J > K_{sp}^{\ominus}[Mg(OH)_2]$$

所以有 $Mg(OH)_2$ 沉淀析出。

(2) 为了不使 $Mg(OH)_2$ 沉淀析出，则

$$J \leqslant K_{sp}^{\ominus}[Mg(OH)_2]$$

$$c(OH^-) \leqslant \sqrt[2]{\frac{K_{sp}^{\ominus}[Mg(OH)_2]}{c(Mg^{2+})}} = \sqrt[2]{\frac{5.1\times10^{-12}}{0.25}} = 4.5\times10^{-6}\text{mol}\cdot\text{L}^{-1}$$

$$NH_3(aq) + H_2O(l) \rightleftharpoons NH_4^+(aq) + OH^-(aq)$$

平衡 $c_B/(\text{mol}\cdot\text{L}^{-1})$　　$0.050-4.5\times10^{-6}$　　$c_0+4.5\times10^{-6}$　　4.5×10^{-6}

　　　　≈0.050　　$\approx c_0$

$$\frac{4.5\times10^{-6}c_0}{0.050} = 1.8\times10^{-5}$$

解得

$$c_0(NH_4^+) = 0.20\text{mol}\cdot\text{L}^{-1}$$

因为

$$M_r(NH_4Cl) = 53.5$$

故要不析出 $Mg(OH)_2$ 沉淀，至少应加入 $NH_4Cl(s)$的质量为

$$m(NH_4Cl) = (0.20\times0.40\times53.5)\text{g} = 4.3\text{g}$$

可以看出，在适当浓度的 NH_3-NH_4Cl 缓冲溶液中，$Mg(OH)_2$ 沉淀不会析出。

2. 金属硫化物的溶解

很多金属硫化物是难溶于水的，在实际应用中，常利用硫化物溶度积的差异以及硫化物的

特征颜色来分离或鉴定某些金属离子。金属硫化物也是弱酸盐，最近研究表明，S^{2-} 像 O^{2-} 一样是很强的碱，在水中不能存在。析出难溶金属硫化物 MS 的多相离子平衡必须考虑强碱 S^{2-} 对质子的亲和作用，

$$MS(s) \rightleftharpoons M^{2+}(aq) + S^{2-}(aq)$$

$$S^{2-}(aq) + H_2O(l) \rightleftharpoons HS^-(aq) + OH^-(aq)$$

所以，难溶金属硫化物的多相离子平衡为

$$MS(s) + H_2O(l) \rightleftharpoons M^{2+}(aq) + OH^-(aq) + HS^-(aq)$$

其平衡常数表达式为

$$K^\ominus = c(M^{2+})c(OH^-)c(HS^-)$$

由于金属硫化物的分离常在酸性溶液中进行，所以难溶金属硫化物在酸中的沉淀-溶解平衡更有实际意义

$$MS(s) + 2H_3O^+(aq) \rightleftharpoons M^{2+}(aq) + H_2S(aq) + 2H_2O(l)$$

$$K^\ominus_{spa} = \frac{c(M^{2+})c(H_2S)}{c(H_3O^+)^2} \tag{7-4a}$$

或

$$K^\ominus_{spa} = \frac{K^\ominus_{sp}(MS)}{K^\ominus_{a_1}(H_2S)K^\ominus_{a_2}(H_2S)} \tag{7-4b}$$

$K^\ominus_{spa}$ 称为难溶金属硫化物在酸中的溶度积常数。

设溶液中 M^{2+} 的初始浓度为 $c(M^{2+})$，通入 H_2S 气体达饱和时，$c(H_2S)=0.10mol \cdot L^{-1}$，则产生 MS 沉淀的最高 H_3O^+ 浓度 $c(H_3O^+)$（或最低 pH）可由式(7-4)推得

$$c(H_3O^+) = \sqrt{\frac{c(M^{2+})c(H_2S)K^\ominus_{a_1}(H_2S)K^\ominus_{a_2}(H_2S)}{K^\ominus_{sp}(MS)}} \tag{7-5a}$$

或

$$c(H_3O^+) = \sqrt{\frac{c(M^{2+})c(H_2S)}{K^\ominus_{spa}(MS)}} \tag{7-5b}$$

此即 MS 开始沉淀时的 $c(H_3O^+)$。显然，M^{2+} 的初始浓度不同，$K^\ominus_{sp}$ 不同，开始沉淀的 $c(H_3O^+)$ 也不同。表 7-4 列出了计算出来的一些难溶金属硫化物开始沉淀及沉淀完全时的 $c(H_3O^+)$。

表 7-4　某些难溶金属硫化物沉淀开始及完全时的最高 $c(H_3O^+)$

硫化物	$K^\ominus_{sp}$	最高 $c(H_3O^+)/(mol \cdot L^{-1})$	
		开始沉淀时	沉淀完全时
MnS	2.0×10^{-10}	2×10^{-7}	2×10^{-9}
FeS	6.0×10^{-18}	1×10^{-3}	1×10^{-5}
NiS	3.2×10^{-19}	6×10^{-3}	6×10^{-5}
ZnS	2.0×10^{-22}	0.2	2×10^{-3}
CdS	8.0×10^{-27}	~3.8	0.4
PbS	8.0×10^{-28}	3×10^{2}	3
CuS	6.0×10^{-36}	1×10^{6}	1×10^{4}

【例 7-6】 室温下，向 $0.10mol \cdot L^{-1}$ $FeSO_4$ 溶液中通入 $H_2S(g)$ 至饱和[$c(H_2S)=0.10\ mol \cdot L^{-1}$]。溶

液中刚好有 FeS 沉淀生成,求此时溶液的 $c(H_3O^+)$。

解 $$FeS(s)+2H_3O^+(aq)\rightleftharpoons Fe^{2+}(aq)+H_2S(aq)+2H_2O(l)$$

$$K^{\ominus}_{spa}(FeS)=6.5\times10^3$$

当溶液中刚好有 FeS 沉淀生成时,$c(H_2S)=0.10mol\cdot L^{-1}$,$c(Fe^{2+})=0.10mol\cdot L^{-1}$。按式(7-5),有

$$c(H_3O^+)=\sqrt{\frac{c(Fe^{2+})c(H_2S)}{K^{\ominus}_{spa}}}=\sqrt{\frac{0.10\times0.10}{6.5\times10^3}}=1.24\times10^{-3}(mol\cdot L^{-1})$$

【例 7-7】 计算使 0.010mol 的 SnS 溶于 1.0L 盐酸中,所需盐酸的最低浓度。

解 当 0.010mol 的 SnS 全部溶于 1.0L 盐酸中时,溶液中 $c(Sn^{2+})=0.010mol\cdot L^{-1}$,解离出的 S^{2-} 将与盐酸中的 H^+ 结合生成 H_2S,且 $c(H_2S)=0.010mol\cdot L^{-1}$。

溶液中的 $c(H_3O^+)$ 为

$$c(H_3O^+)=\sqrt{\frac{c(Sn^{2+})c(H_2S)}{K^{\ominus}_{spa}}}$$

$$=\sqrt{\frac{c(Sn^{2+})c(H_2S)K^{\ominus}_{a_1}(H_2S)K^{\ominus}_{a_2}(H_2S)}{K^{\ominus}_{sp}(SnS)}}$$

$$=\sqrt{\frac{0.010\times0.010\times1.3\times10^{-7}\times7.1\times10^{-15}}{1.0\times10^{-25}}}$$

$$=0.96(mol\cdot L^{-1})$$

这个浓度是溶液中平衡时的 $c(H_3O^+)$,原来的盐酸中的 H^+ 与 0.010mol 的 S^{2-} 结合时消耗掉 0.020mol,故所需盐酸的起始浓度为 $0.96+0.02=0.98(mol\cdot L^{-1})$。

在解题过程中,认为 SnS 溶解产生的 S^{2-} 全部转化为 H_2S,这种做法是否合适?以 HS^- 和 S^{2-} 状态存在的部分占多大比例?当体系中 $c(H_3O^+)$ 为 0.98 $mol\cdot L^{-1}$时,可以计算出此时 HS^- 和 S^{2-} 的量只是 H_2S 的 10^7 分之一和 10^{23} 分之一,所以这种解法是完全合理的。

用例 7-7 的方法讨论要溶解 CuS 所需盐酸的浓度,结果是盐酸的浓度约为 $10^5mol\cdot L^{-1}$,这个结果说明盐酸不能溶解 CuS。已知 CuS 可以溶于硝酸,这是因为 HNO_3 可以将 S^{2-} 氧化成单质 S,从而使平衡向溶解的方向移动。

7.2.4 沉淀的配位溶解

许多难溶化合物在配位剂的作用下,能够生成配离子而溶解。例如:

$$AgCl(s)+Cl^-(aq)\rightleftharpoons[AgCl_2]^-(aq)$$

$$HgI_2(s)+2I^-(aq)\rightleftharpoons[HgI_4]^{2-}(aq)$$

这一类配位溶解是难溶化合物溶于具有相同阴离子的溶液中,发生了加合反应。另一类配位溶解是难溶化合物溶于含有不同阴离子(或分子)的溶液中,发生了取代反应。例如 AgCl 溶于氨水中,CdS 溶于 HCl 溶液中,反应方程式为

$$AgCl(s)+2NH_3(aq)\rightleftharpoons[Ag(NH_3)_2]^+(aq)+Cl^-(aq)$$

$$CdS(s)+2H^+(aq)+4Cl^-(aq)\rightleftharpoons[CdCl_4]^{2-}(aq)+H_2S(aq)$$

一般情况下,当难溶化合物的溶度积不是很小,并且配合物的生成常数(第 12 章)比较大时,就有利于配位溶解反应的发生。此外,配位剂的浓度也是决定难溶化合物能否发生配位溶解的重要因素之一。

一些两性氢氧化物,如 $Al(OH)_3$、$Cr(OH)_3$、$Zn(OH)_2$ 和 $Sn(OH)_2$ 等,既可以溶于酸,又可以溶于强碱,生成羟基配合物:$[Al(OH)_4]^-$、$[Cr(OH)_4]^-$、$[Zn(OH)_4]^{2-}$ 和$[Sn(OH)_3]^-$

等。现以 $Al(OH)_3$ 为例讨论两性氢氧化物的配位溶解。为了全面了解 $Al(OH)_3$ 在酸和碱中溶解度的变化，可按式(7-3)绘出 $Al(OH)_3$ 在酸中的 S-pH 曲线(图 7-3)。$Al(OH)_3$ 在强碱中的配位反应为

$$Al(OH)_3(s) + OH^-(aq) \rightleftharpoons [Al(OH)_4]^-(aq)$$

其标准平衡常数表达式为

$$K^{\ominus} = \frac{c([Al(OH)_4]^-)}{c(OH^-)}$$

相应的 $Al(OH)_3$ 溶解度

$$S = c([Al(OH)_4]^-) = K^{\ominus}c(OH^-)$$

根据此式可绘出在碱性溶液中 $Al(OH)_3$ 的 S-pH 曲线(图 7-3)。从图 7-3 中可见，当 pH＜3.4 时，$Al(OH)_3$ 溶解在酸中，生成 Al^{3+}；当 pH＞12.9 时，$Al(OH)_3$ 溶解在碱中，生成 $[Al(OH)_4]^-$；pH 在 4～11 范围内 $Al(OH)_3$ 基本不溶解。

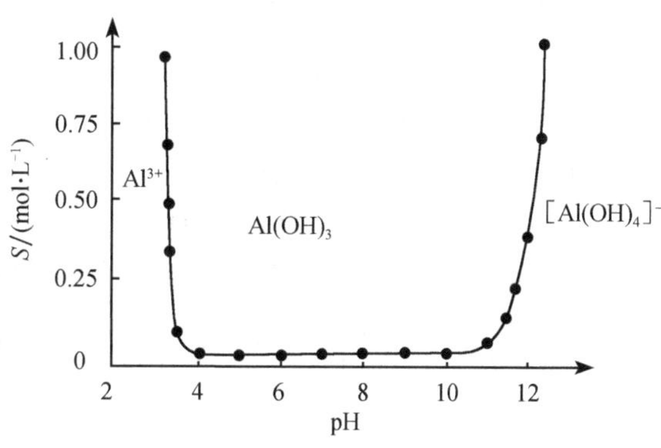

图 7-3　$Al(OH)_3$ 的 S-pH 图

7.2.5　沉淀的氧化还原溶解

某些难溶电解质在有氧化剂或还原剂存在的条件下，由于发生氧化还原反应，降低了溶液中其组分离子的浓度而溶解。例如，CuS 不溶于盐酸中，但易溶于具有氧化性的 HNO_3 中，其溶解反应为

$$CuS(s) \rightleftharpoons Cu^{2+}(aq) + S^{2-}(aq)$$

$$3S^{2-}(aq) + 8H^+(aq) + 2NO_3^-(aq) \longrightarrow 3S(s) + 2NO(g) + 4H_2O(l)$$

即

$$3CuS(s) + 8H^+(aq) + 2NO_3^-(aq) \longrightarrow 3Cu^{2+}(aq) + 3S(s) + 2NO(g) + 4H_2O(l)$$

Ag_2S 溶于浓度较高的硝酸中：

$$Ag_2S(s) \rightleftharpoons 2Ag^+(aq) + S^{2-}(aq)$$

$$3S^{2-}(aq) + 8H^+(aq) + 2NO_3^-(aq) \longrightarrow 3S(s) + 2NO(g) + 4H_2O(l)$$

即

$$3Ag_2S(s) + 8H^+(aq) + 2NO_3^-(aq) \longrightarrow 6Ag^+(aq) + 3S(s) + 2NO(g) + 4H_2O(l)$$

HgS 既不溶于盐酸，也不溶于硝酸，但可溶于王水：

$$3HgS(s) + 12Cl^-(aq) + 8H^+(aq) + 2NO_3^-(aq) \longrightarrow 3[HgCl_4]^{2-}(aq) + 3S(s) + 2NO(g) + 4H_2O(l)$$

在这一反应中，除了 HNO_3 能把 HgS 中的 S^{2-} 氧化为单质 S 外，生成配离子 $[HgCl_4]^{2-}$ 也是促使 HgS 溶解的因素之一。

7.3　沉淀与溶解的多重平衡

7.3.1　分步沉淀

在实际生产和科学实验中，溶液中往往含有多种离子，当加入某种沉淀剂时，这些离子有可能都会发生沉淀反应，生成难溶电解质。但由于所生成难溶电解质的溶度积不同，所以发生沉淀的先后次序不同。那么哪一种离子先被沉淀，哪一种离子后被沉淀？先被沉淀的离子沉

淀到什么程度另一种离子才开始沉淀？研究这些问题对离子的分离十分重要。

实验证明，在含有相同浓度 I^- 和 Cl^- 的混合溶液中，逐滴加入 $AgNO_3$ 溶液，开始仅生成黄色的 AgI 沉淀，只有当 $AgNO_3$ 加到一定量后，才会出现白色的 AgCl 沉淀。另外，在含有相同浓度（$1\times10^{-3}mol\cdot L^{-1}$）的 Ag^+ 和 Pb^{2+} 的混合溶液中，先加一滴 $0.1mol\cdot L^{-1}$ 的 K_2CrO_4 溶液，此时只有黄色的 $PbCrO_4$ 沉淀析出；如果继续滴加 K_2CrO_4 溶液，才有砖红色的 Ag_2CrO_4 沉淀析出。这种在溶液中离子发生先后沉淀的现象，称为分步沉淀。

根据溶度积规则可以说明上述实验事实。设在 I^- 和 Cl^- 的混合溶液中 $c(I^-)=c(Cl^-)=0.01mol\cdot L^{-1}$，在体系中可能存在下列平衡：

$$AgI(s) \rightleftharpoons Ag^+(aq) + I^-(aq) \qquad K_{sp}^{\ominus}(AgI) = c(Ag^+)c(I^-)$$

当 $c(I^-)=0.01mol\cdot L^{-1}$ 时，析出 AgI 沉淀时所需最低 Ag^+ 的浓度为

$$c_1(Ag^+)=\frac{K_{sp}^{\ominus}(AgI)}{c(I^-)}=\frac{8.3\times10^{-17}}{0.01}=8.3\times10^{-15}mol\cdot L^{-1}$$

$$AgCl(s) \rightleftharpoons Ag^+(aq) + Cl^-(aq) \qquad K_{sp}^{\ominus}(AgCl) = c(Ag^+)c(Cl^-)$$

当 $c(Cl^-)=0.01mol\cdot L^{-1}$ 时，析出 AgCl 沉淀时所需最低 Ag^+ 的浓度为

$$c_2(Ag^+)=\frac{K_{sp}^{\ominus}(AgCl)}{c(Cl^-)}=\frac{1.8\times10^{-10}}{0.01}=1.8\times10^{-8}mol\cdot L^{-1}$$

$$c_1(Ag^+) \ll c_2(Ag^+)$$

可见，开始沉淀 I^- 时所需要的 Ag^+ 浓度比开始沉淀 Cl^- 所需要的 Ag^+ 浓度小得多。所以，在含有 I^- 和 Cl^- 的混合溶液中，逐滴缓慢加入 $AgNO_3$ 稀溶液，随着 Ag^+ 浓度逐渐增加，当 $c(Ag^+)c(I^-)\geqslant K_{sp}^{\ominus}(AgI)$ 时，AgI 沉淀开始不断析出。只有当溶液中 $c(Ag^+)$ 增大到一定程度时，使 $c(Ag^+)c(Cl^-)\geqslant K_{sp}^{\ominus}(AgCl)$，才有 AgCl 沉淀析出。总之，在溶液中哪种沉淀对应的离子积首先达到或超过其溶度积时，就先析出该沉淀。

上例中，当 AgCl 沉淀开始析出时，溶液中 I^- 的浓度又是多少呢？即当溶液中 $c_2(Ag^+)=1.8\times10^{-8}mol\cdot L^{-1}$ 时

$$c(I^-)=\frac{K_{sp}^{\ominus}(AgI)}{c_2(Ag^+)}=\frac{8.3\times10^{-17}}{1.8\times10^{-8}}=4.6\times10^{-9}mol\cdot L^{-1}$$

此时，残留在溶液中 I^- 的量只有 $\frac{4.6\times10^{-9}}{1.0\times10^{-2}}\times100\%=4.6\times10^{-5}\%$。也就是说，当 AgCl 沉淀开始析出时，溶液中 I^- 早已被沉淀完全了[$c(I^-)\ll1.0\times10^{-5}mol\cdot L^{-1}$]。所以，通过控制溶液中 Ag^+ 的浓度，即可达到分离 I^- 和 Cl^- 的目的。

当系统中同时析出 AgI 和 AgCl 沉淀时，溶液中的 Ag^+ 浓度同时满足两个多相离子平衡，即

$$c(Ag^+)c(I^-)=K_{sp}^{\ominus}(AgI)$$
$$c(Ag^+)c(Cl^-)=K_{sp}^{\ominus}(AgCl)$$

因此有

$$\frac{K_{sp}^{\ominus}(AgCl)}{c(Cl^-)}=\frac{K_{sp}^{\ominus}(AgI)}{c(I^-)}$$

$$\frac{c(I^-)}{c(Cl^-)}=\frac{K_{sp}^{\ominus}(AgI)}{K_{sp}^{\ominus}(AgCl)}=\frac{8.3\times10^{-17}}{1.8\times10^{-10}}=4.6\times10^{-7}$$

由上述计算可知，溶度积差别越大，就越有可能利用分步沉淀的方法进行分离。但必须指

出的是，只有对同一类型的难溶电解质，并且在被沉淀的离子浓度相同或相近的情况下，逐滴缓慢加入沉淀剂时，才是溶度积小的沉淀先析出，溶度积大的沉淀后析出。

分步沉淀的次序不仅与难溶电解质的溶度积和类型有关，而且还与溶液中对应各种离子的浓度有关。溶液中被沉淀离子浓度的改变，可以使分步沉淀的次序发生变化。例如，当混合溶液中 $c(Cl^-)>2.2\times10^6c(I^-)$时(此种情况与海水中的情况相近)，开始生成 AgCl 沉淀所需要的 Ag^+ 浓度比开始生成 AgI 沉淀所需要的 Ag^+ 浓度小，此时逐滴加入 $AgNO_3$ 溶液，首先是 AgCl 达到溶度积而开始沉淀。总之，当溶液中同时有多种离子存在时，离子积 J 首先超过溶度积 $K_{sp}^{\ominus}$的难溶电解质将先生成沉淀。

【例 7-8】 在 $1.0mol\cdot L^{-1}$的 $ZnSO_4$ 溶液中，含有杂质 Fe^{3+}，欲使 Fe^{3+} 以 $Fe(OH)_3$ 形式沉淀除去，而不使 Zn^{2+} 沉淀，溶液的 pH 应控制在什么范围？若溶液中还含有 Fe^{2+}，能否同时被除去？如何除去？

解　查表知

$$K_{sp}^{\ominus}[Zn(OH)_2]=1.2\times10^{-17},\quad K_{sp}^{\ominus}[Fe(OH)_3]=4.0\times10^{-38},K_{sp}^{\ominus}[Fe(OH)_2]=8.0\times10^{-16}$$

根据题意，首先应考虑使 Fe^{3+} 完全沉淀的 pH。当溶液中 $c(Fe^{3+})\leqslant1.0\times10^{-5}mol\cdot L^{-1}$时，即认为 Fe^{3+} 已沉淀完全，此时要求溶液中 OH^- 浓度最低为

$$c(OH^-)\geqslant\sqrt[3]{\frac{K_{sp}^{\ominus}[Fe(OH)_3]}{1.0\times10^{-5}}}=1.59\times10^{-11}(mol\cdot L^{-1})$$

则

$$pH\geqslant14-pOH=3.20$$

然后再考虑不使 Zn^{2+} 沉淀的 pH。不使 Zn^{2+} 生成 $Zn(OH)_2$ 沉淀的条件是

$$c(Zn^{2+})c(OH^-)^2<K_{sp}^{\ominus}[Zn(OH)_2]$$

$$c(OH^-)<\sqrt{\frac{K_{sp}^{\ominus}[Zn(OH)_2]}{c(Zn^{2+})}}=\sqrt{\frac{1.2\times10^{-17}}{1.0}}=3.5\times10^{-9}(mol\cdot L^{-1})$$

则

$$pH<5.54$$

可见，溶液中不生成 $Zn(OH)_2$ 沉淀的条件是 pH<5.54，而 $Fe(OH)_3$ 沉淀完全的条件是 pH≥3.20。因此，控制溶液的 pH 在 3.20～5.54，既可除去杂质 Fe^{3+}，又不会生成 $Zn(OH)_2$ 沉淀，这样就达到了分离 Fe^{3+} 和 Zn^{2+} 的目的。

若溶液中还含有 Fe^{2+}，则可考虑当溶液的 pH 为 5.54，即 $c(OH^-)=3.5\times10^{-9}mol\cdot L^{-1}$时，$Fe^{2+}$ 可以残留在溶液中的浓度：

$$c(Fe^{2+})=\frac{K_{sp}^{\ominus}[Fe(OH)_2]}{c(OH^-)^2}=\frac{8.0\times10^{-16}}{(3.5\times10^{-9})^2}=66.7(mol\cdot L^{-1})$$

Fe^{2+} 的浓度很大，所以 Fe^{2+} 不能同时被除去。

要除去 Fe^{2+} 杂质，不能再用调高 pH 的方法，因为当 pH 大于 5.54 时，会有 $Zn(OH)_2$ 沉淀生成。因此，可以考虑用适当的氧化剂(如 H_2O_2，不会引入新的杂质)把 Fe^{2+} 氧化成 Fe^{3+}，然后使其生成 $Fe(OH)_3$ 沉淀去除。

7.3.2 沉淀的转化

有些沉淀既不溶于水也不溶于酸，同时不能用配位溶解和氧化还原溶解的方法将它直接溶解。这时，可借助于某种合适的试剂，把一种难溶电解质转化为另一种难溶电解质，然后再使其溶解。这种把一种沉淀转化为另一种沉淀的过程称为沉淀转化。例如，附在锅炉内壁的锅垢，其主要成分是既难溶于水又难溶于酸的 $CaSO_4$，可以用 Na_2CO_3 溶液，将 $CaSO_4$ 转化为

可溶于酸的 $CaCO_3$ 沉淀，这样就容易把锅垢清除了。其反应过程如下：

$$CaSO_4(s) + CO_3^{2-}(aq) \rightleftharpoons CaCO_3(s) + SO_4^{2-}(aq)$$

反应的标准平衡常数表达式为

$$K^\ominus = \frac{c(SO_4^{2-})}{c(CO_3^{2-})} = \frac{K_{sp}^\ominus(CaSO_4)}{K_{sp}^\ominus(CaCO_3)}$$

$$= \frac{9.1 \times 10^{-6}}{2.9 \times 10^{-9}} = 3.1 \times 10^3$$

$K^\ominus$很大，说明上述沉淀的转化反应比较容易进行。

【例 7-9】 将 0.010mol 的 AgCl 置于 100mL 纯水中达到平衡。向此体系中加入 0.0050mol 的固体 KI，达到平衡后，有多少摩尔的 AgCl 转化为 AgI？溶液中 Ag^+、Cl^-、I^- 的平衡浓度各为多少？（设加入 AgCl 和 KI 后，水的体积变化忽略不计，也不考虑 Ag^+ 与 Cl^-、I^- 形成配离子）

解　所加入的 KI 的浓度为

$$0.0050 \times 1000/100 = 0.050(mol \cdot L^{-1})$$

设每升中有 x(mol)AgCl 发生转化：

$$AgCl(s) + I^-(aq) \rightleftharpoons AgI(s) + Cl^-(aq)$$

平衡浓度/$(mol \cdot L^{-1})$　　$0.05 - x$　　　　x

$$K^\ominus = \frac{c(Cl^-)}{c(I^-)} = \frac{K_{sp}^\ominus(AgCl)}{K_{sp}^\ominus(AgI)} = \frac{1.8 \times 10^{-10}}{8.3 \times 10^{-17}} = 2.2 \times 10^6$$

即

$$\frac{x}{0.050 - x} = 2.2 \times 10^6$$

$$x(1 + 2.2 \times 10^6) = 2.2 \times 10^6 \times 0.050$$

因为

$$1 + 2.2 \times 10^6 \approx 2.2 \times 10^6$$

所以

$$c(Cl^-) = x = 0.050(mol \cdot L^{-1})$$

$$c(Ag^+) = \frac{K_{sp}^\ominus(AgCl)}{c(Cl^-)} = \frac{1.8 \times 10^{-10}}{0.050} = 3.6 \times 10^{-9}(mol \cdot L^{-1})$$

$$c(I^-) = \frac{c(Cl^-)}{2.2 \times 10^6} = \frac{0.050}{2.2 \times 10^6} = 2.3 \times 10^{-8}(mol \cdot L^{-1})$$

$$n(AgCl) = c(Cl^-) \times V_{总} = 0.050 \times 0.1 = 0.005(mol)$$

所加入的 AgCl 有 0.005mol 转化成了 AgI。

一般情况下，由一种难溶电解质转化为一种更难溶电解质的过程是很容易实现的，但是反过来就比较困难。因为，沉淀的生成或转化除了与溶解度或溶度积有关以外，还与离子浓度有关。当反应涉及两种溶解度或溶度积相差不大的难溶电解质的转化，而且有关离子浓度差别又比较大时，必须进行具体计算，才能确定反应进行的方向。

【例 7-10】 将某些难溶性的硫酸盐转化为难溶性的碳酸盐，可以用 Na_2CO_3 溶液与硫酸盐反应。(1)如果在 1.0L Na_2CO_3 溶液中溶解 0.010mol 的 $SrSO_4(s)$，Na_2CO_3 溶液的初始浓度最低应该为多少？(2)如果在 1.0L Na_2CO_3 溶液中溶解 0.010mol 的 $BaSO_4(s)$，则 Na_2CO_3 溶液的初始浓度不得低于多少？

解　(1)$SrSO_4$ 与 Na_2CO_3 之间发生的离子反应为

$$SrSO_4(s) + CO_3^{2-}(aq) \rightleftharpoons SrCO_3(s) + SO_4^{2-}(aq)$$

平衡浓度/$(mol \cdot L^{-1})$　　x　　　　0.010

$$K_1^{\ominus}=\frac{c(SO_4^{2-})}{c(CO_3^{2-})}=\frac{K_{sp}^{\ominus}(SrSO_4)}{K_{sp}^{\ominus}(SrCO_3)}=\frac{3.4\times10^{-7}}{5.6\times10^{-10}}=6.1\times10^2$$

$$x=0.010/K_1^{\ominus}=1.6\times10^{-5}$$

即平衡时

$$c(CO_3^{2-})=1.6\times10^{-5}\text{mol}\cdot\text{L}^{-1}$$

因为溶解 1mol $SrSO_4$ 要消耗 1mol Na_2CO_3，所以在 1.0L 溶液中要溶解 0.010mol $SrSO_4(s)$，所需 Na_2CO_3 的初始浓度至少应为

$$c_1(Na_2CO_3)=(0.010+1.6\times10^{-5})\text{mol}\cdot\text{L}^{-1}=0.010\text{mol}\cdot\text{L}^{-1}$$

(2) $$BaSO_4(s)+CO_3^{2-}(aq)\rightleftharpoons BaCO_3(s)+SO_4^{2-}(aq)$$

平衡浓度/($\text{mol}\cdot\text{L}^{-1}$)　　　　y　　　　　　0.010

$$K_2^{\ominus}=\frac{c(SO_4^{2-})}{c(CO_3^{2-})}=\frac{K_{sp}^{\ominus}(BaSO_4)}{K_{sp}^{\ominus}(BaCO_3)}=\frac{1.1\times10^{-10}}{2.6\times10^{-9}}=0.042$$

$$y=0.010/K_2^{\ominus}=0.24\text{mol}\cdot\text{L}^{-1}$$

所以溶解 0.010mol 的 $BaSO_4(s)$所需 Na_2CO_3 溶液的初始浓度为

$$c_2(Na_2CO_3)\geqslant(0.010+0.24)\text{mol}\cdot\text{L}^{-1}=0.25\text{mol}\cdot\text{L}^{-1}$$

可见，在 1.0L 溶液中，溶解 0.010mol $BaSO_4$ 所需要的 Na_2CO_3 浓度比溶解等量的 $SrSO_4$ 所需要的 Na_2CO_3 浓度大得多。这是因为 $BaSO_4$ 是比 $BaCO_3$ 更加难以溶解的电解质。但 0.25mol · L^{-1}的 Na_2CO_3 溶液仍是可以配制的。这说明，通过控制条件，也可以实现较难溶的 $BaSO_4$ 到较易溶的 $BaCO_3$ 的转化。当然，对于难溶的沉淀转化为较易溶的沉淀，两者溶解度相差越大，$K^{\ominus}$越小，转化也越困难。

本章小结

难溶电解质的沉淀-溶解平衡属于化学平衡中的多相离子平衡，本章介绍了沉淀与溶解平衡的表示方法和定量计算，包括溶解度和溶度积常数的概念、计算方法和相互之间的换算关系；沉淀与溶解平衡移动方向的判据——溶度积规则及其应用，包括促进沉淀的生成与溶解的措施，共沉淀与分步沉淀的次序与控制方法，以及各种平衡组成的计算方法。

Electrolytes are substances whose aqueous solutions conduct electricity. In a saturated solution, dissolving and precipitation are in dynamic equilibrium. The equilibrium constant for dissolving an ionic substance is called the solubility product constant, $K_{sp}^{\ominus}$. The expression that relates the concentrations of the ions in a saturated solution to the solubility product of a substance was introduced, and the expression was used to calculate the concentration of an ion in a saturated solution given the $K_{sp}^{\ominus}$ and the concentrations of the other ions.

化学家史话——阿伦尼乌斯

阿伦尼乌斯(Svante August Arrhenius, 1859—1927)，瑞典化学家。1859 年 2 月 19 日生于瑞典乌普萨拉附近的维克城堡。17 岁进入乌普萨拉大学，攻读教育学、化学和物理学。1881 年任斯德哥尔摩科学院物理研究所实验室助理员。1882 年开始独立的物理化学研究。1884 年，以《电解质的导电性研究》论文获斯德哥尔摩大学博士学位。同年成为乌普萨拉大学的物理化学副教授。1886～1888 年访问德国、奥地利、荷兰，同奥斯特瓦尔德和范特霍夫等人一起工作过。1895 年任斯德哥尔摩大学教授，1896～1902 年任该校校长。1901 年当选为瑞典科学院院士。他还是许多外国科学院和学会的会员。从 1905 年起任斯德哥尔摩诺贝尔物理化学研究所所长。1927 年 10 月 2 日在斯德哥尔摩逝世。

1887 年，他提出关于电解质在水溶液中会部分解离成自由离子的电离理论，因而获得 1908 年诺贝尔化学奖。他研究过温度对化学反应速率的影响，得出著名的阿伦尼乌斯公式。还提出了分子活化理论和盐的

水解理论。对宇宙化学、天体物理学和生物化学等也有所研究。主要著作有《电解质的离解热与温度对离解度的影响》、《电解质之间的平衡条件》、《盐类、弱酸和弱碱的水解》、《电化学教科书》、《免疫化学》、《物理与宇宙化学问题》等。阿伦尼乌斯的电离理论发表之后，遭到许多权威的反对，在国内也受到冷遇。他不屈不挠地坚持说理斗争，终身热爱祖国，热爱故乡。

化学知识拓展——沉淀法制备纳米颗粒

纳米科学是在 0.1～100nm 的尺度范围内，研究电子、原子和分子的运动规律与特征、颗粒的组合与操纵的一门新兴学科。它是凝聚态物理、材料科学、生命科学、胶体化学、配位化学、化学反应动力学、表面、界面等多学科的综合与交叉。纳米技术则是应用纳米科学中的研究方法制造产品的一门新兴工程学科。纳米科学与纳米技术中的研究主体是纳米材料。在纳米材料的结构单元中，包含有颗粒尺寸在 1～100nm 的粒子——纳米颗粒，它大于原子簇而小于通常的微粉，处于原子簇和宏观物体交界的过渡区域。纳米颗粒所具有的"界面效应"、"体积效应"、"量子尺寸效应"和"宏观量子隧道效应"等特点，使其在结构、光学、热学、电学、磁学、力学、化学性质等方面表现出特异性，引起科学工作者的极大兴趣。纳米材料具有其他一般材料所不具备的优越性能，可以广泛应用于电子、医药、化工、军事、航空航天等众多领域，在整个新材料的研究应用方面占据着核心的位置，目前已成为人类 21 世纪科学研究领域中的热点。

目前研究的纳米颗粒的制备方法有很多，制备氧化物或复合氧化物纳米颗粒比较常用且工艺简单的有沉淀法。它是基于包含一种或多种离子的可溶性盐溶液，当加入沉淀剂(如 OH^-、$C_2O_4^{2-}$、CO_3^{2-} 等)后，或在一定温度下使溶液发生水解，形成不溶性的氢氧化物、水合氧化物或盐类从溶液中析出，并将溶剂和溶液中原有的阴离子洗去，经热分解或脱水即得到所需的氧化物粉料。沉淀法又分为共沉淀法和均匀沉淀法。

(1) 共沉淀法。含多种阳离子的溶液中加入沉淀剂后，所有离子完全沉淀的方法称共沉淀法。氧化铟(In_2O_3)是一种 n 型宽禁带半导体，在氧化铟中掺 Sn 之后得到铟锡氧化物，简称 ITO。ITO 在许多方面得到应用，如电学材料、透明电极材料、太阳能电池材料、电致发光材料等，特别是 ITO 纳米晶体粉末在屏幕显示技术方面有广泛的应用。有文献报道，先将金属铟用硫酸溶解得到硫酸铟[$In_2(SO_4)_3$]溶液，再与 $SnCl_4$ 溶液混合，以碳酸钠为沉淀剂，控制 pH 为 7 左右，使 In^{3+}、Sn^{4+} 共同完全沉淀；然后将得到的共沉淀物于 700℃煅烧 2h，最终得到了粒度为 20～30nm、比表面积达 $150m^2 \cdot g^{-1}$、分布均匀、结晶性好的 ITO 纳米颗粒(图 7-4)①。

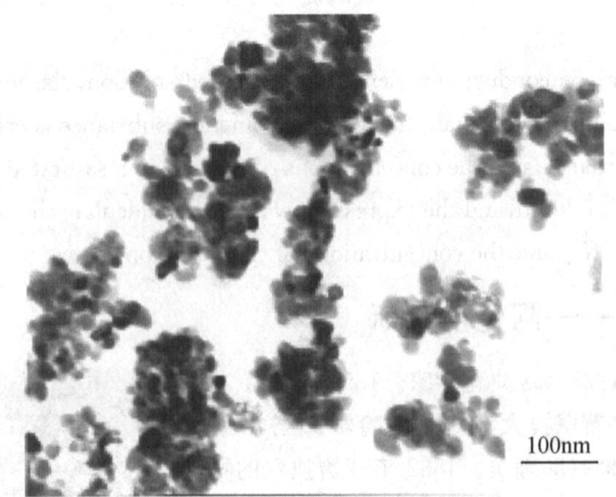

图 7-4　共沉淀法制备的 ITO 纳米颗粒的 TEM 照片

(2) 均匀沉淀法。一般的沉淀过程是不平衡的，但如果控制溶液中的沉淀剂浓度，使之缓慢地增加，则使溶液中的沉淀处于平衡状态，且沉淀能在整个溶液中均匀地出现，这种方法称为均匀沉淀。通常是通过溶液中的化学反应使沉淀剂缓慢地生成，从而克服了由外部向溶液中加沉淀剂而造成沉淀剂的局部不均匀性，结果沉淀不能在整个溶液中均匀地出现的缺点。例如，随着尿素水溶液的温度逐渐升高至 70℃附近，尿素会发生分解，即

$$(NH_2)_2CO + 3H_2O \longrightarrow 2NH_3 \cdot H_2O + CO_2\uparrow$$

由此生成的沉淀剂 $NH_3 \cdot H_2O$ 在金属盐的溶液中分布均匀，浓度低，使得沉淀物均匀地生成。由于尿素的分解速率受加热温度和尿素浓度的控制，因此，可以使尿素分解速率降得很低。有人采用低的尿素分解速率来制备单晶微粒，用此种方法可以制备多种盐的均匀沉淀，如锆盐颗粒、球形 $Al(OH)_3$ 粒子以及纳米 ZnO 颗粒等。

---

① 古映莹，刘雪颖，谭坚等. 中南大学学报(自然科学版). 2005，36(5)：837-840。

习 题

1. 下列叙述是否正确？并说明之。

(1) 溶解度大的，溶度积一定大。

(2) 为了使某种离子沉淀得很完全，所加沉淀剂越多越好。

(3) 所谓沉淀完全，就是指溶液中这种离子的浓度为零。

(4) 对含有多种可被沉淀离子的溶液来说，当逐滴慢慢加入沉淀剂时，一定是浓度大的离子首先被沉淀。

2. 已知25℃时，PbI_2 的 $K_{sp}^{\ominus}=8.4\times10^{-9}$，计算

(1) PbI_2 在水中的溶解度($mol\cdot L^{-1}$)。

(2) PbI_2 饱和溶液中 $c(Pb^{2+})$ 和 $c(I^-)$。

(3) PbI_2 在 $0.10mol\cdot L^{-1}$ KI溶液中的溶解度($mol\cdot L^{-1}$)。

(4) PbI_2 在 $0.20mol\cdot L^{-1}$ $Pb(NO_3)_2$ 溶液中的溶解度($mol\cdot L^{-1}$)。

3. 已知室温时下列各物质的溶解度(括号内数值)，试求它们的 $K_{sp}^{\ominus}$。

(1) AgBr($8.8\times10^{-7}mol\cdot L^{-1}$) (2) $Mg(NH_4)PO_4$($6.3\times10^{-5}mol\cdot L^{-1}$)

(3) $Pb(IO_3)_2$($3.1\times10^{-5}mol\cdot L^{-1}$)

4. 下列难溶化合物中，因为阴离子与水发生质子转移反应，溶解度大于溶度积理论计算值的化合物有哪些？

(1) AgI (2) $PbCO_3$ (3) CuS (4) CuCl (5) $Ca_3(PO_4)_2$

5. 已知 $K_{sp}^{\ominus}(AgCl)=1.8\times10^{-10}$；$K_{sp}^{\ominus}(Ag_2CrO_4)=1.1\times10^{-12}$；$K_{sp}^{\ominus}(Ag_2C_2O_4)=5.3\times10^{-12}$；$K_{sp}^{\ominus}(AgBr)=5.3\times10^{-13}$。在下列银盐的饱和溶液中，$Ag^+$ 浓度最大的是 ( )

(1) AgCl (2) Ag_2CrO_4 (3) $Ag_2C_2O_4$ (4) AgBr

6. 在 $Pb(NO_3)_2$ 与 NaCl 的混合溶液中，$Pb(NO_3)_2$ 的浓度为 $0.20mol\cdot L^{-1}$，在此混合溶液中

(1) Cl^- 的浓度为 $5.0\times10^{-4}mol\cdot L^{-1}$ 时，能否产生 $PbCl_2$ 沉淀？

(2) Cl^- 的浓度为多大时，开始生成 $PbCl_2$ 沉淀？

(3) 当 Cl^- 的浓度为 $6.0\times10^{-2}mol\cdot L^{-1}$ 时，溶液中 Pb^{2+} 的浓度为多少？

7. $0.30mol\cdot L^{-1}$ HCl溶液中含有一定数量的 Cd^{2+}，当不断通入 H_2S 气体并达到饱和[$c(H_2S)=0.10mol\cdot L^{-1}$]时，$Cd^{2+}$ 能否沉淀完全？

8. 某溶液中含有 Fe^{3+} 和 Zn^{2+}，浓度均为 $0.050mol\cdot L^{-1}$，若欲将两者分离，应如何控制溶液的pH？

9. 在 $0.10mol\cdot L^{-1}$ $ZnCl_2$ 溶液中通入 H_2S 气体并达到饱和[$c(H_2S)=0.10mol\cdot L^{-1}$]，若加入HCl，$H^+$ 的浓度应控制在什么范围就能使ZnS沉淀？

10. 在500mL $0.20mol\cdot L^{-1}$ 的 $MgCl_2$ 溶液中，加入500mL $0.020mol\cdot L^{-1}$ $NH_3\cdot H_2O$，是否有 $Mg(OH)_2$ 沉淀产生。若再加入0.10mol NH_4Cl 固体，有无变化。

11. 将0.010mol的CuS溶于1.0L盐酸中，计算所需盐酸的最低浓度。从计算结果说明盐酸能否溶解CuS。

12. 分别计算下列各反应的标准平衡常数，并判断反应进行的方向。(设各反应离子的浓度均为 $0.10mol\cdot L^{-1}$)

(1) $PbS(s)+2HAc \rightleftharpoons Pb^{2+}+H_2S+2Ac^-$

(2) $Mg(OH)_2(s)+2NH_4^+ \rightleftharpoons Mg^{2+}+2NH_3\cdot H_2O$

(3) $Cu^{2+}+H_2S \rightleftharpoons CuS(s)+2H^+$

(4) $PbCO_3(s)+S^{2-} \rightleftharpoons PbS(s)+CO_3^{2-}$

(5) $AgBr(s)+Cl^- \rightleftharpoons AgCl(s)+Br^-$

13. 已知某溶液中含有 $0.100mol\cdot L^{-1}$ Zn^{2+} 和 $0.100mol\cdot L^{-1}$ Cd^{2+}，当在此溶液中通入 H_2S 达饱和[$c(H_2S)=0.10moL\cdot L^{-1}$]时

(1) 哪一种离子先沉淀？

(2) 使 Zn^{2+} 开始沉淀的 $c(H_3O^+)=$？

(3) 为了使 Cd^{2+} 沉淀完全，溶液中 $c(H_3O^+)=$？

14. 若 $BaCO_3$ 沉淀中尚有 0.015mol 的 $BaSO_4$，在 1.0L 此沉淀的饱和溶液中应加入多少摩尔 Na_2CO_3，才能使 $BaSO_4$ 完全转变为 $BaCO_3$？

15. 计算 CuCl 转化为 CuI 的反应的标准平衡常数。在 1L 溶液中含有 0.050mol KI，并与 0.10mol CuCl 共存，当转化达到平衡时，计算溶液中 Cu^+、Cl^-、I^- 的浓度。

16. 某溶液中含有 Ag^+、Pb^{2+}、Ba^{2+}、Sr^{2+}，各种离子浓度均为 $0.10mol \cdot L^{-1}$。如果逐滴加入 K_2CrO_4 稀溶液（溶液体积变化忽略不计），通过计算说明上述几种离子的铬酸盐开始沉淀的先后顺序。

（中南大学　古映莹）

第 8 章　电化学基础

氧化还原(oxidation-reduction reaction)反应是化学反应中最重要的一类反应。早在远古时代,“燃烧”这一氧化还原反应的应用,推动了人类的进化。地球上植物的光合作用也是氧化还原过程。据估计,每年通过光合作用储存了大约 10^{17} kJ 的能量。同时将 10^{10} t 的碳转换为碳水化合物和其他有机物。人体动脉血液中的血红蛋白(Hb)同氧结合形成氧合血红蛋白(HbO_2),通过血液循环,氧被输送到体内各部分,以氧合肌红蛋白(MbO_2)的形式将氧储存起来,当人运动需要氧的时候,氧合肌红蛋白释放出氧将葡萄糖氧化,并释放出能量。就是这种体内的缓慢“燃烧”反应即氧化还原反应使生命得以维持和生长。在现代社会的化工生产中,约 50%以上的反应都涉及氧化还原反应,如金属冶炼、高能燃料和众多化工产品的合成等。在电池中自发的氧化还原反应能将化学能转变为电能。相反,在电解池中,电能将促使非自发的氧化还原反应进行,并将电能转化为化学能。电能与化学能之间的相互转化是电化学研究的重要内容。电化学是化学科学的分支学科之一。

在任何电化学过程中总是伴随着电子转移的氧化还原过程。因此,在氧化还原反应的讨论中,经常要用到电化学的概念和原理,这是本章的一个特点。本章将以原电池作为讨论氧化还原反应的物理模型,重点讨论标准电极电势的概念以及影响电极电势的因素。同时将氧化还原反应与原电池电动势联系起来,判断反应进行的方向和限度,为今后深入地学习电化学打下初步基础。

8.1　氧化还原反应

无机化学反应一般可分为两大类型:一类是非氧化还原反应(non oxidation-reduction reaction),其反应过程只是离子的交换,而原子或离子没有氧化数的变化(没有电子的得失),如酸碱反应、沉淀反应等。另一类是氧化还原反应(oxidation-reduction reaction),在反应过程中,某些原子或离子的氧化数发生变化(有电子得失)。本节将讨论氧化还原反应的一些基本概念,以及反应式的配平。

8.1.1　氧化数

为了描述原子带电状态的变化及其氧化或还原的程度,定义氧化剂、还原剂以及氧化还原反应,引入了氧化数(oxidation number)的概念。氧化数也称为氧化值。1970 年,IUPAC 对氧化数做了严格的定义:氧化数是某种元素一个原子的表观电荷数(apparent charge number),其数值取决于原子形成分子时得失电子数或偏移的电子数。确定氧化数的规则如下:

(1) 任何形态的单质中,元素的氧化数等于零。这是因为相同元素原子电负性相等,在形成单质时,化学键中没有电子的转移或偏移。

(2) 在离子化合物中,单原子离子的氧化数等于它所带的电荷数。例如 $MgCl_2$ 中,镁原子的氧化数是+2,氯原子的氧化数为-1。

(3) 对于结构已知的共价型化合物,元素原子的氧化数可按照元素电负性的大小,把共用电子对归属于电负性较大的原子，再由各原子上的电荷数确定它们的氧化数，例如，CO_2 中碳原子的氧化数为+4，氧原子的氧化数为−2。

(4) 结构未知的化合物中某元素原子的氧化数可以按下面的习惯规定计算得到：

(i) 在化合物中，所有元素原子的氧化数的代数和等于零。

(ii) 在多原子离子中，有关元素氧化数的代数和就是该复杂离子的电荷数。

(iii) 氢原子的氧化数为+1，但活泼金属氢化物（如 LiH、CaH_2）中氢的氧化数为−1。

(iv) 氧的氧化数为−2，但在过氧化物（如 H_2O_2、BaO_2）中，氧的氧化数为−1；在超氧化物（如 KO_2）中，氧的氧化数为−1/2；在氟氧化物（如 OF_2）中，氧的氧化数为+2。

(v) 氟是电负性最大的元素，在化合物中的氧化数均为−1。

根据这些规则，我们可以计算复杂分子中任一种元素的氧化数。

【例 8-1】 试求 Pb_3O_4 中 Pb 的氧化数。

解 设 Pb 的氧化数为 x，已知氧的氧化数为−2，则

$$3x + 4(-2) = 0$$

$$x = +8/3$$

Pb 的氧化数为+8/3。

【例 8-2】 试求高锰酸钾（$KMnO_4$）中 Mn 的氧化数。

解 已知氧的氧化数为−2，而 $KMnO_4$ 中钾为 K^+ 形式，其氧化数等于其离子电荷为+1，设锰的氧化数为 x，则

$$x + 4(-2) = -1$$

$$x = +7$$

锰的氧化数为+7。

由此可见，氧化数是为了说明物质的氧化状态而引入的一个概念，可以是正数、负数或分数。氧化数与化合价的区别在于：化合价只表示元素原子结合成分子时，原子数目的比例关系；从分子结构来看，化合价也就是离子键和共价键化合物的电价数和共价数。虽然化合价比氧化数更能反映分子内部的基本属性，但氧化数在分子式的书写和方程式的配平中很有实用价值。

另外，有机化合物中某个碳原子的氧化数可以按照下面的规则计算得到：

(1) 碳原子与碳原子相连，无论是单键还是重键，碳原子的氧化数为零。

(2) 碳原子与氢原子相连，碳原子的氧化数为−1。

(3) 有机化合物中所含 O、N、S、X 等杂原子，它们的电负性都比碳原子大。碳原子以单键、双键或叁键与杂原子连接，碳原子的氧化数分别为+1、+2 或+3。

例如，CH_3COOH 中甲基（$—CH_3$）上的碳原子的氧化数为−3，羧基上的碳原子的氧化数为+3。

8.1.2 氧化还原的概念

首先分析几个典型的氧化还原反应：

① $$CuO + H_2 = Cu + H_2O$$

② $$2KI + Cl_2 = I_2 + 2KCl$$

③ $$2KMnO_4 + 16HCl = 2MnCl_2 + 5Cl_2 + 2KCl + 8H_2O$$

从反应①可见，氧化铜失去氧原子，还原为金属铜，而氢分子得到氧原子。早期的氧化、还原概念依此而定义，即夺得含氧化合物中氧的反应称为氧化反应，含氧化合物里的氧被夺去的反应称为还原反应。

反应②没有氧元素参加，无得失氧原子可言，但仍然是氧化还原反应。对于更复杂的氧化还原反应③，判断氧化还原要以得失氧原子作标准则很困难，如果根据氧化数变化则很容易确定。采用氧化数概念，将氧化还原反应定义为：化学反应中，反应前后元素原子的氧化数发生了变化的一类反应。

例如，上述反应③有：

$$2K\overset{+7}{Mn}O_4 + 16H\overset{-1}{Cl} = 2\overset{+2}{Mn}Cl_2 + 5\overset{0}{Cl_2} + 2KCl + 8H_2O$$

氧化数降低 5×2↓　　↑氧化数升高 1×2×5

在反应中，锰的氧化数从+7 降为+2，而在 5 个 Cl_2 中，氯的氧化数从−1 升为 0。氯元素氧化数升高（相当于失去电子）的过程称氧化，锰元素氧化数降低（相当于得到电子）的过程称还原。在反应中，氧化数升高（失去电子）的物质（HCl）称为还原剂，它在反应过程中使氧化剂还原，表现还原性，而本身所发生的过程是氧化过程，即被氧化。在反应中，氧化数降低（得到电子）的物质（$KMnO_4$）称为氧化剂，它在反应过程中使还原剂氧化，表现氧化性，而本身发生还原过程被还原。

应该说明的是：

(1) 氧化剂和还原剂是指能使其他物质氧化和还原的物质，而氧化、还原则是指反应过程。

(2) 氧化反应与还原反应总是同时发生，氧化剂与还原剂总是同时存在，它们互相依存，共处于同一氧化还原体系中。

(3) 在氧化还原反应中，氧化剂和还原剂可以是同一种物质。例如，氯气和水的反应，氧化剂和还原剂虽然都是 Cl_2，实际上是在 Cl_2 中，一个 Cl 原子起了还原剂作用，另一个 Cl 原子起了氧化剂的作用。

有机化合物的氧化还原反应用氧化数的升高或降低来表示也是可以的，但更为普遍的说法是：有机化学中的氧化反应是指在分子中加氧或脱氢的反应，而还原反应是指在分子中脱氧或加氢的反应。

8.1.3　氧化还原反应方程式的配平

配平氧化还原方程式，应先根据反应条件（如温度、压力、介质的酸碱性等），确定氧化还原产物，然后由氧化剂和还原剂氧化数的变化相等的原则，或氧化剂和还原剂得失电子数相等的原则进行配平。前者称为氧化数法，后者称为离子电子法，下面举例讨论。

1. 氧化数法

以高锰酸钾与浓盐酸作用制取氯气的反应为例，说明本方法配平步骤：

(1) 根据实验事实，写出反应的反应物和主要产物的化学式。

$$KMnO_4 + HCl \longrightarrow MnCl_2 + Cl_2$$

(2) 找出有关元素氧化数的变化，并在化学式上标出氧化剂、还原剂中有关元素的氧化数变化，必要时可调整原子个数。例如，生成一分子 Cl_2，必须消耗两分子 HCl，即在 HCl 分子式前加系数 2。

$$\overset{+7}{KMnO_4} + 2H\overset{-1}{Cl} \longrightarrow \overset{+2}{MnCl_2} + \overset{0}{Cl_2}$$

氧化数降低 5↓ ↑ 氧化数升高 1×2

(3) 求出氧化数升高和降低的最小公倍数，以暂定氧化剂和还原剂化学式前的相应系数。

$$\overset{+7}{KMnO_4} + 2H\overset{-1}{Cl} \longrightarrow \overset{+2}{MnCl_2} + \overset{0}{Cl_2}$$

氧化数降低 5×2 ↓ ↑ 氧化数升高 1×2×5

配平氧化还原组合后得

$$2KMnO_4 + 10HCl \longrightarrow 2MnCl_2 + 5Cl_2$$

(4) 根据反应前后原子数相等的原则，核实其他氧化数不变的原子数（一般先核实其他原子数，后核实 H、O 原子数），调整相应氧化剂或还原剂的系数。核实反应两边的各原子数相等，表示已完成此反应式的配平。

$$2KMnO_4 + 16HCl = 2MnCl_2 + 5Cl_2 + 2KCl + 8H_2O$$

在反应前后氧原子数不相等时，配平反应需根据反应的介质条件来添加 H^+、OH^- 或 H_2O。配平氧原子的规律如下：

(1) 反应过程中若反应物比生成物的氧原子数多，需要提供氢结合氧。在酸性介质中，加 H^+；在碱性介质中，则加 H_2O，对应的生成物分别为 H_2O 和 OH^-。

(2) 若反应过程中反应物比生成物的氧原子数少，则需要在反应物中补充氧原子。在碱性介质中加 OH^-；在酸性介质中则加 H_2O，对应的生成物分别为 H_2O 和 H^+。

下面举两个配平氧原子的例子：

【例 8-3】 MnO_4^- 与 SO_3^{2-} 在酸性介质中反应，配平氧化还原组合后得

$$2MnO_4^- + 5SO_3^{2-} \longrightarrow 2Mn^{2+} + 5SO_4^{2-}$$

解 反应过程中减少了 3 个氧原子，因为反应是在酸性介质中进行，故可加 $6H^+$，并生成 $3H_2O$，即

$$2MnO_4^- + 5SO_3^{2-} + 6H^+ = 2Mn^{2+} + 5SO_4^{2-} + 3H_2O$$

【例 8-4】 MnO_4^- 与 SO_3^{2-} 在中性介质中反应，配平氧化还原组合后得

$$2MnO_4^- + 3SO_3^{2-} \longrightarrow 2MnO_2 + 3SO_4^{2-}$$

解 反应过程中减少了 1 个氧原子，故可加 1 个 H_2O，并生成 $2OH^-$：

$$2MnO_4^- + 3SO_3^{2-} + H_2O = 2MnO_2 + 3SO_4^{2-} + 2OH^-$$

2. 离子电子法

用离子-电子法的配平原则为：

(1) 反应过程中氧化剂所获电子数必须等于还原剂失去的电子数。

(2) 反应前后各元素的原子总数相等。

以高锰酸钾与亚硫酸的反应为例，说明离子电子法配平氧化还原方程式的具体步骤。

(i) 将分子反应式改写为离子反应式：

$$KMnO_4 + Na_2SO_3 \longrightarrow MnSO_4 + K_2SO_4$$

$$MnO_4^- + SO_3^{2-} \longrightarrow Mn^{2+} + SO_4^{2-}$$

(ii) 把离子方程式分成氧化和还原两个未配平的半反应式：

还原半反应　$MnO_4^- \longrightarrow Mn^{2+}$

氧化半反应　$SO_3^{2-} \longrightarrow SO_4^{2-}$

(iii) 配平半反应式，用电子得失平衡半反应两边的电荷数相等：

还原半反应　$MnO_4^- + 8H^+ + 5e^- \longrightarrow Mn^{2+} + 4H_2O$　(1)

氧化半反应　$SO_3^{2-} + H_2O \longrightarrow SO_4^{2-} + 2H^+ + 2e^-$　(2)

还原半反应中产物 Mn^{2+} 比反应物 MnO_4^- 少 4 个氧原子，因为反应是在酸性介质中进行，所以加 8 个 H^+，生成 4 个 H_2O。反应物 MnO_4^- 和 $8H^+$ 的总电荷数为+7，而产物 Mn^{2+} 的电荷数只有+2，所以在反应物中加 5 个电子，使半反应两边的原子数和电荷数都相等，得式(1)。

氧化半反应中产物比反应物 SO_3^{2-} 多 1 个氧原子，反应在酸性介质中进行，应该加 1 个 H_2O，生成 2 个 H^+。反应物 SO_3^{2-} 的电荷数只有−2，而产物 SO_4^{2-} 和 $2H^+$ 的总电荷数为 0，故在产物中加 2 个电子，使之配平，得式(2)。

(iv) 根据电子的得失求出最小公倍数，将两个半反应分别乘以相应系数，合并两个半反应式，即配平反应式：式(1)×2+式(2)×5

$$2MnO_4^- + 5SO_3^{2-} + 6H^+ = 2Mn^{2+} + 5SO_4^{2-} + 3H_2O$$

恢复成为分子方程式，注意未变化的离子的配平。

$$2KMnO_4 + 5K_2SO_3 + 3H_2SO_4 = 2MnSO_4 + 6K_2SO_4 + 3H_2O$$

离子电子法突出了化学计量数的变化是电子得失的结果，更能反映氧化还原反应的真实情况。应该注意的是，无论配平的是离子方程式或分子方程式，都不能出现游离电子。

综上所述，氧化数法适用面较广，均相(水溶液、高温熔融态等)或多相(气-固、液-固等)的反应都适用，而且不论是分子反应式还是离子反应式均可。离子电子法仅适用于水溶液中离子反应的配平。由于大多数氧化还原反应都是在水溶液中进行的，只要熟练掌握半反应，此法是很方便的。

8.2　原电池与电池电动势

使化学能转变为电能的装置，称为原电池(voltaic cell)，简称电池(cell)。

8.2.1　原电池

1. 原电池的构造

将化学反应能转变为电能，首要条件是该化学反应是一个氧化还原反应，或者在整个反应过程中经历了氧化还原作用；其次必须给予适当的装置即电池，使化学反应分别通过电极上的反应来完成。组成电池必须有两个电极以及能与电极建立电化反应平衡的相应电解质(如电解质溶液)，此外还有其他附属设备。如果两个电极插在同一个电解质溶液中，则为单液电池。若两个电极插在不同的电解质溶液中，则为双液电池。两个电解质溶液之间可用膜或素烧瓷杯分开，也可把两个电解质溶液放在不同的容器中，并用盐桥(salt bridge)相连。

2. 原电池的符号

当用书面的方法来表达电池的组成时，采用一般的惯例书写原电池：

(1) 写在左边的电极起氧化作用，为负极；写在右边的电极起还原作用，为正极。金属电极材料写在左右两边的最外侧，电解质溶液写在中间。

(2) 用单垂线“|”表示不同物相的界面(有时也用逗号表示)。这界面包括电极与溶液的界面，一种溶液与另一种溶液的界面，或同一种溶液但两种不同浓度之间的界面等。

(3) 用双垂线“‖”表示连接两不同电解质溶液的盐桥，表示溶液与溶液之间的接界电势通过盐桥已经降低到可以略而不计。

(4) 写明电池中物质及其状态，聚集状态(s，l，g)、组成(浓度 c)、温度与压力(298.15K，$p^{\ominus}$常可省略)等，因为这些都会影响电池的电动势。

下面是一个电池的例子：

$$(-)Pt(s), H_2(p) \mid HCl(c_1) \parallel CuSO_4(c_2) \mid Cu(+)$$

$$(-)Pb(s), PbSO_4(s) \mid H_2SO_4(c) \mid PbSO_4(s), PbO_2(s), Pb(s)(+)$$

【例 8-5】 设计一个原电池，使其发生如下的反应

$$2MnO_4^- + 10Cl^- + 16H^+ \longrightarrow 2Mn^{2+} + 5Cl_2 + 4H_2O$$

解　首先将反应分解成氧化反应和还原反应

$$2Cl^- \longrightarrow Cl_2 + 2e^- \qquad \text{(氧化反应)}$$

$$MnO_4^- + 8H^+ + 5e^- \longrightarrow Mn^{2+} + 4H_2O \qquad \text{(还原反应)}$$

写出正极和负极符号，发生氧化反应的作负极，发生还原反应的作正极。

负极　　$Pt, Cl_2(g) \mid Cl^-$

正极　　$Pt \mid MnO_4^-, Mn^{2+}, H^+$

负极放在左边，正极放在右边，两边之间用盐桥相连：

$$(-)Pt, Cl_2(g) \mid Cl^- \parallel MnO_4^-, Mn^{2+}, H^+ \mid Pt(+)$$

3. 电极与电极反应

电化学中规定，发生氧化反应的电极为阳极(anode)，发生还原反应的电极为阴极(cathode)。按物理学的规定：电池的两极中(对外电路而言)电势高的电极为正极，电势低的为负极。

对电池而言，图 8-1(a)所示电池放电时(即 $E - E_{外} = \delta E > 0$)，电极上发生的反应为

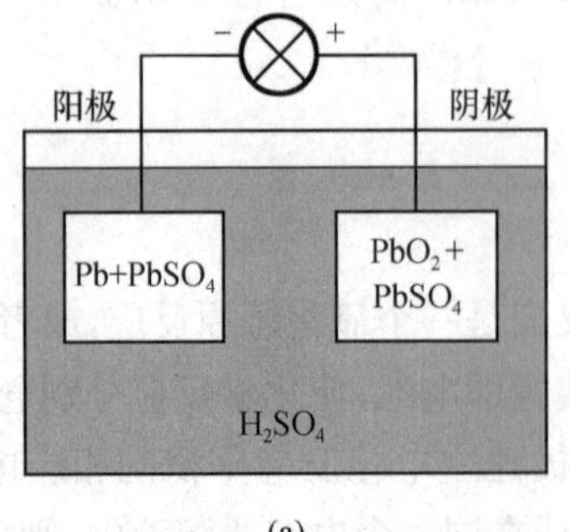

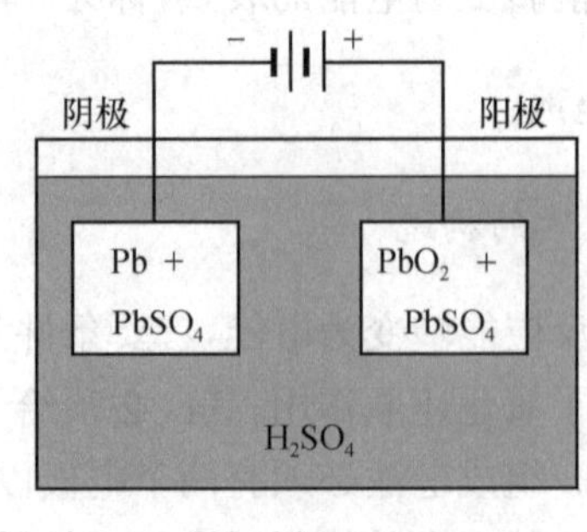

图 8-1　电池与电解池示意图

负极发生氧化反应：$Pb(s)+SO_4^{2-}(c_1)\longrightarrow PbSO_4(s)+2e^-$，也称为阳极。

正极发生还原反应：$PbO_2(s)+SO_4^{2-}(c_1)+4H^+(c_2)+2e^-\longrightarrow PbSO_4(s)+2H_2O(l)$，也称为阴极。

电池放电反应：

$$Pb(s)+PbO_2(s)+2SO_4^{2-}(c_1)+4H^+(c_2)=\!=\!=2PbSO_4(s)+2H_2O(l)$$

如果使 $E_{外}$ 比电池的 E 稍大($E_{外}-E=\delta E>0$)，则电池充电，电池变为电解池[图 8-1(b)]。电解池中与外电源正极相连的电极称为阳极，电解(充电)过程中阳极发生氧化反应：

$$PbSO_4(s)+2H_2O(l)\longrightarrow PbO_2(s)+SO_4^{2-}(c_1)+4H^+(c_2)+2e^-$$

另一个与外电源负极相连的电极称为阴极，电解(充电)过程中阴极发生还原反应：

$$PbSO_4(s)+2e^-\longrightarrow Pb(s)+SO_4^{2-}(c_1)$$

电池充电(电解)反应：

$$2PbSO_4(s)+2H_2O(l)=\!=\!=Pb(s)+PbO_2(s)+2SO_4^{2-}(c_1)+4H^+(c_2)$$

4. 电极的类型

电极主要有以下三种类型：

第一类电极，主要包括金属电极和气体电极。

(1) 金属电极。将金属浸在含有该金属离子的溶液中构成。可表示为 $M|M^{z+}(c)$。电极反应为：$M^{z+}(c)+ze^-\longrightarrow M$。金属电极都是对阳离子可逆的电极。例如 Zn(s)插在 $ZnSO_4$ 溶液中构成的电极可表示为 $Zn(s)|Zn^{2+}(c)$，其电极反应为

$$Zn^{2+}(c)+2e^-\longrightarrow Zn(s)$$

对于有些与水强烈作用的金属，如 Na、K 等，必须将其制成汞齐才能在水中成为稳定的电极。如钠汞齐电极，电极可表示为：$Na(Hg)(c)|Na^+(c)$。电极反应：$Na^+(c)+e^-\longrightarrow Na(c)$，Na(Hg)的浓度值随着 Na(s)在 Hg(l)中溶解量的变化而变化。

(2) 气体电极。这一类电极是一种气体单质与相应离子组成的可逆电极。如氢电极、氧电极、卤素电极，分别表示成：$Pt(s),H_2(p)|H^+(c)$、$Pt(s),O_2(p)|OH^-(c)$、$Pt(s),Cl_2(p)|Cl^-(c)$。因为 H_2、O_2 和 Cl_2 等气体不能起传导电子的作用，所以要插入惰性金属 Pt(或 Au)作导体。它们的电极反应分别为

$$2H^+(c)+2e^-\longrightarrow H_2(p);\quad O_2(p)+2H_2O(l)+4e^-\longrightarrow 4OH^-(c);$$

$$Cl_2(p)+2e^-\longrightarrow 2Cl^-(a)$$

第二类电极，主要包括难溶盐和难溶氧化物电极。

难溶盐电极是由金属表面覆盖一薄层该金属的难溶盐，然后浸入含有该难溶盐的负离子的溶液中所构成。例如银-氯化银电极和甘汞电极就属于这一类。

甘汞电极：　$Hg(l),Hg_2Cl_2(s)|Cl^-(c)$

电极反应：　$Hg_2Cl_2(s)+2e^-\longrightarrow 2Hg(l)+2Cl^-(c)$

银-氯化银电极：　$Ag(s),AgCl(s)|Cl^-(c)$

电极反应：　$AgCl(s)+e^-\longrightarrow Ag(s)+Cl^-(c)$

难溶氧化物电极是在金属表面覆盖一薄层该金属氧化物，然后浸在含 H^+ 或 OH^- 的溶液中构成的电极。例如

氧化汞电极：　$Hg(l),HgO(s)|OH^-(c)$

电极反应：　$HgO(s)+H_2O(l)+2e^-\longrightarrow Hg(l)+2OH^-(c)$

氧化银电极：　　　　　$Ag(s), Ag_2O(s) | H^+(c)$

电极反应：　　　　$Ag_2O(s) + 2H^+(c) + 2e^- \longrightarrow 2Ag(s) + H_2O(l)$

第三类电极，氧化还原电极。

将惰性金属(如铂片)插入含有某种离子的不同氧化态所组成的溶液中就构成了氧化还原电极。这里金属只起导电作用，而氧化还原反应在溶液中进行。例如

电极　$Pt(s) | Fe^{2+}(c_1), Fe^{3+}(c_2)$，　电极反应　$Fe^{3+}(c_2) + e^- \longrightarrow Fe^{2+}(c_1)$

电极　$Pt(s) | Sn^{2+}(c_1), Sn^{4+}(c_2)$，　电极反应　$Sn^{4+}(c_2) + 2e^- \longrightarrow Sn^{2+}(c_1)$

这类电极的特点是氧化态和还原态物质的浓度可以改变。

思考题 8.1　电极有哪些主要类型？每一类试举一例并写出该电极的氧化还原反应。

8.2.2　可逆电池

由于热力学研究的对象必须是平衡系统，对一个过程来说，平衡就意味着可逆，所以用热力学的方法研究电池时，要求电池是可逆的。电池的可逆包括三个方面的含义：

(1) 化学可逆性，即物质可逆。要求两个电极在充电时的电极反应必须是放电时的逆反应。

(2) 热力学可逆性，即能量可逆。要求电池在无限接近平衡的状态下工作，电池在充电时吸收的能量等于放电时放出的能量，并使系统和环境都能够复原。

(3) 实际可逆性，即电池内没有由液接电势等因素引起的实际过程的不可逆性。

通常在精度要求许可范围内，为了研究方便，可忽略一些较小的不可逆性。

8.2.3　原电池的最大电功和吉布斯自由能

根据吉布斯自由能的定义，由式(3-67)可知，在等温等压条件下，当状态发生变化时，系统吉布斯自由能的减少值在数值上等于可逆电池所做非体积功，也为在同一始、终态时系统对外所做非体积功中的最大功，表示为

$$-\Delta_r G_{T,p} = -W'_{max} \quad 即 \quad \Delta_r G_{T,p} = W'_{max} \tag{8-1}$$

如果非体积功是电功，因电池对外做功，其值为负，则式(8-1)又可写为

$$\Delta_r G_{T,p} = -nEF \tag{8-2}$$

式中：n 为电池输出电荷的物质的量，单位为 mol；E 为可逆电池的电动势，单位为 V(伏[特])；F 为法拉第常量($96\ 485 C \cdot mol^{-1}$)。如果可逆电动势为 E 的电池按电池反应式进行到反应进度 $\xi = 1 mol$ 时，吉布斯自由能的变化值可表示为

$$\Delta_r G_m = -nEF/\xi = -zEF \tag{8-3}$$

式中：z 为电极的氧化或还原反应式中电子的计量系数，是量纲为一的量；$\Delta_r G_m$ 的单位为 $J \cdot mol^{-1}(V \cdot C = J)$。它是联系热力学和电化学的主要桥梁。

在实验中使用电位差计来测定可逆电池的电动势 E，实验结果的读数总是正值。但是根据式(8-3) E 值与 $\Delta_r G_m$ 的关系，$\Delta_r G_m$ 值是可正可负的量，因此我们必须对 E 的取值建立一套约定。通常采用的惯例是，如果按电池的书面表示式所写出的电池反应在热力学上是自发的，即 $\Delta_r G_m < 0$，该电池表示式和电池实际工作时的情况一致，其 E 值为正值，即只有自发反应，电池才能做有用功；反之，若写出的电池反应是非自发反应，其 $\Delta_r G_m > 0$，则 E 值为负值。例如 AgCl(s)-Ag 电池，若电池写成

$$(-)Ag(s), AgCl(s) \mid HCl(c) \mid H_2(p^{\ominus}), Pt(+)$$

左边负极，氧化　　$Ag(s)+Cl^{-}[c] \longrightarrow AgCl(s)+e^{-}$

右边正极，还原　　$2H^{+}[c]+2e^{-} \longrightarrow H_2(p^{\ominus})$

电池总反应为　　$2Ag(s)+2HCl(c) = 2AgCl(s)+H_2(p^{\ominus})$

这个反应是热力学上的非自发反应，其 $\Delta_r G_m > 0$，则 E 值为 $-0.2224V$。该电池为非自发电池，它当然不可能对外做电功。

8.3　电极电势

原电池是由两个独立的“半电池”所组成，每一个半电池相当于一个电极，分别进行氧化作用和还原作用。由不同的半电池可以组成各式各样的原电池。但是到目前为止，我们还不能从实验上测定或从理论上计算单一电极的电极电势，但能测得由两个电极所组成的电池的总电动势。而在实际应用中，只要知道与任意一个选定的作为标准的电极相比较时的相对电动势就够了。如果知道了两个半电池的这些数值，就可以求出由它们所组成的电池的电动势。

8.3.1　电极电势的产生——双电层理论

电极与电解质溶液界面间电势差的形成：把任何一种金属片，如铁片插入水中，由于极性很大的水分子与构成晶格的铁离子相互吸引而发生水合作用，致使一部分铁离子与金属中其他铁离子间的键合力减弱，甚至离开金属而进入铁片表面附近的水层之中。金属因失去铁离子而带负电荷，溶液因为铁离子进入而带正电荷。这两种相反的电荷彼此互相吸引，以致大多数铁离子聚集在铁片附近的水层中而使溶液带正电，对金属离子有排斥作用，阻碍了金属的继续溶解。已溶入水中的铁离子仍可再沉积到金属的表面上。当溶解与沉积的速率相等时，达到动态平衡，形成了双电层(double electric layer)。这样在金属与溶液之间由于电荷不均等便产生了电势差。实际上双电层结构的溶液一侧，由于离子的热运动而呈现一种梯次分布，即形成扩散双电层结构。溶液层中与金属靠得较紧密的一层称为紧密层(contact double layer)，其余扩散到溶液中去的称为扩散层(diffused double layer)。

如果规定溶液本体中的电位为零，把从金属表面与溶液接触处开始到溶液本体间的电势差设为 E_0，则 E_0 是紧密层电势 $E_{紧}$ 和扩散层电势 ζ 之和(图 8-2)。

$$E_0 = E_{紧} + \zeta$$

金属与溶液界面的电势差是金属和溶液的内电位之差，而内电位之差等于外电位之差加上表面电势之差。但表面电势之差是不能直接测量的，故单一电极的电极电势的绝对值是不可测的。

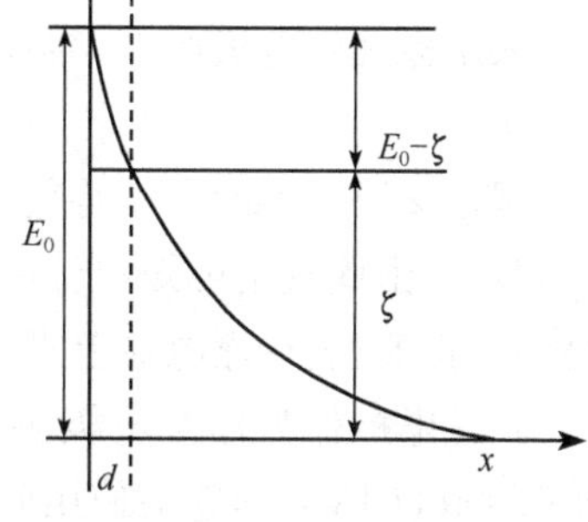

图 8-2　扩散双电层模型

8.3.2　标准氢电极和甘汞电极

1. 标准氢电极

把镀铂黑的铂片(用电镀法在铂片的表面上镀一层铂黑)插入含有氢离子的溶液中，并不断将氢气冲打到铂片上，就构成了氢电极。

氢电极可表示为　　　　　　　　$Pt(s), H_2(p) | H^+(c)$

氢电极反应为　　　　　　$H_2[g, p(H_2)] \longrightarrow 2H^+[c] + 2e^-$

当氢电极在一定的温度下作用时，如果氢气在气相中的分压为 $p^\ominus$，氢离子的浓度等于 1($1mol \cdot L^{-1}$)，则这样的氢电极就作为标准氢电极。其结构如图8-3 所示。

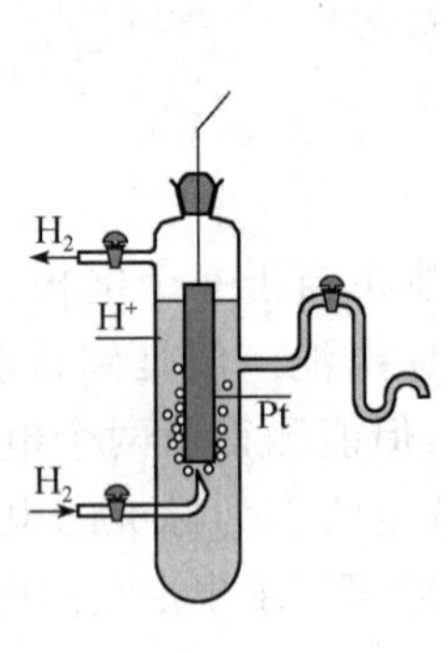

图 8-3　氢电极

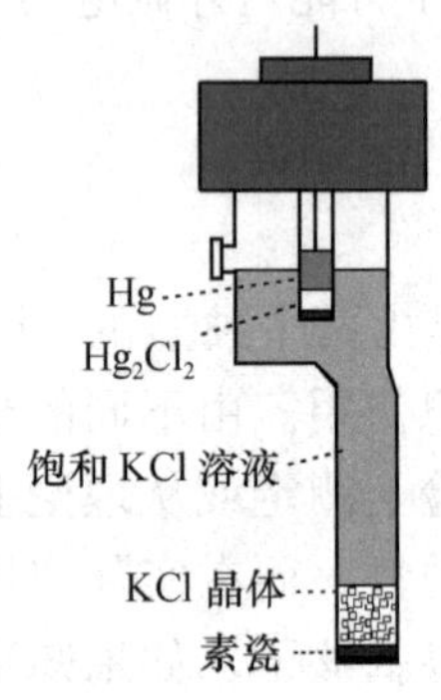

图 8-4　甘汞电极

2. 甘汞电极

甘汞电极的构造如图 8-4 所示。将少量汞放在仪器底部，加少量由甘汞、汞及氯化钾溶液制成的糊状物，再用饱和了甘汞的氯化钾溶液装满。

甘汞电极可表示为　　　　　$Hg(l), Hg_2Cl_2(s) | Cl^-(c)$

电极反应：　　　　　　$Hg_2Cl_2(s) + 2e^- \longrightarrow 2Hg(l) + 2Cl^-(c)$

8.3.3　标准电极电势

按照 1953 年 IUPAC 的规定，采用标准氢电极作为标准电极。根据这个规定，电极的氢标准电势就是所给电极与同温下的氢标准电极所组成的电池的电动势。

1. 电极电势的定义

采用标准氢电极作为参照，使待测电极与标准氢电极组合成原电池

$$标准氢电极 \parallel 待测电极 \qquad (8\text{-}4)$$

规定该原电池的电动势就是待测电极的电极电势(electrode potential)，并以 E(待测电极)表示。由此规定可知：当该电池工作时，若待测电极实际上进行的是还原反应，则 E(待测电极)为正值；若待测电极上进行的是氧化反应则 E(待测电极)为负值。

以氢电极作为标准电极测定电动势时，在正常情况下，电动势可以达到很高的精确度(±0.000 001V)。但它对使用时的条件要求十分严格，而且它的制备和纯化也比较复杂。在实际测定时，往往采用第二级的标准电极。甘汞电极是其中最常用的一种二级标准，它的电极电势和标准氢电极相比，可以精确测定，在恒定温度下它具有稳定的电极电势，并且容易制备，使用方便。

2. 标准电极电势

当待测电极中参加反应的各物质均处于各自的标准状态时，待测电极的电极电势称为标准电极电势(standard electrode potential)，用 $E^{\ominus}$(待测电极)表示。

3. 电极电势与电池电动势

按照电极电势的规定，电池电动势(electromotive force)与电极电势的关系是

$$E = E_{右(+)} - E_{左(-)} \tag{8-5}$$

若 $E_{右} > E_{左}$，这时电池电动势为正值，$\Delta_r G_m$ 为负值，表明该电池的正向反应能自发进行，并做有效电功。若 $E_{右} < E_{左}$，所得电池电动势为负值，则 $\Delta_r G_m$ 为正值，表明该电池的正向反应不能自发进行。同理，可使用标准电极电势 $E^{\ominus}$计算电池的标准电动势 $E^{\ominus}$

$$E^{\ominus} = E^{\ominus}_{右} - E^{\ominus}_{左}$$

思考题 8.2　电极表面与电解质溶液之间的电势差与电极电势是否为同一概念？区别是什么？

8.3.4　能斯特方程

1. 电极电势的能斯特方程

一般而言，任一电极其电极反应用下列通式表示：

$$\nu_{Ox}\mathrm{Ox} + ze^- \longrightarrow \nu_{Red}\mathrm{Red}$$

$$\Delta_r G_m = -zEF$$

$$\Delta_r G_m = \Delta_r G^{\ominus}_m + RT\ \ln \frac{c(\mathrm{Red})^{\nu_{Red}}}{c(\mathrm{Ox})^{\nu_{Ox}}}$$

其电极电势的通式为

$$E = E^{\ominus} - \frac{RT}{zF} \ln \frac{c(\mathrm{Red})^{\nu_{Red}}}{c(\mathrm{Ox})^{\nu_{Ox}}} \tag{8-6}$$

式(8-6)称为电极电势的能斯特(Nernst)公式。式中：Ox 为氧化态；Red 为还原态；$E^{\ominus}$为所有参加反应的组分都处于标准状态时的电动势；z 为电极反应中电子的计量系数。当涉及纯液体或固态物质时，其浓度为 1；当涉及气体时，可将全体看作理想气体，用相对分压 $p/p^{\ominus}$表示，$p^{\ominus}$为标准压力，p 为该气体分压。该式说明标准电极电势$E^{\ominus}$仅与电极的本性及温度有关，与参加电极反应的各物质的浓度无关；而电极电势 E 除了与电极的本性、温度有关外，还与参加电极反应的各物质的浓度有关。

利用式(8-6)可以计算任一电极在不同温度和浓度时的电极电势。常用电极在 298.15K 时的标准电极电势列于附表 6 中。

2. 原电池反应的能斯特方程

若电池总反应写成一般式为

$$c\mathrm{C} + d\mathrm{D} = g\mathrm{G} + h\mathrm{H}$$

则

$$E = E^{\ominus} - \frac{RT}{zF}\ln\frac{c(\mathrm{G})^g c(\mathrm{H})^h}{c(\mathrm{C})^c c(\mathrm{D})^d} = E^{\ominus} - \frac{RT}{zF}\ln J \tag{8-7}$$

由于$E^{\ominus}$在给定温度下有定值，所以上式表明了电动势E与各参加电池反应的组分浓度之间的关系，式(8-7)称为电池反应的能斯特方程。

思考题 8.3　电极电势$E(\mathrm{B})$和$E^{\ominus}(\mathrm{B})$、电动势E和$E^{\ominus}$的意义有何不同？它们与哪些因素有关？其数值大小是否与反应式的写法有关？

3. 电池电动势的计算

【例 8-6】 计算电池$(-)\mathrm{Zn(s)}|\mathrm{Zn^{2+}}(c_1)\|\mathrm{Cu^{2+}}(c_2)|\mathrm{Cu(s)}(+)$的标准电动势$E^{\ominus}$。

解 已知　　$E^{\ominus}_{右}=E^{\ominus}(\mathrm{Cu^{2+}/Cu})=0.337\mathrm{V}$，$E^{\ominus}_{左}=E^{\ominus}(\mathrm{Zn^{2+}/Zn})=-0.763\mathrm{V}$

根据式(8-5)，得　　$E^{\ominus}=0.337-(-0.763)=1.100(\mathrm{V})$

【例 8-7】 写出电池：$(-)\mathrm{Al(s)}|\mathrm{Al^{3+}}(c=0.01\mathrm{mol\cdot L^{-1}})\|\mathrm{Cl^-}(c=0.02\mathrm{mol\cdot L^{-1}})|\mathrm{Cl_2}(p^{\ominus})|\mathrm{Pt(s)}(+)$在298.15K时电池电动势的表达式。

解 (方法 1)从电极电势能斯特公式(8-6)出发：

负极：　$\mathrm{Al(s)}\longrightarrow\mathrm{Al^{3+}}(c=0.01\mathrm{mol\cdot L^{-1}})+3\mathrm{e^-}$，　$E_{左}=E^{\ominus}(\mathrm{Al^{3+}/Al})-\frac{RT}{3F}\ln\frac{1}{c(\mathrm{Al^{3+}})}$

正极：　$\frac{1}{2}\mathrm{Cl_2}(p^{\ominus})+\mathrm{e^-}\longrightarrow\mathrm{Cl^-}(c=0.02\mathrm{mol\cdot L^{-1}})$，$E_{右}=E^{\ominus}(\mathrm{Cl_2/Cl^-})-\frac{RT}{F}\ln[c(\mathrm{Cl^-})]$

电池电动势表达式为$E=E_{右}-E_{左}=E^{\ominus}-\frac{RT}{3F}\ln\{c(\mathrm{Al^{3+}})[c(\mathrm{Cl^-})]^3\}$

其中　　$E^{\ominus}=E^{\ominus}(\mathrm{Cl_2/Cl^-})-E^{\ominus}(\mathrm{Al^{3+}/Al})$

(方法 2)从电池电动势能斯特公式(8-7)出发：

写出电池反应的方程式：

$$2\mathrm{Al(s)}+3\mathrm{Cl_2}(p^{\ominus})=\!=\!=2\mathrm{Al^{3+}}(c=0.01\mathrm{mol\cdot L^{-1}})+6\mathrm{Cl^-}(c=0.02)(z=6)$$

根据能斯特公式电池电动势为

$$E=E_{右}-E_{左}=E^{\ominus}-\frac{RT}{6F}\ln\frac{[c(\mathrm{Al^{3+}})]^2[c(\mathrm{Cl^-})]^6}{[c(\mathrm{Al})]^2[c(\mathrm{Cl_2})]^3}$$

因$\mathrm{Al(s)}$为纯固体$c=1\mathrm{mol\cdot L^{-1}}$；$p(\mathrm{Cl_2})=p^{\ominus}$，$c(\mathrm{Cl_2})=1\mathrm{mol\cdot L^{-1}}$，所以上式简化为

$$E=E^{\ominus}-\frac{RT}{3F}\ln\{c(\mathrm{Al^{3+}})[c(\mathrm{Cl^-})]^3\}$$

这说明电池电动势的大小与电池反应方程式的书写无关，还说明从电极反应的能斯特公式或从电池反应的能斯特公式计算电池电动势的结果是一致的。

思考题 8.4　试判断下列两个电池(a)和(b)，哪个电池电动势与KCl的浓度有关？

(a)　　$(-)\mathrm{Ag,AgCl(s)}|\mathrm{KCl(aq)}|\mathrm{Hg_2Cl_2(s),Hg}(+)$

(b)　　$(-)\mathrm{Hg,Hg_2Cl_2(s)}|\mathrm{KCl(aq)}|\mathrm{AgNO_3(s),Ag}(+)$

4. 酸度对电极电势的影响

电极反应中有$\mathrm{H^+}$或$\mathrm{OH^-}$参加时，pH的改变能引起电极电势的变化。

【例 8-8】 重铬酸钾是一种常见的氧化剂，讨论它在不同酸度溶液中的氧化性。

解　电极反应　　$Cr_2O_7^{2-}+14H^++6e^- \rightleftharpoons 2Cr^{3+}+7H_2O$

$$E^\ominus(Cr_2O_7^{2-}/Cr^{3+})=1.36V$$

根据电极反应的能斯特公式

$$E(Cr_2O_7^{2-}/Cr^{3+}) = E^\ominus(Cr_2O_7^{2-}/Cr^{3+}) + \frac{0.0592}{6}\lg\frac{c(Cr_2O_7^{2-})c(H^+)^{14}}{c(Cr^{3+})^2}(V)$$

将 $c(Cr_2O_7^-)$和 $c(Cr^{3+})$固定为 $1mol \cdot L^{-1}$

$$E(Cr_2O_7^{2-}/Cr^{3+}) = E^\ominus(Cr_2O_7^{2-}/Cr^{3+}) + \frac{0.0592}{6}\lg c(H^+)^{14}(V)$$

当 $c(H^+)=1mol \cdot L^{-1}$时

$$E(Cr_2O_7^{2-}/Cr^{3+}) = E^\ominus(Cr_2O_7^{2-}/Cr^{3+}) = 1.36V$$

当 $c(H^+)=10^{-3}mol \cdot L^{-1}$时

$$E(Cr_2O_7^{2-}/Cr^{3+}) = 1.36 + \frac{0.0592}{6}\lg(10^{-3})^{14} = 0.95(V)$$

从计算可见，重铬酸钾在强酸性溶液中的氧化性比在弱酸性溶液中强。在实验室和工业生产中，总是在较强的酸性溶液中使用重铬酸钾作为氧化剂。

5. 难溶化合物与配合物的形成对电极电势的影响

难溶化合物与配合物的形成都会引起电极反应中离子浓度的改变，从而使电极电势发生改变。根据能斯特方程可以计算出相关的电极电势。

【例 8-9】　298K 时，在 Fe^{3+}、Fe^{2+} 的混合液中加入 NaOH 溶液时，有 $Fe(OH)_3$ 和$Fe(OH)_2$沉淀生成。当沉淀反应达到平衡时，保持 $c(OH^-)=1.0mol \cdot L^{-1}$，求 $E(Fe^{3+}/Fe^{2+})$。

解　　$Fe^{3+}(aq)+e^- \longrightarrow Fe^{2+}(aq)$

在 Fe^{3+}、Fe^{2+} 的混合液中加入 NaOH 溶液时，发生如下反应：

$$Fe^{3+}(aq)+3OH^-(aq) = Fe(OH)_3(s) \qquad K_{sp}[Fe(OH)_3]=c(Fe^{3+})c(OH^-)^3$$

$$Fe^{2+}(aq)+2OH^-(aq) = Fe(OH)_2(s) \qquad K_{sp}[Fe(OH)_2]=c(Fe^{2+})c(OH^-)^2$$

设平衡时 $c(OH^-)=1.0mol \cdot L^{-1}$，则

$$c(Fe^{3+}) = K_{sp}[Fe(OH)_3] \qquad c(Fe^{2+}) = K_{sp}[Fe(OH)_2]$$

所以

$$E(Fe^{3+}/Fe^{2+}) = E^\ominus(Fe^{3+}/Fe^{2+}) - \frac{0.0592}{z}\lg\frac{c(Fe^{2+})}{c(Fe^{3+})} = E^\ominus(Fe^{3+}/Fe^{2+}) - \frac{0.0592}{z}\lg\frac{K_{sp}[Fe(OH)_2]}{K_{sp}[Fe(OH)_3]}$$

$$= 0.771 - 0.0592\lg\frac{4.86\times10^{-17}}{2.8\times10^{-39}} = -0.57(V)$$

据此得出结论：如果电对的氧化型生成难溶化合物，使 c(氧化型)变小，则电极电势变小。如果还原型生成难溶化合物，使 c(还原型)变小，则电极电势变大。当氧化型和还原型同时生成难溶化合物时，若 $K_{sp}^\ominus$(氧化型)$<K_{sp}^\ominus$(还原型)，则电极电势变小；反之，就变大。

【例 8-10】　在含有 $1.0mol \cdot L^{-1}$ Fe^{3+} 和 $1.0mol \cdot L^{-1}$ Fe^{2+} 的溶液中加入 KCN(s)，有$[Fe(CN)_6]^{3-}$ 和$[Fe(CN)_6]^{4-}$生成。当系统中 $c(CN^-)=1.0mol \cdot L^{-1}$，$c([Fe(CN)_6]^{3-})=c([Fe(CN)_6]^{4-})=1.0mol \cdot L^{-1}$时，讨论 $E(Fe^{3+}/Fe^{2+})$。

解　　$Fe^{3+}(aq)+e^- \longrightarrow Fe^{2+}(aq)$

加入 KCN 后，发生如下反应

$$Fe^{3+}(aq)+6CN^-(aq) \rightleftharpoons [Fe(CN)_6]^{3-}(aq) \qquad K_f([Fe(CN)_6]^{3-}) = \frac{c([Fe(CN)_6]^{3-})}{c(Fe^{3+})[c(CN^-)]^6}$$

$$Fe^{2+}(aq) + 6CN^-(aq) \rightleftharpoons [Fe(CN)_6]^{4-}(aq) \qquad K_f([Fe(CN)_6]^{4-}) = \frac{c([Fe(CN)_6]^{4-})}{c(Fe^{2+})[c(CN^-)]^6}$$

$$E(Fe^{3+}/Fe^{2+}) = E^\ominus(Fe^{3+}/Fe^{2+}) - \frac{0.0592}{z}\lg\frac{c(Fe^{2+})}{c(Fe^{3+})}$$

当 $c(CN^-)=c([Fe(CN)_6]^{3-})=c([Fe(CN)_6]^{4-})=1.0mol\cdot L^{-1}$时

$$c(Fe^{3+}) = \frac{1}{K_f([Fe(CN)_6]^{3-})} \qquad c(Fe^{2+}) = \frac{1}{K_f([Fe(CN)_6]^{4-})}$$

所以

$$E(Fe^{3+}/Fe^{2+}) = E^\ominus(Fe^{3+}/Fe^{2+}) - \frac{0.0592}{z}\lg\frac{K_f([Fe(CN)_6]^{3-})}{K_f([Fe(CN)_6]^{4-})}$$

因此得出结论：如果电对的氧化型生成配合物，使 c(氧化型)变小，则电极电势变小。如果还原型生成配合物，使 c(还原型)变小，则电极电势变大。当氧化型和还原型同时生成配合物时，若 $K_f^\ominus$(氧化型)$>K_f^\ominus$(还原型)，则电极电势变小；反之，就变大。

6. E-pH 图

以电极反应的电极电势 E 为纵坐标，溶液的 pH 为横坐标，绘出的 E 随 pH 变化的关系图称为 E-pH 图。水溶液中的 E-pH 图见图 8-5。从 E-pH 图上可直观地了解溶液中氧化还原反应与 pH 的关系。

1) E-pH 关系的一般表达式

若有如下电极反应

$$xO(氧化态) + mH^+ + ze^- \longrightarrow yR(还原态) + nH_2O$$

式中：O 为氧化态、R 为还原态；x,m,z,y,n 分别为各反应物、产物的计量系数。

当 $T=298.15K$ 时

$$E = E^\ominus - \frac{0.0592}{z}\lg\frac{c(R)^y c(H_2O)^n}{c(O)^x c(H^+)^m} \tag{8-8}$$

因 $pH=-\lg[c(H^+)]$，$c(H_2O)=1$，式(8-8)可写成

$$E = E^\ominus - \frac{0.0592}{z}\lg\frac{c(R)^y}{c(O)^x} - \frac{0.0592m}{z}pH \tag{8-9}$$

在 $c(R)$、$c(O)$被指定时，电势 E 与 pH 成直线关系。

2) 水溶液中的氢、氧电极反应

因为反应在水溶液中进行，反应与 H_2、O_2、H^+、OH^-有关。所以凡是以水作为溶剂的反应系统都一定要考虑氢、氧电极反应。

氢电极反应(①线)：电极反应式 $2H^+(c)+2e^- \longrightarrow H_2(p)$；当 298.15K，$p(H_2)=p^\ominus$时，有

$$E(2H^+ + 2e^- \longrightarrow H_2) = -0.0592pH$$

在 E-pH 图上是一条截距为零的直线，斜率为-0.0592。

氧电极反应(②线)：电极反应式 $1/2O_2(p)+2H^+(c)+2e^- \longrightarrow H_2O(l)$

在 298.15K，$p(O_2)=p^\ominus$时

$$E(O_2/H_2O)=1.229-0.0592pH$$

该式表示氧电极反应的 E-pH 直线与氢电极的 E-pH 直线斜率相同，仅截距不同。

3) E-pH 图的应用

(1) 图 8-5 中每条线上方为该线所代表电极反应中氧化态稳定区，下方为还原态稳定区。

因此，线②以上是 O_2(氧化态)的稳定区，下方是 H_2O(还原态)的稳定存在区；在线①以上是 H^+(氧化态)的稳定区、线①以下是 H_2(还原态)的稳定存在区。

(2) 在 E-pH 图中任意两条线所代表的电极反应都能构成一个化学反应。例如，线①、线②所代表的电极反应构成的化学反应为：$O_2(g)+2H_2(g) = 2H_2O(l)$。该反应可视为氧电极和氢电极组成的燃料电池。

一般而言，高电势区直线所代表电极反应中的氧化态能氧化低电势区直线所代表反应中的还原态即

$$[\text{氧化态}]_{\text{上}}+[\text{还原态}]_{\text{下}}\longrightarrow[\text{还原态}]_{\text{上}}+[\text{氧化态}]_{\text{下}}$$

且两直线相距越远，以此两直线所代表的电极反应组成电池时，电池的电动势就越大，因此该氧化还原反应的趋势就越大。

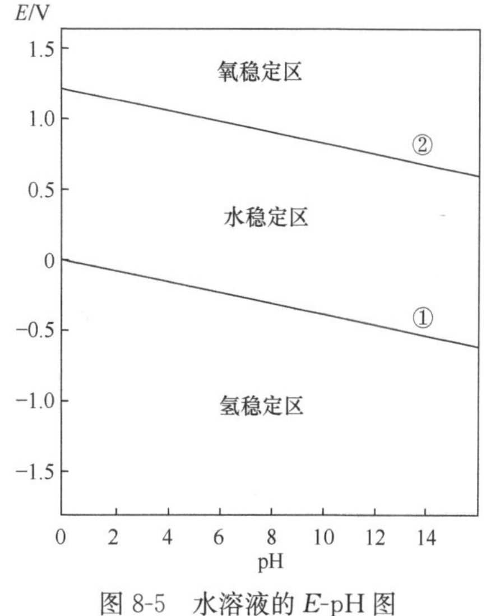

图 8-5　水溶液的 E-pH 图

思考题 8.5　根据水的 E-pH 图说明为什么氢氧燃料电池的可逆电动势在任何 pH 时都等于 1.229V。

8.4　电动势与电极电势的应用

8.4.1　判断氧化剂和还原剂的相对强弱

E 值的高低可用来判断氧化剂和还原剂的相对强弱。E 值越高(代数值越大)，电对的氧化态是越强的氧化剂；E 值越低(代数值越小)，电对的还原态是越强的还原剂。

8.4.2　判断氧化还原反应进行的方向

将反应设计成原电池，计算其电动势。如果 $E>0$，说明反应可正向进行；如果 $E<0$，说明反应可逆向进行。

1) 根据 $E^\ominus$ 值判断标准状况下氧化还原反应进行的方向

(1) 先将某氧化还原反应分成两个电极反应，查出相应的 $E^\ominus$。

(2) 将两个电极组成原电池，以氧化型物质(氧化剂)作为原电池的正极，以还原型物质(还原剂)作为原电池的负极。

(3) 计算原电池的标准电极电势 $E^\ominus$：

$$E^\ominus = E_+^\ominus - E_-^\ominus$$

若 $E^\ominus>0$，电池反应按指定方向可自发地进行(电子自动地由负极流向正极)。

若 $E^\ominus<0$，电池反应不能按指定方向可自发地进行，而是按逆向进行。

【例 8-11】　试判断在标准状态下，下列反应自发进行的方向：

$$2Fe^{3+}+2Br^- \rightleftharpoons 2Fe^{2+}+Br_2$$

解　首先将此氧化还原反应分成两个电极反应，查出 $E^\ominus$ 值。

$$Fe^{3+}+e^- \longrightarrow Fe^{2+} \qquad E^\ominus=+0.771V$$

$$Br_2+2e^- \longrightarrow 2Br^- \qquad E^\ominus=+1.066V$$

把这两个电极反应组成原电池，$E(Fe^{3+}/Fe^{2+})$为正极，$E(Br_2/Br^-)$为负极，电池反应为

$$2Fe^{3+} + 2Br^- \rightleftharpoons Br_2 + 2Fe^{2+}$$

电池的标准电极电势为

$$E^\ominus = E_+^\ominus - E_-^\ominus = 0.771 - 1.066 = -0.295(\mathrm{V})$$

因为

$$E^\ominus < 0,\quad \Delta_r G^\ominus > 0$$

所以此氧化还原反应正向不能自发进行，逆向自发进行。

【例 8-12】 Sn^{2+}能否将Fe^{3+}还原成Fe^{2+}？

解 查表得

$$Fe^{3+} + e^- \longrightarrow Fe^{2+} \qquad E^\ominus = +0.771\mathrm{V}$$

$$Sn^{4+} + 2e^- \longrightarrow Sn^{2+} \qquad E^\ominus = +0.151\mathrm{V}$$

因为标准电池电动势和标准吉布斯自由能为

$$E^\ominus > 0,\quad \Delta_r G^\ominus < 0$$

所以此氧化还原反应向右自发地进行，即Sn^{2+}能将Fe^{3+}还原成Fe^{2+}。

从该题可以看出，当所有物质的活度都处于标准态时，用标准电极电势$E^\ominus$可直接判断其氧化还原的次序，标准电极电势越小，其还原态越容易氧化；反之，标准电极电势越大，其氧化态越易还原。

2）根据电池电动势E值判断氧化还原反应进行方向

当反应物质的活度不是都处于标准态时，要用电动势E来判断其氧化还原的次序，因为要考虑到反应物质的浓度对电极电势的影响。

【例 8-13】 判断$2Fe^{3+} + 2I^- \rightleftharpoons 2Fe^{2+} + I_2$在标准状态下和$c(Fe^{3+}) = 0.001\mathrm{mol \cdot L^{-1}}$，$c(I^-) = 0.001\mathrm{mol \cdot L^{-1}}$，$c(Fe^{2+}) = 1.0\mathrm{mol \cdot L^{-1}}$时反应方向如何？

解 在标准状态$E^\ominus(I_2/I^-) = 0.536\mathrm{V}$，$E^\ominus(Fe^{3+}/Fe^{2+}) = 0.771\mathrm{V}$

$$\begin{aligned} E^\ominus &= E_+^\ominus - E_-^\ominus \\ &= E^\ominus(Fe^{3+}/Fe^{2+}) - E^\ominus(I_2/I^-) \\ &= 0.771 - 0.536 = 0.235(\mathrm{V}) > 0 \end{aligned}$$

反应方向为

$$2Fe^{3+} + 2I^- \rightleftharpoons 2Fe^{2+} + I_2$$

在非标准状态：

$$\begin{aligned} E(Fe^{3+}/Fe^{2+}) &= E^\ominus(Fe^{3+}/Fe^{2+}) + \frac{0.0592}{1}\lg\frac{c(Fe^{3+})}{c(Fe^{2+})} \\ &= 0.771 + 0.0592\lg\frac{1.0\times10^{-3}}{1.0} \\ &= 0.595(\mathrm{V}) \end{aligned}$$

$$\begin{aligned} E(I_2/I^-) &= E^\ominus(I_2/I^-) + \frac{0.0592}{2}\lg\frac{c(I_2)}{c(I^-)^2} \\ &= 0.536 + \frac{0.0592}{2}\lg\frac{1.0}{(0.001)^2} \\ &= 0.714(\mathrm{V}) \end{aligned}$$

$$E = 0.595 - 0.714 = -0.119(\mathrm{V}) < 0$$

所以反应逆向进行：$2Fe^{2+} + I_2 \rightleftharpoons 2Fe^{3+} + 2I^-$。

必须指出的是，用标准电极电势$E^\ominus$来判断氧化还原反应的方向，一般只适用于组成原电

池的电动势较大的场合($E^{\ominus}>0.2\text{V}$)。如果电动势较小($E^{\ominus}<0.2\text{V}$),则需综合考虑浓度、酸度、温度对电极电势的影响。

8.4.3 判断氧化还原反应进行的程度

氧化还原反应进行的程度可用反应的标准平衡常数来衡量。

若电池反应中各参加反应的物质都处于标准状态,则

$$\Delta_r G_m^{\ominus} = -zE^{\ominus}F \tag{8-10}$$

已知 $\Delta_r G_m^{\ominus}$ 与反应的平衡常数 $K^{\ominus}$ 的关系为

$$\Delta_r G_m^{\ominus} = -RT\ln K^{\ominus} \tag{8-11}$$

合并式(8-10)和式(8-11)得

$$E^{\ominus} = \frac{RT}{zF}\ln K^{\ominus} \tag{8-12}$$

298K 时

$$E^{\ominus} = \frac{0.0592}{z}\lg K^{\ominus} \tag{8-13}$$

标准电动势 $E^{\ominus}$ 的值可以通过标准电极电势表(见附录)获得,从而可通过式(8-12)计算反应的平衡常数 $K^{\ominus}$。

【例 8-14】 求电池反应 $Sn + Pb^{2+} \rightleftharpoons Sn^{2+} + Pb$ 在 298K 时的标准平衡常数。

解 上述反应可设计成下列电池:

$$(-)Sn \mid Sn^{2+}(c = 1\text{mol}\cdot\text{L}^{-1}) \parallel Pb^{2+}(c = 1\text{mol}\cdot\text{L}^{-1}) \mid Pb(+)$$

从标准电极电势表查得数据 $E^{\ominus}(Sn^{2+}/Sn) = -0.138\text{V}$,$E^{\ominus}(Pb^{2+}/Pb) = -0.126\text{V}$

$$E^{\ominus} = E_{+}^{\ominus} - E_{-}^{\ominus} = (-0.126\text{V}) - (-0.138\text{V}) = 0.012\text{V}$$

根据式(8-13)

$$\lg K^{\ominus} = \frac{2 \times 0.012}{0.0592} = 0.41$$

$$K^{\ominus} = 2.55$$

因此将 Sn 插到 $1\text{mol}\cdot\text{L}^{-1}$ Pb^{2+} 溶液中:$[Sn^{2+}]/[Pb^{2+}] = 2.55$。

从求 $K^{\ominus}$ 的式(8-12)也可以看出,正、负极标准电势值相差越大,即标准状态时电池电动势越大,平衡常数也越大,反应进行得越彻底。因此,可以直接用 $K^{\ominus}$ 值的大小来估计反应进行的程度。依据一般标准,如果平衡常数 $K=10^5$,反应向右进行的程度就相当完全。一般来说(若在反应中转移的电子数为 2),$E^{\ominus}>0.2\text{V}$ 时,K 值就大于 10^5。这是一个直接用电势的大小来衡量氧化还原反应进行的程度的有用数据。

8.4.4 相关常数的求算

微溶盐的活度积常数、配合物的稳定常数、弱电解质的解离平衡常数等,实际上都是在特定情况下的标准平衡常数。我们可以设计一个电池,使电池反应为所求常数的反应,就可由电池的电动势计算所求常数。例如

电池　　$(-)Ag(s) \mid Ag^{+}(c_1) \parallel Br^{-}(c_2) \mid AgBr(s) \mid Ag(s)(+)$

则电池反应为

$$AgBr(s) \rightleftharpoons Ag^{+}(c_1) + Br^{-}(c_2)$$

因此,找到该电池的标准电动势 $E^{\ominus}$ 就可以得到微溶盐 AgBr(s)的溶度积常数

$$K_{sp}^{\ominus} = K^{\ominus} = \exp[zFE^{\ominus}/(RT)]$$

【例 8-15】 根据标准电极电势求 $Ag^+ + Cl^- \rightleftharpoons AgCl(s)$的 $K_{sp}^{\ominus}(AgCl)$和该反应的 $K^{\ominus}$。

解 将 Ag^+生成 AgCl(s)的反应方程式两边各加上一个金属 Ag,得下式

$$Ag^+ + Cl^- + Ag \rightleftharpoons AgCl(s) + Ag$$

上述反应可以分解为两个电对:Ag^+/Ag 电对和 AgCl/Ag 电对。两个电对可设计成下列电池:

$$(-)Ag \mid AgCl(s) \mid KCl(c = 1mol \cdot L^{-1}) \parallel AgNO_3(c = 1mol \cdot L^{-1}) \mid Ag(+)$$

查表得 (1) $Ag^+ + e^- \longrightarrow Ag$ $E^{\ominus}(Ag^+/Ag) = 0.7996V$

(2) $AgCl(s) + e^- \longrightarrow Ag + Cl^-$ $E^{\ominus}(AgCl/Ag) = 0.2223V$

$$E^{\ominus} = E^{\ominus}(Ag^+/Ag) - E^{\ominus}(AgCl/Ag) = 0.7996 - 0.2223 = 0.577(V)$$

$$E^{\ominus} = 0.0592\lg\frac{c(AgCl)}{c(Ag^+)c(Cl^-)} = 0.0592\lg\frac{1}{K_{sp}^{\ominus}(AgCl)}$$

$$K_{sp}^{\ominus}(AgCl) = 1.71 \times 10^{-10}$$

$$K^{\ominus} = \frac{1}{K_{sp}^{\ominus}} = \frac{1}{1.71 \times 10^{-10}} = 5.86 \times 10^9$$

8.4.5 元素电势图及其应用

1. 元素电势图

大多数非金属元素和过渡元素可以存在几种氧化态,同一元素的不同氧化数的物质其氧化能力或还原能力不同。为了突出表示同一种元素各种不同氧化数物质的氧化还原能力以及它们相互之间的关系,拉提默(W. M. Latimer)建议把同一种元素的不同氧化数物质所对应的电对的标准电极电势以图解方式表示,此图称为元素电势图或拉提默图。比较简单的元素电势图是把同一种元素的各种氧化态按照高低顺序排成横列,使用时应注意:在两种氧化态之间若构成一个电对,就用一条直线把它们连接起来,并在上方标出这个电对所对应的标准电极电势。根据溶液的 pH 不同,又可以分为两大类:E_A(A 表示酸性溶液,acidic solution)表示溶液的 pH=0;E_B(B 表示碱性溶液,basic solution)表示溶液的 pH=14。书写某一种元素的元素电势图时,既可以将全部氧化态列出,也可以根据需要列出其中的一部分。例如,碘的元素电势图。

$$E_A^{\ominus}/V \quad H_5IO_6 \xrightarrow{\sim+1.60} IO_3^- \xrightarrow{+1.15} HIO \xrightarrow{+1.44} I_2 \xrightarrow{+0.54} I^-$$

(IO_3^-—I_2: 1.21;HIO—I^-: +0.99)

$$E_B^{\ominus}/V \quad H_3IO_6^{2-} \xrightarrow{\sim+0.70} IO_3^- \xrightarrow{+0.56} IO^- \xrightarrow{+0.44} I_2 \xrightarrow{+0.54} I^-$$

(IO^-—I^-: +0.49)

也可以列出其中的一部分,例如

$$E_A^{\ominus}/V \quad HIO \xrightarrow{+1.44} I_2 \xrightarrow{+0.54} I^-$$

(HIO—I^-: +0.99)

元素电势图清楚地表示了同种元素的不同氧化数物质氧化能力、还原能力的相对大小。不仅可以全面地看出一种元素各种氧化态之间的电极电势高低和相互关系,而且可以判断出哪些氧化态在酸性或碱性溶液中能稳定存在。

元素电势图还有以下用途:根据几个相邻电对的已知标准电极电势,求算其他电对的标准

电极电势。例如，某元素电势图为

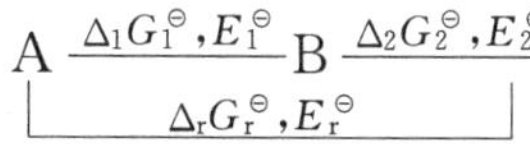

$$\mathrm{A}\xrightarrow{\Delta_1G_1^\ominus,E_1^\ominus}\mathrm{B}\xrightarrow{\Delta_2G_2^\ominus,E_2^\ominus}\mathrm{C}\qquad(\mathrm{A}\to\mathrm{C}:\ \Delta_rG_r^\ominus,E_r^\ominus)$$

根据标准自由能变化和电对的标准电极电势关系：

$$\Delta_1G_1^\ominus=-n_1FE_1^\ominus$$

$$\Delta_2G_2^\ominus=-n_2FE_2^\ominus$$

$$\Delta_rG_r^\ominus=-nFE_r^\ominus$$

n_1，n_2，n 分别为相应电对的电子转移数，其中 $n=n_1+n_2$，则

$$\Delta_rG_r^\ominus=-nFE_r^\ominus=-(n_1+n_2)FE_r^\ominus$$

$$\Delta_rG_r^\ominus=\Delta_1G_1^\ominus+\Delta_2G_2^\ominus$$

于是

$$-(n_1+n_2)FE_r^\ominus=-n_1FE_1^\ominus+(-n_2FE_2^\ominus)$$

整理得

$$E_r^\ominus=\frac{n_1E_1^\ominus+n_2E_2^\ominus}{n_1+n_2}$$

若有 i 个相邻电对，则

$$E_r^\ominus=\frac{n_1E_1^\ominus+n_2E_2^\ominus+\cdots+n_iE_i^\ominus}{n_1+n_2+\cdots+n_i}\tag{8-14}$$

从中可以看出，当电极反应式相加（减）时，Δ_rG 之间也是相加（减）的关系，因为它是容量性质。但 E(B)之间则不是简单的相加（减）的关系，E(B)是强度性质，E(B)之间的关系要通过 Δ_rG 的值计算。

【例 8-16】 试从氯的元素电势图中的已知标准电极电势

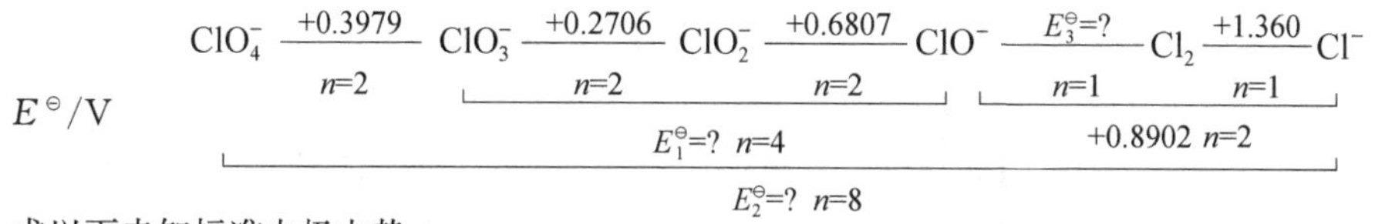

$E^\ominus$/V

$$ClO_4^-\xrightarrow[n=2]{+0.3979}ClO_3^-\xrightarrow[n=2]{+0.2706}ClO_2^-\xrightarrow[n=2]{+0.6807}ClO^-\xrightarrow[n=1]{E_3^\ominus=?}Cl_2\xrightarrow[n=1]{+1.360}Cl^-$$

$ClO_3^-\to ClO^-$：$E_1^\ominus=?\ n=4$；$ClO^-\to Cl^-$：$+0.8902\ n=2$；$ClO_4^-\to Cl^-$：$E_2^\ominus=?\ n=8$

求以下未知标准电极电势

$$E_1^\ominus(ClO_3^-/ClO^-)=?，\quad E_2^\ominus(ClO_4^-/Cl^-)=?\text{和}\ E_3^\ominus(ClO^-/Cl_2)=?$$

解　根据各电对间的氧化数变化和已知的标准电极电势，则

$$E_1^\ominus(ClO_3^-/ClO^-)=\frac{2E^\ominus(ClO_3^-/ClO_2^-)+2E^\ominus(ClO_2^-/ClO^-)}{n}$$

$$=\frac{(2\times0.2706+2\times0.6807)\mathrm{V}}{4}=0.4757\mathrm{V}$$

$$E_2^\ominus(ClO_4^-/Cl^-)=\frac{2E^\ominus(ClO_4^-/ClO_3^-)+4E^\ominus(ClO_3^-/ClO^-)+2E^\ominus(ClO^-/Cl^-)}{n}$$

$$=\frac{(2\times0.3979+4\times0.4757+2\times0.8902)\mathrm{V}}{8}=0.5600\mathrm{V}$$

$$E_3^\ominus(ClO^-/Cl_2)=\frac{2E^\ominus(ClO^-/Cl^-)-E^\ominus(Cl_2/Cl^-)}{n}$$

$$=\frac{(2\times0.8902-1.360)\mathrm{V}}{1}=0.4200\mathrm{V}$$

2. 判断能否发生歧化反应

歧化反应是一种自身氧化还原反应。例如，某元素的三种氧化态组成两个电对，按氧化态由高到低排列为

$$A \xrightarrow{E^{\ominus}_{左}} B \xrightarrow{E^{\ominus}_{右}} C$$

$$\xrightarrow{\text{氧化态降低}}$$

假设 B 发生歧化反应，过程中 B⟶C 获得电子为电池的正极；B⟶A 失去电子为电池的负极。则反应的电动势应该大于零

$$E^{\ominus} = E^{\ominus}_{正} - E^{\ominus}_{负} = E^{\ominus}_{右} - E^{\ominus}_{左} > 0 \quad 即 \quad E^{\ominus}_{右} > E^{\ominus}_{左}$$

例如，已知铜的元素电势图为

$$E^{\ominus}_{A}/V \qquad Cu^{2+} \xrightarrow{+0.153} Cu^{+} \xrightarrow{0.521} Cu \quad (Cu^{2+} \xrightarrow{+0.34} Cu)$$

根据以上讨论判断 Cu^{+} 的歧化反应 $2Cu^{+} \longrightarrow Cu^{2+} + Cu$ 是否能够发生。

因为 $E^{\ominus}_{右} > E^{\ominus}_{左}$，所以在酸性溶液中，$Cu^{+}$ 不稳定，它将发生上述歧化反应。

3. 解释元素的氧化还原特性

根据元素电势图，还可以描绘出某一元素的一些氧化还原特性。例如，金属铁在酸性介质中的元素电势图为

$$E^{\ominus}_{A}/V \qquad Fe^{3+} \xrightarrow{+0.771} Fe^{2+} \xrightarrow{-0.44} Fe$$

利用此电势图，可以预测金属铁在酸性介质中的一些氧化还原特性。因为 $E^{\ominus}_{A}(Fe^{2+}/Fe) < 0$，而 $E^{\ominus}_{A}(Fe^{3+}/Fe^{2+}) > 0$，故在稀盐酸或稀硫酸等非氧化性稀酸中，Fe 主要被氧化为 Fe^{2+} 而非 Fe^{3+}。即

$$Fe + 2H^{+} \longrightarrow Fe^{2+} + H_2 \uparrow$$

但是在酸性介质中，Fe^{2+} 是不稳定的，易被空气中的氧所氧化。

因为

$$Fe^{3+} + e^{-} \rightleftharpoons Fe^{2+} \qquad E^{\ominus}_{A}(Fe^{3+}/Fe^{2+}) = 0.771V$$

$$O_2 + 4H^{+} + 4e^{-} \rightleftharpoons 2H_2O \qquad E^{\ominus}_{A}(O_2/H_2O) = +1.229V$$

所以

$$4Fe^{2+} + O_2 + 4H^{+} \longrightarrow 4Fe^{3+} + 2H_2O$$

由于 $E^{\ominus}_{A}(Fe^{2+}/Fe) < E^{\ominus}_{A}(Fe^{3+}/Fe^{2+})$，故 Fe^{2+} 不会发生歧化反应，却可以发生歧化反应的逆反应：

$$Fe + 2Fe^{3+} \longrightarrow 3Fe^{2+}$$

因此，在 Fe^{2+} 盐溶液中，加入少量金属铁，能避免 Fe^{2+} 被空气中氧气氧化为 Fe^{3+}。由此可见，在酸性介质中铁最稳定的离子是 Fe^{3+}，而不是 Fe^{2+}。

8.5 电解与金属防腐

电化学的最重要的应用之一是电解，即通过外加电压，将电能转化为化学能，形成电镀、电解微细加工、电解冶金、无机电合成和有机电合成等电化学工业。

8.5.1 电解

使电能转变成化学能的装置称为电解池(electrolytic cell)。当一个电池与外接电源反向对接时,只要外加的电压略大于该电池的电动势 E 时,电池接受外界所提供的电能,电池反应发生逆转,原电池就变成了电解池。

这种在外加电源作用下发生的氧化还原过程称为电解。依靠外加电压在两极上发生的氧化还原反应称为电解反应(electrolysis reaction)。电解反应是非自发进行的反应。通过对电池电动势的计算,可以从理论上求得使电解开始所必需的最小外加电压,称为理论分解电压。

实际上,电解时所需的外加电压(实际分解电压)总是大于理论分解电压。例如,电解 $5mol \cdot L^{-1}$ NaCl 溶液需要的外加电压为 2.2V,比理论分解电压(1.73V)大得多。究其原因主要有两个方面:一是电解质溶液(严格地讲尚有导线,接触点)都有一定电阻,电流通过时必然会额外消耗电能;二是当电流通过时,两个电极上进行的是不可逆电解过程,其电极电势(称为不可逆电极电势)会偏离由能斯特公式计算得到的可逆电极电势。其偏离的数值称为超电势。电解时由于超电势的存在也会额外消耗电能。

法拉第(Faraday)电解定律　法拉第研究了通过溶液的电量与电极上起化学变化的物质量之间的关系,总结出了著名的电解定律,其基本内容是:在电解时,电极上发生化学反应的物质质量和通过电解池的电量 q 成正比。可以概括为下列公式:

$$m = \frac{M}{zF}q = \frac{M}{zF}I \cdot t \tag{8-15}$$

式中:m 为电极上参与化学反应的物质的质量,单位为 kg;M 为参与反应物质的摩尔质量,单位为 $kg \cdot mol^{-1}$;F 为法拉第常量;z 为电极反应的计量方程式中电子的计量系数;t 为时间,单位为 s;I 为电流强度,单位为 A。

【例 8-17】 在镀银的镀槽中,以 15A 的电流电镀 30min,问能沉积出多少克银?

解　电极反应:$Ag^+ + e^+ \longrightarrow Ag$。银的摩尔质量 $M = 1.0787 \times 10^{-1} kg \cdot mol^{-1}$,$z=1$,$I=15A$,$t=30 \times 60s$,$F=96\,485C \cdot mol^{-1}$,将这些数据代入式(8-15),因此可得银的析出量:

$$m = \frac{1.0787 \times 10^{-1} \times 15 \times 30 \times 60}{96\,485} = 3.0 \times 10^{-2} kg = 30g$$

电解法制备产品过程中消耗电能的多少,是极为重要的经济指标,在实验室或工业生产中进行电解反应时,实际消耗的电能往往超过理论计算值。通常,我们把理论上所需的电能与实际消耗的电能之比称为电能效率,即

$$\text{电能效率} = \frac{\text{理论上所需的能量}}{\text{实际消耗的能量}} \times 100\% = \text{电流效率} \times \text{电压效率}$$

而电流效率与电压效率又可分别表示:

$$\text{电流效率} = \frac{\text{实际产量}}{\text{理论产量}} \times 100\%$$

$$\text{电压效率} = \frac{\text{理论分解电压}}{\text{电解槽的实际槽电压}} \times 100\%$$

理论分解电压,即电解产物所构成的电池的可逆电动势。

【例 8-18】 通入某食盐水电解槽 10 000A 的电流 2h,共产生 NaOH(折合成 100%的固体碱)28.5kg,已知,电解槽中所构成的方向与电解过程相反的原电池的可逆电动势为 2.17V,而实际测得其槽电压为 3.3V,

试分别计算其电能效率、电压效率和电流效率。

解 计算理论产量

$$m=\frac{40.00\times10^{-3}}{1}\times\frac{10\,000\times2\times60\times60}{96\,485}=29.85\text{kg}$$

因此可得

$$\text{电流效率}=\frac{\text{实际产量}}{\text{理论产量}}\times100\%=\frac{28.5}{29.85}\times100\%=95.5\%$$

$$\text{电压效率}=\frac{\text{理论分解电压}}{\text{电解槽的实际槽电压}}\times100\%=\frac{2.17}{3.3}\times100\%=65.8\%$$

$$\text{电能效率}=\text{电流效率}\times\text{电压效率}=95.5\%\times65.8\%=62.8\%$$

8.5.2 腐蚀与防护

由于金属腐蚀而遭受到的损失是非常严重的，据统计，每年全世界由于腐蚀而报废的金属设备和材料的量为金属年产量的 20%～30%。因此，研究金属的腐蚀和防腐是一项很有意义的工作。在腐蚀作用中又以电化学腐蚀最为严重。电化学腐蚀与防护问题既有我们日常生活常见到的钢铁生锈、电池的点蚀等问题，也有与当前新能源、新材料等领域密切相关的问题。可以说，腐蚀与防护问题存在于国民经济和科学技术的各个领域，不断地提出的新问题促使腐蚀与防护成为一门飞速发展的综合性边缘学科。

1. 金属的电化学腐蚀

金属表面与周围介质发生化学作用及电化学作用而遭受破坏，统称为金属腐蚀。当金属表面与介质如气体或非电解质液体等发生化学作用而引起的腐蚀，称为化学腐蚀(chemical corrosion)。化学腐蚀作用进行时没有电流产生。当金属表面在介质如潮湿空气、电解质溶液等中时，形成微电池而发生电化学作用引起的腐蚀，称为电化学腐蚀(electrochemistry corrosion)。

如图 8-6 所示，当两种金属或者两种不同的金属制成的物体相接触、同时又与其他介质(如潮湿空气、其他潮湿气体、水或电解质溶液等)相接触时，就形成了一个原电池，进行原电池的电化学作用。例如，在一块铜板上有一些铁的铆钉(图8-6)，长期暴露在潮湿的空气中，在铆钉的部位就特别容易生锈。这是因为铜板暴露在潮湿空气中时表面上会凝结一层薄薄的水膜，空气里的 CO_2、工厂区的 SO_2、沿海地区潮湿空气中的 NaCl 都能溶解到这一薄层水膜中形成电解质溶液，原电池就这样形成了。其中，铁是阳极，铜是阴极。在阳极上一般都是金属的溶解过程(即金属被腐蚀过程)，如 Fe 发生氧化作用。

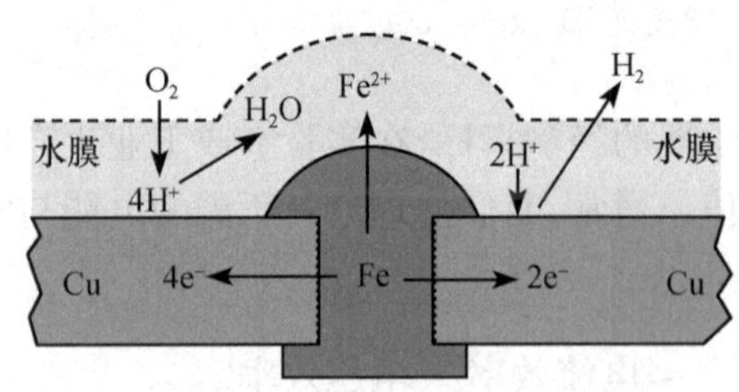

图 8-6 金属被腐蚀过程图

$$Fe(s)\longrightarrow Fe^{2+}+2e^-$$

在阴极上，由于条件不同可能发生不同的反应。如在阴极(Cu)上可发生：

(1) 氢离子还原成 $H_2(g)$析出(称为析氢腐蚀)

$$2H^++2e^-\longrightarrow H_2(g)$$

(2) 大气中的氧气在阴极上取得电子，而发生还原反应(称为吸氧腐蚀)

$$O_2 + 2H_2O + 4e^- \longrightarrow 4OH^-$$

一般来说，在空气中氧分压 $p(O_2)=21kPa$ 时，$E^{\ominus}(O_2/OH^-)=1.23V$，远远高于 $E^{\ominus}(H^+/H_2)$，所以吸氧腐蚀更容易发生，因而当有氧气存在时铁的锈蚀特别严重。

由于两种金属紧密相连，电池反应不断地进行，Fe 变成 Fe^{2+} 而进入溶液，多余的电子移向铜极，在铜极上氧气和氢离子被消耗掉，生成水，Fe^{2+} 就与溶液中的 OH^- 结合，生成氢氧化亚铁 $Fe(OH)_2$，然后又和潮湿空气中水分和氧发生作用，最后生成铁锈（铁锈是铁的各种氧化物和氢氧化物的混合物）

$$4Fe(OH)_2 + 2H_2O + O_2 \xlongequal{} 4Fe(OH)_3$$

结果是铁受到了腐蚀。

工业上使用的金属不可能是完全纯净的，经常存在一些杂质。在表面上金属的电势和杂质的电势不尽相同，这就构成了以金属和杂质为电极的许多原电池，通常称为微电池（或腐蚀电池）。例如，工业用钢材其中含有杂质（如碳等），当其表面覆盖一层电解质薄膜时，铁、碳及电解质溶液就构成微型腐蚀电池。如图 8-7 所示，该微型电池中碳是阴极，铁是阳极，氢离子在碳阴极上放电，铁阳极不断溶解而受到腐蚀。

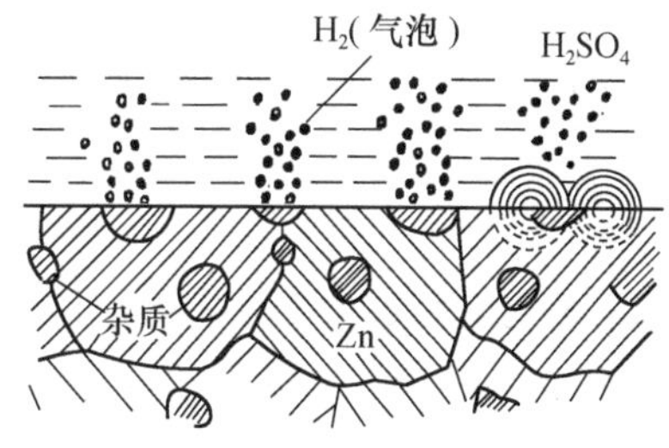

图 8-7　含杂质的工业锌在 H_2SO_4 中的溶解图

金属表面不同部位电解质溶液浓度不均匀形成的浓差电池也能产生电化学腐蚀。

2. 金属的防腐

常用的金属的防腐的方法有以下几种。

(1) 非金属保护层。将耐腐蚀的物质如油漆、搪瓷、陶瓷、玻璃、沥青和高分子材料（如塑料、橡胶、聚酯等）涂在需要保护的金属表面上，使金属与腐蚀介质间隔开。当这些保护层完整时能起保护的作用。

(2) 金属保护层。用耐腐蚀性较强的金属或合金覆盖在被保护的金属表面上，重要的覆盖方法是电镀。按防腐蚀的性质来说，保护层可分为阳极保护层和阴极保护层。前者是镀上去的金属比被保护的金属有较负的电极电势，如把锌镀在铁上（锌为阳极，铁为阴极）；后者是镀上去的金属比被保护的金属有较正的电极电势，如把锡镀在铁上（此时锡为阴极，铁为阳极）。就保护层把被保护的金属与外界介质隔开这一点来说，两种保护层的作用并无原则上的区别。但当保护层受到损坏而变得不完整时，腐蚀的情况就不相同了。阴极保护层失去了保护作用，它和被保护的金属形成原电池，由于被保护的金属是阳极，阳极要氧化，所以保护层的存在反而加速了腐蚀。但阳极保护层则不然，即使保护层被破坏，由于被保护的金属是阴极，所以受腐蚀的仍然是保护层本身，而被保护的金属则不受腐蚀。

(3) 电化保护。主要有以下几种方法。

保护器保护。将电极电势较低的金属和被保护的金属连接在一起，构成原电池，电极电势较低的金属作为阳极而溶解，被保护的金属作为阴极就可以避免腐蚀。例如，海上航行的船舶，在船底四周镶嵌锌块，此时，船体是阴极受到保护，锌块是阳极代替船体而受腐蚀。有时将锌块称为保护器。这种保护法是保护了阴极，牺牲了阳极，所以也称为牺牲阳极保护法。

钝化。金属表面的钝化状态也是阳极保护的一种电化学方法。铁在稀硝酸中溶解得很快,但在浓硝酸中却溶解得非常缓慢,即铁在硝酸浓度提高时反而变得更稳定了。铁在浓硝酸中的这种状态称为钝化状态(或钝态)。铁、镍、铬及其他一些金属经过各种氧化剂处理后,都能转变为钝态。由此可知:由于金属表面状态的变化,使阳极溶解(氧化)过程的超电势升高,金属的溶解速率急剧下降的作用称为钝化。可以在氧化剂的作用下使金属钝化,也可以在外电流的作用下使金属钝化。

此外,还有阳极电保护、阴极电保护、加缓蚀剂保护法等。

思考题 8.6　一个储水铁箱上被腐蚀了一个洞,用一金属片焊接在洞外面以堵漏,为了延长铁箱的寿命,选择哪种金属片好?

本章小结

氧化还原反应是一类重要的化学反应,它因有电子的转移而区别于非氧化还原反应。它的化学平衡属于氧化还原平衡。本章复习有关氧化还原等基本概念,介绍氧化数法及离子电子法配平氧化还原反应方程式。根据氧化还原反应有电子的转移,原则上都可以设计成一个原电池。本章对组成原电池的两个半电池的电极电势产生的原因、大小与电子转移反应的规律,影响电极电势的外界条件及其对氧化还原反应的影响进行了讨论,并运用这些规律和结论来解决氧化还原反应的实际问题。

本章要求:掌握有关氧化、还原;氧化剂、还原剂等概念的意义以及它们的联系。熟练掌握氧化数法和离子电子法配平氧化还原方程。理解标准电极电势的意义,掌握运用标准电极电势来判断氧化剂、还原剂的强弱、氧化还原反应的方向、计算平衡常数的方法。了解能斯特方程的意义,掌握运用它来判断离子浓度变化、介质条件对电极电势及氧化还原反应方向的影响。初步了解电解、电解定律、腐蚀与防护等内容。

Oxidation-reduction reaction is an important category of chemical reactions, with an important distinction from non-oxidation-reduction reactions in that electron- transfer happens. The chemistry equilibrium falls in the category of oxidation- reduction equilibrium. This chapter reviews the basic principles of oxidation-reduction reaction, introduces the methods of oxidation number and ion-electron balancing in redox equation. Based on the electron-transfer phenomenon in oxidation-reduction reaction, all reactions can be designed as a cell. This chapter also discusses the electrode potential of the half-cells, such as how it happens, the magnitude of electron-transfer, the ambient factors that affect the process of oxidation-reduction reactions, as well as some problem-solving examples.

After completing this chapter, students should be able to:

* Demonstrate the understanding of the concepts of oxidation, reduction, oxidant, reductant by stating their relationships;
* Master both oxidation number method and ion-electron method in redox equation balancing;
* Demonstrate understanding of standard electron potential by using the concept to determine the strength of oxidant, reducer, the direction of oxidation-reduction reaction, calculating equilibrium constant.
* Understand the meaning of Nernst equation by judging ion-density changes, and the changes in electrode potential and direction of oxidation-reduction reaction brought up by media condition changes.
* Have some basic concept of electrolysis, the law of electrolysis, corrosion and protection.

化学家史话——能斯特

能斯特(Nernst),德国物理化学家。1864年6月25日生于西普鲁士的布利森。进入莱比锡大学后,在奥

斯特瓦尔德指导下学习和工作。1887 年获博士学位。1891 年任哥丁根大学物理化学教授。1905 年任柏林大学教授。1925 年起担任柏林大学原子物理研究院院长。1932 年被选为伦敦皇家学会会员。由于纳粹政权的迫害，1933 年退职，在农村度过了他的晚年。1941 年 11 月 18 日在柏林逝世。

能斯特的研究主要在热力学方面。1889 年，他提出溶解压假说，从热力学导出了电极电势与溶液浓度的关系式，即电化学中著名的能斯特方程。同年，还引入溶度积这个重要概念，用来解释沉淀反应。他用量子理论的观点研究低温下固体的比热容；提出光化学的“原子链式反应”理论。1906 年，根据对低温现象的研究，得出了热力学第三定律，人们称之为“能斯特热定理”，这个定理有效地解决了计算平衡常数问题和许多工业生产难题，因此获得了 1920 年诺贝尔化学奖。此外，他还研制出含氧化锆及其他氧化物发光剂的白炽电灯；设计出用指示剂测定介电常数、离子水化度和酸碱度的方法；发展了分解和接触电势、钯电极性状和神经刺激理论。主要著作有：《新热定律的理论与实验基础》等。

化学知识拓展——化学电源

化学电源又称电池，是一种能将化学能直接转变成电能的装置，它通过化学反应，消耗某种化学物质，输出电能。与其他电源相比，化学电源具有能量转化率高、输出功率范围广、使用方便、安全可靠、易于携带等优点，因此，它在国民经济、科学技术、军事和日常生活方面均获得广泛应用。化学电池使用面广，品种繁多，下面简单介绍一些化学电源的知识。

1. 一次电池

一次电池也称干电池。电池中间的反应物质在进行一次电化学反应后就不能再次使用了，常用的有碱性锌锰干电池、锌汞电池、锌氧化银干电池等。碱性锌锰电池是日常生活中常用的干电池，是目前市场占有率最高的一次电池，具有自放电小、内阻小、电容量高、放电电压稳定、价格便宜等优点，已基本取代以前使用的盐类锌锰干电池和具有污染性的锌汞电池。

2. 二次电池

二次电池又称为可充电电池或蓄电池，电池放电后，通过充电方法使活性物质复原后能够再度放电，而且充放电过程可以反复多次，循环进行。它的应用已有 100 多年的历史。1859 年布兰特研制出第一个铅酸蓄电池，开始了人们对二次电池的使用，到目前该电池仍然是使用最广泛的二次电池。常用的有铅酸蓄电池、镍镉、镍铁、镍氢和银锌电池、锂电池等。其广泛用于汽车、发电站、火箭等部门。

铅蓄电池的电动势是 2.1V，随着电池放电生成水，H_2SO_4 的浓度降低，故可以通过测量 H_2SO_4 的密度来检查蓄电池的放电情况。铅蓄电池具有充放电可逆性好、放电电流大、稳定可靠、价格便宜等优点，缺点是笨重。常用作汽车和柴油机车的启动电源，坑道、矿山和潜艇的动力电源，以及变电站的备用电源。

镍氢电池是 20 世纪 80 年代随着储氢合金的研究而发展起来的一种新型二次电池。工作原理是在充放电时氢正负极之间传递，电解液不发生变化。例如 MHXx-Ni 电池，其中 MHx 为储氢合金，如 $LaNi_5$，氢以原子状态镶嵌其中。作为近年来迅速发展起来的一种高能充电电池，凭借能量密度高、可快速充放电、循环寿命长以及无污染等优点在笔记本电脑、便携式摄像机、数码相机及电动自行车等领域得到了广泛应用。目前已基本取代了传统的有污染的镍镉充电电池。不过镍氢电池是一种有记忆的电池，使用时应将电全部用完后再充电。

高能电池发展快、种类多，银锌电池就是其中的一种。具有高“比能量”和高“比功率”。电极材料是 Ag_2O_2 和 Zn。银锌蓄电池的比能量大，能大电流放电，耐震，充、放电次数可达 100～150 次循环。用作宇宙航行、人造卫星、火箭等的电源。它还具有质量轻、体积小等优点，有“纽扣”电池之称。这类电池已用于所需电流是微安或毫安级的电子手表、液晶显示的计算器或一个小型的助听器等。

锂离子电池是一种充电电池,电池中的电解液可以是凝胶体、聚合物(锂离子/锂聚合物电池)、或凝胶体与聚合物的混合物,常采用锂盐,如高氯酸锂($LiClO_4$)、六氟磷酸锂($LiPF_6$)、四氟硼酸锂($LiBF_4$)等。正极或负极必须具有类似海绵的物理结构,以释放或接收锂离子。它主要依靠锂离子在正极和负极之间移动来工作。在充放电过程中,Li^+ 在两个电极之间往返嵌入和脱嵌:充电池时,Li^+ 从正极脱嵌,经过电解质嵌入负极,负极处于富锂状态;放电时则相反。可选的正极材料很多,目前主流产品多采用锂铁磷酸盐,负极材料多采用石墨。以锂为负极的非水电解质电池有几十种,其中性能最好、最有发展前途的是锂-二氧化锰非水电解质电池。这种电池以片状金属及为负极,电解活性 MnO_2 作正极,高氯酸及溶于碳酸丙烯酯和二甲氧基乙烷的混合有机溶剂作为电解质溶液。该种电池的电动势为 2.69V,重量轻、体积小、电压高、比能量大,充电1000 次后仍能维持其能力的 90%,储存性能好,已广泛用于电子计算机、手机、无线电设备等。锂离子电池能量密度大,平均输出电压高,工作温度范围宽为－20～60℃。自放电小,没有记忆效应,循环性能优越、使用寿命长,可快速充放电、充电,效率高达 100%。不含有毒有害物质,被称为绿色电池。

3. 燃料电池

1839 年,W. Grove 爵士通过将水的电解过程逆转从氢气和氧气中获取电能,而发现了燃料电池的原理。燃料电池能将化学能直接转化为电能,与前两类电池的主要差别在于:它不是把还原剂、氧化剂物质全部储藏在电池内,而是在工作时不断从外界输入氧化剂和还原剂,同时将电极反应产物不断排出电池。燃料电池由三个主要部分组成:燃料电极(正极),电解液,空气/氧气电极(负极)。燃料电池的能量转化率可达 80%以上,而一般火电站热机效率仅为 30%～40%。电池反应的产品是电流、热量和水,不会燃烧出火焰,废物排放量很低。目前,有五种已知的燃料电池类型。其名称与采用的相应的电解质有关:

(1) 碱性燃料电池(AFC)采用氢氧化钾溶液作为电解液。这种电解液效率很高(可达 60%～90%),但对影响纯度的杂质,如二氧化碳很敏感。因而运行中需采用纯态氢气和氧气。这一点限制了将其应用于宇宙飞行及国际工程等领域。

(2) 质子交换膜燃料电池(PEMFC)采用极薄的塑料薄膜作为其电解质。这种电解质具有高功率,低质量比和低工作温度。是适用于固定和移动装置的理想材料。

(3) 磷酸燃料电池(PAFC)采用 200℃高温下的磷酸作为其电解质。很适合用于分散式的热电联产系统。

(4) 熔融碳酸燃料电池(MCFC)的工作温度可达 650℃。这种电池的效率很高,但材料需求的要求也高。

(5) 固态氧燃料电池(SOFC)采用的是固态电解质,性能很好。需要采用相应的材料和过程处理技术,因为电池的工作温度约为 1000℃。

汽车工业已选择了燃料电池作为未来的动力来源以满足减少废气排放的要求。PEMFC 采用了适当的技术规范,用在移动和固定式发电、动力系统都很合适。热电联产系统(CHP)或热电联产电厂是为需要电力以及供热或制冷的用户而设计的。根据电厂和燃料的类型,CHP 的电效率约为 35%。

4. 海洋电池

以往海上航标灯等小规模用电,由一次或二次性电池供电。这些电池体积大、电能低、价格高,或要定期充电、工作量大、费用高。1991 年,我国首创以“铝-空气-海水”为能源的新型电池,称之为海洋电池,它是一种无污染、长效、稳定可靠的电源。海洋电池是以铝合金为电池负极,金属(Pt、Fe)网为正极,用取之不尽的海水为电解质溶液,它靠海水中的溶解氧与铝反应产生电能的。海洋电池本身不含电解质溶液和正极活性物质,不放入海洋时,铝极就不会在空气中被氧化,可以长期储存。用时,把电池放入海水中便可供电,其能量比干电池高 20～50 倍。电池设计使用周期可长达一年以上,避免经常交换电池的麻烦。即使更换,也只是换一块铝板,铝板的大小可根据实际需要而定。海洋电池没有怕压部件,在海洋下任何深度都可以正常工作。海洋电池以海水为电解质溶液,不存在污染,是海洋用电设施的能源新秀。

5. 微生物燃料电池

微生物燃料电池是一种利用微生物将有机物中的化学能直接转化成电能的装置。其基本工作原理是：在阳极室厌氧环境下，有机物在微生物作用下分解并释放出电子和质子，电子依靠合适的电子传递介体在生物组分和阳极之间进行有效传递，并通过外电路传递到阴极形成电流，而质子通过质子交换膜传递到阴极，氧化剂(一般为氧气)在阴极得到电子被还原与质子结合成水。

随着研究的深入，微生物燃料电池已可以利用各种污水中所富含有机物质进行电能的生产。它的发展不仅可以缓解日益紧张的能源危机以及传统能源所带来的温室效应，同时可以处理生产和生活中的各种污水。因此微生物燃料电池是一种无污染、清洁的新型能源技术，其研究和开发必将受到越来越多的关注。

习　题

1. 配平下列方程，并指出氧化剂和还原剂。

(1) $Pb + Sn^{2+} \longrightarrow Pb^{2+} + Sn$

(2) $Cr_2O_7^{2-} + Cl^- + H^+ \longrightarrow Cr^{3+} + Cl_2 + H_2O$

(3) $Fe^{2+} + NO_2^- + H^+ \longrightarrow Fe^{3+} + NO + H_2O$

(4) $HgCl_2 + SnCl_2 \longrightarrow Hg_2Cl_2 + SnCl_4$

(5) $MnO_4^- + H_2O_2 + H^+ \longrightarrow Mn^{2+} + O_2 + H_2O$

(6) $NaBiO_3 + Mn^{2+} + H^+ \longrightarrow Bi^{3+} + MnO_4^- + H_2O + Na^+$

(7) $Cu^{2+} + H_2 \longrightarrow Cu + H^+$

(8) $MnO_2 + Cl^- + H^+ \longrightarrow Mn^{2+} + Cl_2 + H_2O$

(9) $Cr_2O_7^{2-} + SO_3^{2-} + H^+ \longrightarrow Cr^{3+} + SO_4^{2-} + H_2O$

(10) $H_3AsO_4 + I^- + H^+ \longrightarrow H_2AsO_3^- + I_2 + H_2O$

2. 写出下列电池中各电极上的反应和电池反应。

(1) $(-)Pt, H_2(p)|HCl(c)|Cl_2(p), Pt(+)$

(2) $(-)Pt, H_2(p)|H^+(c) \| Ag^+(c)|Ag(s)(+)$

(3) $(-)Ag(s), AgI(s)|I^-(c) \| Cl^-(c)|AgCl(s), Ag(s)(+)$

(4) $(-)Pb(s), PbSO_4(s)|SO_4^{2-}(c) \| Cu^{2+}(c)|Cu(s)(+)$

(5) $(-)Pt, H_2(p)|NaOH(c)|HgO(s), Hg(l)(+)$

(6) $(-)Pt, H_2(p)|H^+(c)|Sb_2O_3(s), Sb(s)(+)$

(7) $(-)Pt|Fe^{3+}(c), Fe^{2+}(c) \| Ag^+(c)|Ag(s)(+)$

(8) $(-)Na(Hg)(c)|Na^+(c) \| OH^-(c)|HgO(s), Hg(l)(+)$

3. 将下列化学反应设计成电池。

(1) $AgCl(s) = Ag^+(aq) + Cl^-(aq)$

(2) $AgCl(s) + I^-(aq) = AgI(s) + Cl^-(aq)$

(3) $H_2(g) + HgO(s) = Hg(l) + H_2O(l)$

(4) $Cl_2(g) + 2I^-(aq) = I_2(s) + 2Cl^-(aq)$

(5) $Zn(s) + H_2SO_4(aq) = ZnSO_4(aq) + H_2(g)$

(6) $Pb(s) + 2AgCl(s) = PbCl_2(s) + 2Ag(s)$

(7) $Pb(s) + 2HCl(aq) = PbCl_2(s) + H_2(g)$

(8) $Fe^{2+}(aq) + Ag^+(aq) = Ag(s) + Fe^{3+}(aq)$

(9) $H_2(g) + I_2(s) = 2HI(aq)$

(10) $2Cu^{+}(aq) \xlongequal{} Cu^{2+}(aq) + Cu(s)$

(11) $H_2(g) + \frac{1}{2}O_2(g) \xlongequal{} H_2O(l)$

(12) $H^{+}(aq) + OH^{-}(aq) \xlongequal{} H_2O(l)$

4. 写出下列电极反应的能斯特方程式。

(1) $Cl_2 + 2e^{-} \longrightarrow 2Cl^{-}$ $E^{\ominus}(Cl_2/Cl^{-}) = 1.358V$

(2) $MnO_2 + 4H^{+} + 2e^{-} \longrightarrow Mn^{2+} + 2H_2O$ $E^{\ominus}(MnO_2/Mn^{2+}) = 1.224V$

(3) $O_2(g) + 4H^{+} + 4e^{-} \longrightarrow 2H_2O$ $E^{\ominus}(O_2/H_2O) = 1.23V$

5. 写出下列电池反应的能斯特方程式。

(1) $2Fe^{3+} + 2I^{-} \rightleftharpoons 2Fe^{2+} + I_2$

(2) $2MnO_4^{-} + 10Cl^{-} \rightleftharpoons 2Mn^{2+} + 5Cl_2 + 8H_2O$

6. 试设计一个电池，使其进行下述反应

$$Fe^{2+}[c(Fe^{2+})] + Ag^{+}[c(Ag^{+})] \rightleftharpoons Ag(s) + Fe^{3+}[c(Fe^{3+})]$$

(1) 写出电池的表示式。

(2) 计算上述电池反应在 298K，反应进度 ξ 为 1mol 时的平衡常数 $K^{\ominus}$。

7. 写出下述电池的电极和电池反应，并计算 298K 时电池的电动势。设 $H_2(g)$ 可看作理想气体。

$$(-)Pt, H_2[p(H_2) = p^{\ominus}] \mid H^{+}[c(H^{+}) = 0.01] \parallel Cu^{2+}[c(Cu^{2+}) = 0.10] \mid Cu(s)(+)$$

8. 在 298K 时，分别用金属 Fe 和 Cd 插入下述溶液中，组成电池，试判断何种金属首先被氧化。

(1) 溶液中含 Fe^{2+} 和 Cd^{2+} 的浓度都是 $0.1mol \cdot L^{-1}$。

(2) 溶液中含 Fe^{2+} 为 $0.1mol \cdot L^{-1}$，而 Cd^{2+} 为 $0.0036mol \cdot L^{-1}$。

9. 在 298K 时，试从标准生成吉布斯自由能计算下述电池的电动势

$$(-)Ag(s), AgCl(s) \mid NaCl(c = 1mol \cdot L^{-1}) \mid Hg_2Cl_2(s), Hg(l)(+)$$

已知 AgCl(s) 和 $Hg_2Cl_2(s)$ 的标准生成吉布斯自由能分别为 $-109.57kJ \cdot mol^{-1}$ 和 $-210.35kJ \cdot mol^{-1}$。

10. 用电动势 E 的数值判断在 298K 时亚铁离子能否依下式使碘(I_2)还原为碘离子(I^{-})。

$$Fe^{2+}(1mol \cdot L^{-1}) + \frac{1}{2}I_2(s) \rightleftharpoons I^{-}(1mol \cdot L^{-1}) + Fe^{3+}(1mol \cdot L^{-1})$$

11. 反应：$5PbO_2(s) + 2Mn^{2+} + 4H^{+} \xlongequal{} 2MnO_4^{-} + 5Pb^{2+} + 2H_2O$

已知：$E^{\ominus}(PbO_2/Pb^{2+}) = 1.455V$ $E^{\ominus}(MnO_4^{-}/Mn^{2+}) = 1.510V$

试问什么情况下该反应才能自发进行?

12. 某电池的电池反应可用如下两个方程表示，分别写出其对应的 $\Delta_r G_m$、$K^{\ominus}$ 和 E 的表示式，并找出两组物理量之间的关系。

(1) $\frac{1}{2}H_2[p(H_2)] + \frac{1}{2}Cl_2[p(Cl_2)] \xlongequal{} H^{+}[c(H^{+})] + Cl^{-}[c(Cl^{-})]$

(2) $H_2[p(H_2)] + Cl_2[p(Cl_2)] \xlongequal{} 2H^{+}[c(H^{+})] + 2Cl^{-}[c(Cl^{-})]$

13. 同一种金属 Cu，找出其不同的氧化态 Cu^{+} 和 Cu^{2+} 的标准电极电势之间的关系。

14. 试从下列元素电势图中的已知标准电极电势，求 $E^{\ominus}(BrO_3^{-}/Br^{-})$ 值。

$$E_A^{\ominus}/V \quad BrO_3^{-} \xrightarrow{+1.50} BrO^{-} \xrightarrow{+1.59} Br_2 \xrightarrow{+1.07} Br^{-}$$

(BrO_3^{-} 至 Br^{-}：$E(BrO_3^{-}/Br^{-})$)

15. 试从下列元素电势图中的已知标准电极电势，求 $E^{\ominus}(IO^{-}/I_2)$ 值。

$$E_B^{\ominus}/V \quad IO^{-} \xrightarrow{E^{\ominus}(IO^{-}/I_2)} I_2 \xrightarrow{+0.54} I^{-}$$

(IO^{-} 至 I^{-}：+0.49)

16. 水的标准生成自由能是 $-237.191kJ \cdot mol^{-1}$，求在 25℃时电解纯水的理论分解电压。

17. 现拟将大小为 $100cm^2$ 的金属薄片两面都镀上一层 0.05mm 厚的镍，如所用的电流为 2.0A，而电流效率

为 96.0%，假定镀层均匀，金属镍的密度为 8.9g · cm^{-3}，则获得这一镀层需要通电多长时间？[M_r(Ni)＝58.70]

18. 298.2K、$p^{\ominus}$时，用电解沉积法分离 Cd^{2+} 和 Zn^{2+}，设溶液中 Cd^{2+} 和 Zn^{2+} 浓度均为0.1mol · L^{-1}，并知 $E^{\ominus}(Zn^{2+}/Zn)=-0.763V$，$E^{\ominus}(Cd^{2+}/Cd)=-0.403V$。问哪种金属首先在阴极上析出？当第二种金属开始析出时，前一种金属离子的浓度为多少？

19. $CuSO_4$ 水溶液插入惰性电极（石墨等电极本身只起导体作用，本身并不参与电极反应），阴极、阳极上各获得什么产物？

（湖南科技大学　蔡铁军）

第9章　原子结构与元素周期律

结构化学和量子化学(quantum chemistry)是应用量子力学的基本原理和方法研究包括原子结构和分子结构等化学问题的一门基础科学，属于理论化学的一个分支学科。原子、分子和离子是物质参与化学变化的基本单元，了解原子的内部组成、结构和性能，不仅是理解化学变化本质的前提条件，也是进一步学习结构化学和量子化学的重要基础。

9.1　原子核外电子的基本特征

9.1.1　原子组成微粒及其相互关系

从公元前5世纪至19世纪，“原子”只是一个哲学观念，哲学家认为，原子是组成宇宙万物的最微小、最坚硬、不可入、不可分的物质粒子。1897年，英国物理学家汤姆孙(J. J. Thomson)通过阴极射线实验发现了电子。在电中性的原子中，存在着带负电荷的电子，这说明原子中一定还存在着带正电荷的物质，从而打破了关于原子不可分的禁锢。1912年英国科学家卢瑟福(E. Rutherford)通过α粒子散射实验发现了原子核，并建立了原子结构的“行星式模型”。但是人们很快又发现原子的总质量往往大于带电的“原子核”与核外电子的总质量，也就是说，原子中一定还存在有一种不带电的物质。1932年英国物理学家查德威克(J. Chadwick)在原子中发现了不带电的中子，至此人类对原子的组成才有了比较完整的认识：原子由原子核(atomic nucleus)与核外电子(electron)组成，原子核又由质子(proton)与中子(neutron)组成，组成原子的微粒之间在电荷、质量和体积等方面存在着如下的关系：

每个质子带有1个正电荷，每个电子带有1个负电荷，而中子不带电。整个原子呈电中性，所以核外电子数恰好等于核内的质子数，并等于原子序数；中子的质量与质子的质量相当，而电子的质量仅为质子(或中子)质量的1/1840，所以原子质量的99.9%以上都集中在原子核。但是原子核的体积仅占原子总体积的$1/10^{13}$，这就使得其密度高达$1\times10^{13}\,g\cdot cm^{-3}$，这意味着原子核内蕴藏着巨大的潜能，原子的种类和性质主要取决于原子核。

但是在化学反应中原子核并不发生变化，而只涉及核外电子的变化，所以我们更关心核外电子的分布情况及其能量状态。核外电子属于微观粒子，由于其质量极微($9.1\times10^{-31}\,kg$)、运动范围极小(原子的半径约为$10^{-10}\,m$)而运动速度极高(约为$10^8\,m\cdot s^{-1}$)，因此核外电子具有完全不同于宏观物体的两大基本特征，即量子化特征和波粒二象性特征。

9.1.2　微观粒子的量子化特征

1. 普朗克的量子假说

根据物理量连续变化的传统观念，人们无法圆满解释黑体辐射实验曲线。为此，1900年普朗克(M. Planck)首次提出了微观粒子具有量子化特征的假说。所谓微观粒子的量子化特征是指：如果某一物理量的变化是不连续的，而是以某一最小单位作跳跃式的增减，这一物理量就是量子化(quantized)的，其变化的最小单位就称为这一物理量的量子(quantum)。

微观粒子量子化的第一个实例是能量量子化。在黑体辐射过程中，辐射能的变化 E_n 是不连续的，而是以能量的最小单元 E 的整数倍变化的

$$E_n = n \cdot E \qquad n=1,2,3,\cdots,\text{正整数} \tag{9-1}$$

最小能量单元 E 称为(能)量子。它是一个光子的能量并与光的频率成正比，又称为光量子：

$$E = h\nu \qquad h = 6.626 \times 10^{-34}\,\text{J} \cdot \text{s} \tag{9-2}$$

式中：h 称为普朗克常量。

微观粒子量子化的第二个实例是电荷量子化。在原子的电离过程中，电荷的变化是不连续的，而是以电子电量的整数倍变化的，一个电子的电荷就是电荷量子化的量子。

普朗克的量子假说否定了“一切自然过程都是连续的”的观点，成为“20 世纪整个物理学研究的基础”(爱因斯坦)。玻尔在解释氢原子光谱的实验结果时引入了量子化的概念，这是对量子假说的一个成功应用的典范。

2. 氢原子光谱实验与玻尔理论

氢原子光谱实验能反映原子内部结构和电子的能量状况，成为人类探索原子结构的一个重要窗口。受到传统观念的束缚，人们认为氢原子核外电子的能量是连续变化的，由核外电子跃迁而产生的氢原子光谱也应该是连续光谱(称为带状光谱)。然而令科学家们大惑不解的是，得到的实验结果却是不连续的线状光谱[图 9-1(a)]。

1913 年，丹麦物理学家玻尔(N. H. D. Bohr)在卢瑟福原子结构的“行星式模型”基础上，引入了普朗克的量子化概念，创立了玻尔理论，圆满地解释了氢原子光谱规律。

(1) 原子轨道的不连续性。玻尔理论的定态假设指出，氢原子核外电子不能沿任意轨道运动，只能在具有确定半径和能量的轨道上(定态)运动，电子在定态轨道上运动时并不辐射出能量。其中能量最低的定态称为基态，其他定态称为激发态。原子轨道的半径不是任意的，其规律为

$$r_n = a_0 \cdot n^2 \quad n=1,2,3,\cdots,\text{正整数} \tag{9-3}$$

式中：比例常数 $a_0 = 0.053\text{nm}$，称为玻尔半径。

(2) 原子轨道能量的不连续性。当电子受到激发，可以从能量低的轨道跃迁到能量高的轨道，原子轨道的能量不是任意的，其规律为

$$E_n = -B/n^2 \tag{9-4}$$

式中：比例常数 $B = 13.6\text{eV}/\text{电子} = 2.179 \times 10^{-18}\,\text{J}/\text{电子}$，相当于氢原子基态原子轨道的能量。

(3) 电子辐射能的不连续性。当核外电子从能量高的轨道回迁到能量低的轨道，就产生光辐射。由于跃迁只能在两个定态之间进行，因此电子的辐射能是不连续的，其规律为

$$E_{\text{辐射}} = \Delta E = E_{\text{高}} - E_{\text{低}} = B[(1/n_{\text{低}})^2 - (1/n_{\text{高}})^2] = nE_{\text{光子}} \tag{9-5}$$

式中：$E_{\text{光子}}$ 为一个光子的能量。

(4) 氢原子光谱的不连续性。根据光量子的概念可知，原子光谱的频率(ν)、波长(λ)和波数($\bar{\nu}$)取决于电子跃迁的辐射能，既然辐射能不连续，因此原子光谱也是不连续的，其规律为

$$E_{\text{光子}} = h\nu = hc/\lambda = hc\bar{\nu} \tag{9-6}$$

式中：h 为普朗克常量；ν 为频率，单位为 s^{-1}，c 为光速，$c \approx 3 \times 10^8\,\text{m} \cdot \text{s}^{-1}$，$\lambda$ 为波长，单位为 m；$\bar{\nu}$ 为波数，单位为 m^{-1}。

电子从 $n=3$、4、5、6 等轨道跃迁到 $n=2$ 的轨道时，分别产生可见光区的 H_α(红线)、H_β

(青线)、H_γ(蓝紫线)和 H_δ(紫线)的谱线；电子从 $n=2$、3、4、5、6 等轨道跃迁到 $n=1$ 的轨道时，分别产生紫外光区的一系列谱线；电子从 $n=$ 4、5、6 等轨道跃迁到 $n=3$ 的轨道时，分别产生红外光区的一系列谱线[图 9-1(b)]。

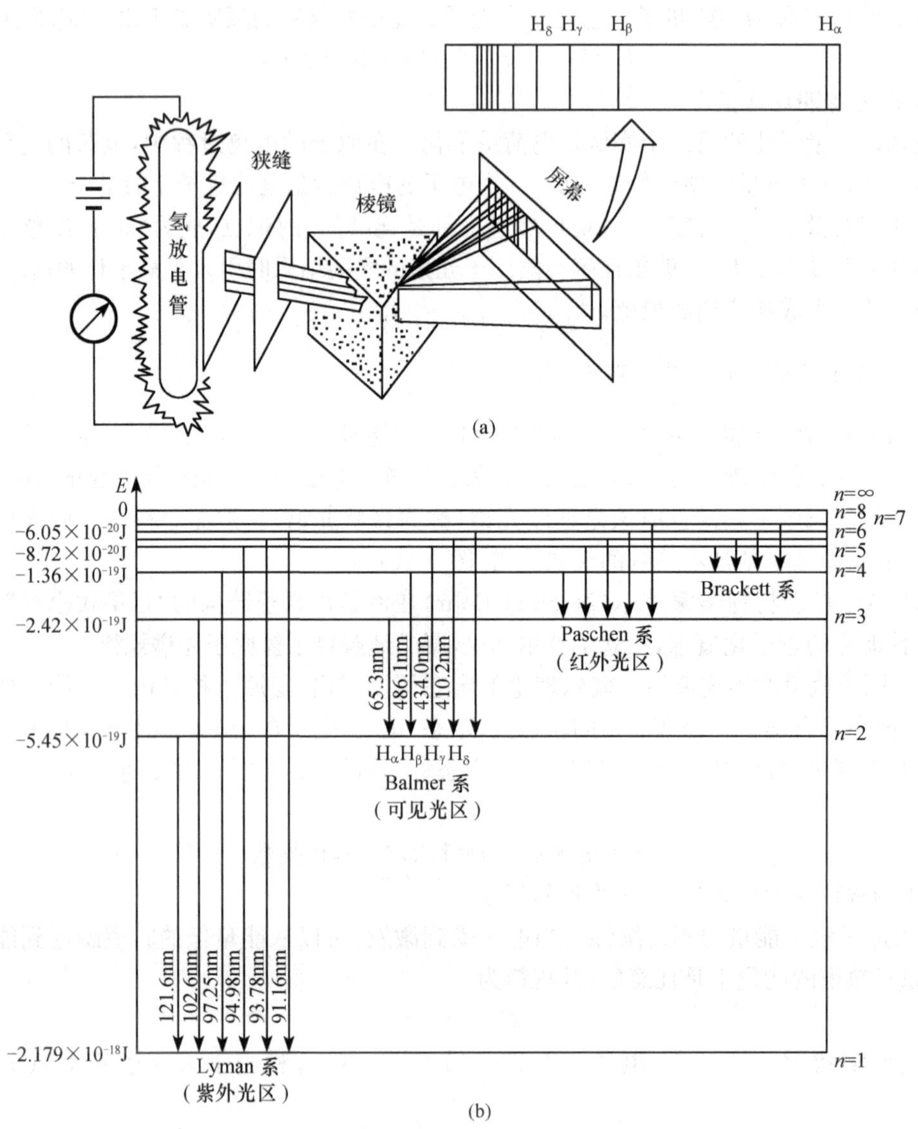

图 9-1　氢原子光谱实验及谱线的形成

3. 玻尔理论的贡献与缺陷

玻尔理论对氢原子光谱实验的推测与实验结果“惊人的一致”，不仅圆满地解释了氢原子光谱实验，还为类氢离子(核外只有一个电子的体系，如 He^+、Li^{2+}、Be^{3+} 等)的光谱实验所证实。玻尔理论中电子定态轨道的观点也得到了弗兰克-赫兹(Franck-Hertz)电子轰击原子实验的有力支持。因此，玻尔理论被誉为原子结构理论发展历史的里程碑。

由于历史的局限性，玻尔理论不可避免地存在一些缺陷：对于多电子原子中能量和波长的计算误差远远超出了允许的范围；无法解释氢原子光谱在精密分光镜(光栅)下的精细结构，无法解释在外磁场作用下所观察到的谱线的分裂现象，也无法解释原子为什么能稳定存在。

为此，人们不得不反思：是否因为人类对电子的属性（粒子或波）尚未明了，才会导致上述的种种困惑呢？

9.1.3 微观粒子的波粒二象性特征

1. 爱因斯坦的光子学说

为了解释光电效应的实验规律，爱因斯坦（A. Einstein）在普朗克量子假设的基础上，于1905 年提出了光子学说：可以将单色光看成是一粒一粒以光速 c 前进的粒子流，这种粒子称为光（量）子。

通过质能关系式可算出光子的动量、能量和质量。由此可见，光既是一束电磁波，具有波动性的特征（表现在光的干涉和衍射实验中）。光也是一束由光子组成的粒子流，具有微粒性的特征（表现在光电效应等实验中），光的双重属性被称为光的波粒二象性（wave-particle parallelism）。爱因斯坦的光子学说打破了光仅仅是一种电磁波，而不是微粒的传统偏见，为人类进一步认识电子的属性奠定了基础。

2. 德布罗意物质波假说

法国青年物理学家德布罗意（L. V. de Broglie）在光的波粒二象性的启示下，于 1924 年大胆地假设：波粒二象性不只是光才有的属性，而是一切微观粒子共有的本性，并提出了著名的德布罗意关系式：

$$\lambda = h/mv = h/P \tag{9-7}$$

$$\nu = E/h \tag{9-8}$$

式中：λ 为波长、ν 为频率，都是反映波动性的特征物理量；E 为能量，P 为动量，m 为质量，都是反映粒子性的特征物理量。波动性和粒子性这两个概念，在经典力学中是互相对立的，但在德布罗意关系式中，通过普朗克常量 h 联系在一起。由此可计算不同质量和运动速度的实物粒子的波长，这种波称为德布罗意波，也称物质波。

1927 年，美国物理学家戴维逊（C. J. Davisson）和英国物理学家汤姆森（G. P. Thomson）分别获得金属晶体的电子衍射图，从实验上证实了德布罗意的假设。既然高速运行的电子具有显著的波动性，它就不可能像飞行的子弹那样能够准确地计算其运行轨道。

9.1.4 测不准原理

1927 年德国科学家海森堡（W. Heisenberg）针对微观粒子的波粒二象性特性，提出了测不准原理：一个粒子的位置和动量不能同时地、准确地测定。该原理说明，适用于宏观物体运动规律的牛顿力学原理不再适用于微观粒子。也就是说，微观粒子在客观上不可能同时具有确定的坐标及动量，微观粒子运动坐标的不确定量（Δx）与该方向的动量的不确定量（ΔP_x）之间存在一种互相制约的关系：

$$\Delta x \Delta P_x \geqslant h/4\pi \tag{9-9}$$

玻尔理论认为氢原子中电子的位置和速度都可精确计算，违反了测不准原理，后来被量子力学方法所取代，人们将玻尔理论称为“旧量子论”，现在人们继续沿用“原子轨道”的术语，但赋予了它新的物理意义。

思考题 9.1　比较宏观物体与微观粒子的差异。

思考题 9.2　为什么说量子化和波粒二象性是微观粒子独有的特征?

9.2　单电子原子的结构

9.2.1　原子核外电子运动状态的描述方法

不能沿用牛顿力学原理计算核外电子的运动轨迹,而只能使用量子力学的方法(概率分布)表示核外电子的运动状态。1926年奥地利物理学家薛定谔(E. Schrodinger)提出了能同时反映微观粒子运动的波动性和粒子性的数理方程,被称为薛定谔方程(Schrodinger equation)。

1. 薛定谔方程

式(9-10)为氢原子(单电子原子)在直角坐标系中的薛定谔方程:

$$\frac{\partial^2\psi}{\partial x^2}+\frac{\partial^2\psi}{\partial y^2}+\frac{\partial^2\psi}{\partial z^2}+\frac{8\pi^2 m}{h^2}(E-V)\psi=0 \tag{9-10}$$

式中:h 为普朗克常量,m 为电子的质量,等号左边的括号内的第一项是电子的动能,第二项是则电子在核电荷作用下的势能。ψ 为方程的解,它是表示电子绕核运动状态的数学关系式,称为波函数。

薛定谔方程是一个假说,无法通过牛顿力学方程加以推导,这是因为在牛顿力学范畴内,波动性和粒子性是不兼容的。薛定谔方程的数学形式属二阶偏微分方程,为了叙述的方便,常用函数通式(9-11)代表复杂的薛定谔方程:

$$f(x,y,z)=0 \tag{9-11}$$

2. 薛定谔方程的解

薛定谔方程的求解已超出本课程的基本要求,此处仅简要介绍薛定谔方程的求解步骤。

(1) 坐标变换。为了适应核电荷势场的球形对称的特点,将薛定谔方程在直角坐标系的形式 $f(x,y,z)=0$ 变换成在球极坐标系的形式 $f(r,\theta,\varphi)=0$(图 9-2)。方程的解也由 $\psi(x,y,z)$ 转变为 $\psi(r,\theta,\varphi)$。

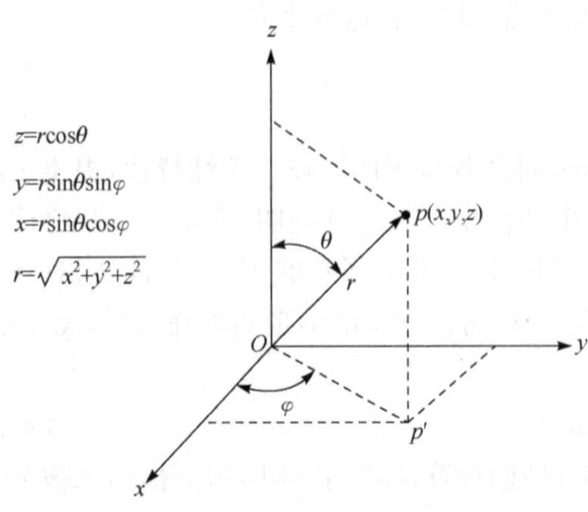

图 9-2　直角坐标系与球极坐标系的关系

(2) 变量分离。球极坐标系(r,θ,φ)包含了半径因素(r)和方位角度因素(θ,φ),为了计算的方便,将该方程分解成径向方程 $f(r)=0$ 和角度方程 $f(\theta,\varphi)=0$,方程的解空间波函数 $\psi(r,\theta,\varphi)$ 也随之分解成径向波函数 $R(r)$ 与角度波函数 $Y(\theta,\varphi)$ 的乘积:

$$\psi(r,\theta,\varphi)=R(r)\cdot Y(\theta,\varphi) \tag{9-12}$$

(3) 方程的解。薛定谔方程是描述核外电子运动规律的数理方程,方程的解——波函数(wave function)$\psi(r,\theta,\varphi)$是表示核外电子能量状态的函数关系式,表 9-1 给出了部分原子轨道波函数的数学形式。波函数绝对值的平方

$\psi^2(r,\theta,\varphi)$表示电子的概率密度(probability density)随(r,θ,φ)的变化情况。角度波函数绝对值的平方$Y^2(\theta,\varphi)$表示电子的概率密度随(θ,φ)的变化;径向波函数绝对值的平方$R^2(r)$则表示电子的概率密度随(r)的变化。而概率密度与原子核外指定空间体积$d\tau$的乘积就是电子在该空间出现的概率。

$$概率=\psi_{n,l,m}^2(r,\theta,\varphi)\cdot d\tau \tag{9-13}$$

表 9-1　氢原子部分原子轨道的径向波函数和角度波函数

轨　道	$\psi(r,\theta,\varphi)$	$R(r)$	$Y(\theta,\varphi)$
1s	$\sqrt{\frac{1}{\pi a_0^3}}e^{-r/a_0}$	$2\sqrt{\frac{1}{a_0^3}}e^{-r/a_0}$	$\sqrt{\frac{1}{4\pi}}$
2s	$\frac{1}{4}\sqrt{\frac{1}{2\pi a_0^3}}\left(2-\frac{r}{a_0}\right)e^{-r/2a_0}$	$\sqrt{\frac{1}{8\pi a_0^3}}\left(2-\frac{r}{a_0}\right)e^{-r/2a_0}$	$\sqrt{\frac{1}{4\pi}}$
$2p_z$	$\frac{1}{4}\sqrt{\frac{1}{2\pi a_0^3}}\left(\frac{r}{a_0}\right)e^{-r/2a_0}\cos\theta$		$\sqrt{\frac{3}{4\pi}}\cos\theta$
$2p_x$	$\frac{1}{4}\sqrt{\frac{1}{2\pi a_0^3}}\left(\frac{r}{a_0}\right)e^{-r/2a_0}\sin\theta\cos\varphi$	$\sqrt{\frac{1}{24a_0^3}}\left(\frac{r}{a_0}\right)e^{-r/2a_0}$	$\sqrt{\frac{3}{4\pi}}\sin\theta\cos\varphi$
$2p_y$	$\frac{1}{4}\sqrt{\frac{1}{2\pi a_0^3}}\left(\frac{r}{a_0}\right)e^{-r/2a_0}\sin\theta\sin\varphi$		$\sqrt{\frac{3}{4\pi}}\sin\theta\sin\varphi$

9.2.2　四个量子数

核外电子的量子化特征表现在其能量状态的不连续性,换言之薛定谔方程只有在某些特定的条件下,才能得到合理的解(波函数),表示这些特定条件的物理量就称为量子数。其中表示轨道运动状态的量子数有:主量子数(n)、角量子数(l)和磁量子数(m),它们是在求解薛定谔方程的过程中产生的边界条件。这三个量子数的组合就对应着电子的一种能量状态(简称为原子轨道),量子数确定的微观状态称为一个量子态,表示为$\psi_{n,l,m}(r,\theta,\varphi)$,同理有$R_{n,l,m}(r)$和$Y_{n,l,m}(\theta,\varphi)$(表 9-1)。

第四个量子数称为自旋量子数(m_s),用来表示电子自旋运动状态。它是施登-盖拉赫(Stern-Gerlach)通过电子自旋实验提出的假设。

四个量子数是影响单电子原子核外电子运动状态的基本因素,既然电子的运动状态是不连续的,因此四个量子数的取值也是不连续的,它们的名称、符号及其取值范围说明如下。

1. 主量子数

主量子数(principal quantum number)n的取值为

$$n=1,2,3,4,\cdots,正整数 \tag{9-14}$$

n从小到大依次用符号 K、L、M、N、O、P 等代表。n代表电子出现概率最大的区域(俗称为电子层)离核的远近,n相同的电子归为同一个电子层,n越大,表示电子离核越远,其能量便越高(负值的绝对值越小)。对于单电子体系,电子能量完全由n决定;对于多电子原子,电子能量的大小还与角量子数l有关:

$$E_n=-2.179\times10^{-18}(1/n^2)(\mathrm{J})=-13.6(1/n^2)(\mathrm{eV}) \tag{9-15}$$

2. 角量子数

角量子数(angular quantum number)l的取值受n的限制:

$$l=0,1,2,3,\cdots,(n-1) \tag{9-16}$$

角量子数 l 从小到大依次用符号 s、p、d、f 等代表。l 决定电子在空间的角度分布(电子云的形状),并决定核外电子角动量的大小。通常将 n 相同、l 不同的电子归在同一电子层中的不同电子亚层,例如,$n=4$(第 4 层):$l=0$、1、2、3,分别称为 4s、4p、4d、4f 状态。

3. 磁量子数

磁量子数(magnetic quantum number)m 的取值受 l 的限制:

$$m=0,\pm1,\pm2,\cdots,\pm l \tag{9-17}$$

m 共有 $2l+1$ 个值。m 反映原子轨道在空间的不同取向。也就是说,每个亚层中的电子可以有 $2l+1$ 个取向。例如,当 l 等于 0(s 轨道),$2l+1=1$,表示 s 轨道在空间只有一种取向,即呈球形分布。当 l 分别等于 1、2、3 的 p、d、f 轨道,在空中分别有 3、5、7 个取向,通常用原子轨道符号的右下标(如 p_x、p_y、p_z)区分这种不同的空间取向。

4. 自旋量子数

自旋量子数(spin quantum number)m_s 的取值分别为 $\pm\dfrac{1}{2}$,分别代表电子的顺时针和逆时针自旋的两种不同的运动状态。电子的自旋状态解释了氢原子光谱谱线的分裂现象。

5. 四个量子数的相互关系

四量子数之间的关系以及与原子轨道的对应关系总结在表 9-2 中,由此容易理解原子中每一层上的轨道数是一定的,电子的最大容量也是一定的。虽然单电子体系中,原子核外只有一个电子,但有可能出现不同的能量状态(空轨道),可以用四个量子数的合理组合来描述不同的运动状态。

表 9-2　量子数和原子轨道

n	l	亚层符号	m	轨道数	m_s	电子最大容量
1	0	1s	0	1	±1/2	2
2	0 1	2s 2p	0 0,±1	1 3 } 4	±1/2 ±1/2	2 6 } 8
3	0 1 2	3s 3p 3d	0 0,±1 0,±1,±2	1 3 5 } 9	±1/2 ±1/2 ±1/2	2 6 10 } 18
4	0 1 2 3	4s 4p 4d 4f	0 0,±1 0,±1,±2 0,±1,±2,±3	1 3 5 7 } 16	±1/2 ±1/2 ±1/2 ±1/2	2 6 10 14 } 32

思考题 9.3　叙述四个量子数的物理意义及取值规律。

9.2.3　波函数与电子云的图形

波函数(原子轨道)$\psi_{n,l,m}(r,\theta,\varphi)$是一种函数关系式,要通过复杂的计算才能求得不同波函数的值,所以无法直观地反映电子运动状态的全貌。如果用波函数的所有取值绘成图像,则更为直观方便。对应着波函数的不同形式，有不同种类的图形，包括与(θ,φ)相关的角度分布图、与(r)相关的径向分布图和与(r,θ,φ)相关的空间分布图三大类，分别说明如下。

1. 角度分布图

1）波函数（原子轨道）的角度分布图

将角度波函数 $Y_{n,l,m}(\theta,\varphi)$对角度$(\theta,\varphi)$所作的图形称为波函数（原子轨道）的角度分布图，它反映波函数值的大小随角度的变化情况[图 9-3(a)]。

2）电子云的角度分布图

角度波函数绝对值的平方 $Y^2_{n,l,m}(\theta,\varphi)$ 表示电子的概率密度，简称为电子云。将 $Y^2_{n,l,m}(\theta,\varphi)$对角度$(\theta,\varphi)$所作的图形简称为电子云的角度分布图，它反映概率密度随角度的变化情况[图 9-3(b)]。

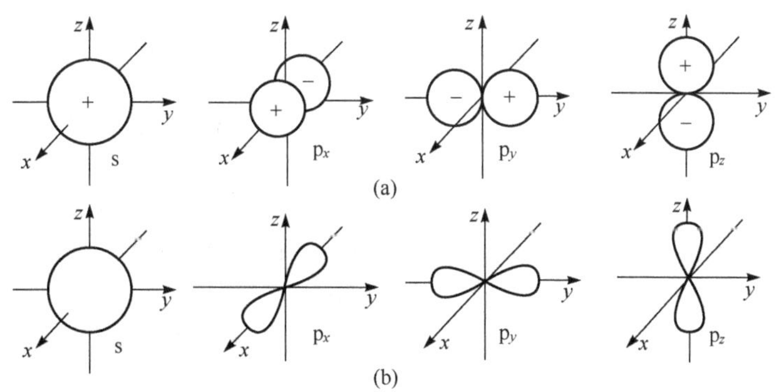

图 9-3　部分原子轨道和电子云的角度分布图

3）角度分布图的性质

(1) 角度分布图的图形与主量子数 n 无关。角度分布图只涉及方位角(θ,φ)而不涉及半径(r)，所以角度分布图与主量子数 n 无关。也就是说，对于 l,m 相同而 n 不同的情况（如 $2p_z$、$3p_z$、$4p_z$），其原子轨道的角度分布图相同，其电子云的角度分布图也相同。

(2) 图形的峰值。s 轨道和电子云的角度分布图呈球形，意味着在空间任何方位角上的角度波函数的值相同，所以图中没有出现峰值；对 p_z 轨道，当 θ 为 0°和 180°时，其角度波函数为最大值，所以其角度分布图的峰值出现在 z 轴上；同理 p_x 和 p_y 的角度分布图的峰值分别出现在 x 和 y 轴上。

(3) 波函数（原子轨道）与电子云的角度分布图的区别：由于角度波函数 Y 为带有正负号的小数，经过平方处理后，数值变小而且全为正值，所以原子轨道的角度分布图上标有正负号，而电子云的角度分布图上无正负号标志；电子云的角度分布图比原子轨道的角度分布图要“瘦”些。

此外，d 亚层对应的波函数（原子轨道）的角度分布图和电子云的角度分布图，分别见图 9-4(a)和图 9-4(b)。关于 d 轨道，后面章节还将涉及，此处从略。

2. 径向分布图

1）波函数（原子轨道）的径向分布图

将径向波函数 $R(r)$对半径 r 所作的图形称为波函数（原子轨道）的径向分布图，它表示径向波函数的大小随半径的变化情况（图 9-5）。

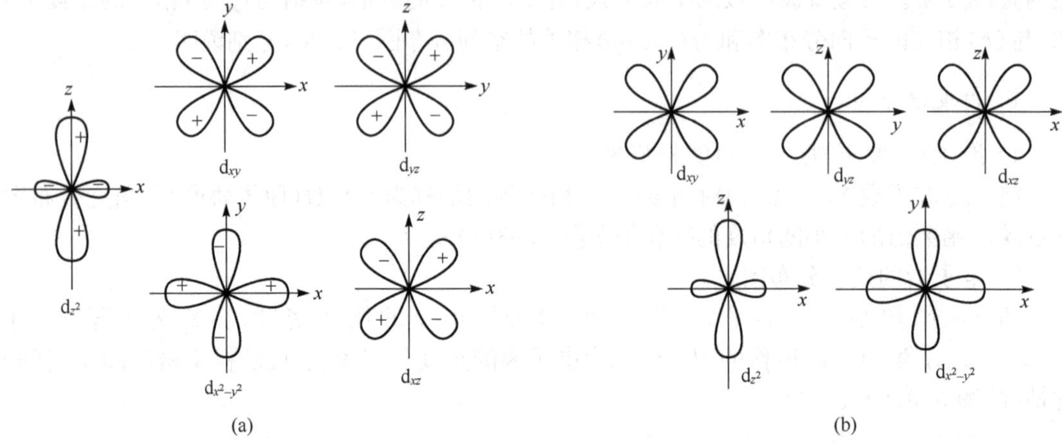

图 9-4　d 原子轨道和 d 电子云的角度分布图

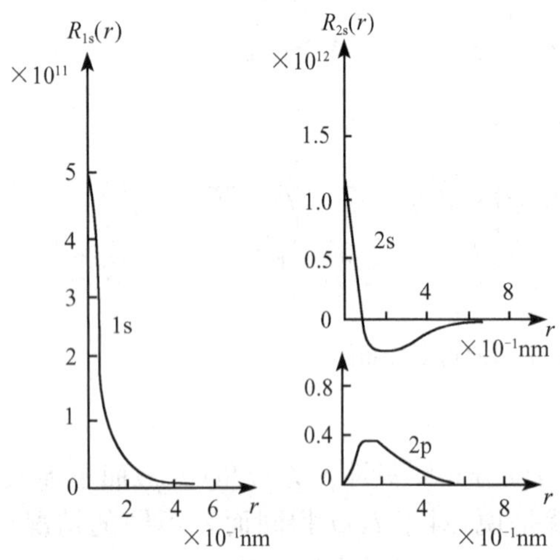

图 9-5　部分原子轨道的径向分布图

2）电子云的径向分布图

将径向波函数绝对值的平方 $R^2(r)$ 对半径 r 所作的图形称为电子云的径向分布图，它表示电子概率密度的大小随半径的变化情况（图略）。

3）电子概率的径向分布图

定义函数 $D(r)=R^2(r)\cdot 4\pi r^2$，也称为径向分布函数。将函数 D 对半径 r 作图，就得到电子概率的径向分布图，它更为常用。下面以氢原子的 1s 状态为例加以说明：

在图 9-6(a)中，纵坐标为函数 D，横坐标为离核距离 r，用一系列相距为 $\mathrm{d}r$ 的垂线将曲线裁成无数个高度为 D、宽度为 $\mathrm{d}r$ 的小矩形，则矩形的面积

$$S=D\mathrm{d}r=R^2(r)\cdot 4\pi r^2\mathrm{d}r$$

式中：$R^2(r)$ 是电子在径向的概率密度，$4\pi r^2\mathrm{d}r$ 是半径为 r、厚度为 $\mathrm{d}r$ 的球壳的总体积，所以 S 的物理意义为该球壳夹层空间内电子出现的概率。图 9-6(a)中曲线的峰值所对应的矩形的面积 S 最大，故电子在此半径处出现的概率也最大。例如氢原子的 1s 状态的电子概率的径向分布图[图 9-6(a)]上，对应于半径为 a_0（玻尔半径）处，电子出现的概率最大，我们将半径 a_0 称为 1s 的最大概率半径。

图 9-6(b)列出部分电子概率的径向分布图，由图可见，主量子数 n 越大，最大概率半径越大；在主量子数 n 相同的条件下，角量子 l 值越大，峰数越少，峰数等于 $n-l$。例如，3s、3p 和 3d 的电子概率径向分布图上，峰数分别为 3、2 和 1 个。

3. 空间分布图

1）波函数（原子轨道）的空间分布图

将空间波函数 $\psi_{n,l,m}(r,\theta,\varphi)$ 对空间 (r,θ,φ) 参数作图，就得到波函数（原子轨道）的空间分

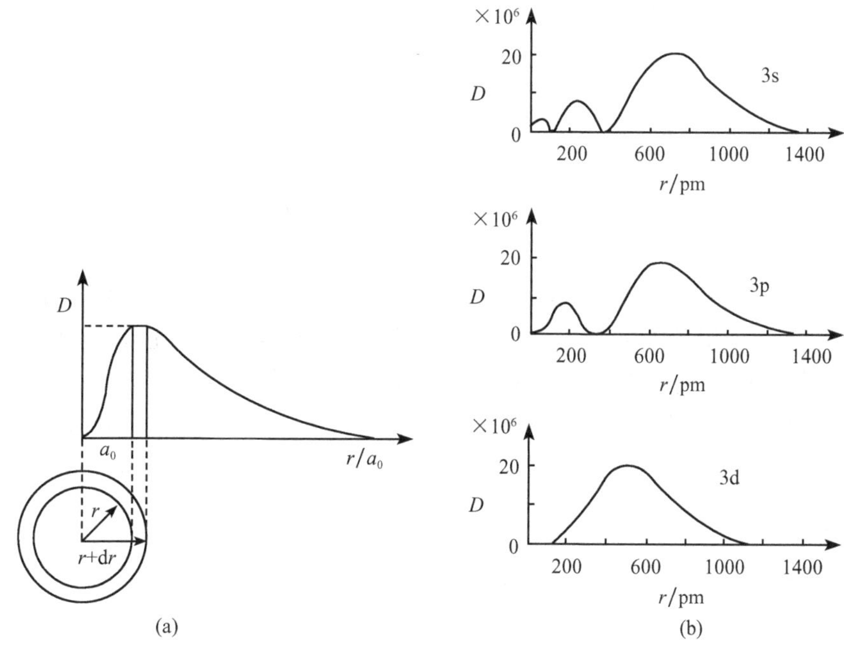

图 9-6　部分电子概率的径向分布图

布图[图 9-7(a)]。

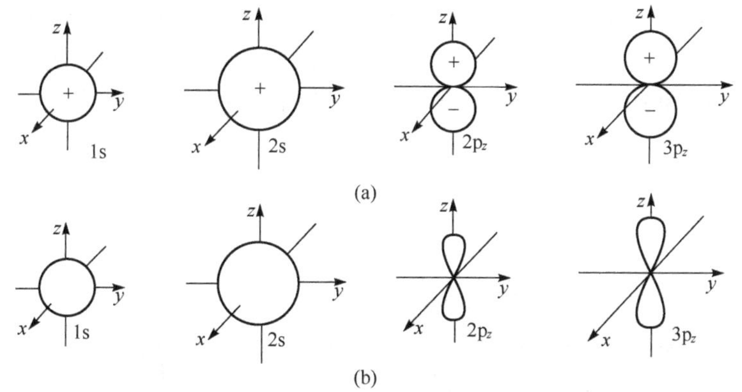

图 9-7　部分原子轨道和电子云的空间分布图

2) 电子云的空间分布图

将 $\psi^2_{n,l,m}(r,\theta,\varphi)$对$(r,\theta,\varphi)$作图，所得的图形简称为电子云的空间分布图[图 9-7(b)]。

3) 空间分布图的性质

(1) 空间分布图的图形与主量子数 n 有关。空间分布图涉及(r,θ,φ)空间坐标，故不仅有形状的区别还有大小之分。例如 2s 的空间分布图的尺寸比 1s 大。

(2) 波函数(原子轨道)与电子云的空间分布图的区别：原子轨道的空间分布图上标有正负号，而电子云的空间分布图上无正负号标志；电子云的空间分布图比原子轨道的空间分布图要“瘦”些。

(3) 空间分布图与角度分布图的相似性。比较角度分布图(图 9-3)与空间分布图(图 9-7)，如果不考虑图形尺寸的差别，对于相同量子态的角度分布图与空间分布图(包括原子轨道和电子云),它们的形状是相同的。因此在讨论问题时,往往可以借用角度分布图代替对应的空间分布图。

思考题 9.4 波函数和电子云有哪些图形?各表示什么意义?

9.3 多电子原子的结构

多电子原子中核外电子的运动状态(多电子原子的结构)由多电子体系的薛定谔方程描述。对于含有 n 个电子的多电子原子体系来说,不仅要考虑 n 个电子与原子核之间的相互作用,还要考虑 n 个电子之间的相互作用,故多电子体系的薛定谔方程比单电子体系的薛定谔方程复杂得多。通常可用"屏蔽效应"和"钻穿效应"近似表示多电子体系薛定谔方程的解。

9.3.1 屏蔽效应

核电荷数为 Z 的多电子原子中,核外共有 Z 个电子,其中某电子 i 除了受到原子核的吸引外,同时还受到其他 $(Z-1)$ 个电子的排斥。这种排斥作用实际上相当于 $(Z-1)$ 个电子的负电荷部分地屏蔽了原子核的正电荷,使电子 i 所感受到的有效核电荷数 Z^* 下降(Z^* 小于 Z),这种影响称为屏蔽效应(screening effect)。有效核电荷数 Z^* 的计算如式(9-18)所示:

$$Z^* = Z - \sigma \tag{9-18}$$

式中:σ 为屏蔽常数(screening constant),它是 $(Z-1)$ 个电子对电子 i 的屏蔽作用的总和。不同的电子所产生的屏蔽作用并不相同,离核越近,屏蔽作用越大。图 9-8 表示各原子最外层电子有效核电荷数 Z^* 随原子序数的递增而呈现出周期性变化的情况。

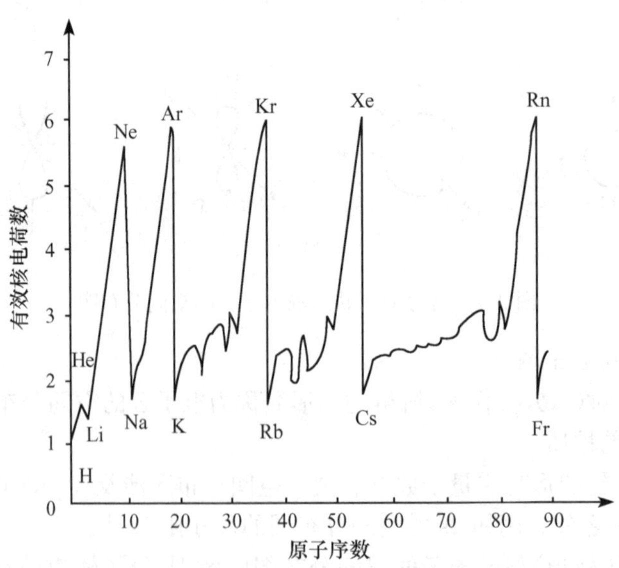

图 9-8 有效核电荷 Z^* 随原子序数的变化

电子 i 的能量 E_i 的计算公式如下:

$$E_i = -R(Z^{*2}/n^2) \tag{9-19}$$

其中 $R=13.6\text{eV}$ 或 $2.179\times10^{-18}\text{J}$。由式(9-19)可见，电子 i 的有效核电荷数越小能量越高，所以屏蔽效应的结果使电子的能量上升。

多电子原子的总能量为每个电子的能量之总和，即

$$E(\text{原子})=\sum E_i \tag{9-20}$$

9.3.2 钻穿效应

在电子概率的径向分布图中，主量子数 n 相同，角量子数 l 越小，峰数越多，而峰数越多，第一个小峰离核的距离就越近，其能量就越低。例如 3s、3p 和 3d 图形的峰数分别为 3 个、2 个和 1 个，也就是说 3s 电子云并非全部集中在第 3 层，部分钻穿到离核更近的空间而使能量下降，这种现象被形象地称为钻穿效应(penetrating effect)(图 9-9)。所以它们的能量顺序为 $E_{3s}<E_{3p}<E_{3d}$。

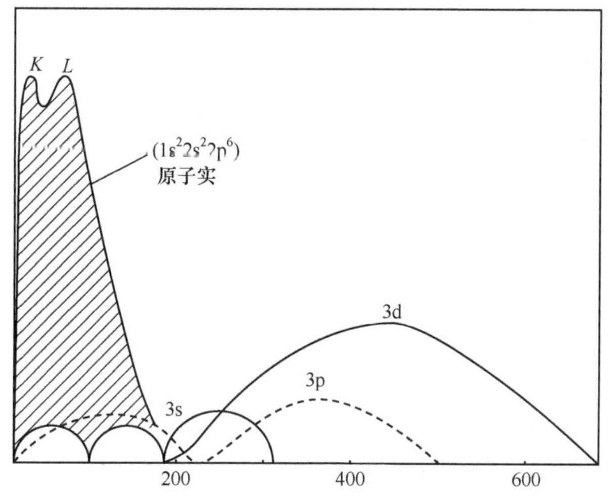

图 9-9　钻穿效应示意图

9.3.3 近似能级图与近似能级公式

1. 多电子原子中轨道的能级顺序

对于单电子体系，某轨道上电子的能量仅取决于主量子数 n。可是对于多电子体系，轨道上电子的能量复杂得多，不仅受到所在轨道的主量子数的影响，还受到角量子数的影响。

(1) 如果角量子数 l 相同(同种轨道的电子)，主量子数 n 越大，轨道电子的能量越高，例如

$$E_{1s}\rightarrow E_{2s}\cdots;\quad E_{2p}\rightarrow E_{3p}\cdots;\quad E_{3d}\rightarrow E_{4d}\cdots;\quad E_{4f}\rightarrow E_{5f}\cdots$$

(2) 如果主量子数 n 相同，角量子数 l 越大，轨道电子的能量越高，例如：

$$E_{6s}\rightarrow E_{6p}\rightarrow E_{6d}\rightarrow E_{6f}\cdots$$

(3) 如果主量子数 n 和角量子数 l 都不相同，由于屏蔽效应和钻穿效应的综合结果，可能会出现轨道电子能量交错的现象，而这种交错还随原子序数的递增而变化。

2. 鲍林的近似能级图

美国著名结构化学家鲍林(L. Pauling)根据大量光谱实验数据及理论计算的结果，提出了多电子原子中轨道电子的近似能级图[图 9-10(a)]。图中每个小圈表示一个原子轨道，如 3 个 2p 轨道、5 个 3d 轨道等分别处于同一个能级，属于能量简并的轨道。图中每个方框表示一个能级组，方框内是能级相近的轨道，表示一个能级组。虚线相连的轨道是同层轨道，从第三电子层开始，同层轨道跨越了不同的能级组，出现了能量交错现象。近似能级图可以作为原子核外电子填充顺序的参考依据[图 9-10(b)]。

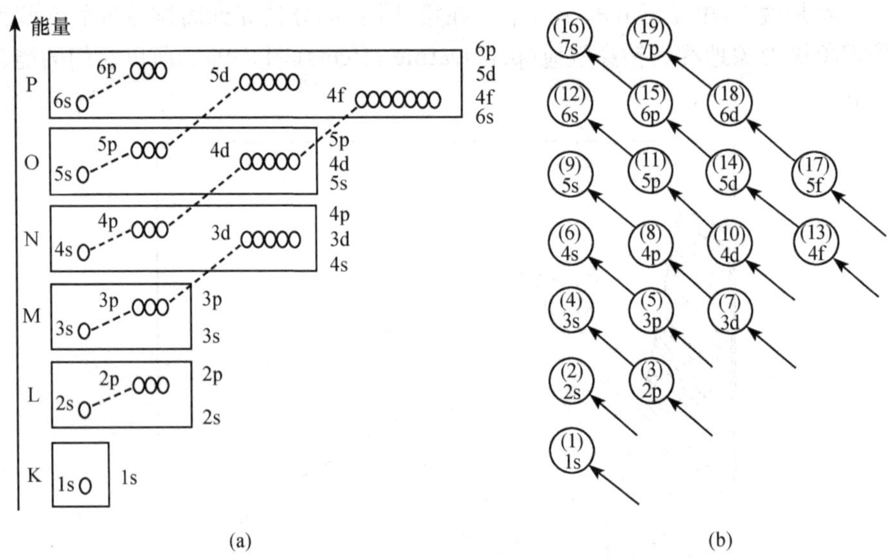

图 9-10 鲍林的近似能级图(a)与电子填充顺序(b)

3. 科顿的原子轨道能级图

实际上原子核外电子能量高低的顺序并不是一成不变的，而是随着原子序数的增加而有所变化的。1962 年，美国化学家科顿(F. A. Cotton)根据原子结构的理论研究与实验的结果，提出了原子轨道能级与原子序数的关系图(图 9-11)，图的右上角方框内是 $Z=20$ 附近的原子轨道能级次序的放大图。由图 9-11 可见，主量子数相同的氢原子轨道是能量简并的，随着原子序数的递增，原子轨道的能级下降，而且不同轨道下降的幅度不同，于是出现了能量交错的现象。但是，随着原子序数的继续增加，原子轨道能级顺序又趋于简单，这是因为随着核电荷的增加，核外电子数增加，外层轨道被逐步排满，变成内层轨道。

4. 徐光宪的近似能级公式

我国著名化学家徐光宪在总结前人工作的基础上，提出了轨道能量高低与主量子数和角量子数的关系式。他建议，原子在填充电子时，按式(9-21)计算原子轨道的能量，并从能量由低到高的顺序填充电子

$$E(\psi_{n,l}) = (n + 0.7l) \tag{9-21}$$

式中：n、l 分别为对应轨道的主量子数和角量子数，其值越大，能量越高。

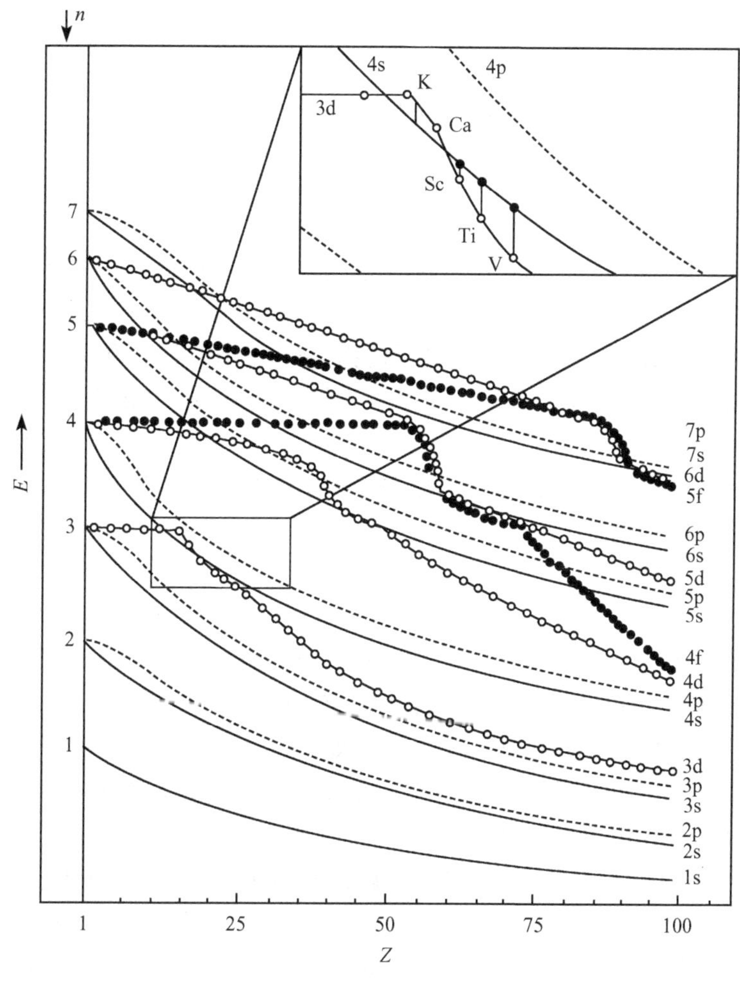

图 9-11　科顿的原子轨道能级图

例如，$E_{4s}=(4+0.7\times0)=4$，$E_{3d}=(3+0.7\times2)=4.4$，$E_{3d}$大于$E_{4s}$，出现了能量交错，电子应当先填 4s 轨道再填 3d 轨道。

考虑原子的电离时，则按式(9-22)计算原子轨道的能量，并由能量从高到低的顺序失去电子。

$$E(\psi_{n,l})=(n+0.4l) \tag{9-22}$$

例如，$E_{4s}=(4+0.4\times0)=4$，$E_{3d}=(3+0.4\times2)=3.8$，$E_{4s}$大于$E_{3d}$，电离时，应当先失去 4s 电子再失去 3d 电子。

徐光宪的计算公式更为简洁，用这种方法计算得到的电离能数值与实验值较为符合。

9.3.4　核外电子的排布规律

1. 原子核外电子排布的基本原则

多电子原子核外电子排布遵循三个基本原则，分别说明如下：

(1) 泡利(W. Pauli)不相容原理。“在同一原子中没有四个量子数完全相同的电子”或者“同一原子轨道只能容纳两个自旋相反的电子”。由于每一电子层、每一电子亚层的轨道数确定,因此所能容纳的电子数目也是一定的。

(2) 最低能量原理。“在不违背泡利原理的前提下,核外电子在各原子轨道中的排布方式应使整个原子的能量处于最低的状态。”因此,应当按照轨道的能量从低到高的顺序填充电子(鲍林近似能级图或能级组),即

轨道	1s	2s 2p	3s 3p	4s 3d 4p	5s 4d 5p	6s 4f 5d 6p	7s 5f 6d 7p
能级组	1	2	3	4	5	6	7

(3) 洪德(Hund)规则。在能量相同的轨道上排布电子时,总是以自旋相同的方向优先分别占据不同的轨道;当原子轨道处于半充满状态(如 p^3、d^5、f^7)或全充满状态(如 p^6、d^{10}、f^{14})时,原子核外电子的电荷在空间的分布呈球形对称,有利于降低原子的能量。例如,根据最低能量原理,Cr(Z=24)核外电子排布式为:$1s^2 2s^2 2p^6 3s^2 3p^6 3d^4 4s^2$,但考虑洪德规则,实际的排布式为:$1s^2 2s^2 2p^6 3s^2 3p^6 3d^5 4s^1$。

多电子原子核外电子的排布原则,可以归结为能量因素与对称性因素,它们共同构成了原子核外电子的最低能量状态。

2. 基态原子的电子结构

处于基态的原子称为基态原子。原子的电子层结构又称电子组态。表 9-3 列出了 1~110 号元素基态原子的电子组态,它是光谱实验的结果。

电子组态也可用电子排布式表示,有关说明如下:

(1) 基态原子核外电子排布式的一般写法为:原子轨道先按能级组能量从低到高的顺序排列,在每个能级组内再按主量子数 n 由小到大排列,然后电子按图 9-10(b)“填充电子顺序”填入原子轨道排列式中,同时考虑洪德规则。此写法的结果与大多数基态原子的核外电子排布光谱实验结果一致。例如,81 号元素 Tl 基态原子的电子排布式为:$1s^2 2s^2 2p^6 3s^2 3p^6 3d^{10} 4s^2 4p^6 4d^{10} 5s^2 5p^6 4f^{14} 5d^{10} 6s^2 6p^1$。当然,也有例外,如 74 号元素 W 基态原子的电子组态,就不符合洪德规则。由表 9-3 可见,原子轨道的能量交错现象一般出现在较外的价层。

(2) 为了简化起见,可用原子实的符号表示已填满的内层轨道,原子实的符号就是加上方括号的相应稀有气体的元素符号。例如,$1s^2 2s^2 2p^6 3s^2 3p^6 3d^{10} 4s^2 4p^6 4d^{10} 5s^2 5p^6$=[Xe],所以基态 Tl 原子的电子排布式可以简化为:[Xe]$4f^{14} 5d^{10} 6s^2 6p^1$。再如,49 号元素 In 基态原子的电子排布式可简化为:[Kr]$4d^{10} 5s^2 5p^1$。这种表示方法不仅简洁,而且突出了在化学反应中最为活跃的价层电子(valence electron)。

(3) 鲍林的近似能级图仅仅是一个近似的规律,随着原子序数的增加,能级顺序会发生变化,所以在表中会发现某些不符合近似能级图顺序的“例外”情况。更严格的能级顺序可以参见科顿的原子轨道能级图。

(4) 除了表 9-3 中的表示形式之外,还可以用“电子分布图”表示:用方格或圆圈或短线表示一个原子轨道,分别用不同指向的箭头“↑”或“↓”表示某自旋状态的电子,这种方式还可进一步表示电子所处的具体轨道和自旋状态。

表 9-3　基态原子的电子组态

周期	原子序数	元素符号	电子结构
1	1	H	$1s^1$
	2	He	$1s^2$
2	3	Li	[He]$2s^1$
	4	Be	[He]$2s^2$
	5	B	[He]$2s^2 2p^1$
	6	C	[He]$2s^2 2p^2$
	7	N	[He]$2s^2 2p^3$
	8	O	[He]$2s^2 2p^4$
	9	F	[He]$2s^2 2p^5$
	10	Ne	[He]$2s^2 2p^6$
3	11	Na	[Ne]$3s^1$
	12	Mg	[Ne]$3s^2$
	13	Al	[Ne]$3s^2 3p^1$
	14	Si	[Ne]$3s^2 3p^2$
	15	P	[Ne]$3s^2 3p^3$
	16	S	[Ne]$3s^2 3p^4$
	17	Cl	[Ne]$3s^2 3p^5$
	18	Ar	[Ne]$3s^2 3p^6$
4	19	K	[Ar]$4s^1$
	20	Ca	[Ar]$4s^2$
	21	Sc	[Ar]$3d^1 4s^2$
	22	Ti	[Ar]$3d^2 4s^2$
	23	V	[Ar]$3d^3 4s^2$
	24	Cr	[Ar]$3d^5 4s^1$
	25	Mn	[Ar]$3d^5 4s^2$
	26	Fe	[Ar]$3d^6 4s^2$
	27	Co	[Ar]$3d^7 4s^2$
	28	Ni	[Ar]$3d^8 4s^2$
	29	Cu	[Ar]$3d^{10} 4s^1$
	30	Zn	[Ar]$3d^{10} 4s^2$
	31	Ga	[Ar]$3d^{10} 4s^2 4p^1$
	32	Ge	[Ar]$3d^{10} 4s^2 4p^2$
	33	As	[Ar]$3d^{10} 4s^2 4p^3$
	34	Se	[Ar]$3d^{10} 4s^2 4p^4$
	35	Br	[Ar]$3d^{10} 4s^2 4p^5$
	36	Kr	[Ar]$3d^{10} 4s^2 4p^6$
5	37	Rb	[Kr]$5s^1$
	38	Sr	[Kr]$5s^2$
	39	Y	[Kr]$4d^1 5s^2$
	40	Zr	[Kr]$4d^2 5s^2$
	41	Nb	[Kr]$4d^4 5s^1$
	42	Mo	[Kr]$4d^5 5s^1$
	43	Tc	[Kr]$4d^5 5s^2$
	44	Ru	[Kr]$4d^7 5s^1$
	45	Rh	[Kr]$4d^8 5s^1$
	46	Pd	[Kr]$4d^{10}$
	47	Ag	[Kr]$4d^{10} 5s^1$
	48	Cd	[Kr]$4d^{10} 5s^2$
	49	In	[Kr]$4d^{10} 5s^2 5p^1$
	50	Sn	[Kr]$4d^{10} 5s^2 5p^2$
	51	Sb	[Kr]$4d^{10} 5s^2 5p^3$
	52	Te	[Kr]$4d^{10} 5s^2 5p^4$
	53	I	[Kr]$4d^{10} 5s^2 5p^5$
	54	Xe	[Kr]$4d^{10} 5s^2 5p^6$
6	55	Cs	[Xe]$6s^1$
	56	Ba	[Xe]$6s^2$
	57	La	[Xe]$5d^1 6s^2$
	58	Ce	[Xe]$4f^1 5d^1 6s^2$
	59	Pr	[Xe]$4f^3 6s^2$
	60	Nd	[Xe]$4f^4 6s^2$
	61	Pm	[Xe]$4f^5 6s^2$
	62	Sm	[Xe]$4f^6 6s^2$
	63	Eu	[Xe]$4f^7 6s^2$
	64	Gd	[Xe]$4f^7 5d^1 6s^2$
	65	Tb	[Xe]$4f^9 6s^2$
	66	Dy	[Xe]$4f^{10} 6s^2$
	67	Ho	[Xe]$4f^{11} 6s^2$
	68	Er	[Xe]$4f^{12} 6s^2$
	69	Tm	[Xe]$4f^{13} 6s^2$
	70	Yb	[Xe]$4f^{14} 6s^2$
	71	Lu	[Xe]$4f^{14} 5d^1 6s^2$
	72	Hf	[Xe]$4f^{14} 5d^2 6s^2$
	73	Ta	[Xe]$4f^{14} 5d^3 6s^2$
	74	W	[Xe]$4f^{14} 5d^4 6s^2$
	75	Re	[Xe]$4f^{14} 5d^5 6s^2$
	76	Os	[Xe]$4f^{14} 5d^6 6s^2$
	77	Ir	[Xe]$4f^{14} 5d^7 6s^2$
	78	Pt	[Xe]$4f^{14} 5d^9 6s^1$
	79	Au	[Xe]$4f^{14} 5d^{10} 6s^1$
	80	Hg	[Xe]$4f^{14} 5d^{10} 6s^2$
	81	Tl	[Xe]$4f^{14} 5d^{10} 6s^2 6p^1$
	82	Pb	[Xe]$4f^{14} 5d^{10} 6s^2 6p^2$
	83	Bi	[Xe]$4f^{14} 5d^{10} 6s^2 6p^3$
	84	Po	[Xe]$4f^{14} 5d^{10} 6s^2 6p^4$
	85	At	[Xe]$4f^{14} 5d^{10} 6s^2 6p^5$
	86	Rn	[Xe]$4f^{14} 5d^{10} 6s^2 6p^6$
7	87	Fr	[Rn]$7s^1$
	88	Ra	[Rn]$7s^2$
	89	Ac	[Rn]$6d^1 7s^2$
	90	Th	[Rn]$6d^2 7s^2$
	91	Pa	[Rn]$5f^2 6d^1 7s^2$
	92	U	[Rn]$5f^3 6d^1 7s^2$
	93	Np	[Rn]$5f^4 6d^1 7s^2$
	94	Pu	[Rn]$5f^6 7s^2$
	95	Am	[Rn]$5f^7 7s^2$
	96	Cm	[Rn]$5f^7 6d^1 7s^2$
	97	Bk	[Rn]$5f^9 7s^2$
	98	Cf	[Rn]$5f^{10} 7s^2$
	99	Es	[Rn]$5f^{11} 7s^2$
	100	Fm	[Rn]$5f^{12} 7s^2$
	101	Md	[Rn]$5f^{13} 7s^2$
	102	No	[Rn]$5f^{14} 7s^2$
	103	Lr	[Rn]$5f^{14} 6d^1 7s^2$
	104	Rf	[Rn]$5f^{14} 6d^2 7s^2$
	105	Db	[Rn]$5f^{14} 6d^3 7s^2$
	106	Sg	[Rn]$5f^{14} 6d^4 7s^2$
	107	Bh	[Rn]$5f^{14} 6d^5 7s^2$
	108	Hs	[Rn]$5f^{14} 6d^6 7s^2$
	109	Mt	[Rn]$5f^{14} 6d^7 7s^2$
	110	Ds	[Rn]$5f^{14} 6d^8 7s^2$

注：表中单框中的元素是过渡元素，双框中的元素是镧系或锕系元素

思考题 9.5　核外电子的排布有何规律？指出表 9-3 中的能量交错现象。

9.4　元素周期律

9.4.1　原子结构与元素周期表

1869 年，俄国化学家门捷列夫(Д. И. Менделеев)在元素系统化的研究中，将元素按一定顺序排列起来，使元素的化学性质呈现周期性的变化，元素性质的这种周期性变化规律称为元素的周期律(element periodicity)，其表格形式称为元素周期表或元素周期系。今天，人们已经认识到，随着原子序数的增加，原子结构的周期性变化是造成元素性质周期性变化的根本原因。

1. 能级组与周期

以徐光宪的近似能级公式计算各原子轨道的$(n+0.7l)$值，整数相同的轨道，由小到大归为一个能级组，共 7 个能级组，此计算结果与鲍林近似能级图中的能级组一致。一个能级组对应元素周期表中的一个周期。每个能级组中能容纳的电子数目，就是该周期中所含元素的数目(第七周期除外)。

2. 价层电子结构与族

周期表中每一个纵列的元素具有相似的价层电子结构，故称为一个族。其中Ⅷ族包含 3 个纵列，所以 18 个纵列共分为 16 个族，主族、副族各含 8 个族。

(1) 主族。按电子的填充顺序，凡是最后一个电子填入 ns 或 np 能级的元素称为主族元素。

(2) 副族。按电子填充顺序，凡是最后一个电子填在价电子层的$(n-1)$d 能级或$(n-2)$f 能级上的元素称为副族元素。在周期表中，副族元素介于典型的金属元素(碱金属和碱土金属)和非金属(硼族和卤族)元素之间，所以又将它们称为过渡元素。第四、五、六周期中的过渡元素分别称为第一、二、三过渡系元素。镧系元素和锕系元素则称为内过渡系元素。

3. 相近的电子结构与分区

根据基态原子电子组态的特点，将价层电子结构相近的族归为同一个区，周期表中共划分成 5 个区。

(1) s 区。凡是价电子层最高能级为 $n\mathrm{s}^{1\sim2}$ 电子组态的元素称为 s 区元素，它包括ⅠA 和ⅡA 两个主族元素。

(2) p 区。凡是价电子层上具有 $n\mathrm{s}^2n\mathrm{p}^{1\sim6}$ 电子组态的元素称为 p 区元素，它包括ⅢA～ⅦA以及 0 族的主族元素。

(3) d 区。价电子层上具有$(n-1)\mathrm{d}^{1\sim9}n\mathrm{s}^{1\sim2}$(Pd 为 $4\mathrm{d}^{10}5\mathrm{s}^0$)电子组态的元素称为 d 区元素，它包括ⅢB～Ⅷ族的 6 个副族的元素。

(4) ds 区。价电子层上具有$(n-1)\mathrm{d}^{10}n\mathrm{s}^{1\sim2}$ 电子组态的元素称为 ds 区元素，它包括ⅠB～ⅡB两个副族元素。

(5) f 区。价电子层上具有$(n-2)\mathrm{f}^{1\sim14}(n-1)\mathrm{d}^1n\mathrm{s}^2$ 电子组态的元素称为 f 区元素。镧系元素和锕系元素属于 f 区元素(图 9-12)。

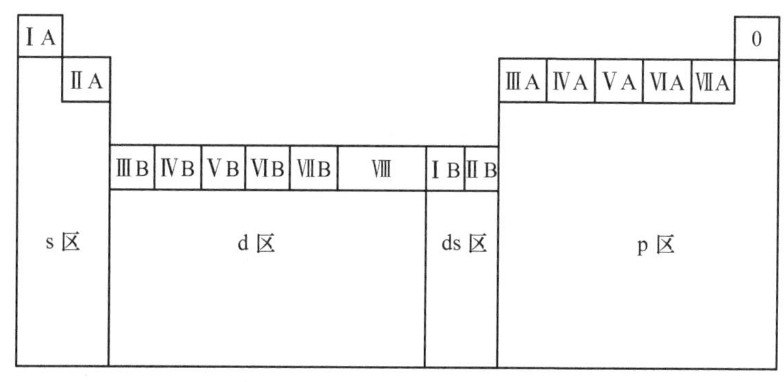

图 9-12　周期表元素的分区

思考题 9.6　试述元素周期表的格式与原子结构的对应关系。

9.4.2　原子半径的周期性

1. 原子半径的概念

电子运动的波动性以及不确定关系的限制，使自由原子并不是一个具有明确边界的刚性圆球，也不存在固定的半径数据。在理论上可以利用最外层原子轨道的有效半径近似地代表孤立原子的半径，称为原子的理论半径(r_0)：

$$r_0 = (n^2/Z^*)a_0 \tag{9-23}$$

式中：n 为最大主量子数；Z^* 为有效核电荷数；a_0(=53pm)为玻尔半径。

一般情况下，原子不会孤立存在，原子半径取决于所处环境中原子之间的相互关系，所以原子半径通常是根据原子与原子之间作用力的性质来定义的，分为原子的共价半径、金属半径和范德华半径等。在没有特别说明的情况下，原子半径一般是指原子的单键共价半径。

(1) 原子的共价半径(r_c)。通常把同核双原子分子中相邻两原子的核间距的一半，也即共价键键长的一半，称为该原子的共价半径(covalence radius)。例如，在 H_2 分子中，H 原子的核间距是 64pm，则氢原子的共价半径为 32pm。

(2) 原子的金属半径(r_M)。在金属晶体中，相互接触的两个原子的核间距的一半，称为原子的金属半径(metal radius)。但金属原子的配位数对金属半径有影响。当配位数增大时，配位原子间相互排斥作用增强，相邻原子的核间距增大，金属半径也增大。

(3) 范德华半径(r_v)。在以范德华力形成的分子晶体中，不属于同一个分子的两个最接近原子的核间距的一半，称为范德华半径(van der Waals radius)。

(4) 不同概念下的原子半径的相对大小。对同种元素的原子来说，原子的范德华半径大于原子的理论半径并大于原子的金属半径和共价半径，因为前者为非键接触，而后者形成了化学键；原子的金属半径大于原子的共价半径，因为在形成共价键时，发生了原子轨道的重叠。综上所述，有 $r_v>r_0>r_M>r_c$ 的顺序。在讨论问题时，应该用同一种概念下的原子半径数据。

2. 原子半径的周期性

从式(9-23)可见，作用于最外亚层电子的有效核电荷数 Z^* 以及该主量子数 n 是影响原子半径的主要因素。Z^* 和 n 随原子序数递增呈现出周期性变化，所以，原子半径也呈现出周期性变化规律(表 9-4)。

表 9-4　元素的原子半径表(单位：pm)

	ⅠA	ⅡA	ⅢB	ⅣB	ⅤB	ⅥB	ⅦB	Ⅷ			ⅠB	ⅡB	ⅢA	ⅣA	ⅤA	ⅥA	ⅦA	0
1	H 37																	He 122
2	Li 152	Be 112											B 79	C 77	N 73	O 74	F 71	Ne 132
3	Na 186	Mg 160											Al 134	Si 128	P 110	S 102	Cl 99	Ar 191
4	K 227	Ca 197	Sc 161	Ti 145	V 131	Cr 125	Mn 137	Fe 124	Co 125	Ni 125	Cu 128	Zn 133	Ga 122	Ge 123	As 125	Se 116	Br 114	Kr 198
5	Rb 248	Sr 215	Y 178	Zr 159	Nb 143	Mo 136	Tc 135	Ru 133	Rh 134	Pd 138	Ag 144	Cd 149	In 163	Sn 151	Sb 145	Te 143	I 133	Xe 217
6	Cs 265	Ba 217	La 187	Hf 156	Ta 143	W 137	Re 137	Os 134	Ir 136	Pt 139	Au 144	Hg 150	Tl 170	Pb 175	Bi 155	Po 167		

La	Ce	Rr	Nd	Pm	Sm	Eu	Gd	Tb	Dy	Ho	Er	Tm	Yb	Lu
187	183	182	181	181	179	199	179	176	175	174	173	170	194	172

1) 同周期元素原子半径的变化

由表 9-4 可见，同一周期的元素，自左至右，原子半径随原子序数的增加而减小，这是因为在主量子数 n 相同的情况下，原子的有效核电荷数 Z^* 越大，对最外亚层中电子的吸引力就越大，相应的原子半径则越小。经比较发现，主族元素的原子半径递减规律更加明显，而副族元素的原子半径递减则不明显，这是由于电子填充情况不同所致：主族元素的电子依次填入最外层轨道，对核电荷的屏蔽作用较小($\sigma=0.35$)，致使有效核电荷递增显著；而副族的 d 区元素电子是依次填入次外层的 d 轨道，对核电荷的屏蔽作用较大($\sigma=0.85$)，故有效核电荷递增不明显。从 d 区过渡到 ds 区ⅠB 族、ⅡB 族时，原子半径有所回升，这是因为它们的价电子层结构为全充满或半充满，电子云呈现球形对称。

2) 同族元素原子半径的变化

同一族元素的原子半径，由上而下增大，这是因为由上而下主量子数 n 递增。但是第六周期 d 区元素的原子半径与第五周期元素相近，甚至有所减小，这是因为在第六周期的ⅢB族出现了镧系元素，在一个格子内集中了 15 个核电荷，使有效核电荷对原子半径减小的影响，超过了电子层数对原子半径增大的影响，我们将这种现象称为“镧系收缩”。

9.4.3　电离能的周期性

1. 电离能的概念

基态的气态原子失去最外层的一个电子成为气态+1 价离子所需的最低能量称为第一电离能(I_1)，再相继失去第二个、三个、……电子所需能量依次称为第二电离能(I_2)、第三电离能(I_3)等。

$$A(g) \xrightarrow{I_1} A^+(g) \xrightarrow{I_2} A^{2+}(g) \xrightarrow{I_3} A^{3+}(g) \cdots \tag{9-24}$$

电离能(ionization energy)数据既可以通过原子光谱、光电子能谱和电子冲击质谱等实验方法来准确测定，也可以从理论上通过近似的方法计算得到。

2. 电离能变化的周期性

(1) 相同元素各级电离能比较。原子失去一个电子后，离子中的电子受核的吸引增强，故从 A^+ 离子中再失去一个电子所需的能量增加，即第二电离能必定大于第一电离能，即 $I_1 < I_2 < I_3 < I_4 \cdots$

(2) 电离能沿族的变化规律。在同一族中，电离能一般是随着电子层数的增加而递减，这是因为外层电子半径越大，能量越高，原子越容易被电离。

(3) 电离能沿周期的变化规律。在同一周期中，元素电离能变化的趋势一般是随着原子序数的增加而递增，增加的幅度随周期数的增加而减小。但这种递增趋势并非单调递增而是曲折上升(图 9-13)。

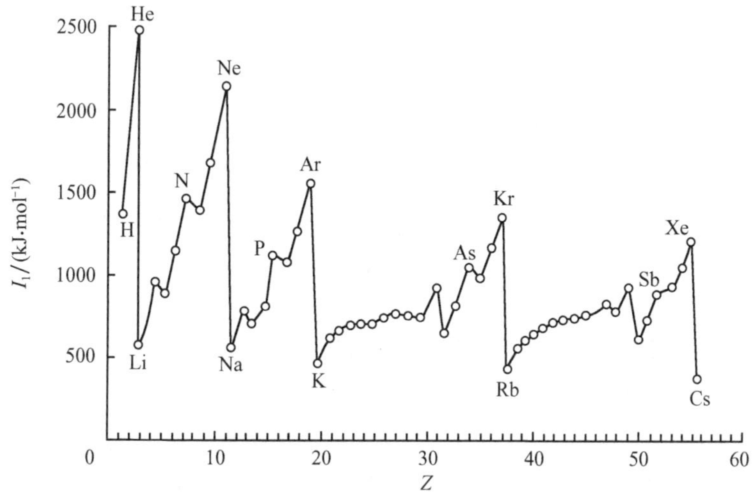

图 9-13　元素第一电离能的变化规律

(4) 电离能变化的“反常”现象。由图 9-13 可见，第二周期元素 Be($2s^2$)和 N($2s^2 2p^3$)的电离能均比它们左右相邻元素的电离能大，这是由于全充满和半充满电子壳层的能量较低，体系稳定的缘故。第三周期也有类似情况。一般来说，如果电离的结果会导致稳定结构的破坏，则电离能会“反常”地增大。反之，如果电离的结果会导致达到稳定结构，则电离能会“反常”地减小。

9.4.4　电子亲和能的周期性

1. 电子亲和能的概念

原子的电子亲和能(electron affinity energy) A 通常是指一个基态的气态原子获得一个电子成为－1 价气态阴离子时所放出的能量。例如：

$$F(g) + e^- \longrightarrow F^-(g) \qquad A_1(F) = -327.9 kJ \cdot mol^{-1} \tag{9-25}$$

同理有第二电子亲和能(A_2)和第三电子亲和能(A_3)的概念。电子亲和能难于用实验方法直接测定，准确度比电离能小得多，所以各文献的数据往往差别很大。

2. 电子亲和能的变化规律

(1) 级数的影响。大部分元素原子在获得第一个电子形成－1 价阴离子时，总是放热。可是元素的－1 价阴离子再获得一个电子而形成－2 价的阴离子时，总是吸热的，因为要克服阴离子和电子间的斥力。这使得元素的第一电子亲和能(A_1)为负值，而第二电子亲和能(A_2)为正值。例如，氧元素和硫元素的第二电子亲和能均为正值，所以 O^{2-}、S^{2-} 等阴离子在气态下极不稳定，只能稳定存在于晶体中。

$$O + e^- \longrightarrow O^- \qquad A_1 = -141\text{kJ} \cdot \text{mol}^{-1}$$

$$O^- + e^- \longrightarrow O^{2-} \qquad A_2 = 844\text{kJ} \cdot \text{mol}^{-1} \tag{9-26}$$

(2) 同周期元素的电子亲和能的变化。对于同一周期的主族元素，随原子序数递增，原子半径减少，电子亲和能的绝对值逐渐增大。但是存在一些反常现象，当原子的电子壳层为全充满(如稀有气体的 ns^2np^6 构型)或半充满(如 N 元素的 $2p^3$ 构型)时，它们较难获得电子，其 A 值变正(表 9-5)。

表 9-5　元素的电子亲和能 A(单位：kJ · mol⁻¹)

H −72.7								He +48.2
Li −59.6	Be +48.2	B −26.7	C −121.9	N +6.75	O −141.0	(844.2)	F −328.0	Ne +115.8
Na −52.9	Mg +38.6	Al −42.5	Si −133.6	P −72.1	S −200.4	(531.6)	Cl −349.0	Ar +96.5
K −48.4	Ca +28.9	Ga −28.9	Ge −115.8	As −78.2	Se −195.0		Br −324.7	Kr +96.5
Rb −46.9	Sr +28.9	In −28.9	Sn −115.8	Sb −103.2	Te −190.2		I −295.1	Xe +77.2

资料来源：Hotop H，Lineberger W C. 1985. J. Phys. Chem. Ref. Data. 14：731
括号内数值为第二电子亲和能

(3) 同族元素电子亲和能的变化。同族元素电子亲和能一般随原子半径减小而增大。这是因为原子半径减小，核电荷对电子的吸引力就增强，原子则易结合外来电子而放出能量。但是每一族开头的元素，电子亲和能的绝对值并非都是最大的，例如，$A(\text{O}) < A(\text{S})$、$A(\text{F}) < A(\text{Cl})$、$A(\text{B}) < A(\text{Al})$等，这一反常现象是因为第二周期原子的半径比第三周期小得多，电子云密度大，电子间斥力强，反而不利于接受电子。

9.4.5　元素电负性的周期性

1. 电负性的概念

1932 年，鲍林首先提出电负性的概念。他将一个分子中的原子对电子的吸引能力定义为原子的电负性(electronegativity)(χ)。电负性概念与电子亲和能不同，它不是一个孤立原子的性质，而是分子中的原子在周围原子的影响下，表现出来的吸引成键电子的能力，其值越大，表示元素的原子在分子中吸引成键电子的能力越大，反之越小。

电负性的数值无法用实验测定，只能采用对比的方法得到，由于选择的标准不同，计算方法不同，得到的电负性数值也不一样。主要的学派有鲍林(Pauling)标度(χ_P)、马利肯(Mulliken)标度(χ_M)、奥尔雷特-罗乔(Allred Roehow)标度(χ_{AR})、桑德逊(Sanderson)标度(χ_S)和埃伦(Allen)标度(χ_A)等。使用最广的还是鲍林的电负性。在使用电负性数据时，要注意使用同一套数据。

2. 电负性随周期表的变化规律

1) 影响电负性的因素

根据马利肯的电负性标度(χ_M)：

$$\chi_M = \frac{1}{2}(A + I) \tag{9-27}$$

不难理解，元素电负性与元素的电离能 I(表示失电子的能力)和电子亲和能 A(表示得电子的能力)有关，电负性随周期表的变化规律也与元素的电离能和电子亲和能的变化规律有关。周期表中电负性变化的不规则现象与周期表中有效核电荷数和原子半径的变化不规则现象是一致的。

必须指出，由于同一元素所处的氧化态不同，电负性数值就不同。例如，Fe(Ⅱ)和 Fe(Ⅲ)的电负性分别是 1.7 和 1.8；Cr(Ⅲ)和 Cr(Ⅵ)的电负性分别是 1.6 和 2.4(鲍林数据)。一般电负性表中所列电负性值，实际上是该元素最稳定的氧化态的电负性值。

2) 电负性随周期表的变化规律

在周期表中，右上方 χ(F)最大，左下方 χ(Cs)最小，但主族和副族元素电负性变化规律不完全相同(表 9-6)。对主族元素，同一周期自左至右电负性增大；同一族自上而下电负性减小，但在 p 区出现了反常现象，即第四周期元素的电负性大于第三周期元素的电负性，例如，χ(Ga)>χ(Al)，这是因为前者的有效核电荷数比后者大的缘故。对于副族元素，同一周期元素的电负性自左至右电负性略有增加；同一族元素的电负性有 χ(第一过渡系)>χ(第二过渡系)>χ(第三过渡系)的规律，这和有效核电荷数和原子半径的变化规律是一致的。利用元素的电负性，可以判断元素的金属性和非金属性，判断氧化物的酸碱性，判断分子的极性和键型。

表 9-6　元素的电负性表 χ_P

H 2.18																
Li 0.98	Be 1.57											B 2.04	C 2.55	N 3.04	O 3.44	F 3.98
Na 0.93	Mg 1.31											Al 1.61	Si 1.90	P 2.19	S 2.58	Cl 3.16
K 0.82	Ca 1.00	Sc 1.36	Ti 1.54	V 1.63	Cr 1.66	Mn 1.55	Fe 1.8	Co 1.88	Ni 1.91	Cu 1.90	Zn 1.65	Ga 1.81	Ge 2.01	As 2.18	Se 2.55	Br 2.96
Rb 0.82	Sr 0.95	Y 1.22	Zr 1.33	Nb 1.60	Mo 2.16	Tc 1.9	Ru 2.28	Rh 2.2	Pd 2.20	Ag 1.93	Cd 1.69	In 1.78	Sn 1.96	Sb 2.05	Te 2.10	I 2.66
Cs 0.79	Ba 0.89	Lu 1.2	Hf 1.3	Ta 1.5	W 2.36	Re 1.9	Os 2.2	Ir 2.2	Pt 2.28	Au 2.54	Hg 2.00	Tl 2.04	Pb 2.33	Bi 2.02	Po 2.0	At 2.2

资料来源：Millian M. 1992. Chemical and Physical Data

思考题 9.7　请用原子结构解释原子性质的周期性规律。

本 章 小 结

核外电子属于微观粒子，具有不同于宏观物体的"量子化"和"波粒二象性"特征并表现出不确定关系，所以只能用统计力学的方法薛定谔方程对核外电子进行研究，并用方程的解——波函数描述其能量状态。

核外电子的量子化特征表现为核外电子能量的不连续性，用四个量子数的特定组合可以对应于核外电子的一种能量状态。用波函数(原子轨道)的图像可以表示核外电子的运动状态随半径和角度的变化关系,同理用电子云的图像可以表示核外电子出现的概率密度随半径和角度的变化关系。

核外电子结构的周期性变化是造成原子性质周期性变化的根本原因,原子的性质包括:原子半径、电离能、电子亲和能和电负性。

In the modern quantum-mechanical theory of the electron structures of atoms, an electron occupies an orbital, or region of space about the atom. Atomic orbitals are grouped in electron shells, with the orbitals in a shell having approximately the same size and energy. An electron configuration is a prticular distribution of electrons among the different subshell of an atom. It must follow three rules as the electron configuration of lowest energy, Pauli exclusion principle, Hund's rule. The configurations of the valence electrons, atomic radii, ionization energy, electron affinity energy, electronegativity have a periodic behavior.

化学家史话——门捷列夫与元素周期律

门捷列夫

门捷列夫(Д. И. Менделеев),俄国化学家,1834 年 2 月 7 日出生在俄国西伯利亚托波尔斯克市的中学教师家庭。年仅 22 岁被破格聘任为彼得堡大学的化学讲师,担任理论化学和有机化学的教学工作。1859 年他被派往世界著名的德国海德堡本生实验室进行为期两年的深造,致力于物理化学的研究,为他日后的研究工作奠定了坚实宽厚的基础。

门捷列夫从 1862 年开始研究元素周期律,他对 283 种物质逐一进行艰苦细致的分析测定,掌握了大量的第一手资料,终于在 1869 年 2 月发表了关于元素周期律的论文和图表,主要学术观点如下:①按相对原子质量大小顺序排列起来的元素呈现出明显的周期性;②相对原子质量的大小决定了元素的特征;③可望预言发现许多未知的元素;④根据同类元素的关系可以修正相对原子质量数据的错误。

门捷列夫以他的元素周期律为理论依据,大胆指出某些被公认的相对原子质量有误,应当重新测量,他还预言了一些未知的元素。这些预言后来都一一被实验事实所证实,他的成就有力地推动了现代化学和物理化学的发展,成为世界著名的卓越的化学家,先后获得英国皇家学会的戴维金质奖章和英国化学会的法拉第奖章,并被各国科学院授予荣誉院士和名誉学位。

门捷列夫还在度量衡、气体定律、无烟火药、农业化学、石油化学和气象学等其他领域不同程度地做出过贡献。1907 年 2 月 2 日,这位化学巨匠因心肌梗死与世长辞,享年 73 岁。

化学知识拓展——元素发现的历程

人类对元素的发现历史经历了以下四个重要阶段。

第一阶段(1741 年以前):初步接触到了 16 个元素。

1741 年以前,人类在社会生产和生活中已经接触到了金、银、铜、铅、锡、铁、汞、锑、铋、锌、铂、钴、硫、碳、磷和砷 16 种物质,但是当时并没有元素的概念。

第二阶段(1741～1859 年):建立元素概念,累计发现了 58 个元素。

其中 1741～1787 年,确立了元素的概念,并相继发现了氢、氧、氮、氯、碲、锰、钼、镍和钨 9 种新元素;1787～1803 年,发现了铬、铍、铀、钛、钇、钽、锆、铈、锇、钯和铌 11 种新元素;1803～1808 年,发现了铱、铑、钾、钠、钡、锶、钙、硼和镁 9 种新元素;1808～1842 年,发现了硒、溴、碘、钒、硅、镉、钍、铝、镧和锂 10 种新元素;1842～1859 年,发现了铒、铽和钌 3 种新元素。

第三阶段(1859～1937 年):建立元素周期表,累计发现了 89 个元素。

其中 1859～1889 年,门捷列夫周期表建立,在周期律理论的指导下,相继发现了铊、镓、镱、锗、镨、钕、钐、钆、钬、铥、氟、镝、铯、铷、铊和铟 16 种新元素(其中包括将"钕镨"元素分解为钕和镨两种元素);1889～1898 年,发现了氦、氖、氩、氪、氙、镭和钋 7 种新元素;1898～1907 年,发现了氡、锕、镥和铕 4 种新元素;1907～1937 年,发现了镤(1913 年)、铪(1923 年)和铼(1925 年)3 种新元素;1937 年,发现了迄今为止最后一个天然元素钫。

第四阶段(1937 年至今)：通过人造“新元素”，累计发现和合成了 107 个元素。

用人工方法制造“元素”的工作始于 1938 年，是用天然元素通过核反应的方法，即用 α 粒子、氘核、质子或中子对周期表中的邻近元素的原子核作用而人工制造出来的。其中 1938～1940 年，人工合成了锝、钷和砹 3 种元素，使人类发现的元素达 92 种，正好填满门捷列夫周期表；1940 年，人工合成了镎和钚 2 个铀后元素，该元素在人工合成出来之后，才在自然界中被发现；1945～1955 年，又合成了镅、锔、锫、锎、锿、镄和钔 7 个铀后元素；1955 年以后，合成了锘和铹，并初步预见到 104～107 号元素。

综上所述，从 1741 年确立元素概念至今，人类平均每 10 年所发现的新元素还不到 4 种，从 1937 年以后，人类在天然条件下几乎没有发现过新的元素，通过人工的方法，合成了约 20 种“人造元素”。那么，今后会不会再有新元素出现呢？人们认为，107 号元素未必会是元素名单的终点，新元素还可能继续发现，不过今后发现新元素的工作，将变得越来越困难，因为放射性元素在不断地放射出各种放射线的同时就变成别的元素，而且元素序数越大，它的半衰期(寿命)就越短。例如，预计的第 110 号元素的半衰期仅为一百亿分之一秒左右。以今天的科学技术水平来说，要发现半衰期更短的新元素，是相当困难的。

不过近年来有人预言，在尚未发现的超重元素中，存在着一些孤立的稳定元素，比如第 108、114、126、164 号元素就是这样的稳定元素，这种理论是否正确，有待实践来证明。

习　题

1. 计算氢原子电子由 $n=4$ 能级跃迁到 $n=3$ 能级时发射光的频率和波长。

2. 已知电子质量为 9.1×10^{-31}kg，试计算下列粒子的德布罗意波的波长。

 (1) 质量为 10^{-10}kg，运动速度为 $0.01\text{m}\cdot\text{s}^{-1}$ 的尘埃。

 (2) 动能为 300eV 的自由电子。

3. 子弹(质量 0.01kg，速度 $1000\text{m}\cdot\text{s}^{-1}$)、原子中的电子(质量为 9.1×10^{-31}kg，速度为 $1.0\times10^{6}\text{m}\cdot\text{s}^{-1}$)等，若速度的不确定均为速度的 10%，判断在确定这些质点的位置时测不准关系是否有实际意义。

4. 氢原子的 s 轨道波函数　(　　)

 (A) 与 θ,φ 有关　(B) 与 θ,φ 无关　(C) 与 r 无关　(D) 与 θ 有关

5. $Y(\theta,\varphi)$ 对 (θ,φ) 所作图形称为__________；$Y^2(\theta,\varphi)$ 对 (θ,φ) 所作图形称为__________；$D(r)$ 对半径 r 作图称为__________。

6. 是非题：s 轨道为球形，表示 s 电子在球形轨道上运动。　(　　)

7. 下列各组量子数，不正确的是　(　　)

 (A) $n=2,l=1,m=0,m_s=-1/2$　(B) $n=3,l=0,m=1,m_s=1/2$

 (C) $n=2,l=1,m=-1,m_s=1/2$　(D) $n=3,l=2,m=-2,m_s=-1/2$

8. 已知某元素的最外层有 4 个价电子，它们的 4 个量子数(n、l、m、m_s)分别是(4,0,0,+1/2)，(4,0,0,−1/2)，(3,2,0,+1/2)，(3,2,1,+1/2)，则元素原子的价电子组态是什么？是什么元素？

9. 基态原子的第六电子层只有 2 个电子，第五电子层上电子数目为　(　　)

 (A)8　(B)18　(C) 8～18　(D) 8～32

10. 基态原子有 6 个电子处于 $n=3,l=2$ 的能级，其未成对的电数为　(　　)

 (A) 4　(B) 5　(C) 3　(D) 0

11. 写出下列元素的符号。

 (1) 属零族，但没有 p 电子(　　)。

 (2) 在 4p 能级上有 1 个电子(　　)。

 (3) 开始填充 4d 能级(　　)。

 (4) 价电子构型为 $3d^{10}4s^1$(　　)。

12. 第五周期有(　　)种元素，因为第(　　)能级组最多可容纳(　　)个电子，该能级组的电子填充顺序是(　　)。

13. 已知元素在周期表中的位置，写出它们的外围电子构型和元素符号。

(1) 第四周期第ⅣB族　　(2) 第四周期第ⅦB族

(3) 第五周期第ⅦA族　　(4) 第六周期第ⅢA族

14. 以下各"亚层"哪些可能存在？包含多少轨道？

(1) 2s　(2) 3f　(3) 4p　(4) 2d　(5) 5d

15. 外围电子构型满足下列条件之一是哪一类或哪一个元素？

(1) 具有 2 个 p 电子。

(2) 有 2 个 $n=4$、$l=0$ 的电子，6 个 $n=3$ 和 $l=2$ 的电子。

(3) 3d 全充满，4s 只有 1 个电子的元素。

16. 判断符合下列条件的是什么元素。

(1) 某元素+2 价离子和 Ar 的电子构型相同。

(2) 某元素的+3 价离子和 F^- 的电子构型相同。

(3) 某元素的+2 价离子的 3d 电子数为 7 个。

17. 说明下列等电子离子的半径值在数值上为什么有差别。

Na^+(98pm)、Mg^{2+}(74pm)与 Al^{3+}(57pm)

18. 第一电离能最大的原子的电子构型是　（　）

(A) $3s^2 3p^1$　(B) $3s^2 3p^2$　(C) $3s^2 3p^3$　(D) $3s^2 3p^4$

19. 是非题：A 元素的第一电子亲和能比 B 元素大，表示 A 元素吸引电子的能力比 B 元素强，所以 A 元素失电子的能力就比 B 元素弱。　（　）

20. 是非题：某元素的电负性越小，它的金属性就越大，非金属性就越小。　（　）

（中南大学　关鲁雄）

第 10 章　共价键与分子结构

物质的性质取决于两种因素：一种是组成物质的元素原子；另一种是各元素原子之间的相互结合。这种相互结合的方式即化学键。一个化学反应的过程，实际上是一个旧的化学键被破坏、新化学键形成的过程。按两原子间相互结合作用力的不同，化学键可以分为三类：离子键、共价键和金属键。

10.1　共价键理论

原子间在形成化学键时，若原子间电负性相差不大甚至相等，则形成共价键。最早的共价键理论是 1916 年路易斯提出来的共用电子对理论，即路易斯理论。后来在量子力学发展的基础上，1927 年美籍德国物理学家海特勒(W. Heitler)和美籍波兰物理学家伦敦(F. London)提出了价键理论(VB 法)。1931 年，美国化学家鲍林提出了杂化轨道理论。1931 年，美国化学家马利肯(R. S. Mulliken)和德国化学家洪德提出了分子轨道理论。

10.1.1　路易斯理论与 H_2 分子

路易斯理论认为，稀有气体原子的电子结构，即八隅体最为稳定，当两元素原子的电负性相差不大时，原子间通过共享电子对的形式，达到八隅体稳定结构(氢、氦除外)，形成共价键，即八隅体规则。例如：

HCl 分子的形成：

$$H\cdot + \cdot\underset{\cdot\cdot}{\ddot{Cl}}\colon =\!=\!= H\colon\underset{\cdot\cdot}{\ddot{Cl}}\colon$$

N_2 分子的形成：

$$\colon\dot{N}\cdot + \cdot\dot{N}\colon =\!=\!= \colon N\vdots\vdots N\colon$$

H 原子和 Cl 原子之间的两个电子为两个原子共有，从而使两个原子都具有稀有气体的稳定结构。而两个 N 原子则必须各给出三个电子，通过共有三对电子达到八隅体。为一个原子所独有、未参与成键的电子对称为孤对电子。两原子间共享的电子对数目称为原子间化学键的键级，共用一对电子形成共价单键，共用两对电子形成共价双键，共用三对电子形成共价叁键。键级越大，键能越高。

路易斯理论和路易斯结构式成功解释了一些简单分子的组成，初步揭示了共价键的本质。但路易斯的共价键理论把核外成键电子看成是局限在两个成键原子之间的静电荷，没有跳出经典静电理论。它不能解释为什么两个带相同电荷的电子不互相排斥，而能稳定存在于两原子之间。对一些非八隅体分子，如 BF_3、PCl_5 等分子的形成，也不能作出合理的解释。随着量子力学的建立和发展，1927 年物理学家海特勒和伦敦在用量子力学处理氢分子的基础上，提出了价键理论，由此奠定了现代共价键理论的基础。

10.1.2 现代价键理论

1. 量子力学处理氢分子的结果

价键理论是海特勒和伦敦用量子力学方法处理氢分子问题的推广。1927 年,海特勒和伦敦首次求解氢分子的薛定谔方程。他们用近似方法计算氢分子体系的波函数和能量,得到氢分子的电子云分布等密度曲线和能量曲线。如图 10-1 所示,计算结果表明:氢分子有基态和推斥态两种状态。推斥态时,系统的总能量总是大于两未成键原子能量之和,原子间不能形成稳定的化学键。基态时,当远离的两个 H 原子彼此靠近,它们之间的相互作用逐渐增大,系统能量也相应降低。在经过了能量最低点之后,两原子进一步接近时,系统能量急剧升高。与基态的能量曲线上最低点相对应的是,电子云分布等密度曲线密集在两个原子核之间,核间距离 R_0 稳定,形成稳定的氢分子。这样,海特勒和伦敦第一次用量子力学方法揭示出氢分子中共价键的实质。

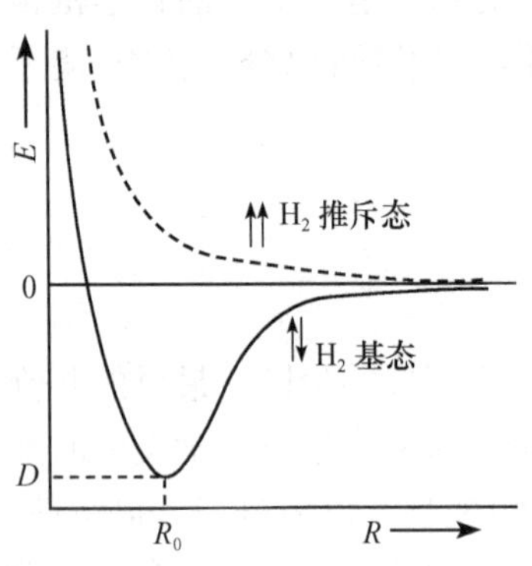

图 10-1 H_2 分子的能量曲线

他们对结果的解释是,原子间的相互作用和成键电子的自旋方向密切相关。排斥态时,两原子轨道上的两个成键电子自旋方向相同,核间电子云密度减小,两原子电子间的排斥作用力占主导地位,不能形成稳定的氢分子。基态时,两原子轨道上的两个成键电子自旋方向相反,在到达核平衡间距 R_0 之前,随着 R 的减小,电子运动的空间轨道发生重叠,电子在两核间出现的机会较多,核间的电子密度增大,原子之间的相互作用力以引力为主,系统的能量也逐步降低,直到 $R=R_0$,系统对应能量最低值 D。之后,随着两原子间距离的进一步减小,原子核间的排斥力迅速升高,原子之间的相互作用力以排斥力为主,使原子重新回到平衡位置。

把量子力学应用于处理氢分子的结构,揭露了共价键的本质问题,即为什么中性原子(如 H)能够牢固地结合在一起形成分子,以及为什么 H 只能形成 H_2 而不能形成"H_3"等一系列共价分子的本质、结构等问题,并在这个基础上发展起来近代共价键理论。本节将简要介绍价键理论中的一些基本内容。

2. 价键理论的基本要点

将量子力学对 H_2 分子的研究结果推广到双原子分子和多原子分子,形成了现代价键理论。其基本要点如下:

1) 电子配对成键原理

只有当两原子的未成对电子在相互间自旋方向相反的情况下,才能形成稳定的共价键。例如 A、B 两个原子,各有一个自旋相反的未成对电子,它们之间则形成共价单键;如果 A、B 两原子各有两个甚至三个自旋相反的未成对电子,则自旋相反的单电子可两两配对成键,最终在两原子之间可形成共价双键或叁键。例如,O 原子的两个未成对 2p 电子分别与 H 原子未成对的 1s 电子配对成键形成 AB_2 型分子:

$$\mathrm{H\cdot + \cdot\ddot{\underset{\cdot\cdot}{O}}\cdot + \cdot H = H:\ddot{\underset{\cdot\cdot}{O}}:H}$$

N 原子的三个未成对 2p 电子则是分别和三个 H 原子未成对的 1s 电子结合形成 AB_3 型分子。至于 He 原子有两个 1s 电子，不存在未成对电子，所以 He 原子之间不能形成化学键，He 为单原子分子。

2）原子轨道最大重叠原理

两原子的未成对电子自旋相反配对成键时，未成对电子所在的原子轨道一定要发生相互重叠。这种重叠越多，两原子间的电子云密度越大，所形成的共价键越稳定，分子能量越低。

在海特勒、伦敦处理氢分子成键的工作上形成的价键理论，其主要特点是：把电子理论中一对自旋相反的电子形成共价键的观点，作为构造分子中电子波函数的基础，并充分考虑电子不可分辨性，所以价键理论也被称为电子配对理论。价键理论最重要的成就是它运用量子力学的观点和方法，为共价键的成因提供了理论基础，阐明共价键形成的主要原因是价电子占用的原子轨道因相互重叠而产生的加强性相干效应。

10.1.3　共价键的特点

原子在形成共价键时，没有发生电子的转移，而是靠共用电子对结合在一起。根据价键理论，我们可以看出共价键的一些特征。

1. 共价键具有方向性

成键原子轨道的最大重叠决定了共价键的方向。除 s 轨道呈球形对称外，p 轨道、d 轨道及 f 轨道在空间都有特定的伸展方向。在形成共价键时，s 轨道在任何方向上都能形成最大重叠，而 p 轨道、d 轨道及 f 轨道只有沿着一定的方向才能保证成键时原子轨道的最大重叠，这样所形成的化学键就有方向性。例如 HCl 分子的形成，成键时 H 原子的 s 轨道只有沿着 p_x 轨道对称方向才能发生最大重叠，如图 10-2(a)所示。

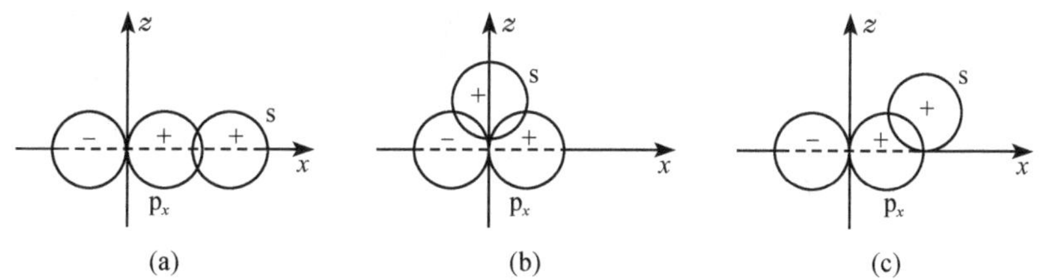

图 10-2　HCl 的 s-p_x 重叠示意图

2. 共价键具有饱和性

共价键形成的一个很重要的条件，就是成键原子必须具有未成对电子。未成对电子的多少，决定了该原子所能形成共价键的数目。例如氢原子，它有一个未成对的 1s 电子，与另一个氢原子 1s 电子配对形成 H_2 分子之后，不能与第三个氢原子的 1s 电子继续结合形成 H_3 分子。又如，N 原子外层有三个未成对的 2p 电子，可以同三个氢原子的 1s 电子配对形成三个共价单键，生成 NH_3 分子。

10.1.4 共价键的类型

不同的原子轨道具有不同的形状。原子成键时,虽然都是最大重叠,但原子轨道的最大重叠方式不同,形成的原子轨道重叠部分的对称性也不同,结果能形成不同的键型。

1. σ键

当原子轨道沿原子核间连线方向(键轴)以“头碰头”的方式重叠时,成键轨道重叠部分围绕键轴呈圆柱形分布,形成的共价键称为σ键,如图10-3所示。σ键的特点是轨道重叠程度大、键强、稳定。

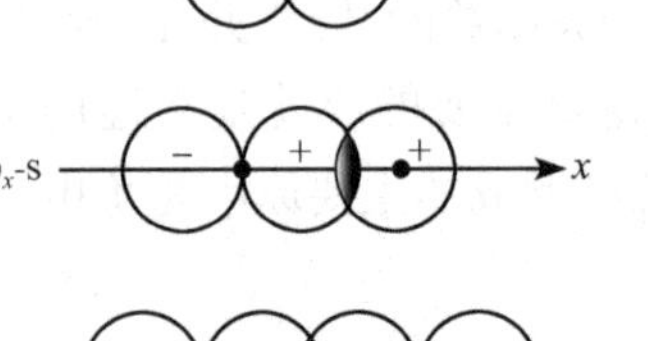

图 10-3 σ成键方式示意图

2. π键

当两个原子轨道以“肩并肩”的形式重叠时,所形成的共价键为π键。图10-4(a)所示的p_z-p_z轨道重叠和图10-4(c)所示的d_{xz}-p_z轨道重叠都可以形成最大重叠,它们可以形成共价键。而图10-4(b)和图10-4(d)表示的两种重叠方式不能形成有效的重叠,不能形成π键(在分子轨道理论中,这种形式的重叠是形成反π键)。图10-5是N_2原子轨道重叠示意图。当两个N原子沿x轴靠近时,会发生p_x-p_x、p_y-p_y、p_z-p_z轨道重叠。其中两个原子p_x-p_x轨道的重叠形成σ键,p_y-p_y轨道、p_z-p_z轨道的重叠形成两个π键。由此可见,当两个原子轨道以“肩并肩”的形式重叠时,所形成的共价键为π键(图10-5)。π键重叠部分位于键轴的上、下方,相对于键轴(准确地说,是通过键轴的平面)呈反对称(波函数的符号相反)。从电子云的分布上来看,通过两原子核的连线存在一节面,该节面上电子云的密度为零,这导致π键的稳定性比较弱。

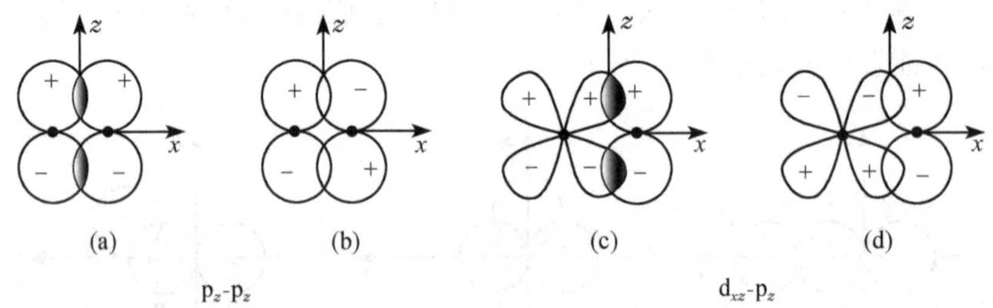

图 10-4 π成键方式示意图

3. δ键

当两个原子轨道以“面对面”的方式重叠时,所形成的共价键为δ键。图10-6为d_{xy}-d_{xy}重叠形成的δ键,δ键存在两个节面,在节面上电子云的密度为零,两节面分别为xz、yz平面。s、p轨道不会参加形成δ键。δ键多存在于含有过渡金属原子或离子的化合物中。例如$[Re_2{}^{III}Cl_8]^{2-}$,其Re—Re键长为224pm(金属Re晶体中Re—Re键长275pm),Re—Re是四重键:1σ+2π+1δ,具体是:

$$\mathrm{Re}^{III}\quad 5d^4 6s^0 6p^0$$

$$\mathrm{Re}^{III}\quad (d_{x^2-y^2})^0 (d_{z^2})^1 (d_{xy})^1 (d_{xz})^1 (d_{yz})^1$$

$$\qquad\qquad |\ \sigma \quad |\ \delta \quad |\ \pi \quad |\ \pi$$

$$\mathrm{Re}^{III}\quad (d_{x^2-y^2})^0 (d_{z^2})^1 (d_{xy})^1 (d_{xz})^1 (d_{yz})^1$$

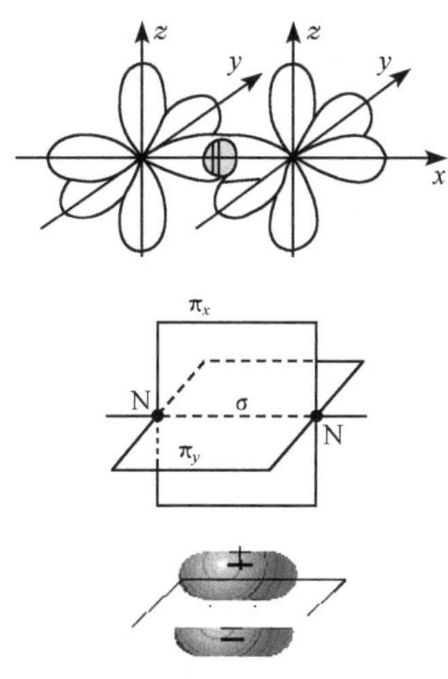

图 10-5　N_2 的成键方式示意图

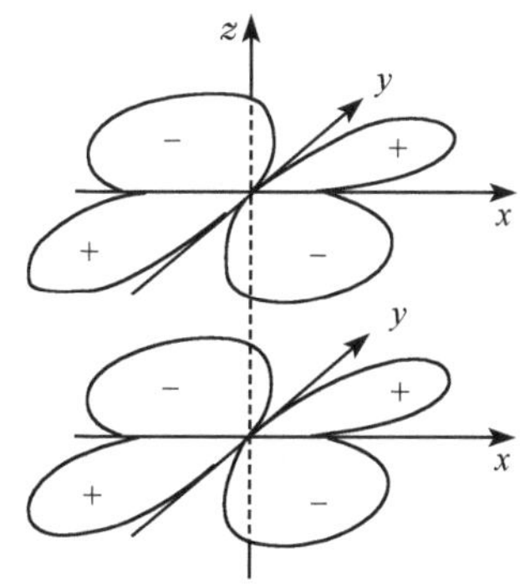

图 10-6　δ 成键方式示意图

另外，每个 $Re^{Ⅲ}$ 的 $5d_{x^2-y^2}$、6s、$6p_x$、$6p_y$形成 dsp^2 杂化轨道(空)，各结合 4 个 Cl^-，接受每个 Cl^- 单方面提供的 1 对弧对电子，形成 8 个配位键。

表 10-1 是 σ 键和 π 键的对比总结。

表 10-1　σ 键和 π 键的对比

共价键类型	σ 键	π 键
原子轨道重叠方式	“头碰头”	“肩并肩”
波函数分布	对键轴呈圆柱形对称	上、下反对称
电子云分布形状	核间呈圆柱形	存在密度为零的节面
存在方式	唯一	原子间存在多键时可以多个
键的稳定性	强	弱

思考题 10.1　VB 理论的量子力学基础是什么？VB 理论与路易斯理论在本质上有什么不同？为什么 VB 理论又称电子配对理论？

思考题 10.2　VB 理论揭示了共价键的哪些本质问题？如何理解共价键的方向性和饱和性？在 VB 理论中，什么是 σ 键、π 键和 δ 键？

10.1.5　键参数

化学键的性质可以用一系列物理量来表征。例如，用键能表征键的强弱，用键长、键角描述分子的空间构型，用元素的电负性差值衡量键的极性等。这些表征化学键性质的物理量称为键参数。键参数可以通过实验直接或间接测定，也可以通过理论计算求得。

1. 键长

分子中两原子核间平衡距离称为键长。例如，氢分子中两个原子的核间距为 74.2pm，所以 H—H 键的键长就是 74.2pm。现代理论和实验技术的发展，可以用电子衍射、X 射线衍射、分子的光谱数据等相当精确地测定各类分子和晶体中原子间的距离即键长。表 10-2 列举了部分共价单键键长、键能。两个原子间的键长越短，键越牢固。一般来说，单键键长＞双键键长＞叁键键长。

表 10-2　部分常见共价键的键长和键能

共价键	键长/pm	键能/(kJ·mol^{-1})	共价键	键长/pm	键能/(kJ·mol^{-1})
H—H	74	436	F—F	128	158
H—F	92	566	Cl—Cl	199	242
H—Cl	127	431	Br—Br	228	193
H—Br	141	366	I—I	267	151
H—I	161	299	C—C	154	356
O—H	96	467	C═C	134	598
S—H	136	347	C≡C	120	813
N—H	101	391	N—N	145	160
C—H	109	411	N═N	125	418
B—H	123	293	N≡N	110	946

2. 键能

在 298.15K 和 100kPa 下断裂 1mol 化学键所需的能量称为键能 E，单位是kJ·mol^{-1}。通常是利用键能的大小来衡量化学键的强弱，键能越大，相应的共价键越强，所形成的分子越稳定。

对于双原子分子，键能 E 是在上述温度压力下，将 1mol 理想气态分子解离为理想气态单原子所需的能量，也称为键的解离能 D。键能常从键解离时的焓变求得。例如：

$$H_2(g) \longrightarrow 2H(g) \qquad \Delta_r H_m^{\ominus} = D_{H—H} = E_{H—H} = +436 kJ \cdot mol^{-1}$$

$$N_2(g) \longrightarrow 2N(g) \qquad \Delta_r H_m^{\ominus} = D_{N≡N} = E_{N≡N} = +946 kJ \cdot mol^{-1}$$

对于多原子分子，键能不能简单地等于键的解离能。如果是由同一共价键构成的多原子分子，该共价键的键能为分子每步解离能的平均值。例如：

$$NH_3(g) = NH_2(g) + H(g) \quad \Delta_r H_m^{\ominus} = D_1 = 435 kJ \cdot mol^{-1}$$

$$NH_2(g) = NH(g) + H(g) \quad \Delta_r H_m^{\ominus} = D_2 = 397 kJ \cdot mol^{-1}$$

$$NH(g) = N(g) + H(g) \quad \Delta_r H_m^{\ominus} = D_3 = 338 kJ \cdot mol^{-1}$$

$$NH_3(g) = N(g) + 3H(g) \quad \Delta_r H_m^{\ominus} = D_{总} = D_1 + D_2 + D_3 = 1170 kJ \cdot mol^{-1}$$

$$E_{N—H} = \frac{D_1 + D_2 + D_3}{3} = \frac{1170}{3} = 390(kJ \cdot mol^{-1})$$

由相同原子形成的共价键的键能关系是：单键＜双键＜叁键，但它们之间不存在倍数关系。例如：

$$E_{C—C} = +356 kJ \cdot mol^{-1} < E_{C═C} = +598 kJ \cdot mol^{-1} < E_{C≡C} = +813 kJ \cdot mol^{-1}$$

3. 键角

键长和键能可以判别化学键的强弱，但在确定分子的几何构型时还必须知道分子的键角。

分子中键与键之间的夹角称为键角。

对于双原子分子，只有一个共价键，没有键角，分子总是直线形。对于多原子分子，分子中的原子在空间中排布情况不同，键角就不相等，构型也就不同。例如，同为 AB_3 型分子就有两种构型，BCl_3 是平面三角形，键角是 120°[图 10-7(a)]，而 NH_3 为三角锥形，键角是 107°18′[图 10-7(b)]。

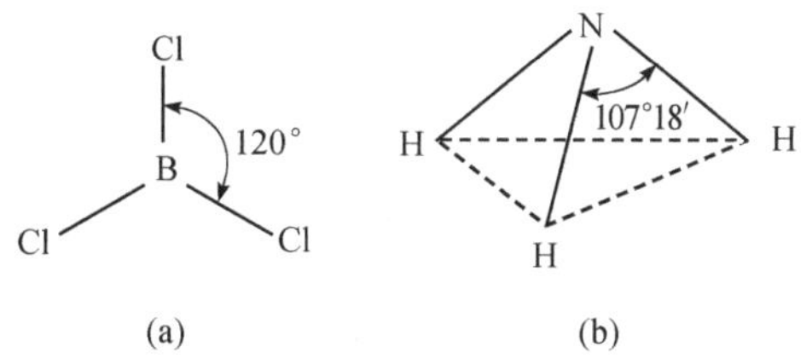

图 10-7　BCl_3 和 NH_3 分子的键角

思考题 10.3　描述共价键的键参数有哪几个？它们的定义是什么？

思考题 10.4　键能和键解离能有什么区别？在什么情况下两者的数值相等？

思考题 10.5　什么是极性键？什么是非极性键？什么是极性分子？含有极性键的分子是否都是极性分子？

10.2　杂化轨道理论

价键理论运用“电子配对”概念揭示了共价键的本质，成功地解释了共价键的方向性、饱和性等特点，但在解释分子的空间构型方面常常遇到困难。例如，近代实验测定 CH_4 分子是一个正四面体构型，C 原子位于正四面体的中心，四个 H 原子占据四面体的四个顶点。但 C 原子的价电子结构是 $2s^2 2p_x^1 2p_y^1$，只有 2p 轨道上有两个未成对电子，按价键理论只能与两个 H 原子形成两个 C—H 共价键，键角是 90°。如果要形成四个 C—H 键，可以假定有一个 2s 上的电子受激发跃迁到 $2p_z$ 空轨道上，形成四个未成对电子而与 H 原子形成共价键。可是由于 2s 轨道和 3 个 2p 轨道在能量上、在空间中的伸展方向各不相同，所形成的 4 个 C—H 键也会不同。这些都与事实不符。再如 H_2O 分子，两个 O—H 键的键角是 104°45′，与价键理论预测的 90°相差很远。为了解释多原子分子的空间构型，鲍林于 1931 年在价键理论的基础上，提出了杂化轨道理论。

10.2.1　原子轨道的杂化

原子轨道的杂化是基于电子具有波动性、波可以相互叠加的观点。认为中心原子和周围原子在成键时所用的轨道不是纯粹的原来价电子轨道(s 轨道、p 轨道)，而是若干能量相近的原子轨道经过叠加混合后，重新分配能量、调整空间方向以满足形成化学结合的需要，成为成键能力更强的新的原子轨道。这种过程称为原子轨道的杂化，所产生的新原子轨道称为杂化原子轨道，或简称为杂化轨道。

杂化轨道的形状一头大，一头小，如图 10-8 所示。和原来的原子轨道相比，利用大头部分和其他原子轨道重叠成键时，杂化轨道的成键能力得到很大的提高。必须注意的是，孤立原子本身并不会杂化，不会出现杂化轨道，只有在成键过程中，中心原子在周围成键原子的影响下，原子轨道才能形成杂化以发挥更强的成键能力。原子轨道的杂化遵循下列原则：

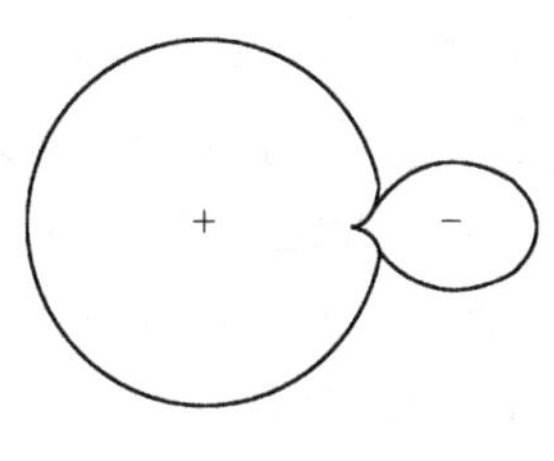

图 10-8　杂化轨道示意图

(1) 能量相近原则。中心原子形成杂化轨道的原子轨道在能量上必须相近。原子内层与外层价电子轨道在能量上相差比较大，不参与轨道的杂化，所以通常参与杂化的原子轨道只是外层价电子原子轨道。

(2) 轨道数目守恒原则。原子轨道在杂化前后数目保持不变，杂化轨道和参与杂化的原子轨道数目相等。

(3) 能量重新分配原则。原子轨道在杂化前轨道的能量各不相同，但杂化后的杂化轨道能量相等。

(4) 杂化轨道对称性分布原则。杂化后的原子轨道在球形空间中尽量呈对称性分布，杂化轨道不可分辨。等性杂化的杂化轨道间的键角相等。

(5) 最大重叠原则。外层价电子轨道在杂化时，都有 s 轨道的参与，s 轨道的波函数 ψ 值为正值，导致杂化后的杂化轨道是一头大(波函数 ψ 为正值的部分大)，一头小。为了形成最为稳定的化学键，杂化轨道都是用大头部分和成键原子轨道进行重叠。

10.2.2 杂化轨道类型与分子的空间几何构型

不同类型的原子轨道杂化可组成不同类型的杂化轨道。中心原子的杂化轨道类型不同，分子的空间构型也就不同。杂化轨道的类型通常有以下几种。

1. sp 杂化

sp 杂化是一个 s 原子轨道与一个 p 原子轨道间的杂化。$BeCl_2$ 分子中心原子的杂化过程分为激发和杂化两步进行，Be 原子外层电子结构为 $2s^2 2p^0$，经激发为 $2s^1 2p^1$，再采取 sp 杂化。杂化后得到的每一个 sp 杂化轨道都含有 $\frac{1}{2}$s 和 $\frac{1}{2}$p 轨道的成分，这两个杂化轨道在空间中对称分布呈直线形，轨道之间的夹角为 180°[图 10-9(a)]。Be 原子的杂化轨道分别与 Cl 原子的 p 轨道“头碰头”重叠而成 2 个等同的 Be—Cl σ 键，键角和杂化轨道的夹角一致为 180°[图 10-9(b)]。此外，$HgCl_2$ 的空间结构同样可用 sp 杂化轨道解释。

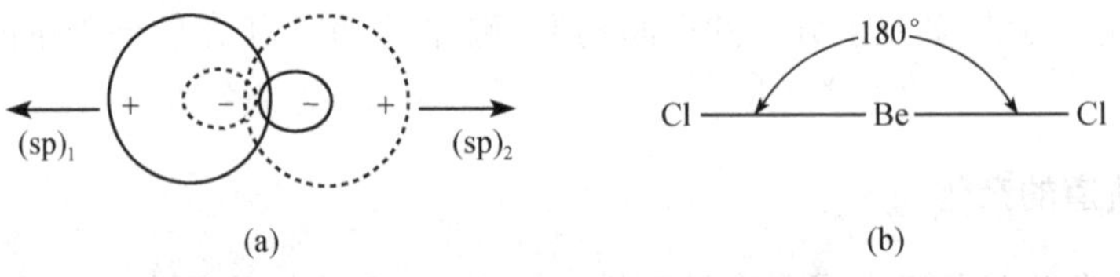

图 10-9 sp 杂化与 $BeCl_2$ 分子构型

C_2H_2 分子中的 C 原子也采取 sp 杂化。每一个 C 原子都有 2 个 sp 杂化轨道，其中 1 个 sp 杂化轨道与 H 原子的 1s 轨道相互重叠成为 1 个 C—H 键，两个 C 原子又各以剩下的 1 个 sp 杂化轨道相互重叠形成 C—C 键，这些键都是 σ 键。两个 C 原子还分别剩余 2 个 p 轨道(未参与杂化的 p 轨道)，这些 p 轨道的对称轴都与 sp 杂化轨道的对称轴相互垂直。每个 C 原子的 p 轨道与另一个 C 原子相应的 p 轨道在侧面重叠形成 π 键，这样在 C_2H_2 分子中的 C、C 原子之间，除了 1 个 σ 键之外，还有 2 个 π 键，构成叁键。C_2H_2 分子的构型决定于(两个)中心原子的杂化类型，为直线形，四个原子在同一直线上(图 10-10)。

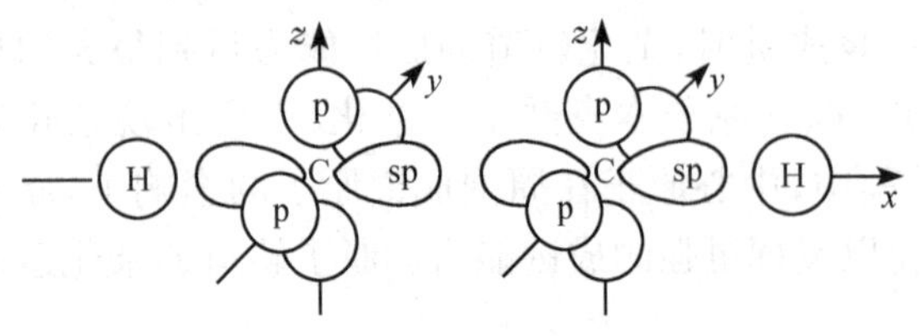

图 10-10 C_2H_2 分子的原子轨道

2. sp^2 杂化

sp^2 杂化是 1 个 s 原子轨道和 2 个 p 原子轨道间的杂化，形成 3 个 sp^2 杂化轨道，每个 sp^2 杂化轨道含有 $\frac{1}{3}$ s 和 $\frac{2}{3}$ p 轨道的成分。杂化轨道共处于一个平面上，之间夹角为 120°，如图 10-11(a)所示。例如 BCl_3 分子中，中心原子 B 的外层电子结构为 $2s^2 2p^1$，经激发为 $2s^1 2p^2$，采取 sp^2 杂化产生 3 个 sp^2 杂化轨道，3 个 Cl 原子的 2p 轨道与 B 原子的 3 个 sp^2 杂化轨道重叠，形成 3 个 B—Cl σ 键，形成 BCl_3 分子。

共价键要求原子轨道最大方向上重叠，所以形成的 BCl_3 分子为平面正三角形，B 原子位于正三角形的中心，3 个 Cl 原子位于三角形的三个顶点，键角与杂化轨道之间的夹角一致，为 120°。

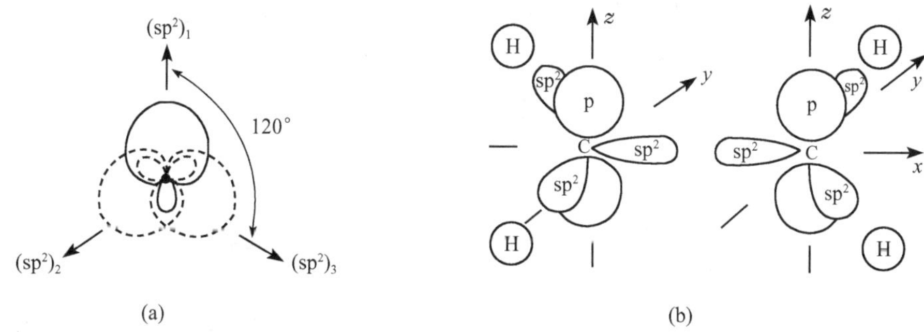

图 10-11 sp^2 杂化与 C_2H_4 分子结构

在乙烯分子中，C 原子也采取 sp^2 杂化，每个 C 原子各以两个 sp^2 杂化轨道和 H 原子的 1s 轨道互相重叠生成两个 C—H σ 键，又以剩下的 sp^2 杂化轨道和另一个 C 原子的 sp^2 杂化轨道相互重叠形成 C—C σ 键。两个 C 原子未参加杂化的 p 轨道又相互重叠，在两个 C 原子之间形成 1 个 π 键。整个分子结构也是由中心 C 原子的 sp^2 杂化类型所决定，分子共处于一个平面，如图 10-11(b)所示。

3. sp^3 杂化

sp^3 杂化是一个 s 原子轨道和 3 个 p 原子轨道间的杂化，形成 4 个 sp^3 杂化轨道，每个 sp^3 杂化轨道含有 $\frac{1}{4}$ s 和 $\frac{3}{4}$ p 轨道的成分。杂化轨道在空间中呈四面体分布，中心原子位于四面体的中心，杂化轨道伸向四面体的四个顶点，杂化轨道之间的夹角为 109°28′[图 10-12(a)]。例如 CH_4 分子，中心原子 C 的外层电子结构是 $2s^2 2p^2$，采取 sp^3 杂化：4 个氢原子的 1s 轨道，以"头碰头"方式，沿杂化轨道的最大方向——四面体的四个顶点方向，与相应的 sp^3 杂化轨道重叠形成 4 个等同的C—H σ 键，键角为 109°28′。所以 CH_4 分子具有正四面体结构，C 原子位于四面体的中心[图 10-12(b)]。

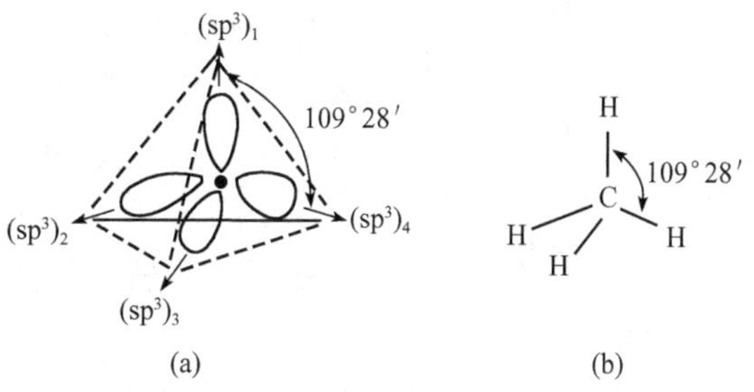

图 10-12 sp^3 杂化与 CH_4 分子的几何构型

SiH_4、NH_4^+ 中的中心原子 Si、N 都是 sp^3 杂化，分子呈正四面体形。此外其他饱和烷烃中的 C 原子也是 sp^3 杂化。

4. 不等性 sp^3 杂化

中心原子的价电子结构决定着中心原子的杂化类型，不能从分子式的形式来判断中心原子的杂化类型。例如 BF_3 是 sp^2 杂化，分子呈平面三角形，而 NH_3 分子呈三角锥形，分子中键的夹角是 107°18′，与中心原子 sp^2 杂化的分子相差太大。事实上，NH_3 分子的中心原子 N 也采取 sp^3 杂化。

但杂化后各杂化轨道所含 s 轨道和 p 轨道成分不相等，这种杂化称为不等性 sp^3 杂化。N 原子的价电子结构是 $2s^2 2p^3$，4 个杂化轨道中有一个杂化轨道被孤对电子所占据。其他三个杂化轨道上各有一个电子，和氢原子的 1s 轨道重叠形成 N—H σ 键。和其他三个参与成键的杂化轨道相比较，孤对电子所占据的杂化轨道所含的 s 轨道成分多、p 轨道成分少，它也更为靠近原子核。在孤对电子的排斥作用下，N—H 键的键角不是等性 sp^3 杂化的 109°28′，而是 107°18′。杂化轨道呈四面体（注意：不是正四面体）分布，而分子是三角锥形[图 10-13(a)]。

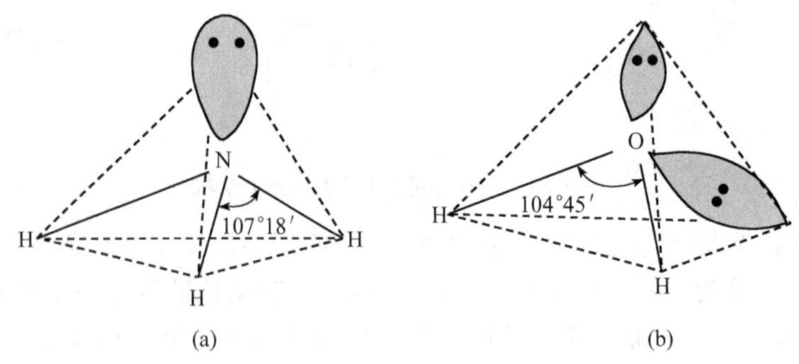

图 10-13　NH_3 与 H_2O 分子的几何构型

和 NH_3 分子类似的是 H_2O 分子，H_2O 分子的中心原子 O 也采取不等性 sp^3 杂化。不同的是，O 原子的价电子结构是 $2s^2 2p^4$，有两对孤对电子占据两个杂化轨道，另外两个杂化轨道上只有一个单电子，和氢原子的 1s 轨道重叠形成 O—H σ 键。在两对孤对电子的排斥作用下，H_2O 分子的 O—H 键角更偏离等性 sp^3 杂化的 109°28′，而是 104°45′。杂化轨道呈四面体形分布，而分子是“V”形[图10-13(b)]。

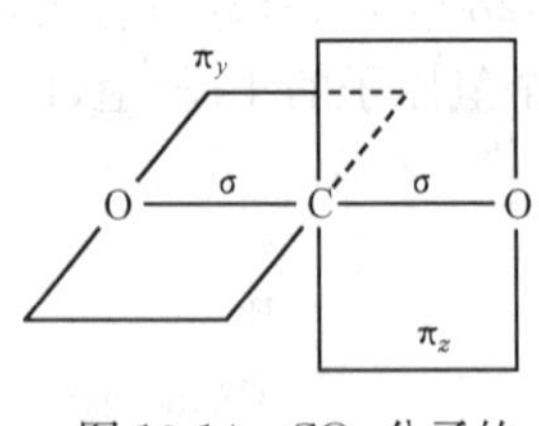

图 10-14　CO_2 分子的空间结构

应该指出的是，杂化轨道是指原子在成键时为适应成键需要而形成的。除了上述 ns、np 可以进行杂化外，nd、$(n-1)d$、$(n-1)f$ 原子轨道也可以参与杂化成键。具体进行的杂化类型，应视具体的成键要求。原子轨道的杂化有利于形成 σ 键，对形成 π 键不利。但杂化轨道形成 σ 键，并不影响 π 键的形成。例如 CO_2 分子(图10-14)，C 原子的 sp 杂化轨道和 O 原子的 2p 轨道形成 σ 键后，C 原子未杂化的 2 个 p 轨道仍能分别和 2 个 O 原子剩下的 2p 轨道形成 π 键(图 10-14)。

杂化轨道类型、空间构型以及成键能力之间的关系如表 10-3 所示。

表 10-3　杂化轨道类型、空间构型以及成键能力之间的关系

杂化类型	sp	sp^2	sp^3	dsp^2	sp^3d	sp^3d^2
杂化的原子轨道数	2	3	4	4	5	6
杂化轨道的数目	2	3	4	4	5	6
杂化轨道间的夹角	180°	120°	109°28′	90°,180°	120°,90°,180°	90°,180°
空间构型	直线形	三角形	四面体	正方形	三角双锥形	八面体形
实例	$BeCl_2$ $HgCl_2$	BF_3 NO_3^-	CH_4 ClO_4^-	$PtCl_4^{2-}$	PCl_5	SF_6 SiF_6^{2-}

思考题 10.6　杂化轨道理论的要点是什么？杂化轨道理论的主要贡献是什么？

思考题 10.7　sp 杂化、sp^2 杂化、sp^3 杂化的杂化轨道形状及其正负号为什么相似或相同？这种形状对成键有何影响？

思考题 10.8　什么是等性杂化？什么是不等性杂化？它们对分子的空间构型有什么影响？

10.3　价层电子对互斥理论

价键理论和杂化轨道理论比较成功地解释了共价键的特征，特别是杂化轨道理论能够根据杂化类型很好地预言分子的空间构型。但对于任意的一共价分子，有时却难以确定该分子究竟采取的是哪一种杂化类型，影响着对分子结构的判断。通过对一系列已知结构的分子和离子研究后，1940 年，西奇维克（N. Y. Sidgwick）提出中心原子最外层价电子对数与该分子（或离子）的结构紧密相关。后经吉勒斯匹（R. J. Gilespie）等归纳整理，发展出价层电子对互斥理论（valence shell electron pair repulsion theory）。

10.3.1　价层电子对互斥理论的基本要点

（1）分子或离子的空间构型决定于其中心原子的价层电子对数目以及电子对之间的静电排斥作用力。按照排斥力的要求，中心原子价层中电子对趋于尽可能相互远离，使系统能量降低。分子的几何构型总是处于中心原子电子对相互排斥力最小的稳定结构。

例如，$BeCl_2$ 分子，中心原子 Be 的价电子对数为 2，价电子对排布为—Be—，$BeCl_2$ 分子的空间构型为直线形，即 Cl—Be—Cl。

（2）价层电子对分为孤对电子与成键电子对。

成键电子对：等于成键原子的数目。不论中心原子与成键原子之间的化学键是单键还是重键，只算是一对成键电子对。

不同价层电子对之间的排斥作用力不同。孤对电子只受一个中心原子核的吸引，电子对在空间分布较为疏松，对邻近的电子对的斥力较大；成键电子对同时受两个原子核的吸引，电子云分布紧缩，对相邻电子对的斥力较小。具体的顺序是：

孤对电子间斥力 ＞ 孤对电子与成键电子对间斥力 ＞ 成键电子对间斥力

对成键电子对，重键的电子云密度大，斥力大：

叁键斥力 ＞ 双键斥力 ＞ 单键斥力

(3) 价层电子对之间夹角越小斥力越大。在对称空间中，斥力大的电子对尽量占据键角相对较大的位置，具体如表 10-4 所示。

表 10-4 中心原子 A 价层电子对的排列方式与分子构型

A 的电子对数	成键电子对数	孤对电子数	价层电子对的理想几何构型	中心原子 A 价层电子对的排列方式	分子的几何构型实例
2	2	0	直线形	 ●——A——●	$BeCl_2$、HCN 直线形
3	3	0	平面三角形	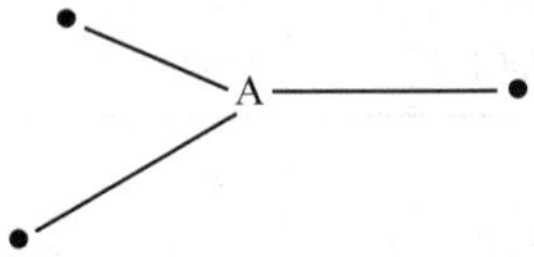	NO_3^-、BF_3 平面三角形
	2	1		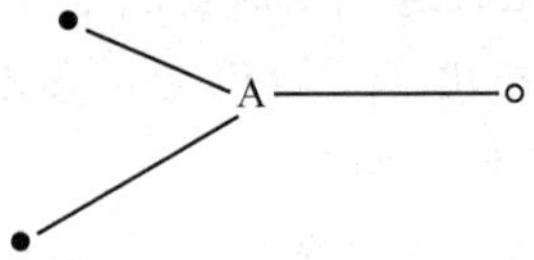	NO_2、$PbCl_2$ “V”形
4	4	0	(正)四面体形	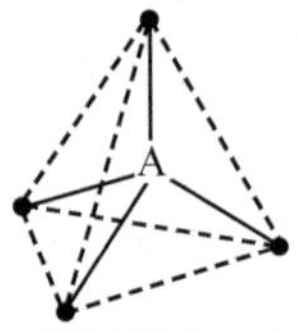	CH_4、SO_4^{2-} (正)四面体形
	3	1		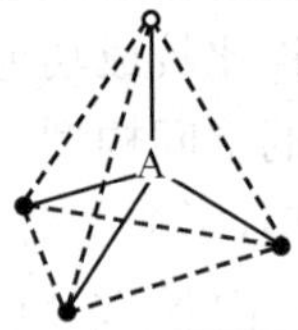	NH_3、NF_3 三角锥形
	2	2		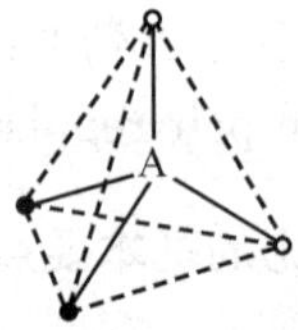	H_2O “V”形
5	5	0	三角双锥	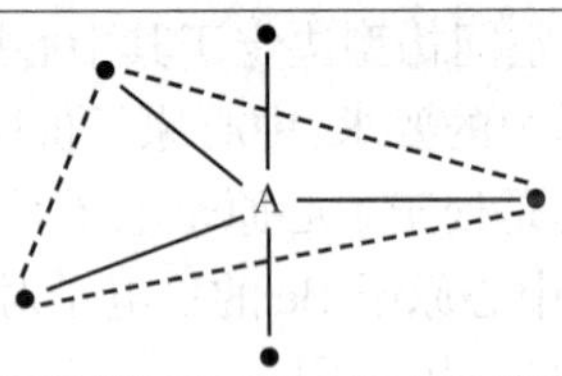	PCl_5 三角双锥形
	4	1		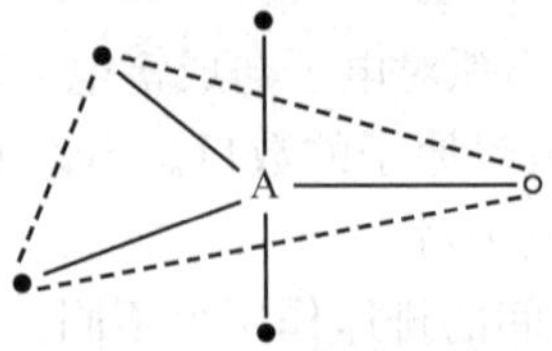	SF_4 变形四面体形
	3	2		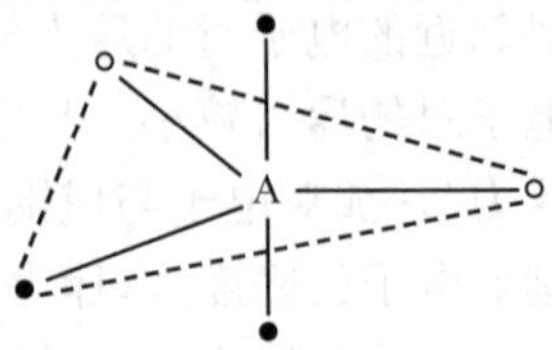	ClF_3 “T”形

续表

A 的电子对数	成键电子对数	孤对电子数	价层电子对的理想几何构型	中心原子 A 价层电子对的排列方式	分子的几何构型实例
5	2	3	三角双锥		XeF_2 直线形
6	6	0	八面体		SF_6 八面体形
	5	1			IF_5 四方锥形
	4	2			XeF_4、ICl_4^- 平面正方形

10.3.2　价层电子对数的确定

$$价层电子对数目=\frac{中心原子的价电子数+配位原子提供的价电子数}{2}$$

(1) 如果是离子团,离子的价电子对数应考虑离子所带的电荷:

负离子的价电子数=中心原子的价电子数+所带的负电荷数

正离子的价电子数=中心原子的价电子数−所带的正电荷数

(2) 如果成键原子是配位原子,与中心原子之间的化学键是单键时,配位原子提供的价电子数为 1,如 H、卤素原子;双键时,配位原子提供的价电子数为 0,如氧族元素原子;叁键时,配位原子提供的价电子数为−1,如HC≡CH。

这是由于配位原子在提供电子与中心原子成键时,中心原子也得配套提供电子,它们之间的重键越多,中心原子消耗的价电子就越多,而重键又只算一对价电子对。

(3) 若中心原子价层电子中有成单电子,也按电子对处理。

(4) 孤对电子数=电子对数目−成键电子对数(键合原子数)。

例如:

NO_3^-:中心原子 N 的电子对数$=\frac{1}{2}(5+1)=3$;孤对电子数$=3-3=0$

NH_4^+:中心原子 N 的电子对数$=\frac{1}{2}(5+4-1)=4$;孤对电子数$=4-4=0$

H_2O:中心原子 O 的电子对数$=\frac{1}{2}(6+2)=4$;孤对电子数$=4-2=2$

ClO_2:中心原子 Cl 的电子对数$=\frac{1}{2}(7+0)=4$;孤对电子数$=4-2=2$

10.3.3 稳定结构的确定

根据电子对相互排斥最小的原则,分子的几何构型与电子对数目和类型的关系见表 10-4 所示。

【例 10-1】 判断 ClF_3 分子的几何构型。

解 价层电子对数$=\frac{1}{2}(7+3)=5$,价层电子对构型:三角双锥形,孤对电子数$=5-3=2$,分子的可能构型为三种(图 10-15)。在这种三角双锥形结构中,90°是最小的角度,所以最稳定的结构应该是尽量避免孤对电子之间呈 90°,其次是孤对电子与成键电子对之间夹角为 90°的尽量少。三种结构所含的夹角为 90°的价层电子对数总结如表 10-5 所示。

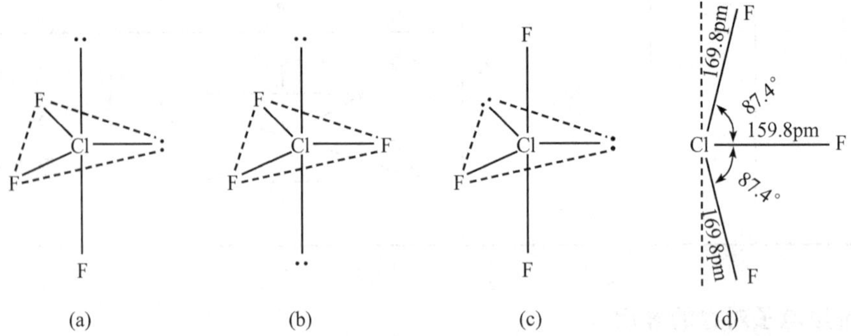

图 10-15 ClF_3 分子可能的几何构型

表 10-5 ClF_3 分子的几何构型分析

电子对互斥情况	孤-孤	孤-成	成-成
a	1	3	2
b	0	6	0
c	0	4	2

显然,结构(c)是最为稳定的,ClF_3 分子实际的构型为"T"形[图 10-15(d)]。

【例 10-2】 判断 SF_4 分子的几何结构。

解 价层电子对数$=\frac{1}{2}(6+4)=5$,价层电子对构型:三角双锥形,孤对电子数$=5-4=1$,分子的可能构型为两种[图 10-16(a)、(b)]。在这两种构型中,价层电子对之间夹角成 90°数目各不相同,如表 10-6 所示。显然,构型(b)是稳定的。SF_4 分子实际的几何结构为变形四面体[图 10-16(c)]。

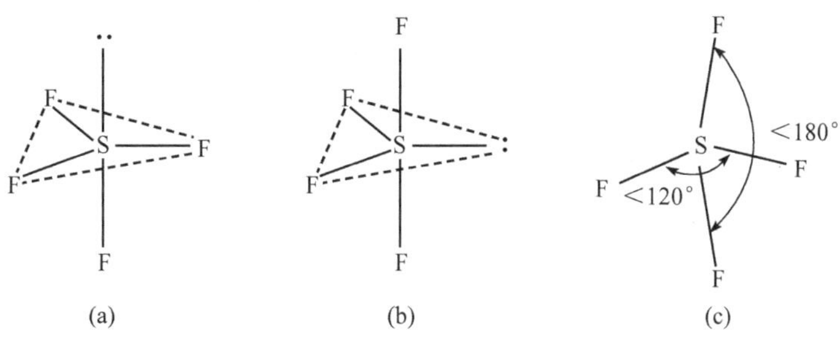

图 10-16　SF_4 分子可能的几何构型

表 10-6　SF_4 分子的几何构型分析

电子对互斥情况	孤-孤	孤-成	成-成
a	0	3	3
b	0	2	4

在上述两例中，要确定中心原子的杂化类型和确定分子的几何构型比较困难，而价层电子对互斥理论是一种简单直观、比较有效预测分子或离子几何构型的方法。但它的简单也导致了它所推导的结构不是很严格，其应用也有一定的限制。下列情况就不适用：

(1) 具有强极性分子。例如 Li_2O，按照价电子对互斥理论应为“V”形，但实际上是直线形，因为决定 Li_2O 分子构型的因素不是 O 的孤对电子之间的作用，而是离子 Li^+—Li^+ 之间的排斥。

(2) 具有离域 π 键的分子或离子。$[C(CN)_3]^-$ 具有离域 π 键 Π_7^8，其构型不是三角锥形，而是平面三角形。

(3) 某些含有孤对电子对的分子和离子。例如 $SbCl_6^{3-}$、$BiCl_6^{3-}$ 中，中心原子 Sb、Bi 价层电子对有 7 对电子，但其构型为八面体形。可能是由于 Cl 原子比较大又多，其原子间的排斥力超过孤对电子-成键电子对之间的排斥力。

(4) 过渡金属配合物。例如 $[TiF_6]^{3-}$，中心原子 Ti 价层电子对有 7 对电子，但其构型为八面体形。

思考题 10.9　价层电子对互斥理论与杂化轨道理论本质上有什么共同之处？试比较它们的优缺点。

10.4　分子轨道理论

价键理论直接利用原子的价电子层结构简单说明了共价键的本质。但在讨论共价键的形成时，只考虑了未成对电子作为成键电子，而且只将成键电子定义在两个成键原子之间，这些不足使价键理论对许多分子的结构和性质难以解释。例如 O_2 分子，O 原子有两个未成对 2p 电子，两个 O 原子之间应该是配对形成一个 σ 键和一个 π 键。O_2 分子中不应该含有未成对电子，在磁场中应呈反磁性。但事实上，O_2 分子却是顺磁性物质，这说明 O_2 分子一定存在未成对电子。又如有些含有奇数电子的分子或离子，如 NO、NO_2、H_2^+ 等是能够稳定存在的。这些都与价键理论不符。

分子轨道理论从分子的整体出发,认为分子中的每个电子不再只属于单一的原子,而是处于分子轨道中,处在分子中所有原子核及其他电子所组成的统一势场中运动。随着计算机技术的发展,分子轨道理论不仅解决了价键理论遇到的问题,促进了理论化学的发展,也为理论化学在实际中的应用发挥了巨大作用。

10.4.1 分子轨道的形成

本节只介绍分子轨道理论的基本观点和结论,讨论简单双原子分子的结构。详细内容将在后续课程——结构化学中介绍。

1. 分子轨道

分子中每个电子的运动可视为在原子核和分子中其余电子形成的势场中运动,其运动状态用波函数 ψ 表示,ψ 称为分子轨道函数,简称为分子轨道。和原子轨道用光谱符号 s、p、d、f、…表示一样,分子轨道常用对称符号 σ、π、δ、…表示,在分子轨道符号的右下角表示形成分子轨道的原子轨道名称。

2. 分子轨道由原子轨道线性组合而成

组合的分子轨道数与组合前的原子轨道数相等,即 n 个原子轨道经线性组合得到 n 个分子轨道。通常是有一半的分子轨道能量比组合前的原子轨道的能量低,另一半分子轨道的能量比组合前的原子轨道能量高。能量比原子轨道低的分子轨道称为成键分子轨道,而能量比原子轨道能量高的分子轨道称为反键分子轨道。

例如两个氢原子的原子轨道 ψ_a、ψ_b组合成氢分子轨道,有两种组合方式(图 10-17):

$$\psi_{\mathrm{I}} = \psi_a + \psi_b \qquad E_{\mathrm{I}} < E_{\mathrm{H}}$$

$$\psi_{\mathrm{II}} = \psi_a - \psi_b \qquad E_{\mathrm{II}} > E_{\mathrm{H}}$$

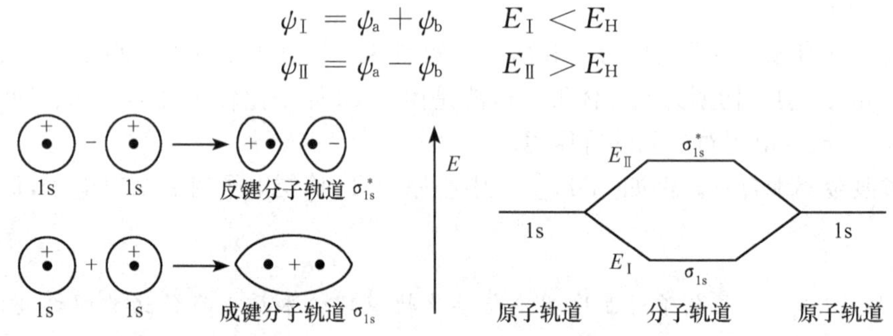

图 10-17 H_2 分子轨道的形成及轨道能量变化示意图

3. 原子轨道组合成分子轨道时,必须满足三个条件

(1) 能量相近原则。只有能量相近的原子轨道才能有效组合成分子轨道,而且原子轨道能量相差越小越有利于组合。例如,H、Cl、O、Na 各有关原子轨道的能量分别为

$$1s(H) = -1318kJ \cdot mol^{-1}$$

$$2p(O) = -1322kJ \cdot mol^{-1}$$

$$3p(Cl) = -1259kJ \cdot mol^{-1}$$

$$3s(Na) = -502kJ \cdot mol^{-1}$$

从中可以看到,H 的 1s 轨道同 Cl 的 3p 和 O 的 2p 轨道能量相近,它们可以线性组合成分子轨道。而 Na 的 3s 轨道同 Cl 的 3p 轨道和 O 的 2p 轨道能量相差比较大,不能组合成分子

轨道，只能发生电子转移形成离子键。

(2) 轨道最大重叠原则。原子轨道对称重叠程度越大，成键分子轨道的能量下降越多，形成的分子越稳定。

(3) 对称性原则。只有对称性相同的原子轨道才能有效组合成为分子轨道。原子轨道的波函数有正、负号之分，波函数同号的原子轨道相重叠，原子核间的电子云密度增大，形成的分子轨道能量比此前各原子轨道的能量都低，为成键分子轨道。波函数异号的原子轨道相重叠时，核间电子云密度减小，形成的分子轨道能量高于原来的原子轨道，为反键分子轨道。

在上述原则中，对称性原则是首要的，它决定原子轨道能否组合为成键分子轨道，而能量相近原则和最大重叠原则，所决定的是原子轨道的组合效率。图 10-18 是几种原子轨道的对称性组合。

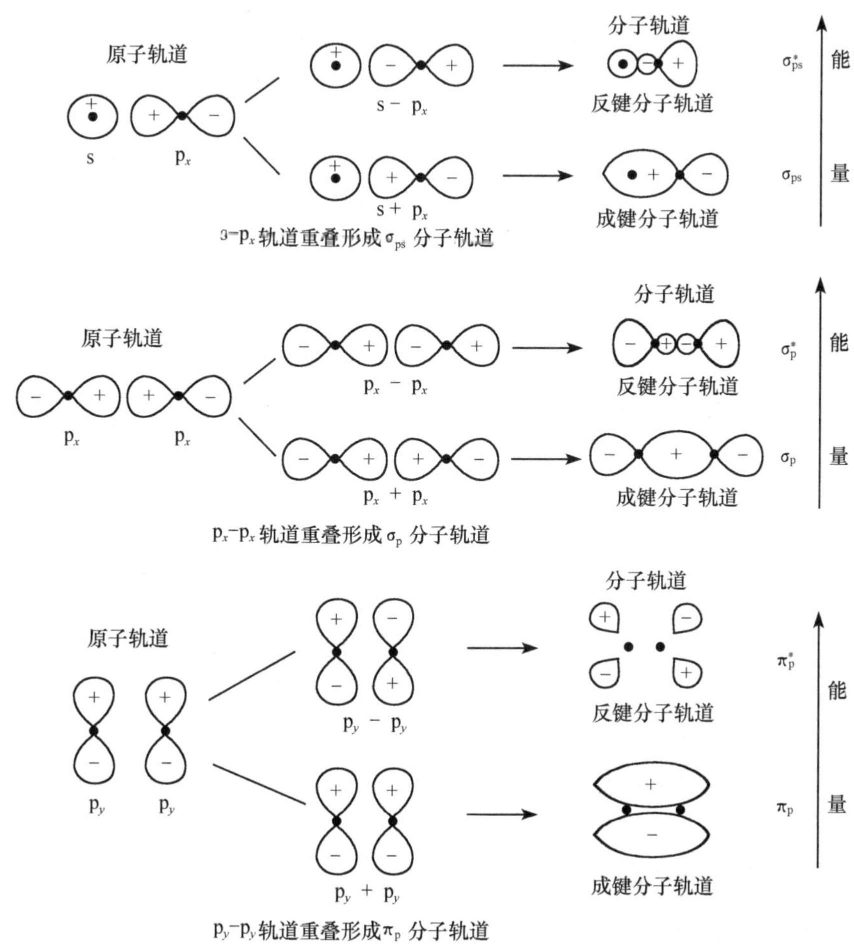

图 10-18　几种原子轨道的对称性组合

4. 分子轨道能级

每个分子轨道都有相应的形状和能量。根据分子轨道形成时原子轨道重叠的方式不同，分子轨道分为 σ 轨道和 π 轨道。两种分子轨道的对称性不同。当原子轨道以“头碰头”的方式重叠时，形成的分子轨道绕键轴呈圆柱形分布，为 σ 轨道。当两个原子轨道以“肩并肩”的形式重叠时，所形成的分子轨道位于键轴的上、下方呈反对称分布，为 π 轨道。

原子轨道的能量决定所组合的分子轨道的能量。原子轨道的能量越低，相应的分子轨道能量也低。事实上组合前原子轨道的总能量与组合后的分子轨道的总能量基本相等。

简并原子轨道（能量相等的原子轨道），组合方式不同，分子轨道的能量也不一样。一般是 σ 轨道的能量低于 π 轨道的能量，σ* 轨道的能量高于 π* 轨道的能量，如 O_2、F_2 分子轨道：

$$\sigma_{2p_x} < \pi_{2p_y}(\pi_{2p_z}), \quad \sigma_{2p_x}^* > \pi_{2p_y}^*(\pi_{2p_z}^*)$$

但是第二周期其他元素的同核双原子分子的分子轨道能级顺序不同：

$$\sigma_{2p_x} > \pi_{2p_y}(\pi_{2p_z}), \quad \sigma_{2p_x}^* > \pi_{2p_y}^*(\pi_{2p_z}^*)$$

主要是由于这些原子的 2s 与 2p 轨道的能量差比较小（表 10-7），2s、2p 轨道相互影响甚至发生部分组合。而 O、F 原子的 2s 轨道、2p 轨道能量相差比较大。

表 10-7　第二周期元素 2s 与 2p 轨道的能量差比较

分子	Li_2	Be_2	B_2	C_2	N_2	O_2	F_2
ΔE_{2s2p}/eV	—	—	5.90	8.57	11.59	15.02	18.82

图 10-19 是 2s 轨道、2p 轨道能级相差比较大的 O_2、F_2 分子的分子轨道（MO）能级图，图 10-20 是 B_2、C_2、N_2 等第二周期其他分子的分子轨道能级图。

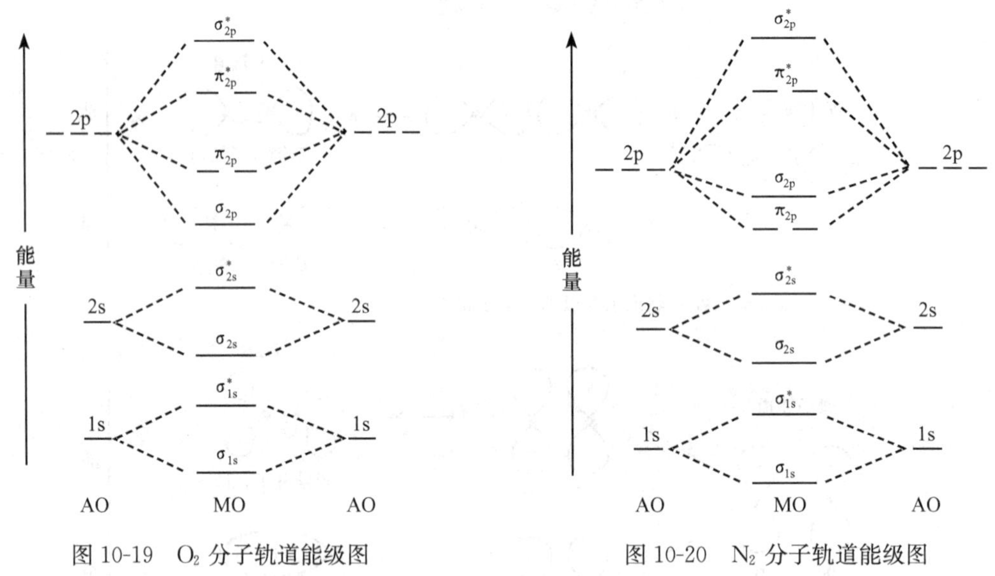

图 10-19　O_2 分子轨道能级图　　　　图 10-20　N_2 分子轨道能级图

10.4.2　分子轨道的应用示例

1. 电子在分子轨道中的填充

原子形成分子后，从属于原来原子轨道的电子需要依次填进分子轨道。电子在分子轨道中的填充，同样遵循能量最低原理、泡利不相容原理和洪德规则，依能量由低到高的顺序进入分子轨道。分子轨道中的电子总数等于各原子的电子数之和。分子最终能否存在及稳定性大小，取决于成键轨道中的电子数和反键轨道中的电子数多少。反键电子的存在可以抵消成键电子对化学键的贡献。两原子组成的分子的稳定性大小可用键级来表示：

$$键级=\frac{成键轨道电子数-反键轨道电子数}{2}=\frac{净成键电子数}{2}$$

2. 同核双原子分子

(1) O_2 分子。O 原子电子层结构：$1s^2 2s^2 2p^4$，所以 O_2 分子的电子总数为 16，按电子填入分子轨道的原则，O_2 分子的 16 个电子依次填入图 10-19。O_2 分子轨道中的电子排布顺序为

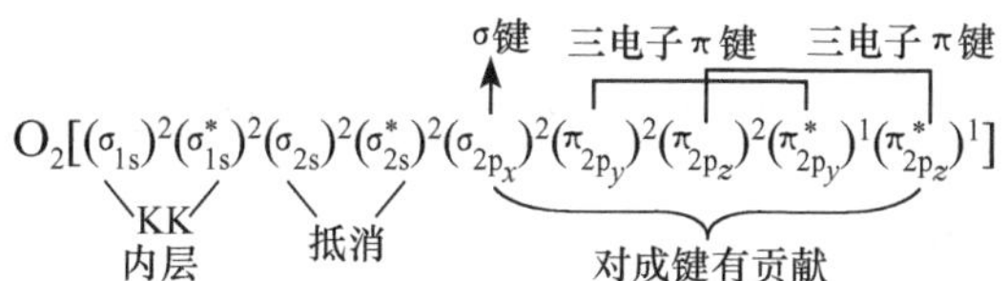

这种按分子轨道能级高低填充电子的表达式，称为分子轨道电子排布式，或称为分子的电子构型。分子中的内层分子轨道，由于成键电子与反键电子都已填满，成键作用相互抵消，对成键没有贡献，所以在分子轨道表达式中内层电子常用简单符号代替(当 $n=1$ 时，用 KK；$n=2$ 时，用 LL)。

分析上述电子构型，可见 O_2 分子内有 1 个 σ 键。反键轨道 π^* 轨道上的 1 个电子不能完全抵消成键轨道 π 轨道上的 2 个电子对共价键的贡献，它们一起构成三电子 π 键，这样就有 2 个三电子 π 键。所以 O_2 分子内的共价键是由 1 个 σ 键和 2 个三电子 π 键构成。

O_2 分子的结构式可写为 :O∸∸O:，其中每个 O 原子各有一对孤对电子，这是因为 $(\sigma_{2s})^2$ 和 $(\sigma_{2s}^*)^2$ 的作用相互抵消，原来分属于两个 O 原子的两对 2s 电子，仍为这两个 O 原子所有。

由于 O_2 分子有两个三电子 π 键，有 2 个未成对电子，自旋平行，所以 O_2 分子有顺磁性。

(2) N_2 分子。N 原子电子层结构：$1s^2 2s^2 2p^3$，所以 N_2 分子的电子总数为 14，按电子填入分子轨道的原则，依次填入图 10-20，得到 N_2 分子的电子构型：

$$N_2[KK(\sigma_{2s})^2(\sigma_{2s}^*)^2(\pi_{2p_y})^2(\pi_{2p_z})^2(\sigma_{2p_x})^2]$$

N_2 分子中存在由 4 个 π 电子形成的两个 π 键和一对 σ 电子形成的 1 个 σ 键。

N_2 分子的结构式为 :N≡N:。

N_2 分子的键级$=\frac{8-2}{2}=3$，每个 N 原子和 O 原子一样，有一对孤对电子，是 2s 电子的贡献。

3. 异核双原子分子

当不同元素的两个原子形成分子时，便构成异核双原子分子。对异核双原子分子，虽然参与的原子轨道不同，但最外层原子轨道的能级相近。特别注意的是，分子轨道是由两个原子能量相近的轨道相组合，原子轨道的名称不一定相同。

(1) HF 分子。F 原子电子层结构：$1s^2 2s^2 2p^5$，H 原子的电子层结构：$1s^1$。H 原子的 1s 轨道不是和 F 原子的 1s 或 2s 轨道组合形成分子轨道，而是和能量相近的 F 原子的 $2p(p_x)$ 轨道形成成键分子轨道 σ(3σ)与反键分子轨道 σ^* (4σ)。F 原子的内层 1s、2s 电子能级都很低，在构成分子的内层分子轨道(1σ、2σ)时，这些轨道的分布主要还是集中在 F 原子周围，对成键没有影响，称为非键轨道(在分子轨道的右上角标“non”)。F 原子剩下的 $2p(2p_y、2p_z)$轨道在已

有 σ 轨道产生的条件下，只能形成 π 键。同样的，这两个 π 键是由 F 原子的原子轨道组成的，主要分布在 F 原子周围，对成键没有影响，也为非键轨道。HF 分子轨道能级图见图 10-21。由于组成 HF 分子轨道的原子轨道不同，所以对 HF 分子轨道只是按分子轨道的对称性，根据轨道能量从低到高进行编号，而没有在分子轨道的右下角标明其来源的原子轨道。将 HF 分子的 10 个电子，按能量高低填充在分子轨道上（图 10-21），得到 HF 分子的电子构型：$(1\sigma^{non})^2(2\sigma^{non})^2(3\sigma)^2(1\pi^{non})^4$，HF 分子的键级$=\dfrac{2}{2}=1$。

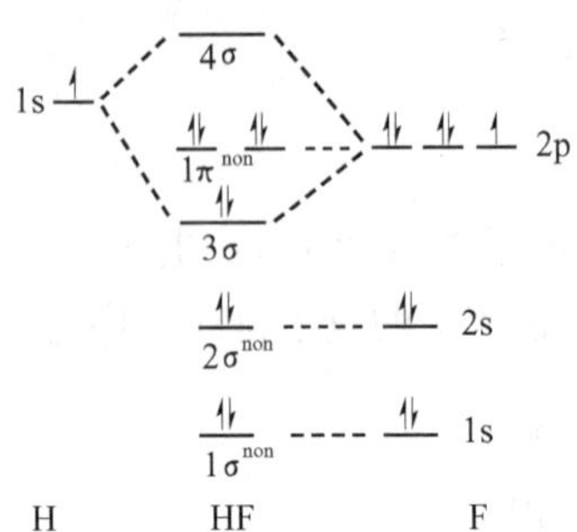

图 10-21　HF 分子轨道能级图

(2) NO 分子。N 原子电子层结构：$1s^2 2s^2 2p^3$，O 原子的电子层结构：$1s^2 2s^2 2p^4$。和 HF 分子不同的是，N 原子与 O 原子只相差一个电子，两种原子对应的原子轨道能级相差不大，可以相互组合成分子轨道。NO 分子轨道能级图见图 10-22。受 N 原子的 2s、2p 轨道相互作用的影响，O 原子 $2p(p_x)$轨道与 N 原子 $2p(p_x)$组合的 $\sigma(5\sigma)$分子轨道能级，高于两个原子的$2p(p_y、p_z)$轨道组合的 $\pi(1\pi)$分子轨道能级。

NO 分子轨道表示：$(1\sigma)^2(2\sigma)^2(3\sigma)^2(4\sigma)^2(1\pi)^4(5\sigma)^2(2\pi)^1$，NO 分子的键级$=\dfrac{10-5}{2}=2.5$。

在一个反键 π 分子轨道上有一个电子，所以 NO 分子键级是 2.5。在 NO 分子轨道中，存在着 1 个 σ 键、1 个 π 键和 1 个叁电子 π 键。由于存在单电子，所以 NO 分子是顺磁性的。

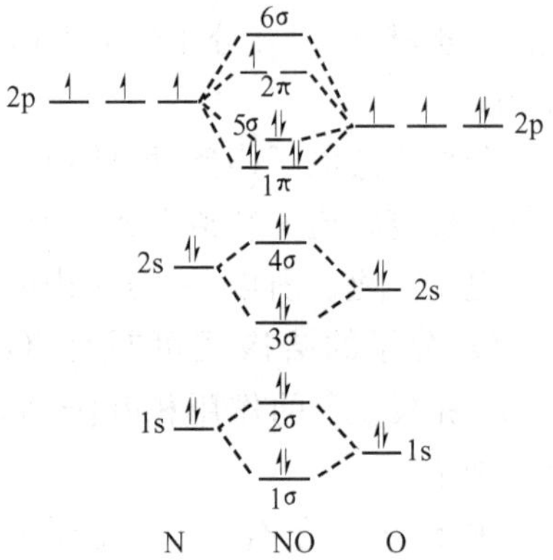

图 10-22　NO 分子轨道能级图

在双原子分子轨道表达式中，有时在分子轨道的右下角标明“g”或“u”，分别表示分子轨道相对键轴中心点是对称的或反对称。N_2 分子轨道表达式也可表示为

$$(1\sigma_g)^2(2\sigma_u)^2(3\sigma_g)^2(4\sigma_u)^2(1\pi_u)^4(5\sigma_g)^2$$

分子轨道理论不仅仅是用于分子，也能用于讨论离子的结构及性质。它预测 NO 分子生成序列离子及性质如表 10-8 所示。

表 10-8　不同物种的键级、键型及性质比较

物　种	NO	NO^+	NO^{2+}	NO^-
键　级	2.5	3	2.5	2
键　型	一个 σ 键，一个 π 键，一个三电子 π 键	一个 σ 键，两个 π 键	一个单电子 σ 键，两个 π 键	一个 σ 键，两个三电子 π 键
磁　性	顺磁性	抗磁性	顺磁性	顺磁性

思考题 10.10　分子轨道理论的要点是什么？分子轨道理论描述的共价键与 VB 理论、杂化轨道理论描述的共价键有什么不同？它们各适用于什么范围？

10.4.3 离域 π 键简介

本节前面的内容中,我们用分子轨道法讨论了双原子间化学键的形成,双原子间存在一个 σ 键和一个或多个 π 键。对于多原子分子,如果多个原子间存在 π 键,那么在一定条件下这些 π 键可以组成一个离域大 π 键而成为共轭分子。共轭分子是有机分子中一类极为重要的分子,在无机分子中也有一些是共轭分子。共轭分子以分子中有离域 π 键为特征,具有许多不同于只含定域 π 键(小 π 键)的非共轭分子的特殊性质。在这里我们简要介绍离域 π 键及共轭分子。

1. 共轭体系与共轭效应

分子中含有交替排列的双键和单键(双键数不少于两个),则形成 π-π 共轭体系;如果具有孤对电子的原子通过单键与某一原子相连,而后者又以不饱和键与其他原子相连,则形成 p-π 共轭体系。共轭分子的性质不是它包含的各单个双键和孤对电子的性质的简单加和,它们之间的相互影响使得参与共轭的双键与孤对电子在一定程度上表现为一个整体,出现一些只含孤立双键和聚集双键的非共轭分子所没有的共轭效应:

(1) 键的平均化。共轭体系的显著特点之一是"键的平均化"现象,及单键和双键键长差别缩小。例如氯乙烯中的 C═C 键长(138pm)比一般双键(134pm)长,C—Cl 键长(169pm)比一般 C—Cl 键(177pm)短。在苯中这点特别明显,苯的六个 C—C 键键长相等,都是 139pm,介于正常单键键长和双键键长之间。

(2) 稳定性增强。共轭分子比相应的非共轭分子稳定。例如 1,3-丁二烯的键能比计算值(只按键能计算,不考虑共轭)要增加 $21kJ \cdot mol^{-1}$,苯的键能比按 1,3,5-环己三烯计算的键能增加 $181kJ \cdot mol^{-1}$。

2. 离域 π 键的生成条件和分类

在 3 个或 3 个以上用 σ 键连接起来的原子之间,如果满足下列三个条件,就可以生成大 π 键:①这些原子都在同一个平面上;②每一个原子都有一个 p 轨道且相互平行;③p 轨道上电子数少于 p 轨道数的两倍。前两个条件是为了保证 p 轨道有最大程度的重叠,第三个条件是为了保证净的成键电子不为零。按照分子轨道理论,n 个 p 轨道的线性组合可以得到 n 个分子轨道,其中一半是成键轨道,一半是反键轨道,如果 n 为奇数则有一个是非键轨道。当电子数目 $m=2n$ 时,成键轨道和反键轨道都将被电子占满,净的成键电子数为零,不能形成离域 π 键。

包含 m 个电子和 n 个原子的离域 π 键可以用符号 Π_n^m 表示,Π是 π 的大写。

离域 π 键 Π_n^m 一般可以按照电子数 m 等于、大于或小于原子数(原子轨道数)n 而分为三种类型:

(1) 正常离域 π 键。大多数的有机共轭分子中的离域 π 键都属于这一类。例如苯(C_6H_6)含 Π_6^6 键,丙烯醛(CH_2 ═CH—CH ═O)含 Π_4^4 键,丁二炔(CH_2 ═CH—CH ═CH_2)含有两个 Π_4^4 键。

(2) 多电子离域 π 键。$m>n$,即 π 电子数 m 超过原子数目 n 的离域 π 键称为多电子离域 π。凡双键旁边带有孤对电子的原子,如 Cl、O、N、S 等,就具有这种多电子离域大 π 键。例如氯乙烯含有 Π_3^4 键。

在无机分子中也有不少这类离域 π 键,如 AB_2 型分子(表 10-9)。

表 10-9　AB_2 型分子的结构和性质

分子	键角		键长/pm			偶极矩/(10^{-30}C·m)	磁性	离域π键
	实验值	理论值	实验值	理论值				
				单键	双键			
F—O—F	103°18′	90°～120°	140.9	140		0.99	反	无
Cl—O—Cl	110.9°	90°～120°	171	168		2.60	反	无
Cl—S—Cl	103°	90°～120°	200	199		2.00	反	无
:O—O—O:	116°49′	120°	127.8	146	121	1.77	反	Π_3^4
:O—C—O:	180°	180°	116.2	143	122	0	反	$2\Pi_3^4$
:S—C—S:	180°	180°	155.4	183	162	0	反	$2\Pi_3^4$
$[$:N—N—N:$]^-$	180°	180°	116	148	124	—	反	$2\Pi_3^4$
$[$:O—N—O:$]^+$	180°	180°	115	143	119	—	反	$2\Pi_3^4$
:N—N—O:	180°	180°	NN112.9 NO118.8	NN148 NO143	124 119	0.55	反	$2\Pi_3^4$

AB_3 型平面无机分子或离子如 CO_3^{2-}、NO_3^-、SO_3、BF_3、BCl_3、BBr_3 等，都含有离域Π_4^6键。

(3) 缺电子离域π键。$m<n$，即π电子数小于原子数 n 的离域π键称为缺电子离域π键。例如丙烯阳离子$[CH_2=CH—CH_2]^+$含有Π_3^2键，结构式可写为

$$[CH_2—CH—CH_2]^+$$

又如，三苯甲基阳离子 $(C_6H_5)_3C^+$ 含有Π_{19}^{18}键等。

本章小结

本章用近代的量子力学观点讨论了共价化合物的共价键理论和相应分子的结构。基于价层原子轨道相互重叠成键的现代价键理论以及在此基础上发展起来的杂化轨道理论，用于说明共价键的特点、类型和分子的空间构型。基于所有原子轨道全部参与成键的分子轨道理论，可预测或解释共价键的稳定性和分子的磁性。

Covalent bonding theories and relative molecular geometry are discussed in this chapter. In modern valence-bond (VB) theory, it is postulated that bonds result from the sharing of electrons in overlapping orbitals of different atom. Electrons shared by the atoms are localized in the bonds between the two atoms involved. The VB theory describes the characteristics and types of covalent bonds and hybrid-orbital theory resulting from VB theory can help to account for the geometry of a molecule. The molecular orbital theory, that molecular orbitals come from of the all atomic orbitals and every electrons in them belong to the whole molecule, can give a better description of electron cloud distributions, bond energies, and magnetic properties.

化学家史话——鲍林

鲍林(L. Pauling)，美国化学家，1901 年 2 月 28 日生于美国俄勒冈州的波特兰市，1922 年在俄勒冈州立大学获得化学工程理学学士学位，1925 年在加州理工学院获得化学哲学博士学位，次年成为哥根海姆基金会会员，并以会员身份在欧洲许多大学与当时一些著名科学家如薛定谔、玻尔等共同从事研究工作，1931 年在

美国俄勒冈州立大学任教授，同年获得美国化学会纯化学奖——朗缪尔奖，1954 年由于在化学键理论方面的卓越贡献获得诺贝尔化学奖，1962 年获得诺贝尔和平奖。

鲍林在化学方面的主要贡献是提出了元素电负性的标度和原子轨道杂化理论等概念。鲍林所著的《化学键的本质》是化学结构理论方面的经典著作。由于鲍林在化学键方面的研究成果以及用化学键理论阐明复杂物质的分子结构，从而获得 1954 年诺贝尔化学奖。此外，鲍林在生物化学和医学方面也有很深的造诣，并且取得了许多重要成果。鲍林共发表论文 500 余篇，著作 10 余部。他在科学研究和社会活动方面均有巨大贡献。为此，牛津大学等 30 多所世界著名大学授予他荣誉博士学位，意大利、印度等 10 多个国家的科学院授予他荣誉院士，苏联授予他罗蒙诺索夫金质奖章和列宁和平奖。在美国他也获得过 10 多项奖章。

鲍林不仅是一位杰出的化学家，而且是一位社会活动家。他在反对战争，促进世界和平方面也有突出贡献。1946 年鲍林应爱因斯坦请求，发起成立了"原子科学家紧急委员会"。1955 年他与 51 名诺贝尔奖金得主发表宣言，反对美、苏核试验。1962 年他写信给美国总统肯尼迪和苏联领导人赫鲁晓夫，要求两国停止核试验，促使美、英、苏三国于 1963 年在莫斯科签署《部分禁止核试验条约》。1962 年诺贝尔奖金评选委员会授予鲍林诺贝尔和平奖。鲍林成为当时唯一一位单独两次获得诺贝尔奖的科学家。鲍林于 1995 年去世，享年 94 岁。

化学知识拓展——富勒烯

20 世纪 70 年代，英国萨塞克斯大学的波谱学家克罗托(H. W. Kroto)在研究星际空间暗云中富含碳的尘埃时，发现在尘埃中含有氰基聚炔分子(HC_nN，$n<15$)，克罗托很想研究该分子形成的机制，但没有相应的仪器设备。1984 年克罗托赴美参加在得克萨斯州奥斯汀举行的学术会议，并到莱斯大学参观，经该校化学系主任科尔(R. F. Curl, Jr)介绍，认识了研究原子簇化学的斯莫利(R. E. Smally)教授，并对斯莫利等设计的激光超团簇发生器产生了兴趣。于是，三位科学家于 1985 年 8 月到 9 月间进行合作，他们用高功率激光轰击石墨，使石墨中的碳原子激化，用氦气流把气态碳原子送入真空室，迅速冷却后形成碳原子簇，再用质谱仪进行检测。结果发现，该实验产生了含不同碳原子数的原子簇，其中相当于 60 个碳原子、质量数在 720 处的信号最强，其次是相当于 70 个碳原子、质量数为 840 处的信号，说明 C_{60} 和 C_{70} 是相当稳定的原子簇分子。

由于 C_{60} 和 C_{70} 是具有固定碳原子数的有限分子，对于它们的结构克罗托想到了加拿大蒙特利尔万国博览会的美国馆，那是利用正五边形和正六边形拼接成的顶部近似于球面的一部建筑，它是由美国建筑学家巴克明斯特·富勒(Buckminster Fuller)设计的。富勒曾对克罗托等人说："C_{60} 分子可能是球形多面体结构。"

在富勒的启发下，克罗托、斯莫利和科尔用硬纸板剪成许多五边形和六边形，终于用 12 个五边形、20 个六边形组成了一个中空的类似于足球的 32 面体结构。因此，1985 年他们在《自然》杂志上发表文章时，特意给 C_{60} 取名为 Buckminster-fullerene，即巴克明斯特富勒烯，简称 Fullerene，即富勒烯，或用富勒的名字称为 Buckyball，即巴基球。因 C_{60} 酷似英式足球，所以又称为 Soccerene，即足球烯。

自 1985 年发现了巴基球，1991 年、1992 年又相继发现了巴基管(碳纳米管)和巴基葱，它们统称为富勒烯。

C_{60} 的结构经德国物理学家克列希默(Kratschmer)等用红外光谱、紫外可见光谱、电镜扫描、粉末和晶体 X 射线衍射分析，证实了克罗托等人的推理是完全正确的。进一步的研究表明，C_{60} 六元环上的每个碳原子均以双键与其他碳原子结合，形成类似苯环的结构，它的 σ 键不同于石墨中 sp^2 杂化轨道形成的 σ 键，也不同于金刚石中 sp^3 杂化轨道形成的 σ 键，是以 $sp^{2.28}$ 杂化轨道(s 成分为 30%，p 成分为 70%)形成的 σ 键。C_{60} 的 π 键垂直于球面，含有 10% 的 s 成分，90% 的 p 成分。

由于 C_{60} 的共轭 π 键是非平面的，环电流较小，芳香性也较差，显示出不饱和双键的性质，易于发生加成、氧化等反应，现已合成了大量的 C_{60} 衍生物。

C_{60} 的发现使我们看到了一个全新的化学世界，富勒烯已经广泛影响到物理、化学、材料科学、电子学、生物学、医学等各个领域，极大地丰富了分子结构理论，同时也显示了巨大的、潜在的应用前景。

由于克罗托、科尔、斯莫利三位科学家在富勒烯研究中的杰出贡献，他们共同荣获了 1996 年的诺贝尔化学奖。

习　　题

1. 写出下列物质的 Lewis 结构式并说明每个原子如何达到八电子结构。
   HF，H_2Se，$H_2C_2O_4$(草酸)，CH_3OCH_3(甲醚)，H_2CO_3，$HClO$，H_2SO_4，H_3PO_4。
2. 用杂化轨道理论说明下列化合物由基态原子形成分子的过程(图示法)，并判断分子的空间构型和分子极性。
   $HgCl_2$，BF_3，$SiCl_4$，CO_2，$COCl_2$，NCl_3，H_2S，PCl_5。
3. 用杂化轨道理论和价层电子对互斥理论分别说明下列分子或离子的几何构型。
   (1) PCl_4^+　(2) HCN　(3) H_2Te　(4) Br_3^-
4. SiF_4、SF_4、XeF_4 都具有 AF_4 的分子组成，但它们的分子几何构型都不同，试用杂化轨道理论和价层电子对互斥理论说明每种分子构型并解释其原因。
5. 根据下列物质的路易斯结构，判断这些分子或离子中的 σ 键和 π 键的数目。
   (1) CO_2　(2) NCS^-　(3) H_2CO　(4) HCO(OH)，其中碳原子连接了一个氢原子和两个氧原子
6. 按键的极性从大到小的顺序排列下列每组化学键。
   (1) C—F，O—F，Be—F
   (2) N—Br，P—Br，O—Br
   (3) C—S，B—F，N—O
7. H_2O 分子，O—H 键长 0.96Å，H—O—H 键角 104.5°，偶极矩 1.85D(德拜)。($1D=3.34\times10^{-30}C\cdot m$)
   (1) O—H 键矩指向哪个方向？水分子偶极矩的矢量和指向哪个方向？
   (2) 计算 O—H 键的键矩的大小。
8. 预测 CO、CO_2 和 CO_3^{2-} 中 C—O 键长的顺序。
9. 已知键能 D(C—Cl)和 D(C—O)分别为 $397kJ\cdot mol^{-1}$ 和 $749kJ\cdot mol^{-1}$，其他相关键能数据查表 10-2，计算下列各气相反应的焓变 ΔH。
   (1) $CHBr_3$ (Br—C(Br)(Br)—H) + Cl—Cl ⟶ CBr_3Cl (Br—C(Br)(Br)—Cl) + H—Cl
   (2) C═O + H—O—H ⟶ O═C═O + H—H
10. 考虑 H_2^+ 和 H_2^- 的结构。
    (1) 画出其分子轨道能级图。
    (2) 写出它们的分子轨道电子排布式。
    (3) 它们的键级各是多少？
    (4) 假设 H_2^+ 被光激发，使得其电子由低能级轨道跃迁到高能级轨道，猜测激发态的 H_2^+ 是否将消失，并解释。
11. (1) 如何理解顺磁性？
    (2) 如何通过实验判断某物质是否是顺磁性物质？
    (3) 下面哪些离子具有顺磁性？
    O_2^+，N_2^{2-}，Li_2^+，O_2^{2-}
12. 写出下面阳离子的分子轨道电子排布式。
    (1) B_2^+　(2) Li_2^+　(3) N_2^+　(4) Ne_2^{2+}
13. 偶氮染料是一种有许多用途的有机染料，比如染布的许多偶氮染料是由偶氮苯($C_{12}H_{10}N_2$)衍生的，其中一个与偶氮苯分子很近的相关物质是氢化偶氮苯($C_{12}H_{12}N_2$)，这两种物质的 Lewis 结构如下：

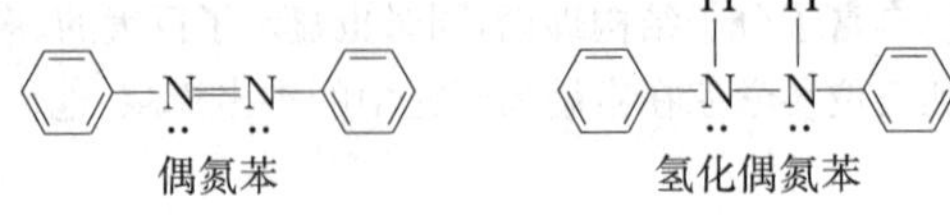

(1) 在每种物质中,N 原子的杂化方式是什么?

(2) 在每一种物质中,N 和 C 原子还有多少价轨道未被杂化?

(3) 预测每一种物质中 N—N—C 的键角。

(4) 据说 $C_{12}H_{10}N_2$ 的 π 电子比 $C_{12}H_{12}N_2$ 有更大程度的重叠,讨论这种观点,并说出答案是 $C_{12}H_{10}N_2$ 还是 $C_{12}H_{12}N_2$。

(5) $C_{12}H_{10}N_2$ 的所有原子在同一个平面,而 $C_{12}H_{12}N_2$ 不是。这种现象是否与(4)中的观点一致?

(6) $C_{12}H_{10}N_2$ 显深橘红色,而 $C_{12}H_{12}N_2$ 几乎无色,试讨论这种现象并参考有关书籍加以证明。

14. 讨论有关 H_2CO_3 分子中碳原子杂化轨道的问题:

(1) 从 C 原子的电子构型开始,说明 H_2CO_3 分子是怎样通过杂化形成 σ 键的。

(2) 通过(1)中的图示,说明 π 键的形成过程。

(武汉理工大学　杨光正　雷家珩)

第 11 章　固 体 结 构

11.1　晶 体 结 构

11.1.1　晶体的结构特征

自然界中的固体物质分为晶体与非晶体两类，自然界中绝大多数固体物质都是以晶体的形式存在，我们日常生活中所接触到的食盐和砂糖就是晶体，绝大多数矿物质如石英、金刚石等以及实验室中的固体化学试剂也都是晶体。尽管这些物质从组成到结构千差万别，但它们有一个共同特点，就是内部结构中的原子、离子或分子(称为粒子)在空间呈有规律的三维重复排列，并贯穿于整个晶体中。这种重复的有序性称为晶体内部的长程有序性，它决定了晶体与非晶体的本质不同。图 11-1 示意晶体石英(a)和非晶体玻璃体(b)的结构特点。从石英的结构示意图中可以画出重复的周期内容，而类似于玻璃体的非晶体内部，原子或分子的排列没有周期性的规律，是和液体一样杂乱无章地分布。由于晶体结构内部的长程有序性，晶体具有下列共同性质：

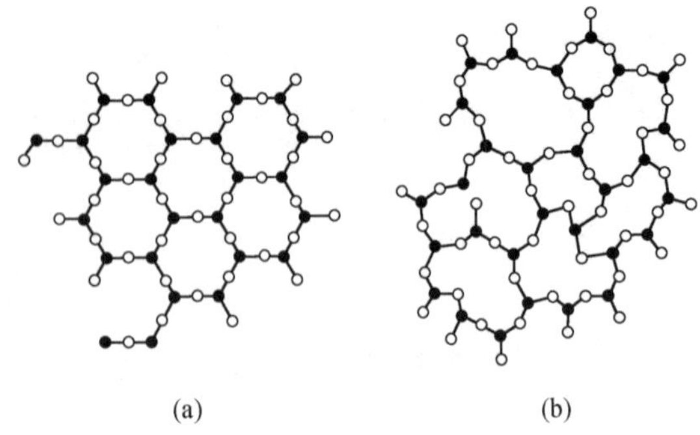

图 11-1　晶体石英和非晶体玻璃体的结构

(1) 规则的几何外形。晶体在生长过程中自发地形成晶面，晶面与晶面相交最后形成多面体外形。同一种晶体由于生长条件不同，所得到的晶体外形不完全一样，但各晶面间相应的夹角恒定不变，这条规律称为晶面角守恒定律，如图 11-2 所示。它是晶体学中的重要定律之一，是早期鉴别各种矿石的依据。晶体的这种宏观特性取决于晶体内部微观的周期性结构。

(2) 固定的熔点。晶体加热到达熔点时，在完成相转变之前晶体的温度保持恒定不变，不会因继续加热而增加。直到晶体完全熔化后，液体温度才开始上升。

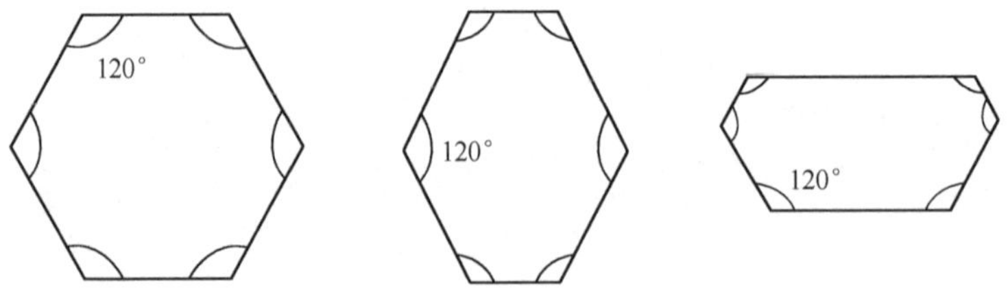

图 11-2　晶面角守恒定律示意图

(3) 晶体性质各向异性。晶体中各个方向排列的质点间的间距和取向不相同，不同方向上具有不同的物理性质，包括力学性质(硬度、弹性模量等)、热学性质(热膨胀系数、导热系数等)、电学性质(介电常数、电导率等)、光学性质(吸收系数、折射率等)。

例如，外力作用在云母的结晶薄片上，沿平行于薄片的平面很容易裂开，但在薄片上裂开并不容易。岩盐则容易裂成立方体。这种易于劈裂的平面称为解理面。在云母片上涂层薄石蜡，用烧热的钢针接触云母片的反面，便会以接触点为中心，逐渐融化成椭圆形，说明云母在不同方向上导热系数不同。石墨在层方向上的电导率比与层垂直方向上的电导率要高 1 万倍以上。

（4）晶体具有特定的对称性。晶体内部粒子的周期性排列使得晶体的内部微观结构及晶体的理想外形都具有对称特征。这些对称元素包括对称中心、对称轴、对称面等，晶体的分类就是以其对称性不同为依据。

11.1.2　晶格理论的基本概念

1. 晶格与点阵

晶体内部的粒子排列是周期性重复的，如果把具体的重复内容抽象出来看作一个点，那么整个晶体可以简化成是由这些点所构成，点即称为点阵点。这些点阵点的无限组合称为点阵。点阵中点阵点的排列规律就可以反映出晶体内部的周期性重复规律。

图 11-3 是点阵结构示意图，对点阵结构可以用具体的向量及向量之间的夹角来描述。一维点阵是直线点阵，可用单位向量 $\boldsymbol{a}$ 表示，如图 11-3(a)所示。直线点阵中任一点阵点可通过向量 $\boldsymbol{a}$ 平移得到。二维点阵是平面点阵，如图 11-3(b)所示，需用不同方向上的两个单位向量 $\boldsymbol{a}$、$\boldsymbol{b}$ 及它们的夹角 γ 来描述。点阵中的每个点阵点，可以通过平移单位向量 $\boldsymbol{a}$、$\boldsymbol{b}$ 的整数倍得到。

三维点阵是空间点阵，如图 11-3(c)所示，在空间中可以用直线划分出规则的平行六面体形的空间格子，这种空间格子称为晶格。也可以把空间点阵看成是这种晶格在空间中的重复堆砌。通常是用三个不同方向上的单位向量 $\boldsymbol{a}$、$\boldsymbol{b}$、$\boldsymbol{c}$ 及它们的夹角 α、β、γ 描述三维空间点阵结构。同样，空间点阵中的点阵点也都可以沿矢量 $\boldsymbol{a}$、$\boldsymbol{b}$、$\boldsymbol{c}$ 的方向，通过平移一定整数倍数量的单位向量而得到。

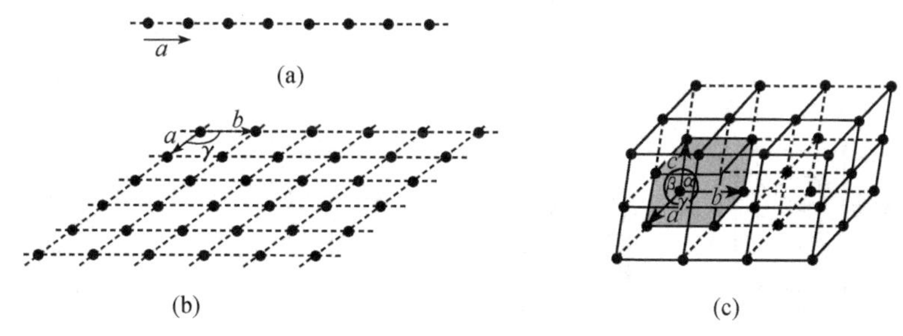

图 11-3　点阵结构示意图

2. 晶胞和晶胞参数

对任一空间点阵，可以用不同的方法划分出多种晶格，但是我们取能代表空间点阵一切特征的最小重复单元，称为晶胞。晶胞也是平行六面体，含有晶体最基本的重复内容，通过晶胞在空间平移、无间隙地堆砌，可以得到整个晶体。平行六面体的三个方向选作三个矢量 $\boldsymbol{a}$、$\boldsymbol{b}$、$\boldsymbol{c}$，矢量 $\boldsymbol{a}$、$\boldsymbol{b}$、$\boldsymbol{c}$ 的长度即平行六面体的边长 a、b、c。三个矢量的长度 a、b、c 及它们间的夹角 α、β、γ 称为晶胞参数或点阵参数。

$$a = |\boldsymbol{a}|, \quad b = |\boldsymbol{b}|, \quad c = |\boldsymbol{c}|$$
$$\alpha = \boldsymbol{b} \wedge \boldsymbol{c}, \quad \beta = \boldsymbol{a} \wedge \boldsymbol{c}, \quad \gamma = \boldsymbol{a} \wedge \boldsymbol{b}$$

通常根据矢量 $\boldsymbol{a}$、$\boldsymbol{b}$、$\boldsymbol{c}$ 选择晶体的坐标 x、y、z，使它们分别和矢量 $\boldsymbol{a}$、$\boldsymbol{b}$、$\boldsymbol{c}$ 平行。一般三个晶轴按右手定则关系安排：伸出 3 个手指，食指代表 x 轴，中指代表 y 轴，大拇指代表 z 轴，如图 11-3(c)所示。

3. 晶系与空间点阵形式

尽管世界上晶体有千万种，但根据晶胞的特征，可将晶体分为 7 个晶系，如表 11-1 所示。它们是立方晶系、四方晶系、正交晶系、三方晶系、六方晶系、单斜晶系、三斜晶系。

表 11-1　晶体晶系及实例

晶系	晶胞		实例
立方	$a=b=c$	$\alpha=\beta=\gamma=90°$	NaCl、CaF_2、ZnS、Cu
四方	$a=b\neq c$	$\alpha=\beta=\gamma=90°$	SiO_2、MgF_2、$NiSO_4$、Sn
正交	$a\neq b\neq c$	$\alpha=\beta=\gamma=90°$	K_2SO_4、$BaCO_3$、$HgCl_2$、I_2
六方	$a=b\neq c$	$\alpha=\beta=90°,\gamma=120°$	SiO_2(石英)、AgI、CuS、Mg
三方	$a=b=c$	$\alpha=\beta=\gamma<120°(\neq 90°)$	Al_2O_3、$CaCO_3$(方解石)、As、Bi
单斜	$a\neq b\neq c$	$\alpha=\gamma=90°,\beta\neq 90°$	$KClO_3$、$K_3[Fe(CN)_6]$、$Na_2B_4O_7$
三斜	$a\neq b\neq c$	$\alpha\neq\beta\neq\gamma\neq 90°$	$CuSO_4\cdot 5H_2O$、$K_2Cr_2O_7$

晶体的晶胞都是六面体，考虑六面体的面上、体中心、底面有无面心、体心、底心点阵点进行分类，可将七个晶系分为 14 种空间点阵形式，参见图 11-4。这 14 种空间格子是由法国的布拉维首先论证的，所以也称为布拉维空间格子。

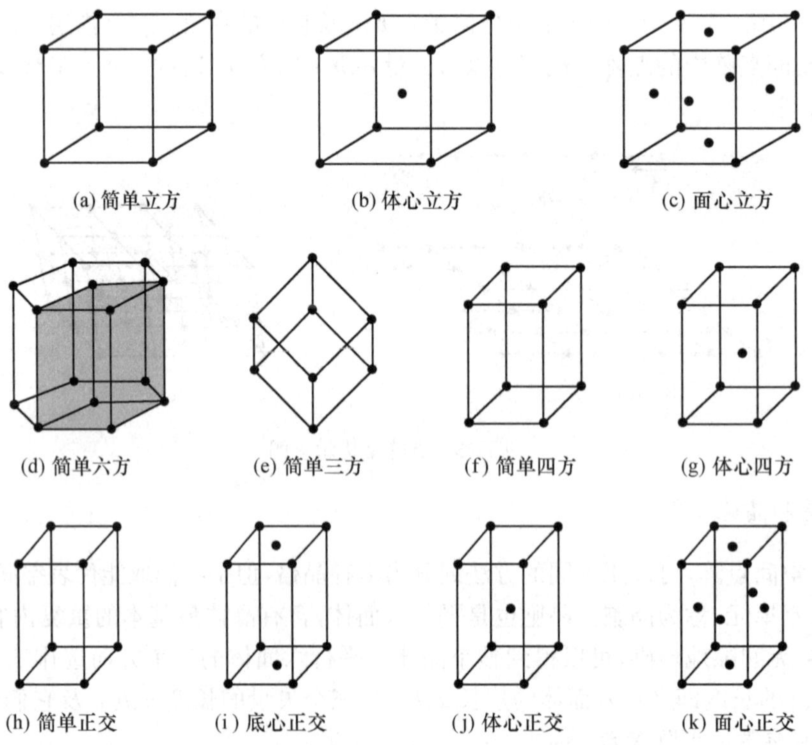

图 11-4　七晶系 14 种空间点阵形式

(l) 简单单斜

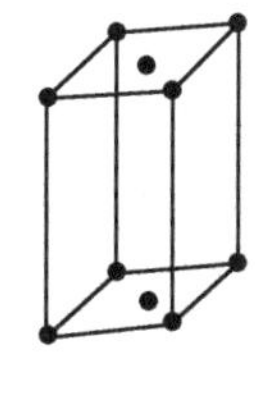
(m) 底心单斜

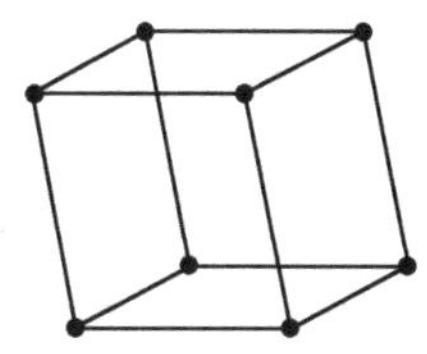
(n) 简单三斜

图 11-4(续)

(1) 简单立方。晶胞是立方体，结点分布在晶胞立方体的 8 个顶点上，如图 11-4(a)所示。

(2) 体心立方。晶胞也是立方体，有 9 个结点，分别分布在晶胞立方体的 8 个顶点和立方体的中心上，如图 11-4(b)所示。

(3) 面心立方。晶胞也是立方体，有 14 个结点，8 个结点分布在晶胞立方体的 8 个顶点上，立方体的 6 个面的中心上各有 1 个结点，如图 11-4(c)所示。

除上述立方晶系的三种空间点阵形式外，四方晶系有两种形式，如图 11-4(f)、(g)所示；六方晶系有一种形式，如图 11-4(d)所示；三方晶系有一种形式，如图 11-4(e)所示；正交晶系有四种形式，如图 11-4(h)、(i)、(j)、(k)所示；单斜晶系有两种形式，如图 11-4(l)、(m)所示；三斜晶系有一种形式，如图 11-4(n)所示。

4. 晶体的缺陷

具有完整空间点阵结构的晶体称为理想晶体，而实际上晶体都在不同的程度上存在一定的缺陷。晶体中一切偏离理想的点阵结构都称为晶体缺陷，按几何形式可分为点缺陷、线缺陷、面缺陷和体缺陷等。

当晶格结点上缺少某些粒子(离子、原子或分子)时，产生空位；或在晶格间隙位置上存在粒子；或有外来的杂质粒子取代晶格上原来粒子，占据在晶格上等，都构成点缺陷。点缺陷又有空位缺陷与杂质缺陷之分，空位缺陷属于本征缺陷，由于外来杂质所产生的缺陷称为杂质缺陷。

本征缺陷有两种基本类型：肖特基(Schottky)缺陷和弗伦克尔(Frenkel)缺陷。

肖特基缺陷：对于金属晶体是由于金属原子空位而形成的缺陷；对于离子晶体，晶格中同时有阴离子和阳离子按化学计量比空位，形成离子双缺位缺陷，如图 11-5(a)所示。具有高配位数、正负离子半径相近的离子型化合物，倾向于生成这种缺陷，如 CsCl、KCl 等。

弗伦克尔缺陷：晶格中一种离子或原子离开正常位置，进入晶格间隙，留下空位而形成的缺陷，如图 11-5(b)所示。这种缺陷常发生在阳离子半径远小于阴离子半径或晶体间隙比较大的离子晶体中，如 AgBr。

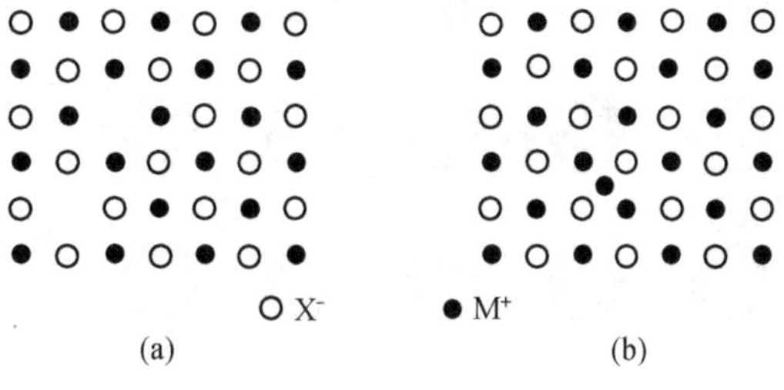

图 11-5　晶体的缺陷

杂质缺陷也有间隙式和取代式两种。微量杂质缺陷的存在破坏了点阵结构，使缺陷周围的电子能级不同于正常位置的原子周围的能级，可以赋予晶体以特定的光学、电学和磁学性质。例如半导体的掺杂，含 Ag^+ 的 ZnS 晶体用于彩色电视荧光屏中的蓝色荧光粉等。晶体中的线缺陷、面缺陷、体缺陷等都对晶体的生长、晶体的性质,特别是对晶体的力学性质有着很大的影响,这是固体化学、材料科学等讨论研究的重要内容。

思考题 11.1　晶胞和晶胞参数的物理意义是什么?七大晶系 14 种格子的分类依据是什么?晶胞和格子有什么区别?

思考题 11.2　什么是肖特基缺陷?什么是弗伦克尔缺陷?

11.2　金属键理论与金属晶体

根据组成晶体的粒子种类及粒子之间的相互作用力的不同,可将晶体分为金属晶体、离子晶体、分子晶体、原子晶体四种基本类型。另外还有混合类型晶体,它兼有两种或两种类型以上的晶体特征。

金属晶体中的粒子为金属原子,粒子间的作用力为金属键。在 100 多种元素中,金属元素有 80 余种,约占五分之四。尽管从熔点到硬度,各种金属晶体的差别很大,但也有许多共同的性质,如具有金属光泽、良好的导电性、导热性、压延性等,这些性质都和金属结构、金属键有关。

11.2.1　金属键理论

金属元素的电子层结构特征是:它们的最外层电子数比较少,绝大多数仅为 1 或 2。在金属的晶格中,每个原子的周围有 8～12 个相邻原子,用共价键理论很难想象金属晶体中原子间的结合力。为了说明金属键的本质,目前主要发展起来的两种理论是自由电子理论和金属能带理论。

1. 自由电子理论

金属键的自由电子理论认为:金属原子的外层价电子比较容易电离,产生金属正离子和自由电子;同时每个金属正离子也很容易捕获自由电子复合成金属原子。这些自由电子也称为自由电子气,在晶体中相对自由地运动,为整个晶体中的原子或离子所共有,它们克服晶体中原子或离子间紧密排列所造成的斥力,形成金属键。图 11-6 是金属晶体中金属键的示意图。金属键没有方向性和饱和性,金属原子和金属离子紧密堆积在一起构成金属晶体。

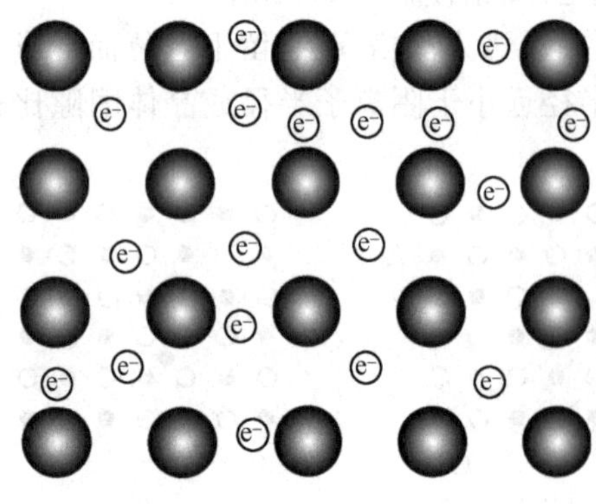

图 11-6　金属晶体中金属键的示意图

金属键的自由电子理论可以定性地解释金属的一些物理性质:

(1) 金属晶体具有紧密堆积结构,所以一般密度比较大。

(2) 金属晶体中自由电子在外电场作用下做定向运动,所以具有导电性。晶格上的原子或离子在格点上做一定幅度的振动,这种振动对电子的流动起着阻碍作用,加上阳离子对电子的吸引,构成了金属特有的电阻。加热时由于振动加强,电子运动受阻加大,因而一般地随着温度的升高,金属电阻增大。

(3) 自由电子在晶体中的自由运动，加上与金属原子或离子的不断碰撞，将能量从热端传到冷端，所以具有传热性。

(4) 自由电子容易吸收可见光的能量，由低能级跃迁到高能级，当电子再回到低能级时，又以可见光的形式将能量放出，因而金属多数具有金属光泽。

(5) 因为金属具有紧密堆积结构，又由于自由电子与正离子的静电作用在整个晶体范围内的分布是均匀的，因此，金属的一部分在外力作用下相对另一部分发生位移时，只要这种位移不至于使原子核间的平均距离有显著改变就不会破坏金属键。所以金属具有良好的延展性。

2. 金属的能带理论

金属的能带理论也称分子轨道理论，它是把整个金属晶体作为一个巨大的分子处理，N 个原子轨道组合成 N 个序列分子轨道。其基本要点是：

(1) 在金属晶体中原子十分靠近，这些原子的价层轨道组成许多分子轨道。N 个原子轨道组成 N 个分子轨道，其中有成键轨道、非键轨道和反键轨道。

例如，Li 原子的价电子轨道是 2s 轨道，当两个 Li 原子结合成 Li_2 分子时，两个 2s 轨道组合成 1 个成键分子轨道和 1 个反键分子轨道，如图 11-7(a)所示，价电子进入成键分子轨道。而 Li_3 分子则有三个分子轨道——1 个成键轨道、1 个非键轨道和 1 个反键轨道，如图 11-7(b)所示，3 个价电子分别填入成键分子轨道(2 个电子)和非键轨道(1 个电子)。四个 Li 原子组成的 Li_4 分子则有四个分子轨道——2 个成键轨道、2 个反键轨道，4 个电子将填入能量最低的两个成键分子轨道，如图 11-7(c)所示。

(2) 金属晶体中同一原子轨道组合的序列分子轨道从低到高都有一定的能级间隔，并且随着原子(原子轨道)数目的增多，这种能级间隔将减小。因为晶体中原子的数目巨大，轨道的能级极为接近，可以看作连续的，所以这些能级差极微小的序列分子轨道构成一个能带，如图 11-7(d)所示。在同一能带中，电子很容易从一个分子轨道进入另一个分子轨道。

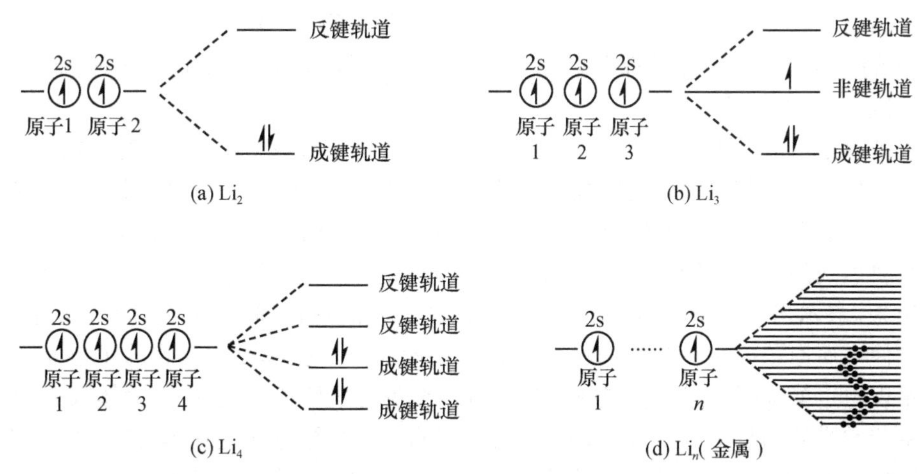

图 11-7 金属能带的形成

(3) 按照电子在能带中轨道上分布的不同，有满带、导带和禁带之分。

满带：充满电子的能量带称为满带。当参加组合的原子轨道都处于电子全充满状态，则组合的能带内的分子轨道也必为电子所充满，能带为满带。例如，金属 $Li(1s^2 2s^1)$ 的 1s

能带就为满带，N 个原子轨道得到 N 个分子轨道，为 $2N$ 个电子所填充。

导带：参加组合的原子轨道如为未充满电子的原子轨道，则形成的能带也是未充满的，存在空的分子轨道。例如，金属 Li($1s^2 2s^1$)的 2s 能带，如图 11-7(d)所示。在这种能带上的电子，只需吸收微小的能量，就能跃迁到能带内能量稍高的空轨道上，容易导热、导电，所以该能带为导带。

禁带：各能带之间都存在能量差，相邻能带间一般都有空隙，即带隙，如图11-8(a)所示是金属的能带模型。在带隙内不存在分子轨道，电子不能停留，所以这种能带间的空隙称为禁带。当禁带不太宽时，电子容易获得足够高的能量，从能级较低的能带跃迁到能级较为高的能带上。

(4) 金属中相邻能带有时可以重叠，特别是金属相邻亚层原子轨道之间的能级相近时，所形成的能带会出现重叠现象。例如，金属 Mg($1s^2 2s^2 2p^6 3s^2$)晶体内 3p 能带中没有电子是空带，3s 能带是全充满，似乎是不具有导电性。实验表明，Mg 原子的 3s 原子轨道与 3p 原子轨道能量差很小，导致 3s 能带与 3p 能带间部分发生重叠，如图 11-8(b)所示。Mg 晶体的 3s 能带与 3p 能带间没有间隙，满带上的电子很容易进入空带，因此金属 Mg 依然具有金属的一般物理性质，依然是导电体。

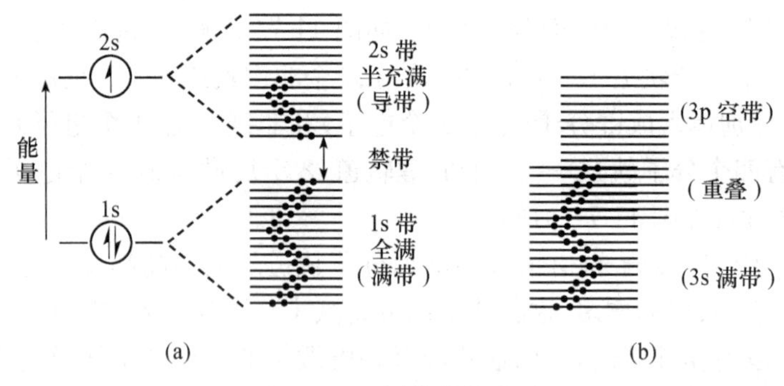

图 11-8　金属能带的类型

金属晶体内原子的外层轨道所形成的能带发生重叠现象十分普遍，除 Mg 外，Be、Na 以及 Al 等金属的 3s 能带与 3p 能带都有重叠现象。过渡金属，如 Cu 的 3d 能带与 4s 能带、4s 能带与 4p 能带也都是重叠的。

用能带理论也能说明金属的一些物理性质。对金属来说，由于电子很容易得到足够的能量在导带内从能级较低的轨道向能级较高的轨道跃迁，所以在外加电场作用下，电子能够在晶格间产生定向运动而体现导电性；在可见光的照射下，导带内的电子吸收光子后也能实现带内不同能级轨道间的跃迁，当电子跃迁回能级较低的轨道时，原来吸收的光子能量也能以光的形式释放出来，显示出金属光泽；电子的运动能加速金属的热传递，使金属具有传热性；电子的"离域性"使金属原子可在一定的范围内运动而不破坏金属键，体现出金属的压延性等。

能带理论也能很好阐述其他晶体的导电性。根据分子轨道理论，一般固体都有能带结构。根据满带与空带间的禁带宽度大小，可以分为电的导体、半导体和绝缘体，如图 11-9 所示。禁带越宽，电子越不容易获得足够的能量从满带跃迁到空带，当禁带宽度不大于 3eV 时，在常温下有少量的电子能实现这种跃迁，晶体为半导体；当禁带宽度大于 5eV 时，在常温下几乎不可能实现这种跃迁，晶体为绝缘体。金属晶体加热时，金属离子的振动加剧对电子的自由运动不利，金属的导电性降低。但温度的升高能提升半导体晶体满带电子的能量，电子相对容易跃迁，使半导体的导电能力得到增强。

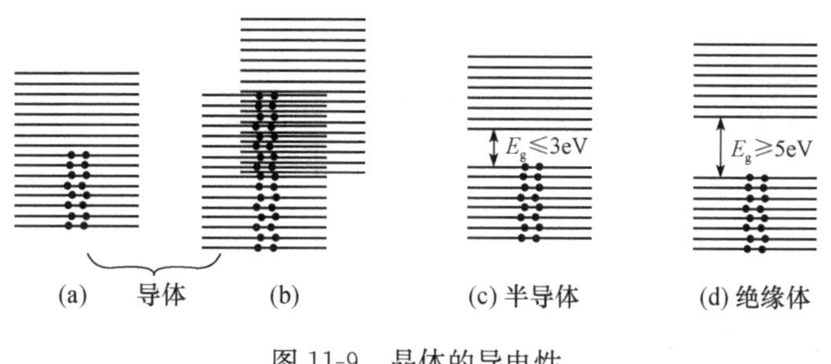

图 11-9　晶体的导电性

思考题 11.3　金属能带理论的量子力学基础是什么？什么叫满带？什么叫导带？什么叫禁带？它们对解释金属的导电性有什么作用？

11.2.2　等径圆球的密置层与非密置层

在金属单质晶体中，金属原子的排列可以近似地看作等径圆球的堆积。由于金属原子间的金属键是各向同性，金属在形成晶体时，总是倾向于组成尽可能的紧密结构，采取紧密堆积的方式以使每个原子与尽可能多的其他原子相接触，来保证轨道的最大限度的重叠，达到结构的稳定性最大。

在二维平面上等径圆球的密置层只有一种方式，如图 11-10(a)所示。在密置层中，每个圆球和周围 6 个球相接触，即配位数为 6。同时每个球周围有 6 个三角形间隙，每个间隙由 3 个球组成，也就是 N 个球组成的密置层中有 $2N$ 个三角形间隙，平均每个球占有 2 个三角形间隙。这些三角形间隙也有两种，数量各占一半，一种是三角形的顶点朝页面上方，在图 11-10(a)中标为 α 的三角形间隙；另一种三角形间隙的顶点朝页面的下方，在图 11-10(a)中标为 β。根据图 11-10(a)中所画出的菱形，容易计算出等径圆球密置层的堆积系数。堆积系数是指等径球的体积(球之间的间隙除外)占整个堆积空间体积的百分率，又称空间利用率。菱形所围的空间体积是 $4\sqrt{3}R^3$，其中含有一个圆球，所以等径圆球密置层的堆积系数是 0.6043。

等径圆球在二维也有另一种排列方式，如图 11-10(b)所示。在这种排列方式中，每个球只和四个球相接触，平均占有一个四方形间隙。虽然说等径圆球也是相互接触，但这种方式为非密置排列。同样，根据图 11-10(b)中所画出的正方形，可以计算出它的堆积系数只有 0.5233。

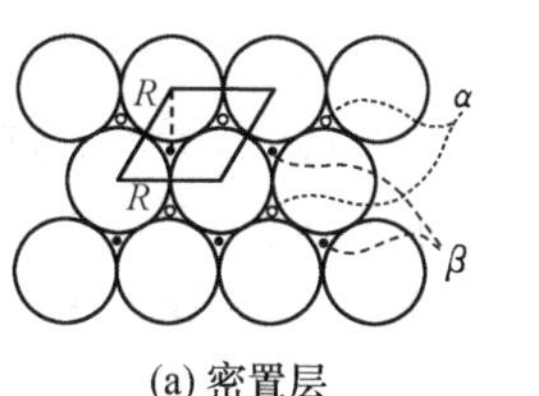

(a) 密置层

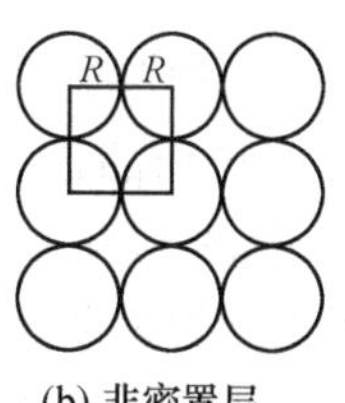

(b) 非密置层

图 11-10　等径圆球的密置层与非密置层

在第一层密置层 A 的基础上，可以进行第二层 B 的密堆积。为了达成整个密堆积结构，第二密置层 B 中球心的位置必须位于第一密置层 A 中一种三角形间隙的正上方，例如图 11-11 中在三角形间隙 α 的正上方。这样，一密置层中球的凸出部分和另一密置层的凹陷部分正好互补。同时，在原来三角形间隙 α 处形成了一个四面体空隙，而在原来三角形间隙 β 处形成了一个八面体间隙，如图 11-11(b)所示。

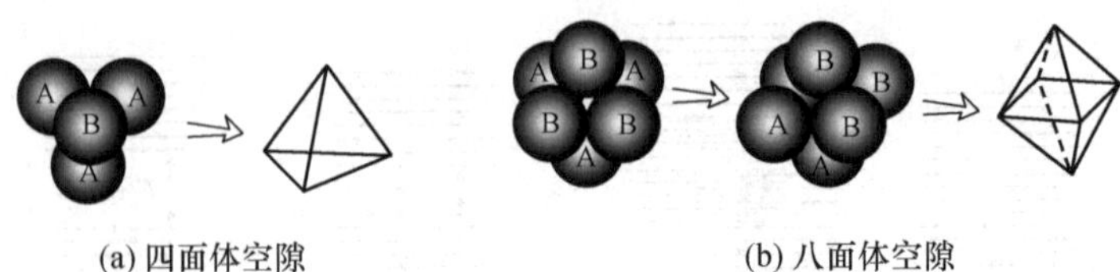

(a) 四面体空隙 (b) 八面体空隙

图 11-11 金属晶体的间隙类型

11.2.3 金属晶体的密堆积结构

金属晶体常见的密堆积方式有三种：面心立方最密堆积、六方最密堆积和体心立方密堆积。其中体心立方不是最密堆积，其堆积系数要小于前两种最密堆积的堆积系数。前两种最密堆积结构都是在密堆积层的基础上构成的。

1. 金属的面心立方最密堆积

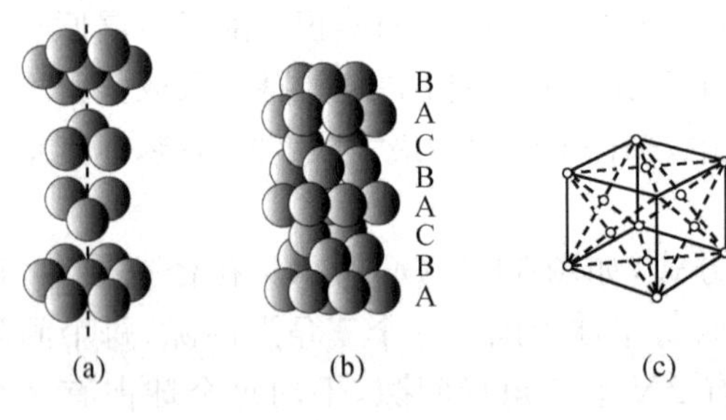

图 11-12 金属的面心立方最密堆积

在两密置层 A、B 堆积之后（图 11-11），进行第三层密置层 C 堆积时，有两种方式，其一是 C 层的球位于 A 层三角形间隙 β 的正上方，如图 11-12(a)所示。前三层 A、B、C 都是相互错开，第四层的球才正好在第一层 A 球的上方，这样密堆积就构成 ABC ABC…的重复方式，如图 11-12(a)、(b)所示。这种密堆积方式可画出面心立方晶胞，密置层垂直于晶胞的体对角线，如图 11-12(c)所示，所以称为面心立方最密堆积，按英文名称简写为 ccp(cubic closest packing)，记为 A1 型。

这种密堆积中原子的配位数为 12，每个原子均摊有两个四面体空隙和一个八面体空隙，堆积系数为 0.7405。属于这一类的有钙、锶、铅、银、金、铜、铝、镍等金属晶体。

2. 金属的六方最密堆积

在两层密置层 A、B 堆积之后，进行第三层密置层堆积时的另一种方式是，第三层的球位于 A 层球的正上方，如图 11-13(a)所示。这种堆积的重复方式为 AB AB…，重复周期只有两层，如图 11-13(a)、(b)所示。这种密堆积方式可划出六方晶胞，密置层垂直于晶胞的 c 轴，如图 11-13(c)所示，所以称为六方最密堆积，按英文名称简写为 hcp(hexagonal closest packing)，记为 A3 型。

与面心立方最密堆积一样，这种密堆积中原子的配位数也为 12，每个原子均摊有两个四面体空隙和一个八面体空隙，堆积系数为 0.7405。属于这一类的有钇、镁、铪、锆、镉、钛、镧等金属晶体。

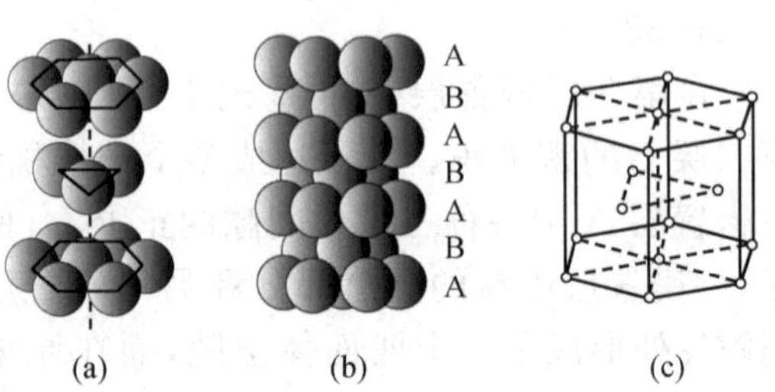

图 11-13 金属的六方最密堆积

3. 金属的体心立方密堆积

体心立方密堆积的结构如图 11-14(a)、

(b)所示，可以画出体心立方晶胞。这种堆积方式中，一个原子位于晶胞立方体的体心，和上下两层的8个原子紧密接触，即金属原子沿立方体的体对角线相接触，立方体顶点上的原子没有接触。体心立方密堆积按英文名称简写为bcp（body-centered cubic packing），或bcc，记为A2型。

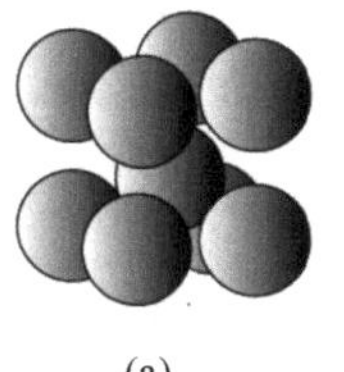
(a)

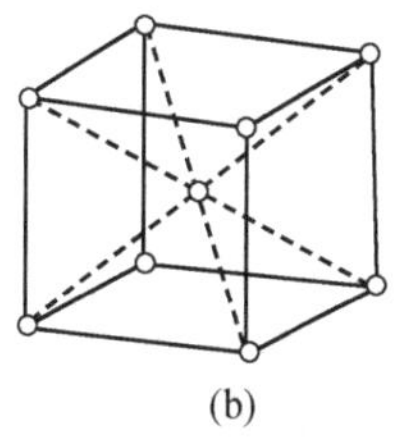
(b)

图 11-14　金属的体心立方密堆积

体心立方密堆积原子的配位数为8，堆积系数为0.6802，小于最密堆积的堆积系数0.7405。属于这一类的有锂、钠、钾、铷、铯、铬、钼、钨、铁等金属晶体。

思考题11.4　为什么金属晶体和离子晶体会采用球密堆积方式进行排列？

11.3　离子键理论与离子晶体

在离子晶体的晶格结点上交替排列着正、负离子，正、负离子之间以静电作用力相结合。这种正、负离子间的静电作用力称为离子键。在固态下，离子被局限在晶格的有限位置上振动，因而绝大多数离子晶体几乎不导电，但在熔融的状态能够导电。

11.3.1　离子键理论

1916年德国科学家科塞尔(Kossel)在玻尔原子结构理论的启发下，根据稀有气体原子具有稳定结构的事实，提出了离子键理论，较好地说明了离子键的形成及其特征。

1. 离子键的形成

在一定的条件下，当电负性相差比较大的活泼非金属原子与活泼金属原子相互接近时，活泼金属原子倾向于失去最外层的价电子，而活泼非金属原子倾向于接受电子，分别形成具有稀有气体原子稳定电子构型的正离子和负离子。以NaCl形成过程为例：

(1) 电子转移形成离子

$$Na - e^- \longrightarrow Na^+ \qquad Cl + e^- \longrightarrow Cl^-$$

电子构型变化：$2s^2 2p^6 3s^1 \longrightarrow 2s^2 2p^6 \qquad 3s^2 3p^5 \longrightarrow 3s^2 3p^6$

这样形成的Na^+和Cl^-分别具有Ne和Ar的稀有气体原子的电子结构而稳定存在。

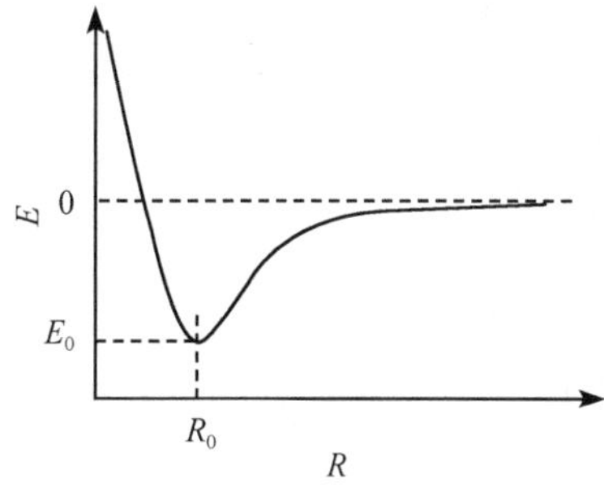

图 11-15　离子键能量曲线

(2) 离子键的形成。在离子键的形成过程中，系统总能量E随正、负离子间距离R变化的关系如图11-15所示。

当R无穷大，正、负离子间基本上不存在作用力时，系统的能量为零点（纵坐标的零点）。从图11-15中可以看到，当离子间距离R比较大时，离子间以静电引力为主，离子间距离越小，系统能量越低，越稳定。当离子间距达到平衡距离R_0时，系统能量降到最低点E_0。此时正、负离子各自在平衡位置上振动，形成离子键。当离

子间的距离小于 R_0 而进一步靠近时，原子核与原子核之间、核外电子与核外电子之间的排斥力急剧增加，导致系统能量骤然上升。在这种情况下，系统不稳定，又回到平衡状态下。

2. 离子键的本质与特点

离子键的本质是静电引力。在离子键的形成过程中我们可以看到，只有当正、负离子间距达到平衡距离时，才能靠静电引力形成稳定的离子键。在离子键模型中，可以近似地将正、负离子的电荷分布看作球形对称，根据库仑定律，可以得到正离子(带电荷 q^+)、负离子(带电荷 q^-)间的作用力：

$$F = q^+ \cdot q^- / R_0^2 \tag{11-1}$$

因此，离子电荷越高，离子间的平衡距离越小，离子间的引力越大，形成的离子键越强。

离子键的特点是没有方向性和饱和性。由于离子的电荷分布是球形对称，离子可以从各个方向吸引带有相反电荷的离子，并且这种作用力只与离子间距离有关，与作用的方向无关，不存在哪个方向更为有利的问题。离子键没有饱和性，是指在空间允许的条件下，尽可能多地吸引带相反电荷的离子，形成尽可能多的离子键，并沿三维空间伸展，形成巨大的离子晶体。

当然，离子键没有饱和性并不是意味着一个离子周围结合的异性离子数目是任意的。例如食盐晶体中，在每个 Na^+ 周围排列着 6 个 Cl^-，这是由于空间条件的限制，更多的 Cl^- 将会增加 Cl^- 之间的排斥力，系统不稳定。同样在每个 Cl^- 周围也只排列着 6 个 Na^+。

3. 离子键的离子性与元素的电负性

形成离子键时，两元素的电负性必须足够大。两元素的电负性相差越大，原子间的电子转移越容易发生，形成的离子键的离子性越强。但实验证明，即使是电负性最小的铯与电负性最大的氟形成的离子键，其离子性也只有 92%。由此可知，离子间不是纯粹的静电作用，仍有部分原子轨道重叠，体现出一定的共价性，而且随着电负性差的减小，键的离子性成分也逐渐减小。通常用离子性百分数来表示键的离子性和共价性的相对大小。表 11-2 列出了单键的离子性百分数与电负性差值之间的关系。图 11-16 是几种具体的 AB 型离子化合物单键离子性的百分数与电负性差值关系的直观坐标图，图中的圆点是旁边相应化合物中单键离子性的实验测定值。由图 11-16 可见，当两元素的电负性差值为 1.7 时，单键的离子性约为 50%，可认为单键是离子键。例如，氯和钠的电负性差值为 2.23，所以 NaCl 晶体中键的离子性为 71%，是典型的离子型化合物。当两元素间的电负性小于 1.7 时，则可判断它们之间主要形成共价键，该物质为共价化合物。

表 11-2 单键的离子性百分数与电负性差值之间的关系

$\chi_A-\chi_B$	离子性百分数/%	$\chi_A-\chi_B$	离子性百分数/%
0.2	1	1.8	55
0.4	4	2.0	63
0.6	9	2.2	70
0.8	15	2.4	76
1.0	22	2.6	82
1.2	30	2.8	86
1.4	39	3.0	89
1.6	47	3.2	92

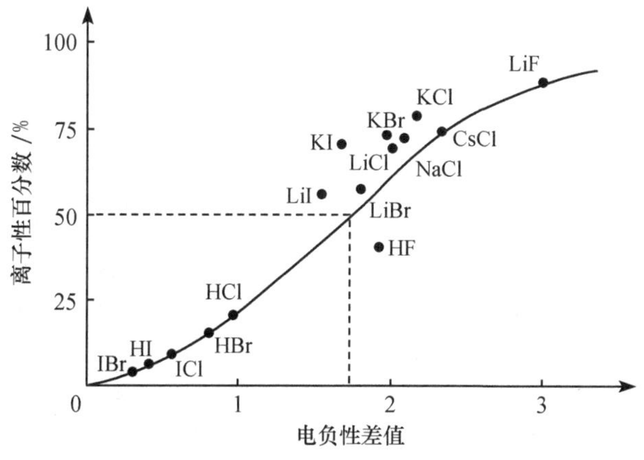

图 11-16　单键离子性的百分数与电负性差值的关系图

当然以电负性相差值 1.7 只是作为一个参考值，并不能作为判断离子键与共价键的一个绝对标准。例如，氟与氢的电负性差值为 1.78，但 H—F 键仍是共价键。

11.3.2　离子晶体的结构形式

在离子晶体中，晶胞中的质点为正离子和负离子，质点间的结合力为离子键。由于各种正、负离子的大小不同，离子半径比不同，其配位数不同，离子晶体中正、负离子的空间排布也不同，得到不同类型的离子晶体。下面主要讨论 AB 型（正、负离子电荷值绝对相等）离子晶体常见的几种结构形式。

1. NaCl 型

NaCl 型晶胞形状是立方晶系，属面心立方晶格。Na^+ 与 Cl^- 各自都占一套面心立方晶格，两套面心立方晶格相互穿插构成 NaCl 晶体。正、负离子都是八面体配位，如图 11-17 所示，配位数都为 6。角顶上的每个离子为 8 个晶胞所共有，每个顶点原则只计算为 1/8。同样，晶面上的离子为两个晶胞共有，棱上离子为 4 个晶胞所有，只能分别计算为 1/2 和 1/4。

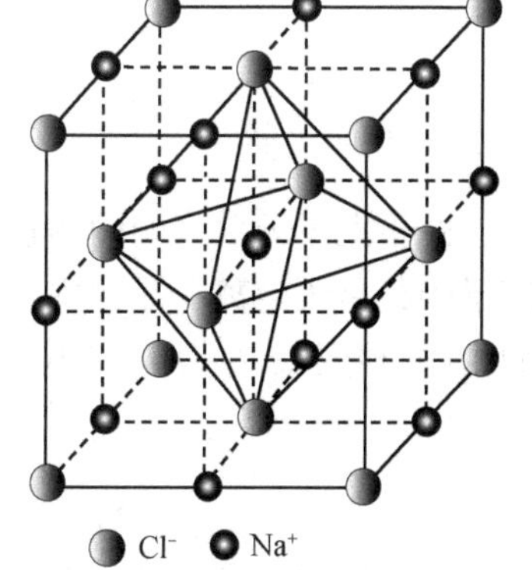

图 11-17　NaCl 型离子晶体

一个晶胞中 Cl^- 数：

$$8\times\frac{1}{8}(\text{角上 }Cl^-)+6\times\frac{1}{2}(\text{面上 }Cl^-)=4\text{ 个}$$

Na^+ 数：

$$12\times\frac{1}{4}(\text{棱上 }Na^+)+1(\text{体心 }Na^+)=4\text{ 个}$$

因此 NaCl 晶胞中含有 4 个 Cl^- 和 4 个 Na^+。例如，KCl、LiF、NaBr、CaS 等都属于 NaCl 型晶体，其正、负离子半径比介于 0.414～0.732（NaCl，0.564）。

2. CsCl 型

CsCl 型晶胞形状是立方晶系，但属于简单立方晶格。Cs^+ 与 Cl^- 各自占据一套简单立方晶格，正、负离子都相互占据着对方立方晶格的体心位置，如图 11-18 所示，两套简单立方晶格相互穿插构成 CsCl 晶体。也可以把负离子看成是简单立方堆积，正离子填充在负离子堆积构成的立方体空隙中。晶胞中含有正、负离子各 1 个。正、负离子的配位数都为 8。例如，CsBr、TlCl、NH_4Cl、NH_4I、CsI 等都属于 CsCl 型，一般其正、负离子半径比为 0.732～1。

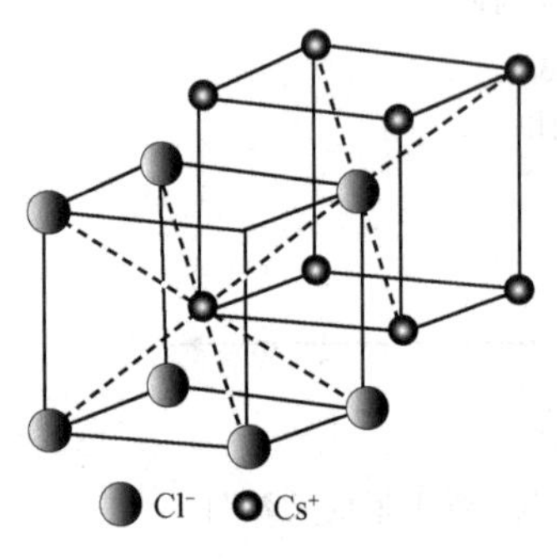

图 11-18　CsCl 型离子晶体

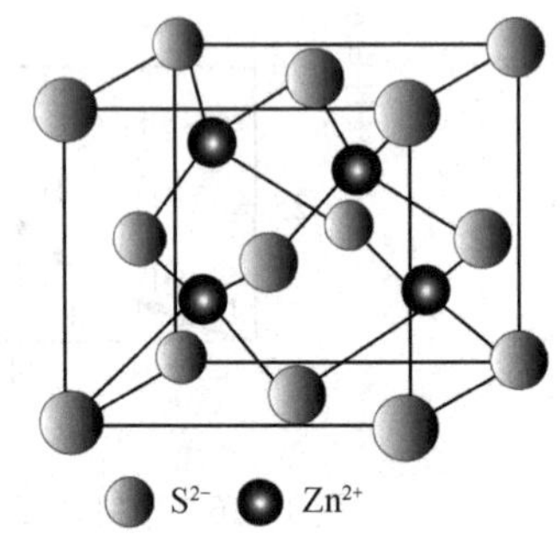

图 11-19　立方 ZnS 型离子晶体

3. 立方 ZnS 型

ZnS 型晶体有立方晶系与六方晶系两种晶形，图 11-19 是 ZnS 的立方晶系晶胞。在立方晶系中，负离子按面心立方结构堆积，属于面心立方晶格，正离子填入负离子堆积的部分四面体空隙中。正、负离子都是四面体配位，配位数都为 4。晶胞中含有正、负离子各 4 个。例如，BeO、ZnSe、AgI、BN、CuCl、ZnO 等都属于 ZnS 型，通常其正、负离子半径比为 0.225～0.414。

11.3.3　离子晶体的半径比规则

根据离子键理论，组成离子化合物的基本微粒是离子。影响离子化合物性质的因素是多方面的，如离子电荷、离子半径和离子的电子构型等，但是影响离子化合物晶体构型的则主要是阴、阳离子半径比，从而也影响化合物的性质。

1. 离子半径

由于电子云没有明确的物理界面，因此严格地说，离子半径是无法确定的。一般所讨论的离子半径是假定离子晶体中正、负离子是相互接触的球体，如图11-20(a)所示，则两原子核间的距离(核间距 d)为正、负离子的半径之和：

$$d = r_+ + r_-$$

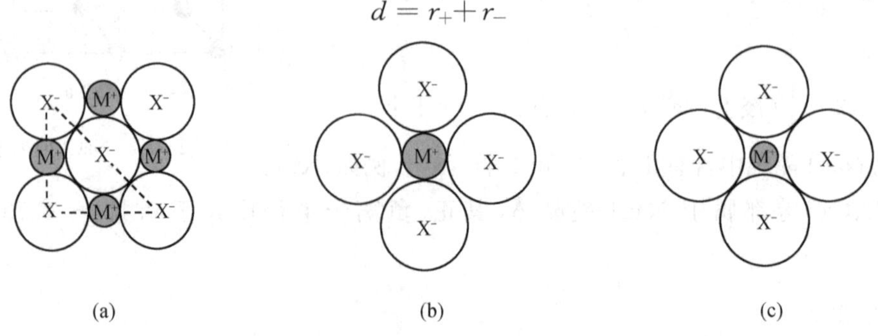

图 11-20　离子晶体半径比与配位数的关系

核间距 d 可以通过晶体的 X 射线分析实验测定，这样只要知道其中一个离子半径，另一个离子半径也就可以求出。1926 年哥德希密特(Goldschmidt)测得 F^-、O^{2-} 的离子半径分别为 133pm 和 132pm，在此基础上，利用实验测定的离子晶体数据，得出 80 多种离子半径，至今仍在使用。

目前已经可以通过多种方法得到离子半径，而以鲍林离子半径应用得最多。他在考虑了作用于离子外层电子上的有效核电荷、配位数、几何构型等诸多因素后，利用一个半经验公式推导出一整套离子半径，比较齐全、有效。表 11-3 列出了哥德希密特(简写为 G)和鲍林(简写为 P)推导的离子半径数据。

表 11-3 哥德希密特和鲍林推导的离子半径数据(单位：pm)

离 子	G	P	离 子	G	P	离 子	G	P
H^+	—	208	S^{2-}	182	184	Fe^{3+}	67	60
Li^+	70	60	S^{4+}	37	—	Co^{2+}	82	72
B^{2+}	34	31	S^{6+}	30	29	Co^{3+}	65	—
B^{3+}	—	20	Cl^-	181	181	Ni^{2+}	78	70
C^{4-}	—	260	Cl^{5+}	34	—	Cu^+	—	96
C^{4+}	20	15	Cl^{7+}	—	26	Cu^{2+}	72	—
N^{3-}	—	171	K^+	133	133	Zn^{2+}	83	74
N^{3+}	16	—	Ca^{2+}	105	99	Ga^{3+}	62	62
N^{5+}	15	11	Sc^{3+}	83	81	Ge^{2+}	65	—
O^{2-}	132	140	Ti^{3+}	75	69	Ge^{4+}	55	53
F^-	133	136	Ti^{4+}	64	68	As^{3-}	191	222
Na^+	98	95	V^{2+}	88	66	As^{3+}	69	47
Mg^{2+}	78	65	V^{5+}	—	59	Se^{2-}	193	198
Al^{3+}	55	50	Cr^{3+}	65	64	Br^-	196	195
Si^{4-}	198	271	Cr^{6+}	36	52	Br^{5+}	47	—
Si^{4+}	40	41	Mn^{2+}	91	80	Br^{7+}	—	39
P^{3-}	186	212	Mn^{4+}	52	—	Rb^+	149	148
P^{3+}	44	—	Mn^{7+}	—	46	Cs^+	—	169
P^{5+}	35	34	Fe^{2+}	83	75	I^-	—	216

应该注意的是，表 11-3 中鲍林离子半径数据是以配位数为 6 的 NaCl 型晶体作为标准，对其余类型离子晶体的半径应做一定的校正。当配位数为 12、8、4 时，这些数据应分别乘以系数 1.12、1.03、0.94。例如，CsI 晶体属 CsCl 型，配位数为 8。根据表 11-3 中鲍林离子半径数据 Cs^+ 和 I^- 半径和应为 385pm 乘以 1.03 后得 396.6pm，与实验测得 CsI 晶体的离子间距离 396pm 基本一致。

2. 离子晶体的半径比规则

形成离子晶体时，正、负离子总是尽可能紧密排列，使它们之间的自由空间最小，这样才能使晶体最稳定。但这种离子间相接近的紧密程度与正、负离子半径之比(r_+/r_-)密切相关。一般是负离子半径大于正离子半径，因此，离子晶体往往被看成是负离子在做密堆积，正离子是填充到负离子构成的多面体中心。当正离子配位数为 6、处于八面体中心时，最理想的排列如图 11-20(a)所示。正、负离子相接触，负离子也两两相接触。从图 11-20(a)中的几何关系，可以得到：

$$2\times[2(r_{+}+r_{-})]^2=(4r_{-})^2 \qquad r_{+}/r_{-}=0.414$$

由上可知，当 $r_{+}/r_{-}=0.414$ 时，正、负离子相互接触，负离子也相互接触，可得到最稳定的排列[图 11-20(a)]。当 $r_{+}/r_{-}>0.732$ 时，正离子的周围便有足够的空间容纳更多的负离子[图 11-20(b)]，晶体将向配位数为 8 的 CsCl 型转变。如果 $r_{+}/r_{-}<0.414$，则正、负离子没有接触，而负离子相互接触，如图 11-20(c)所示。由于负离子之间的排斥力大，正、负离子间的吸引力小，这种情况下晶体不可能稳定存在，这时晶体中正离子的配位数减小，向配位数为 4 的立方 ZnS 型转变。但如果 $r_{+}/r_{-}<0.225$ 时，立方 ZnS 型晶体也不可能稳定，这时晶体向着正离子的配位数进一步减小为 3 的晶形转变。根据上述讨论，将正、负离子半径比与配位数关系归纳于表 11-4 中。

表 11-4 AB 型离子晶体半径比与配位数的关系

r_{+}/r_{-}	配位数	构　型	晶体实例
0.225～0.414	4	ZnS 型	BeO(0.22)、CuCl(0.53)、ZnO(0.54)、HgS(0.60)
0.414～0.732	6	NaCl 型	NaBr(0.49)、AgCl(0.70)、MgO(0.46)、BaS(0.73)
0.732～1.00	8	CsCl 型	CsBr(0.86)、CsI(0.78)、TlCl(0.83)、NH_4Cl(0.82)

如果知道离子晶体中正、负离子的半径比，就可以推测该晶体的构型。但应该注意的是：①离子半径的数据还不够十分精确；②离子键或多或少带有共价键成分；③离子晶体的生长条件不同；④正、负离子其他相互作用的影响等，导致有些推测结果和实际测定的结果不一样，如表 11-4 中的有些离子晶体可能有多种晶体结构。

思考题 11.5 NaCl 晶体中的 Na^+ 和 Cl^- 的半径之比为 0.564，正好在 0.414～0.732。试说明 NaCl 晶体中 Cl^- 是否是紧密地“堆”在一起？若某离子晶体中的阴离子(或阳离子)紧密地“堆”在一起，那么体系是否稳定？

11.3.4 离子键强度与离子晶体的晶格能

在常温下，离子化合物大多数以晶体的形式存在。离子晶体的稳定性与离子键的强度有关，常用晶体的晶格能大小来度量离子键的强弱。晶格能是指在标准状态下，破坏 1mol 离子晶体使其成为自由的气态正离子、气态负离子时所需要的能量，用 U 表示，单位为 $kJ\cdot mol^{-1}$。

晶格能的数值可由实验方法得到，但由于实验技术上的困难，目前大多数离子晶体物质的晶格能利用玻恩-哈伯(Born-Haber)循环法间接测定，也可以利用玻恩-朗德(Born-Lande)公式理论计算得到。

1. 玻恩-哈伯循环

这种方法是 1919 年玻恩和哈伯设计的一种利用热化学循环求算离子晶体的晶格能的方法，所以称为玻恩-哈伯循环法。例如求算 NaCl 晶体的晶格能，已知：

$$Na(s)+\frac{1}{2}Cl_2(g)\longrightarrow NaCl(s) \qquad \Delta_f H_m^{\ominus}(NaCl)=-411kJ\cdot mol^{-1}$$

这一过程可以设计成以下热化学循环分步进行(图 11-21)：

(1) 金属钠的升华——升华热 S

$$Na(s) \longrightarrow Na(g) \qquad \Delta H_1^{\ominus} = S = 106\text{kJ} \cdot \text{mol}^{-1}$$

(2) 氯分子的解离——解离能 D

$$\frac{1}{2}Cl_2(g) \longrightarrow Cl(g) \qquad \Delta H_2^{\ominus} = \frac{1}{2}D = 121.3\text{kJ} \cdot \text{mol}^{-1}$$

(3) 气态钠原子的电离——电离能 I

$$Na(g) - e^- \longrightarrow Na^+(g) \qquad \Delta H_3^{\ominus} = I = 495.8\text{kJ} \cdot \text{mol}^{-1}$$

(4) 氯原子加合电子——电子亲和能 Y

$$Cl(g) + e^- \longrightarrow Cl^-(g) \qquad \Delta H_4^{\ominus} = Y = -348.7\text{kJ} \cdot \text{mol}^{-1}$$

(5) 气态氯离子与气态钠离子结合成氯化钠晶体

$$Cl^-(g) + Na^+(g) \longrightarrow NaCl(s) \qquad \Delta H_5^{\ominus} = -U$$

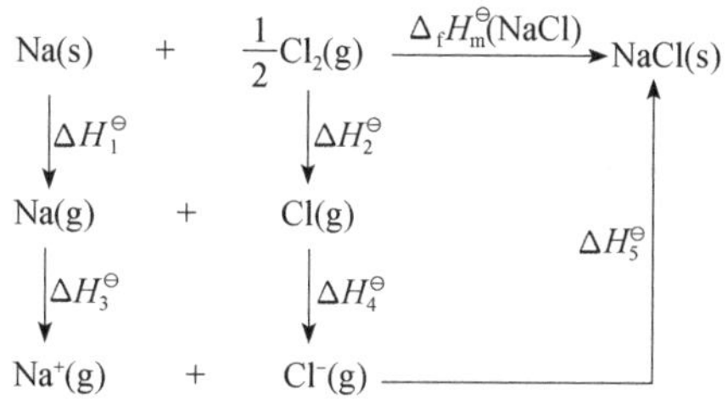

$$\begin{array}{ccccc} Na(s) & + & \frac{1}{2}Cl_2(g) & \xrightarrow{\Delta_f H_m^{\ominus}(NaCl)} & NaCl(s) \\ \downarrow \Delta H_1^{\ominus} & & \downarrow \Delta H_2^{\ominus} & & \uparrow \\ Na(g) & + & Cl(g) & & \Delta H_5^{\ominus} \\ \downarrow \Delta H_3^{\ominus} & & \downarrow \Delta H_4^{\ominus} & & \\ Na^+(g) & + & Cl^-(g) & \longrightarrow & \end{array}$$

图 11-21　NaCl 晶体玻恩-哈伯循环图

根据赫斯定律，有

$$\Delta_f H_m^{\ominus}(NaCl) = \Delta H_1^{\ominus} + \Delta H_2^{\ominus} + \Delta H_3^{\ominus} + \Delta H_4^{\ominus} + \Delta H_5^{\ominus}$$

$$\begin{aligned} U &= -\Delta H_5^{\ominus} \\ &= -(-411) + [106 + 121 + 495.8 + (-348.7)]\text{kJ} \cdot \text{mol}^{-1} \\ &= 785.4\text{kJ} \cdot \text{mol}^{-1} \end{aligned}$$

由上述计算可知，由气态正、负离子形成离子晶体时，释放出能量，释放出的能量越多，晶格能越大。根据晶格能的大小可判断离子键的强弱，解释和预言离子型化合物的某些物理化学性质。对于相同类型的离子晶体来说，离子电荷越高，正、负离子间的核间距越短，晶格能的值越大，表示正、负离子间的结合力越强，离子键强度越大，熔融或破坏离子晶体时所需的能量就越多，反映在物理性质上则是高的熔点、硬度、沸点。表 11-5 是部分离子晶体的晶格能与物理性质。

表 11-5　离子晶体晶格能与物理性质

NaCl 型晶体	NaI	NaBr	NaCl	NaF	BaO	SrO	CaO	MgO
离子电荷	1	1	1	1	2	2	2	2
核间距/pm	318	294	279	231	277	257	240	210
晶格能/(kJ · mol^{-1})	704	747	785	923	3054	3223	3401	3791
熔点/℃	661	747	801	993	1918	2430	2614	2852
硬度	—	—	2.5	2～2.5	3.3	3.5	4.5	6.5

2. 玻恩-朗德公式

由于电子亲和能(上面循环中的 $\Delta H_4^{\ominus}$)测定比较困难，而且误差也比较大，所以用玻恩-哈伯循环方法计算晶格能受到了一定的限制。事实上目前更多的是利用玻恩-哈伯循环来求解电子亲和能。玻恩和朗德以离子晶体内部离子间的静电作用力为基础，从理论上推导出用于计算晶格能的玻恩-朗德公式：

$$U = \frac{138\,490 A Z_+ Z_-}{R_0}\left(1 - \frac{1}{n}\right) \tag{11-2}$$

式中：A 为马德隆常数，由晶体构型决定(表 11-6)；Z_+、Z_- 为晶体中正离子、负离子电荷的绝对值；R_0 为正离子、负离子半径之和，单位为 pm；n 为玻恩指数，由离子的电子构型决定（表 11-7）；U 为晶格能，单位是 $kJ \cdot mol^{-1}$。

表 11-6　晶体类型与马德隆常数

离子的晶体类型	NaCl 型	CsCl 型	CaF_2 型	闪锌矿型	纤维锌矿型
A	1.747 56	1.767 67	5.038 78	1.638 05	1.641 32

表 11-7　玻恩指数

离子的电子构型	He	Ne	Ar 或 Cu^+	Kr 或 Ag^+	Xe 或 Au^+
n	5	7	9	10	12

如果正、负离子的电子构型不同，则在计算时 n 取它们的平均值。仍以求 NaCl 的晶格能为例：

NaCl 型　　$A=1.7476$

Na^+ 和 Cl^- 均为一价离子　　$Z_+=Z_-=1$

Na^+、Cl^- 间的距离（表 11-8）　　$R_0=279pm$

Na^+ 和 Cl^- 的电子构型分别属 Ne 型和 Ar 型　　$n=\frac{1}{2}(7+9)=8$

NaCl 的晶格能为

$$U=\frac{138\,490\times 1.7476}{279}\left(1-\frac{1}{8}\right)=759(kJ \cdot mol^{-1})$$

可以看到两种方法得到的结果接近。

在晶体类型相同时，晶格能与正、负离子电荷成正比，与它们之间的距离 R_0 成反比。离子化合物的晶格能越大，正、负离子的结合力越强，相应晶体的熔点越高，硬度越大，压缩系数和热膨胀系数越小。表 11-8 列出常见 NaCl 型离子化合物的熔点、硬度随离子电荷及 R_0 的变化情况，其中离子电荷的影响最为突出。

表 11-8　离子电荷、R_0 对晶格能、熔点、硬度的影响

NaCl 型离子化合物	$Z_+=Z_-$	R_0/pm	晶格能/($kJ \cdot mol^{-1}$)	熔点/℃	莫氏硬度
NaF	1	231	923	993	3.2
NaCl	1	279	786	801	2.5
NaBr	1	298	747	747	<2.5
NaI	1	323	704	661	<2.5
MgO	2	210	3791	2852	6.5
CaO	2	240	3401	2614	4.5
SrO	2	257	3223	2430	3.5
BaO	2	256	3054	1918	3.3

从上面的玻恩-朗德公式中可以看到：$U\propto\frac{Z_+Z_-}{R_0}$，离子半径越大，晶格能越小，则晶体的稳定性理应降低。然而表 11-9 中碱土金属碳酸盐的热分解温度，从 Be^{2+} 到 Ba^{2+}，随着离子半径增大，晶体的热稳定性不但不减小，热分解温度反而增大。

表 11-9　碱土金属碳酸盐热分解温度

离子晶体	$BeCO_3$	$MgCO_3$	$CaCO_3$	$SrCO_3$	$BaCO_3$
分解温度/℃	100	540	960	1289	1360
r_+/pm	35	66	99	112	134

这种与玻恩-朗德公式预测相反的性质变化规律，可用离子极化理论解释。

11.3.5　离子极化与键型变异

在讨论离子晶体时，把正、负离子近似地看作球形电荷。实际上这是一种理想情况，在离子晶体中不论是正离子还是负离子，都处在其他离子所构成的电场中，而产生不同程度上的变形，进而影响离子晶体的性质。

1. 离子的极化作用和变形性

当离子为球形的时候，核外电子云所构成的负电荷中心重合于原子核的正电荷中心。可是当正、负离子相互接近而产生作用力时，正离子吸引负离子核外电子而排斥其核，负离子则吸引正离子核而排斥其电子，结果是离子本身的正、负电荷中心不再重合，如图 11-22 所示。这种在外电场或异性离子的作用下，离子内的正电荷中心、负电荷中心发生偏移不再重合的现象称为离子极化。一种离子使异性离子极化而变形的作用，称为该离子的极化力。被异性离子极化而发生电子云变形的性能，称为该离子的变形性，也称为可极化性。

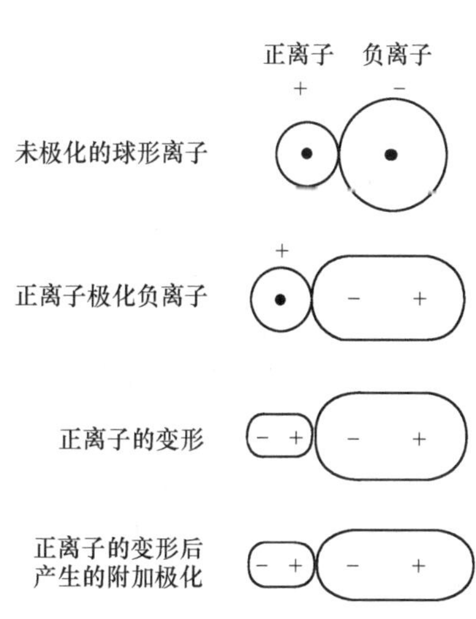

图 11-22　阳、阴离子相互极化作用

在离子相互极化的过程中，正、负离子都具有双重性：作为电场，能使周围异电荷离子极化而变形，表现出极化力；同时作为被极化的对象，在邻近异性电荷的作用下，离子本身被极化而变形，但是并不是所有离子都具有同等程度的极化力和变形性。一般来说，原子在失去电子而成为正离子后，半径减小，对核外电子的作用力比较强，在极化过程中主要表现为极化力。而负离子的半径比较大，在外层上有较多的电子，在正离子的极化作用下容易变形，所以在极化过程中主要是考虑其变形性。但是当正离子的变形性较大时，就需要考虑负离子对正离子的极化作用，这种附加极化作用将使极化作用进一步增强，如图 11-22 所示。

1）离子极化能力的影响因素

除了高电荷的复杂负离子，如 SO_4^{2-}、PO_4^{3-} 等具有一定的极化能力外，负离子的极化能力一般很弱，通常不予考虑。正离子的极化能力受离子电荷、离子半径和离子构型的影响。

(1) 离子的正电荷越多，半径越小，离子的极化作用越强，如 $Ba^{2+}<Mg^{2+}$，$La^{3+}<Al^{3+}$，$Na^{+}<Mg^{2+}<Al^{3+}$。

(2) 如果电荷相等，半径相近，则离子的极化能力取决于离子的外层电子构型。离子的外层电子构型是指原子得到或失去电子形成离子时的外层电子结构。对于简单的负离子(如

Cl^-、F^-、O^{2-}等)，其最外层都具有稳定的 8 电子结构。然而对于正离子来说，除了 8 电子构型外，还有其他多种构型，如表 11-10 所示。

表 11-10　离子的外层电子构型

类　型		最外层电子构型	例　子	元素所在区域
稀有气体电子构型——8(或 2)电子构型		ns^2、ns^2np^6	Be^{2+}、F^-、K^+、Sr^{2+}、I^-、Fr^+	s 区，p 区
非稀有气体电子构型	9～17 电子构型	$ns^2np^6nd^{1\sim9}$	Cr^{3+}、Mn^{2+}、Cu^{2+}、Fe^{2+}、Fe^{3+}、Ti^{3+}、V^{3+}	d 区，ds 区
	18 电子构型	$ns^2np^6nd^{10}$	Zn^{2+}、Ag^+、Hg^{2+}、Cu^+、Cd^{2+}	ds 区
	18+2 电子构型	$(n-1)s^2(n-1)p^6(n-1)d^{10}ns^2$	Ga^{2+}、Sn^{2+}、Sb^{3+}、Pb^{2+}、Bi^{3+}	p 区

当离子的电荷相同和半径相近时，离子极化能力相对强弱的关系是：

18 电子构型、18+2 电子构型>9～17 电子构型>8 电子构型

例如：$r(Hg^{2+})=102pm$，$r(Ca^{2+})=100pm$，但 Hg^{2+} 的极化作用大于 Ca^{2+}。其原因有两个：一是 d 电子云的分布特征造成的，其屏蔽作用小；二是 d 电子云本身容易变形，因此具有 d 电子的离子的极化和附加极化作用都要比相同电荷、相同半径的 8 电子构型的离子的极化和附加极化作用大。

2 电子构型的离子(如 Li^+、Be^{2+})和 H^+ 的半径很小，和 18 电子构型、18+2 电子构型的离子一样，也具有较强的极化能力。

2) 离子的变形性

(1) 外层电子构型相同的离子，半径越大、负电荷越多的离子变形性越大。例如：

$$Cs^+ > Rb^+ > K^+ > Na^+ > Li^+;\qquad I^- > Br^- > Cl^- > F^-$$

$$O^{2-} > F^- > Ne > Na^+ > Mg^{2+} > Al^{3+} > Si^{4+}$$

(2) 外层电子构型不规则的正离子，如 18 电子构型、18+2 电子构型、9～17 电子构型的正离子，变形性都要比规则的 8 电子构型的正离子大得多。这是由于 d 电子云容易变形。

(3) 尽管有较大的半径，复杂负离子的变形性还是比较小，并且中心离子的氧化数越高，变形性越小。这是由于复杂负离子内部原子间相互结合紧密并形成了对称性极强的原子集团。现将一些负离子及水的变形性排列如下：

一价负离子　$I^- > Br^- > Cl^- > CN^- > OH^- > H_2O > NO_3^- > F^- > ClO_4^-$

二价负离子　$S^{2-} > O^{2-} > CO_3^{2-} > H_2O > SO_4^{2-}$

综上所述，最容易变形的是体积大的负离子和电荷较少的、外层电子构型不规则的正离子；最不容易变形的是半径小、电荷多的稀有气体型的正离子，如 Be^{2+}、Al^{3+}、Si^{4+} 等。离子的极化现象对物质的性质和结构有很大的影响。

2. 离子极化对键型、晶形及物质性质的影响

1) 离子极化对化学键的影响

在正、负离子结合形成离子化合物的过程中，如果离子间完全没有极化作用，则它们之间的化学键属于纯粹离子键。但是如 11.3.1 所述，事实上几乎不存在百分之百的离子键。正、负离子之间或多或少地存在着极化作用，离子极化使离子的电子云变形并相互重叠(图 11-23)，导致在原有的离子键上附加一些共价键成分，正、负离子的核间距缩短。

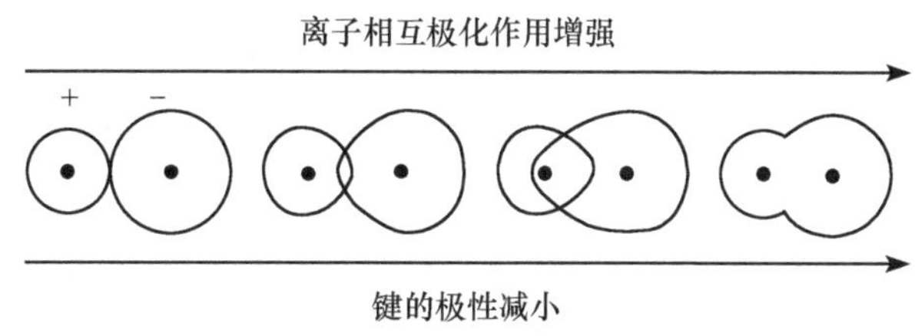

图 11-23　离子键向共价键的过渡

离子相互极化程度越大,共价键成分就越多。共价键也可看成是离子键极化的极限。最典型的例子见表 11-11 中卤化银,Ag^+ 是 18 电子构型,具有很强的极化力,从 AgF 典型的离子键,经过 AgCl、AgBr,最后过渡到 AgI 的共价键。

表 11-11　离子极化引起卤化银性质的变化

晶　体	AgF	AgCl	AgBr	AgI
离子半径之和/pm	259	307	322	342
实测键长/pm	246	277	288	281
键型	离子键	过渡型	过渡型	共价键
晶体构型	NaCl	NaCl	NaCl	ZnS
配位数	6	6	6	4
溶解度/($mol \cdot L^{-1}$)	易溶	1.34×10^{-5}	7.07×10^{-7}	9.11×10^{-9}
颜色	白色	白色	淡黄	黄

2) 离子极化对化合物性质的影响

离子极化对化学键类型产生了影响,因而对相应化合物的性质也产生一定的影响。表 11-11列出了离子极化引起卤化银一些性质的变化。

(1) 金属化合物晶形的转变。由于离子极化,离子电子云相互重叠,键的共价成分增加,实测键长较正、负离子半径之和小,晶体向配位数较小的构型转变。例如银的卤化物,从 AgF 到 AgI,晶体构型由 6 配位的 NaCl 型过渡到 4 配位的 ZnS 型。再如 CdS,$r_+/r_-=97\text{pm}/184\text{pm}=0.53>0.414$,CdS 晶体理应是 NaCl 型,即 6 配位,实际上 CdS 晶体是 4 配位的 ZnS 型。这说明由于离子极化,电子云进一步重叠而使晶体中真实的 r_+/r_- 值变小。

(2) 化合物的溶解度。离子晶体大多易溶于水,当离子极化引起化学键向共价键转化时,晶体的溶解度相应降低。例如卤化银中,从 AgF 到 AgI,溶解度也是依次降低,AgI 的溶解度最小。

(3) 对化合物颜色的影响。在一般情况下,如果组成化合物的正、负离子都无色,该化合物也无色。例如 Ag^+ 和卤素离子都是无色的,所以 NaCl、$AgNO_3$ 也是无色的。如果其中一种离子无色,则另一种离子的颜色就是该化合物的颜色,如 $NiSO_4$ 所呈现的颜色就是 Ni^{2+} 的绿色。

但是由于 Ag^+ 具有较强的极化作用,AgBr、AgI 却具有颜色,而且极化程度越大,化合物的颜色越深,所以 AgBr 是浅黄,而 AgI 是黄色。离子的极化使电子云变形,导致离子的电子能级发生改变,容易吸收可见光产生颜色。

(4) 对熔点、沸点的影响。离子晶体的熔点、沸点一般比较高,当存在离子极化作用时,往往导致离子晶体向分子晶体过渡，使晶体的熔点、沸点下降。极化作用越强，晶体的熔点、沸点越低。例如 NaCl、$MgCl_2$、$AlCl_3$ 的熔点分别为 801℃、714℃、192℃，这是由于离子的极化作用从大到小的顺序是：$Al^{3+}>Mg^{2+}>Na^{+}$，NaCl 是典型的离子化合物，而 $AlCl_3$ 接近于共价化合物。

(5) 对含氧酸盐稳定性的影响。在含氧酸盐中，可以看作存在金属离子与酸根中心离子对 O^{2-} 的双重极化作用。极化作用强的金属离子，倾向于与 O^{2-} 之间形成共价键，其含氧酸盐不稳定，受热容易分解。例如 $CaCO_3$ 与 K_2CO_3，Ca^{2+} 极化作用大于 K^{+}，所以 $CaCO_3$ 易分解，其热稳定性 $CaCO_3<K_2CO_3$。

应该说明的是，离子极化学说在无机化学中有多方面的应用，是离子键理论的重要补充，但是由于在无机化合物中，离子性化合物毕竟只是一部分，所以应用此理论时要注意其局限性。

思考题 11.6　离子极化理论的要点是什么？离子极化对离子晶体的结构和性质有什么影响？

11.4　分子间作用力与分子晶体

气态分子在一定条件下可以凝聚成液体，液体在一定条件下又可以凝聚成固体，这说明分子与分子之间存在着相互吸引的作用力。这种分子间作用力的概念是荷兰物理学家范德华早在 1930 年研究真实气体的行为时提出来的，所以后来将这种力称为分子间力或范德华力。分子间力的强度弱于化学键，一般每摩尔只有几千焦至几十千焦。但它与决定物质化学性质的化学键不同，主要影响物质的物理性质，如熔点、沸点、气化热、熔化热、溶解度、黏度、表面张力等。

1930 年，伦敦(London)用量子力学原理阐明范德华力的本质仍是电性引力。为了说明分子间力的由来，先介绍分子的偶极矩和极化率。

11.4.1　分子的偶极矩与极化率

1. 分子的极性和偶极矩

任何分子都是由带正电荷的原子核和带负电荷的电子组成，分子是电中性的。但是不同的分子，其正、负电荷在分子中的分布不一样。如果我们把分子中正电荷分布的重心称为“正电荷中心”、把负电荷重心称为“负电荷中心”，就会发现，有些分子的正电荷中心、负电荷中心是相重合的，而有些分子的正电荷中心、负电荷中心则不相重合。正电荷中心、负电荷中心相重合的分子，称为非极性分子；正电荷中心、负电荷中心不相重合的分子，形成一对偶极，称为极性分子。

在极性分子中，分子极性的大小用偶极矩(μ)来衡量。偶极矩的概念是德拜(Debye)在 1912 年提出的，他将偶极矩 μ 定义为：分子中电荷中心（正电荷中心电荷 δ^{+} 或负电荷中心电荷 δ^{-}）上的电荷 δ 与正、负电荷中心间距离 d 的乘积[图11-24和式(11-3)]

$$\mu=\delta\cdot d \tag{11-3}$$

偶极矩是矢量，其方向为从正电荷中心到负电荷中心，单位为 C · m(库 · 米)。

分子的极性与分子中共价键的极性密切相关。两个不同元素的原子之间形成共价键时，共用电子总会偏向电负性较大的元素原子一方，形成极性键。只有同一元素的两原子之间的共价键才是非极性键。非极性键组成的分子，如 S_8、P_4 不是极性分子。在极性分子中一般都存在极性共价键，而有极性共价键的分子则不一定是极性分子，如表 11-12所示部分分子的偶极矩。

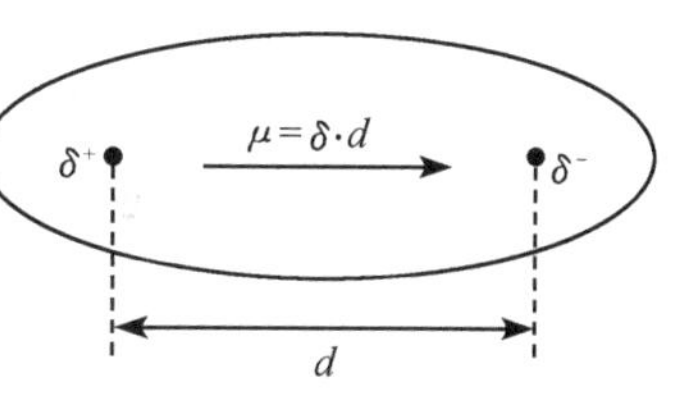

图 11-24 极性分子间偶极矩示意图

表 11-12 部分分子的偶极矩

分子式	偶极矩 /(10^{-30}C·m)	分子几何构型	分子式	偶极矩 /(10^{-30}C·m)	分子几何构型
H_2	0	直线	SO_2	5.28	V形
N_2	0	直线	$CHCl_3$	3.63	四面体
CO_2	0	直线	C_2H_5OH	5.61	—
CS_2	0	直线	CH_3COOH	5.71	—
CH_4	0	正四面体	HF	6.34	直线
CCl_4	0	正四面体	HCl	3.60	直线
H_2S	3.63	V形	HBr	2.67	直线
H_2O	6.17	V形	HI	1.40	直线
NH_3	4.90	三角锥	H_2O_2	7.03	—
BF_3	0	平面三角形	O_3	1.67	V形

对于双原子分子，键的极性与分子的极性一致。同核双原子分子如 H_2、Cl_2、O_2 等，都是非极性分子；异核双原子分子如 HBr、CO、NO 等，则是极性分子，并且键的极性越大，分子的极性也越大。

对于多原子分子，其极性要通过分析讨论来确定。分子的极性不仅与键的极性有关，还与分子的空间构型有关。例如 SO_2 和 CO_2 分子中 S═O 键和 C═O 键都是极性键，但是因为 CO_2 是直线形结构，键的极性相互抵消，正负电荷重心重叠，所以，CO_2 是非极性分子。相反，SO_2 为 V 形结构，正负电荷重心不能重合，因而 SO_2 是极性分子。从表 11-12 可见，结构高度对称（如直线形、平面正三角形、正四面体形）的多原子分子的偶极矩为零，为非极性分子，而结构不对称（如 V 形、四面体形、三角锥形）的多原子分子的偶极矩不为零，为极性分子。

实际上，偶极距是通过实验测得的，也可根据偶极矩数值验证和推断某些分子的几何构型。例如，NH_3 和 BCl_3 都是四原子分子，这类分子的空间结构一般有两种：平面三角形和三角锥形。实验测得它们分子的偶极矩为 $\mu(NH_3)=4.90\times10^{-30}$C·m 和 $\mu(BCl_3)=0$。由此可以推测，在 NH_3 分子中的 N 原子和三个 H 原子不在同一平面上，不会是平面三角形结构。而 BCl_3 分子没有极性，四个原子可以处于同一平面上。因此，NH_3 分子具有三角锥形结构，而 BCl_3 分子是平面三角形结构。

2. 分子的变形性和极化率

在外电场的作用下，分子和离子一样，其内部电荷分布将发生相应的变化，这种变化称为分子的变形性。非极性分子在外加电场中，分子中带正电荷的核将向电场负极的方向偏移，而核外的电子云则偏向电场正极方向，结果使原来的非极性分子产生了一对偶极，这个过程称为分子的极化过程。在外电场的影响(诱导)下产生的偶极矩，称为诱导偶极矩。电场越强，分子产生的诱导偶极矩也就越大，两者成正比关系，可以表示为

$$\mu_{诱导} = \alpha \cdot E \tag{11-4}$$

式中：$\mu_{诱导}$为诱导偶极矩；E为电场强度；α为比例常数，称为极化率。若取消外电场，又恢复到偶极矩$\mu_{诱导}=0$，分子恢复为非极性分子。

不仅是非极性分子，极性分子在外电场的作用下也会进一步变形产生诱导偶极矩。分子的变形性大小可用极化率α来表示，极化率α也反映了分子外层电子云的可移动性或可变性，其数值可由实验测定(表 11-13)。表 11-13 中数据表明，随着相对分子质量的增大以及电子云弥散，分子极化率α值相应增大。以同族元素的有关分子为例，从 He 到 Xe，从 HCl 到 HI，从上到下，分子的变形性增大。

表 11-13　部分分子的极化率 α

分　子	$\alpha/10^{-30}m^3$	分　子	$\alpha/10^{-30}m^3$	分　子	$\alpha/10^{-30}m^3$	分子	$\alpha/10^{-30}m^3$
He	0.203	HCl	2.56	H_2	0.81	CO	1.93
Ne	0.392	HBr	3.49	O_2	1.55	CO_2	2.59
Ar	1.63	HI	5.20	N_2	1.72	NH_3	2.34
Kr	2.46	H_2O	1.59	Cl_2	4.50	CH_4	2.60
Xe	4.01	H_2S	3.64	Br_2	6.43	C_2H_6	4.50

11.4.2　分子间力——范德华力

范德华力包括：取向力、诱导力和色散力，现分述如下：

1. 取向力

极性分子本身存在的偶极，称为固有偶极或永久偶极。气态时，极性分子在空间中无规则地运动着，其偶极的排列也是没有规律的。凝聚状态时，由于同极相斥、异极相吸，固有偶极之间的作用使得极性分子的排列受到周围其他分子排列的影响，在空间中存在一定的取向限制，如图 11-25(a)所示。这种由于极性分子固有偶极的取向而产生的分子间相互作用力，称为取向力。取向力只存在于极性分子之间，其大小主要取决于分子的固有偶极矩。固有偶极矩越大，极性分子之间的取向力越大。

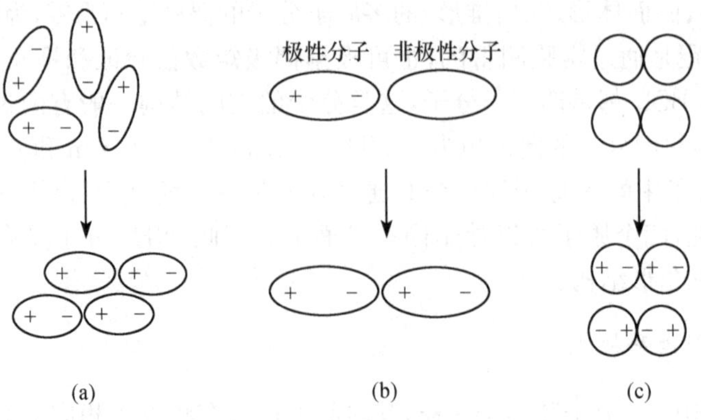

图 11-25　分子之间的作用力

2. 诱导力

当极性分子与非极性分子相邻时，在极性分子的固有偶极电场的作用下，非极性分子受诱导而变形极化产生诱导偶极，这种固有偶极与诱导偶极之间的相互作用称为诱导力，如图 11-25(b)所示。诱导力与分子的固有偶极矩、分子的变形性有关。偶极矩越大、分子的极化率越大，诱导力越大。诱导力除了存在于极性分子与非极性分子之间，还存在于极性分子之间。因为极性分子相互靠近，在发生取向的同时，相互之间也互为外电场，使对方变形极化，在固有偶极的基础上再产生诱导偶极。

3. 色散力

非极性分子没有固有偶极矩，但存在着瞬时偶极矩。因为分子内电子在不停地运动，原子核在不停地振动，因而在某一瞬间，分子内的正、负电荷中心会出现不重合的现象，产生瞬时偶极矩。瞬时偶极矩之间的作用力称为色散力，如图 11-25(c)所示。

尽管每个分子的瞬时偶极矩存在时间很短，但电子和原子核的运动使瞬时偶极矩不断产生，分子间的瞬时偶极矩之间的作用力始终统计性地大量存在，而成为分子间的一种主要作用力。

色散力产生于核与电子的瞬时相对位移，不仅存在于非极性分子之间，也存在于极性分子与非极性分子、极性分子与极性分子之间。它主要与分子的变形性有关，分子的变形性越大，色散力越强。

取向力、诱导力和色散力都是分子间的引力，统称为分子间力，也称为范德华力。分子间力的作用范围在 300～500pm，小于 300pm 时分子间力迅速增加，大于 500pm 时分子间力显著衰减。分子间力的本质是电性作用力，既无方向性，也无饱和性。表 11-14 列出了部分共价分子间作用能。

表 11-14　部分共价分子间作用能的分配

分子	偶极矩 /(10^{-30}C·m)	取向力 /(kJ·mol^{-1})	诱导力 /(kJ·mol^{-1})	色散力 /(kJ·mol^{-1})	总计 /(kJ·mol^{-1})
Ar	0	0.000	0.000	8.50	8.50
CO	0.39	0.003	0.008	8.75	8.75
HI	1.40	0.025	0.113	25.87	26.00
HBr	2.67	0.69	0.502	21.94	23.11
HCl	3.60	3.31	1.00	16.82	21.14
NH_3	4.90	13.31	1.55	14.95	29.60
H_2O	6.17	36.39	1.93	9.00	47.32

对大部分分子而言，色散力占主导地位，只有极性很大、变形性很小的分子(例如 H_2O)，取向力才占主要，诱导力一般都很小。三种分子间力一般为

$$色散力 \gg 取向力 > 诱导力$$

分子间作用力对物质的物理性质影响很大。分子间作用力越大，物质的熔点、沸点越高，硬度越大。由于色散力一般是分子间主要的作用力，对结构相似的同系列物质，通过比较相对分子质量的大小，就可以比较其熔点、沸点的高低。例如，F_2、Cl_2、Br_2、I_2 分子的熔点、沸点依

次升高。

11.4.3　氢键

卤化氢是极性分子，分子间存在着取向力、诱导力和色散力。从表 11-14 中可以看到，其主要作用力是色散力。从 HCl 到 HI，随着分子间力的增大，色散力增大，分子间力增强，因此它们的熔点、沸点逐渐升高。但是，HF 的熔点、沸点反常的高，是个特例。这主要是由于 HF 分子除了正常的分子间力之外，分子间还存在着氢键。和 HF 相似的还有氧族氢化物中的 H_2O、氮族氢化物中的 NH_3，如图11-26所示。

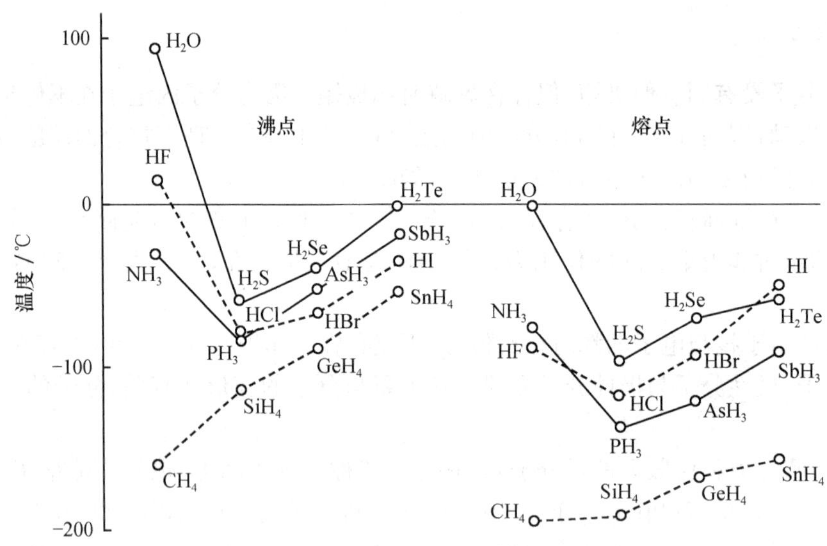

图 11-26　氢化物熔点、沸点的变化

1. 氢键的形成

理论上处理氢键的方法，概括起来主要有静电模型、价键法和分子轨道法，其中静电模型最简单，在此我们以氢键的静电模型为基础来讨论氢键的形成。

H 的电负性为 2.1，F 的电负性为 4.0，两元素的电负性相差很大。在固体 HF 分子晶体中，H 原子和 F 原子形成的共价键是强极性共价键，共用电子对强烈偏向 F 原子而使 H 原子几乎成为裸露的原子核，F 原子带部分负电荷。HF 分子中 H 原子带有部分正电荷，与另一 HF 分子中电负性大的 F 原子中的孤对电子产生静电作用力，如图 11-27 所示。这种力称为氢键，用“┄”表示。这样在整个 HF 晶体中，分子间的作用力得到加强，导致固体 HF 存在反常高的熔点。HF 分子间的氢键，也存在于液体 HF 分子间。

从静电模型中可以看到，分子欲形成氢键必须具备两个基本条件：一是分子中必须有一个与电负性很大、半径很小的元素原子 X 形成强极性键的氢原子；二是分子中必须有电负性很大、原子半径很小带有孤对电子的元素原子。

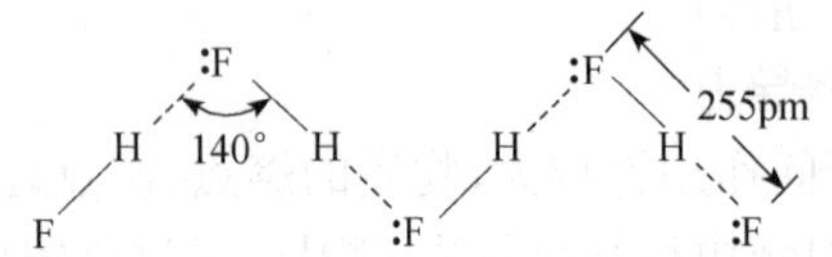

图 11-27　固体 HF 分子晶体中的分子间氢键

氢键的组成可以表示为 X—H┄Y 的形式，X 和 Y 都是半径小、电负性高的元素（如 F、O、N 等元素）原子，并且 Y 原子还有孤对电子。氢键的键长是指 X 和 Y 间的距离（X—H┄Y），H 与 Y

间的距离比范德华半径之和小、比共价半径之和大。氢键强度可用氢键的键能衡量。氢键的键能是指将两个分子间形成氢键的 1mol 聚集体，解离成两个各为 1mol 单分子所需的能量，即将 1mol X—H┈Y—R 解离为 1mol X—H 和 1mol Y—R 所需的能量。氢键的强弱与 X 和 Y 原子的电负性、半径有关，电负性大、半径小，则氢键强。氢键的键能一般在 20～40kJ·mol^{-1}，和范德华力相差不大，比化学键能小一个数量级，所以氢键也可以看成是另一种分子间力。表 11-15 列出几种常见氢键的键能和键长。

表 11-15　常见氢键的键能和键长

氢　键	键能/(kJ·mol^{-1})	键长/pm	化合物
F—H┈F	28.0	255	HF
O—H┈O	18.8	276	H_2O
N—H┈F	20.9	268	NH_4F
N—H┈O	16.2	286	$CH_3CONHCH_3$(在 CCl_4 中)
N—H┈N	5.4	338	NH_3

如果有机化合物也满足氢键存在的条件，如有机羧酸、醇、胺等，则有机分子间也存在氢键。例如，分子间氢键使得甲酸以二聚体的形式存在，如图 11-28 所示。

除在分子间能形成氢键外，在分子内也能形成分子内的氢键，如硝酸、邻硝基苯酚等(图 11-29)，分子内氢键多见于有机化合物当中。分子内氢键的形成会导致一个多原子环形成，这种多原子环以五元环、六元环最为稳定。

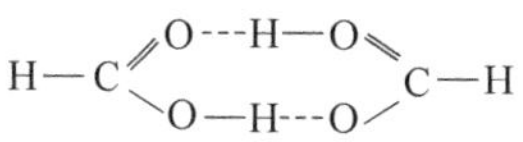

图 11-28　甲酸二聚体

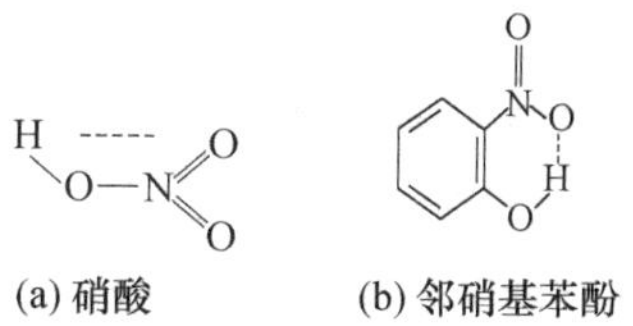

(a) 硝酸　(b) 邻硝基苯酚

图 11-29　分子内氢键

氢键的特点是具有方向性和饱和性，这一点与共价键相同。对 X—H┈Y 形式的分子间氢键，由于 H 原子体积较小，为了减少 X 和 Y 之间的斥力，它们尽量远离，氢原子两边键的键角接近 180°，X、H、Y 成三点一线，体现出氢键的方向性；同时由于氢原子的体积小，它与较大的 X、Y 接触后，在氢原子周围空间就难以容纳下另一个较大体积的原子再向它靠近，所以氢键中氢的配位数一般为 2，这就是氢键的饱和性。

2. 氢键对物质性质的影响

1) 对熔点、沸点的影响

分子间氢键的形成使物质熔点、沸点升高，如图 11-26 所示。氢键的存在使液体汽化和固体液化时，必须增加额外的能量去破坏分子间的氢键。而分子内氢键的形成一般使物质的熔点、沸点降低，这是因为分子形成分子内氢键一般就不形成分子间氢键。例如，邻硝基苯酚[图 11-29(b)]能形成分子内氢键，沸点为 45℃。不能形成分子内氢键的间硝基苯酚和对硝基苯酚，沸点分别是 96℃和 114℃。

2) 对溶解度的影响

在极性溶剂中，如果溶质分子与溶剂分子之间形成氢键，将有利于溶质分子的溶解。例如

HF、NH_3 极易溶于水，甲醇、乙醇可以以任意比例溶于水。间硝基苯酚、对硝基苯酚比邻硝基苯酚更容易溶于极性溶剂。

3）对密度的影响

液体分子间存在氢键，其密度增大。例如，甘油、磷酸、浓硫酸都是因为分子间存在氢键，通常为黏稠状的液体。温度越低，形成的氢键越多，密度越大。

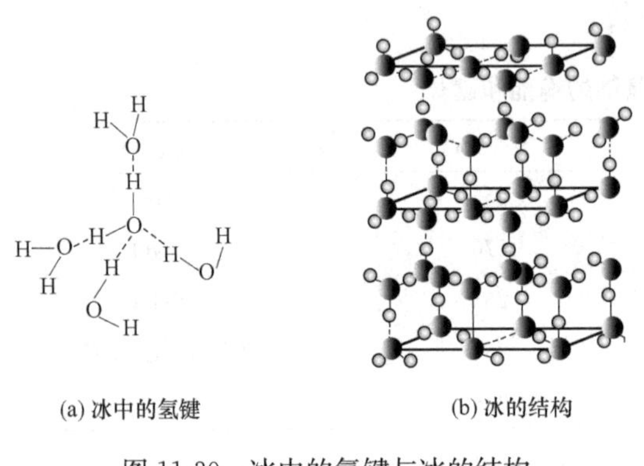

图 11-30　冰中的氢键与冰的结构

水是一个特例，它在 4℃ 时密度最大。这是因为在 4℃ 以上时，分子的热运动是主要的，使水的体积膨胀，密度减小；在 4℃ 以下时，分子间的热运动降低，形成氢键的倾向增加，形成分子间氢键越多，分子间的空隙越大。当水结成冰时，全部水分子都以氢键连接，每个 H 原子都参与形成氢键，每个氧原子周围都有四个氢（除两个共价键外，每个氧可另外形成两个氢键），结果使每个水分子周围有四个水分子，按四面体分布，形成空旷的结构，密度减小，如图 11-30。

氢键对生物体有十分重要的作用，许多生物分子的高级构型是由氢键决定的。脱氧核糖核酸 DNA 是生物遗传的物质基础，通过分子中的碱基之间形成氢键配对，DNA 的两条多肽链组成双螺旋结构。包括氢键在内的分子间的弱相互作用力，在丰富多彩的生命进程中充当十分重要的角色。

思考题 11.7　分子间的范德华力包含哪几种力？氢键是否属于范德华力？氢键的特点是什么？

思考题 11.8　什么是分子内氢键？什么是分子间氢键？哪种氢键对物质的熔点、沸点影响较大？

11.4.4　分子晶体

分子晶体是晶格上为共价分子的晶体。在分子晶体中，分子内部原子之间是以共价键结合，而分子占据着晶体格点位置，格点间的作用力是分子间力，包括分子间氢键（图 11-31）。由于分子间力比较弱，所以分子晶体具有熔点、沸点较低和硬度小的特点。除了分子晶体之外，还有以共价键形成的物质——原子晶体、层状晶体，它们的性质完全不同于分子晶体。

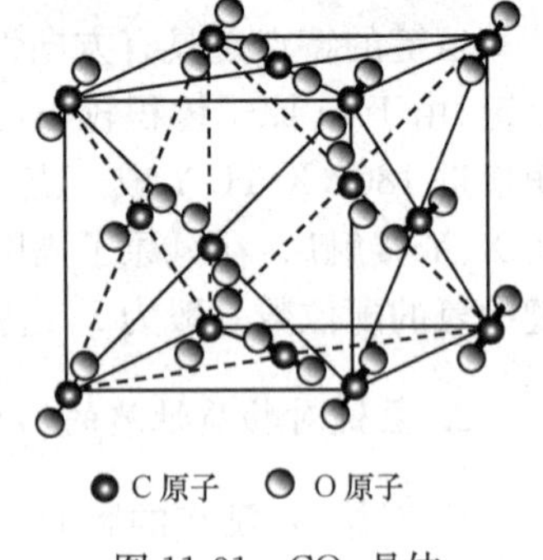

图 11-31　CO_2 晶体

11.5　原子晶体和混合型晶体

11.5.1　原子晶体

在原子晶体中，占据在晶格结点上的粒子是原子，结点上的原子之间通过共价键相互结合在一起。典型的原子晶体是金刚石（图 11-32）。在金刚石中，每个 C 原子都有四个 sp^3 杂化轨道，C原子的配位数为4，它们之间以 sp^3-sp^3 σ 键相连接，形成正四面体。在原子晶体中不存在独立的小分子，整个晶体可看成是一个大分子，晶体有多大分子也就有多大，所以没有确定的相对分子质量。

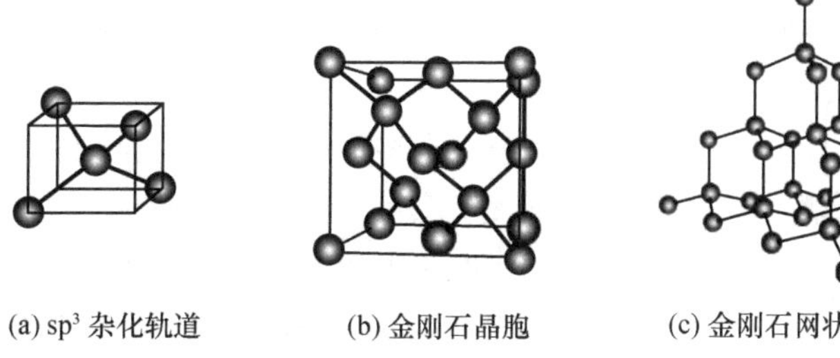

(a) sp^3 杂化轨道　(b) 金刚石晶胞　(c) 金刚石网状结构

图 11-32　金刚石原子晶体

原子外层电子数较多的单质常属原子晶体，如ⅣA族的C、Si、Ge等。此外半径小、性质相似的元素组成的化合物，也就是周期系ⅢA族、ⅣA族、ⅤA族元素彼此间形成的化合物及它们的部分氧化物，如碳化硅（SiC）、氮化铝（AlN）、石英（SiO_2）等，也是原子晶体。石英晶体结构如图11-33(b)所示。它的基本结构单元是硅氧四面体，Si原子是 sp^3 杂化，居于四面体的中心位置，硅氧四面体之间是通过共顶点氧原子相连。在石英晶体中，硅和氧的配位数分别为4和2。因此"SiC"、"SiO_2"等化学式仅代表晶体中各种元素原子数的比例。属于原子晶体的非金属单质的化学式直接用它们的元素符号表示。

O 原子
Si 原子

(a) 硅氧四面体

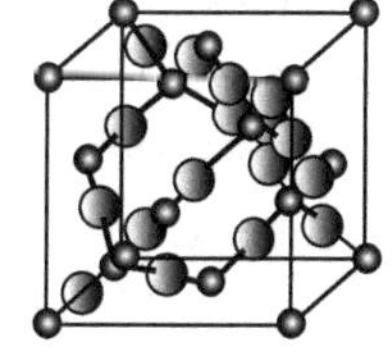

(b)SiO_2 的晶体

图 11-33　SiO_2 的晶体结构

由于原子晶体中晶格间的共价键比较牢固、键的强度高，所以原子晶体的化学稳定性好，具有很高的熔点、沸点，如金刚石的熔点高达3930K。原子晶体硬度大，延展性很小，热膨胀系数小，性脆。由于原子晶体晶格上是原子，不存在离子，所以原子晶体在固态和熔融态下都不导电，一般是电绝缘体。但是某些原子晶体如硅、锗、砷化镓通过掺杂可作为半导体材料。

思考题 11.9　共价键具有方向性和饱和性，那么共价键晶体中原子（如金刚石中的碳原子）的排列是否采用密堆方式？

11.5.2　混合型晶体

除了分子晶体、离子晶体、原子晶体和金属晶体之外，还有一种混合型晶体。在混合型晶体中，晶格上的结点之间存在两种或两种以上的结合力。石墨是典型的混合型晶体，如图11-34所示。石墨晶体可以看成是由一层层碳原子堆砌起来的。层与层之间的间隔是340pm，而层内碳原子之间的距离是142pm。层间距离较大，是仅以微弱的范德华力相结合，片层之间容易滑动。在每层之内，每个碳原子是 sp^2 杂化，以三个 sp^2 杂化轨道与另外三个相邻碳原子形成三个 sp^2-sp^2 σ 键，键角120°；六个碳原子在同一平面上形成一个正六边形的环，并由此延伸形成整个片层结构。在形成三个 σ 键后，每个碳原子上还剩下一个p电子及和层平面相垂直的p轨道，这些p轨道以"肩并肩"的形式重叠，在整个片层内形成一个 π 键。这种由多个原

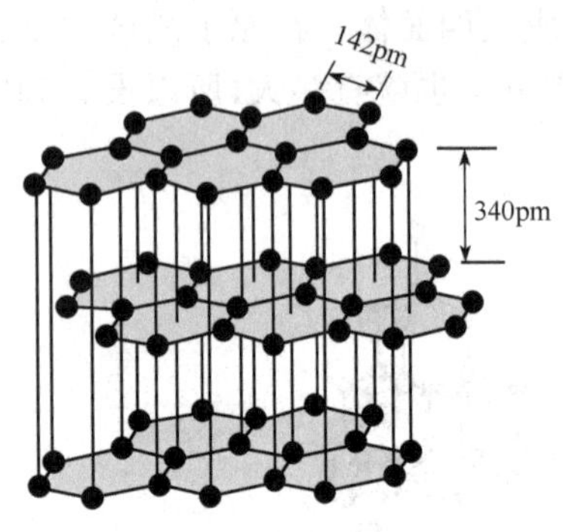

图 11-34 石墨的混合型晶体结构

子共同形成的 π 键称为大 Π 键，是一个非定域键，成键电子(多个)在整个原子层上运动。这些可在离域 π 键上自由运动的离域电子，类似于金属晶体中的自由电子，离域 π 键相当于金属键，所以石墨层方向上的电导率很大，外观上也具有金属光泽。石墨在工业上常用作电极、固体润滑剂。

属于混合型晶体的还有层状晶体如云母、黑磷、碘化钙、碘化镁、碘化镉、氮化硼(BN，有白色石墨之称)。链状晶体石棉也属于混合型晶体。石棉的主要成分是硅酸盐，链中 Si 和 O 之间以共价键结合，硅氧链之间填以较小的阳离子如 Na^+、K^+ 等，以离子键相结合。链间的离子键不如链内的共价键强，所以石棉容易成纤维状。云母也是硅酸盐，和石棉相似，不同的是整个层内是硅氧以共价键结合，层间是离子键结合。

本 章 小 结

固体物质分为晶体和非晶体物质，本章以晶体结构的基本知识为基础，通过分析晶体中粒子间作用力的性质，阐述了晶体的空间结构类型以及对物质性质的影响。具体包括：离子键与离子晶体的构型，金属键与金属原子密堆积形式，分子间作用力、氢键与分子晶体的性质。

Solid materials are either crystalline or amorphous (noncrystalline). The atoms, ions, or molecules in crystal are ordered in well-defined arrangement, while there is no orderly structure about the particles in the amorphous. The structure and the interaction of the particles in crystal, and their effects on the material properties are discussed in the capter. The details are ionic bonds and ionic crystals, metallic bonds and closed-packing structures, and molecule action, hydrogen bond and their actions on the properties of molecular crystal.

化学家史话——德拜

德拜(Debye)，荷兰裔美籍物理学家、化学家，1884 年 3 月 24 日生于荷兰马斯特里赫特。1900 年进德国亚琛工业大学学习，1908 年在慕尼黑大学获博士学位。曾在瑞士苏黎世大学、荷兰乌得勒支大学、德国格丁根大学和莱比锡等大学担任教授。1934 年到柏林主持改建威廉皇家协会物理研究所，第二次世界大战爆发后不久，纳粹当局要他加入德国国籍，被他断然拒绝，并于 1940 年去美国，任康奈尔大学化学系主任，直到 1950 年退休。1935 年，德拜由于在晶体 X 射线衍射和分子偶极矩理论方面的杰出贡献获得诺贝尔化学奖。

德拜早期从事固体物理的研究工作。1912 年他改进了爱因斯坦的固体比热容公式，得出在常温时服从杜隆珀替定律，在超低温 $T\to 0$ 时和 T^3 成正比的正确比热容公式。他在导出这个公式时，引进了德拜温度的概念。每种固体都有自己的德拜温度值。1916 年他和谢乐(P. Scherrer)一起研究发展了劳厄的 X 射线晶体结构测定方法，他采用粉末状的晶体代替较难制备的大块晶体。粉末状晶体样品经 X 射线照射后在照相底片上可得到同心圆环的衍射图样(被称为德拜-谢乐环)，它可用来鉴定样品的成分，并可决定晶胞大小。

德拜在分子偶极矩和分子结构理论方面也有重要的贡献。他定量地研究了溶质与溶剂分子间的相互作用，解释了浓溶液中的一些反常现象。他在分子极化方面的工作，使人们对分子中原子排列的认识有了飞跃。在溶液理论中他引入一个被称为德拜长度的特征长度，描述了一个正离子的电场所能影响到电子的最远距离。德拜长度现在已成为溶液理论和等离子体物理中的一个基本物理量。

德拜于 1946 年加入美国国籍，一生中获得过 16 所大学的名誉学位，成为 20 多个国家和地区性科学院院士，曾获吉布斯、尼科尔斯、普里斯特利等重要奖章。其主要著作收入《德拜全集》。德拜于1966年在纽约的伊萨卡逝世，享年83岁。

化学知识拓展——丹尼尔·谢赫特曼发现准晶体

自然界中已发现的晶体物质有6000多种。早在19世纪中叶，科学家经过严格的数学推导，证明所有的晶体其理想外形按对称性可划分为七大晶系、十四种空间点阵形式(十四种布拉维格子)。十四种空间点阵形式的对称性表达用数学中的抽象代数描述对应有32种点群，230种空间群。这一研究晶体几何关系及其宏观对称性、微观对称性的科学被称为几何晶体学。1895年德国科学家伦琴发现了X射线，科学家劳厄和弗里德里希等1912年首先将其用于探测晶体内部的结构，并由此产生一门新兴学科——X射线晶体学。自此，几何晶体学、X射线晶体学以及描述晶体生长规律的结晶化学共同构成了现代晶体学系统而完美的理论。

在现代晶体学中，晶体最基本的特征是构成晶体的内部原子、离子或分子在三维空间呈周期性规则排列。周期性规则排列的最小单位是晶胞。任何晶体都可以看作由这种晶胞按前、后、左、右、上、下方向彼此相邻“并置”或平移所组成的集合体。受这种“并置”或平移的制约，晶体的旋转对称轴只能有1、2、3、4、6五种，而不能有5次或6次以上。这类似于长方形、等边三角形、正方形或平行六边形(分别具有2、3、4、6次旋转对称轴)，它们都可以单独拼接出完整无间隙的平面，而正五边形、正七边形等(分别具有5、7次旋转对称轴等)却不能单独拼接成完整无间隙的平面。也就是说，晶体如果有5次或6次以上的旋转对称轴，晶体结构的周期性将不复存在。

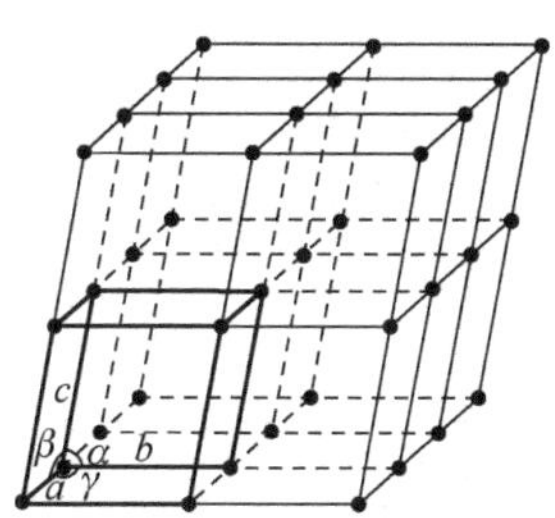

图11-35 晶体的几何点阵及平移对称性

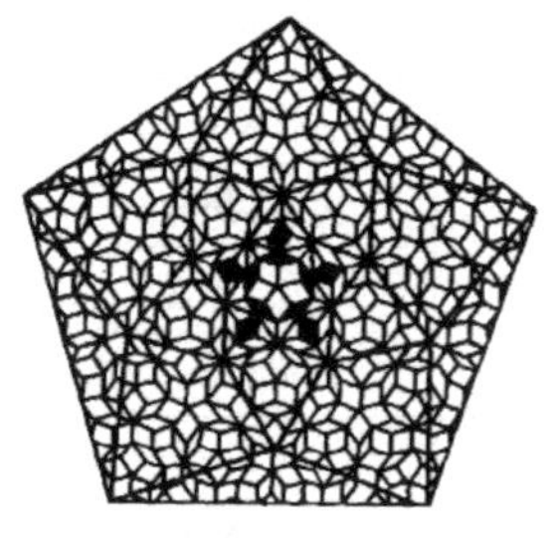

图11-36 具有5次对称轴而无平移对称性的准晶几何点阵

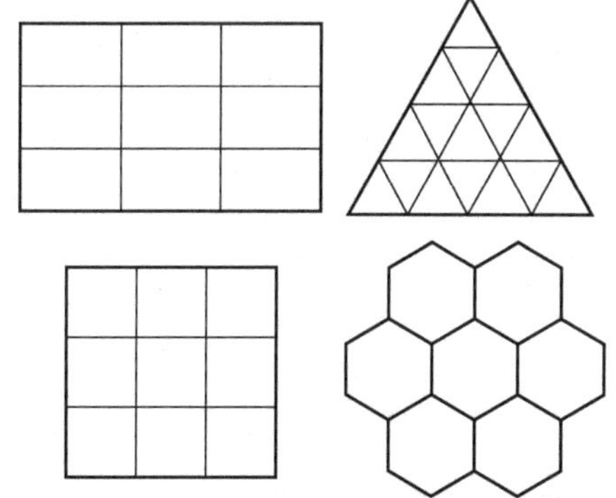

图11-37 具有2、3、4、6次旋转对称轴的多边形可无间隙平移拼接

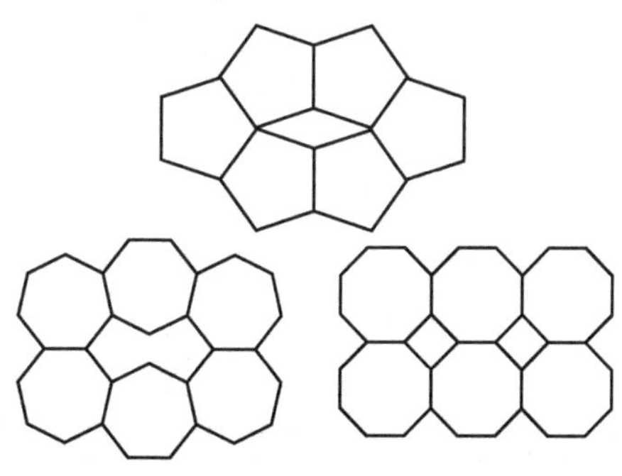

图11-38 具有5、7、8次旋转对称轴的多边形不能无间隙平移拼接

1982年，以色列科学家丹尼尔·谢赫特曼(Daniel Shechtman，1941—)在美国霍普金斯大学从事合金研究。他在一次用电子显微镜观察快速冷却的$Al_{86}Mn_{14}$合金实验中，首次发现了一种“反常”现象，铝锰合金的原子采取了一种不重复、非周期性却对称有序的排列，进一步研究这种结构发现它具有五次旋转对称轴。但

当谢赫特曼公布他的研究结果时，人们根本不相信会有这种晶体的存在，同事们认为这种违反常理的新晶体让整个研究团队蒙羞，并将其赶出科研团队。

谢赫特曼回到以色列，坚信自己是正确的。他和一名同事合作，共同撰写了题为“一种长程有序但不具有平移对称性的金属相”(Metallic phase with Long-Range orientational order and no translational symmetry)的学术论文，宣布他们在急冷凝固的铝锰合金中发现了一种具有五重旋转对称轴但无平移周期的合金相，该合金相晶体外形为20面体(图11-39)，拼图形式由两种不同的菱形组成。这篇论文辗转曲折，直到1984年才由*Physical Review Letters*(物理学评论快报)发表，并在科学界引起轩然大波。包括著名化学家、两届诺贝尔奖得主鲍林在内的一些化学界权威纷纷质疑谢赫特曼的发现。谢赫特曼回忆说：“他(鲍林)公开说：丹尼埃尔·谢赫特曼在胡言乱语，根本没有什么准晶体，只有‘准科学家’。”但紧接着中国、美国、法国和以色列等国的科学家都先后证实在淬冷的铝锰合金中有5次对称轴的存在。以后又陆续发现了具有8次、10次、12次对称轴的准晶结构。

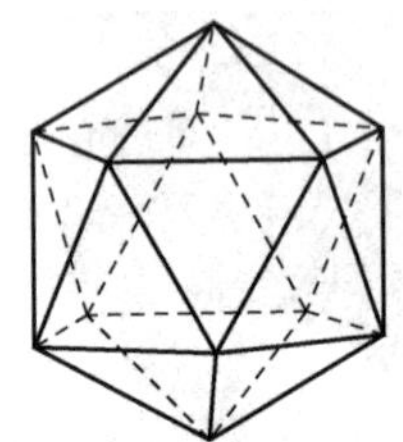
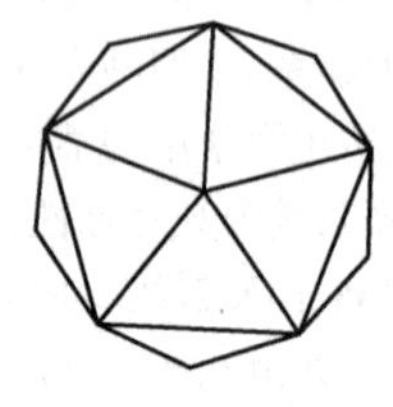

图11-39 正二面体(右为俯视图，中心垂直纸面有5次旋转对称轴)

到目前，科学家已发现的准晶体有几百种，它们都是人工合成的金属互化物，如$Al_{86}Mn_{14}$、GaAs-AlAs、$Mn_{82}Si_{15}Al_{30}$、$Al_{78}Re_{22}$、Al_5Os(表11-16)。2009年俄罗斯科学家在一块铝锌铜矿中发现了结晶完好的$Al_{63}Cu_{24}Fe_{13}$准晶颗粒，从而为准晶在自然条件下的形成提供了证据。

表11-16 一些典型具有不同对称性的准晶体物质

相系类型	准晶组分	发现者
一维准晶相	GaAs-AlAs	Todd, Merlin, Clark, Mohanty, Axe(1986)
	Mo-V	Karkut, Triscone, Ariosa, Fischer(1986)
	Al-Pd	Chattopadhyay, Lele, Thangaraj, Ranganathan(1987)
	$Al_{65}Cu_{20}Mn_{15}$	He, Li, Zhang, Kuo(1988)
八边形相	Vi_{15}-Ni_{10}-Si	Wang, Chen, Kuo(1987)
	Mn_4Si	Cao, Ye, Kuo(1988)
	$Mn_{82}Si_{15}Al_3$	Wang, Fung, Kuo(1988)
	Mn-Fe-Si	Wang, Kuo(1988)
十边形相	Al_5Pd	Ma, Wang, Kuo(1988)
	Al_5Os	Kuo(1987)
	$Al_{77.5}Co_{22.5}$	Dong, Li, Kuo(1987)
	$Al_{65}Cu_{20}Fe_{15}$	He, Wu, Kuo(1988)
十二边形相	$Cr_{70.6}Ni_{29.4}$	Ishimasa, Nissen, Fukano(1985)
	V_3Ni_2	Chen, Li, Kuo(1988)
二十面体相	$Al_{86}Cu_{14}$	Shechtman, Bancel, Gratias, Cahn(1982)
	$Al_{74}Mn_{17.6}Fe_{2.4}Si_6$	Ma, Stern(1988)
	$Al_{65}Cu_{20}Cr_{15}$	Tsai, Inoue, Masumoto(1988)
	$Al_{65}Cu_{20}V_{15}$	Tsai, Inoue, Masumoto(1988)

准晶体的发现不仅对经典的晶体学理论产生了很大冲击，而且提供了一种全新的物质状态，并迅速发展起一门新的分支学科——准晶体学。以致国际晶体学联合会最近建议把晶体定义为“衍射图谱呈现明确图案的固体”(any solid having an essentially discrete diffraction diagram)，用以取代原有“微观空间呈现周期性

结构”的定义。

由于发现准晶体的贡献，丹尼尔·谢赫特曼获得 2011 年诺贝尔化学奖。

习 题

1. 下列物质哪些是金属晶体？哪些是离子晶体？哪些是共价键晶体（又称为原子晶体）？哪些是分子晶体？

Au(s)　AlF_3(s)　Ag(s)　B_2O_3(s)　BCl_3(s)　$CaCl_2$(s)

H_2O(s)　BN(s)　C(石墨)　$H_2C_2O_4$(s)　Fe(s)　SiC(s)

CuC_2O_4(s)　KNO_3(s)　Al(s)　Si(s)

2. 大多数晶态物质都存在同质多晶现象。即在不同的热力学条件（温度、压力等）下，由于晶体内部粒子（原子、离子或分子）的热运动，它们在三维空间的排列方式将会发生一些变化。例如

$$\alpha\text{-Fe(体心立方)} \xrightleftharpoons{906℃} \gamma\text{-Fe(面心立方)}$$

$$\alpha\text{-CsCl(简单立方)} \xrightleftharpoons{445℃} \beta\text{-CsCl(面心立方，NaCl 型结构)}$$

$$\alpha\text{-}NH_4Cl\text{(简单立方)} \xrightleftharpoons{184℃} \beta\text{-}NH_4Cl\text{(面心立方，NaCl 型结构)}$$

试问，同一种物质的不同类型的晶体，它们的晶面角是否相同或者守恒？晶面角守恒的本质原因是什么？

3. 根据下列物质的晶胞参数判断其所属的晶系。

物　质	a/nm	b/nm	c/nm	α/(°)	β/(°)	γ/(°)	晶　系
I_2	0.714	0.467	0.798	90	90	90	
$H_2C_2O_4$	0.610	0.350	1.195	90	105.78	90	
NaCl	0.564	0.564	0.564	90	90	90	
β-$TiCl_3$	0.627	0.627	0.582	90	90	120	
α-As	0.413	0.413	0.413	54.12	54.12	54.12	
Sn(白锡)	0.583	0.583	0.318	90	90	90	
$CuSO_4 \cdot 5H_2O$	0.612	1.069	0.596	97.58	107.17	77.55	

4. 试画出金属 Na 和 Mg 单质的分子轨道能级图，并据此解释其导电性。

5. 试画出等径圆球密堆积模型中的二维密置层以及二维密置层叠加形成的四面体空隙和八面体空隙，并计算四面体空隙和八面体空隙可容纳的圆球半径（原子半径）的大小。它们对解释合金和离子晶体的结构是非常重要的。

6. 判断下列各组化合物中哪一化合物的化学键具有更强的极性。

(1) H_2O，H_2S　(2) CCl_4，$SiCl_4$　(3) NCl_3，PCl_3

(4) Na_2O，Ag_2O　(5) ZnO，ZnS　(6) $AlCl_3$，BF_3

7. 通过下列各 AB 型二元化合物中正、负离子的半径比的计算，推断其晶体的结构类型（NH_4^+、Cd^{2+}、Tl^+ 的鲍林离子半径分别为 151、97、140pm）：

(1) NaF　KF　RbF　CsF　KCl　RbCl

(2) CsBr　CsI　CsCl　TlCl　TlBr　NH_4Cl

(3) CuBr　CdS　MnS　BN　AlAs　AlP

8. 写出下列各组离子的电子排布式，并指出它们的外层电子属哪种构型[2e、8e、18e、(18+2)e、(9～17)e]，判断各组极化力的大小。

(1) Na^+，Ca^{2+}　(2) Pb^{2+}，Bi^{3+}　(3) Ag^+，Hg^{2+}

(4) Ni^{2+}，Fe^{3+}　(5) Li^+，Be^{2+}

9. 离子的极化不仅可以使离子晶体中的共价键成分增多，还会使其键长缩短、晶体结构发生变化，并影响到

晶体的颜色、溶解性、熔点、沸点和导电性等。下表列出了一些AB型二元晶体的实际晶形，试根据阴、阳离子的半径比预测其理论晶形，并用离子极化理论解释两者的差别。

化合物	CuBr	CuI	AgCl	AgBr	AgI	CdS
实际晶形	ZnS型	ZnS型	NaCl型	NaCl型	ZnS型	ZnS型
颜色	白	白	白	浅黄色	棕黄色	黄色
r_+/r_-						
预测晶形						

10. 根据离子极化理论解释下列两组化合物的溶解度大小变化。

(1) $CuCl>CuBr>CuI$　　(2) $AgF>AgCl>AgBr>AgI$

11. 试用离子极化讨论：Cu^+和Na^+的离子半径相近，但NaCl在水中易溶(20℃时每100g水中可以溶解36.0g NaCl)，而CuCl在水中难溶[$K_{sp}^{\ominus}(CuCl)=1.7\times10^{-7}$]。

12. 试根据石墨的结构说明利用石墨作电极和润滑剂各与它的晶体中哪一部分结构有关。

13. 下列物质处于凝聚态时分子间有哪几种作用力？

$He(l)$，$I_2(s)$，$CO_2(s)$，$CHCl_3(l)$，$NH_3(l)$，$C_2H_5OH(l)$，$BCl_3(l)$，$H_2O(l)$

14. 对下列各组物质的沸点差异给出合理解释。

(1) HF(20℃)与HCl(−85℃)

(2) $TiCl_4$(136℃)与LiCl(1360℃)

(3) CH_3OCH_3(25℃)与CH_3CH_2OH(79℃)

15. 试对下列物质熔点的变化规律进行解释。

物质	NaCl	$MgCl_2$	$AlCl_3$	$SiCl_4$	PCl_3	SCl_2	Cl_2
熔点/℃	800.7	714	192.6	−68.74	−93	−122	−101.5

(武汉理工大学　杨光正　雷家珩)

第12章　配位化学基础

配位化学(coordination chemistry)是无机化学的一门重要分支学科，它研究的主要对象为配位化合物，简称配合物(coordination compound)。历史上记载的第一个配合物是1704年制得的普鲁士蓝 $Fe_4[Fe(CN)_6]_3$。1893年，瑞士科学家维尔纳(A. Werner)创立了配位理论。维尔纳的配位理论奠定了配位化学的理论基础，真正意义的配位化学从此得以建立。维尔纳也因此贡献荣获了1913年的诺贝尔化学奖，成为了现代配位化学的奠基人。自此近一个世纪以来，配位化学的研究得到迅猛的发展，它已广泛渗透到有机化学、分析化学、物理化学、高分子化学、催化化学、生物化学等领域，而且与材料科学、生命科学以及医学等其他科学的关系越来越密切。

配合物数量繁多，性质多样，已在分析化学、湿法冶金、生物化学、医药及催化反应等诸多领域中都得到广泛应用。

在分析化学中，常应用许多配合物具有特征的颜色来鉴定某些金属离子的存在。例如 $[Fe(NCS)_n]^{3-n}$ 呈血红色，$[Cu(NH_3)_4]^{2+}$ 为深蓝色，$[Co(NCS)_4]^{2-}$ 在丙酮中显鲜蓝色等。又如丁二肟可与 Ni^{2+} 形成鲜红色的螯合物沉淀，这个反应在氨碱性条件下具有灵敏度高、选择性强的特点，这种配位剂也可称为特效剂。在配位滴定法中使用的滴定剂乙二胺四乙酸的二钠盐，在分光光度法中使用的显色剂，在各种化学分析方法中使用的金属指示剂、萃取剂、隐蔽剂和沉淀剂等，都与配合物反应有关。

在有色金属和稀有金属的湿法冶炼中，利用配位剂与金属可生成配合物的原理进行萃取或离子交换，是实现金属提取和分离的重要方法。例如氰化法提金是基于下列配位反应：

$$4Au+O_2+2H_2O+8CN^- \rightleftharpoons 4[Au(CN)_2]^- +4OH^-$$

$$2[Au(CN)_2]^- + Zn \rightleftharpoons [Zn(CN)_4]^{2-} +2Au$$

CO与Ni在下列条件下可形成羰合物 $[Ni(CO)_4]$，所得 $[Ni(CO)_4]$ 在200℃下又能分解为Ni和CO，利用此法可得高纯超细的Ni粉。

$$Ni(s)+4CO \xrightarrow{60\sim70℃} Ni(CO)_4(g)$$

金属配合物在生物化学中具有广泛而重要的应用。生物体中对各种生化反应起特殊作用的各种各样的酶，许多都含有复杂的金属配合物。生命体内的各种代谢作用、能量的转换以及 O_2 的输送，也与金属配合物有密切关系。例如，与呼吸作用密切相关的血红素是Fe的一种配合物，作为植物光合作用催化剂的叶绿素是Mg的一种配合物，对人体有着重要作用的维生素 B_{12} 是Co的一种配合物，起免疫等作用的血清蛋白是Cu和Zn的配合物，植物固氮菌中的固氮酶为含Fe与Mo的配合物等。

在医药领域中，配合物已成为药物治疗的一个重要方面。例如顺式-$[PtCl_2(NH_3)_2]$(又称顺铂)是目前临床应用最广泛的抗癌药物之一，EDTA可用作Pb、Hg等重金属中毒以及排除人体内U、Th、Pu等放射性元素的高效解毒剂。

随着科学技术的不断发展，尤其是国防工业和尖端科学技术等方面的需要，配合物的应用范围日益扩大。配合物在化学中占有重要位置,并已形成一门独立的分支学科——配位化学。因此,学习和研究配位化学,无论在实践上还是在理论上都很有价值。

12.1 配合物的基础知识

12.1.1 配合物的组成

向硫酸铜溶液中滴加适量的氨水溶液,首先可以观察到浅蓝色沉淀:

$$2Cu^{2+} + SO_4^{2-} + 2NH_3 + 2H_2O \longrightarrow Cu_2(OH)_2SO_4 \downarrow + 2NH_4^+ \qquad (12\text{-}1)$$

当氨水进一步过量时,沉淀消失,出现深蓝色溶液:

$$Cu_2(OH)_2SO_4 + 2NH_4^+ + SO_4^{2-} + 6NH_3 \longrightarrow 2[Cu(NH_3)_4]SO_4 + 2H_2O \qquad (12\text{-}2)$$

这种深蓝色的溶液就是铜氨配合物。经过研究,它的组成如图 12-1 所示。配合物的组成说明如下:

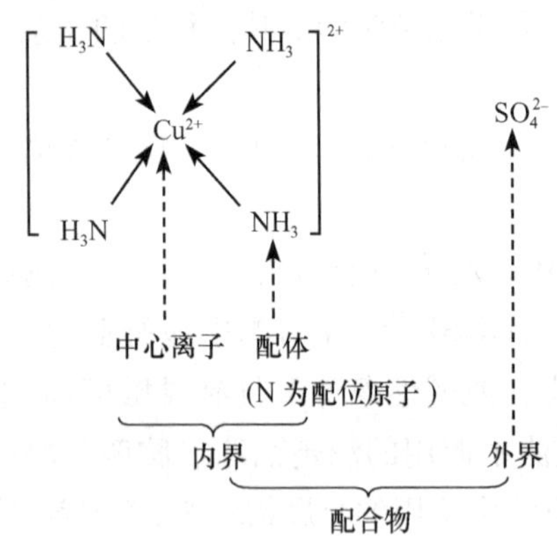

图 12-1 铜氨配合物的组成与结构

1. 内界与外界

配合物由内界(方括号内的部分)与外界(方括号外的部分)组成。由于整个配合物呈现电中性,所以,如果内界为正离子(如$[Cu(NH_3)_4]^{2+}$),外界就是负离子(如SO_4^{2-}、Cl^-);如果内界为负离子(如$[Fe(CN)_6]^{3-}$),外界就是正离子(如 Na^+、K^+);如果内界本身为电中性(如$[Ni(CO)_4]$、$[Co(NH_3)_3Cl_3]$),则无需外界。一个配合物的内界统称为一个配位个体,当它带有电荷时简称为配离子。

2. 中心离子(或原子)

中心离子(central ion)(或中心原子)位于配合物内界的中心,多数为金属正离子,也有中性金属原子(如$[Ni(CO)_4]$中的 Ni 原子),甚至有金属负离子(如$[Co(CO)_4]^-$中的 Co^-)。不同金属元素形成配合物的能力差别很大。在周期表中,s 区金属形成配合物的能力较弱,p 区金属稍强,而过渡元素形成配合物的能力最强。

3. 配体与配位原子

配体(ligand)是内界中与中心离子或原子结合的分子或阴离子,排布在中心离子(或原子)的周围。配体中可与中心离子(或原子)直接结合的原子称为配位原子(coordination atom)。例如,NH_3 分子以 N 原子作为配位原子,H_2O 分子以 O 原子为配位原子,配位原子主要是一些非金属原子。

在一个配体中,若只有一个配位原子与中心离子结合,这样的配体称为单齿配体(表 12-1)。在一个配体中,若有两个或两个以上的配位原子同时与一个中心离子结合,这样的配体称为多齿配体,多齿配体按配位原子数的多少可分为二齿配体、三齿配体等(表 12-2)。

表 12-1　常见的单齿配体

配位原子	常见单齿配体
C	CO(羰基)、CN^-(氰)
N	NH_3(氨)、NH_2^-(氨基)、NO(亚硝酰基)、NO_2^-(硝基)、NCS^-(异硫氰酸根)
S	SCN^-(硫氰酸根)、$S_2O_3^{2-}$(硫代硫酸根)
O	H_2O(水)、OH^-(羟基)、ONO^-(亚硝酸根)
X	F^-(氟)、Cl^-(氯)、Br^-(溴)、I^-(碘)

表 12-2　常见的多齿配体

分子式	名称(缩写)
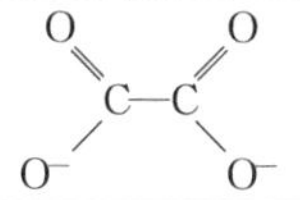 $^-O-C(=O)-C(=O)-O^-$	草酸根(ox)
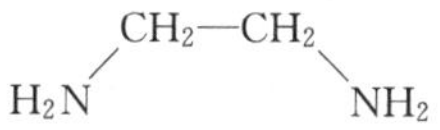 $H_2N-CH_2-CH_2-NH_2$	乙二胺(en)
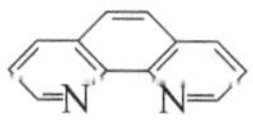 N N	邻二氮菲(*o*-phen)
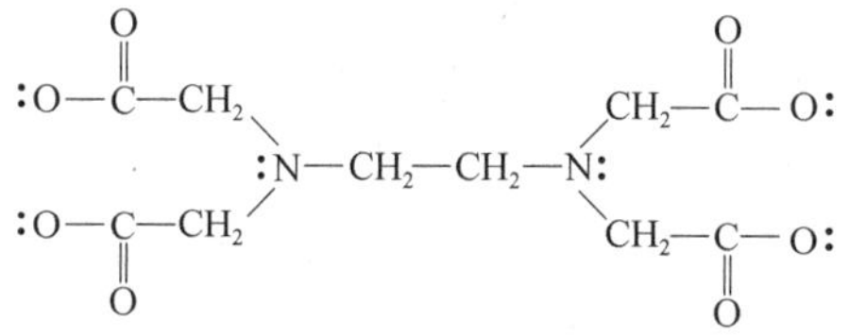 $(:O-C(=O)-CH_2)_2\ddot{N}-CH_2-CH_2-\ddot{N}(CH_2-C(=O)-O:)_2$	乙二胺四乙酸根($EDTA^{4-}$)

4. 配位数

中心离子的配位数(coordination number)指中心离子(原子)与配体间所形成的 σ 配键的总键数。它是决定配合物空间构型的主要因素。中心离子最常见的配位数一般是 2、4 和 6，少数是 2 和 8，更高配位数的情况少见。配位数的大小受到多种因素的影响，包括几何因素(中心离子半径、配体的大小及几何构型)、静电因素(中心离子与配体的电荷)、中心离子的价电子层结构以及外界条件(浓度、温度等)。

12.1.2　配合物的命名

配合物的组成比较复杂，其命名也比较复杂。按照国际纯粹与应用化学联合会及中国化学会《无机化学命名法》(1970 年)、《无机化学命名原则》(1980 年)，对配合物的命名作了一系列规定，其要点如下：

1. 配体的名称

(1) 电中性配体的名称。一般保留原来名称不变，例外的有：CO-羰基、NO-亚硝酰、O_2-双氧、N_2-双氮。

(2) 无机阴离子配体的名称。在名称后加一“根”字，但是当无机阴离子配体的名称只有一个汉字时，一般省去“根”字。例如，SO_4^{2-} 硫酸根、O_2^{2-} 过氧根、SCN^- 硫氰酸根等，而 F^-、

Cl^-、O^{2-}、OH^-、HS^-、CN^-等分别称为氟、氯、氧、羟、巯、氰等。

(3) 有机阴离子配体的名称。有机配体一般不使用俗名，有机配体中凡是从有机化合物失去质子而形成的物质，看作是阴离子，其名称一般用“根”字结尾。例如，CH_3COO-乙酸根、$(CH_3)_2N$-二甲胺根、CH_3CONH-乙酰胺根。

(4) 同种配体以不同的原子作配位原子时，其名称不相同。例如，硫氰酸根离子 SCN^- 属于单齿配体，因为其中的 S 原子和 N 原子都可能充当配位原子，故称为两可配体(ambidetate ligand)。当以 S 原子配位时，称之为硫氰酸根，记为—SCN；当以 N 原子配位时，称之为异硫氰酸根，记为—NCS。亚硝酸根 NO_2^- 在配合物中也是两可配体，当以 O 原子配位时，记为—ONO，仍称为亚硝酸根；当以 N 原子配位时，记为—NO_2，则称为硝基。

2. 配离子(内界)的命名

配离子的命名按以下方式进行:配体数(汉字)→配体名称→合→中心离子名称→中心离子氧化数(罗马数字)→离子。例如，$[Cu(NH_3)_4]^{2+}$ 记为四氨合铜(Ⅱ)离子，读为四氨合二价铜离子。如果在一个配离子中配体不止一种，各配体间用圆点(·)相隔，配体命名的次序按以下原则决定。

(1) 在同一个配合物中，既有无机配体又有有机配体时，无机配体名称排在前，有机配体名称排在后。例如，$K[SbCl_5(C_6H_5)]$五氯·苯基合锑(Ⅴ)酸钾。

(2) 在同一个配合物中的多种配体，同为无机配体或同为有机配体时，先列出阴离子的名称，后列出中性分子的名称。例如，$[Pt(NH_3)_2Cl_2]$二氯·二氨合铂(Ⅱ)。

(3) 同类配体(同为有机或无机物，同为分子或离子)，其名称按配位原子元素符号的英文字母顺序排列。例如，$[Co(NH_3)_5H_2O]Cl_3$ 三氯化五氨·水合钴(Ⅲ)。

(4) 如果多种配体属于配位原子相同的同类配体时，则将原子数较少的配体排在前面。例如，$[Pt(NO_2)(NH_3)(NH_2OH)(Py)]Cl$ 氯化硝基·氨·羟氨·吡啶合铂(Ⅱ)。

(5) 如果配位原子相同，且配体中原子数相同，则比较结构式中与配位原子相连的原子的元素符号，按其字母顺序排列。例如，$[Pt(NH_2)(NO_2)(NH_3)_2]$氨基·硝基·二氨合铂。

3. 配合物的命名

配合物由内界(配离子)和外界构成，因此配合物命名的关键在于处理好内界、外界的关系，即阳离子和阴离子的关系，其命名原则与化合物的命名原则相似。

(1) 有配位阴离子的配合物。将配位阴离子当作化合物中的酸根进行命名。例如：

$Na_3[Ag(S_2O_3)_2]$　　二(硫代硫酸根)合银(Ⅰ)酸钠

$K_3[Fe(CN)_6]$　　六氰合铁(Ⅲ)酸钾(俗称铁氰化钾或赤血盐)

(2) 含有配位阳离子的配合物。把配位阳离子看作金属离子，如果外界为酸根离子，则配合物看作盐，如果外界为 OH^-，配合物看作一种碱。例如：

$[Cu(NH_3)_4]SO_4$　　硫酸四氨合铜(Ⅱ)

$[Zn(NH_3)_4](OH)_2$　　氢氧化四氨合锌(Ⅱ)

(3) 内界为电中性的配合物，其命名同配合物内界的命名。例如：

$[Ni(CO)_4]$　　四羰基合镍(0)

$[PtCl_4(NH_3)_2]$　　四氯·二氨合铂(Ⅳ)

12.1.3　配合物的分类

配合物范围很广，主要可分为三大类。

1. 简单配合物

由中心离子（或原子）与单齿配体形成的配合物称为简单配合物（simple complex），如$[Cu(NH_3)_4]SO_4$、$K[Ag(CN)_2]$、$K_2[PtCl_4]$、$K_3[Fe(CN)_6]$等。大多数金属离子在水溶液中实际上是以水合配离子的形式存在的，它们的配位数多为 6，如$[Fe(H_2O)_6]^{2+}$、$[Mn(H_2O)_6]^{2+}$、$[Cr(H_2O)_6]^{3+}$等。许多水合结晶盐都含有水合配离子，如 $FeCl_3 \cdot 6H_2O$ 为$[Fe(H_2O)_6]Cl_3$，$CuSO_4 \cdot 5H_2O$ 为$[Cu(H_2O)_4]SO_4 \cdot H_2O$。

2. 螯合物

中心离子和多齿配体结合而成的具有环状结构的配合物称为螯合物(chelator)(旧称内络盐)。与简单配合物相比，螯合物具有特殊的稳定性。例如，两个乙二胺($NH_2—CN_2—CH_2—NH_2$)与 Cu^{2+} 形成两个五原子环的螯合离子$[Cu(en)_2]^{2+}$(以 en 表示乙二胺分子)[图 12-2(a)]。又如，将氨基乙酸($NH_2—CH_2—COOH$)与铜盐配合，生成二氨基乙酸合铜(Ⅱ)离子[图 12-2(b)]。乙二胺含有两个相同的配位原子 N，氨基乙酸含有两个不同的配位原子 N、O，均能和 Cu^{2+} 形成两个五原子环的配合物。在结构式中常以"→"表示金属离子与不带电荷原子间的配位键，以"—"表示金属离子与带电荷原子间的配位键。

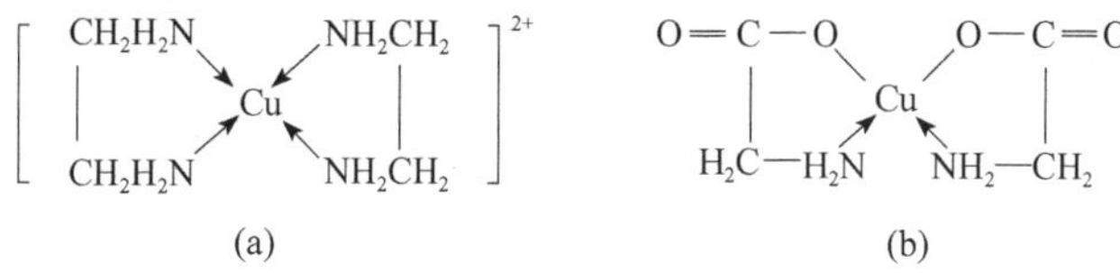

图 12-2　螯合物的结构

3. 特殊配合物

这类配合物是最近几十年才蓬勃发展起来的一类新型配合物。

1) 羰合物

以一氧化碳为配体的配合物称为羰基配合物（简称羰合物）。一氧化碳几乎可以和全部过渡金属形成稳定的配合物，如 $Fe(CO)_5$、$Ni(CO)_4$、$Co_2(CO)_8$等。羰合物无论在结构或性质上都是比较特殊的一类配合物。在羰合物中，C 原子提供孤对电子给予中心金属原子的空轨道以形成 σ 配键[图 12-3(a)]；另一方面，CO 分子以空的 π^* (2p)反键轨道接受金属原子 d 轨道上的孤对电子，形成反馈(d→p)π 键[图 12-3(b)]。在羰基配合物中由于 σ 配位键和反馈 π 键的同时作用，金属与 CO 形成的羰基配合物具有很高的稳定性。由此类配体形成的化合物中，金属原子常处于低的正氧化态、零氧化态甚至负氧化态。羰合物的熔点、沸点一般不高，较易挥发，有毒，不溶于水，一般易溶于有机溶剂，广泛用于提纯制备金属。羰基化合物与其他过渡金属有机化合物在配位催化领域应用广泛。

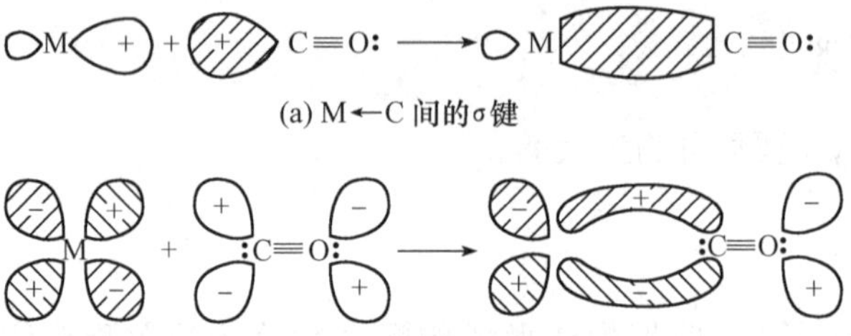

(a) M←C 间的σ键

(b) M→C 的反馈π键

图 12-3　过渡金属 M 和 CO 间化学键的形成

2）夹心配合物

第一个夹心配合物为双环戊二烯基合铁（Ⅱ），简称二茂铁。在二茂铁中，金属原子 Fe 被夹在两个平行的碳环之间，为夹心配合物（图 12-4）。除 Fe 之外，其他许多过渡金属如 Co、Ni、Ti、V、Zr、Cr、Mn 等也都能形成这类配合物。目前，夹心配合物已在催化、生物医药、电化学及光电功能材料等领域得到了广泛应用。

3）原子簇状化合物

原子簇状化合物是指具有两个或两个以上金属原子以金属-金属键（M—M）直接结合而形成的化合物，简称簇合物。同理，簇状配合物（簇合物）至少含有两个金属，并含有金属-金属键的配合物，如 $Co_4(C_5H_5)_4H_4$ 和 $(W_6Cl_{12})Cl_6$ 等。过渡金属簇合物的种类很多，依据金属原子数（如 2、3、4）分类，则有二核簇、三核簇、四核簇（余类推）等；按配体分子种类，则有羰基簇、卤基簇等。最简单原子簇合物为双核簇合物 $[Re_2Cl_8]^{2-}$（图 12-5），而数量最多、发展最快、也是最重要的一类原子簇化合物为金属-羰基原子簇合物。原子簇化合物在催化化学、材料科学以及生物医药等领域均有广泛的应用。

除此之外，特殊配合物还有不饱和烃配合物、金属烷基化合物、多核金属配合物以及金属冠状配合物等，本章不多介绍。

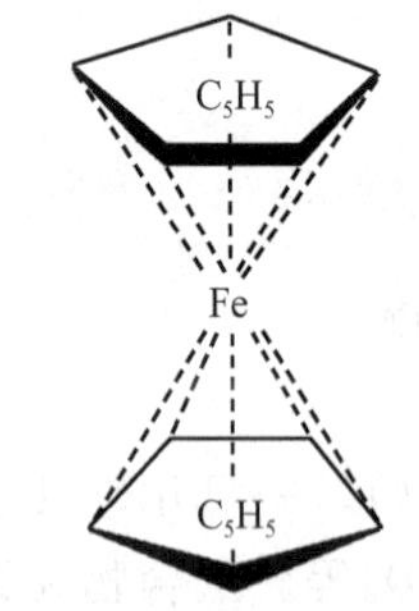

图 12-4　$Fe(C_5H_5)_2$ 的结构

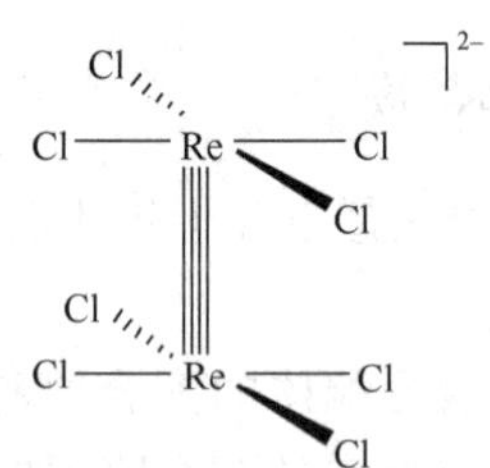

图 12-5　$[Re_2Cl_8]^{2-}$ 的结构

12.2　配合物的空间构型和异构现象

12.2.1　配合物的空间构型

配合物的空间几何构型不仅与配位数有关，还与中心离子（原子）的杂化方式有关。二配位的配离子（如 $[Ag(NH_3)_2]^+$、$[Cu(NH_3)_2]^+$ 等）一般为直线形；三配位的配离子有平面三角形（如 $[HgI_3]^-$）和三角棱锥形（如 $[SnCl_3]^-$）；四配位的配离子有正四面体形（如 $[ZnCl_4]^{2-}$、

$[BeF_4]^{2-}$、$[HgCl_4]^{2-}$等）和平面正方形（如$[PtCl_4]^{2-}$、$[PdCl_4]^{2-}$、$[AuCl_4]^-$、$[Ni(CN)_4]^{2-}$等）；五配位的配离子有三角双锥形（如 $Fe(CO)_5$、$[CuCl_5]^{2-}$等）和四方锥形（如$[SbCl_5]^{2-}$）；六配位的配离子有正八面体形{如$[Fe(CN)_6]^{3-}$、$[PtCl_6]^{3-}$、$[Co(NH_3)_6]^{3+}$、$[SiF_6]^{3-}$等}和三角棱柱形{如三(顺-1,2-二苯乙烯-1,2-二硫醇根)合铼(Ⅵ)$[Re(S_2C_2Ph_2)_3]$}。配合物常见的空间几何构型如图 12-6 所示。

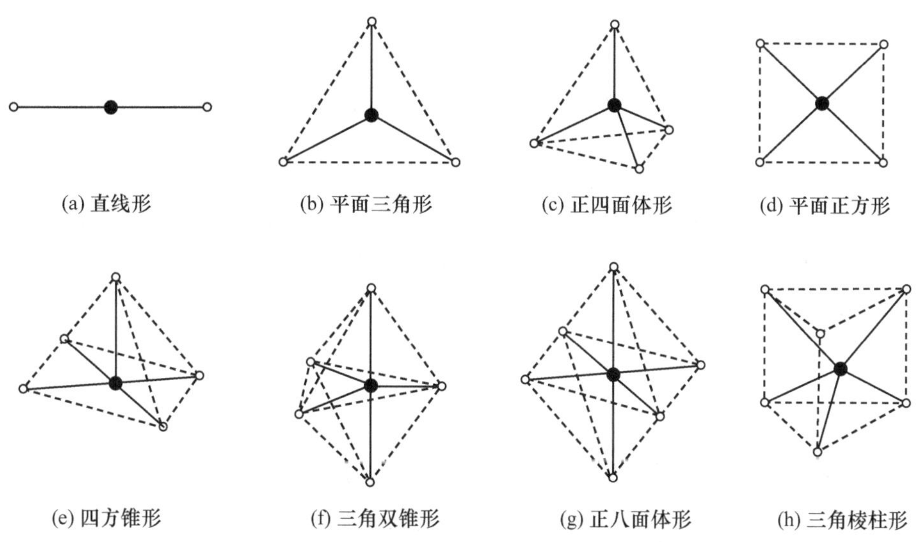

图 12-6　配合物常见的空间几何构型

12.2.2　配合物的异构现象

化学式相同但结构和性质不同的几种化合物互为异构体(isomer)。配合物中，异构现象较为普遍，配合物的异构体可分为空间异构、结构异构以及旋光异构三大类。

1. 空间异构

空间异构(spatial isomerism)指配体相同，内、外界相同，但配体在中心离子周围空间的排列方式不同而引起的异构现象。空间异构不仅与配位数有关，也与配合物的构型有关，常见的空间异构包括顺式(*cis*-)异构、反式(*anti*-)异构和面式异构、经式异构两大类。

1) 顺式异构、反式异构

通式为 MA_2B_2 的平面正方形的配合物，有顺式和反式两种异构体，例如$[PtCl_2(NH_3)_2]$，同种配体的配位原子处于相邻的位置的配合物称为顺式异构体[图 12-7(a)]，同种配体的配位原子处于对角线位置的配合物称为反式异构体[图 12-7(b)]。顺、反异构体的结构不同，其性质也有差异，例如，顺式-$[PtCl_2(NH_3)_2]$配合物的偶极矩 $\mu\neq0$，呈棕黄色，易溶于极性溶剂中；反式-$[PtCl_2(NH_3)_2]$配合物的偶极矩 $\mu=0$，呈淡黄色，难溶于极性溶剂。

通式为 MA_4B_2的正八面体的配离子$[CrCl_2(NH_3)_4]^+$也有顺、反异构体，顺式-$[CrCl_2(NH_3)_4]^+$为紫色[图 12-8(a)]，反式-$[CrCl_2(NH_3)_4]^+$为绿色[图 12-8(b)]。

(a) 顺式－[$PtCl_2(NH_3)_2$]　(b) 反式－[$PtCl_2(NH_3)_2$]

图 12-7　[$PtCl_2(NH_3)_2$]的顺、反异构体

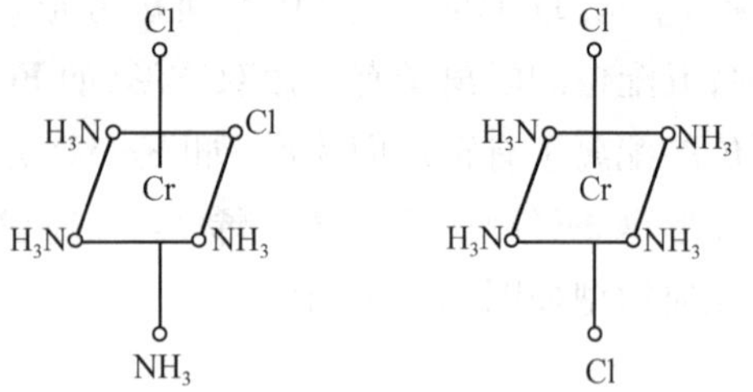

(a) 顺式－[$CrCl_2(NH_3)_4$]$^+$　(b) 反式－[$CrCl_2(NH_3)_4$]$^+$

图 12-8　[$CrCl_2(NH_3)_4$]$^+$的顺、反异构体

2）面式异构、经式异构

通式为 MA_3B_3 的正八面体的[$PtCl_3(NH_3)_3$]$^+$，存在面式和经式两种异构体，可以很方便地通过三个相同的配体的配位原子所构成的三角形平面进行判断：如果所构成的两个三角形平面互不相交，称为面式异构体[图 12-9(a)]；如果所构成的两个三角形平面相交，则称为经式异构体[图 12-9(b)]。

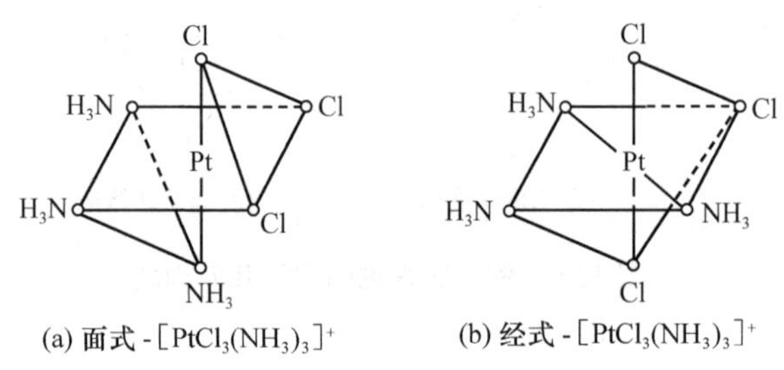

(a) 面式－[$PtCl_3(NH_3)_3$]$^+$　(b) 经式－[$PtCl_3(NH_3)_3$]$^+$

图 12-9　[$PtCl_3(NH_3)_3$]$^+$的面式、经式异构体

2. 结构异构

结构异构是指由配合物中的内部结构不同而引起的异构现象，包括由于配体所处的位置变化而引起的结构异构和由配体结构的变化而引起的结构异构现象。

1）由于配体位置变化而引起的结构异构现象

例如，在[$Co(NH_3)_5Br$]SO_4(红紫色)和[$Co(NH_3)_5SO_4$]Br 中，由于 SO_4^{2-} 和 Br^- 分别处于配合物的内界和外界，两者互为电离异构体，并表现出不同的性质。两者在水中的电离产物不同，而且前者呈红紫色，后者呈红色。又如[$Cr(H_2O)_6$]Cl_3(灰紫色)、[$Cr(H_2O)_5Cl$]$Cl_2 \cdot H_2O$(绿色)和[$Cr(H_2O)_4Cl_2$]$Cl \cdot 2H_2O$(深绿色)中，H_2O 分子的位置发生了变化，从而引起配合物颜色的变化这种情况，可以看成电离异构体的特例，即发生位置变化的配体为 H_2O 时，特称为水合异构。

2）由于配体本身结构发生变化而引起的结构异构现象

对于两可配体，由于配位原子不同引起的异构现象。例如，两可配体 NO_2^-，如果以 N 原子配位，生成[$Co(NH_3)_5NO_2$]$^{2+}$[硝基·五氨合钴(Ⅲ)，黄褐色]，如果以 O 原子配位，生成[$Co(NH_3)_5(ONO)$]$^{2+}$[亚硝酸根·五氨合钴(Ⅲ)，红褐色]，它们互为键合异构体。

3. 旋光异构

八面体形的配合物如[$Co(en)_2(NO_2)_2$]$^+$ 具有顺反几何异构体，其中的

顺-$[Co(en)_2(NO_2)_2]^+$具有两种不同的配位个体(图 12-10)，它们之间找不到几何对称关系，各自只有与它的镜像才能互相重叠，即两者好像是左、右手的关系。将这种异构现象称为旋光异构(optical isomerism)现象，旋光异构体分为左旋异构体、右旋异构体，左旋用符号(＋)或 L 表示[图 12-10(a)]，右旋用(－)或 D 表示[图12-10(b)]。同理，四面体形配位个体、平面正方形配位个体也可能有旋光异构体，但如今已发现得较少。

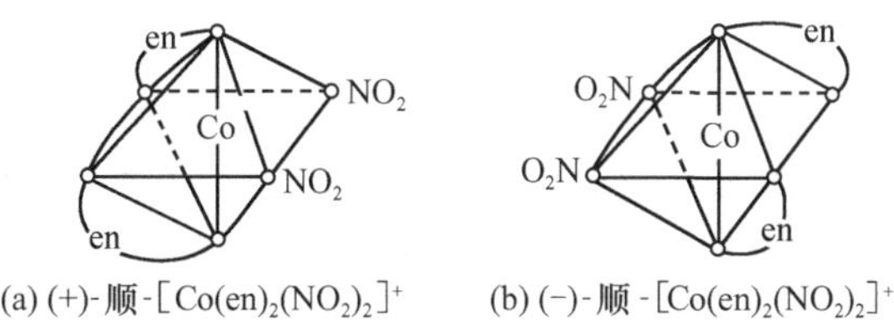

图 12-10　顺-$[Co(en)_2(NO_2)_2]^+$的旋光异构体

许多药物也存在着旋光异构现象，但往往只有其一种异构体是有效的，而另一种异构体是无效甚至是有害的。如果能发现和分离药物中的旋光异构体，有望减少用药量，降低毒副作用，提高药效，因此引起科学家很大的关注。

12.3　配离子的稳定性

配离子在溶液中的稳定性简称为配离子的稳定性。配合物的稳定常数是配合物在水溶液中稳定性的量度，对于配位数相同的配离子，可直接根据稳定常数值的大小判断稳定性的相对高低，对于配位数不同的配离子，要通过计算才能判断(详见 12.6 节)。

配离子是由中心离子(原子)与配体之间通过配位键而形成，因此配离子的稳定性主要取决于中心离子的本性、配体的本性以及中心离子与配体的相互关系。

12.3.1　中心离子本性对配离子稳定性的影响

1. 中心离子构型对配离子稳定性的影响

中心离子构型分为非惰气型构型和惰气型构型，非惰气型构型包括 18 电子构型(如 Cd^{2+})、18＋2 电子构型(如 Sn^{2+})和 9～17 电子构型(如 Cu^{2+})，惰气型构型包括 8 电子构型(如 Na^+)和 2 电子构型(如 Li^+)。在离子电荷相同、离子半径相近的情况下，非惰气型的金属离子所形成的配离子比惰气型金属离子所形成的配离子的稳定性要高。

2. 中心离子电荷与半径对配离子稳定性的影响

惰气型金属离子主要通过静电作用与配体形成配离子，一般来说，由惰气型金属离子形成的配离子，中心离子的电荷越高、半径越小，形成的配离子在溶液中越稳定。中心离子电荷对稳定性的影响大于离子半径对稳定性的影响，这是因为离子的电荷总是成倍地改变，而离子半径只在一定的范围内变动。

非惰气型的金属离子与配体间形成的化学键，在不同程度上存在着共价键的性质。由于化学键共价成分的差异，配离子稳定性受离子电荷与离子半径的影响规律不明显。

12.3.2　配体本性对配离子稳定性的影响

1. 螯合效应对配离子稳定性的影响

同一种金属离子与多齿配体所形成的螯合配位个体的稳定性往往高于与单齿配体所形成的非螯合配位个体，这种现象称为螯合效应。

2. 螯环的大小对配离子稳定性的影响

螯环的大小对螯合物的稳定性有影响，一般以五原子环螯合物或六原子环螯合物稳定性较高。如果螯环过大会产生空间位阻，如果螯环过小会增加张力，这些都可能导致螯合物的稳定性下降。

3. 螯环的数目对配离子稳定性的影响

在金属离子相同、配体的组成和结构相似的条件下，形成的螯合物中的螯环越多，螯合物的稳定性越高，这是因为螯环越多，配体与金属离子的联系越密切，从金属离子脱离的概率就越小。

12.3.3　中心离子与配体的关系对配离子稳定性的影响

1. 配位反应与路易斯酸碱反应

根据路易斯酸碱的概念，中心离子属于路易斯酸，配体属于路易斯碱，中心离子与配体结合所产生的配离子属于路易斯酸碱加合物(表 12-3)。

表 12-3　配位反应与路易斯酸碱反应

A(路易斯酸)	B(路易斯碱)	A←B(酸碱加合物)
H_2O	NH_3	$[H \leftarrow NH_3]^+ + OH^-$
H_3BO_3	H_2O	$[(OH)_3B \leftarrow OH] + H^+$
Ag^+	$2NH_3$	$[H_3N \rightarrow Ag \leftarrow NH_3]^+$

2. 软硬酸碱规则

1963 年，皮尔生(Pearson)在阿兰德(Ahrland)工作的基础上，结合对酸碱取代反应动力学的研究，提出了软硬酸碱(hard and soft acid and base，HSAB)的概念。

硬酸(hard acid)：酸中接受电子对的原子(离子)正电荷高，半径小，极化率小，变形性低，即对外层电子拉得紧的物种；软酸(soft acid)：酸中接受电子对的原子(离子)正电荷低或电荷为零，半径大，极化率大，易变形，对外层电子拉得不紧的物种。

硬碱(hard base)：碱中给出电子对的原子极化率小，电负性大，对外层电子拉得紧，难被氧化，即难失去电子的物种；软碱(soft base)：碱中给出电子对的原子极化率大，电负性小，对外层电子拉得不紧，易被氧化，即易失去电子的物种。

界于软硬酸碱之间的酸碱称为交界酸碱。一种元素属于哪一类不是固定的，它随电荷不同而改变。例如，Fe^{3+} 是硬酸，Fe^{2+} 则是交界酸，而 Cu^+ 为软酸。又如，SO_4^{2-} 是硬碱，SO_3^{2-} 是交界碱，$S_2O_3^{2-}$ 则是软碱。表 12-4 列出了一些常见的路易斯酸碱及其类型。

表 12-4　常见路易斯酸碱的分类

	硬	交　界	软
酸	H^+，Li^+，Na^+，K^+，Mg^{2+}，Ca^{2+}，Ba^{2+}，Mn^{2+}，Mn^{2+}，Fe^{3+}，Co^{3+}，Cr^{3+}，BF_3，$AlCl_3$，AlF_3，AlH_3，SO_3，CO_2，Cl^{3+}，Cl^{7+}，I^{5+}，I^{7+}	Fe^{2+}，Co^{2+}，Ni^{2+}，Cu^{2+}，Zn^{2+}，Cr^{2+}，Pb^{2+}，Sn^{2+}，Sb^{3+}，Bi^{3+}，SO_2，NO^+	金属原子，Cu^+，Ag^+，Au^+，Hg^{2+}，Hg_2^{2+}，Pt^{2+}，Pd^{2+}，Tl^+，Tl^{3+}，Cd^{2+}，BH_3，O，Cl，Br，I，N
碱	F^-，Cl^-，H_2O，OH^-，O^{2-}，CO_3^{2-}，NO_3^-，PO_4^{3-}，SO_4^{2-}，ClO_4^-，ROH，R_2O，CH_3COO^-，NH_3，RNH_2，N_2H_4，N_2，O_2，F_2	Br^-，NO_2^-，SO_3^{2-}，N_3^-，C_5H_5N，$C_6H_5NH_2$，SCN^-（以 N 为配位原子）	H^-，R^-，CN^-，CO，I^-，SCN^-（以 S 为配位原子），R_3P，$(RO)_3P$，R_3As，R_2S，RS^-，$S_2O_3^{2-}$，S^{2-}，C_2H_4，C_6H_6，RNC

3. 软硬酸碱规则与配离子的稳定性

皮尔生在提出软硬酸碱概念的同时，提出了软硬酸碱规则（HSAB 规则）：硬亲硬，软亲软，软硬交界就不限。其意义是：硬酸倾向于与硬碱结合，软酸倾向于与软碱结合；而交界酸与软、硬碱结合的倾向差不多，交界碱与软、硬酸结合的倾向差不多。

根据软硬酸碱规则不难判断：硬酸与硬碱、软酸与软碱形成的加合物最稳定，硬酸与软碱或软酸与硬碱形成的加合物比较不稳定，而交界酸碱之间，不论对象是软还是硬，形成的加合物稳定性差别不大。

例如，中心离子 Ag^+ 属于软酸，而配体 I^- 为软碱，F^- 为硬碱，根据软硬酸碱规则可以预测[AgI_2^-]为软软结合的物质，故稳定，而[AgF_2^-]则为软硬结合的物质，不能稳定存在。

又如，人体内的微量元素 K^+、Na^+、Ca^{2+}、Mg^{2+} 等属于硬酸，它们易于与以 O 为配位原子的配体相结合形成配合物。

根据 SHAB 规则还可以解释其他化合物的稳定性、自然界中矿物的存在形式、化合物的溶解度、判断化学反应的方向等。

12.4　配合物的价键理论

12.4.1　配合物价键理论的要点

配合物的化学键理论是指中心离子与配体之间的成键理论，目前主要有配合物的静电理论(EST)、价键理论(VBT)、晶体场理论(CFT)、分子轨道理论(MOT)和配位场理论(coordination field theory)这五种。价键理论最早由鲍林提出，后经他人改进充实而逐步完善。配合物价键理论的要点如下：

(1) 中心离子与配体之间以配位键相结合。

(2) 由配位原子提供的孤对电子，填入由中心离子提供的空价轨道而形成 σ 配键。

(3) 中心离子空的价轨道所采取的杂化方式决定了配离子的空间构型。

12.4.2　配离子的空间构型与杂化方式的关系

配离子的空间构型是指配体在中心离子(或原子)周围的排列方式，它与中心离子所提供的杂化轨道类型密切相关，表 12-5 列举了配离子中心离子常见的杂化轨道类型与配离子的空间构型的关系。

表 12-5　中心离子杂化轨道类型与配离子的空间构型的关系

配位数	配离子	电子构型	杂化方式	空间构型
2	$[Ag(NH_3)_2]^+$	●●●●● [○ ○]○○ d　s　p	sp	直线形
3	$[Cu(CN)_3]^{2-}$	●●●●● [○ ○○]○ d　s　p	sp^2	平面三角形
4	$[NiCl_4]^{2-}$	●●●●● [○ ○○○] d　s　p	sp^3	正四面体形
4	$[Ni(CN)_4]^{2-}$	●●●● [○ ○ ○○]○ d　s　p	dsp^2	平面正方形
5	$[Fe(CO)_5]$	●●●●[○ ○ ○○○] d　s　p	dsp^3	三角双锥形
6	$[FeF_6]^{2-}$	●●●●● [○ ○○○ ○○]○○○ d　s　p　d	sp^3d^2	正八面体形
6	$[Fe(CN)_6]^{3-}$	●●●[○○ ○ ○○○] ○○○○○ d　s　p　d	d^2sp^3	正八面体形

由表 12-5 可见，$[NiCl_4]^{2-}$与$[Ni(CN)_4]^{2-}$，配位数同为 4，可是中心离子的空轨道杂化方式却不相同，空间构型也各异。原因分析如下：Ni^{2+}为 $3d^8$ 构型，在$[NiCl_4]^{2-}$中，Ni^{2+}中 3d 轨道的 8 个电子按洪德规则排列，3d 轨道全部被电子占据，只能动用最外层的 4s、4p 空轨道进行 sp^3 杂化，因此空间构型为正四面体；在$[Ni(CN)_4]^{2-}$中，3d 轨道中的 8 个电子集中排布，空出了 1 个 3d 轨道，故动用 1 个 3d、1 个 4s、2 个 4p 空轨道，进行 dsp^2 杂化，空间构型为平面正方形。

$[FeF_6]^{3-}$与$[Fe(CN)_6]^{3-}$，配位数同为 6，空间构型虽然都是正八面体形，但杂化方式却不相同。原因分析如下：Fe^{3+}为 d^5 构型，在$[FeF_6]^{3-}$中，Fe^{3+}上的 5 个 d 电子分散排布，3d 轨道全部被占据，只能动用 4s、4p、4d 空轨道，故采用 sp^3d^2 杂化；在$[Fe(CN)_6]^{3-}$中，Fe^{3+}上的 5 个 3d 电子集中排布，空出 2 个 3d 轨道，与 4s 空轨道、4p 空轨道一起进行 d^2sp^3 杂化。

如果中心离子在形成配位键时，进行杂化的空轨道全部为外层空轨道（如$[NiCl_4]^{2-}$和$[FeF_6]^{3-}$），这种配合物就称为外轨型配合物；如果中心离子在形成配位键时，有次外层的 d 轨道参与杂化（如$[Ni(CN)_4]^{2-}$和$[Fe(CN)_6]^{3-}$），这种配合物就称为内轨型配合物。由此可见，只要知道配合物中心离子中 d 轨道电子的排列方式，就可以判断其杂化方式，从而判断其空间构型。

12.4.3　配合物的磁性

磁性(magnetism)是配合物的重要性质之一，一般物质的磁性主要由电子运动来表现，它和原子、分子或离子的未成对电子数有直接关系。若分子或离子中所有的电子都已配对，同一个轨道上自旋相反的两个电子所产生的磁矩，因大小相同方向相反而互相抵消。这种物质置于磁场中会削弱外磁场的强度，故称为反磁性物质。反之，当分子或离子中存在未成对电子时，成单电子旋转所产生的磁矩不会被抵消，这种磁矩会在外磁场作用下取向，从而加强了外磁场的强度，这种物质称为顺磁性物质。

由于物质的磁性主要来自于自旋未成对电子，显然顺磁性物质中未成对电子数目越大，磁矩(magnetic moment)越大，并符合下列关系：

$$\mu_m = \sqrt{n(n+2)} \tag{12-3}$$

式中：n 为体系中未成对电子数；μ_m 为磁矩，单位为玻尔磁子(Bohr magneton，B. M.)，单位符号为 μ_B。由实验测出物质的磁矩 μ_m，便可由式(12-3)计算出配合物中未成对电子数 n。配合物的磁矩的理论值 μ_m 与其未成对电子数 n 的对应关系如表 12-6 所示。

表 12-6　配合物的磁矩的理论值与未成对电子数 n 的关系

n	1	2	3	4	5
μ_m/μ_B	1.73	2.83	3.87	4.90	5.92

由于配合物的磁性与配合物内部未成对电子数有直接关系，可以通过测定配合物磁矩，间接推测中心离子内层 d 电子是否发生电子重排，从而判断配合物属于内轨型配合物还是外轨型配合物。

【例 12-1】 实验测得$[Fe(CN)_6]^{3-}$的磁矩为 2.3μ_B，试推测中心离子的杂化方式、配离子的空间构型和内外轨型配合物。

解　已知$[Fe(CN)_6]^{3-}$的中心离子 Fe^{3+} 属于 d^5 电子构型，如果 d 电子分占不同的 d 轨道，成单电子数$n=5$，其磁矩的理论值应为 5.92μ_B；如果 d 电子集中排列，成单电子数 $n=1$，其磁矩的理论值应为 1.73μ_B。实验测得$[Fe(CN)_6]^{3-}$的磁矩为 2.3μ_B，与 1.73μ_B更为接近，由此可以判断，Fe^{3+} 的 5 个 d 电子集中排列，空出了 2 个 d 轨道。因此中心离子 Fe^{3+} 采取 d^2sp^3 杂化，配离子的空间构型为正八面体，属于内轨型配合物，如图 12-11 所示。

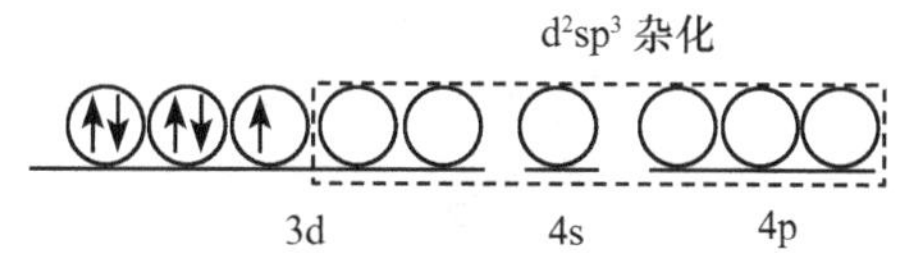

图 12-11　$[Fe(CN)_6]^{3-}$的中心离子的杂化方式

在八面体型配合物中，实际上只需判断 d^4 构型、d^5 构型、d^6 构型的中心离子所形成的配合物是否存在 d 电子重排的可能性。因为对于 $d^{1\sim3}$ 型金属离子，起码有 2 个空的 d 轨道可以参与杂化成键，肯定为内轨型。对于 $d^{7\sim9}$ 型金属离子，其 d 电子起码要占据 4 个或 5 个 d 轨道，不可能空出 2 个内层轨道参与杂化成键，故只能形成外轨型配合物。

12.5　配合物的晶体场理论

价键理论简单明了，使用方便，能说明配合物的配位数、空间构型和定性理解配合物的稳定性。它曾是 20 世纪 30 年代化学家用于说明配合物结构的唯一方法，在配位化学的发展过程中起了非常重要的作用。但目前很少有人用单一的价键理论来说明配合物结构了，因为这种理论有其局限性，例如它往往不能独立地判断中心离子的杂化方式(需要借助磁性)，不能定量解释配合物的稳定性规律，不能解释配合物的电子光谱规律。20 世纪 50 年代以后发展起来的晶体场理论，主要是研究过渡金属离子的 d 轨道在配体的作用下发生的能级分裂以及由此所产生的影响。晶体场理论能较好地解释过渡金属化合物的许多性质，如配合物的稳定性、磁性及电子光谱规律等。

12.5.1 中心离子 d 轨道的能级分裂

1. 晶体场的产生

金属离子(或原子)中的 d 轨道有 5 个不同的伸展方向，在孤立的原子或离子状态下，这 5 个 d 轨道的能量是相同的(称为简并轨道)。当配体与中心离子形成配合物时，中心离子(原子)的 d 轨道会受到配体的作用(图 12-12)。中心离子的正电荷受到配体的负电荷吸引，而中心离子 d 轨道的电子受到配体电子云的排斥，配体所产生的这种静电作用，称为配合物的晶体场(crystal filed)。对于配位数不同的配合物，所产生的晶体场不同，配位数为 6 的正八面体配合物，产生的晶体场称为正八面体晶体场，同理有正四面体晶体场等。

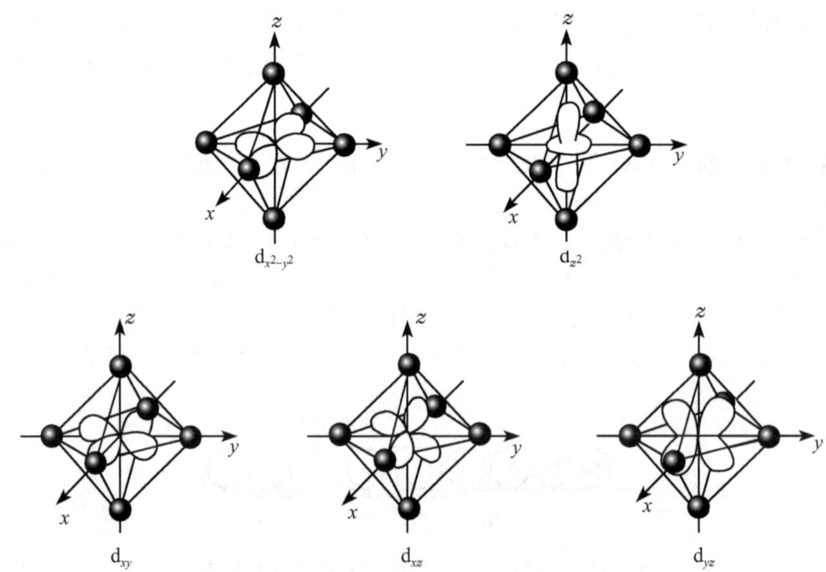

图 12-12 正八面体场对 d 轨道的作用

2. 中心离子 d 轨道的能级分裂

在八面体晶体场中，5 个 d 轨道的能量都有所上升，但在不同方向，这种相互作用的大小不相同。由于 d 轨道能量上升的程度不相同，原来能量简并的 5 个 d 轨道出现了能量高低差别，这种现象称为能量分裂。

中心离子 d_{z^2} 轨道和 $d_{x^2-y^2}$ 轨道的伸展方向正好处于正八面体的 6 个顶点方向，与配体迎头相遇，使其能量上升得更高。中心离子的 d_{xy}、d_{yz}、d_{xz} 轨道正好与正八面体轴向相错，与配体的相互作用小，使其能量上升得少些(图 12-13)。5 个 d 轨道因能量分裂而分为两组，能量相对升高的一组轨道(含 d_{z^2}、$d_{x^2-y^2}$)称为 e_g 轨道，能量相对下降的一组轨道(含 d_{xy}、d_{yz}、d_{xz})称为 t_{2g} 轨道，两组 d 轨道之间的能量差称为正八面体场的分裂能(cleavage energy)，以

符号 Δ_o表示(图 12-13)。

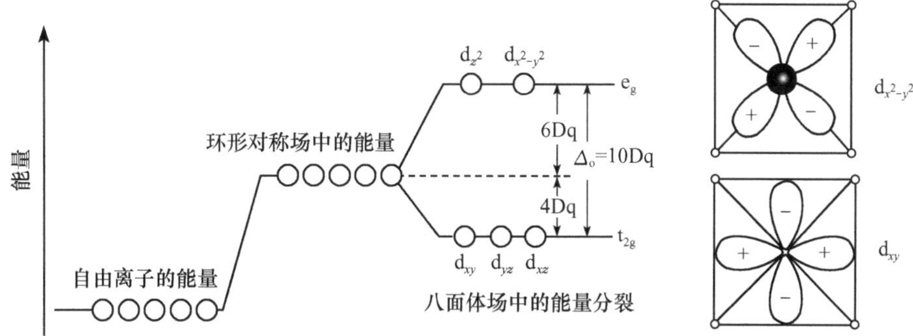

图 12-13　中心离子的 d 轨道在正八面体场中的能量分裂

为了便于定量计算,将 $\Delta_o/10$ 当作一个能量单位,用符号 Dq 表示,即 $\Delta_o=10\text{Dq}$。在图 12-13中以 e_g 轨道和 t_{2g} 轨道的平均值 E_s 作为能量计算的起点,令$E_s=0$,则有以下关系成立:

$$\begin{cases} 2E(e_g)+3E(t_{2g})=0 \\ E(e_g)-E(t_{2g})-10\text{Dq} \end{cases} \tag{12-4}$$

解联立方程得

$$\begin{cases} E(e_g)=6\text{Dq} \\ E(t_{2g})=-4\text{Dq} \end{cases} \tag{12-5}$$

这意味着在八面体场中,中心离子的 t_{2g}组轨道的能量低于平均值 4Dq,而 e_g组的轨道的能量高出平均值 6Dq。

12.5.2　影响分裂能大小的因素

上述的 Δ_o只是表示能级差的一个符号,对不同的配合物体系,能量分裂的程度不同,Δ_o所代表的能量值也不同。分裂能的大小与配合物的几何构型、配体的场强、中心离子的电荷数及中心离子在周期表中的位置等因素有关。分别讨论如下:

1. 配合物几何构型的影响

配合物的几何构型(geometric configuration)不同,配体在中心离子(原子)周围的分布不同,对 d 轨道的作用情况不同,使 d 轨道的能量分裂情况不同,因此分裂能 Δ 的大小也不同。例如,在正四面体场中,中心离子 d 轨道受配体的作用情况如图 12-14 所示。由于 d_{xy}、d_{yz}、d_{xz}轨道指向立方体各条棱的中点,而 d_{z^2}、$d_{x^2-y^2}$轨道指向立方体的面心,相对而言,前者受到配体的作用更强些,所以在正四面体场中,d_{xy}、d_{yz}、d_{xz} 轨道能量高于平均值,而 d_{z^2}、$d_{x^2-y^2}$轨道能量低于平均值。d 轨道在平面正方形场中的能量分裂照此类推。图 12-15 为中心离子 d 轨道在正四面体场、平面正方形场

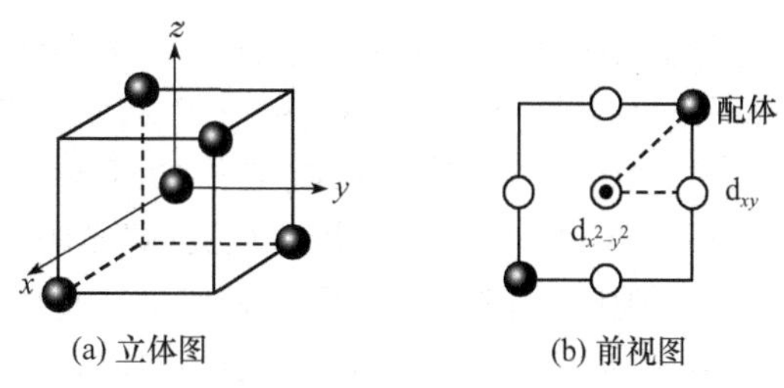

图 12-14　d 轨道和配体的位置关系

和正八面体场中的能级分裂情况。表 12-7 为中心离子 d 轨道在各种几何构型的晶体场中的分裂情况及分裂能的相对大小。

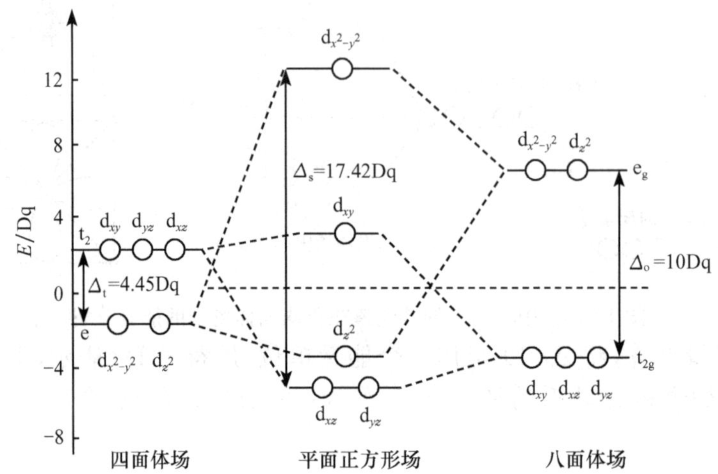

图 12-15　中心离子 d 轨道在不同晶体场中的能级分裂情况

表 12-7　d 轨道在不同构型的晶体场中的分裂情况

构　型	d_{z^2}	$d_{x^2-y^2}$	d_{xy}	d_{yz}	d_{xz}	Δ
平面正方形	−4.28	12.28	2.28	−5.14	−5.14	17.42
直线形	10.28	−6.28	−6.28	1.14	1.14	16.56
四方锥形	0.86	9.14	−0.86	−4.57	−4.57	13.71
正八面体	6.00	6.00	−4.00	−4.00	−4.00	10.00
三角双锥	7.07	−0.82	−0.82	−2.72	−2.72	9.79
平面三角形	−3.21	5.46	5.46	−3.86	−3.86	9.32
正四面体	−2.67	−2.67	1.78	1.78	1.78	4.45

由表 12-7 数据不难理解，在正四面体配合物中，配体占据立方体的 4 个顶点，配体与 d 轨道之间不会出现迎头相碰的作用，所以正四面体的分裂能(Δ_t)低于正八面体的分裂能(Δ_o)，仅相当于正八面体分裂能的 4/9。

2. 配体的影响

中心离子相同，配体不同，若配体的晶体场分裂能力越强，所产生的晶体场场强越大，分裂能越大。同一种金属离子分别与不同的配体生成一系列八面体配合物，用电子光谱法分别测定它们在八面体场中的分裂能(Δ_o)，按由小到大的次序排列，得如下序列(用“ * ”号标记的原子表示配位原子)：I^- < Br^- < * SCN^- ～ Cl^- < NO_3^- < F^- < 尿素 ～ OH^- ～ * ONO^- ～ $HCOO^-$ < $C_2O_4^{2-}$ < H_2O < 吡啶 ～ EDTA < * NCS^- < * NH_2CH_2COO * $^-$ < NH_3 < en < * NO_2 < * CO ～ * CN^- 。该序列又称“光谱化学序列”。通常以水的分裂能力为基准，将排在水前面的配体，如 I^-、Br^-、Cl^- 等，称为弱场配体，它们形成配合物时分裂能较小；将排在水后面的配体，如 CN^-、CO 等，称为强场配体，它们形成的配合物分裂能较大(表 12-8)。

表 12-8　Co^{3+} 与某些配体形成八面体配合物的分裂能

配体	6F	$6H_2O$	$6NH_3$	3en
Δ_o/cm^{-1}	13 000	18 600	23 000	23 300

3. 中心离子的影响

配体相同，中心金属离子相同时，金属离子价态越高，分裂能越大。例如：

$[Co(H_2O)_6]^{3+}$　$\Delta_o=18\,600cm^{-1}$　$[Co(H_2O)_6]^{2+}$　$\Delta_o=9300cm^{-1}$

$[Co(NH_3)_6]^{3+}$　$\Delta_o=23\,000cm^{-1}$　$[Co(NH_3)_6]^{2+}$　$\Delta_o=10\,100cm^{-1}$

配体相同，中心金属离子价态相同且为同族元素时，从上到下分裂能增大。例如：

$[Co(NH_3)_6]^{3+}$　$\Delta_o=23\,000cm^{-1}$

$[Rh(NH_3)_6]^{3+}$　$\Delta_o=33\,900cm^{-1}$

$[Ir(NH_3)_6]^{3+}$　$\Delta_o=40\,000cm^{-1}$

12.5.3　中心离子 d 电子的分布

在正八面体场中，由于配离子中心离子的 d 轨道出现能级分裂，所以中心离子的 d 电子需要重新分布。d 电子分布的基本原则是“能量最低原理”。对于 $d^1 \sim d^3$ 构型，每个 d 电子分别占据 t_{2g}组的 1 个 d 轨道，自旋平行，无需动用 e_g组的 d 轨道；对于 $d^8 \sim d^{10}$ 构型，t_{2g}轨道组的 d 轨道全部被电子对充满，还要动用 e_g组的 d 轨道；上述构型 d 电子只有一种排列方式，别无选择。只有当中心离子的轨道为 $d^4 \sim d^7$ 构型时，d 电子的排列情况复杂得多，下面以 d^4 构型为例加以说明(图 12-16)。

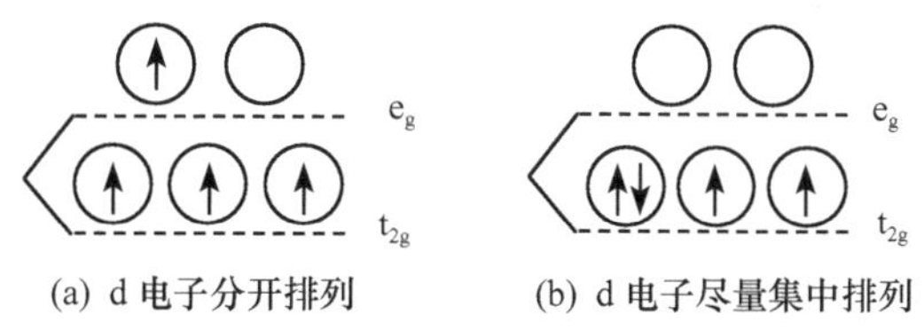

(a) d 电子分开排列　(b) d 电子尽量集中排列

图 12-16　d^4 构型 d 电子的分布情况

(1) 正八面体场中的 4 个 d 电子，在分裂了的 d 轨道上，存在着两种可能的排列方式：

方式(a)　4 个 d 电子尽量分开排列，结果为$(t_{2g})^3(e_g)^1$

方式(b)　4 个 d 电子尽量集中排列，结果为$(t_{2g})^4(e_g)^0$

(2) 考虑体系的总能量的高低，两种排列方式各有利弊：

方式(a)　有 1 个 d 电子排在 e_g轨道上，要克服八面体场的分裂能(Δ_o)，使体系的能量上升了 Δ_o；

方式(b)　虽然 4 个电子都排在能量较低的 t_{2g}轨道上，但出现了一对电子对挤在同一个轨道上，要克服电子成对能(P)，使体系的能量上升了 P。

(3) 两个体系的总能量分别计算如下：

$$E(a)=3E(t_{2g})+E(e_g)=3E(t_{2g})+[E(t_{2g})+\Delta_o]=4E(t_{2g})+\Delta_o \tag{12-6}$$

$$E(b)=4E(t_{2g})+P \tag{12-7}$$

(4) $E(a)$与 $E(b)$的大小取决于分裂能 Δ_o与电子成对能 P 的相对大小，当分裂能小于电子成对能($\Delta_o<P$)时，$E(a)<E(b)$，状态(a)更稳定，d 电子将按(a)方式排列，该配离子称为弱

场配离子。这种排布方式导致自旋平行的电子数增多，因而又称为高自旋配合物。

若 $\Delta_o > P$，$E(\text{a}) > E(\text{b})$，状态(b)更稳定，d 电子将按(b)方式排列，该配离子称为强场配离子。这种排布的方式导致自旋平行的电子数减少，因而又称为低自旋配合物。$d^1 \sim d^{10}$ 构型的 d 电子在 t_{2g} 和 e_g 轨道中的分布情况见表 12-9。

表 12-9　d 电子在 t_{2g} 和 e_g 轨道中的分布情况

d 电子构型	弱场 $P>\Delta_o$					强场 $\Delta_o>P$				
	t_{2g}			e_g		t_{2g}			e_g	
d^1	↑					↑				
d^2	↑	↑				↑	↑			
d^3	↑	↑	↑			↑	↑	↑		
d^4	↑	↑	↑	↑		↑↓	↑	↑		
d^5	↑	↑	↑	↑	↑	↑↓	↑↓	↑		
d^6	↑↓	↑	↑	↑	↑	↑↓	↑↓	↑↓		
d^7	↑↓	↑↓	↑	↑	↑	↑↓	↑↓	↑↓	↑	
d^8	↑↓	↑↓	↑↓	↑	↑	↑↓	↑↓	↑↓	↑	↑
d^9	↑↓	↑↓	↑↓	↑↓	↑	↑↓	↑↓	↑↓	↑↓	↑
d^{10}	↑↓	↑↓	↑↓	↑↓	↑↓	↑↓	↑↓	↑↓	↑↓	↑↓

12.5.4　晶体场稳定化能

1. 晶体场稳定化能的概念

在晶体场中，中心离子的 d 电子从假如未分裂的 d 轨道(能量为 E_s 的 d 轨道)进入分裂后的 d 轨道所产生的能量降低值，称为晶体场稳定化能(crystal field stability energy，CFSE)。下面以 d^6 构型的中心离子为例，说明在正八面体场中，d 轨道分裂前后，体系能量的变化情况。

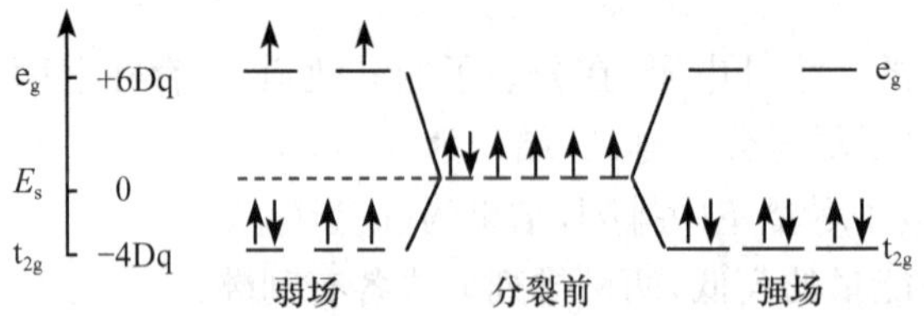

图 12-17　d^6 构型的 6 个 d 电子在不同场合的分布情况

在未分裂的 d 轨道中、在弱场的 d 轨道中以及在强场的 d 轨道中，d^6 构型的 6 个 d 电子排列情况如图 12-17 所示。由图 12-17 可见，d 电子在未分裂的 d 轨道中的分布为 d^6，5 个 d 轨道能量简并，设其能量 $E_s=0$；d 电子在弱场中的排列方式为 $(t_{2g})^4(e_g)^2$，如果以 $E_s=0$ 为原点，则有 4 个电子的能量下降了 4Dq，有 2 个电子的能量升高了 6Dq，与分裂前比较，总的能量变化为

$$E(\text{a}) = 4\times(-4\text{Dq}) + 2\times(+6\text{Dq}) = -4\text{Dq} \tag{12-8}$$

称 d^6 构型的中心离子在弱场中的晶体场稳定化能为 -4Dq，表示为

$$\text{CFSE}(d^6\ 弱场) = -4\text{Dq} \tag{12-9}$$

d 电子在强场中的排列方式为$(t_{2g})^6(e_g)^0$，6 个电子的能量都下降了 4Dq，同理，d^6 构型的中心离子在强场中的晶体场稳定化能为−24Dq，表示为

$$\text{CFSE}(d^6\ 强场) = 6\times(-4\text{Dq}) = -24\text{Dq} \tag{12-10}$$

显然，对 d^6 构型的中心离子来说，形成强场配合物比形成弱场配合物更为稳定，因为它会放出更多的能量。

2．晶体场稳定化能的计算

晶体场稳定化能更为严格的计算应当考虑电子成对引起的能量升高值。根据洪德规则，电子分占不同轨道且自旋平行时，体系的能量降低。反之，当电子成对时会使体系的能量升高，这升高的能量称为电子成对能，用符号 P 表示。

d^6 电子在分裂前的排布已经有一对电子对，在弱场中的排布也有一对电子对，在强场中的排布有三对电子对，与分裂前比较，多了两对电子对。因此，对 CFSE(d^6 强场)的计算，应当扣除 2 个电子成对能($2P$)

$$\text{CFSE}(d^6\ 强场) = 6\times(-4\text{Dq}) + 2P = -24\text{Dq} + 2P \tag{12-11}$$

$d^1 \sim d^{10}$构型的中心离子分别在弱场和强场中所产生的晶体场稳定化能见表 12-10，其大小关系见图 12-18。

表 12-10　d^n 构型的中心离子的晶体场稳定化能(CFSE/Dq)

n	0	1	2	3	4	5	6	7	8	9	10
离子	Ca^{2+}	Sc^{3+}	Ti^{2+}	V^{2+}	Cr^{2+}	Mn^{2+}	Fe^{2+}	Co^{2+}	Ni^{2+}	Cu^{2+}	Zn^{2+}
弱场	0	−4	−8	−12	−6	0	−4	−8	−12	−6	0
强场	0	−4	−8	−12	$-16+P$	$-20+2P$	$-24+2P$	$-18+P$	−12	−6	0

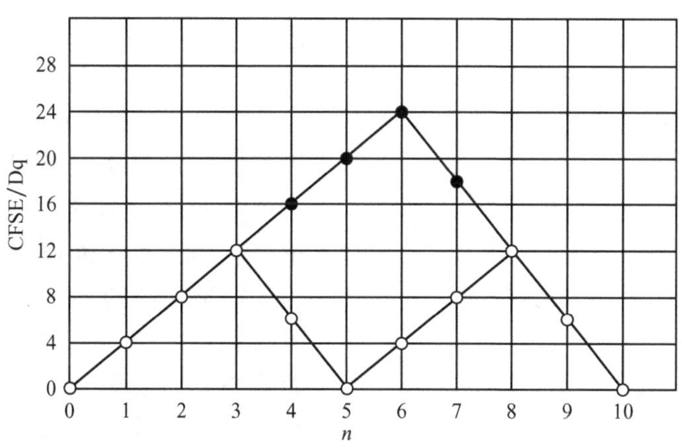

图 12-18　在强场和弱场中 d^n 构型中心离子的 CFSE 的大小关系

(图中数据未考虑电子成对能 P 的影响)

【例 12-2】　$[CoF_6]^{3-}$的 $\Delta_o = 13\,000\text{cm}^{-1}$，$[Co(CN)_6]^{3-}$的 $\Delta_o = 34\,000\text{cm}^{-1}$，它们的 $P = 17\,800\text{cm}^{-1}$，分别计算它们的 CFSE/$\text{cm}^{-1}$和理论磁矩/$\mu_B$。

解　(1) Co^{3+} 构型为 d^6，在$[CoF_6]^{3-}$中，$\Delta_o < P$，属弱场配离子，Co^{3+} 的 d 电子分布为$(t_{2g})^4(e_g)^2$，成单电子数 $n=4$。

$$\mu_m = \sqrt{n(n+2)}\mu_B = \sqrt{4(4+2)}\mu_B = 4.90\mu_B$$

$$\begin{aligned}\text{CFSE} &= 4\times(-4\text{Dq}) + 2\times(+6\text{Dq}) \\ &= -4\text{Dq} = -4\times(13\,000/10)\text{cm}^{-1} = -5200\text{cm}^{-1}\end{aligned}$$

(2) 在$[Co(CN)_6]^{3-}$中$\Delta_o > P$，属于强场配离子，Co^{3+}的 d 电子分布为$(t_{2g})^6(e_g)^0$，因为成单电子数$n=0$，所以磁矩为 0。

$$\begin{aligned}\text{CFSE} &= 6\times(-4\text{Dq}) + 2P = -24\text{Dq} + 2P \\ &= -24\times(34\,000/10)\text{cm}^{-1} + 2\times 17\,800\text{cm}^{-1} = -46\,000\text{cm}^{-1}\end{aligned}$$

比较例题 12-1 和例题 12-2 可以看到，在价键理论中，需要借助配离子的磁性实验数据推测中心离子 d 轨道中的未成对电子数，从而判断中心离子属于何种杂化类型，该配合物属于何种配合物。而在晶体场理论中，只要知道分裂能(Δ_o)和电子成对能(P)数据，就可以判断该配离子属于强场或弱场离子，并进一步写出 d 电子在 t_{2g}轨道和 e_g 轨道上的分布情况，判断成单电子数 n，并利用式(12-3)计算出该配离子磁矩的理论值。

3. 晶体场稳定化能的应用

1) 解释物质的稳定性(stability)规律

第一过渡系元素+2 价金属离子的水合离子的稳定性顺序如下：

$$Mn^{2+}_{aq} < Fe^{2+}_{aq} < Co^{2+}_{aq} < Ni^{2+}_{aq} < Cu^{2+}_{aq} > Zn^{2+}_{aq} \qquad (12\text{-}12)$$

这些水合离子就是以水作为配体的八面体弱场配离子。比较表 12-10 弱场中相关离子的 CFSE 数据的大小顺序为

$$Mn^{2+}_{aq} < Fe^{2+}_{aq} < Co^{2+}_{aq} < Ni^{2+}_{aq} > Cu^{2+}_{aq} > Zn^{2+}_{aq} \qquad (12\text{-}13)$$

经比较式(12-12)和式(12-13)发现，除了 Ni^{2+} 和 Cu^{2+} 的顺序反常外，水合离子的稳定性顺序与 CFSE 大小顺序是一致的，即 CFSE 越大，体系降的能量越多，配合物越稳定。Cu^{2+}_{aq}的稳定性大于 Ni^{2+}_{aq}是由于 Cu^{2+} 的 e_g轨道在八面体场中进一步发生了能级分裂(姜-泰勒效应)的缘故。限于篇幅，此处不展开讨论，可查阅配合物化学的有关专著。

2) 解释离子水合热的大小规律

第四周期元素离子从 Ca^{2+} 到 Zn^{2+} 的水合热呈现出“双驼峰”的变化规律[图 12-19(c)曲线]，如何解释这一规律？我们知道，离子水合热与离子半径有关，离子的半径越小，离子的水合热越大。从 Ca^{2+} 到 Zn^{2+} 的半径呈递减的趋势[图 12-19(a)曲线]，所以从 Ca^{2+} 到 Zn^{2+} 的水合热应当呈递增的趋势更为合理[图 12-19(b)曲线]。为什么实验数据与理论分析不一致呢？原来在分析问题时将这些离子与水形成的八面体弱场配合物的 CFSE 忽略了。如果将图 12-18 弱场配合物的 CFSE 曲线叠加到图 12-19(b)曲线上，就与图 12-19(c)曲线完全吻合了。

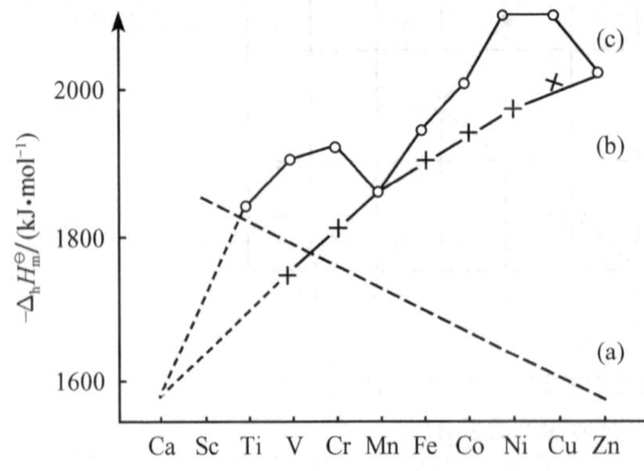

图 12-19 从 Ca^{2+} 到 Zn^{2+} 的水合热规律

(a) 离子半径递变曲线；(b) 离子水合热理论值递变曲线；(c) 离子水合热实验值递变曲线

12.5.5　配离子的电子吸收光谱

许多金属离子与配体形成的配合物有特殊颜色，例如$[Cu(NH_3)_4]^{2+}$显蓝色，$[Fe(NCS)_n]^{3-n}$（n=1～6）离子呈现血红色。金属离子的水溶液实际上为金属离子与水分子所形成的配离子，因而也会显示种种颜色，表 12-11 列出了 d^0～d^{10}构型的金属离子水溶液的颜色。由表 12-11 可见，没有 d 电子的 Ca^{2+} 和 d 电子已经充满的 Zn^{2+} 都不显颜色，而 d 电子未充满的其他离子都显示颜色。

表 12-11　金属离子水溶液（$[M(H_2O)_6]^{n+}$）的颜色

d^n	d^0	d^1	d^2	d^3	d^5	d^6	d^7	d^8	d^9	d^{10}
M^{n+}	Ca^{2+}	Ti^{3+}	V^{3+}	Cr^{3+}	Mn^{2+}	Fe^{2+}	Co^{2+}	Ni^{2+}	Cu^{2+}	Zn^{2+}
颜色	无色	紫色	蓝色	紫色	肉红	浅绿	粉红	绿色	蓝色	无色

配离子显色的原因如下：用白光（包含所有可见光波长）照射 d 电子未充满的配离子的水溶液（金属离子与水配位的配合物溶液），d 电子能量升高，会从 t_{2g}轨道跃迁到 e_g 轨道，这种电子跃迁是在 d 轨道之间的跃迁，故称为 d-d 跃迁。d-d 跃迁的结果使配离子溶液吸收了部分波长的光（所吸收的光的波长与配离子的分裂能所对应的波长一致），而透过余下的波长的光，从而使配离子水溶液呈现出不同的颜色。我们将配合物离子水溶液显色，称为电子吸收光谱（spectrum）。因为 d^0 构型的 Ca^{2+} 和 d^{10}构型的 Zn^{2+} 在晶体场中不会发生 d-d 跃迁，所以其水溶液为无色溶液。

【例 12-3】　已知$[Ti(H_2O)_6]^{3+}$为低自旋配离子，它的分裂能 Δ_o=20 400cm^{-1}，计算 Ti^{3+} 的水溶液的电子吸收光谱最大吸收峰所对应的波长（λ/nm）和波数（$\bar{\nu}$/cm^{-1}），并判断该溶液显示什么颜色。

解　$[Ti(H_2O)_6]^{3+}$的分裂能 Δ_o/cm^{-1}就是电子吸收光谱最大吸收峰的波数，所以

$$\bar{\nu} = 20\,400\text{cm}^{-1},\ \bar{\nu} = \frac{1}{\lambda},\quad \lambda = 1/\bar{\nu} = 1/20\,400\text{cm}^{-1} = 4.9\times10^{-5}\text{cm} = 490\text{nm}$$

对照可见光光谱图（图 12-20），$[Ti(H_2O)_6]^{3+}$吸收蓝绿色的光，呈现出紫红色。

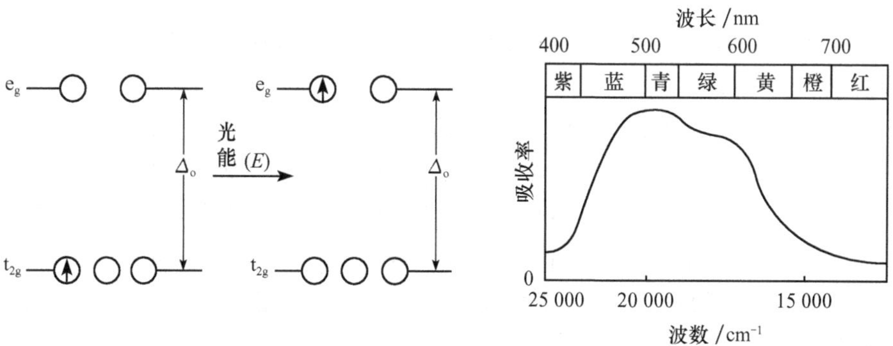

图 12-20　$[Ti(H_2O)_6]^{3+}$的电子吸收光谱

利用特征颜色可以鉴别有关的离子，并可作定量测定，“光谱化学序列”就是利用这一原理测出来的。需要指出的是，过渡金属离子显示颜色不一定都是 d-d 跃迁的结果。

综上所述，晶体场理论比价键理论更进了一步，但它仍有缺陷。由于晶体场理论只考虑中心离子与配体之间的静电作用，而没有考虑它们之间在一定程度上的共价结合，因此不能解释像$[Ni(CO)_4]$这一类配合物的形成，也不能从本质上说明“光谱化学序列”。用分子轨道理论

可以进一步解释这些问题，本书从略。

12.6 配 位 平 衡

12.6.1 配位平衡的表示方法

1. 配合物的生成反应与解离反应

在 $CuSO_4$ 溶液中滴加过量的氨水，在发生 Cu^{2+} 与 NH_3 生成 $[Cu(NH_3)_4]^{2+}$ 配离子的反应的同时，也会发生 $[Cu(NH_3)_4]^{2+}$ 配离子解离为 Cu^{2+} 和 NH_3 的解离反应，二者存在着化学平衡。该可逆反应实质上是 NH_3 分子与 H_2O 分子争夺 Cu^{2+} 的反应

$$[Cu(H_2O)_4]^{2+} + 4NH_3 \rightleftharpoons [Cu(NH_3)_4]^{2+} + 4H_2O \tag{12-14}$$

该反应也可以简化为

$$Cu^{2+} + 4NH_3 \rightleftharpoons [Cu(NH_3)_4]^{2+} \tag{12-15}$$

2. 配合物的稳定常数($K_f^\ominus$)和解离常数($K_d^\ominus$)

式(12-15)为配合物的生成反应，该反应的标准平衡常数称为配合物的标准稳定常数，用符号 $K_f^\ominus$ 表示，其表达式为

$$K_f^\ominus = \frac{c([Cu(NH_3)_4]^{2+})/c^\ominus}{\{c(Cu^{2+})/c^\ominus\}\{c(NH_3)/c^\ominus\}^4} = 10^{13.32} \tag{12-16}$$

$K_f^\ominus$ 值越大表示该配合物越稳定。一些常见配离子的稳定常数见附表五。

式(12-15)的逆反应称为配合物的解离反应，该反应的标准平衡常数称为配合物的解离常数，用符号 $K_d^\ominus$ 表示，$K_d^\ominus$ 值越大表示该配合物越不稳定。

$K_d^\ominus$ 与 $K_f^\ominus$ 互为倒数关系：

$$K_d^\ominus = \frac{1}{K_f^\ominus} = 10^{-13.32} \tag{12-17}$$

3. 配合物的逐级稳定常数($K_i^\ominus$)

式(12-15)的反应实际上是分步进行的，对每一步反应都有一个平衡常数，称其为逐级稳定常数，用符号 $K_i^\ominus$ 表示

$$Cu^{2+} + NH_3 \rightleftharpoons [Cu(NH_3)]^{2+} \qquad K_1^\ominus = 10^{4.31} \tag{12-18}$$

$$[Cu(NH_3)]^{2+} + NH_3 \rightleftharpoons [Cu(NH_3)_2]^{2+} \qquad K_2^\ominus = 10^{3.67} \tag{12-19}$$

$$[Cu(NH_3)_2]^{2+} + NH_3 \rightleftharpoons [Cu(NH_3)_3]^{2+} \qquad K_3^\ominus = 10^{3.04} \tag{12-20}$$

$$[Cu(NH_3)_3]^{2+} + NH_3 \rightleftharpoons [Cu(NH_3)_4]^{2+} \qquad K_4^\ominus = 10^{2.3} \tag{12-21}$$

上述四个反应式相加即得式(12-15)，因此，$[Cu(NH_3)_4]^{2+}$ 的稳定常数 $K_f^\ominus$ 等于各逐级稳定常数 $K_i^\ominus$ 的乘积：

$$K_f^\ominus = K_1^\ominus \cdot K_2^\ominus \cdot K_3^\ominus \cdot K_4^\ominus = 10^{13.32} \tag{12-22}$$

4. 配合物的积累稳定常数($\beta_i^\ominus$)

式(12-23)～式(12-26)分别称为配合物的第一级至第四级积累稳定常数，其中第一级积累稳定常数等于第一级稳定常数，最后一级积累稳定常数就等于稳定常数 $K_f^\ominus$。

$$Cu^{2+} + NH_3 \rightleftharpoons [Cu(NH_3)]^{2+} \qquad \beta_1^\ominus = K_1^\ominus = 10^{4.31} \tag{12-23}$$

$$Cu^{2+} + 2NH_3 \rightleftharpoons [Cu(NH_3)_2]^{2+} \quad \beta_2^\ominus = K_1^\ominus \cdot K_2^\ominus = 10^{4.31} \times 10^{3.67} = 10^{7.98} \tag{12-24}$$

$$Cu^{2+} + 3NH_3 \rightleftharpoons [Cu(NH_3)_3]^{2+} \quad \beta_3^\ominus = K_1^\ominus \cdot K_2^\ominus \cdot K_3^\ominus = 10^{11.02} \tag{12-25}$$

$$Cu^{2+} + 4NH_3 \rightleftharpoons [Cu(NH_3)_4]^{2+} \quad \beta_4^\ominus = K_1^\ominus \cdot K_2^\ominus \cdot K_3^\ominus \cdot K_4^\ominus = 10^{13.32} \tag{12-26}$$

12.6.2　配合物平衡浓度的计算

在进行平衡组成计算时，只有在配合物稳定常数已知且很大、溶液中配体浓度也较大的情况下，才可作近似计算。否则，需要根据化学平衡相关知识进行精确计算。

【例 12-4】 25℃下，在 100mL 0.020mol · L^{-1}的 $CuSO_4$溶液中加入 100mL 2.0mol · L^{-1}的 NH_3 溶液，计算平衡时溶液中配体、中心原子和配离子的浓度。已知 $K_f^\ominus([Cu(NH_3)_4]^{2+}) = 2.30 \times 10^{12}$。

解　两种溶液等体积混合后，浓度减半。Cu^{2+}和 NH_3 的起始浓度分别为

$$c(Cu^{2+}) = 0.020/2 = 0.010(mol \cdot L^{-1}) \qquad c(NH_3) = 2.0/2 = 1.0(mol \cdot L^{-1})$$

由于 NH_3 过量，且$[Cu(NH_3)_4]^{2+}$的 $K_f^\ominus$ 比较大，可以认为 Cu^{2+}主要以$[Cu(NH_3)_4]^{2+}$形式存在。设平衡时 Cu^{2+}的浓度为 x(mol · L^{-1})

	Cu^{2+}	+	$4NH_3$	$\rightleftharpoons$	$[Cu(NH_3)_4]^{2+}$
平衡浓度 /(mol · L^{-1})	x		$1.0 - 4 \times 0.010 + 4x$		$0.010 - x$
			≈ 0.96		≈ 0.010

$$K_f^\ominus = \frac{c([Cu(NH_3)_4]^{2+})/c^\ominus}{\{c(Cu^{2+})/c^\ominus\}\{c(NH_3)/c^\ominus\}^4} = \frac{0.010}{(0.96)^4 x} = 2.30 \times 10^{12}$$

$$x = 4.53 \times 10^{-15}$$

则各平衡浓度分别为

$$[Cu^{2+}] = 4.53 \times 10^{-15} mol \cdot L^{-1}$$

$$[NH_3] = 0.96 mol \cdot L^{-1}$$

$$[Cu(NH_3)_4^{2+}] = 0.010 mol \cdot L^{-1}$$

12.6.3　配位平衡的移动

配位平衡与酸碱平衡、沉淀平衡、氧化还原平衡以及另一个配位平衡之间会产生相互影响，使配位平衡和与之相关的化学平衡发生移动。

1. 酸碱平衡与配位平衡的相互影响

1) 配合物的生成对溶液 pH 的影响

例如，La^{3+}与弱酸 HAc 的配合反应，随着配合物的生成，消耗了弱酸根 Ac^-而释放出 H^+，从而使溶液的 pH 降低。

$$La^{3+} + 3HAc = [La(Ac)_3] + 3H^+ \tag{12-27}$$

2) 溶液 pH 的变化对配位平衡的影响

溶液 pH 的变化对配位平衡的影响，体现在溶液的酸度对配体的影响和对中心离子的影响两个方面：

(1) 溶液的酸度对配体的影响。根据酸碱质子理论，大多数配体如 NH_3、CN^-、F^-、SCN^-等，都属于强度不同的碱，它们可以接受质子而生成相应的共轭酸。根据平衡移动原理，如果向配合物溶液中滴加强酸，因配体与质子结合而使配体的浓度下降，导致配合物的解离。例如：

$$[Cu(NH_3)_4]^{2+} \rightleftharpoons Cu^{2+} + 4NH_3 \xrightarrow{+4H^+} 4NH_4^+ \quad (12\text{-}28)$$

这种因溶液酸度增大而导致配离子稳定性降低的现象称为酸效应。溶液酸度一定时，配体的碱性越强，酸效应就越明显。

(2) 溶液的酸度对中心离子的影响。配合物的中心离子大多是过渡金属离子，在水溶液中大多数能与 OH^- 作用，生成金属氢氧化物沉淀，导致中心离子浓度降低，促使配合物的解离。例如：

$$[FeF_6]^{3-} \rightleftharpoons 6F^- + Fe^{3+} \xrightarrow{+3OH^-} Fe(OH)_3\downarrow \quad (12\text{-}29)$$

溶液的碱性越强，这种趋势就越大，这种因中心离子与溶液中的 OH^- 结合而导致配离子稳定性降低的现象称为水解反应。

从上述讨论可知，酸度对配位平衡的影响是多方面的，既要考虑配体的碱性大小，又要考虑中心原子的水解反应。在一定酸度条件下，究竟以哪一方面为主，取决于配体的碱性、中心离子氢氧化物的溶度积和配离子的稳定性（$K_f^\ominus$的大小）等因素。一般在不产生氢氧化物沉淀的前提下，提高溶液的 pH，可以提高配离子的稳定性。

2. 沉淀平衡与配位平衡的相互影响

1）配合物的生成对难溶化合物溶解度的影响

金属难溶化合物在配体溶液中，金属离子与配体生成配合物而使金属难溶化合物的溶解度增加。

【例 12-5】 分别计算 AgCl 沉淀在水中和 0.10mol·L^{-1} NH_3 水中的溶解度。已知$K_f^\ominus([Ag(NH_3)_2]^+)=1.67\times10^7$，$K_{sp}^\ominus(AgCl)=1.8\times10^{-10}$。

解 (1) 设 AgCl 沉淀在水中的溶解度为 S_1

$$S_1 = \sqrt{K_{sp}^\ominus} = \sqrt{1.8\times10^{-10}} = 1.34\times10^{-5}(\text{mol}\cdot\text{L}^{-1})$$

(2) 设 AgCl 沉淀在 NH_3 水中的溶解度为 S_2，AgCl 沉淀在 NH_3 水中的溶解反应为

	$AgCl + 2NH_3$	$[Ag(NH_3)_2]^+$	$+ Cl^-$
起始浓度/(mol·L^{-1})	0.10	0	0
平衡浓度/(mol·L^{-1})	$0.10-2S_2$	S_2	S_2

$$K^\ominus = \frac{\{c([Ag(NH_3)_2]^+)/c^\ominus\}\times\{c(Cl^-)/c^\ominus\}}{[c(NH_3)/c^\ominus]^2} = K_f^\ominus([Ag(NH_3)_2]^+)\cdot K_{sp}^\ominus(AgCl)$$

$$= 1.67\times10^7\times1.8\times10^{-10} = 3.0\times10^{-3}$$

$$K^\ominus = \frac{S_2{}^2}{(0.1-2S_2)^2} = 3.0\times10^{-3}$$

$$S_2 = 4.95\times10^{-3}\,\text{mol}\cdot\text{L}^{-1}$$

由计算可见，AgCl 在氨水中的溶解度比在水中大得多。

2）难溶化合物的生成对配合物稳定性的影响

在配位平衡体系中，加入一种能与中心离子形成难溶盐的沉淀剂，随着金属难溶盐沉淀的产生，导致中心离子的浓度减小，从而引起配位平衡向解离方向移动。例如在$[Ag(NH_3)_2]^+$配离子溶液中加入 KI：

$$[Ag(NH_3)_2]^+ \rightleftharpoons Ag^+ + 2NH_3 \xrightarrow{+I^-} AgI\downarrow \quad (12\text{-}30)$$

在上述体系中存在着两种平衡，I^- 和 NH_3 都在争夺 Ag^+，I^- 争夺 Ag^+ 的能力取决于 $K_{sp}^{\ominus}(AgI)$ 和 I^- 的浓度，NH_3 争夺 Ag^+ 的能力取决于 $K_f^{\ominus}([Ag(NH_3)_2]^+)$ 和 NH_3 的浓度。当配离子的稳定性差（$K_f^{\ominus}$ 较小），而沉淀物的溶解度小（$K_{sp}^{\ominus}$ 较小），有利于配位平衡转化为沉淀平衡；反之，有利于沉淀物生成配合物而溶解。

【例 12-6】 在 NH_3 浓度为 $3.0mol \cdot L^{-1}$、$[Ag(NH_3)_2]^+$ 浓度为 $0.10mol \cdot L^{-1}$ 的溶液中，加入 NaCl 的固体（忽略体积变化），使 Cl^- 的浓度为 $0.010mol \cdot L^{-1}$，通过计算判断有无 AgCl 沉淀生成。已知 $K_f^{\ominus}([Ag(NH_3)_2]^+) = 1.67 \times 10^7$，$K_{sp}^{\ominus}(AgCl) = 1.8 \times 10^{-10}$。

解 设加 NaCl 前混合溶液中 Ag^+ 的浓度为 $x(mol \cdot L^{-1})$

$$[Ag(NH_3)_2]^+ \rightleftharpoons Ag^+ + 2NH_3$$

平衡浓度 $/(mol \cdot L^{-1})$ $\quad 0.10 - x \quad\quad x \quad\quad 3.0 + 2x$

由于 $K_f^{\ominus}([Ag(NH_3)_2]^+)$ 值较大，解离出的 Ag^+ 浓度较小，可近似处理得 $0.10 - x \approx 0.10$，$3.0 + x \approx 3.0$，所以

$$K_d^{\ominus} = \frac{1}{K_f^{\ominus}} = \frac{[c_e(Ag^+)/c^{\ominus}] \times [c_e(NH_3)/c^{\ominus}]^2}{c_e([Ag(NH_3)_2]^+)/c^{\ominus}} = \frac{(3.0)^2 x}{0.10} = \frac{1}{1.67 \times 10^7}$$

$$x = 6.65 \times 10^{-10}$$

$$J = [Ag^+][Cl^-] = 6.65 \times 10^{-10} \times 0.010 = 6.65 \times 10^{-12} < K_{sp}^{\ominus}(1.8 \times 10^{-10})$$

故没有 AgCl 沉淀生成。

3. 氧化还原平衡与配位平衡的相互影响

1）氧化还原反应对配位平衡的相互影响

在配离子溶液中，加入适当的氧化剂或还原剂，使中心离子发生氧化还原反应而改变价态，从而使中心离子的浓度降低，导致配位平衡的移动。例如，还原剂 Sn^{2+} 可将 $[Fe(SCN)_6]^{3-}$ 中的 Fe^{3+} 还原成 Fe^{2+}，促使配离子解离：

$$[Fe(SCN)_6]^{3-} \rightleftharpoons 6SCN^- + Fe^{3+} \xrightarrow{+\frac{1}{2}Sn^{2+}} \frac{1}{2}Sn^{4+} + Fe^{2+} \qquad (12\text{-}31)$$

2）配合物的生成对氧化还原反应的影响

配合物的生成将会降低游离的金属离子的浓度，从而改变有关电对的电极电势，甚至有可能改变氧化还原反应的方向。

例如，由于 $E^{\ominus}(Au^+/Au) = 1.68V$，$E^{\ominus}(O_2/OH^-) = 0.401V$，单质金 Au 在空气中很稳定，$O_2$ 不能将 Au 氧化成 Au^+，但是如果在金矿粉中加入 NaCN 稀溶液，再通入空气，则反应能顺利发生

$$4Au + O_2 + 2H_2O \rightleftharpoons 4OH^- + 4Au^+ \xrightarrow{+8CN^-} 4[Au(CN)_2]^- \qquad (12\text{-}32)$$

总反应为

$$4Au + O_2 + 2H_2O + 8CN^- \rightleftharpoons 4[Au(CN)_2]^- + 4OH^- \qquad (12\text{-}33)$$

再向该溶液中加入还原剂，即可得到 Au：

$$2[Au(CN)_2]^- + Zn \rightleftharpoons [Zn(CN)_4]^{2-} + 2Au \qquad (12\text{-}34)$$

此为“堆浸法”炼金的主要反应。

【例 12-7】 已知 $E^{\ominus}(Au^+/Au)=1.68V$，$K_f^{\ominus}([Au(CN)_2]^-)=10^{38.3}$，计算 $E^{\ominus}([Au(CN)_2]^-/Au)$。

解 根据 $E^{\ominus}([Au(CN)_2]^-/Au)$ 的定义，可得 $c([Au(CN)_2]^-)=1.0mol\cdot L^{-1}$，$c(CN^-)=1.0mol\cdot L^{-1}$

再由 $Au^+ + 2CN^- \rightleftharpoons [Au(CN)_2]^-$ 可得：

$$K_f^{\ominus}([Au(CN)_2]^-)=\frac{c_e([Au(CN)_2]^-)/c^{\ominus}}{[c_e(Au^+)/c^{\ominus}]\times[c_e(CN^-)/c^{\ominus}]^2}=10^{38.3}$$

将 $c([Au(CN)_2]^-)=1.0mol\cdot L^{-1}$、$c(CN^-)=1.0mol\cdot L^{-1}$ 代入上式得

$$c(Au^+)=\frac{1}{K_f^{\ominus}([Au(CN)_2]^-)}=10^{-38.3}mol\cdot L^{-1}$$

因此
$$\begin{aligned}E^{\ominus}([Au(CN)_2]^-/Au)&=E(Au^+/Au)\\&=E^{\ominus}(Au^+/Au)+0.0592\lg(c(Au^+)/c^{\ominus})\\&=1.68V+0.0592\lg(10^{-38.3})V=1.68V-2.27V=-0.59V\end{aligned}$$

讨论：在 NaCN 存在的条件下，$E^{\ominus}(Au^+/Au)$ 由原来的 1.68V 下降到 $-0.59V$，低于 $E^{\ominus}(O_2/OH^-)$，所以可以被 O_2 所氧化。

4. 溶液中不同配离子之间的转化

在配位平衡体系中，加入另一种能与中心原子形成配离子的配位剂，或加入另一种能与配体形成配离子的中心原子时，实际上是两种配体争夺中心原子，或两个中心原子争夺配体的反应。这种争夺反应的方向取决于形成的配合物的稳定性的大小。一般来说，一种配离子可以转化为另一种更稳定的配离子，即平衡向生成更难解离的配离子的方向移动。例如，临床上用依地酸钙（$[Ca\text{-}EDTA]^{2+}$）对铅中毒的病人进行解毒治疗，就是利用此原理。

$$[Ca\text{-}EDTA]^{2+}+Pb^{2+}\longrightarrow[Pb\text{-}EDTA]^{2+}+Ca^{2+} \tag{12-35}$$

依地酸钙在体内与 Pb^{2+} 反应，生成更稳定的依地酸铅，这是一种无毒可溶于水的配离子，经由肾脏排出体外，达到解毒的目的。

【例 12-8】 在含有 Hg^{2+}、I^- 和 NH_3 的溶液中，I^- 和 NH_3 两者浓度相等，判断配位反应的方向，该溶液中 Hg^{2+} 主要以哪种配离子形式存在？$c([Hg(NH_3)_4]^{2+})/c([HgI_4]^{2-})$ 为多少？已知 $K_f^{\ominus}([Hg(NH_3)_4]^{2+})=1.95\times10^{19}$，$K_f^{\ominus}([HgI_4]^{2-})=5.66\times10^{29}$。

解 在此溶液中存在着 I^- 与 NH_3 争夺 Hg^{2+} 的反应，表示如下：

$$[HgI_4]^{2-}+4NH_3\rightleftharpoons[Hg(NH_3)_4]^{2+}+4I^-$$

该反应的平衡常数为

$$\begin{aligned}K^{\ominus}&=\frac{\{c_e([Hg(NH_3)_4]^{2+})/c^{\ominus}\}\times[c_e(I^-)/c^{\ominus}]^4}{\{c_e([HgI_4]^{2-})/c^{\ominus}\}\times[c_e(NH_3)/c^{\ominus}]^4}\\&=\frac{K_f^{\ominus}([Hg(NH_3)_4]^{2+})}{K_f^{\ominus}([HgI_4]^{2-})}=\frac{1.95\times10^{19}}{5.66\times10^{29}}=3.45\times10^{-11}\end{aligned}$$

计算所得 $K^{\ominus}$ 值很小，说明反应向左进行的趋势很大。

因 I^- 和 NH_3 的浓度相等，根据上述平衡常数式可得

$$\frac{c([Hg(NH_3)_4]^{2+})}{c([HgI_4]^{2-})}=3.45\times10^{-11}$$

这说明溶液中 Hg^{2+} 主要以 $[HgI_4]^{2-}$ 配离子形式存在。

本章小结

本章介绍了配合物的基本概念，包括：配合物的组成、命名方法和异构体的类型。介绍了配合物的结构理论，对于配合物的价键理论，重点介绍了中心离子（原子）空轨道的杂化方式与配离子的空间几何构型之间

的对应关系，并利用配合物的磁性判断外轨型和内轨型配合物，从而推断杂化方式。对于配合物的晶体场理论，重点介绍了 d 轨道在正八面体场中的分裂情况、中心离子(原子)的 d 电子在分裂的 d 轨道中重新排列的方式，通过八面体场晶体场稳定化能的计算判断配离子稳定性的方法。

本章在化学平衡基本原理的基础上介绍了配位平衡与配位平衡移动原理，包括配位平衡常数的概念和配合物体系平衡浓度的计算。介绍了配位平衡移动的主要影响因素，包括：酸碱平衡、沉淀-溶解平衡和氧化还原平衡和另一个配位平衡对配位平衡移动的影响及有关计算。

Transition metals can be bound to several molecules or ions that we called ligands to form complexes. The complexes are also called coordination compounds. The basic principle of coordination chemistry, including the component, naming and isomer of complexes, were described in the chapter. The valence bond theory, crystal field theory and molecular orbital theory were used to explain the structures and the properties of complex.

Based on the principle of chemical equilibrium, the characterization of coordination equilibrium was discussed in the chapter. The main factors on the coordination equilibrium, including the acid-base equilibrium, solution-precipitation and oxidation-reduction equilibrium were discussed, and the calculation methods were described too.

化学家史话——维尔纳

维尔纳(A. Werner)，瑞士化学家。1866 年 12 月 12 日生于法国米卢斯缪尔豪森，1878 年先在德国卡尔斯鲁厄高等技术学校学习化学，后来毕业于苏黎世大学，1889 年获工业化学学士学位，1890 年获得博士学位，1893～1915 年任苏黎世大学化学教授，1913 年因分子中原子键合的研究成就获诺贝尔化学奖。

维尔纳一直从事“分子化合物”价键理论的研究。他发展了范特霍夫碳原子四面体结构的概念，从而建立起氮的立体化学的理论基础。1893 年，他发表了《无机化合物的组成》论文，提出了化合物的配位理论，并且扩大了同分异构体的概念，制备了许多新化合物，为化学键的现代理论开辟了道路。由于维尔纳在研究配位理论上的贡献，为无机化学开辟了新的研究领域，1913 年获诺贝尔化学奖。

维尔纳最重要的贡献是建立了络合物的立体化学理论，首先提出了“配位数”概念。除了金属的普通电价以外，他假定还有第二种结合力，它能提供一定数目的配合基围绕金属原子，形成新的络合离子。因此对于晶体结构中的一个原子或离子来说，其周围与之相邻结合的原子或异号离子数，称之为该原子或离子的配位数。这种配位数通常为 4、6、8 或其他小整数。水、氨等配合基是电中性的，不会改变中央原子的电价。连接上述这些配位原子的中心所构成的多面体称之为配位多面体，因此配位化合物即络合物便具有立体化学结构。

维尔纳还解决了络合物的光学分辨问题，获得了非碳的旋光性物质。

维尔纳 1919 年在苏黎世逝世，终年仅 53 岁。这位无机化学结构理论的奠基人其科学研究生涯并不长，他对自己从事研究工作的体会是很深刻的。他认为：“真正的雄心壮志几乎全是智慧、辛勤、学习、经验的积累，差一分一毫也不可能达到目的。至于那些一鸣惊人的专家学者，只是人们觉得他们一鸣惊人。其实他们下的工夫和潜在的智能，别人事前是领会不到的。”这正是对他取得研究成果恰当的解释。

化学知识拓展——配位超分子化学

1987 年，佩德森(C. J. Pedersen)、莱恩(J. M. Lehn)和克拉姆(D. J. Cram)三位化学家因超分子化学的杰出研究成就而分享了诺贝尔化学奖。超分子化学就是研究两种以上的化学物种通过分子间弱相互作用力缔结而成的具有特定结构和功能的超分子体系的科学。超分子化学中分子间的弱相互作用力包括范德华力、静电作用、氢键、配位键、阳离子-π 相互作用、π-π 相互作用以及疏水作用等。

配位化学的建立对于打破无机化学与有机化学的界限起了极大的推动作用，是化学科学的一次升华。与此类似，超分子化学是化学科学的又一次升华，它真正突破了共价键的范畴，将共价键、分子间弱相互作用融为一体，组成更复杂、更具功能性，甚至更有序、更有目的性的多分子体系。超分子化学的出现进一步为化学、物理学、材料科学、生命科学的交叉与合作创造了一个极好的切入点。超分子化学奠基人之一的莱恩曾多次指出，在某种意义上说，超分子化学可以被看作推广了的配位化学。他强调分子之间的相互作用——超分子作用，称为配位超分子化学(supramolecular coordination)，又被称作广义配位化学。与中心原子相应的部分称为底物，与配体相应的则称为受体。不论是配合物分子内配体之间的弱相互作用，还是分子间配体之间的弱相互作用都是由配位化合物形成超分子体系的重要基础。莱恩等在超分子化学领域中的杰出工作，使得配位化学的研究范围大为扩展，为今后的配位化学开拓了一个富有活力的广阔前景。我国的徐光宪院士指出，21 世纪的配位化学是研究广义配体与广义中心原子结合的“配位分子片”，及由分子片组成的单核、多核配合物、簇合物、功能复合配合物及其组装器件、超分子、一维、二维、三维配位空腔及其组装器件等的合成和反应，制备、剪裁和组装，分离和分析，结构和构象，粒度和形貌，物理和化学性能，各种功能性质，生理和生物活性及其输运和调控的作用机制，以及上述各方面的规律，相互关系和应用的化学。简言之，配位化学是研究具有广义配位作用的泛分子的化学。

配位超分子化学通过配合物构筑超分子化合物已经逐渐成为超分子化学、晶体工程研究领域的新热点。配位超分子化学的研究包括两个方面，一方面金属与配体相互作用构筑丰富多样的具有零维、一维、二维、三维结构的超分子合成子，另一方面以各种超分子作用力构筑具有丰富拓扑结构和复杂镶嵌程度的新颖结构的配位超分子化合物。因此，超分子化学的产生和发展不但扩充了配位化学的内涵，也为未来的配位化学的发展注入了新的活力和生长点。

习　　题

1. M 为中心原子，a，b，d 为单齿配体。下列各配合物中有顺反异构体的是　　(　　)

   (A) Ma_2bd(平面四方)　　(B) Ma_3b　　(C) Ma_2bd(四面体)　　(D) Ma_2b(平面三角形)

2. 在下列配合物中，其中分裂能最大的是　　(　　)

   (A) $[Rh(NH_3)_6]^{3+}$　　(B) $[Ni(NH_3)_6]^{3+}$　　(C) $[Co(NH_3)_6]^{3+}$　　(D) $[Fe(NH_3)_6]^{3+}$

3. 在八面体强场中，晶体场稳定化能最大的中心离子 d 电子数为　　(　　)

   (A) 9　　(B) 6　　(C) 5　　(D) 3

4. 化合物$[Co(NH_3)_4Cl_2]Br$ 的名称是________；

   化合物$[Cr(NH_3)(CN)(en)_2]SO_4$ 的名称是________。

5. 四硫氰·二氨合铬(Ⅲ)酸铵的化学式是________；

   二氯·草酸根·乙二胺合铁(Ⅲ)离子的化学式是________。

6. 下列物质有什么几何异构体？画出几何图形。

   (1) $[Co(NH_3)_4Cl_2]^+$

   (2) $[Co(NO_2)_3(NH_3)_3]$

7. 根据磁矩，判断下列配合物中心离子的杂化方式、几何构型，并指出它们属于何类配合物(内/外轨型)。

   (1) $[Cd(NH_3)_4]^{2+}$，$\mu_m=0$　　(2) $[Ni(CN)_4]^{2-}$，$\mu_m=0$

   (3) $[Co(NH_3)_6]^{3+}$，$\mu_m=0$　　(4) $[FeF_6]^{3-}$，$\mu_m=5.9\mu_B$

8. 判断下列配离子属何类配离子。

配离子	Δ_o 与 P 关系	强/弱场	高/低自旋	内/外轨型
$[Fe(en)_3]^{2+}$	$\Delta_o<P$			
$[Mn(CN)_6]^{4-}$	$\Delta_o>P$			
$[Co(NO_2)_6]^{4-}$	$\Delta_o>P$			

9. 配合物 $K_3[Fe(CN)_5(CO)]$中配离子的电荷应为______，配离子的空间构型为______，配位原子为______，

中心离子的配位数为______，d 电子在 t_{2g} 和 e_g 轨道上的排布方式为______，中心离子所采取的杂化轨道方式为______，该配合物属______磁性分子。

10. 计算下列金属离子在形成八面体配合物时的 CFSE/Dq。
    (1) Cr^{2+}，高自旋　　(2) Mn^{2+}，低自旋
    (3) Fe^{2+}，强场　　(4) Co^{2+}，弱场

11. 判断下列各对配合物的稳定性的高低(填“>”、“<”或“=”)。
    (1) $[Cd(CN)_4]^{2-}$、$[Cd(NH_3)_4]^{2+}$　　(2) $[AgBr_2]^-$、$[AgI_2]^-$
    (3) $[Ag(S_2O_3)_2]^{3-}$、$[Ag(CN)_2]^-$　　(4) $[FeF]^{2+}$、$[HgF]^+$
    (5) $[Ni(NH_3)_4]^{2+}$、$[Zn(NH_3)_4]^{2+}$

12. 已知 $\Delta_o([Co(NH_3)_6]^{3+}) = 23\ 000cm^{-1}$，$\Delta_o([Co(NH_3)_6]^{2+}) = 10\ 100cm^{-1}$。试通过计算证明 $K_f^\ominus([Co(NH_3)_6]^{3+}) > K_f^\ominus([Co(NH_3)_6]^{2+})$。

13. $[Co(NH_3)_6]^{3+}$ 为低自旋配离子，其电子吸收光谱的最大吸收峰在 23 000cm^{-1} 处。该配离子的分裂能是多少?(分别以 cm^{-1} 和 $kJ \cdot mol^{-1}$ 表示)，吸收什么颜色的光? 呈现什么颜色?

14. 在 $0.10mol \cdot L^{-1}$ 的 $K[Ag(CN)_2]$ 溶液中加入固体 KCN，使 CN^- 的浓度为 $0.10mol \cdot L^{-1}$，然后再分别加入：
    (1) KI 固体，使 I^- 的浓度为 $0.10mol \cdot L^{-1}$；
    (2) Na_2S 固体，使 S^{2-} 的浓度为 $0.10mol \cdot L^{-1}$。
    计算体系的 J 值并判断是否能产生沉淀(忽略体积变化)。
    已知 $K_f^\ominus([Ag(CN)_2]^-) = 2.48 \times 10^{20}$，$K_{sp}^\ominus(AgI) = 8.3 \times 10^{-17}$，$K_{sp}^\ominus(Ag_2S) = 2.0 \times 10^{-49}$。

15. Fe^{3+} 能氧化 I^-，但 $[Fe(CN)_6]^{3-}$ 不能氧化 I^-，由此推断：
    (1) 下列电极电势的大小顺序：
    (a) $E^\ominus(I_2/I^-)$　(b) $E^\ominus(Fe^{3+}/Fe^{2+})$　(c) $E^\ominus([Fe(CN)_6]^{3-}/[Fe(CN)_6]^{4-})$
    (2) 下列配合物稳定常数的大小顺序：
    (a) $K_f^\ominus([Fe(CN)_6]^{3-})$　　(b) $K_f^\ominus([Fe(CN)_6]^{4-})$

16. 已知 $K_f^\ominus([Ag(CN)_2]^-) = 2.48 \times 10^{20}$，$K_f^\ominus([Ag(NH_3)_2]^+) = 1.67 \times 10^7$。在 1.0L 的 $0.10mol \cdot L^{-1}$ $[Ag(NH_3)_2]^+$ 溶液中，加入 0.20mol 的 KCN 晶体(忽略因加入固体而引起的溶液体积的变化)，求溶液中 $[Ag(NH_3)_2]^+$、$[Ag(CN)_2]^-$、NH_3 及 CN^- 的浓度。

17. 已知 $K_f^\ominus([Ag(NH_3)_2]^+) = 1.67 \times 10^7$，$K_{sp}^\ominus(AgCl) = 1.8 \times 10^{-10}$，$K_{sp}^\ominus(AgBr) = 5.3 \times 10^{-13}$。将 $0.1mol \cdot L^{-1}$ $AgNO_3$ 与 $0.1mol \cdot L^{-1}$ KCl 溶液以等体积混合，加入浓氨水(浓氨水加入体积变化忽略)使 AgCl 沉淀恰好溶解。试问：
    (1) 混合溶液中游离的氨浓度是多少?
    (2) 混合溶液中加入固体 KBr，并使 KBr 浓度为 $0.2mol \cdot L^{-1}$，有无 AgBr 沉淀产生?
    (3) 欲防止 AgBr 沉淀析出，氨水的浓度至少为多少?

(中南大学　张寿春　关鲁雄)

第 13 章　氢和稀有气体

13.1　氢

氢是宇宙中最丰富的元素，据统计，氢占宇宙所有原子总数的 90%以上。太阳、大气的组成部分主要是氢，以原子百分比计，氢含量高达 81.75%。在自然界中，绝大多数的氢都是以化合物的形式存在。氢在地壳外层的大气、水和岩石里以原子百分比占 17%，仅次于氧而居第二位。空气中氢的含量极微，其体积分数为 5×10^{-5}%。在水、碳氢化合物及所有生物的组织中都含有氢。氢有三种同位素 ^{1}H（氕、符号 H），占 99.98%；^{2}H（氘、符号 D），占 0.016%；^{3}H（氚，符号 T），在自然界含量甚微，是一种不稳定的放射性同位素。

氢的同位素核外均含有 1 个电子，所以它们的化学性质基本相同，但由于它们的质量相差较大，导致它们的单质和化合物在物理性质上出现差异。例如，H 和 D 单质及其化合物的沸点和平均键能均不相同(表 13-1)。

表 13-1　H_2、D_2 及其氧化物的沸点和平均键能

化合物	H_2	D_2	H_2O	D_2O
沸点/K	20.2	23.3	373.0	374.2
平均键能/($kJ\cdot mol^{-1}$)	436.0	443.3	463.5	470.9

氢气是无色、无臭、无味的气体，是所有气体中密度最小的，可以用来填充气球。氢气球可以携带仪器做高空探测。液氢是重要的高能燃料，可作为火箭所用燃料。液氢还是超低温制冷剂。

氢气分子在常温下不活泼，其 H—H 解离能相当大($436kJ\cdot mol^{-1}$)。在高温时，氢气具有还原性，可以从氧化物或卤化物中夺取氧或卤素原子，从而将金属或非金属还原出来。原子氢比分子氢性质活泼得多，能在常温下将铜、铁、汞、银等的氧化物还原成金属单质，又能直接与硫作用生成硫化氢。

13.1.1　氢原子的成键特征

氢原子的价电子层结构型为 $1s^1$，电负性为 2.2，当氢同其他元素的原子化合时，可以形成离子键、共价键以及独特的氢桥键和氢键。

1. *形成离子键*

当氢与电负性很小的活泼金属反应生成氢化物时，氢从金属原子上获得一个电子形成 H^-，如 KH、NaH 等。

2. *形成共价键*

当氢与氢电负性相当的非金属原子反应时，可以形成非极性共价键分子，如 HCl 分子，键的极性随非金属原子的电负性增大而增强。两个等价的氢原子可形成非极性分子 H_2。

3. 独特键型

氢气溶解在金属中时，氢原子可以间充到许多过渡金属晶格的空隙中，形成一类非整比化合物，一般称为过渡金属氢化物，如 $ZrH_{1.30}$、$LaH_{2.87}$、$TaH_{0.76}$和 $VH_{0.56}$等。若在真空中把溶有氢气的金属加热，氢气即可放出，利用这一性质可以获得纯度极高的氢气。

在硼氢化合物(如 B_2H_6)和某些过渡金属配合物(如 $H[Cr(CO)_5]_2$)中，氢原子可以作为桥连基团(图 13-1)。

氢原子除了参与形成化学键以外，还能定向吸引邻近电负性高的 F、O、N 等原子上的孤对电子而形成分子间或分子内氢键。氢键广泛存在自然界中，是一种原子间的弱相互作用。

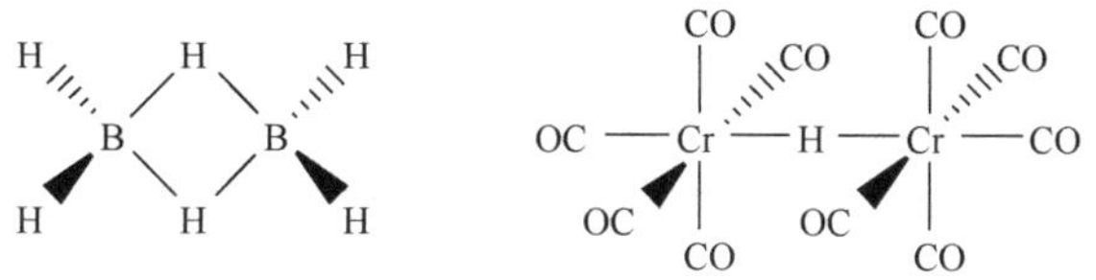

图 13-1　B_2H_6 和 $H[Cr(CO)_5]_2$ 结构简图

13.1.2　氢化物

氢化物是一类氢的化合物。严格意义上讲，氢化物只包含氢同金属相互结合的化合物，但由于概念的扩大，有时也包含水、氨和碳氢化合物等物质。除稀有气体外的所有元素几乎都能与氢结合形成氢化物。依据元素电负性的不同，氢与其他元素能形成离子型氢化物、共价型氢化物、过渡金属氢化物。

1. 离子型氢化物

离子型氢化物一般为二元化合物，含有氢负离子 H^-，具有离子晶体性质，又称为类盐型氢化物。例如电解熔融这类氢化物，在阳极上放出氢气。

$$2H^-_{(融化电解)} = H_2 + 2e^-$$

氢气与化学活性较高的碱金属(Na、K 等)和碱土金属(Ca、Sr、Ba 等)在高温下(300～700 ℃)直接生成离子型氢化物。

$$2M + H_2 = 2MH \quad (M=碱金属)$$

$$M + H_2 = MH_2 \quad (M=碱土金属)$$

氢化锂约在 998K 时形成，氢化钠和氢化钾在 573K 和 673K 时生成，这些反应在常压下反应进行缓慢。

离子型氢化物呈白色盐状晶体，但常因含有少量金属而显灰色。除 LiH 和 BaH_2 具有较高的熔点(965K、1473K)外，其他氢化物均在熔化前就分解成金属单质和氢气。

离子型氢化物中的 H^- 由两个电子和一个质子组成，是已知除电子盐外最小的阴离子。H^- 不能在水溶液中存在，是已知的最强碱之一。例如 CaH_2 作为干燥剂，去除甲苯、乙腈等有机溶剂中的微量水分(注意：由于该反应是一个放热反应，故水量较多时不能使用该方法)；NaH、KH 等在有机合成中常用作去质子剂。

$$LiH + H_2O = LiOH + H_2(g)$$

$$CaH_2 + 2H_2O = Ca(OH)_2 + 2H_2(g)$$

离子型氢化物中的 H^- 还表现出非常强的还原性，$\varphi(H^2/H^-)=-2.25V$，广泛用作无机和有机合成中的还原剂和负氢离子的来源。例如，在高温下可还原金属氯化物、氧化物和含氧酸盐。

$$TiCl_4+4NaH \xlongequal{} Ti+4NaCl+2H_2(g)$$

$$UO_2+CaH_2 \xlongequal{} U+Ca(OH)_2$$

离子型氢化物的另一特性是它们在非水极性溶剂中能和一些缺电子化合物结合，形成复合氢化物，例如：

$$2LiH+B_2H_6 \xrightarrow{\text{乙醚}} LiBH_4$$

$$4LiH+BCl_3 \xrightarrow{\text{乙醚}} LiBH_4+3LiCl$$

2. 共价型氢化物

共价型氢化物又称分子型氢化物，通常将氢与 p 区元素的单质（稀有气体、铟、铊除外）反应就能生成此类氢化物。

共价型氢化物主要有三种存在形式：①缺电子氢化物，如乙硼烷 B_2H_6，它的中心原子 B 未满足 8 电子结构，在这个分子内，2 个硼原子通过氢桥键连在一起，形成一个三中心两电子键（如图 13-1 所示）。②满电子氢化物，其中心原子的价电子都参与了成键，如 CH_4 及同族元素氢化物。③富电子氢化物，其中心原子成键后，有剩余未成对的孤对电子，如 NH_3、H_2O 和 HF 及对应的同族氢化物。

共价型氢化物具有分子化合物的特点，如化合物的熔、沸点较低，通常条件下多为气体。由于分子型氢化物共价键的极性差别较大，所以它们的化学行为比较复杂。例如，有的与水不发生任何反应，例如碳、锗、锡、磷、砷、锑等的氢化物；有的与水作用释放出氢气，例如硅、硼的氢化物。

$$SiH_4+4H_2O \xlongequal{} H_4SiO_4+4H_2(g)$$

有的与水发生加合作用而使溶液显弱碱性，例如 NH_3 在水中的溶解。

$$NH_3+H_2O \xlongequal{} NH_4^++OH^-$$

有的溶于水中并完全电离而使溶液显强酸性，例如 HCl、HBr、HI 等水溶液。

$$HX \xlongequal{} H^++X^- \quad (X=Cl,Br,I)$$

有的溶于水中并发生弱的酸式电离，而使溶液显弱酸性，例如 H_2S、H_2Se、H_2Te、HF 等。

$$H_2S \rightleftharpoons H^++HS^-$$

$$HS^- \rightleftharpoons H^++S^{2-}$$

3. 过渡金属氢化物

氢在水中溶解度很小，但在过渡金属如镍、铂、钯或合金中有较大溶解度。溶解过程中，氢气（或氢原子）间充到过渡金属晶格的空隙中形成典型的非整比化合物。这类氢化物的一个重要特征是分子式在很多情况下达不到计量值。

过渡金属氢化物基本上保留着金属外观特征，都是深色或具有金属光泽，大多是脆性固体或粉末。除镧系氢化物和氢化铀 UH_3 外，所有这些化合物都有导电性和磁性，有明确的物相。过渡金属氢化物的成键理论有三种：①氢以原子状态存在于金属晶格的空隙中，这仅能反映氢开始溶入金属时的氢化物 α-相；②氢以 H^+ 形式存在于氢化物中，即氢原子将价电子供给氢化物导带中；③氢以 H^- 形式存在于氢化物中，即氢原子从导带中取得电子。后两种模型均能说明这类氢化物的金属性，如导电性。

过渡金属氢化物可作为储氢合金材料，在一定温度和氢气压力下，能可逆地大量吸收、储存和释放氢气。储氢合金材料储氢量大、纯度高、无污染、安全可靠，并且制备技术和工艺相对成熟，以得到广泛应用。

在石油能源日益枯竭和环境污染危害加重的今天，氢作为清洁的绿色能源有着广阔的应用前景。例如氢燃料电池，直接将燃烧的化学能转换为电能，能量转换率可达 60%～80%，污染少，噪声小，装置可大可小，非常灵活。目前，已经成功研发了氢燃料电池汽车。

13.2 稀有气体

天然的稀有气体元素一般指氦(He)、氖(Ne)、氩(Ar)、氪(Kr)、氙(Xe)、氡(Rn)6 种元素，它们都是无色无味的单原子气体，其固态时都是分子晶体，很难进行化学反应，历史上稀有气体曾被称为“惰性气体”。还因为它们在元素周期表上位于最右侧的零族，因此亦称零族元素。

13.2.1 稀有气体的存在和分离

稀有气体主要分布在大气中，在接近地球表面的空气中，每 1000dm^3 空气中约含 5cm^3 氦、18cm^3 氖、9.3dm^3 氩、1.1cm^3 氪和 0.08cm^3 氙。液化空气是提取稀有气体的主要原料。

液态空气分馏除去其中的氮气后，稀有气体就富集在液氧之中，继续分馏除去氧气后，首先把氙气从稀有气体中分离出来。然后将剩下的气体通过氢氧化钠塔柱除去 CO_2，再通过赤热的铜丝除去微量的氧气，最后通过灼热的镁屑除去微量的氮气(形成 Mg_3N_2)，剩下的就是以氩为主的稀有气体了。

利用稀有气体吸附能力和沸点的差别，再进一步分离出各种稀有气体。在低温下，稀有气体有如下特性：原子序数越大，越容易被液化，也越容易被活性炭所吸附。因此在不同的温度下，用活性炭对各种稀有气体进行吸附和解吸，便可将稀有气体一一分离开来。例如在 373K 时，氩、氪和氙被吸附，而氦和氖不被吸附，再降低温度至 83K，氖被吸附而氦不被吸附，便将两者分离。

13.2.2 稀有气体结构与用途

稀有气体都是单原子分子，它们在水中溶解度、大气中的丰度如表 13-2 所示。氦也存在于某些天然气中，氡是某些放射性元素的蜕变产物。稀有气体的一些基本物理性质也列于表 13-2 中。

表 13-2 稀有气体的基本性质

元素	氦	氖	氩	氪	氙	氡
元素符号	He	Ne	Ar	Kr	Xe	Rn
原子序数	2	10	18	36	54	86
相对原子质量	4.003	20.18	39.95	83.80	131.3	222.0
原子半径/pm	93	112	154	169	190	220
第一电离能/($kJ \cdot mol^{-1}$)	2372	2081	1521	1351	1170	1037
蒸发热/($kJ \cdot mol^{-1}$)	0.09	1.8	6.3	9.7	13.7	18.0
熔点/K	0.95	24.48	83.95	116.55	161.15	202.15

续表

元素	氦	氖	氩	氪	氙	氡
沸点/K	4.25	27.25	87.45	120.25	166.05	208.15
临界温度/K	5.25	44.45	153.15	210.65	289.75	377.65
临界压强/10^5Pa	2.29	27.45	48.95	55.01	58.36	63.23
在水中的溶解度/($cm^3 \cdot L^{-1}$)	8.8	10.4	33.6	62.6	123	222
在大气中的丰度(体积比)	5.2×10^{-6}	1.8×10^{-5}	9×10^{-3}	1.1×10^{-5}	8.7×10^{-8}	—

与其他主族一样，此族元素的电子排布有固定的模式。除氦的最外层电子排布为 $1s^2$ 外，其他稀有气体最外层电子均为 ns^2np^6 的饱和 8 电子结构。很明显，稀有气体的价电子层已满，因此，很难形成化学键，也极难得到或失去电子而与其他元素发生化学反应。这也是长期以来稀有气体被称为“惰性元素”的原因。

由于稀有气体无极性且相对分子质量较小，它们分子间作用力非常弱，所以熔点和沸点非常低。氦和其他稀有气体元素相比，具有一些独特性质。氦的原子序数最小，它的熔点和沸点低于其他任何已知的物质，即使在标准状态下也不能凝固，必须在 0.95K、25 个大气压的压力下才能凝固。当温度在 2.2K 以上时，液氦具有一般液体的通性，但当温度降低至 2.2K 以下时，液氦由一种液态转变为另一种具有超导特性的液态。

稀有气体具有一些独特的性质，已被广泛应用于光学、冶金和医学等领域中。

液氦熔、沸点低，是用途广泛的低温工作介质，可以用于冷却核磁共振成像和核磁共振波谱仪所需的超导磁铁。氦气密度小且不可燃，可用来代替氢气填充飞艇和气球。氦在血液中溶解度比氮气小得多，可利用“氦空气”(He 占 79%，O_2 占 21%)代替普通空气供潜水员呼吸，以防止潜水员出水时因压力猛然下降导致溶于血液中的氮气迅速逸出，阻塞血管而造成“气塞病”。此外，氦的光谱线可被用作划分分光器刻度的标准，还可制作氦、氖气体激光器。

氖在电场作用下可产生美丽的红光，所以被广泛用于制造霓虹灯(氖灯)或仪器中的指示灯。氙通常用于氙弧灯，因为它们的近连续光谱与日光相似，这种灯可用于电影放映机和汽车前灯等。

氩热传导系数小，具有惰性和绝缘性。在冶炼或焊接极易被空气氧化的金属时，或在制备半导体硅、锗单晶时，常用氩作为保护气氛。氩大量地用于作电灯泡中的填充气体，氪和氙的热传导系数比氩气小，故也被用来填充灯泡。

氪和氙的同位素在医学上被用来测量脑血流量和研究肺功能、计算胰岛素分泌量等。氡是镭等放射性元素蜕变的产物，也具有放射性，如果被吸入体内将危害人的健康，但微量计量可用于放射线疗法。

13.2.3 稀有气体的化合物

稀有气体的化学反应活性极低，目前只制备了数百个稀有气体化合物。对于稀有气体，电子所受原子核约束越强，元素的“惰性”也越强，稀有气体反应活性的顺序为 He～Ne<Ar<Kr<Xe<Rn。合成氦、氖和氩的化合物明显困难，目前还没有成功制备出氦和氖参与化学键的中性化合物，直到 2000 年，第一种稳定的氩化合物氟氩化氢(HArF)在 40K 低温条件下才成功制备。氪、氙、氡也只表现出极低的活性。

1962 年巴特利特成功合成第一种稀有气体化合物 $XePtF_6$，该化合物在室温下稳定，其蒸气压很低，不溶于非极性溶剂四氯化碳，可看作离子型化合物。

$$Xe + PtF_6 = XePtF_6$$

自从这个具有历史意义的第一个含有化学键的“惰性”气体化合物诞生后，世界上对稀有气体的研究工作纷纷兴起，短短几年内合成出了许多氙的氟化物（XeF_2、XeF_4、XeF_6）、氙的络合氟化物、氙的氟氧化物、氙的氧化物（XeO_3、XeO_4）及氙的含氧酸盐（$Na_2XeO_6 \cdot 8H_2O$）和一些复合物、加合物等，其中简单化合物甚少。由于氡（Rn）的强放射性以及它的半衰期很短，故对氡的化合物研究较少。从这些化合物可以发现，一般来说，只有电负性大的元素如氟、氧、氮、氯与电离能小、半径大的稀有气体才可能形成化合物。

这里以氙化合物为例（表 13-3），介绍其主要化合物及其性质。

表 13-3　氙的主要化合物及性质

氧化态	化合物	形　式	熔点/K	分子构型	附　注
Ⅱ	XeF_2	无色晶体	402	直线形	水解为 Xe 和 O_2，另溶于液体 HF 中
	$XeF_2 \cdot 2SbF_5$	黄色晶体	336		
Ⅳ	XeF_4	无色晶体	390	平面四方形	稳定
	$XeOF_2$	无色晶体	304		勉强稳定
Ⅵ	XeF_6	无色晶体	322.6	变形八面体	稳定
	$CsXeF_7$	无色固体	—		>323K 分解
	Cs_2XeF_8	黄色固体	—		稳定至 673K
	$XeOF_4$	无色液体	227	四方锥	稳定
	XeO_3	无色晶体	—	三角锥	易爆炸，吸湿；在溶液中稳定
	$nK^+[XeO_3F^-]_n$	无色晶体		正方锥	很稳定
Ⅷ	XeO_4	无色气体	—	四面体	易爆炸
	XeO_6^{4-}	无色盐	—	八面体	也可以 $HXeO_6^{3-}$、$H_2XeO_6^{2-}$、$H_3XeO_6^-$ 等阴离子形式存在

1．氙的氟化物

在 673K、1.03×10^5 Pa 下，将过量氙和氟在镍反应器内直接反应，可得到 XeF_2。

$$Xe(g) + F_2(g) = XeF_2(g)$$

XeF_2 是一种强氧化剂，能与卤素离子和氢等还原性物质反应。

$$XeF_2 + 2I^- = Xe + I_2 + 2F^-$$

$$XeF_2 + H_2 = Xe + 2HF$$

XeF_2 不稳定，遇水分解，并生成氙和单质氧气。

$$2XeF_2 + 2H_2O = 2Xe + O_2 + 4HF$$

如果氟过量至 Xe∶F_2＝1∶5，在 873K、6.18×10^5 Pa 下，氙和氟反应可制得 XeF_4。

$$Xe(g) + 2F_2(g) = XeF_4(g)$$

XeF_4 也是一种强氧化剂，能氧化许多难以氧化的低价态物质

$$XeF_4 + 4Hg = Xe + 2Hg_2F_2$$

$$XeF_4 + Pt = Xe + PtF_4$$

XeF_4 遇水发生歧化反应获得 Xe、XeO_3 和单质氧气。

$$6XeF_4+12H_2O=\!=\!=2XeO_3+4Xe+24HF+3O_2$$

如果再增加氟的比例，使 Xe ∶ F_2=1 ∶ 20，在 573K、6.18×10^5Pa 下，氙和氟反应可制得 XeF_6

$$Xe(g)+3F_2(g)=\!=\!=XeF_6(g)$$

上述反应不能在玻璃容器中进行，因为生成的 XeF_6 可与 SiO_2 反应。

$$2XeF_6+SiO_2=\!=\!=2XeOF_4+SiF_4$$

XeF_6 遇水猛烈反应，低温下水解比较平稳。XeF_6 不完全水解时，其产物为 $XeOF_4$

$$XeF_6+H_2O=\!=\!=XeOF_4+2HF$$

完全水解时产物为 XeO_3。

$$XeF_6+3H_2O=\!=\!=XeO_3+6HF$$

这些氟化物都是优良而且温和的氟化剂。例如

$$XeF_6+3C_6H_6=\!=\!=3C_6H_5F+3HF+Xe$$

$$XeF_2+IF_5=\!=\!=IF_7+Xe$$

$$XeF_4+2CF_3CFCF_2=\!=\!=2CF_3CF_2CF_3+Xe$$

氙的氟化物与卤化物一样，通过 F^- 与带相反电荷离子的缔合，与路易斯酸反应形成阳离子氙的氟化物。

$$XeF_2+SbF_5=\!=\!=[XeF]^+[SbF_6]^-(s)$$

2. 氙的含氧化合物

目前已知氙的含氧化合物主要有 XeO_3、XeO_4 以及氙酸盐和高氙酸盐等。氙的各种氧化物主要由氟化物水解、氧化物进一步氧化或由氟化物转化等方法制备。

$$XeO_3+2XeF_6=\!=\!=3XeOF_4$$

$$XeOF_4+XeO_3=\!=\!=2XeO_2F_2$$

$$XeO_3+OH^-=\!=\!=HXeO_4^-$$

$$2HXeO_4^-+2OH^-=\!=\!=XeO_6^{4-}+Xe+O_2+2H_2O$$

$$2H_2XeO_6^{2-}+2H^+=\!=\!=2HXeO_4^{2-}+O_2+2H_2O$$

$$2O_3+XeO_3+4OH^-=\!=\!=XeO_6^{4-}+O_2+2H_2O$$

经典的氙氧化合物——三氧化氙是一种白色固体，在水中有极好的溶解性，极易潮解，其水溶液浓度最高可达 $4mol\cdot L^{-1}$。XeO_3 在水中以分子状态存在，故其溶液不导电。

XeO_3 具有很强的氧化性，与碳氢有机物混合后发生强烈反应，氧化生成 CO_2，容易爆炸。XeO_3 强的氧化能力能将 Cl^- 氧化成氯气，将 Br^- 氧化成 BrO_3^-，将 Mn^{2+} 氧化成 MnO_4^-，将 NH_3 氧化成 N_2。

在 XeO_3 水溶液中通入臭氧 O_3 后，用碱中和，可制得具有强氧化性的氙的含氧酸盐 $M_4XeO_6\cdot XH_2O$(M=Na、K；X=2、4、6 或 8)。在 XeO_3 水溶液中加入 $Ba(OH)_2$，可得到 $Ba_2XeO_6\cdot 1.5H_2O$ 沉淀。

本章小结

本章介绍了氢元素的分布、氢同位素种类、氢原子的成键特征和化学性质、氢化物的类型及其主要化学性质。本章还介绍了稀有气体存在和分离方法、主要用途、稀有气体化合物(氙氟化物和氧化物)制备及其主要化学性质。

The electron structure, bonding and chemical properties of hydrogen are described, and the complexes, including metal hydride, metallic hydrogen, and their chemical properties are also introduced. The isolation, purification and application of noble gases are briefly described, and synthesis and reaction of noble gas compounds mainly including xenon fluoride and xenon oxide are also introduced.

化学史话——莱姆塞和稀有元素的发现

沿着前人开拓的学术道路,学习他们的研究谋略,并以他们的勤奋精神为榜样终获成功的范例,在近代化学史上莫过于稀有元素的发现了。

事情要从 1882 年讲起。在这一年的英国学术奖励协会年会上,剑桥大学物理学教授瑞利(J. W. S. Rayleigh,1842—1919)在演讲中报告了他最近测定氧、氮和空气的密度情况。结果发现:从空气中制得的氮的密度总是比从化合物中制得的氮的密度数值大些,但这绝不是由于实验的误差造成的,瑞利认为其中一定有什么原因。为了提请广大化学家协助解决这个疑难问题,他把氮的密度不一致问题产生的始末发表在《自然》杂志上。

正在这时,伦敦大学的化学教授莱姆塞(W. Ramsay,1852—1916)发现了氮的一种新性质。他在高温下用镁与气态氮相化合,在生成氮化镁时发现吸收了大量的氮。对于化学活泼性很差的氮来说,这的确是一种很珍贵的性质。当莱姆塞读到瑞利的文章时就想到,如果利用这种新性质也许能够检验出氮气的纯度。于是,莱姆塞把镁粉装在耐热的玻管中,再将预先从空气中彻底除掉了氧而制得的“纯氮”通入管内,并连续加强热。过一会儿取出未被镁吸收的、剩余下来的“氮”,然后测其密度,使人感到惊奇的是这点剩余的气体量不大但密度却变大了。莱姆塞由此推断,在“从空气中所制得的氮”中存在着某种密度大的气体。起初他认为是 N_3,但他觉得应该先做光谱分析,结果用分光器一查,立即观测到在从红色到绿色的部位上出现了美丽的光谱线束。很明显,这不属于任何一种已知元素的光谱。肯定是新元素!与此同时,瑞利也在做同样的实验,并得到了同样的结果,从此两人共同合作,他们将此新气体命名为氩(argon),其希腊文原意是“不活泼的、惰性的”。氩的发现在科学界引起了极大的反响。正当莱姆塞试图合成氩的化合物时,突然接到他的朋友的来信,说是有人从挪威产的一种钇铀矿里提取了氮,热衷于研究氩的莱姆塞怀疑所说的氮是氩,如果是氩的话,也许从那种矿物里能发现与氩相化合的某种元素。于是他赶紧找到了这种矿石,果然制得了一些气体。然而所说的氮仅是其中的一小部分,大部分是其他气体,根本没发现氩。当用分光器检验时,在黄色部位上出现了极为明显的光谱线,鲜艳的黄色本应是钠的光谱,但经过仔细观察,发现它与钠的黄色线稍有差别。这使他想起了一段往事,他童年时期的一次日全食,有位去印度观测的法国天文学家用分光器观测太阳表面的红色焰时也发现了这种奇怪的黄色线,当时认定是一种只存在于太阳上的元素,被命名为氦(helium)。莱姆塞将钇铀矿的气体所产生的黄色光谱同太阳光谱的观测记录对比,结果完全一致。氦元素实际上早就在地球上长眠了。氦的性质与氩极为相似,完全可以说是氩的兄弟元素。

在 1897 年的夏天,莱姆塞大胆预言,既然相对原子质量为 4 的氦和相对原子质量为 39.88 的氩被发现,那么,还会有相对原子质量为 20、约为 82 和 130 的性质相似的三个元素会被发现。莱姆塞决定邀请特拉维尔斯(M. Travers)为助手,亲自搜索这三种元素。由于它们与氩属于同族元素,他认为像氩那样从空气中寻找应是一条捷径。他接受了气体液化装置的发明者汉普生赠送的一公升液态空气,他小心翼翼地把液态空气气化,并按气化点地高低不同而分离了各种成分。氮首先气化,然后去掉氩和氦,再把最后气化的部分检查光谱,此时,在黄和绿的部位上闪烁出绮丽的线条,又是一个重大发现。这种气体的密度大于氩,被命名为氪(krypton)。接着,他再把自己从空气中分离出来的 15L 氩液化,在只剩下 11mL 的无色液体时,再像以前那样使其气化,终于在首先气化的部分中发现了新元素,在光谱的红、橙和黄的部位上出现了许多复杂的线条。经测定比重比氩小,命名为氖(neon)。莱姆塞另外准备出 30L 的液态空气,仍然小心谨慎地气化,再从最后气化的部分进行分离。当气体体积只剩下 12mL 时,发现了另外一种比氪的密度更大的气体。根据光谱分析认定又是一种新元素,随即命名为氙(xenon)。这三种新元素的相对原子质量和相对分子质量测定为:氖 20、氪 83、氙 130。这样莱姆塞的预言在 1898 年的夏天经他本人之手完全实现了。

莱姆塞 1852 年 10 月 2 日生于英国格拉斯哥市,1866 年进入格拉斯哥大学文学系学习,17 岁时因担任分析化学助手对化学产生浓厚兴趣，1870年留学德国，1872年获博士学位。1880年被聘为伦敦大学教授。他主要在有机化学、液体和气体的临界状态、稀有气体和放射性物质等方面取得了重要成果。由于他对人类的突出贡献，1888年被选为英国皇家学会主席。1895年获得戴维奖。1904年，他获得诺贝尔化学奖。莱姆赛不仅是一位科学家，而且还是一位语言大师。他精通英语、德语、法语和意大利语。1916年7月23日病逝。

化学知识拓展——氢能源

当今社会所用的能源如石油、天然气、煤等，均属不可再生资源，地球上存量有限。随着社会对能源需求的日益增长，这些不可再生资源也日益枯竭，并且这些能源引起的环境问题日渐严重。新的清洁能源开发迫在眉睫，氢正是人们期待的新绿色能源。

1. 氢能源的制备方法

1) 电解水制氢

电解水制氢是基于氢氧可逆反应：$2H_2O \xlongequal{} 2H_2 + O_2$，需消耗大量电能，每生产1kg氢需要消耗五六十度电，能耗太高，并不实用。

2) 光化学制氢

光络合催化分解水制氢是最近几年发展起来的一个新领域。光敏剂捕获太阳能而呈激发态，中继物从光敏剂获得激发态电子，然后迅速同水进行电子交换，还原水而得氢气。目前仅限于实验室规模。如果该方法可以投入大规模生产，将是能源界的一种世界性的变革。

3) 生物制氢

生物制氢技术可能成为未来能源制备技术的主要发展方向之一。生物制氢过程主要利用微生物在常温、常压下以含氢元素物质(包括植物淀粉、纤维素、糖等有机物及水)为底物进行酶生化反应来制得氢气。光合生物蓝细菌和绿藻可利用体内巧妙的光合结构转化太阳能为氢能，二者均可光裂解水产生氢气，是理想的制氢途径。厌氧光合细菌与蓝细菌和绿藻相比，其厌氧光合放氢过程不产生氧，故工艺简单，但研究和规模还基本处于实验室水平。

2. 氢能源的储存

1) 高压气态储氢

根据气体状态方程，对于一定量的气体，当温度一定时，升高压力会减小气体所占的体积，从而提高氢气密度，高压钢瓶储氢就是基于这一原理的一种常压的氢气储存方法。高压气态储氢是一种应用广泛、简单易行、技术相对成熟的储氢方式，而且成本低，充放氢速度快，在常温下就可以进行。但其缺点是需要厚重的耐压容器，并且消耗较大的氢气压缩功，存在氢气易泄露和容器爆炸等不安全因素。

2) 低温液态储氢

低温液态储氢具有较高的体积能量密度。常温、常压下液氢的密度为气态氢的845倍，其体积能量密度比压缩储存要高好几倍，与统一体积的储氢容器相比，其储氢质量大幅度提高。液氢储存工艺特别适合于储存空间有限的运载场合，如航天飞机的火箭发动机、汽车发电机和洲际飞行运输工具等。但由于液氢储存的装料和绝热不完善，容易导致较高的蒸发损失，因而技术复杂、储氢成本高，高度绝热的储氢容器是目前研究的重点。

3) 络合物储氢

分子氢可以和金属通过共价键结合在一起时，会被限制在晶格中，从而比气态和液态结合得更加紧密，提高了氢的能量密度。这为开发氢能源提供了新方向。研究发现，有些金属络合物单位体积贮氢的密度是相同温度、压力条件下气态氢的1000倍。在相对低压的环境中，甚至可以使氢的能量密度达到液态氢的150%。稀土系、镁系、钛系金属合金和钒基固溶体型合金是络合物储氢的重要备选材料。

4）有机物储氢材料

有机液体氢化物储氢技术是 20 世纪 80 年代国外开发的一种新型储氢技术，其原理是借助不饱和液体有机物与氢的一对可逆反应，即通过加氢反应和脱氢反应实现的。烯烃、炔烃和芳烃等不饱和有机物均可作为储氢材料。目前研究表明，苯、甲苯的脱氢过程可逆且储氢量大，是比较理想的有机储氢材料，该方法仍处于研究阶段。

3. 氢能源开发

1）氢内燃机

氢内燃机的基本原理与汽油或者柴油内燃机原理一样。氢内燃机是传统汽油内燃机的小量改动的版本。氢内燃机直接燃烧氢，不使用其他燃料。氢内燃机不需要任何昂贵的特殊环境或者催化剂就能完全做功，这样就不会存在造价过高的问题。氢内燃机由于其点火能量小，易实现稀薄燃烧，故可在更宽阔的工况内得到较好的燃油经济性。

2）氢燃料电池

目前氢能源的应用主要通过燃料电池来实现的。氢燃料电池发电的基本原理是电解水的逆反应，把氢和氧分别供给阴极和阳极，氢通过阴极向外扩散和电解质发生反应后，放出电子通过外部的负载到达阳极。氢燃料电池严格地说是一种发电装置，是把化学能直接转化为电能的电化学发电装置。而使用氢燃料电池发电，能量转换率可达 60%～80%，而且污染少，噪声小，装置可大可小，非常灵活。目前已有很多汽车厂商成功研究开发了氢燃料电池汽车。

3）核聚变

核聚变即氢原子核（氘和氚）结合成较重的原子核（氦）时放出巨大的能量的过程。核聚变反应是当前很有前途的新能源。参与核反应的氢原子核从热运动获得必要的动能而引起聚变反应。使核聚变发生在一定约束区域内，正是目前在进行试验研究的重大课题。受控热核反应是聚变反应堆的基础。聚变反应堆一旦成功，则可能给人类提供最清洁而又取之不尽的能源。

随着我国经济实力的增强，我国减排化石燃料有害气体的压力会越来越重。因此，集中优势力量发展清洁高效的氢能源也许是我国抢先进入氢经济，摆脱百年来科技和战略落后，走可持续发展的最佳切入点。氢能是未来人类最理想的能源，氢能研究的舞台是广阔的，研究开发氢能将大有作为。

习　题

1. 氢原子在化学反应中有哪些成键形式？
2. 稀有气体为什么不形成双原子分子？
3. 指出 BaH_2、SiH_4、NH_3、AsH_3、$PdH_{0.9}$ 和 HI 的名称和分类。室温下各呈何种状态？哪种氢化物是电的良导体？
4. He 在宇宙中的丰度居第二位，为什么在大气中的含量却很低？
5. 哪种稀有气体可以用作低温制冷剂？哪种稀有气体的离子势低，可以作放电光源需要的安全气？哪种稀有气体最便宜？
6. 什么是类盐型氢化物？哪类元素能形成类盐型氢化物？如何证明类盐型氢化物内存在 H^-？
7. 下列氢化物分别属于哪种类型？请讨论它们的物理性质。

$$PH_3, CsH, H_fH_{1.5}, B_2H_6$$

8. 填空题。

(1) $2XeF_2 + 2H_2O \longrightarrow 4HF + (\quad)$

(2) $3XeF_4 + 6H_2O \longrightarrow 2Xe + 3/2O_2 + 12HF + (\quad)$

(3) 氢的三种同位素的名称和符号是（　　），其中（　　）是氢弹的原料。

9. 为什么合成金属氢化物时总要用干法？在 298K、1.03×10^5 Pa 下，将 38kg 氢化铝与水作用，可以生成氢气多少升？

10. 如何纯化由锌与酸反应所制得的氢气？写出反应方程式。

11. 试用化学方程式表示氙的氟化物 XeF_6 和氧化物 XeO_3 的合成方法与条件。

12. 写出 XeO_3 在酸性介质中被 I^- 还原得到 Xe 的化学反应方程式。

13. 巴特利特用 Xe 与 PtF_6 作用，制得 Xe 的第一种化合物。在某次实验中 PtF_6 的起始压力为 9.1×10^{-4} Pa，加入 Xe 直至压力为 1.98×10^{-3} Pa，反应后剩余 Xe 的压力为 1.68×10^{-4} Pa，推算产物的化学式。

14. XeO_3 水溶液与 $Ba(OH)_2$ 溶液作用生成一种白色固体，此白色固体中各成分的质量分数分别为 71.75% 的 BaO、20.60%的 Xe 和 7.05%的 O。推算此化合物的化学式。

15. 应用价层电子对互斥理论推断 XeF_2 的分子结构。

16. 完成并配平下列反应方程式。

(1) $XeF_4 + ClO_3^- \longrightarrow$

(2) $XeF_4 + Xe \longrightarrow$

(3) $Na_4XeO_6 + MnSO_4 + H_2O \xrightarrow{\text{酸性}}$

(4) $XeF_4 + H_2O \longrightarrow$

(5) $XeO_3 + Ba(OH)_2 \longrightarrow$

(6) $XeF_4 + SiO_2 \longrightarrow$

（中南大学　易小艺）

第 14 章　碱金属和碱土金属

14.1　s 区元素概述

碱金属原子和碱土金属原子的最外层电子排布分别为 ns^1 和 ns^2，这两族元素构成了周期系 s 区元素。它们容易失去最外层 s 电子，化学性质活泼。大多数金属可形成离子型化合物，但在某些情况下仍显一定程度的共价性。锂和铍由于原子半径相当小，电离能高于其他同族元素，故形成共价键的倾向比较显著。

碱金属元素包括锂、钠、钾、铷、铯和钫 6 种元素，构成周期系的ⅠA 族。由于它们的氢氧化物都是易溶于水的强碱，所以称它们为碱金属元素。

碱土金属元素包括铍、镁、钙、锶、钡和镭 6 种元素，构成周期系的ⅡA 族。由于它们的氧化物属于“土性的”难熔物，故称碱土金属。钫和镭是放射性元素。

碱金属元素和碱土金属元素的基本性质列于表 14-1 中。在每一周期中碱金属的原子半径都是最大的。它们的次外层具有稳定的稀有气体原子电子层结构，对核电荷的屏蔽作用较大，所以碱金属元素的第一电离能在同一周期中最低。

表 14-1　碱金属和碱土金属元素的基本性质

元　素	锂	钠	钾	铷	铯	铍	镁	钙	锶	钡
元素符号	Li	Na	K	Rb	Cs	Be	Mg	Ca	Sr	Ba
原子序数	3	11	19	37	55	4	12	20	38	56
相对原子质量	6.941	22.99	39.098	85.47	132.9	9.012	24.305	40.08	87.62	137.3
价电子层结构	$2s^1$	$3s^1$	$4s^1$	$5s^1$	$6s^1$	$2s^2$	$3s^2$	$4s^2$	$5s^2$	$6s^2$
原子半径/pm	123	154	203	216	235	89	136	174	191	198
离子半径/pm	60	95	133	148	169	31	65	99	11	135
I_1/(kJ・mol^{-1})	520	496	419	403	376	900	738	590	550	503
I_2/(kJ・mol^{-1})	7 298	4 562	3 051	2 633	2 230	1 757	1 451	1 145	1 064	965
I_3/(kJ・mol^{-1})	11 815	6 912	4 411	3 900	—	14 849	7 733	4 912	4 210	—
电负性	0.98	0.93	0.82	0.82	0.79	1.57	1.31	1.00	0.95	0.89
$E^{\ominus}$/V	−3.045	−2.714	−2.925	−2.925	−2.923	−1.85	−2.36	−2.87	−2.89	−2.91
密度/(g・cm^{-3})	0.534	0.971	0.86	1.532	1.873	1.85	1.74	1.55	2.54	3.5
熔点/K	453.69	370.69	336.8	312.04	301.55	1 551	922	1 112	1 042	993
沸点/K	1 620	1 156	1 047	961	951.5	3 243	1 363	1 757	1 657	1 913
硬度	0.6	0.4	0.5	0.3	0.2	—	2.0	1.5	1.8	—

碱金属元素的原子很易失去一个电子而呈+1 氧化态，因此碱金属是活泼性很强的金属元素。碱金属元素具有很大的第二电离能，故它们难以出现其他氧化态。

碱土金属也是活泼性相当强的金属元素，但碱土金属原子比相邻的碱金属多了一个核电荷而使原子核对最外层的 s 电子的吸引作用增强了，其原子半径较同周期的碱金属也减少，所以碱土金属原子要失去一个电子比相应的碱金属难，其活泼性比碱金属也要差。碱土金属元素第三电离能很大，是第二电离能的 4～8 倍，故在通常的化学反应中难以再给出第三个电子。

随主量子数的增加，从上至下碱金属和碱土金属的原子半径依次增加，电离能和电负性依次减小。因此，它们的金属活泼性也从上至下依次增强。

14.2 s 区元素的单质

14.2.1 单质的物理性质和化学性质

1. 物理性质

由于碱金属原子只有一个价电子且原子半径较大，故金属键很弱，其熔点、沸点都很低。碱土金属不仅有两个价电子，而且比同周期碱金属的原子半径小，因此所形成的金属键比碱金属强，使得其熔点、沸点、密度和强度都高于碱金属。

碱金属和碱土金属的单质都具有金属光泽，有良好的导电性和延展性。除了铍和镁以外，其他金属都很软，可以用刀子切割。锂、钠和钾的密度很小，可以浮在水面上不下沉。

碱金属的一个重要特性是能形成液态合金，最重要的液态合金为钾钠合金，例如，由 77.2％的钾和 22.8％的钠组成的合金熔点仅为 260.7K。由于钾和钠的比热容很高，它们所形成的合金的重要应用之一是用作核反应堆的冷却剂。

金属铯原子半径大，最外层的 s 电子活泼性极高，当金属表面受到光照时，电子便可获得能量从表面逸出。利用铯的这一特性，它被用来制造光电管中的阴极。钠是一种很好的还原剂，但它的活泼性极强，其氧化还原反应十分剧烈乃至爆炸式进行，故不能将其直接作为还原剂。但将钠与汞制成钠汞齐后，就能大大降低钠的反应速率，因此，钠汞齐常被用作有机合成中的还原剂。

2. 化学性质

碱金属和碱土金属的电负性都较低，都是很活泼的金属元素，能直接或间接地与电负性较高的非金属元素，如卤素、硫、氧、磷、氮和氢等形成相应的化合物。

$$2Na + Cl_2 \xlongequal{\quad} 2NaCl$$

碱金属与氧气直接反应，除可生成氧化物外，还能生成过氧化物、超氧化物甚至臭氧化物；碱土金属的活泼性相对较弱，它们与氧气反应一般只生成氧化物和过氧化物。

除了铍和镁表面能形成致密的保护膜而对水稳定外，这两族的其他元素都容易与水反应。

$$2Na + 2H_2O \xlongequal{\quad} 2NaOH + H_2(g) \qquad \Delta_r H_m^{\ominus} = -281.8 kJ \cdot mol^{-1}$$

$$Ca + 2H_2O \xlongequal{\quad} Ca(OH)_2 + H_2(g) \qquad \Delta_r H_m^{\ominus} = -414.4 kJ \cdot mol^{-1}$$

碱金属与水的反应都十分猛烈，同一族自上而下剧烈程度升高，例如，钾、铷、铯遇水即发生燃烧甚至爆炸。

碱土金属与水的反应远没有碱金属剧烈，这是因为碱土金属的熔点一般都较高，不像钠、钾、铷和铯反应时能熔化成液体而导致反应加剧。另外，碱土金属的氢氧化物溶解度相对较小，它覆盖在金属固体表面能阻隔金属与水的接触，因此它们与水反应速率相对较为缓慢。

由于它们的强还原性，碱金属和碱土金属被广泛应用于有机合成和某些金属或非金属的制备。例如，在高温下，利用钠、镁和钙等作为还原剂，在真空或稀有气体保护下生产某些稀有金属或硅。

$$TiCl_4 + 4Na \xlongequal{\triangle} Ti + 4NaCl$$

$$ZrO_2 + 2Ca \xlongequal{\triangle} Zr + 2CaO$$

$$2Mg + SiO_2 \xlongequal{} 2MgO + Si \quad (高温)$$

$$2Mg + TiCl_4 \xlongequal{} 2MgCl_2 + Ti \quad (1070K)$$

3. 焰色反应

碱金属和碱土金属中钙、锶、钡等的化合物，在高温火焰中其电子易被激发至高能级。处于高能级上的电子不稳定，又会从较高能级跃迁回到低能级，其能量便以光能的形式释放出来，光的波长位于可见光范围内，因而使火焰呈现出相应的特征颜色，这一过程称为焰色反应。在分析化学中，常利用焰色反应来鉴定这些元素。碱金属和部分碱土金属的焰色列于表 14-2 中。

表 14-2　碱金属和部分碱土金属的焰色

离　子	Li^+	Na^+	K^+	Rb^+	Cs^+	Ca^{2+}	Sr^{2+}	Ba^{2+}
焰色	洋红	黄	紫	紫红	蓝	橙红	洋红	黄绿
波长/nm	670.8	589.6	404.7	629.8	459.3	616.2	707.0	553.6

利用碱金属和钙盐、锶盐、钡盐在灼烧时产生不同焰色的原理，可以制造各种焰火。例如，将硝酸锶或硝酸钡与氯酸钾和硫等以适当比例混合，可制成红色或绿色的信号弹；将碱金属或碱土金属的硝酸盐或氯酸盐配以镁粉、松香及火药，可得到各色焰火。例如，红色焰火的简单配方(质量分数)：$KClO_3$ 34%，$Sr(NO_3)_2$ 45%，炭粉 10%，镁粉 4%，松香 7%，绿色焰火配方(质量分数)：$Ba(ClO_3)_2$ 38%，$Ba(NO_3)_2$ 40%，S 22%。

14.2.2　s 区元素的存在和单质制备

1. 存在形式

由于碱金属和碱土金属的化学活泼性很强，它们不可能以单质的形式存在于自然界中，只能以盐或共生物的形式存在。在地壳中钙、钠、钾和镁的丰度均很高，在已发现的百多种元素中居于前十位以内。s 区元素的主要存在形式如下：

Li，存在的主要形式为锂辉石[$LiAl(SiO_3)_2$]。

Na，主要存在于海水 NaCl 和岩盐矿 NaCl，钠长石 Na[$AlSi_3O_8$]，芒硝 $Na_2SO_4 \cdot 10H_2O$，冰晶石 Na_3AlF_6 等矿物中，还存在于人体中，如 Na^+ 在人体血液中占 0.32%，在骨头中占 0.6%，在肌肉中占 0.6%～1.5%。

K，海水中含有大量 K^+，重要的矿物有钾长石 K[$AlSi_3O_8$]，光卤石 $KCl \cdot MgCl_2 \cdot 6H_2O$，钾盐镁矾 $KCl \cdot MgSO_4 \cdot 3H_2O$ 等。

铷和铯存在于钾矿中。钫(Fr)于 1939 年被发现，有放射性，不稳定。

Be，主要以绿柱石 $3BeO \cdot Al_2O_3 \cdot 6SiO_2$，硅铍石 Be_2SiO_4 存在。

Mg，主要以光卤石 $KMgCl_3 \cdot 6H_2O$，白云石 $CaMg(CO_3)_2$，菱镁矿 $MgCO_3$ 等形式存在。

Ca、Sr、Ba 主要存在于难溶的碳酸盐及硫酸盐矿物中，如方解石$CaCO_3$、碳酸锶矿 $SrCO_3$、

石膏 $CaSO_4 \cdot 2H_2O$、天青石 $SrSO_4$ 和重晶石 $BaSO_4$ 等。

2. 制备

由于碱金属和碱土金属的活泼性很强，通常只能用电解法、热还原法或金属置换法来制备相应的金属单质。

1) 电解熔融氯化钠制金属钠

以石墨为阳极，以铁为阴极，电解 NaCl 熔盐：

阳极 $$2Cl^- \longrightarrow Cl_2 + 2e^-$$

阴极 $$2Na^+ + 2e^- \longrightarrow 2Na$$

总反应 $$2NaCl \longrightarrow 2Na + Cl_2$$

Na 的沸点与 NaCl 的熔点相近，容易挥发失掉 Na，故要加 $CaCl_2$ 等助熔剂，降低电解质的熔点。例如，在氯化钠中加入氯化钙后，熔点由纯氯化钠的 1074K 降低至 873K。这样，在氯化钠熔化时，其温度远没有达到钠的沸点，因而可以防止钠的挥发。液态 Na 的密度小，浮在熔盐上面，易于收集，但由于助熔剂氯化钙的加入，难以获得纯钠，电解产物中有大约 1%的金属 Ca。

2) 热还原法

热还原法是制备碱金属或碱土金属单质的一种较为简便的方法。例如，用碳可以将碳酸钾中的钾还原成金属钾

$$K_2CO_3 + 2C \longrightarrow 2K + 3CO \qquad (1473K)$$

镁除了常用熔融的无水氯化镁进行电解制备外，工业上还采用一种氧化镁与碳或碳化钙的热还原法。例如

$$MgO(s) + C(s) \longrightarrow CO(g) + Mg(g) \qquad (高温)$$

在常温下，上述反应的 $\Delta_r G_m^\ominus > 0$，但 $\Delta_r S_m^\ominus > 0$，故高温下可能反应。根据吉布斯公式可估算出反应自发进行的温度为 2100K 以上。

3) 金属置换法

金属置换法主要用来制备 K、Rb、Cs 等金属。例如在高温下，用金属钠与无水氯化钾反应，可得到金属钾

$$KCl + Na \longrightarrow NaCl + K(g) \qquad (高温)$$

用 Ca 能置换 Rb

$$2RbCl(l) + Ca \longrightarrow CaCl_2 + 2Rb(g)$$

14.3 s 区元素的化合物

碱金属元素和碱土金属元素的电负性较小，容易失去最外层 s 电子，故它们的化合物大多数是离子型化合物。由于它们的活泼性很大，甚至可以将最外层 s 电子传送到氢原子上，使氢形成氢负离子。

这两族元素的离子很容易和水分子结合成稳定的水合离子 $M^+(aq)$ 和 $M^{2+}(aq)$，它们的碱和盐大多是强电解质。除 Be^{2+} 外，由于它们都是 8 电子构型，阳离子水解程度很小或基本上不水解。它们的水合离子都是无色的。

碱金属离子与同周期的碱土金属离子相比，其离子半径较大、电荷较少，其离子型化合物

的晶格能相对较小，故碱金属的氢氧化物和盐比碱土金属的氢氧化物和盐的溶解度大。

14.3.1 氧化物

碱金属与氧反应，生成物有氧化物（M_2O）、过氧化物（M_2O_2）、超氧化物（MO_2）和臭氧化物（MO_3）等。碱土金属同氧化合，一般生成氧化物。

1. 氧化物

当碱金属在空气中燃烧时，只有锂的主要产物是 Li_2O，而钠、钾、铷和铯的主要产物分别是 Na_2O_2、KO_2、RbO_2 和 CsO_2。在缺氧的条件下也可以制得除锂之外的其他碱金属的氧化物，但这种条件不易控制，生产上是通过碳酸盐、氢氧化物、硝酸盐或硫酸盐的热分解来制取。也可用碱金属还原其过氧化物、硝酸盐或亚硝酸盐来制备氧化物

$$Na_2O_2 + 2Na = 2Na_2O$$

$$2KNO_3 + 10K = 6K_2O + N_2$$

表 14-3 为碱金属和碱土金属氧化物的一些物理性质。

表 14-3 碱金属和碱土金属氧化物的一些物理性质（298K）

氧化物	Li_2O	Na_2O	K_2O	Rb_2O	Cs_2O	BeO	MgO	CaO	SrO	BaO
颜色	白	白	淡黄	亮黄	橙红	白	白	白	白	白
熔点/K	＞1973	1548(升华)	623(分解)	673(分解)	673(分解)	2803	3125	2887	2693	2191

由表 14-3 可以看出，这两族元素氧化物热稳定性或熔点的总趋势是从 Li 到 Cs、从 Mg 到 Ba 逐渐降低，其中氧化铍熔点反常是因为铍离子半径过小，极化作用大而使离子性的比例降低。碱金属氧化物的颜色随原子序数增加而变深，碱土金属的氧化物都是白色。

碱土金属离子带两个正电荷，离子半径较小，氧化物的晶格能较高，所以这些氧化物的熔点都很高。氧化镁的熔点高达 3125K，是一种优良的耐火材料。

除了经过煅烧的 BeO 和 MgO 难溶于水外，CaO、SrO 和 BaO 等与水反应猛烈，生成相应的氢氧化物并放出大量的热

$$CaO(s) + H_2O(l) = Ca(OH)_2(s) \qquad \Delta_r H_m^\ominus = -65.2 kJ \cdot mol^{-1}$$

$$SrO(s) + H_2O(l) = Sr(OH)_2(s) \qquad \Delta_r H_m^\ominus = -81.2 kJ \cdot mol^{-1}$$

$$BaO(s) + H_2O(l) = Ba(OH)_2(s) \qquad \Delta_r H_m^\ominus = -105.4 kJ \cdot mol^{-1}$$

由以上反应可知，碱土金属的氧化物都可以作为吸水剂，其中氧化钙（生石灰）最便宜，故是常用的吸水剂。

2. 过氧化物

除了铍未被发现有过氧化物外，其他碱金属和碱土金属都能生成含有 O_2^{2-} 的过氧化物，其中过氧化钠的实用价值最大。

过氧化钠是一种浅黄色的粉末，易吸潮，热稳定性高，加热至 773K 都不分解。它与水或稀酸作用，生成过氧化氢

$$Na_2O_2 + 2H_2O = H_2O_2 + 2NaOH$$

$$Na_2O_2 + H_2SO_4 = H_2O_2 + Na_2SO_4$$

实验室常用这种方法制备过氧化氢。

在潮湿的空气中，Na_2O_2 能吸收 CO_2 并放出 O_2

$$2Na_2O_2 + 2CO_2 \xlongequal{} 2Na_2CO_3 + O_2$$

利用这一特性，它被用作氧气发生剂，用于高空飞行或潜水时的供氧剂。

Na_2O_2 是一种强氧化剂，它能将一些金属氧化，例如，将其与一些不溶于酸的矿石共熔时，可使矿石氧化分解。在常温下过氧化钠几乎能把所有的有机物转化成碳酸盐，由于这一性质，Na_2O_2 被用作漂白剂。

当遇到 $KMnO_4$（在酸性溶液中）等强氧化剂时，Na_2O_2 表现为还原性。

工业上制备 Na_2O_2 的方法是将钠加热至熔化，通入一定量的除去 CO_2 的干燥空气，维持温度在 453～473K，先将钠氧化为 Na_2O，然后增加空气流量并迅速提高温度至 573～673K，即可制得 Na_2O_2

$$4Na + O_2 \xlongequal{453\sim473K} 2Na_2O$$

$$2Na_2O + O_2 \xlongequal{573\sim673K} 2Na_2O_2$$

其他元素的过氧化物都是用间接方法制得的。例如，制备 BaO_2 是在室温下以氨水为介质，使 $Ba(NO_3)_2$ 和 H_2O_2 作用

$$Ba(NO_3)_2 + 3H_2O_2 + 2NH_3\cdot H_2O \xlongequal{} BaO_2\cdot 2H_2O_2 + 2NH_4NO_3 + 2H_2O$$

然后加热到 383～388K，脱去 H_2O_2 而得到过氧化钡。

3. 超氧化物

将 K、Rb 或 Cs 与 O_2 反应，可得到红色 MO_2 晶体。超氧化钠的制备较困难，需要在高压（300×10^5 Pa）和 773K 下，用 Na_2O_2 和 O_2 反应才能得到 NaO_2，纯净的超氧化锂至今尚未制得。

O_2^- 的稳定性比 O_2 分子差，这可从分子轨道得到解释。O_2^- 的分子轨道式可表示为

$$KK(\sigma_{2s})^2(\sigma_{2s}^*)^2(\sigma_{2p_x})^2(\pi_{2p_y})^2(\pi_{2p_z})^2(\pi_{2p_y}^*)^2(\pi_{2p_z}^*)^1$$

可以看出，它有一个 σ 键和一个三电子 π 键，其结构为

$$[:\underset{\cdot\cdot}{O}\overset{\cdot\cdot\cdot}{—}\underset{\cdot\cdot}{O}:]^-$$

O_2^- 与 O_2 分子比较，少了一个三电子 π 键，因此其稳定性比 O_2 差。

超氧化物是一种很强的氧化剂，与水剧烈反应，释放出氧气和过氧化氢

$$2MO_2 + 2H_2O \xlongequal{} O_2(g) + H_2O_2 + 2MOH$$

超氧化物与二氧化碳反应放出氧气

$$4MO_2 + 2CO_2 \xlongequal{} 2M_2CO_3 + 3O_2(g)$$

利用这一特性，它们被用来除去 CO_2 和再生 O_2。由于 KO_2 较容易制备，故常被用于急救器中。

碱土金属超氧化物的制备较困难，需要在高压下将氧气通过加热的过氧化物 MO_2 来制备，而且得到的产品不纯。

4. 臭氧化物

将 K、Rb 或 Cs 的氢氧化物与臭氧 O_3 反应，可以得到它们的臭氧化物。例如

$$3KOH(s) + 2O_3(g) = 2KO_3(s) + KOH \cdot H_2O(s) + 1/2O_2(g)$$

用液氨重结晶，可得到橘红色晶体 KO_3。KO_3 不稳定，它将缓慢地分解成 KO_2 和 O_2。

臭氧化物和水反应剧烈，但不是形成过氧化物，而是生成氢氧化物和氧气。

$$4MO_3(s) + 2H_2O = 4MOH + 5O_2(g)$$

14.3.2　氢氧化物

碱金属和碱土金属的氢氧化物都是白色固体，很容易吸收空气中的水分而潮解，所以固体 NaOH 和 $Ca(OH)_2$ 可作为干燥剂。碱金属氢氧化物的溶解度都较大，而碱土金属的氢氧化物溶解度都较小。它们的溶解度从 Li 到 Cs、从 Be 到 Ba 依次递增，$Be(OH)_2$ 和 $Mg(OH)_2$ 是难溶氢氧化物。

除了 $Be(OH)_2$ 呈两性外，其余都是强碱和中强碱。

碱金属和碱土金属的氢氧化物能与许多物质反应。

1. 与酸进行中和反应

$$NaOH + HCl = NaCl + H_2O$$

2. 与非金属氧化物反应

氢氧化钠与酸性氧化物反应，生成盐和水，这类似于中和反应。例如，NaOH 吸收 CO_2 气体生成碳酸钠。

$$2NaOH + CO_2(g) = Na_2CO_3 + H_2O$$

因此，配制 NaOH 溶液时必须注意密封，以免吸收空气中的 CO_2，致使 NaOH 中含有 Na_2CO_3。

为了使配制的 NaOH 溶液不含有 Na_2CO_3，一般先用蒸馏水洗去固体氢氧化钠表面上的碳酸钠，然后制备浓度较大的 NaOH 溶液，静置较长一段时间后，将沉淀出来的 Na_2CO_3 滤去，得到的清液即为较纯的 NaOH 溶液。

NaOH 能与二氧化硅缓慢反应，生成可溶性硅酸盐

$$2NaOH + SiO_2 = Na_2SiO_3 + H_2O$$

因此盛放 NaOH 溶液的瓶子要使用橡皮塞子而不是玻璃塞子，以免长期存放后生成黏性很强的 Na_2SiO_3，把玻璃瓶塞和瓶口粘在一起。

3. 与具有两性的金属反应

反应生成相应的羟基化合物和氢

$$2Al + 2NaOH + 6H_2O = 2Na[Al(OH)_4] + 3H_2(g)$$

$$Zn + 2NaOH + 2H_2O = Na_2[Zn(OH)_4] + H_2(g)$$

4. 与非金属反应

例如，氢氧化钠与硼、硅等反应

$$2B + 2NaOH + 6H_2O = 2Na[B(OH)_4] + 3H_2(g)$$

$$Si + 2NaOH + H_2O = Na_2SiO_3 + 2H_2(g)$$

5. 使非金属发生歧化反应

例如，氢氧化钠等与卤素作用时，卤素发生歧化

$$X_2 + 2NaOH \xlongequal{} NaX + NaXO + H_2O$$

6. 与盐反应

$$NaOH + NH_4Cl \xlongequal{} NH_3\uparrow + H_2O + NaCl$$

实验室常利用此反应制备氨气。

NaOH 与一些过渡金属的盐反应时，常会使金属离子发生水解

$$6NaOH + Fe_2(SO_4)_3 \xlongequal{} 2Fe(OH)_3\downarrow + 3Na_2SO_4$$

利用该反应，可除去溶液中的杂质 Fe^{3+} 以纯化某些物质。

碱金属的氢氧化物具有强烈腐蚀性，能腐蚀衣服、玻璃、陶瓷以至极为稳定的金属铂，并能严重烧伤皮肤，尤其是眼睛的角膜。因此，制备或使用这类强碱时，要特别注意材料的选择和防护。例如，在熔融或加热浓的 NaOH 溶液时，要用银、镍或铁的容器，而不能用铂质的容器。

KOH 的性质与 NaOH 很相似，但价格比 NaOH 昂贵，除非有特殊需要，一般都使用 NaOH。

$Ca(OH)_2$ 有较强的碱性，其价格低廉，来源充足，故在生产中常用来调节溶液的 pH 或沉淀分离某些难溶的金属氢氧化物。由于 $Ca(OH)_2$ 溶解度小，往往是使用它的悬浮液(石灰乳)。

14.3.3 重要的盐类及其性质

1. 碱金属和碱土金属盐类溶解性的特点

人们在研究许多物质的溶解性之后发现，极性物质容易溶解在极性溶剂中，非极性物质则容易溶解在非极性溶剂中，于是总结出了“相似者相溶”的规律，但目前对物质的溶解性还没有一个很好的理论解释。例如，离子晶体易溶于强极性溶剂而几乎不溶于非极性溶剂的现象，就符合这个规律。

大多数碱金属和碱土金属盐在水中都有很大的溶解度，只有少部分盐难溶于水。表 14-4 为碱金属氟化物和碘化物的溶解度。表 14-5 为碱土金属某些难溶化合物的溶度积。

表 14-4 碱金属氟化物和碘化物的溶解度 (单位：$mol \cdot L^{-1}$)

离 子	Li^+	Na^+	K^+	Rb^+	Cs^+
F^-	0.1	1.1	15.9	12.5	24.2
I^-	12.2	118	8.6	7.2	2.8

表 14-5 碱土金属某些难溶化合物的溶度积 $K_{sp}^{\ominus}$

离 子	OH^-	F^-	SO_4^{2-}	CrO_4^{2-}
Be^{2+}	1.6×10^{-26}	—	—	—
Mg^{2+}	8.9×10^{-12}	8×10^{-8}	—	—
Ca^{2+}	1.3×10^{-6}	1.7×10^{-10}	2.4×10^{-5}	7.1×10^{-4}
Sr^{2+}	3.2×10^{-4}	8×10^{-10}	8×10^{-7}	3.6×10^{-5}
Ba^{2+}	5×10^{-3}	2.4×10^{-5}	1×10^{-10}	8.5×10^{-11}

人们研究了碱金属和碱土金属盐类的溶解度后，总结出了一些经验规律：阳离子电荷少、半径大的盐，其溶解度较大。例如，碱金属的氟化物比碱土金属的氟化物溶解度大。阴离子的半径较小时，盐的溶解度常随金属的原子序数的增大而增大，例如 CsF 的溶解度比 LiF 大得多；相反，阴离子的半径较大时，盐的溶解度常随金属的原子序数的增大而减少，例如 CsI 的溶解度比 LiI 小得多。

由于 F^-、OH^- 半径较小，其盐的溶解度按 Be→Ba 的顺序增大；而 SO_4^{2-}、CrO_4^{2-} 半径较大，其盐的溶解度则按 Be→Ba 的顺序减小。

此外还有一个规律：盐的正负离子半径相差较大时，其溶解度较大。相反，盐的正负离子半径相近时，其溶解度较小。

2. 钠盐和钾盐性质的差异

钠盐和钾盐性质很相似，它们的差别主要有以下三点：

(1) 溶解度。钠、钾盐的溶解度都较大，相对来说，除了 $NaHCO_3$ 的溶解度不大以外，钠盐比钾盐溶解度更大些。NaCl 的溶解度随温度的变化不大，它是常见钠盐中溶解性较特殊的盐。

(2) 吸湿性。钠、钾盐都有很强的吸湿性，但钠盐的吸湿性比相应的钾盐更强。因此，用于化学分析的标准试剂多用钾盐。例如，标定碱液浓度的基准试剂为邻苯二甲酸氢钾，标定还原剂溶液(例如碘化钾)浓度的基准试剂为重铬酸钾，配制炸药用的硝酸盐或氯酸盐是 KNO_3 或 $KClO_3$，而不用相应的钠盐。

(3) 结晶水。含结晶水的钠盐比钾盐多，如 $Na_2SO_4 \cdot 10H_2O$、$Na_2HPO_4 \cdot 10H_2O$ 等。

3. 晶形

绝大多数碱金属和碱土金属的盐是离子型晶体，晶体大多数属面心立方的 NaCl 型和简单立方的 CsCl 型结构，它们的熔点均较高。

由于 Li^+、Be^{2+} 离子半径较小，极化作用较强。若阴离子变形性大，则能形成相互极化，使相应的盐(如卤化物)具有较明显的共价性。例如，$BeCl_2$ 为典型的共价型化合物。Mg^{2+} 离子半径也较小，它的某些盐也具有一定的共价性。

4. 形成结晶水合物的倾向

碱金属盐类有形成结晶水合物的倾向，例如硫酸钠结晶时就常以 $Na_2SO_4 \cdot 10H_2O$ 的形式析出。一般来说，离子半径越小、所带电荷越多，它作用于水分子的电场越强，形成水合物的趋势也越大。因此几乎所有的锂盐都是水合物，钠盐约有 75%是水合物，钾盐有 25%是水合物，铷盐和铯盐仅有少数是水合盐。

常见碱金属盐类中，卤化物大多数是无水的，硝酸盐中只有锂盐形成水合物 $LiNO_3 \cdot H_2O$ 和 $LiNO_3 \cdot 3H_2O$。硫酸盐中也只有 $Li_2SO_4 \cdot H_2O$ 和 $Na_2SO_4 \cdot 10H_2O$($Na_2SO_4 \cdot 7H_2O$ 是介稳的)。碳酸盐中除 Li_2CO_3 无水合物外，其余的皆有不同形式的水合物，其水分子数列于表 14-6 中。

表 14-6 某些碱金属碳酸盐水合分子数

盐	Na_2CO_3	K_2CO_3	Rb_2CO_3	Cs_2CO_3
水合分子数	1,7,10	1,5	1,5	3,5

碱土金属盐也有形成水合物的倾向，但是不如碱金属盐多，比较常见的有 $BeCl_2 \cdot 4H_2O$、

$MgCl_2 \cdot 6H_2O$、$CaCl_2 \cdot 6H_2O$、$BaCl_2 \cdot 2H_2O$ 等。

5. 形成复盐的能力

除锂以外，碱金属盐尤其是硫酸盐和卤化物，具有形成复盐的能力。这些复盐有如下几种类型：

光卤石类。其通式为 $MCl \cdot MgCl_2 \cdot 6H_2O$，其中 M 为 K^+、Rb^+、Cs^+ 等，例如光卤石 $KCl \cdot MgCl_2 \cdot 6H_2O$。

矾类。其通式为 $MM(\text{Ⅲ})(SO_4)_2 \cdot 12H_2O$，其中 M 为碱金属离子，M(Ⅲ)为 Al^{3+}、Cr^{3+}、Fe^{3+} 等离子，如明矾 $KAl(SO_4)_2 \cdot 12H_2O$。

与矾类近似的硫酸盐，其中有＋2 价离子。其通式为 $M_2M(\text{Ⅱ})(SO_4)_2 \cdot 6H_2O$，M(Ⅱ)可为 Ni^{2+}、Co^{2+}、Fe^{2+}、Cu^{2+}、Zn^{2+}、Mn^{2+} 等，如人们较为熟悉的软钾镁矾 $K_2Mg(SO_4)_2 \cdot 6H_2O$。

6. 重要的盐

所有碱金属的盐类均无色。碱土金属的盐类也多为无色的离子晶体。

碱金属盐类一般都易溶于水，仅有六羟基合锑(Ⅴ)酸钠($Na[Sb(OH)_6]$)、乙酸铀酰锌钠[$NaZn(UO_2)_3(CH_3COO)_9 \cdot 6H_2O$]、四苯硼化物[$MB(C_6H_5)_4$]、六亚硝酸根合钴(Ⅲ)酸盐($M_3[Co(NO_2)_6]$)、高氯酸盐 $MClO_4$($M=K^+$、Rb^+、Cs^+)、氯铂酸盐(M_2PtCl_6)、氟化锂(LiF)、碳酸锂(Li_2CO_3)、磷酸锂($Li_3PO_4 \cdot 5H_2O$)及高碘酸铁钾锂($LiKFeIO_6$)等难溶。

除了氟化物、碳酸盐、磷酸盐和草酸盐外，碱土金属的硝酸盐、氯酸盐、高氯酸盐、醋酸盐及卤化物等都是易溶的。

在分析化学中，常利用碱土金属盐的溶解度不同进行沉淀分离和离子检测。例如，常用 $BaCl_2$ 溶液鉴定溶液中是否含有硫酸根离子。

在鉴定 Ca^{2+} 和 Ba^{2+} 时，可分别加入 $C_2O_4^{2-}$ 和 $Cr_2O_7^{2-}$，得到白色的 CaC_2O_4 沉淀和黄色的 $BaCrO_4$ 沉淀。

$$Ca^{2+} + C_2O_4^{2-} \xlongequal{} CaC_2O_4 \downarrow (\text{白色})$$

$$2Ba^{2+} + Cr_2O_7^{2-} + H_2O \xlongequal{} 2BaCrO_4 \downarrow (\text{黄色}) + 2H^+$$

卤化物中用途最广的是氯化钠。氯化钠除供食用外，还是制取金属钠、氢氧化钠、碳酸钠、氯气和盐酸等多种化工产品的基本原料。

卤化铍是共价型聚合物$(BeX_2)_n$，不导电，能升华，蒸气中存在 $BeCl_2$ 和$(BeCl_2)_2$ 分子。

无水氯化镁是制取金属镁的原料。光卤石和海水是取得氯化镁的主要资源。常温下氯化镁以 $MgCl_2 \cdot 6H_2O$ 形式存在，用加热水合物的方法不能得到无水盐，因为会发生水解：

$$MgCl_2 \cdot 6H_2O \xlongequal{} Mg(OH)Cl + HCl + 5H_2O \qquad (T > 408K)$$

氯化镁有吸潮性，普通食盐的潮解就是因为含有氯化镁。

无水氯化钙有很强的吸水性，是一种十分重要的干燥剂，由于它能与气态氨和乙醇形成加合物，所以不能用于干燥氨气和乙醇。氯化钙和冰的混合物是一种常用的制冷剂，可获得 218K 的低温。

氯化钡是一种常用于医药、灭鼠剂和鉴定硫酸根离子的试剂。氯化钡易溶于水。可溶性钡盐对人畜都有毒，对人致死量为 0.8g，切忌入口。

氟化钙称为萤石，是制取 HF 和 F_2 的重要原料，在冶金工业中用作助熔剂，也用于制作光学玻璃和陶瓷等。

卤磷酸钙 $3Ca_3(PO_4)_2Ca(F,Cl)_2$ 是一种荧光材料。在常用的荧光灯中涂有该物质和少量 Sb^{3+}、Mn^{2+} 的化合物。卤磷酸钙称为母体，Sb^{3+}、Mn^{2+} 为激活剂，用紫外光激发这些物质后，能发出荧光。

碳酸钠俗称苏打或纯碱，它是一种十分重要的化工原料。碳酸氢钠俗称小苏打，主要用于医药和食品工业。我国著名的化学家侯德榜发明了联合制碱法，即用饱和食盐水分段吸收二氧化碳和氨气，分别制得碳酸氢钠和氯化铵，煅烧碳酸氢钠便得到碳酸钠。

碳酸钙为无色斜方晶体，加热至 1000K 转变为方解石。将石灰石经机械粉碎后的碳酸钙细粉称为重质碳酸钙，市场上称为双飞粉。将石灰乳通入二氧化碳得到的碳酸钙，称为轻质碳酸钙。这两种碳酸钙都用在建筑和涂料上。

硝酸钾有较强的氧化性，是制造黑火药的主要原料。硝酸钾还是含氮和钾的优质化肥。

$Na_2SO_4 \cdot 10H_2O$ 俗称芒硝。由于它有很大的熔化热，是一种较好的相变储热材料。白天将它放在太阳底下，让它吸收太阳能而熔融，夜间放回屋内冷却结晶便释放出热能。无水硫酸钠俗称元明粉，大量用于玻璃、造纸、水玻璃、陶瓷等工业中，也用于生产硫化钠和硫代硫酸钠等。

二水合硫酸钙($CaSO_4 \cdot 2H_2O$)俗称生石膏，加热至 393K 左右，它部分脱水而成熟石膏 $CaSO_4 \cdot 1/2H_2O$

$$2CaSO_4 \cdot 2H_2O = 2CaSO_4 \cdot \frac{1}{2}H_2O + 3H_2O$$

这个脱水反应是可逆的，将熟石膏与水混合成糊状放置一段时间后，又会变成二水合硫酸钙盐，在生成二水合盐的过程中，会逐渐硬化并膨胀。利用这一原理，熟石膏常被用来制造模型、塑像、粉笔和石膏绷带等。石膏还是生产水泥和轻质建筑材料的原料之一。把石膏加热到 773K 以上可得无水石膏，它不能与水化合。

硫酸钡称为钡白，可作白色颜料，在橡胶、造纸工业中作白色填料。硫酸钡是唯一无毒的钡盐，能吸收 X 射线，被用作肠胃系统 X 射线造影剂。

七水硫酸镁为无色斜方晶体，加热至 350K 失去六分子水，在 520K 变为无水硫酸镁。它微溶于醇，不溶于乙酸和丙酮，主要用于媒染剂、泻盐、造纸、纺织、肥皂、陶瓷、油漆等工业上。

14.4　锂、铍的特殊性质——对角线规则

在周期表中有几对处于相邻两族的对角线上的元素，具有十分相似的性质。例如 Li 与 Mg，Be 与 Al，B 与 Si 等。这种元素性质的相似性称为对角线规则或斜线关系。

14.4.1　锂与镁的相似性

在ⅠA 族中，由于锂的半径最小，极化能力最强，表现出与同族 Na、K、Rb、Cs 等元素不同的性质，而与ⅡA 族里 Mg 的许多性质相似。例如 Li 在氧气中燃烧只生成 Li_2O，与 Mg 相似；Li、Mg 都可以与 N_2 直接化合生成氮化合物，其余碱金属不能；Li、Mg 的氟化物、碳酸盐、硫酸盐难溶，而其他碱金属无此性质；Li、Mg 的结晶水合氯化物，受热分解时发生水解。

14.4.2　铍与铝的相似性

ⅡA 族的 Be 也很特殊，其性质和ⅢA 族中的 Al 有些相近。例如，它们的氧化物和氢氧化物均显两性，而ⅡA 族其他氧化物和氢氧化物显碱性。两者的电极电势相近：$E^{\ominus}(Be^{2+}/Be)=$

$-1.7V$；$E^{\ominus}(Al^{3+}/Al)=-1.67V$。BeO 和 Al_2O_3 都具有高熔点和高硬度。$BeCl_2$ 和 $AlCl_3$ 都是缺电子的共价型化合物，在蒸气中以缔合分子状态存在。金属铍与铝都能被冷的浓硝酸钝化。它们的盐都易水解，高价阴离子的盐难溶。它们的碳化物属于同一类型，水解都生成甲烷

$$Be_2C+4H_2O=2Be(OH)_2+CH_4$$

$$Al_4C_3+12H_2O=4Al(OH)_3+3CH_4$$

对角线规则也体现在硼和硅的相似性方面。

硼和硅在单质状态下都显示一定的金属性。在自然界中都不以单质存在，而是以氧化物形式存在。B—O 键和 Si—O 键都有很高的稳定性。氢化物均有多种形式，且都具有挥发性，可自燃，易水解。卤化物都是路易斯酸，能彻底水解。硼和硅能生成多酸和多酸盐，其结构类似；正硼酸和正硅酸都是弱酸。氧化物和某些金属氧化共熔，生成含氧酸盐。

产生这种相似性的原因，主要是由于它们的离子势场相近，如 Li^+ 的离子半径小于 Be^{2+}，但 Be^{2+} 的电荷却高于 Li^+。

本章小结

本章概述了 s 区元素的电子结构特点和原子半径、电离能等原子性质的递变规律。介绍了 s 区元素的存在、单质的制备方法、物理性质和化学性质。

本章从结构特征阐述了该族元素的化学活泼性，介绍了 s 区元素与氧反应的产物规律和氢氧化物碱性的递变规律，介绍了重要盐类的晶形、溶解性、生成水合物和复盐的性质以及焰色反应特征。

本章还介绍了处于相邻两族对角线上的元素性质的相似性，即对角线规则或斜线关系。

Alkali metals and alkaline-earth metals are *s* block elements. The occurrences, isolations, and physical and chemical properties of *s* block elements were presented. Their characters of electron configurations, radii, and ionization energy were summarized in this chapter too.

The activities of the elements, and the reaction rules, hydroxides were introduced in this chapter. The crystal structures, solubility of their salts, and their characteristic color in a flame were discussed too.

The elements on the diagonal of two adjacent families in periodic table have similar properties. This is called diagonal law.

化学史话——光谱分析法与铯、铷的发现

光谱分析法的诞生源于本生灯的发明，此灯是德国化学家本生(R. W. Bunsen，1811—1899)1855 年来到海德堡大学不久发明的，它的温度高达 2300℃以上，被誉为科学史上的一把名剑。利用本生灯的高温可使各种物质受到强热而挥发，并能在本生灯的无色火焰上显示出颜色，如钾盐灼烧时为紫色，钠盐黄色，锂盐红色，钡盐黄绿色，铜盐蓝绿色。起初，本生认为，他的发现会使化学分析极为简单，只要辨别一下它们灼烧时的焰色，就可以定性地知道其化学成分。但后来研究发现，事情并不那么简单，因为在复杂物质中，各种颜色互相掩盖，使人无法辨别，特别是钠的黄色，几乎把所有物质的焰色都掩盖了。本生又试着用滤光镜把各种颜色分开，效果比单纯用肉眼观察好一些，但仍不理想。

1859 年，本生和本校的物理学家基尔霍夫(G. R. Kirchhoff，1824—1887)开始共同探索通过辨别焰色进行化学分析的方法。他们决定制造一架能辨别光谱的分光器。他们把一个三棱镜和两架直筒望远镜连在一起，一个接物镜用于定位，另一个接目镜用于观测，设法让光线通过狭缝进入三棱镜分光。这就是第一台光谱分析仪。这种最初的仪器虽说十分简易，但却能检出 1mg 的几十分之一以至几百万分之一的微量。他们利用此仪器分析各种金属的光谱，如某种金属的卤化物、氢氧化物、碳酸盐和硫酸盐等。本生在接物镜的一边灼烧各种化学物质，基尔霍夫在接目镜一边进行观察、鉴别和记录。他们发现：如果固定了某一种金属的话，则不论在什么场合下它的光谱都几乎无变化。在金属元素中，所生成的光谱最为显著的是钠、钾和锂等

碱金属，以及钙、锶和钡等碱土金属。他们还观测了其他许多重要金属的光谱。

关于未知元素，本生和基尔霍夫已经预想在锂、钠和钾一类元素中，可能存在第四个碱金属元素，并预言了该金属元素光谱的状况。果然，预言完全实现了，在一年后的 1860 年 5 月 10 日，在距离海德堡不远的狄克海姆矿泉水中，发现了新元素铯；用 40t 狄克海姆矿泉水只能制出 17g 氯化铯。它的光谱是闪烁着像蓝天一样的两条线，在已知元素的光谱中从未见到过，所以无疑是个新元素。在两年后的 1861 年 2 月 23 日在分析萨克森出产的锂云母矿时，又发现了第五个碱金属元素铷。铷光谱的辉线是在赤、黄、绿附近的两条赤色谱线，很优美和鲜明，也是已知元素中从未见过的。

此后，被称为"化学家神奇眼睛"的光谱分析法被广泛采用。铊、铟、镓、钪、锗等新元素的发现，都是光谱分析法的应用成果。最令人惊奇的是，本生和基尔霍夫创造的方法，可以研究太阳及其他恒星的化学成分，为以后天体化学的研究打下了坚实的基础。

基尔霍夫对物理学有很深的造诣，本生研究化学又成果卓著，是在化学史上具有划时代意义的少数化学家之一，他们二人携手合作，把光谱学的理论有效地转变为光谱分析法的实践，不但鉴别了许多已知的元素，而且还发现了新元素。1877 年，本生和基尔霍夫共同获得戴维奖。他们对荣誉、勋章、奖章都很淡漠，如本生曾对他的学生和朋友说："这些荣誉和奖章的价值，完全在于它们能使我的母亲感到高兴，可惜，她已经不在人世了。"

化学知识拓展——药物作用的靶点：钙离子通道简介

钙离子通道是一种跨越细胞膜的结构，严格控制钙离子进入细胞的过程。由于钙离子信号与很多重要生理功能相关，如心脏收缩和基因转录等，因此调节钙离子进入细胞的精确反馈机制就至关重要。为了实现这一功能，每个钙离子通道都与一个钙调蛋白分子(calmodulin，CaM)结合，从而通过钙离子与其羧基端小叶和氨基端小叶的结合实现对通道活性的调节。钙调蛋白与钙离子形成的复合物是构成钙离子感受器的重要原型，钙离子感受器与钙离子源密切相关。CaM 的羧基端小叶能感应局域的钙离子大幅振荡，而氨基端小叶则感应全局的较远距离源引起的钙离子小型改变。

由于钙离子通道种类繁多，目前依其功能特性一般分为电压操控性钙通道、受体操控性钙通道、钙池操控钙通道、牵张敏感性钙通道和漏流钙通道五类。钙离子通道对人体的生理机能产生重大的影响。

(1) 在人体心脏的兴奋和收缩偶联过程中，心肌细胞膜及肌浆网上的钙离子通道对胞浆游离 Ca^{2+} 浓度的平衡调节发挥重要作用。细胞膜电压敏感性 L 型钙通道激活后，少量 Ca^{2+} 进入胞浆，激活肌浆网上的 RyR_2 通道，使储存在肌浆网腔内的 Ca^{2+} 经 RyR_2 大量进入胞浆，触发细胞收缩。而肌浆网中 Ca^{2+} 的缓冲和储存必须有储钙蛋白 $CASQ_2$ 参与，$CASQ_2$ 与 RyR_2 形成的复合物是肌浆网释放 Ca^{2+} 所必需的。参与钙离子平衡调节的相关蛋白的基因突变可能导致严重的心律失常。

(2) 研究表明钙离子通道与癌细胞的增殖、血管生成、凋亡以及转移均有密切关系，但不同的钙通道类型对肿瘤进程的影响不能一概而论。钙离子通道分布广泛，同一个离子通道在正常细胞和肿瘤细胞中可能有不同的剪接变体，这可能提供新的治疗靶标。科学家们正在探索钙离子通道与肿瘤的相互关系，以钙离子通道为靶标进行癌症的诊疗将有所作为。

(3) 钙离子通道在精子功能中起着非常重要的作用。Ca^{2+} 通道的重要地位在人类受精作用研究中早已确立，但仍有许多问题有待解决，如精子 Ca^{2+} 通道的相互作用、分子结构和亚单位组成、各类型 Ca^{2+} 通道的动力学特征都有待深入研究。许多阴离子通道对 Ca^{2+} 的流动也起着重要的调节作用。随着生理学、分子生物学、精子蛋白质组学与其他学科的结合应用与发展，上述问题会逐渐解决。这些离子通道的研究为我们研究精子受精机制及精子相关疾病提供更多的帮助。

(4) 钙通道参与调控细胞的凋亡，钙稳态的变化可能与前列腺癌的发生、发展密切相关，钙通道有可能成为前列腺癌治疗的新的靶点。钙通道调节平滑肌的自发电活性，参与炎症因子的激活与释放。钙通道在对前列腺组织的电活动、分泌、炎症活动中均起到了重要的作用。

习 题

1. 试说明为什么 Be^{2+}、Mg^{2+}、Ca^{2+}、Sr^{2+}、Ba^{2+} 的水合热依次减弱。

2. 某酸性 $BaCl_2$ 溶液中含少量 $FeCl_3$ 杂质。如果用 $Ba(OH)_2$ 或 $BaCO_3$ 调节溶液的 pH，均可将 Fe^{3+} 沉淀为 $Fe(OH)_3$ 而除去。为什么？利用平衡移动原理进行讨论。
3. 金属钠是强还原剂。试写出它与下列物质的反应方程式。

$$H_2O,NH_3,C_2H_5OH,Na_2O_2,NaNO_2,MgO,TiCl_4$$

4. 写出过氧化钠和下列物质的反应式。

$$NaCrO_2,CO_2,H_2O,H_2SO_4(稀)$$

5. Rb_2SO_4 的晶格能是 1729kJ · mol^{-1}，溶解热是＋24kJ · mol^{-1}，试利用这些数据计算 SO_4^{2-} 的水合热(已知 Rb^+ 的水合热为－289.5kJ · mol^{-1})。
6. 写出以食盐为原料制备金属钠、氢氧化钠、过氧化钠、碳酸钠的过程，以及所涉及的化学反应方程式。
7. 试说明为什么碱土金属的熔点比碱金属的高，硬度比碱金属的大。
8. Na_2O_2 可作为潜水密闭舱中的供氧剂，这是根据它的什么特点？写出有关反应式。
9. 写出 M_2O、M_2O_2、MO_2 与水反应的方程式，并加以比较。
10. 镁在空气中燃烧所得的产物与水反应时放出大量的热，并能闻到氨的气味。写出有关反应式。
11. 说明为什么铍与其他非金属元素成键时，化学键带有较大的共价性，而其他碱土金属元素与非金属元素所成的键则带有较大的离子性。
12. 如何利用镁和铍在性质上的差别来区分和分离下列各组物质？
   (1) $Be(OH)_2$ 与 $Mg(OH)_2$ (2) $BeCO_3$ 与 $MgCO_3$ (3) BeF_2 与 MgF_2
13. 写出以重晶石为原料制备 $BaCl_2$、$BaCO_3$、BaO、BaO_2 的过程以及反应式。
14. 写出向 $BaCl_2$ 和 $CaCl_2$ 水溶液中分别加入碳酸铵，接着加入乙酸，再加入铬酸钾时的反应式。
15. 设用两种途径得到 NaCl(s)。用赫斯定律分别求算 NaCl(s)的 $\Delta_f H_m^\ominus$，并作比较(温度为 298K)。

(1) $Na(s)+H_2O(l)\longrightarrow NaOH(s)+\frac{1}{2}H_2(g)$ $\Delta_r H_m^\ominus=-140.89\text{kJ}\cdot\text{mol}^{-1}$

$\frac{1}{2}H_2(g)+\frac{1}{2}Cl_2(g)\longrightarrow HCl(g)$ $\Delta_r H_m^\ominus=-92.31\text{kJ}\cdot\text{mol}^{-1}$

$HCl(g)+NaOH(s)\longrightarrow NaCl(s)+H_2O(l)$ $\Delta_r H_m^\ominus=-177.80\text{kJ}\cdot\text{mol}^{-1}$

(2) $\frac{1}{2}H_2(g)+\frac{1}{2}Cl_2(g)\longrightarrow HCl(g)$ $\Delta_r H_m^\ominus=-92.31\text{kJ}\cdot\text{mol}^{-1}$

$Na(s)+HCl(g)\longrightarrow NaCl(s)+\frac{1}{2}H_2(g)$ $\Delta_r H_m^\ominus=-318.69\text{kJ}\cdot\text{mol}^{-1}$

16. 解释下列事实。
   (1) 尽管锂的电离能大于铯，但 $E_A^\ominus(Li^+/Li)$ 小于 $E_A^\ominus(Cs^+/Cs)$。
   (2) LiCl 能溶于有机溶剂，而 NaCl 不溶。
   (3) Li^+ 与 Cs^+ 相比，前者在水中有较低的迁移率和较低的电导性，这与 Li 的半径特别小是否矛盾？
   (4) 电解熔融的 NaCl 常加入 $CaCl_2$，试从热力学观点出发加以解释。
   (5) 在＋1 价阳离子中 Li^+ 有最大的水合能。
   (6) CsI_3 的稳定性高于 NaI_3。
   (7) 碱土金属比相应碱金属熔点高，硬度大。
   (8) 向悬浮于水中的草酸钙溶液中加入 EDTA 的钠盐时，草酸钙便发生溶解。
17. 用最简便的方法鉴别下列各组物质。
   (1) LiCl 与 NaCl (2) CaH_2 与 $CaCl_2$
   (3) NaOH 与 $Ba(OH)_2$ (4) $CaCO_3$ 与 $Ca(HSO_3)_2$
   (5) $NaNO_3$ 与 $Na_2S_2O_3$ (6) Li_2CO_3 与 CsCl
   (7) $BaSO_4$ 与 $BeSO_4$ (8) $CaCO_3$ 与 $Ca(HCO_3)_2$

(湘潭大学 邓建成；中南大学 周建良)

第15章　卤族元素

15.1　p区元素概述

周期系ⅢA～ⅦA族元素和0族元素，具有$ns^2np^{1\sim6}$的价电子层结构。除He以外，它们依次增加的电子都填充在np轨道上，因此被称为p区元素。

0族元素又称稀有气体，其价层电子构型为ns^2np^6。由于具有饱和结构，0族元素在原子半径、元素电负性及非金属性等方面，不符合同周期其他主族元素的递变规律。因此在讨论p区元素的相关性质及其变化规律等时，通常是指ⅢA～ⅦA族元素。

p区元素包括除氢以外的所有非金属元素和部分金属元素。同一周期的p区元素（除0族元素外）从左至右，随着原子序数的增加，原子半径减小，元素电负性增大，非金属性增强。

15.1.1　元素性质及变化规律

同族p区元素具有相同的价层电子构型，与s区元素相似，从上至下随着电子层数增加，元素的原子半径增大，电负性减小，非金属性减弱，金属性增强。例如ⅢA～ⅦA族元素都是从典型的金属元素开始，过渡到以典型的非金属元素结束。

与s区元素不同，同族p区元素的一些性质变化不是直线形递变，而是表现为折线与突变。这种突变主要表现在第二周期元素、第四周期元素和第六周期元素上。

1. 第二周期元素的反常性

对于p区元素来说，第二周期元素的反常性非常突出。

例如，通常单键键能自上而下依次递减，但第二周期元素氟的单键键能小于第三周期同族元素氯。这一现象与元素的原子结构有关。氟的价层结构为$2s^22p^5$，没有d轨道，在同族元素中原子半径最小。当形成F—F单键时，键长较短，原子中未成键电子对之间产生较强排斥作用，从而抵消了部分成键效果。

第二周期元素配合物的配位数较低，也是其反常性的表现之一。例如，ⅤA族元素氮、磷、砷、锑、铋中，第二周期元素氮只能形成三氟化物，其他元素都能形成五氟化物。这是因为第二周期元素原子的价层只有2s和2p轨道，没有d轨道参与杂化成键，而其他周期的原子，价层不仅有s、p轨道，还有d轨道可参与杂化，因此，它们可通过不同的杂化方式形成具有较高配位数的配合物。

2. 第四周期元素和第六周期元素的异样性

考察同族p区元素的一些性质的变化曲线，可以看到这些性质依次变化表现得不太规则，出现突变。例如，p区元素电负性与原子序数的关系，虽然随着原子序数和电子层数的增加，元素电负性呈减小趋势，但这一变化趋势的图形却是锯齿形而非直线形（图15-1）。

从图15-1中可见，元素电负性的突变之处在第四周期和第六周期。这种第四周期元素和第六周期元素对同族元素性质变化规律的影响，在其他相关性质上也有表现。有人将之称为

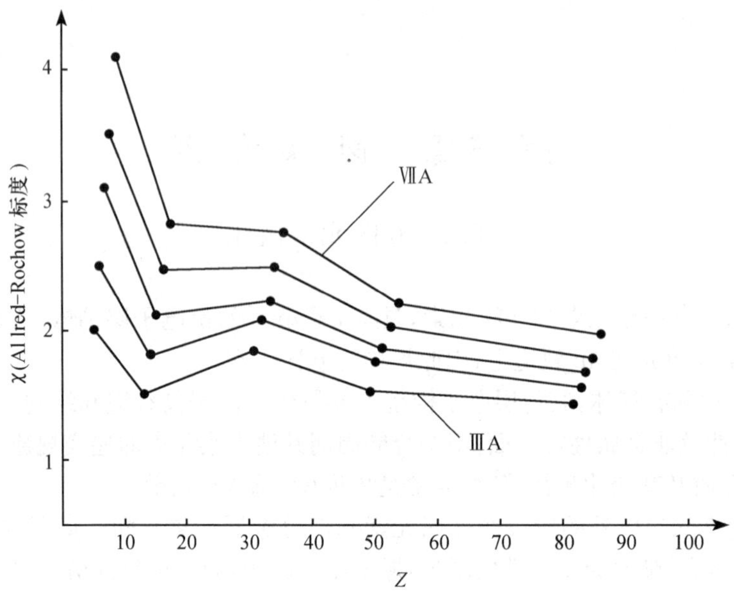

图 15-1 p 区元素电负性与原子序数的关系

第四周期元素和第六周期元素的“异样性”。

第四周期和第六周期元素的异样性是由元素的电子层结构变化引起的。

第四周期的 p 区元素与前几周期元素不同，电子填满 4s 轨道后，先填满 3d 轨道，再进入 4p 轨道，即在 s 区和 p 区之间出现了 d 区元素。d 区元素的插入使第四周期的 p 区元素与同周期 s 区元素相比，有效核电荷显著增大，原子半径显著减小。因此，p 区第四周元素的性质在同族中也显得比较特殊，表现出异样性，这就是所称的“第四周期元素的异样性”。例如，第四周期元素溴，其溴酸和高溴酸的氧化性就强于其他卤酸和高卤酸。

第六周期元素由于其价电子层又出现了 f 电子，原子结构再次突变，元素性质受到影响。镧系收缩对第六周期 p 区元素的性质也有所影响。

3. 二次周期性

从图 15-1 中还可看到，ⅢA～ⅦA 族元素的电负性变化为相似的折线，即变化规律具有相似性和周期性。通常所谓周期性是指各周期元素之间的规律性，而对 p 区元素不同主族之间的这种元素性质的周期性变化，被称为“二次周期性”。在后面章节的元素化合物的讨论中，二次周期性的例子还有很多，比如含氧酸的氧化还原性、卤化物的生成热等。

15.1.2 多种氧化数

p 区元素的价层结构为 $ns^2np^{1\sim5}$，它们可通过不同途径达到饱和结构，因此，大多数 p 区元素都有多种氧化数。在与活泼金属反应时，非金属元素形成具有稀有气体结构的离子，具有负氧化数。而在含氧酸和含氧酸盐中，它们又显正氧化数。由于非金属元素的原子可以利用部分或全部价层电子，故可有多个正氧化数。例如，氯有负氧化数(－1)和多个正氧化数(＋1、＋3、＋5 和＋7)。

对于 p 区元素，正氧化数化合物的稳定性不仅与氧化数的高低有关，而且与元素原子序数(或周期数)有关。同一主族从上往下，随着原子序数增大，高的正氧化数化合物的稳定性减小,低的正氧化数化合物的稳定性增大。

例如,ⅣA 族第三周期元素 Si 的高价(Ⅳ)化合物很稳定,如 SiO_2,而低价Si(Ⅱ)化合物却不稳定。同族第六周期元素 Pb 正好相反,其高价 Pb(Ⅳ)的化合物很不稳定,如 PbO_2 氧化性很强,容易被还原成稳定的低价 Pb(Ⅱ)的化合物。这种同族元素从上至下低氧化数化合物稳定性增大、高氧化数化合物稳定性减小的现象,称为"惰性电子对效应"。p 区ⅢA～ⅤA 族元素都有这种效应。

惰性电子对效应主要是由原子结构的变化引起的。随着原子序数的增加,即电子层数的增加,原子的价层结构相继出现了 d 电子和 f 电子,同族元素 ns^2 电子的活泼性逐渐减小,成键能力逐渐减弱。因此当周期数较大时,元素的高氧化数化合物比较容易得到 2 个电子,形成 ns^2 电子结构,从而转变为稳定性较大的低氧化数状态。

15.1.3　化合物的成键特征

由于大多数 p 区元素具有较大的电负性,因此它们大多形成共价型化合物。非金属元素虽然也可以形成离子型化合物,但成键时的共价性特征更为显著。在极性共价化合物中,电负性大的元素显负氧化数,电负性小的元素显正氧化数。例如 p 区元素的氢化物都是共价型化合物,其中氢的氧化数为+1,非金属元素为负氧化数。

15.2　卤　　素

卤族元素是周期系ⅦA 族元素,包括氟(fluorine,F)、氯(chlorine,Cl)、溴(bromine,Br)、碘(iodine,I)和砹(astatine,At)五种元素。"卤素"是成盐元素的意思。与同周期其他元素相比,它们的非金属性较强,容易与活泼金属形成典型的离子型化合物(盐)。其中,氟是周期表中非金属性最强的元素,碘有微弱的金属性,砹是放射性元素。

在自然界中卤素均以化合物形式存在。氟的主要矿物是萤石 CaF_2、冰晶石 Na_3AlF_6 和氟磷灰石 $Ca_5(PO_4)_3F$。氯主要以氯化钠形式存在于海水、盐湖中。溴主要存在于海水中,而碘则主要富集在某些海藻类植物内。砹在自然界中仅有微量,并短暂地存在于镭、锕或钍的蜕变产物中,已知它与碘十分相似。

卤族元素对人类十分重要。氯是人体必需的宏量元素,主要参与维持体液的渗透压和酸碱平衡等。氟、溴、碘则属于人体必需的微量元素。氟主要存在于牙齿、骨骼中。溴存在于人体各组织中。碘主要浓集于甲状腺中,参与甲状腺素的合成,具有促进生长的作用。碘对人尤其是生长发育期的婴幼儿十分重要。

15.2.1　卤素的通性

表 15-1 列出了卤素的一般性质。

表 15-1　卤素的一般性质

元　　素	氟(F)	氯(Cl)	溴(Br)	碘(I)
原子序数	9	17	35	53
相对原子质量	18.998	35.453	79.904	126.904
价电子层结构	$2s^22p^5$	$3s^23p^5$	$4s^24p^5$	$5s^25p^5$

续表

元素	氟(F)	氯(Cl)	溴(Br)	碘(I)
共价半径/pm	71	99	114	133
X^-半径/pm	136	181	195	216
电负性(Pauling)	3.98	3.16	2.96	2.66
第一电离能/($kJ \cdot mol^{-1}$)	1687	1257	1146	1015
电子亲和能/($kJ \cdot mol^{-1}$)	−328.0	−349.0	−324.7	−295.1
$\Delta_f H_m^\ominus(X^-, aq)$/($kJ \cdot mol^{-1}$)	−332.6	−167.2	−121.55	−55.2
$E^\ominus(X^2/X^-)$/V	2.866	1.3583	1.0662	0.5355
氧化数	−1	−1,+1,+3,+5,+7	−1,+1,+3,+5,+7	−1,+1,+3,+5,+7

卤素是典型的非金属元素。从电子层结构看,卤素原子的价层结构为ns^2np^5,获得1个电子就可达到稀有气体饱和结构,因此表现出强烈的得电子趋势。卤素是同周期中半径最小、电负性最大的元素。元素电负性按F、Cl、Br、I顺序依次减小,卤素单质的氧化性也依次减弱。从$E^\ominus(X_2/X^-)$也可以看出,在水溶液中F_2的氧化性最强,I^-的还原性最强。

卤素原子的第一电离能都比较大,说明它们失去电子的倾向都比较小,故一般难以形成+1价X^+。但碘原子由于半径较大,电负性较小,因此有可能失去电子形成+1价离子。例如,在配合物$[I(NC_5H_5)_2]^+$中存在比较稳定的I^+。

由于卤素的价电子层结构相似,所以元素性质十分相似,并且变化规律。例如,从氟到碘,元素的电负性、第一电离能、$E^\ominus(X_2/X^-)$、$\Delta_f H_m^\ominus(X^-, aq)$等依次减少。卤素的电子亲和能按氯、溴、碘顺序依次减小,但电子亲和能最大的不是氟,而是氯。氟的反常电子亲和能是元素"第二周期反常性"的表现。由于氟位于第二周期,在卤素中半径最小,电子密度较大,与电子结合时产生的斥力较大,其结合能被部分抵消,因此表现为氟释放的电子亲和能比氯的少。

卤素单质及其化合物在水溶液中氧化还原能力的大小可由元素电势图进行比较。图15-2列出了卤素在酸性溶液和碱性溶液中的标准电极电势。

15.2.2 卤素单质

1. 卤素单质的制备

1) 氟的制备

工业上通过电解无水氟化氢制备氟。由于无水氟化氢不能导电,故所用电解液需加入氟氢化钾KHF_2。电解反应为

阳极(无定形碳) $2F^- = F_2\uparrow + 2e^-$

阴极(铜) $2HF_2^- = H_2\uparrow + 4F^- - 2e^-$

实验室可通过分解含氟化合物制得少量氟。

$$K_2PbF_6 \xrightarrow{\triangle} K_2PbF_4 + F_2\uparrow$$

2) 氯的制备

氯可用电解NaCl水溶液、电解熔融盐和氧化法制备。

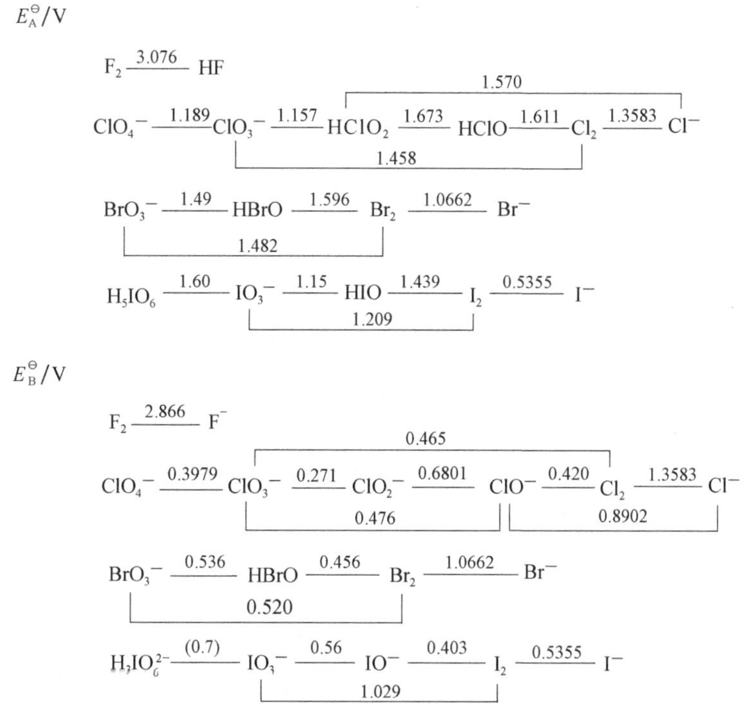

$E_A^{\ominus}/V$

$$F_2 \xrightarrow{3.076} HF$$

$$ClO_4^- \xrightarrow{1.189} ClO_3^- \xrightarrow{1.157} HClO_2 \xrightarrow{1.673} HClO \xrightarrow{1.611} Cl_2 \xrightarrow{1.3583} Cl^-$$

$$HClO_2 \xrightarrow{1.570} Cl^- \qquad ClO_3^- \xrightarrow{1.458} Cl_2$$

$$BrO_3^- \xrightarrow{1.49} HBrO \xrightarrow{1.596} Br_2 \xrightarrow{1.0662} Br^-$$

$$BrO_3^- \xrightarrow{1.482} Br_2$$

$$H_5IO_6 \xrightarrow{1.60} IO_3^- \xrightarrow{1.15} HIO \xrightarrow{1.439} I_2 \xrightarrow{0.5355} I^-$$

$$IO_3^- \xrightarrow{1.209} I_2$$

$E_B^{\ominus}/V$

$$F_2 \xrightarrow{2.866} F^-$$

$$ClO_4^- \xrightarrow{0.3979} ClO_3^- \xrightarrow{0.271} ClO_2^- \xrightarrow{0.6801} ClO^- \xrightarrow{0.420} Cl_2 \xrightarrow{1.3583} Cl^-$$

$$ClO_3^- \xrightarrow{0.465} Cl_2 \qquad ClO_3^- \xrightarrow{0.476} ClO^- \qquad ClO^- \xrightarrow{0.8902} Cl^-$$

$$BrO_3^- \xrightarrow{0.536} HBrO \xrightarrow{0.456} Br_2 \xrightarrow{1.0662} Br^-$$

$$BrO_3^- \xrightarrow{0.520} Br_2$$

$$H_3IO_6^{2-} \xrightarrow{(0.7)} IO_3^- \xrightarrow{0.56} IO^- \xrightarrow{0.403} I_2 \xrightarrow{0.5355} I^-$$

$$IO_3^- \xrightarrow{1.029} I_2$$

图 15-2　卤素的标准电极电势

工业上用电解 NaCl 水溶液的方法制取氯气。

$$2NaCl + 2H_2O \xrightarrow{电解} 2NaOH + Cl_2\uparrow + H_2\uparrow$$

实验室用强氧化剂($KMnO_4$、MnO_2 等)与盐酸反应,制取少量 Cl_2。例如

$$2KMnO_4 + 16HCl = 5Cl_2 + 2MnCl_2 + 2KCl + 8H_2O$$

$$MnO_2 + 4HCl(浓) = Cl_2 + MnCl_2 + 2H_2O$$

$$K_2Cr_2O_7 + 14HCl = 3Cl_2 + 2CrCl_3 + 2KCl + 7H_2O$$

3）溴和碘的制备

工业上利用海水来制取溴:将 Cl_2 通入海水,氧化其中的 Br^- 为 Br_2,用 Na_2CO_3 溶液吸收由空气吹出的 Br_2,使之歧化为 NaBr 和 $NaBrO_3$。再用 H_2SO_4 酸化溶液,便可得到重新析出的 Br_2。以上过程的相关反应如下:

$$Cl_2 + 2Br^- = Br_2 + 2Cl^-$$

$$3Br_2 + 3Na_2CO_3 = NaBrO_3 + 5NaBr + 3CO_2\uparrow$$

$$5Br^- + BrO_3^- + 6H^+ = 3Br_2 + 3H_2O$$

工业制碘是先将海藻灰化,再用水浸取并浓缩。然后用 H_2SO_4 酸化溶液,并加入氧化剂 MnO_2 来氧化 I^-,从而得到产品 I_2,即

$$2I^- + MnO_2 + 4H^+ = Mn^{2+} + I_2 + 2H_2O$$

实验室常用氧化法制备溴和碘。例如

$$2NaI + MnO_2 + 3H_2SO_4 = I_2 + MnSO_4 + 2NaHSO_4 + 2H_2O$$

2. 卤素单质的物理性质

在常温常压下,氟是浅黄色气体,氯是黄绿色气体,溴是红棕色液体,碘是紫黑色固体,并

带有金属光泽。氯容易被液化。在 293K、压强大于 6.7×10^{5} Pa 时，氯可从气态转化成液态。固态碘因其蒸气压较高而容易升华，利用这一性质可进行粗碘提纯和去除空气中的汞蒸气。

随着由氟到碘原子半径依次增加，卤素单质 X_2 的分子间力依次增大，使得 X_2 的一些物理性质呈现规律性变化，如熔点、沸点依次升高。

卤素单质都是非极性分子，易溶于非极性溶剂而难溶于极性溶剂。例如溴易溶于苯、四氯化碳等溶剂，溶液颜色随溶解度的增大而从黄色到红棕色逐渐加深。碘在苯、四氯化碳、二硫化碳等溶剂中，以未溶剂化的自由分子形式存在，因此呈现其蒸气本身的紫色。利用卤素单质在水中和非极性溶剂中溶解度的显著差别，可进行水溶液中卤素单质的萃取。

氟不溶于水而是与水激烈反应，使水剧烈分解，放出氧气。

$$2F_2 + 2H_2O \longrightarrow 4HF + O_2\uparrow$$

其他卤素单质在水中的溶解度都不大。20℃时氯、溴、碘的溶解度[$g\cdot(100gH_2O)^{-1}$]分别是 0.732、3.58 和 0.029，得到的水溶液分别称为氯水、溴水和碘水。

当水中有碘化钾或其他碘化物存在时，碘的溶解度明显增大。因为 I_2 与 I^- 结合形成多碘离子 I_3^-，并建立了以下平衡

$$I_2 + I^- \rightleftharpoons I_3^-$$

平衡的存在使溶液中总有 I_2 存在，所以多碘化物溶液的性质与碘水相同。根据价层电子对互斥理论，I_3^- 的中心原子价层共有 5 对电子(其中 2 对成键电子，3 对孤对电子)，因此其中心原子杂化轨道的空间构型为三角双锥，I_3^- 的空间构型为直线形。

卤素单质都有毒，其毒性从氟到碘依次减小。卤素单质的蒸气有刺激味，强烈刺激眼、鼻、口腔、气管等器官黏膜，产生窒息作用。单质氟最危险。液溴会严重灼伤皮肤并难以治愈。因此，在配制和使用卤素单质时应特别小心，要戴防护用具并在通风橱内进行。在生产、使用和运输过程中，要严防卤素单质泄漏。

3. 卤素单质的化学性质

卤素单质是活泼的非金属，在化学反应中表现出强烈的结合电子能力，所以强氧化性是卤素最突出的化学性质。卤素单质的氧化性从氟到碘依次减弱。

1) 与金属和非金属反应

氟在低温或高温下均可与所有金属直接反应，生成高价氟化物，并且反应十分剧烈。氯也可与所有金属反应。溴和碘在常温下只与活泼金属作用，与其他金属反应则需要加热。

氟、氯还可与除氧、氮和稀有气体以外的所有非金属单质直接化合。氟与非金属反应十分剧烈，甚至在低温下与碳、硅、硫、磷猛烈反应产生火焰。氯、溴的反应不如氟强烈。碘的反应活性则更弱，甚至不能和硫直接化合。

2) 与氢反应

氟在低温、黑暗条件下即可直接与氢化合，大量放热并引起爆炸。氯与氢气的反应在常温及散射光下缓慢进行。溴需要加热才能与氢反应。碘则在高温下才与氢作用，并同时发生 HI 分解。该反应是一个可逆过程。

3) 与水反应

卤素与水的反应主要有两种类型。

一类是氧化反应，放出氧气。反应式为

$$2X_2 + 2H_2O \longrightarrow 4H^+ + 4X^- + O_2\uparrow$$

氟与水的反应属于这一类。氟与水反应剧烈，发生燃烧。反应不仅生成氧气，同时还伴有少量氟化氧 OF_2、过氧化氢和臭氧生成。

另一类是氯、溴与水的反应——歧化反应

$$X_2 + 2H_2O = H_3O^+ + X^- + HXO \qquad (X = Cl, Br)$$

这类反应进行的程度与溶液的 pH 密切相关。碘的水溶液是稳定的。

4) 卤素间反应

由于不同卤素的氧化性和不同卤离子的还原性不同，卤素之间可以发生置换反应。氧化性较强的卤素单质在溶液中可以氧化还原性较强的卤离子。例如

$$3Cl_2 + KI + 6KOH = KIO_3 + 6KCl + 3H_2O$$

15.2.3　卤素的氢化物

1. 卤素氢化物概述

1) 概述

卤素的氢化物称为卤化氢，包括氟化氢 HF、氯化氢 HCl、溴化氢 HBr、碘化氢 HI。所有卤化氢都是无色气体，具有强烈刺激气味，在湿空气中产生烟雾。卤化氢是极性分子，易溶于水，其水溶液显酸性，称为氢卤酸。其中氢氯酸通常称为盐酸。

卤化氢的一些物理性质列于表 15-2 中。

表 15-2　卤化氢的物理性质

性　质	HF	HCl	HBr	HI
熔点/K	189.61	158.94	186.28	222.36
沸点/K	292.67	188.11	206.43	237.80
标准摩尔生成热/($kJ \cdot mol^{-1}$)	−271.1	−92.307	−36.4	+26.48
分解百分数(1273K)		0.014	0.5	33
气态分子核间距/pm	92	127.6	141.0	162
气态分子偶极矩/D	1.91	1.07	0.828	0.448
H—X 键能/($kJ \cdot mol^{-1}$)	569.0	431	369	297.1
溶解度(293K,101kPa)/%	35.3	42	49	57
表观电离度($0.1mol \cdot L^{-1}$, 291K)/%	10	92.6	93.5	95

从表 15-2 中可见，卤化氢的许多性质都呈现规律性变化。卤化氢是极性分子，随着从氟到碘元素电负性的减小，卤化氢的分子偶极矩、分子极性依次减小。HF 符合这些性质的变化规律，但与其他卤化氢相比，HF 数据的变化程度特别显著。例如，HF 核间距很小，偶极矩很大，生成时放热相当多，键能很大，难以解离等。这些都是由氟的结构特点引起的。另外，HF 在卤化氢中反常的熔点、沸点表现，与 HF 分子之间形成了氢键有关。

2) 恒沸溶液

各种氢卤酸都能形成恒沸溶液。在 101.3kPa 下蒸发浓盐酸(质量分数为 37%)时，主要挥发物质是溶质 HCl，溶剂水挥发较少。当蒸发到浓度为 20.24%(质量分数)后，不再有多余的 HCl 被蒸馏出来。即使继续加热，在蒸馏出来的蒸气和被蒸馏的溶液中，溶质 HCl 的质量分数都保持在 20.24%。此时溶液在恒定温度(110℃)下保持恒定组成，并保持沸腾。如果外

压不变,则溶液组成和沸点都不变。这种达到组成和沸点都不再变化状态的溶液称为恒沸溶液。恒沸溶液不是生成了确定组成的化合物,而是一个混合物体系。当外压改变时,体系的组成会发生相应变化,并伴有沸点的改变。

2. 氯化氢和盐酸

工业上常用氢气在氯气中燃烧的方法制取氯化氢

$$H_2(g) + Cl_2(g) = 2HCl(g) \qquad \Delta_r H_m^\ominus = -184.614(kJ \cdot mol^{-1})$$

氯化氢是无色气体、有刺激性的气味,在空气中发烟。氯化氢在水中的溶解度很大。通常条件下,1 体积水能吸收约 450 体积的氯化氢。氯化氢溶解时大量放热。1mol HCl 溶于水可放出 72.8kJ 热量。

盐酸是常用强酸。市售试剂盐酸的浓度为 37%(质量分数),物质的量浓度约为 $12mol \cdot L^{-1}$,相对密度 1.19。工业用盐酸的浓度约为 30%(质量分数),由于含有杂质(主要是 $FeCl_4^-$)而略带黄色。

盐酸的酸根是 Cl^-,它有两个显著特性:

1) 还原性

一些强氧化剂如 $KMnO_4$、$K_2Cr_2O_7$、MnO_2 等能将 Cl^- 氧化成 Cl_2,所以实验室常用盐酸和强氧化剂反应来制取 Cl_2。

2) 配位性

Cl^- 能和许多金属离子形成配离子。例如

$$Cu^{2+} + 4Cl^- = [CuCl_4]^{2-}$$

$$AgCl(s) + Cl^- = [AgCl_2]^-$$

当浓盐酸与 Al、Zn 等金属反应时,由于生成配离子而反应更容易进行。

$$Zn + 2H^+ + 4Cl^- = [ZnCl_4]^{2-} + H_2\uparrow$$

3. 氟、溴、碘的氢化物

1) 氟的氢化物

由于单质氟遇氢气在黑暗处便能发生爆炸,因此氟化氢不能用相应单质制取,而是利用萤石和浓硫酸反应来制备。

$$CaF_2 + H_2SO_4(浓) \xrightarrow{\triangle} CaSO_4 + 2HF\uparrow$$

氟化氢溶于水得到氢氟酸,它是一种弱酸,存在解离平衡

$$HF \rightleftharpoons H^+ + F^- \qquad K_1^\ominus = 6.9 \times 10^{-4} \qquad (15\text{-}1)$$

解离出来的 F^- 能与 HF 分子结合

$$HF + F^- \rightleftharpoons HF_2^- \qquad K_2^\ominus = 5.2 \qquad (15\text{-}2)$$

由于反应式(15-2)的存在,F^- 浓度减小,并导致平衡式(15-1)向右移动,因此 HF 的电离度随 HF 浓度的增大而增大。溶液总的平衡关系式为

$$2HF \rightleftharpoons H^+ + HF_2^- \qquad K^\ominus = K_1^\ominus K_2^\ominus = 3.6 \times 10^{-3} \qquad (15\text{-}3)$$

当氢氟酸的浓度增大时,平衡式(15-3)向右移动,H^+ 浓度随之增大,溶液酸性随之增强。

氢氟酸能与二氧化硅或硅酸盐反应生成气态 SiF_4,反应式为

$$SiO_2 + 4HF = 2H_2O + SiF_4\uparrow$$

$$CaSiO_3 + 6HF \xlongequal{} CaF_2 + 3H_2O + SiF_4\uparrow$$

故氢氟酸可用来刻蚀玻璃或溶解硅酸盐。在定量分析中利用氢氟酸来测定样品中的 SiO_2 含量。

氢氟酸具有强烈的腐蚀性和毒性，使用时需戴胶皮手套防护并在通风橱内操作，注意千万不要沾到皮肤上。

2）溴和碘的氢化物

制取溴化氢和碘化氢，可采用无氧化性的浓磷酸与相应的卤化物反应。

$$NaX + H_3PO_4 \xlongequal{} NaH_2PO_4 + HX\uparrow \qquad (X = Br, I)$$

实验室制取溴化氢和碘化氢，更常用的方法是把溴逐滴加到磷和少许水的混合物上，或把水滴加到磷和溴的混合物上。

$$2P + 3Br_2 + 6H_2O \xlongequal{} 2H_3PO_3 + 6HBr\uparrow$$

$$2P + 3I_2 + 6H_2O \xlongequal{} 2H_3PO_3 + 6HI\uparrow$$

溴化氢和碘化氢溶于水分别得到氢溴酸和氢碘酸，它们都是强酸。

4. 卤化氢性质的比较

氢卤酸在水溶液中能够电离出氢离子和卤离子，因此酸性和卤离子的还原性是氢卤酸的主要化学性质。

1）氢卤酸的酸性

氢卤酸（除氢氟酸外）都是强酸，而且酸的强度按 HCl、HBr、HI 的顺序增强。这一酸性强度变化规律可以通过计算氢卤酸解离反应的标准吉布斯自由能变 $\Delta_r G_m^\ominus$ 加以说明。与其他氢卤酸不同，氢氟酸的酸性相当弱。在很浓的 HF 水溶液（$5\sim15mol\cdot L^{-1}$）中 HF 的酸性增强。

2）卤离子的还原性

卤化氢和氢卤酸的还原能力按 HF、HCl、HBr、HI 的顺序增强。氢碘酸在室温下就可以被空气中的氧气所氧化。

$$4H^+ + 4I^- + O_2 \xlongequal{} 2I_2 + 2H_2O$$

氢溴酸和氧的反应进行得很慢。盐酸不能被氧气所氧化，但能被强氧化剂 $KMnO_4$、$K_2Cr_2O_7$、MnO_2 等氧化。氢氟酸不具有还原性。

3）卤化氢的热稳定性

卤化氢的热稳定性变化十分规律，表现为 HF＞HCl＞HBr＞HI。HF 的分解温度高于1000℃，而 HI 在 300℃时就明显分解。卤化氢热稳定性的这种变化趋势可以用键能予以解释。从表 15-2 中的数据可见，卤化氢键能的大小顺序为 HF＞HCl＞HBr＞HI。卤化氢的键能越大，其标准摩尔生成热越负，卤化氢的热稳定性越大。

15.2.4　卤化物和多卤化物

1. 卤化物

卤化物是指卤素与电负性比它小的元素形成的二元化合物。卤素可以与除 He、Ne、Ar 以外的所有元素形成卤化物，因此卤化物是一类重要的无机化合物。

卤化物通常按另一元素的类型分为金属卤化物和非金属卤化物。另外还可按成键类型分为离子型卤化物和共价型卤化物。

1）金属卤化物

金属卤化物有离子型和共价型两种。离子型金属卤化物具有盐类的一般特征，熔点、沸点较高，其水溶液或熔融状态能够导电。共价型金属卤化物一般熔点、沸点较低，易挥发，熔融状态下不能导电，并易溶于非极性溶剂。

(1) 成键类型。金属卤化物的成键类型与金属和卤素的电负性、离子半径、电荷以及离子的电子层结构等因素有关。金属卤化物键型的变化会引起其熔点、沸点、溶解度等性质的相应变化。

金属卤化物成键类型的变化表现出以下规律：

(i) 周期表从左往右，卤化物的离子性减弱，共价性增强。碱金属、碱土金属(除 Be 外)卤化物都是离子型卤化物，这与碱金属和碱土金属元素电负性较小、离子半径较大以及它们的电子层结构有关。

同一周期元素从左往右，其卤化物的离子性依次减弱，共价性依次增强，熔点、沸点依次降低(表 15-3)。因为从左往右阳离子的有效核电荷数依次增加，半径依次减小，阳离子极化力逐渐增强，使卤化物从离子型向共价型过渡。

表 15-3　同周期元素氯化物的熔点、沸点

	$LiCl$	$BeCl_2$	BCl_3	CCl_4
熔点/℃	613	415	−107	−22.9
沸点/℃	1360	482.3	12.7	76.7
	$NaCl$	$MgCl_2$	$AlCl_3$	$SiCl_4$
熔点/℃	800.8	714		−68.8
沸点/℃	1465	1412	118(升华)	57.6
	KCl	$CaCl_2$	$ScCl_3$	$TiCl_4$
熔点/℃	771	775	967	−25
沸点/℃	1437	约 1940	1342	136.4
	$RbCl$	$SrCl_2$	YCl_3	$ZrCl_4$
熔点/℃	715	874	721	437(2.5MPa)
沸点/℃	1390	1250	1510	334(升华)
	$CsCl$	$BaCl_2$	$LaCl_3$	
熔点/℃	646	962	852	
沸点/℃	1300	1560	1812	
氯化物类型	——离子型——			——共价型——

资料来源：大连理工大学无机化学教研室. 2006. 无机化学. 5 版. 北京：高等教育出版社

(ii) 同一金属的不同卤化物，按周期表从上往下离子性减弱、共价性增强。金属氟化物主要是离子型卤化物。金属氟化物的熔点、沸点比其他卤化物都高。例如，NaF 的熔点、沸点高于其他卤化钠(表 15-4)。因为卤素中氟的电负性最大，氟离子半径最小，极化率最小，故易形成离子型卤化物。

表 15-4　卤化钠、卤化铝的熔点和沸点

卤化钠	熔点/℃	沸点/℃	卤化铝	熔点/℃	沸点/℃
NaF	996	1704	AlF_3	1090	1272(升华)
$NaCl$	800.8	1465	$AlCl_3$		181(升华)

续表

卤化钠	熔点/℃	沸点/℃	卤化铝	熔点/℃	沸点/℃
NaBr	755	1390	$AlBr_3$	97.5	253(升华)
NaI	660	1304	AlI_3	191.0	382

资料来源:大连理工大学无机化学教研室. 2006. 无机化学. 5 版. 北京:高等教育出版社

由于卤素从氟到碘半径依次增大,阴离子极化率显著增强,同一金属的不同卤化物,按周期表从上往下,卤化物的离子性依次减弱,共价性依次增强,熔点、沸点依次降低(表 15-4)。当金属离子极化力较强时这种变化更为明显,所形成的金属卤化物由离子键过渡到共价键。

例如,AlF_3 是离子型卤化物,而 AlI_3 是共价型卤化物。AlF_3 的熔点、沸点远远高于其他卤化铝。由于 $AlCl_3$、$AlBr_3$、AlI_3 都属于共价型卤化物,因此它们的熔点、沸点较低(AlI_3 的熔点高于 $AlBr_3$,是因为相对摩尔质量增大使分子间力增强)。

卤化银的形成也表现出这一键型变化规律。由于 Ag^+ 半径较大,并具有 18 电子构型,极化力和极化率都较强,因此 Ag^+ 与卤离子的极化作用从 F^- 到 I^- 依次增强,键型由典型的离子键过渡到典型的共价键。

(iii) 同一金属离子处于低氧化数时的卤化物,其离子性高于处于高氧化数时的卤化物。例如,$SnCl_2$ 为晶体,熔融状态能够导电,而 $SnCl_4$ 常温下为液体。$FeCl_2$ 的熔点、沸点分别是 677℃和 1024℃,而 $FeCl_3$ 的熔点、沸点却分别是 304℃和约 316℃。

金属离子的氧化数越高、半径越小,其卤化物的共价性越明显,熔点、沸点越低。这一现象与氧化数升高时金属离子的极化力增强有关。

(2) 溶解性。金属卤化物溶解度的大小与金属离子和卤素离子的结构、相互极化作用等因素有关。

金属卤化物中的钠盐、钾盐和氨盐都易溶于水。NaF、NaCl、KBr、KI 和 NH_4Cl 等溶液都是实验室的常用试剂。

大多数金属卤化物易溶于水。氯化物、溴化物和碘化物的溶解性十分相似,它们中除某些极化力较强、极化率较大的金属离子的卤化物,如 AgX、CuX、PbX_2、PtX_2、Hg_2X_2(X=Cl、Br、I)和 HgI_2 外,其他金属卤化物都易溶于水。实验室中常用 $MgCl_2$、$CaCl_2$、$BaCl_2$、$FeCl_3$、$AlCl_3$ 等溶液作为提供相关金属离子的试剂。

氟化物的溶解性与相应的氯化物、溴化物和碘化物相反,AgF 易溶于水,而 MgF_2、CaF_2、SrF_2、BaF_2、AlF_3 等却难溶于水。这种溶解性的差别与金属卤化物的键型有关。F^- 半径小,在极化力较强的重金属卤化物中,F^- 几乎不被极化,因此,AgF 是离子型卤化物,溶解度较大。

(3) 水解性。高价金属卤化物容易发生水解。不同的高价金属卤化物,水解程度可能不同,因此其水解产物可为不同形式。例如:

$$FeCl_3 + 3H_2O \xlongequal{} Fe(OH)_3\downarrow + 3HCl$$

$$SnCl_2 + H_2O \xlongequal{} Sn(OH)Cl\downarrow + HCl$$

$$MCl_3 + H_2O \xlongequal{} MOCl\downarrow + 2HCl \quad (M = Sb, Bi)$$

$$TiCl_4 + (n+2)H_2O \xlongequal{} TiO_2 \cdot nH_2O\downarrow + 4HCl$$

(4) 配位反应。卤离子能与很多金属离子形成配合物。F^- 半径小,电负性大,容易通过静电引力与电荷高的阳离子形成稳定的配离子。这些配离子通常具有较高的配位数,如 AlF_6^{3-}、FeF_6^{3-} 等。Cl^-、Br^-、I^- 也能形成金属配合物。由于能形成配离子,故一些难溶金属卤

化物在有过量 X^- 存在时能发生溶解。例如

$$CuCl(s) + Cl^- \longrightarrow CuCl_2^-$$

$$HgI_2(s) + 2I^- \longrightarrow HgI_4^{2-}$$

金属卤化物已被广泛应用于生产和日常生活之中。例如，含金属卤化物的金卤灯，由于发光效率高、节能环保等优点，已被广泛使用。

2）非金属卤化物

卤素与 B、C、N、Si、P、As 等非金属元素都能形成非金属卤化物。非金属卤化物是共价型卤化物，如 BF_3、CCl_4、NF_3、$SiCl_4$、PCl_5 等以及人工合成的氙的氟化物（XeF_2、XeF_4、XeF_6 等）。电负性最大的 F 可使与之成键的非金属元素获得最高正氧化数，如 SF_6、H_2SiF_6 等。而与电负性较小的卤素元素成键时，非金属元素的氧化数可能较低，如 SCl_4、SBr_2 等。

非金属卤化物的固态是分子晶体，其熔点、沸点低于金属卤化物。对于同一非金属元素，其卤化物的熔点、沸点按 F-Cl-Br-I 的顺序依次升高。例如室温下 SiF_4 是气体，$SiCl_4$ 和 $SiBr_4$ 是液体，而 SiI_4 是固体。

与金属卤化物相似，大部分非金属卤化物容易水解。例如

$$BF_3 + 3H_2O \longrightarrow H_3BO_3 + 3HF$$

$$PBr_3 + 3H_2O \longrightarrow H_3PO_3 + 3HBr$$

$$PCl_5 + 4H_2O \longrightarrow H_3PO_4 + 5HCl$$

$$SiCl_4 + 3H_2O \longrightarrow H_2SiO_3 + 4HCl$$

非金属元素也可与卤素离子形成配合物，如 H_2SiF_6。

3）制备

（1）干法制备。许多卤化物容易发生水解，因此它们不能由溶液反应制取，必须用干法制备。

干法制备主要有两种方法：一是直接化合。例如

$$2Al + 3X_2 \longrightarrow 2AlX_3 \quad (X = Cl, Br, I)$$

$$Si + 2Cl_2 \longrightarrow SiCl_4$$

二是用氧化物与卤素、碳反应。例如

$$TiO_2 + 2Cl_2 + 2C \longrightarrow TiCl_4 + 2CO$$

$$B_2O_3 + 3X_2 + 3C \xrightarrow{\triangle} 2BX_3 + 3CO \quad (X = Cl, Br, I)$$

（2）湿法制备。湿法制备是用金属、氧化物或盐与氢卤酸反应。例如

$$Zn + 2HCl \longrightarrow ZnCl_2 + H_2\uparrow$$

$$SiO_2 + 4HF \longrightarrow 2H_2O + SiF_4\uparrow$$

$$AgNO_3 + HCl \longrightarrow AgCl\downarrow + HNO_3$$

2. 多卤化物

多卤离子的通式为 $X_mY_nZ_p^-$，其中 X、Y、Z 表示卤素原子，$m+n+p$ 可以为 3、5、7、9。多卤化物可由同种卤素形成（如 I_3^-），也可由不同卤素形成（如 ICl_2^-、IBr_2^-、I_2Cl^-、$BrCl_2^-$、$IBrCl^-$ 等）。多卤离子 $X_mY_nZ_p^-$ 的空间构型为直线形，其中电负性较大的元素位于多卤离子的结构中心。成键过程中，中心原子的价层 d 轨道参与杂化。例如，I_2 溶于 KI 溶液时形成多卤离子 I_3^-。I_3^- 为直线形构型，中心原子采取了 sp^3d 杂化。

15.2.5　卤素的含氧化合物

1. 卤素的含氧化合物

由于氟的电负性比氧大，所以氟和氧的二元化合物(如二氟化氧 OF_2)被称为氧的氟化物，而不是氟的氧化物。

除氟以外，其他卤素元素的电负性都小于氧，它们都能生成氧化物、含氧酸以及含氧酸盐。从元素电势图可以看到，卤素含氧化合物的 $E^{\ominus}$ 值都是正值，这表明卤素含氧化合物都具有较强的氧化性，因此它们大多不稳定或不太稳定。

同一卤素的含氧化合物稳定性的大小顺序是：含氧酸盐＞含氧酸＞氧化物。卤素氧化物较不稳定，氧化性较强，而含氧酸盐则稳定性较大。

2. 各类卤素含氧酸根的结构

据报道，氟只形成次氟酸 HOF。氯、溴、碘可与氧分别形成次卤酸 HXO、亚卤酸 HXO_2、卤酸 HXO_3 和高卤酸 HXO_4(高碘酸 H_5IO_6)，并生成相应的含氧酸盐。

在卤素含氧酸根 XO^-、XO_2^-、XO_3^- 和 XO_4^-(除 $H_2IO_6^-$)中，卤素原子采取 sp^3 杂化与氧原子成键，杂化轨道空间构型为四面体结构。由于这些离子中卤素原子结合的氧原子数目不同，因此离子的空间构型不同。随着结合的氧原子数目增加，XO^-、XO_2^-、XO_3^- 和 XO_4^- 的空间构型分别为直线形、V 形、三角锥形和正四面体。图 15-3 为氯的各种含氧酸根离子的空间构型。

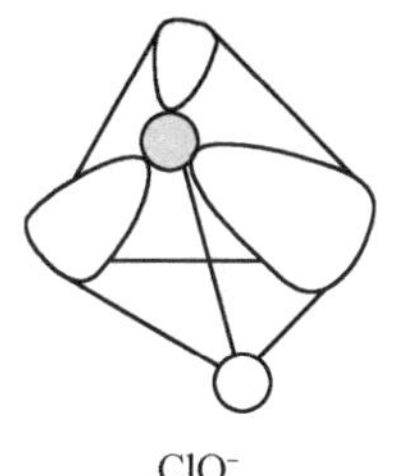
ClO^-

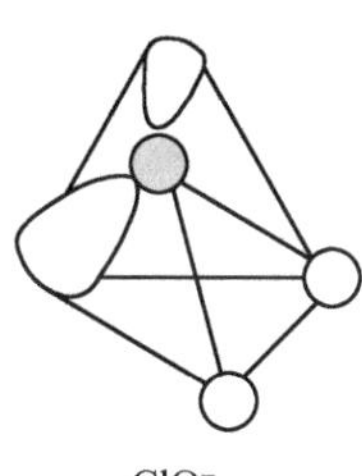
ClO_2^-

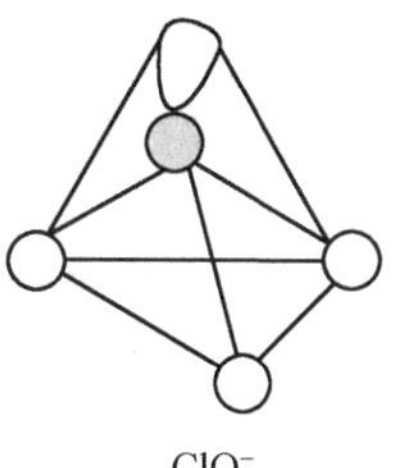
ClO_3^-

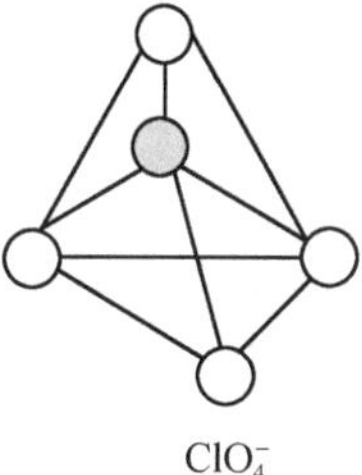
ClO_4^-

图 15-3　ClO^-、ClO_2^-、ClO_3^- 和 ClO_4^- 的空间构型

在 XO^-、XO_2^-、XO_3^- 和 XO_4^- 中，卤素原子和氧原子间的结合不仅有 σ 键作用，而且还有 d-pπ 键作用。由于 Cl、Br、I 原子都有空 d 轨道，而氧原子有 2p 成对电子，因此 Cl、Br、I 原子在用 sp^3 杂化轨道与氧原子形成 σ 键的同时，还会用其空 d 轨道接受氧原子的 2p 孤对电子，形成 d-pπ 键，从而使卤素原子和氧原子的结合作用加强，体系更加稳定。由于氟原子价层没有空 d 轨道，因此在 HOF 中，氟原子与氧原子之间没有 d-pπ 键作用。

在高碘酸 H_5IO_6 分子中，中心原子 I 采取 sp^3d^2 杂化，杂化轨道空间构型为八面体。H_5IO_6 分子的空间构型如图 15-4 所示。

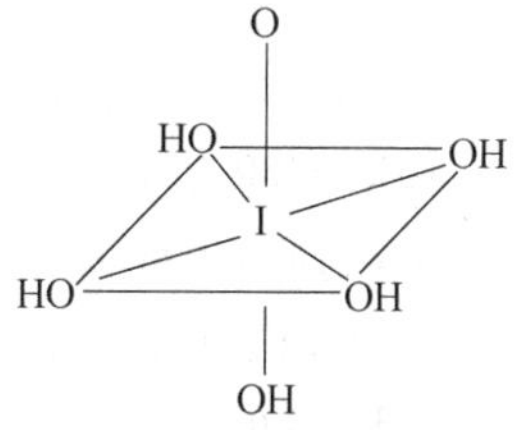

图 15-4　H_5IO_6 分子的空间构型

很多卤素的含氧酸仅存在于溶液之中，如 HClO、$HClO_2$、$HClO_3$、HBrO、$HBrO_2$、$HBrO_3$、$HBrO_4$ 和 HIO 等。卤素含氧酸中具有较多实际用途的是氯的各种含氧酸。其他卤素的含氧酸有的只是化学反应的中间产物(如 $HBrO_2$、HIO 等)，存在时间短暂；有的则很不稳定，如 HOF。

3. 次卤酸及其盐

1）制备

氟的含氧酸 HOF 只能在低温下制得，室温下很容易分解。HOF 与水反应放出氧气。

卤素单质 Cl_2、Br_2、I_2 与水反应生成氢卤酸和次卤酸，即

$$X_2 + H_2O \rightleftharpoons H^+ + X^- + HXO \qquad (X = Cl, Br, I)$$

如果向反应体系中加入可与氢卤酸反应的物质，则使平衡右移，次卤酸的浓度增大。例如向 Cl_2 的水溶液中加入新生成的 HgO 或碳酸盐

$$2Cl_2 + H_2O + 2HgO = HgO \cdot HgCl_2 + 2HClO$$

$$2Cl_2 + H_2O + CaCO_3 = CaCl_2 + CO_2\uparrow + 2HClO$$

或向 Cl_2 的水溶液中加入强碱，如 NaOH

$$Cl_2 + 2NaOH = NaCl + NaClO + H_2O$$

2）酸性

次卤酸都是一元弱酸：

$$HXO + H_2O \rightleftharpoons H_3O^+ + XO^- \qquad (X = Cl, Br, I)$$

它们的解离常数(298.15K)分别是

	HClO	HBrO	HIO
$K_a^\ominus$	2.8×10^{-8}	2.6×10^{-9}	2.4×10^{-11}

从次卤酸的 $K_a^\ominus$ 可知，次卤酸的酸性按 HClO、HBrO、HIO 顺序依次减弱。

由于次卤酸的酸性都很弱，所以碱金属的次卤酸盐都容易水解，溶液呈碱性。

$$XO^- + H_2O \rightleftharpoons HXO + OH^- \qquad (X = Cl, Br, I)$$

3）稳定性

次卤酸都很不稳定，具有强氧化性，容易分解。它们稳定性的大小按 HClO、HBrO、HIO 顺序迅速减小。

次卤酸的分解主要有两种方式

$$2HXO = 2HX + O_2\uparrow \qquad (15\text{-}4)$$

$$3HXO = 2HX + HXO_3 \qquad (15\text{-}5)$$

在日光照射下，次卤酸几乎都按式(15-4)分解，缓慢地生成 HX 和 O_2。氧化钴、镍等催化剂能加速这一分解反应的进行。

在加热条件下，次卤酸按式(15-5)分解，发生歧化反应。在酸性条件下只有 HClO 能发生歧化，而在碱性条件下，HClO、HBrO 和 HIO 都能发生歧化。

次卤酸的歧化反应速率按 HClO、HBrO、HIO 的顺序依次加快。次卤酸歧化反应的产物与次卤酸本身以及反应温度等因素有关。

HClO 在室温下分解速率极慢，但温度达到 348K 时则几乎全部歧化为氯酸盐。因此 Cl_2 与碱溶液的反应，在室温和室温以下进行时，产物为次氯酸盐。当温度升至 348K 以上时，反应产物则为氯酸盐。

HBrO 在室温下歧化得相当快，产物为溴酸盐。次溴酸盐只在 0℃的低温下才存在。

HIO 的歧化速率更快，产物都是碘酸盐。溶液中不存在次碘酸盐。利用碘在碱性溶液的歧化反应能定量地得到碘酸盐。

$$3I_2 + 6OH^- = 5I^- + IO_3^- + 3H_2O$$

次卤酸盐在酸性介质中是强氧化剂。例如

$$HClO + H^+ + 2e^- \rightleftharpoons Cl^- + H_2O \qquad E_A^\ominus = 1.485V$$

漂白粉的漂白作用就是利用了其中所含的次氯酸钙的强氧化性。

4. 亚卤酸及其盐

已知的亚卤酸只有亚氯酸。亚氯酸及其盐实际应用较少。亚氯酸仅存在于水溶液中，其 $K_a^\ominus = 1.0 \times 10^{-2}$，酸性较强。

用硫酸与亚氯酸钡反应可以制得亚氯酸。

$$H_2SO_4 + Ba(ClO_2)_2 \xlongequal{} BaSO_4 \downarrow + 2HClO_2$$

亚氯酸的热稳定性差，制得的亚氯酸又会发生分解。

$$8HClO_2 \xlongequal{} 6ClO_2 + Cl_2 + 4H_2O$$

将过氧化氢的碱溶液或过氧化钠与二氧化氯反应，可以得到亚氯酸盐。

$$2ClO_2 + Na_2O_2 \xlongequal{} 2NaClO_2 + O_2$$

亚氯酸盐有强氧化性，可用作漂白剂。亚氯酸盐的水溶液较为稳定，但加热时会发生歧化反应。

$$3NaClO_2 \xlongequal{} 2NaClO_3 + NaCl$$

亚氯酸盐固体受热或受到撞击时会迅速分解，并发生爆炸。

5. 卤酸及其盐

氯、溴、碘都能形成卤酸及其盐，并能稳定存在。在卤素含氧酸及其盐中，卤酸及其盐较为重要，实际应用较广。

1) 卤酸

卤酸中氯酸和溴酸是强酸，碘酸是中强酸（$K_a^\ominus = 0.16$）。酸性：$HClO_3 > HBrO_3 > HIO_3$。

卤酸的浓溶液都是强氧化剂，其还原产物一般为 X^-（X=Cl，Br，I）。氯酸的还原产物除为 Cl^- 外，还可为 Cl_2。氯酸被还原为哪种产物，与还原剂的强弱和氯酸的用量有关。例如反应

$$HClO_3 + 5HCl \xlongequal{} 3Cl_2 \uparrow + 3H_2O$$

当 $HClO_3$ 过量时，产物为 Cl_2。

氯酸和溴酸可由相应的钡盐与硫酸作用制得。

$$Ba(XO_3)_2 + H_2SO_4 \xlongequal{} BaSO_4 \downarrow + 2HXO_3 \qquad (X = Cl, Br)$$

碘酸则可用碘与浓硝酸反应来制取。

$$I_2 + 10HNO_3 \xlongequal{} 2HIO_3 + 10NO_2 \uparrow + 4H_2O$$

用 Cl_2 氧化 Br_2 和 I_2 的水溶液，也可得到溴酸和碘酸。

$$5Cl_2 + Br_2 + 6H_2O \xlongequal{} 2HBrO_3 + 10HCl$$

$$5Cl_2 + I_2 + 6H_2O \xlongequal{} 2HIO_3 + 10HCl$$

氯酸和溴酸都不能以固体形式存在，只存在于水溶液中。氯酸可以存在的最大浓度是 40%（质量分数），溴酸是 50%（质量分数）。但它们的冷溶液在减压下可以浓缩为黏稠状。氯酸和溴酸稀溶液加热至沸点时会发生分解。

$$4HBrO_3 \xlongequal{} 2Br_2 + 5O_2 \uparrow + 2H_2O$$

$$8HClO_3 \xlongequal{} 4HClO_4 + 2Cl_2 \uparrow + 3O_2 \uparrow + 2H_2O$$

氯酸的分解过程是一个歧化反应，反应剧烈，伴有爆炸发生。

碘酸为白色固体，易溶于水。固体碘酸脱水后得到 I_2O_5。

2）卤酸盐

卤酸盐一般有两种制备方法：

（1）卤素单质在碱性溶液中发生歧化反应。例如

$$3I_2 + 6NaOH = NaIO_3 + 5NaI + 3H_2O$$

（2）卤素单质或卤离子用强氧化剂或电化学方法进行氧化。例如

$$I_2 + 2ClO_3^- = 2IO_3^- + Cl_2$$

$$KI + 3Cl_2 + 6KOH = KIO_3 + 6KCl + 3H_2O$$

卤酸盐在酸性水溶液中都是强氧化剂，其还原产物可为 X_2 或 X^-。

酸性介质中 XO_3^- 被还原为 X_2 的标准电极电势如下：

	ClO_3^-/Cl_2	BrO_3^-/Br_2	IO_3^-/I_2
$E_A^\ominus/V$	1.458	1.482	1.209

从标准电极电势可知，卤酸盐氧化性的强弱顺序为溴酸盐＞氯酸盐＞碘酸盐。

卤酸盐的溶解度随卤素原子原子序数的增大而减小，即溶解度大小顺序为氯酸盐＞溴酸盐＞碘酸盐。

卤酸盐热分解的方式比较复杂，其分解产物与反应物、反应条件等因素有关。

(i) 与反应条件有关。例如 668K 时 $KClO_3$ 开始分解，主要按反应式(15-6)进行

$$4KClO_3 = 3KClO_4 + KCl \quad (15\text{-}6)$$

同时还有少量 KCl 和 O_2 生成

$$2KClO_3 = 2KCl + 3O_2\uparrow \quad (15\text{-}7)$$

若用 MnO_2 作催化剂，$KClO_3$ 就主要按反应式(15-7)分解，同时还会有少量 Cl_2、ClO_2 生成。

(ii) 与反应物有关。

$$2NH_4ClO_3 = N_2\uparrow + Cl_2\uparrow + O_2\uparrow + 4H_2O$$

$$2LiClO_3 = Cl_2\uparrow + 5/2O_2\uparrow + Li_2O$$

氯酸盐加热或遇到硫酸、易被氧化的物质（如有机物）时会发生爆炸。$KClO_3$ 常用于制造火柴、烟花等。$Mg(ClO_3)_2$ 吸湿性很强，用作干燥剂。$KClO_3$、$KBrO_3$、KIO_3 都是实验室的常用试剂。

6. 高卤酸及其盐

高卤酸包括高氯酸 $HClO_4$、高溴酸 $HBrO_4$ 和高碘酸 H_5IO_6。

无水高氯酸是无色液体，不稳定，易爆炸，但高氯酸的水溶液较为稳定。市售高氯酸一般含 $HClO_4$ 的质量分数为 70%～72%，相对密度约为 1.68。质量分数为 72.4%的 $HClO_4$ 是恒沸溶液，沸点为 476K。$HClO_4$ 在沸点下发生分解：

$$4HClO_4 = 2Cl_2\uparrow + 7O_2\uparrow + 2H_2O$$

$HBrO_4$ 比 $HClO_4$ 更不稳定。373K 下 $HBrO_4$ 的质量分数高于 55%时就会分解。

高碘酸一般形式为 H_5IO_6 或 HIO_4，可以看成是碘的最高氧化数氧化物的水合物，即 $I_2O_7 \cdot 5H_2O$。纯高碘酸是无色晶体。H_5IO_6 主要存在于强酸性溶液中，称为正高碘酸。由于所含 OH^- 较多，H_5IO_6 可在真空脱水得到偏高碘酸 HIO_4，进一步加热 HIO_4 则分解为碘酸 HIO_3。

$HClO_4$ 是最强的无机酸。$HBrO_4$ 也是极强的酸。H_5IO_6 是多元弱酸，H_5IO_6 的 $K^{\ominus}_{a_1}=4.4\times10^{-4}$，$K^{\ominus}_{a_2}=2\times10^{-7}$，$K^{\ominus}_{a_3}=6.3\times10^{-13}$。

酸性介质中 XO_4^-/XO_3^- 电对的标准电极电势如下：

	ClO_4^-/ClO_3^-	BrO_4^-/BrO_3^-	$H_3IO_6^{2-}/IO_3^-$
$E^{\ominus}_A/V$	1.189	1.76	1.60

比较 $E^{\ominus}_A$ 可知，高卤酸盐的氧化性强弱顺序为 $BrO_4^->H_3IO_6^{2-}>ClO_4^-$。

在酸性条件下 BrO_4^- 的氧化性很强，但 BrO_4^- 的强氧化性需要温度达到 373K 时才能表现出来，在室温下其氧化性不太明显。

高碘酸在酸性介质中是强氧化剂，其氧化能力比高氯酸强。例如，在强酸性条件下，H_5IO_6 能定量地将 Mn^{2+} 氧化成 MnO_4^-：

$$5H_5IO_6+2Mn^{2+} = 2MnO_4^-+5IO_3^-+11H^++7H_2O$$

高氯酸的氧化能力与其浓度和温度有关。冷的稀 $HClO_4$ 水溶液氧化性比 $HClO_3$ 弱，无明显氧化能力。热的浓 $HClO_4$ 水溶液则是强氧化剂，氧化性很强，遇到有机物能发生剧烈反应。这两种条件下 $HClO_4$ 表现出的显著不同的氧化性，与 $HClO_4$ 的存在形式有关。

在稀溶液中，$HClO_4$ 完全电离为 H^+ 和 ClO_4^-。ClO_4^- 的空间构型为正四面体，其结构对称性比 ClO_3^- 高，稳定性比 ClO_3^- 大，所以 ClO_4^- 的氧化性比 ClO_3^- 弱。

在浓溶液中，$HClO_4$ 主要以分子形式存在。由于 $HClO_4$ 分子比 ClO_4^- 正四面体多一个 H 原子(图 15-5)，$HClO_4$ 分子成为不对称结构，稳定性降低，所以浓 $HClO_4$ 是强氧化剂。

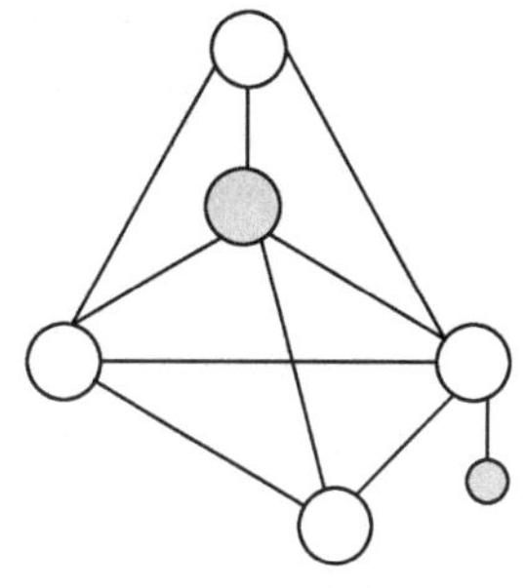

图 15-5　$HClO_4$ 的空间构型

高氯酸盐比较稳定。$KClO_4$ 的热分解温度为 883K，比 $KClO_3$ 的热分解温度(668K)高。用 $KClO_4$ 制造的炸药称为“安全炸药”。NH_4ClO_4 是火箭推进剂的主要成分。

高氯酸盐、高溴酸盐的溶解性与大多数盐类不同，其碱金属盐中的 K^+、Rb^+、Cs^+ 盐微溶于水，而其他盐都易溶于水。高氯酸盐的这一特点被分析化学用来鉴定 K^+、Rb^+、Cs^+。高碘酸盐一般难溶于水。

ClO_4^- 不易与金属离子形成配合物。这一特点使得在配合物研究实验中，能方便地用 $HClO_4$、$NaClO_4$ 来调节溶液的离子强度。

将高氯酸盐与浓硫酸反应可以制得高氯酸。例如

$$KClO_4+H_2SO_4 = KHSO_4+HClO_4$$

$KClO_4$ 和 $NaClO_4$ 可以通过电解相应的氯酸盐得到。

$$ClO_3^-+H_2O \xrightarrow{\text{电解}} ClO_4^-+H_2\uparrow$$

用极强的氧化剂 F_2 或 XeF_2 在低温下氧化溴酸盐可制得高溴酸盐。

$$NaBrO_3+F_2+2NaOH = NaBrO_4+2NaF+H_2O$$

将 Cl_2 通入碘酸盐的碱性溶液，可得到高碘酸盐。

$$Cl_2+IO_3^-+6OH^- = IO_6^{5-}+2Cl^-+3H_2O$$

7. 氯的各种含氧酸及其盐的性质的一般规律

卤素含氧酸及含氧酸盐的许多性质，如热稳定性、氧化性、含氧酸酸性、含氧酸盐溶液的碱

性等，都遵循一定的变化规律。这些性质的变化趋势与卤素原子的电子层结构、含氧酸根的非羟基氧数目、分子或离子的空间构型等因素有关。

氯可以形成各种含氧酸及含氧酸盐。现以氯为代表，将卤素含氧酸及含氧酸盐主要性质的变化规律总结于下：

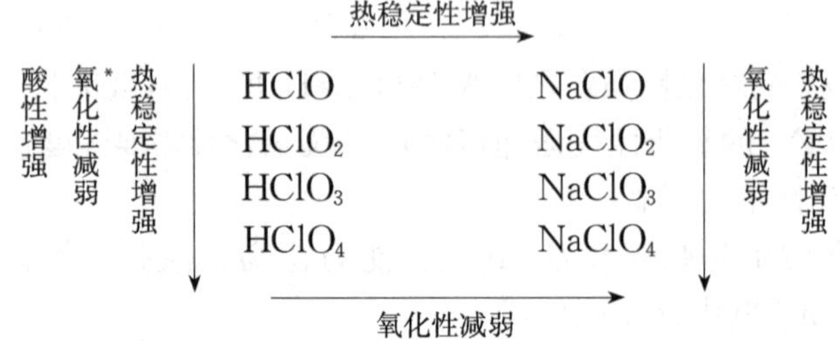

（*氯的含氧酸的氧化性强弱顺序为：$HClO_2 > HClO > HClO_3 > HClO_4$）

15.2.6 拟卤素

由C、N、O、S等非金属元素形成的某些－1价阴离子，如CN^-（氰离子）、SCN^-（硫氰酸根）、OCN^-（氰酸根）等，能发生与卤素离子类似的反应。由这些元素形成的相应的游离态，如$(CN)_2$（氰）、$(SCN)_2$（硫氰）、$(OCN)_2$（氧氰）等，也具有与卤素单质十分相似的性质。因此氰、硫氰、氧氰等物质被称为拟卤素。

拟卤素与卤素的相似性主要表现在以下方面：

(1) 游离态容易挥发，如$(CN)_2$的沸点为-21.17℃。

(2) 与氢形成酸，如HCN（氢氰酸，$K_a^\ominus = 5.8\times10^{-10}$）、HSCN（硫氰酸，$K_a^\ominus = 0.14$）、HOCN（氰酸，$K_a^\ominus = 2\times10^{-4}$）。除氢氰酸酸性很弱外，其他酸都酸性较强。

(3) 与金属形成盐，如NaCN、KSCN等。其溶解性与卤化物相似，碱金属盐易溶于水，而重金属盐如Ag(Ⅰ)、Hg(Ⅱ)、Pb(Ⅱ)盐难溶于水。难溶的重金属氰化物由于能形成配离子而溶于NaCN、KCN溶液。

(4) 能形成配合物，如$K[Ag(CN)_2]$、$H[Au(CN)_4]$、$K_4[Fe(CN)_6]$、$Zn[Hg(SCN)_4]$、$Co[Hg(SCN)_4]$等。由于CN^-是强场配体，故形成的配合物稳定性较大。

(5) 与水、碱性溶液均可发生歧化反应。例如

$$(CN)_2 + H_2O \longrightarrow HCN + HOCN$$

$$(CN)_2 + 2OH^- \longrightarrow CN^- + OCN^- + H_2O$$

(6) 阴离子具有还原性。例如

$$2SCN^- + MnO_2 + 4H^+ \longrightarrow Mn^{2+} + (SCN)_2 + 2H_2O$$

$$6CN^- + 2Cu^{2+} \longrightarrow 2Cu(CN)_2^- + (CN)_2$$

(7) 拟卤素具有氧化性。例如

$$(SCN)_2 + H_2S \longrightarrow 2H^+ + 2SCN^- + S$$

$$(SCN)_2 + 2I^- \longrightarrow 2SCN^- + I_2$$

$$(SCN)_2 + 2S_2O_3^{2-} \longrightarrow 2SCN^- + S_4O_6^{2-}$$

化学实验中常利用拟卤素的有关性质进行鉴定实验。例如，利用KSCN可以鉴定Fe^{3+}。根据有无蓝色$Co[Hg(SCN)_4]$沉淀生成，用KSCN和$Hg(NO_3)_2$溶液可以鉴定Co^{2+}。拟卤素中所有的氰化物都有剧毒，使用氰化物试剂时一定要注意安全。

本章小结

本章概论了 p 区元素的特点，包括：多种氧化数、惰性电子对效应特点和以共价键为主的成键特征。由于第二周期元素的反常性、第四周期元素与第六周期元素的异样性等影响，p 区元素性质出现突变，并表现出“二次周期性”。

本章着重介绍了卤素单质和化合物的性质及变化规律，包括：卤素单质 X_2 的氧化性递变规律，卤化氢和氢卤酸的酸性和还原性递变规律，含氧酸及其盐的氧化性和热稳定性规律。本章还简要介绍了多卤离子和拟卤素。

In this chapter the properties and periodic patterns of p block elements, including variable oxidation states, inert electron pair effects, and formations of covalent bonds are briefly introduced. The properties of some p block elements show abnormal changes and secondary periodicities due to the abnormal properties of elements in period 2, 4 and 6.

The properties and periodic patterns of halogen elements and their compounds such as the oxidation effects of halogen elements, the acidity and reduction effects of hydrohalogenic acids and hydrogen halogenide, the oxidation effects and thermal stabilities of oxyacid and their salts are presented. The concepts of polyhalogenide and pseudo-halogen are also shortly introduced.

化学史话——单质氟的制备

早在 1771 年化学家对元素氟的研究就已经开始了，当时舍勒(C. W. Scheele，1742—1786)将萤石与硫酸反应生成了氟化氢。此后人们陆续发现了一些氟化物并进行了深入研究，却一直未能制得单质氟。戴维(S. H. Davy，1778—1829) 是第一个试图制备单质氟的人。他利用电解氟化氢的方法制备氟，但没有成功。后来还有许多化学家也从事了氟的制备，结果不但实验失败，而且不少人的健康受到严重摧残，有的甚至献出了生命。事实使科学家认识到氟化氢和氟对人体而言均为剧毒物质，并推断出氟具有极强的化合能力，是极强的氧化剂。

单质氟的制备后来是由法国化学家莫瓦桑(H. Moissan，1852—1907)完成的。莫瓦桑在制备氟的实验中，虽因中毒而数次中断实验，但仍坚持不懈。他发现在实验过程中要严禁水分，便将氟化钾溶于液态氟化氢作为电解液。考虑到氟极强的氧化能力，他用这种电解液在－23℃的低温下进行电解，并用金属铂制成 U 形管，铂铱合金作为电极，用萤石制成螺旋帽紧盖管口，管外采用氯化甲烷作制冷剂，边冷却边电解，终于在 1886 年首次成功地制备了单质氟。

此后莫瓦桑还研究了氟的化学性质，证实它确实是化学活泼性极强的元素。此外莫瓦桑还设计了一种利用电弧加热的电炉（莫氏电炉)，并用它制出了硬度仅次于金刚石的碳化硅。由于在制备元素氟方面的杰出贡献以及发明了莫氏电炉，莫瓦桑获得了 1906 年诺贝尔化学奖。

化学知识拓展——萤石与夜明珠

古代印度人发现，有个小山岗上的眼镜蛇特别多，它们老是在一块大石头周围转悠。这种奇异的自然现象引起人们探索奥秘的兴趣。原来，每当夜幕降临，这里的大石头会闪烁微蓝色的亮光，许多具有趋光性的昆虫便纷纷到亮石头上空飞舞，青蛙跳出来竞相捕食昆虫，躲在不远处的眼镜蛇也纷纷赶来捕食青蛙。于是，人们把这种石头称为“蛇眼石”。后来才知道蛇眼石就是萤石。

萤石又称氟石，其主要成分是 CaF_2，因含各种稀有元素而常呈紫红、翠绿、浅蓝色，无色透明的萤石稀少而珍贵。萤石的晶形有立方体、八面体或菱形十二面体。

萤石发光有荧光和磷光两种。荧光是指在光源照射后撤去光源仍然能短暂发光(所有萤石都可以)，而发磷光属于稀土离子引起的内能量发光，无需外光源补充就能持续发光。我们常说的夜明珠就是一种主要成分为萤石，里面掺杂了稀土元素、能发磷光的发光矿物。夜明珠发光(指磷光)机理同稀土元素的掺入有关，即三价稀土元素进入晶格，形成发光中心和电子捕获中心，电子受热或光激发，晚间电子回到原位释放出光能，即矿物学中所说的磷光。萤石在自然界的储量很大，但基本是发荧光的，发磷光的萤石非常稀少，所以萤石夜明珠也就非常珍贵。

在我国古代民间，夜明珠又称作夜光壁、夜光石等，被认为是无价之宝。英国著名学者李约瑟在其巨著《中国科学技术史》中记载，古代中国人喜爱夜明珠，就是因为认为夜明珠有灵性，能镇宅，能除掉一切邪恶，永保全家平安，给人带来好运，所以把它看成很珍贵之宝物。日本宝石学家玲木敏于 1916 年编的《宝石志》称夜明珠为神圣的宝石。但目前也有学者认为，夜明珠不过就是一些含了某些稀土元素的能在黑暗中发出磷光的矿物，其价值并不是很高。在传统的宝石家族中，萤石夜明珠并没有太多地位，因为对于衡量宝石的几个标准(稀有、硬度高及折射率高)，萤石夜明珠都很难达标。我国具有悠长的文化渊源，自古以来，人们对萤石夜明珠的推崇也许更多在于它所体现的文化内涵。

习　题

1. 简要解释下列现象。

(1) 碘难溶于水，却易溶于碘化钾溶液。

(2) 不能用浓硫酸与溴化钾反应来制取溴化氢。

(3) 碘能与溴酸钾溶液反应生成溴，溴又能从碘化钾溶液中取代出碘。

(4) 氟的电子亲和能小于氯，但氟的氧化能力大于氯。

(5) 将氯气持续通入含淀粉的碘化钾溶液中，先看到溶液由无色变蓝色，再看到蓝色消失。

2. 试根据元素电势图判断下列歧化反应能否发生。

(1) $Cl_2 + 2OH^- \xlongequal{} Cl^- + ClO^- + H_2O$

(2) $3Br_2 + 6OH^- \xlongequal{} 5Br^- + BrO_3^- + 3H_2O$

(3) $4ClO_3^- \xlongequal{} 3ClO_4^- + Cl^-$

(4) $3HIO \xlongequal{} 2I^- + IO_3^- + 3H^+$

3. 写出下列反应方程式。

(1) 用浓盐酸制取氯气。

(2) 把溴逐滴加到磷和少许水的混合物上。

(3) 四氯化硅在空气中冒烟。

(4) 氢氟酸可用来刻蚀玻璃。

(5) 硝酸汞溶液中加入过量碘化钾溶液。

4. 完成下列反应方程式。

(1) $H_2O_2 + I^- + H^+ \longrightarrow$

(2) $FeCl_3 + KI \longrightarrow$

(3) $Cu^{2+} + I^- \longrightarrow$

(4) $SnCl_2 + H_2O \longrightarrow$

(5) $BiCl_3 + H_2O \longrightarrow$

(6) $H_5IO_6 + Mn^{2+} \longrightarrow$

5. 比较卤素和氢卤酸的相关性质(由强到弱)。

(1) F_2、Cl_2、Br_2、I_2 的氧化性

(2) F^-、Cl^-、Br^-、I^- 的还原性

(3) HF、HCl、HBr、HI 的酸性

(4) HF、HCl、HBr、HI 的还原性

(5) HF、HCl、HBr、HI 的热稳定性

6. 比较氯的各种含氧酸及含氧酸盐的相关性质(由强到弱)。

(1) HClO、$HClO_2$、$HClO_3$、$HClO_4$ 的酸性

(2) ClO^-、ClO_3^-、ClO_4^- 的氧化性

(3) 次氯酸与次氯酸盐的氧化性

(4) 氯酸盐与高氯酸盐的热稳定性

7. 写出下列相关性质的强弱顺序。

(1) 卤酸根的氧化性

(2) 高卤酸根的氧化性

(3) 高卤酸的酸性

8. 比较 AgF 与 AgCl 溶解度的相对大小，并予以简要解释。

9. 有三瓶白色固体分别是 KClO、$KClO_3$、$KClO_4$，现无标签。用什么方法可将它们区别开来？

10. 将易溶于水的钠盐 A 与浓硫酸混合后微热得无色气体 B，将 B 通入酸性高锰酸钾溶液后有气体 C 生成，将 C 通入另一钠盐 D 的水溶液中则溶液变黄，变橙，最后变为棕色，说明有 E 生成。向 E 中加入氢氧化钠溶液得无色溶液 F，当酸化该溶液时又有 E 出现。请给出 A、B、C、D、E、F 的化学式。

11. 为何实验室在 298.15K 下用盐酸和 MnO_2 制 Cl_2 时，必须使用浓盐酸？试通过有关电极电势的计算予以说明。

12. 举例说明拟卤素与卤素的相似性。

（中南大学　曾小玲　张寿春）

第 16 章　氧 族 元 素

16.1　氧族元素概述

氧族元素是周期系ⅥA 族元素，包括氧(oxygen，O)、硫(sulfur，S)、硒(selenium，Se)、碲(tellurium，Te)、钋(polonium，Po)五种元素。除 O 之外的 S、Se、Te、Po 又被称为硫族元素。氧和硫在自然界中大量以游离态单质状态存在，很多金属在地壳中以氧化物和硫化物的形式存在，因而这两种元素又称为成矿元素。硒和碲则为稀有元素，通常以硒化物、碲化物存在于硫化矿床中，它们都是半导体材料。钋是放射性元素，存在于含铀和钍的矿床中。氧族元素的一些基本性质列于表 16-1 中。

表 16-1　氧族元素的基本性质

元　素	氧(O)	硫(S)	硒(Se)	碲(Te)	钋(Po)
原子序数	8	16	34	52	84
价层电子结构	$2s^2 2p^4$	$3s^2 3p^4$	$4s^2 4p^4$	$5s^2 5p^4$	$6s^2 6p^4$
主要氧化数	−1、−2、0	−2、0	−2、0、+2、	−2、0、+2	—
		+4、+6	+4、+6	+4、+6	
原子半径/pm	66	104	117	137	153
离子半径					
$r(M^{2+})$/pm	140	184	198	221	—
$r(M^{6-})$/pm	—	29	42	56	67
第一电离能 I_1/(kJ · mol^{-1})	1314	1000	941	869	812
电子亲和能 A_1/(kJ · mol^{-1})	−141	−200.4	−195	−190.2	−173.7
电负性(χ_P)	3.5	2.5	2.4	2.1	2.0

从表 16-1 中可见，氧族元素从上往下原子半径和离子半径逐渐增大，电离能和电负性逐渐变小。因而随着原子序数的增加，元素的金属性逐渐增加，而非金属性逐渐减弱。氧和硫是典型的非金属元素，硒和碲是准金属元素，而钋是金属元素。

氧族元素的价层电子构型为 ns^2np^4，其原子均有获得 2 个电子达到稀有气体的稳定电子层结构的趋势，表现出较强的非金属性。它们在化合物中的常见氧化数为−2。氧在ⅥA 族中的电负性最大(仅次于氟)，大多数金属氧化物是离子型化合物，含有 O^{2-}。硫、硒、碲与大多数金属元素化合时主要形成共价化合物。氧族元素与非金属元素或金属性较弱的元素化合时皆形成共价化合物。硫、硒、碲的原子外层存在着可利用的 d 轨道，有可能形成氧化数为+2、+4、+6 的化合物。氧则仅与 F 这种电负性最大的元素形成化合物时有+2 氧化数(OF_2)，在过氧化物中氧的氧化数为−1。

16.2 氧及其化合物

16.2.1 氧和臭氧

1. 氧

从结构可知，不仅氧原子中有成单电子，而且在 O_2 分子中也有自旋成单电子，在形成化合物时，氧原子是形成化合物的基础，这里结合现有氧化物的概况，对形成氧化物时氧原子的成键特征进行分析。

1）与电负性低的元素化合时形成 O^{2-}

氧的电负性仅次于F，可以从电负性低的元素的原子夺取电子，形成 O^{2-}，如果从电子亲和能看，氧的 $A_1=-141kJ \cdot mol^{-1}$，$A_2=784kJ \cdot mol^{-1}$，表明气态氧原子在结合一个电子形成 O^- 后再接受一个电子需要较高能量，但由于离子型氧化物都有很高的晶格能，足以补偿 A_2 所需，故离子型氧化物是常见的。

2）形成共价单价

氧同电负性相近的元素（高氧化态金属和非金属元素）共用电子对形成两个共价单键—O—，如 H_2O、Cl_2O 等，在这类化合物中氧呈 2 氧化态，但在与F化合时，则显正氧化态：OF_2 +2，O_2F_2 +1。这些情况下，氧原子常取不等性 sp^3 杂化。

3）形成共价双键

氧原子半径小，电负性高，有很强的生成复键的倾向，如甲醛（HCHO）中氧原子通过双键与其他元素的原子相连，和氧原子相连的碳原子采取 sp^2 杂化。

4）形成共价叁键

氧原子还可同其他原子以叁键结合，如NO、CO分子中，在这种结合中，氧原子取sp杂化。

5）作为配位原子提供孤对电子形成配键

形成共价单键（sp^3）化合态的氧原子—O—还有两对孤对电子，形成共价双键（sp^2）的氧原子也有两对孤对电子，故它们可以作为配位原子向有空轨道的金属离子提供电子对形成配合物，如水合物（如 $[Fe(H_2O)_6]^{2+}$）、醚合物、醇合物等。

6）形成d-pπ配键

氧原子可以把2p轨道上两个自旋平行的单电子以相反自旋归并，空出一个2p轨道接受外来配位电子而成键。例如含氧酸根（SO_4^{2-}）中的d-pπ配键，首先是中心硫原子以电子对向氧原子的空2p轨道配位形成σ配键，然后氧原子以自己的孤对电子（2p电子）向中心原子的价层空d轨道配位，形成反馈d-pπ配键，这种反馈键可以是两个，如在 PO_4^{3-}、SO_4^{2-}、ClO_4^-、MnO_4^- 等含氧酸根中[X→O，如 $(HO)_3P \rightarrow O$]。另外，由于氧原子半径小，电负性大，许多含氧化合物能通过氧原子与其他化合物中H原子形成分子间氢键，如 H_2O、醇、胺、羧酸、无机酸等。

氧气是无色、无味、无臭的气体，在−183℃凝结为淡蓝色液体，常以15MPa压力把氧气装在钢瓶内储存。氧气在水中的溶解度虽然很小（$49.1mL \cdot L^{-1}$），但这是水中各种生物赖以生存的重要条件。

氧的分子轨道电子排布式是

$$O_2:(\sigma_{1s})^2(\sigma_{1s}^*)^2(\sigma_{2s})^2(\sigma_{2s}^*)^2(\sigma_{2p_x})^2(\pi_{2p_z})^2(\pi_{2p_y})^2(\pi_{2p_z}^*)^1(\pi_{2p_y}^*)^1$$

O_2 中有一个 σ 键和两个三电子 π 键，键级为 2。

在 π 轨道中有未成对的单电子，所以 O_2 分子是所有双原子气体中唯一的一种具有偶数电子同时显示顺磁性的物质。

氧分子作为结构基础的成键情况：

(1) 形成过氧化物。O_2 可以结合两个电子，形成 O_2^{2-} 或共价的过氧链—O—O—，得到离子型过氧化物如 Na_2O_2、BaO_2 或共价型过氧化物如 H_2O_2、过氧酸及盐。

(2) 形成超氧化物。O_2 可以结合一个电子，形成 O_2^- 的化合物，称超氧化物，如 KO_2。

(3) 形成 O_2^+ 的化合物。O_2 分子还可以失去一个电子(O_2 的 $I_1=1175.7kJ\cdot mol^{-1}$)，生成二氧基阳离子 O_2^+ 的化合物。例如

$$2O_2+F_2+2AsF_5 = 2O_2^+[AsF_6]^-$$

$$O_2+Pt+3F_2 = O_2^+[PtF_6]^-$$

或

$$O_2+PtF_6 = O_2[PtF_6]$$

在 O_2^+ 中，O—O 键长为 112pm，比较下列 O—O 键长，可以预料 O_2 分子的 I_2 一定很高，O_2^{2+} 化合物难以形成。O_2^+、O_2、O_2^-、O_2^{2-} 的 O—O 键长(pm)分别为 112、120.8、128、149。

(4) 作为配体。O_2 分子中每个氧原子有一对孤对电子，因而 O_2 分子可以成为电子对给予体向金属原子配位。例如，血红素是以 Fe^{2+} 为中心离子与卟啉衍生物形成的配合物，记作[HmFe]或 Hb。Hb 中，中心 Fe^{2+} 上还有一个空的配位位置，能可逆地同 O_2 分子配位结合

$$Hb+O_2 = HbO_2$$

因此血红素可作为氧载体，在动物体内起重要作用。

氧分子的解离能较大

$$O_2 \longrightarrow 2O \qquad D^{\ominus}(O_2)=498.34kJ\cdot mol^{-1}$$

所以在常温下，氧气的反应性能较差，仅能使一些还原性强的物质如 NO、$SnCl_2$、H_2SO_3、KI 等氧化。在加热的条件下，除卤素、少量贵金属(Au、Pt 等)以及稀有气体外，氧气几乎与所有的元素直接化合成相应的氧化物。

液态氧的化学活性相当高，在与许多金属、非金属特别是有机物接触时，易发生爆炸性反应。因此，储存、运输和使用液氧时必须格外小心。

氧是生命元素，在自然界是循环的。氧气有广泛的用途，富氧空气或纯氧用于医疗或高空飞行，大量的纯氧用于炼钢。氢氧焰和氧炔焰用来切割和焊接金属。液氧常用作制冷剂和火箭发动机的助燃剂。

思考题 16.1 通过“负离子发生器”的空气，可产生能使空气清新、对人体健康有益的“负离子”，你能分析出这些“负离子”是什么离子吗？它们为何具有杀菌、清洁空气的作用？

2. 臭氧

1) 臭氧的作用

氧分子通过电子流、质子流或短波辐射的作用以及在原子氧的产生过程(如 H_2O_2 的分解)中都有可能有臭氧(ozone)生成，如高空中 O_2 受阳光中的紫外线照射会形成 O_3

$$O_2 \xrightarrow{h\nu} 2O$$

$$O_2 + O \longrightarrow O_3$$

雷雨季节，空气中的氧气经电火花的作用，可产生少量臭氧，臭氧也可以通过无声放电来制取。在离地面 20～40km 的高空，尤其是在 20～25km，存在较多的臭氧，形成了薄薄的臭氧层。其作用在于吸收太阳光的紫外辐射，为保护地面上一切生物免受太阳强烈辐射提供了一个防御屏障——臭氧保护层。

近年来，由于人类大量地使用矿物燃料（如汽油、柴油）和氯氟烃，大气中 NO、NO_2 等氮氧化物和氯氟化碳（$CFCl_3$、CF_2Cl_2）等含量过多，引起臭氧过多分解，使臭氧层遭到破坏，因此，应采取积极措施来保护臭氧层。

2）臭氧的分子结构

组成臭氧分子的 3 个氧原子呈"V"形排列，如图 16-1 所示。

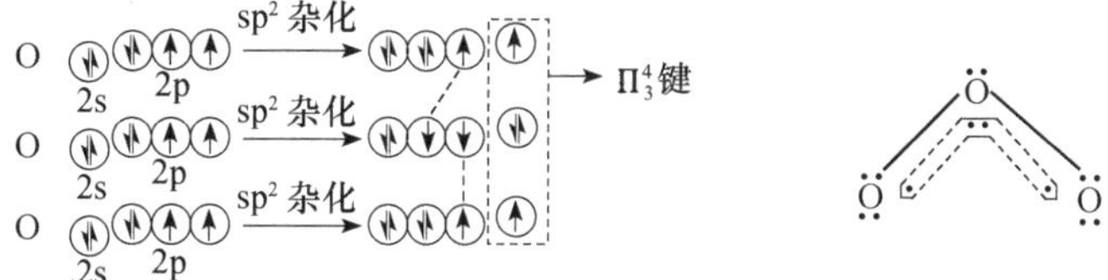

图 16-1　O_3 的分子结构

分子中，三个氧原子均采取 sp^2 杂化，中心氧原子以 sp^2 杂化方式与其他两个氧原子结合，键角 116.8°，键长 127.8pm，介于 O—O 单键 148pm 与 O═O 双键 120.8pm 之间。中心氧原子的价轨道有 3 个 sp^2 轨道，其中 1 个 sp^2 杂化轨道为孤对电子所占，另外 2 个未成对电子则分别与两旁氧原子的 sp^2 杂化轨道上未成对电子形成 2 个（sp^2-sp^2）σ 键。中心氧原子未参与杂化的 p 轨道上有一对电子，两旁的氧原子未参与杂化的 p 轨道上各有 1 个电子，这些未参与杂化的 p 轨道相互平行，彼此重叠形成垂直于分子平面的三中心四电子大 π 键，以 Π_3^4 表示。这种大 π 键是不定域（或离域）π 键，不固定在 2 个原子之间。

臭氧分子中无单电子，故为反磁性物质。

臭氧分子结合一个电子形成臭氧离子 O_3^- 或臭氧链"—O—O—O—"，如 KO_3、O_3F_2。

3）臭氧的性质和用途

臭氧是蓝色气体，具有特殊的鱼腥臭味，故称为臭氧。臭氧在－112℃凝聚为深蓝色液体，在－192.7℃凝结为黑紫色固体。臭氧比氧气易溶于水，在常温下缓慢分解，当温度在 200℃以上分解较快。

臭氧分解时放出大量的热。纯臭氧易爆炸。

$$2O_3 \longrightarrow 3O_2 \qquad \Delta_r H_m^\ominus = -286\text{kJ} \cdot \text{mol}^{-1}$$

O_3 的氧化性比 O_2 强，是最强的氧化剂之一，可以氧化许多不活泼单质如 Hg、Ag、S 等。

$$2Ag + 2O_3 = Ag_2O_2 + 2O_2$$

O_3 可从碘化钾溶液中使碘析出，此反应可用于检验混合气体中是否含有 O_3。

$$O_3 + 2I^- + 2H^+ \longrightarrow I_2 + O_2 + H_2O$$

利用 O_3 的强氧化性和不易导致二次污染的优点，在实际中用来净化空气和废水。臭氧还可用作棉、麻、纸张的漂白剂和皮毛的脱臭剂。空气中微量的臭氧不仅能杀菌，还能刺激中枢神经、加速血液循环。但每立方地表空气中臭氧含量超过 1mg 时就有损人体健康和植物生长。

16.2.2 过氧化氢

过氧化氢(hydrogen peroxide)分子中两个O原子分别采取sp^3杂化形成两个σ键，还有两对孤对电子。分子中有一过氧基(—O—O—)，每个氧原子连着一个氢原子。两个氢原子和氧原子不在一平面上。在气态时，H_2O_2的空间结构如图16-2所示，两个氢原子像在半展开书本的两页纸上，两面的夹角为111.5°，氧原子在书的夹缝上，键角∠OOH为94.8°，O—O和O—H的键长分别为148pm和95pm。

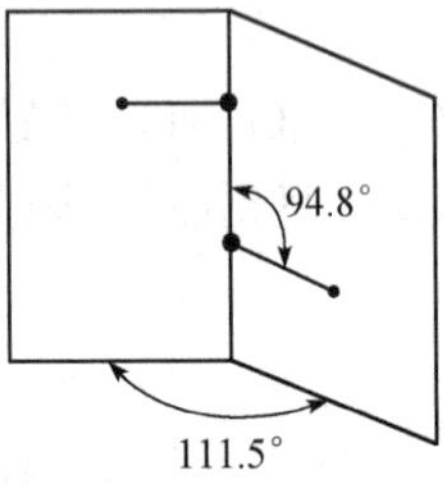

图16-2 H_2O_2分子的空间结构示意图

过氧化氢是强极性分子，极性大于水。分子间具有较强的氢键，在液态和固态中存在缔合分子。

纯过氧化氢是近乎无色黏稠液体(密度是1.465g·mol^{-1})，其沸点(150℃)比水高(因为缔合度比水大)，熔点(−1℃)与水相近。过氧化氢与水可以任意比例互溶，通常所用的双氧水为过氧化氢的水溶液，市售的双氧水浓度为30%～35%，常用溶液的浓度为3%。

由于过氧基—O—O—内过氧键的键能较小，因此过氧化氢分子不稳定，易分解。

$$2H_2O_2(l) \longrightarrow 2H_2O(l) + O_2(g) \qquad \Delta_r H_m^\ominus = -196.06\text{kJ}\cdot\text{mol}^{-1}$$

纯过氧化氢在避光和低温下较稳定，常温下分解缓慢，但在153℃时爆炸分解。过氧化氢在碱性介质中分解较快，且随着OH^-浓度的增大而加快。微量杂质或重金属离子(Fe^{3+}、Mn^{2+}、Cr^{3+}、Cu^{2+})及MnO_2等以及粗糙活性表面均能加速过氧化氢的分解，波长为320～380nm的光也使H_2O_2的分解速率加快。因此，为防止其分解，通常储存在光滑的塑料瓶或棕色玻璃瓶中并置于阴凉处，若能再放入一些稳定剂，如微量的锡酸钠、焦磷酸钠和8-羟基喹啉等，则效果更好。

H_2O_2具有极弱的酸性

$$H_2O_2 \rightleftharpoons H^+ + HO_2^- \qquad K_{a_1}^\ominus = 1.55\times10^{-12}$$

$$HO_2^- \rightleftharpoons H^+ + O_2^{2-} \qquad K_{a_2}^\ominus = 1.0\times10^{-25}$$

H_2O_2的$K_{a_2}^\ominus$的数量级为10^{-25}，因此H_2O_2为二元酸。

H_2O_2可与碱反应，例如

$$H_2O_2 + Ba(OH)_2 \rightleftharpoons BaO_2 + 2H_2O$$

为此过氧化钡(BaO_2)可视为H_2O_2的盐。

过氧化氢中氧的氧化数为−1(处于中间氧化数)，因此H_2O_2既有氧化性又有还原性。H_2O_2在酸性和碱性介质中的标准电极电势如下：

酸性介质

$$H_2O_2 + 2H^+ + 2e^- \rightleftharpoons 2H_2O \qquad E_A^\ominus = 1.763V$$

$$O_2 + 2H^+ + 2e^- \rightleftharpoons H_2O_2 \qquad E_A^\ominus = 0.695V$$

碱性介质

$$HO_2^- + H_2O + 2e^- \rightleftharpoons 3OH^- \qquad E_B^\ominus = 0.867V$$

$$O_2 + H_2O + 2e^- \rightleftharpoons HO_2^- + OH^- \qquad E_B^\ominus = -0.076V$$

从电极电势数值可以看出，无论在酸性介质还是碱性介质中，过氧化氢均有氧化性，尤其在酸性介质中氧化性更为突出。例如，在酸性溶液中可以将I^-氧化为单质I_2。

$$H_2O_2 + 2I^- + 2H^+ \longrightarrow I_2 + 2H_2O$$

过氧化氢可使黑色的 PbS 氧化为白色的 $PbSO_4$，此反应用于油画的漂白。

$$PbS + 4H_2O_2 \longrightarrow PbSO_4\downarrow + 4H_2O$$

在碱性介质中 H_2O_2 可以把 $[Cr(OH)_4]^-$ 氧化为 CrO_4^{2-}。

$$2[Cr(OH)_4]^- + 3H_2O_2 + 2OH^- \longrightarrow 2CrO_4^{2-} + 8H_2O$$

过氧化氢还原性较弱，只有遇到比它更强的氧化剂时才表现出还原性。例如

$$2MnO_4^- + 5H_2O_2 + 6H^+ \longrightarrow 2Mn^{2+} + 5O_2\uparrow + 8H_2O$$

$$Cl_2 + H_2O_2 \longrightarrow 2HCl + O_2\uparrow$$

前一反应用来测定 H_2O_2 的含量，后一反应在工业上常用于除氯。

过氧化氢的用途主要是基于它的氧化性，3%(稀)和 30%的过氧化氢溶液是实验室常用的氧化剂。目前生产 H_2O_2 约有半数以上用作漂白剂，用于漂白纸浆、织物、皮革、油脂以及合成物等。化工生产上 H_2O_2 用于制取过氧化物(如过硼酸钠、过乙酸等)、环氧化合物、氢醌以及药物(如头孢菌素)等。

思考题 16.2　你能用化学方法鉴定 O_3 及 H_2O_2 的氧化还原性吗？请设计实验方案，并写出它们的反应方程式。

16.3　硫及其化合物

16.3.1　单质硫

单质硫有多种同素异形体，最常见的是晶状的斜方硫(α-硫，S_α，也称菱形硫)和单斜硫(β-硫，S_β)，在自然条件下，斜方硫最稳定。这两种同素异形体存在以下平衡

$$S_{\alpha(368.5\text{K以下})} \rightleftharpoons S_{\beta(368.5\text{K以上})}$$

当温度升到 368.5K 以上，斜方硫转变为单斜硫；当温度低于 368.5K 时，单斜硫又会转变为斜方硫。如果将 S_α 迅速加热，由于无足够时间向 S_β 转化，它将在 386K 时熔化。S_α 和 S_β 都易溶于 CS_2，都是由环状的 S_8 分子组成(图 16-3)。分子中每个硫原子以两个 sp^3 杂化轨道与另外两个硫原子形成共价单键，S—S—S 键角为 108°，S—S 键长为 204pm。

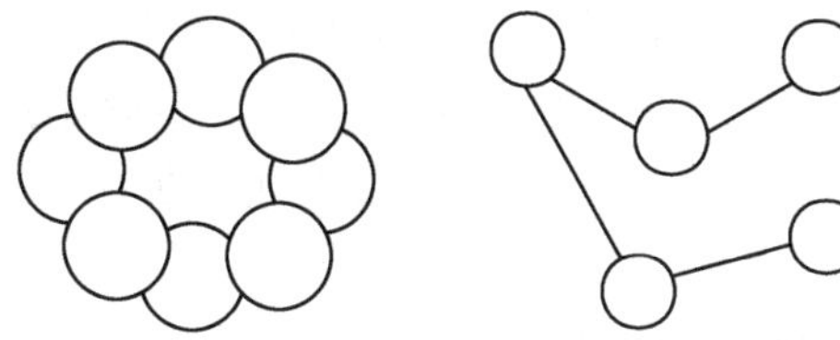

图 16-3　S_8 环状结构

将晶状硫加热超过其熔点得到黄色流动性的液体，其组成主要还是 S_8 分子；继续加热到 433K 以上，硫环开始断裂，形成开链的线性分子，并且聚合成中长链的大分子，液体颜色变深，黏度增加。加热至 473K 时，液体黏度最大，此时断裂的链状硫分子已高度聚合，S_8 环状结构断裂形成的无限长链状分子(S_∞)互相绞接在一起。继续加热到 523K 以上，长链硫断裂为较小分子(S_8、S_6 等)，液体黏度下降；到 717.6K 时，硫变成蒸气，蒸气中有 S_8、S_6、S_4、S_2 等分子存在。在 1273K 时则主要为 S_2，进一步加热到 2273K 则主要为单原子 S。

将 443K 以上黏滞的液态硫在水中骤冷，缠绕在一起的长链状的硫被固定下来，成为能拉

伸的弹性硫。

$$\begin{array}{ccccccc} & S & & S & & S & \\ / & & \diagdown\ / & & \diagdown\ / & & \diagdown \\ & & S & & S & & \end{array}$$

弹性硫具有伸缩性,但放置后会发硬并逐渐变成稳定的晶状硫。弹性硫与晶状硫不同之处在于:晶状硫能溶解在 CS_2 中,而弹性硫只能部分溶解。

单质硫能与某些金属直接反应,生成相应的金属硫化物。

$$2Al + 3S \longrightarrow Al_2S_3$$

$$Hg + S \longrightarrow HgS$$

同时单质硫可与非金属氢、氧、碳、卤素(碘除外)、磷等直接作用生成相应的非金属硫化物。

$$S + 3F_2(\text{过量}) \longrightarrow SF_6$$

$$S + Cl_2 \xrightarrow{\triangle} SCl_2$$

$$S + O_2 \longrightarrow SO_2$$

$$2S + C \longrightarrow CS_2$$

单质硫还能与酸(氧化性)、碱发生反应。

$$S + 2HNO_3 \longrightarrow H_2SO_4 + 2NO(g)$$

$$S + 2H_2SO_4(\text{浓}) \longrightarrow 3SO_2(g) + 2H_2O$$

$$3S + 6NaOH \xrightarrow{\triangle} 2Na_2S + Na_2SO_3 + 3H_2O$$

$$4S(\text{过量}) + 6NaOH \xrightarrow{\triangle} 2Na_2S + Na_2S_2O_3 + 3H_2O$$

16.3.2 硫化氢和硫化物

1. 硫化氢

硫化氢 H_2S(sulfureted hydrogen)为分子型氢化物,中心 S 原子以 sp^3 杂化轨道与 H 原子生成 2 个 σ 键,S—H 键长 133.4pm。其分子构型为"V"形,H—S—H 键角为 92°。H_2S 为极性分子,极性比水弱。

在常温常压下,H_2S 是一种无色有毒的气体,有臭鸡蛋气味。空气中,如果 H_2S 的含量超过 0.1%,就会迅速引起头疼晕眩等症状。吸入大量 H_2S 会使人中毒昏迷,甚至死亡。经常与 H_2S 接触会引起嗅觉迟钝、消瘦、头痛等慢性中毒。工业上 H_2S 在空气中的最大允许含量不得超过 $0.01mg \cdot L^{-1}$。

实验室中用金属硫化物与酸作用制备 H_2S。

$$FeS + H_2SO_4 \longrightarrow H_2S + FeSO_4$$

$$Na_2S + H_2SO_4 \longrightarrow H_2S + Na_2SO_4$$

前一反应可以启普发生器为反应器制备较小量的 H_2S 气体,后一反应适用于制备较大量的 H_2S 气体。

由于 H_2S 有毒,存放和使用不方便,所以分析化学中常以硫代乙酰胺作代用品。这是由于硫代乙酰胺缓慢水解

$$CH_3CSNH_2 + 2H_2O \longrightarrow CH_3COO^- + NH_4^+ + H_2S\uparrow$$

反应产生的 H_2S 在溶液中可即时反应,减少对空气的污染。

H_2S 在 213K 时凝聚成液体，187K 时凝固。H_2S 能溶于水，常温下 1 体积水可溶解 2.6 体积 H_2S 气体，其饱和水溶液浓度约为 0.1mol · L^{-1}，水溶液称为氢硫酸。氢硫酸是很弱的二元酸，其水溶液中存在以下电离作用。

$$H_2S \rightleftharpoons H^+ + HS^- \qquad K_{a_1}^{\ominus} = 1.1 \times 10^{-7}$$

$$HS^- \rightleftharpoons H^+ + S^{2-} \qquad K_{a_2}^{\ominus} = 1.3 \times 10^{-13}$$

H_2S 中 S 的氧化数为 −2，处于 S 的最低氧化态。根据标准电极电势，无论在酸性或碱性介质中，H_2S 都具有较强的还原性。

$$S + 2H^+ + 2e^- \rightleftharpoons H_2S \qquad E_A^{\ominus} = 0.144V$$

$$S + 2e^- \rightleftharpoons S^{2-} \qquad E_B^{\ominus} = -0.407V$$

H_2S 能被卤素(氟除外)、O_2、SO_2 等氧化剂氧化成单质 S，甚至氧化成硫酸

$$H_2S + 4X_2(Cl_2、Br_2、I_2) + 4H_2O \longrightarrow H_2SO_4 + 8HX$$

$$2H_2S + SO_2 \longrightarrow 3S + 2H_2O$$

$$2H_2S + O_2 \longrightarrow 2S + 2H_2O$$

工业上利用后两个反应从工业废气中回收单质硫。

在空气中燃烧硫化氢，当空气中氧充足时，其产物为二氧化硫；当氧气不足时，则有单质硫生成。

$$2H_2S + 3O_2(过量) \longrightarrow 2SO_2 + 2H_2O$$

$$2H_2S + O_2(不足) \longrightarrow S + 2H_2O$$

炼油厂利用这个反应，将空气中燃烧的 H_2S 引向冷的表面，使 S 沉积，达到除硫的目的。

2. 金属硫化物

金属硫化物(metal sulphide)大多数是有色而且难溶于水的固体，碱金属和铵的硫化物易溶于水，碱土金属硫化物微溶于水。因为氢硫酸为二元酸，其反应生成物就存在正盐和酸式盐两类。所有的酸式盐均溶于水。可生成难溶硫化物的元素存在周期表中的一个相对集中的区域，如表 16-2 所示。

表 16-2　难溶硫化物的元素周期表位置

	ⅥB	ⅦB	Ⅷ			ⅠB	ⅡB	ⅢA	ⅣA	ⅤA	
			FeS			CuS	ZnS	Ga_2S_3	GeS_2	As_2S_5	难溶区
		MnS	Fe_2S_3	CoS	NiS	Cu_2S			GeS	As_2S_3	
非难溶区	MoS_3	Tc_2S_7	RuS_2	RhS_2	PdS	Ag_2S	CdS	In_2S_3	SnS_2	Sb_2S_5	
							HgS		SnS	Sb_2S_3	
	WS_3	Re_2S_7	OsS_2	IrS_2	PtS	Au_2S	Hg_2S	Tl_2S	PbS	Bi_2S_3	

硫化物可以看作氢硫酸所生成的正盐，在饱和的 H_2S 水溶液中 H^+ 和 S^{2-} 浓度之间的关系

$$[H^+]^2[S^{2-}] = 0.1K_{a_1}^{\ominus}K_{a_2}^{\ominus}$$

在酸性溶液中通入 H_2S 气体，溶液中$[H^+]$浓度大，$[S^{2-}]$浓度小，所以只能沉淀出溶度积小的金属硫化物。而在碱性溶液中通 H_2S 气体，溶液中$[H^+]$浓度小，而$[S^{2-}]$浓度高，则可以将多种金属离子沉淀成硫化物。由此可得，通过控制溶液的酸度，H_2S 能将溶液中的不同金属离子按组分离。这是在定性分析化学中用 H_2S 来分离溶液中阳离子的理论基础。

同时金属硫化物在不同酸溶液中有不同的溶解性和特征颜色，故长期以来在分析上作为定性分组的依据，目前仍是一种最好的金属离子分组鉴别的方法(表 16-3)。

表 16-3 金属硫化物酸溶解情况分类表

溶于稀盐酸 ($0.3mol \cdot L^{-1}HCl$)	难溶于稀盐酸		
	溶于浓盐酸	难溶于浓盐酸	
		溶于浓硝酸	仅溶于王水
MnS (肉色) CoS (黑色) ZnS (白色) NiS (黑色) FeS (黑色)	SnS (褐色) Sb_2S_3 (橙色) SnS_2 (黄色) Sb_2S_5 (橙色) PbS (黑色) CdS (黄色) Bi_2S_3 (暗棕)	CuS (黑色) As_2S_3 (浅黄) Cu_2S (黑色) As_2S_5 (浅黄) Ag_2S (黑色)	HgS (黑色) Hg_2S (黑色)

根据表 16-3 来具体讨论金属硫化物的溶解作用：

(1) 不溶于水，但溶于稀盐酸的金属硫化物。此类硫化物的 $K_{sp}^{\ominus}$ 大于 10^{-24}，稀盐酸中的氢离子可有效地降低硫离子的浓度，使硫化物溶解。

$$FeS + HCl(稀) = H_2S(g) + FeCl_2$$

(2) 不溶于水及稀盐酸，但溶于浓盐酸的金属硫化物。此类硫化物的 $K_{sp}^{\ominus}$ 在 $10^{-25} \sim 10^{-30}$ 范围内，在浓盐酸中不仅能反应生成 H_2S 气体，同时还能生成配位化合物，这样溶液中硫离子和金属离子的浓度都在减小，使得硫化物溶解。

$$SnS + 4HCl(浓) \longrightarrow H_2[SnCl_4] + H_2S\uparrow$$

(3) 不溶于水及盐酸，但溶于浓硝酸的金属硫化物。此类硫化物的 $K_{sp}^{\ominus}$ 小于 10^{-30}，硫离子与浓硝酸发生了氧化还原反应，使得硫离子的浓度减小，从而导致了硫化物的溶解。

$$3Ag_2S + 8HNO_3 \longrightarrow 6AgNO_3 + 2NO\uparrow + 3S\downarrow + 4H_2O$$

(4) 只溶于王水的金属硫化物。此类硫化物的 $K_{sp}^{\ominus}$ 在 $10^{-47} \sim 10^{-53}$，王水不仅能使硫离子氧化，同时金属离子与氯离子还能形成配位化合物，使硫化物溶解。

$$3HgS + 2HNO_3 + 12HCl \longrightarrow 3H_2[HgCl_4] + 3S\downarrow + 2NO\uparrow + 4H_2O$$

由于氢硫酸为弱酸，所以其生成的硫化物无论是易溶的还是难溶的，都会发生一定程度的水解，使溶液显碱性。

$$Na_2S + H_2O \rightleftharpoons NaHS + NaOH$$

$$2CaS + 2H_2O \rightleftharpoons Ca(HS)_2 + Ca(OH)_2$$

$$PbS + H_2O \rightleftharpoons HS^- + Pb(OH)^+ \text{(微溶)}$$

Na_2S 溶液显强碱性，俗称“硫化碱”，可作为强碱使用，替代氢氧化钠；Al_2S_3、Cr_2S_3 会完全水解；难溶的 PbS 和 CuS 有微弱的水解。因此这些硫化物不能用湿法从溶液中制备。

某些金属硫化物还能与强碱发生反应。

$$As_2S_3 + 6OH^- \longrightarrow AsO_3^{3-} + AsS_3^{3-} + 3H_2O$$

金属硫化物的性质、制备与应用一直都是科学界研究的重要课题，尤其是具有微/纳米结构金属硫化物，因其优异的物理化学性质而成为太阳能量转换、光电器件、传感、机械制造、催化等前沿领域的研究热点。研究表明，具有层状结构的纳米 WS_2 作为固体润滑剂具有优异的摩擦学性能；理论计算表明 NbS_2 具有超导性能；具有可见光波长范围吸光响应的 CdS，在太阳能电池、光解水、催化、传感等领域已经有了大量的研究基础；NiS、SnS_2、ZnS 等作为负极材料，可提高具有商业价值的锂离子电池放电容量。

MoS_2是一种商用化程度很高的金属硫化物。它是一种抗磁性且具有半导体性质的化合物，熔点 1185℃，耐压 2744MPa，与氯气、氢气在高温下反应；不溶于水，只溶于王水和煮沸的浓硫酸；在油脂、醇中操作均能保持高度的化学稳定性，其具有良好的光学、电学、机械、催化等性能。MoS_2在石油化学工业炼油领域中得到了广泛的应用，是加氢精制过程催化剂的重要催化成分之一。MoS_2中 Mo—S 棱面相当多，比表面积大，吸附能力强，反应活性高，在加氢催化中，MoS_2为催化过程提供反应活性中心。MoS_2具有三明治式的层状结构，每一层片状结构的边缘原子结构在加氢反应中充当着催化的活性点，而高度分散、小尺寸的 MoS_2催化剂因其高比表面积、边缘高原子比结构，拥有更高的催化活性。硫化钼催化剂的制备方法主要有 Climax 工业制法、硫化氧化钼制备法、溶液反应制备法、固体高温热分解法、水热合成法、超声化学合成法等。在其他应用方面，MoS_2作为扫描显微镜探针具有很好的图像分辨性能，作为固体润滑剂具有优异的摩擦学性能，作为光催化剂具有良好的可见光催化降解有机物性能。

多元金属硫化物如 $ZnIn_2S_4$、$CdIn_2S_4$、Ag_2ZnSnS_4、$CuInS_2$等，都因其良好的光学、电学以及稳定的化学性能，成为在能源、催化等领域可能替代现有技术的产品。

3. 多硫化物

碱金属、碱土金属的硫化物和硫化铵的溶液能够溶解单质硫并生成多硫化物（polysulfide）。

$$Na_2S + (x-1)S = Na_2S_x \qquad (x = 2 \sim 6)$$

S_x^{2-} 为多硫离子，多硫离子具有链状结构，S 原子通过共用电子对相连成硫链（图 16-4）。

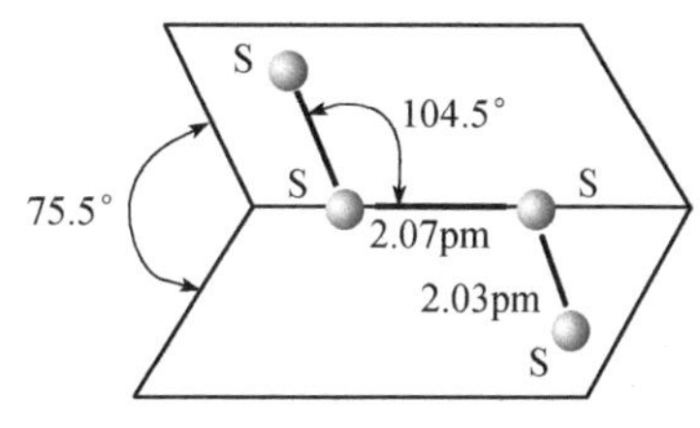

图 16-4　S_4^{2-} 结构示意图

多硫化物的溶液一般显黄色，其颜色随着溶解的硫量的增加而加深，由黄至橙，最深变为红色。实验室中的 Na_2S、$(NH_4)_2S$ 等试剂长期放置也会形成多硫化物（由无色变至黄色溶液），这是因为硫化物可被空气中的 O_2 氧化而析出 S。

$$2(NH_4)_2S + O_2 \longrightarrow 2S\downarrow + 4NH_3 + 2H_2O$$

$$(NH_4)_2S + (x-1)S \longrightarrow (NH_4)_2S_x$$

多硫化物在酸性溶液中很不稳定，多硫离子会发生歧化反应，生成 H_2S 和 S。

$$S_x^{2-} + 2H^+ \longrightarrow H_2S\uparrow + (x-1)S\downarrow$$

当多硫化物 M_2S_x 中的 $x=2$ 时，多硫离子中存在与过氧链类似的过硫链，而形成过硫化物如 Na_2S_2 或 $(NH_4)_2S_2$，其与过氧化物如 H_2O_2 等为同类化合物。自然界中，黄铁矿 FeS_2 即为铁的过硫化物。

$$Na_2S_2 + SnS = SnS_2 + Na_2S$$

$$Na_2S_2 = Na_2S + S\downarrow \text{（歧化）}$$

多硫化物是一种硫化试剂，在反应中它向其他反应物提供活性硫而表现出氧化性。

$$SnS + (NH_4)_2S_2 = (NH_4)_2SnS_3$$

$$As_2S_3 + 3Na_2S_2 = 2Na_3AsS_4 + S\downarrow$$

多硫化物能将硫化亚锡 SnS 氧化成硫代锡酸盐而溶解，将三硫化二砷（As_2S_3）氧化成硫代砷酸盐而溶解。

多硫化钠 Na_2S_2 是常用的分析化学试剂，在制革工业中用作原皮的脱毛剂；多硫化钙 CaS_4 在农业上用作杀虫剂。

16.3.3　二氧化硫、亚硫酸及其盐

二氧化硫 SO_2(sulfur dioxide)是一种无色有刺激气味的气体，它是空气质量的 2.26 倍。SO_2 是一种大气污染物，职业性的二氧化硫慢性中毒会引起食欲丧失、便秘和气管炎症。工业上规定，空气中 SO_2 的含量不得超过 $0.02mg \cdot L^{-1}$。

SO_2 分子构型是角尺形，中心 S 原子以 sp^2 杂化轨道与两个氧原子各形成一个 σ 键，再以垂直于 sp^2 轨道平面的价层 2p 轨道(含一对电子)与两个氧原子相互平行的 2p 轨道(各含一个电子)重叠形成一个 Π_3^4 的离域 π 键，所以 SO_2 中的 S—O 键键长 143pm，小于 S—O 单键键长 155pm，具有双键的特征，∠OSO 为 119.5°。

SO_2 是极性分子，在常压下 263K 就能液化。其易溶于水，常温常压下每升水能溶解 40L 的 SO_2，相当于质量分数为 10%的溶液。SO_2 是造成酸雨的主要因素之一。

工业上制备 SO_2 气体采用的是煅烧黄铁矿的生产方法

$$3FeS_2 + 8O_2 \xlongequal{\triangle} Fe_3O_4 + 6SO_2\uparrow$$

而在实验室中制备 SO_2 是用酸与亚硫酸盐反应

$$Na_2SO_3 + 2HCl \xlongequal{} 2NaCl + SO_2\uparrow + H_2O$$

SO_2 中的 S 元素的氧化数为 +4 价，介于高(+6)、低(−2)氧化态之间，所以 SO_2 既有氧化性又有还原性，其中还原性是主要的化学性质。SO_2 与 IO_3^-、MnO_4^-、$Cr_2O_7^{2-}$、卤素等反应，自身被氧化为 SO_4^{2-}，表现出还原性。

$$3SO_2 + KIO_3 + 3H_2O \xlongequal{} 3H_2SO_4 + KI$$

$$SO_2 + Br_2 + 2H_2O \xlongequal{} H_2SO_4 + 2HBr$$

当其遇到强还原剂时，SO_2 才会表现出氧化性。

$$SO_2 + 2H_2S \xlongequal{} 3S + 2H_2O$$

$$SO_2 + 2CO \xlongequal[\text{铝矾土}]{773K} 2CO_2 + S$$

SO_2 能和一些有机色素结合成为无色化合物，因此，可用作纸张、草帽等的漂白剂。SO_2 主要用于制造硫酸和亚硫酸盐，还大量用于制造合成洗涤剂、食物和果品的防腐剂、住所和用具的消毒剂。

SO_2 的水溶液称亚硫酸(sulfurous acid)，其存在如下平衡

$$SO_2 + xH_2O \rightleftharpoons SO_2 \cdot xH_2O$$

$$SO_2 \cdot xH_2O \rightleftharpoons H^+ + HSO_3^- + (x-1)H_2O \qquad K_{a_1}^\ominus = 1.3 \times 10^{-2}(291K)$$

$$HSO_3^- \rightleftharpoons H^+ + SO_3^{2-} \qquad K_{a_2}^\ominus = 6.3 \times 10^{-7}(291K)$$

从平衡反应来看，加酸或加热时，平衡左移，有 SO_2 气体逸出；加碱时，平衡右移，生成亚硫酸的酸式盐或正盐。从 $K_{a_1}^\ominus$ 值可以看出，亚硫酸是一种中强酸，不存在纯的亚硫酸，因为在水溶液中亚硫酸已部分分解为 SO_2 和 H_2O。

亚硫酸很不稳定，其热稳定性差，在加热条件下会发生分解

$$H_2SO_3 \xlongequal{\triangle} H_2O + SO_2\uparrow$$

同时，遇到强酸也同样发生分解作用

$$H_2SO_3 + H^+ \xlongequal{} H_3O^+ + SO_2\uparrow$$

$$HSO_3^- + H^+ \xlongequal{} H_2O + SO_2\uparrow$$

亚硫酸是中强的二元酸，可以生成两种盐，即正盐(M_2SO_3)和酸式盐($MHSO_3$)(M 代表一价金属元素)。碱金属的亚硫酸盐都易溶于水，且水解显碱性

$$Na_2SO_3 + H_2O \xlongequal{} NaHSO_3 + NaOH$$

其他金属的正盐均微溶于水，而所有的酸式盐都易溶于水。

在亚硫酸及其盐中，硫的氧化数是+4，其居于中间价态，所以亚硫酸及其盐既具有氧化性又具有还原性，但它们的还原性是主要的。$E^{\ominus}_{A}(SO_4^{2-}/H_2SO_3)=0.20V$、$E^{\ominus}_{B}(SO_4^{2-}/SO_3^{2-})=-0.92V$，由电极电势可得，亚硫酸盐比亚硫酸具有更强的还原性。

$$2H_2SO_3 + O_2(\text{空气}) = 2H_2SO_4(\text{慢})$$
$$2Na_2SO_3 + O_2(\text{空气}) = 2Na_2SO_4(\text{快})$$

亚硫酸及其盐还可将 MnO_4^-、IO_3^-、$Cr_2O_7^{2-}$、卤素单质还原，而表现出还原性

$$KIO_3 + 3SO_2(\text{过量}) + 3H_2O = KI + 3H_2SO_4$$
$$NaHSO_3 + Cl_2 + H_2O = NaHSO_4 + 2HCl$$

后一反应是在印染工业中除去漂白布匹上残留 Cl_2 的化学反应原理。

亚硫酸及其盐虽然都表现出了相当强的还原性，但也能被比它们更强的还原剂（如 H_2S 等）还原成单质硫，而表现出氧化性。在酸性条件下，亚硫酸及其盐遇强还原剂时可被还原。

$$H_2SO_3 + 2H_2S = 3S + 3H_2O$$

在酸性条件下，亚硫酸及其盐既有一定氧化性，又显较弱的还原性，但在碱性条件下则显强还原性。

亚硫酸及其盐用途广泛。例如，$Ca(HSO_3)_2$ 在造纸工业中用来溶解木质素制造纸浆；Na_2SO_3、$NaHSO_3$ 大量用于印染业；$NaHSO_3$ 用于农作物作为呼吸作用抑制剂，从而提高光合作用的效果等。

思考题 16.3　每年全球因工业生产向大气所排放的二氧化硫气体就达 1.46 亿吨，你能提出一些化学方法用于消除二氧化硫对大气的污染吗？

16.3.4　三氧化硫、硫酸及其盐

1. 三氧化硫

常温常压下，纯净的三氧化硫 SO_3(sulfur trioxide)是无色易挥发的固体，熔点 289.9K，沸点 317.8K。263K 时密度为 $2.29g\cdot cm^{-3}$，293K 时为 $1.92g\cdot cm^{-3}$。

固态的 SO_3 有 α、β、γ 三种存在变体，稳定性依次减小。α 型和 β 型具有类似石棉的链状结构，是由$(SO_3)_n$ 链组成的层状排布，γ 型为冰状结构三聚体$(SO_3)_3$。在固态下，SO_3 中心硫原子采取 sp^3 杂化态，每个 S 原子同周围的 4 个氧原子配位（呈四面体分布），互相之间通过氧硫键连接，生成 4 个 σ 键以及 2 个 π 键，其中的 S—O 键长为 161pm，而端梢的 S—O 的键长为 141pm。而在环状的 γ 变体$(SO_3)_3$ 中 3 个氧原子连接于 2 个硫原子之间，6 个氧原子分别连接在 3 个硫原子之上；链状的 α、β 变体$(SO_3)_n$ 中，n 个氧原子连接在 2 个硫原子上，$2n+2$ 个氧原子连接在一个硫原子上。

在液态时，单分子的 SO_3 与三聚体$(SO_3)_3$ 处于平衡，温度升高，平衡向单分子方向移动。

气态的 SO_3 为单分子状态，分子构型为平面三角形，中心硫原子以 sp^2 杂化轨道与 3 个氧原子各形成一个 σ 键，而这 3 个氧原子又分别与分子平面垂直的 2p 轨道形成一个 Π_4^6 离域 π 键。其中的 S—O 键长 141pm，较 S—O 单键 155pm 的短，具有双键结构特征。

SO_3 是通过 SO_2 的催化氧化来制备的，V_2O_5 是工业上常用的催化剂。

$$2SO_2 + O_2 \xrightarrow[V_2O_5]{723K} 2SO_3$$

SO_3 中的硫原子处于最高氧化态+6，所以 SO_3 是一种强氧化剂，尤其是在高温时它能将

P、碘化物以及 Fe、Zn 等金属氧化。

$$5SO_3 + 2P \xlongequal{} 5SO_2 + P_2O_5$$

$$SO_3 + 2KI \xlongequal{} K_2SO_3 + I_2$$

SO_3 又是强酸性氧化物，易与碱性氧化物反应生成硫酸盐。

$$SO_3 + MgO \xlongequal{} MgSO_4$$

固态的 SO_3 极易吸收水分，在空气中强烈冒烟，溶于水即生成硫酸并放出大量热。

$$SO_3 + H_2O \xlongequal{} H_2SO_4 \qquad \Delta_r H_m^{\ominus} = -79.4\text{kJ} \cdot \text{mol}^{-1}$$

因 SO_3 与水蒸气会形成酸雾，故工业上不用水吸收 SO_3 制 H_2SO_4，而用浓 H_2SO_4 吸收 SO_3。

2. 硫酸

纯硫酸 H_2SO_4(vitriol)是无色油状液体，凝固点为 283.36K，恒沸物组成 98.3%H_2SO_4，即市售浓 H_2SO_4 浓度，相当于摩尔浓度 18mol · L^{-1}，密度为 1.854g · cm^{-3}，沸点为 611K。

H_2SO_4 分子的中心硫原子采取 sp^3 杂化，构型呈四面体结构，由于空间等因素影响，两个 S—O(H) 键长分别为 155pm 和 152pm，两个 S—O 键键长分别为 143pm 和 142pm。各键角也存在差异，硫原子的两个各含 1 个电子的 sp^3 杂化轨道与羟基氧原子形成 σ 键；含孤对电子的两个 sp^3杂化轨道则与非羟基氧原子形成 σ 配键，再形成 d-pπ 配键，故分子中有两个 d-pπ 配键。在液态和固态下 H_2SO_4 分子间都存在氢键。

H_2SO_4 是稳定性很高的二元强酸，不易分解也不易挥发，在其稀溶液中，它分两步电离，第一步电离是完全的

$$H_2SO_4 \xlongequal{} H^+ + HSO_4^- \qquad K_{a_1}^{\ominus} = 1 \times 10^3$$

而第二步电离程度则较低

$$HSO_4^- \rightleftharpoons H^+ + SO_4^- \qquad K_{a_2}^{\ominus} = 1.0 \times 10^{-2}$$

浓 H_2SO_4 易溶于水，由于水合作用(包括 H^+ 的水合)要放出大量的热，如向 1mol 水中加入 0.1mol 浓 H_2SO_4，水合过程释放热量达 6.7kJ。因此在稀释浓 H_2SO_4 时，切勿将水倒入酸中，因水的密度小于浓 H_2SO_4，会浮在表层受热迅速沸腾甚至爆炸而引起事故，稀释 H_2SO_4 的正确做法是在搅拌下缓慢地将 H_2SO_4 沿着玻璃棒倒入水中，即“注酸入水，绝不能注水入酸”。

浓 H_2SO_4 具有强烈吸水性和脱水性，反应后能形成一系列稳定的水合物，如 $H_2SO_4 \cdot H_2O$、$H_2SO_4 \cdot 2H_2O$、$H_2SO_4 \cdot 4H_2O$ 以及 H_2SO_4 和 $H_2S_2O_7$(可认为是 SO_3 的水合物 $SO_3 \cdot H_2O$、$2SO_3 \cdot H_2O$)，因其有很强的吸水性，在工业上和实验室中常用它作为干燥剂，用于干燥 Cl_2、H_2 和 CO_2 等气体。它不但能吸收游离的水分，还能从一些有机化合物中夺取与水分子组成相当的氢元素和氧元素，如碳水化合物中(糖、纤维等)，使有机物碳化，而表现出脱水性。

$$C_{12}H_{22}O_{11} \xlongequal{H_2SO_4(\text{浓})} 12C + 11H_2O$$

因为浓 H_2SO_4 的脱水作用能严重地破坏动植物的组织，如损坏衣服纤维、烧伤皮肤等，所以使用时应该加倍小心。如不慎溅在身上，应该立即用大量水冲洗(切勿摩擦)，再用稀氨水浸润伤处，然后再用水冲洗，这样能避免严重的烧伤。

浓 H_2SO_4 是一种强氧化性酸，加热时氧化性更显著，可以氧化许多金属和非金属，通常还原产物为 SO_2

$$Cu + 2H_2SO_4(浓) \xlongequal{\triangle} CuSO_4 + SO_2 + 2H_2O$$

$$C + 2H_2SO_4(浓) \xlongequal{\triangle} CO_2 + 2SO_2 + 2H_2O$$

而当还原剂的还原性较强时，部分 H_2SO_4 还可被还原为 S 甚至 H_2S。

$$H_2SO_4(浓) + 8HI \xlongequal{} 4I_2 + H_2S + 4H_2O$$

$$3Zn + 4H_2SO_4(浓) \xlongequal{} S + 3ZnSO_4 + 4H_2O$$

$$4Zn + 5H_2SO_4(浓) \xlongequal{} 4ZnSO_4 + H_2S + 4H_2O$$

常温下，浓 H_2SO_4 不与 Fe、Al 等金属发生作用，这是因为在冷的浓 H_2SO_4 中，铁、铝表面会生成一层致密保护膜（氧化膜），使金属单质不与 H_2SO_4 继续作用，这种现象称之为"钝化"，因此可用 Fe、Al 材质的容器来存放浓 H_2SO_4。

稀硫酸只表现出酸的一般通性，即可与金属活动顺序表中氢元素前的金属发生反应，生成 H_2，此时起氧化作用的是 H^+。浓 H_2SO_4 溶液较稀溶液氧化性强的原因，从热力学角度来看，其一是浓酸溶液的可溶性氧化型物质 SO_4^{2-}、H^+ 的浓度较大；二是浓 H_2SO_4 水合作用的贡献，即由浓 H_2SO_4 到稀 H_2SO_4 有较大的自由能降低，同时还原电势也有显著升高。

3. 硫酸盐

H_2SO_4 作为二元酸，能形成正盐和酸式盐，如 Na_2SO_4、$NaHSO_4$ 等。所有的酸式盐均易溶于水，正盐也大多易溶于水，但 Ag_2SO_4 微溶，其他的为 +2 价、+3 价阳离子的硫酸盐（sulfate）为难溶的，如 $PbSO_4$、$SrSO_4$、$BaSO_4$、$CaSO_4$，这是由于电荷增高加强了离子间引力从而加强了难溶性。除了碱金属及其硫酸盐外，其他硫酸盐均有不同程度水解。

$$CaSO_4 + 2H_2O \rightleftharpoons Ca(OH)_2 + H_2SO_4$$

可溶性硫酸盐从溶液中析出的晶体常带有结晶水，例如 $CaSO_4 \cdot 5H_2O$、$ZnSO_4 \cdot 7H_2O$、$FeSO_4 \cdot 7H_2O$ 等。在这些结晶体中，SO_4^{2-} 是通过氢键与一个水分子相连。这些含结晶水的硫酸盐常称为矾类，如 $CuSO_4 \cdot 5H_2O$（胆矾）、$FeSO_4 \cdot 7H_2O$（绿矾）、$ZnSO_4 \cdot 7H_2O$（皓矾）等，但 $Na_2SO_4 \cdot 10H_2O$ 俗称为芒硝。明矾是常用的净水剂、媒染剂；胆矾是消毒杀菌剂和农药；绿矾是农药、药物和制墨水的原料；芒硝（$Na_2SO_4 \cdot 10H_2O$）是化工原料。

复盐是由两种或两种以上的同种晶形的简单盐类所组成的化合物。多种硫酸盐都有形成复盐的趋势，所形成的复盐也常称为矾。常见的复盐有两类，其通式如下：

第 1 类，$M(\text{I})_2SO_4 \cdot M(\text{II})SO_4 \cdot 6H_2O$。其中：$M(\text{I}) = NH_4^+$、$K^+$、$Rb^+$、$Cs^+$；$M(\text{II}) = Fe^{2+}$、$Co^{2+}$、$Ni^{2+}$、$Zn^{2+}$、$Cu^{2+}$、$Mg^{2+}$。如 $(NH_4)_2SO_4 \cdot FeSO_4 \cdot 6H_2O$（莫尔盐）、$K_2SO_4 \cdot MgSO_4 \cdot 6H_2O$（镁钾矾）。

第 2 类，$M(\text{I})_2SO_4 \cdot M(\text{III})_2(SO_4)_3 \cdot 24H_2O$。其中：$M(\text{I}) = Na^+$、$K^+$、$Rb^+$、$Cs^+$、$NH_4^+$、$Tl^+$；$M(\text{III}) = Al^{3+}$、$Fe^{3+}$、$Cr^{3+}$、$Ga^{3+}$、$V^{3+}$、$Co^{3+}$。例如 $K_2SO_4 \cdot Al_2(SO_4)_3 \cdot 24H_2O$ 或 $KAl(SO_4)_2 \cdot 12H_2O$（明矾或铝钾矾）。

所有硫酸盐基本上都是离子型化合物，硫酸盐的热稳定性指 SO_4^{2-} 是否易被分解破坏。硫酸盐的热稳定与阳离子的极化作用大小，即与阳离子的电荷、半径和最外层电子构型有关。

16.3.5 硫的其他含氧酸及其盐

1. 焦硫酸及其盐

焦硫酸 $H_2S_2O_7$（pyrosulphuric acid）是一种无色的晶状固体，熔点 308K。焦硫酸是由等

物质的量的 SO_3 和纯硫酸相互化合而成的

$$H_2SO_4 + SO_3 = H_2S_2O_7$$

也可以看作由两个分子硫酸脱去一分子水所得的产物

$$\begin{array}{c}O\\\|\\HO-S-OH\\\|\\O\end{array} + \begin{array}{c}O\\\|\\HO-S-OH\\\|\\O\end{array} \xrightarrow{-H_2O} \begin{array}{c}O\qquad O\\\|\qquad\ \|\\HO-S-O-S-OH\\\|\qquad\ \|\\O\qquad O\end{array}$$

焦硫酸的结构式为

$$\begin{array}{c}O\qquad\quad O\\\|\qquad\qquad \|\\HO\diagup\overset{}{S}\diagdown O \diagup S\diagdown OH\\ \ \ O\qquad\qquad O\end{array}$$

$H_2S_2O_7$ 具有比浓 H_2SO_4 更强的氧化性、吸水性和腐蚀性，是良好的磺化剂，可用于生产染料、炸药和有机磺酸化合物等。焦硫酸与水作用后又生成硫酸。

将碱金属的酸式硫酸盐加强热，可制得焦硫酸盐。

$$2NaHSO_4 \overset{\triangle}{=} Na_2S_2O_7 + H_2O$$

焦硫酸盐在无机合成中的一个重要用途是与一些难溶的碱性或两性氧化物（如 Fe_2O_3、Al_2O_3、TiO_2 等）共熔，生成可溶性的硫酸盐。

$$Fe_2O_3 + 3K_2S_2O_7 = Fe_2(SO_4)_3 + 3K_2SO_4$$
$$Al_2O_3 + 3K_2S_2O_7 = Al_2(SO_4)_3 + 3K_2SO_4$$

思考题 16.4　为什么焦硫酸盐常常被用作“熔矿剂”？为什么不存在焦硫酸盐的水溶液？

2. 硫代硫酸及其盐

硫代硫酸 $H_2S_2O_3$（thiosulfuric acid）可认为是硫原子取代 H_2SO_4 中的一个氧原子的产物，具有四面体构型，因此 $S_2O_3^{2-}$ 和 SO_4^{2-} 具有类似的结构（图 16-5）。

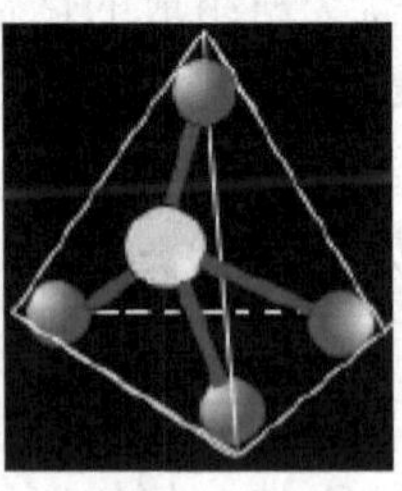

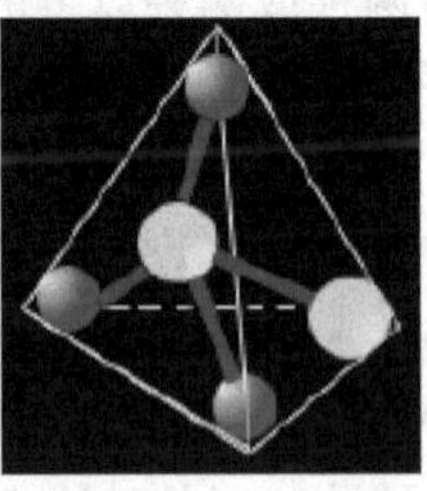

图 16-5　SO_4^{2-} 和 $S_2O_3^{2-}$ 的结构示意图

硫代硫酸非常不稳定，但硫代硫酸盐是相当稳定的。

在硫代硫酸盐中最重要的是硫代硫酸钠。硫代硫酸钠（$Na_2S_2O_3 \cdot 5H_2O$）俗名海波或大苏打，是一种无色透明的晶体，易溶于水，其水溶液显弱碱性。$Na_2S_2O_3$ 在中性或碱性溶液中很稳定，其酸稳定性差，在酸性（$pH \leqslant 4.6$）溶液中迅速分解

$$Na_2S_2O_3 + 2HCl = 2NaCl + S + H_2O + SO_2\uparrow$$

这个反应可以用来鉴定 $S_2O_3^{2-}$ 的存在。

在制备 $Na_2S_2O_3$ 时，溶液必须控制在碱性范围内，否则将会有硫析出而使产品变黄。

$$Na_2SO_3 + S \xlongequal{} Na_2S_2O_3$$

$$2Na_2S + Na_2CO_3 + 4SO_2 \xlongequal{} 3Na_2S_2O_3 + CO_2$$

$S_2O_3^{2-}$ 中的两个硫原子的平均氧化数是+2，中心硫原子的氧化数为+6，另一个硫原子的氧化数为−2。因此，$Na_2S_2O_3$ 具有一定的还原性。

碘单质可以将 $Na_2S_2O_3$ 氧化成连四硫酸钠 $Na_2S_4O_6$

$$2Na_2S_2O_3 + I_2 \xlongequal{} Na_2S_4O_6 + 2NaI$$

这个反应是定量分析碘量法的基础。

如果氧化剂的氧化性更强，如 Cl_2、Br_2 等，则可以把 $Na_2S_2O_3$ 氧化成硫酸钠，因此在纺织和造纸工业上用 $Na_2S_2O_3$ 作脱氯剂。

$$Na_2S_2O_3 + 4Cl_2 + 5H_2O \xlongequal{} Na_2SO_4 + H_2SO_4 + 8HCl$$

不溶于水的卤化银 AgX(X=Cl,Br)能溶解在 $Na_2S_2O_3$ 溶液中，生成稳定的硫代硫酸银配离子

$$AgBr + 2Na_2S_2O_3 \xlongequal{} Na_3[Ag(S_2O_3)_2] + NaBr$$

$Na_2S_2O_3$ 用作定影液，就是利用这个反应溶去胶片上未感光的 AgBr。

$Na_2S_2O_3$ 溶于水，但重金属的硫代硫酸盐难溶于水并且不太稳定

$$Na_2S_2O_3 + 2AgNO_3 \xlongequal{} Ag_2S_2O_3\downarrow(\text{白色}) + 2NaNO_3$$

$Ag_2S_2O_3$ 沉淀很快变黑

$$Ag_2S_2O_3 + H_2O \xlongequal{} H_2SO_4 + Ag_2S\downarrow(\text{黑色})$$

这是因为 $S_2O_3^{2-}$ 中的 S^{2-} 与 Ag^+ 生成了溶度积更小的 Ag_2S 沉淀而使 $Ag_2S_2O_3$ 沉淀转化，此反应可用于鉴别 $S_2O_3^{2-}$。

3. 过硫酸及其盐

过硫酸(persulphuric acid)有过一硫酸(H_2SO_5)和过二硫酸($H_2S_2O_8$)，它们可看作过氧化氢(H—O—O—H)中 H 原子被亚硫酸氢根 HSO_3^- 取代的产物。

若H—O—O—H中一个 H 被 HSO_3^- 取代后得H—O—O—SO_3H，即称为过一硫酸；另一个 H 也被取代后得HSO_3—O—O—SO_3H，称为过二硫酸。其结构式为

```
        O           O
        ‖           ‖
H—O—S—O—O—S—O—H
        ‖           ‖
        O           O
```

过氧键—O—O—中氧原子的氧化数为−1，不同于其他氧原子。硫原子的氧化数仍然是+6。而在 $H_2S_2O_8$ 分子式中，形式上 S 的氧化数为+7。过二硫酸是无色晶体，338K 时熔化并分解。

所有的过二硫酸及其盐都是强氧化剂，其标准电极电势为

$$2SO_4^{2-} \xlongequal{} S_2O_8^{2-} + 2e^- \qquad E_A^{\ominus} = +2.01V$$

过二硫酸及其盐作为氧化剂在氧化还原反应过程中，其过氧链发生断裂，过氧链中两个氧原子的氧化数从−1 降到−2，而 S 的氧化数不变，依然为+6。过二硫酸钾能把铜氧化成硫酸铜。

$$K_2S_2O_8 + Cu \xlongequal{} CuSO_4 + K_2SO_4$$

过二硫酸盐在 Ag^+ 的催化作用下能将 Mn^{2+} 氧化成紫红色的 MnO_4^-

$$2Mn^{2+} + 5S_2O_8^{2-} + 8H_2O \longequal 2MnO_4^- + 10SO_4^{2-} + 16H^+$$

即

$$S_2O_8^{2-} + Ag^+ \longequal 2SO_4^{2-} + Ag^{3+}$$

$$5Ag^{3+} + 2Mn^{2+} + 8H_2O \longequal 5Ag^+ + 2MnO_4^- + 16H^+$$

如果没有 Ag^+ 作催化剂，$S_2O_3^{2-}$ 只能把 Mn^{2+} 氧化成 $MnO(OH)_2$ 的棕色沉淀。

$$S_2O_8^{2-} + Mn^{2+} + 3H_2O \longequal MnO(OH)_2\downarrow + 2SO_4^{2-} + 4H^+$$

过二硫酸是一种较常用的化学试剂，在工业上的钢铁分析中，常用过二硫酸铵氧化法(可用过二硫酸钾代替)测定钢中锰的含量。

过二硫酸及其盐热稳定性差，加热时容易分解。

$$2K_2S_2O_8 \xlongequal{\triangle} 2K_2SO_4 + 2SO_3\uparrow + O_2\uparrow$$

工业上在电解法制备过氧化氢的过程中就可以得到过二硫酸或过二硫酸盐。电解硫酸或硫酸氢铵溶液，在阳极(铂极)上 SO_4^{2-} 或 HSO_4^- 被氧化生成 $S_2O_8^{2-}$，在阴极上(石墨或铅极)产生氢气。

阳极 $2SO_4^{2-} \longequal S_2O_8^{2-} + 2e^-$ 或 $2HSO_4^- \longequal S_2O_8^{2-} + 2H^+ + 2e^-$

阴极 $2H^+ + 2e^- \longequal H_2\uparrow$

总反应 $2HSO_4^- \longequal S_2O_8^{2-} + H_2\uparrow$

4. 连二亚硫酸及其盐

经 X 射线衍射分析表明，在连二亚硫酸 $H_2S_2O_4$ (hyposulphurous acid)中的 $S_2O_4^{2-}$ 是由两个 SO_2^- 基团通过 S—S 键(键长为 239pm)结合而成的，其中硫元素的氧化数为+3，分子构型如下：

```
       O   O
       ‖   ‖
H—O—S—S—O—H
```

在没有氧的条件下，用 Zn 粉还原 $NaHSO_3$ 或用钠汞齐与干燥的 SO_2 作用，可以得到连二亚硫酸钠($Na_2S_2O_4$)。

$$2NaHSO_3 + Zn \longequal Na_2S_2O_4 + Zn(OH)_2$$

$$2Na[Hg] + 2SO_2 \longequal Na_2S_2O_4 + 2Hg$$

连二亚硫酸钠是一种白色粉末状固体，在工业上称为保险粉。

连二亚硫酸钠热稳定性差，加热到 402K 时即分解。

$$2Na_2S_2O_4 \longequal Na_2S_2O_3 + Na_2SO_3 + SO_2\uparrow$$

根据硫的不同氧化态的吉布斯自由能可知，连二亚硫酸钠在水溶液中也极不稳定，容易发生歧化反应。

$$2S_2O_4^{2-} + H_2O \longequal S_2O_3^{2-} + 2HSO_3^-$$

连二亚硫酸钠具有强还原性，在碱性介质中是强还原剂，它的水溶液在空气中放置就能被空气中的氧气氧化，生成亚硫酸盐或硫酸盐。

$$2Na_2S_2O_4 + O_2 + 2H_2O \longequal 4NaHSO_3$$

$$Na_2S_2O_4 + O_2 + H_2O \longequal NaHSO_3 + NaHSO_4$$

因此，$Na_2S_2O_4$ 在气体分析中用来吸收氧气；在印染工业中是非常重要的还原剂，许多有机染料都能被它还原;它广泛用于染料合成、造纸、保存食物和医学等领域。

16.3.6 氯磺酸和二氯化硫酰

氯磺酸 HSO_3Cl(chlorosulfonic acid)是一种无色液体,有刺激性臭味。当硫酸分子失去一个羟基—OH 得磺酸基,硫酸中的一个羟基—OH 被氯基—Cl 取代,即制得氯磺酸。

$$(HO)(HO)S(=O)_2 \longrightarrow (HO)(Cl)S(=O)_2$$

通过干燥的盐酸或 PCl_5(PCl_3)与发烟硫酸反应,可生成氯磺酸。

$$HCl + SO_3 \longrightarrow HSO_3Cl$$

$$PCl_5 + SO_2(OH)_2 \longrightarrow SO_2(OH)Cl + HCl + POCl_3$$

同时 HSO_3Cl 遇水会发生爆炸性的剧烈水解。

$$HSO_3Cl + H_2O \longrightarrow H_2SO_4 + HCl$$

氯磺酸也极易潮解,在潮湿空气中即会因吸水反应而形成酸雾。

二氯化硫酰 SO_2Cl_2(dichloride sulfuryl)是一种无色发烟的液体,有刺激性臭味。分子中的硫原子为 sp^3 杂化,分子构型为四面体。

硫的含氧酸中的羟基(—OH)全失掉,即得酰基;酰基中的羟基(—OH)位置被卤素取代,即得酰卤。

$$>S(=O)_2 + Cl—Cl \longrightarrow (Cl)(Cl)S(=O)_2$$

将 SO_2 和 Cl_2 气体通过催化剂(樟脑或活性炭)进行反应,就能化合生成 SO_2Cl_2。

$$SO_2 + Cl_2 \xrightarrow{C} SO_2Cl_2$$

SO_2Cl_2 遇水同样会发生剧烈水解,在潮湿空气中也会吸水形成酸雾。

$$SO_2Cl_2 + 2H_2O \longrightarrow H_2SO_4 + 2HCl$$

氯磺酸可用作烟雾剂,它能较好地在有机反应中引入 HSO_3^- 基团,是良好的磺化剂。二氯化硫酰用于有机合成工业中。

16.4 硒及其化合物

单质硒(selenium)为非金属,在地壳中的丰度为 0.05ppm,在常温下呈固体,其化学性质与硫相似。硒是在 1817 年由瑞典化学家贝采利乌斯在研究一种生产硫酸的制法中偶然从铅室的红色残泥中得到的。在自然界中,硒多以氧化态(Se^{2+}、Se^{4+} 和 Se^{6+})存在,单质的硒很少。我国湖北恩施拥有世界上最大的独立硒矿床,有“世界硒都”之称。硒在空气中燃烧发出蓝色火焰,生成二氧化硒(SeO_2),也能直接与各种金属和非金属反应,包括氢和卤素。硒不能与非氧化性的酸作用,但它溶于浓硫酸、硝酸和强碱中。硒与氧化态为+1 的金属可生成两种硒化物,即正硒化物(M_2Se)和酸式硒化物(MHSe)。正的碱金属和碱土金属硒化物的水溶液会使元素硒溶解,生成多硒化合物(M_2Se_n),与硫能形成多硫化物相似。无机盐形态的硒主要包括单质硒 Se,金属的硒酸盐 SeO_4^{2-}、亚硒酸盐 SeO_3^{2-} 等。溶于水的硒化氢能拮抗汞、甲基汞、镉、铅、砷等多种有害物质，使其沉淀成为微粒的硒化物，是许多重金属的“天然解毒剂”。

硒是一种重要的半导体材料，对其光电性能的研究超过了 120 年。早在 19 世纪 70～80 年代，英美科学家就相继发现了硒的光电导率（Smith，1873）和光伏效应（Adama&Day，1877），并制造了最早的太阳能电池——硒薄膜太阳能电池（Fritte，1883）。现今，含硒类太阳能电池家族中的铜铟镓硒（$CuInGaSe_2$，CIGS）薄膜太阳能电池是薄膜光伏（thin film photovoltaic，TFPV）技术电池的代表，其太阳能电池效率已达到了 20.4%（EMPA，Swiss），接近晶体硅电池的水平，全球商业化生产规模已经达到千兆瓦级。

同时，硒是人体和动物必需的微量元素，或者说是微量矿物质营养素，在生命科学中有着十分重要的地位，但其毒性与营养的阈值范围极窄。长期食用低于 $0.1mg\cdot kg^{-1}$ 的含硒食物会导致人体患硒缺乏反应症，如克山病、大骨节病；长期食用硒高于 $1\ mg\cdot kg^{-1}$ 的食物则会引起硒中毒，导致头发脱落，指甲异样，急性中毒严重者会心脏功能紊乱，呼吸衰竭而危及生命。有机形态的硒中，硒与碳原子直接成键，形成的有机硒化合物主要有硒代半胱氨酸[selenocysteine，$HSe—CH_2CH(NH_2)—COOH$]、硒脲[selenourea，$(NH_2)_2C═Se$]、硒代蛋氨酸[selenomethinonine，$CH_3—Se—CH_2—CH_2—CH(NH_2)—COOH$]、硒代胱氨酸[selenocystine，$HOOC—CH(NH_2—CH_2—Se—Se—CH_2—CH(NH_2)—COOH$]；二甲基硒（DMSe，$CH_3—Se—CH_3$）；二甲基二硒（DMDSe，$CH_3—Se—Se—CH_3$）；三甲基硒[$TMSe^+(CH_3)_3Se^+$]等。硒代氨基酸是人们日常膳食中获取硒的主要来源，其中硒代蛋氨酸来自于植物，硒代半胱氨酸来自于动物。哺乳动物体内大部分的硒以硒代半胱氨酸的形式在相应功能蛋白中并发挥生物活性作用。适量摄入硒具有增强机体免疫力的功能。有研究发现，衰老过程、炎症、动脉粥样硬化、化学致癌、辐射致癌、吸烟致癌、癌基因表达等均与硒摄入不足有关。在有氧条件下，生物体内的自由基或由外部摄入的某些自由基能氧化细胞膜上丰富的不饱和脂肪酸，发生的脂质过氧化反应导致过氧化物产生，结果使 DNA、RNA、酶等发生种种异常生化反应（如异常聚合反应、不溶解等），干扰核酸、蛋白质、黏多糖酶的合成、作用及代谢，直接影响细胞的分裂、生长、发育、繁殖和遗传，继而可能诱发癌症。1973 年，美国和德国生化学家首次发现了硒是红细胞谷胱甘肽过氧化物酶（GSH-Px）的必需组成成分。硒通过 GSH-Px 阻止自由基产生的脂质过氧化反应。这一生化作用机理的核心就是硒利用谷胱甘肽（GSH）将氢过氧化物还原成羟基脂酸（ROH），使脂肪酸按照正常的 β-氧化反应进行代谢。在这些天然具有抗过氧化反应的物质中，硒通过 GSH-Px 利用谷胱甘肽的还原作用具有重要的意义。因为机体在正常情况下细胞内过氧化物质是不断形成的，只有不断清除过氧化物，才能维持细胞膜的正常功能，而 GSH-Px 正是抑制过氧化反应、清除有害自由基的重要抗氧化剂。

本章小结

本章概述了氧族元素的种类和属性，氧族元素的价层电子构型、原子半径、电离能、电子亲和能、电负性以及金属性的递变规律。

介绍了氧和硫单质的种类和性质，包括它们的结构特征、物理性质和化学性质，特别是氧化还原性质。

硫的价态复杂，化合物种类繁多，本章介绍了硫的常见化合物的结构、物理性质和化学性质，包括：硫化氢、氢硫酸、金属硫化物和多硫化物的性质，二氧化硫、亚硫酸和亚硫酸盐的性质，三氧化硫、硫酸和硫酸盐的性质。简要介绍了硫的其他化合物的结构和化学性质，包括：焦硫酸及其盐、硫代硫酸及其盐、过硫酸及其盐、连二亚硫酸及其盐、氯磺酸和二氯化硫酰等。

The valence electronic configurations, atomic radii, ionization energy, electron affinity, electronegative properties and the gradual rules of metallicities in oxygen group were summary in the chapter.

The values of the sulfide are complicated. In this chapter, the configurations, the physical and chemical properties of sulfide compounds which including the sulfureted hydrogen, hydrosulphuric acid, metallic sulfide, polysulphide, sulfur dioxide, sulfurous acid, sulphite, trioxide sulfur, sulphate were discussed too. The configurations and chemical properties of other compounds of sulfur, including pyrosulphuric acid, thiosulfuric acid, persulphuric acid, hyposulphurous acid, chlorosulfonic acid, dichloride sulfuryl and their salts are discussed in the chapter as well.

化学史话——氧气和硫的发现

1773年,瑞典化学家舍勒分别从碳酸银(Ag_2CO_3)、硝石(KNO_3)、二氧化锰(MnO_2)与砷酸(H_3AsO_4)等物质里制备出氧气,但他的实验结果没有及时发表。1774年,普利斯特里用凸透镜把阳光聚焦在氧化汞上加热后发现有气体产生,但由于他认为这种气体是“脱燃素的空气”就没有对该气体的本性加以研究。1774年,普里斯特利访问法国,把制氧方法告诉拉瓦锡。拉瓦锡于1775年重复这个实验,并对产生的气体本性进行研究从而证明“脱燃素的空气”就是氧气。从此燃烧现象得到了正确的解释,燃素学说才被废弃。因此,后世把这三位学者都确认为氧气的发现者。

硫在远古时代就被人们知晓并使用。硫在自然界中存在有单质状态,每次火山爆发都会把地下大量的硫带到地面,金属硫化物和各种硫酸盐也广泛存在于自然界中。单质硫具有鲜艳的橙黄色,燃烧时形成强烈的臭味,金属硫化物矿在煅烧过程中,或者落进古代人们的篝火中时,同样发生硫在燃烧时所产生的气味。在西方,古罗马时期,人们用硫燃烧产生的二氧化硫清扫、消毒住屋或漂白布匹;在庞贝古城的发掘中发现一幅画,画中有一个盛有硫磺的铁盘,在铁盘的上面是悬吊物体的装置。我们的祖先首先把硫用来制造火药,火药是我国古代的四大发明之一,当时的火药是硫磺、硝石和木炭的混合物。

1776年,法国化学家拉瓦锡首先确定了硫的不可分割性,认为它是一种元素。它的拉丁名称为sulphur,传说来自印度的梵文sulvere,原意为鲜黄色。它的英文名称为sulfur,化学符号为S。

化学知识拓展——石油化工中的非加氢脱硫技术

石油中含有一定量的硫化合物,硫化物会腐蚀设备管线,使催化剂中毒,降低产品质量,而且其燃烧产物还会污染空气。据统计,我国每年约有25Mt(兆吨)的SO_2排入大气,其中相当一部分来自石油产品的燃烧。因此硫的脱除是炼油工业中的重要技术。21世纪炼油工业在环保和工艺两方面都面临着挑战。目前,脱硫技术分为加氢和非加氢两类。加氢技术比较成熟,但投资大、运行成本高,且不能使石油产品深度脱硫。非加氢脱硫技术因投资小、成本低、环保等优点备受关注。非加氢脱硫技术包括酸碱法、氧化法、吸附法和生物法等。近年来该技术的研究取得不小进步,部分技术已工业化。现介绍几种主要的非加氢脱硫技术。

(1) 酸碱精制。酸碱精制是传统的脱硫方法,目前仍广泛使用。酸洗一般采用硫酸、盐酸等无机酸,其中以硫酸居多。酸洗法可以洗去油品中的硫醇类、硫酚类、硫醚、烷基二硫化物、噻吩、砜类等含硫化合物。碱洗法可以洗去柴油中的酸性化合物,如硫醇和硫酚类。酸碱精制的一大缺陷是碱液和油品容易混合乳化,另一缺点是酸和碱的使用会带来二次污染,残留在油品中的酸(碱)液也会使油的品质降低。另外,酸碱精制经改进后还具有脱氮、改善油品安定性等作用。因此,各种改良酸碱精制工艺仍在不断涌现。

(2) 吸附法,包括物理和化学吸附脱硫。物理吸附脱硫通过将含硫化合物从油品中物理吸附至吸附剂上达到脱硫目的。该方法的技术关键在于吸附剂的选择和制备。目前使用的吸附剂有分子筛、ZSM-5沸石、NaX沸石、Silicalite-I沸石分子筛等。分子筛具有易再生、使用寿命长等优点,但价格较贵。化学吸附脱硫通过吸附剂与含硫化合物中的硫原子之间发生强烈的化学作用,把硫固定到吸附剂上,达到脱硫目的。吸附剂再生需要通过化学反应将硫化物转变为H_2S、S或SOX来实现。吸附脱硫是一种价廉而有效的新技术,与加氢法相比,其投资成本及操作费用可降低一半以上;精制过程在常压下进行,原料油不需预碱洗,不存在废液排放;多数吸附剂具有可再生、寿命长的优点;该方法设备空间小、成本低,有广泛的工业应用前景。

(3) 萃取法。油品中的硫特别是有机硫也可以用萃取的方法去除,萃取剂多为碱液。由于有机硫化合物在碱液和成品油中的分配系数并不高,一般会在碱液中加入一些有机溶剂,如DMF、DMSOD等,以提高脱硫效率。该工艺与加氢法相比，不仅可以得到超低硫含量的柴油产品，而且工艺设备投资和操作费用较低，工艺条件缓和，减少了对环境的污染，有一定的应用前景。

(4) 化学氧化法，即加入一种氧化剂与油品混合，使有机硫化物选择性地氧化成硫的氧化物，或者氧化成亚砜和砜，再利用工业溶剂经抽提法除去。常用的氧化剂有 NO_2/HNO_3、O_3、H_2O_2水溶液、ClO_2、叔丁基次氯酸和紫外光照射等。该方法脱硫的成本较高，但其脱硫效率也较高。

(5) 生物脱硫，一种在常温常压下利用好氧、厌氧菌去除杂环化合物中结合的硫化物(如二苯并噻吩，DBT)的新技术。脱硫细菌中的酶可以有选择地氧化硫原子进而分开碳-硫键，而含硫化合物其烃类母体的骨架并不受到影响，即不影响烃的燃烧热值，从而为深度脱硫提供了可能性。许多研究直接借助于分子生物学和基因工程的研究成果，筛选或优化脱硫菌种，寻找更有效的生物酶，强化其脱硫效率。

总之，从脱除效率、产品收率和节能环保三方面考虑，在众多的非加氢脱硫技术中吸附法和生物催化法具有较好的发展前景。

习 题

1. 完成下列化学方程式。

(1) $H_2O_2+KI+H_2SO_4 \longrightarrow$

(2) $O_3(g)+H_2SO_4+KI \longrightarrow$

(3) $H_2O_2+H_2S \longrightarrow$

(4) $S+H_2SO_4$(浓)$\longrightarrow$

(5) $H_2S+H_2SO_4 \longrightarrow$

(6) $SO_2+Cl_2+H_2O \longrightarrow$

(7) $KHSO_4(s)+Al_2O_3 \longrightarrow$

(8) $Na_2S_2O_3+HCl \longrightarrow$

(9) $MnCl_2+(NH_4)_2S_2O_8+H_2O \longrightarrow$

2. 选择题。

(1) 下列氧化物中单独加热到温度不太高时，能放出氧气的是 (　　)

(A) 所有的金属二价氧化物

(B) 所有的过氧化物

(C) 所有的两性氧化物

(D) 所有的超氧化物

(2) 下列关于硫元素性质的叙述中错误的是 (　　)

(A) 单质硫既可作氧化剂，也可作还原剂

(B) 硫有多种同素异形体

(C) 由于硫原子有 d 轨道，所以与氧原子不同，硫配位数可达 6

(D) CS_2 和 CO_2 都是非极性分子，因 CS_2 比 CO_2 的熔、沸点高，故 C═S 的键能要比C═O 的大

(3) 大气的臭氧层能保护生态环境，原因是 (　　)

(A) 臭氧层能起保温作用

(B) 臭氧层能防止地表水过快散失

(C) 臭氧层能吸收对人体有害的紫外线

(D) 臭氧层能吸收大气中的氧气

(4) 下列关于 H_2O_2 分子结构的描述中正确的是 (　　)

(A) H_2O_2 分子处于同一平面上

(B) 其中两个 O—H 键不在同一平面上

(C) 其中两个 O—H 键处于相互垂直的两个平面上

(D) O—H 键和 O—O 键之间的夹角互为 90°

(5) 单质硫在113～119℃熔融而形成一种黄色液体，随着温度进一步升高，液体颜色变深而且黏度非常大，对此现象下列叙述正确的是 （ ）

(A) 在高温时离子键增强

(B) 原来的S_8环破裂，从而形成长链分子

(C) 有S_α和S_β形式，前者作为溶质，可降低后者作为溶剂时的蒸气压

(D) 随着温度升高，分子的复杂性降低

3. 氧原子除了以双原子分子O_2形式存在外，还能以O_2^+[如$O_2(PtF_6)$]、O_2^-(如KO_2)和O_2^{2-}(如H_2O_2)存在，试用分子轨道理论说明O_2、O_2^+、O_2^-、O_2^{2-}的键级、键长和键能的递变顺序。

4. 简述过氧化氢的结构与化学性质，并指出H_2O_2是一个在反应体系中不引入杂质离子的试剂的原因。

5. 在硫酸酸化的双氧水中，加入适量的高锰酸钾($KMnO_4$)溶液，会发生什么现象？试写出反应方程式。

6. 在101.3kPa、20℃条件下，1体积水可溶解2.6体积的H_2S气体。试求此时的H_2S饱和水溶液的物质的量浓度以及pH。

7. Fe^{3+}与S^{2-}作用的产物可能有哪些？试写出全部的化学方程式。

8. 写出S在Na_2S、$Na_2S_2O_3$、Na_2SO_3、H_2SO_4、$Na_2S_2O_8$中的氧化数，并从结构上分析它们的氧化还原性。

9. 简述硫酸的结构和化学性质，并阐述在实验室中使用浓硫酸的注意事项。

10. 为什么在实验室中不能长时间地保存H_2S、Na_2S、Na_2SO_3的水溶液？试写出反应方程式。

11. 请设计一个简便的分辨方案将以下固体物质区别开。

$$Na_2S、Na_2S_2、Na_2S_2O_3、Na_2SO_3、Na_2SO_4$$

12. 浓硫酸能干燥下列哪种气体？

$$H_2S、NH_3、Cl_2、CO_2、H_2、SO_2$$

13. 在水溶液中，Na_2S、Al_2S_3和As_2S_3三者中哪种物质水解最彻底？哪种最弱？在加热条件下，Na_2S的水解又怎样？

14. 常温下，在容积一定的密闭容器内，使等物质的量的干燥气体SO_2和H_2S发生反应。待反应完全后恢复至初始温度，问此时容器内的压强是原压强的几分之几？并说明原因。

15. 一种盐A溶于水后，加入浓盐酸，有刺激性气体B产生，同时有淡黄色沉淀C析出；气体B能使高锰酸钾水溶液褪色；若将氯气通入A溶液中，氯气被吸收形成D溶液；D与钡盐溶液发生反应生成难溶于酸的白色沉淀E。试确定A～E为何物，并写出反应方程式。

(重庆大学 张云怀)

第 17 章　氮 族 元 素

17.1　氮族元素概述

氮族元素是周期系ⅤA族元素，包括氮(nitrogen，N)、磷(phosphor，P)、砷(arsenic，As)、锑(stibium，Sb)、铋(bismuth，Bi)五种元素。其中，氮和磷是非金属元素，砷和锑是准金属元素，铋是金属元素，也有人将磷以后的四种元素称为磷族元素。

氮族元素的价层电子构型是 ns^2np^3，各元素原子最外层上的 p 轨道处于半充满的稳定状态。与同周期前后两族元素相比，其第一电离能大，电子亲和能小。因此，氮族元素要获得三个电子形成−3 价离子是较困难的，只有电负性较大的 N、P 能形成极少数的离子型化合物，如 Li_3N、Mg_3N_2、Na_3P、Ca_3P_2 等，而且因 N^{3-}、P^{3-} 的半径大，容易变形，遇水强烈水解生成 NH_3 和 PH_3。在氮族元素中，第一电离能、电负性随原子序数的增加而减小，非金属性随之减弱。但由于第二周期的氮内层电子数少(只有 $1s^2$)，原子半径小，价电子层中没有可用于成键的 d 轨道，所以，其性质与同族其他元素的性质有显著差异。从第四周期开始，因惰性电子对效应的增强，元素的＋5 氧化态稳定性减弱，＋3 氧化态稳定性增强，氮族元素的基本性质列于表 17-1 中。

表 17-1　氮族元素的基本性质

元　　素	氮(N)	磷(P)	砷(As)	锑(Sb)	铋(Bi)
原子序数	7	15	33	51	83
电子构型	$[He]2s^22p^3$	$[Ne]3s^23p^3$	$[Ar]4s^24p^3$	$[Kr]5s^25p^3$	$[Xe]6s^26p^3$
相对原子质量	14.01	30.97	74.92	121.76	208.98
共价半径/pm	70	110	121	141	146
第一电离能 /($kJ\cdot mol^{-1}$)	1402	1012	944	832	703
电子亲和能 /($kJ\cdot mol^{-1}$)	−6.75	71.07	77	101	100
电负性	3.04	2.19	2.18	2.05	2.02
氧化数	＋1,＋2,＋3,＋4,＋5,−1,−2,−3	−3,＋3,＋5	＋3,＋5	＋3,＋5	＋3,＋5

氮在地壳中的丰度为 0.04%，绝大部分以游离态存在于大气中。在自然界中，南美洲的智利硝石($NaNO_3$)是最大的硝酸盐矿，动植物体内也含有一定量的化合态氮。

磷在地壳中的丰度为 0.118%，主要以化合态存在于磷酸盐矿石中，另外动植物体内也存在着化合态的磷。磷是人类从有机体中取得的第一个元素，法国科学家拉瓦锡首次将其列入化学元素行列，并利用磷的燃烧确定了空气的组成成分，正确认识到氧气对物质燃烧所起的作用，击破了燃素学说，发现了氧和氮。所以说磷的发现促进了人们对空气的认识。

砷、锑、铋在自然界的丰度分别为 $5.0\times10^{-4}\%$、$5.0\times10^{-5}\%$、$1.6\times10^{-3}\%$，主要以硫化物矿存在，如雌黄 As_2S_3，雄黄 As_4S_4，砷硫铁矿 FeAsS，辉锑矿 Sb_3S_3，辉铋矿 Bi_3S_3 等。另外

也存在少量的氧化物矿，如砒霜 As_2O_3，铋华 Bi_2O_3 等。

思考题 17.1 在氮族中，磷、砷、锑、铋又可以归为一族，称为磷族，为什么？

17.2 氮族元素的单质

17.2.1 氮和磷

1. 氮

N 原子的价电子构型为 $2s^22p^3$，在 N_2 形成时，两个氮原子之间形成 1 个 σ 键和 2 个 π 键(图 17-1、图 17-2)，所以结构式表示为 $:N\equiv N:$ 。N_2 的总键能为 941.7kJ · mol^{-1}，断开第一个 π 键需 523.3kJ · mol^{-1}的能量，第二个需 236.6kJ · mol^{-1}的能量，最后一个 σ 键的能量为 154.8kJ · mol^{-1}，可见，N_2 的性质是很稳定的。实验证明：加热至 3000℃时只有 0.1%的 N_2 解离，因此，N_2 经常被用作保护气体。

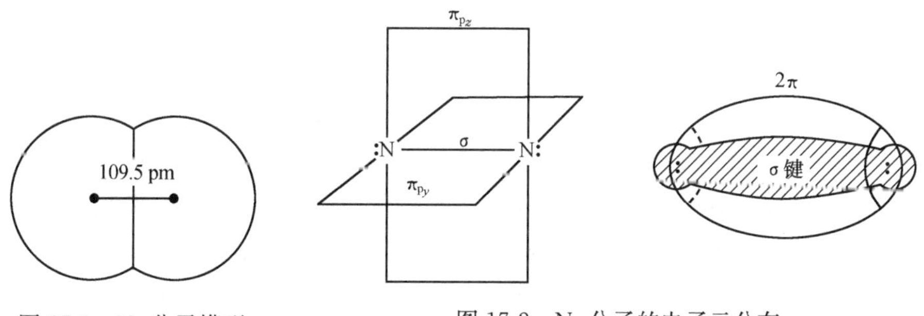

图 17-1 N_2 分子模型

图 17-2 N_2 分子的电子云分布

通常状况下，N_2 是一种无色无臭的气体，熔点 63K，沸点 77K，难液化，标准状态时，N_2 的密度为 1.2506g · mL^{-1}；微溶于水，0℃时每毫升水仅能溶解 0.023mL 的 N_2，常温常压下，溶解度为 1∶0.02(体积比)。

在一般情况下，N_2 的化学性质稳定，不易与其他物质发生反应，但常温下可与金属锂直接反应生成 Li_3N，高温时，能和 Mg、Ca、Ba、Sr、Al、B、Si 等化合生成氮化物。

$$6Li + N_2 \xlongequal{} 2Li_3N$$

$$3Ca + N_2 \xlongequal{\text{高温}} Ca_3N_2$$

$$2B + N_2 \xlongequal{\text{高温}} 2BN$$

高温下，N_2 能与 H_2、O_2 直接化合，这是合成氮肥的重要途径。据估计，每年由雷电合成的氮化合物在 4 亿～5 亿 t，而人工合成的氮肥仅约 1 亿 t，所以，植物生长所需的氮主要源于大自然的贡献。

$$N_2 + 3H_2 \xlongequal[\text{催化剂}]{\text{高温高压}} 2NH_3$$

$$N_2 + O_2 \xlongequal{\text{放电}} 2NO$$

$$NH_4NO_2 \xlongequal{\triangle} N_2(g) + 2H_2O(g)$$

工业生产大量的氮气一般是以空气为原料，通过分馏液态空气而得到(N_2 沸点 77K，O_2

沸点 90K)，其纯度为 99%。常以 15.2MPa(150atm)压力将氮气装入钢瓶，压缩成液氮存于液氮瓶中备用。

思考题 17.2　为什么氮气可以作为保护气体使用?

2. 磷

磷有多种同素异形体，常见的有白磷、红磷和黑磷三种，因白磷见光逐渐变为黄色，所以又称黄磷，分子结构如图 17-3 所示。

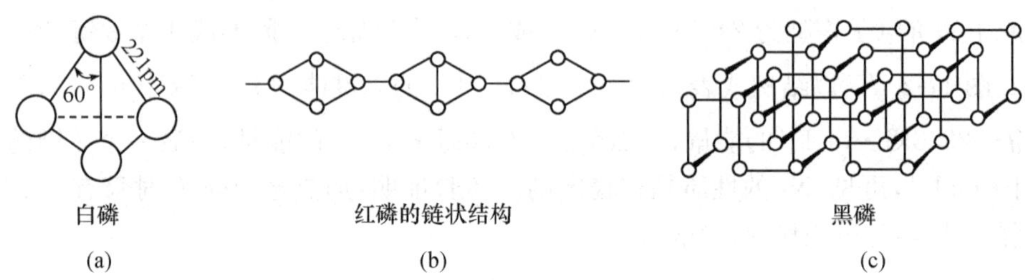

图 17-3　白磷(a)、红磷(b)、黑磷(c)的分子结构

白磷为无色透明晶体，剧毒，致死量为 0.1g，不溶于水，易溶于 CS_2 中。红磷为暗红色固体，无毒，不溶于水、碱和 CS_2。经测定，磷的相对分子质量相当于分子式 P_4。磷蒸气加热至 1073K 时，P_4 开始分解成 P_2，磷的双原子分子结构与氮分子相同。黑磷是以白磷为原料在 220℃、1.216×10^9 Pa 下制成的，其结构和石墨相似，不溶于有机溶剂。

常温下，红磷的化学性质比较稳定，白磷却有很高的化学活性，在空气中燃烧生成 P_4O_6 和 P_4O_{10}，氧气充分时，生成物以 P_4O_{10} 为主。磷与卤素、硫都能直接化合，生成相应的化合物

$$2P + 3X_2 \longrightarrow 2PX_3$$

$$PX_3 + X_2 \longrightarrow PX_5$$

$$4P + 3S \longrightarrow P_4S_3(P_4S_6, P_4S_{10})$$

白磷和碱作用，发生歧化反应，生成膦和次磷酸盐

$$P_4 + 3NaOH + 3H_2O \longrightarrow PH_3 + 3NaH_2PO_2$$

白磷能将 Au、Ag、Cu 等从它的盐溶液中还原出来。例如

$$11P + 15CuSO_4 + 24H_2O \xlongequal{\triangle} 5Cu_3P + 6H_3PO_4 + 15H_2SO_4$$

$$2P + 5CuSO_4 + 8H_2O \xlongequal{\triangle} 5Cu + 2H_3PO_4 + 5H_2SO_4$$

磷还能与氧化性酸反应

$$P + 5HNO_3 \longrightarrow H_3PO_4 + 5NO_2(g) + H_2O$$

$$3P + 5HNO_3(\text{稀}) + 2H_2O \longrightarrow 3H_3PO_4 + 5NO(g)$$

所以，工业上用磷与 HNO_3 反应制备 H_3PO_4。

以 $Ca_3(PO_4)_2$、SiO_2 及 C 为原料，在电炉中加热制磷，反应在 1150～1450℃范围进行，生成的磷蒸气在水面下冷凝得到白磷，反应经历了以下步骤

$$Ca_3(PO_4)_2(s) + 3SiO_2(s) \longrightarrow 3CaSiO_3(l) + P_2O_5(g)$$

$$P_2O_5(g) + 5C(s) \longrightarrow 2P(g) + 5CO(g)$$

得到的粗磷经真空蒸馏或在 N_2 气氛下蒸馏，或在有机溶剂中分级结晶，均可得纯磷。

思考题 17.3 为什么白磷和金属钠的存放方式不一样？

17.2.2 砷、锑、铋

单质砷和锑各有灰、黄、黑三种同素异形体，而铋没有。黄砷与黄锑不稳定，它们的蒸气分子式分别是 As_4、Sb_4，都为正四面体结构，温度高于 1073K 时分解为 As_2、Sb_2。在特定条件下，锑和铋能形成易爆炸的同素异形体，称为爆锑、爆铋。在常温下，砷和锑的最稳定单质是灰砷、灰锑。常温常压下，单质砷、锑、铋均为固体。砷是非金属，锑、铋是金属，但熔点较低且易挥发。一般金属熔化时导电性能降低，铋却相反，固体铋的导电性仅为液体的 48%左右。

通常状况下，砷、锑、铋在水和空气中比较稳定，不溶于稀酸和非氧化性酸，但能与 HNO_3、H_2SO_4(热、浓)及王水反应。

$$2As + 3H_2SO_4(\text{热、浓}) = As_2O_3 + 3SO_2(g) + 3H_2O$$
$$3As + 5HNO_3 + 2H_2O = 3H_3AsO_4 + 5NO(g)$$
$$2Sb + 6H_2SO_4(\text{热、浓}) = Sb_2(SO_4)_3 + 3SO_2(g) + 6H_2O$$
$$3Sb + 5HNO_3 + 8H_2O = 3HSb(OH)_6 + 5NO(g)$$
$$2Bi + 6H_2SO_4(\text{热、浓}) = Bi_2(SO_4)_3 + 3SO_2(g) + 6H_2O$$
$$Bi + 4HNO_3 = Bi(NO_3)_3 + NO(g) + 2H_2O$$

高温下，砷、锑、铋能和氧、硫、卤素反应，产物一般为+3 价，与氟反应，产物为+5 价。例如

$$4As + 3O_2 = 2As_2O_3$$
$$2As + 3Cl_2 = 2AsCl_3$$
$$2As + 5F_2 = 2AsF_5$$

锑、铋都不与碱反应，但砷可与熔融碱反应。

$$2As + 6NaOH(\text{熔融}) = 2Na_3AsO_3 + 3H_2(g)$$

17.3 氮的化合物

17.3.1 氮的氢化物

1. 氨

在 NH_3 分子中，N 原子采取不等性 sp^3 杂化，三个 sp^3 杂化轨道与 H 原子的 1s 轨道重叠形成三个 σ 键，剩余一个杂化轨道被孤对电子占据。由于孤对电子的排斥作用，N—H 键间的夹角∠HNH 不是 109°28′，而是 107°18′。NH_3 分子呈三角锥形[图 10-7(b)和图 7-4(a)]。因此，NH_3 是结构不对称的极性分子。

氨是一种具有刺激性臭味的无色气体，由于分子间有氢键，所以熔点(−77.74℃)、沸点(−33.42℃)高于同族磷的氢化物膦(PH_3)；易液化，蒸发热高，常被用作冷冻机的循环制冷剂。氨极易溶于水，常压 298K 时，在水中的溶解度为 1∶700(体积比)，氨水的密度小于 $1g \cdot mL^{-1}$，氨含量越高，密度越小，一般市售浓氨水的密度为 $0.88g \cdot mL^{-1}$，浓度为 $14.8mol \cdot L^{-1}$。液氨的介电常数为 26.7(水为 80.4)，是一种极性非水溶剂。与水相似，液氨也能发生自偶电离。

$$2NH_3 \rightleftharpoons NH_4^+ + NH_2^- \qquad K^\ominus = 1.9 \times 10^{-30}(233K)$$

液氨能溶解碱金属、碱土金属等活泼金属，形成的稀溶液均呈淡蓝色，并具有顺磁性、导电性和强还原性，这些性质是由于溶液中有“氨合电子”$e(NH_3)_x$ 而引起的，例如

$$Na + xNH_3 \longrightarrow Na^+ + e(NH_3)_x$$

此溶液在放置过程中，蓝色会逐渐褪去，同时缓慢释放出 H_2，即

$$2Na + 2NH_3 \longrightarrow 2Na^+ + 2NH_2^- + H_2(g)$$

思考题 17.4　作为溶剂，液氨和水有什么异同？

氨具有以下化学性质：

(1) 弱碱性。NH_3 结合 H^+ 的能力强于 H_2O，能使其水溶液电离出 OH^-，所以具有碱性

$$2NH_3 + H_2O \rightleftharpoons NH_4^+ + OH^- \qquad K_b^\ominus = 1.8\times10^{-5}$$

(2) 还原性。NH_3 分子中 N 处于最低氧化态，因此，具有还原性，能与许多氧化剂反应，例如

$$4NH_3 + 3O_2 \xlongequal{400℃} 2N_2 + 6H_2O$$

$$4NH_3 + 5O_2 \xlongequal[\text{Pt-Rh}]{800℃} 4NO(g) + 6H_2O$$

$$2NH_3 + 3Cl_2 \xlongequal{\triangle} N_2 + 6HCl$$

$$NH_3 + 3Cl_2 \xlongequal{\triangle} NCl_3 + 3HCl \quad (Cl_2\text{ 过量})$$

$$2NH_3 + 3CuO \xlongequal{573K} 3Cu + N_2(g) + 3H_2O$$

(3) 配位性。NH_3 可提供 N 原子上的孤对电子而作为配体形成配离子，例如

$$Ag^+ + 2NH_3 \longrightarrow [Ag(NH_3)_2]^+$$

$$Zn^{2+} + 4NH_3 \longrightarrow [Zn(NH_3)_4]^{2+}$$

$$Co^{3+} + 6NH_3 \longrightarrow [Co(NH_3)_6]^{3+}$$

$$BF_3 + NH_3 \longrightarrow F_3BNH_3$$

(4) 取代性。NH_3 中 H 原子可被其他原子或原子团取代，例如

$$4NH_3 + COCl_2 \longrightarrow CO(NH_2)_2 + 2NH_4Cl$$

$$HgCl_2 + 2NH_3 \longrightarrow HgNH_2Cl(s) + NH_4Cl$$

$$2Na + 2NH_3 \longrightarrow 2NaNH_2 + H_2(g)$$

这类反应与水解反应相似，称为氨解反应。

在实验室，通常将铵盐与 CaO 或 $Ca(OH)_2$ 共热来制氨

$$(NH_4)_2SO_4 + CaO \xlongequal{\triangle} CaSO_4 + 2NH_3(g) + H_2O$$

$$2NH_4Cl + Ca(OH)_2 \xlongequal{\triangle} CaCl_2 + 2NH_3(g) + 2H_2O$$

工业上氨的制备是用 N_2 和 H_2 在高温高压和催化剂存在下合成，反应式为

$$N_2 + 3H_2 \xlongequal[500℃,300\sim700\text{atm}]{\text{Fe 触媒}} 2NH_3$$

2. 铵盐

NH_4^+ 中 N 原子采取 sp^3 杂化，与 H 原子形成四个 σ 键，其中一个是 σ 配位键，离子的几何构型为四面体(图 17-4)。NH_4^+ 是 Na^+ 的等电子体，半径为 143pm，与 K^+(133pm)、Rb^+(148pm)相近，因此，铵盐的性质与碱金属盐(尤其是钾盐)相似，铵盐一般都是无色晶体，易溶

于水。由于NH_3的弱碱性，铵盐都易水解

$$NH_4^+ + H_2O \rightleftharpoons NH_3 \cdot H_2O + H^+$$

铵盐受热易分解，分解产物与阴离子对应的酸的氧化性、挥发性以及分解温度有关，通常有以下几种情况：

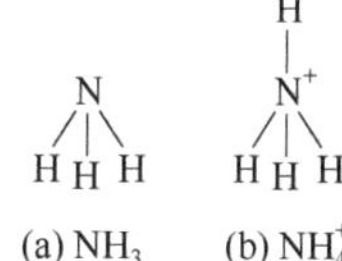

图17-4 结构示意图

(1) 具有挥发性的非氧化性酸的铵盐，分解产物为NH_3和相应的酸，例如

$$NH_4HCO_3 \xlongequal{\triangle} NH_3(g) + CO_2(g) + H_2O$$

$$NH_4Cl \xlongequal{\triangle} NH_3(g) + HCl(g)$$

(2) 无挥发性的非氧化性酸的铵盐，分解产物为NH_3和酸式盐或酸，例如

$$(NH_4)_2SO_4 \xlongequal{\triangle} NH_3 + NH_4HSO_4$$

$$(NH_4)_3PO_4 \xlongequal{\triangle} 3NH_3(g) + H_3PO_4$$

(3) 具有氧化性酸的铵盐，分解产物是N_2或氮的氧化物，例如

$$(NH_4)_2Cr_2O_7 \xlongequal{\triangle} N_2(g) + Cr_2O_3 + 4H_2O$$

$$NH_4NO_3 \xlongequal{573K} N_2(g) + 2H_2O(g) + \frac{1}{2}O_2$$

$$NH_4NO_3 \xlongequal{\triangle} N_2O(g) + 2H_2O(g)$$

$$2(NH_4)_2CrO_4 \xlongequal{\triangle} 2NH_3(g) + N_2(g) + Cr_2O_3 + 5H_2O$$

在含有NH_4^+的溶液中加入强碱可生成能使红色石蕊试纸变蓝的NH_3，这是检出NH_4^+常用的方法。NH_4^+的检出也可用奈斯勒试剂($K_2[HgI_4]$和KOH的混合溶液)，微量的NH_4^+遇到奈斯勒试剂会生成红棕色沉淀，反应式为

$$NH_4Cl + 2K_2[HgI_4] + 4KOH = Hg_2NI \cdot H_2O(s) + KCl + 7KI + 3H_2O$$

思考题17.5 为什么铵盐和碱金属盐可以划为一类？

17.3.2 氮的氧化物

氮和氧结合能形成N_2O、NO、N_2O_3、NO_2、N_2O_4、N_2O_5等多种化合物，表17-2列出了它们的性质和结构。

1. 一氧化氮

NO的分子轨道式为$[KK(\sigma_{2s})^2(\sigma_{2s}^*)^2(\pi_{2p_y})^2(\pi_{2p_z})^2(\sigma_{2p_x})^2(\pi_{2p_y}^*)^1]$，是单电子分子。一般含有单电子的分子是有颜色的，而且不稳定，但NO既是无色气体又较稳定，因此，有人称之为“稳定的自由基”。在反应中，NO的π^*轨道上的单电子易失去，而形成NO^+(亚硝酰离子)。

常温下，NO能与O_2、F_2、Cl_2、Br_2等反应，其中与氧的反应极易发生，产生红棕色NO_2气体

表 17-2　氮氧化物的性质和结构

化学式	键的形成	性　状	化学性质	熔点/℃	沸点/℃	结　构
N_2O	N 采取 sp 杂化，分子中形成 2 个 σ 键和 2 个 Π_3^4 键	无色有甜味气体 易溶于水	稳定	−90.8	−88.5	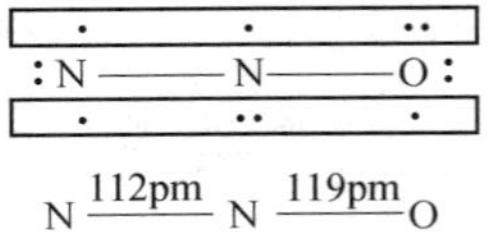 :N—N—O: N 112pm N 119pm O
NO	N 采取 sp 杂化，分子中形成 1 个 σ 键，1 个 π 键，1 个三电子 π 键	无色气体 液态呈蓝色，固态呈无色	反应活性适中	−163.6	−151.8	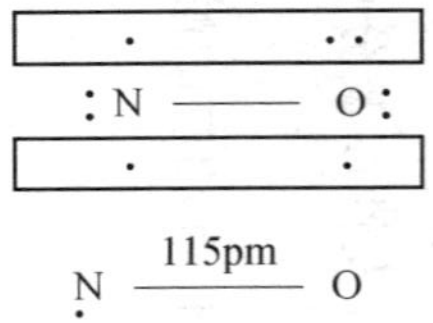 :N—O: N 115pm O
NO_2	N 采取 sp^2 杂化，分子中形成 2 个 σ 键，N 的其余 3 个价电子中，单电子若在 sp^2 轨道上，则形成 1 个 Π_3^4 键，若在 p_x 轨道上，则为 Π_3^3 键	红棕色气体	强氧化性	−11.2	21.15	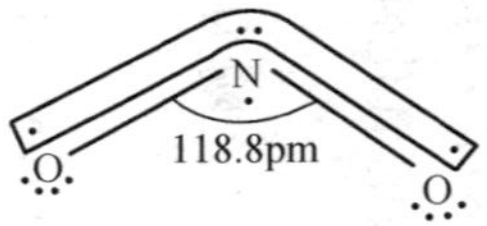 O N O 118.8pm
N_2O_3	N 采取 sp^2 杂化，形成 4 个 σ 键，1 个 Π_5^6 键	蓝色固体 液体呈浅蓝色	室温下分解成 NO 和 NO_2	−110.7	3.5(分解)	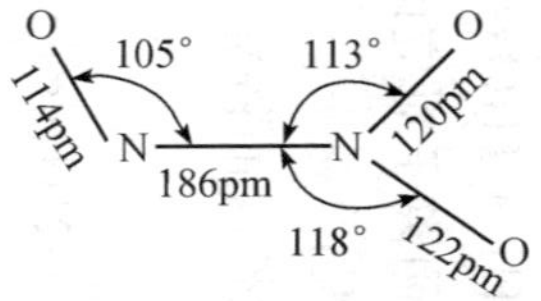 105° 113° 118° 114pm 186pm 120pm 122pm
N_2O_4	N 采取 sp^2 杂化，形成 5 个 σ 键，1 个 Π_6^8 键	无色气体	强烈分解成 NO_2	−92	21.3	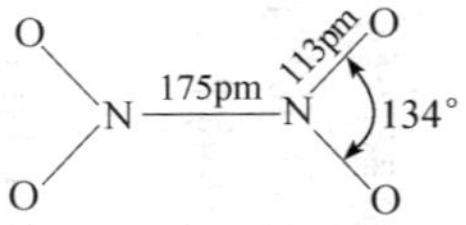 175pm 113pm 134°
N_2O_5	气体分子中 N 采取 sp^2 杂化，形成 6 个 σ 键，2 个 Π_3^4 键	无色固体	不稳定	30	47(分解)	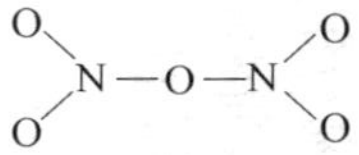 O₂N—O—NO₂

$$2NO+O_2 = 2NO_2$$

$$2NO+Cl_2 = 2NOCl \quad (\text{氯化亚硝酰})$$

由于分子中有孤对电子存在，所以 NO 能与金属离子形成配合物，例如

$$FeSO_4 + NO = [Fe(NO)]SO_4 \quad (\text{棕色})$$

近些年的研究工作使人们认识到 NO 对生命体具有神奇的作用，它是神经脉冲的传递介质，具有调节血压、引发免疫功能等作用。如果人体不能制造足够的 NO，将会导致一系列如高血压、血凝失常、免疫功能损伤、神经化学失衡、性功能障碍以及精神痛苦等严重的疾病。

工业上由氨催化氧化制备 NO，而实验室通常用铜与稀硝酸反应来制备 NO。

$$3Cu + 8HNO_3(\text{稀}) = 3Cu(NO_3)_2 + 2NO(g) + 4H_2O$$

2. 二氧化氮和四氧化二氮

NO_2 是一种红棕色的有毒气体，N_2O_4 是二氧化氮的二聚体，是无色气体，极易分解成 NO_2，温度低于 21.15℃时，NO_2 完全转化成液态的 N_2O_4，在 150℃开始分解成 NO 和 O_2

$$2NO_2(g) = 2NO + O_2$$

NO_2 中 N 处于中间氧化态，所以既具有氧化性又有还原性，以氧化性为主，NO_2 能与水反应

$$2NO_2 + H_2O = HNO_3 + HNO_2$$

NO_2 是酸性氧化物，能和碱反应，例如

$$2NO_2 + 2NaOH = NaNO_3 + NaNO_2 + H_2O$$

实验室通常用铜与浓硝酸反应来制备 NO_2

$$Cu + 4HNO_3(\text{浓}) = Cu(NO_3)_2 + 2NO_2\uparrow + 2H_2O$$

思考题 17.6　怎样除去氮氧化物对空气的污染？

17.3.3　氮的含氧酸及其盐

1. 亚硝酸及其盐

HNO_2 中 N 采取 sp^2 杂化，形成一个单键和一个双键。HNO_2 具有顺式和反式两种结构（图 17-5）。研究证明：常温下反式比顺式更稳定。NO_2^- 中 N 采取 sp^2 杂化，形成两个 σ 键和一个 Π_3^4 键，几何构型为“V”字形（图 17-6）。

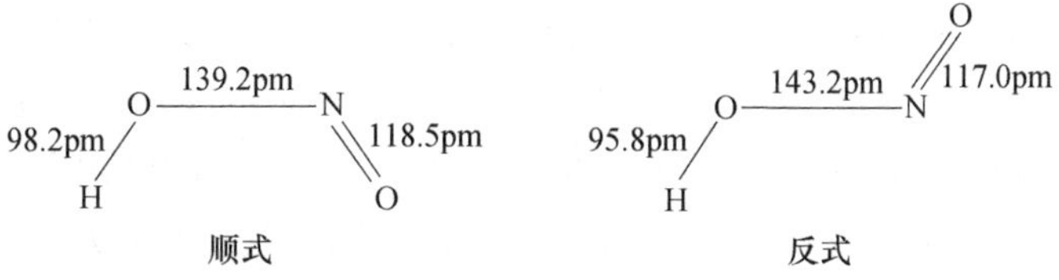

图 17-5　亚硝酸的两种结构

亚硝酸显淡灰蓝色，亚硝酸盐一般为无色晶体，两者均有毒，易转化为致癌物质亚硝胺。亚硝酸盐具有很高的热稳定性，除浅黄色的 $AgNO_2$ 不溶外，一般都溶于水。

亚硝酸是弱酸，其酸性略强于乙酸

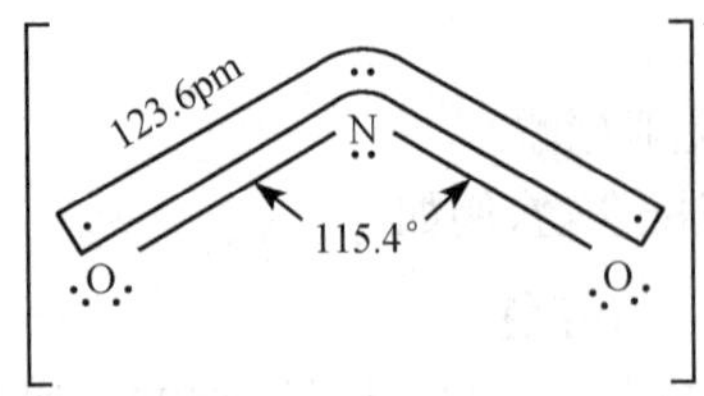

图 17-6　NO_2^- 的结构

$$HNO_2 \rightleftharpoons H^+ + NO_2^- \qquad K_a^\ominus = 5\times10^{-4}(291K)$$

由于分子中 N 处于中间氧化态，HNO_2 或 NO_2^- 既具有氧化性又有还原性，且以氧化性为主

$$2HNO_2 + 2HI = 2NO(g) + I_2 + 2H_2O$$

$$5NO_2^- + 2MnO_4^- + 6H^+ = 5NO_3^- + 2Mn^{2+} + 3H_2O$$

NO_2^- 中 N 和 O 原子都有孤对电子，所以 NO_2^- 具有很强的配位能力，能与许多金属离子形成配合物，当 NO_2^- 以 N 原子配位时称为硝基，以 O 原子配位时称为亚硝酸根。

将等物质的量的 NO 和 NO_2 混合溶解在冰水中或向亚硝酸盐的冷溶液中加酸时，能生成亚硝酸

$$NO + NO_2 + H_2O \xlongequal{\text{冷冻}} 2HNO_2$$

$$NaNO_2 + H_2SO_4 \xlongequal{\text{冷冻}} HNO_2 + NaHSO_4$$

用金属在高温下还原硝酸盐可制备亚硝酸盐，例如

$$Pb(\text{粉}) + NaNO_3 \xlongequal{\triangle} PbO + NaNO_2$$

2. 硝酸及其盐

HNO_3 分子中 N 采取 sp^2 杂化，形成 3 个 σ 键和一个 Π_3^4 键，是一对称性较低的平面分子[图 17-7(a)]，NO_3^- 中 N 采取 sp^2 杂化，形成 3 个 σ 键和一个 Π_4^6 键，空间构型呈平面三角形，对称性较高[图 17-7(b)]。

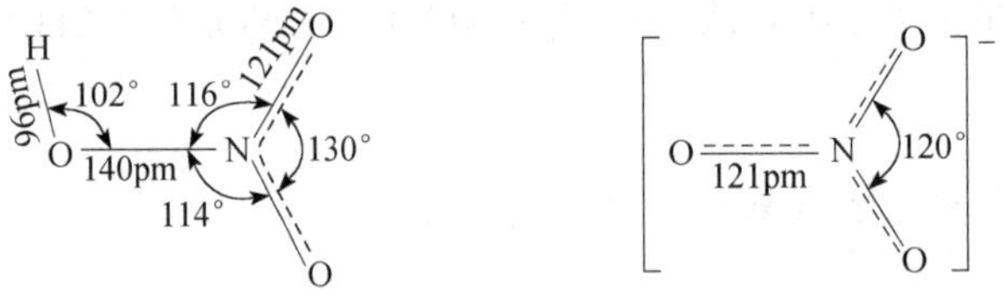

(a) 硝酸分子的结构　　(b) 硝酸根离子的结构

图 17-7　硝酸分子和硝酸根离子的结构

纯硝酸是无色液体，易挥发，见光或受热易分解

$$4HNO_3 = 4NO_2 + O_2 + 2H_2O$$

长时间放置会因生成 NO_2 而发黄，因此，硝酸应储存在棕色试剂瓶中，并置于阴凉处。

纯硝酸的密度为 $1.524g\cdot mL^{-1}$，熔点－40.1℃，沸点 80℃，可以与水以任意比例混合，市售浓硝酸的质量分数为 68％～70％，密度为 $1.4g\cdot mL^{-1}$，浓度相当于 $15\sim16mol\cdot L^{-1}$，沸点为 120.5℃。市售发烟硝酸的质量分数为 93％，密度为 $1.5g\cdot mL^{-1}$，浓度相当于 $22mol\cdot L^{-1}$。

由于硝酸分子中 N 处于最高氧化态，加之不稳定易分解放出 NO_2 和 O_2，所以 HNO_3 具有很强的氧化性，能与众多的金属和非金属反应，反应产物与硝酸浓度及金属活泼性有关。

(1) 与非金属反应，浓硝酸的还原产物主要是 NO_2，稀硝酸的还原产物主要是 NO，例如

$$3C + 4HNO_3(\text{稀}) \xlongequal{\triangle} 3CO_2\uparrow + 4NO\uparrow + 2H_2O$$

$$C + 4HNO_3(\text{浓}) \xlongequal{\triangle} CO_2\uparrow + 4NO_2\uparrow + 2H_2O$$

(2) 与不活泼金属反应，浓硝酸主要被还原成 NO_2，稀硝酸被还原成 NO，例如

$$3Cu + 8HNO_3(稀) \xlongequal{\triangle} 3Cu(NO_3)_2 + 2NO\uparrow + 4H_2O$$

$$Ag + 2HNO_3(浓) \xlongequal{\triangle} AgNO_3 + NO_2\uparrow + H_2O$$

(3) 与活泼金属反应，硝酸的还原产物随浓度变化较复杂，一般还原产物有以下几种情况

$$M + \begin{cases} HNO_3(12 \sim 16mol \cdot L^{-1}) \longrightarrow NO_2 \\ HNO_3(6 \sim 8mol \cdot L^{-1}) \longrightarrow NO \\ HNO_3(\sim 2mol \cdot L^{-1}) \longrightarrow N_2O \\ HNO_3(< 2mol \cdot L^{-1}) \longrightarrow NH_4^+ \\ HNO_3(极稀) \longrightarrow H_2 \end{cases}$$

应该注意：不同浓度的 HNO_3 被还原的产物都不是单一的，只是在某浓度时以某种还原产物为主，如在 100mL 不同浓度的 HNO_3 溶液中加入足量的 Fe，反应结束后得到的 NO、N_2O、N_2 及 NH_3 的体积(mL)和体积分数列于表 17-3 中。

表 17-3　不同硝酸与足量的铁反应的产物(100℃，66.7kPa)

$c(HNO_3)/(mol \cdot L^{-1})$	NO	N_2O	N_2	NH_3
1.77	32.0(51.7%)	2.5(4.0%)	13.3(21.5%)	14.0(22.7%)
3.41	39.0(57.6%)	2.5(3.7%)	8.0(11.8%)	18.2(26.9%)
4.17	83.0(88.0%)	2.5(2.7%)	5.8(6.2%)	3.0(3.2%)
5.32	90.0(93.7%)	1.5(1.6%)	3.5(3.6%)	1.0(1.0%)

(4) 冷的浓硝酸可使 Fe、Al、Cr 钝化。

(5) 与 Sn、Sb、As、Mo、W、V 等偏酸性的金属反应，生成其氧化物的水合物或含氧酸，例如

$$3Sn + 4HNO_3 + H_2O = 3SnO_2 \cdot H_2O\downarrow + 4NO\uparrow$$

有些不与硝酸反应的金属能溶于王水中，王水是 3 体积的浓盐酸和 1 体积的硝酸的混合酸溶液，例如

$$Au + HNO_3 + 4HCl = HAuCl_4 + NO\uparrow + 2H_2O$$

$$3Pt + 4HNO_3 + 18HCl = 3H_2PtCl_6 + 4NO\uparrow + 8H_2O$$

工业上，以 NH_3 为原料，Pt-Rh 为催化剂来制备 HNO_3。而实验室常用硝酸盐和浓 H_2SO_4 共热来制备 HNO_3，例如

$$NaNO_3 + H_2SO_4 \xlongequal{\triangle} NaHSO_4 + HNO_3\uparrow$$

大多数硝酸盐是无色晶体，易溶于水，受热易分解，分解产物和金属离子的化学活性有关

$$2MNO_3 \xlongequal{\triangle} 2MNO_2 + O_2 \quad (M\text{活性位于 Mg 前})$$

$$2M(NO_3)_2 \xlongequal{\triangle} 2MO + 4NO_2 + O_2 \quad (M\text{活性位于 Mg-Cu 间})$$

$$2MNO_3 \xlongequal{\triangle} 2M + 2NO_2 + O_2 \quad (M\text{活性位于 Cu 后})$$

另外还存在一些特殊情况，如 $LiNO_3$ 热分解产物是 Li_2O，而不是 $LiNO_2$。$Sn(NO_3)_2$、$Fe(NO_3)_2$热分解的产物是 SnO_2、Fe_2O_3，不是 SnO、FeO。

医学研究和检测证实，自然环境中有 300 余种亚硝基化合物，其中 90%可以诱发癌症，亚

硝酸盐、硝酸盐和胺类是亚硝基化合物的前体，可以在环境中合成（化学途径），也可以在生物体体内合成（生物途径）多样的亚硝基化合物，而硝酸盐和亚硝酸盐在蔬菜中含量很高，当对蔬菜进行加工和长期储存时，在微生物的参与下，它们会生成微量的亚硝基化合物。同时，在腌制肉类食品时，为了防腐要添加一定量的硝酸盐和亚硝酸盐，在一定条件下也会转变成亚硝基化合物，因此，食品加工过程中，必须严格控制这两种盐的使用量和残留量。

思考题 17.7　比较铵盐和硝酸盐的受热分解规律，并解释原因。

17.4　磷的化合物

17.4.1　磷的氢化物

PH_3（膦）的结构与 NH_3 相似，P 采取 sp^3 杂化，与 H 形成 3 个 σ 键，剩余一个 sp^3 杂化轨道被孤对电子占据，分子的几何构型为三角锥形。PH_4^+ 的结构与 NH_4^+ 相似，也是四面体构型（图 17-8）。

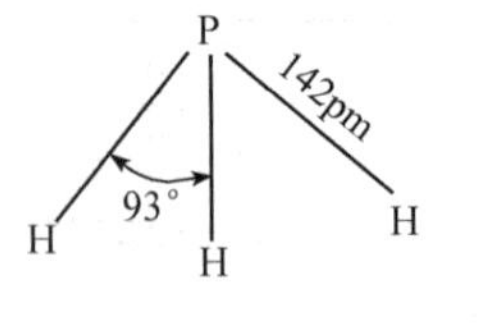

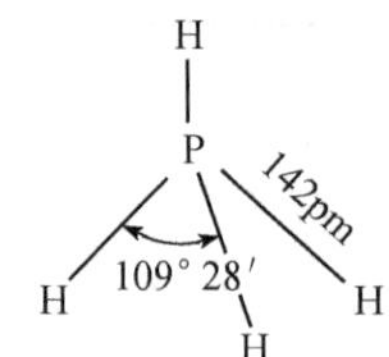

图 17-8　PH_3 分子与 PH_4^+ 的结构

PH_3 是一种无色有大蒜臭味的剧毒气体，稳定性和碱性都低于 NH_3，微溶于水，常温常压下，PH_3 的溶解度为 26∶100（体积比）。由于具有弱碱性，所以 PH_4X 极易水解，在水溶液中不生成 PH_4^+。

$$PH_4X + H_2O = PH_3(g) + H_3O^+ + X^-$$

PH_3 具有较强的还原性，能使 Cu^{2+}、Ag^+、Hg^{2+} 等还原成金属单质。

$$PH_3 + 6Ag^+ + 3H_2O = 6Ag + 6H^+ + H_3PO_3$$

$$PH_3 + 4CuSO_4 + 4H_2O = 4Cu + 4H_2SO_4 + H_3PO_4$$

PH_3 分子中 P 原子上有一对孤对电子，故能与许多过渡金属形成配位化合物，而且由于 P 原子还有空的 d 轨道，可接受过渡金属原子反馈的 d 电子而形成反馈 π 配键，所以 PH_3 的配位能力比 NH_3 的强得多。

PH_3 可利用金属磷化物水解或单质磷与碱反应得到

$$Ca_3P_2 + 6H_2O = 3Ca(OH)_2 + 2PH_3(g)$$

$$P_4 + 3NaOH + 3H_2O = PH_3(g) + 3NaH_2PO_2$$

思考题 17.8　试比较 NH_3 和 PH_3 在结构和性质上的异同。

17.4.2　磷的氧化物

1. 三氧化二磷（P_2O_3）

P_2O_3 是 P_4O_6 的简写，是 P_4 在氧气不充足的条件下生成的，其结构如图 17-9 所示，由于具有类似球状的结构，容易滑动，故 P_4O_6 具有滑腻感。P_2O_3 是白色吸湿性蜡状固体，熔点 297K，沸点 447K，有剧毒，能溶于苯、二硫化碳和氯仿等非极性溶剂中，虽然是亚磷酸的酸酐，但只有和冷水或碱溶液反应时才缓慢地生成亚磷酸或亚磷酸盐，在热水中发生歧化反应

$$P_4O_6 + 6H_2O(冷) = 4H_3PO_3$$
$$P_4O_6 + 6H_2O(热) = 3H_3PO_4 + PH_3(g)$$

2. 五氧化二磷(P_2O_5)

P_2O_5 是 P_4O_{10} 的简写，磷在充足氧气中燃烧得到 P_4O_{10}，其结构如图 17-9 所示。P_2O_5 是一种白色雪状固体，易升华(632K)，对水有很强的亲和力，吸湿性强，是常用的化学干燥剂，干燥效率很高(表 17-4)，甚至还能从许多化合物中夺取化合态的水，例如

$$P_4O_{10} + 6H_2SO_4(冷) = 6SO_3 + 4H_3PO_4$$
$$P_4O_{10} + 12HNO_3(冷) = 6N_2O_5 + 4H_3PO_4$$

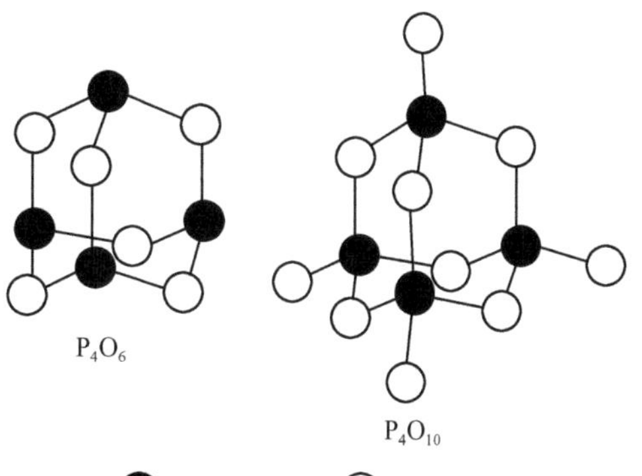

图 17-9　P_4O_6 和 P_4O_{10} 的结构

表 17-4　几种常用干燥剂的干燥效率

干燥剂	$CuSO_4$	$ZnCl_2$	$CaCl_2$	NaOH	H_2SO_4	KOH	P_4O_{10}
298K 时，干燥剂的平衡水蒸气压/Pa	186	107	45.3	21.3	0.40	0.27	0.013

P_4O_{10} 是磷酸的酸酐，但和水反应的产物与水的用量有关，例如

$$P_4O_{10} + \begin{cases} \xrightarrow{2H_2O} (HPO_3)_4 \\ \xrightarrow{3H_2O} H_3PO_4 + (HPO_3)_3 \\ \xrightarrow{4H_2O} H_3PO_4 + H_5P_3O_{10} \\ \xrightarrow{5H_2O} 2H_3PO_4 + H_4P_2O_7 \\ \xrightarrow{6H_2O} 4H_3PO_4 \end{cases}$$

思考题 17.9　为什么磷在空气中燃烧产物实际是 P_4O_{10}？

17.4.3　磷的含氧酸及其盐

磷有多种含氧酸，表 17-5 列出几种重要的含氧酸。

表 17-5　磷的几种重要的含氧酸

分子式	命　名	P 的杂化类型	酸　性	结　构
H_3PO_2	次磷酸	sp^3	一元酸 $K^\ominus=1.0\times10^{-2}$	O | P HO H H

续表

分子式	命名	P的杂化类型	酸性	结构
H_3PO_3	亚磷酸	sp^3	二元酸 $K_1^\ominus=1.6\times10^{-2}$ $K_2^\ominus=7.0\times10^{-7}$	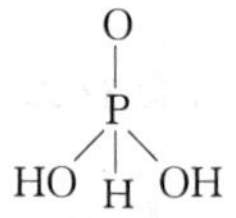 O=P(H)(OH)(OH)
H_3PO_4	正磷酸	sp^3	三元酸 $K_1^\ominus=7.5\times10^{-3}$ $K_2^\ominus=6.2\times10^{-8}$ $K_3^\ominus=4.5\times10^{-13}$	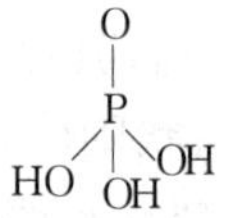 O=P(OH)(OH)(OH)
$H_4P_2O_7$	焦磷酸	sp^3	四元酸 $K_1^\ominus=1.4\times10^{-1}$ $K_2^\ominus=3.2\times10^{-2}$ $K_3^\ominus=1.7\times10^{-6}$ $K_4^\ominus=6.0\times10^{-9}$	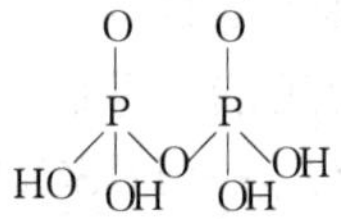 (HO)(OH)P(=O)–O–P(=O)(OH)(OH)
$(HPO_3)_n$	偏磷酸	sp^3	溶于水慢慢转化成正磷酸，HNO_3 能催化此反应	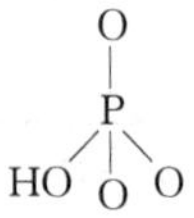 O=P(HO)(O)(O)

1. 次磷酸及其盐

纯的次磷酸(H_3PO_2)是无色晶体，熔点为26.5℃，属一元中强酸，极易溶于水。常温常压下比较稳定，升温至140℃分解，室温下不与空气中氧反应，但在碱性介质中升温到100℃分解生成 H_2，碱浓度越大分解速率越快。

$$H_2PO_2^- + OH^- \longrightarrow HPO_3^{2-} + H_2$$

次磷酸的还原性很强，可以还原一些具有弱氧化性的金属离子，例如

$$H_3PO_2 + 4Ag^+ + 2H_2O \longrightarrow H_3PO_4 + 4Ag(s) + 4H^+$$

$$H_3PO_2 + Ni^{2+} + H_2O \longrightarrow H_3PO_3 + Ni(s) + 2H^+$$

碱金属、碱土金属及多数重金属的次磷酸盐都能溶于水，次磷酸的盐也具有很强的还原性，因此次磷酸及其盐主要用作化学镀银或化学镀镍的还原剂。

2. 亚磷酸及其盐

常温下，亚磷酸(H_3PO_3)是淡黄色晶体，熔点73.6℃，易溶于水，20℃时，溶解度为 $82g\cdot(100gH_2O)^{-1}$，易吸湿潮解。受热时发生歧化反应。

$$4H_3PO_3 \xlongequal{\triangle} 3H_3PO_4 + PH_3(g)$$

H_3PO_3 是强还原剂，能还原中等强度的氧化剂，而自身被氧化成 H_3PO_4，例如

$$H_3PO_3 + 2Ag^+ + H_2O \longrightarrow H_3PO_4 + 2Ag(s) + 2H^+$$

$$H_3PO_3 + H_2SO_4(浓) \xlongequal{\triangle} H_3PO_4 + SO_2(g) + H_2O$$

H_3PO_3 是二元中强酸，能形成酸式盐和正盐，如 NaH_2PO_3、Na_2HPO_3。碱金属的亚磷酸盐易溶于水，但 $BaHPO_3$ 难溶。

3. 磷酸及其盐

纯磷酸(H_3PO_4)是无色晶体，熔点42.4℃。市售的磷酸为黏稠状浓溶液，含 H_3PO_4 约

83%,密度1.6g·mL^{-1},相当于14mol·L^{-1}。磷酸是无氧化性、不挥发的三元中强酸,但配位能力很强,能与许多金属离子形成配合物,如与Fe^{3+}生成无色可溶性配合物$H_3[Fe(PO_4)_2]$、$H[Fe(HPO_4)_2]$等。

磷酸盐有三种类型,即磷酸正盐(M_3PO_4)、磷酸一氢盐(M_2HPO_4)、磷酸二氢盐(MH_2PO_4)。MH_2PO_4均溶于水,而M_3PO_4和M_2HPO_4中除K^+、Na^+、NH_4^+盐外,其余多难溶,如Ag_3PO_4、Li_3PO_4、$Ca_3(PO_4)_2$、$CaHPO_4$等都难溶于水。所以,向各类磷酸盐溶液中加Ag^+时均生成黄色Ag_3PO_4沉淀

$$PO_4^{3-} + 3Ag^+ = Ag_3PO_4(s)$$
$$HPO_4^{2-} + 3Ag^+ = Ag_3PO_4(s) + H^+$$
$$H_2PO_4^- + 3Ag^+ = Ag_3PO_4(s) + 2H^+$$

由于磷酸是三元中强酸,因此磷酸盐在水中会发生水解,磷酸一氢盐和磷酸二氢盐中同时发生阴离子的解离,所以溶液的酸碱性由两种过程的竞争结果来确定。例如NaH_2PO_4溶液中同时存在两个平衡

$$H_2PO_4^- + H_2O = HPO_4^{2-} + H_3O^+ \qquad K_{a_2}^\ominus = 6.2\times10^{-8}$$
$$H_2PO_4^- + H_2O = H_3PO_4 + OH^- \qquad K_{b_3}^\ominus = 1.5\times10^{-12}$$

因$K_{a_2}^\ominus > K_{b_3}^\ominus$,溶液显酸性,溶液的$H^+$离子浓度可以用近似公式计算

$$[H^+] \approx \sqrt{K_{a_1}^\ominus \cdot K_{a_2}^\ominus} = 2.2\times10^{-5}\text{mol}\cdot\text{L}^{-1}$$
$$\text{pH} = 4.66$$

Na_2HPO_4溶液中也存在两个平衡

$$HPO_4^{2-} + H_2O = H_2PO_4^- + OH^- \qquad K_{b_2}^\ominus = 1.6\times10^{-7}$$
$$HPO_4^{2-} + H_2O = PO_4^{3-} + H_3O^+ \qquad K_{a_3}^\ominus = 4.5\times10^{-13}$$

$K_{b_2}^\ominus > K_{a_3}^\ominus$,所以溶液显碱性,$H^+$浓度可用近似公式计算

$$[H^+] \approx \sqrt{K_{b_2}^\ominus \cdot K_{a_3}^\ominus} = 1.7\times10^{-10}\text{mol}\cdot\text{L}^{-1}$$
$$\text{pH} = 9.77$$

而Na_3PO_4溶液中只有PO_4^{3-}的水解,对于0.1mol·L^{-1} Na_3PO_4溶液,因$K_{b_1}^\ominus$较大,$0.10 - x \neq 0.10$,设其OH^-离子浓度为x

$$[OH^-] \approx \sqrt{0.1\times K_w/K_{a_3}} = 4.6\times10^{-2}\text{mol}\cdot\text{L}^{-1}$$
$$\text{pH} = 14 + \lg[OH^-] = 12.66$$

磷酸的正盐比较稳定,受热一般不分解,但其一氢盐、二氢盐受热脱水分解成焦磷酸盐或偏磷酸盐。

PO_4^{3-}的鉴定可利用下面反应

$$PO_4^{3-} + 3NH_4^+ + 12MoO_4^{2-} + 24H^+ = (NH_4)_3PO_4\cdot12MoO_3\cdot6H_2O(\text{黄})\downarrow + 6H_2O$$

两分子H_3PO_4脱去一分子H_2O后生成一分子的焦磷酸$H_4P_2O_7$,常温下焦磷酸是无色晶体,易溶于水,在酸性溶液中水解生成磷酸

$$H_4P_2O_7 + H_2O = 2H_3PO_4$$

焦磷酸是四元中强酸,分子中两个P原子上连接的OH上的H交替电离,即

$$H_2O_3POPO_3H_2 \xrightarrow{-H^+} HO_3POPO_3H_2^- \xrightarrow{-H^+} HO_3POPO_3H^{2-} \xrightarrow{-H^+} O_3POPO_3H^{3-} \xrightarrow{-H^+} O_3POPO_3^{4-}$$

焦磷酸盐与磷酸盐相似,多数难溶于水,但$Ag_4P_2O_7$为白色沉淀,所以可以用Ag^+来鉴别

PO_4^{3-} 与 $P_2O_7^{4-}$。

如果 n 分子的 H_3PO_4 脱去 n 分子的 H_2O 则生成 1 分子的偏磷酸 $(HPO_3)_n$，它是 P_2O_5 溶于水的主要产物。偏磷酸银 $Ag_n(PO_3)_n$ 也是难溶于水的白色沉淀，但偏磷酸（盐）溶液可以使澄清的蛋白溶液变混浊，以此与 PO_4^{3-}、$P_2O_7^{4-}$ 溶液区分。

在生命过程中，磷酸及其衍生物是非常重要的物质，磷酸通常以磷酸盐的形式存在于生命体系。磷酸钙使骨头和牙齿坚固，每一个细胞中都存在有磷酸根，它是细胞液中主要的阴离子。葡萄糖是动物体内关键的能量来源，在进餐前和剧烈运动过程中，为满足对葡萄糖的需要，必须分解糖原，在磷酸化酶的催化下，糖原水解形成葡萄糖-1-磷酸，因为带有电荷的磷酸化糖不能扩散出细胞，而糖苷键水解产生的葡萄糖能穿过细胞膜（图 17-10）。

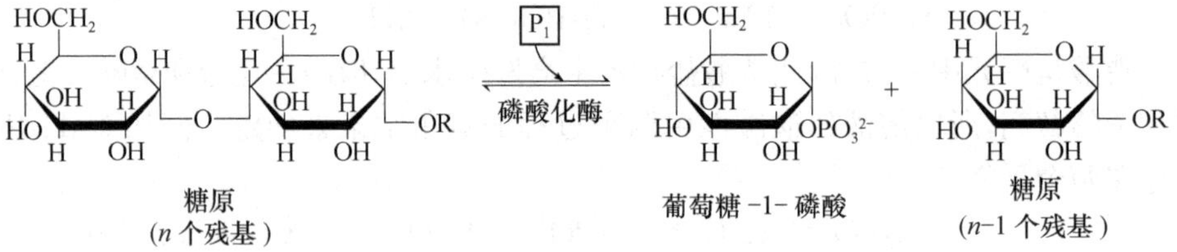
HOCH2
HOCH2
P1
磷酸化酶
HOCH2
HOCH2
OR
OPO3 2-
OR
糖原
(n 个残基)
葡萄糖 -1- 磷酸
糖原
(n-1 个残基)

图 17-10　含有磷酸化步骤的糖原代谢

三磷酸腺苷(ATP)是生命体系中能量的“通用货币”。生物体通过它的不断生成和消耗来实现能量的储存和释放，在此过程中，磷酸键不断地形成和断裂，磷酸根也随之不断地产生和消耗（图 17-11）。另外，磷酸还以二酯的形式出现在生命的基本物质——核酸中。

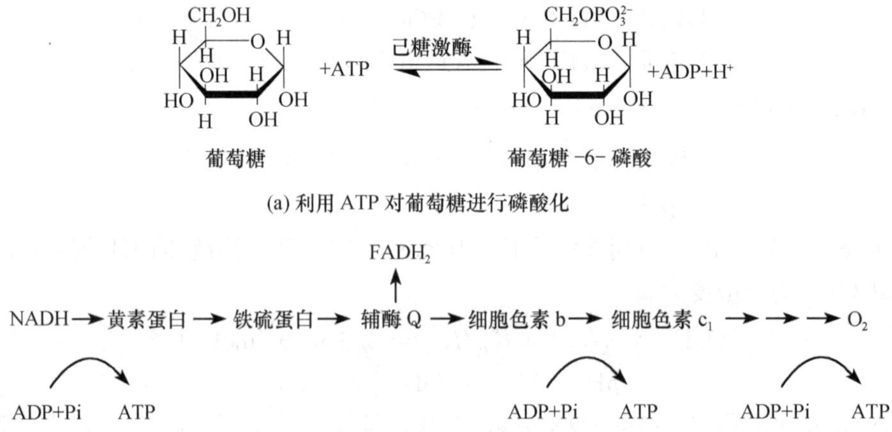
CH2OH
+ATP
己糖激酶
CH2OPO3 2-
+ADP+H+
葡萄糖
葡萄糖 -6- 磷酸
(a) 利用 ATP 对葡萄糖进行磷酸化
FADH2
NADH → 黄素蛋白 → 铁硫蛋白 → 辅酶 Q → 细胞色素 b → 细胞色素 c1 → → → O2
ADP+Pi　ATP
ADP+Pi　ATP
ADP+Pi　ATP
(b) 通过氧化磷酸化形成 ATP

图 17-11　ATP 形成及消耗过程

> 思考题 17.10　为什么 H_3PO_2、H_3PO_3、H_3PO_4 分别是一元酸、二元酸、三元酸？

4. 磷的卤化物

磷有两种类型的卤化物，PX_5 和 PX_3，但 PI_5 不易生成。

$$2P + 3X_2(\text{少量}) = 2PX_3 \quad (\text{除氟外})$$
$$2P + 5X_2(\text{过量}) = 2PX_5 \quad (\text{除碘外})$$

在 PX_3 分子中，P 采取 sp^3 杂化，与 X 原子形成三个 σ 键，剩余一个 sp^3 杂化轨道被孤对电子占据，所以分子的几何构型为三角锥形(图 17-12)。因为具有孤对电子，PX_3 的配位能力很强，能与金属离子形成配合物，如 $Ni(PCl_3)_4$。PX_5 分子中 P 原子采取 sp^3d 杂化，与 X 原子形成五个 σ 键，分子的几何构型为三角双锥(图 17-13)，其中平面上三个 P—X 键的键长比其他两个 P—X 键的键长短一些，表 17-6 列出了三卤化磷和五卤化磷的一些性质。

PX_3 容易与氧气和硫反应，分别生成三卤氧化磷(POX_3)和三卤硫化磷(PSX_3)，例如

$$2PF_3 + O_2 \longrightarrow 2POF_3$$

$$PBr_3 + S \longrightarrow PSBr_3$$

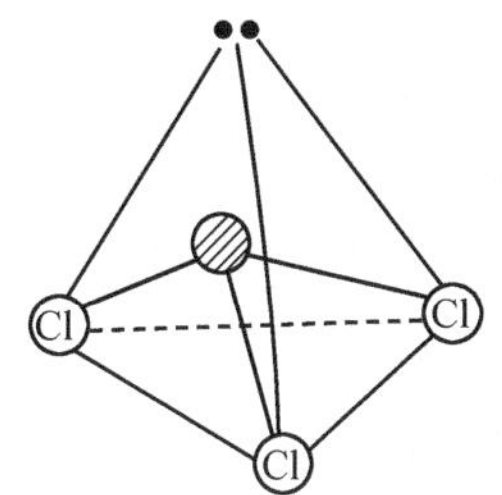

图 17-12　PX_3 分子结构

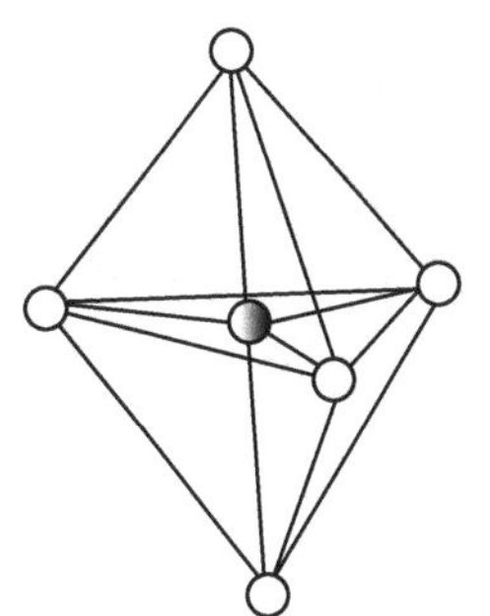

图 17-13　PX_5 分子结构

表 17-6　三卤化磷、五卤化磷的性质

卤化物	PF_3	PCl_3	PBr_3	PI_3	PF_5	PCl_5	PBr_5
熔点/℃	−151.5	−93.6	−41.5	61.2	−93.7	167	>100 分解
沸点/℃	−101.8	76.1	173.2	>200 分解	−84.5	160(升华)	106 分解
键长/pm	154.6	203.9	218	243	153(平面) 158(顶端)	204(平面) 208(顶端)	220 (PBr_4^+)
键角	96.3°	100°	101.5°	102°	90°,120°	90°,120°	

PX_3 和 PX_5 都极易水解，也易与醇类反应，例如

$$PCl_3 + 3H_2O \longrightarrow H_3PO_3 + 3HCl$$

$$PCl_5 + H_2O \longrightarrow POCl_3 + 2HCl$$

$$POCl_3 + 3H_2O \longrightarrow H_3PO_4 + 3HCl$$

$$PCl_3 + 3C_6H_5OH \longrightarrow P(OC_6H_5)_3 + 3HCl$$

$$PCl_5 + ROH \longrightarrow POCl_3 + RCl + HCl \quad (\text{R 为烷基})$$

在这类反应中，H_2O、ROH 中的 OH、OR 基团取代了卤化物中的 X 原子。

磷的卤化物中以 PCl_3 和 PCl_5 最为重要。PCl_3 在室温下是无色液体，在潮湿空气中强烈发烟。PCl_5 是一种白色晶体，晶体中含有正四面体的$[PCl_4]^+$和正八面体的$[PCl_6]^-$。

思考题 17.11　在实验室怎样配制 PCl_3 和 PCl_5？为什么？

17.5　砷、锑、铋的化合物

17.5.1　氢化物和氧化物

1. 氢化物

砷、锑、铋的氢化物都是无色剧毒气体，表 17-7 列出了它们的一些性质。AsH_3、SbH_3、

BiH_3 稳定性依次降低，酸性和还原性依次增强。

表 17-7　砷、锑、铋氢化物的性质

氢化物	AsH_3	SbH_3	BiH_3
熔点/℃	−116.9	−88	—
沸点/℃	−62.9	−18.4	—
$\Delta_f H_m^\ominus/(kJ \cdot mol^{-1})$	66.4	145.1	277.8
键长/pm	152	171	—
键角/(°)	91.8	91.3	—

胂(AsH_3)在缺氧条件下受热分解成砷，析出的砷沉积在玻璃上形成有金属光泽的"砷镜"(溶于 NaClO)，这是用于检验砷中毒的马氏试砷法，检出限量为 0.007mg，虽然 SbH_3 也有类似的"锑镜"，但"锑镜"不溶于 NaClO。

$$2AsH_3 \xlongequal{\triangle} 2As + 3H_2$$

$$5NaClO + 2As + 3H_2O = 2H_3AsO_4 + 5NaCl$$

AsH_3 也能将 Ag^+ 还原为 Ag，检出限量为 0.005mg，称为古氏试砷法。

$$2AsH_3 + 12AgNO_3 + 3H_2O = As_2O_3 + 12HNO_3 + 12Ag(s)$$

砷、锑、铋的氢化物可由其金属化合物水解得到，也可用活泼金属还原其氧化物得到，例如

$$Na_3As + 3H_2O = AsH_3(g) + 3NaOH$$

$$As_2O_3 + 6Zn + 6H_2SO_4 = 2AsH_3(g) + 6ZnSO_4 + 3H_2O$$

2. 氧化物

砷、锑、铋有氧化数为 +3 和 +5 两个系列的氧化物，即 As_2O_3(白)、Sb_2O_3(白)、Bi_2O_3(黑)、As_2O_5(白)、Sb_2O_5(淡红色)、Bi_2O_5(红棕色)。三氧化二砷(As_2O_3 俗称砒霜)为白色粉末状剧毒物，致死量约为 0.1g。微溶于水，溶解后生成亚砷酸(H_3AsO_3)。As_2O_3 是两性偏酸性氧化物，易溶于碱生成亚砷酸盐，溶于浓盐酸生成 As(Ⅲ)盐。

$$As_2O_3 + 6NaOH = 2Na_3AsO_3 + 3H_2O$$

$$As_2O_3 + 6HCl = 2AsCl_3 + 3H_2O$$

Sb_2O_3、Bi_2O_3 都难溶于水，Sb_2O_3 具有明显的两性，Bi_2O_3 是弱碱性化合物，不溶于碱。As_2O_3、Sb_2O_3、Bi_2O_3 的还原性依次减弱。氧化数为 +5 的砷、锑、铋的氧化物都呈酸性，而且酸性都强于相应的 +3 氧化物。As_2O_5、Sb_2O_5、Bi_2O_5 的氧化性依次增强。

17.5.2　氢氧化物

氧化数为 +3 的砷、锑、铋的氢氧化物分别为 H_3AsO_3、$Sb(OH)_3$、$Bi(OH)_3$。H_3AsO_3 是两性偏酸性化合物，微溶于水，易溶于酸碱；$Sb(OH)_3$ 是两性偏碱性化合物，难溶于水，易溶于酸和碱；$Bi(OH)_3$ 是弱碱性化合物，难溶于水，只溶于酸。它们的还原性按 $H_3AsO_3 \rightarrow Sb(OH)_3 \rightarrow Bi(OH)_3$ 顺序减弱。

砷、锑、铋氧化数为 +5 的氢氧化物分别是 H_3AsO_4、$H[Sb(OH)_6]$、$HBiO_3$。砷酸(H_3AsO_4)是弱酸，易溶于水；锑酸($H[Sb(OH)_6]$)是两性偏酸性化合物，不溶于水和酸，易溶于碱；铋酸($HBiO_3$)具有两性偏酸，极不稳定，易分解成 Bi_2O_3 和 O_2。这个系列化合物的酸性

均强于对应氧化数为+3 的物质的酸性，它们的氧化性依 $H_3AsO_4 \rightarrow H[Sb(OH)_6] \rightarrow HBiO_3$ 顺序增强。

17.5.3 砷、锑、铋的盐

砷、锑、铋的盐类有两种形式即阴离子盐（MO_3^{3-}、MO_4^{3-}）及阳离子盐（M^{3+}、M^{5+}）。砷、锑主要形成阴离子盐，只有少数的卤化物及硫化物能形成阳离子盐，铋主要形成 Bi^{3+} 类型的盐。

As(Ⅲ)、Sb(Ⅲ)、Bi(Ⅲ)的氯化物极易水解，其中 $SbCl_3$、$BiCl_3$ 水解生成白色碱式盐沉淀。

$$AsCl_3 + 3H_2O \xlongequal{} H_3AsO_3 + 3HCl$$

$$SbCl_3 + H_2O \xlongequal{} SbOCl(s) + 2HCl$$

$$BiCl_3 + H_2O \xlongequal{} BiOCl(s) + 2HCl$$

Sb(Ⅲ)、Bi(Ⅲ)的硝酸盐也易水解生成白色碱式盐沉淀

$$Sb(NO_3)_3 + H_2O \xlongequal{} SbONO_3(s) + 2HNO_3$$

$$Bi(NO_3)_3 + H_2O \xlongequal{} BiONO_3(s) + 2HNO_3$$

碱金属的亚砷酸盐易溶于水，碱土金属盐难溶，锑主要以偏聚酸盐存在，如 $NaSbO_2$、$NaSb_3O_5 \cdot H_2O$ 及 $Na_2Sb_4O_7$，而铋则以 Bi(Ⅲ)盐存在。

由于 H_3AsO_4 是三元酸[$pK_{a_1}^{\ominus}=2.2$，$pK_{a_2}^{\ominus}=6.9$，$pK_{a_3}^{\ominus}=11.5$(25℃)]，所以可以形成正盐 M_3AsO_4，酸式盐 MH_2AsO_4、M_2HAsO_4。其中，MH_2AsO_4 受热脱水后形成偏砷酸盐，如 $NaAsO_3$、$KAsO_3$ 等。锑酸 $H[Sb(OH)_6]$的钠、钾盐的溶解度都不大，$Na[Sb(OH)_6]$的溶解度更小，所以定性分析上用 $K[Sb(OH)_6]$鉴定 Na^+。虽然 Bi_2O_5 的存在问题至今还存在争议，但 $NaBiO_3$ 确实存在，是一种黄色或棕色的无定形粉末；不溶于冷水，在热水中分解。在酸性介质中是强氧化剂，分析上利用它检出 Mn^{2+}。

$$5NaBiO_3 + 2Mn^{2+} + 14H^+ \xlongequal{} 2MnO_4^- + 5Bi^{3+} + 5Na^+ + 7H_2O$$

As(Ⅴ)、Sb(Ⅴ)也具有氧化性，在酸性介质中 Sb(Ⅴ)能氧化 I^- 为 I_2，而 As(Ⅴ)要将 I^- 氧化成 I_2 需在强酸性条件下。

$$[Sb(OH)_6]^- + 2I^- + 6H^+ \xlongequal{} Sb^{3+} + I_2 + 6H_2O$$

$$H_3AsO_4 + 2HI \xlongequal{} H_3AsO_3 + I_2 + H_2O$$

将 H_2S 通入砷、锑、铋的 M^{3+} 盐溶液或 MO_3^{3-}、MO_4^{3-} 的强酸性溶液中，能得到相应的硫化物沉淀。表 17-8 列出了砷、锑、铋的硫化物的性质。

表 17-8 砷、锑、铋的硫化物及其性质

硫化物	As_2S_3	As_2S_5	Sb_2S_3	Sb_2S_5	Bi_2S_3
颜色	黄色	黄色	橙红色	橙红色	棕黑色
酸碱性	两性偏酸性	两性偏酸性	两性	两性	碱性
在 H_2O 中	不溶	不溶	不溶	不溶	不溶
在稀 HCl 中	不溶	不溶	不溶	不溶	不溶
在浓 HCl 中	不溶	不溶	溶	溶	溶
在浓 HNO_3 中	溶	溶	溶	溶	溶
在 NaOH 中	溶	溶	溶	溶	不溶
在 Na_2S 或 $(NH_4)_2S$ 中	溶	易溶	溶	易溶	不溶
在 Na_2S_2 或 $(NH_4)_2S_2$ 中	溶	不溶	溶	不溶	不溶

Sb_2S_5 溶于浓 HCl 时，Sb(Ⅴ)变成 Sb(Ⅲ)。

$$Sb_2S_5 + 6H^+ + 12Cl^- = 2[SbCl_6]^{3-} + 3H_2S(g) + 2S$$

思考题 17.12　为什么在天然水中砷主要以 H_3AsO_4 存在？

思考题 17.13　试比较砷、锑、铋的化合物的性质，并作相应的理论解释。

本章小结

本章概述了氮族元素的种类和属性，价层电子构型特点，原子半径、电离能、电子亲和能、电负性以及金属性的递变规律，介绍了该族元素单质的存在形态、同素异形体的类型、结构、主要的物理性质和化学性质。

介绍了氮族元素主要化合物的性质和有关规律性，对氮的常见化合物介绍了氨和铵盐、亚硝酸及其盐、硝酸及其盐的结构、物理性质和化学性质，包括它们的热稳定性规律；对磷的常见化合物，介绍了氢化物、氧化物、含氧酸及盐的结构、物理性质、化学性质；对砷、锑、铋的常见化合物，介绍了氢化物的热稳定性递变规律、三价与五价氧化物及水合物的酸碱性递变规律和氧化还原性递变规律。

In this chapter, the element types, the characters of the valence electronic configurations, the variation rules of the atomic radii, the ionization energy, the electronic affinities, the negativities as well as the metallicities of the nitrogen group were outline.

The structures, the physical and the chemical properties of ammonia and ammonium salts, nitrous acid and nitrites, nitric acid and nitrates were introduced in the chapter. The structures, the physical and chemical properties of the hydrides, oxides, oxygen acids and their salts of phosphorus were introduced too.

化学史话——世界锑都：湖南锡矿山和广西南丹

湖南锡矿山锑矿位于湖南中部冷水江市，是一座超大型锑矿床，储量达 211 万吨，超出国外锑矿总量(200万吨)，被誉为“世界锑都”。发现于明代末年，因把锑误认为锡，所以称为“锡矿山”。直到 1890 年才被确认是锑。1897 年湖南巡抚陈宝箴主持设新化锑矿行政局，实行民采官收官炼，后因技术匮乏和缺乏资金改为商办。当时矿区有采锑公司 130 余家，其中包括美、俄、德、英、法、日、西、葡等国设立的“多福”、“开利”、“合利”、“修和”等公司。1908 年清政府购买了法国赫氏炼锑法专利，1909 年用低品位辉锑矿炼出纯锑。1941 年国民政府资源委员会设立锡矿山工程处，建立了北矿区实验炼厂和南矿区炼厂，收砂炼锑。1949 年共有 9 家冶炼厂。1950 年开始根据南矿区为硫化矿、北矿区为氧化矿与硫化矿各半的特点，分别进行扩建，各自建成了选矿和冶炼工艺不同的采、选、冶生产系统，生产有很大发展。主要产品有各种品号的精锑、铅锑、生锑、一号和特号锑白、硫化锑等，产量占中国锑产量的 52.5%。

广西南丹大厂锡矿多金属矿田(简称大厂矿田)，位于桂西北云贵高原南缘，跨越南丹、河池两县，整个矿田总面积约 168 平方公里，矿床规模巨大，含量中等，以锡为主，还伴有大量的锌、铅、锑、铜、银、钨、铟、镓、硒等金属和硫、砷非金属矿产，被誉为“中国的第二锡都”。

大厂矿田采锡则始于宋代，具有一千余年的开采历史。过去多限于淘洗地表砂锡矿和手掘等规模极小的开采，而大规模的建矿开采在新中国成立以后。特别是改革开放以来，这座闻名遐迩的新兴“壮乡锡都”的快速发展举世瞩目。由于国家的重视，从 1953 年到 60 年代初，南丹大厂就由一个年产锡 200 吨的小选厂，发展成为初具规模的采、选、冶联合企业，年产精锡 1000 多吨。1966 年年底，国家决定分二期扩建南丹大厂锡多金属矿田，一期建设规模为日采选矿石 4000 吨，二期建设规模增加日采选矿石 1300 吨。1977 年国家投资1.5 亿元，开始了规模浩大的建设。1979 年车河选厂建成。经过近 40 年的生产建设，目前南丹大厂锡多金属矿田矿务局已发展成为大型采、选、冶联合企业。到 1992 年年底，拥有采选矿石能力 8050 吨/日，年冶炼能力 1 万余吨，固定资产将增至 8.35 亿元，年生产精锡矿含锡量 6509 吨，冶炼精锡 7671 吨。

化学知识拓展——新型半导体材料砷化镓

砷化镓(GaAs)是金属镓和准金属砷化合而成的金属键化合物，具有灰色的金属光泽，晶体结构为闪锌矿型。砷化镓早在 1926 年就被合成出来了，但一直到 1952 年才确认了它的半导体性质。砷化镓是继硅之后最重要、最成熟的化合物半导体材料之一，目前广泛应用于光电子和微电子领域。由于具有禁带宽度宽，电子迁移率高，本征载流子浓度低，光电特性好，以及具有耐热、抗辐射性能好和对磁场敏感等优良特性，砷化镓可直接研制光电器件，如发光二极管、可见光激光器、近红外激光器、量子阱大功率激光器、红外探测器和高效太阳能电池等。砷化镓容易制成半绝缘材料，而且以此种材料为基体，用直接离子注入自对准平面工艺研制的砷化镓高速数字电路、微波单片电路、光电集成电路、低噪声及大功率场效应晶体管，具有速率快、频率高、低功耗和抗辐射等特点。而且，随着冷战的结束，许多军用技术转入了民用。砷化镓材料由于所独具的高频、高速、低噪声、低工作电压特性，使其在信息的高频高速传送和数字化的处理方面发挥着重大作用。用砷化镓材料所开发出的电子器件，如金属半导体场效应晶体管(MES-FET)、高迁移晶体管(HEMT)、微波单片集成电路(MMIG)、异质结双极晶体管(HBT)等在移动通信、光纤通信、汽车自动化、卫星通信、情报处理以及其他一些领域，发挥出硅器件不可替代的作用。同时，这些应用的推广也大大推动了砷化镓材料的发展。

自 20 世纪 50 年代，人们就开始了砷化镓单晶生长技术的研究开发。经过几代科学工作者半个多世纪的努力，已经开发出多种生长方法。目前，比较成功的工业化生长技术工艺有 LEC(液封自拉法)、HB(水平布里奇曼法)、VGF/VB(垂直梯度凝固法/垂直布里奇曼法)和 VCZ(蒸汽压控制直接拉法)等。其中，LEC 法是生长砷化镓单晶的主要方法；VGF/VB 及 VCZ 是将来生长砷化镓单晶最佳和最有前途的方法；而 HB 法仍然是目前制备用于 LD 和 LED 器件的标称直径 50nm、75nm 砷化镓衬底材料的成熟工艺。

另外，作为第二代半导体材料，磷化铟(InP)、硅锗(SiGe)单晶体与砷化镓(GaAs)一样具有优异的性能，也适用于高频、高速、高温和大功率电子器件，是制作高性能微波和毫米波器件及电路的优良材料，广泛应用于相控阵雷达、电子对抗、卫星通信、移动通信等领域，具有广阔的军民两用市场和发展前景，对发展微电子工业起着关键作用。

习　　题

1. 利用化学平衡理论分析解释 Na_3PO_4、Na_2HPO_4 和 NaH_2PO_4 水溶液的酸碱性。
2. 写出下列盐热分解的化学反应式。

$$NH_4Cl, (NH_4)_2SO_4, (NH_4)_2Cr_2O_7, KNO_3, Cu(NO_3)_2, AgNO_3$$

3. 实验室中怎样配制 $SbCl_3$、$Bi(NO_3)_3$ 溶液？写出相关的化学反应式。
4. 如何鉴定 NH_4^+、NO_3^-、NO_2^-、PO_4^{3-}、$P_2O_7^{4-}$？写出其反应方程式。
5. 能否用 NH_4NO_3、$(NH_4)_2Cr_2O_7$、NH_4HCO_3 制备 NH_3？为什么？给出相关的化学反应式。
6. 从分子结构上讨论 H_3PO_4 的挥发性和酸性强弱，并判断下列酸的强弱。

$$H_3PO_4, H_4P_2O_7, HNO_3$$

7. 试说明在 Na_2HPO_4 和 NaH_2PO_4 溶液中加入 $AgNO_3$ 溶液均析出黄色沉淀，而在 PCl_5 完全水解后的产物中，加入 $AgNO_3$ 只有白色沉淀，而无黄色沉淀了。
8. 试说明 $H_4P_2O_7$ 的酸性比 H_3PO_3 强。
9. 在 N_2^+、NO^+、O_2^+、Li^+、Be_2^{2+} 五种离子中，哪一种稳定性最高？为什么？
10. Na_3PO_4 溶液中分别加入过量的 HCl、H_3PO_4、CH_3COOH 时产物是什么？写出相关的化学反应方程式。
11. 计算：(1) $0.1mol \cdot L^{-1}$ K_2HPO_4、KH_2PO_4、K_3PO_4 溶液的 pH。

    (2) KH_2PO_4 和等体积、等物质的量的 K_2HPO_4 混合液的 pH。
12. 比较 As_2O_3、Sb_2O_3、Bi_2O_3 及其水合物的酸碱性。
13. 利用电极电势讨论在酸性介质中 Bi(Ⅴ)可氧化 Cl^- 为 Cl_2，在碱性介质中 Cl_2 可将 Bi(Ⅲ)氧化为 Bi(Ⅴ)。

14. 比较 As、Sb、Bi 的硫化物在浓 HCl、NaOH 或 Na_2S 溶液中的溶解情况，并讨论它们的硫代酸盐的生成和分解。

15. 某工业废液中含有 2%～5%的 $NaNO_2$，直接排放将对环境造成污染，下列 5 种试剂中，哪些能消除 $NaNO_2$ 而不会引起二次污染？用相关化学反应式说明理由。
①NH_4Cl；②H_2O_2；③$FeSO_4$；④$CO(NH_2)_2$；⑤$NH_2SO_3^-$（氨基磺酸盐）。

16. 怎样除去空气中 PH_3 带来的污染？写出相关的化学反应式。

17. 为什么 NH_3 的沸点高(−33℃)，是一种典型的路易斯碱，而 NF_3 的沸点低(−129℃)，且不显碱性？

18. 试举例说明亚硝酸及其盐既有氧化性，又具有还原性，并解释原因。

19. 向镁盐溶液中加入 Na_2HPO_4、氨水、NH_4^+ 溶液可以制备 $MgNH_4PO_4$，写出有关离子反应方程式，并说明为什么要加入铵盐。

20. 汽车尾气中的 NO 和 CO 均为有害气体，请利用热力学理论论述可否通过下列反应实现对这两种废气污染的治理。

$$2CO(g) + 2NO(g) \xlongequal{} 2CO_2(g) + N_2(g)$$

21. 试说明为什么生物化学上将三磷酸腺苷(ATP)称为储能化合物。

22. 完成并配平下列反应方程式。

(1) $S + HNO_3$(浓)$\longrightarrow$　　(2) $Zn + HNO_3$(很稀)$\longrightarrow$

(3) $Cu + HNO_3$(浓)$\longrightarrow$　　(4) $Cu + HNO_3$(稀)$\longrightarrow$

(5) $CuS + HNO_3 \xrightarrow{\triangle}$　　(6) $(NH_4)_2Cr_2O_7(s) \xrightarrow{\triangle}$

(7) $AsO_3^{3-} + H_2S + H^+ \longrightarrow$　　(8) $AsO_4^{3-} + I^- + H^+ \longrightarrow$

(9) $NaBiO_3 + Mn^{2+} + H^+ \longrightarrow$　　(10) $Sb_2S_3 + S^{2-} \longrightarrow$

(11) $NH_4Cl + NaNO_2 \longrightarrow$　　(12) $NaNO_2 + KI + H_2SO_4 \longrightarrow$

(13) $PCl_3 + H_2O \longrightarrow$　　(14) $P + NaOH + H_2O \longrightarrow$

(15) $AsCl_3 + Zn + HCl \longrightarrow$　　(16) $Sb_2S_5 + (NH_4)_2S \longrightarrow$

(17) $KMnO_4 + NaNO_2 + H_2SO_4 \longrightarrow$　　(18) $Bi(OH)_3 + Cl_2 + NaOH \longrightarrow$

(19) $Al(NO_3)_3(s) \xrightarrow{\triangle}$　　(20) $Fe(NO_3)_2(s) \xrightarrow{\triangle}$

23. 有一白色固体化合物 A，微溶于水，但易溶于氢氧化钠溶液和浓盐酸中。A 溶于浓盐酸得到 B 溶液，向其中通入硫化氢气体得黄色沉淀 C。C 难溶于盐酸，易溶于氢氧化钠溶液，C 溶于硫化钠溶液得一无色溶液 D，若将 C 溶于 Na_2S_2 溶液中则得无色溶液 E。向 B 中滴加溴水，则溴水褪色，同时 B 转为无色溶液 F，向 F 的酸性溶液中加入淀粉碘化钾溶液，溶液变蓝。试确定 A、B、C、D、E、F 各代表什么物质，并写出相关的化学反应方程式。

24. 将无色金属硝酸盐晶体 A 加入水中可得白色沉淀 B 和无色溶液 C，经过滤分离后，将 C 溶液分成三份：第一份通入硫化氢气体生成黑色沉淀 D，D 不溶于氢氧化钠溶液，但溶于盐酸；第二份滴加氢氧化钠溶液有白色沉淀 E 产生，E 不溶于过量的氢氧化钠溶液；第三份滴加到二氯化锡的强碱溶液中，有黑色沉淀 F 生成。试确定 A、B、C、D、E、F 各代表什么物质，并写出相关步骤的化学反应方程式。

（重庆大学　余丹梅）

第 18 章 碳族元素

18.1 碳族元素概述

碳族元素是周期系ⅣA 族元素，包括碳（carbon，C）、硅（silicon，Si）、锗（germanium，Ge）、锡（tin，Sn）和铅（lead，Pb），其中锗属于稀有分散元素。有关碳族元素的基本性质如表 18-1 所示。

表 18-1 碳族元素的基本性质

元　素	碳(C)	硅(Si)	锗(Ge)	锡(Sn)	铅(Pb)
原子序数	6	14	32	50	82
价层电子结构	$2s^22p^2$	$3s^23p^2$	$4s^24p^2$	$5s^25p^2$	$6s^26p^2$
主要氧化数	+2，+4	+2，+4	+2，+4	+2，+4	+2，+4
共价半径/pm	77	117	122	140	154
硬度(金刚石=10)		7.0	6.5	1.5～1.8	1.5
熔点/℃	3550	1410	937	232	327
沸点/℃	4329	2355	2830	2270	1744
第一电离能 $I_1/(kJ\cdot mol^{-1})$	1086	786	762	709	716
第一电子亲和能 $A_1/(kJ\cdot mol^{-1})$	122	120	116	121	100
电负性 χ_P	2.5	1.8	1.8	1.8	1.8
晶体类型	A，L	A	A	M	M

注：A 为原子晶体；L 为层状晶体；M 为金属晶体。

表 18-1 中前三个元素的单质为原子晶体，因而熔点很高。后两个元素的单质为金属，熔点较低。

从碳族元素开始，主族元素的非金属性占主导地位，特别是元素的氧化数呈现多样性。所有碳族元素均有+4 氧化数，并且该氧化数的化合物均为共价化合物。表中前三个非金属元素可生成氧化数为+4 的化合物。Sn 和 Pb 可生成氧化数为+2 的离子化合物。

图 18-1 是碳族元素在酸性溶液中的氧化态图。对于 C 和 Ge，+4 价态的热力学稳定性比+2 价态高，而对于 Sn 和 Pb，+2 价态比+4 价态更稳定。氧化数为+4 的铅化合物是强氧化剂。Si 的常见化合物中没有+2 价。在碳的为数不多的+2 价化合物中，CO 是冶金工业中最常用的还原剂。碳族元素的二元氢化物，如 CH_4、SiH_4、GeH_4，稳定性依次降低，还原性依次增强。

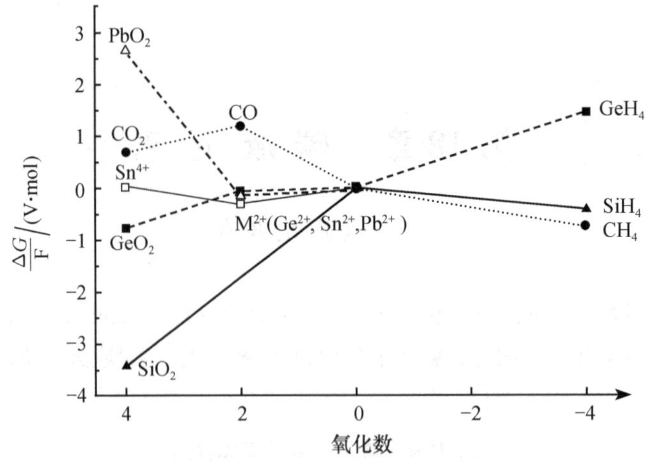

图 18-1 碳族元素在酸性溶液中的氧化态图

18.2 碳族元素的单质

碳元素在地壳中约占 0.03%，碳有 3 种常见的同素异形体——金刚石、石墨和无定形碳，此外还有富勒烯等。金刚石、石墨是天然存在的游离单质碳，在煤、烃类和生物体内及某些岩石中均含有碳元素。

18.2.1 碳

1. 金刚石

在金刚石中，碳原子以正四面体排列的共价键形成巨型分子(图 11-32)，是典型的原子晶体。金刚石不导电，但是热的良导体，导热系数是金属铜的 6 倍。这是因为整块金刚石是由共价键连接在一起的巨型分子，热能直接变成整个分子的动能。要打破金刚石中强烈的共价键，需要巨大的能量，因而金刚石的熔点很高，超过 3823K。

天然金刚石的主要产地是非洲。扎伊尔是世界上最大的天然金刚石出产国，其金刚石产量占世界总产量的 29%。南非的天然金刚石品质最好(产量占 19%)。俄罗斯天然金刚石产量居第二位(22%)。

金刚石的密度为 $3.5g \cdot cm^{-3}$，高于石墨($2.2g \cdot cm^{-3}$)。根据勒夏特列平衡移动原理，由石墨制备金刚石应该在高压条件下进行。另外，为了克服共价键重排引起的巨大活化能，还需要高温。用石墨制造金刚石的巨大利益诱惑，促使人们进行了许多尝试。20 世纪 40 年代，通用电气公司生产出第一块人造金刚石，条件是 1600℃、5GPa(约为大气压力的 50 000 倍)。人造金刚石还不具备宝石的品质，却是理想的钻探和研磨材料。前苏联科学家通过气相化学反应制备了金刚石膜。金刚石膜的应用前景巨大，如作为外科手术刀的涂层、计算机微处理器芯片的散热涂层等。

2. 石墨

石墨是原子晶体、金属晶体和分子晶体之间的一种过渡型晶体，它为层状结构，并具有共价键、类似金属键那样的离域 π 键和范德华力三种不同的键和作用力(图 11-34)。

在层内，碳原子形成六元环共价键，C—C 键长 141pm，短于金刚石中的 C—C 键(154pm)，而与苯分子中的 C—C 键长(140pm)接近。键长参数预示石墨层内的 C—C 键为多键而非单键。人们认为，在石墨层内存在离域 π 键，C—C 键的键级约为 $1\frac{1}{3}$。

石墨中层与层之间的距离为 335pm，比碳原子的范德华半径大 2 倍多。由于层间距大，结合力小，所以层与层之间可以滑动。故石墨的密度比金刚石小，质软并有滑腻感。

石墨的导电性与其结构有关。由于离域 π 键的电子在晶格中自由移动，故石墨具有光泽，可以导电、导热，故可用作电极。石墨六元环所在平面的电导率是垂直方向的 5000 倍。

石墨在热力学上比金刚石稳定，但是化学反应活性大大高于金刚石，许多物质如碱金属、卤素、金属卤化物等，都能与石墨反应。反应产物中石墨的结构基本不变，反应原子或离子浸入石墨层空隙，生成间隙化合物，其组成的化学计量数往往不是整数。

中国、西伯利亚和朝鲜半岛是石墨的主产地。石墨还可以由焦炭制造。最著名的是艾奇逊工艺(Acheson process)，它是将焦炭粉末加热到 2500℃并保温 30h 而制成。

石墨主要用作润滑剂、电极、铅笔等。铅笔芯不含铅，而是黏土和石墨的混合物。黏土含量越高，铅笔芯越硬(H)。石墨含量越高，铅笔芯越软越黑(B)。普通组成的铅笔标记为(HB)。硬铅笔以 H 为标记，如 2H、3H。软铅笔以 B 为标记，如 2B、3B。

3. 富勒烯

富勒烯(fullerene)发现于 20 世纪 80 年代，是碳的一种同素异形体，其原子排列为球体或椭球体。在富勒烯分子中，碳原子按五元环或六元环排列成类似足球的图案(图 18-2)，故 C_{60} 早期又被称为“足球烯”。C_{60}分子由 60 个 C 原子组成，球形结构，在富勒烯家族中最具有美学结构，而且最容易制造。C_{70}是第二个常见的富勒烯，其椭球形结构类似于橄榄球。富勒烯的密度较低，约 $1.5g \cdot cm^{-3}$，并且不导电。

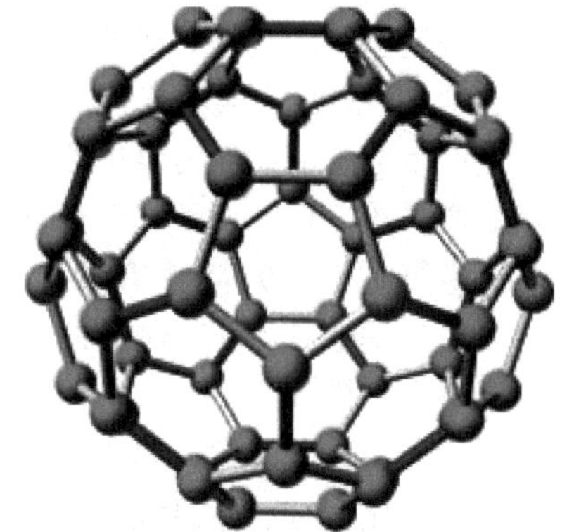

图 18-2　富勒烯示意图

富勒烯的命名源自于建筑学家巴克明斯特·富勒(Buckminster Fuller)，他因完善和推广与 C_{60}结构相同的圆屋顶建筑而闻名于世。制备富勒烯的一种方法是用激光照射石墨，产生 10 000℃的高温。在此温度下，一部分碳六元环卷曲变形成为球形。现在人们已经获悉，富勒烯的存在很普遍，天然石墨、烟灰中都含有少量的富勒烯。

金刚石和石墨是原子晶体，不溶于任何溶剂。而固态富勒烯加热时升华，是分子晶体，溶于甲苯、环己烷等非极性溶剂。富勒烯在固态时为黑色，但其溶液呈多种颜色。例如，C_{60}溶液为紫红色，C_{70}溶液为酒红色，C_{76}溶液为黄绿色。

C_{60}的中心是一个直径 360pm 的空腔，可以容纳其他原子形成化合物，如 Rb_3C_{60}。它在 28K 下是超导体。C_{60}的 C—C 键是双键，可发生加成反应，如加氢生成 $C_{60}H_{36}$，与 F_2 反应生成 $C_{60}F_{42}$。

4. 碳纳米管

碳纳米管(carbon nanotube，CNT) 1991 年首次被发现。它是由类似石墨的六边形网格所组成的管状物，管子一般由单层或多层组成，两端封闭，直径在 0.33nm 到几十纳米之间，长度可达数微米。碳纳米管可分为单壁碳纳米管和多壁碳纳米管。单壁碳纳米管由石墨平面卷曲而成，并在其两端罩上碳原子组成的封闭曲面，不同的卷曲方式，得到不同结构的碳纳米管。多壁碳纳米管则是由若干个单层管同心套叠而成，它的层片间距约为 0.34nm，稍大于石墨的层片间距(0.335nm)。它们与高级富勒烯都出自相类似的家族。但是碳纳米管的实际结构比理想模型复杂得多，它由同心石墨片柱和卷曲石墨片结构混合组成，结构中存在大量缺陷(如错位等)，且其横截面呈多边椭圆形。

碳纳米管具有独特的结构和物理化学性质。碳纳米管因为具有尺寸小、机械强度高、比表面大、电导率高、界面效应强等特点，从而具有特殊的机械、物理、化学性能。碳纳米管作为纳米材料中最具潜力的材料之一，在工程材料、催化、吸附-分离、储能器件、电极材料等诸多领域中具有重要的应用前景。

碳纳米管研究领域的重要研究方向是大规模制备碳纳米管工艺。自电弧法制备碳纳米管技术诞生以来，科学家们研究发明了多种制备工艺方法。碳纳米管的主要制备方法有电弧放电法、激光烧蚀法、催化裂解法、低温固态热解法、离子轰击生长法、电解法、聚合物制备法和水热合成法等。其中，最具有代表性的方法是前三种方法。

5. 无定形碳

当隔绝空气加热含碳化合物时，碳从这些化合物中析出成为无定形碳。X 射线研究表明，无定形碳实际是石墨的微晶体，只是晶粒微小，而且碳原子六元环构成的层的堆积不规则。

隔绝空气加热煤炭即可得到焦炭，俗称炼焦。在炼焦工艺中，煤炭中的有机物挥发，得到多孔性、低密度、有金属光泽的焦炭。焦炭由石墨微晶组成，并含有少量其他元素，特别是氢。炼焦产生的蒸馏物称为煤焦油或焦油，是重要的化工原料，但焦油中含有致癌物。世界上每年焦炭产量约 5 亿 t，主要用于炼铁和其他火法冶金工艺。

炭黑是粉末状碳，由有机物的不完全燃烧制备，世界每年炭黑的产量是近 36 亿 t。炭黑的主要用途是橡胶和塑料制品的添加剂。炭黑能提高橡胶制品的强度和耐磨性。平均每个汽车轮胎中含炭黑 3kg。

活性炭具有非常高的比表面，一般为 $1000m^2 \cdot g^{-1}$，对有机物有强的吸附能力。工业上用作气体净化剂、蔗糖脱色剂，有时也用以吸附水中的污染物。

18.2.2 硅和锗

硅在地壳中的丰度仅次于氧，为 26.3%。自然界中的硅不以单质形式存在，主要是以石英砂和硅酸盐形式存在。硅有晶态(银灰色)和无定形(黑色粉末)两种形态。从热力学上看，硅与氧、水的反应为自发反应，但是由于反应动力学的限制，硅在空气和水中能稳定存在。

$$Si(s) + O_2(g) \longrightarrow SiO_2(s) \qquad \Delta_r G_m^{\ominus} = -856.3kJ \cdot mol^{-1}$$

$$Si(s) + 2H_2O(l) \longrightarrow SiO_2(s) + 2H_2(g) \qquad \Delta_r G_m^{\ominus} = -382kJ \cdot mol^{-1}$$

实验室中用 Mg 还原 SiO_2，得无定形硅粉

$$2Mg + SiO_2 \longrightarrow Si + 2MgO$$

当 Mg 过量时，多余的 Mg 与 Si 反应生成 Mg_2Si，因而得到的是含有 Si、MgO 和 Mg_2Si 的混合物。将混合物加入到稀酸中，MgO 和 Mg_2Si 溶解而得到硅。

工业上用焦炭还原 SiO_2，得到晶体硅。在电炉中 SiO_2 与焦炭共热至 2000℃，得到液态的粗硅。粗硅在 HCl 气流中加热至 300℃，得到三氯甲硅烷（$SiHCl_3$，沸点 31.7℃）

$$Si(s) + 3HCl(g) \longrightarrow SiHCl_3(g) + H_2(g)$$

$SiHCl_3$ 经蒸馏和重蒸馏，纯度可达 ppb 级。在 1000℃温度下，上述反应的逆反应自发进行，得到超纯硅。

硅的主要用途是制造金属合金和半导体。电子工业对硅的纯度要求极高。例如，当硅中含有 1ppb（ppb$=10^{-9}$）的磷，其电阻率从 $150k\Omega \cdot cm^{-1}$ 降为 $0.1k\Omega \cdot cm^{-1}$。超高纯硅的市场价格是工业级硅的 1000 倍。

超纯单晶硅一般通过区域熔炼法制备。区域熔炼提纯工艺的依据是杂质在液态母体中的溶解度高于其在固态母体中的溶解度。区域熔炼法提纯硅的过程如图 18-3 所示，粗硅以一定速率通过高温电热圈，处在电热圈的部位熔融，熔融的部位离开电热圈后重新固化，而大部分杂质仍留在融化的硅中。当硅棒全部通过电热圈后，杂质被集中在一头。根据对单晶硅纯度的要求，重复上述操作。区域熔炼法提纯后单晶硅的杂质含量可低至 0.1ppb。

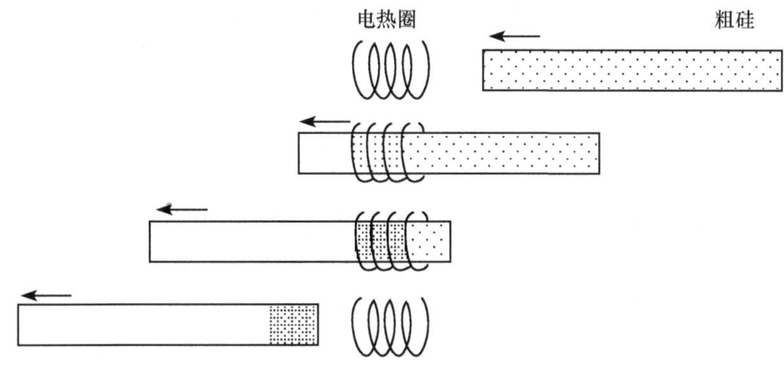

图 18-3　区域熔炼法提纯单晶硅示意图

冶金工业上大量使用的硅铁合金，是在电炉中用焦炭将氧化铁和二氧化硅同时还原制得的。因为硅易与氧化合，硅铁是炼钢的脱氧剂。含硅较高的硅钢可以抗化学腐蚀，用于化工设备。

硅在化学性质方面主要表现为非金属性。晶态硅不活泼，无定形硅比晶态硅活泼，加热时无定形硅能和许多金属和非金属化合。硅不与任何酸作用，但能溶于 HF 和 HNO_3 的混合液中，强碱能与硅作用生成硅酸盐

$$Si + 2KOH + H_2O \longrightarrow K_2SiO_3 + 2H_2(g)$$

锗在地壳中的含量为 1.5%，比金、银、碘等常见的元素多得多。但是，它的分布太分散了，属于稀散稀有金属。锗常与硫化物矿共生，如硫银锗矿（$4Ag_2S \cdot GeS_2$）、硫铅锗矿（$2PbS \cdot GeS_2$），锗都以杂质的形式存在。煤矿中含有大约十万分之一的锗，煤燃烧后，锗以 GeO_2 富集在烟道灰中，锗含量为 0.1%～1%。

锗的提取和纯化一般经过以下过程

$$\text{锗矿石} \xrightarrow{\text{硫酸-硝酸}} GeO_2 \xrightarrow{\text{盐酸}} GeCl_4 \xrightarrow{\text{水解}} GeO_2 \xrightarrow{H_2\text{还原}} Ge$$

超高纯度锗也通过区域熔炼法制备。

锗是一种浅灰色的金属。据 X 射线的研究证明：锗晶体中的原子排列与金刚石相同，所

以它具有硬而脆的性质。

锗用来制造晶体整流器(二极管)、晶体放大器(三极管)、检波器等,比通常的电子管寿命长、体积小、抗震、抗撞击,所以被广泛地用于电子计算机、雷达设备、遥控仪器。在温度改变的时候,锗的电阻会立即发生灵敏的变化,所以锗还被用来制造热敏电阻,用于测定温度。这种热敏电阻甚至可以探测到1km以外人体所辐射出的红外线。这种热敏电阻还被广泛地应用于寻找地下水,寻找千米以外的飞行目标,因为它可以测出 10^{-5}℃的微小变化。锗能够刺激红血球的生成,所以锗在医学上的应用越来越受到关注。

18.2.3 锡和铅

锡的主要矿石是锡石(SnO_2),铅的主要矿石是方铅矿(PbS)。锡可以用焦炭还原锡石制备。将方铅矿焙烧为氧化铅,再用焦炭还原制备金属铅。

$$SnO_2 + 2C = Sn + 2CO(g)$$

$$2PbS + 3O_2 = 2PbO + 2SO_2(g)$$

$$PbO + C = Pb + CO(g)$$

在空气中,锡在表面生成一层致密的保护膜,铅与氧、水和二氧化碳作用生成致密的碱式碳酸铅保护膜,因而锡和铅在空气和水中都稳定,具有一定的抗腐蚀性。锡和铅均较氢活泼,所以能取代酸中的氢离子。但稀盐酸和稀硫酸几乎不与铅作用,这是因为生成的铅盐溶解度很小,阻止了铅与酸的进一步作用。

锡无毒,所以主要用来制造食品罐头包装用的马口铁。铅用于电缆、蓄电池、硫酸等工业。铅盐的毒性大,但铅可以有效地吸收放射线,因而用作放射线的防护材料。过去,汽油中加一定量的四乙基铅作为抗震剂,因而汽车尾气是空气中铅的主要来源。为了减少空气污染,世界各国已禁止使用含铅汽油。

锡和铅是低熔点金属,被用来制造低熔点合金。例如,用作保险丝的伍德合金熔点仅70℃,它是含锡和铅的合金(13%Sn-25%Pb-50%Bi-12%Cd)。

18.3 碳的化合物

在常温下,碳的化学性质不活泼,但它的活泼性随温度的升高而迅速增加。碳的电负性为2.6,它既能与电负性比它大的元素化合,又能与电负性比它小的元素化合,所以碳表现出多种氧化态。碳也是有机世界的主角,不属于有机化学范围的含碳化合物主要是碳的氧化物(CO和 CO_2)和碳酸盐。

18.3.1 一氧化碳和二氧化碳

1. 一氧化碳

一氧化碳是由含碳燃料的不完全燃烧产生的,如煤的主要成分是碳,汽油的主要成分是辛烷(C_8H_{18}),在氧气不足时,燃烧生成CO。

$$2C + O_2 = 2CO$$

$$2C_8H_{18} + 23O_2 = 12CO_2 + 4CO + 18H_2O$$

实验室制备纯CO的方法是将甲酸与浓硫酸共热,硫酸的作用是作为脱水剂。

$$HCOOH(l) + H_2SO_4(l) \xlongequal{\triangle} CO(g) + H_2O(l) + H_2SO_4(aq)$$

CO 分子的电子总数为 14，与 N_2 相同，两者的结构相似。CO 中碳与氧是通过叁键结合，其中一个 σ 键，一个双方各提供一个价电子的共价 π 键，还有一个是由氧原子单独提供一对电子的配位 π 键。CO 的结构可表示为

$$:C \leftarrow\!\!= O:$$

由于在 C 原子上有较多的负电荷，所以 CO 中 C 原子中的孤对电子容易进入其他原子的空轨道而产生加合反应，CO 与一些过渡金属加合生成羰基配合物，如四羰基合镍 $Ni(CO)_4$、五羰基合铁 $Fe(CO)_5$。

四羰基合镍是由金属镍粉和 CO 直接反应生成的气态配合物，在高温时又分解为金属镍和 CO。因而常用来提纯金属镍。

碳的氧化态图(图 18-1)显示，CO 是强还原剂。在冶金工业中，CO 常被用作还原剂，在高温下能把许多金属从它们的氧化物中还原出来。例如

$$Fe_2O_3 + 3CO = 2Fe + 3CO_2$$

$$CuO + CO = Cu + CO_2$$

CO 还是有机合成工业的原料。在高温高压下，CO 和 H_2 结合生成甲醇

$$CO + 2H_2(g) = CH_3OH$$

CO 是很好的气体燃料，它在空气中或氧气中燃烧生成 CO_2，并放出大量的热

$$CO(g) + 1/2O_2(g) = CO_2(g) \qquad \Delta_r H_m^\ominus = -284 kJ \cdot mol^{-1}$$

CO 是一种无色无味的气体，有剧毒，使用时应该注意安全。燃烧产生的废气和汽车尾气都含有一定量的 CO。当 CO 浓度不大时，一般并不威胁生命安全，但长期吸入少量 CO 也会导致贫血症。当空气中 CO 浓度达到 1.2%时，则会造成 CO 中毒事故。CO 致命的原因是它能与血液中的血红蛋白(Hb)结合，形成很稳定的配合物，从而破坏 Hb 的载氧能力。当有 10%的 Hb 和 CO 结合后，人就会窒息而死。

2. 二氧化碳

动物吸进 O_2 呼出 CO_2，植物的光合作用则是吸进 CO_2 呼出 O_2，自然界的这个生物循环使空气中 CO_2 保持生态平衡。近一个世纪，随着工业的发展，地球表面 CO_2 浓度日益增加，这些 CO_2 像一个毯子蒙罩在大气层，它能吸收地球表面的热辐射而阻止热量散入高空。据记录 1850～1950 年全球气温平均升高 0.5℃，最近 40 年仍有继续升高的趋势，人们把这个现象称为"CO_2 的温室效应"。大气中 CO_2 浓度增加的另一方面原因，可能与森林砍伐过度有关。森林面积减少使吸收 CO_2 的光合作用减少。

常温常压下 CO_2 是气体，室温加压可使 CO_2 气体液化。当液体 CO_2 骤然减压沸腾时，吸收很多热，顷刻间气温下降到－78℃，形成固体 CO_2(称为干冰)。干冰是优良冷冻剂。CO_2 是非极性分子，不导电，是优良灭火剂。

CO_2 的偶极矩为零，由此可推知它是直线形结构，经典结构式为 O═C═O。但结构实验测得 CO_2 中碳氧键键长为 116pm，介于双键和叁键之间，而更接近于叁键(乙醛中 C═O 键长为 124pm，CO 中 C≡O 键长为 113pm)。现代科学认为 CO_2 成键情况如下：

$$:O—C—O:$$

CO_2 中的碳原子的 2s 轨道上电子激发后，1 个 2s 轨道与 1 个 2p 轨道形成 2 个 sp 杂化轨

道，并余下2个未参与杂化的2p轨道。成键时2个sp杂化轨道上的电子分别同2个氧原子中未成对的p电子结合，形成两个σ键，因而CO_2分子呈直线形。碳原子未参加杂化的2个p轨道上的电子则分别与一个氧原子p轨道上的1个未成对电子及另一个氧原子p轨道上的一对孤对电子形成两个大π键。这两个大π键均由3个原子(1个碳原子、2个氧原子)提供的4个电子组成，称为三中心四电子π键，以Π_3^4表示。

在CO_2的碳原子和氧原子间，除了有一个σ键结合外，还有两个Π_3^4键，所以CO_2的C—O之间的键是接近叁键的。正因为接近叁键，所以键级高，因此，CO_2的热稳定性很大，在2000℃时仅有约2%的CO_2解离为CO和O_2。

18.3.2 碳酸及其盐

CO_2溶于水生成碳酸，常温常压下一体积水能溶解一体积CO_2。碳酸很不稳定，只存在于水溶液中。它是一个二元酸，在水中分步电离(在298K时)

$$H_2CO_3(aq) \rightleftharpoons H^+(aq) + HCO_3^-(aq) \qquad K_{a_1}^\ominus = 4.2\times10^{-7}$$

$$HCO_3^-(aq) \rightleftharpoons H^+(aq) + CO_3^{2-}(aq) \qquad K_{a_2}^\ominus = 4.7\times10^{-11}$$

上式假定溶于水中的CO_2全部转变为H_2CO_3，实际上溶解的CO_2大部分微弱地水化，只有一小部分转变为H_2CO_3，在298K时，$c(CO_2):c(H_2CO_3)=600:1$。

H_2CO_3的实际浓度比假设CO_2全部转变为H_2CO_3的要小得多，所以$K_{a_1}^\ominus$值大于10^{-7}，实际上为2×10^{-4}。

由于碳酸是二元酸，它能生成碳酸盐和碳酸氢盐。

碳酸盐中，除铵盐和碱金属盐(除Li_2CO_3外)以外，都难溶于水，一般是难溶碳酸盐对应的碳酸氢盐的溶解度较大，如$Ca(HCO_3)_2$溶解度大于$CaCO_3$。对于易溶的碳酸盐，它对应的碳酸氢盐的溶解度反而小，如$NaHCO_3$溶解度小于Na_2CO_3，其原因是HCO_3^-会通过氢键形成二聚离子或多聚离子。

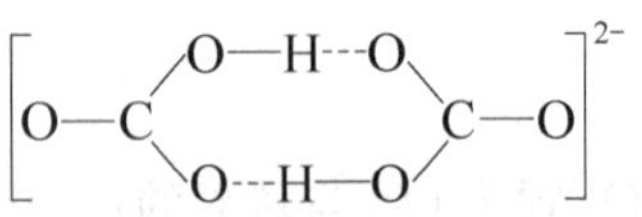

(a) 二聚 $(HCO_3)_2^{2-}$

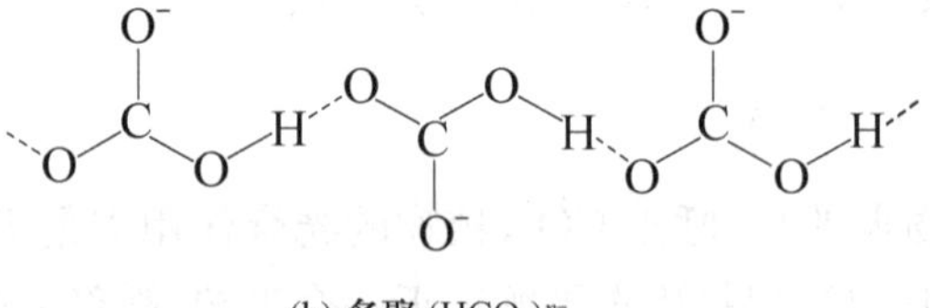

(b) 多聚 $(HCO_3)_n^{n-}$

CO_2通入石灰水时会有$CaCO_3$沉淀产生，继续通入过量CO_2时，沉淀会溶解

$$CO_2 + Ca(OH)_2 = CaCO_3 + H_2O$$

$$CO_2 + H_2O + CaCO_3 = Ca(HCO_3)_2$$

加热$Ca(HCO_3)_2$溶液，又有沉淀产生。

$$Ca(HCO_3)_2 \xlongequal{\triangle} CaCO_3 + CO_2 + H_2O$$

我国南方地区溶洞里千姿百态的钟乳石和石笋就是山岩不断发生上述反应而形成的。

因为碳酸的酸性很弱，所以碱金属碳酸盐在水溶液中会发生水解，且分两步

$$CO_3^{2-} + H_2O \rightleftharpoons HCO_3^- + OH^-$$

$$HCO_3^- + H_2O \rightleftharpoons H_2CO_3 + OH^-$$

一级水解的程度远大于二级水解，因而碳酸盐水溶液呈强碱性，而碳酸氢盐的水溶液呈弱碱性。重金属的碳酸盐在水溶液中会部分水解生成碱式碳酸盐。例如将碳酸钠溶液和锌盐、铜盐、铅盐等溶液混合时，将得到碱式碳酸盐沉淀

$$2Cu^{2+} + 2CO_3^{2-} + H_2O \longrightarrow Cu_2(OH)_2CO_3(s) + CO_2(g)$$

某些金属的碳酸盐几乎完全水解，如用碳酸盐处理三价铁、铝、铬盐时将得到氢氧化物沉淀

$$2M^{3+} + 3CO_3^{2-} + 3H_2O \longrightarrow 2M(OH)_3(s) + 3CO_2(g) \quad (M = Fe, Al, Cr)$$

碳酸盐和碳酸氢盐的热稳定性较差，它们在高温下均会分解。

$$M(HCO_3)_2 \longrightarrow MCO_3 + H_2O + CO_2(g) \quad (M = +2 \text{ 价金属离子})$$

$$MCO_3 \longrightarrow MO + CO_2(g) \quad (M = +2 \text{ 价金属离子})$$

碳酸盐和碳酸氢盐都会被分解放出二氧化碳，这一反应常被用来检验碳酸盐。

比较碳酸、碳酸氢盐和碳酸盐的热稳定性，有如下规律：

$$H_2CO_3 < MHCO_3 < M_2CO_3 \quad (M = +1 \text{ 价金属离子})$$

例如，H_2CO_3 稍加热就分解，$NaHCO_3$ 需加热至 270℃开始分解，而 Na_2CO_3 分解温度在 850℃以上。

上述事实可用离子极化的观点来说明。在 CO_3^{2-} 中碳和三个氧原子之间的化学键是等同的，碳用 sp^2 杂化轨道与三个氧原子结合，四个原子在同一平面上形成一个三角形。位于中心的 C^{4+} 对周围的 O^{2-} 有一定的极化作用。同时，碳酸氢盐中的 H^+ 和金属离子对 O^{2-} 也有一定极化作用，这种极化作用和中心离子的极化作用方向相反，称为反极化作用。H^+ 的体积很小，又没有带负电荷的电子云，它可以钻入碳酸根内 O^{2-} 的电子云中，削弱 C^{4+} 与 O^{2-} 之间的联系，降低 O^{2-} 的负电荷，也降低了 O^{2-} 的变形性，成为酸式碳酸根。在酸式碳酸根中，由于其中一个 O^{2-} 的电荷降低，变形性降低，所以它和中心离子 C^{4+} 间的键变得不稳定了。当再有一个 H^+ 钻入 O^{2-} 电子云中去时，就形成碳酸分子。因为 C^{4+} 中心离子对电中性分子作用不大，最后碳酸就分解成为 CO_2 和 H_2O。由 H^+ 的反极化作用说明碳酸盐比碳酸氢盐稳定。

碳酸盐的热稳定性与金属离子也有关系。对+2 价金属离子，当离子外层电子构型相同时，离子半径越小，反极化作用越强，它们的碳酸盐必然不稳定，易分解。ⅡA 族碳酸盐是典型的例子，它们热稳定性的顺序为

$$MgCO_3 < CaCO_3 < SrCO_3 < BaCO_3$$

非稀有气体型结构的离子(如 Pb^{2+}、Fe^{2+}、Cd^{2+})的反极化作用强于稀有气体结构的同电荷离子，因而它们的碳酸盐热稳定性差，易分解。通常，过渡金属碳酸盐的热稳定性弱于碱金属或碱土金属的碳酸盐。表 18-2 是一些碳酸盐的分解温度。

表 18-2 一些碳酸盐的分解温度

碳酸盐	Li_2CO_3	Na_2CO_3	$MgCO_3$	$CaCO_3$	$SrCO_3$	$BaCO_3$	$FeCO_3$	$ZnCO_3$	$PbCO_3$
M^{n+}半径/pm	60	95	65	99	113	135	76	74	120
M^{n+}电子构型	2e	8e	8e	8e	8e	8e	(9～17)e	18e	(18+2)e
分解温度/℃	1310	1800	540	600	1290	1360	282	300	300

注：在 101.3kPa 压力下

18.3.3 碳化物

碳与电负性较小的元素形成的二元化合物称为碳化物。碳化物可分为离子型、原子型和金属型。碳原子半径不大，同时其电负性和过渡元素相近，碳原子可以填充到金属晶体中，形成金属型碳化物。金属型碳化物又称间隙化合物，这种化合物一般不符合化合价规律。

1. 离子型碳化物

离子型碳化物主要由周期表ⅠA、ⅡA、ⅢA、ⅠB、ⅡB(除 Hg 外)和一些 f 区过渡元素与碳形成。离子型碳化物固态时不导电。根据碳离子的不同,又将其分成两种类型:一种是含有 C_2^{2-} 的碳化物,如 CaC_2;另一种是含有 C^{4-} 的碳化物如 Al_4C_3,它们大都易被水分解,生成乙炔或甲烷。

碳化钙(CaC_2)俗称电石,由焦炭和氧化钙在电弧炉中高温焙烧而制备

$$CaO + 3C = CaC_2 + CO(g)$$

碳化钙遇水立即反应放出乙炔

$$CaC_2 + 2H_2O = Ca(OH)_2 + C_2H_2(g)$$

2. 原子型碳化物

碳与电负性相接近的元素化合,或与某些过渡金属化合时,形成原子型碳化物,如 SiC、B_4C 等,是由共价键形成的原子晶体。它们的特点是硬度大,熔点高,SiC 的熔点为 3100K,B_4C 的熔点为 2623K,它们的硬度接近金刚石。工业上常用 SiC 作磨料和制造砂轮。又因为它能耐高温,也可用作炉壁的衬里。

碳化硅的工业产品为金刚砂,是由石英砂和焦炭的混合物在电炉内加热制成

$$SiO_2 + 3C = SiC + 2CO(g)$$

SiC 很稳定,即使在高温下也不受氯、氧、硫等的侵蚀,也不与强酸作用,甚至发烟硝酸和氢氟酸的混合物也不能腐蚀它,但在空气中能被熔融的碱或碳酸钠所分解

$$SiC + 4KOH + 2O_2 = K_2SiO_3 + K_2CO_3 + 2H_2O$$

$$SiC + 2Na_2CO_3 = Na_2SiO_3 + Na_2O + 2CO(g) + C$$

所以,有碳酸钠或碱存在时,SiC 可用作脱氧剂或渗碳剂。

B_4C 的性质与 SiC 相似,在高温下蒸气压较低,在高温高压下不变形、不蠕变,因其价格较贵,使用上受到限制。

3. 金属型碳化物

金属型碳化物是由碳与过渡金属中半径较大的金属所形成。这些化合物的特点是具有金属光泽,能够传热导电,熔点高,硬度大(但脆性也较大)。这些性质和原有的金属十分相似,因此也称为金属化合物。

从结构上看,金属碳化物的晶格和原来金属单质的晶格在类型上多已发生变化。例如,金属钛有体心立方或密集六方两种晶格,而 TiC 则是 NaCl 型晶格,其中的钛原子是面心立方结构,与金属钛的晶格不同。具有 TiC 结构的碳化物还有 ZrC、HfC、NbC、TaC 等。由于碳原子挤进金属晶体,金属原子间距离增大,所以金属碳化物的体积比原金属要大一些。例如,TiC 的体积比金属钛的体积约大 11.3%。

金属晶格中空隙大小基本上是一定的,因此填充原子的大小受到一定的限制。只有当填充原子的半径和金属原子的半径的比值小于 0.59 时,才能形成简单结构的金属型化合物。碳原子的半径是 77pm,因而只有当金属原子半径大于 130pm,才能形成简单结构的金属型碳化物。

但是铬、铁的原子半径等于或小于 130pm,金属晶格中空隙较小,形成间隙化合物时,会

使这些金属晶格发生较大变化，从而形成复杂结构的间隙化合物，化学式也比较复杂，如 Cr_3C_2、Fe_3C。由于引起晶格变化较大，这些碳化物的化学键不同程度地表现出向离子键过渡的趋势，因而也具有一些类似离子型碳化物的性质。

当金属的原子半径小于 130pm 时，除生成的碳化物结构比较复杂以外，它们的熔点和硬度也比一般金属型碳化物要低一些，化学稳定性差一些。一般金属型碳化物不与水或稀盐酸作用，但是，因 Fe_3C 具有一定的离子型碳化物的性质，则能与稀盐酸作用

$$Fe_3C + 6HCl = 3FeCl_2 + CH_4 + H_2$$

与金属结合的碳，虽然活泼性要差一点，但在高温下仍能与 O_2、H_2O 和 CO_2 作用

$$Fe_3C + O_2 = 3Fe + CO_2$$

$$Fe_3C + CO_2 = 3Fe + 2CO$$

$$Fe_3C + H_2O = 3Fe + CO + H_2$$

这种作用的结果使钢铁表面的渗碳体(Fe_3C)减少，出现脱碳现象。脱碳时，由于有气体产物生成，钢铁表面上原先有的氧化膜就会遭到破坏，膜的保护作用降低。

金属型碳化物是许多合金钢中的重要成分，对合金钢的性能有重要影响，如 WC 用于制造高速切削工具，TiC 用于制备耐高温涂层。

18.4　硅的化合物

18.4.1　二氧化硅

二氧化硅常称为硅石，有晶体和无定形两种形态。硅藻土是自然界中一种无定形硅石，晶态二氧化硅在自然界主要存在于石英矿中。无色透明的纯石英称为水晶。石英可被不同的杂质染成有色透明晶体，其中，紫色的称为紫水晶，淡褐色的称为烟水晶，黑色的称为墨晶。水晶用于制造光学仪器和工艺装饰品等。普通砂粒是由小的石英颗粒所组成。

结晶 SiO_2 有石英、鳞石英和方石英三种，在这三种晶体中，石英最稳定。

二氧化硅为大分子原子晶体，二氧化硅晶体结构的基本单位是“硅氧四面体”。硅原子的价电子层结构是 $3s^2 3p^2$，在形成 SiO_2 时，硅原子采用 sp^3 杂化形式同四个氧原子结合，组成 SiO_4 正四面体。在这个硅氧四面体中，Si 位于四面体的中心，氧位于四面体的四个顶点，如图 18-4 所示。SiO_4 四面体之间可以通过共用氧原子构成巨大的空间网状结构。二氧化硅和硅酸盐均以 SiO_4 四面体为其“结构基本单元”。

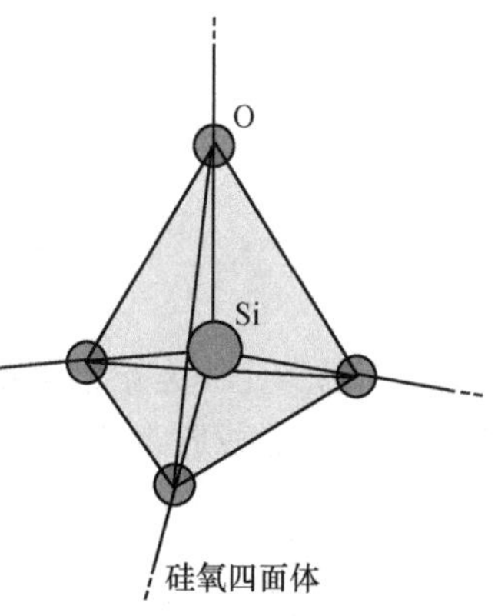

图 18-4　硅氧四面体

在结晶的 SiO_2 中，硅氧四面体整齐地按一定规则排列，根据排列形式的不同，有石英、鳞石英、方石英等不同变体。而在无定形的二氧化硅中，硅氧四面体作杂乱的堆积。

二氧化硅的熔点为 1710℃，二氧化硅液体的黏度很高，不易结晶。熔化的 SiO_2 冷却时，由于来不及结晶，可以得到石英玻璃。普通玻璃加热到 600～900℃就软化，石英玻璃烧至 1400℃时也不发软。石英玻璃的膨胀系数小，又有一些优良性能，所以常用于制造高温时使用的仪器。

二氧化硅化学性质稳定，仅与少数试剂发生反应。在室温下仅与氢氟酸反应，生成四氟化硅。

$$SiO_2 + 4HF \xlongequal{} SiF_4 + 2H_2O$$

SiO_2 是酸性氧化物，与热的碱溶液或熔化的碱作用，生成可溶性的硅酸盐。

$$SiO_2(s) + 2NaOH(aq) \xlongequal{\triangle} Na_2SiO_3(aq) + H_2O(l)$$

$$SiO_2(s) + Na_2CO_3(s) \xlongequal{\triangle} Na_2SiO_3(s) + CO_2(g)$$

18.4.2 硅酸及其盐

1. 硅酸及硅胶

SiO_2 不溶于水，从 SiO_2 制备相应的酸需要经过两个步骤，首先 SiO_2 同 NaOH（或 Na_2CO_3）在熔化条件下反应生成相应的盐，再与酸作用得到硅酸。

$$Na_2SiO_3 + 2HCl \xlongequal{} H_2SiO_3 + 2NaCl$$

硅酸是一种极弱的二元酸，$K^{\ominus}_{a_1}=1.7\times10^{-10}$，$K^{\ominus}_{a_2}=1.6\times10^{-12}$。

从 SiO_2 可以间接制得多种硅酸，组成随形成条件的不同而不同，一般用通式 $xSiO_2 \cdot yH_2O$ 表示，例如

正硅酸	H_4SiO_4	$SiO_2 \cdot 2H_2O$	$x=1$	$y=2$
偏硅酸	H_2SiO_3	$SiO_2 \cdot H_2O$	$x=1$	$y=1$
二硅酸	$H_2Si_2O_5$	$2SiO_2 \cdot H_2O$	$x=2$	$y=1$

当 $x/y>1$ 时，称为多硅酸。

实际上见到的硅酸常常是各种硅酸的混合物。由于在各种硅酸中以偏硅酸 H_2SiO_3 的分子式最简单，因此习惯采用 H_2SiO_3 作为硅酸的代表。根据 Na_2SiO_3 的浓度、酸度以及外加电解质的不同，可以制得各种不同的硅酸，其用途也各有不同。

新鲜制备的硅酸是单个分子，能溶于水，在存放过程中会逐渐失水聚合，形成各种多硅酸，成为暂时不从水中沉淀出来的硅溶胶。如果向硅溶胶中加入电解质，它会失水转化为硅凝胶，把硅凝胶烘干脱水得到硅胶。烘干的硅胶是一种多孔性物质，具有良好的吸水性，而且吸水后还能烘干重复使用，故在实验中把硅胶作为干燥剂。如果在硅胶烘干前先用 $CoCl_2$ 溶液浸泡，让它吸收一些 $CoCl_2$，然后再烘干，在干燥时它呈蓝色，吸潮后变为淡红色，因此称为变色硅胶。变色硅胶不仅有干燥能力，而且可从它所显示的颜色判断它的干燥能力的大小，使用也非常方便。

$$\underset{\text{蓝色}}{Co[CoCl_4]} + 12H_2O \rightleftharpoons \underset{\text{粉红色}}{2CoCl \cdot 6H_2O}$$

当用稀 Na_2SiO_3 溶液与酸作用时，所得硅胶烘干脱水后生成无定形 SiO_2，称为“白炭黑”，广泛用在造纸、橡胶工业作为填料。

2. 硅酸盐

如果说碳是有机界的中心元素，那么硅可说是无机界的中心元素，地壳几乎全部是由硅酸盐和二氧化硅组成的。玻璃、陶瓷和水泥工业的基础是硅酸盐化学。在许多冶金过程中，要除去作为炉渣的硅酸盐，然后得到纯的金属。

硅酸或多硅酸的盐称为硅酸盐。在硅酸盐中只有碱金属盐能溶于水。将 SiO_2 和 Na_2CO_3 共溶可得到硅酸钠，其透明浆状溶液称为“水玻璃”，俗称“泡花碱”。它实际上与硅酸的多种硅酸盐的混合物相似，硅酸钠也是多种多硅酸钠的混合物。因而在水玻璃中 SiO_2 和

Na_2O 的物质的量不是固定的，它可以在一定范围内变动。在工业上把水玻璃中 SiO_2 和 Na_2O 的物质的量比称作水玻璃的“模数”，并根据模数把它们划分为若干品种，例如模数在 2.4 左右的碱性泡花碱和模数在 3.0 左右的中性泡花碱等。

硅酸钠在水中强烈水解

$$Na_2O \cdot mSiO_2 + (n+1)H_2O = mSiO_2 \cdot nH_2O + 2NaOH$$

水玻璃有相当强的黏结能力，是工业上重要的黏结剂。例如水玻璃常用作铸造型砂的黏结剂，制成的砂型能自然干燥。也可用 CO_2 处理干燥，不需要加热干燥。这是因为 CO_2 与硅酸钠的水解产物 NaOH 发生中和反应，促进了 Na_2SiO_3 的继续水解，形成硅酸胶状物质，逐渐形成相当稠厚、黏结能力很强的硅酸凝胶，其反应为

$$Na_2SiO_3 + 2H_2O + 2CO_2 = H_2SiO_3 + 2NaHCO_3$$

如果用 NH_4Cl 代替 CO_2 加入水玻璃中，可以得到类似的效果

$$Na_2SiO_3 + 2NH_4Cl = H_2SiO_3 + 2NaCl + 2NH_3$$

水玻璃和 $CaCO_3$ 捏成团，成耐火油灰，用来粘玻璃和瓷器，硬化很快。水玻璃和水泥混合成为能迅速硬化的水泥，可用于砌炉。水玻璃还可用于纺织、造纸、制皂等工业。

除碱金属硅酸盐外，其他的硅酸盐均不溶于水。不溶于水的硅酸盐分布十分广泛，地表主要就是由各种硅酸盐组成的，许多矿物如长石、云母、石棉、滑石都是硅酸盐。

硅氧四面体 SiO_4 是硅酸盐的基本结构单元。只含一个四面体，称为原硅酸盐或正硅酸盐，如橄榄石(Mg_2SiO_4)，如图 18-5(a)所示。通过共用 O 原子将 2 个、3 个或更多个硅氧四面体连接起来形成直链或圆环，其结构如图 18-5(b)和(c)所示。在绿柱石($Be_3AlSi_6O_{18}$)中，6 个硅氧四面体单元组成环状结构。

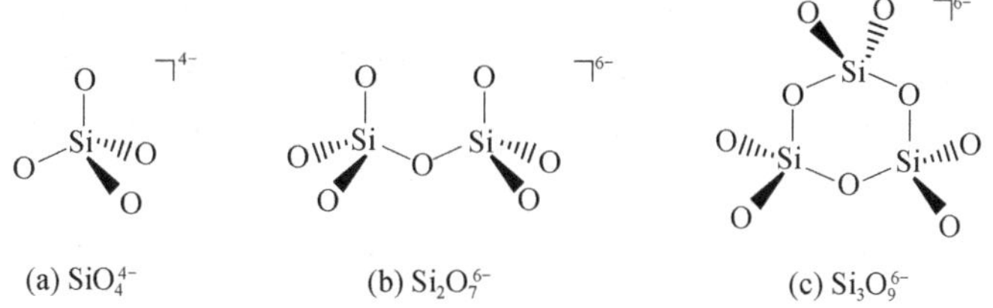

(a) SiO_4^{4-}　　(b) $Si_2O_7^{6-}$　　(c) $Si_3O_9^{6-}$

图 18-5　硅酸根和多硅酸根离子

只有少数硅酸盐是由单个或少量几个 SiO_4^{4-} 构成硅酸根或多硅酸根离子与晶体中正离子相结合，大部分硅酸盐中 SiO_4^{4-} 都通过共用氧原子组成链式(如石棉)、层式(如滑石)或三维空间骨架的大型结构(如长石)，链状结构和层状结构，如图 18-6 所示。

在硅酸盐中由于 Si^{4+}(41pm)可以被半径相近的 Al^{3+}(50pm)取代，这就构成了铝硅酸盐，铝硅酸盐结构单元仍是四面体，当一个 Al^{3+} 代替一个 Si^{4+} 时，为保持分子电中性，在结构中又引入一个 Na^+ 或 K^+，所以硅酸盐和铝硅酸盐现在已经知道的矿石有几千种。硅酸盐和铝硅酸盐的成分都比较复杂，为更好地表示其组成，常用氧化物结合的形式来表示这些矿物，例如

高岭土　$Al_2O_3 \cdot 2SiO_2 \cdot 2H_2O$　　正长石　$K_2O \cdot Al_2O_3 \cdot 6SiO_2$

白云母　$K_2O \cdot 3Al_2O_3 \cdot 6SiO_2$　　泡沸石　$Na_2O \cdot Al_2O_3 \cdot 2SiO_2 \cdot nH_2O$

石棉　$CaO \cdot 3MgO \cdot 4SiO_2$

这些硅酸盐的结构特征和它们的特性有着一定的联系，如石棉是链状结构，故具有纤维性质，层状的滑石有滑腻感，层状云母因层和层间结合力较松，容易裂开，故具有片状的性质等。

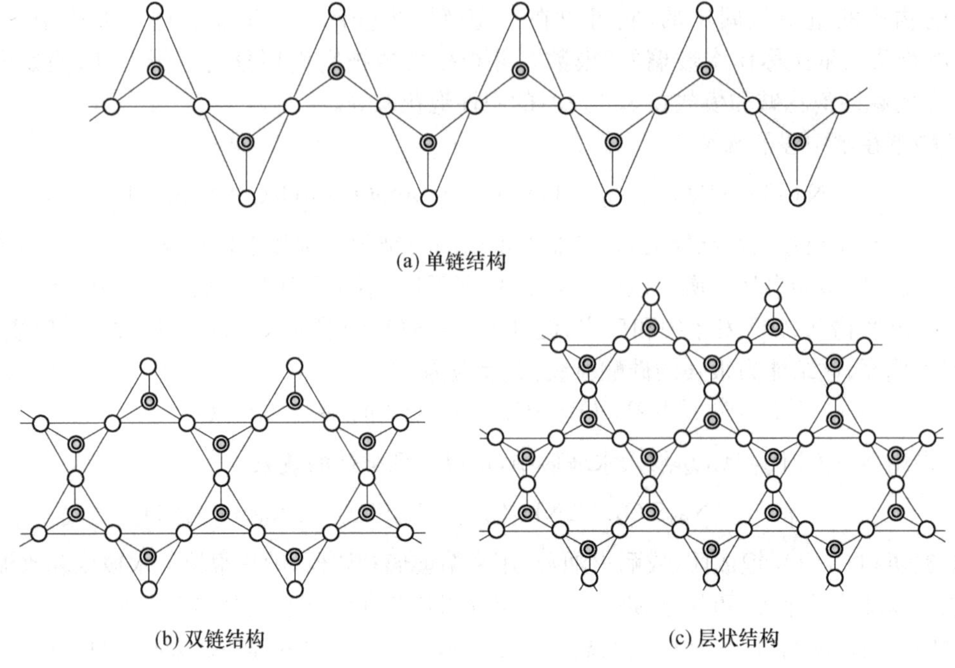

图 18-6 多硅酸盐阴离子

3. 分子筛

分子筛是一类含有结晶水的重要硅酸盐晶体。它具有空间骨架结构，在结构中有许多内表面积很大的孔穴以及与这些孔穴贯通的孔径均匀的孔道。如果把孔穴及孔道中的水分子加热赶出，它便具有很大的吸附能力。又由于它的孔道孔径很小，所以只能把某些直径比孔径小的分子吸附到孔道内部以及孔穴中，而直径比孔道孔径大的分子就进不去，因而起着分子筛分作用。分子筛的吸附性能不仅取决于分子筛孔道孔径的大小，还与被吸附分子的极性、沸点、有机分子的不饱和程度等因素有关，一般地讲，分子的极性越大，沸点越高，不饱和程度越大，就越易被吸附。

分子筛的组成通式为

$$M_{2/n}O \cdot Al_2O_3 \cdot xSiO_2 \cdot yH_2O$$

式中：M 代表 K^+、Na^+、Ca^{2+} 等金属离子；n 为金属的氧化数；x 为硅铝比，是分子筛的一项重要性能指标；y 代表结晶水的分子数。

在分子筛中，有两种结构基本单元：一种是硅氧四面体；另一种是和它相似的铝氧四面体。硅氧四面体与铝氧四面体间或两个硅氧四面体间可以通过共用氧原子相连接，又由于连接的方式不同，形成不同类型的分子筛，A 型、X 型、Y 型是常见型，每一种类型中又分若干种。例如，A 型分为 3A、4A、5A，X 型分为 10X、13X。各种分子筛由于结构和孔径不同，吸附能力也不同。

利用分子筛的强吸附性，可作干燥剂。合成的 A 型分子筛，其干燥能力超过硅胶，尤其在较高温度和较低浓度下它仍具有很强的干燥能力。经过分子筛干燥后的气体和液体，其含水量一般低于 10×10^{-6}(10ppm)。分子筛具有选择吸附作用，可以用来分离某些气体或液体的混合物，如5Å分子筛对氮气的吸附能力要比对氧气强，当空气通过这种分子筛时可使氧气富集，成为富氧空气。富氧空气可用于炼钢。分子筛还具有催化性能，在石油炼制工业中应用的一种高活性裂化催化剂的活性组分，主要就是分子筛。分子筛还可以用作离子交换剂和催化剂载体，用于水处理、化工等过程。

18.4.3 硅的卤化物

硅的卤化物 SiX_4 可以用硅与卤素直接合成。四氟化硅可通过 SiO_2 和氢氟酸反应，或用浓 H_2SO_4 处理萤石和石英砂来制备

$$SiO_2 + 4HF = SiF_4(g) + 2H_2O$$

$$2CaF_2 + SiO_2 + 2H_2SO_4 = 2CaSO_4 + SiF_4(g) + 2H_2O$$

SiF_4 是无色气体，稳定但是易于水解。

$$SiF_4 + 3H_2O = H_2SiO_3(s) + 4HF$$

$SiCl_4$ 则常用 SiO_2 与碳的混合物在氯气流中加热而制得

$$SiO_2 + 2C + 2Cl_2 = SiCl_4 + 2CO$$

在常温下，$SiCl_4$、$SiBr_4$ 是液体，SiI_4 是固体，它们也都容易水解而生成 H_2SiO_3 和相应的卤化氢

$$SiX_4 + 3H_2O = H_2SiO_3(s) + 4HX \quad (X = Cl, Br, I)$$

它们在潮湿空气中发烟，SiF_4 水解生成的HF与未水解的 SiF_4 进一步反应生成 H_2SiF_6。

$$2HF + SiF_4 = H_2SiF_6$$

其他卤化物水解时不能生成类似的化合物。这是由于卤素中F原子半径最小，半径不大的Si原子周围只能容纳6个F原子，而容纳不下6个较大的其他卤素原子。H_2SiF_6 是一种强酸，其强度与硫酸相仿，并且仅存在于溶液中。当用纯碱溶液吸收 SiF_4 气体时，可以生成 Na_2SiF_6

$$3SiF_4 + 2Na_2CO_3 + 2H_2O = 2Na_2SiF_6 + H_4SiO_4 + 2CO_2(g)$$

Na_2SiF_6 可作农业杀虫剂，并且可以用于搪瓷工业作乳白剂以及木材防腐剂。

18.5 锡、铅的化合物

18.5.1 锡、铅氧化物的酸碱性

Sn的价电子结构为 $5s^25p^2$，Pb的价电子结构为 $6s^26p^2$，因而它们可以形成+2、+4氧化态。Sn的价电子 $5s^25p^2$ 都容易失去，容易形成+4氧化态。而Pb具有 $6s^2$“惰性电子对”，不容易失去，因而Pb的低氧化态比较稳定。

锡的氧化物中重要的是 SnO_2，白色，不溶于水，难溶于酸或碱，若与NaOH或 Na_2CO_3、S共熔，可以转变为可溶性盐

$$SnO_2 + 2KOH = K_2SnO_3 + H_2O$$

$$SnO_2 + 2Na_2CO_3 + 4S = Na_2SnS_3 + Na_2SO_4 + 2CO_2$$

锡的+2价氧化物SnO呈黑绿色。

铅的氧化物除有PbO、PbO_2 外，还有混合氧化物 Pb_2O_3、Pb_3O_4。PbO呈橙红色，有两种变体。PbO_2 呈棕黑色。Pb_3O_4 晶体中既有Pb(Ⅱ)又有Pb(Ⅳ)。

锡、铅都能形成+2、+4氧化数的氧化物，这些氧化物均是两性氧化物，其酸碱性的关

系为

$$碱性\quad SnO < PbO$$

$$酸性\quad SnO_2 > PbO_2$$

锡和铅的氢氧化物都是两性氢氧化物，既溶于酸又溶于碱

$$Sn(OH)_2 + 2HCl = SnCl_2 + 2H_2O$$

$$Sn(OH)_2 + 2NaOH = Na_2[Sn(OH)_4] \quad 或 \quad Na_2SnO_2 + 2H_2O$$

$$Sn(OH)_4 + 4HCl = SnCl_4 + 4H_2O$$

$$Sn(OH)_4 + 2NaOH = Na_2[Sn(OH)_6] \quad 或 \quad Na_2SnO_3 + 3H_2O$$

因为 $PbCl_2$、$PbSO_4$ 均不溶于水，欲证明 $Pb(OH)_2$ 的碱性要用硝酸。

$$Pb(OH)_2 + 2HNO_3 = Pb(NO_3)_2 + 2H_2O$$

$$Pb(OH)_2 + NaOH = Na[Pb(OH)_3]$$

锡、铅氧化物及其氢氧化物的酸碱性规律可表示为

$$\begin{array}{ccc} Sn(OH)_4, SnO_2 & \xleftarrow{\text{酸性增强}} & SnO, Sn(OH_2) \\ \uparrow \text{酸性增强} & & \downarrow \text{碱性增强} \\ Pb(OH)_4, PbO_2 & \xrightarrow{\text{碱性增强}} & PbO, Pb(OH)_2 \end{array}$$

在空气中燃烧锡和铅时，锡倾向生成 SnO_2，铅则倾向生成 PbO

$$Sn + O_2 = SnO_2$$

$$2Pb + O_2 = 2PbO$$

SnO_2 和 PbO 比较稳定，SnO 容易被氧化成 SnO_2。故 SnO 是强还原剂，而 PbO_2 容易被还原成 PbO，PbO_2 是强氧化剂。

锡和铅的氧化物都不溶于水，欲制得相应的氢氧化物，需要用酸溶解氧化物转变成盐，然后再用碱和盐作用以获得氢氧化物，如从 SnO 制 $Sn(OH)_2$。

$$SnO + 2HCl = SnCl_2 + H_2O$$

$$SnCl_2 + 2NaOH = Sn(OH)_2(s) + 2NaCl$$

利用相似的方法，可以从 PbO、SnO_2 制得相应 $Pb(OH)_2$、$Sn(OH)_4$，但不能用这个方法把 PbO_2 转化为 $Pb(OH)_4$，因为 Pb^{4+} 有强氧化性，会把 HCl 中的 Cl^- 氧化为 Cl_2

$$PbO_2 + 4HCl = PbCl_2 + Cl_2 + 2H_2O$$

PbO_2 的氧化性还表现在它与 H_2SO_4 反应时放出 O_2。

$$2PbO_2 + 4H_2SO_4 = 2Pb(HSO_4)_2 + O_2(g) + 2H_2O$$

18.5.2　锡、铅化合物的氧化还原性

由于锡、铅的氢氧化物具有两性，因而它们能形成两种类型的盐，即 M^{2+}、M^{4+} 的盐，或 MO_2^{2-}、MO_3^{2-} 的盐。

由于惰性电子对效应，铅的低氧化态比较稳定，所以 Pb(Ⅳ) 有氧化性；而对于锡，Sn(Ⅱ) 有还原性，高氧化态更稳定。

在酸性介质中，Pb(Ⅳ)的还原电势很高

$$PbO_2 + 4H^+ + 2e^- = Pb^{2+} + 2H_2O \qquad E^\ominus = 1.46V$$

在 Pb（Ⅳ）的卤化物 PbX_4 中，只有 PbF_4 能够稳定存在，因为 F^- 无还原性。$PbBr_4$、PbI_4 不能稳定存在。$PbCl_4$ 在低温下稳定，常温下即发生分解

$$PbCl_4 = PbCl_2 + Cl_2$$

Pb(Ⅳ)的强氧化性还表现在酸性介质中能将 Mn^{2+} 氧化成 MnO_4^-

$$2Mn^{2+} + 5PbO_2 + 4H^+ \xlongequal{Ag^+} 2MnO_4^- + 5Pb^{2+} + 2H_2O$$

$SnCl_2$ 和 $Na_2[Sn(OH)_4]$都是常见的还原剂，它们相应的标准电极电势为

$$Sn^{4+} + 2e^- = Sn^{2+} \qquad E_A^\ominus = 0.154V$$

$$[Sn(OH)_6]^{2-} + 2e^- = [Sn(OH)_4]^{2-} + 2OH^- \qquad E_B^\ominus = -0.93V$$

由标准电极电势可见，$[Sn(OH)_4]^{2-}$ 的还原能力（在碱性介质中）比酸性介质中的 Sn^{2+} 强，能够将 $Bi(OH)_3$ 还原成黑色金属 Bi，这是检验 Bi^{3+} 的特征反应。

$$2Bi(OH)_3 + 3Na_2[Sn(OH)_4] = 2Bi(s) + 3Na_2[Sn(OH)_6]$$

$SnCl_2$ 能将汞盐还原为亚汞盐

$$SnCl_2 + 2HgCl_2 = SnCl_4 + Hg_2Cl_2(s,白)$$

当 $SnCl_2$ 过量时，亚汞盐被还原为金属汞

$$SnCl_2 + HgCl_2 = SnCl_4 + 2Hg(s,黑)$$

这个反应很灵敏，常用来检验 Sn^{2+} 的存在。

由于 $SnCl_2$ 具有还原性，容易被空气中的氧气氧化，为防止溶液受空气中氧气氧化而变质，常加入少许 Sn 粒。

$$Sn^{4+} + Sn = 2Sn^{2+}$$

18.5.3　锡、铅的盐

1. 锡、铅盐的溶解与水解

铅盐大部分都难溶于水，并且具有特征颜色，如 $PbCl_2$（白色）、$PbSO_4$（白色）、PbI_2（金黄色）、PbS(黑色)。但 $PbCl_2$ 能够溶解于热水中。

Pb^{2+} 和 CrO_4^{2-} 反应生成黄色沉淀是检验 Pb^{2+} 的特征反应。

$$Pb^{2+} + CrO_4^{2-} = PbCrO_4(s)$$

$PbCl_2$ 难溶于冷水，易溶于热水，也能溶于盐酸中。

$$PbCl_2 + 2HCl = H_2[PbCl_4]$$

$SnCl_2$ 易于水解，所以配制 $SnCl_2$ 溶液时，先将 $SnCl_2$ 固体溶于少量浓盐酸中，再加水稀释，才能得到澄清溶液。$SnCl_2$ 水解反应式为

$$SnCl_2 + H_2O = Sn(OH)Cl(s) + HCl$$

Na_2SnO_3 也水解，水解反应式为

$$Na_2SnO_3 + 3H_2O = Sn(OH)_4(s) + 2NaOH$$

$SnCl_4$ 遇水剧烈水解，在潮湿空气中会发烟。

2. 锡、铅的硫化物

锡、铅的硫化物均不溶于水和稀酸，它们的硫化物也有特征颜色，同样也具有高氧化态显酸性，低氧化态显碱性的性质。用 H_2S 作用相应盐可得到硫化物。

酸性的 SnS_2(黄色)可溶于 Na_2S 或 $(NH_4)_2S$ 中,生成硫代锡酸盐

$$SnS_2 + (NH_4)_2S \xlongequal{} (NH_4)_2SnS_3$$

硫代锡酸盐不稳定,遇酸分解

$$SnS_3^{2-} + 2H^+ \xlongequal{} H_2SnS_3$$
$$\downarrow$$
$$SnS_2(s,\text{黄色}) + H_2S$$

碱性的 SnS(棕色)可以溶于多硫化铵 $(NH_4)_2S_x$,因为多硫离子 S_x^{2-} 有氧化性,将 SnS 氧化为 SnS_3^{2-} 而溶解

$$SnS(s) + S_2^{2-} \xlongequal{} SnS_3^{2-}$$

常用 SnS_2 和 SnS 在碱金属硫化物溶液中溶解性的不同来鉴别 Sn^{4+} 和 Sn^{2+}。

用 Sn^{4+} 与 S^{2-} 反应制得的 SnS_2 为金黄色晶体,用作金粉涂料。

用 Pb^{2+} 和 S^{2-} 反应生成 PbS(黑色)的反应常用于检验 Pb^{2+} 或 S^{2-},或鉴别 H_2S 气体。

PbS 不能溶于稀的非氧化性酸,但能溶于 HNO_3 或浓 HCl

$$3PbS + 8HNO_3 \xlongequal{} 3Pb(NO_3)_2 + 2NO + 3S(s) + 4H_2O$$
$$PbS + 4HCl \xlongequal{} H_2[PbCl_4] + H_2S(g)$$

PbS 也与 H_2O_2 反应

$$PbS + 4H_2O_2 \xlongequal{} PbSO_4(s) + 4H_2O$$

本章小结

本章介绍了碳族元素单质的种类、结构和有关特性,包括碳的同素异形体种类和结构、硅和锗的半导体特性和锡、铅的低熔点金属特性。

介绍了碳的常见化合物,包括氧化物、碳化物的种类和性质,碳酸及各类碳酸盐的酸碱性和热稳定性规律。硅的常见化合物,包括二氧化硅、硅酸及硅酸盐的结构和主要特性。锡和铅的常见化合物,包括二价和四价氧化物、水合物以及对应盐的酸碱性规律、氧化还原性规律和溶解性。

This chapter is concerned with the species, structures and relative characteristics of ⅣA group elements, including the varieties and structures of carbon allotropes, semiconductor properties of selenium and germanium, low-melting-point behaviors of tin and lead.

Common compounds of carbon, varieties and properties of carbon oxides, carbides, acid-base nature of carbonic acid, thermostabilities of carbonates were discussed. Some compounds of silicon, such as silica and silicates, and their special structures and characteristics were presented. For the compounds of tin and lead, their bivalent and quadrivalent oxides, hydrates and their redox properties and solubilities were discussed in detail.

化学史话——侯德榜与纯碱

食品、造纸、医药、玻璃、肥皂、印染工业乃至人民日常生活,无不需要一种重要的化工原料——纯碱。古代,人们学会了从草木灰提取碳酸钾,后来,又从盐碱地和盐湖等天然资源中获得碳酸钠,但是毕竟来源有限,远远不能满足工业生产的需要。

1791 年法国医生路布兰首先取得专利,以食盐为原料制得了纯碱,称为“路布兰制碱法”。1862 年,比利时人索尔维以食盐、氨、二氧化碳为原料制得了碳酸钠,称为“氨碱法”。氨碱法实现了连续性生产,食盐的利用率得到提高,产品质量纯净,因而被称为纯碱,但最大的优点还在于成本低廉。1867 年索尔维设厂制造的产品在巴黎世界博览会上获得铜质奖章,此法被正式命名为“索尔维法”。此时,纯碱的价格大大下降。

当年,我国的纯碱几乎全靠进口。尤其第一次世界大战期间,欧亚交通梗塞,市场上纯碱奇缺,许多以纯

碱为原料的民族工业更是难以生存。1917年,爱国实业家范旭东先生在天津塘沽创办了永利碱业公司。创业之初,他就深知要取得制碱的成功,关键在于物色人才和掌握先进的技术。

1920年赴美考察的陈调甫受范旭东委托,在纽约遇到了侯德榜,陈把索尔维公会的封锁技术、卜内门公司的霸道、国内兴办制碱工业的困难以及范氏求贤的急切心情一一向侯德榜作了介绍。侯德榜对索尔维公会封锁技术的行为非常愤慨,便毅然接受永利公司的聘请,于1921年回国就任塘沽碱厂的总工程师。侯德榜在强烈的爱国心驱使下,为尽快揭开索尔维法的技术秘密而努力工作。侯德榜把全部身心都扑在改进工艺和设备上,最后,终于将索尔维法的各项生产技术摸索清楚。

1924年8月,塘沽碱厂正式投产,但产品呈现暗红色,经化验系铁锈造成。侯德榜设法往碳化塔中放入少量硫化钠,使与铁塔内层作用,在表面结成一层硫化铁保护膜,终于生产出雪白的纯碱。1926年,中国生产的红三角牌纯碱在美国费城举办的万国博览会上获得金质奖章。从此,侯德榜为我国建立了一项基础化学工业。

侯德榜弄清了索尔维制碱法的奥秘,当时,如果他和永利公司以专利形式高价出售,将会大发横财。但出人意料的是,侯德榜在用英文撰写的一部阐述索尔维制碱法专著中将此奥秘无偿地公之于世,使工业落后的国家不再仰仗技术大国的鼻息。该著作在侯德榜1931年赴美国进修期间完成,1933年由美国化学会出版。此外,侯德榜还分别于1959年和1962年出版了《制碱工学》和《制碱工业工作者手册》。

1938年,侯德榜来到四川,开始在五通桥筹建永利川厂。四川所产的盐乃是井盐,而五通桥一带又只有淡的黄卤水,必须先经浓缩或加食盐饱和后,才能作为制碱的原料。这样,塘沽碱厂的经验在永利川厂建厂过程中不再适用。侯德榜还考虑到,索尔维制碱法中氯离子转化的氯化钙,只是作为废物堆积起来,在食盐比较珍贵的四川未免太浪费。这些都是迫使侯德榜探索新制碱途径的原因。

技术改革的目的在于提高食盐的利用率。侯德榜认为,索尔维法的主要缺点在于:食盐和石灰石两种原料都只用了它们组成中的一半,即氯化钠中的钠与碳酸钙中的碳酸根结合成产品碳酸钠;而氯化钠中的另一组分氯离子却与碳酸钙中的另一组分钙结合成没有多大用途的氯化钙,成为大量的废弃物。范旭东在香港建立了实验室进行试验,由侯德榜在纽约进行遥控指导,后来又在纽约和上海法租界进行扩大试验,1940年终于完成了这个新的工艺路线。新法的要点是在氨碱法的滤液中加入食盐固体,并在30~40℃下往滤液中通入氨气和二氧化碳,使它达到饱和,然后冷却到10℃以下,即有氯化铵结晶析出,母液又可重新作为氨碱法的制碱原料。不但使原料食盐得到充分利用,还生产出了化肥。

1943年11月,永利川厂试车成功,使食盐的利用率达到98%。为了表彰侯德榜在制碱工艺上的新突破,在1943年3月16日永利川厂厂务会议上,决定将新的联合制碱法命名为"侯氏联合制碱法"。1943年6月,美国哥伦比亚大学授予侯德榜名誉博士学位。同年12月,他被选为英国皇家化学工业学会名誉会员。

侯德榜虽然已经是世界制碱权威,但他仍然不忘帮助工业落后的国家办碱厂,印度塔塔公司和巴西都聘请他担任顾问。他最后一次赴印度是1949年4月,当时正值南京解放,他听到这一喜讯,认为振兴民族工业的时机已经到来。他克服了重重困难,在1949年7月回到祖国。1958年开始建设大型联合制碱车间,1963年底达到日产120吨水平,1964年通过鉴定,73岁高龄的侯德榜终于在新中国的土地上看到了亲手培育出来的成果。

化学知识拓展——新型碳、硅、锡材料

1. 碳化硅陶瓷材料

陶瓷材料具有耐高温、耐腐蚀、耐磨损等突出的优点,但是其缺点同样突出,那就是脆性。碳化硅(SiC)陶瓷或用碳化硅制造的陶瓷材料,保留了普通陶瓷的优点,并具有韧性。

根据其制造技术和结构的不同,碳化硅可分为多孔SiC、颗粒SiC_p、晶须SiC_w和晶片SiC_{pl}。

多孔陶瓷是指一种经高温烧成、具有大量彼此相通或闭合气孔的陶瓷材料。利用多孔陶瓷的均匀透过性,可以制造各种过滤器、分离装置、流体分布元件、混合元件、渗出元件和节流元件等;利用多孔陶瓷发达的

比表面积，可以制成各种多孔电极、催化剂载体、热交换器、气体传感器等；利用多孔陶瓷吸收能量的性能，可以用作各种吸音材料、减震材料等；利用多孔陶瓷的密度、低的热传导性能，还可以制成各种保温材料、轻质结构材料等，加之其耐高温、抗腐蚀，因而引起了全球材料学界的高度重视，并得到了较快的发展。

SiC_p、SiC_w 和 SiC_{pl} 用于制造增韧陶瓷复合材料、如 Al_2O_3/SiC 复合材料、$Ca_3(PO_4)_2$/SiC 复合材料。

2. 氮化硅陶瓷材料

氮化硅陶瓷用一般的反应烧结或常压烧结的方法就可制备。工业上用高纯硅与纯氮在1300℃反应烧结制造 Si_3N_4。

氮化硅(Si_3N_4)在陶瓷材料中有“全能冠军”之称，它既是优良的高温结构材料，又是新型的功能材料。它可在 1200℃的工作温度下长期工作，可用于制作高温轴承、无冷式陶瓷汽车发动机、燃气轮机燃烧室等。

由于氮化硅的性能优异，广泛应用于高科技领域。用 Si_3N_4 制作的过滤装置，过滤面积大、过滤效率高，再加上耐高温、耐磨损、耐化学腐蚀、机械强度高等优点，在腐蚀性流体、高温流体、熔融金属等介质中使用有其独特的优势。Si_3N_4 陶瓷生物相容性好，理化性能稳定，无毒副作用，已被用作医学、生物材料。Si_3N_4 多孔陶瓷可用作湿敏传感器、测量压力及红外发射、吸收等元件。Si_3N_4 多孔陶瓷孔隙率高(>60%)，并且具有优良的耐火性和耐气候性，可以在地铁、影院、电视发射中心等防火和隔音要求较高的场合，用作吸音材料。

3. 氧化锡气敏材料

现代社会对生产生活等各种环境中的安全要求越来越高，对易燃、易爆、有毒、有害气体的监测、报警和控制也提出了越来越高的要求。金属氧化物半导体传感器在气敏传感器中占有重要的地位。由于气体响应过程主要发生在敏感材料表面，所以薄膜型气敏材料被广泛采用。SnO_2 是目前应用最广泛的半导体气敏材料。SnO_2 在空气中稳定，对 CO、H_2、CH_4 等还原性气体响应灵敏。吸附气体引起 SnO_2 表面电子得失，半导体能带发生改变，产生可以检测的电信号，可以监测气体并检测气体浓度。

SnO_2 气敏传感器敏感薄膜可以采用磁控溅射、气相沉积、溶胶-凝胶等方法制备。通过对 SnO_2 掺杂不同的材料，还可以制作成对不同气体敏感的传感器，提高传感器的灵敏度、选择性和响应性。

习　题

1. Pb 元素的低价化合物稳定，这是由于下列原因所引起的 (　　)

   (A) 惰性电子对效应　(B) 电极电位低　(C) 电子亲和势大　(D) 电离势大

2. 下列各组元素中哪一组元素性质较为相似 (　　)

   (A) B,Al　(B) B,Si　(C) C,Si　(D) B,C

3. 下列化合物中不含有叁键的是 (　　)

   (A) CO　(B) HCN　(C) H_2C_2　(D) CO_2

4. $KMnO_4$ 溶液中加入 $SnCl_2$ 溶液，二者有无反应发生？若有，则写出反应方程式。

5. 在 0.5mol·L^{-1} $SnCl_2$ 溶液中加入 H_2S 饱和溶液至有大量沉淀生成，将沉淀去除一部分加入 6mol·L^{-1} HCl 后，沉淀溶解，沉淀的另一部分加入足量多硫化铵溶液，沉淀也溶解，向溶液中加入 6mol·L^{-1}的 HCl，又生成沉淀，同时又有臭鸡蛋味气体生成。写出各步反应方程式。

6. 在 25℃时，HCO_3^-(aq)和 CO_3^{2-}(aq)的 $\Delta_f G_m^\ominus$ 分别为 −587.06kJ·mol^{-1} 和 −528.10kJ·mol^{-1}，求反应 $HCO_3^- \rightleftharpoons H^+ + CO_3^{2-}$ 的 $\Delta_r G_m^\ominus$ 和平衡常数。

7. 完成下列方程式。

   (1) $PbO_2 + Mn(NO_3)_2 \longrightarrow$

   (2) $HgCl_2 + SnCl_2$(少量)$\longrightarrow$

   (3) $HgCl_2 + SnCl_2$(多量)$\longrightarrow$

   (4) $SiO_2 + NaOH$ (熔融)$\longrightarrow$

(5) $SiO_2 + HF \longrightarrow$

(6) $PbO_2 + HCl \longrightarrow$

(7) $SnCl_2 + H_2O \longrightarrow$

(8) $SnS_2 + (NH_4)_2S \longrightarrow$

8. 比较下列物质的有关性质并加以解释。

(1) 热稳定性　　$SrCO_3$ 和 $CdCO_3$

(2) 还原性　　Ge^{2+} 和 Sn^{2+}

(3) 氧化性　　Pb^{2+} 和 Pb^{4+}

(4) 在水中溶解度　　$Ca(HCO_3)_2$ 和 $CaCO_3$，$NaHCO_3$ 和 Na_2CO_3

9. 比较下列各组内物质的热稳定性。

(1) $Mg(HCO_3)_2$，$MgCO_3$，H_2CO_3

(2) $(NH_4)_2CO_3$，$CaCO_3$，Ag_2CO_3，K_2CO_3，NH_4HCO_3

(3) $MgCO_3$，$MgSO_4$

10. 将锡溶于 HCl，得到的是 $SnCl_2$，而不是 $SnCl_4$。试用有关电对的电势加以说明。又如何用锡制取 $SnCl_4$？

11. 鉴别下列各对离子。

(1) Sn^{2+}，Sn^{4+}　　(2) Pb^{2+}，Sn^{2+}

12. 今有 Fe、Na_2CO_3、NaCl、NaOH、MgO 等各种物质，能否在石英器皿中熔融？为什么？

13. 下列化合物是以什么键结合的？

CaC_2，SiC，Al_4C_3

14. 下列化合物哪个是离子型化合物？哪个是共价型化合物或金属化合物？

Al_4C_3，WC，Fe_3C，SiC，B_4C，TiC

15. CO_2 比 SiO_2 熔点低得多，是否 CO_2 的热稳定性也比 SiO_2 的差得多？

16. 锌、镉、镁三种元素的碳酸盐的热稳定性次序怎样？如何解释？

17. 不采用加酸的方法，如何使难溶的碱土金属碳酸盐发生溶解？

（东北大学　王林山）

第 19 章　硼族元素

19.1　硼族元素概述

硼族(ⅢA)元素包括硼(boron,B)、铝(aluminum,Al)、镓(gallium,Ga)、铟(indium,In)、铊(thallium,Tl),其中镓、铟、铊属于稀有分散元素。硼族元素的基本性质如表 19-1 所示。

表 19-1　硼族元素的一些性质

元　　素	硼(B)	铝(Al)	镓(Ca)	铟(In)	铊(Tl)
原子序数	5	13	31	49	81
价层电子结构	$2s^22p^1$	$3s^23p^1$	$4s^24p^1$	$5s^25p^1$	$6s^26p^1$
主要氧化数	+3	+3	+1,+3	+1,+3	+1,+3
共价半径/pm	88	125	125	144	155
硬度(金刚石=10)	9.5	2.9	1.5	1.2	
熔点/℃	2180	660	30	157	303
沸点/℃	3650	2467	2403	2080	1457
第一电离能 I_1/(kJ·mol^{-1})	801	578	579	558	589
第一电子亲和能 A_1/(kJ·mol^{-1})	23	44	36	34	50
电负性 χ_P	2.0	1.5	1.6	1.7	1.8
晶体类型	A	M	M	M	M

注:A 为原子晶体;M 为金属晶体

ⅢA 族元素中,B 是非金属,其他元素为金属。金属单质的沸点从上往下降低,但熔点无规律性,原因是金属晶体的堆积方式不同。金属铝为面心立方,金属镓中含有原子对,铟和铊的结构也不相同。金属熔化后,晶体结构不复存在,从上往下金属键减弱,沸点降低。

硼生成共价化合物,该族的其他金属元素的化合物也具有共价性,因为该族离子的电荷高、半径小,离子的电荷密度大,足以使与它们成键的阴离子极化,生成共价键。

从第ⅢA 族开始,主族元素出现多个氧化数。Al 只有一个氧化数+3,但 Ga、In 和 Tl 的氧化数除了常见的+3,还有+1。Ga 的主氧化数是+3,而 Tl 的主氧化数是+1。镓生成组成式为 $GaCl_2$ 的氯化物,表面看 Ga 的氧化数是+2,实际上其结构式为 $Ga[GaCl_4]$,该化合物中的 Ga 有+1 和+3 两种状态。

19.2　硼族元素的单质

19.2.1　硼和铝

1. *硼*

硼在地壳中含量很少,但在我国硼是丰产元素。它的主要存在形式是各种硼酸盐矿,自然界中不存在游离的硼。单质硼的用途不广，但硼化合物的用途越来越广，一方面是因为近年来人们弄清了某些硼化合物的结构，从而可以合成许多新型的硼化合物；另一方面因为硼及其化合物在当今新型合成材料和原子能工业方面的应用极为重要。单质硼是高效的中子吸收剂，含硼控制棒是核电站的最重要部件之一，用于控制核反应的速率。

由表19-1可见，B的原子半径最小(88pm)，第一电离能比较高($801kJ\cdot mol^{-1}$)，电负性2.0，所以硼成键时不易失电子，而是与其他元素共用电子形成共价键。因而硼的所有化合物都是共价化合物，固态和水溶液中都不存在B^{3+}。

2. 铝

在p区的10种金属中只有铝位于短周期，地壳中含量最多的元素是氧，其次是硅，铝居第三，就金属而论则铝居第一。铝在自然界的主要矿石为铝矾土$Al_2O_3\cdot xH_2O$，是制取铝及其化合物的重要原料。

因为铝很活泼，制备铝需用电解的方法，用纯净Al_2O_3作原料，用冰晶石Na_3AlF_6作助熔剂，进行电解

阳极　　$O^{2-} = \frac{1}{2}O_2 + 2e^-$

阴极　　$Al^{3+} + 3e^- = Al$

总反应　　$2Al_2O_3 = 4Al + 3O_2$

铝具有一系列优异的性能，所以有许多重要用途。铝的电导率是铜的65%，但是铝与铜相比质轻、价廉，故铝作为电线电缆应用广泛，特别是高压电传输，含有少量Cu、Mn、Mg、Si等的铝合金，则又轻又坚固，适用于飞机、汽车和建筑业。铝合金门窗框美观、轻便、耐腐蚀，已经取代铁门窗。在制造日用器皿方面，铝的化合物也有广泛应用。

铝和硼虽同族，但它们性质相差很大。铝是活泼金属，但由于Al^{3+}有3个电荷、半径小，具有很强的极化力，故铝的化合物常常显共价性。在形成共价化合物时，铝是缺电子原子，铝的化合物是缺电子分子。

铝是活泼金属，易与氧反应

$$4Al + 3O_2 = 2Al_2O_3 \qquad \Delta_r H_m^\ominus = -1675kJ\cdot mol^{-1}$$

这比一般金属氧化物的生成热要大得多。生产上利用这个特点，冶炼一些难被还原的金属，用铝粉和铁的氧化物混合制成铝热剂应用于焊接铁轨、熔化钢块

$$8Al + 3Fe_3O_4 = 4Al_2O_3 + 9Fe \qquad \Delta_r H_m^\ominus = -3329kJ\cdot mol^{-1}$$

若这个反应在小容器中进行，可达很高温度(约3500℃)，使分离出来的金属为液体。

铝虽易与氧反应，但铝在空气中立刻生成一层致密的氧化物薄膜，这层氧化膜非常致密、结实，保护下层金属不再被氧化。现在用的铝制品经过电解氧化处理，表面氧化膜厚度增大，更加经久耐用。这层氧化膜不怕烧(耐温高达2000℃)。

铝是两性金属，铝与酸、碱反应如下

$$2Al + 6HCl = 2AlCl_3 + 3H_2$$

$$2Al + 2NaOH + 2H_2O = 2NaAlO_2 + 3H_2$$

上面的反应可用标准电极电势解释

$$Al^{3+} + 3e^- = Al \qquad E_A^\ominus = -1.66V$$

$$AlO_2^- + 2H_2O + 3e^- = Al + 4OH^- \qquad E_B^\ominus = -2.31V$$

但铝在冷 HNO_3 和 H_2SO_4 中，由于形成致密的 Al_2O_3 薄膜而钝化。表面形成铝汞合金可以破坏薄膜，立刻显出铝的化学活泼性，这种汞齐化的铝在潮湿空气中迅速反应，并且放出大量热。

$$4Al(Hg)+3O_2+2nH_2O \xlongequal{} 2Al_2O_3 \cdot nH_2O+4(Hg)$$

19.2.2 镓、铟、铊

1. 物理性质和应用

镓(Ga)、铟(In)、铊(Tl)都是低熔点、低硬度的白色金属，在地壳中含量少而且分散，没有形成集中的矿藏，如在铝矾土、铅矿、铜矿或煤中有少量镓，在闪锌矿中含有少量铟、铊。它们的单质常用电解相应盐的水溶液而制得。

镓的熔点 29.8℃，沸点 2403℃，其熔点和沸点的温度差是所有金属单质中最大的，所以用镓填充在石英管中作温度计，用以测量反应炉、核反应堆的温度。在原子能工业中，镓可以作为热传导介质，把反应堆中的热量传出来。镓与其他低熔点金属如锡、铅、铋、铟等制成熔点低于 60℃的易熔合金，用在电路熔断器和各种保险装置上，能起到安全保险作用。

金属铟主要用于制造铟锡氧化物(ITO)靶材、半导体和低熔点合金。ITO 靶材用于生产液晶显示器和平板屏幕，是铟的主要应用领域，占全球铟消费量的 70%。铟可作为包复层或与其他金属制成合金，以增强发动机轴承耐腐蚀性。铟有优良的反射性，可制造反射镜。银铅铟合金可作高速航空发动机的轴承材料。

金属铊可用来制造光电管、低温温度计和光学玻璃等。铊的低熔点合金可用于电子管玻壳的黏接。铊的放射性同位素——铊-201 的半衰期仅 72.9h，可很快从体内排出，在医学上用于各种疾病的诊断。

镓、铟、铊及其化合物都有一定的毒性。镓和铊的毒性超过汞和砷，铟的毒性高于铅。镓和铊可造成组织、肌肉和神经中毒，甚至危及生命。

2. 化学性质

镓的金属性与锌相似，比铝低。常温下干燥空气中，镓表面产生致密的氧化膜阻止进一步氧化，在潮湿空气中失去光泽。镓是两性金属，既能溶于酸也能溶于碱，高温时能与多数非金属反应。

铟的金属性与铁近似。铟在空气中的氧化作用很慢，表面形成极薄的氧化膜，加热到熔点以上时，即氧化成 In_2O_3。高温时，铟能与氧、卤素、硫、硒、碲、磷作用。例如在 620℃时，铟与硫蒸气反应产生硫化亚铟(In_2S)等。致密铟不与沸水和碱反应，但粉末状的铟可与水作用，生成氢氧化铟。铟与冷的稀酸作用缓慢，易溶于浓热的无机酸和乙酸、草酸。

室温下，铊能与空气中的氧作用形成氧化膜而保护内部。能与卤素反应，铊的卤化物在光敏性上与卤化银相似，见光分解，高温时能与硫、硒、碲、磷反应。铊不溶于碱，与盐酸的作用缓慢，但迅速溶于硝酸、稀硫酸中，生成可溶性盐。

19.3 硼的化合物

19.3.1 硼的氢化物

硼可以形成一系列的共价氢化物，目前已报道合成出 20 多种，如 B_2H_6、B_4H_{10}、B_4H_9、

B_5H_{11}、B_6H_{10}等。还有一些金属复合硼氢化物 $Al(BH_4)_3$、$Li(BH_4)$等。

纯硼烷毒性较大。由于硼烷燃烧时放出大量的热，硼烷曾经被考虑用作火箭燃料，但实际上没有采用，原因是合成硼烷的成本较高，并且硼烷的燃烧产物固体 B_2O_3 可堵塞机器管路。

$$B_2H_6 + 3O_2 = B_2O_3 + 3H_2O \qquad \Delta_r H_m^\ominus = -2026kJ \cdot mol^{-1}$$

硼烷水解也放出大量的热

$$B_2H_6 + 6H_2O = 2H_3BO_3 + 6H_2 \qquad \Delta_r H_m^\ominus = -504.6kJ \cdot mol^{-1}$$

由于硼原子的缺电子性质，硼烷分子的结构是独特的。例如，在乙硼烷(B_2H_6)分子中，共有 14 个价轨道(硼原子的电子层由 $1s^22s^22p^1$ 激发为 $1s^22s^12p^2$ 之后，进行 sp^3 杂化，两个硼原子共有 8 个价轨道，6 个氢原子有 6 个价轨道)，但是只有 12 个价电子(硼的 4 个 sp^3杂化轨道中只有 3 个轨道上有电子，另一个轨道是空轨道)，所以它是个缺电子分子。在这个分子中，有 8 个价电子用于 2 个硼原子各与 2 个氢原子形成 2 个 σ(B—H)键，这 4 个 σ 键在同一个平面。剩下的 4 个价电子在 2 个硼原子和 2 个氢原子之间形成了垂直于上述平面的两个三中心两电子键，一个在平面之上，另一个在平面之下，如图 19-1 所示。每个三中心两电子键是由一个氢原子和 2 个硼原子共用 2 个电子构成的。结构化学实验证明，这个氢原子具有桥状结构，称为“桥氢原子”。这种三中心两电子键是由 3 个原子轨道重叠形成的，3 个轨道中只有两个轨道各有一个电子。由此可知三中心两电子键是一种离域共价键。

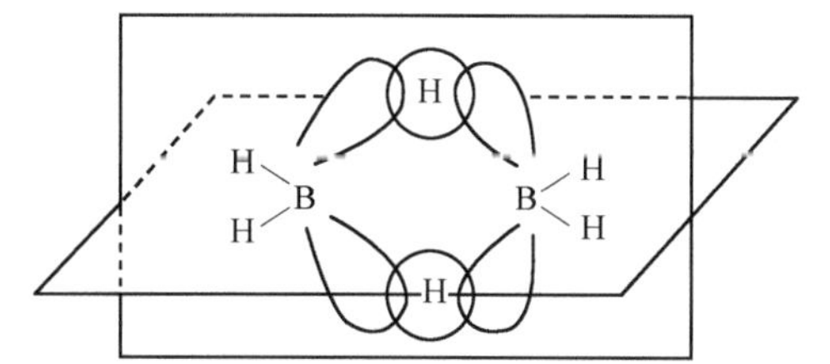

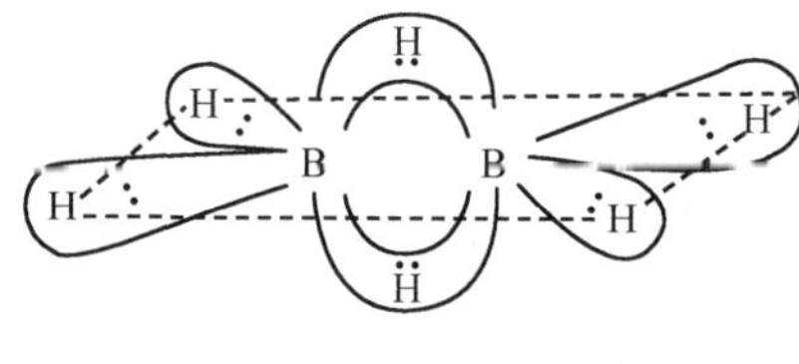

图 19-1 B_2H_6 分子的结构

19.3.2 硼的含氧化合物

常见的硼的含氧化合物有三氧化二硼(B_2O_3)、硼酸(H_3BO_3)及硼砂($Na_2B_4O_7 \cdot 10H_2O$)。

1. 三氧化二硼

三氧化二硼由硼酸加热脱水制得

$$2H_3BO_3 \xlongequal{\triangle} B_2O_3 + 3H_2O$$

B_2O_3 能被金属镁或铝还原，但是不能用碳还原，因为在高温下硼与碳反应生产碳化硼。

B_2O_3 溶于水释放出少量的热，在水蒸气中形成偏硼酸，在水中形成硼酸。

$$B_2O_3(s) + H_2O(g) = 2HBO_2(g)$$

$$B_2O_3(s) + 3H_2O(l) = 2H_3BO_3(aq)$$

熔融状态的 B_2O_3 可以溶解许多金属氧化物，制得有色硼玻璃。硼玻璃耐高温，不但可以作耐高温化学实验仪器、耐高温玻璃纤维，还可以用作火箭防护材料，用于光学仪器设备、绝缘器材及建筑、机械、军工方面所需的新型材料。

2. 硼酸

硼酸[H_3BO_3 或写为 $B(OH)_3$]是白色片状晶体。加热灼烧发生下列变化

$$H_3BO_3 \xrightarrow[-H_2O]{169℃} HBO_2 \xrightarrow[-H_2O]{300℃} B_2O_3$$

在 H_3BO_3 晶体中，每个硼原子用 3 个 sp^2 杂化轨道与 3 个氢氧根中的氧原子以共价键结合[图 19-2(a)]，每个氧原子除以共价键与一个硼原子和一个氢原子结合[图 19-2(b)]外，还通过氢键同另一 H_3BO_3 单元中的氢原子结合而连成片层结构[图 19-2(c)]。层与层之间距离为 318pm，以范德华力相吸引，故硼酸有水解性，可以作润滑剂。这种缔合结构使它在冷水中溶解度很小，加热时因部分氢键断裂，溶解度增大。

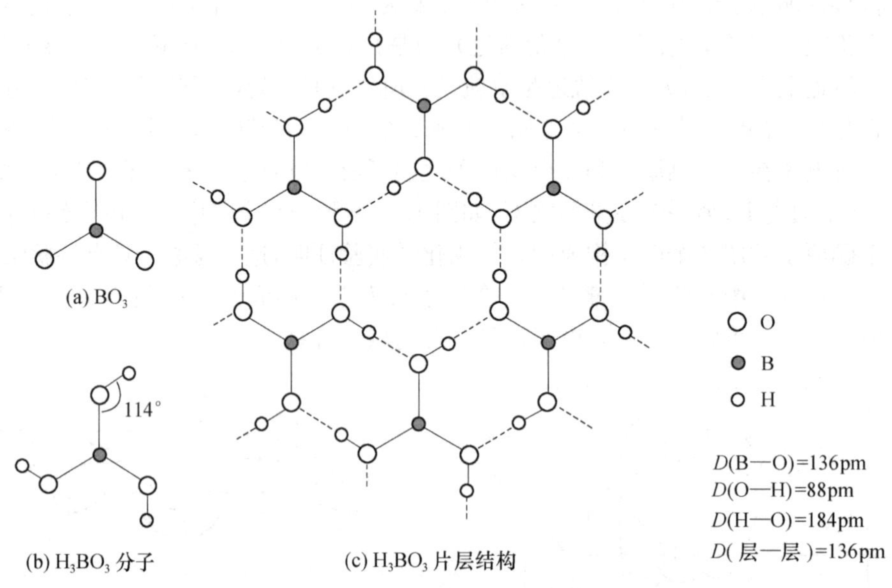

图 19-2 硼酸结构示意图

在工业上用 H_2SO_4 分解硼矿物制得 H_3BO_3。

$$Na_2B_4O_7 \cdot 10H_2O + H_2SO_4 = 4H_3BO_3 + Na_2SO_4 + 5H_2O$$

H_3BO_3 是一元弱酸，$K_a^\ominus = 5.8 \times 10^{-10}$。它的酸性是由于它是缺电子原子，它加合了来自 H_2O 分子中的 OH^-（其中氧原子有孤对电子）而释出 H^+，硼酸本身并不给出质子，所以，硼酸是路易斯酸。

$$B(OH)_3 + H_2O = [B(OH)_4]^- + H^+$$

在任何一种硼酸盐的溶液中加酸时，总是得到硼酸，因为硼酸溶解度小，易从溶液中析出。

H_3BO_3 被大量用于玻璃、搪瓷工业。由于硼酸是一种没有氧化还原性的弱酸，所以也是医药上常用的消毒剂之一。

硼酸可以缩合为链状或环状的多硼酸 $xB_2O_3 \cdot yH_2O$。在多硼酸中有两种结构单元，一种是 BO_3 平面三角形，另一种是 BO_4 四面体，在这一点上与多硅酸是不同的（在多硅酸中只有 SiO_4 四面体一种结构单元）。在多硼酸中最重要的是四硼酸，四硼酸根离子 $[B_4O_5(OH)_4]^{2-}$ 的结构如图 19-3 所示。

它是由 2 个 BO_3 三角形与 2 个 BO_4 四面体间隔地通过共用顶角的氧原子联结起来的复杂结构，所以四硼酸的化学式为 $H_2[B_4O_5(OH)_4]$，但习惯上常写为 $H_2B_4O_7$。

3. *硼砂*

硼砂为无色半透明晶体或者白色结晶粉末。在它的晶体中 $[B_4O_5(OH)_4]^{2-}$（图 19-3）通过氢

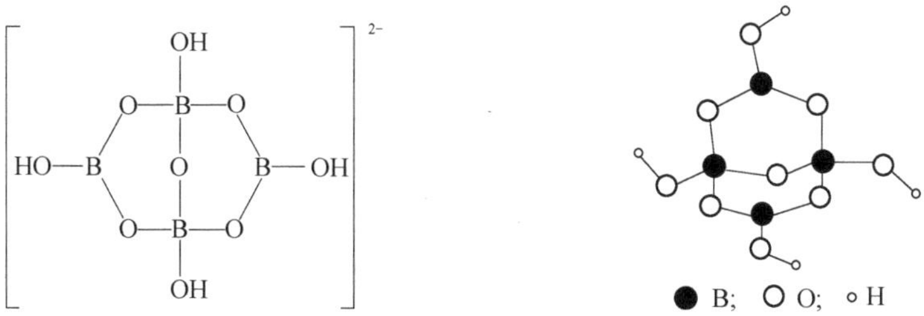

(a) 结构式　　(b) 立体结构

图 19-3 四硼酸根离子$[B_4O_5(OH)_4]^{2-}$的结构

键联结成链状结构，链与链之间通过 Na^+ 以离子键结合，水分子存在于链与链之间，故硼砂分子式按结构应写为 $Na_2B_4O_5(OH)_4 \cdot 8H_2O$。工业上一般把硼砂的化学式写为 $Na_2B_4O_7 \cdot 7H_2O$。

在自然界中有天然的硼砂矿存在。工业上用浓碱溶液分解硼镁矿得偏硼酸钠，然后在较浓的偏硼酸钠溶液中通入 CO_2 以降低溶液的 pH，再结晶分离，得硼砂

$$Mg_2B_2O_5 \cdot H_2O + 2NaOH = 2NaBO_2 + 2Mg(OH)_2$$

$$4NaBO_2 + CO_2 + 10H_2O = Na_2B_4O_5(OH)_4 \cdot 8H_2O + Na_2CO_3$$

硼砂在干燥空气中容易风化，在风化时首先失去链间的结晶水。温度升高时，链与链之间的氢键因为失水而遭到破坏，形成牢固的偏硼酸骨架。把它加热到约 350℃时成为无水盐，继续升温至 378℃则熔为玻璃状物。

硼砂能够在熔融状态溶解一些金属氧化物，并且依金属的不同显出特征颜色。例如

$$Na_2B_4O_7 + CoO = 2NaBO_2 \cdot Co(BO_2)_2 \quad \text{(蓝宝石色)}$$

硼砂在 900℃左右熔化后，容易和各种金属氧化物发生反应生成复合的玻璃态硼酸盐。用镍丝蘸一些硼砂在煤气灯上灼烧，熔融成圆珠，将烧红的硼砂珠蘸一些氧化物再灼烧，则可以得到不同颜色的硼砂珠。用 CoO 得到蓝色硼砂珠$[NaBO_2 \cdot Co(BO_2)_2]$，用 Cu_2O 得到红色硼砂珠($NaBO_2 \cdot CuBO_2$)，用 MnO_2 得到紫色硼砂珠，用 Fe_2O_3 得到棕色硼砂珠，用 Cr_2O_3 得到绿色硼砂珠。因此，在分析化学中用硼砂珠实验鉴定金属离子，野外地质队曾经采用这种特殊颜色硼砂珠实验对矿石进行初步鉴定。利用硼砂和金属氧化物的熔融化合性能可清洗净化金属表面，提高焊接质量。这种性质也被应用在搪瓷和玻璃工业上。

硼砂易溶于水，其水溶液显弱碱性，这是由硼砂水解而造成的，正是由于这个原因，硼砂也是肥皂和洗衣粉的填料。可见硼砂是重要的化工原料之一。

19.3.3 硼的卤化物

卤化硼是共价化合物，熔点、沸点都很低，并且随着相对分子质量的升高而升高，如表 19-2所示。

表 19-2 卤化硼的性质

卤化硼	BF_3	BCl_3	BBr_3	BI_3
室温下存在状态	气体	液体(加压)	液体	固体
熔点/℃	−127.1	−107	−46	49.9

续表

卤化硼	BF_3	BCl_3	BBr_3	BI_3
沸点/℃	−99.0	12.5	91.3	210
生成焓/(kJ · mol^{-1})	1142.2	435.1	293	

在卤化物中最重要的是 BF_3 和 BCl_3。BCl_3 遇水强烈地水解而生成两种酸

$$BCl_3 + 3H_2O = H_3BO_3 + 3HCl$$

BF_3 仅部分水解，有氟硼酸 $H[BF_4]$生成

$$4BF_3 + 3H_2O = H_3BO_3 + 3H[BF_4]$$

氟硼酸是强酸，仅以离子存在于溶液中。

氟化硼是路易斯酸，易与 F^-、NH_3 等路易斯碱作用，例如

$$BF_3 + F^- = BF_4^-$$

$$BF_3 + NH_3 = BF_3 \cdot NH_3$$

BF_3 的这一性质使它成为有机合成中常用的催化剂。

卤化硼的制备可通过硼和卤素直接反应，或将氧化硼(或硼砂)与浓 H_2SO_4 及萤石反应，也可以将氧化硼在有碳存在条件下加以氯化而制得。

$$2B + 3X_2 = 2BX_3$$

$$B_2O_3 + 3CaF_2 + 3H_2SO_4 = 2BF_3 + 3CaSO_4 + 3H_2O$$

$$Na_2B_4O_7 + 6CaF_2 + 8H_2SO_4 = 4BF_3 + 6CaSO_4 + 2NaHSO_4 + 7H_2O$$

$$B_2O_3 + 3C + 3Cl_2 = 2BCl_3 + 3CO$$

19.3.4 氮化硼

氮化硼(BN)有三种不同的结构，即立方晶系闪锌矿结构(c-BN)、六方晶系纤锌矿结构(w-BN)和六方晶系石墨结构(h-BN)。h-BN 采取 sp^2 杂化，片层结构。c-BN 和 w-BN 都是四面体杂化共价键，B、N 原子彼此形成 4 配位结构，故两者在硬度上几乎没有差别。BN 的研究开发主要集中在 c-BN 和 h-BN。

h-BN 具有类似石墨的层状晶体结构，其物理化学性能与石墨相似，质地较软，密度低(2.29g · cm^{-3})，润滑性和导热性好，因此有“白石墨”之称。h-BN 在惰性气体和氮气中使用温度可达 2800℃，在空气或氧化气氛中使用温度只低于 1000℃。它具有可机械加工性能，可以加工成精度很高的零件。

h-BN 作为弥散相，可以增加材料的应变容量，进而改善复合材料的热稳定性。h-BN 的另一个主要用途是作为合成立方氮化硼的原料。

c-BN 有优异的物理化学性能，硬度仅次于金刚石，另外还具有很高的强度，在许多领域中有应用前景。目前 c-BN 主要用作超硬磨削材料，这是利用了其高硬度、高热稳定性和高温化学惰性。由于立方氮化硼磨具的磨削性能十分优异，不仅能够加工难磨材料、提高生产率、有利于严格控制工件的形状和尺寸，还能够有效提高工件磨削质量，显著提高工件的表面完整性，因而提高零件的疲劳强度，延长其使用寿命，增加可靠性，在减少能源消耗和环境污染方面添加立方氮化硼磨料生产比添加普通磨料生产效果好，加上立方氮化硼磨料生产过程在减少能源消耗和环境污染方面比普通磨料生产好，所以扩大氮化硼磨料磨具的生产和应用是机械工业发展的必然趋势。这些特性使立方氮化硼成为加工含有铁族元素的硬韧金属及其合金的

最佳磨削材料。

此外，立方氮化硼还具有高导热性和良好的半导体特性等，是目前使用温度最高的半导体材料，这些特性使其在光电子、微电子等领域有广阔的应用前景。

19.4　铝的化合物

19.4.1　氧化铝和氢氧化铝

氧化铝是离子晶体，在不同条件下制得的 Al_2O_3 有不同的形态和不同的用途。Al_2O_3 至少有 8 种以上同质异晶的形态，一般常用希腊字母分别表示为 α、β、γ 等，其中最为人们所熟悉的是 α-Al_2O_3 和 γ-Al_2O_3。

α-Al_2O_3 可以通过 $Al(OH)_3$ 在高温下灼烧制取。自然界存在的结晶态三氧化二铝又称为刚玉，也是 α-Al_2O_3。α-Al_2O_3 的晶体属于六方紧密堆积构型，晶格能大，熔点和硬度都很高，不溶于水，也不溶于酸。由于它的硬度高达 8.8，故可以作磨料，也可以作轴承。纯刚玉是白色不透明的，当刚玉中含有不同杂质时，显示多种颜色。含有微量氧化铬的 Al_2O_3 结晶显红色，称为红宝石；含少量 Fe_2O_3 及 TiO_2 的 Al_2O_3 结晶显蓝色，称为蓝宝石。天平、钟表、电流表、电压表、激光器等制造中都应用这类宝石。它也是优良的高温耐火材料(各种高温炉中用的刚玉管)。刚玉在自然界中储量已经远远不能满足人们的需要，现在已经能够人工制造。

γ-Al_2O_3 属立方面心紧密堆积构型。Al 原子不规则地排列在由氧原子围成的八面体和四面体孔穴中，所以 γ-Al_2O_3 是一种多孔性物质，不溶于水，但溶于稀酸。因为有很大的表面积，而有优异的吸附性、表面活性和热稳定性，又称活性氧化铝，常用作吸附剂。

在铝酸盐溶液中通入 CO_2，才能得到 $Al(OH)_3$ 白色沉淀。

$$2AlO_2^- + CO_2 + 3H_2O = 2Al(OH)_3(s) + CO_3^{2-}$$

氢氧化铝是典型的两性氢氧化物，其碱性略强于酸性，但仍然属弱碱。它既能够按碱式电离，又能够按酸式电离。

$$Al(OH)_3 \rightleftharpoons Al^{3+} + 3OH^-$$

$$H_3AlO_3 \rightleftharpoons AlO_2^- + H^+ + H_2O$$

19.4.2　铝的卤化物

Al^{3+} 具有很强的极化力，因此，$AlCl_3$、$AlBr_3$ 和 AlI_3 均为共价化合物，并且是缺电子分子。蒸气密度的测定表明 $AlCl_3$、$AlBr_3$ 和 AlI_3 为双聚分子：Al_2Cl_6、Al_2Br_6 和 Al_2I_6。以 Al_2Cl_6 为例，其结构如图 19-4 所示。

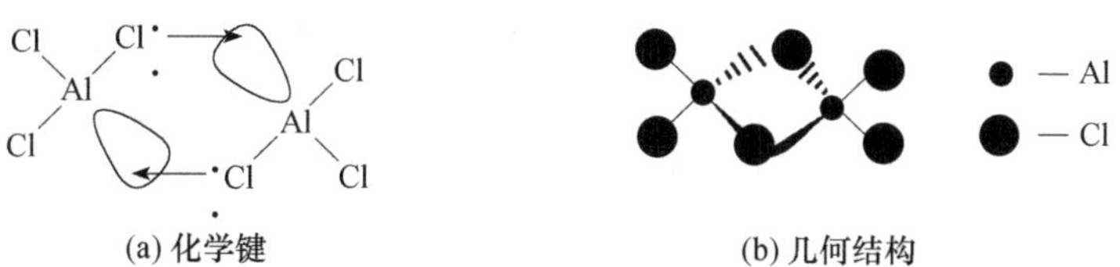

图 19-4　Al_2Cl_6 分子结构示意图

Al_2Cl_6 中 Al 是缺电子原子，存在空轨道，而 Cl 原子上有孤对电子，因此在两个分子之间产生了电子对配位关系。一个分子中的 Cl 原子上的孤对电子进入另一分子中的 Al 原子的空轨道，形成了配位键。通过这样的配位键聚合成为一个 Al_2Cl_6 分子。Al_2Cl_6 的熔点仅为 194℃，比离子晶体的 AlF_3 低得多(AlF_3 熔点是 1040℃)，从这点反映出 Al_2Cl_6 中的化学键为共价键。

$AlCl_3$ 为路易斯酸，除了能聚合为双聚分子外，还能与胺、醚、醇等路易斯碱加合。因此，无水 $AlCl_3$ 作为催化剂广泛用于石油化工和有机合成工业。

19.4.3 铝的含氧酸盐

金属铝、氧化铝、氢氧化铝同酸反应均可得铝盐，与碱反应可得铝酸盐。

铝盐溶液中 Al^{3+} 水解而使溶液显酸性

$$[Al(H_2O)_6]^{3+} + H_2O \rightleftharpoons [Al(H_2O)_5OH]^{2+} + H_3O^+$$

$[Al(H_2O)_5OH]^{2+}$ 还将逐级解离，这是因为 $Al(OH)_3$ 是难溶弱碱，所以一些弱酸的铝盐在水中几乎完全水解或大部分水解，如 Al_2S_3 及 $Al_2(CO_3)_3$ 在水中完全水解

$$2Al^{3+} + 3S^{2-} + 6H_2O = 2Al(OH)_3(s) + 3H_2S(g)$$

$$2Al^{3+} + 3CO_3^{2-} + 3H_2O = 2Al(OH)_3(s) + 3CO_2(g)$$

所以，Al_2S_3 和 $Al_2(CO_3)_3$ 不能用湿法制得。

常见固态铝酸盐有 $NaAlO_2$ 和 $KAlO_2$ 等。用干法可制得铝酸盐

$$Al_2O_3 + 2NaOH \xlongequal{熔融} 2NaAlO_2 + H_2O$$

铝酸盐水解使溶液显碱性，水解反应为

$$AlO_2^- + 2H_2O \rightleftharpoons Al(OH)_3 + OH^-$$

在铝酸盐水溶液中通入 CO_2 可以促进水解而得到氢氧化铝沉淀，工业上利用此反应从铝土矿制取纯 $Al(OH)_3$ 和 Al_2O_3。先将铝土矿与烧碱共热，将矿石中的 Al_2O_3 转变为可溶性偏铝酸钠，然后通入 CO_2，即得 $Al(OH)_3$ 沉淀，滤出沉淀经灼烧得 Al_2O_3，反应如下

$$Al_2O_3 + 2NaOH = 2NaAlO_2 + H_2O$$

$$2NaAlO_2 + CO_2 + 3H_2O = 2Al(OH)_3(s) + Na_2CO_3$$

$$2Al(OH)_3 \xlongequal{\triangle} Al_2O_3 + 3H_2O$$

硫酸铝同碱金属的硫酸盐生成复盐，如铝钾矾 $KAl(SO_4)_2 \cdot 12H_2O$，俗称明矾。这类化合物组成通式可用 $MAl(SO_4)_2 \cdot 12H_2O$ 表示，通称为矾。硫酸铝和明矾是工业上的重要铝盐，由于它们水解生成 $Al(OH)_3$ 胶状沉淀，具有很强的吸附性能，所以用于净水以吸附水中悬浮杂质。除硫酸铝和明矾作为净水剂外，近年来碱式氯化铝发展很快，因为它也是效果好、使用范围广的净水剂。

19.5 镓、铟、铊的化合物

1. 半导体

镓、铟能与ⅤA 族元素单质在高温或高温高压下直接反应，生成的ⅢA～ⅤA 化合物是新型的半导体材料。表 19-3 是一些ⅢA～ⅤA 化合物的熔点和禁带宽度 E_g。

表 19-3 卤化硼的性质

化合物	GaP	GaAs	GaSb	InP	InAs	InSb
熔点/℃	1465	1238	712	1070	942	525
$E_g/(kJ \cdot mol^{-1})$	218	138	69	130	34	17

砷化镓作为电子元件,可使电子设备的体积大为缩小,实现电子设备微型化。磷化镓是一种半导体发光材料,可发射出红光和绿光,常用作显示器发光材料。铟是晶体管中的一种重要材料,它的作用是作为一种掺杂元素加入到半导体锗中。锑化铟对红外线敏感,用它制成的红外线检波器在火箭技术、自动控制等方面极具发展前途。

2. 氧化物及其水合物

镓、铟、铊都能生成+3 价的氧化物。Ga_2O_3有多种变体。In_2O_3是黄色的、能溶于酸、不溶于水和碱的物质。在 750～800℃下煅烧后的 In_2O_3,则不溶于酸;当加热到 850℃时,In_2O_3能分解生成 In_3O_4。Tl_2O_3加热到 100℃左右开始分解为 Tl_2O 和 O_2。

$Ga(OH)_3$是两性氢氧化物,可溶于酸和碱。

$$Ga(OH)_3 \rightleftharpoons Ga^{3+} + 3OH^- \qquad K_{sp}^{\ominus} = 5 \times 10^{-37}$$

$$Ga(OH)_3 \rightleftharpoons GaO_2^- + H_3O^+ \qquad K_a^{\ominus} = 1.4 \times 10^{-15}$$

$In(OH)_3$在 170℃左右脱水生成 In_2O_3。$In(OH)_3$的两性特征不明显,它溶于酸生成铟盐,而与碱很难作用,只在浓的氢氧化钠溶液中才有少许溶解,生成铟酸钠(Na_3InO_3)。

在水溶液中 Tl(Ⅰ)比 Tl(Ⅲ)稳定

$$Tl^{3+} + 2e^- \rightleftharpoons Tl^+ \quad E^{\ominus} = 1.25V$$

黄色的 TlOH 易溶于水而显强碱性。

3. 卤化物

镓、铟能与所有卤素形成三卤化物,铊只能形成 TlF_3和 $TlCl_3$。三氟化物 MF_3是离子型化合物,其余三卤化物主要显共价性,如 GaF_3的熔点在 1000℃以上(～950℃时升华),而 $GaCl_3$的熔点为 78℃,沸点为 201℃,气态时为二聚体分子。MF_3(除 GaF_3外)都是强的路易斯酸,与路易斯碱生成加合物,如 GaX_4^-、$InCl_4^-$等。

由于 Tl(Ⅰ)是稳定氧化态,所以 Tl(Ⅰ)的卤化物都是稳定的。TlX 在水中溶解度按 TlF、TlCl、TlBr、TlI 的顺序递减。

19.6 p 区元素化合物性质的递变规律

19.6.1 p 区元素的氧化物及其水合物

1. 氧化物

除了稀有气体外,所有 p 区元素都能形成氧化物。p 区元素氧化物可分为离子型、原子型、分子型和过渡型氧化物。

表 19-4 中列出一些 p 区氧化物的熔点。金属性强的元素的氧化物如 Al_2O_3、SnO_2 等,是离子晶体,熔点较高。非金属性强的元素的氧化物大多是分子型,如 SO_2、N_2O_5、CO_2 等,固态时是分子晶体,熔点、沸点低。金属性和非金属性都不太强的元素的氧化物是过渡型氧化物,

其中低价态的氧化物偏向于离子型，熔点较高，如 PbO、TeO_2 等，高价态的氧化物由于"金属离子"与"氧离子"相互极化作用强烈而偏向于共价型分子晶体，熔点、沸点较低，如 PbO_2、TeO_3 等。硅的氧化物 SiO_2（石英）是原子晶体，熔点（1610℃）、沸点较高；与硅相邻的铝的氧化物 Al_2O_3（刚玉）偏向于离子型。

表 19-4　一些 p 区氧化物的熔点（单位：℃）

周　期	ⅢA	ⅣA	ⅤA	ⅥA	ⅦA
二	B_2O_3 450	CO_2 −57	N_2O_3 −102		OF_2 −224
三	Al_2O_3 2072	SiO_2 1610	P_2O_3　P_2O_5 24　583	SO_3　SO_2 16.8　−72.7	Cl_2O　Cl_2O_7 −20　−91.5
四	Ga_2O_3 1795	GeO_2 1115	As_2O_3　As_2O_5 312　315(d)	SeO_3　SeO_2 118　316	Br_2O −17.5
五		SnO_2　SnO 1630　1030(d)	Sb_2O_3 656	TeO_3　TeO_2 395(d)　733	I_2O_5 325(d)
六	Tl_2O_3 500(d)		Bi_2O_3 825		

注：d 表示分解

p 区氧化物中用途最广泛的是 Al_2O_3 和 SiO_2。各种氧化物广泛地应用于工业的各部门。工业上所使用的耐火材料的主要组分是一些高熔点氧化物。例如，硅砖含 SiO_2＞93％，黏土砖含 50％～60％SiO_2、30％～48％Al_2O_3，高铝砖含 Al_2O_3＞48％。这类耐火材料的缺点是强度较差。若在耐高温氧化物中加入一些耐高温金属（如 Al_2O_3＋Cr，ZrO_2＋W 等），以细粉状均匀混合，加压成形后再烧结，就能得到既有金属的强度又有陶瓷的耐高温等特性的材料，称为金属陶瓷。金属陶瓷密度较小，硬度较大，耐磨，导热性较好，不会由于骤冷骤热的影响而脆裂。高熔点氧化物的绝热性也好。很多保温材料（绝热材料）的主要组分是氧化铝、二氧化硅等氧化物。例如，硅藻土是非晶体 SiO_2，蛭石含 38％～42％SiO_2，其余为 Fe_2O_3、Al_2O_3 等。石棉的主要组分为 $CaO \cdot 3MgO \cdot 4SiO_2$。这些材料密度较小，小气孔很多，在相互交错的气孔内，空气易被吸附而处于相对的静止状态，形成了很好的绝热体。火箭、导弹和超音速飞机的外壳、燃烧室和喷气管等处的温度往往高达几千度，如以这些氧化物为原料敷在金属表面上所形成的涂层就具有很高的绝热能力，能保护金属表面不受高温腐蚀。

2. 氧化物及其水合物的酸碱性

1）概述

根据氧化物对酸、碱的反应不同，可将 p 区氧化物分为酸性、碱性、两性和不成盐的四类。不成盐氧化物又称为惰性氧化物，与水、酸或碱不发生反应，例如 CO、NO、N_2O 等。

与酸性、碱性和两性氧化物相对应，它们的水合物也有酸性、碱性和两性的。氧化物的水合物不论是酸性、碱性和两性，都可以看作氢氧化物，即可用一个通式 $R(OH)_x$ 来表示，其中 x 是元素 R 的氧化数。在写酸的化学式时，习惯上总把氢列在前面；在写碱的化学式时，则把金属列在前面而写成氢氧化物的形式。例如，硼酸写成 H_3BO_3，而不写成 $B(OH)_3$；而氢氧化铝是碱，则写成 $Al(OH)_3$。

当元素 R 的氧化数较高时，氧化物的水合物易脱去一部分水而变成含水较少的化合物。例如，硝酸不是 $N(OH)_5$ 或 H_5NO_5，而是 HNO_3，即脱去了 2 个水分子；又如，正磷酸不是 $P(OH)_5$ 或 H_5PO_5，而是脱去了 1 个水分子的 H_3PO_4。对于两性氢氧化物如氢氧化铝，则既可

写成碱的形式 $Al(OH)_3$，也可写成酸的形式

$$\underset{\text{正铝酸}}{H_3AlO_3} = \underset{\text{偏铝酸}}{HAlO_2} + H_2O$$

2）酸碱性递变规律

（1）同一周期。在同一周期中，各主族元素最高价态氧化物及其水合物，从左到右酸性增强，碱性减弱。例如，第三周期中各元素最高价态氧化物及其水合物的酸碱性递变顺序为

Al_2O_3	SiO_2	P_2O_5	SO_3	Cl_2O_7
$Al(OH)_3$	H_2SiO_3	H_3PO_4	H_2SO_4	$HClO_4$
（两性）	（酸性弱）	（酸性中强）	（酸性强）	（酸性最强）

$\xrightarrow{\hspace{10em}}$ 酸性递增，碱性递减

（2）同一主族。同一主族元素的相同价态氧化物及其水合物，从上到下酸性减弱，碱性增强。例如，在ⅤA族元素+3价态的氧化物中，N_2O_3 和 P_2O_3 呈酸性，As_2O_3 和 Sb_2O_3 呈两性，而 Bi_2O_3 则呈碱性，与这些氧化物相对应的水合物的酸碱性也是这样。

（3）同一元素。同一 p 区元素形成不同价态的氧化物及其水合物时，高价态的酸性比低价态的要强。例如

Cl_2O	Cl_2O_3	Cl_2O_5	Cl_2O_7
$HClO$	$HClO_2$	$HClO_3$	$HClO_4$
（两性）	（酸性弱）	（酸性中强）	（酸性最强）

$\xrightarrow{\hspace{10em}}$ 酸性递增

3）$R(OH)_x$ 模型

氧化物的水合物酸碱性变化规律可以粗略地用 $R(OH)_x$ 模型来说明。

$R(OH)_x$ 型化合物总起来说可以按Ⅰ、Ⅱ两种方式解离

$$R \underset{\text{I}}{+} O \underset{\text{II}}{+} H$$

如果在Ⅰ处（R—O键）断裂，化合物发生碱式解离；如果在Ⅱ处（O—H键）断裂，就发生酸式解离。我们可以简单地把 R、O、H 都看成离子，考虑正离子 R^{x+} 和 H^+ 分别与负离子 O^{2-} 之间的作用力。H^+ 半径很小，它与 O^{2-} 之间的吸引力是较强的。如果 R^{x+} 的电荷数越大，半径越小，则它与 O^{2-} 之间的吸引力越大，它与 H^+ 之间的排斥力也越大，越易发生酸式解离。对不同的 $R(OH)_x$ 而言，R^{x+} 是主要的可变因素，它的酸碱性主要取决于 R^{x+} 吸引 O^{2-}、排斥 H^+ 能力的大小。该种能力的大小与 R^{x+} 的电荷和半径有关。从表 19-5 的数据可以看出，Na^+ 或 Mg^{2+} 由于电荷数较小而半径较大，与 O^{2-} 之间的作用力相对来说不够强，还不能和 H^+ 与 O^{2-} 之间的作用力相抗衡，因而 NaOH 和 $Mg(OH)_2$ 这两个化合物都发生碱式解离。Al^{3+} 由于电荷数更大而半径更小，与 O^{2-} 之间的作用力已能和 H^+ 与 O^{2-} 之间的作用力相抗衡，因而 $Al(OH)_3$ 可按两种方式解离，是典型的两性氢氧化物。其余的 4 个氢氧化物，由于 R^{x+} 的电荷数从+4～+7依次增加而半径依次减小，使 R^{x+} 的吸引 O^{2-}、排斥 H^+ 能力逐渐增大，因而酸性依次增强。$HClO_4$ 是最强的无机酸。

表 19-5 第三周期中一些元素的离子半径

离 子	Na^+	Mg^{2+}	Al^{3+}	Si^{4+}	P^{5+}	S^{6+}	Cl^{7+}
半径/pm	102	72	53.5	40	33	30	27

又如，As^{3+}、Sb^{3+}、Bi^{3+} 的电荷数相同，而半径依次增大，R^{3+} 吸引 O^{2-}、排斥 H^+ 的能力依次减弱，因此它们的氢氧化物的酸性依次减弱，碱性依次增强。

再如，Cl^{7+}、Cl^{5+}、Cl^{3+}、Cl^+ 的电荷数依次减少而半径依次增大，R^{x+} 的吸 O^{2-}、斥 H^+ 能力

依次减弱，因此 $HClO_4$、$HClO_3$、$HClO_2$、HClO 的酸性依次减弱。

需要注意，在许多 $R(OH)_x$ 中并非真正存在 R^{x+}，R 右上角的数字也不是它所带的真正电荷，而是“形式电荷数”。

与水溶液中酸碱中和生成盐的反应类似，在一定条件下，酸性氧化物也可以与碱性氧化物反应生成盐。例如，在高温条件下，CaO 能与 SiO_2 反应生成盐

$$CaO + SiO_2 \xlongequal{\quad} CaSiO_3$$

这就是高炉炼铁过程中的“成渣”反应。

前面已指出常用的耐火材料是一些高熔点氧化物。根据它们的化学性质，通常可分为酸性、碱性和中性三类。酸性耐火材料的主要组分是 SiO_2 等酸性氧化物，如硅砖；碱性耐火材料的主要组分是 MgO、CaO 等碱性氧化物，如镁砖；中性耐火材料的主要组分是 Al_2O_3 等两性氧化物，如高铝砖。酸性耐火材料在高温下易与碱性物质发生反应而受到侵蚀。碱性耐火材料在高温下易受酸性物质的侵蚀。而中性耐火材料由于 Al_2O_3 等两性氧化物经高温灼烧后生成一种在化学上惰性的变体，既不易与酸性物质作用，又不易与碱性物质作用，因而抗酸、碱侵蚀的性能较好。

4）鲍林规则

含氧酸的酸性是它的重要性质之一。前面已用 ROH 模型，即用 R^{x+} 的电荷和半径，估计含氧酸的相对强弱。但是它没有考虑到除了 OH^- 外与 R^{x+} 相连的其他原子的影响，特别是非羟基氧原子的影响。事实表明，这种影响是不能忽视的。鲍林从大量实验事实中，对含氧酸的强度提出了两条经验规律，通常称为鲍林规则。

规则 1：多元含氧酸连续的两个电离常数的比值 $K^{\ominus}_{a_n}/K^{\ominus}_{a_{n-1}}$ 为 $10^{-4}\sim 10^{-5}$。例如，磷酸的三级电离常数分别为 $K^{\ominus}_{a_1}=7.5\times10^{-3}$，$K^{\ominus}_{a_2}=6.2\times10^{-8}$，$K^{\ominus}_{a_3}=2.2\times10^{-12}$。又如，亚硫酸的二级电离常数分别为 $K^{\ominus}_{a_1}=1.5\times10^{-2}$，$K^{\ominus}_{a_2}=1.2\times10^{-7}$。

规则 2：具有 $(OH)_mRO_n$（n 为非羟基氧原子数，即不与氢原子键合的氧原子数）形式的含氧酸，n 值越小，酸性越弱；n 值越大，酸性越强。根据 n 值把含氧酸划分为四类：

第一类　$n=0$　弱酸　$K^{\ominus}_{a_1}=10^{-11}\sim 10^{-8}$

第二类　$n=1$　中强酸　$K^{\ominus}_{a_1}=10^{-4}\sim 10^{-2}$

第三类　$n=2$　强酸　$K^{\ominus}_{a_1}=10^{-1}\sim 10^{3}$

第四类　$n=3$　极强酸　$K^{\ominus}_{a_1}>10^{8}$

绝大多数含氧酸属于第一、二类，只有少数含氧酸才属于第三、四类。表 19-6 中列出了一些常见含氧酸的强度与 n 的关系。

表 19-6　含氧酸 $XO_n(OH)_m$ 强度与 n 的关系

n	酸的强度	估计的 $K^{\ominus}_a$	实例		实测的 $K^{\ominus}_a$（或 $K^{\ominus}_{a_1}$）值
0	很弱	$10^{-11}\sim10^{-8}$	次碘酸	HIO	1×10^{-11}
			亚锑酸	H_3SbO_3	1×10^{-11}
			亚砷酸	H_3AsO_3	5.9×10^{-10}
			硅酸	H_4SiO_4	2×10^{-10}
			锗酸	H_4GeO_4	3×10^{-9}
			次溴酸	HBrO	2.6×10^{-9}
			次氯酸	HClO	2.8×10^{-8}
			碲酸	H_6TeO_6	2.0×10^{-8}

续表

n	酸的强度	估计的 $K_a^{\ominus}$	实例		实测的 $K_a^{\ominus}$（或 $K_{a_1}^{\ominus}$）值
1	中强	10^{-4}～10^{-2}	亚硝酸	HNO_2	6.0×10^{-4}
			磷酸	H_3PO_4	$6.7\times10^{-3}(K_{a_1}^{\ominus})$
			砷酸	H_3AsO_4	$5.7\times10^{-3}(K_{a_1}^{\ominus})$
			亚硒酸	H_2SeO_3	$2.7\times10^{-3}(K_{a_1}^{\ominus})$
			高碘酸	H_5IO_6	$4.4\times10^{-4}(K_{a_1}^{\ominus})$
			亚磷酸	H_3PO_3	$5.0\times10^{-2}(K_{a_1}^{\ominus})$
			亚硫酸	H_2SO_3	$1.7\times10^{-2}(K_{a_1}^{\ominus})$
			亚氯酸	$HClO_2$	1.0×10^{-2}
2	强	10^{-1}～10^{3}	溴酸	$HBrO_3$	0.1
			碘酸	HIO_3	0.16
			氯酸	$HClO_3$	～10
			硝酸	HNO_3	43.6
			硫酸	H_2SO_4	1×10^{3}
3	很强	$>10^{6}$	高锰酸	$HMnO_4$	极大
			高氯酸	$HClO_4$	～10^{10}

鲍林的含氧酸强度规则只是经验的总结，尚有不少例外。实际上，影响元素氢氧化物酸碱性的因素很多，目前尚无圆满解释。

19.6.2　p 区元素含氧酸盐的热稳定性

1. 含氧酸盐的热分解

含氧酸盐的种类很多，性质也比较复杂。本节主要讨论常见的碳酸盐、硝酸盐、硫酸盐的热稳定性。

含氧酸盐有正盐、酸式盐和碱式盐三类。正盐如 $CaCO_3$，酸式盐如 $Ca(HCO_3)_2$，碱式盐如 $Ca_2(OH)_2CO_3$。通常所说的含氧酸盐是指正盐。

含氧酸盐的热稳定性与对应的含氧酸的热稳定性有关。一般来说，含氧酸的热稳定性差，则对应的含氧酸盐的热稳定性也较差，如碳酸盐、亚硫酸盐、硝酸盐等。含氧酸较稳定，则对应的含氧酸盐也稳定，如硫酸盐、磷酸盐等。

含氧酸盐分解通常是吸热反应，加热有利于分解。例如碳酸钙的热分解

$$CaCO_3(s) = CaO(s) + CO_2(g) \qquad \Delta_r H_m^{\ominus} = 178\text{kJ}\cdot\text{mol}^{-1}$$

由反应方程式可知 $K^{\ominus}=p(CO_2)/p^{\ominus}$，若升高温度，则 $K^{\ominus}$ 值增大，即 CO_2 的压力增大。在一定温度下，碳酸盐的热分解反应达到平衡时系统中 CO_2 的分压，称为在该温度下碳酸盐的分解压力。表 19-7 中列出了碳酸钙在不同温度下的分解压力。

表 19-7　碳酸钙在不同温度时的分解压力

温度/℃	530	600	700	800	900	910	1 000
$p(CO_2)$/Pa	30	213	2 330	17 225	88 153	101 325	344 505

固态化合物加热分解并产生气体，在某温度下气体的平衡压力等于环境压力（大气的压力）时，化合物猛烈分解，由表 19-7 可见，碳酸钙的分解压随温度的升高而增大，或者说碳酸钙的热分解温度随 CO_2 的分压的增大而升高。在空气中 CO_2 含量不大，一般约为 0.03%（体

积)，即空气中 CO_2 的分压为 $p(CO_2)\approx 0.03\%\times 101.3kPa\approx 30Pa$。当温度高于 530℃时，碳酸钙分解出的 CO_2 的压力大于 30Pa，也就是大于周围空气中 CO_2 的分压，引起生成物 CO_2 的不断扩散，导致碳酸钙的不断分解。因此，530℃是碳酸钙在空气中开始分解的温度，但这时分解速率很小。当温度达 910℃，碳酸钙分解出 CO_2 的压力为 101.3kPa，等于周围空气的总压力，碳酸钙剧烈分解，好似液体沸腾，此温度称为 $CaCO_3$ 的化学沸腾温度。

碳酸盐分解温度通常有两个，一个是开始分解的温度，如 $CaCO_3$ 为 530℃，另一个是化学沸腾的温度。通常所说的分解温度是指后者。表 19-8 列出了一些碳酸盐的热分解温度。

表 19-8　一些碳酸盐的热分解温度(p=101 325Pa)

碳酸盐	Li_2CO_3	Na_2CO_3	$BeCO_3$	$MgCO_3$	$CaCO_3$	$SrCO_3$
热分解温度/℃	～1100	～1800	25	540	910	1289
阳离子半径/pm	76	102	45	72	100	118
阳离子外层电子构型	2e	8e	2e	8e	8e	8e
碳酸盐	$BaCO_3$	$FeCO_3$	$ZnCO_3$	$CdCO_3$	$PbCO_3$	$(NH_4)_2CO_3$
热分解温度/℃	1360	282	350	360	300	58
阳离子半径/pm	135	78	74	95	119	143
阳离子外层电子构型	8e	(9～17)e	18e	18e	(18+2)e	—

习惯上把 CO_2 的水溶液称为碳酸，而纯的碳酸至今尚未制得。碳酸很不稳定，室温下就易分解。酸式碳酸盐也不稳定，如 $NaHCO_3$(俗称小苏打)在水溶液中 50℃就分解，固态时 270℃分解。碳酸盐比相应的酸式碳酸盐稳定得多，如 Na_2CO_3 在 850℃熔化时仍然不发生分解。由表 19-8 可见，除活泼金属的碳酸盐外，其他碳酸盐的稳定性都差。

硫酸比碳酸稳定，硫酸盐也就比碳酸盐稳定。碱金属和碱土金属的硫酸盐在强热时只熔融而不分解，但是过渡金属的硫酸盐强热时分解成金属氧化物和 SO_3，某些金属氧化物还可进一步分解成单质。例如

$$Ag_2SO_4 \xlongequal{\triangle} Ag_2O + SO_3$$

$$Ag_2O \xlongequal{\triangle} 2Ag + \frac{1}{2}O_2$$

酸式硫酸盐不如正盐稳定，例如 $NaHSO_4$ 在 315℃就发生分解。

硝酸容易分解，所以硝酸盐的稳定性很差，即使最活泼金属的硝酸盐也易发生分解。硝酸盐热分解产物依赖于金属离子的性质，碱金属和碱土金属的硝酸盐分解时生成亚硝酸盐和氧气。例如

$$2NaNO_3 \xlongequal{\triangle} 2NaNO_2 + O_2$$

活泼性在镁和铜之间的金属硝酸盐，热分解时生成相应金属的氧化物。例如

$$2Pb(NO_3)_2 \xlongequal{\triangle} 2PbO + 4NO + 3O_2$$

比铜不活泼的金属的硝酸盐，热分解时生成相应金属单质。例如

$$2AgNO_3 \xlongequal{\triangle} 2Ag + 2NO + 2O_2$$

对亚硝酸及其盐来说，亚硝酸不能自由存在，但亚硝酸盐却相当稳定。亚硝酸盐在加热时也能分解。例如

$$4NaNO_2 \xlongequal{\triangle} 2Na_2O + 4NO + O_2$$

硝酸盐和亚硝酸盐的分解产物含有氧气，它们在高温时是强氧化剂，加热时要防止带入木炭、

油类、棉布等可燃性物质，以免引起剧烈燃烧，甚至爆炸。

2. 含氧酸盐的热稳定性规律

含氧酸及其盐的热稳定性一般有如下规律。

(1) 含氧酸不稳定，其对应的盐也不稳定。含氧酸较稳定，其盐也稳定。

(2) 同一种含氧酸，其正盐的稳定性大于酸式盐，而酸式盐的稳定性又大于该含氧酸。例如

$CaCO_3$	$Ca(HCO_3)_2$	H_2CO_3
Na_2SO_4	$NaHSO_4$	H_2SO_4

← 热稳定性增加

(3) 同一种含氧酸，其正盐的稳定性的顺序一般是：碱金属盐＞碱土金属盐＞过渡金属盐＞铵盐。例如

Na_2CO_3	$CaCO_3$	$ZnCO_3$	$(NH_4)_2CO_3$
Na_2SO_4	$CaSO_4$	$ZnSO_4$	$(NH_4)_2SO_4$

← 热稳定性增加

(4) 同一种元素的含氧酸，其高氧化态比低氧化态含氧酸稳定，它们相应的含氧酸盐的稳定顺序也是如此。例如

$HClO_4$	$HClO_3$	$HClO_2$	$HClO$
$KClO_4$	$KClO_3$	$KClO_2$	$KClO$

← 热稳定性增加

本章小结

本章介绍了硼族元素单质的种类、结构和有关特性，包括硼族元素的缺电子体特性，各单质的制备方法。介绍了硼的常见化合物的种类、结构和特性，包括硼烷的毒性和氢桥结构、氧化硼及硼酸的酸性，卤化硼的水解性和氮化硼的耐磨性等。介绍了铝的常见化合物的种类、结构和特性，包括铝的氧化物、氢氧化物的两性，常见铝盐的种类和化学性质。总结了 p 区元素的氧化物的化学键类型递变规律和含氧酸盐的热稳定性递变规律，并利用 $R(OH)_x$ 模型解释了氧化物其水合物的酸碱性递变规律。

Varieties, structures and properties of Ⅲ group elements were introduced briefly in this chapter. The isolation methods of these elements were presented too. The H-bridge structures of borane, acidities of boron oxides and boric acid, hydrolysis of boron halides were discussed. And the amphotericity of Al_2O_3 and $Al(OH)_3$, aluminum salts, bonding type patterns of oxides and thermostability regularities discussed as well.

化学史话——氧化铝的拜耳法生产

拜耳法系奥地利人拜耳(K. J. Bayer)于 1888 年发明。其原理是用苛性钠(NaOH)溶液加温溶出铝土矿中的氧化铝，得到铝酸钠溶液。溶液与俗称赤泥的残渣分离后，降低温度，加入氢氧化铝作晶种，经长时间搅拌，铝酸钠分解析出氢氧化铝，洗净，并在 950～1200℃温度下煅烧，便得氧化铝成品。析出氢氧化铝后的溶液称为母液，蒸发浓缩后可循环使用。

拜耳法的简要化学反应如下：

(1) 在加热到一定温度下，苛性碱溶液溶出铝土矿中的氧化铝

$$Al_2O_3 \cdot nH_2O + 2NaOH + (3-n)H_2O = 2NaAl(OH)_4$$

(2) 所得的铝酸钠溶液在稀释和冷却的情况下分解并析出氢氧化铝

$$NaAl(OH)_4 = Al(OH)_3 + NaOH$$

前一过程称溶出，后一过程称分解。分解后含苛性碱的母液再返回溶出新的铝土矿。

由于三水铝石、一水软铝石和一水硬铝石的晶体结构不同，它们在苛性钠溶液中的溶解性能有很大差异，所以要提供不同的溶出条件，主要是不同的溶出温度。三水铝石型铝土矿可在 125～140℃下溶出，一水

硬铝石型铝土矿则要在 240～260℃并添加石灰(3%～7%)的条件下溶出。

现代拜耳法的主要进展在于:①设备的大型化和连续操作;②生产过程的自动化;③节省能量,例如高压强化溶出和流态化焙烧;④生产砂状氧化铝以满足铝电解和烟气干式净化的需要。拜耳法的工艺流程见图 19-5。

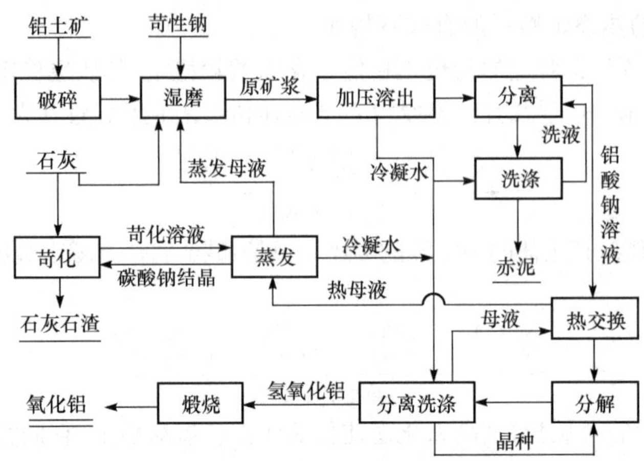

图 19-5　拜耳法工艺法程

拜耳法的优点主要是流程简单、投资省和能耗较低,每吨氧化铝的最低能耗仅 1.26×10^{7} kJ 左右,碱耗一般为 100kg 左右(以 Na_2CO_3 计)。

拜耳法生产的效益取决于铝土矿的质量,通常以矿石的铝硅比即矿石中的 Al_2O_3 与 SiO_2 含量的重量比来表示。因为在拜耳法的溶出过程中,SiO_2 转变成方钠石型的水合铝硅酸钠($Na_2O\cdot Al_2O_3\cdot 1.7SiO_2\cdot nH_2O$),随同赤泥排出。矿石中每千克 SiO_2 大约要造成 1kg Al_2O_3 和 0.8kg NaOH 的损失。铝土矿的铝硅比越低,拜耳法的经济效果越差。直到 20 世纪 70 年代后期,拜耳法所处理的铝土矿的铝硅比均大于 7～8。由于高品位三水铝石型铝土矿资源逐渐减少,如何利用其他类型的低品位铝矿资源和节能新工艺等问题,已是研究、开发的重要方向。

化学知识拓展——无机纤维

与有机纤维相比,无机纤维除了强度和模量较高外,更重要的是具有超常的耐高温性和耐氧化性。无机纤维主要有氧化铝纤维、硼纤维、碳化硅纤维、氮化硅纤维等。无机纤维的制造方法主要有化学气相沉淀法、溶胶-凝胶法、化学反应-前驱体法、晶体生长法熔融纺丝法等。

硅酸铝纤维主要由氧化铝和二氧化硅组成,有时还含有少量氧化铁、二氧化钛、氧化钙等物质。硅酸铝纤维形状和颜色同棉花相似,密度小,隔热性能好,可以制成毯、毡、纸、板等形状,主要用于高温炉的绝热材料。

氧化铝纤维中氧化铝组分的含量更高,因而有更好的耐高温性和更高的模量。氧化铝纤维主要用作增强材料(长纤维)和高温绝热材料(短纤维),可以编织成无纺布、编织带、绳索,广泛用于增强 Al、Ti、SiC 和其他氧化物陶瓷基体。另外,多微孔氧化铝纤维还可以用于催化剂载体材料。

硼纤维具有高强度、高模量和低密度等优点,可用于增强复合材料,尤其是轻质结构材料,在体育器材和飞行器方面也有重要应用。但硼纤维在高温下使用易氧化分解,失去高强度和模量,为此,可以在其表面涂覆一层 SiC。

氮化硼纤维具有高强度、高模量的特点。以氮化硼纤维为增强材料的氮化硼基复合材料可以用于绝缘、导热的电器、电子元件材料。

SiC 纤维是用于高温领域的最重要的纤维之一,不仅具有高强度、高弹性模量的特点,还具有优异耐高温性能,甚至可以在 1800℃下使用。SiC 纤维还具有良好的耐化学腐蚀性,与金属反应程度低,且具有半导体性质,作为纤维增强材料,可以用于金属、陶瓷、聚合物的复合材料。其中,碳化硅增强聚合物基复合材料可以吸收或透过雷达波,可作为雷达天线罩、火箭、导弹、飞机的隐身结构材料,在军事上有重要应用。

氮化硅(Si_3N_4)具有类似碳化硅纤维的力学性能和应用领域,耐化学腐蚀和耐高温性良好,是未来航天航空、汽车发动机耐高温部件最有希望候选的材料之一。

习 题

1. 选择一个最合适的答案。

(1) 下列物质中,熔点最高的是 ( )

(A) AlF_3 (B) $AlCl_3$ (C) $AlBr_3$ (D) AlI_3

(2) BF_3 与 NH_3 化合是因为它们之间形成 ( )

(A) 氢键 (B) 配位键 (C) 大 π 键 (D) 分子间力

(3) 下列物质中酸性最弱的是 ( )

(A) H_3PO_4 (B) $HClO_4$ (C) H_3AsO_4 (D) H_3AsO_3

(4) 下列物质中热稳定性最好的是 ( )

(A) $Mg(HCO_3)_2$ (B) $MgCO_3$ (C) $SrCO_3$ (D) $BaCO_3$

2. 写出下列各物质的化学式(或主要成分),并分别指出其重要用途。

金刚砂,渗碳体,白色石墨

3. 向 Al^{3+} 溶液中分别加入 Na_2CO_3 溶液和 $(NH_4)_2S$ 溶液,分别写出其反应式。

4. 下面的酸哪些是一元弱酸?

H_3BO_3, $HClO$, H_3PO_4, H_2SO_3

5. 完成下列方程式。

(1) $BBr_3 + H_2O \longrightarrow$

(2) $B_2H_6(g) + H_2O(l) \longrightarrow$

(3) $Na_2B_4O_7 + CuO \longrightarrow$

(4) $Al_2S_3 + H_2O \longrightarrow$

(5) $SbCl_3 + H_2O \longrightarrow$

(6) $CaC_2 + H_2O \longrightarrow$

6. 比较 $AlCl_3$ 和 $SiCl_4$ 的水解性。

7. 如何鉴别 Sn^{2+} 和 Al^{3+}? 写出反应方程式。

8. 试分离下列各组离子,写出反应方程式。

(1) Al^{3+}, Pb^{2+} (2) Mg^{2+}, Al^{3+}, Sn^{2+} (3) Al^{3+}, Cr^{3+}, Fe^{3+}

9. 硫和铝在高温下反应可得 Al_2S_3,但用 Na_2S 和铝盐作用得不到 Al_2S_3,为什么? 写出反应方程式。

10. B_2H_6 和 C_2H_6 分子中的化学键有什么不同? 它们的化学性质哪个比较活泼?

11. 硼酸 H_3BO_3 为什么是一元酸?

12. 焊接金属常用硼砂作焊药,其化学原理是什么?

13. 硫酸铝或明矾为什么可以作净水剂?

14. 已知

$$Tl^+ + e^- \rightleftharpoons Tl \quad E^\ominus = -0.34\ V$$

$$Tl^{3+} + 2e^- \rightleftharpoons Tl^+ \quad E^\ominus = 1.25V$$

计算:(1) $E^\ominus(Tl^{3+}/Tl)$;

(2) 25℃时反应的 $K^\ominus$: $Tl^{3+} + 2Tl \rightleftharpoons 3Tl^+$。

15. 硼砂[$Na_2B_4O_5(OH)_4$]的水溶液是很好的缓冲溶液,试用反应式说明其溶液为什么具有缓冲作用并计算其 pH。[$K_a^\ominus(H_3BO_3) = 5.8\times10^{-10}$]

(东北大学 王林山)

第 20 章　过渡元素(Ⅰ)

20.1　过渡元素概述

20.1.1　过渡元素的通性

过渡元素包括 d 区元素(d-block elements)和 ds 区元素(ds-block elements),即周期系ⅢB~ⅦB、Ⅷ、ⅠB~ⅡB 元素,但不包括镧系和锕系元素。其在周期表中位于 s 区元素和p 区元素之间(图 20-1),均为金属,因此也称为过渡金属。过渡元素的价电子构型为$(n-1)d^{1\sim10}ns^{1\sim2}$(Pd 除外,为 $5s^0$)。对于过渡元素的划分还存在其他观点:有人认为过渡元素只包括 d 轨道未填满电子的元素(ⅢB~ⅦB、Ⅷ族),即 d 区元素;由于 Cu^{2+} 的价层电子构型为 $3d^9$,因此 ⅠB 也可算作过渡元素;由于镧系收缩的影响,有人认为过渡元素应从ⅣB 的 Ti 开始。本书采用广义的过渡元素观念。

ⅠA	ⅡA	ⅢB	ⅣB	ⅤB	ⅥB	ⅦB	Ⅷ			ⅠB	ⅡB	ⅢA	ⅣA	ⅤA	ⅥA	ⅦA	0
1 H																	2 He
3 Li	4 Be											5 B	6 C	7 N	8 O	9 F	10 Ne
11 Na	12 Mg											13 Al	14 Si	15 P	16 S	17 Cl	18 Ar
19 K	20 Ca	21 Sc	22 Ti	23 V	24 Cr	25 Mn	26 Fe	27 Co	28 Ni	29 Cu	30 Zn	31 Ga	32 Ge	33 As	34 Se	35 Br	36 Kr
37 Rb	38 Sr	39 Y	40 Zr	41 Nb	42 Mo	43 Tc	44 Ru	45 Rh	46 Pd	47 Ag	48 Cd	49 In	50 Sn	51 Sb	52 Te	53 I	54 Xe
55 Cs	56 Ba	57 La	72 Hf	73 Ta	74 W	75 Re	76 Os	77 Ir	78 Pt	79 Au	80 Hg	81 Tl	82 Pb	83 Bi	84 Po	85 At	86 Rn
87 Fr	88 Ra	89 Ac	104 Rf	105 Db	106 Sg	107 Bh	108 Hs	109 Mt	110 Ds	111 Rg	112 Uub	113 Uut	114 Uuq	115 Uup	116 Uuh	117 Uus	118 Uuo

图 20-1　过渡元素(深色)在元素周期表中的位置

同周期过渡元素金属性递变不明显,通常按不同周期将其分为四个过渡系:第一过渡系,第四周期元素从钪(Sc)到锌(Zn);第二过渡系,第五周期元素从钇(Y)到镉(Cd);第三过渡系,第六周期元素从镧(La)到汞(Hg);第四过渡系,第七周期元素从锕(Ac)到 Uub,目前人们对该过渡系元素的认识还很肤浅。根据 d 电子的填充情况,将ⅢB~ⅦB 元素称为前过渡元素,而Ⅷ、ⅠB、ⅡB 元素称为后过渡元素。

第六周期中从镧(La)到镥(Lu)的 15 种元素,新增加的电子填充在 f 轨道上,称为镧系元素(Ln)。第七周期中从锕(Ac)到铹(Lr)的 15 种元素,称为锕系元素(An),它们都是放射性元素。另外,ⅢB 族元素钪(Sc)、钇(Y)与其他过渡元素在性质上有很大的区别,它们与镧系元素的性质相似,并且在自然界多与镧系元素共生,通常把它们与镧系元素归在一起共 17 种元素,统称为稀土元素(RE)。

由于过渡元素各原子的外层电子排布为$(n-1)d^{1\sim10}ns^{1\sim2}$,在同一周期中,随着原子序数的增加,这些元素原子的次外层 d 电子从 1 个逐渐增加到 8 个,并且最外层只有 1 个或 2 个电子(Pd 除外),属于不稳定的电子层结构。因此,这些电子层结构容易发生变化,过渡元素的一系列性质几乎都与这种特殊的结构有着密切的联系。在同一周期中从左到右逐渐填充 d 电子，最外层电子数几乎不变。因此，过渡元素有许多不同于 s 区和 p 区元素的性质，如价态多、颜色多变、配合物丰富等。过渡元素的一般性质列于表 20-1 中。

表 20-1　过渡元素的一般性质

第一过渡系元素										
元　素	Sc	Ti	V	Cr	Mn	Fe	Co	Ni	Cu	Zn
原子序数	21	22	23	24	25	26	27	28	29	30
电子组态	$3d^1 4s^2$	$3d^2 4s^2$	$3d^3 4s^2$	$3d^5 4s^1$	$3d^5 4s^2$	$3d^6 4s^2$	$3d^7 4s^2$	$3d^8 4s^2$	$3d^{10} 4s^1$	$3d^{10} 4s^2$
电负性(鲍林)	1.36	1.54	1.63	1.66	1.55	1.83	1.88	1.91	1.90	1.65
原子半径/pm	164	147	135	129	127	126	125	125	128	137
离子半径 M^{2+}/pm	—	90	88	84	80	76	74	69	72	74
第一电离能/($kJ \cdot mol^{-1}$)	639.5	664.6	656.5	659.0	723.8	756.7	764.9	742.5	751.7	912.6
熔点/℃	1539	1675	1890	1980	1204	1535	1495	1453	1083	419
沸点/℃	2727	3260	3380	2482	2077	3000	2900	2732	2595	907
第二过渡系元素										
元　素	Y	Zr	Nb	Mo	Tc	Ru	Rh	Pd	Ag	Cd
原子序数	39	40	41	42	43	44	45	46	47	48
电了组态	$4d^1 5s^2$	$4d^2 5s^2$	$4d^4 5s^1$	$4d^5 4s^1$	$4d^5 4s^2$	$4d^7 5s^1$	$4d^8 45s^1$	$4d^{10} 5s^0$	$4d^{10} 5s^1$	$4d^{10} 5s^2$
电负性(鲍林)	1.22	1.33	1.60	2.16	1.90	2.2	2.28	2.20	1.93	1.69
原子半径/pm	181	160	143	136	136	133	135	138	144	149
第一电离能/($kJ \cdot mol^{-1}$)	606.4	642.6	642.3	691.2	708.2	707.6	733.7	810.5	737.2	874.0
熔点/℃	1522	1852	2468	2622	2157	2334	1963	1555	962	321
沸点/℃	3345	3577	4860	4825	4265	4150	3727	3167	2164	765
第三过渡系元素										
元　素	Lu	Hf	Ta	W	Re	Os	Ir	Pt	Au	Hg
原子序数	71	72	73	74	75	76	77	78	79	80
电子组态	$5d^1 6s^2$	$5d^2 6s^2$	$5d^3 6s^2$	$5d^4 6s^2$	$5d^5 6s^2$	$5d^6 6s^2$	$5d^7 6s^2$	$5d^9 6s^1$	$5d^{10} 6s^1$	$5d^{10} 6s^2$
电负性(鲍林)	1.10	1.30	1.50	2.36	1.90	2.20	2.20	2.28	2.40	2.00
原子半径/pm	173	159	143	137	137	134	136	136	144	160
第一电离能/($kJ \cdot mol^{-1}$)	529.7	660.7	720.3	739.3	754.7	804.9	874.7	936.8	896.3	1013.3
熔点/℃	1663	2227	2996	3387	3180	3045	2447	1769	1064	−39
沸点/℃	3402	4450	5429	5900	5678	5225	4527	3827	2856	357

20.1.2　过渡元素的结构特性

与主族元素不同，在同一周期中，过渡元素的原子半径从左至右缓慢地递减，到铜分族附近，d 轨道全充满，电子之间的相互排斥作用增强，原子半径才有所增加(图 20-2)。这是因为在同周期的主族元素中，从左至右电子依次填入其外层的 s 或 p 轨道，它们相互屏蔽作用很小,结果随着原子序数增加,作用于外层电子的有效核电荷持续增大,引起原子半径逐渐缩小。但过渡元素从左至右电子是依次填入$(n-1)$d轨道,d电子对外层s电子的屏蔽作用较小,随着有效核电荷增大,对外层电子的吸引力增大,所以原子半径缩小不如主族元素那样显著。

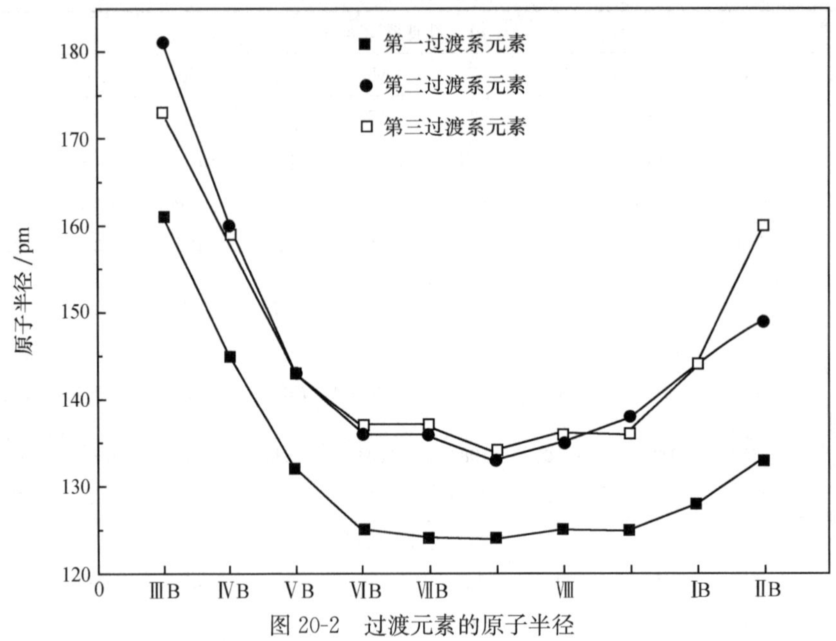

图 20-2 过渡元素的原子半径

与同周期主族元素原子半径从左到右明显地减小有所不同,到铜族后,由于达到18电子层结构,对核的屏蔽作用较d轨道未填满时大,使核对外层电子引力减小,所以原子半径又略有增大。同族元素从上到下,原子半径增大,但也不如主族元素那样显著,特别是Zr与Hf,Nb与Ta,Mo与W,它们的原子半径很接近,这主要是由于“镧系收缩”的结果。

过渡元素单质外观多呈银白色或灰白色,有光泽。几乎都具有金属特有的晶格,即六方密堆晶格、面心立方密堆晶格或体心立方晶格。它们的最外层电子一般不超过2个,易失去,都是金属;除钪和钛属轻金属以外,其余均属于重金属,其中以重铂组元素最重,锇、铱、铂的密度依次为22.61g·cm^{-3}、22.56g·cm^{-3}、21.45g·cm^{-3}。多数过渡金属(ⅡB族元素除外)的熔点、沸点高,硬度大。熔点、沸点最高的是钨(熔点3387℃,沸点5900℃),硬度最大的是铬(仅次于金刚石)。究其原因,一般认为是过渡元素的原子半径较小而彼此堆积很紧密,同时金属原子间除了主要以金属键结合外,还可能有部分共价性,这与金属原子中未成对的$(n-1)$d电子也参与成键有关。

此外,过渡金属有较好的延展性和机械加工性能。彼此之间以及与非过渡金属可以组成具有多种特殊性能的合金,都是电和热的较良好导体,如金属铜是重要的导电材料之一。由于许多过渡元素的原子或离子具有未成对的d电子,它们的单质及化合物呈现顺磁性,其中铁、钴、镍还能强烈地被磁化而表现出铁磁性。

20.1.3 过渡元素单质的化学性质

金属在水溶液中的活泼性可根据标准电极电势来判断。表20-2为第一过渡系元素在酸性溶液中的标准电极电势。由表20-2可见,它们的标准电极电势从左至右逐渐增大(Zn例外),金属性逐渐减弱。除铜以外,$E^{\ominus}(M^{2+}/M)$均为负值,其金属单质可从非氧化性酸中置换出氢。另外,同一周期元素从左向右过渡,总的变化趋势是 $E^{\ominus}(M^{2+}/M)$ 值逐渐变大,即其活泼性逐渐减弱。另外,金属的表面性质,如一些金属的表面易形成致密的氧化膜,也影响其化学活性。

表 20-2　第一过渡系元素的标准电极电势

	Sc	Ti	V	Cr	Mn	Fe	Co	Ni	Cu	Zn
$E^{\ominus}(M^{2+}/M)/V$	—	−1.75	−1.18	−0.91	−1.05	−0.441	−0.277	−0.250	0.345	−0.762
$E^{\ominus}(M^{3+}/M)/V$	−2.08	−1.121	−0.88	−0.71	−0.28	−0.036	0.42	—	—	—

与第一过渡系元素相比,第二、三过渡系元素的金属单质非常稳定,一般不和强酸反应,但和浓碱或熔碱可以发生反应。即同族元素自上而下,金属活泼性逐渐减弱。如镍能从稀酸中置换出氢,而钯、铂则不能。对这种变化规律的解释可以从原子半径和核电荷来考虑。同族元素自上而下,原子半径增加不大,而核电荷却增加很多,核对最外层电子的吸引力增强。特别是第三过渡系元素,由于镧系收缩的影响,它们与第二过渡系相比,半径增大很小。

过渡元素由于具有两层未饱和的价电子层结构。除最外层 s 电子可以成键外,次外层 d 电子也可以部分或全部参与成键,这是过渡元素具有可变氧化态的根本原因。例如,Mn 的价电子构型为 $3d^5 4s^2$,其氧化态有 0,1,2,3,4,5,6,7 等。除Ⅷ族的铁系、铂系元素外,d 区元素的最高氧化态与它们所处的族号相同。例如,Ⅳ族的 Ti、Zr 和 Hf 都以+4 氧化态为特征。过渡元素的氧化态变化如图 20-3 所示。

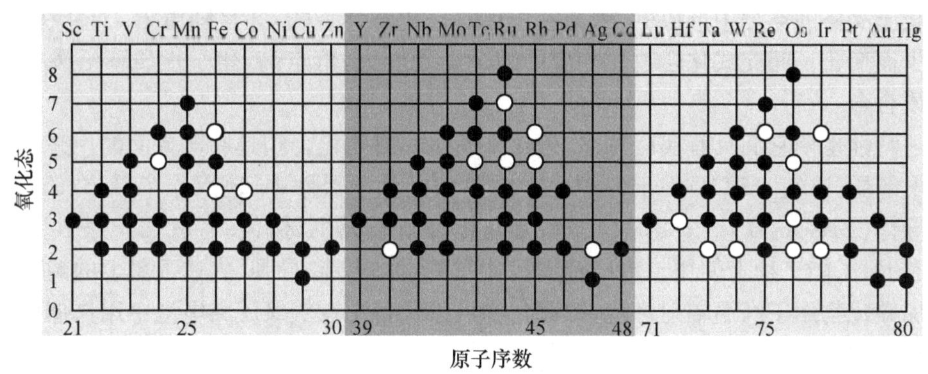

图 20-3　过渡元素的氧化态变化(实心为常见氧化态)

从图 20-3 中可以发现过渡元素的氧化态变化具有一定的规律性。其一,在同一周期中从左至右,氧化态首先逐渐升高,但高氧化态又逐渐不稳定,随后氧化态又逐渐变低,到Ⅷ族又是低氧化态稳定。因为当 d 电子超过 5 个时全部参与成键的可能性减少;因此过渡元素氧化态呈现三角形的形状。其二,与主族元素不同,在同一族中自上而下高价氧化态趋于稳定。这是因为 d 区元素中随着周期数的增大,$(n-1)$d 和 ns 能量越来越接近,且 $(n-1)$d 更易全部参与成键。

过渡元素可以形成高、中、低三种氧化态的氧化物。一般地,过渡元素的高氧化态化合物比其低氧化态的化合物的氧化性强。高氧化态的化合物常见于其含氧化合物(氧化物或含氧酸盐)或氟化物中,如 Mn_2O_7、CrO_4^{2-}、RuF_6 等。另外,如果中心原子与配体之间形成了多重键,并且键与键的方向一致时,中心原子经常呈现高氧化态。

中等氧化态经常是指氧化值为+2、+3 的化合物,它们的氧化性较弱(Co^{3+}、Ni^{3+}、Mn^{3+}

除外)，它们多为简单的水合离子，其化合物常为离子型化合物或由这些简单离子形成的配合物。从成键方式来看，中心离子与配体之间形成单键时，中心原子一般呈现中等氧化态。

过渡元素还能形成氧化值为+1、0、−1、−2、−3的低氧化态化合物。当CO、CN^-、NO^+以及某些含P、As、S、Se的配体与这些过渡元素原子配位时，常以低氧化态的形式出现，如$Mn(CO)_5$、$Ni(CO)_4$等。

20.1.4 非化学计量化合物

过渡金属可以与原子体积小的非金属元素，如H形成非化学计量的化合物。所谓非化学计量的化合物即没有明确结构和确定整数比例的化合物。过渡元素的另一个特点是容易形成非整比(或称非化学计量)化合物。非整比化合物的化学组成不定，可以在一个较小的范围内变动，而又保持基本结构不变。例如，室温下用以吸收氢所制得的氢化钯中，氢的最大含量可达$PdH_{0.8}$，这种表示方法仅代表氢化物中两种原子数目的比值，即氢化钯中钯与氢的原子数之比为100∶80。此外还有$LaH_{2.76}$、$CeH_{2.69}$、$LaNiH_{5.7}$、$TaH_{0.76}$等。

一般认为，这类金属型氢化物是氢原子进入金属晶体的空隙中而形成的，也有人认为氢与金属形成固溶体，氢原子在金属中占据与金属原子相似的位置。过渡金属这一特性，已经被广泛应用于储氢材料中。

另外，过渡元素的另一个特点是能与半径较小的非金属元素形成间充型化合物。例如，B、C、N等与Ti、W等形成TiB_2、TiC、TiN和W_2C等化合物。这些化合物充是由B、C、N原子填充到金属晶格的空隙中形成的，因此它们也是非化学计量的，并且随着B、C、N在金属中溶解的多少而变化。间充式化合物比相应的纯金属硬度大，熔点高，化学性质不活泼，是一类重要的硬质合金。

上述特性也使它们具有实际用途，近年来发现非整比化合物具有多方面的用途。例如，作为固体电解质(ZrO_2、HfO_2)用于各类化学电源和电化学器件中，还用作半导体(ZnO、Cu_2O)以及超导体($YBaCu_3O_{7-x}$，$x\leqslant 0.1$)材料等。作为新型无机材料在各种强化条件下，如超高温、高压的原子能工程上使用。有些金属硼化物可用作火箭、导弹、人造卫星上的耐高温材料。过渡金属碳化物用于高温辐射环境，镍硼化物可以代替铂在氢氧燃料电池中用作催化剂，成本大大降低。因此这类无机材料的研究正日益受到重视。

20.1.5 过渡元素的配合物和性质

由于过渡元素的离子(原子)具有能级相近的外电子轨道$(n-1)$d、ns和np，其中ns和np轨道是空的，$(n-1)$d轨道是部分空的，这种构型为接受配体的孤对电子形成配位键创造了条件。同时由于过渡元素的离子半径较小，最外层电子一般为未填满的d^n结构，这种$(n-1)$d轨道上的电子对核的屏蔽作用较小，因而有较大的有效电荷，对配位体有较强的吸引力，并对配体有较强的极化作用，所以，过渡元素与主族元素相比，它们有很强的形成配合物的倾向。简单离子形成配合物后其物理化学性质，如氧化还原性、溶解性、磁性、颜色等发生变化。

过渡元素的水合离子或者与配体形成的配离子一般都呈现颜色。产生颜色的原因很复杂，目前主要用d-d跃迁光谱和电荷转移光谱来解释。因为过渡元素的离子中具有未成对的d电子，这些成单的d电子吸收可见光中某些波长的光，发生d-d跃迁，未吸收的光透过或者散射出来，人的肉眼看到的就是这部分透过或散射的光，即该化合物所呈现的颜色。第一过渡系元素的水合离子颜色如表20-3所示。从表20-3中可看到大致的规律，说明水合离子的颜色与 d 轨道上未成对的电子数目有关。

表 20-3　第一过渡系元素水合离子的颜色

电子构型	水合离子	未成对电子数	水合离子颜色
$3d^0$	$[Sc(H_2O)_6]^{3+}$	0	无色
$3d^1$	$[Ti(H_2O)_6]^{3+}$	1	紫色
$3d^2$	$[V(H_2O)_6]^{3+}$	2	绿色
$3d^3$	$[Cr(H_2O)_6]^{3+}$	3	蓝色
$3d^4$	$[Mn(H_2O)_6]^{3+}$	4	紫色
$3d^5$	$[Mn(H_2O)_6]^{2+}$	5	粉红色
$3d^5$	$[Fe(H_2O)_6]^{3+}$	5	浅紫色
$3d^6$	$[Fe(H_2O)_6]^{2+}$	4	绿色
$3d^6$	$[Co(H_2O)_6]^{3+}$	4	蓝色
$3d^7$	$[Co(H_2O)_6]^{2+}$	3	粉红色
$3d^8$	$[Ni(H_2O)_6]^{2+}$	2	绿色
$3d^9$	$[Cu(H_2O)_6]^{2+}$	1	蓝色
$3d^{10}$	$[Zn(H_2O)_6]^{2+}$	0	无色

由表 20-3 可以看出，d^0 和 d^{10} 构型的中心离子形成的配合物，在可见光照射下不发生 d-d 跃迁，如$[Sc(H_2O)_6]^{3+}$(d^0)、$[Zn(H_2O)_6]^{2+}$(d^{10})均为无色。

同一中心离子与不同配体形成配合物时，由于晶体场分裂能不同，则 d-d 跃迁时所需能量也不同，即吸收光的波长不同，因此显不同的颜色。

对于某些含氧酸根离子如 MnO_4^-(紫色)、CrO_4^{2-}(黄色)、VO_4^{3-}(淡黄色)，它们中的金属元素均处于最高氧化态，其形式电荷分别为 Mn^{7+}、Cr^{6+}、V^{5+}，均为 d^0 电子构型，理论上应无色，之所以呈颜色是由电荷迁移引起的。例如，MnO_4^- 的紫色是由于 $O^{2-} \longrightarrow Mn^{7+}$ 电子跃迁(p-d 跃迁)的吸收峰在可见光区 18 500cm^{-1}处。

磁与电有紧密联系，物质的磁性来源于物质内部电子和核的运动。过渡金属及其化合物的磁性主要是由成单 d 电子的自旋运动决定的，成单 d 电子的自旋运动使其具有顺磁性。不具有成单电子的物质是反磁性的。多数过渡元素都有未充满的 d 电子层，它们的原子或离子有未成对的电子，所以具有顺磁性；未成对的 d 电子越多，磁矩 μ 也越大。磁矩可以通过实验来测得，进而计算出未成对电子数。知道未成对电子数以后，就可以估计原子用于成键的电子的数目。

铁系金属和它们的合金中可以观察到铁磁性，铁磁性物质与顺磁性物质一样，其内部均有未成对电子，都能被磁场吸引。铁磁性物质与磁场间的相互作用比顺磁性物质的要大几千到几百万倍。在外磁场移走后，铁磁性物质仍保持强的磁性，而顺磁性物质则不具有磁性。

研究过渡金属配合物的磁性，不仅有助于了解中心离子的电子结构，区分高自旋和低自旋的配合物，还可以预测化合物的几何构型。例如，由于分析的错误，曾长期将 OsF_6 误认为是 OsF_8。如果是 OsF_8，它应该是反磁性的(Os 的价电子结构是 $5d^6 6s^2$)，但磁矩的测定证明，该物质是顺磁性的并有两个未成对电子。所以，该物质应是 OsF_6 而不是 OsF_8。此外，通过磁性测定，还有助于确定某些特殊类型的化学键，如金属-金属多重键。

20.2　钛副族元素

20.2.1　钛副族元素的通性

1. 氧化态

ⅣB族元素包括钛 Ti(titanium)、锆 Zr(zirconium)、铪 Hf(hafnium)，属于稀有元素，价电子构型为$(n-1)d^2ns^2$，最稳定的氧化态是+4，其次是+3，而+2氧化态很少见。在特定条件下，钛还可呈现0和−1的低氧化态。锆、铪生成低氧化态的趋势比钛小。ⅣB族元素的元素电势图如图20-4所示。

$$E_A^\ominus/V \quad TiO_2 \xrightarrow{0.1} Ti^{3+} \xrightarrow{-0.37} Ti^{2+} \xrightarrow{-1.63} Ti \qquad ZrO_2 \xrightarrow{-1.55} Zr \quad HfO_2 \xrightarrow{-1.57} Hf$$

$$E_B^\ominus/V \quad TiO_2 \xrightarrow{-1.38} Ti_2O_3 \xrightarrow{-1.95} TiO \xrightarrow{-2.13} Ti$$

图20-4　钛副族元素电势图

2. 存在和提取

金属钛是德国科学家 M. H. Klaproth 于1795年命名的，但直到1910年 M. A. Hunter 才第一次得到单质钛。钛长期被认为是一种稀有金属，因为其分散成矿且冶炼困难。实际上，钛在地壳中的丰度为0.62%(质量 Clarke 值)，0.16%(原子 Clarke 值)，在元素相对丰度中居第10位，远高于常见的锌、铅、锡、铜。地壳中含钛矿物有140余种，现在具有开采价值的仅10余种。主要矿物有金红石(TiO_2)、钛铁矿($FeTiO_3$)、钙钛矿($CaTiO_3$)、钛磁铁矿[Fe_3O_4(Ti)]、榍石($CaTiSiO_5$)和钒钛铁矿等。我国的钛矿分布于10多个省区，如海南岛等地的金红石矿、四川攀枝花和西昌地区的钒钛磁铁共生矿。攀枝花地区的钛储量占全国92%、世界45%。

熔融钛能和碳形成大分子 TiC，又能和作耐火材料的硅酸盐化合成碳化物、硅化物，所以其单质冶炼困难。钛的提炼方法主要有：

(1) 从钛铁矿中提取二氧化钛——硫酸法。基本反应为

$$FeTiO_3 + 2H_2SO_4 \longrightarrow TiOSO_4 + FeSO_4 + 2H_2O$$
$$TiOSO_4 + 2H_2O \longrightarrow H_2TiO_3\downarrow + H_2SO_4$$
$$H_2TiO_3 \xrightarrow{\triangle} TiO_2 + H_2O$$

将钛铁矿和93% H_2SO_4 以一定比例加入酸解器中，通入蒸气加热至353K，使钛铁矿粉分解成多孔状固相产物。产物用酸性水浸取，加入铁屑将 Fe^{3+} 还原为 Fe^{2+}，经过沉降去除杂质，冷却结晶分离副产物硫酸亚铁，加入晶种使硫酸氧钛水解成白色偏钛酸。经过水洗达标后在1023～1223K煅烧，即得二氧化钛。此方法也可用于制备白色涂料钛白。副产物硫酸亚铁有多种利用途径，如以硫酸亚铁为原料生产聚合硫酸铁高分子絮凝剂，用于生产氧化铁红，制造铁肥、改良盐碱地等。废酸经处理可综合利用，如用石灰或石灰乳中和达标排放，副产物石膏等回收利用。

(2) 通过氧化物制备金属钛——氯化法。将金红石或富钛料粉碎、干燥后与焦炭粉混合，

装入氯化炉中，通入氯气发生氯化反应制得 $TiCl_4$。用精馏和化学处理的综合方法除去原料中带入的杂质(铁、锰、硅、锆等)，可制得精 $TiCl_4$，可以用于制备颜料二氧化钛。

为什么不采用直接氯化的方法制备 $TiCl_4$ 呢？因为钛的氧化物比氯化物稳定得多。具体反应和相关热力学数据如下：

$$TiO_2(s) + 2Cl_2(g) \longrightarrow TiCl_4(l) + O_2(g) \tag{20-1}$$

$\Delta_r H_m^{\ominus} = 141kJ \cdot mol^{-1}$ $\Delta_r S_m^{\ominus} = -39.2J \cdot mol^{-1} \cdot K^{-1}$ $\Delta_r G_m^{\ominus} = 153kJ \cdot mol^{-1}$

$$TiO_2(s) + C(s) + 2Cl_2(g) \longrightarrow TiCl_4(l) + CO_2(g) \tag{20-2}$$

$\Delta_r H_m^{\ominus} = -253kJ \cdot mol^{-1}$ $\Delta_r S_m^{\ominus} = -36.2J \cdot mol^{-1} \cdot K^{-1}$ $\Delta_r G_m^{\ominus} = -242kJ \cdot mol^{-1}$

$$TiO_2(s) + 2C(s) + 2Cl_2(g) \longrightarrow TiCl_4(l) + 2CO(g) \tag{20-3}$$

$\Delta_r H_m^{\ominus} = -80.1kJ \cdot mol^{-1}$ $\Delta_r S_m^{\ominus} = 139J \cdot mol^{-1} \cdot K^{-1}$ $\Delta_r G_m^{\ominus} = -121kJ \cdot mol^{-1}$

反应式(20-1)在标准状态下的任何温度都不能自发进行。偶合反应式(20-2)从焓变角度、式(20-3)从焓变和熵变的角度共同促进了反应的顺利进行。考虑到反应速率，工业上实际控制的反应温度在 1173～1273K，此时以反应式(20-3)为主。

得到的 $TiCl_4$ 在氩气气氛中以镁或钠还原得到金属钛。

$$TiCl_4(g) + 2Mg(s) = Ti(s) + 2MgCl_2(s) \tag{20-4}$$

$\Delta_r H_m^{\ominus} = -520kJ \cdot mol^{-1}$ $\Delta_r S_m^{\ominus} = -208J \cdot mol^{-1} \cdot K^{-1}$

$$T_{转} = 2.5 \times 10^3 K$$

此反应可以自发进行，为了使反应速率加快，反应温度控制在 800～900℃。产物中的 $MgCl_2$ 和过量 Mg 用稀 HCl 溶解或在 1000℃下挥发除去，得到的金属呈海绵状，称为海绵钛。在惰性气氛下采用电弧法熔融、铸锭，得钛锭。

(3) 熔盐电解。以熔融 $CaCl_2$ 为溶剂，在惰性气氛中直接电解 TiO_2 即可获得金属钛。此方法的发现有望大大降低钛的生产成本。

(4) TiI_4 热分解法。为制备纯金属钛，可以将 TiI_4 在热金属丝(钽丝或钨丝)上加热分解。

$$TiI_4 \xrightarrow{Ta或W} Ti + 2I_2\uparrow$$

锆和铪在地壳中的丰度分别为 $1.9\times10^{-2}\%$和 $3.3\times10^{-4}\%$。锆常以锆英石($ZrSiO_4$)、斜锆石(ZrO_2)等形式存在于自然界中。铪由于受到镧系收缩的影响，性质与锆相似，常与锆矿共存，导致分离困难。目前主要采用离子交换法或溶剂萃取法。

3. 单质的物理和化学性质

钛副族单质均为银白色有光泽的高熔点金属，熔点和密度依周期数增加而升高。钛、锆、铪的密度($g \cdot cm^{-3}$)依次为 4.5、6.5、13.3。

钛的主要特点是密度小、强度大、耐腐蚀性强。密度只相当于钢的 57%，而强度和硬度与钢接近而强于铝。因此钛兼有钢和铝的优点，有“第三金属”之称。

钛是活泼金属，但常温或低温下不活泼，不和氧气、卤素反应，也不和酸、碱、水作用，原因是其表面存在一层致密的氧化膜。但钛可以缓慢地溶解在热浓 HCl 和热浓 H_2SO_4 中，生成 Ti^{3+}。钛溶于热 HNO_3 中生成水合氧化物 $TiO_2 \cdot nH_2O$。氢氟酸可破坏其表面氧化膜而轻易地溶解钛。

$$Ti + 6HF = [TiF_6]^{2-} + 2H^+ + 2H_2\uparrow$$

当温度高于 600℃时，钛可和大部分非金属元素直接化合生成氧化物 TiO_2、氯化物

$TiCl_4$、间充型氮化物 TiN 和间充型碳化物 TiC 等。金属钛能在空气中燃烧，也能在氮气中燃烧。粉末状金属钛可吸附氢气，吸附量取决于温度和压力，并生成间充型氢化物，极限组成为 TiH_2。

钛的用途广泛，是航空、航天、舰船、兵器工业和电力等部门不可缺少的重要材料，在石油、化工、印染、造纸、电镀、湿法冶金、机械仪表等部门用于制造防腐设备和部件。液体钛几乎能溶解所有的金属，可以形成多种合金。钛钢坚韧而有弹性；钛镍合金有较强的形状记忆应变性、较好的恢复能力和较高的记忆寿命，被公认为最佳形状记忆合金，可以用于管件衔接头、动力装置、医学矫形、宇航天线等；铌钛合金在温度低于临界温度 4K 时呈现零电阻的超导性，是目前制造高场超导磁体的主要材料。金属钛无磁无毒，医疗上用于制造人造骨骼，有“生命金属”之称。

20.2.2 钛的化合物

氧化数为+4 的 Ti 与 Si、Ge、Sn 和 Pb 有许多相似之处，特别是 Sn，如离子半径（Sn^{4+}：71pm；Ti^{4+}：68pm）和八面体共价半径[Sn(Ⅳ)：145pm；Ti(Ⅳ)：136pm]。因此，TiO_2（金红石）与 SnO_2（锡石）晶形相同，并且加热时都由白色变为黄色。$TiCl_4$ 与 $SnCl_4$ 一样为易水解、可蒸馏的液体，都作为路易斯酸与电子对给予体形成加合物，还能形成相似的卤代阴离子如 TiF_6^{2-}、GeF_6^{2-}、$TiCl_6^{2-}$、$SnCl_6^{2-}$ 和 $PbCl_6^{2-}$ 等。

1. 氧化态为+4 的化合物

1）二氧化钛

自然界中二氧化钛有三种晶形：金红石、锐钛矿、板钛矿型，其中最重要的是金红石型。天然产金红石为桃色或桃红色晶体（图 20-5），有时因含有微量的 Fe、Nb、Ta、Sn、Cr、V 等杂质而呈黑色。

图 20-5 金红石矿石

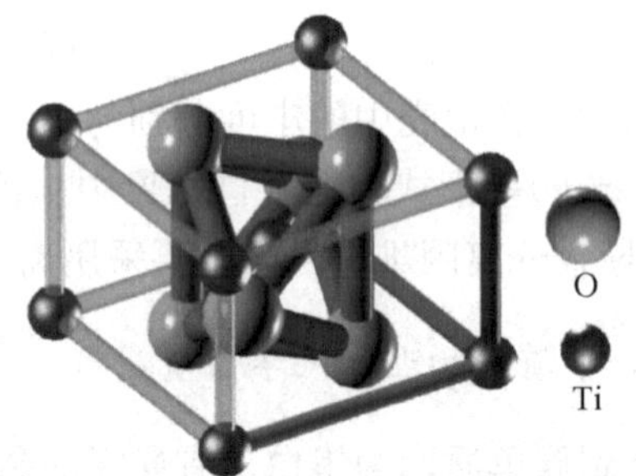

图 20-6 金红石的晶胞结构

金红石是典型的 MX_2 型晶体结构，其晶胞结构如图 20-6 所示，为简单四方晶系（$a=b\neq c$，$\alpha=\beta=\gamma=90°$）。氧原子呈畸变的六方密堆积，钛原子占据一半的八面体空隙，配位数为 6，O 的配位数为 3。阳离子和阴离子半径比为 $r_+/r_-=0.68/1.40=0.486$，阴离子 O^{2-} 之间互不接触。

TiO_2 不溶于水和稀酸，属两性氧化物，可以缓慢地溶解于 HF、强酸和强碱中。

$$TiO_2 + 6HF \xlongequal{} H_2TiF_6 + 2H_2O$$

$$TiO_2 + H_2SO_4 \xlongequal{} TiOSO_4\text{（硫酸氧钛）} + H_2O$$

$$TiO_2 + 2KOH \xlongequal{} K_2TiO_3(\text{偏钛酸钾}) + H_2O$$

从硫酸溶液中析出的是白色的 $TiOSO_4 \cdot H_2O$ 而不是 $Ti(SO_4)_2$。水溶液中实际上不存在 Ti^{4+} 水合离子。一般认为，Ti^{4+} 电荷高达 4，极易与水作用发生强烈的水解，以羟基水合离子的形式存在，如$[Ti(OH)_2(H_2O)_4]^{2+}$、$[Ti(OH)_4(H_2O)_2]$，可简写为 TiO^{2+}，称为钛氧离子或钛氧基(titanyl)，但钛氧基是否真的存在于溶液或固体中，目前并无定论。

纯净的 TiO_2 俗称钛白或钛白粉，室温下呈白色，加热时显浅黄色。钛白是钛工业中产量最大并与国民经济密切相关的精细化工产品，世界钛矿的 90%以上用于生成钛白。一个国家的钛白消费量已被认为是其消费水平高低的标志之一。钛白是迄今公认最好的白色涂料。它既有铅白$[2PbCO_3 \cdot Pb(OH)_2]$的遮盖性，又有锌白(ZnO)的耐久性、着色力强、无毒等优点，特别是在耐化学腐蚀性、热稳定性、抗紫外线粉化及折射率高等方面显示出良好的性能，广泛用于涂料、印刷、油墨、造纸、塑料、橡胶、化纤、搪瓷、电焊条、冶金、电子陶瓷、日用化工等领域。由于钛白的高折射率，可用作合成纤维的增白消光剂。

二氧化钛还可作为光催化剂或新型太阳能电池的主要材料。二氧化钛受到太阳光和荧光灯的紫外线照射后，电子激发产生带负电的电子和带正电的空穴，若被捕获则可作为太阳能电池；若产生的电子被空气或水中的氧获得，使之还原生成双氧水，而空穴可以与表面吸附的水或 OH^- 反应形成具有强氧化能力的羟基，从而能够分解、清除附着在二氧化钛表面的各种有机物。特别是锐钛矿型纳米级二氧化钛，由于纳米材料的量子尺寸效应，使能隙变宽，具有更强的氧化还原能力。纳米材料的表面效应使得表面活性物种(羟基、超氧根、双氧水等)浓度增加，光催化活性提高。同时由于其自身的稳定性等优点，而被誉为“环境友好催化剂”，在废水处理、空气净化、杀菌、医学和功能化妆品(利用其吸收紫外线的特点而制成防晒产品等)等方面有着广泛的应用。

2) 钛酸和偏钛酸

二氧化钛的水合物($TiO_2 \cdot nH_2O$)常写成钛酸$[Ti(OH)_4]$和偏钛酸(H_2TiO_3)。将 TiO_2 与浓 H_2SO_4 作用所得的溶液加热、煮沸，或金属钛与热 HNO_3 作用得到不溶于酸碱的水合二氧化钛(β-钛酸)。当加碱于新制备的酸性钛盐溶液时，所得的水合二氧化钛为 α-钛酸。α-钛酸比 β-钛酸活性高，具有两性，既能溶于稀酸，也能溶于强碱。溶于强碱时，如浓 NaOH 溶液，得到钛酸钠水合物($Na_2TiO_3 \cdot nH_2O$)结晶。

3) 钛酸钡

钛酸钡($BaTiO_3$)为白色或浅灰色粉末，熔点为 1891K，难溶于水。具有 5 种晶体类型。室温下为钙钛矿型晶体结构，如图 20-7 所示。

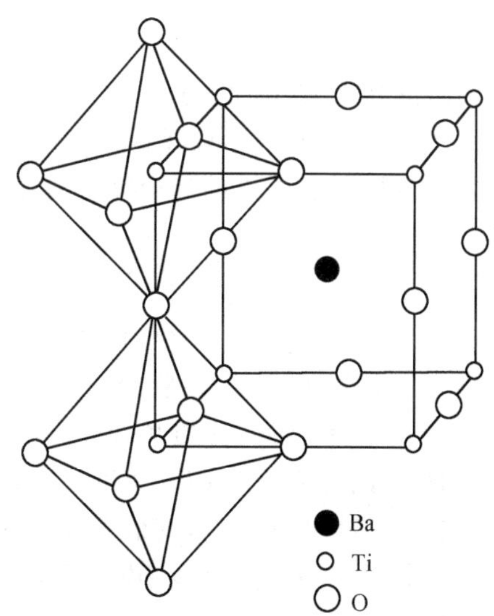

图 20-7 $BaTiO_3$ 的晶体结构

钛酸钡属于简单立方晶系，Ba^{2+} 位于体心，Ti^{4+} 位于顶点，而 O^{2-} 位于棱心位置。Ti^{4+} 和 Ba^{2+} 的配位数分别为 6 和 12。由于 Ti^{4+} 电荷高、半径小，可以在较大范围内产生位移，同时 O^{2-} 也偏离其对称位置，向相反的方向相应位移，使正负电荷中心不再重合，产生永久偶极，导致晶体结构的变化，从而具有压电效应。所谓压电效应是指在外加机械应力时，材料表面会产生电荷，反之在外加电场作用下会产生几何形变的效应。具有压电效应的材料称为压电材料，主要用于压电点火器、引燃引爆装置、超声波发生器、电声器、滤波器、声呐等。利用钛酸钡具有高介电常数的特性可制作微型电容。

4）四卤化钛

四卤化钛 TiF_4、$TiCl_4$、$TiBr_4$ 和 TiI_4 的熔点分别为 284℃、−25℃、39℃和 150℃，表明 TiF_4 为离子化合物，而其余卤化物为共价化合物。

常温下，四氯化钛($TiCl_4$)为无色具有刺激性臭味液体，沸点为 136.5℃，反磁性，属于分子晶体，分子结构为四面体型。$TiCl_4$ 极易水解，暴露在潮湿空气中发烟，可以作为烟雾剂。部分水解生成钛酰氯，完全水解得到 H_2TiO_3。

$$TiCl_4 + H_2O \longrightarrow TiOCl_2 + 2HCl\uparrow$$

$$TiCl_4 + 3H_2O \longrightarrow H_2TiO_3 + 4HCl\uparrow$$

$TiCl_4$ 在浓 HCl 中与 Cl^- 作用生成$[TiCl_6]^{2-}$

$$TiCl_4 + 2HCl \longrightarrow H_2[TiCl_6]$$

此酸仅存于溶液中，加入 NH_4^+ 则析出黄色的$(NH_4)_2[TiCl_6]$晶体。

工业上，$TiCl_4$ 是通过氯化法来制备的，二氧化钛被 $COCl_2$、$SOCl_2$、$CHCl_3$ 或 CCl_4 等氯化，也可用于制备 $TiCl_4$，例如

$$TiO_2 + CCl_4 \xrightarrow{770K} TiCl_4 + CO_2$$

$TiCl_4$ 是制备一系列钛化合物和金属钛的原料。钛的其他卤化物可通过 $TiCl_4$ 与相应的卤化氢发生置换反应而得到。

四碘化钛(TiI_4)为暗棕色晶体，沸点 377℃，用于制备纯钛。

5）过氧化钛

含 Ti(Ⅳ)的水溶液和过氧化物作用可得到钛的过氧化物，但情况比较复杂。当溶液 pH<1时，主要是红色 $Ti(O_2)OH(H_2O)_4^+$，pH 在 1～3，显橙红色，由单核配离子缩聚为含 $Ti_2O_5^{2+}$ 单元的双核配离子，结构可能是

```
         O—O
   \    /    \    /
  —Ti—  O  —Ti—
   /    \    /    \
         O—O
```

其中，钛的配位数为 6，除两个过氧根为双齿配体外，还有水分子或溶液中的其他配体。在碱性溶液中生成红色的 $Ti(O_2)_4^{4-}$；在稀酸和中性溶液中，生成橙黄色的 $Ti_2O_5^{2+}$。固体 $Ti(OOH)_2(OH)_2$ 为黄色。钛与过氧化氢灵敏的显色反应可用于钛或过氧化氢的比色分析，其颜色是由于 O_2^{2-} 的变形性所引起的。

2. 氧化态为+3 的化合物

三氯化钛($TiCl_3$)有多种变体，颜色上也有差别，其中 α-$TiCl_3$ 为蓝紫色晶体。$TiCl_3$ 的熔点为 1073K，可溶于水，在空气中易潮解。

$TiCl_3$ 水溶液为紫红色，其水合物 $TiCl_3 \cdot 6H_2O$ 存在水合异构体。慢慢加热蒸发 $TiCl_3$ 水溶液时，可以得到$[Ti(H_2O)_6]Cl_3$ 紫色晶体。若在浓 $TiCl_3$ 水溶液中加入乙醚，再通入 HCl 气体至饱和，溶液将变为绿色，其组成可能是$[Ti(H_2O)_5Cl]Cl_2 \cdot H_2O$ 和$[Ti(H_2O)_4Cl_2]Cl \cdot 2H_2O$。

$TiCl_3$ 的制备主要采用还原 $TiCl_4$ 的方法，高温下采用 Ti 或 H_2 还原。

$$2TiCl_4(g) + H_2(g) \xrightarrow{600℃} 2TiCl_3(s) + 2HCl(g)$$

工业上主要采用铝还原法。将 $TiCl_4$ 和 Al 粉加入反应器，$TiCl_4$ 相对于 Al 需过量以使 Al 粉反应完全。反应在接近 $TiCl_4$ 的沸点温度下进行，生成 $TiCl_3$ 和 $AlCl_3$。

$$3TiCl_4 + Al + nAlCl_3 \longrightarrow 3TiCl_3 + (n+1)AlCl_3$$

从电极电势看，$E^\ominus(TiO^{2+}/Ti^{3+}) = 0.10V$，故 Ti^{3+} 是比 Sn^{2+} 更强的还原剂，极易被空气中的氧或水氧化。$TiCl_3$ 遇水与空气立即分解，在空气中流动能够自燃、冒火星。因而 $TiCl_3$ 必须储存在惰性气体中。保存 Ti^{3+} 的溶液时，通常在酸性溶液中用乙醚（密度 $0.7135g \cdot cm^{-3}$）或苯（密度 $0.879g \cdot cm^{-3}$）覆盖，储存于棕色瓶内，以延缓空气中的氧将其氧化。

Ti^{3+} 的还原性常用于钛含量的定量测定。一般将含钛试样溶解于强酸性溶液（如 H_2SO_4-HCl 混合酸），加入铝片将 TiO^{2+} 还原为 Ti^{3+}，以 $FeCl_3$ 标准溶液滴定，指示剂为 NH_4SCN 溶液。

$$3TiO^{2+} + Al + 6H^+ \longrightarrow 3Ti^{3+} + Al^{3+} + 3H_2O$$

$$Ti^{3+} + Fe^{3+} + H_2O \longrightarrow TiO^{2+} + Fe^{2+} + 2H^+$$

$TiCl_3$ 还用作 α-烯烃聚合的催化剂，Ziegler-Natta 反应就是在无水、无氧、无二氧化碳的加氢汽油中加入三乙基铝 $Al(C_2H_5)_3$ 和 $TiCl_3$ 作为催化剂，通入丙烯聚合为聚丙烯。

$$nH_3C{-}CH{=}CH_2 \xrightarrow{Al(C_2H_5)_3-TiCl_3} \left[\begin{array}{c} CH_3 \\ | \\ CH{-}CH_2 \end{array} \right]_n$$

20.2.3　锆和铪的化合物

1. 氧化物

二氧化锆(ZrO_2)为白色粉末，具有熔点和沸点高、硬度大、不溶于水，能溶于酸的特性。经高温处理后则不与除 HF 外的其他酸作用。至少存在两种高温变体，1370K 以上为四方晶系，2570K 以上为立方萤石结构。常温下 ZrO_2 为单斜晶系，称为斜锆石，金属离子的配位数为 7，如图 20-8 所示。

$ZrO_2 \cdot xH_2O$ 有微弱的两性，其碱性强于 $TiO_2 \cdot xH_2O$，与强碱共熔时生成晶状的偏锆酸盐(M_2ZrO_3)和锆酸盐(M_4ZrO_4)。

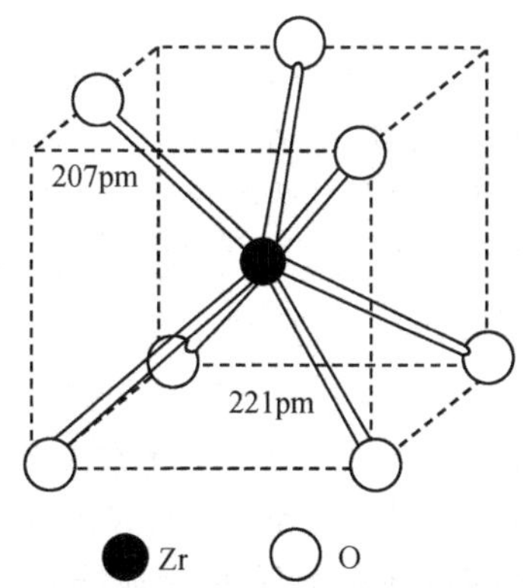

图 20-8　ZrO_2(斜锆石)的配位方式

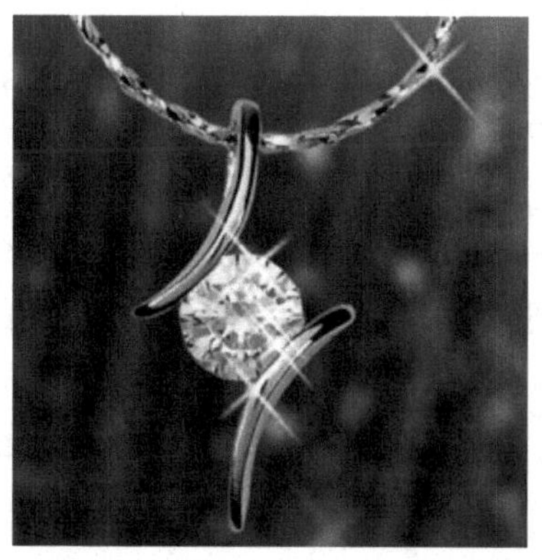
图 20-9　宝石级锆石(八心八箭)

ZrO_2 化学活性低，热膨胀系数小，熔点高达 2983K，是极好的耐火材料，可用于制造坩埚和熔炉的炉膛，也可制成纤维状织物。常温下为绝缘体，高温下具有导电性，可用于电子陶瓷的压电元件、功能陶瓷的气体传感器等。无色透明的立方氧化锆晶体(图 20-9)具有与金刚石类似的折射率及非常高的硬度(莫氏硬度 8.5)可作为金刚石的替代品用于首饰行业。在制备过程中加入微量的金属离子，可呈现带有光泽的各种鲜艳颜色。区别在于，立方氧化锆色散强，颜色更鲜艳，通常为红、蓝、橙、黄等鲜艳颜色；钻石的色散更阴冷，大多呈现橙色或蓝色。

2. 卤化物

$ZrCl_4$ 为白色晶体粉末，于 604K 升华，密度为 $2.8g \cdot cm^{-3}$，在潮湿空气中产生盐酸烟雾，遇水强烈水解：

$$ZrCl_4 + 9H_2O \xlongequal{\quad} ZrOCl_2 \cdot 8H_2O + 2HCl$$

部分水解的产物是水合氯化锆酰，难溶于冷盐酸中，但是能溶于水，结晶时为四方形或针状晶体，可以用于锆的鉴定和提纯，还可以用于纺织品的防水剂、防汗剂和防臭剂。

ZrF_4 为无色晶体，几乎不溶于水，与碱金属氟化物能生成 M_2ZrF_6 型配合物，最重要的是 $K_2[ZrF_6]$，其在热水中的溶解度比在冷水中大得多。在冶炼中即利用此特性，将锆英石($ZrSiO_4$)与氟硅酸钾烧结，以氯化钾为填充剂，在 923～973K 发生反应。

$$ZrSiO_4 + K_2SiF_6 \longrightarrow K_2[ZrF_6] + 2SiO_2$$

用 1% HCl 于 358K 左右进行沥取，沥取液冷却后即结晶析出氟锆酸钾。

六氟合锆酸铵$(NH_4)_2[ZrF_6]$在稍加热下即分解

$$(NH_4)_2[ZrF_6] \longrightarrow ZrF_4 + 2NH_3\uparrow + 2HF\uparrow$$

ZrF_4 于 873K 开始升华，利用此特性可以将锆与铁等杂质分离。也可以利用锆和铪的含氟配合物的溶解度差别来分离锆和铪。

20.3 钒副族元素

20.3.1 钒副族元素的通性

1. 氧化态

ⅤB 族元素包括钒 V(vanadium)、铌 Nb(niobium)、钽 Ta(tantalum)，属于稀有元素，价电子构型为$(n-1)d^{3\sim4}ns^{1\sim2}$，Nb 的电子排布较为特殊，最稳定的氧化态是＋5。钒的氧化态变化范围广，从－1 到＋5 均能存在，低氧化态＋1、0、－1 仅出现在某些配合物中，如 $V(CO)_6$、$V(C_6H_6)_2$ 等。钒的不同氧化态离子颜色各异。若向紫色 V^{2+} 溶液中滴加氧化剂如 $KMnO_4$，先得到绿色 V^{3+} 溶液，继被氧化为蓝色 VO^{2+} 溶液，最终被氧化为黄色VO_2^+ 溶液。与 TiO^{2+} 一样，VO^{2+} 和 VO_2^+ 均为水解产物，故称为钒(Ⅴ)酰离子[vanadyl(Ⅴ)]和钒(Ⅳ)酰离子[vanadyl(Ⅳ)]。铌和钽除最稳定的＋5 氧化态外，还存在低氧化态，但生成低氧化态的趋势比钒小。ⅤB 族元素的元素电势图如图 20-10 所示。

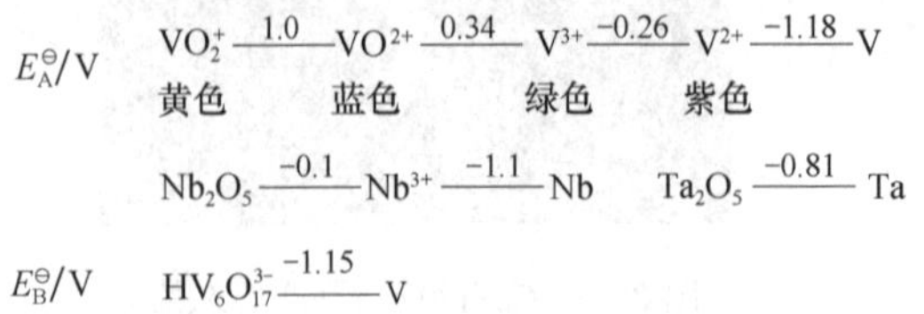

$E_A^\ominus/V$

$$\underset{\text{黄色}}{VO_2^+} \xrightarrow{1.0} \underset{\text{蓝色}}{VO^{2+}} \xrightarrow{0.34} \underset{\text{绿色}}{V^{3+}} \xrightarrow{-0.26} \underset{\text{紫色}}{V^{2+}} \xrightarrow{-1.18} V$$

$$Nb_2O_5 \xrightarrow{-0.1} Nb^{3+} \xrightarrow{-1.1} Nb \qquad Ta_2O_5 \xrightarrow{-0.81} Ta$$

$E_B^\ominus/V$

$$HV_6O_{17}^{3-} \xrightarrow{-1.15} V$$

图 20-10 钒副族元素电势图

2. 存在和提取

钒是 1830 年由瑞典化学家 N. G. Setström 命名的，由于其化合物颜色鲜艳多彩，故以神话中斯堪的那维亚女神 Vanadis 名字命名。钒在自然界的丰度为$1.6\times10^{-2}\%$，存在于很多沉积物中，少有富矿，主要有绿硫钒石(VS_2)、钒铅矿[$Pb_5(VO_4)_3Cl$]和钒酸钾铀矿[$K_2(UO_2)_2(VO_4)_2\cdot3H_2O$]。铌和钽在自然界中的丰度分别为 $2\times10^{-3}\%$和 $2\times10^{-4}\%$，二者共生，主要存在于多种矿石中，如$(Fe、Mn)M_2O_6$(M=Nb，Ta)。我国钒矿总储量居世界第三位，而铌和钽的总储量居世界第二位。

钒的制备方法一般为：用 Na_2CO_3 焙烧钒矿或工厂燃烧特殊的油产生的烟道灰得到水溶性 $NaVO_3$，与铵盐反应得到 NH_4VO_3 沉淀，加热分解得到 V_2O_5。高温下用 Ca 还原 V_2O_5 获得金属钒，用 Al 还原 V_2O_5 和 Fe_2O_3 的化合物得到铁钒合金可以用于制硬质钢。纯钒可以通过金属 Na 或 H_2 还原 VCl_3、Mg 还原 VCl_4 来获得。

所有钒副族金属均可通过电解熔融氟的配位化合物如 $K_2[NbF_7]$来制备。

3. 单质的物理和化学性质

钒、铌、钽单质均为银白色，有金属光泽，结构为体心立方，熔点均较高，并且随周期数增加而升高。纯净金属硬度低、具有延展性，含有杂质时则变得硬而脆。

在许多方面钒的性质与钛相近。从电极电势 $E_A^\ominus(V^{2+}/V)=-1.175V$ 看，为强还原剂，但是容易钝化，常温下不与空气、水、碱及大多数非氧化性酸作用，但是易被浓 H_2SO_4、HNO_3、王水、过二硫酸铵溶液侵蚀，与氢氟酸反应因生成配合物而溶解。

$$2V+12HF \xlongequal{} 2H_3VF_6+3H_2\uparrow$$

高温下钒副族元素能同许多非金属反应，并与熔融的苛性碱发生作用。与卤素反应可以生成各种价态的卤化钒如 VF_5、VCl_4、VBr_3 和 VI_3。钒与 H_2、C、N_2 反应的产物同钛的化合物类似。

铌和钽极不活泼，不与除氢氟酸外的所有酸作用，但能溶于熔融状态的碱中。

金属钒本身用途很少，主要用于制造合金和特种钢，有“金属维生素”之称。在钢中加钒可使钒部分溶入铁素体而提高强度和耐久性，具有强度大、弹性好、抗磨损、抗冲击等优点，广泛用于结构钢、弹性钢、工具钢、装甲钢和钢轨。

金属铌具有良好的耐腐蚀性、冷加工性能和较强的热传导性，用于制造不锈钢、超导Nb-Ti合金和金属铌涂层化合物。钽对人体无排异性，用于制作修复严重骨折所需的金属板、螺钉和金属丝等。

20.3.2　钒的化合物

1. 氧化态为+5 的化合物

1) 五氧化二钒

五氧化二钒(V_2O_5)为橙黄色或砖红色固体，无臭无味，有毒，微溶于水，溶解度为$0.07g\cdot(100g\ H_2O)^{-1}$。约在 943K 熔融，冷却时为橙色、正交晶系的针状晶体，迅速结晶时因放出大量热而发光。

V_2O_5 由偏钒酸铵 NH_4VO_3 热分解制得

$$2NH_4VO_3(s) \xrightarrow{600℃} V_2O_5(s) + 2NH_3(g) + H_2O(g)$$

也可以由三氯氧钒水解制备：

$$2VOCl_3(s) + 3H_2O(l) \xrightarrow{\triangle} V_2O_5(s) + 6HCl(aq)$$

V_2O_5 是两性偏酸的氧化物，易溶于强碱形成钒酸盐的无色溶液，溶于强酸形成淡黄色的钒二氧基(VO_2^+)：

$$V_2O_5 + 2NaOH = 2NaVO_3 + H_2O$$

$$V_2O_5 + 2H^+ = 2VO_2^+ + H_2O$$

V_2O_5 具有较强的氧化性，可以将浓 HCl 氧化为 Cl_2，自身被还原为 V(Ⅳ)：

$$V_2O_5 + 6HCl = 2VOCl_2 + Cl_2\uparrow + 3H_2O$$

V_2O_5 是一种良好的催化剂，用于接触法制 H_2SO_4 工业中将 SO_2 氧化为 SO_3；以及空气氧化萘($C_{10}H_8$)制邻苯二甲酸酐。

V_2O_5 的催化作用被认为与它具备可变价态有关，其在高温能可逆地得失氧。V_2O_5 薄膜具有电学、光学、物理学等方面特性，主要用于湿度传感器、气体传感器抗静电涂料、电源开关、微电池以及电致变色显示器件等方面。

2) 含氧酸盐

钒酸盐有正钒酸盐($M_3^{I}VO_4$)和偏钒酸盐($M^{I}VO_3$)。正钒酸根离子(VO_4^{3-})和 ClO_4^-、SO_4^{2-}、PO_4^{3-} 等含氧酸根离子结构相似，均为四面体型，但 V—O 间的结合不十分牢固；偏钒酸根离子(VO_3^-)为[VO_4]四面体共用顶点氧而形成的链状结构，V 的配位数仍为 4。

简单正钒酸根离子(VO_4^{3-})仅存在于强碱性溶液中，随着 pH 的降低，单钒酸根离子会逐步发生缩合，生成二聚物、三聚物和五聚物等。曾用多种测试手段研究溶液中的缩合酸根离子，如电动势、pH 测量、光散射、红外、核磁共振、拉曼光谱等，但在形成的物种上还存在不同的看法，其中主要的平衡为

质子化 $VO_4^{3-} + H^+ \rightleftharpoons HVO_4^{2-}$

缩合 $2HVO_4^{2-} \rightleftharpoons V_2O_7^{4-} + H_2O$

$V_2O_7^{4-}$ 再质子化、再缩合……缩合平衡与 pH 和钒酸根离子浓度有关。随着缩合度的增加，颜色也逐渐加深，其变化过程如下(箭头上方为 pH)：

$$\underset{\text{无色}}{VO_4^{3-}} \xrightarrow{13.5} \underset{\text{无色}}{V_2O_7^{4-}} \xrightarrow{9.5} \underset{\text{无色}}{V_3O_9^{3-}} \xrightarrow{7} \underset{\text{橘红}}{V_{10}O_{28}^{6-}} \xrightarrow{2} \underset{\text{红色}}{V_2O_5} \xrightarrow{0.5} \underset{\text{黄色}}{VO_2^+}$$

在一定条件下，还可能存在其他缩合离子，如图 20-11 所示。

在酸性介质中，钒酸盐为中强氧化剂，$E^\ominus(VO_2^+/VO^{2+}) = 1.0V$，$VO_2^+$ 可以被 Fe^{2+}、乙二酸、酒石酸和乙醇等还原为 VO^{2+}。

$$VO_2^+(\text{黄色}) + Fe^{2+} + 2H^+ = VO^{2+}(\text{蓝色}) + Fe^{3+} + H_2O$$

$$2VO_2^+ + H_2C_2O_4 + 2H^+ = 2VO^{2+} + 2CO_2\uparrow + 2H_2O$$

可以用氧化还原容量法测定钒。强还原剂如 Zn 粉可以将VO_2^+ 还原为 V^{2+}，从而使溶液

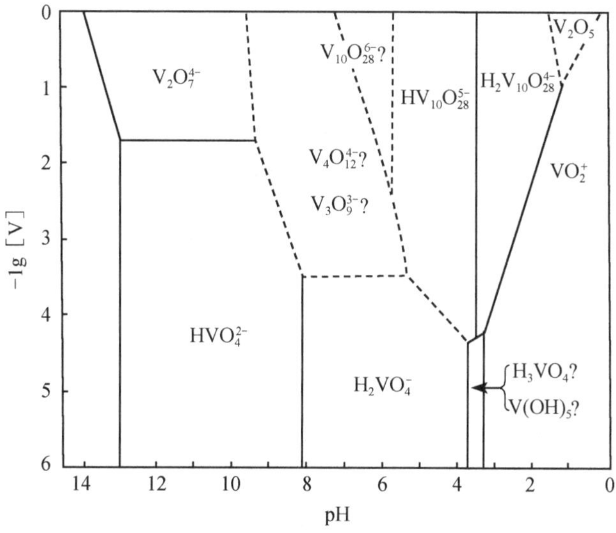

图 20-11　在不同浓度和不同 pH 时各物种的存在形式和范围

的颜色由黄色逐渐转变为蓝色、绿色和紫色，颜色丰富多彩。五颜六色的钒盐可以制成鲜艳的颜料，用于制造彩色玻璃和彩色墨水。

3）五氟化钒

钒的卤化物只有 VF_5，可以由金属钒和单质氟加热到 300℃直接化合制得，也可以由 VF_3 和 F_2 作用得到。VF_5 为白色固体，熔点 19℃，沸点 48℃，易挥发，气态时结构为三角双锥。

VF_5 是一种强的氧化剂和氟化剂，室温下即侵蚀玻璃。

$$4VF_5 + 5SiO_2 \longrightarrow 2V_2O_5 + 5SiF_4$$

4）过氧化物

在钒酸盐的溶液中加入 H_2O_2，当溶液呈酸性时，得到红棕色的过氧钒阳离子$[V(O_2)]^{3+}$；当溶液呈中性、弱酸性和弱碱性时，得到黄色的二过氧钒酸根离子$[VO_2(O_2)_2]^{3-}$。二者在一定条件下可互相转化。此反应可用于鉴定钒和过氧化氢比色分析测定。

$$[VO_2(O_2)_2]^{3-} + 6H^+ \longrightarrow [V(O_2)]^{3+} + H_2O_2 + 2H_2O$$

2. 低氧化态的化合物

1）氧化物和氢氧化物

VO_2 为深蓝色固体，常温下结构为金红石型，可由 V_2O_5 用 CO、SO_2、乙二酸等缓慢还原制备，也可由钒(Ⅳ)的含氧酸盐加热制得。VO_2 同样是两性氧化物，溶于酸生成蓝色的 VO^{2+}；溶于碱生成 $V_4O_9^{2-}$，浓缩后可以得到亚钒酸盐($M_2^IV_4O_9 \cdot 7H_2O$)；碱度更高时生成 VO_4^{4-}，颜色由黄到棕。

V_2O_3 为黑色固体，结构与刚玉(Al_2O_3)相同，为碱性氧化物，可以由 V_2O_5 用 H_2 部分还原制备。水合 V_2O_3 可从 V(Ⅲ)盐的绿色溶液中加入 $NH_3 \cdot H_2O$ 或 NaOH 沉出，也可以用 Zn、I^- 还原钒酸盐而制得。

VO 为灰色固体，属于非整比化合物，具有缺陷 NaCl 结构，由 H_2 还原高氧化态氧化物而制得。于 V^{2+} 溶液中加碱可得到棕色的 $V(OH)_2$ 沉淀。

2）卤化物

VX_4、VX_3、VX_2（X=F，Cl，Br，I）都是存在的。氧化态相同时，随着卤素相对原子质量的增加，卤化物的稳定性降低。钒和氯在高温反应可制得 VCl_4，为暗红色油状液体，沸点 154℃，易水解，温和加热时分解成 VCl_3 和 Cl_2。VCl_3 是紫色晶体，易溶于水。在 H_2 气流中于 500℃ 加热 VCl_3 可制得绿色的 VCl_2。钒的卤化物易发生歧化反应以及因吸湿而水解，水解趋势随氧化态升高而增加。

$$2VCl_3 \longrightarrow VCl_2 + VCl_4$$
$$VCl_4 + H_2O \longrightarrow VOCl_2 + 2HCl$$

20.3.3 铌和钽的化合物

1. 氧化物和含氧酸盐

1）氧化物

Nb_2O_5 和 Ta_2O_5 均为白色固体，熔点高，不活泼，是两性氧化物，但是惰性较强，很难与酸反应，和氢氟酸反应可以生成氟配位的化合物。

$$Nb_2O_5 + 12HF = 2HNbF_6 + 5H_2O$$

酸性很微弱，仅同熔融状态的 NaOH 作用生成铌酸盐和钽酸盐

$$Nb_2O_5 + 10NaOH = 2Na_5NbO_5 + 5H_2O$$

其溶液中含有聚合酸根离子$[M_6O_{19}]^{8-}$，以硫酸酸化时析出白色胶状的 $M_2O_5 \cdot xH_2O$ 沉淀，称为铌酸或钽酸。

Nb_2O_5 应用广泛，可以添加到光学玻璃、电子元件以及耐高温超合金等材料中。

2）铌酸锂

$LiNbO_3$ 是以高居里温度和高自发极化而著称的铁电体，居里温度为 1210℃，基本结构单元为$[NbO_6]$八面体。可以由 Nb_2O_5 与锂的氧化物、氢氧化物或碳酸盐共熔制备。$LiNbO_3$ 具有良好的压电、电光和声光特性，其单晶是性能较好的二阶非线性光学晶体。

2. 卤化物

铌和钽的五卤化物都是易升华和易水解的固体，氟化物为白色，$NbCl_5$、NbI_5、$TaCl_5$、$TaBr_5$ 为深浅不同的黄色，$NbBr_5$ 为橙色，TaI_5 为黑色。气态时为三角双锥结构的单体，常温下聚合。

$NbCl_5$ 在空气中加热分解为 $NbOCl_3$，易水解生成 $Nb_2O_5 \cdot xH_2O$ 沉淀。

$$2NbOCl_3 + (x+3)H_2O = Nb_2O_5 \cdot xH_2O + 6HCl$$

铌和钽的五氟化物同 HF 作用生成八面体配离子 MF_6^- 或$[NbOF_5]^{2-}$，当 HF 浓度高时能够生成 7 配位的$[MF_7]^{2-}$或 8 配位的$[TaF_8]^{3-}$，Nb 则生成$[NbOF_6]^{3-}$。K_2TaF_7 的溶解度比 K_2NbOF_5 小得多，利用这种差别可进行铌和钽的分离。

20.4 铬副族元素

20.4.1 铬副族元素的通性

1. 氧化态

ⅥB 族元素包括铬 Cr(chromium)、钼 Mo(molybdenum)、钨 W(tungsten)，价电子构型为

$(n-1)d^{4\sim5}ns^{1\sim2}$，W 的电子排布较为特殊。s 电子和 d 电子都参与成键，最高氧化态是＋6。铬可形成＋2、＋3 氧化态，少数铬的＋5 和＋4 氧化态化合物虽然存在，但不稳定，易发生歧化作用。低氧化态 0、－1 存在于某些配合物中，如 $Cr(CO)_6$、$Cr(C_6H_6)_2$、$Cr_2(CO)_{10}^{2-}$ 等。＋6 价钼和钨的稳定性强于铬，＋5 价也可稳定存在。ⅥB 族元素的元素电势图如图 20-12 所示。

$E_A^\ominus/V$

$$Cr_2O_7^{2-} \xrightarrow{1.36} Cr^{3+} \xrightarrow{-0.407} Cr^{2+} \xrightarrow{-0.913} Cr$$

$$H_2MoO_4 \xrightarrow{0.4} MoO_2^{+} \xrightarrow{0.0} Mo^{3+} \xrightarrow{-0.20} Mo$$

$$WO_3 \xrightarrow{-0.029} W_2O_5 \xrightarrow{-0.031} WO_2 \xrightarrow{0.15} W^{3+} \xrightarrow{-0.1} W$$

$E_B^\ominus/V$

$$CrO_4^{2-} \xrightarrow{-0.13} Cr(OH)_3 \xrightarrow{-0.17} Cr(OH)_2 \xrightarrow{-1.4} Cr$$

$$MoO_4^{2-} \xrightarrow{1.4} MoO_2 \xrightarrow{-0.87} Mo$$

$$WO_4^{2-} \xrightarrow{-1.25} W$$

图 20-12　铬副族元素电势图

2. 存在和提取

铬在地壳中的丰度为 $1\times10^{-3}\%$，按可满足需求的程度看，属于短缺资源，主要矿物为铬铁矿（$FeCr_2O_4$，即 $FeO\cdot Cr_2O_3$），另外还有铬铅矿（$PbCrO_4$）、铬赭石矿（Cr_2O_3），红宝石、绿宝石的颜色也是由于硅铝酸盐内部含有微量的铬。

用 C 还原铬铁矿只能得到铬铁合金，可以用作制取不锈钢的原料。

$$FeCr_2O_4 + 4C \xlongequal{} Fe\cdot 2Cr + 4CO\uparrow$$

欲制得纯铬需要先分离铬和铁。方法是在反射炉中用固体 Na_2CO_3 或 NaOH 熔矿，也可以使用 Na_2O_2 作为熔矿剂

$$4FeCr_2O_4 + 8Na_2CO_3 + 7O_2 \xlongequal{} 8Na_2CrO_4 + 2Fe_2O_3 + 8CO_2\uparrow$$

然后用水浸取 Na_2CrO_4，以硫酸酸化并浓缩得到 $Na_2Cr_2O_7$，再用 C 还原得到 Cr_2O_3

$$Na_2Cr_2O_7 + 2C \xlongequal{} Cr_2O_3 + Na_2CO_3 + CO\uparrow$$

除去反应产生的 Na_2CO_3，用铝热法还原 Cr_2O_3 得到金属铬

$$Cr_2O_3(s) + 2Al(s) \xlongequal{} 2Cr(s) + Al_2O_3(s) \quad \Delta_rG_m^\ominus(298K) = -529.6kJ\cdot mol^{-1}$$

也可采用电解 $Cr_2(SO_4)_3$ 溶液的方法得到铬。

钼的地壳丰度为 $7.5\times10^{-4}\%$，占第 40 位；W 的地壳丰度为 $10^{-3}\%$，占第 39 位。虽然钼和钨原子半径几乎相同，性质相似，但是二者却单独成矿。钼的主要矿物有辉钼矿（MoS_2）、钼钙矿（$CaMoO_4$）和钼铅矿（$PbMoO_4$）；钨以白钨矿（$CaWO_4$）、黑钨矿[(Fe,Mn)WO_4]等形式存在。我国钨矿储量居世界第一位。

钼矿经过浮选后，将精矿砂 MoS_2 于 600℃焙烧成 MoO_3，再用 $NH_3\cdot H_2O$ 浸取烧结物得到钼酸铵溶液

$$2MoS_2 + 7O_2 \xrightarrow{600℃} 2MoO_3 + 4SO_2\uparrow$$

$$MoO_3 + 2NH_3\cdot H_2O \xlongequal{} (NH_4)_2MoO_4 + H_2O$$

过滤后用 $(NH_4)_2S$ 处理，沉淀除去铜、铁和铅等杂质

$$[Cu(NH_3)_4]^{2+} + S^{2-} \xlongequal{} CuS\downarrow + 4NH_3\uparrow$$

过量的 $(NH_4)_2S$ 用 $Pb(NO_3)_2$ 除去，滤去 CuS、PbS 等沉淀，酸化除杂质后的钼酸铵溶液得钼

酸(H_2MoO_4)沉淀，于400～500℃焙烧，得到白色MoO_3

$$(NH_4)_2MoO_4 + 2H^+ = H_2MoO_4 + 2NH_4^+$$

将MoO_3于600℃用H_2还原，得到粉末状金属钼

$$MoO_3 + 3H_2 \xrightarrow{600℃} Mo + 3H_2O$$

白钨矿经浮选、黑钨矿经磁选后，将精矿砂与Na_2CO_3于800～900℃共熔

$$CaWO_4 + Na_2CO_3 = Na_2WO_4 + CaCO_3$$

$$4FeWO_4 + 4Na_2CO_3 + O_2 = 4Na_2WO_4 + 2Fe_2O_3 + 4CO_2\uparrow$$

$$6MnWO_4 + 6Na_2CO_3 + O_2 = 6Na_2WO_4 + 2Mn_3O_4 + 6CO_2\uparrow$$

钨矿中所含Si、P、As等杂质在熔矿过程中分别生成可溶性Na_2SiO_3、Na_3PO_4、Na_3AsO_4，为除去P、As杂质，使PO_4^{3-}、AsO_4^{3-}生成NH_4MgPO_4和NH_4MgAsO_4沉淀；为除去Si杂质，控制溶液酸度使其生成H_2SiO_3凝胶。实际操作中是加入NH_4Cl-$NH_3 \cdot H_2O$控制溶液酸度和提供足量的NH_4^+，并且加入适量$MgCl_2$

$$Mg^{2+} + NH_4^+ + MO_4^{3-} = NH_4MgMO_4\downarrow \qquad (M = P, As)$$

$$SiO_3^{2-} + 2H^+ = H_2SiO_3\downarrow$$

过滤后，滤液用HCl酸化，生成黄色H_2WO_4沉淀

$$WO_4^{2-} + 2H^+ \xrightarrow{pH<1} H_2WO_4\downarrow$$

将钨酸直接焙烧脱水得到WO_3，为提高WO_3纯度，可以将生成的H_2WO_4和$NH_3 \cdot H_2O$作用得$(NH_4)_2WO_4$溶液，蒸发浓缩析出$(NH_4)_2WO_4$晶体再于500～600℃进行焙烧

$$(NH_4)_2WO_4 \xrightarrow{\triangle} WO_3 + H_2O\uparrow + 2NH_3\uparrow$$

高温下用纯净H_2还原WO_3即得粉末状钨。

3. 单质的物理和化学性质

铬为银白色金属，由于形成金属键时可能提供6个单电子，金属原子间结合力较强，因而其熔沸点非常高，熔点在第一过渡系中仅次于钒，为2130K，沸点2945K，硬度是所有金属中最大的，耐磨损性强。纯铬具有延展性，但含有杂质时变得硬而脆。

铬是钝化金属，耐腐蚀性高，常温下王水和HNO_3均不能溶解铬。未钝化的铬很活泼，可以置换出非氧化性酸中的H_2以及相应盐溶液中的Cu、Sn、Ni等。由于室温条件下铬在潮湿空气中不被腐蚀并保持光亮的金属光泽，故广泛用作电镀保护涂层；铬能增强钢的耐磨性、耐热性和耐腐蚀性能，并且使钢的硬度、弹性和抗磁性增强。普通钢中含铬量大多在0.3%以下，含铬在5%～15%的钢称铬钢，不锈钢中铬含量高达18%。

钼、钨为银白色金属，用H_2还原MO_3得到的产品是粉状物，需要加压成型，在He或N_2气氛下电弧加热烧结为棒状或块状。块状的钼、钨具有金属光泽，有较强的韧性和延展性。同样钼和钨也是高熔点、高沸点的金属，钨是所有金属中熔点最高的，其原子化焓也是最大的。

常温下，钼和钨与氟作用生成挥发性的六氟化物MoF_6和WF_6，但对于空气和水是稳定的，也不和氧、氮、其他卤素等化合，高温下可与活泼的非金属元素反应。与氧作用生成MoO_3、WO_3；与碳作用生成Mo_2C、MoC、W_2C、WC；粉末状的Mo、W和NH_3一同加热得到Mo_2N、MoN、W_2N。钼与稀酸和浓盐酸不起作用，与热浓硫酸作用生成MoO_2SO_4；与HNO_3作用生成H_2MoO_4；也可以溶于王水中。钨只能缓慢溶于王水或HNO_3-HF混合酸中。Mo、W与强碱液、熔融碱不反应，与氧化剂KNO_3、$KClO_3$、Na_2O_2共熔被氧化为相应的含氧酸盐。

钼、钨主要用于冶炼特种合金钢。一般钢材中含钼约 0.01%，耐热钢和工具钢 0.15%～0.70%，结构钢约 1%，不锈钢和某些高速切削钢含钼可达 6%。钼钢用于制炮身、坦克、轮船甲板、涡轮机等。钨多用于高速切削钢，所含比例为钨 12%～20%、钼 6%～12%；含钨14%～22%、铬 3%～5%的高速切削钢即使在红热时仍保持其硬度。MoS_2 为层状化合物，是良好的固体润滑剂。钨丝用于灯具，碳化钨用于切削工具和磨料。钼是生命必需的微量元素，固氮酶是含钼酶的一种。

20.4.2　铬的化合物

1. 氧化态为 +6 的化合物

Cr(Ⅵ)的特征配位数为 4，呈四面体构型。Cr(Ⅵ)化合物因发生电荷转移跃迁而经常具有颜色。另外，Cr(Ⅵ)化合物毒性较大。

1) 三氧化铬

配制洗液时，把重铬酸钾($K_2Cr_2O_7$)与浓 H_2SO_4 混合，有暗红色针状晶体三氧化铬(CrO_3)析出。

$$K_2Cr_2O_7 + 2H_2SO_4(\text{浓}) = 2CrO_3 + 2KHSO_4 + H_2O$$

CrO_3 是$[CrO_4]$四面体以角氧相连而成的链状结构，具有强氧化性、热不稳定性和水溶性。CrO_3 溶于水生成铬酸，若过量则生成重铬酸（从未分离出游离的铬酸与重铬酸），故也称为"铬酸酐"。洗液利用了 CrO_3 的强氧化性和浓 H_2SO_4 的强酸性。有机物如乙醇遇 CrO_3 发生猛烈反应以致着火，CrO_3 本身被还原为 Cr_2O_3。CrO_3 于 198℃熔融，超过 198℃逐步分解，经过一系列中间氧化态最后生成 Cr_2O_3。

$$CrO_3 \longrightarrow Cr_3O_8 \longrightarrow Cr_2O_5 \longrightarrow CrO_2 \longrightarrow Cr_2O_3$$

$$4CrO_3 = 2Cr_2O_3 + 3O_2\uparrow$$

CrO_3 的不稳定性用于制备磁性颜料 CrO_2。CrO_2 为棕黑色固体，结构为金红石型，具有金属的电导率和铁磁性，用于制造记录磁带，比用铁氧化物制造的磁带分辨率和高频响应性能更好。CrO_3 主要用于电镀铬。

2) 铬酸盐和重铬酸盐

(1) Cr(Ⅵ)在水中的存在形式及相互转化。在水溶液中铬酸 H_2CrO_4 表现为中强酸

$$H_2CrO_4 \rightleftharpoons H^+ + HCrO_4^- \qquad K_1^\ominus = 4.1$$

$$HCrO_4^- \rightleftharpoons H^+ + CrO_4^{2-} \qquad K_2^\ominus = 3.2\times10^{-7}$$

同时存在下述平衡

$$2CrO_4^{2-} + 2H^+ \rightleftharpoons Cr_2O_7^{2-} + H_2O \tag{20-5}$$

其平衡常数为

$$K^\ominus = \frac{c(Cr_2O_7^{2-})}{c(CrO_4^{2-})^2\cdot c(H^+)^2} = 4.2\times10^{14}$$

即

$$c(Cr_2O_7^{2-})/c(CrO_4^{2-})^2 = 4.2\times10^{14}\cdot c(H^+)^2$$

可见，溶液中 $Cr_2O_7^{2-}$ 和 CrO_4^{2-} 的浓度受到 H^+ 浓度的影响。酸性溶液，$c(H^+)=10^{-2}mol\cdot L^{-1}$ 时，$c(Cr_2O_7^{2-})/c(CrO_4^{2-})^2\approx10^{10}$，若 $c(Cr_2O_7^{2-})=0.01mol\cdot L^{-1}$，则 $c(CrO_4^{2-})=10^{-6}mol\cdot L^{-1}$，前者万倍于后者，溶液显示 $Cr_2O_7^{2-}$ 的橙色；碱性溶液中，当 $c(H^+)=10^{-10}mol\cdot L^{-1}$ 时，则 $c(Cr_2O_7^{2-})/c(CrO_4^{2-})^2\approx10^{-6}$，若 $c(CrO_4^{2-})=0.01mol\cdot L^{-1}$，则 $c(Cr_2O_7^{2-})=10^{-10}mol\cdot L^{-1}$，

前者 10^8 倍于后者，溶液显示 CrO_4^{2-} 的黄色。Cr(Ⅵ)各物种随 pH 的分布如图 20-13 所示。可见在酸性溶液中存在着一定量的 $HCrO_4^-$，可以自行计算下述反应的平衡常数。

$$2HCrO_4^- \rightleftharpoons Cr_2O_7^{2-} + H_2O$$

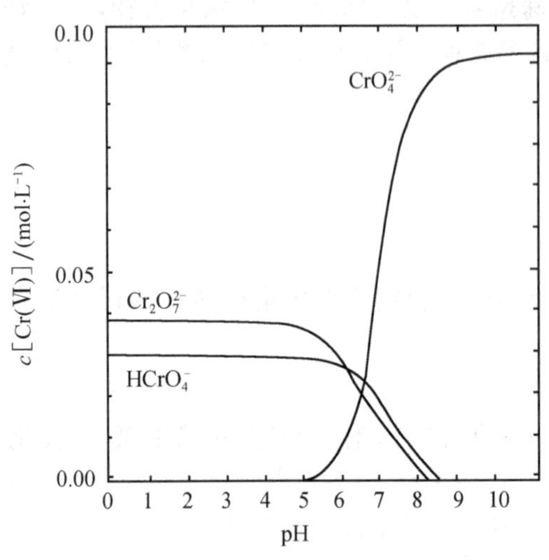

图 20-13　不同 pH 溶液中 Cr(Ⅵ)的分布
(总铬量为 0.10mol·L^{-1})

酸的浓度更大时可以产生红色多聚铬酸钾，如深红色三铬酸盐($Cr_3O_{10}^{2-}$)和红棕色四铬酸盐($Cr_4O_{13}^{2-}$)，但聚合度较低，最终得到 CrO_3。

(2) 易溶盐。除去被阳离子组分修饰而呈现其他颜色外，所有铬酸盐都呈现黄色，常见的 K_2CrO_4 和 Na_2CrO_4 都是黄色晶体，而重铬酸盐为橙红色晶体。$K_2Cr_2O_7$ 和 $Na_2Cr_2O_7$ 工业上分别称为红矾钾和红矾钠，主要用于制备铬酐、其他铬盐和铬黄颜料，也用于制造安全火柴、烟火、炸药、油脂漂白剂及制革工艺的皮革鞣制和皮革染色等。$K_2Cr_2O_7$ 不含结晶水，通过重结晶可得到极纯的盐，用作基准的氧化试剂。Na_2CrO_4 是一种优良的无机缓蚀剂，利用其氧化性在金属表面形成氧化物保护膜使金属与介质隔开，从而延长金属材料的使用寿命，其反应机理如下。

$$2Na_2CrO_4 + 2Fe + 2H_2O = Cr_2O_3 + Fe_2O_3 + 4NaOH$$

$(NH_4)_2Cr_2O_7$ 可以用于制取少量的 Cr_2O_3，其反应剧烈，橙红色的 $(NH_4)_2Cr_2O_7$ 被产生的气体冲起，呈熔岩状，故形象地称为“火山爆发”。

$$(NH_4)_2Cr_2O_7(s) \xrightarrow{\triangle} Cr_2O_3(s) + N_2(g) + 4H_2O(g)$$

(3) 难溶盐。对于反应式(20-5)，从平衡的角度看，溶液中 $Cr_2O_7^{2-}$ 和 CrO_4^{2-} 的浓度除受 H^+ 浓度影响外，若加入可以生成难溶铬酸盐沉淀的离子也可使平衡向左移动。除碱金属、镁和铵的铬酸盐易溶外，其他铬酸盐均难溶。常见的难溶铬酸盐有 Ag_2CrO_4、$PbCrO_4$、$BaCrO_4$ 和 $SrCrO_4$，溶度积 $K_{sp}^{\ominus}$ 分别为 1.1×10^{-12}、2.8×10^{-13}、1.2×10^{-10}、2.2×10^{-5}，除了 Ag_2CrO_4 为砖红色外，其余均为黄色沉淀。以此可以用于相应阳离子与 CrO_4^{2-} 的鉴定。

从反应式(20-5)的关系可知，$Cr_2O_7^{2-}$ 和 CrO_4^{2-} 在溶液中是共存的，故 $Cr_2O_7^{2-}$ 也可作为沉淀剂使用，例如

$$Cr_2O_7^{2-} + 2Ba^{2+} + H_2O = 2BaCrO_4 + 2H^+ \qquad K^{\ominus} = 1.7\times10^5$$

反应的平衡常数相当大，表明可以生成 $BaCrO_4$ 沉淀，对于 $K_{sp}^{\ominus}$ 更小的 Ag^+、Pb^{2+} 更是如此。但对于 Sr^{2+}，由于 $SrCrO_4$ 的溶解度较大，故而需要改用 CrO_4^{2-} 溶液。

铬酸盐沉淀均溶于强酸，故一般无重铬酸盐沉淀。溶解反应的推动力为反应式(20-5)所示的铬酸根的缩合反应，以 $BaCrO_4$ 的溶解为例简单计算如下(忽略 $HCrO_4^-$ 和 H_2CrO_4 的影响)。

$$2BaCrO_4 + 2H^+ = 2Ba^{2+} + Cr_2O_7^{2-} + H_2O \qquad K^{\ominus} = 6.1\times10^6$$

设平衡后溶液的 $c(H^+)=1.0mol\cdot L^{-1}$，溶解度为 x，则 $c(Ba^{2+})=x$，$c(Cr_2O_7^{2-})=\frac{1}{2}x$

$$K^{\ominus}=\frac{c(Ba^{2+})^2\cdot c(Cr_2O_7^{2-})}{c(H^+)^2}=\frac{x^2\cdot\frac{1}{2}x}{1.0^2}=6.1\times10^{-6}$$

$$x=2.3\times10^{-2}\text{mol}\cdot L^{-1}\qquad[0.58g\cdot(100g\ H_2O)^{-1}]$$

可见 $BaCrO_4$ 明显溶于强酸。$BaCrO_4$ 还可以溶解于 HAc 溶液中。

利用 $PbCrO_4$ 沉淀鉴定 Pb^{2+} 时，应在弱酸或弱碱介质中进行，因为 $PbCrO_4$ 还可以溶于碱。

$$PbCrO_4+4OH^-=\!=\!=[Pb(OH)_4]^{2-}+CrO_4^{2-}$$

此特征可用于区分 $PbCrO_4$ 和其他黄色铬酸盐沉淀。

3) Cr(Ⅵ)的过氧化物

将 H_2O_2 加入到酸性 $Cr_2O_7^{2-}$ 溶液中可以形成深紫蓝色过氧化铬 CrO_5(可以写为 $[CrO(O_2)_2]$)。

$$Cr_2O_7^{2-}+4H_2O_2+2H^+=\!=\!=2CrO_5+5H_2O$$

CrO_5 不稳定，在水溶液中迅速分解生成 Cr(Ⅲ)和 O_2。在乙醚溶液中可以形成深蓝色的较为稳定的加合物 $2CrO_5\cdot(C_2H_5)_2O$，结构为四配位的四面体构型，过氧根 O_2^{2-} 为 π 配体，O—O轴面对着中心原子铬。向乙醚溶液中加入吡啶(py)可以形成吡啶加合物 $pyCrO(O_2)_2$，具有近似五角双锥的结构。CrO_5、$2CrO_5\cdot(C_2H_5)_2O$、$pyCrO(O_2)_2$ 的结构如图 20-14 所示。

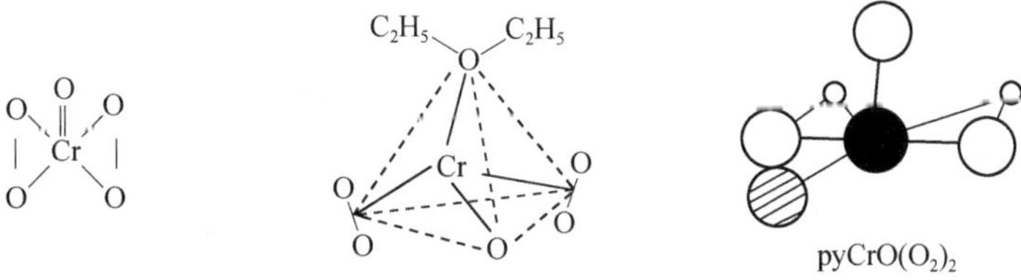

图 20-14　过氧化铬及其加合物的结构

0℃时，于碱性 K_2CrO_4 溶液中加 30% H_2O_2，析出暗红色的过氧铬酸钾(K_3CrO_8)。其可能的结构如图 20-15 所示。常温下 K_3CrO_8 相当稳定，加热至 170℃分解为 K_2CrO_4 并放出 O_2。

$$2K_3CrO_8+H_2O=\!=\!=2K_2CrO_4+2KOH+7/2O_2\uparrow$$

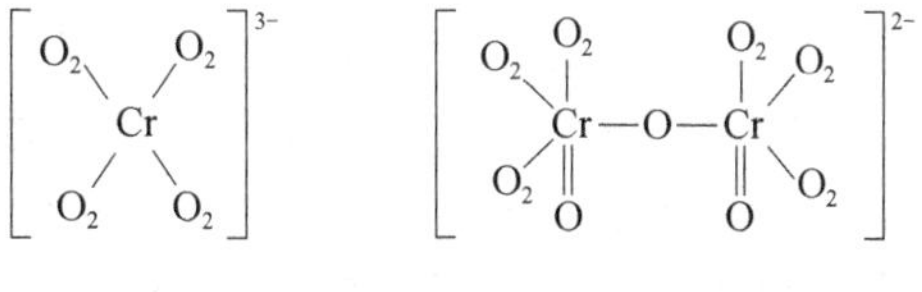

图 20-15　过氧铬酸钾 K_3CrO_8 及其二聚体的结构

4) 卤化物及卤氧化物

唯一的二元卤化物为黄色的 CrF_6，是在氟气中高压下于 100℃加热金属 Cr 并且迅速冷却制得，易于分解，即使在 −100℃也分解为 CrF_5 和 F_2。$CrOF_4$、CrO_2F_2 和 CrO_2Cl_2 比较稳定。CrO_2Cl_2 称为铬酰氯，血红色液体，熔点 −96.5℃，沸点 117℃。可以由固体 $K_2Cr_2O_7$、KCl 混合物和浓 H_2SO_4 在加热下得到，也可以用 CrO_3 与浓 HCl 反应制得。

$$K_2Cr_2O_7+4KCl+3H_2SO_4(\text{浓})\xrightarrow{\triangle}2CrO_2Cl_2+3K_2SO_4+3H_2O$$

$$CrO_3+2HCl(\text{浓})=\!=\!=CrO_2Cl_2+H_2O$$

铬酰氯见光易分解，遇水水解

$$2CrO_2Cl_2+3H_2O=\!=\!=H_2Cr_2O_7+4HCl$$

利用其挥发性在钢铁分析中可以除去钢中的铬，以消除铬对其他元素分析测定的干扰。具体方法为：溶解试样时加入 NaCl，并且加入 $HClO_4$ 蒸发至冒烟，铬即生成铬酰氯挥发而除去。

2. 氧化态为+3 的化合物

Cr^{3+} 的特征电子构型为 $3s^2 3p^6 3d^3$，属于 9～17 电子结构，离子半径较小，易于形成配合物。Cr^{3+} 中的 3 个未成对 d 电子在可见光作用下发生 d-d 跃迁，使化合物都显颜色。

1) 三氧化二铬、氢氧化铬和亚铬酸盐

Cr_2O_3 为暗绿色粉末，熔点高(2608K)，常用作绿色颜料，俗称铬绿。可用于制耐高温陶瓷、铝热法制备金属铬及有机合成的催化剂。天然或人工合成的红宝石(α-Al_2O_3)的颜色为 Cr^{3+} 所致。

Cr_2O_3 结构与 α-Al_2O_3 相同，性质相似，呈现两性，既能溶于酸也能溶于碱，但不溶于水。灼烧过的 Cr_2O_3 则不溶于酸，只能用焦硫酸盐熔融转化为可溶性铬盐

$$Cr_2O_3 + 3K_2S_2O_7 = 3K_2SO_4 + Cr_2(SO_4)_3$$

向 Cr(Ⅲ)盐溶液中加碱得到灰绿色的 $Cr(OH)_3$ 胶状沉淀，实质为水合三氧化二铬 $Cr_2O_3 \cdot nH_2O$。$Cr(OH)_3$ 也是两性的，溶于酸生成 Cr^{3+}，溶于碱生成亮绿色的亚铬酸盐 CrO_2^- 或$[Cr(OH)_4]^-$。$Cr(OH)_3$ 在溶液中存在下述平衡。

$$Cr^{3+} + 3OH^- \rightleftharpoons Cr(OH)_3 \rightleftharpoons H^+ + CrO_2^- + H_2O$$

$[Cr(OH)_4]^-$的水解能力较强，受热生成 $Cr(OH)_3$

$$[Cr(OH)_4]^- \xrightarrow{\triangle} Cr(OH)_3 + OH^-$$

2) Cr(Ⅲ)的盐

常见的 Cr(Ⅲ)的盐有硫酸铬和铬矾，一般均含有结晶水。硫酸铬由于制备条件不同而显示不同的颜色：$Cr_2(SO_4)_3 \cdot 18H_2O$ 为紫色，$Cr_2(SO_4)_3 \cdot 6H_2O$ 为绿色，$Cr_2(SO_4)_3$ 为桃红色。因在固体和溶液中均存在八面体结构的水合离子$[Cr(H_2O)_6]^{3+}$，$Cr_2(SO_4)_3 \cdot 18H_2O$ 溶于水得到蓝紫色溶液。经放置或加热则变为绿色溶液，原因在于$[Cr(H_2O)_6]^{3+}$与 SO_4^{2-} 结合成结构复杂的离子。

硫酸铬与碱金属硫酸盐易形成铬矾 $MCr(SO_4)_2 \cdot 12H_2O$ 或 $M_2SO_4 \cdot Cr_2(SO_4)_3 \cdot 24H_2O$ ($M=Na^+, K^+, Rb^+, Cs^+, NH_4^+, Tl^+$)，组成与铝矾相同。以 SO_2 还原 $K_2Cr_2O_7$ 的 H_2SO_4 溶液可制得铬钾矾

$$K_2Cr_2O_7 + H_2SO_4 + 3SO_2 = K_2SO_4 \cdot Cr_2(SO_4)_3 + H_2O$$

铬钾矾广泛用于皮革鞣制和染色过程中。鞣制的基本原理是利用 Cr^{3+} 的水解、缩聚及配位的特性。水溶液中$[Cr(H_2O)_6]^{3+}$的水解能力较强，其水解常数$pK_h^\ominus=3.8$，由于水解产生羟基水合离子和水合质子，溶液显酸性，水解过程中同时发生缩聚，一般由两个或三个羟基作"桥"将 Cr^{3+} 联系起来，形成多核配合物。

$$2[Cr(H_2O)_6]^{3+} \underset{+2H^+}{\overset{-2H^+}{\rightleftharpoons}} 2[Cr(H_2O)_5(OH)]^{2+} \rightleftharpoons \left[(H_2O)_4Cr \begin{matrix} H \\ O \\ \diagup \quad \diagdown \\ \\ \diagdown \quad \diagup \\ O \\ H \end{matrix} Cr(OH_2)_4 \right]^{4+} + 2H_2O$$

由于 Cr(Ⅲ)的强烈水解及 $Cr(OH)_3$ 的溶度积非常小，因而不能从水溶液中制取 Cr_2S_3 或 $Cr_2(CO_3)_3$

$$2Cr^{3+} + 3S^{2-} + 6H_2O \longrightarrow 2Cr(OH)_3 + 3H_2S\uparrow$$

$$2Cr^{3+} + 3CO_3^{2-} + 3H_2O \longrightarrow 2Cr(OH)_3 + 3CO_2\uparrow$$

但加热硫酸铬时不水解，因为产物 H_2SO_4 不挥发，而加热水合氯化铬时发生水解

$$CrCl_3 \cdot 6H_2O \xrightarrow{\triangle} Cr(OH)Cl_2 + 5H_2O + HCl$$

不能得到无水氯化铬。紫色片状的无水三氯化铬一般是 Cr_2O_3 被 CCl_4 在高温下分解产生的氯气氯化而得到的，CCl_4 分解产生的 C 是氯化反应的偶联剂，反应过程中有光气($COCl_2$)产生。

$$Cr_2O_3 + 3CCl_4 \longrightarrow 2CrCl_3 + 3COCl_2\uparrow$$

3) Cr(Ⅲ)的配合物

Cr(Ⅲ)形成配合物的能力较强，一般配位数为 6，八面体构型。

化学式为 $CrCl_3 \cdot 6H_2O$ 的配合物存在电离异构体，包括蓝紫色的$[Cr(H_2O)_6]Cl_3$、浅绿色的$[Cr(H_2O)_5Cl]Cl_2 \cdot H_2O$、暗绿色的$[Cr(H_2O)_4Cl_2]Cl \cdot 2H_2O$ 以及自乙醚溶液中得到的绿色不电离的$[Cr(H_2O)_3Cl_3] \cdot 3H_2O$ 配合物。若$[Cr(H_2O)_6]^{3+}$中的水被 NH_3 逐步取代时，可形成一系列颜色不同的配合物$[Cr(H_2O)_{6-n}(NH_3)_n]^{3+}$，随着内界 NH_3 的数目 n 的增加，配离子颜色逐渐向长波方向移动，具体表现为

n	6	5	4	3	2	0
颜色	黄色	橙黄	橙红	浅红	紫红	紫

请根据晶体场理论自行解释上述现象。

向 Cr^{3+} 的溶液中滴加 $NH_3 \cdot H_2O$，先生成 $Cr(OH)_3$ 沉淀，当 $NH_3 \cdot H_2O$ 过量时沉淀可部分溶解，生成$[Cr(NH_3)_6]^{3+}$：

$$Cr^{3+} \xrightarrow{NH_3 \cdot H_2O} Cr(OH)_3 \xrightarrow{NH_3 \cdot H_2O + NH_4^+} [Cr(NH_3)_6]^{3+}$$

表明 Cr^{3+} 与 NH_3 的配位能力一般，即使在氨性缓冲溶液中，反应仍然是不完全的，故分离 Cr^{3+} 与其他金属离子如 Al^{3+} 时并不采用生成氨配合物的方法。

配阴离子$[Cr(C_2O_4)_2(H_2O)_2]^-$存在因配位体空间排布不同而产生的几何异构现象，如图 20-16 所示。

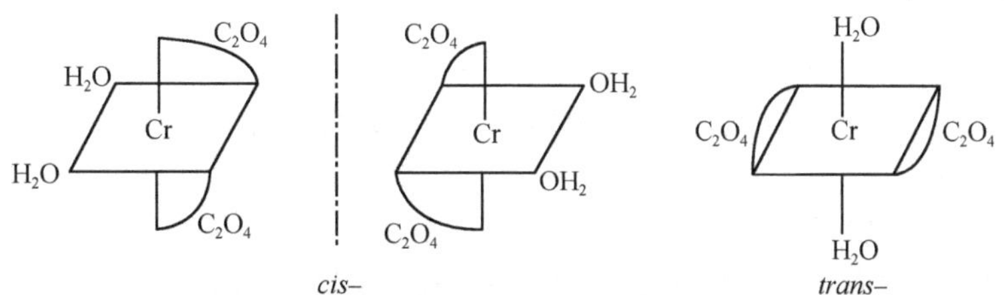

图 20-16　$[Cr(C_2O_4)_2(H_2O)_2]^-$的异构现象

反式异构体为紫色，顺式异构体表现出紫绿色的二色性，因其具有旋光异构。

3. Cr(Ⅵ)与 Cr(Ⅲ)的相互转化

1) Cr(Ⅵ)的氧化性

在酸性溶液中，$Cr_2O_7^{2-}$是强氧化剂

$$Cr_2O_7^{2-} + 14H^+ + 6e^- \longrightarrow 2Cr^{3+} + 7H_2O \qquad E_A^{\ominus} = 1.36V$$

可以氧化 H_2S、SO_2、HI、乙醇等

$$Cr_2O_7^{2-} + H_2S + 8H^+ \longrightarrow 2Cr^{3+} + SO_2\uparrow + 5H_2O$$

H_2S 过量时得到单质 S。此反应常被用来处理含铬废水

$$Cr_2O_7^{2-} + 3SO_2 + 2H^+ \longrightarrow 2Cr^{3+} + 3SO_4^{2-} + H_2O$$

此反应可用来监测乙醇含量,可判断司机是否酒后驾车。

$$2Cr_2O_7^{2-} + 3CH_3CH_2OH + 16H^+ \longrightarrow 4Cr^{3+} + 3CH_3COOH + 11H_2O$$

在酸性溶液中 $Cr_2O_7^{2-}$ 氧化 Fe^{2+} 为 Fe^{3+} 的反应是测定铁含量的基本反应。

$$Cr_2O_7^{2-} + 6Fe^{2+} + 14H^+ \longrightarrow 2Cr^{3+} + 6Fe^{3+} + 7H_2O$$

2) Cr(Ⅵ)的生成

在酸性溶液中欲使 Cr^{3+} 氧化为 $Cr_2O_7^{2-}$ 是比较困难的,通常要采用氧化性更强的过硫酸铵 $(NH_4)_2S_2O_8$、PbO_2 等作氧化剂

$$2Cr^{3+} + 3S_2O_8^{2-} + 7H_2O \longrightarrow Cr_2O_7^{2-} + 6SO_4^{2-} + 14H^+$$

注意到 $Cr_2O_7^{2-}$ 的氧化能力受酸度的影响很大,根据能斯特方程

$$E = E^{\ominus} - \frac{0.059}{z}\lg J = E^{\ominus} - \frac{0.059}{6}\lg\frac{c(Cr^{3+})^2}{c(Cr_2O_7^{2-})\cdot c(H^+)^{14}}$$

可见,随溶液酸度降低,$Cr_2O_7^{2-}$ 的氧化能力减弱,在碱性条件下,其电极反应为

$$CrO_4^{2-} + 4H_2O + 3e^- \longrightarrow Cr(OH)_3 + 5OH^- \qquad E_B^{\ominus} = -0.12V$$

可见,$Cr(OH)_3$ 的还原性很强,故制备 Cr(Ⅵ)的化合物应在碱性条件下进行。定性分析实验中分离检出 Cr^{3+} 即是在碱性溶液中用 H_2O_2 或 Br_2(或 Cl_2)将$Cr(OH)_4^-$ 氧化为 CrO_4^{2-}。

$$2Cr(OH)_4^- + 3H_2O_2 + 2OH^- \longrightarrow 2CrO_4^{2-} + 8H_2O$$

$$2Cr(OH)_4^- + 3Br_2 + 8OH^- \longrightarrow 2CrO_4^{2-} + 6Br^- + 8H_2O$$

3) 含 Cr(Ⅵ)废水的处理

化学试剂和电镀工业排放的废水中常含一定量的 Cr(Ⅵ),浓度为 20～100mg · L^{-1}。已知 Cr(Ⅲ)的毒性只有 Cr(Ⅵ)的 0.5%,所以含 Cr(Ⅵ)的废水必须经过处理使 Cr(Ⅵ)尽可能转化为 Cr(Ⅲ)后再排放,我国规定工业废水含 Cr(Ⅵ)的排放标准为 0.1mg · L^{-1}。处理含 Cr(Ⅵ)废水的方法主要有化学法和电解法。

(1) 化学法。选用 SO_2、$NaHSO_3$、$FeSO_4$、Na_2SO_3 等还原剂把 Cr(Ⅵ)还原为 Cr(Ⅲ),加碱沉出 $Cr(OH)_3$ 后,废水内 Cr(Ⅵ)量降至 0.01～0.1mg · L^{-1}。

(2) 电解法。将含铬(Ⅵ)废水调至酸性,加 NaCl 提高其电导率,以 Fe 为电极进行电解。

阳极 $Fe \longrightarrow Fe^{2+} + 2e^-$

阴极 $2H^+ + 2e^- \longrightarrow H_2$

随着阳极 Fe 溶解成 Fe^{2+},就将溶液中的 $Cr_2O_7^{2-}$ 还原为 Cr^{3+}。同时,由于阴极附近的 H^+ 浓度降低,pH 增大,Cr^{3+} 和 Fe^{3+} 生成氢氧化物沉出,控制条件可得到副产品铁氧体。经处理后废水中含铬量可降至 0.01mg · L^{-1}。

4. 氧化态为+2 的化合物

$E_A^{\ominus}(Cr^{3+}/Cr^{2+}) = -0.407V$,这表明 Cr^{2+} 是能在水溶液中存在的最强的还原剂之一,不仅可以与空气中的 O_2 作用甚至可以还原水中的 H^+

$$4Cr^{2+} + 4H^+ + O_2 \longrightarrow 4Cr^{3+} + 2H_2O$$

$$2Cr^{2+} + 2H^+ \longrightarrow 2Cr^{3+} + H_2\uparrow$$

利用其与氧迅速定量反应的特点，可以用于除去混合气体中的氧。

天蓝色$[Cr(H_2O)_6]^{2+}$溶液的制备最好是将电解获得的金属铬溶于稀的无机酸，也可用 Zn 还原 Cr(Ⅲ)溶液得到。二价铬的强酸盐结晶大多数是蓝色的，如 $Cr(ClO_4)_2 \cdot 6H_2O$、$CrCl_2 \cdot 4H_2O$、$CrSO_4 \cdot 7H_2O$ 等，对热不稳定，脱水前即分解。二价铬盐溶液中加氨可析出黄色 $Cr(OH)_2$ 沉淀，为碱性氢氧化物。

酸性条件下，Cr^{2+}溶液在无氧的 H_2 气氛下与饱和乙酸钠溶液反应，析出红色乙酸亚铬晶体 $Cr_2(CH_3COO)_4 \cdot 2H_2O$，其结构如图 20-17 所示。在 $Cr_2(CH_3COO)_4 \cdot 2H_2O$ 中，两个 Cr^{3+} 的配位数均为 6，为变形八面体的结构。化合物为反磁性，Cr—Cr 间距离较短，为 235pm，比 Cr—Cr 单键键长 328pm 短得多，表明 Cr 与 Cr 间除形成 σ 键外，还存在其他作用。

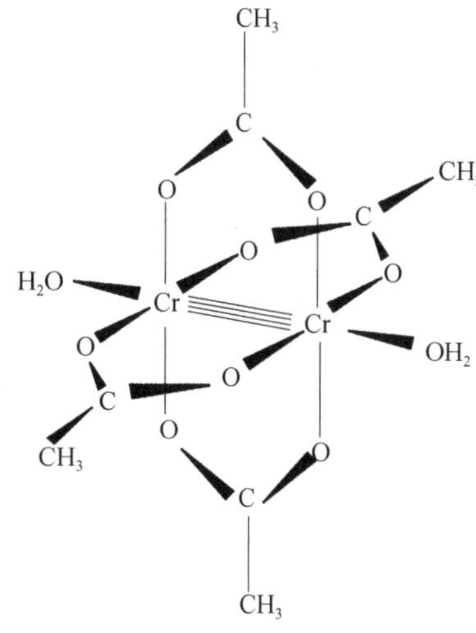

图 20-17　$Cr_2(CH_3COO)_4 \cdot 2H_2O$ 的结构

Cr^{2+} 价电子层构型为 $3d^4$，4 个价电子分别占据 $3d_{z^2}$、$3d_{xz}$、$3d_{yz}$ 和 $3d_{xy}$ 轨道。当它们相互接近时，d_{z^2} 轨道电子从 z 轴方向以“头碰头”的方式重叠形成一个金属-金属 σ 键；$3d_{xz}$ 和 $3d_{yz}$ 轨道电子以“肩并肩”的方式分别重叠，形成两个金属-金属 π 键；剩下 $3d_{xy}$ 轨道电子彼此以“面对面”的方式重叠形成一个金属-金属 δ 键。即在乙酸亚铬的两铬原子之间存在金属四重键 $Cr \equiv Cr(\sigma+2\pi+\delta)$ 或四对成键电子，故而 Cr—Cr 距离较短；两个 Cr^{2+} 的 d 电子均已成键，基态电子构型为 $\sigma^2\pi^4\delta^2$，故化合物显反磁性。类似四重键也常出现在重过渡元素配合物中，如$[Re_2Cl_8]^{2-}$等。

20.4.3　钼和钨的化合物

1. 氧化物

MoO_3 为白色固体，熔点 800℃，加热时变为黄色；WO_3 为深黄色固体，熔点 1200℃，加热时变为橙黄色，颜色变化可能与缺陷有关。二者与 CrO_3 不同，不与酸作用并且难溶于水，作为酸酐却不能通过其与水作用制备相应的含氧酸，但可以和碱溶液反应生成相应的含氧酸盐，甚至是氨水这样的弱碱。

$$MoO_3 + 2NH_3 \cdot H_2O = (NH_4)_2MoO_4 + H_2O$$
$$WO_3 + 2NaOH = Na_2WO_4 + H_2O$$

MoO_3 与金属 Mo 共热形成 Mo_2O_5，而 W(Ⅴ)则为一大批非整比化合物，例如在氢气中，856℃时加热钨酸钠、WO_3 和 W 的混合物，可以得到钨青铜 Na_xWO_3(x 为 0～1)

$$\frac{x}{2}Na_2WO_4 + \frac{3-2x}{3}WO_3 + \frac{x}{6}W \longrightarrow Na_xWO_3$$

x 为 0.3 时，产物为紫色；0.6 时产物为红色；0.9 时产物为金色。当 $x>0.25$ 时表现出金属导电性；当 $x<0.25$ 时产物为半导体。

2. 含氧酸及其简单盐

MoO_3 和 WO_3 溶于强碱溶液时得到简单钼酸盐和钨酸盐结晶。酸根离子 MoO_4^{2-}、WO_4^{2-} 均为四面体结构。碱金属、铵、铍、镁和铊(Ⅰ)的简单钼酸盐和钨酸盐可以溶于水，其余金属的盐难溶。

酸化钼酸盐和钨酸盐溶液，随 pH 减小，逐渐缩合成多钼酸盐和多钨酸盐，最后当 $pH<1$ 时，析出黄色的 $MoO_3 \cdot 2H_2O$ 和白色的 $WO_3 \cdot 2H_2O$，从热溶液中则析出水合物 $MoO_3 \cdot H_2O$ 和 $WO_3 \cdot H_2O$，称为钼酸和钨酸，即 H_2MoO_4 和 H_2WO_4。

与铬酸盐相比，钼酸盐和钨酸盐氧化性较弱。Cr(Ⅵ)的还原产物为 Cr(Ⅲ)，而将 MoO_3 和 WO_3 的悬浮液或 MoO_4^{2-} 盐和 WO_4^{2-} 盐的酸性溶液进行温和还原(还原剂如 $SnCl_2$、SO_2、H_2S 等)，则显示出蓝色，称为"钼蓝"或"钨蓝"，是一种含有 OH 基团的+5 和+6 价混合价氧化物，非化学计量比，例如钨蓝的组成可能为 $WO_{2.67}(OH)_{0.33}$。采用强还原剂时，钨酸盐也仅止于钨蓝，而钼酸盐可以被还原到 Mo^{3+}，如在 $(NH_4)_2MoO_4$ 的浓盐酸溶液中，用金属 Zn 还原时，溶液由最初的蓝色转变为绿色的 $MoCl_5$，最后生成棕色的 $MoCl_3$。

$$2(NH_4)_2MoO_4 + 3Zn + 16HCl = 2MoCl_3 + 3ZnCl_2 + 4NH_4Cl + 8H_2O$$

而同样条件下铬则被还原为 Cr^{2+} 了。即稳定性顺序为 Cr(Ⅵ)<Mo(Ⅵ)<W(Ⅵ)，这表明了过渡元素从上到下、最高价化合物稳定性增强的一般性规律。

3. 过氧酸盐

与过铬酸盐一样，向碱性钼酸盐、钨酸盐溶液中加入 H_2O_2，生成红色四过氧钼酸盐和黄色四过氧钨酸盐

$$MO_4^{2-} + 4H_2O_2 = M(O_2)_4^{2-} + 4H_2O \qquad (M = Mo, W)$$

若溶液为弱碱性，则生成黄色二过氧钼酸盐和白色二过氧钨酸盐

$$MO_4^{2-} + 2H_2O_2 = HMO_2(O_2)_2^- + OH^- + H_2O \quad (M = Mo, W)$$

酸性溶液中则形成过氧酸

$$MO_4^{2-} + H_2O_2 + 2H^+ = H_2MO_3(O_2) + H_2O \qquad (M = Mo, W)$$

20.4.4 多酸型配合物

多酸分为同多酸和杂多酸。由两个或两个以上同种简单含氧酸分子缩水而成的酸称同多酸。能够形成同多酸的元素有 V、Cr、Mo、W、Nb、Ta、U、B、P、Si、S 等。多酸的酸性一般比单酸酸性强，常见的是多酸盐。同多酸根离子的形成与相应简单酸的酸性和溶液的 pH 有关。一般酸性越弱，pH 越小，缩合度越大。如将 MoO_3 的氨水溶液酸化，当 pH 降到 6 时，生成仲钼酸根($Mo_7O_{24}^{6-}$，七钼酸根)：

$$7MoO_4^{2-} + 8H^+ \longrightarrow Mo_7O_{24}^{6-} + 4H_2O$$

仲钼酸铵$[(NH_4)_6Mo_7O_{24} \cdot 4H_2O]$是实验室常用试剂，也是一种微量元素肥料。将溶液略微酸化，则形成八钼酸根离子($Mo_8O_{26}^{4-}$)。

根据聚合程度，可将能够形成多酸的含氧酸分为 3 类：

(1) 聚合物有限但无定。其简单酸的酸性较强，故只能形成聚合度较低的少数几个多酸，聚合度越高越不稳定，如 CrO_4^{2-} 仅有 CrO_4^{2-}、$Cr_2O_7^{2-}$、$Cr_3O_{10}^{2-}$、$Cr_4O_{13}^{2-}$，SO_4^{2-} 仅有 SO_4^{2-}、$S_2O_7^{2-}$、$S_3O_{10}^{2-}$。

(2) 聚合物无限又无定。其简单酸的酸性较弱，稳定性与聚合度关系不大，如 PO_4^{3-}、$P_2O_7^{4-}$、…、$[P_nO_{3n+1}]^{(n+2)-}$；SiO_4^{4-}、$Si_2O_7^{6-}$、$[(SiO_3)_n]^{2n-}$、$[(Si_4O_{11})_n]^{6n-}$、$[(Si_2O_5)_n]^{2n-}$、$[(SiO_2)_n]$。虽然还存在有限环状的三偏磷酸根($P_3O_9^{3-}$)、四偏磷酸根($P_4O_{12}^{4-}$)及三偏硅酸根($Si_3O_9^{6-}$)、六偏硅酸根($Si_6O_{18}^{12-}$)等，但绝大多数 P、Si 的同多酸根离子的聚合度 n 是无限的，并

且无定。

(3) 聚合物有限也有定。在多种不同聚合度的同多酸中只有有限的几种存在，而且特别稳定，如 VO_4^{3-}、$V_2O_7^{4-}$、$V_4O_{12}^{4-}$、$V_{10}O_{28}^{6-}$；MoO_4^{2-}、$Mo_7O_{24}^{6-}$、$Mo_8O_{26}^{4-}$、$Mo_{12}O_{41}^{10-}$；WO_4^{2-}、$W_8O_{26}^{4-}$、$W_{12}O_{41}^{10-}$。这几种聚合离子之所以特殊，主要是因为其具有一定的稳定结构。

同多酸可以写作含水氧化物的形式，称为解析式。例如，二钒酸($H_4V_2O_7$)：$V_2O_5 \cdot 2H_2O$，七钼酸($H_6Mo_7O_{24}$)：$7MoO_3 \cdot 3H_2O$，十二钨酸($H_{10}W_{12}O_{41}$)：$12WO_3 \cdot 5H_2O$ 等。结构为简单含氧酸根多面体以角、棱、面相连而成，其连接的公共点为氧原子。例如，S、Si、P、V、Cr 等同多酸是以结构基元[SO_4]、[SiO_4]、[PO_4]、[VO_4]、[CrO_4]等四面体通过共用角、棱(情况较少)而形成的；B 还存在[BO_3]平面三角的结构基元；Mo、W 的同多酸是以结构基元[MoO_6]、[WO_6]八面体通过共用角、棱、面而形成的，仲钼酸根($Mo_7O_{24}^{6-}$)的结构示意图如图 20-18 所示。

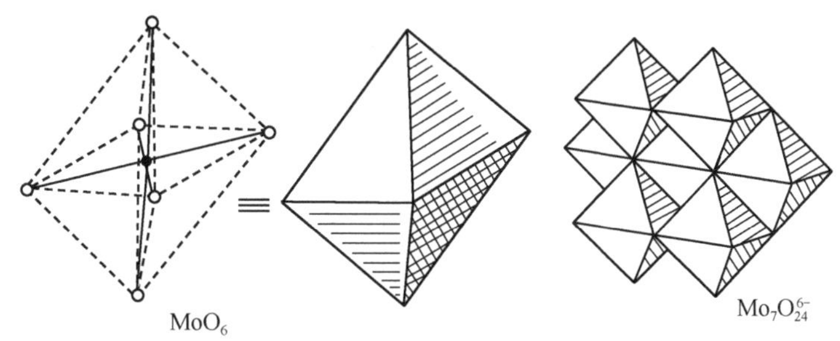

图 20-18　仲钼酸根($Mo_7O_{24}^{6-}$)的结构示意图

由两个和两个以上不同种简单含氧酸分子缩水而成的酸称杂多酸。主要是钼和钨的磷、硅杂多酸。例如十二钼磷杂多酸($H_3[PMo_{12}O_{40}]$)，解析式为 $H_3PO_4 \cdot 12MoO_3$；十二钨硅杂多酸($H_4[SiW_{12}O_{40}]$)，解析式为 $H_4SiO_4 \cdot 12WO_3$。

杂多酸是固体酸，可看作特殊的配合物，其中 P 或 SiO_4 为中心原子，多钼酸根或多钨酸根为配位体，结构如图 20-19 所示。

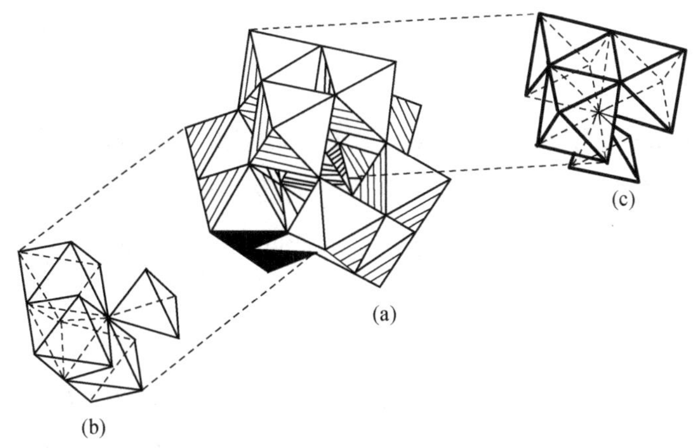

图 20-19　十二钼(钨)磷(硅)杂多酸的结构

[PO_4]或[SiO_4]四面体位于中心，被[MoO_6]或[WO_6]八面体围绕。每 3 个八面体共用共顶点的 3 条棱边为一组，含有 $3\times(1/3+4\times1/2+1)=10$ 个氧原子，即 Mo_3O_{10} 或 W_3O_{10}。每

一组的共用角与四面体的一个角连接，并且和其他组中相邻的八面体共用角氧，故共有四组 Mo_3O_{10} 或 W_3O_{10}、12 个[MoO_6]或[WO_6]八面体，P 或 Si 的配位数为 4。在十二钼或十二钨杂多酸根阴离子中存在较大的空隙可以夹杂水分子和阳离子，常形成水合物，其难溶盐是很好的阳离子交换剂。

生成黄色晶状沉淀钼磷酸铵 $(NH_4)_3PO_4 \cdot 12MoO_3$ 的反应可以用于鉴定 PO_4^{3-}

$$PO_4^{3-} + 3NH_4^+ + 12MoO_4^{2-} + 24H^+ \xlongequal{} (NH_4)_3PO_4 \cdot 12MoO_3 \cdot 6H_2O\downarrow + 6H_2O$$

反应在 1.8～2.3mol · L^{-1} 的 HNO_3 中进行。生成的钼磷酸铵能溶于碱、$NH_3 \cdot H_2O$、NH_4Ac 或 $(NH_4)_2C_2O_4$ 溶液中。

钼磷杂多酸和一些还原剂如 $SnCl_2$、Zn 作用，杂多酸中部分 Mo(Ⅵ)被还原为 Mo(Ⅴ)，生成特征的蓝色化合物，称为“钼磷蓝”，组成可能为 $H_3PO_4 \cdot 10MoO_3 \cdot Mo_2O_5$，可以用于钢铁、土壤、农作物中磷含量的比色法测定。有些杂多酸盐还可用作催化剂以及固体电解质。

20.5 锰副族元素

20.5.1 锰副族元素的通性

1. 氧化态

ⅦB 族元素包括锰 Mn(magnesium)、锝 Tc(technetium)、铼 Re(rhenium)，Tc 为放射性元素。价电子构型为$(n-1)d^5ns^2$。最高氧化态是+7。Mn 具有第一过渡系金属所有的氧化态，从－3 到＋7，常见氧化态为＋2、＋4、＋6 和＋7。低氧化态表现在羰基化合物 $Mn_2(CO)_{10}$、$[Mn(CO)_5]^-$、$Mn(NO)_3CO$中，在 $CH_3Mn(CO)_5$、$Na_5[Mn(CN)_6]$中存在＋1 氧化态。第一过渡系金属＋2 氧化态的稳定性从 Cr 到 Mn 发生突增，$E_A^\ominus(Cr^{3+}/Cr^{2+}) = -0.41V$，$E_A^\ominus(Mn^{3+}/Mn^{2+}) = +1.51V$，原因在于 $3d^5$ 的半充满结构导致 Mn 的第三电离能特别高。高于 Mn(Ⅱ)的所有锰的氧化态都是强氧化剂。而 Tc 和 Re 的＋7 氧化态是最常见和最稳定的，仅显微弱的氧化性。Mn 元素的元素电势图如图 20-20 所示。

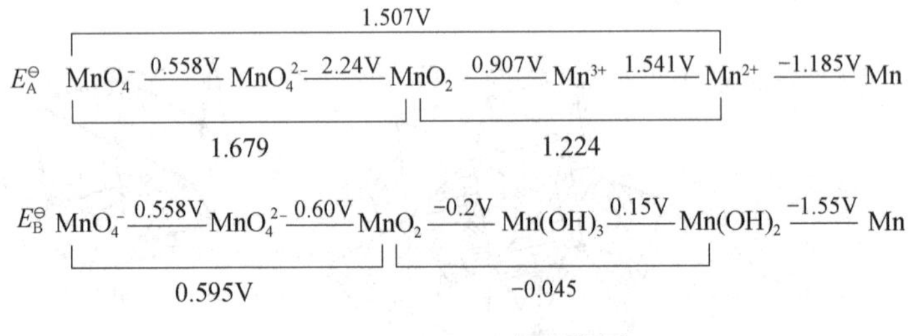

$$E_A^\ominus\quad MnO_4^- \xrightarrow{0.558V} MnO_4^{2-} \xrightarrow{2.24V} MnO_2 \xrightarrow{0.907V} Mn^{3+} \xrightarrow{1.541V} Mn^{2+} \xrightarrow{-1.185V} Mn$$

（MnO_4^-—Mn^{2+}：1.507V；MnO_4^-—MnO_2：1.679；MnO_2—Mn^{2+}：1.224）

$$E_B^\ominus\quad MnO_4^- \xrightarrow{0.558V} MnO_4^{2-} \xrightarrow{0.60V} MnO_2 \xrightarrow{-0.2V} Mn(OH)_3 \xrightarrow{0.15V} Mn(OH)_2 \xrightarrow{-1.55V} Mn$$

（MnO_4^-—MnO_2：0.595V；MnO_2—$Mn(OH)_2$：-0.045）

图 20-20 Mn 元素电势图

2. 存在和提取

锰在地壳中的丰度为 $9.5\times10^{-3}\%$，占第 14 位。最重要的矿物为软锰矿 MnO_2，其他还有黑锰矿 Mn_3O_4、方锰矿 MnO、水锰矿 MnO(OH)以及褐锰矿 Mn_2O_3。另外一个重要的来源是深海锰结核，是含有大量锰、铁、铜、镍、钴等元素的矿石。

金属锰的制备采用铝热法还原 MnO_2 或 Mn_3O_4，而 Mn_3O_4 可通过加热 MnO_2 得到

$$3MnO_2 \xrightarrow{\triangle} Mn_3O_4 + O_2\uparrow$$

$$3Mn_3O_4 + 8Al \xrightarrow{\triangle} 9Mn + 4Al_2O_3$$

也可以将 MnO_2 用 CO 还原制得

$$MnO_2 + 2CO \xrightarrow{\triangle} Mn + 2CO_2 \uparrow$$

3. 单质的物理和化学性质

锰为银白色金属，粉末状为灰色。常温下晶体结构不规则，质脆；高温下为体心或立方密堆积结构。

单质锰为活泼金属，粉末状锰在空气中容易着火，块状锰表面存在氧化物保护膜而稳定。锰可被水缓慢侵蚀，生成的 $Mn(OH)_2$ 对此有抑制作用。在热水或 NH_4Cl 溶液中，置换反应能顺利进行，这与 Mg 相似。锰易溶于酸生成 Mn(Ⅱ)盐和 H_2，但是与冷浓 H_2SO_4 反应较慢。

常温下锰与卤素直接化合生成 MnX_2，结构与 $MgCl_2$ 相同。与 F_2 作用除生成 MnF_2 外，还生成 MnF_3。高温下和 S、C、N、Si、B 等生成相应化合物，但不能和 H_2 化合。例如

$$3Mn(s) + N_2(g) \xrightarrow{>1200℃} Mn_3N_2(s)$$

纯金属锰的用途较少，主要用于炼钢，几乎所有的钢都含有锰。锰能和溶解在钢里的氧及硫化合减弱钢的脆性。铜锰合金具有机械强度大和不会被磁化的优异特性，被用于船舰需要防磁的部位。锰是人体不可缺少的微量元素，是人体多种酶的核心，缺锰会导致畸形和脑惊厥。锰对植物体的光合作用以及一些酶的活动、维生素的转化起着十分重要的作用，缺锰则小麦、玉米的叶子出现红色、褐色斑点，果树叶子会变黄。

20.5.2　锰的化合物

1. 氧化态为+2 的化合物

1) 氧化锰和氢氧化锰

MnO 是灰白色到暗绿色的粉末，难溶于水，具有可变组成($MnO \sim MnO_{1.5}$)，呈半导体性质，可以由高氧化态氧化锰被 H_2、CO 还原得到

$$MnO_2(s) + H_2(g) = MnO(s) + H_2O(g) \qquad \Delta_rG_m^\ominus = -126.9kJ \cdot mol^{-1}$$

$$MnO_2(s) + CO(g) = MnO(s) + CO_2(g) \qquad \Delta_rG_m^\ominus = -155.5kJ \cdot mol^{-1}$$

也可以由 MnC_2O_4 或 $MnCO_3$ 热分解得到

$$MnC_2O_4(s) \xrightarrow{\triangle} MnO(s) + CO(g) + CO_2(g) \qquad \Delta_rG_m^\ominus = 85.1kJ \cdot mol^{-1}$$

$$MnCO_3(s) \xrightarrow{\triangle} MnO(s) + CO_2(g) \qquad \Delta_rG_m^\ominus = 60.0kJ \cdot mol^{-1}$$

但由于 Mn(Ⅱ)的还原性较强，采用 $MnCO_3$ 热分解法温度高于 330℃时生成的部分 MnO 可还原 CO_2 为 CO 并生成高氧化态氧化锰，故欲制备较纯的 MnO 采用在还原性气氛，如 H_2 条件下热分解 MnC_2O_4 的方法。

Mn 遇 NaOH 溶液或 $NH_3 \cdot H_2O$ 时生成碱性、近白色 $Mn(OH)_2$ 沉淀，其$K_{sp}^\ominus = 1.9 \times 10^{-13}$，与 $Mg(OH)_2$($K_{sp}^\ominus = 5.1 \times 10^{-12}$)相近，故采用 $NH_3 \cdot H_2O$ 沉淀时反应不完全，在有较浓的 NH_4^+ 存在时，甚至不产生沉淀。

$Mn(OH)_2$ 极易被 O_2 氧化，甚至溶于水的少量 O_2 也能够将其氧化为褐色的 $MnO(OH)_2$，可以用于水质分析中水中溶解氧(DO)的测定

$$2Mn(OH)_2 + O_2 = 2MnO(OH)_2$$

2) 锰(Ⅱ)盐

锰(Ⅱ)是锰最稳定的氧化态,许多性质和 Mg^{2+}、Fe^{2+} 相似。

(1) 还原性。酸性介质中 Mn^{2+} 遇到强氧化剂,如 $(NH_4)_2S_2O_8$、$NaBiO_3$、PbO_2、H_5IO_6 时被氧化成 MnO_4^-

$$2Mn^{2+} + 5S_2O_8^{2-} + 8H_2O \xrightarrow[\triangle]{AgNO_3} 2MnO_4^- + 10SO_4^{2-} + 16H^+$$

$$2Mn^{2+} + 5NaBiO_3 + 14H^+ = 2MnO_4^- + 5Bi^{3+} + 5Na^+ + 7H_2O$$

以上两个反应用于 Mn^{2+} 的鉴定。反应时 Mn^{2+} 浓度不宜太大,用量不宜过多,特别是第一个较慢的反应,否则还未被氧化的 Mn^{2+} 和已经生成的 MnO_4^- 反应得到棕色 MnO_2。

$$2MnO_4^- + 3Mn^{2+} + 2H_2O = 5MnO_2 + 4H^+$$

(2) 溶解性。Mn(Ⅱ)的强酸盐、乙酸盐都易溶于水并带结晶水,如 $MnCl_2 \cdot nH_2O(n=4,6)$、$MnSO_4 \cdot nH_2O(n=1,4,5,7)$、$Mn(NO_3)_2 \cdot nH_2O(n=3,6)$、$MnAc_2 \cdot 4H_2O$,其结晶水含量与结晶温度有关,结晶温度越低,含结晶水越多。

Mn^{2+} 的易溶强酸盐比弱酸盐稳定,这是由于弱酸盐水解呈碱性和 Mn^{2+} 在碱性条件下易被氧化成 $MnO(OH)_2$ 导致的,故而制备 Mn(Ⅱ)的盐时,需要溶液 $pH<7$。

Mn(Ⅱ)的硫化物、碳酸盐、磷酸盐、乙二酸盐是难溶的。向 Mn(Ⅱ)盐溶液中加入 $(NH_4)_2S$ 得到深肉色 $MnS \cdot nH_2O$ 沉淀。无水 MnS 为绿色,不溶于水,但溶于稀酸,甚至乙酸。利用此性质可除去锰盐中的 Pb^{2+}、Cu^{2+} 等杂质。

Mn(Ⅱ)盐溶液与 CO_2 饱和的 $NaHCO_3$ 溶液反应生成白色 $MnCO_3 \cdot H_2O$,在 CO_2 气氛下加热失水得浅粉色 $MnCO_3$。$MnCO_3$ 为弱酸盐,易溶于强酸,常用作制备其他锰盐的原料。如将 $MnCO_3$ 溶于 HNO_3 中,室温下蒸发,析出 $Mn(NO_3)_2 \cdot 6H_2O$,加热到 25℃以上部分脱水变成 $Mn(NO_3)_2 \cdot 3H_2O$,继续加热得无水 $Mn(NO_3)_2$。无水 $Mn(NO_3)_2$ 在高温下分解的反应可用于制备化学纯 MnO_2

$$Mn(NO_3)_2(s) \xrightarrow{\triangle} MnO_2(s) + 2NO_2(g)$$

Mn(Ⅱ)盐溶液与 Na_2HPO_4 溶液反应得到白色 $Mn_3(PO_4)_2 \cdot 7H_2O$,在有 NH_4Cl 及少量 $NH_3 \cdot H_2O$ 存在时得到白色丝状晶体 $NH_4MnPO_4 \cdot H_2O$,受热形成焦磷酸锰 $Mn_2P_2O_7$

$$PO_4^{3-} + Mn^{2+} + NH_4^+ + H_2O = NH_4MnPO_4 \cdot H_2O$$

$$2NH_4MnPO_4 \cdot H_2O \xrightarrow{\triangle} Mn_2P_2O_7 + 2NH_3\uparrow + 3H_2O$$

这也与 Mg^{2+} 的性质相似。

(3) 配合物。Mn^{2+} 价电子层构型为 $3d^5$,大多数配合物为高自旋的 6 配位八面体构型,d 电子排布为 $t_{2g}^3e_g^2$。高自旋的 Mn(Ⅱ)配合物颜色极淡,几乎无色,大多为很淡的粉红色,如 $[Mn(H_2O)_6]^{2+}$。原因在于此时的 d-d 跃迁涉及电子自旋方向的反转,而改变电子自旋方向的跃迁是量子力学禁阻的,发生“自旋禁阻”跃迁的概率很小,对光的吸收很弱,故而颜色很淡。Mn(Ⅱ)与一些很强的强场配体如 CN^- 才形成低自旋配合物,如蓝紫色的 $[Mn(CN)_6]^{4-}$。

Mn(Ⅱ)还可以形成少数配位数为 4 的配合物,四面体构型,d 电子排布为 $e_g^2t_{2g}^3$,虽然其跃迁仍然是自旋禁阻的,但是由于分裂能较小,跃迁比较容易,故高自旋的四面体型配合物颜色较深,呈黄绿色,如 $[MnCl_4]^{2-}$。

2. 氧化态为+3 的化合物

$[Mn(H_2O)_6]^{3+}$ 为深樱桃红色,与 MnO_4^- 颜色相近,氧化性也相近。从元素电势图可知,

Mn(Ⅲ)的化合物均不稳定，易发生歧化反应，并具有水解性

$$2Mn^{3+}(aq) + 2H_2O(l) \rightleftharpoons MnO_2(s) + Mn^{2+}(aq) + 4H^+(aq) \qquad K^{\ominus} \approx 10^9$$

$$2Mn^{3+}(aq) + 2H_2O(l) \rightleftharpoons 2[MnOH]^{2+}(aq) + 2H^+(aq) \qquad K^{\ominus} \approx 1$$

欲在水溶液中稳定 Mn(Ⅲ)，应该采取强酸性溶液和提高 Mn^{2+} 的浓度以抑制其歧化和水解。如在酸性 $KMnO_4$ 中加入足量的 Mn(Ⅱ)(约过量 25 倍)，酸浓度约 $4mol \cdot L^{-1}$，形成的 Mn(Ⅲ)溶液可稳定存在几天。

要在弱酸性、中性溶液中稳定 Mn(Ⅲ)，则可以通过加入合适的配合剂生成配合物的方法实现，如$[Mn(PO_4)_2]^{3-}$、$[Mn(C_2O_4)_3]^{3-}$、$[Mn(CN)_6]^{3-}$、$[Mn(acac)_2]^{3-}$、$[MnCl_5]^{2-}$等均是已知的。$K_3Mn(CN)_6$ 为暗红色固体，组成与晶形和赤血盐$K_3[Fe(CN)_6]$相似；用 $KMnO_4$ 滴定乙二酸时，由于形成$[Mn(C_2O_4)]^+$，滴定终点前显红色；$[Mn(PO_4)_2]^{3-}$的溶液显紫色，可以用于锰含量的测定，测定时先在 H_3PO_4 介质中，用氧化剂 NH_4NO_3 将 Mn(Ⅱ)氧化为$[Mn(PO_4)_2]^{3-}$，然后用 Fe^{2+} 标准溶液滴定。

3. 氧化态为+4 的化合物

最稳定且最重要的 Mn(Ⅳ)化合物是 MnO_2，为黑色粉末状固体物质，常温下为多晶形，高温下为金红石结构，不溶于水。显弱酸性，与许多金属氧化物可形成亚锰酸盐 $M^{I}_2[MnO_3]$。Mn(Ⅳ)氧化态居中，既可作还原剂，又可作氧化剂。

作为还原剂，$E^{\ominus}_B(MnO_4^{2-}/MnO_2) = 0.60V$，在碱性条件下，有氧化剂存在并加热时，被氧化为锰酸盐

$$2MnO_2 + 4KOH + O_2 \xrightarrow{\triangle} 2K_2MnO_4 + 2H_2O$$

$$3MnO_2 + 6KOH + KClO_3 \xrightarrow{\triangle} 3K_2MnO_4 + KCl + 3H_2O$$

作为氧化剂，$E^{\ominus}_A(MnO_2/Mn^{2+}) = 1.22V$，在酸性条件下为较强的氧化剂，可氧化浓 HCl 中的 Cl^- 为 Cl_2，与浓 H_2SO_4 作用放出 O_2

$$MnO_2 + 4HCl(浓) \xrightarrow{\triangle} MnCl_2 + Cl_2\uparrow + 2H_2O$$

$$2MnO_2 + 2H_2SO_4(浓) \xrightarrow{\triangle} 2MnSO_4 + O_2\uparrow + 2H_2O$$

MnO_2 在干电池中用作去极剂。在锌锰干电池中，锌为负极，石墨为正极，NH_4Cl 和淀粉糊为电解质。有电流通过时，NH_4Cl 水解产生的 H^+ 在正极上得电子产生 H_2，有一定的超电势，可用 MnO_2 消除这种极化作用(δ-MnO_2 最佳)：

$$MnO_2 + NH_4^+ + 2H_2O + e^- = Mn(OH)_3 + NH_3 \cdot H_2O$$

在较浓的硫酸溶液中，高锰酸氧化硫酸锰生成黑色的 $Mn(SO_4)_2$ 晶体，在稀硫酸中水解为水合二氧化锰沉淀。

4. 氧化态为+6 的化合物

Mn(Ⅵ)化合物只有暗绿色的锰酸盐，只有在强碱性溶液中稳定，在酸性、中性及弱碱性溶液中立即歧化

$$3K_2MnO_4 + 2H_2O = 2KMnO_4 + MnO_2 + 4KOH$$

固体 K_2MnO_4 加热至 493K 以上时开始分解为 K_2MnO_3 和 O_2

$$2K_2MnO_4 \xrightarrow{\triangle} 2K_2MnO_3 + O_2\uparrow$$

5. 氧化态为+7的化合物

1) 高锰酸钾

Mn(Ⅶ)的化合物中最重要的是 $KMnO_4$，$NaMnO_4$ 因为含有结晶水而不常用。

$KMnO_4$ 俗称灰锰氧，为深紫色晶体，水溶液呈紫色。MnO_4^- 构型为[MnO_4]四面体。由于 Mn 的高氧化态使 Mn—O 键间有较强的极化作用，当吸收可见光后使 O^{2-} 一端的电子向 Mn(Ⅶ)跃迁，称为电荷转移跃迁，使 MnO_4^- 呈紫色。

$KMnO_4$ 的制备是以 K_2MnO_4 作为中间体的，主要有三种方法：

(1) CO_2 法。利用 MnO_4^{2-} 的歧化反应，通 CO_2 入碱性 K_2MnO_4 溶液，中和歧化反应产生的 OH^-，得到 $KMnO_4$ 溶液和 MnO_2 沉淀

$$3K_2MnO_4 + 4CO_2 + 2H_2O \xlongequal{} 2KMnO_4 + MnO_2 + 4KHCO_3$$

过滤，浓缩滤液得 $KMnO_4$ 晶体。理论上仅 2/3 的 K_2MnO_4 转化为目标产物$KMnO_4$，产率较低，目前已经不使用此方法。

(2) 氧化法。用 Cl_2 氧化 K_2MnO_4 溶液，得到 $KMnO_4$ 和 KCl

$$K_2MnO_4 + 1/2Cl_2 \xlongequal{} KMnO_4 + KCl$$

所得 $KMnO_4$ 和 KCl 难以分离干净。

(3) 电解氧化法。电解 K_2MnO_4 溶液，生成 $KMnO_4$ 和 H_2

阳极反应 $$2MnO_4^{2-} - 2e^- \xlongequal{} 2MnO_4^-$$

阴极反应 $$2H_2O + 2e^- \xlongequal{} H_2\uparrow + 2OH^-$$

所得产品产率高、质量好。

$KMnO_4$ 是最常用的氧化剂之一，其氧化能力和还原产物因介质的酸碱度不同而具有很大差异：在酸性条件下被还原为 Mn^{2+}，碱性条件下被还原为 MnO_4^{2-}，中性条件下则为 MnO_2。这主要是因为还原产物在相应的介质中稳定。例如与 SO_3^{2-} 反应

酸性 $$2MnO_4^- + 5SO_3^{2-} + 6H^+ \xlongequal{} 2Mn^{2+} + 5SO_4^{2-} + 3H_2O$$

中性 $$2MnO_4^- + 3SO_3^{2-} + H_2O \xlongequal{} 2MnO_2 + 3SO_4^{2-} + 2OH^-$$

碱性 $$2MnO_4^- + SO_3^{2-} + 2OH^- \xlongequal{} 2MnO_4^{2-} + SO_4^{2-} + H_2O$$

$KMnO_4$ 被还原的最终产物还与其加入方式有关，如 $KMnO_4$ 和 $H_2C_2O_4$ 的反应。在酸性条件下，将 $KMnO_4$ 逐滴加入 $H_2C_2O_4$ 溶液中，其最终产物为 Mn^{2+}；反之，若将 $H_2C_2O_4$ 逐滴加入到 $KMnO_4$ 溶液中(相当于 $KMnO_4$ 过量)，其最终产物为 MnO_2。

$KMnO_4$ 作为一种氧化剂广泛用于有机制备、消毒及容量分析。作为氧化还原滴定剂可以测定过渡金属离子(Ti^{3+}、VO^{2+}、Fe^{2+}等)、H_2O_2、$C_2O_4^{2-}$、NO_2^- 等，滴定过程中由 MnO_4^- 的深紫红色变为 Mn^{2+}的浅粉红色，滴定剂起着自身指示剂的作用。

$KMnO_4$ 氧化 $C_2O_4^{2-}$ 的反应常用于间接测定 Ca^{2+}的含量

$$2MnO_4^- + 5C_2O_4^{2-} + 16H^+ \xlongequal{} 2Mn^{2+} + 10CO_2\uparrow + 8H_2O$$

该方法是先用 $C_2O_4^{2-}$ 将 Ca^{2+} 沉淀为 CaC_2O_4，过滤，洗涤，用稀酸溶解沉淀使其转化为 $H_2C_2O_4$，再用 $KMnO_4$ 滴定。

$KMnO_4$ 稳定性较差，在浓碱介质中分解为 MnO_4^{2-} 和 O_2

$$4MnO_4^- + 4OH^- \xlongequal{} 4MnO_4^{2-} + O_2\uparrow + 2H_2O$$

在酸性溶液中也明显分解

$$4MnO_4^- + 4H^+ \longrightarrow 4MnO_2 + 3O_2\uparrow + 2H_2O$$

而在中性或弱碱性溶液中分解缓慢，但是光照会加速分解反应，故配制 $KMnO_4$ 的标准溶液时需要存放在棕色瓶中，并且在使用前标定其浓度。

$KMnO_4$ 固体加热到 180℃时分解放出的纯 O_2 可以作为低温的温标

$$2KMnO_4 \xrightarrow{\triangle} K_2MnO_4 + MnO_2 + O_2\uparrow$$

2) 七氧化二锰

$KMnO_4$ 和冷浓 H_2SO_4 作用生成绿褐色油状七氧化二锰(Mn_2O_7)

$$2KMnO_4 + H_2SO_4 \longrightarrow Mn_2O_7 + K_2SO_4 + H_2O$$

Mn_2O_7 有强氧化性，遇到有机物如乙醇即爆炸燃烧，受热爆炸分解。

本章小结

本章主要介绍了前过渡元素 Ti、V、Cr、Mo、W、Mn 单质及化合物的制备和性质。元素性质的学习应与基本原理相结合，做到知其然亦知其所以然。本章涉及的原理主要有：热力学偶合反应(Ti 的冶炼)；溶液中的四大平衡——酸碱平衡(Ti、V、Cr 的酸性)、配位平衡(Cr、Mn 配离子的稳定性)、沉淀-溶解平衡(铬酸盐沉淀用于分离和鉴定)、氧化还原平衡(Ti、V 的还原，Cr、Mn 价态的互变)以及多种平衡的偶合——酸溶平衡(铬酸盐沉淀的溶解)、配溶平衡(Cr 配合物的形成)、酸碱配位对化合物稳定性的影响[高价 Cr、Mn 化合物的制备，Mn(Ⅲ)配合物的稳定性]；缩合反应与多酸(V、Cr、Mo、W 的缩合，V、Cr、Mo、W 的同多酸，Mo、W 的杂多酸)；配合物的结构理论——价键理论与晶体场理论(配离子的结构、颜色，金属多重键配合物)等。另外，前过渡元素与过氧化物的反应常用于离子鉴定。

The preparation and properties of simple substances and compounds of Ti、V、Cr、Mo、W and Mn have been introduced in this chapter. The properties of elements should be studied with the fundamental principles. The main principles concerned in this chapter are: thermodynamic coupled reaction (sweltering of Ti); the four equilibriums in solution—acid-base equilibrium (the acidity of Ti、V and Cr), coordination equilibrium (the stabilities of coordination ions of Cr and Mn), precipitation-dissolving equilibrium (the application of chromate precipitate in separation and identification), redox equilibrium (the reduction of Ti and V, the interconversion of valence states of Cr and Mn); the coupling of different equilibriums—dissolution equilibrium in acid (the dissolution of chromate precipitate), dissolution equilibrium with coordination (the formation of Cr complex), the influences of acid-base coordination to the stabilities of compounds [the preparation of the compounds of Cr and Mn with high valence, the stabilities of Mn(Ⅲ) complex]; condensation reaction and polyacids (the condensation of V、Cr、Mo and W, isopoly-acids of V、Cr、Mo and W, heteropolyacids of Mo and W); the structural theories of coordination compounds—valence band theory and crystal field theory (the structure and color of complex, metal-metal multiple band complex), etc. In addition, the reactions of transition metals and peroxides are often been used in the identification of ions.

化学史话——钛的发现和用途

钛是英国化学家格雷戈尔(R. W. Gregor，1762—1817)在 1791 年研究钛铁矿和金红石时发现的，并由德国化学家克拉普罗特(M. H. Klaproth，1743—1817)于 1795 年引用希腊神话神族“Titans”的名字命名为“Titanium”，中文音译为钛。

由于钛的氧化物极其稳定，而且金属钛能与氧、氮、氢、碳等直接激烈地化合，所以单质钛很难制取，且含钛矿物 140 余种，成矿分散，故而钛长期被认为是一种稀有金属。实际上钛在地壳中的丰度是 0.62%，居元素分布序列中的第十位，比常见的锌、铅、锡、铜还要多得多。从发现钛元素到制得纯品，历时 100 多年。1910 年美国化学家亨特(M. A. Hunter)第一次制得纯度达 99.9%的金属钛。而钛真正得到利用，人类认识其真面目，则是 20 世纪 40 年代以后的事。目前钛的生产量激增，它的应用范围也在不断扩大，在航海和航空制造业上得到广泛的应用。

纯净的钛具有银白色的金属光泽，有良好的可塑性。钛越纯，可塑性越强。

金属钛是一种新兴的结构材料。它的密度为 $4.54g\cdot cm^{-3}$，比钢轻（钢的密度为 $7.9g\cdot cm^{-3}$）。机械强度却与钢相似，因而比强度大。铝的密度（$2.7g\cdot cm^{-3}$）虽小，但机械强度较差，钛恰好兼有钢和铝的优点，且耐热性能好，熔点高达 1933K，是制造飞机、火箭和宇宙飞船等最好的材料，被誉为宇宙金属。

用钛制造的军舰、潜水艇没有磁性，不会被磁性水雷发现和跟踪，而且能抗深水压力。钛潜水艇能在深达 4500m 的海水下航行。这是一般潜水艇不能达到的深度。

虽然金属钛的还原性很强，但因在钛的表面容易生成致密、钝性的氧化物薄膜，使得钛具有优良的抗腐蚀性，特别是对海水的抗腐蚀力很强。用钛制造的轮船不用涂漆，在海水中也不会生锈。

钛合金还可作燃料和氧化剂的储箱以及高压容器。现在已有用钛合金制造自动步枪、迫击炮座板及无后坐力炮的发射管。在石油工业上主要作各种容器、反应器、热交换器、蒸馏塔、管道、泵和阀等。钛可用作电极、发电站的冷凝器以及环境污染控制装置。钛还是炼钢的脱氧剂和不锈钢以及合金钢的组元。钛白粉是颜料和油漆的良好原料。碳化钛、碳（氢）化钛是新型硬质合金材料。氮化钛颜色近于黄金，在装饰方面应用广泛。

钛在医学上的应用有着独特的用途，可以用它代替损坏的骨头，这种钛骨头犹如真的骨头，因此钛被称为“亲生物金属”。

钛镍合金是一种性能优异的形状记忆合金。“形状记忆”效应即合金的形状被改变之后，一旦加热到一定的跃变温度时，又可以魔术般地变回到原来的形状，是 1932 年由瑞典人奥兰德在金镉合金中首次观察到的。具有形状记忆效应的合金主要有 Ti-Ni 系、Cu-Zn-Al 系以及 Cu-Al-Ni 系合金。形状记忆合金不仅单次“记忆”能力几乎可达百分之百，即恢复到和原来一模一样的形状，更可贵之处在于这种“记忆”本领即使重复 500 万次以上也不会产生丝毫疲劳断裂。形状记忆合金的应用非常广泛，广为世人所瞩目，被誉为“神奇的功能材料”。应用举例如下：

(1) 作合金管接头：先在转变温度以上把镍钛合金管接头按密封要求尺寸进行加工，使其内径比所要连接管子的外径小 4%；然后，在液氮低温下将管接头直径扩大，使其内径比所要连接管子的外径稍大点（大 4%）并连接起来；在常温下自然升温或加热到转变温度以上，镍钛合金发挥形状记忆效应，管接头自动收缩，管径变细，恢复到第一次加工的尺寸，把两根管子紧紧地连到一起。美国 F-14 型飞机的液压系统中，平均每架要用 800 个形状记忆合金接头。自 1970 年以来，美国海军飞机上使用了几十万个这样的管接头，没出现过一次失效的记录。

(2) 作航天天线：将形状记忆合金做成大型伞状天线，在马氏体状态下收缩成一小团以便于卫星携带。卫星入轨后在阳光照射下升温，天线自动打开。如图 20-21 所示。

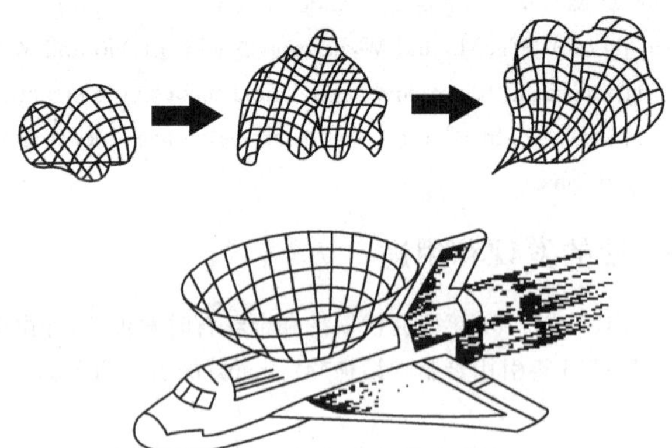

图 20-21　形状记忆合金制作的航天天线

(3) 作热敏感驱动器：形状记忆合金具有感温和驱动的双重功能，可用于设计制造控制装置，如控制水管水温的弹簧、自动开启或关闭暖气的阀门、消防报警装置及电器设备的保安装置等。还可用于制造可利用低值热能的动力装置。

(4)在临床医疗领域内有着广泛的应用，例如人造骨骼、伤骨固定加压器、牙科正畸器、各类腔内支架、栓塞器、心脏修补器、血栓过滤器、介入导丝和手术缝合线等。记忆合金在现代医疗中正扮演着不可替代的角色。

化学知识拓展——钒的液流电池

液流电池一般被称为氧化还原液流电池，是一种活性物质呈循环流动液态的氧化还原电池。其中，正负极全是用钒盐溶液的称为全钒液流电池(vanadium redox flow battery，VRB，简称钒电池)，是 1985 年由澳大利亚新南威尔士大学的 Marria Kacos 提出的。

钒电池电能以化学能的方式存储在不同价态钒离子的硫酸电解液中，通过外接泵把电解液压入电池堆体内，在机械动力作用下，使其在不同的储液罐和半电池的闭合回路中循环流动，采用质子交换膜作为电池组的隔膜，电解质溶液平行流过电极表面并发生电化学反应，通过双电极板收集和传导电流，从而使得储存在溶液中的化学能转换成电能。正极电解液由 V(Ⅴ)和 V(Ⅳ)溶液组成，负极电解液由 V(Ⅲ)和 V(Ⅱ)溶液组成。电池充电后，正极物质为 V(Ⅴ)溶液，负极为 V(Ⅱ)溶液，电池放电后，正、负极分别为 V(Ⅳ)和 V(Ⅲ)溶液，电池内部通过 H 导电。V(Ⅴ)和 V(Ⅳ)在酸性溶液中分别以 VO_2^+ 和 VO^{2+} 形式存在。这个可逆的反应过程使钒电池顺利完成充电、放电和再充电。

钒液流电池由电堆模块、储能液罐和双向逆变器三部分组成。电化学反应发生在电堆模块中，产生充电和放电的效果，能量储存在液罐中的电解液里。与其他储能技术不同，钒电池储能系统采用单一化学物质“钒”，不会产生不可逆的化学变化，不会形成化学交叉污染，而且充电过程主要通过离子交换膜完成，电解液仅承受电流筹集功能，不参与充放电的电化学反应，因此不存在电池老化问题，安全可靠，环境友好。这种特殊的电池构造意味着钒液流电池能够频繁地进行充放电，也就是说，理论上钒电池是没有使用寿命限制的。钒液流技术另一个显著的优点是避免了令人头疼的电池一致性问题，不会因为单体电池性能不一致而引起组合后电池组寿命提前终结等问题。

钒电池作为储能系统使用，具有以下优点：

(1) 电池的输出功率取决于电池堆的大小，储能容量取决于电解液储量和浓度，因此设计非常灵活，当输出功率一定时，要增加储能容量，只要增大电解液储存罐的容积或提高电解质浓度。

(2) 钒电池的活性物质存在于液体中，电解质离子只有钒离子一种，故充放电时无其他电池常有的物相变化，电池使用寿命长。

(3) 充、放电性能好，可深度放电而不损坏电池。

(4) 自放电低，在系统处于关闭模式时，储罐中的电解液无自放电现象。

(5) 钒电池选址自由度大，系统可全自动封闭运行，无污染，维护简单，操作成本低。

(6) 电池系统无潜在的爆炸或着火危险，安全性高。

(7) 电池部件多为廉价的碳材料、工程塑料，材料来源丰富，易回收，不需要贵金属作电极催化剂。

(8) 能量效率高，可达 75%～80%，性价比非常高。

(9) 启动速度快，如果电堆里充满电解液可在 2min 内启动，在运行过程中充放电状态切换只需要 0.02s。

缺点在于：能量密度低，电池产品体积大，质量大。

钒液流电池因其独特优点，主要应用于风力发电市场、光伏发电、电网调峰、不间断电源和应急电源、供电系统等，作为大容量能量存储，起到储能、维护和紧急供电的作用。钒电池由于充电接受能力强，适应快速大电流充电及大电流深度放电，比功率大，比能量高，适合于作电动汽车的动力电源，并能够实现“瞬间充电”(直接更换或补充电解液)。

习 题

1. 完成并配平下列反应方程式。

(1) $TiCl_4 + H_2O \longrightarrow$　　(2) $Ti + HCl \longrightarrow$

(3) $V_2O_5 + HCl(浓) \longrightarrow$　　(4) $NH_4VO_3 + H_2SO_4(浓) \longrightarrow$

(5) $VO_2^+ + Fe^{2+} \longrightarrow$　　(6) $NH_4VO_3 \xrightarrow{\triangle}$

(7) $Cr_2O_7^{2-} + H_2S \longrightarrow$　　(8) $(NH_4)_2Cr_2O_7 \xrightarrow{\triangle}$

(9) $K_2Cr_2O_7 + H_2SO_4$(浓)$\longrightarrow$ (10) $K_2Cr_2O_7 + HCl$(浓)$\longrightarrow$

(11) $PbO_2 + Mn^{2+} + H^+ \longrightarrow$ (12) $NaBiO_3 + Mn^{2+} + H^+ \longrightarrow$

(13) $MnO_4^- + H_2S \longrightarrow$ (14) $MnO_4^- + Mn^{2+} \longrightarrow$

(15) $MnO_4^- + H_2O_2 + H^+ \longrightarrow$ (16) $[Cr(OH)_4]^- + Cl_2 + OH^- \longrightarrow$

2. 填空题。

(1) 在 $Cr_2(SO_4)_3$ 和 $MnSO_4$ 溶液中分别加入 $(NH_4)_2S$ 溶液，将分别产生________色________和________色__________；把后者放置在空气中，最后会变成________色________________。

(2) 写出下列物质的化学式：金红石________；辉钼矿________；黑钨矿________；铬铁矿________；软锰矿________；红矾钾________；12-钼磷杂多酸________。

(3) $K_2Cr_2O_7$ 溶液分别与 $BaCl_2$、KOH、浓 HCl(加热)和 H_2O_2(乙醚)作用，将分别转变为____________，____________，____________，____________。

(4) 在 d 区元素(四、五、六周期)最高氧化态的氧化物水合物中，碱性最强的是____________，酸性最强的是____________。

(5) $[SiMo_{12}O_{40}]^{4-}$ 杂多酸根离子的结构是以一个____________四面体为中心，分别连接四组____________基团组成基本骨架。

3. 写出制备下列物质的各步反应方程式。

(1) 由金红石制备金属 Ti。

(2) 由钨矿制备金属钨。

(3) 由软锰矿制备高锰酸钾。

(4) 由铬铁矿和 $Pb(NO_3)_2$ 制备铬黄染料($PbCrO_4$)。

4. 如何实现 Cr(Ⅵ)和 Cr(Ⅲ)相互间的转化，写出反应方程式。

5. 写出在不同介质中，钒(Ⅴ)和 H_2O_2 反应的方程式。

6. 计算 Cr^{2+} 在正八面体弱场和强场中的 CFSE。

7. 当将 $K_2Cr_2O_7$ 溶液分别加入到下列溶液中时将发生什么现象？

(1) F^-、Cl^-、Br^-、I^- (2) OH^- (3) NO_2^- (4) SO_4^{2-} (5) H_2O

8. 解释下列现象。

(1) 在敞开的容器中，被 HCl 酸化的 $TiCl_3$ 紫色溶液会逐渐褪色。

(2) 新沉淀出的 $Mn(OH)_2$ 呈白色，在空气中转化为暗棕色。

(3) 在 $K_2Cr_2O_7$ 的饱和溶液中加入浓 H_2SO_4 并加热到 200℃，溶液颜色变为蓝绿色，反应开始时并无任何还原剂存在。

(4) 酸化 K_2CrO_4 溶液，由黄色变为橙色，加入 Na_2S 溶液变为绿色；继续加入 Na_2S 出现灰绿色沉淀。

9. 根据下列实验写出有关的反应式。

(1) 将装有 $TiCl_4$ 的瓶塞打开立即冒出白烟。

(2) 向 $TiCl_4$ 溶液中加入浓 HCl 和金属锌时生成紫色溶液。

(3) 向(2)的紫色溶液中慢慢加入 NaOH 至溶液呈碱性，出现紫色沉淀。

(4) 先用 HNO_3 处理沉淀，使其溶解，然后用稀碱溶液处理，生成白色沉淀。

(5) 将白色沉淀过滤并灼烧，再与等物质的量的 MgO 共熔。

10. (1) $[Ti(H_2O)_6]^{3+}$ 在约 490nm 处显示一个较强吸收，预测 $[Ti(NH_3)_6]^{3+}$ 将吸收较长波长还是较短波长的光，为什么？

(2) 已知 $[TiCl_6]^{3-}$ 在 784nm 处有一宽吸收峰，这是由什么跃迁引起的？该配离子的分裂能为多少？

11. 写出钒三种同多酸的化学式。在酸性介质中，钒(Ⅴ)和足量 Zn 作用逐步生成什么产物？

12. 如何分离下述离子？写出相关的反应方程式。

(1) Cr^{3+} 和 Al^{3+} (2) Cr^{3+}、Mn^{2+} 和 Zn^{2+}

13. 取某钒酸盐溶液 25.00mL 加 H_2SO_4 酸化后通入 SO_2 进行还原，反应完成后，过量的 SO_2 通过加热煮沸除去。然后用 0.018 73mol·L^{-1}的 $KMnO_4$ 溶液滴定至出现微红色，共用去 23.20mL $KMnO_4$ 溶液。另取 10.00mL 同样的溶液，酸化后，加入 Zn 片进行充分还原。然后，用同样的 $KMnO_4$ 溶液滴定至微红色。写出还原反应和滴定反应的化学反应方程式。计算原钒酸盐溶液中钒的浓度，及第二次滴定所消耗的 $KMnO_4$ 溶液的体积。

14. 称取 0.5000g 铬铁矿 $Fe(CrO_2)_2$ 样品，以 Na_2O_2 熔融，然后加入 6mol·L^{-1} 的 H_2SO_4 酸化溶液，以 50.00mL 0.1200mol·L^{-1}的硫酸亚铁铵溶液处理，过剩的 Fe^{2+} 需 15.05mL $K_2Cr_2O_7$(1mL $K_2Cr_2O_7$ 和 0.006 00g Fe^{2+} 反应)标准溶液氧化。计算样品中铬的含量。

15. 有一橙红色固体 A 受热后得绿色的固体 B 和无色的气体 C，加热时 C 能与镁反应生成灰色的固体 D。固体 B 溶于过量的 NaOH 溶液生成绿色的溶液 E，在 E 中加适量 H_2O_2 则生成黄色溶液 F。将 F 酸化变为橙色的溶液 G，在 G 中加 $BaCl_2$ 溶液，得黄色沉淀 H。在 G 中加 KCl 固体，反应完全后则有橙红色晶体 I 析出，滤出 I 烘干并强热则得到的固体产物中有 B，同时得到能支持燃烧的气体 J。A、B、C、D、E、F、G、I、J 各代表什么物质？写出有关的反应方程式。

16. 棕黑色粉末状物 A，不溶于水和稀 HCl，但溶于浓 HCl，生成浅粉红色溶液 B 及气体 C，将 C 赶净后加入 NaOH，生成白色沉淀 D，振荡 D 又转变为 A，将 A 加入 $KClO_3$、浓碱并加热得到绿色溶液 E，加入少量酸，绿色随即褪掉，变为紫色溶液 F，还有少量 A 沉出。经分离后，在 F 中加入酸化的 Na_2SO_3，紫色褪掉变为 B。加入少量 $NaBiO_3$ 固体及 HNO_3，振荡并离心，又得到紫色溶液 F。确定各字母符号所代表的物质。

17. 根据下列元素电势图：

$$MnO_4^- \xrightarrow{1.679V} MnO_2 \xrightarrow{1.224V} Mn^{2+} \qquad IO_3^- \xrightarrow{1.209V} I_2 \xrightarrow{0.5355V} I^-$$

说明当 pH=0 时，分别在下列两种条件下：

(1) KI 过量；(2) $KMnO_4$ 过量时，$KMnO_4$ 与 KI 溶液将会发生哪些反应(用反应方程式表示)，为什么？

18. 已知下列电对的电极电势值：$E^\ominus(Mn^{3+}/Mn^{2+})=1.541V$，$E^\ominus[Mn(CN)_6]^{3-}/[Mn(CN)_6]^{4-}=-0.233V$。通过计算说明锰的这两种氰配合离子的 $K_f^\ominus$ 哪个较大。

19. 已知下列配合物的磁矩：$[Mn(C_2O_4)_3]^{3-}$：4.9B.M.；$[Mn(CN)_6]^{3-}$：2.8B.M.。试回答：

(1) 中心离子的价层电子分布？

(2) 中心离子的配位数？

(3) 估计哪种配合物较稳定。

(北京科技大学 王明文)

第 21 章　过渡元素(Ⅱ)

21.1　铁 系 元 素

21.1.1　铁系元素的通性

Ⅷ族元素包括三个元素组共 9 种元素，铁(iron，Fe)、钴(cobalt，Co)、镍(nickel，Ni)；钌(ruthenium，Ru)、铑(rhodium，Rh)、钯(palladium，Pd)；锇(osmium，Os)、铱(iridium，Ir)、铂(platinum，Pt)。由于镧系收缩的结果，位于第四周期第一过渡系列的 3 个Ⅷ族元素铁、钴、镍性质非常相似，称为铁系元素。而位于第二、第三过渡系列的 6 个Ⅷ族元素与铁、钴、镍的性质差别较大，称为铂系元素。铂系元素被列为稀有元素，并与金、银一起称为贵金属元素。

铁、钴、镍三种元素原子的价电子层结构分别是 $3d^64s^2$、$3d^74s^2$ 和 $3d^84s^2$，它们的原子半径十分相近，在最外层的 4s 轨道上都有两个电子，次外层的 3d 电子数不同，分别为 6、7、8，所以它们的性质很相似。它们的 d 电子数已经超过 5 个，在一般情况下，它们的价电子全部参与成键的可能性逐渐减少，因而铁系元素不同于其他过渡元素，其最高氧化态不等于该元素所属族数，难以形成高价的含氧酸根离子。铁系元素中只有铁的 d 电子最少，可以形成很不稳定的、氧化数为＋6(如高铁酸根 FeO_4^{2-})的化合物。钴和镍的最高氧化态为＋4，其他氧化态有＋3、＋2，在某些配位化合物中也呈现更低的氧化态。钴的＋3 氧化态在一般化合物中是不稳定的，而镍的＋3 氧化态则更少见。一般条件下，铁的氧化数为＋2 和＋3。钴的氧化数可为＋2、＋3。镍主要形成氧化数为＋2 的化合物。其中，铁以＋3，而钴和镍以＋2 的化合物较为稳定。这是由于 $Fe^{2+}(3d^6)$再丢失一个 3d 电子能够成为半充满的稳定结构$(3d^5)$，而 $Co^{2+}(3d^7)$和 $Ni^{2+}(3d^8)$却不能，因此，相应地容易得到Fe(Ⅲ)的化合物，而不易得到 Ni(Ⅲ)的化合物。氧化态为＋2、＋3 的 Fe、Co、Ni 离子，半径较小，又有未充满的 d 轨道，很容易形成配合物。

铁系元素的标准电势图如图 21-1 所示。

$E_A^\ominus/V$

$FeO_4^{2-}\xrightarrow{2.20}Fe^{3+}\xrightarrow{0.771}Fe^{2+}\xrightarrow{-0.447}Fe$

$CoO_2\xrightarrow{\geq 1.8}Co^{3+}\xrightarrow{1.808}Co^{2+}\xrightarrow{-0.28}Co$

$NiO_2\xrightarrow{1.678}Ni^{2+}\xrightarrow{-0.257}Ni$

$E_B^\ominus/V$

$FeO_4^{2-}\xrightarrow{0.72}Fe(OH)_3\xrightarrow{-0.56}Fe(OH)_2\xrightarrow{-0.877}Fe$

$CoO_2\xrightarrow{0.70}Co(OH)_3\xrightarrow{0.17}Co(OH)_2\xrightarrow{-0.73}Co$

$NiO_2\xrightarrow{0.49}Ni(OH)_2\xrightarrow{-0.72}Ni$

图 21-1　铁系元素的标准电势图

从图 21-1 中可见，在酸性溶液中，氧化态为＋2 时，它们的化合物最稳定。例如铁与盐酸作用生成 $FeCl_2$。高氧化态的 Fe^{3+}、Co^{3+}、Ni^{3+}在酸性溶液中都是很强的氧化剂。在酸性溶液中空气中的氧气能够将 Fe^{2+}氧化为 Fe^{3+}，但不能将 Co^{2+}和 Ni^{2+}氧化为 Co^{3+}和 Ni^{3+}。

在碱性介质中，铁的最稳定氧化态是＋3，而钴和镍的最稳定氧化态仍然是＋2。在碱性介质中将低氧化态的铁、钴、镍氧化为高氧化态，比在酸性介质中容易。

铁是地壳中丰度排行第四的元素，主要以化合态存在。铁的主要矿物有赤铁矿(Fe_2O_3)、磁铁矿(Fe_3O_4)、硫铁矿(FeS_2)。钴和镍在自然界中经常共生，主要矿物有镍黄铁矿(NiS·FeS)和辉钴矿(CoAsS)。

21.1.2 铁、钴、镍的单质

铁、钴、镍的单质都是具有金属光泽的银白色金属,钴略带灰色。它们的密度大、熔点高,并且都表现有铁磁性,所以它们的合金是很好的磁性材料。单质的熔点随原子序数的增加而降低。铁和镍的延展性好,而钴则较硬而脆。

铁系元素是中等活泼的金属。在常温、干燥的条件下,它们不与 O_2、S、Cl_2、P 等非金属起作用,在高温下却发生猛烈反应。

$$4Fe+3O_2 \longrightarrow 2Fe_2O_3$$

$$3Fe+2O_2 \longrightarrow Fe_3O_4$$

$$2Fe+3X_2 \longrightarrow 2FeX_3 \quad (X=F,Cl,Br)$$

它们能从非氧化性酸中置换出氢气(钴反应较慢)。例如,Fe 溶于稀的无机酸中,置换出氢,变为+2 价离子。

$$Fe+H_2SO_4 \longrightarrow FeSO_4+H_2\uparrow$$

冷的浓硫酸能使铁的表面钝化。铁能与硝酸作用,但反应与硝酸的浓度、反应温度有关。铁与冷的稀硝酸作用,不会产生氮氧化物

$$4Fe+10H^++NO_3^- \longrightarrow 4Fe^{2+}+NH_4^++3H_2O$$

当铁与热的稀硝酸作用时,则生成 Fe^{2+} 和 N_2O。当硝酸的浓度大于 22%时,则将 Fe^{2+} 氧化成 Fe^{3+} 的同时,有 NO 或 NO_2 气体放出

$$Fe+4H^++NO_3^- \longrightarrow Fe^{3+}+NO\uparrow+2H_2O$$

$$Fe+6H^++3NO_3^- \longrightarrow Fe^{3+}+3NO_2\uparrow+3H_2O$$

冷的浓硝酸可使铁、钴、镍转变成钝态,因此储运浓 HNO_3 的容器和管道可以使用铁制品。但是有空气存在或与热稀硝酸反应,则有一部分铁转变为 Fe^{3+}。

铁系元素在碱性溶液中的稳定性较高,不易与碱反应。铁能够被浓碱所侵蚀;另外,在 850K 左右铁与水蒸气作用,生成 Fe_3O_4。

在史前时代人们就已经知道铁元素,在人类物质文明的发展过程中,还没有哪种元素曾经起到过比铁更为重要的作用。目前,铁仍然是最重要的结构材料,在生物学上,铁在氧的输送和储存以及电子传递中起着关键的作用,可以说没有铁就没有生命。此外,在最近的 40 年里,二茂铁等金属有机化合物的发现为铁的研究及应用添加了新的动力。钴主要用于制造特种钢。钴的化合物主要用作催化剂、电池材料及颜料等。镍是不锈钢的重要组成部分,其化学品主要用作催化剂、电镀液等。

21.1.3 铁、钴、镍的氧化物和氢氧化物

1. 氧化物

铁、钴、镍均能够形成氧化态为+2 和+3 的氧化物。铁除了生成+2、+3 价的氧化物之外,还能够形成混合价态的氧化物 Fe_3O_4。氧化态为+2、+3 的 Fe、Co、Ni 的氧化物均能溶于强酸,而不溶于水和碱,属碱性氧化物。它们的+3 价氧化物的氧化能力按铁、钴、镍顺序递增,而稳定性递降。

氧化态为+2 的低价氧化物主要有:黑色 FeO、灰绿色 CoO 和暗绿色 NiO。它们的氧化物可以通过在隔绝空气的条件下,加热无氧化性的含氧酸盐(如碳酸盐、乙二酸盐等)而得到

$$MCO_3 \xrightarrow{\triangle} MO + CO_2\uparrow \qquad (M=Fe,Co,Ni)$$

$$MC_2O_4 \xrightarrow{\triangle} MO + CO_2\uparrow + CO\uparrow \quad (M=Co,Ni)$$

$$FeC_2O_4 \xrightarrow{\triangle} FeO + CO_2\uparrow + CO\uparrow$$

$$3FeC_2O_4 \xrightarrow{433K} Fe_3O_4 + 2CO_2\uparrow + 4CO\uparrow$$

在反应过程中，若不隔绝空气或者温度过高，低价的氧化物会转化为高价的氧化物，引起颜色的加深。低氧化态的氧化物为碱性，溶于强酸而不溶于碱。

氧化态为+3 的高价氧化物有砖红色的 Fe_2O_3，黑褐色的 Co_2O_3 和黑色的 Ni_2O_3。它们可以通过氧化性的含氧酸盐（如硝酸盐）热分解得到

$$4Fe(NO_3)_3 \xrightarrow{\triangle} 2Fe_2O_3 + 12NO_2\uparrow + 3O_2\uparrow$$

Fe_2O_3 是两性偏碱的氧化物，与酸反应生成 Fe(Ⅲ)盐。与碱性物质如 NaOH、Na_2CO_3 等共熔，则形成 Fe(Ⅲ)酸盐

$$Fe_2O_3 + 6HCl \longrightarrow 2FeCl_3 + 3H_2O$$

$$Fe_2O_3 + Na_2CO_3 \xrightarrow{\triangle} 2NaFeO_2 + CO_2\uparrow$$

砖红色的 Fe_2O_3 俗称铁红，有很强的着色力，广泛用作陶瓷、涂料的颜料。还可以作为磨光剂和某些反应的催化剂。Fe_3O_4 是黑色的强磁性物质，故又称为磁性氧化铁，过去曾经认为它是 FeO 和 Fe_2O_3 的混合物，经 X 射线结构研究证明，Fe_3O_4 实质上是一种铁(Ⅲ)酸盐，即 $Fe^{II}[Fe^{III}Fe^{III}O_4]$。

Co_2O_3 和 Ni_2O_3 有强氧化性，它们与盐酸作用时会释放出氯气

$$Co_2O_3 + 6HCl \longrightarrow 2CoCl_2 + 3H_2O + Cl_2\uparrow$$

$$Ni_2O_3 + 6HCl \longrightarrow 2NiCl_2 + 3H_2O + Cl_2\uparrow$$

Co_2O_3 和 Ni_2O_3 是制备高温陶瓷颜料的重要原料。

2. 氢氧化物

在隔绝空气的条件下，向 Fe^{2+}、Co^{2+}、Ni^{2+} 盐溶液中加入碱，即得到白色的 $Fe(OH)_2$、粉红色的 $Co(OH)_2$ 和果绿色的 $Ni(OH)_2$ 沉淀

$$M^{2+} + 2OH^- \longrightarrow M(OH)_2\downarrow$$

空气中的氧气将白色 $Fe(OH)_2$ 氧化成红棕色的 $Fe(OH)_3$ 沉淀

$$4Fe(OH)_2 + O_2 + 2H_2O \longrightarrow 4Fe(OH)_3\downarrow$$

$Co(OH)_2$ 能比较缓慢地被氧气氧化成棕褐色 $Co(OH)_3$ 沉淀

$$4Co(OH)_2 + O_2 + 2H_2O \longrightarrow 4Co(OH)_3\downarrow$$

在同样条件下绿色的 $Ni(OH)_2$ 不能被空气中的氧所氧化，只有在更强的氧化剂作用下，才会氧化成黑色的 $Ni(OH)_3$ 沉淀

$$2Ni(OH)_2 + NaClO + H_2O \longrightarrow 2Ni(OH)_3\downarrow + NaCl$$

低氧化态氢氧化物的还原性按 $Fe(OH)_2$、$Co(OH)_2$、$Ni(OH)_2$ 的顺序依次减弱，且这些氢氧化物 $M(OH)_2$ 呈碱性，易溶于酸。而 $Fe(OH)_3$ 显两性，以碱性为主，新鲜的 $Fe(OH)_3$ 能溶于强碱

$$Fe(OH)_3 + KOH \longrightarrow KFeO_2 + 2H_2O$$

$Co(OH)_3$、$Ni(OH)_3$ 呈碱性，溶于酸。但是得不到相应的盐。原因是 Co^{3+} 和 Ni^{3+} 具有强

的氧化性，能够将 H_2O、Cl^- 等氧化成 O_2 或 Cl_2。

$$2Co(OH)_3 + 6HCl \longrightarrow 2CoCl_2 + 6H_2O + Cl_2\uparrow$$

21.1.4　铁、钴、镍的化合物

1. M(Ⅱ)盐

氧化态为+2 的铁、钴、镍盐，在性质上有许多相似之处。它们的强酸盐都易溶于水，并有微弱的水解，因而溶液显酸性。强酸盐从水溶液中析出结晶时，往往带有一定数目的结晶水，如 $MCl_2 \cdot 6H_2O$、$M(NO_3)_2 \cdot 6H_2O$、$MSO_4 \cdot 7H_2O$。与弱酸根，如 F^-、CO_3^{2-}、$C_2O_4^{2-}$、CrO_4^{2-}、PO_4^{3-}、S^{2-} 等生成难溶盐。

铁系元素的硫酸盐可由它们的氧化物溶于稀硫酸得到。$FeSO_4 \cdot 7H_2O$(七水合硫酸亚铁)，俗称绿矾或黑矾，是其中最重要的硫酸盐。$FeSO_4$ 不稳定，容易被氧化成黄褐色的碱式硫酸铁 $Fe(OH)SO_4$

$$4FeSO_4 + O_2 + 2H_2O \longrightarrow 4Fe(OH)SO_4\downarrow$$

因此，亚铁盐中常含有杂质 Fe^{3+}。为了防止 Fe^{2+} 的氧化，常在 $FeSO_4$ 溶液中加入少量的金属铁。Fe^{2+} 具有较强的还原性，在酸性溶液中可以将较强的氧化剂，如 MnO_4^-、$Cr_2O_7^{2-}$、H_2O_2 还原。这些反应可以用于定量分析。

$FeSO_4 \cdot 7H_2O$ 在空气中逐渐失去结晶水，风化得到无水 $FeSO_4$。无水 $FeSO_4$ 为白色粉状物，加强热则分解成 Fe_2O_3 和硫的氧化物：

$$2FeSO_4 \xrightarrow{\triangle} Fe_2O_3 + SO_2\uparrow + SO_3\uparrow$$

Co(Ⅱ)盐主要有 $CoSO_4 \cdot 7H_2O$ 和 $CoCl_2 \cdot 6H_2O$。其中 $CoCl_2 \cdot 6H_2O$ 是常用的钴盐，它在受热脱水过程中伴随有颜色的变化

$$CoCl_2 \cdot 6H_2O(\text{粉红}) \xrightleftharpoons{325K} CoCl_2 \cdot 2H_2O(\text{紫红}) \xrightleftharpoons{363K} CoCl_2 \cdot H_2O(\text{蓝紫}) \xrightleftharpoons{393K} CoCl_2(\text{蓝})$$

根据颜色变化可判断其含结晶水的情况。利用这一特性将氯化钴用作干燥剂硅胶的指示剂，用来指示硅胶的吸湿情况。

镍(Ⅱ)盐以硫酸镍 $NiSO_4 \cdot 7H_2O$ 最为常见，为绿色结晶。常利用金属镍与硫酸和硝酸的反应制备硫酸镍

$$2Ni + 2HNO_3 + 2H_2SO_4 \longrightarrow 2NiSO_4 + NO_2\uparrow + NO\uparrow + 3H_2O$$

硫酸镍大量地用于电镀工业。

铁、钴、镍的硫酸盐都能和碱金属或铵的硫酸盐形成复盐。例如，硫酸亚铁铵 $(NH_4)_2SO_4 \cdot FeSO4 \cdot 6H_2O$(俗称莫尔盐，Mohr)，它比相应的亚铁盐 $FeSO_4 \cdot 7H_2O$ 更稳定，不易被氧化；在化学分析中作为还原剂用以配制 Fe(Ⅱ)标准溶液，用于标定 $KMnO_4$ 等标准溶液。

2. M(Ⅲ)盐

在铁系元素中，由于 Co^{3+} 及 Ni^{3+} 的强氧化性，只有氧化态为+3 的铁能够形成稳定的可溶性盐，常见 Fe^{3+} 可溶性盐有：橘黄色 $FeCl_3 \cdot 6H_2O$，浅紫色 $Fe(NO_3)_3 \cdot 6H_2O$，浅黄色 $Fe_2(SO_4)_3 \cdot 12H_2O$和浅紫色 $NH_4Fe(SO_4)_2 \cdot 12H_2O$ 等。

三氯化铁是重要的 Fe(Ⅲ)盐，包括无水三氯化铁和六水合三氯化铁。无水 $FeCl_3$ 可由铁屑与氯气在高温下直接反应得到。

$$2Fe + 3Cl_2 \longrightarrow 2FeCl_3$$

无水 $FeCl_3$ 的熔点(555K)、沸点(588K)都比较低,能够用升华法提纯,能够溶于丙酮等有机溶剂中。这些都说明无水 $FeCl_3$ 具有明显的共价性。在 673K 时,气态的 $FeCl_3$ 以双聚分子 Fe_2Cl_6 的形式存在(图 21-2),其结构与 $A1_2Cl_6$ 很相似。在 1023K 以上时,双聚分子分解为单分子 $FeCl_3$。

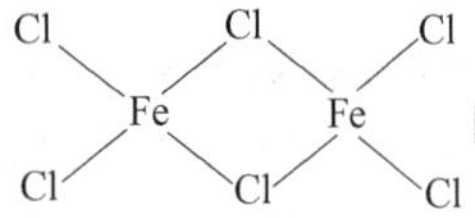

Cl　Cl　Cl
Fe　Fe
Cl　Cl　Cl

图 21-2　Fe_2Cl_6 的结构示意图

无水 $FeCl_3$ 在空气中易潮解,易溶于水,并形成含有2～6 个分子水的水合物。加热 $FeCl_3 \cdot 6H_2O$ 晶体,则水解失去 HCl 而生成碱式盐

$$FeCl_3 \cdot 6H_2O \longrightarrow Fe(OH)Cl_2 + HCl + 5H_2O$$

三氯化铁及其他 Fe(Ⅲ)的盐都容易水解,因为 Fe^{3+} 有较高的正电荷,离子半径为 60pm,有较大的电荷/半径比,因此在水溶液中明显地水解,使溶液显酸性。Fe^{3+} 的水解过程复杂,首先发生逐级水解

$$[Fe(H_2O)_6]^{3+}(\text{浅紫色}) + H_2O \rightleftharpoons [Fe(OH)(H_2O)_5]^{2+}(\text{黄色}) + H_3O^+$$
$$K^{\ominus} = 2\times10^{-3}$$
$$[Fe(H_2O)_5]^{3+} + H_2O \rightleftharpoons [Fe(OH)(H_2O)_4]^{2+}(\text{黄色}) + H_3O^+$$
$$K^{\ominus} = 5\times10^{-7}$$

水解反应的总反应式

$$2[Fe(H_2O)_6]^{3+} \rightleftharpoons [Fe(H_2O)_4(OH)_2Fe(H_2O)_4]^{4+} + 2H_3O^+$$
$$K^{\ominus} = 1.2\times10^{-3}$$

当 pH 增大,进一步形成可溶的多聚体,溶液的颜色由黄棕色变为深棕色;最终析出红棕色的胶状沉淀 $Fe_2O_3 \cdot xH_2O$[通常写成 $Fe(OH)_3$]。加热和增大 pH 都可以促使进一步的水解,使溶液的颜色加深;反之,加酸可以抑制水解,使颜色变浅。这也说明水解产物不是单一的,是多物种共存体系。

长期以来在冶金和化工生产中采用 Fe^{3+} 水解析出氢氧化铁沉淀作为一种典型的除铁方法,但是这种方法的主要缺点是 $Fe(OH)_3$ 具有胶体性质,沉淀速率慢,过滤困难,并且易于吸附其他离子,造成有价元素回收率低的问题。目前,湿法冶金和化工中,采用黄铁矾方法除去杂质铁。在酸度较大的情况下,Fe^{3+} 在溶液中以聚合的形式$[Fe_2(OH)_2]^{4+}$、$[Fe_2(OH)_4]^{2+}$存在,它们能与 SO_4^{2-} 结合,生成浅黄色的复盐晶体,其化学式为:$M_2Fe_6(SO_4)_4(OH)_{12}$($M = K^+, Na^+, NH_4^+$)。俗称黄铁矾,如黄钾铁矾$[K_2Fe_6(SO_4)_4(OH)_{12}]$。黄铁矾在水中的溶解度小,而且颗粒大,沉降速率快,很容易过滤。Fe^{3+} 在溶液中水解生成黄钠铁矾的反应为

$$3Fe_2(SO_4)_3 + 6H_2O \rightleftharpoons 6Fe(OH)SO_4 + 3H_2SO_4$$
$$4Fe(OH)SO_4 + 4H_2O \rightleftharpoons 2Fe_2(OH)_4SO_4 + 2H_2SO_4$$
$$2Fe(OH)SO_4 + 2Fe_2(OH)_4SO_4 + Na_2SO_4 + 2H_2O \rightleftharpoons Na_2Fe_6(SO_4)_4(OH)_{12}\downarrow + H_2SO_4$$

三氯化铁以及其他三价铁盐在酸性溶液中是较强的氧化剂,可以将碘离子氧化成单质碘,将 H_2S 氧化成单质硫,并且可被 $SnCl_2$ 还原。

$$2FeCl_3 + 2KI \rightleftharpoons 2FeCl_2 + 2KCl + I_2$$
$$2FeCl_3 + H_2S \rightleftharpoons 2FeCl_2 + 2HCl + S$$
$$2FeCl_3 + Cu \rightleftharpoons 2FeCl_2 + CuCl_2$$
$$2FeCl_3 + SnCl_2 \rightleftharpoons 2FeCl_2 + SnCl_4$$

利用三氯化铁对 Cu 的氧化作用,可以制作印刷电路板。三氯化铁在某些有机反应中用作催化剂。因为它可以使蛋白沉淀,故可作外伤止血剂。它还用于照相、制板、印染等中的腐

蚀剂和氧化剂。

3. Fe(Ⅵ)盐

氧化态为+6的高铁酸盐在酸、碱溶液中的电极反应为

$$FeO_4^{2-}+8H^++3e^- \rightleftharpoons Fe^{3+}+4H_2O \qquad E_A^\ominus=+2.20V$$

$$FeO_4^{2-}+4H_2O+3e^- \rightleftharpoons Fe(OH)_3\downarrow+5OH^- \qquad E_B^\ominus=+0.72V$$

从它们的标准电势可知，FeO_4^{2-} 在酸性溶液中具有很强的氧化性，在水或者酸性的介质中不稳定，还原成 Fe^{3+}

$$4FeO_4^{2-}+20H^+ \rightleftharpoons 4Fe^{3+}+3O_2\uparrow+10H_2O$$

在碱性介质中，它的氧化性大大降低，FeO_4^{2-} 能够稳定地存在。而且，在强碱性介质中，一些氧化剂，如 NaClO 可以将 $Fe(OH)_3$ 氧化为紫红色的 FeO_4^{2-}，利用这一原理可以制备 FeO_4^{2-}；如将 Fe_2O_3、KNO_3 和 KOH 混合，加热共熔，便制得 K_2FeO_4

$$2Fe(OH)_3+3ClO^-+4OH^- \rightleftharpoons 2FeO_4^{2-}+3Cl^-+5H_2O$$

$$Fe_2O_3+4KOH+3KNO_3 \rightleftharpoons 2K_2FeO_4+3KNO_2+2H_2O$$

高铁酸钾和高铁酸钠是可溶的，高铁酸钡为紫红色沉淀。高铁酸盐的氧化性比高锰酸盐更强；它安全、无毒、无刺激，可以用作有机工业的氧化剂、水处理剂等。

21.1.5　铁系元素的配合物

铁、钴、镍的电子层结构决定了它们是很好的配合物形成体，它们的中性原子、+2氧化态或+3氧化态的阳离子都可作为中心离子形成配合物。其中较重要的配合物有氨配合物、氰配合物、硫氰配合物及羰基化物等。

1. 氨配合物

Fe^{2+}、Co^{2+}、Ni^{2+} 均能和氨形成氨合配离子，其氨合配离子的稳定性，按 Fe^{2+}、Co^{2+}、Ni^{2+} 顺序依次增强。Co^{2+} 与过量氨水反应，可以形成土黄色的 $[Co(NH_3)_6]^{2+}$，它在空气中可慢慢被氧化转变成更稳定的红褐色的 $[Co(NH_3)_6]^{3+}$

$$4[Co(NH_3)_6]^{2+}+O_2+2H_2O \rightleftharpoons 4[Co(NH_3)_6]^{3+}+4OH^-$$

对比 Co^{3+} 在氨水和酸性溶液中的标准电极电势 $[E^\ominus(Co^{3+}/Co^{2+})=1.808V]$

$$[Co(NH_3)_6]^{3+}+e^- \rightleftharpoons [Co(NH_3)_6]^{2+} \qquad E^\ominus=0.108V$$

Co^{3+} 氧化性很强，很不稳定，易还原成 Co^{2+}。而 Co(Ⅲ)氨合物的氧化性大为减弱，稳定性显著增强。

Ni^{2+} 在过量的氨水中可以生成蓝色 $[Ni(NH_3)_4(H_2O)_2]^{2+}$ 以及蓝色 $[Ni(NH_3)_6]^{2+}$。Ni^{2+} 的配合物都比较稳定。如将 $Ni(OH)_2$ 溶于 HBr 中，并且加入过量的氨水，就会沉淀出紫色的溴化六氨合镍 $[Ni(NH_3)_6]Br_2$

$$Ni(OH)_2+2HBr+6NH_3 \rightleftharpoons [Ni(NH_3)_6]Br_2\downarrow+2H_2O$$

但是 Fe^{3+} 和 Fe^{2+} 与氨水作用，均难以形成稳定的氨配合物。在其水溶液中加入氨时，形成的是它们的氢氧化物。

2. 氰合物

Fe^{2+}、Co^{2+}、Ni^{2+}、Fe^{3+} 等离子均能与 CN^- 形成配合物。Fe(Ⅱ)盐与 KCN 溶液作用得到

白色 $Fe(CN)_2$ 沉淀，当 KCN 过量时 $Fe(CN)_2$ 溶解，形成$[Fe(CN)_6]^{4-}$

$$Fe^{2+}+2CN^- \rightleftharpoons Fe(CN)_2\downarrow$$

$$Fe(CN)_2+4CN^- \rightleftharpoons [Fe(CN)_6]^{4-}$$

其钾盐 $K_4[Fe(CN)_6]\cdot 3H_2O$ 为黄色晶体，俗称黄血盐。$[Fe(CN)_6]^{4-}$ 能够与一系列的金属离子形成特殊颜色的难溶化合物，如 Cu^{2+}（红棕）、Co^{2+}（绿）、Cd^{2+}（白）、Mn^{2+}（白）、Ni^{2+}（绿）、Pb^{2+}（白）、Zn^{2+}（白）等。在实验室，常用黄血盐来检验 Cu^{2+} 的存在。若向 Fe^{3+} 溶液中加入少量的$[Fe(CN)_6]^{4-}$ 溶液，即生成蓝色沉淀 $KFe[Fe(CN)_6]$，俗称普鲁士蓝（Prussian blue）。该反应可用来检测溶液中的 Fe^{3+}。

$$K_4[Fe(CN)_6]+Fe^{3+} \rightleftharpoons KFe[Fe(CN)_6]\downarrow+3K^+$$

$[Fe(CN)_6]^{4-}$ 在溶液中相当稳定，若用 Cl_2、H_2O_2 或其他氧化剂，可将$[Fe(CN)_6]^{4-}$ 氧化为$[Fe(CN)_6]^{3-}$：

$$2[Fe(CN)_6]^{4-}+Cl_2 \rightleftharpoons 2[Fe(CN)_6]^{3-}+2Cl^-$$

反应中析出 $K_3[Fe(CN)_6]$深红色晶体，俗称赤血盐。向 Fe^{2+} 的溶液中加入赤血盐溶液生成蓝色沉淀 $KFe[Fe(CN)_6]$，称为滕氏蓝（Turnbull's blue）。

$$K^++Fe^{2+}+[Fe(CN)_6]^{3-} \longrightarrow KFe[Fe(CN)_6]\downarrow$$

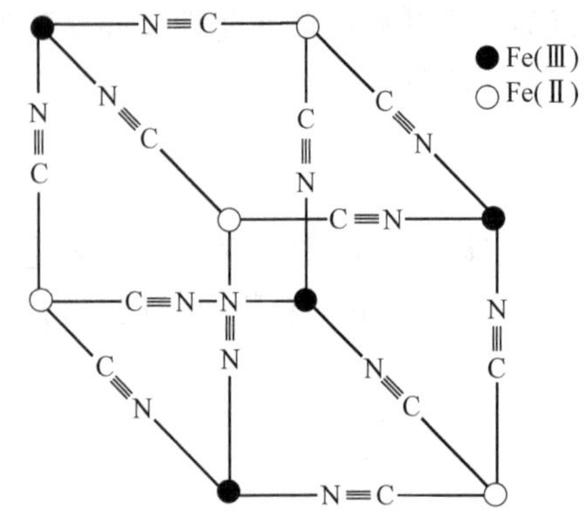

图 21-3 普鲁士蓝 $KFe[Fe(CN)_6]$ 结构示意图（K^+ 未表示出）

经结构分析表面，普鲁士蓝和滕氏蓝为同一化合物 $KFe[Fe(CN)_6]$，其结构如图 21-3 所示。Fe(Ⅱ)、Fe(Ⅲ)相间地位于正方体的八个角上，其中 N 与 Fe(Ⅲ)相连，C 与 Fe(Ⅱ)相连，K^+ 和 H_2O 位于正方体的空穴中。其蓝色是由于电子在Fe(Ⅱ)和 Fe(Ⅲ)之间传递的结果。

赤血盐的溶解度比黄血盐的大，它在碱性溶液中具有氧化作用

$$4K_3[Fe(CN)_6]+4KOH \longrightarrow 4K_4[Fe(CN)_6]+O_2\uparrow+2H_2O$$

在中性溶液中，有微弱的水解作用

$$K_3[Fe(CN)_6]+3H_2O \rightleftharpoons Fe(OH)_3\downarrow+3KCN+3HCN$$

因此，使用赤血盐的溶液时，需要临时配制。黄血盐主要用于制造颜料、油漆、油墨。蓝色配合物广泛用于油漆和油墨工业，也用于蜡笔、图画颜料的制造。

Co^{2+} 与 KCN 反应，先形成红色水合氰化物沉淀，与过量 KCN 溶液作用，形成紫红色的 $K_4[Co(CN)_6]$晶体

$$Co^{2+}+2KCN \rightleftharpoons Co(CN)_2\downarrow+2K^+$$

$$Co^{2+}+6KCN \rightleftharpoons K_4[Co(CN)_6]\downarrow+2K^+$$

$[Co(CN)_6]^{4-}$ 比$[Co(NH_3)_6]^{2+}$更不稳定，是一个相当强的还原剂

$$[Co(CN)_6]^{3-}+e^- \rightleftharpoons [Co(CN)_6]^{4-} \quad E^\ominus=-0.83V$$

而$[Co(CN)_6]^{3-}$则比$[Co(CN)_6]^{4-}$要稳定得多。Co(Ⅱ)受强场 CN^- 的影响，容易氧化，稍稍加热$[Co(CN)_6]^{4-}$ 的溶液，它就会被水中的 H^+ 氧化，还原出氢气：

$$2[Co(CN)_6]^{4-}+2H_2O \rightleftharpoons 2[Co(CN)_6]^{3-}+2OH^-+H_2\uparrow$$

Ni^{2+} 与 CN^- 反应先形成灰蓝色水合氰化物沉淀，此沉淀溶于过量的 CN^- 溶液中，形成橙

黄色的$[Ni(CN)_4]^{2-}$

$$Ni^{2+} + 4KCN \rightleftharpoons [Ni(CN)_4]^{2-} + 4K^+$$

这个配阴离子的钠盐 $Na_2[Ni(CN)_4] \cdot 3H_2O$ 是黄色的；它的钾盐$K_2[Ni(CN)_4] \cdot 3H_2O$ 是橙色的。$[Ni(CN)_4]^{2-}$ 配离子是 Ni^{2+} 最稳定的配合物之一。研究表明$[Ni(CN)_4]^{2-}$ 是抗磁性物质，Ni^{2+} 以 dsp^2 杂化成键，具有平面正方形结构。在较浓的 CN^- 溶液中，可以形成深红色的$[Ni(CN)_5]^{3-}$。

3. 硫氰配合物

向 Fe^{3+} 溶液中加入硫氰化钾 KSCN 或硫氰化铵 NH_4SCN，溶液立即呈现出血红色

$$Fe^{3+} + nSCN^- \longrightarrow [Fe(SCN)_n]^{3-n} \quad \text{(血红色)}$$

反应式中 $n=1\sim6$，n 随 SCN^- 的浓度而异。这是鉴定 Fe^{3+} 的灵敏反应之一。这一反应也常用于 Fe^{3+} 的比色分析。

该反应必须在酸性环境下进行，如酸性较弱，Fe^{3+} 容易水解，形成 $Fe(OH)_3$ 沉淀，硫氰合铁的配合物将难以形成。

向 Co^{2+} 溶液中加入硫氰化钾 KSCN 或硫氰化铵 NH_4SCN，可以形成蓝色的$[Co(SCN)_4]^{2-}$ 配离子，它在水溶液中不稳定，易解离成粉红色的水合钴(Ⅱ)离子$[Co(H_2O)_6]^{2+}$

$$[Co(SCN)_4]^{2-} + 6H_2O \rightleftharpoons [Co(H_2O)_6]^{2+} + 4SCN^-$$

因此用 SCN^- 检出 Co^{2+} 时，常使用浓 NH_4SCN 溶液，以抑制$[Co(SCN)_4]^{2-}$ 的解离。另外，$[Co(SCN)_4]^{2-}$ 溶于丙酮或戊醇中，并且在有机溶剂中比较稳定，可以用于比色分析。

Ni^{2+} 可与 SCN^- 反应，形成$[Ni(SCN)]^+$、$[Ni(SCN)_3]^-$ 等配合物，这些配离子均不太稳定。

4. 螯合物

Ni^{2+} 常与多齿配体形成螯合物。例如，Ni^{2+} 与丁二酮肟(镍试剂)在稀氨水溶液中能生成螯合物二丁二酮肟合镍(Ⅱ)，在该螯合物中，与 Ni^{2+} 配位的 4 个 N 形成平面正方形。它是一种鲜红色沉淀，是检验 Ni^{2+} 的特征反应

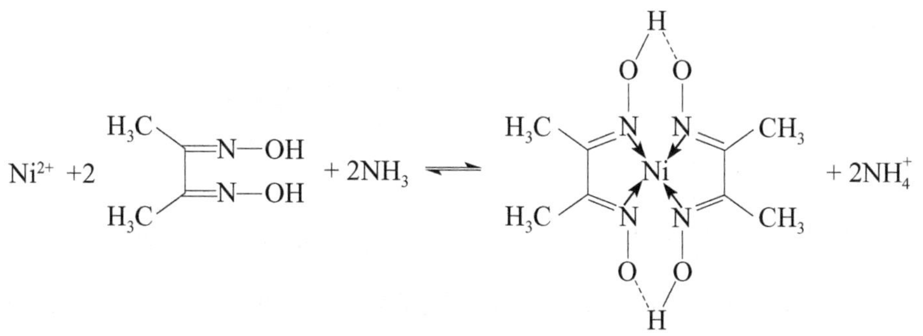

反应必须在 pH 为 5～10 的范围内进行，如果酸度太高，容易引起$Ni(OH)_2$沉淀产生；如果酸度太低，螯合物易于分解。Fe^{2+} 也与镍试剂反应，生成红色可溶性螯合物。为了避免 Fe^{2+} 对检验 Ni^{2+} 的干扰，可以加入少量的 H_2O_2 将 Fe^{2+} 氧化成 Fe^{3+}，可以消除干扰。另外，在水溶液中，Ni^{2+} 还能与乙二胺(en)形成三个环的螯合物$[Ni(en)_3]^{2+}$。该螯合物的稳定性($K_f^{\ominus}$ 为

1.58×10^{18})远远大于 Ni^{2+} 与氨的配合物$[Ni(NH_3)_6]^{2+}$的稳定性($K_f^\ominus$为 4.0×10^8)。

5. 铁系元素的生物化学

铁是生命必需的微量元素,也是含量最多的微量元素。成年人体内含铁4～6g(以 70kg 体重计),其中,大部分是以血红蛋白和肌红蛋白的形式存在于血液和肌肉组织中,其余与各种蛋白质和酶结合,分布在肝、骨髓及脾脏内。而铁在哺乳动物体内大约 70%是以铁的卟啉配合物形式存在的。

铁在生物体内的作用大致分为两类:一是光合作用和呼吸中传递电子,许多铁酶,如氧化酶、氢酶、还原酶、脱氢酶等;二是运输和储存氧,如血红蛋白、肌红蛋白等。

血红蛋白和肌红蛋白都是以 Fe(Ⅱ)血红素配合物为辅基的蛋白质,依靠血红素辅基,它们与 O_2 可逆的结合。所谓血红素(heme)是一类铁卟啉配合物(图21-4)。

卟啉是通过亚甲基把四个吡咯环相连而成的环状化合物,四个吡咯环处于同一平面,形成具有 26 个 π 电子的共轭大 π 键,具有较强的芳香性。在 400nm 附近有较强的吸收带。生物体内在亚铁螯合酶的作用下和亚铁离子形成配合物——血红素。血红素是血红蛋白、肌红蛋白和细胞色素 c 中的辅基组成部分。

肌红蛋白(myoglobin,Mb)是由一条多肽链(珠蛋白,globin)和一个血红素(铁原卟啉)组成,其相对分子质量为 17 800,其结构示意图如图 21-5 所示。由图可见,血红素嵌在球蛋白上部的口袋中。血红素的Fe(Ⅱ)与 F8 位上的组氨酸(His)的咪唑基 N 原子之间形成配位键,这也是血红素与蛋白质的唯一的重要连接。肌红蛋白存在于肌肉中,它结合从红细胞释放出的氧,储存并运送氧到线粒体,使葡萄糖氧化成二氧化碳和水,并产生能量。血红蛋白和肌红蛋白能很快地与氧可逆结合。

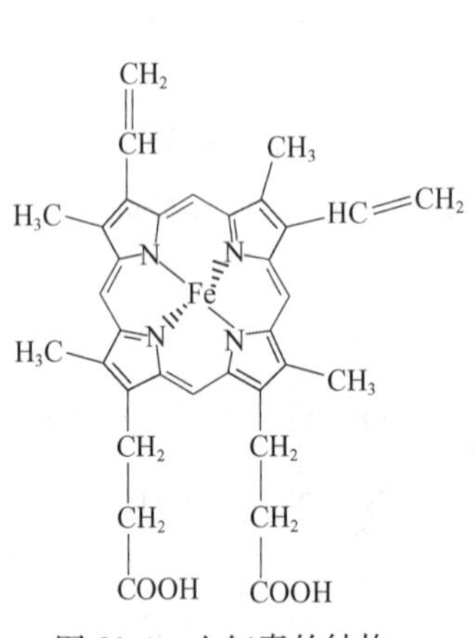

图 21-4 血红素的结构

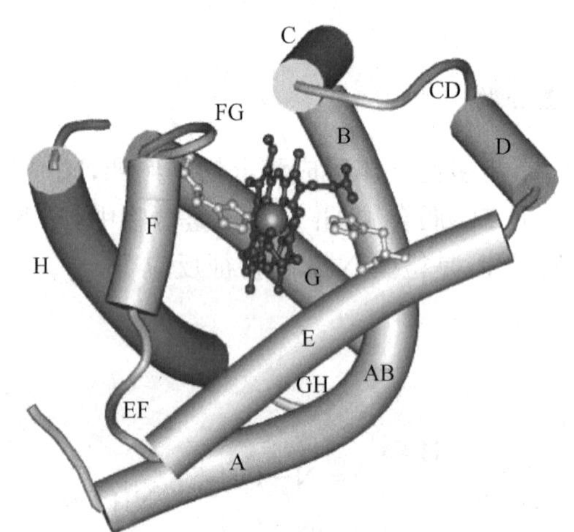

图 21-5 肌红蛋白的结构

血红蛋白(hemoglobin,Hb)分子是由珠蛋白、原卟啉和二价铁离子(Fe^{2+})所组成的结合蛋白质。血红蛋白是使血液呈红色的蛋白,它由 4 条链组成(蛋白质亚基),两条 α 链(相同)和两条 β 链,每一条链包含一个血红素。每一条蛋白链和肌红蛋白的结构相似。氧气结合在铁原子上,Hb 为氧的载体(图 21-6)。红细胞内含有大量血红蛋白(Hb),红细胞的机能主要由血红蛋白完成。血红蛋白的主要功能在于携带氧气(O_2)和二氧化碳(CO_2)。有 4 条肽链各结合一个辅基即血红素,即 O_2 结合于 Fe^{2+} 上,血红蛋白与氧疏松结合形成氧合血红蛋白

(HbO_2),这种氧合作用在氧分压高时容易进行,在氧分压低时易于解离。

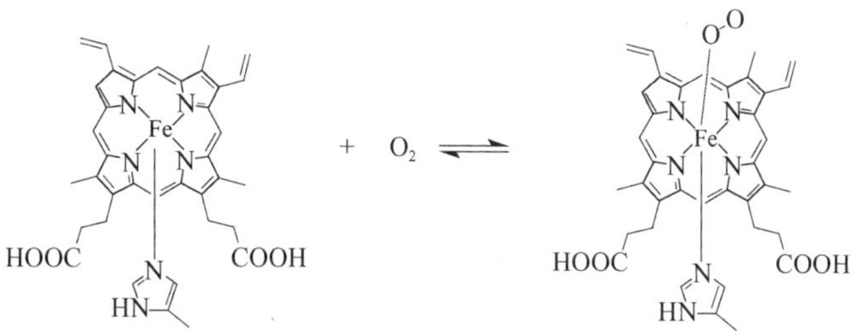

图 21-6　脱氧和氧合血红素辅基的变化

21.2　铂系元素

21.2.1　铂系元素通性

1. 氧化态

ⅧB 族中的钌 Ru(ruthenium)、铑 Rh(rhodium)、钯 Pd(palladium)和锇Os(osmium)、铱 Ir(iridium)、铂 Pt(platinum)6 种元素,它们的价电子构型分别为 $4d^7 5s^1$、$4d^8 5s^1$、$4d^{10} 5s^0$、$5d^6 6s^2$、$5d^7 6s^2$、$5d^9 6s^1$。这些元素在性质上有很多相似之处,并且在自然界里也常共生存在,因此统称为铂系元素,它们都是稀有金属。另外,根据它们的密度,钌、铑、钯约为 $12g \cdot cm^{-3}$,称为轻铂系金属;锇、铱和铂的密度约为 $22g \cdot cm^{-3}$,称为重铂系金属。

铂系元素的价电子结构除 Os 和 Ir 的 ns 电子为 2 以外,其余都是 1 或 0,这说明铂系元素原子的最外层电子有从 ns 填入$(n-1)$d 层的强烈趋势,而且这种趋势在三元素组里随原子序数的增加而增强。它们的氧化数变化和铁、钴、镍相似,即每一个三元素组形成高氧化态的倾向都是从左到右逐渐降低,从上往下逐渐增大。因此,重铂元素形成高氧化态的倾向比相应的轻铂元素大。

2. 存在和提取

自然界中含铂系金属的矿物大多数属于天然元素类型的矿物,即以单质的形式存在,最重要的矿物是天然铂矿和锇铱矿。前者以铂为主要成分,与其他铂系金属共生在一起;后者除有锇和铱外,也含有钌和铑等;但主要是高度分散在各种矿物中,并共生在一起。

铂在自然界往往以金属单质的形式存在。从天然铂矿中提取铂所采取的方法就是利用铂容易形成配位化合物的性质。首先用王水溶解铂矿,将其转化成氯铂酸,再向氯铂酸溶液中加入铵盐,则形成氯铂酸铵沉淀而同其他铂系元素的配位化合物分离。将干燥后的氯铂酸铵于800℃加热分解,便得到海绵状金属铂。将海绵状的铂熔炼,可以得到金属铂块。

3. 单质的物理和化学性质

铂系元素除锇为蓝灰色外,其余都是银白色。它们都是难熔的金属,在每一个三元素组中,金属的熔点从左到右逐渐降低,其中锇的熔点最高(3318K),钯的熔点最低(1825K)。纯净的铂具有很好的可塑性,将铂冷轧可以制得厚度为 2.5μm 的箔。大多数铂系金属能吸收气体,尤其是氢气。其中钯的吸氢能力最大,在标准状况下,1 体积海绵状的钯能吸收 680～850

体积的氢。催化活性高也是铂系金属的一个特性，特别是金属细粉（如铂黑）的催化活性更大。例如氨氧化法制硝酸用 Pt-Rh(90∶10)合金或 Pt-Ru-Pd(90∶5∶5)合金作催化剂。

铂系元素的化学稳定性非常高，常温下，与氧、硫、氯等非金属元素不起作用，必须在高温下才能够起作用，生成相应的化合物。这种化合物一般不稳定，在高温下又重新分解出金属。钯和铂都溶于王水

$$3Pt + 4HNO_3 + 18HCl \longrightarrow 3H_2[PtCl_6] + 4NO\uparrow + 8H_2O$$

在有氧化剂存在时，铂系金属与碱一起熔融都可以转变成可溶性的化合物。

钯还能够溶于硝酸和热硫酸中。

$$Pd + 4HNO_3(浓) \longrightarrow Pd(NO_3)_2 + 2NO_2\uparrow + 2H_2O$$

钌和锇，铑和铱不但不溶于普通强酸，甚至也不溶于王水。

铂系金属主要应用于化学工业及电气工业方面。例如铂（俗名为“白金”），由于它的化学稳定性很高，又能够耐高温，在化学上常用它制造各种反应器皿、蒸发皿、坩埚以及电极、铂网等。但是熔化的苛性碱或过氧化钠对铂的腐蚀很严重，在高温下，它也能够被碳、硫、磷等还原性物质所侵蚀。大多数的铂合金（含铂 90%）用于打造首饰。铂和铑合金的热电偶常用来测定 1473～2023K 范围内的温度。

21.2.2 铂系金属的化合物

1. 氧化物

在常温下，铂系金属对氧是稳定的。但是在高温或者炽热的空气中会发生氧化，生成相应的氧化物。粉状锇在室温下的空气中会发出一种淡淡的特殊气味，这是因为 Os 会慢慢地被氧化，生成挥发性 OsO_4 所致。块状的金属 Os 加热到 500℃以上，则会在空气中燃烧生成无色，具有特殊气味的 OsO_4。钌、铑、钯在空气中加热时也可形成氧化物 RuO_2、Rh_2O_3 和 PdO。其中，铑、钯需要在炽热高温时，才能反应；温度再上升，氧化物又将分解。铱在高温时氧化生成的是氧化物的混合物。铂对氧的稳定性比铂系其他元素的更高，在氧气中加热，只在金属表面生成 PtO，高温时又分解。

$$2PtO \xrightleftharpoons{1473K} 2Pt + O_2$$

铂系金属可以生成多种类型的氧化物，铂系金属氧化物的氧化态可以从＋2 到＋8，但是各元素的主要氧化物只有一种或两种，仅锇和钌有四氧化物。钌和锇的四氧化物是低熔点固体，RuO_4 和 OsO_4 的熔点分别为 25℃和 40℃。

当氯气流通入钌酸盐的酸性溶液时，金黄色的 RuO_4 便挥发出来。它在真空中升华，在大约 450K 则爆炸分解成 RuO_2 和 O_2。无色的 OsO_4 较稳定些，它可由粉状锇在氧中加热制得。它们都易溶于 CCl_4，可用 CCl_4 从水溶液中萃取它们。

RuO_4 和 OsO_4 都是强氧化剂，也可认为是酸性氧化物。它们都可以与强碱作用，但是得到的产物不一样

$$2RuO_4 + 4OH^- \longrightarrow 2[RuO_4]^{2-} + 2H_2O + O_2$$

$$OsO_4 + 2OH^- \longrightarrow [OsO_4(OH)_2]^{2-}$$

RuO_4 和 OsO_4 的蒸气都有特殊的臭味，并且有毒。如 OsO_4 的蒸气对眼睛和呼吸道有剧毒，甚至造成暂时失明。

2. 重要化合物

卤化物。除钯外，所有的铂系金属的六氟化物都是已知的。其中以 PtF_6 研究得最多。PtF_6 有特别强的氧化能力，是目前已知化合物中最强的氧化剂之一。它可以氧化 O_2，反应生成深红色的$[O_2]^+[PtF_6]^-$化合物。也可以与稀有气体反应。

五氟化物如 PtF_5、OsF_5 等，通常具有四聚体的结构。在这些化合物中，八面体配位的金属原子是通过 M-F-M 桥连接的，类似于 NbF_5、TaF_5 和 MoF_5 等五氟化物。五氟化物也很活泼。

所有铂系金属都能生成四氟化物。如 PdF_4 是用 BrF_3 处理 $PdBr_2$ 并将所得的加合物 $Pd_2F_6 \cdot 2BrF_3$ 加热至 450K 而制得的。四氟化物遇水后剧烈地水解。铂的四溴化物或四碘化物为深褐色的化合物，均是通过元素直接合成的。

大多数三卤化物可由元素直接合成，或者从溶液中以沉淀析出

$$2Rh + 3Cl_2 \xrightleftharpoons{573K} 2RhCl_3$$

$$RhCl_3 + 3I^- \longrightarrow RhI_3 \downarrow + 3Cl^-$$

$RhCl_3$ 是铑的最常见的化合物，红色的固体，1073K 时挥发。其结构类似于 $AlCl_3$ 层状结构，以氯为桥联基，配位数为 6，化学性质呈惰性，通常不溶于水。

二卤化物以 Pt 和 Pd 居多。在红热的条件下，金属钯直接氯化得二氯化钯，但反应温度不同则可生成结构不同的物质。例如，在红热至 283K 以上，钯直接氯化得链状 α-$PdCl_2$。二氯化铂通常用 $PtCl_4$ 热分解制得。Pt、Pd 的二氯化物都是抗磁性物质。二氯化钯和二氯化铂可溶解在盐酸中形成 H_2PtCl_6 和 H_2PdCl_6。

21.2.3　铂系元素的配合物

铂系元素与铁系元素一样可形成很多配合物。Pd(Ⅱ)、Pt(Ⅱ)、Rh(Ⅰ)、Ir(Ⅰ)、Rh(Ⅰ)等 d^8 型离子与强场配体常形成反磁性的平面正方形配合物。这些正方形配合物是配位不饱和的，在适当的条件下，可在 z 轴的方向加入配体，使配合物的配位数发生改变，形成配位数为 6 的八面体结构；有时其氧化态也会变化。这种配位数、氧化态的变化，有可能使分子活化，这是目前对许多均相催化剂反应机理的一种解释。

1. 卤配合物

大多数铂系元素都能生成卤配合物，其中最常见的是氯的配合物。例如，红色的 H_2PdCl_6、橙红色的 H_2PtCl_6 等及其盐是很重要的铂系金属的配合物。

$$PtCl_4 + 2HCl = H_2PtCl_6$$

在 Pt(Ⅳ)化合物中加碱，可以得到两性的氢氧化铂。它溶于盐酸得 H_2PtCl_6，溶于碱得铂酸盐

$$PtCl_4 + 4NaOH = Pt(OH)_4 + 4NaCl$$

$$Pt(OH)_4 + 6HCl = H_2PtCl_6 + 4H_2O$$

$$Pt(OH)_4 + 2NaOH = Na_2[Pt(OH)_6]$$

将氯化铵或氯化钾加到 H_2PtCl_6 中，生成难溶的氯铂酸铵或氯铂酸钾。

$$H_2PtCl_6 + 2NH_4Cl \longrightarrow (NH_4)_2PtCl_6 + 2HCl$$

$$H_2PtCl_6 + 2KCl \longrightarrow K_2PtCl_6 + 2HCl$$

氯铂酸铵不稳定，加热分解得海绵状铂。此反应可用于铂系金属的提纯

$$(NH_4)_2PtCl_6 \xrightarrow{\triangle} Pt + 2NH_4Cl + 2Cl_2$$

用乙二酸钾、二氧化硫等还原剂和氯铂酸盐反应可生成氯亚铂酸盐。例如：

$$K_2PtCl_6 + K_2C_2O_4 \longrightarrow K_2PtCl_4 + 2KCl + 2CO_2$$

2. 氨配合物

二氯二氨合铂 $PtCl_2(NH_3)_2$ 是重要的铂系元素的氨配合物，为反磁性物质，其结构为平面正方形。$PtCl_2(NH_3)_2$ 有两种几何异构体，分别为顺式(*cis-*)和反式(*trans-*)结构的 $PtCl_2(NH_3)_2$，顺式的 $PtCl_2(NH_3)_2$ 也称顺铂。顺式和反式的 $PtCl_2(NH_3)_2$ 在物化性质上有明显的区别。例如，顺铂为棕黄色，反式的为浅黄色；前者在水中的溶解度为 0.258g·(100g $H_2O)^{-1}$，而后者仅为 0.0366 g·(100g $H_2O)^{-1}$；前者的偶极矩 $\mu \neq 0$，后者 $\mu = 0$。还可以用硫脲对它们予以区分，顺铂生成黄色针状晶体氯化四硫脲合铂(Ⅱ)，反式的则生成无色晶体氯化二氯二硫脲合铂(Ⅱ)。另外，它们的红外谱图也不一样。顺铂可由许多途径合成，如

$$K_2PtCl_4 + 2NH_4Ac \xrightleftharpoons{+2KCl} cis\text{-}PtCl_2(NH_3)_2 + 2HAc + 2KCl$$

3. 羰基簇合物

铂系金属可以与 CO 形成羰基化合物。它们的羰基化合物除 Ru、Os 元素的单核羰基化合物为液体外，其余羰基化合物均为固体。多核羰基化合物均具有颜色，并且颜色随金属原子序数的增加而逐渐加深。固体羰基化合物的熔点低、易升华，都是典型的共价化合物，多数易溶于非极性溶剂，受热易分解为金属和一氧化碳。大多数羰基化合物是反磁性的。其用途是利用羰基化合物加热分解的性质制备纯金属。在化学性质上，这些羰基化合物能发生取代反应，但在取代过程中，金属-金属键(M—M 键)常保持不变。

4. 其他铂系金属的配合物

$K[PtCl_3(C_2H_4)] \cdot H_2O$ 水合三氯·乙烯合铂(Ⅱ)酸钾是人们制得的第一个不饱和烃与金属的配合物，又称为蔡斯盐(Zeise salt)。这个化合物可由氯亚铂酸盐 $[PtCl_4]^{2-}$ 和乙烯在水溶液中反应，再用乙醚萃取制得

$$[PtCl_4]^{2-} + C_2H_4 \rightleftharpoons [PtCl_3(C_2H_4)]^- + Cl^-$$

经 X 射线分析配离子 $[PtCl_3(C_2H_4)]^-$ 的构型是平面四边形。Pt(Ⅱ)在四边形的中央，四个配位体占据在四个角顶上，而乙烯的双键则垂直于这个平面。

富勒烯是由碳原子组成的一系列笼形分子的总称，它是除金刚石、石墨外碳元素的另一种同素异形体，人们最早所认识的富勒烯是 C_{60}。在配位化学中，以富勒烯及其衍生物为配体的配合物，其结构新奇美观、性质奇特，并且在医学、电磁、激光、信息和能源等各个领域具有广泛的潜在应用前景。富勒烯具有缺电子烯烃的化学性质，它的六元环间的 6∶6 边双键的反应活性相对较强，可以发生诸如氢化、氯化、氧化还原、环加成、光化与催化、络合及自由基等反应。许多过渡金属元素可以与碳笼之间以 $\eta\text{-}C_{2n}\text{-}M$ 的形式直接键合形成富勒烯金属有机化合物。

铂系金属与富勒烯形成的配合物，常呈现低氧化态，这使得金属-富勒烯配位键上可能有较多的电子，在光照下电子容易流动，有可能成为优良的光电材料。例如，1996 年

J. R. Shapley 等①制得了 Ru 的 C_{60} 金属配合物 $Ru_3(CO)_9(\mu_3\text{-}\eta^2,\eta^2,\eta^2\text{-}C_{60})$，并得到了其单晶，经 X 射线单晶衍射解析出结构图如图 21-7 所示。

过渡金属化合物如多联吡啶钌化合物由于其具有稳定的氧化态和激发态，它们的光化学、电化学、光电化学应用受到广泛的关注。近 10 年来，随着其光电转换效率的不断提高，多联吡啶钌作为染料敏化纳米晶体太阳能电池(dye-sensitized solar cells)光敏剂越来越引起人们的重视。人们在围绕提高效率而进行的分子修饰方面进行着不断地探索。

目前公认的较好的光敏染料为 $ML_2(X)_2$，其中 M 代表钌，L 代表 4,4′-二羧基-2,2′-联吡啶，X 代表卤素、氰基、硫氰酸根、乙酰丙酮、硫代氨基甲酸、水等。在这一系列染料中，以 X 为硫氰酸根的红染料 N3(图 21-8)性能最优。

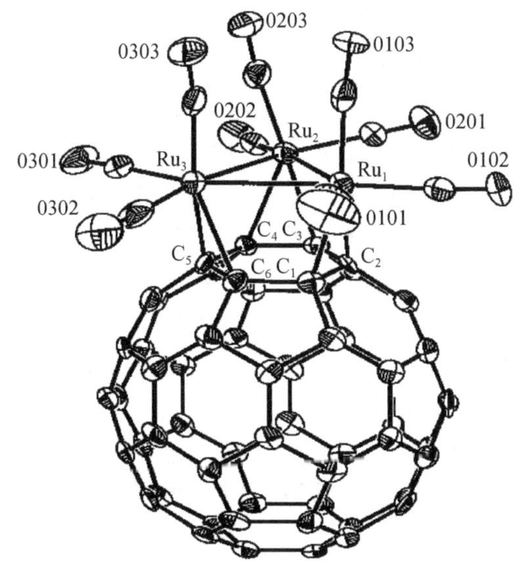

图 21-7　$Ru_3(CO)_9(\mu_3\text{-}\eta^2,\eta^2,\eta^2\text{-}C_{60})$的单晶结构图

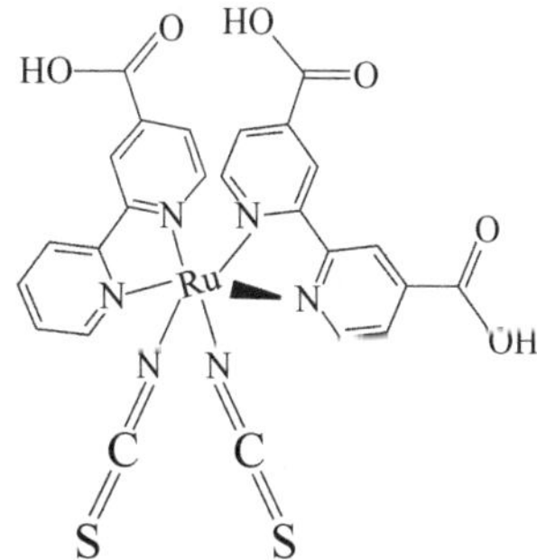

图 21-8　染料 N3 的结构

*21.3　过渡金属有机化合物

21.3.1　概述

金属有机化合物(organometallic compounds)是指金属原子与有机基团中的碳原子直接键合而成的化合物，含有 M—C 键。换句话说，凡含有 M—C 键的有机化合物均可称为金属有机化合物。1825 年，丹麦化学家 Zeise 就合成了$K[Pt(Ⅱ)CH_3(C_2H_4)]$，它的合成标志着人类首次合成了金属有机化合物，1849 年得到了烷基锌。1900 年，V. Grignard 合成了 CH_3MgBr，即格氏试剂(Grignard reagent)，为金属有机合成开创了新的局面，Grignard 因此获得了诺贝尔化学奖。1951 年，T. J. Kealy 和 P. L. Panson 合成了二茂铁。1952 年，E. O. Fischer和 G. Wilkinson 确认了二茂铁的夹心结构，二茂铁的稳定性、结构和成键状况向传统的成键作用描述方法提出了挑战，是当今蓬勃发展的有机过渡金属化学研究的新起点，大大促进了金属有机化合物的发展，Fischer 和 Wilkinson 也因此获得了诺贝尔化学奖。随后，K. Ziegler 和 G. Natta 合成了 $Et_3Al\text{-}TiCl_4$，即 Ziegler 催化剂，使烯烃聚合实现了工业化。

① H F Hsu, J R Shapley. $Ru_3(CO)_9(\mu_3\text{-}\eta^2,\eta^2,\eta^2\text{-}C_{60})$: A cluster face-capping, arene-like complex of C_{60}. J Am Chem Soc. 1996, 118(38): 9192-9193.

H. C. Brown 和 G. Wittig 合成了Ⅲ族、ⅤA 族金属元素的有机化合物。这些化学家也相继摘取了诺贝尔桂冠。这也充分说明金属有机化学(organometallic chemistry)在化学中所处的地位以及人们对它的重视。它已成为现代无机化学的前沿领域之一。

有机金属化合物也同时存在于生物体中,如维生素 B_{12} 就是含钴的有机金属化合物,并在生命过程中起着很重要的作用。对有机金属化合物在生物体内作用机制的了解也随着金属有机化学的进步而得到发展。

金属有机化合物目前在化学工业、医药工业、材料工业以及科学研究方面发挥着巨大的作用。特别是金属有机用作催化剂领域,它彻底改变了有机合成、高分子合成的面貌。据估计,近年来有机化合物合成的新方法中 50%以上是以金属有机化合物作为催化剂。金属有机化学的内容十分丰富,限于篇幅,在此只简单介绍过渡金属有机化合物的基本内容。

金属有机化合物实际上是配合物的一种。这类新型的配合物与经典配合物相比有两个特点。第一,这类配合物中,中心离子通常处于低氧化态(+2,+1,0,-1);第二,配体常为不饱和的有机分子,如乙烯、乙炔、环戊二烯等。上述两个特点就决定了这类金属有机化合物中,配体往往既是电子对的给予体,又是电子对的接受体,能形成反馈键,使得形成的过渡金属有机化合物非常稳定。但是由于过渡金属的 d 电子反馈给配体分子,d 电子是填充到配体分子的反键轨道上,导致配体分子内部化学键减弱,使配体分子活化,有利于配体进行各种化学反应。

在稳定的过渡金属有机化合物中,过渡金属的价电子数与配体提供的电子数之和通常等于 18,即 18 电子规则,也称为有效原子序数规则(effective atomic number rule,EAN 规则)。过渡金属原子 18 电子规则为经验规则,有很多例外,例如,钛原子的配合物,它的价电子数通常为 16,但是也很稳定。但是绝大多数配合物的电子结构是满足 18 电子规则的。过渡金属原子的价层有 9 个轨道,即 5 个$(n-1)$d,3 个 np 和 1 个 ns 轨道。18 个电子将 9 个轨道全部充满时,体系稳定,这与洪德规则是一致的。

21.3.2 羰基化合物

过渡金属与一氧化碳形成的配合物称为金属羰基化合物,简称羰合物。早在 1890 年 Mond 就合成了 $Ni(CO)_4$,1891 年又得到了 $Fe(CO)_5$,从此开辟了金属羰基化合物这一研究领域。

过渡元素与 CO 易形成羰基配合物,有稳定低氧化态的特征。因此,羰基配合物中的金属原子一般处于 0 甚至负值这样的低氧化态。例如,Fe、Co、Ni 的几个羰合物:$[Fe(CO)_4]^{2-}$、$Ni(CO)_4$、$[Co(CO)_4]^-$等。

CO 是很弱的路易斯碱,其碳原子中的非键电子对不容易给出,即 CO 与金属形成 σ 配位键(M←CO)的能力较弱;但是它以空的反键 π^* 轨道接受金属原子送来的电子(M→CO),这种由金属原子单方面提供电子到配体的空轨道上形成的 π 键称为反馈(back bond)π 键(图 21-9)。形成反馈键时,金属将电子对给予配体,只有当金属又有足够的负电荷时,它才能起电子对给予体的作用。低氧化态的金属具有较多价电子,有利于形成反馈键。金属与羰基之间 σ 配位键和反馈 π 键的形成如图 21-10 所示。在羰基化合物中由于 σ 配位键和反馈 π 键的同时作用,使得金属与 CO 形成的羰基化合物具有很高的稳定性。反馈的实质是过剩电荷分散的一种方式,它是在过高电荷的推动下,达到一种稳定分布结构,符合电中性原理。

研究表明,许多羰基化合物的键长比正常单键计算值短 10%左右,而键能较大,说明 M—C 具有某些双键的特征。另外,羰基化合物中 C—O 的键长比 CO 的长,这是由于电子从金属原子的 d 轨道反馈到 CO 的 π^* 轨道,从而削弱了羰基之间的键,使配合物中的 C—O 变

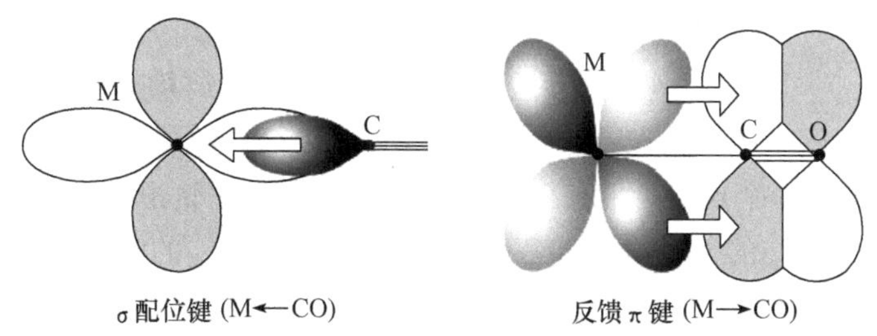

图 21-9　金属羰基化合物的反馈键生成示意图

长。其表现为 CO 的活性增强。

多数羰基配位化合物可以通过金属和一氧化碳的直接化合来制备，但是要求金属必须是新还原出来的具有活性的粉状物。例如，常温常压下，活性 Ni 粉和 CO 作用，可得到 $Ni(CO)_4$；在 200℃，2～20MPa 下活性铁粉与 CO 作用，得到 $Fe(CO)_5$

$$Ni(s)+4CO(g) \rightleftharpoons Ni(CO)_4(l)$$

$$Fe(s)+5CO(g) \rightleftharpoons Fe(CO)_5(l)$$

除直接法合成外，也可以通过其他的方法制备羰基化合物，如在 120～200℃ 和 25～30MPa 下，用 $CoCO_3$ 在氢气气氛中与一氧化碳反应，可以得到 $Co_2(CO)_8$

$$2CoCO_3+2H_2+8CO \rightleftharpoons Co_2(CO)_8+2CO_2+2H_2O$$

ⅤB～ⅦB 和Ⅷ族的大部分元素都可以形成羰合物。同族元素形成的羰合物在组成上几乎是相同的。如ⅤB 和ⅥB 形成配位数为 6 的羰合物 $M(CO)_6$，ⅦB 形成 $M_2(CO)_{10}$ 羰合物。铁、钴、镍的羰基化合物是最常见的羰基化合物。铁、钴、镍羰基化合物的物性如表 21-1 所示。

表 21-1　铁、钴、镍羰基化合物的性质

羰基化合物	颜　色	状　态	熔点/℃	沸点/℃
$Fe(CO)_5$	浅黄	液体	−20	103
$Co_2(CO)_8$	深橙	固体	(51～52℃分解)	
$Ni(CO)_4$	无色	液体	−25	43

羰基化合物的熔点、沸点一般都比常见的相应金属化合物低，容易挥发，受热易分解为金属和一氧化碳。因此，经常利用这些特性来分离或提纯金属。首先将金属制成羰基化合物，然后使之挥发与金属中的杂质分离，得到纯的金属羰基化合物；再将羰基化合物分解，便可得到很纯的金属。例如，五羰基合铁的蒸气在200～250℃分解，可以得到纯铁粉

$$Fe(CO)_5 \rightleftharpoons Fe+5CO\uparrow$$

用这种方法得到的铁粉，其含碳量极低。这种高纯的铁粉用于制造磁铁和催化剂。

特别值得注意的是，羰基配位化合物有毒。例如，吸入的四羰基合镍进入血液后，CO 便与血红蛋白结合，从而使血液把胶态镍带到全身器官。这种中毒是很难治疗的。所以制备羰基配位化合物必须在与外界隔绝的容器中进行。

21.3.3　不饱和烃配合物

1. 乙烯配合物

早在 1827 年，蔡斯将乙烯通入 $K_2[PtCl_4]$ 稀盐酸溶液中，制得了第一个不饱和烃的 π 配合物：

$$K_2[PtCl_4]+C_2H_4 \longrightarrow K[PtCl_3(C_2H_4)]+KCl$$

$K[PtCl_3(C_2H_4)]$通常称为蔡斯盐，是黄色的晶体。它的结构直到 20 世纪 50 年代才确定。经 X 射线分析证明，Pt(Ⅱ)与三个氯离子共处于一个平面内，这个平面与乙烯分子的双键垂直，并交于双键的一个点上(图 21-10)。Pt^{2+} 以 dsp^2 杂化轨道与 4 个配体(3 个 Cl^- 和 1 个 C_2H_4)成键。3 个 Cl^- 的孤对电子和乙烯的 π 电子进入 Pt^{2+} 的空轨道中，形成 σ 配键。与此同时，Pt^{2+} 的未参与杂化 d 轨道中的电子可部分地反馈到乙烯的 π^* 反键轨道中，形成反馈 π 键。这种结构使乙烯分子活化，促成了乙烯被氧化为乙醛的反应。

2. 夹心化合物

所谓夹心型配合物是指中心金属离子夹在两个平行的 C 环之间的金属有机化合物，也包括两环之间有一定夹角的不对称夹心配合物。1951 年，Kealy 和 Panson 在合成富烯(fulvalen)时，意外地发现了 Fe(Ⅱ)能与环戊二烯生成化学式为$Fe(C_5H_5)_2$的化合物。1952 年，Wilkinson 和 Woodward 确认它是一个夹心结构(sandwich structure)的金属配合物(图 21-11)，具有芳香性，从而命名为二茂铁(ferrocene，Fc)。环戊二烯与金属离子形成的这类配合物统称为茂金属(metallocene)。

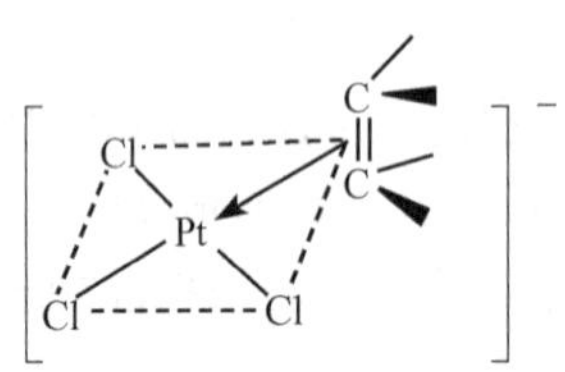

图 21-10　$[PtCl_3(C_2H_4)]^-$的结构示意图

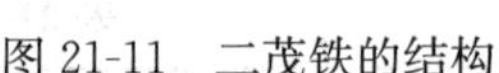

图 21-11　二茂铁的结构

二茂铁两个环的平面是平行的，Fe^{2+} 夹在 $C_5H_5^-$ 的中间。在 $C_5H_5^-$ 中的每个碳原子上都有一个未参与 σ 键的电子，这些电子占据与环的平面垂直的 p 轨道上。5 个 p 轨道肩并肩重叠形成离域的 π 轨道。Fe^{2+} 与 $C_5H_5^-$ 之间的键是由茂环的 π 轨道与 Fe^{2+} 的空轨道重叠形成的。

二茂铁为橙黄色具有抗磁性的固体，熔点为 174℃。不溶于水，易溶于乙醚、苯、乙醇等有机溶剂中，373K 即升华，是典型的共价化合物。

二茂铁的性质与芳香族化合物类似，二茂铁的夹心结构，使其呈现出特殊的化学性质，它不能进行环戊二烯那样的加成反应，不易发生还原反应；但茂环 η^5-C_5H_5 在 C—C 键级上同苯环相似，易发生亲电取代反应，具有突出的芳香性，因此，茂环在性质上与苯环有许多相似之处，且反应活性比苯高。目前合成的二茂铁衍生物达数千种。

二茂铁目前已被广泛用作不对称有机合成、羟醛缩合、不对称交联偶合、烯烃常压氢化等的催化剂，还用于燃料的抑烟剂和助燃剂、高分子材料助剂。特别是在生物医学方面，二茂铁及其衍生物可作为抗癌、抗菌以及补血剂等。另外，二茂铁具有非常优异的电化学性能，且易与生物分子如多肽、蛋白质、DNA 作用，在生物电化学的研究领域正起着越来越重要的作用。

21.3.4　铂类配合物抗肿瘤药物

恶性肿瘤是一种严重危害人类健康的重大疾病。全世界每年新增肿瘤患者近 1000 万，每年因癌症死亡人数超过 600 万。我国每年癌症的发病人数约为 200 万,死于癌症的人数超过 140 万,且发病率一直呈上升趋势。目前临床上,化疗是治疗癌症的重要手段之一,因此,寻找高效低毒的抗癌药一直是人类孜孜以求,不懈奋斗的目标。自从发现顺铂[*cis*-$PtCl_2(NH_3)_2$,cisplatin,*cis*-DDP]抗癌作用以来,金属配合物抗癌药物的研究进入了一个崭新的领域。除顺铂配合物外,钌、锗等铂系金属配合物;二茂钛、二茂铁等茂金属化合物;铜、银、金等过渡金属配合物以及有机锗化合物的研究等也取得了很大的进展。而随着人们对金属配合物的药理作用认识的进一步深入,新的抗癌活性的金属配合物将不断地合成出来。

顺铂是已广泛用于治疗睾丸癌、子宫颈癌、卵巢癌和膀胱癌的化疗药物之一。但是顺铂配合物在临床应用中存在着较严重的毒副作用,尤其是对肾脏的损害较大、抗肿瘤谱窄、水溶性较差以及交叉耐药性等缺陷,使其应用受到限制。为了克服顺铂在临床上的不足,降低毒性、改善其耐药性,人们研究了铂类化合物的抗癌活性构效关系,研制合成了大量的铂类抗癌药物,目前已经用于临床的有:卡铂(carboplatin)、奥沙利铂(oxaliplatin)和奈达铂(nedaplatin)(图 21-12)。

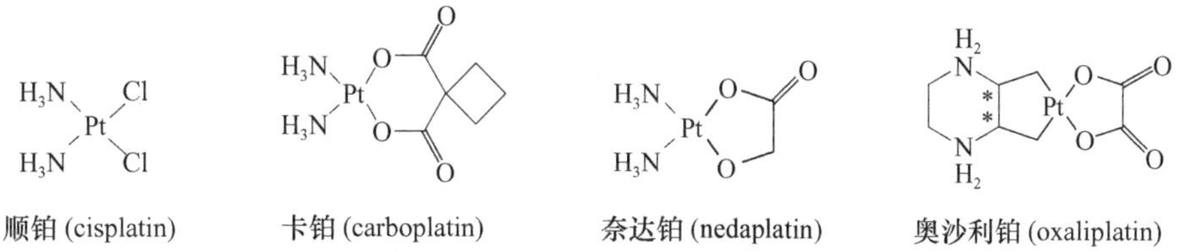

图 21-12　典型的铂类配合物抗肿瘤药物

其中卡铂也称碳铂,化学名为环丁二羧酸二氨合铂(Ⅱ),被称为第二代铂类抗癌药物。它于 1986 年上市,其化学稳定性好,水溶性比顺铂高 16 倍,肾毒性低于顺铂,主要副作用为骨髓抑制;作用机制与顺铂相同,可以替代顺铂用于某些癌瘤的治疗,与非铂类抗癌药物无交叉耐药性,因此它可以与多种抗癌药物联合使用。

奈达铂,化学名:顺式-2-乙醇酸-二氨合铂(Ⅱ),也属于第二代铂类抗肿瘤药物,1995 年在日本首次获准上市。用于治疗头颈部肿瘤、小细胞和非小细胞肺癌、食道癌、膀胱癌、子宫颈癌等。其毒性表现为血液学毒性较顺铂高,肾毒性和胃肠道副反应有所降低。

奥沙利铂,也称为乙二酸铂,化学名:反式-1-1,2-二胺基环己烷乙二酸合铂。是继顺铂和卡铂之后开发的第三代铂类抗癌药物。它是一种十分稳定的化合物。其显著特点是与顺铂、卡铂无交叉耐药性或交叉度低,对结(直)肠癌的治疗效果较好,毒性低、抗癌谱广等。

目前针对铂类配合物抗癌药物的工作主要集中在改良顺铂(Ⅱ)类抗癌药物或转向其他铂类抗癌药物,并且已经研发出了一系列的铂类抗癌新药物,一些已经进入临床实验阶段。不同的铂(Ⅱ)类抗癌药物,化学结构不同,反应特性各有差异,尽管对其抗癌机理尚无一致的看法,但是人们普遍认为,铂(Ⅱ)类抗癌药物的抗癌作用机制分为四个步骤:跨膜运动,水合,解离,靶向迁移,进攻 DNA。即顺铂攻击的主要靶 DNA。顺铂穿过细胞膜进入细胞后,发生水解作用,由于细胞外液中的 Cl^- 浓度高,抑制了顺铂的水解。然而,进入细胞以后,Cl^- 的浓度大约是细胞外的 1/30,可以发生水解反应。顺铂水解后主要存在 3 种形式:$[Pt(NH_3)_2(H_2O)_2]^{2+}$、$[Pt(OH)(NH_3)_2(H_2O)_2]^+$、$[PtCl(OH)(NH_3)_2(H_2O)_2]$,然后与肿瘤细胞中的 DNA 碱基中的 N 配位,形成链内交联的 PtDNA 配合物;顺铂可以与单股 DNA 上两个相邻的鸟嘌呤或者鸟嘌呤与腺嘌呤之间作用,阻断其复制和转录;而对于反式结构的 $PtCl_2(NH_3)_2$,在立体上难以发生。由于顺铂与肿瘤细胞中 DNA 的这种特异性相互作用,从而抑制了其 DNA 的复制,最终导致癌细胞死亡。

本章小结

本章主要介绍了过渡元素中的Ⅷ族元素,即 Fe、Co、Ni 以及 Ru、Rh、Pd、Os、Ir、Pt 9 个元素的单质及化合物的特性等。其中,位于第四周期第一过渡系列的 3 个Ⅷ族元素铁、钴、镍性质非常相似,称为铁系元素。而位于第二、第三过渡系列的 6 个Ⅷ族元素称为铂系元素。单质铁、钴、镍为中等活泼的金属,能溶于酸。与金属单质相似,它们的单质具有很强的还原性,而其高氧化态的铁、钴、镍有较强或很强的氧化性。在水溶液中,Fe^{3+} 很容易水解,形成 $Fe(OH)_3$ 沉淀。Fe^{3+}、Fe^{2+}、Co^{2+}、Ni^{2+} 与强碱作用均可以生成氢氧化物沉淀。氧化态为+2、+3 的 Fe、Co、Ni 离子,半径较小,又有未充满的 d 轨道,很容易形成配合物。它们配合物特性常用于离子的鉴定,例如,可以分别用赤血盐、黄血盐对 Fe^{2+}、Fe^{3+} 进行鉴定,生成相同的 Turnbull's 蓝和 Prussian 蓝沉淀。铁、钴、镍还是维持生命体系的必需元素。

铂系元素属于稀贵金属,其单质或化合物是一类重要的催化材料;另外顺铂化合物是一类重要的抗癌类药物。

本章还对过渡金属有机化合物进行了简介。

The characteristic of elements and their main compounds of Group Ⅷ, i. e. iron, cobalt, nickel, ruthenium, rhodium, palladium, osmium, iridium and platinum, were introduced in this chapter. Iron, cobalt and nickel are mediate reactive metals. They can be attacked by non-oxidizing acids and giving hydrogen. One of the most conspicuous features of ferric iron in aqueous is its tendency to hydrolysis and /or formation of complexes. Hydroxide compounds can be formed by reaction of Fe^{3+}, Fe^{2+}, Co^{2+} and Ni^{2+} with strong bases. Fe, Co and Ni ions with +2, +3 oxide states can easily form complexes because of their small ion radii and their empty d orbit. The characters of their complexes can be used to identify ions, e. g. on treating a solution of Fe^{3+} with hexacyanoferrate(Ⅱ) a blue precipitate called prussian blue is formed, and that on treating a solution of Fe^{2+} with hexacyanoferrate(Ⅲ) a blue precipitate called Turnbull's blue is formed. Prussian blue and Turnbull's blue are actually identical.

Iron, cobalt and nickel are the necessary elements for supporting life.

Platinum elements are also called noble metals. They are found a great use as catalysts. And cisplatin compounds are one of very important kind of antitumor drugs.

Furthermore, organometallic chemistry of transition elements was introduced briefly at the end of this chapter.

化学史话——伍德沃德与维生素 B_{12}

伍德沃德 (R. B. Woodward, 1917—1979)是现代有机合成之父。1917 年 4 月 10 日生于美国马萨诸塞州的波士顿。从小喜读书,善思考,学习成绩优异,有"神童"之称。1933 年,16 岁的伍德沃德就以优异的成绩考入麻省理工学院。他聪颖过人,只用了 3 年时间就学完了大学的全部课程,获得学士学位。随后只用了一年的时间,学完了博士生的所有课程,并完成了论文工作,获博士学位。随后,伍德沃德在哈佛大学执教,1950 年晋升教授。他教学极为严谨,尤其重视化学演示实验,善于训练学生的实验技巧,他的许多学生成了化学界的知名人士。

伍德沃德一生主要从事天然有机化合物生物碱和甾族化合物结构与合成的研究,取得了划时代的成果,合成了胆甾醇、皮质酮、马钱子碱、利血平、叶绿素等 24 种极其复杂的有机化合物。由于他在天然有机化合物结构和合成方面的研究成果,而荣获 1965 年诺贝尔化学奖。获奖后,他并没有因为功成名就而停止工作。他组织了 14 个国家的 110 位化学家,协同攻关,探索维生素 B_{12} 的

人工合成问题。

伍德沃德还善于从实践中总结并提出理论。在维生素 B_{12} 合成过程中，不仅存在创立新的合成技术的问题，还遇到一个传统化学理论不能解释的有机理论问题。他发现了有机反应的一个基本规律，即分子轨道对称性。此规律对反应的难易和产物的构型起决定作用。为此，他于 1965 年参照日本化学家福井谦一提出的“边界电子论”，和他的学生兼助手霍夫曼一起，提出了分子轨道对称守恒原理，通常称为伍德沃德-霍夫曼规则。这一理论用对称性简单直观地解释了许多有机化学过程。分子轨道理论的创立使霍夫曼和福井谦一共同获得了 1981 年诺贝尔化学奖，遗憾的是此时伍德沃德已经离开人世，否则他将第二次获诺贝尔化学奖。

伍德沃德谦虚和善，不计名利，善于与人合作，一旦做出成果发表论文时，总喜欢把合作者的名字署在前边，他自己有时干脆不署名，对他的这一高尚品质，学术界和他共过事的人都众口称赞。伍德沃德对化学教育尽心竭力，他一生共培养研究生、进修生 500 多人，他的学生已布满世界各地。1979 年 7 月 8 日，伍德沃德因心脏病突然发作在马萨诸塞州去世，年仅 62 岁。

维生素 B_{12} 在许多生物化学过程中起非常特效的催化作用，能促使红细胞成熟，是治疗恶性贫血症的特效药。维生素 B_{12} 是重要的含钴生物配合物。它存在于细菌及其他许多生物体内。

维生素 B_{12}(也称氰基钴胺素)呈深红色，有抗磁性。是一种 Co(Ⅲ)配合物，由 181 个原子组成，分子式为 $C_{63}H_{88}O_{14}N_{14}PCo$，其结构如图 21-13 所示。此化合物中含有 15 元的咕啉环(corrin ring)，而卟啉环是 16 元环。Co(Ⅲ)与咕啉环(corrin ring)中 4 个吡咯环 N 连接，作为 Co(Ⅲ)的赤道配体。第五个配位 N(下方轴向配体)来自 α-5,6-二甲基苯并咪唑核苷酸；若不考虑第六配体(上方轴向配体)时，该结构被称为钴胺素(cobalamine)；当第六配体为 CN^- 时，称为氰基钴胺素，即维生素 B_{12}。整个咕啉环上有 8 个甲基、7 个酰胺取代基，为 15 元环。

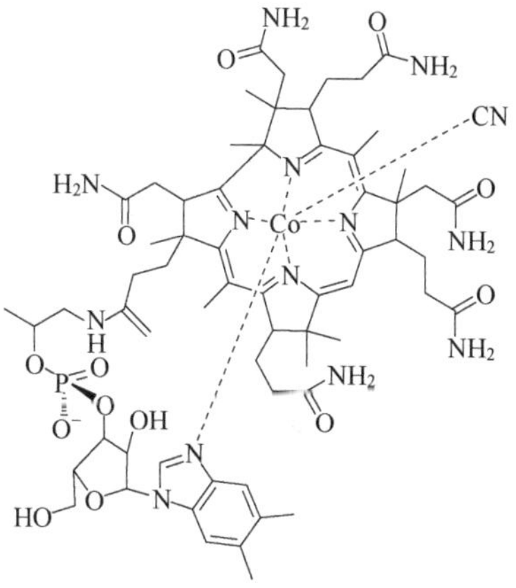

图 21-13　维生素 B_{12} 的结构

1956 年，霍奇金(D. M. C. Hodgkin)精确地测定了维生素 B_{12} 的分子结构，为人工合成维生素 B_{12} 铺平了道路。由于霍奇金的这项成果意义重大，影响深远，她摘取了 1964 年的诺贝尔化学奖桂冠。伍德沃德合成维生素 B_{12} 共做了近千个复杂的有机合成实验，历时 11 年。终于在 1972 年，完成了维生素 B_{12} 的全合成。

化学知识拓展—— 铁氧体

铁氧体(ferrite)是一种具有铁磁性的金属氧化物。它是由 Fe_2O_3 和一种或几种其他金属氧化物(如 NiO、ZnO、MnO_2、MgO、BaO、SrO 等)反应生成，并呈现亚铁磁性或反铁磁性的材料。铁氧体的电阻率比金属、合金磁性材料大得多，而且还有较高的介电性能。铁氧体的磁性能还表现在高频时具有较高的磁导率。因而，铁氧体已成为高频弱电领域用途广泛的非金属磁性材料。铁氧体有硬磁、软磁、旋磁、矩磁和压磁五类。

(1) 软磁材料。在较弱的磁场下，易磁化也易退磁，如锌铬铁氧体、锰锌铁氧体和镍锌铁氧体等。软磁铁氧体主要用作各种电感元件，如滤波器磁芯、变压器磁芯、无线电磁芯，以及磁带录音和录像磁头等，也是磁记录元件的关键材料。

(2) 硬磁材料，也称为永磁材料或恒磁材料。铁氧体硬磁材料磁化后不易退磁，如钡铁氧体、钢铁氧体等。它主要用于电信器件中的录音器、拾音器、扬声器、各种仪表的磁芯等。

(3) 旋磁材料。旋磁性是指在两个互相垂直的稳恒磁场和电磁波磁场的作用下，平面偏振的电磁波在材料内部虽然按一定的方向传播，但其偏振面会不断地绕传播方向旋转的现象。旋磁材料大都与输送微波的波导管或传输线等组成各种微波器件，主要用于雷达、通信、导航、遥测等电子设备中。

(4) 矩磁材料。具有矩形磁滞回线的铁氧体材料。它的特点是，当有较小的外磁场作用时，就能使之磁化并达到饱和，去掉外磁场后，磁性仍然保持与饱和时一样。例如，镁锰铁氧体、锂锰铁氧体等就是这样。这种铁氧体材料主要用于各种电子计算机的存储器磁芯等方面。

(5) 压磁材料。磁化时在磁场方向做机械伸长或缩短的铁氧体材料，如镍锌铁氧体、镍铜铁氧体和镍铬铁氧体等。压磁材料主要用作电磁能与机械能相互转化的换能器，作磁致伸缩元件用于超声。

根据铁氧体结晶构造和形态，生产工艺大致分为多晶铁氧体生产工艺、铁氧体化学共沉淀法；锰锌铁氧体、单晶铁氧体制造工艺以及水热法、溶胶凝胶法等其他特种工艺，如铁氧体多晶薄膜和非晶铁氧体等。

习　题

1. 完成并配平下列方程式。

(1) $FeSO_4+Br_2+H_2SO_4 \longrightarrow$

(2) $FeCl_3+H_2S \longrightarrow$

(3) $FeCl_3+KI \longrightarrow$

(4) $Fe(OH)_3+KClO_3+KOH \longrightarrow$

(5) $Co(OH)_2+H_2O_2 \longrightarrow$

(6) $Co_2O_3+HCl \longrightarrow$

(7) $K_4[Co(CN)_6]+O_2+H_2O \longrightarrow$

(8) $Ni(OH)_2+Br_2 \longrightarrow$

(9) $Ni^{2+}+HCO_3^- \longrightarrow$

(10) $Ni^{2+}+NH_3$(过量)$\longrightarrow$

(11) 将 SO_2 通入 $FeCl_3$ 溶液中。

(12) 向硫酸亚铁溶液加入 Na_2CO_3 后滴加碘水。

(13) 硫酸亚铁溶液与赤血盐混合。

(14) 过量氯水滴入 FeI_2 溶液中。

(15) 硫酸亚铁受热分解。

(16) 用浓硫酸处理 $Co(OH)_3$。

(17) 向 $K_4[Co(CN)_6]$晶体滴加水。

(18) 向 $CoCl_2$ 和溴水的混合溶液中滴加 NaOH 溶液。

(19) 弱酸性条件下向 $CoSO_4$ 溶液中滴加饱和 KNO_2 溶液。

(20) 碱性条件下向 $NiSO_4$ 溶液中加入 NaClO 溶液。

(21) $Ni(OH)_3$ 在煤气灯上灼烧。

(22) 铂溶于王水。

(23) 将一氧化碳通入 $PdCl_2$ 溶液。

(24) 向黄血盐溶液中滴加碘水。

2. 解释现象，写出相应的方程。

(1) 向 $FeCl_3$ 溶液中加入 Na_2CO_3 时生成 $Fe(OH)_3$ 沉淀而得不到 $Fe_2(CO_3)_3$。

(2) I_2 不能氧化 $FeCl_2$ 溶液中的 Fe(Ⅱ)，但是在 KCN 存在下 I_2 却能够氧化 Fe(Ⅱ)。

(3) 在含有 Fe(Ⅲ)的溶液中加入氨水，得不到 Fe(Ⅲ)的氨合物。

(4) 在 Fe^{3+} 的溶液中加入 KSCN 时出现血红色，若再加入少许铁粉或 NH_4F 固体则血红色消失。

(5) $Co_2(SO_4)_3$ 溶于水。

(6) 稍稍加热 $K_4[Co(CN)_6]$水溶液。

(7) 向硫酸铁溶液中依次加入适量的 HCl，NH_4SCN，NH_4F。

(8) 蓝色的变色硅胶吸水后变成粉红色。

3. 写出以下过程的反应式：将$[Ni(NH_3)_6]SO_4$ 溶液水浴加热一段时间再加氨水。

4. 设计一分离 Fe^{3+}、Al^{3+}、Cr^{3+}、Ni^{2+} 的方案。

5. $K_4[Fe(CN)_6]$可用 $FeSO_4$ 与 KCN 直接在溶液中制备，$K_3[Fe(CN)_6]$却不能由 $Fe_2(SO_4)_3$ 和 KCN 直接在水溶液中制备，为什么？应如何制备 $K_3[Fe(CN)_6]$？

6. 某氧化物 A，溶于浓盐酸得溶液 B 和气体 C，C 通入 KI 溶液后用 CCl_4 萃取生成物，CCl_4 层呈现紫色。B 加入 KOH 溶液后析出桃红色沉淀。B 遇过量氨水得不到沉淀而得土黄色溶液，放置则变为红褐色。B 中加入 KSCN 及少量丙酮时成蓝色溶液。判断 A 是什么氧化物。写出有关反应式。

7. 将浅蓝绿色晶体 A 溶于水后加入氢氧化钠溶液和 H_2O_2 并微热，得到棕色沉淀 B 和溶液 C。B 和 C 分离后将溶液 C 加热有碱性气体 D 放出。B 溶于盐酸得黄色溶液 E。向 E 中加入 KSCN 溶液有红色的 F 生成。向 F 中滴加 $SnCl_2$ 溶液则红色褪去，F 转化为 G。向 G 中滴加赤血盐溶液有蓝色沉淀 H 生成。向 A 的水溶液中滴加 $BaCl_2$ 溶液有不溶于硝酸的白色沉淀生成。给出 A～H 代表的化合物或离子，并写出各步反应方程式。

8. 蓝色化合物 A 溶于水得粉红色溶液 B。向 B 中加入过量氢氧化钠溶液得粉红色沉淀 C。用次氯酸钠溶液处理 C 则转化为黑色沉淀 D，洗涤、过滤后将 D 与浓盐酸作用得蓝色溶液 E。将 E 用水稀释后又得到粉红色溶液 B。写出 A～E 所代表的物质，写出相应的反应方程式。

9. 混合溶液 A 为紫红色。向 A 中加入浓盐酸并微热得到蓝色溶液 B 和气体 C。向 A 中加入 NaOH 溶液则得到棕黑色沉淀 D 和绿色溶液 E。向 A 中通入过量二氧化硫则溶液最后变为粉红色溶液 F。向 F 中加入过量氨水得到白色沉淀 G 和棕黄色溶液 H。G 在空气中缓慢转变为棕黑色沉淀。将 D 与 G 混合后加入硫酸又得到溶液 A。A～H 各是什么化合物或离子？给出相关的反应方程式。

10. 已知：　$[Fe(bipy)_3]^{3+} + e^- \rightleftharpoons [Fe(bipy)_3]^{2+}$　　$E^\ominus = 1.03V$　$K_f^\ominus([Fe(bipy)_3]^{3+}) = 1.82 \times 10^{14}$

求 $K_f^\ominus([Fe(bipy)_3]^{2+})$并比较两个配合物的稳定性。

11. 已知反应：

$$Co^{2+} + 6NH_3 \rightleftharpoons [Co(NH_3)_6]^{2+} \qquad K^\ominus = 1.3 \times 10^5$$

$$Co^{3+} + 6NH_3 \rightleftharpoons [Co(NH_3)_6]^{3+} \qquad K^\ominus = 1.6 \times 10^{35}$$

$$Co^{3+} + e^- \rightleftharpoons Co^{2+} \qquad E^\ominus(Co^{3+}/Co^{2+}) = 1.808V$$

求反应$[Co(NH_3)_6]^{3+} + e^- \rightleftharpoons [Co(NH_3)_6]^{2+}$的标准电极电势 $E^\ominus$。

（中南大学　刘又年）

第 22 章　铜副族和锌副族元素

22.1　铜副族元素

22.1.1　铜副族元素的通性

1. 氧化态

铜副族元素位于周期表的 ds 区，系ⅠB 族元素，包括铜 Cu(copper)、银 Ag(silver)、金 Au(gold)三种元素。铜副族元素也称为“货币金属”。它们的价电子构型为$(n-1)d^{10}ns^1$，最外层电子数与碱金属相同，它的次外层为 18 个电子，对核的屏蔽作用比 8 电子结构的小得多，使有效核电荷较大，对外层电子的吸引力较强。与同周期的主族元素相比，铜副族元素的原子半径较小，第一电离能较大，标准电极电势大于 0，其金属活泼性远小于碱金属。铜副族元素有＋1、＋2、＋3 三种氧化态，而碱金属只有＋1 一种氧化态。它们的活泼性依铜、银和金的顺序减小。铜、银、金最常见的氧化数分别为＋2、＋1、＋3。铜副族金属离子具有较强的极化力，本身变形性又大，所以它们的二元化合物一般有相当程度的共价性，与其他过渡元素类似，易形成配合物。

铜、银、金的标准电极电势图如 22-1 所示。

$E_A^\ominus/V$

$$CuO^+ \xrightarrow{2.0} Cu^{2+} \xrightarrow{0.153} Cu^+ \xrightarrow{0.521} Cu$$

$$AgO^+ \xrightarrow{1.8} Ag^{2+} \xrightarrow{1.98} Ag^+ \xrightarrow{0.7996} Ag$$

$$Au^{3+} \xrightarrow{>1.29} Au^{2+} \xrightarrow{<1.29} Au^+ \xrightarrow{1.692} Au \quad (Au^{3+} \xrightarrow{1.49} Au)$$

$E_B^\ominus/V$

$$Cu(OH)_2 \xrightarrow{-0.08} Cu_2O \xrightarrow{-0.358} Cu$$

$$Ag_2O_3 \xrightarrow{0.74} AgO \xrightarrow{0.57} Ag_2O \xrightarrow{0.342} Ag$$

$$H_2AuO_3^- \xrightarrow{0.7} Au$$

图 22-1　铜副族元素的标准电极电势图

2. 存在和提取

铜、银、金在地壳里的相对丰度很低，分别为：Cu 为 $6.8\times10^{-3}\%$，Ag 为 $8\times10^{-6}\%$，Au 为 $4\times10^{-7}\%$。铜主要以硫化物、氧化物和碳酸盐形式存在。它的主要矿石是黄铜矿($CuFeS_2$，占全部铜矿蕴藏量的 50%以上)、辉铜矿(Cu_2S)、赤铜矿(Cu_2O)和孔雀石[$Cu_2CO_3(OH)_2$]。银广泛地分布在硫化物矿石中，其中以辉银矿 Ag_2S 为主。金虽然稀少，大都以单质或碲化物，如碲金矿($AuTe_2$)的形式分布；另外，海水中也含有大量的金。

1) 铜的冶炼

从矿石中提取金属铜，需要根据矿石种类的不同选择适当的冶炼方法。如氧化物矿可以直接用碳还原，也可以用湿法冶炼；酸性矿用硫酸溶解铜，碱性矿用氨水溶解铜，然后用电解或铁置换，析出铜。硫化物矿的冶炼过程比较复杂，主要有冰铜熔炼法。本章简要介绍黄铜矿的冰铜熔炼法。

将精矿经沉淀、过滤、烘干后，置于沸腾炉中，温度为 650℃下，通入空气氧化焙烧，得到的物质称为焙砂。其主要成分为 Cu_2S 和 FeS。再掺入适量的 SiO_2、Al_2O_3、CaO 等氧化物造渣。混合后，在反射炉中加热至 1220～1350℃，此时，Cu_2S 和 FeS 熔在一起即生成“冰铜”。

$$2CuFeS_2 + O_2 \longrightarrow Cu_2S + 2FeS + SO_2\uparrow$$

$$mCu_2S + nFeS \longrightarrow \text{冰铜}$$

将冰铜于高温下鼓风熔炼，空气中的氧将 FeS 氧化成 FeO，并与 SiO_2 形成炉渣而除去，得到约 98%的粗铜。

$$2Cu_2S + 3O_2 \longrightarrow 2Cu_2O + 2SO_2\uparrow$$

$$2Cu_2O + Cu_2S \longrightarrow 6Cu + SO_2\uparrow$$

将所得到的 98%的粗铜送入特种炉熔炼，控制氧化还原的气氛，并加入少量的造渣物，以便进一步除去 Zn、Co、Ni、Sn 和 Pb 等金属杂质，得到含铜 99.4%～99.5%的粗铜。

工业上采用电解法精炼除杂。在 $CuSO_4$ 和 H_2SO_4 混合液的电解槽内，以粗铜为阳极，纯铜为阴极进行电解。

阳极反应：　$Cu(\text{粗}) - 2e^- \longrightarrow Cu^{2+}$

阴极反应：　$Cu^{2+} + 2e^- \longrightarrow Cu$　（精铜，99.95%）

近年来铜的湿法冶炼有很大发展，工业上已有用 2-羟基-5-十二烷基二苯甲酮肟作为铜的萃取剂，从低品位的铜矿浸出液中回收铜，该萃取剂的萃取能力强，生产过程产生的三废少，成为炼铜的一种新的选择工艺。

2）银的提炼

自然界中独立的银矿床很少，银基本上都伴生在铅、铜和锌的矿物中。我国的银几乎都是从重有色金属生产中综合回收的。一般而言，回收铅、锌、铜等有色金属矿石中的银以浮选法为主。对于含银的矿，可用 NaCN 溶液浸取，这种矿中，金与银往往共生，同样，金能与银一同提取。

因含银的硫化物较难被氰化物溶解，所以首先将硫化银转化为容易被氰化物溶液溶解的氯化银。用热水浸取，即除去可溶性盐后，浸出渣与 NaCN 溶液作用，其中的 AgCl 发生反应

$$AgCl(s) + 2CN^- \rightleftharpoons [Ag(CN)_2]^- + Cl^-$$

该反应的平衡常数和反应速率均很大，因而银的回收率较高。再用 Zn 与其中的银配离子发生置换。

$$2[Ag(CN)_2]^- + Zn \rightleftharpoons [Zn(CN)_4]^{2-} + 2Ag$$

得到的粗银用电解法制成纯银。从银废料中回收银可根据银废料的存在形式、状态、品位高低不同，采用不同的工艺来回收。

3）金的提取

金在自然界的分布非常分散，经过富集后的精矿可以用混汞法、氰化法或硫脲法等方法提取。另外，有色金属冶炼厂的阳极泥也是提取金的重要原料。

氰化法提金与前面提到的氰化法提取银类似，即用 0.03%～0.2%NaCN 溶液处理粉碎后的精金矿，通入空气，使 Au 溶解；残渣分离后，用 Zn 或 Al 将 Au 置换出来。然后用电解法精炼，可以制得纯度为 99.95%的金。氰化法提金的浸出率高（含 As、Sb 等金矿石除外），是目前仍然在采用的传统提金方法，但是其浸出速率较慢，并且氰化法所用的 NaCN 有剧毒，世界各国都在寻找新的提金方法。目前研究较多的无氰提金工艺主要有硫脲法、水氯化法、溴化法等。

3. 单质的物理和化学性质

1）物理性质

铜、银、金是人类最早熟悉的金属，它们都具有特定的颜色，如金为黄色，银为白色，纯铜为红色。铜、银、金的固体都呈面心立方结构，它们在密度、熔点和沸点方面与其他过渡金属没有太大的区别；它们的密度都大于 $5g \cdot cm^{-3}$，都是重金属，其中金的密度最大，为 $19.3g \cdot cm^{-3}$。与其他过渡金属相比，它们具有优良的导电、传热及延展性等特性。在所有的金属中，银的导电性最好，铜次之。金具有非常好的延展性，例如，1g 金能拉成长达 3km 的金丝，或压成约 $0.1\mu m$ 厚的金箔。铜、银、金之间以及与其他金属都易形成合金。其中铜的合金品种最多，例如黄铜（Cu 60%，Zn 40%），青铜（Cu 80%，Sn 15%，Zn 5%）；白铜（Cu 50%～70 %，Ni 13%～15%，Zn 13%～25%）等。

铜、银的用途很广。铜的导电性很好，用来制造电线电缆；铜还被广泛地用于电子工业、航天工业以及各种化工设备。铜是生命必需的微量元素，故有“生命之素”之称。银的导电性和导热性在金属中占第一位，但其价格昂贵，用途受到限制。它主要用于电镀、制镜、感光材料、器皿、饰物及货币等。金是贵金属，历史上还是国际通用货币，主要作为黄金储备、铸币、电子工业及制造首饰。

2）化学性质

Cu、Ag、Au 的化学活泼性较差，并且依次降低。金的化学惰性与铂系金属类似。常温下在纯净干燥的空气中，三种金属都很稳定，但是烧红的铜丝能够氧化成 Cu_2O。金是在高温下唯一不与氧气起反应的金属，在自然界中仅与碲形成天然化合物（$AuTe_2$）。在含有 CO_2 的潮湿的空气中，铜的表面会慢慢形成一层绿色的碱式碳酸铜（铜绿）。

$$2Cu + O_2 + CO_2 + H_2O \longrightarrow Cu_2(OH)_2CO_3 \quad \text{或} \quad Cu(OH)_2 \cdot CuCO_3(\text{绿色})$$

铜副族元素的标准电极电势大于 H_2，因此它们不能与酸反应置换出氢气。但铜与一些强配体作用，可以置换出氢气。例如，在有硫脲存在的盐酸溶液中，铜能置换出氢气。

$$2Cu + 2HCl + 4CS(NH_2)_2 \rightleftharpoons 2(Cu[CS(NH_2)_2]_2)^+ + H_2 + 2Cl^-$$

铜、银能溶于氧化性酸或者有氧化剂存在的酸性溶液中；金只能溶于王水中，这时 HNO_3 作氧化剂，HCl 作配位剂。

$$Cu + 4HNO_3(\text{浓}) \longrightarrow Cu(NO_3)_2 + 2NO_2\uparrow + 2H_2O$$

$$3Cu + 8HNO_3(\text{稀}) \longrightarrow 3Cu(NO_3)_2 + 2NO\uparrow + 4H_2O$$

$$2Ag + 2H_2SO_4(\text{浓}) \longrightarrow Ag_2SO_4 + SO_2\uparrow + 2H_2O$$

$$Au + 4HCl + HNO_3 \longrightarrow H[AuCl_4] + NO\uparrow + 2H_2O$$

银遇到王水因为表面生成 AgCl 薄膜而阻止反应继续进行。

金是它们中唯一不与硫直接反应的金属。铜还可被硫或者卤素腐蚀。银对硫及其化合物很敏感，形成黑色的 Ag_2S，从而使银器失去光泽。

$$4Ag + 2H_2S + O_2 \longrightarrow 2Ag_2S + 2H_2O$$

22.1.2 铜副族元素的重要化合物

1. 氧化物及氢氧化物

铜可以形成黄色或红色的氧化亚铜（Cu_2O）和黑色的氧化铜（CuO）两种氧化物，它们都不溶于水。加热 $Cu(OH)_2$、$Cu_2(OH)_2CO_3$、$Cu(NO_3)_2$ 等可以得到 CuO，例如

$$2Cu(NO_3)_2 \xrightarrow{\triangle} 2CuO + 4NO_2\uparrow + O_2\uparrow$$

高温(超过 1273K)下，CuO 发生明显的分解，生成暗红色的 Cu_2O。

$$4CuO \xrightarrow{1273K} 2Cu_2O + O_2$$

Cu_2O 难溶于水，但易溶于稀酸，并且立即歧化为 Cu 和 Cu^{2+}。

$$Cu_2O + 2H^+ \longrightarrow Cu^{2+} + Cu\downarrow + H_2O$$

Cu_2O 与盐酸反应形成难溶于水的 CuCl 白色沉淀。

$$Cu_2O + 2HCl \longrightarrow 2CuCl\downarrow(白色) + H_2O$$

CuO 具有氧化性，在高温时为氧化剂，在有机分析中常使有机物的气体从热的 CuO 上通过，将气体氧化成 CO_2 和 H_2O。Cu_2O 主要用作玻璃、搪瓷工业的红色颜料。此外，由于 Cu_2O 具有半导体性质，可用于制造亚铜整流器。

在碱性溶液中，糖、肼、酒石酸钾钠和亚硫酸钠等还原剂能将 Cu^{2+} 还原成 Cu_2O

$$2Cu^{2+} + SO_3^{2-} + 4OH^- \longrightarrow Cu_2O\downarrow + SO_4^{2-} + 2H_2O$$

将碱加到 Cu^{2+} 溶液中，便可以得到浅蓝色的 $Cu(OH)_2$ 沉淀。$Cu(OH)_2$ 微显两性(但以弱碱性为主)，易溶于酸

$$Cu^{2+} + 2OH^- \rightleftharpoons Cu(OH)_2\downarrow$$

$$Cu(OH)_2 + 2H^+ \rightleftharpoons Cu^{2+} + 2H_2O$$

而 CuOH 极不稳定，至今尚未制得。

银和金对氧的亲和力比较弱。Ag_2O 是一种暗棕色沉淀，可将碱加到可溶性的 Ag(Ⅰ)盐中制得。Ag_2O 加热到 160℃以上时，就分解成金属银。

2. 卤化物

铜有无水和含结晶水的卤化物。其中 CuF_2 为白色、$CuCl_2$ 棕色、$CuBr_2$ 棕色。$CuCl_2$ 是最重要的卤化物。可以由单质直接化合而成，也可以将 $CuCO_3$ 或 CuO 与盐酸作用得到 $CuCl_2$

$$CuCO_3 + 2HCl \rightleftharpoons CuCl_2 + H_2O + CO_2\uparrow$$

$CuCl_2$ 是共价化合物，经 X 射线测定表明，结构为链状(图 22-2)。

Cl　Cl　Cl
Cu　Cu　Cu　Cu
Cl　Cl　Cl

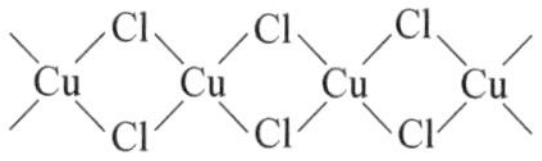

图 22-2　$CuCl_2$ 的结构

$CuCl_2$ 易溶于水，也易溶于乙醇及丙酮等有机溶剂。$CuCl_2$ 的稀溶液为浅蓝色，原因是水分子取代了$[CuCl_4]^{2-}$中的 Cl^-，形成$[Cu(H_2O)_4]^{2+}$。

$$[CuCl_4]^{2-} + 4H_2O \rightleftharpoons [Cu(H_2O)_4]^{2+}(浅蓝) + 4Cl^-$$

在 $CuCl_2$ 很浓的水溶液中，可以形成黄色的$[CuCl_4]^{2-}$。

$$Cu^{2+} + 4Cl^- \rightleftharpoons [CuCl_4]^{2-}$$

此时溶液中同时含有$[CuCl_4]^{2-}$和$[Cu(H_2O)_4]^{2+}$；因此，其浓溶液通常为黄绿色或绿色。$CuCl_2 \cdot 2H_2O$ 受热分解

$$2CuCl_2 \cdot 2H_2O \xrightarrow{\triangle} Cu(OH)_2 \cdot CuCl_2 + 2HCl$$

因此，制备无水 $CuCl_2$ 必须在 HCl 的气流中加热脱水，无水 $CuCl_2$ 进一步加热分解为

CuCl 和 Cl_2。

亚铜的卤化物都是白色的难溶化合物，其溶解度按 Cl、Br、I 的顺序减小。几乎所有的 Cu(Ⅰ)化合物都是难溶化合物。

卤化亚铜可以通过还原剂，如 $Na_2S_2O_4$、SO_2、Cu 及 $SnCl_2$ 等将 $CuCl_2$ 还原得到

$$2CuCl_2+SO_2+2H_2O \longrightarrow 2CuCl+H_2SO_4+2HCl$$

$$2CuCl_2+SnCl_2 \longrightarrow 2CuCl+SnCl_4$$

在实验室可以采用向热的 $CuSO_4$ 或 $CuCl_2$ 的浓盐酸溶液中加入 Cu 的方法来制取 CuCl

$$CuSO_4+4HCl+Cu \xrightarrow{\triangle} 2H[CuCl_2]+H_2SO_4$$

加入大量的水稀释，会有白色的 CuCl 析出。

$$[CuCl_2]^- \rightleftharpoons CuCl(s)+Cl^-$$

氯化亚铜是亚铜盐中最重要的化合物，用于制造玻璃、陶瓷用颜料、消毒剂、媒染剂以及有机合成的催化剂和还原剂、石油工业的脱硫剂和脱色剂等。氯化亚铜的盐酸溶液能吸收 CO 而形成氯化碳酰铜(Ⅰ)$Cu(CO)Cl \cdot H_2O$，分析化学上利用此性质测定混合气体中的 CO 含量。

AgCl、AgBr 及 AgI 可由相应的卤化物与 Ag(Ⅰ)溶液作用而得到。它们都难溶于水，溶解度依 AgCl、AgBr、AgI 的顺序降低，颜色顺序加深。AgF 为无色，易溶于水；AgCl 为白色，AgBr 为浅黄色，AgI 为黄色。只有 AgF 是易溶的，可将 Ag_2O 溶于氢氟酸中，蒸发得到。

$$Ag_2O+2HF \longrightarrow 2AgF+H_2O$$

卤化银的溶解性及颜色变化特性，可以用离子极化理论来解释。卤素离子的变形性从 F^- 到 I^- 随离子半径的增加而依次增大。F^- 变形性小，AgF 为离子型晶体，所以它易溶于水且无色。I^- 变形性大，受 Ag^+ 的极化作用而使 AgI 变为共价型晶体，故 AgI 难溶于水、颜色也深。卤化银在含 X^- 的溶液中的溶解度比水中的溶解度大，这是因为 Ag^+ 生成了 AgX_2^-、AgX_3^{2-} 和 AgX_4^{3-} 等配离子。AgCl、AgBr 及AgI 都有感光性质，见光容易分解。

$$2AgX \xrightarrow{h\nu} 2Ag+X_2$$

利用这一性质，可以将它们用作感光材料。例如 AgBr 常用于制造黑白照相底片和相纸等，即在照相底片上敷一层含有 AgBr 胶体粒子的明胶，在光照下，AgBr 被分解为 Ag，即“银核”

$$2AgBr \xrightarrow{h\nu} 2Ag+Br_2$$

然后用有机还原剂如对苯二酚对显影剂进行处理，使含有银核的 AgBr 粒子被还原为金属，而变为黑色，最后在含有 $Na_2S_2O_3$ 的定影液的作用下，使未感光的 AgBr 形成$[Ag(S_2O_3)_2]^{3-}$而溶解

$$AgBr+2S_2O_3^{2-} \rightleftharpoons [Ag(S_2O_3)_2]^{3-}+Br^-$$

晾干后就得到底片(负像)，印相时。将负像放在照相纸上再进行曝光，经过显影、定影，即得“正像”。AgI 在人工降雨中用作冰核形成剂。

金的卤化物一般以 +3 价的形式出现，如 AuF_3、$AuCl_3$、$AuBr_3$ 等。其中 Au 与 Cl_2 在 200℃下反应可得到 $AuCl_3$。$AuCl_3$ 是一种褐红色的晶体，无论是固态，还是气态，它都是以二聚体 Au_2Cl_6 的形式存在(图 22-3)。

3. 硫化物及硫酸盐

铜、银、金的硫化物都是黑色或接近黑色的。其氧化态为＋1 的硫化物比较稳定。Cu_2S 是铜在硫蒸气或 H_2S 气中加热形成的。

Ag_2S 很容易由银的单质合成，或由 H_2S 与 Ag 或 Ag(Ⅰ)水溶液反应而得到。

H_2S 与 Au 水溶液作用便沉淀出 Au_2S。将 H_2S 通入 $AuCl_3$ 的无水乙醚冷溶液中，可以得到 Au_2S_3，Au_2S_3 遇水很快被还原成 Au(Ⅰ)或 Au。

硫酸铜是最常见的铜盐，无水硫酸铜($CuSO_4$)为白色粉末，但是从水溶液中结晶时，得到的是蓝色五水合硫酸铜($CuSO_4 \cdot 5H_2O$)晶体，俗称胆矾。硫酸铜可用热浓硫酸溶解铜，或在充足空气的情况下，用热的稀硫酸溶解铜制得。

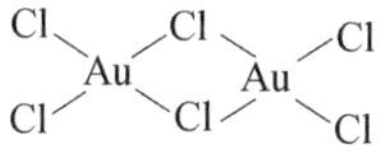

图 22-3　Au_2Cl_6 的结构示意图

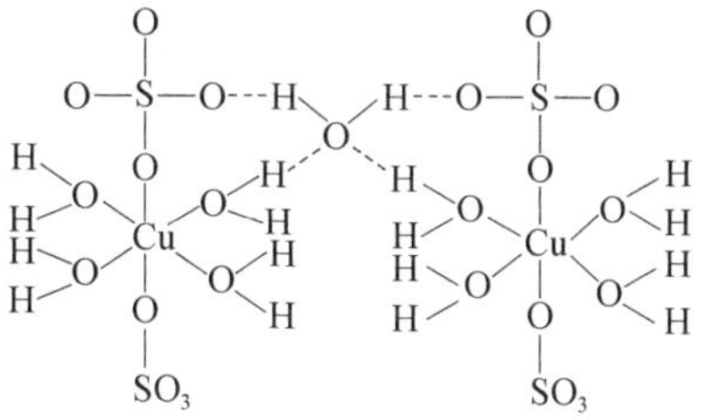

图 22-4　$CuSO_4 \cdot 5H_2O$ 的结构示意图

由于 $CuSO_4 \cdot 5H_2O$ 中水分子的结合力不一样，其中 4 个 H_2O 以配位键与 Cu^{2+} 相结合，另外 1 个 H_2O 以氢键与 H_2O 和 SO_4^{2-} 相连(图 22-4)。加热时，由于 $CuSO_4 \cdot 5H_2O$ 中的 5 个 H_2O 所处的环境不同，在不同温度下可以逐步失水，

$$CuSO_4 \cdot 5H_2O \xrightarrow{375K} CuSO_4 \cdot 3H_2O \xrightarrow{423K} CuSO_4 \cdot H_2O \xrightarrow{523K} CuSO_4$$

无水 $CuSO_4$ 不溶于乙醇和乙醚，但吸水性很强，吸水后即显蓝色，因而可用来检验乙醇、乙醚等有机溶剂中的微量水，并且可以除去水分。无水 $CuSO_4$ 加热到 923K 时，即分解成 CuO。

$$CuSO_4 \xrightarrow{\triangle} CuO + SO_3 \uparrow$$

硫酸铜的水溶液由于水解而显酸性，这是 Cu(Ⅱ)的易溶强酸盐的共同性质。为了防止水解，配制盐溶液时，常加入少量相应的酸。

硫酸铜是一种很重要的化工原料，广泛地应用于电镀、电池、颜料等工业中。加在水池中，可以防止藻类生长，因此常添加于蓄水池、游泳池中；同石灰乳混合而得“波尔多液”，可以防治植物的病虫害。

4. 其他化合物

$AgNO_3$ 是最重要的可溶性银盐。将 Ag 溶于热的 65％硝酸，蒸发、结晶，制得无色菱片状硝酸银晶体。$AgNO_3$ 受热不稳定，加热到 713K，按下式分解

$$2AgNO_3 \xrightarrow{\triangle} 2Ag + 2NO_2 \uparrow + O_2 \uparrow$$

在日光照射下，$AgNO_3$ 也会按上式缓慢地分解，因此必须保存在棕色瓶中。硝酸银具有氧化性，遇到微量的有机物即被还原为黑色的单质银。

$AgNO_3$ 主要用于制造照相底片所需的溴化银乳剂，它还是一种重要的分析试剂。

22.1.3 铜、银、金的配合物

1. Cu(Ⅰ)的配合物

Cu(Ⅰ)的价电子构型为 d^{10}，具有空的外层 s、p 轨道，能以 sp、sp^2 或 sp^3 等杂化轨道和 X^-(F^- 除外)、NH_3、$S_2O_3^{2-}$、CN^- 等易变形的配体形成配位数为 2、3、4 的配合物，这些配合物大多数是无色的。这是由于 Cu(Ⅰ)的价电子构型为 d^{10}，配合物不会由于 d-d 跃迁而产生颜色。

Cu(Ⅰ)的卤配合物的稳定性符合软硬酸碱原理，依 Cl、Br、I 的顺序增大。实质上是随离子的变形性增大，化学键的共价性增加，稳定性增加。

多数 Cu(Ⅰ)配合物的溶液具有吸收烯烃、炔烃和 CO 的能力。例如

$$[Cu(NH_3)_2]Ac + CO + 2NH_3 \rightleftharpoons [Cu(NH_3)_4CO]Ac$$

2. Cu(Ⅱ)的配合物

Cu(Ⅱ)的价电子构型为 d^9，带两个正电荷，与配体的静电作用强，很容易形成配合物。其配位数可为 4、5 或 6，但是最常见的为 4。Cu(Ⅱ)的配合物中规则的几何结构很少，一般不易区分是正四方形配位还是畸变八面体型配位，产生这种情况的原因是 Jahn-Teller 效应。Jahn-Teller 效应是一个 d^9 离子置于八面体晶体场之后，由于两个 e_g 轨道(d_{z^2} 和 $d_{x^2-y^2}$)填充的情况不同产生的。这种情况偶然会形成压扁的八面体即"2+4"配位(2 个短键和 4 个长键)，如在固体 K_2CuF_4 中就是如此。然而，一般情况是拉长的八面体型即"4+2"配位(4 个短键和 2 个长键)。例如$[Cu(H_2O)_6]^{2+}$、$[Cu(NH_3)_4(H_2O)_2]^{2+}$ 等八面体配合物即为该类型。正如所料，若金属的 d_{z^2} 轨道已充满而其 $d_{x^2-y^2}$ 轨道半充满时就会是这样。最极端的情况相当于完全失去轴向配体，只留下平面正方形配合物，如$[Cu(H_2O)_4]^{2+}$、$[Cu(NH_3)_4]^{2+}$。将较高能级上的 s 轨道混合到配位场的 d 轨道基本组中，其构型混合效应也是拉长。

向 $CuSO_4$ 溶液中加入过量氨水，生成宝石蓝色的$[Cu(NH_3)_4]^{2+}$溶液。

$$Cu_2(OH)_2SO_4 + 8NH_3 \rightleftharpoons 2[Cu(NH_3)_4]^{2+} + SO_4^{2-} + 2OH^-$$

$[Cu(NH_3)_4]^{2+}$的溶液具有溶解纤维素的性能，在所得的纤维素溶液中加水或酸时，纤维素又可以沉淀析出。工业上利用这种性质来制造人造丝。

$Cu(OH)_2$ 溶于过量的浓碱溶液中即可以生成蓝紫色的四羟基合铜$[Cu(OH)_4]^{2-}$。

$$Cu(OH)_2 + 2OH^-(浓) \rightleftharpoons [Cu(OH)_4]^{2-}$$

Cu^{2+}有一定的氧化性，$[Cu(OH)_4]^{2-}$能够电离出少量的 Cu^{2+}，它可以被含有醛基的葡萄糖还原成红色的氧化亚铜 Cu_2O。

$$2[Cu(OH)_4]^{2-} + C_6H_{12}O_6 \rightleftharpoons Cu_2O\downarrow + C_6H_{12}O_7 + 4OH^- + 2H_2O$$

由于生成的 Cu_2O 具有特殊的颜色，在医疗上利用 Cu^{2+} 与葡萄糖的反应来诊断糖尿病；另外，在分析化学上利用类似的反应测定醛。

3. Ag(Ⅰ)的配合物

Ag(Ⅰ)通常以 sp 杂化轨道与配体如 Cl^-、NH_3、$S_2O_3^{2-}$、CN^- 等形成配位数为 2 的直线形配合物，如$[Ag(NH_3)_2]^+$、$[Ag(SCN)_2]^-$、$[Ag(S_2O_3)_2]^{3-}$、$[Ag(CN)_2]^-$。其中，$[Ag(NH_3)_2]^+$具有弱氧化性，它可以被醛或葡萄糖还原为银

$$2[Ag(NH_3)_2]^+ + RCHO + 3OH^- \rightleftharpoons 2Ag\downarrow + RCOO^- + 4NH_3\uparrow + 2H_2O$$

此反应称为银镜反应。注意该反应中$[Ag(NH_3)_2]^+$与$[Cu(OH)_4]^{2-}$相似，但是$[Cu(OH)_4]^{2-}$被还原为Cu_2O。工业上利用银镜反应为镜子和保温瓶胆镀银；在有机化学上用它来鉴定醛基。$[Ag(CN)_2]^-$作为镀银电解液的主要成分，在阴极被还原为Ag。

$$[Ag(CN)_2]^- + e^- \rightleftharpoons Ag + 2CN^-$$

用这种方法镀银得到的镀层光洁、致密、牢固，电镀效果非常好，但是氰化物剧毒，近年来逐渐改为无毒镀银液，如$[Ag(SCN)_2]^-$等来代替氰化物镀银。

22.1.4　Cu(Ⅰ)和Cu(Ⅱ)的相互转化

从Cu(Ⅰ)的价层电子结构($3d^{10}$)看，Cu(Ⅰ)化合物应该是稳定的，自然界中也确有Cu_2O和Cu_2S的矿物存在

$$Cu_2O(s) \longrightarrow CuO(s) + Cu(s) \qquad \Delta_r G_m^\ominus = +16.3kJ \cdot mol^{-1}$$

$$2CuO(s) \longrightarrow Cu_2O(s) + 1/2O_2 \qquad \Delta_r G_m^\ominus = +113.4kJ \cdot mol^{-1}$$

以上两个反应的$\Delta_r G_m^\ominus > 0$，说明它们在常温、标态下都能稳定地存在。

在高温下，Cu(Ⅱ)化合物分解成Cu(Ⅰ)的化合物

$$2CuCl_2(s) \xrightarrow{773K} 2CuCl(s) + Cl_2\uparrow$$

$$4CuO(s) \xrightarrow{1273K} 2Cu_2O(s) + O_2\uparrow$$

$$2CuS(s) \xrightarrow{708K} Cu_2S + S$$

说明在高温下的固态Cu(Ⅰ)化合物比Cu(Ⅱ)化合物稳定。在水溶液中，简单的Cu^+不稳定，易发生歧化反应生成Cu^{2+}和Cu。这是由于Cu^{2+}所带的电荷比Cu^+多，半径比Cu^+小，Cu^{2+}的水合热($2121kJ \cdot mol^{-1}$)比Cu^+($593kJ \cdot mol^{-1}$)的大得多，因此在水溶液中Cu^+不如Cu^{2+}稳定。

由铜的标准电势图(图22-1)可知，在酸性溶液中，Cu^+易发生歧化反应

$$2Cu^+ \rightleftharpoons Cu^{2+} + Cu$$

在298K时，反应的标准平衡常数$K^\ominus$为1.70×10^6。$K^\ominus$很大，说明歧化反应进行得很完全。那么，该反应能否朝逆方向进行，即进行反歧化反应呢？根据上面的反应式可以采用：①降低Cu^+的浓度，如Cu^+生成难溶盐或者形成稳定的配离子，使Cu^+的浓度非常低，从而使反应发生逆转；②有还原剂存在，如Cu、SO_2、I^-等。如$CuSO_4$溶液与KI反应，可以得到白色CuI沉淀。

$$2Cu^{2+} + 4I^- \rightleftharpoons 2CuI\downarrow + I_2$$

它们的电势图如下：

$$Cu^{2+}(aq) \xrightarrow{+0.860V} CuI(s) \xrightarrow{-0.183V} Cu(s)$$

由于$E^\ominus(Cu^{2+}/CuI)$大于$E^\ominus(CuI/Cu)$，所以Cu^+不发生歧化反应，CuI能稳定地存在于水溶液中。同理，在热的Cu(Ⅱ)盐溶液中加入KCN，可以得到白色CuCN沉淀。

$$2Cu^{2+} + 4CN^- \longrightarrow 2CuCN\downarrow + (CN)_2\uparrow$$

若继续加入过量的KCN，则CuCN因形成Cu(Ⅰ)最稳定配离子$[Cu(CN)_x]^{1-x}$而溶解：

$$CuCN + (x-1)CN^- \longrightarrow [Cu(CN)_x]^{1-x} \quad (x=2\sim4)$$

在工业上将废铜氧化成CuO，然后将它与饱和食盐-盐酸水溶液在85～90℃下反应，再加

入铜粉，就可以得到 Cu_2O。

因此，Cu(Ⅰ)和 Cu(Ⅱ)的化合物各自在一定的条件下稳定存在，改变其条件，它们之间又可以相互转化。一般地，在高温固态、气态或者溶剂极性很小时，Cu(Ⅰ)较稳定；在强极性溶剂中，由于 Cu(Ⅱ)的溶剂合能高，Cu(Ⅱ)稳定。在水溶液中凡能使 Cu^+ 生成难溶盐或形成稳定 Cu(Ⅰ)配离子时，则可使 Cu(Ⅱ)转化为 Cu(Ⅰ)化合物，Cu(Ⅰ)以难溶盐或者稳定性较大的配合物形式存在。

22.1.5 ⅠB 族元素和ⅠA 族元素性质对比

ⅠA 族单质金属的熔点、沸点、硬度均较低；而ⅠB 族金属则具有较高的熔点和沸点，并且有良好的延展性、导热性和导电性。

ⅠA 族是极活泼的轻金属，在空气中极易氧化，能够与水剧烈反应，同族内的活泼性随原子序数增大而增加；而ⅠB 族都是不活泼的重金属。在空气中比较稳定，与水几乎不起反应，同族内的活泼性随着原子序数增大而减小。这些与它们的标准电极电势有关，ⅠA 族金属的 $E^{\ominus}(M^+/M)$值很负，是很强的还原剂，能够从水中置换出氢气；ⅠB 族金属的 $E^{\ominus}(M^+/M)$很正，不能从水和稀酸中置换出氢气。

ⅠA 族所形成的化合物大多是无色的离子型化合物，而ⅠB 族的化合物有相当程度的共价性，大多数显颜色。ⅠA 族的氢氧化物都是极强的碱，并且非常稳定；ⅠB 族的氢氧化物碱性较弱，并且不稳定，容易脱水形成氧化物。ⅠA 族的离子一般很难成为配合物的形成体，而ⅠB 族的离子则有很强的配合能力。

ⅠA 和ⅠB 族单质和化合物性质上的差别都与ⅠB 族元素的次外层 d 电子也能参与成键以及它们的离子具有 d^{10}、d^9、d^8 等结构特点有关。

22.2 锌副族元素

22.2.1 锌副族元素的通性

1. 氧化态

锌副族元素是周期表中ⅡB 族元素，包括锌 Zn(zinc)、镉 Cd(cadmium)、汞 Hg(mercury)三种元素，其价电子结构为$(n-1)d^{10}ns^2$。锌副族元素的最大特点是其 d 轨道完全填满，从满层失去电子较困难，所以它们一般不参与成键。它们失去两个最外层 s 电子成为+2 价的氧化态是锌副族元素的特征价态。它们的氧化态也有+1 的，如 Hg(Ⅰ)，但它是以 Hg_2^{2+} 的形式存在。这可能是由于 Hg 原子中 4f 电子对 6s 电子的屏蔽较小使 Hg 的第一电离能(I_1=1007kJ·mol^{-1}，是所有金属中最大的)特别高，6s 电子较难失去。两个 Hg 共用一对电子，形成$[—Hg:Hg—]^{2+}$，所有 Hg(Ⅰ)化合物无论固态或溶液都是反磁性的。Hg 还存在 Hg_3^{2+}、Hg_4^{2+} 等多聚离子；Cd 和 Zn 也有多聚离子存在，如 Cd_2^{2+}、Zn_2^{2+}，但是它们不稳定，仅在高温下存在。

由于 18 电子层结构对原子核的屏蔽作用较小，所以它们的有效核电荷较大。因此锌副族元素原子的共价半径和 M^{2+} 半径都比同周期的碱土金属小(如 Zn^{2+} 的离子半径为 74pm，Ca^{2+} 为 99pm)。还由于锌副族元素的电负性及第一、第二电离能都比碱土金属大，所以它们不像碱土金属那样活泼。Zn、Cd、Hg 的化学活泼性随原子序数增大而递减，Hg 不活泼，它是室温下唯一的液体金属,有流动性。

与其他 d 区元素不同,锌副族中 Zn 和 Cd 有相似之处,而与汞有很大的区别。这一点从它们的标准电势图(图 22-5)可以看出。

$E_A^\ominus/V$

$Zn^{2+} \xrightarrow{-0.7618} Zn$

$Cd^{2+} \xrightarrow{-0.403} Cd$

$Hg^{2+} \xrightarrow{+0.920} Hg_2^{2+} \xrightarrow{+0.7973} Hg$

$E_B^\ominus/V$

$[Zn(OH)_4]^{2-} \xrightarrow{-1.199} Zn$

$Cd(OH)_2 \xrightarrow{-0.809} Cd$

$HgO \xrightarrow{+0.0984} Hg$

图 22-5　锌副族元素的标准电极电势

2. 存在和提取

锌副族元素在自然界中多以硫化物形式存在。锌的主要矿石有:闪锌矿(ZnS)、菱锌矿($ZnCO_3$)、红锌矿(ZnO),且常与方铅矿(PbS)共生而成铅锌矿。汞矿主要有辰砂(又名朱砂,HgS)。锌矿常与铅、银、镉等共存,成为多金属矿。大部分镉是在炼锌时以副产品形式得到的。

3. 单质的物理和化学性质

1) 物理性质

锌、镉、汞都是银白色金属(锌略带蓝色)。它们在物理性质上的一个突出特点是其单质的熔点、沸点都比同一过渡系其他金属单质低。汞在常温下是银白色的液态金属,具有流动性,故有"水银"之称。在 0～200℃,汞的膨胀系数随着温度升高而均匀地改变,并且不会润湿玻璃,在制造温度计时常利用汞的这一性质,加上其密度大,也常用在气压计中。汞受热时易挥发,室内空气中即使含有微量的汞蒸气,也会对人体造成伤害。如果不小心撒落汞,必须尽可能将汞收集起来,凡有可能遗留汞的地方,需要覆盖上硫磺粉,以便使 Hg 变为极难溶的 HgS。

汞能溶解许多金属,如 K、Na、Ag、Au、Zn 等,形成汞的合金,即汞齐。汞齐因为组成不同而呈液态或固态。活泼金属与汞形成汞齐后,其活性会发生钝化,如钠汞齐与水反应,Hg 仍然保持其惰性,而钠与水平稳地反应,缓慢地释放出氢气;因此在有机合成中钠汞齐常用作还原剂。另外,混汞法提金,就是利用汞与金矿中的金形成汞齐,而与金矿中其他杂质成分分离。

2) 化学性质

锌和镉的金属活泼性相近,而汞与它们差别较大。锌、镉、汞单质都较稳定。受热时,锌和镉燃烧生成氧化物,汞则氧化得很慢。

$$2Zn + O_2 \xrightarrow{1273K} 2ZnO$$

$$2Hg + O_2 \xrightarrow{>773K} 2HgO$$

锌与含有 CO_2 的潮湿空气接触时,表面会生成一层碱式碳酸锌薄膜,它能阻止锌进一步被氧化:

$$4Zn + 2O_2 + 3H_2O + CO_2 \rightleftharpoons ZnCO_3 \cdot 3Zn(OH)_2$$

由于锌具有这种性质,而且锌比铁活泼,故常把锌镀在铁片上,构成镀锌铁(俗称白铁皮),以防止铁片生锈。当镀锌铁的锌层被破坏而使铁皮裸露时,在裸露的地方则会形成原电池。

由于锌比铁活泼，锌是原电池的负极，铁是正极，所以锌被腐蚀，而铁仍得到保护。

从它们的电极电势可知，锌和镉都能溶于盐酸和稀硫酸中，汞则完全不溶解，而只能溶于硝酸或热的浓硫酸。

$$3Hg+8HNO_3 \xlongequal{} 3Hg(NO_3)_2+2NO\uparrow+4H_2O$$

过量的汞与冷的稀硝酸反应，得到的是硝酸亚汞。

$$6Hg+8HNO_3 \xlongequal{} 3Hg_2(NO_3)_2+2NO\uparrow+4H_2O$$

锌与铝相似，是两性金属，能够溶于强碱中

$$Zn+2NaOH+2H_2O \xlongequal{} Na_2[Zn(OH)_4]+H_2\uparrow$$

由于 Zn^{2+} 能与 NH_3 形成较稳定的配合物，故金属锌还能溶于氨水，铝则不能。

$$Zn+4NH_3+2H_2O \rightleftharpoons [Zn(NH_3)_4](OH)_2+H_2\uparrow$$

22.2.2 锌副族元素的重要化合物

锌副族的 M^{2+} 为 18 电子构型离子，均无色，其化合物一般也无色。但是依 Zn^{2+}、Cd^{2+}、Hg^{2+} 的顺序，离子的极化力和变形性逐渐加强，以致 Cd^{2+}，特别是 Hg^{2+} 与易变形的阴离子如 S^{2-}、I^- 等形成的化合物往往有显著的共价性，呈现很深的颜色和较低的溶解度。同时，这种显色还是由于 S^{2-}、I^- 的变形性大，容易发生电荷迁移的缘故。

1. 氧化物和氢氧化物

氧化态为+2 的锌族氧化物可以通过在氧气中加热金属单质而获得；ZnO 还可以通过焙烧 ZnS 或者加热分解它们的碳酸盐得到。

$$2ZnS+3O_2 \xrightarrow{\triangle} 2ZnO+2SO_2\uparrow$$

$$CdCO_3 \xrightarrow{\triangle} CdO+CO_2\uparrow$$

氧化锌(ZnO)俗称锌白，为白色粉末，可作白色颜料。在医药上用它制软膏、锌糊、橡皮膏等。

氧化汞(HgO)有红、黄两种变体，都不溶于水，有毒。500℃时分解为汞和氧气。在汞盐溶液中加入碱，可以得到黄色 HgO。这是由于生成的 $Hg(OH)_2$ 极不稳定，立即脱水分解的缘故。

$$Hg^{2+}+2OH^- \rightleftharpoons HgO\downarrow(黄)+H_2O$$

红色的 HgO 一般是由硝酸汞受热分解或者由碳酸钠与硝酸汞反应制得。

$$2Hg(NO_3)_2 \xrightarrow{\triangle} 2HgO\downarrow(红)+4NO_2\uparrow+O_2\uparrow$$

$$Hg(NO_3)_2+Na_2CO_3 \xrightarrow{\triangle} HgO\downarrow(红)+CO_2\uparrow+2NaNO_3$$

HgO 是制备其他汞盐的原料，还可以用作医药制剂、分析试剂、陶瓷颜料等。

$Zn(OH)_2$ 为两性，既可溶于酸又可溶于碱，溶于酸成锌盐，溶于碱则成四羟基合锌配离子。

$$Zn(OH)_2+2H^+ \rightleftharpoons Zn^{2+}+2H_2O$$

$$Zn(OH)_2+2OH^- \rightleftharpoons [Zn(OH)_4]^{2-}$$

它们的氧化物和氢氧化物的碱性按锌、镉、汞的顺序递增。$Zn(OH)_2$ 和 $Cd(OH)_2$ 均易受热脱水变为 ZnO 和 CdO。铜副族、锌副族的所有氢氧化物均易脱水成为氧化物，这是它们的共性。而银、金、汞的氧化物也不够稳定，均易受热分解成单质。锌副族的氧化物均是共价化合物。

$Cd(OH)_2$ 虽然也具有两性，但酸性非常弱，难溶于强碱中，只能缓慢地溶解于热的浓碱溶液中，但是可溶于稀酸中。

2. 硫化物

向 Zn^{2+}、Cd^{2+}、Hg^{2+} 的溶液中通入 H_2S 气体时，都会生成相应的硫化物沉淀

$$M^{2+} + H_2S \xlongequal{} MS\downarrow + 2H^+$$

ZnS、CdS 和 HgS 的溶度积 $K_{sp}^{\ominus}$ 分别为 2.0×10^{-24}、3.6×10^{-29} 和 4.0×10^{-53}，它们的颜色分别为白色、黄色、黑色或红色。这些硫化物的溶度积依次减小，而颜色依次加深，溶于酸的能力依次减弱。ZnS 溶于稀盐酸，不溶于乙酸；CdS 溶于浓盐酸、浓硫酸及热稀硝酸；而 HgS 是金属硫化物中溶解度最小的一个，不溶于浓硝酸，只能溶于王水或 Na_2S 溶液。

$$3HgS + 8H^+ + 2NO_3^- + 12Cl^- \longrightarrow 3[HgCl_4]^{2-} + 3S\downarrow + 2NO\uparrow + 4H_2O$$

$$HgS + Na_2S \xlongequal{} Na_2[HgS_2] \quad \text{(二硫合汞酸钠)}$$

黑色 HgS 加热至 659K 转变为稳定的红色变体。

在 H_2S 气氛中灼烧无定形的 ZnS，将其转变成 ZnS 晶体。在 ZnS 晶体中加入微量的金属，如银的化合物作为活化剂，在紫外光或可见光的照射下，在黑暗处能够发出不同颜色的荧光，如银为蓝色、铜为黄绿色、锰为橙色等，因此 ZnS 可作为荧光粉用于阴极射线管(CRT)显示器和雷达屏幕等。ZnS 是常见的难溶硫化物中唯一呈白色的，可以用作白色颜料，它同 $BaSO_4$ 共沉淀所形成的混合物晶体 $ZnS\cdot BaSO_4$ 称为锌钡白，俗称立德粉，是一种优良的白色颜料。CdS 可用作黄色颜料，称为镉黄。镉黄可以是纯的 CdS，也可以是 CdS · ZnS 的共熔体。CdS 主要用作半导体材料，陶瓷、玻璃等的着色，以及用于涂料、塑料及电子材料等。

3. 卤化物

氯化锌是一种重要的锌盐。无水氯化锌为白色固体，可由锌与氯气反应，或在 700℃下用干燥的氯化氢通过金属锌制得。氯化锌在水中的溶解度很大，10℃时，每 100g 水可溶解 330g 无水盐，是溶解度最大的固体盐，因此，其吸水性很强，在有机合成中常用它作为脱水剂或催化剂。

从溶液中结晶出的氯化锌含有 1 分子结晶水($ZnCl_2\cdot H_2O$)，加热时不易脱水，而容易水解形成碱式盐。

$$ZnCl_2\cdot H_2O \xrightarrow{\triangle} Zn(OH)Cl + HCl\uparrow$$

因此，要得到无水 $ZnCl_2$，必须在干燥的 HCl 气氛中对 $ZnCl_2$ 加热脱水，或将含水 $ZnCl_2$ 和 $SOCl_2$(氯化亚砜)一起加热

$$ZnCl_2\cdot xH_2O + xSOCl_2 \longrightarrow ZnCl_2 + 2xHCl + xSO_2$$

$ZnCl_2$ 的浓溶液具有显著的酸性(如 $6mol\cdot L^{-1}$ $ZnCl_2$ 溶液的 pH=1)，这是由于生成了二氯 · 羟合锌酸

$$ZnCl_2 + H_2O \longrightarrow H[ZnCl_2(OH)]$$

二氯 · 羟合锌酸能溶解金属氧化物，常将这一特性用于电焊除锈。即在用锡焊接金属之前，用 $ZnCl_2$ 浓溶液清除金属表面的氧化物，并且不损害金属表面。$ZnCl_2$ 还可以用作有机合

成工业的脱水剂、缩合剂及催化剂，以及印染业的媒染剂，也用作石油净化剂和活性炭活化剂。此外，$ZnCl_2$ 还用于干电池、电镀、医药、木材防腐和农药等方面。

汞可以形成两种氯化物，即氯化汞($HgCl_2$)和氯化亚汞(Hg_2Cl_2)。氯化汞是共价化合物，其氯原子以共价键与汞原子结合成直线形分子 Cl—Hg—Cl，熔点低，易升华，故又称为升汞，可以在过量的氯气中加热金属汞而制得。

$HgCl_2$ 为白色针状晶体，微溶于水，但是解离度很小，所以 $HgCl_2$ 有假盐之称。在水中主要以 $HgCl_2$ 的形式存在，还有少量的水解。

$$\text{Cl—Hg—Cl} + 2H_2O \rightleftharpoons \text{Cl—Hg—OH} + H_3O^+ + Cl^-$$

$HgCl_2$ 还可与碱金属氯化物(过量的 Cl^-)反应形成四氯合汞(Ⅱ)配离子$[HgCl_4]^{2-}$，使 $HgCl_2$ 的溶解度增大。

$$HgCl_2 + 2Cl^- \rightleftharpoons [HgCl_4]^{2-}$$

$HgCl_2$ 遇到氨水，即析出白色的氯化氨基汞。

$$HgCl_2 + NH_3 \rightleftharpoons [Hg(NH_3)_2Cl_2]$$

$$[Hg(NH_3)_2Cl_2] \rightleftharpoons [\text{Cl—Hg—}NH_2]\downarrow(\text{白色}) + NH_4Cl$$

$$2[\text{Cl—Hg—}NH_2] + H_2O \rightleftharpoons [Hg_2NCl(H_2O)] + NH_4Cl$$

上面反应的产物是按一定比例生成的，与反应温度以及各成分的组成有关。当体系中有大量的 NH_4^+ 时可以抑制后两个反应的进行，得到的主要产物是$[Hg(NH_3)_2Cl_2]$；在反应刚开始时，体系中没有 $NH_4{}^+$，则主要生成$[Hg(NH_2)Cl]$白色沉淀。

在酸性溶液中，$HgCl_2$ 是一种较强的氧化剂，如加入适量的 $SnCl_2$，可将 $HgCl_2$ 还原为白色的 Hg_2Cl_2 沉淀。

$$2HgCl_2 + SnCl_2 + 2HCl \longrightarrow Hg_2Cl_2\downarrow + H_2SnCl_6$$

$E_A^\ominus(HgCl_2/Hg_2Cl_2) = 0.63V$；$E_A^\ominus(Sn^{4+}/Sn^{2+}) = 0.154V$。加入过量的 $SnCl_2$，则析出灰黑色的金属汞。

$$Hg_2Cl_2 + SnCl_2 + 2HCl \longrightarrow 2Hg\downarrow + H_2SnCl_6 \qquad E_A^\ominus(Hg_2Cl_2/Hg) = 0.2682V$$

利用上述反应，可以检验 Hg^{2+} 或检验 Sn^{2+}。升汞有剧毒，内服 0.2～0.4g 可以致死，具有杀菌作用，在外科上用作消毒剂。汞的有效解毒剂是 1,2-二巯基丙醇，它能与 Hg(Ⅱ)形成稳定的配合物而从人体中排除。

Hg_2Cl_2 也是一种重要的汞盐，其分子结构为直线形(Cl—Hg—Hg—Cl)，略带甜味，故俗称甘汞，为不溶于水的白色固体。Hg_2Cl_2 可由金属汞与 $HgCl_2$ 固体一起研磨而制得。

$$HgCl_2 + Hg \longrightarrow Hg_2Cl_2$$

Hg_2Cl_2 与氨水反应可以生成氯化氨基汞和汞，而使沉淀显灰色。

$$Hg_2Cl_2 + 2NH_3 \longrightarrow [Hg(NH_2)Cl]\downarrow(\text{白色}) + Hg\downarrow(\text{黑色}) + NH_4Cl$$

它常用作甘汞电极，其电极反应为

$$Hg_2Cl_2(s) + 2e^- \rightleftharpoons 2Hg(l) + 2Cl^-$$

少量的氯化氨基汞无毒，医药上作轻泻剂和利尿剂。

4. *硝酸汞和硝酸亚汞*

硝酸汞$[Hg(NO_3)_2]$和硝酸亚汞$[Hg_2(NO_3)_2]$都溶于水，并且水解生成碱式盐沉淀

$$2Hg(NO_3)_2 + H_2O \longrightarrow HgO \cdot Hg(NO_3)_2 \downarrow + 2HNO_3$$
$$Hg_2(NO_3)_2 + H_2O \longrightarrow Hg_2(OH)NO_3 \downarrow + HNO_3$$

在配制 $Hg(NO_3)_2$ 和 $Hg_2(NO_3)_2$ 溶液时，应该先溶于稀硝酸中。在 $Hg(NO_3)_2$ 溶液中加入 KI 可以产生橘红色 HgI_2 沉淀，后者溶于过量 KI 中，形成无色 $[HgI_4]^{2-}$。

$$Hg^{2+} + 4I^- \longrightarrow HgI_2 \downarrow + 2I^- \longrightarrow [HgI_4]^{2-}$$

$K_2[HgI_4]$ 与 KOH 的混合溶液，称为奈斯勒试剂(Nessler's reagent)，如果溶液中有微量的 NH_4^+ 存在，加入几滴奈斯勒试剂就会产生特殊的红色碘化氨基·氧合二汞(Ⅱ)沉淀。

$$NH_4Cl + 2K_2[HgI_4] + 4KOH \rightleftharpoons \left[\begin{array}{c} \quad Hg \quad \\ O \qquad NH_2 \\ \quad Hg \quad \end{array} \right] I \downarrow + KCl + 7KI + 3H_2O$$

在 $Hg_2(NO_3)_2$ 溶液中加入 KI，首先生成草绿色 Hg_2I_2 沉淀，继续加入 KI 溶液则形成 $[HgI_4]^{2-}$，同时有汞析出。

$$Hg_2^{2+} + 2I^- \longrightarrow Hg_2I_2 \downarrow$$
$$Hg_2I_2 + 2I^- \longrightarrow [HgI_4]^{2-} \downarrow + Hg \downarrow \text{(黑色)}$$

在 $Hg(NO_3)_2$ 溶液中加入氨水，可得碱式氨基硝酸汞白色沉淀

$$2Hg(NO_3)_2 + 4NH_3 + H_2O \longrightarrow HgO \cdot NH_2HgNO_3 \downarrow + 3NH_4NO_3$$

而在硝酸亚汞溶液中加入氨水，不仅有上述白色沉淀产生，同时有汞析出

$$2Hg_2(NO_3)_2 + 4NH_3 + H_2O \longrightarrow HgO \cdot NH_2HgNO_3 \downarrow \text{(白色)} + 2Hg \downarrow \text{(黑色)} + 3NH_4NO_3$$

$Hg(NO_3)_2$ 是实验室常用的化学试剂，用它制备汞的其他化合物。$Hg_2(NO_3)_2$ 受热易分解

$$Hg_2(NO_3)_2 \xrightarrow{\triangle} 2HgO + 2NO_2$$

由于 $E^\ominus(Hg^{2+}/Hg_2^{2+}) = 0.920V$，而 $O_2 + 4H^+ + 4e^- \rightleftharpoons 2H_2O$ 当 $c(H^+) = 1mol \cdot L^{-1}$ 时 $E^\ominus(O_2/H_2O) = 1.229V$，所以 $Hg_2(NO_3)_2$ 溶液与空气接触时易被氧化为 $Hg(NO_3)_2$

$$2Hg_2(NO_3)_2 + O_2 + 4HNO_3 \longrightarrow 4Hg(NO_3)_2 + 2H_2O$$

可以在 $Hg(NO_3)_2$ 溶液中加入少量金属汞，使所生成的 Hg^{2+} 被还原为 Hg_2^{2+}

$$Hg^{2+} + Hg \longrightarrow Hg_2^{2+}$$

除此之外，汞还能形成许多稳定的有机化合物，如甲基汞 $Hg(CH_3)_2$、乙基汞 $Hg(C_2H_5)_2$ 等。这些化合物中都含有 C—Hg—C 共价键直线结构，比较容易挥发、并且毒性大，在空气和水中相当稳定。

5. 配合物

锌副族元素的离子为 18 电子层结构，具有很强的极化力与明显的变形性，因此有较强的形成配合物的倾向。Zn^{2+} 和 Cd^{2+} 常见的配位数为 4 或 6。Zn^{2+}、Cd^{2+} 与氨水形成无色的 4 配位的配离子。

$$Zn^{2+} + 4NH_3 \rightleftharpoons [Zn(NH_3)_4]^{2+} \qquad K_f^\ominus = 2.9 \times 10^9$$
$$Cd^{2+} + 4NH_3 \rightleftharpoons [Cd(NH_3)_4]^{2+} \qquad K_f^\ominus = 2.78 \times 10^7$$

Zn^{2+}、Cd^{2+}和Hg^{2+}等能与CN^-生成非常稳定的氰配合物$[Zn(CN)_4]^{2-}$、$[Cd(CN)_4]^{2-}$和$[Hg(CN)_4]^{2-}$。

Hg(Ⅱ)还易与Cl^-、Br^-、I^-、SCN^-等形成较稳定的配离子，它们的配位数为4。例如，与Cl^-、I^-、SCN^-分别形成非常稳定的$[HgCl_4]^{2-}$、$[HgI_4]^{2-}$、$[Hg(SCN)_4]^{2-}$等配离子。

22.2.3 Hg(Ⅱ)和Hg(Ⅰ)的相互转化

从汞的电势图(22-5)可知，Hg_2^{2+}较Hg^{2+}和Hg稳定，不容易发生歧化反应。

因$E^\ominus(Hg^{2+}/Hg_2^{2+})$大于$E^\ominus(Hg_2^{2+}/Hg)$，故在溶液中$Hg^{2+}$可氧化Hg而生成$Hg_2^{2+}$，常利用$Hg^{2+}$与Hg反应制备亚汞盐。

$$Hg(NO_3)_2 + Hg \longrightarrow Hg_2(NO_3)_2 \qquad K^\ominus = 81.28$$

除用汞作还原剂外，还可以用其他还原剂将Hg(Ⅱ)还原为Hg(Ⅰ)。

为了使Hg_2^{2+}的歧化反应能够进行，即Hg(Ⅰ)转化为Hg(Ⅱ)，最简单的方法是降低溶液中Hg^{2+}的浓度，例如使之变为某些难溶物或难解离的配合物。

$$Hg_2^{2+} + S^{2-} \longrightarrow HgS\downarrow + Hg\downarrow$$

$$Hg_2Cl_2 + 2NH_3 \longrightarrow Hg(NH_2)Cl\downarrow + Hg\downarrow + NH_4Cl$$

$$Hg_2^{2+} + 4I^- \longrightarrow [HgI_4]^{2-} + Hg\downarrow$$

总之，Hg_2^{2+}在溶液中能够稳定的存在。只有当反应体系中存在使Hg^{2+}浓度大大降低的沉淀剂或配合剂时，Hg_2^{2+}才可能发生歧化反应。Hg_2^{2+}与Hg^{2+}的转化取决于反应条件的控制。

22.2.4 ⅡB族元素与ⅡA族元素性质的对比

ⅡB族元素与ⅡA族元素的最外层电子相同，即为2个s电子，它们的离子都是无色的。次外层电子分别为18个电子和8个电子。ⅡB族离子具有很强的极化力和明显的变形性，导致它们性质的显著区别。

ⅡB族金属的熔点、沸点都比ⅡA族低，汞在室温下是液体。ⅡA族和ⅡB族金属的导电性、导热性及延展性都较差(只有镉具有延展性)。

ⅡA族元素比较活泼，尤其是钙、锶、钡在空气中易被氧化。ⅡB族的活泼性比ⅡA族差，它们在干燥空气中常温下不起变化，ⅡA族元素不但能从稀酸中置换出氢气，而且也能从水中置换出氢气。ⅡB族元素都不能够从水中置换出氢气，在稀的盐酸或硫酸中，锌容易溶解，镉较难，汞则完全不溶解。

ⅡB族化合物表现更强的共价性和形成配合物的能力。

ⅡB族的氢氧化物是弱碱性的，而钙、锶、钡的氢氧化物是强碱性的。

这两族元素的硝酸盐易溶于水，碳酸盐都难溶于水。ⅡB族的硫酸盐是易溶的，而钙、锶、钡的硫酸盐是微溶的。ⅡB族的盐在溶液中会发生水解，而钙、锶、钡的盐则不水解。

本章小结

本章介绍了铜副族和锌副族元素，即ⅠB和ⅡB族元素。包括铜、银、金和锌、镉、汞6种元素。它们的价电子构型为$(n-1)d^{10}ns^{1\sim2}$，属于ds区元素。铜副族元素中Cu的常见氧化态为+1、+2，Ag为+1，Au为+3。铜副族元素的单质不活泼，都不能与稀盐酸反应。Cu、Ag能够溶于氧化性酸中，Au只能溶于王水中。

锌副族元素的最大特点是其d电子刚填满的轨道，从满层失去电子较困难，所以它们一般不参与成键。

当它们失去两个最外层 s 电子成为+2 价的氧化态是锌族元素的特征价态。Hg 的氧化态还有+1。锌副族元素的活泼性强于铜副族相应元素。Zn、Cd 能与稀盐酸反应，并置换出氢气。

它们的金属离子具有较强的极化力，本身变形性又大，所以它们的二元化合物一般有相当程度的共价性，易形成配合物。

Cu(Ⅰ)与 Cu(Ⅱ)，Hg(Ⅰ)与 Hg(Ⅱ)之间在一定的条件下可以相互转化。

铜、锌是重要的生命元素，本章还对其生物化学特性进行了简单的描述。

Group ⅠB and ⅡB elements and their major compounds were described in this chapter. The elements include copper, silver, gold, zinc, cadmium and mercury. The elements have the electron configurations $(n-1)d^{10}ns^{1\sim2}$. The common oxidation states of copper are +1 and +2, silver is +1, whereas gold is +3. The elements of ⅠB are not attacked by dilute non-oxidizing acid to give hydrogen. Copper and silver can be reacted with oxidizing acid, while gold can only be dissolved in aqua regia.

For group ⅡB elements, they have two s electrons outside filled d shell. So, their oxidation states are not higher than +2. Their chemical activities are stronger than that of group ⅠB. Both zinc and cadmium react readily with non-oxidizing acids releasing hydrogen and giving the divalent ions, while mercury is inert to non-oxidizing acids. Zinc also dissolves in strong bases because of its ability to form zincate ions.

Both copper and zinc group elements can form a variety of covalently bound compounds, because the polarizing abilities and distortion of the filled d shell of the ions are great. Meanwhile, the elements can from complexes easily like other transition metals.

Copper and zinc are vital to the function of living organisms. The biochemical properties of these elements are also introduced briefly in the chapter.

化学史话——传说中的水银

1. 神奇的汞

汞的化学符号是 Hg，它来自希腊语“hydrargyrum”，意为水银。单质汞由于在室温下呈现银色和液态，从而被古代中国、古希腊、古罗马和古印度人所熟知。每一个文明都有关于汞的传说，它的用途十分广泛，可以作为药物，也可以作为护身符。汞在自然界中主要的来源是朱砂，它在史前时期就被用作染料。在我国，早在战国时期，人们视汞为长生不老药以获得长寿和不朽。在西方，在抗生素出现之前，作为治疗梅毒的汞疗一直持续到了 20 世纪早期。另一方面，在远古时代，人们就知道汞是有毒的，古罗马曾用汞矿山来作为罪犯、奴隶和其他不良分子的刑事监禁所，囚犯很有可能中毒而死，从而免除了执行死刑的需要。

2. 水生食物链中的汞

在自然界中汞以一些形式存在，这些形式之间可以通过自然过程相互转换。例如，当汞从燃煤电厂的排放物中释放出来，或者废物焚化炉沉积在湖泊或者溪流中时，汞就变成了无机物。无机汞通过微生物的作用变成有机汞。1956 年，在日本熊本县水俣湾附近发现了一种奇怪的病，患者由于脑中枢神经和末梢神经被侵害，轻者出现口齿不清、步履蹒跚、面部痴呆、手足麻痹、感觉障碍、视觉丧失、震颤、手足变形，重者则精神失常，或酣睡，或兴奋，身体弯弓，直至死亡。这种怪病就是日后轰动世界的“水俣病”。结果证实，水俣湾附近有一些化工厂将无机汞废物排放到水中，海底的厌氧微生物将无机汞转换成了甲基汞，甲基汞通过自然食物链在鱼和贝类中富集，其程度可达数百万倍。生活在水俣湾附件的居民通过捕食鱼类和贝类从而中毒。

3. 无处不在的汞

整个 20 世纪，汞被用于很多日常用品：碱性电池、荧光灯泡、科学和医疗设备还有常用温度计。温度计里使用的是毒性较小的单质汞，在家庭中几乎没有引发过安全问题。然而，生产水银温度计工厂的工人出现一系列的健康问题，如头疼、流血、牙龈肿痛、消化系统紊乱和其他一些类似的问题。经调查，在这些工人家里的空气中、衣服上、家具上，甚至是很多工人和他们孩子的体内，都检测到了汞。

4. 达特茅斯的悲剧

美国新罕布什尔州汉诺威市的达特茅斯(Dartmouth)学院化学系教授 K. E. Wetterhahn 因汞中毒而去世，年仅 48 岁。这个意外发生在 1996 年 8 月，Wetterhahn 在她的实验室里使用二甲基汞时，不小心将几滴稀的二甲基汞溶液滴落在她的防护手套上，二甲基汞渗透通过手套。Wetterhahn 的汞中毒症状直到半年后的 1997 年 1 月才被检测出来，但此时她很快进入昏迷状态并且在半年后去世。这次悲剧使得人们重新修订防护手套和其他防护设备的安全标准。另一方面，人们开始发起运动抵制二甲基汞的生产和使用。

化学知识拓展——铜锌的生物化学

铜、锌在生物体内的含量仅次于铁，在过渡金属中分别居于第三和第二位，存在于动植物及微生物体中；它们在人和动物体内肝、脑、肾脏含量较高。铜在生物体以铜蛋白和铜酶的形式发挥生物作用，铜蛋白和铜酶主要涉及生物体内的电子传递、氧化还原、氧的运送和储存铜等作用。许多铜蛋白因具有美丽的蓝色而被称为蓝铜蛋白(blue copper protein)。铜是人体必需的金属离子，每天由食物可以获得 2.5～5.0mg 铜，约 30%在小肠吸收，到血浆后有 90%铜牢固结合在血浆蓝铜蛋白上，其余大部分与血清蛋白结合，另一部分与多种氨基酸形成配合物。

根据铜蛋白和铜酶的吸收光谱性质的不同，将其分为Ⅰ、Ⅱ和Ⅲ型铜蛋白。三种不同类型的铜蛋白或铜酶的化学性质与生物学功能不同，但是在一个铜蛋白中可以有两种或几种不同类型同时存在。目前铜的生物化学对医学、生物学、化学等都具有十分重要的意义，也是当今生物无机化学领域中研究最活跃的领域之一。

锌存在于生物体内的多种酶中，已知 80 多种酶的活性与锌有关。这些酶主要有羧肽酶、碳酸酐酶、碱性磷酸酶、氨肽酶、DNA 聚合酶、RNA 聚合酶等，大多为水解酶，锌在生物体的水解过程中起重要作用。其中 Cu-Zn 超氧化物歧化酶(super oxide dismutase，SOD)在生命体内起着十分重要的作用。

超氧化物歧化酶广泛存在于各类生物体内，是一种重要的自由基清除剂，能专一性地清除超氧化物阴离子自由基 O_2^- 而保护细胞。生物体内的超氧离子(O_2^-)具有极大活性，过量的 O_2^- 积累会引起细胞膜、DNA、多糖、蛋白质、脂质等的破坏，导致各种炎症、溃疡、癫痫、糖尿病、心血管病等。但 O_2^- 在超氧化物歧化酶的作用下转为 H_2O_2，然后由过氧化氢酶分解为 H_2O 和 O_2，从而消除 O_2^- 对细胞的毒害。

$$2O_2^- + 2H^+ \longrightarrow H_2O_2 + O_2$$

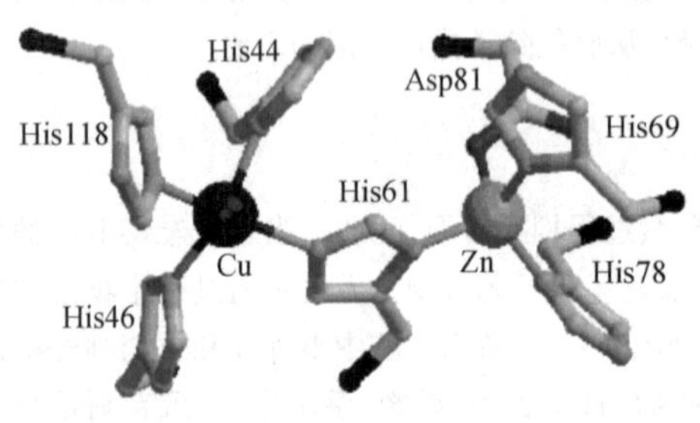

图 22-6 Cu-Zn SOD 的活性中心

这个反应由电对 O_2/O_2^- 和 O_2^-/H_2O_2 组成，其氧化还原电位分别为－0.45V 和＋0.98V，所以无论任何金属，若其电对电位在 $-0.45V < E < +0.98V$ 之间都有 SOD 活性。游离的水合铜也有 SOD 活性。

牛红细胞的铜锌超氧化物歧化酶(Cu-Zn SOD)的晶体结构经由 X 射线衍射测定。酶中的金属中心的配位形式如图 22-6 所示。其中 Cu(Ⅱ)为五配位，4 个来自于肽链的组氨酸残基的咪唑基处于一畸变的平面正方形配位位置，轴向的第五个配体是水；Zn(Ⅱ)处于四面体配位环境中，其中 3 个配位基团为组氨酸残基的咪唑基，另一个为天冬氨酸残基上的羧基。Cu(Ⅱ)和 Zn(Ⅱ)通过一咪唑基桥联，这种通过咪唑基桥联的双核金属配合物结构在该酶发现以前尚未见到过。

习　题

1. 完成并配平下列反应方程式。

(1) $Cu_2O+H_2SO_4$(稀)$\longrightarrow$

(2) $Cu^{2+}+NaOH$(浓)$\longrightarrow$

(3) $Cu^{2+}+I^-\longrightarrow$

(4) $Cu+CN^-+H_2O\longrightarrow$

(5) $Cu^{2+}+CN^-\longrightarrow$

(6) $CuCl_2+KI\longrightarrow$

(7) $CuCl_2+4OH^-+C_6H_{12}O_6\longrightarrow$

(8) $CuS+HNO_3$(浓)$\longrightarrow$

(9) $Au+HNO_3+HCl\longrightarrow$

(10) $Zn+NaOH$(浓)$\longrightarrow$

(11) $Hg^{2+}+Sn^{2+}+Cl^-\longrightarrow$

(12) $Zn+HNO_3$(极稀)$\longrightarrow$

(13) $AgBr+Na_2S_2O_3\longrightarrow$

(14) $[Ag(NH_3)_2]^++CH_3CHO+OH^-\longrightarrow$

(15) $Hg_2Cl_2+NH_3\longrightarrow$

(16) $HgS+HCl$(浓)$+HNO_3$(浓)$\longrightarrow$

(17) $HAuCl_4+FeSO_4\longrightarrow$

(18) $Au+O_2+CN^-+H_2O\longrightarrow$

2. 解释下列现象，并写出相关的反应方程式。

(1) 加热 $CuCl_2\cdot H_2O$ 得不到 $CuCl_2$。

(2) 焊接金属时，常用浓 $ZnCl_2$ 溶液处理金属的表面。

(3) 有空气存在时，铜能溶于氨水。

(4) 从废弃的定影液中回收银常用 Na_2S 作沉淀剂，而不用 NaCl 作沉淀剂。

(5) $HgCl_2$ 溶液中逐滴加入 KI 溶液。

(6) 硫酸亚铜与水的作用。

(7) $CuCl_2$ 加水稀释。

(8) 往硝酸银溶液中滴加氰化钾时，首先形成白色沉淀，而后溶解，再加入 NaCl 时，无沉淀形成，但加入少许的 Na_2S 时，析出黑色沉淀。

(9) HgS 不溶于盐酸、硝酸和 $(NH_4)_2S$ 中，而能溶于王水或 Na_2S 中。

(10) $Hg_2C_2O_4$ 难溶于水，却可以溶于含有 Cl^- 的溶液中。

(11) 铜器在潮湿的空气中表面慢慢地生成一层铜绿。

(12) 银器在含有 H_2S 的空气中表面会慢慢变黑。

3. CuCl、AgCl、Hg_2Cl_2 均为难溶于水的白色粉末，试用最简便的方法区分。

4. 在一混合溶液中，含有 Ag^+、Cu^{2+}、Zn^{2+}、Hg^{2+}、Hg_2^{2+}、Mg^{2+}、Cd^{2+}，如何将它们分离并加以鉴定？

5. 化合物 A 是一种黑色固体，不溶于水、稀 HAc 及稀 NaOH 溶液中，而易溶于热 HCl 溶液中，生成一种绿色的溶液 B；如果溶液 B 与铜丝一起煮沸，即逐渐生成土黄色溶液 C；若用较大量水稀释溶液 C，生成白色沉淀 D。D 可溶于氨水中生成无色溶液 E；无色溶液 E 在空气中迅速变成蓝色溶液 F；往 F 中加入 KCN 时，生成无色溶液 G；往 G 中加入锌粉则生成红色沉淀 H；H 不溶于稀酸或稀碱中，但可溶于热 HNO_3 中生成蓝色溶液 I；往 I 中慢慢加入 NaOH 溶液则生成沉淀 J；将 J 过滤、取出后，强热又得到原化合物 A。写出A～J的化学式。

6. 白色固体物质 A 不溶于水，也不溶于 NaOH 溶液。溶于盐酸形成无色溶液 B，并放出气体 C。向溶液 B 中滴加氨水，首先形成白色沉淀，继续滴加氨水，沉淀消失形成无色溶液 E。将气体 C 通入 $CdSO_4$ 溶液中，得黄色沉淀F，若将C通入溶液E中则析出固体A。写出A～F的化学式。

7. 在硝酸铜固体中混有少量的硝酸银，用两种方法来除去硝酸银杂质。

8. 某一化合物A溶于水得一浅蓝色溶液。在A溶液中加入NaOH溶液可得浅蓝色沉淀B，B能溶于HCl溶液，也能溶于氨水。A溶液中通入H_2S，有黑色沉淀C生成。C难溶于HCl溶液而易溶于热浓HNO_3中；在A溶液中加入$Ba(NO_3)_2$溶液，无沉淀产生，而加入$AgNO_3$溶液时，有白色沉淀D生成，D溶于氨水。试写出A～D的名称，以及各步骤的有关反应式。

9. 化合物A是一白色固体，可溶于水，A的溶液可起下列反应：(1)加碱于A的水溶液中产生黄色沉淀B，B不溶于碱，可溶于酸。(2)通H_2S于A的溶液中产生黑色沉淀C，此沉淀不溶于硝酸但可溶于王水得黄色固体D、气体E和溶液F；气体E无色，在空气中变为红棕色。(3)加$AgNO_3$于A的溶液产生白色沉淀G，G不溶于稀硝酸而溶于氨水，得溶液H。(4)在A的溶液中滴加$SnCl_2$产生白色沉淀I，继续滴加，最后得到黑色沉淀J。试确定A～J各为何物质，写出反应反程式。

10. 有一无色溶液A。(1)加入氨水时有白色沉淀生成；(2)若加入稀碱则有黄色沉淀生成；(3)若滴加KI溶液，则先析出橘红色沉淀，当KI过量时，橘红色沉淀消失；(4)若在此无色溶液中加入数滴汞并振荡，汞逐渐消失，仍变为无色溶液，此时加入氨水得灰黑色沉淀。此无色溶液中含有哪种化合物，写出各个有关反应式。

11. 无色晶体A溶于水后加入盐酸得白色沉淀B。分离后将B溶于$Na_2S_2O_3$溶液得无色溶液C。向C中加入盐酸得白色沉淀混合物D和无色气体E。E与碘水作用后转化为无色溶液F。向A的水溶液中滴加少量$Na_2S_2O_3$溶液立即生成白色沉淀G，该沉淀由白变黄、变橙、变棕最后转化为黑色，说明有H生成。请给出A～H所代表的化合物或离子，并给出相关的反应方程式。

12. 计算电对$[Cu(NH_3)_4]^{2+}/Cu$的$E^\ominus([Cu(NH_3)_4]^{2+}/Cu)$。在有空气存在的条件下，铜能否溶于$1.0mol\cdot L^{-1}$的氨水中形成$0.010mol\cdot L^{-1}$的$[Cu(NH_3)_4]^{2+}$？

13. 根据有关电对的标准电极电势和有关物质的溶度积常数，计算298.15K时反应：

$$Ag_2Cr_2O_7(s)+8Cl^-+14H^+ \rightleftharpoons 2AgCl(s)+3Cl_2(g)+2Cr^{3+}+7H_2O$$

的标准平衡常数，并说明反应能否正向进行。

14. 已知

$$Hg_2^{2+}+2e^- \rightleftharpoons Hg \qquad E^\ominus=0.85V$$

$$Hg^{2+}+2e^- \rightleftharpoons 2Hg \qquad E^\ominus=0.80V$$

(1) 试判断反歧化反应$Hg^{2+}+Hg \rightleftharpoons Hg_2^{2+}$能否发生；

(2) 求298.15K下，$0.10mol\cdot L^{-1}\ Hg_2(NO_3)_2$溶液中$Hg^{2+}$的浓度。

15. 镀铜锌合金时，可用$[Cu(CN)_4]^{3-}$和$[Zn(CN)_4]^{2-}$为电镀液。因为氰化物有剧毒，人们试图用它们的氨配合物$[Cu(NH_3)_4]^{2+}$和$[Zn(NH_3)_4]^{2+}$来代替氰化物，可行吗？试解释原因。

已知：$E^\ominus(Cu^+/Cu)=0.52V$，$E^\ominus(Cu^{2+}/Cu)=0.34V$，$E^\ominus(Zn^{2+}/Zn)=-0.77V$。配合物$[Cu(CN)_4]^{3-}$、$[Zn(CN)_4]^{2-}$、$[Cu(NH_3)_4]^{2+}$和$[Zn(NH_3)_4]^{2+}$的标准稳定常数$K_f^\ominus$分别为：$2\times10^{30}$、$5\times10^{16}$、$4.68\times10^{12}$、$2.9\times10^9$。

16. 可用以下反应制备CuCl：

$$Cu(s)+Cu^{2+}+2Cl^- \rightleftharpoons 2CuCl\downarrow$$

若将$0.2mol\cdot L^{-1}$的$CuSO_4$和$0.4mol\cdot L^{-1}$的NaCl溶液等体积混合，并加入过量的铜屑，求反应达到平衡时，Cu^{2+}的转化百分率。

17. 在回收废定影液时，可使银沉淀为Ag_2S，再用配位还原法回收银

$$2Ag_2S+8CN^-+O_2+2H_2O \rightleftharpoons 4[Ag(CN)_2]^-+2S+4OH^- \qquad (1)$$

$$2[Ag(CN)_2]^-+Zn \rightleftharpoons 2Ag+Zn(CN)_4 \qquad (2)$$

计算反应式(1)标准平衡常数$K^\ominus$。已知：

$K_{sp}^\ominus([Ag_2S])=2.0\times10^{-49}$，$K_f^\ominus([AgCN_2]^-)=2.48\times10^{20}$，$E^\ominus(S/S^{2-})=-0.48V$，$E^\ominus(O_2/OH^-)=0.40V$。

（中南大学　刘又年）

第 23 章 镧系元素与锕系元素

23.1 镧系元素与锕系元素概述

23.1.1 镧系元素与锕系元素简介

内过渡元素包括两个系列元素，即第六周期ⅢB族的镧系和第七周期ⅢB族的锕系元素。镧系包括镧 La、铈 Ce、镨 Pr、钕 Nd、钷 Pm、钐 Sm、铕 Eu、钆 Gd、铽 Tb、镝 Dy、钬 Ho、铒 Er、铥 Tu、镱 Yb、镥 Lu 15 种元素，用 Ln 表示；锕系包括锕 Ac、钍 Th、镤 Pa、铀 U、镎 Np、钚 Pu、镅 Am、锔 Cm、锫 Bk、锎 C、锿 Es、镄 Fm、钔 Md、锘 No、铹 Lr 15 种元素，用 An 表示。

从表 23-1 中数据可见，La～Yb 的基态价电子构型可以用通式 $4f^{0\sim14}5d^{0\sim1}6s^2$ 来表示。其中，57 号 La($4f^0$)，63 号 Eu($4f^7$)，64 号 Gd($4f^7$)，70 号 Yb($4f^{14}$)处于全空、半满和全满的稳定状态，这 14 种元素实现了 7 个 4f 轨道中 0～14 个电子的填充。镧系元素形成 Ln^{3+} 时，外层的 5d 和 $6s^2$ 电子都已失去。离子的外层电子构型为 $4f^{0\sim13}$，随着原子序数的增加，f 电子的数目也相应增加。

在离子晶体和水溶液体系中形成 Ln^{3+} 状态时，镧系各元素的性质比较相似，随着离子半径由大到小的有规律的变化，其气态离子水合能和 $LnCl_3$ 的晶格能也呈规律性的变化，但是彼此相差不大，数值比较接近。

镧系元素单质的性质如第三电离能、熔点、原子半径、原子化焓等却有所不同，Eu 和 Yb 的 4f 亚层分别处于半充满和全满状态，在金属晶体中只有 2 个 6s 电子参与成键，它们的熔点、原子化焓比相邻其他镧系元素的低，原子半径较大，第三电离能也较大。镧系元素的价层电子构型和某些性质列于表 23-1 和表23-2 中。

表 23-1 镧系元素的电子构型和性质(1)

元　素	Ln 电子构型	Ln^{3+} 电子构型	常见氧化态	原子半径 r/pm	离子半径 $r(Ln^{3+})$/pm	第三电离能 I_3/(kJ·mol^{-1})
(39 钇 Y) (yttrium)	$4d^15s^2$	$4s^24p^6$	+3	180	88	1986
57 镧 La (lanthanum)	$5d^16s^2$	$4f^0$	+3	188	106	1855
58 铈 Ce (cerium)	$4f^15d^16s^2$	$4f^1$	+3，+4	182	103	1955
59 镨 Pr (praseodymium)	$4f^35d^06s^2$	$4f^2$	+3，+4	183	101	2093
60 钕 Nd (neodymium)	$4f^45d^06s^2$	$4f^3$	+3	182	100	2142

续表

元　素	Ln电子构型	Ln^{3+} 电子构型	常见氧化态	原子半径 r/pm	离子半径 $r(Ln^{3+})$/pm	第三电离能 I_3/(kJ·mol^{-1})
61 钷 Pm (promethium)	$4f^5 5d^0 6s^2$	$4f^4$	+3	180	98	(2150)
62 钐 Sm (samarium)	$4f^6 5d^0 6s^2$	$4f^5$	+2,+3	180	96	2267
63 铕 Eu (europium)	$4f^7 5d^0 6s^2$	$4f^6$	+2,+3	204	95	2410
64 钆 Gd (gadolinium)	$4f^7 5d^1 6s^2$	$4f^7$	+3	180	94	1966
65 铽 Tb (terbium)	$4f^9 5d^0 6s^2$	$4f^8$	+3,+4	178	92	2122
66 镝 Dy (dysprosium)	$4f^{10} 5d^0 6s^2$	$4f^9$	+3	177	91	2203
67 钬 Ho (holmium)	$4f^{11} 5d^0 6s^2$	$4f^{10}$	+3	177	89	2210
68 铒 Er (erbium)	$4f^{12} 5d^0 6s^2$	$4f^{11}$	+3	176	88	2197
69 铥 Tm (thulium)	$4f^{13} 5d^0 6s^2$	$4f^{12}$	+3	175	87	2292
70 镱 Yb (ytterbium)	$4f^{14} 5d^0 6s^2$	$4f^{13}$	+2,+3	194	86	2424
(71 镥 Lu) (lutecium)	$4f^{14} 5d^1 6s^2$	$4f^{14}$	+3	173	85	2027

数据来源：大连理工大学无机化学教研室编，《无机化学》(第四版)，高等教育出版社，第604页。

表 23-2　镧系元素的电子构型和性质(2)

元　素	熔点 T/K	电负性	$\Delta_{atm}H_m^\ominus$/(kJ·mol^{-1})	$E^\ominus(Ln^{3+}/Ln)$/V	$\Delta_h H_m^\ominus(Ln^{3+})$/(kJ·mol^{-1})	$U_m(LnCl_3)$/(kJ·mol^{-1})	磁矩 μ/B. M.
(39 钇 Y)	1495	1.1	421.3	−2.397	−4923.3	4500.5	—
57 镧 La	1193	1.11	431.0	−2.362	−4612.0	4276.6	0
58 铈 Ce	1071	1.12	423	−2.322	−4666.8	4324.7	2.4
59 镨 Pr	1204	1.13	355.6	−2.346	−4710	4363.3	3.5
60 钕 Nd	1283	1.14	327.6	−2.320	−4746.2	4392	3.5
61 钷 Pm	1353	1.1	(300)	(−2.29)	—	—	—
62 钐 Sm	1345	1.17	206.7	−2.303	(−4792)	4427	1.5
63 铕 Eu	1095	1.0	175.3	−1.983	−4835	4467	3.4
64 钆 Gd	1584	1.20	397.5	−2.28	−4849	4472	8.0
65 铽 Tb	1633	1.1	388.7	−2.252	−4880	4495	9.5

续表

元　素	熔点 T/K	电负性	$\Delta_{atm}H_m^\ominus$/(kJ · mol^{-1})	$E^\ominus(Ln^{3+}/Ln)$/V	$\Delta_h H_m^\ominus(Ln^{3+})$/(kJ · mol^{-1})	$U_m(LnCl_3)$/(kJ · mol^{-1})	磁矩 μ/B. M.
66 镝 Dy	1682	1.22	290.4	−2.30	−4904	4506(β)	10.7
67 钬 Ho	1743	1.23	300.8	−2.327	−4948	4549	10.3
68 铒 Er	1795	1.24	317.1	−2.312	−4973	4567	9.5
69 铥 Tm	1818	1.25	232.2	−2.287	−4995	4584	7.3
70 镱 Yb	1097	—	152.3	−2.225	−5041.8	4627.7	4.5
(71 镥 Lu)	1929	1.27	427.6	−2.17	−4995	4576	0

数据来源：大连理工大学无机化学教研室编《无机化学》(第四版)高等教育出版社，第 604 页。

锕系元素的价电子构型与镧系元素相似。这是由于锕系元素的电子填充在 5f 电子层上，具有 $5f^{0\sim14}6d^{0\sim2}7s^2$ 的构型特征。它们的主要区别是 5f 轨道的能量以及在空间的伸展范围都比 4f 轨道大，因而使得 5f 与 6d 轨道能量更加接近，但是 4f 与 5d 轨道能量相差较大。这有利于 f 电子从 5f 向 6d 轨道的跃迁，有利于 f 电子参与成键。在锕系元素中，从 Th 到 Np 都具有强烈保持 d 电子的倾向，而 Np 以后的元素的价电子层结构与镧系元素十分相似。

23.1.2　镧系元素与锕系元素的原子半径和电离能

镧系元素呈单向变化是由于+3 价离子的电子结构的单向变化，即从 La^{3+} 到 Lu^{3+}，它们的电子构型是由 $4f^0\sim4f^{14}$ 而变化。从 La 到 Lu，它们的核电荷随着 4f 电子的增加而增加，由于 f 轨道的形状、4f 电子间的屏蔽效应也不尽一致。而在填充 f 电子时，每个 4f 电子所受到的有效核电荷的影响是逐渐增加的，这样使得有效核电荷单向增加核外 4f 电子的引力逐渐增加，结果整个 $4f^n$ 壳层依次减小。Gd 位于 15 个镧系元素所构成序列的中央，其+3 价离子有半充满的 f^7 稳定结构，这种结构的 4f 电子屏蔽效应较大，有效核电荷略有减小，从而使得其离子半径微有增加。Eu 和 Yb 只用少量成分的 d 电子参与成键，成键电子总数为 2，而其他原子使用较多成分的 d 电子参与成键，成键电子总数为 3。Eu 和 Yb 在电子结构上与碱土金属十分相似，这种相似性使得 Eu 和 Yb 的物理和化学性质更接近于碱土金属；同时，Eu^{2+} 和 Yb^{2+} 的 f 电子数分别为 f^7 和 f^{14}，即半充满和全满的稳定结构。

从镧到镥，原子核电荷从 57 个电荷增至 71 个，使得原子半径和离子半径逐渐收缩，这种现象称为镧系收缩。镧系收缩的原因是，在镧系元素中，原子核每增加一个质子，相应有一个电子进入 4f 层，而 4f 电子对核的屏蔽不如内层电子，f 电子的屏蔽常数小于 1，因而随着原子序数的增加，有效核电荷增加，核对最外层电子的吸引增强，使原子半径、离子半径逐渐减小。镧系元素原子半径减小的趋势不如离子半径，这是由于镧系元素原子的电子层比离子多一层 $6s^2$ 所致。

镧系收缩是元素化学中的一个重要现象。受到镧系收缩的影响，铕以后的镧系元素的离子半径接近钇，构成性质极为相似的一组元素，所以将钇归类为稀土元素，它们在自然界中共生，性质十分相似，难于分离。

镧系收缩产生的结果使得第三过渡系与第二过渡系的同族元素在原子半径(或离子半径)上相近，其中尤以ⅣB 族中的 Zr 和 Hf、ⅤB 族中的 Nb 和 Ta、ⅥB 族中的 Mo 和 W 更为相近，以致 Zr 和 Hf、Nb 和 Ta、Mo 和 W 的性质非常相似，分离十分困难。

镧系元素的原子中,随着原子序数的增加,电子逐个填充至 4f 亚层,由于 f 电子对原子核的屏蔽效应较大,所以有效核电荷缓慢增大,结果使原子半径缓慢缩小,这从图 23-1 中可见。其中,Eu 和 Yb 原子半径比较大。如上所述,这是 Eu 和 Yb 分别具有半充满($4f^7$)和全充满($4f^{14}$)电子层结构,这一相对稳定结构对核电荷的屏蔽增强,导致原子半径明显增大。

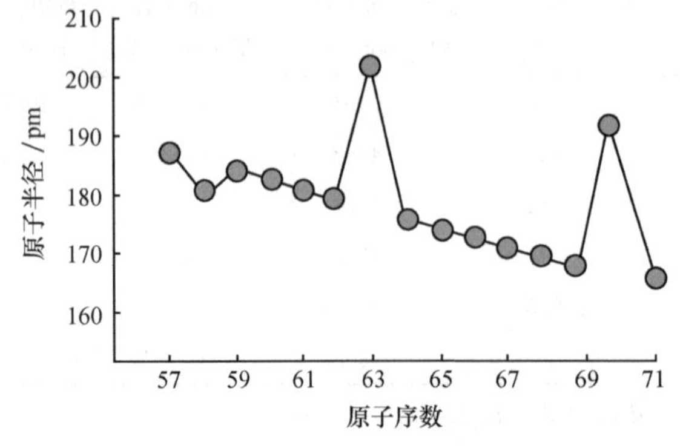

图 23-1　镧系元素的原子半径

镧系元素的原子半径在 Eu 和 Yb 处出现骤升的峰值(图 23-1);镧系元素的熔点也随原子序数的增加逐渐升高,在 Eu 和 Yb 处出现陡降的谷值[图 23-2(a)];此外,镧系元素原子第一、二、三电离能总和,随着原子序数的增加而增大,在 Eu、Yb 处也出现骤升的峰值[图 23-2(b)],就好像出现两个山峰或山谷,这种现象称为镧系元素性质递变的"双峰效应"。

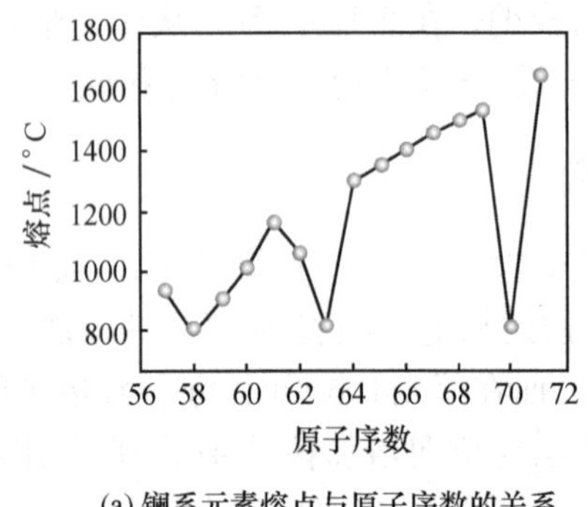

(a) 镧系元素熔点与原子序数的关系

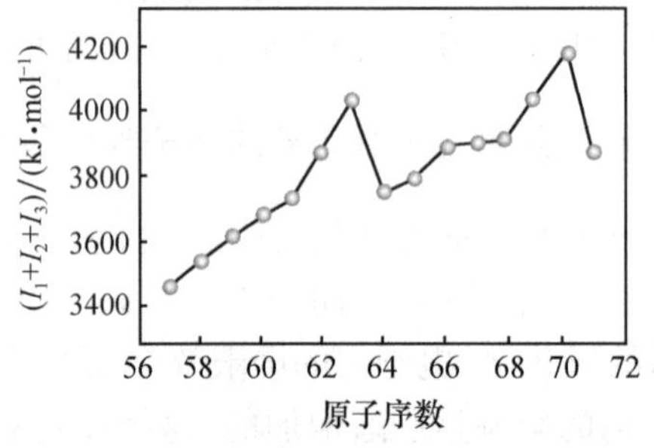

(b) 镧系元素电离能与原子序数的关系

图 23-2　镧系元素性质的递变规律

由 La^{3+} 到 Lu^{3+} 离子半径逐渐减小;原子半径除 Eu 和 Yb 反常外,从 La(188pm)到 Lu(173pm)略有缩小的趋势,但是不如离子半径缩小得多。这是因为镧系元素金属原子的电子层比离子多一层,6s 电子对原子核的屏蔽接近 100%,因而镧系金属原子半径收缩的效果就不明显了。在原子半径总的收缩趋势中,Eu 和 Yb 的原子半径比相邻元素的原子半径大得多。在铕和镱的金属晶体中,由于仅给出 2 个电子形成金属键,原子间的结合力不如其他镧系元素那样强,所以金属铕和镱的密度较低,熔点也较低(图 23-2),升华能也比相邻的元素低。

由于 5f 电子与 4f 电子一样,屏蔽能力比较差,所以从 Ac 到 Lr 原子半径和离子半径随着有效核电荷逐渐增加而减小。这种现象称为锕系收缩。类似于镧系收缩,但是锕系收缩一般比镧系收缩要大一些,前面的几种元素 Ac、Th、Pa 和 U 尤为显著。

23.1.3　镧系元素与锕系元素的物理化学性质

从镧系元素的价层电子构型和某些物理性质的变化规律可知,镧系元素性质的系列变化呈两段分布(前七个元素一段,后七个元素为另一段),是镧系元素原子结构(f 电子)重复变化的一种反映。稀土元素中,将原子序数小的 La 到 Eu 称为轻稀土;从 Gd 到 Lu,再加上 Y,则称为重稀土,Y 的半径与其他重稀土元素的相近,在矿石中往往与重稀土共存。稀土元素在成矿上以形成的轻稀土为主或以重稀土为主的矿种。

镧系元素的金属活泼性顺序由 Sc、Y、La 递增；由 La 到 Lu 递减，La 最活泼，能够与大部分非金属作用。新切开的有光泽的镧系金属在空气中迅速变暗，表面形成一层氧化膜，它的质地并不紧密，会被进一步氧化。金属加热至 200～400℃生成氧化物。金属与冷水缓慢作用，与热水反应剧烈，产生氢气，溶于酸，不溶于碱。金属在 200℃以上在卤素中剧烈燃烧，在 1000℃以上生成氮化物，在室温时缓慢吸收氢，300℃时迅速生成氢化物。镧系元素是比金属铝还要活泼的强还原剂，在 150～180℃着火。镧系元素最外层(6s)的电子数不变，都是 2。镧系金属反应得到的产物为特征的＋3 氧化态的化合物，化合物所生成的键主要是离子型的。

由于镧系收缩，镧系 15 种元素的化合物的性质很相似，氧化物和氢氧化物在水中溶解度较小、碱性较强，氯化物、硝酸盐、硫酸盐易溶于水，乙二酸盐、氟化物、碳酸盐、磷酸盐难溶于水。

从表 23-1 所列的数据可知，无论在酸性介质还是在碱性介质中，镧系金属都是一类较强的还原剂，其还原能力仅次于碱金属 Li、Na、K 和碱土金属 Mg、Ca、Sr、Ba 等，并且随着原子序数的增加，从总的趋势来看还原能力是减弱的。

锕系元素都是放射性元素。其位于铀后面的元素，即 93 号镎(Np)至 102 号锘(No)被称为“铀后元素”或“超铀元素”。锕系元素的研究与原子能工业的发展有着密切关系。当今除了人们所熟悉的铀、钍和钚已经大量用作核反应堆的燃料以外，诸如 ^{138}Pu、^{244}Cm 和 ^{252}Cf 这些核素，在空间技术、气象学、生物学和医学等方面都有着实际的和潜在的应用价值。

23.2　镧系元素

23.2.1　镧系元素的通性

镧系元素的单质通常呈银白色、有光泽，比较软，有延展性并具有顺磁性。其金属密度随原子序数增加，从 La 到 Lu 逐渐增加，但 Eu 和 Yb 的密度较小。

镧系元素表现出强的还原性，还原能力仅次于碱金属和碱土金属，应隔绝空气保存。＋3 氧化态是所有镧系元素在固态、水溶液或其他溶剂中的特征。由于镧系金属在气态时，失去 2 个 s 电子和 1 个 d 电子或 2 个 s 电子和 1 个 f 电子所需要的电离能比较低，即失去三个电子所需的电离能较低，所以能形成稳定的＋3 价化合物。此外，镧系元素还存在一些不常见的氧化态。例如 Ce、Pr、Nd、Tb、Dy 存在＋4 氧化态，因为它们的 4f 层保持或接近全空、半满或全充满的状态比较稳定，但只有＋4 的铈能够存在于溶液中，它是很强的氧化剂。同样，Sm、Eu、Tm、Yb 呈现＋2 氧化态，如 Sm($4f^6$)、Eu($4f^7$)、Tm($4f^{13}$)、Yb($4f^{14}$)。除＋4 氧化态外，Ce、Nd 还存在＋2 氧化态，但是都不稳定。只有其 4f 电子层在接近或保持全空、半满及全满时的状态较稳定。

如图 23-3 所示为镧系元素氧化态的周期性变化的规律。这是由于镧系元素的原子第一、第二、第三电离能之和不是很大，成键时释放的能量足以弥补原子在电离时能量的消耗，所以镧系元素的特征氧化态都是呈＋3，它们的＋3 氧化态是稳定的。除特征氧化态以外，Ce、Tb 等还可以呈＋4 氧化态，Eu、Yb 等还可以呈＋2 氧化态。

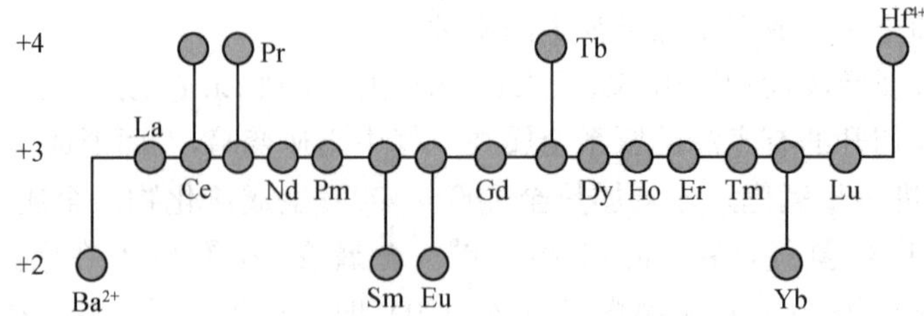

图 23-3　镧系元素呈不同氧化态的变化规律

23.2.2　镧系元素的重要化合物

1. 氢氧化物和氧化物

Ln^{3+}的盐溶液中加入氨水或 NaOH 等得到镧系元素的氢氧化物沉淀$Ln(OH)_3$，其氢氧化物的碱性与 $Ca(OH)_2$ 接近，在水中的溶解度却要小得多。$Ln(OH)_3$ 开始沉淀的 pH 由 $La(OH)_3$ 至 $Lu(OH)_3$ 依次减小，$Ln(OH)_3$ 的溶度积也按相同方向减小。

镧系元素的氧化物可以由氢氧化物加热脱水或某些含氧酸盐(如乙二酸盐、碳酸盐、硝酸盐甚至硫酸盐)加热分解的方法制备，通式通常为 Ln_2O_3。三价铈盐在空气中加热分解生成 CeO_2(白色或淡黄色)，而镨盐和铽盐则得到混合价态氧化物 Pr_6O_{11}($4PrO_2 \cdot Pr_2O_3$，棕黑色)和 Tb_4O_7($2TbO_2 \cdot Tb_2O_3$，暗棕色)。

镧系元素氧化物属碱性氧化物，不溶于碱而溶于强酸中。高温灼烧过的 CeO_2 难溶于强酸，需要加入还原剂如 H_2O_2 作为助溶剂。镧系元素氧化物是一种盐转化为另一种盐的重要中间体。

镧系元素氧化物的应用很广。例如，氧化镧可以用于压电材料、电热材料、热电材料、磁阻材料、发光材料(蓝粉)、储氢材料、光学玻璃、激光材料等；氧化铈钨电极、陶瓷电容器、压电陶瓷、纳米氧化铈碳化硅磨料、燃料电池原料、汽油催化剂；在医疗上，掺氧化钕的氧化钇铝石榴石激光器可以代替手术刀用于摘除手术或消毒创伤口；氧化铕用于荧光粉，Eu^{3+} 用于红色荧光粉的激活剂，Eu^{2+} 用于蓝色荧光粉；用氧化铈作为紫外线吸收剂，可用于防止塑料制品因紫外线照射老化；以及防止坦克、汽车、舰船、储油罐等的紫外老化等。

2. Ln(Ⅲ)的重要盐类化合物

镧系元素重要的可溶盐有氯化物、硫酸盐和硝酸盐等，重要的难溶盐有乙二酸盐、碳酸盐、氟化物和正磷酸盐等。镧系元素氧化物、氢氧化物、碳酸盐与盐酸反应均可得到氯化物，酸性水溶液通过浓缩可得氯化物结晶 $LnCl_3 \cdot nH_2O$($n=6$ 或 7)。直接加热 $LnCl_3 \cdot nH_2O$ 时发生部分水解：

$$LnCl_3 \cdot nH_2O \xlongequal{\triangle} LnOCl + 2HCl + (n-1)H_2O$$

无水氯化物是电解法制备金属的起始物。通常是在氯化氢气流中或 NH_4Cl 存在下或真空脱水的方法制备。NH_4Cl 存在下抑制 LnOCl 生成

$$LnOCl + 2NH_4Cl \xlongequal{\triangle} LnCl_3 + H_2O + 2NH_3$$

以 $GdCl_3 \cdot 6H_2O$ 为中心，氯化物的溶解度从 $TbCl_3 \cdot 6H_2O$ 到 $LuCl_3 \cdot 6H_2O$ 逐渐增大，而从 $NdCl_3 \cdot 6H_2O$ 到 $EuCl_3 \cdot 6H_2O$ 逐渐减小。所以，$GdCl_3 \cdot 6H_2O$ 的溶解度同它上下相邻的氯化物相比较是最高的。水合氯化物的溶解度随温度上升而明显增加，如 $LaCl_3 \cdot 7H_2O$ 在

25℃时为 284.4g·(100g H_2O)$^{-1}$，而在 80℃时为 683g·(100g H_2O)$^{-1}$。无水和水合氯化物都容易吸水和潮解。在熔融状态下它们的导电率很高，说明它们是离子型化合物。

水合氯化物在高温下脱水，得到的最后产物是碱式盐，因为在脱水的过程中同时发生水解作用。

$$LnCl_3 + H_2O \longrightarrow LnOCl + 2HCl\uparrow$$

一定真空条件下，在氯化氢气体中加热脱水，可得无水氯化物。从水溶液中析出的硫酸盐通常是水合硫酸盐，除硫酸铈为九水合物外，其余硫酸盐都形成八水合物 $Ln_2(SO_4)\cdot 8H_2O$。无水硫酸盐的溶解度比水合硫酸盐小，而且它们的硫酸盐的溶解度随温度升高而下降。

$$x Ln_2(SO_4)_3 + y M_2SO_4 + z H_2O \longrightarrow x Ln_2(SO_4)_3 \cdot y M_2SO_4 \cdot z H_2O$$

式中的 M 代表 Na^+、K^+、NH_4^+ 等，碱金属硫酸盐浓度较低时，x、y、z 值分别为 1、1、2 或 1、1、4。硫酸复盐的溶解度随原子序数的增大而增大，处理以镧、铈、镨、钕等为主的矿物时，利用硫酸复盐较低的溶解度与溶液中的 Fe^{3+} 分离。

水溶液中的 Ln^{3+} 与 $H_2C_2O_4$ 生成难溶于水的水合乙二酸盐 $Ln_2(C_2O_4)_3\cdot nH_2O$，一般情况下 $n=10$，但也有 $n=6$、7、9、11 的。由于乙二酸盐在酸性溶液中也难溶，可以使镧系元素与许多其他金属离子分离开来。

3. Ln(Ⅳ)和的 Ln(Ⅱ)化合物

铈、镨、钕、铽、镝能够形成+4 氧化态的化合物，只有 Ce^{4+} 化合物在水溶液和固体中是稳定的。Ce(Ⅳ)的化合物有 CeO_2、$CeO_2\cdot nH_2O$、CeF_4 等。CeO_2 呈白色，化学惰性，不与强酸或强碱作用，具有氧化性；其盐主要有 $Ce(SO_4)_2\cdot 2H_2O$ 和 $Ce(NO_3)_4\cdot 3H_2O$ 为强氧化剂。

$$Ce^{4+} + e^- = Ce^{3+} \quad E^\ominus(Ce^{4+}/Ce^{3+}) = 1.70V \quad (1mol\cdot L^{-1}\ HClO_4)$$

与酸性介质相比，碱性环境实现 Ce(Ⅲ)至 Ce(Ⅳ)的转化容易得多，如空气能将 Ln(Ⅲ)溶液中沉淀出来的 $Ln(OH)_3$ 氧化为 $Ce(OH)_4$

$$4Ce(OH)_3(白色) + O_2 + 2H_2O \longrightarrow 4Ce(OH)_4(黄色)$$

$Ce(OH)_4$ 开始沉淀的 pH 为 0.7～1.0，比 $Ln(OH)_3$ 低得多。工业上分离铈常利用 $Ce(OH)_4$ 与 $Ln(OH)_3$ 碱度的差别，控制 pH 约为 2.5，用稀硝酸可以溶解 $Ln(OH)_3$ 而将 $Ce(OH)_4$ 留在沉淀中。

与 Ce(Ⅲ)转化为 Ce(Ⅳ)的条件不同，其转化往往在酸性介质中进行。酸性溶液中的 Ce^{4+} 为强氧化剂，以铈(Ⅳ)盐溶液进行氧化还原滴定的方法称为铈量法，用铈量法测定铁的反应为

$$Ce^{4+} + Fe^{2+} \longrightarrow Ce^{3+} + Fe^{3+}$$

钐、铕、镱等能够形成+2 氧化态的化合物，+2 氧化态的盐具有强还原性。Ln^{3+} 中只有 Eu^{3+} 能被 Zn 还原，还原反应为

$$2Eu^{3+}(aq) + Zn(s) \longrightarrow 2Eu^{2+}(aq) + Zn^{2+}(aq)$$

与 Eu^{3+} 相比，Eu^{2+}(aq)与 Ln^{3+}(aq)的分离要容易得多。$Eu(OH)_2$ 开始沉淀的 pH 比 $Ln(OH)_3$ 高得多，以这种差别为基础的分离方法称为碱度法。

Eu^{2+} 表现出与碱土金属特别是与 Sr^{2+} 和 Ba^{2+} 相似的性质，如 $EuSO_4$ 和 $BaSO_4$ 的溶解度都很小，而且属于类质同晶。碱度法分离后得到的 Eu^{2+} 溶液加入 $BaCl_2$ 和 Na_2SO_4，可以使 $EuSO_4$ 和 $BaSO_4$ 共沉淀，再用稀 HNO_3 洗涤时，沉淀中的 Eu^{2+} 被氧化为 Eu^{3+} 而进入溶液，

例如

$$Eu^{2+}(aq)+Fe^{3+}(aq)\longrightarrow Eu^{3+}(aq)+Fe^{2+}(aq)$$

常用该反应氧化还原滴定溶液中的 Eu^{2+}，以 NH_4CNS 为指示剂，在过量 Fe^{3+} 存在出现红色时，表明到达终点。空气中 Eu^{2+} 不稳定，分离和分析操作应该在惰性气氛保护下进行。

4. 镧系元素的配位化合物

与 d 区金属配合物相比较，镧系元素配合物表现出如下明显的特征。离子的 4f 组态受外层全充满 $5s^2 5p^6$ 所屏蔽，故受配位场的影响小，配位场稳定化能只有 $4.18kJ \cdot mol^{-1}$，而 d 过渡元素大于 $4.18kJ \cdot mol^{-1}$。与配体间的化学键主要是离子键。与特征配位原子的结合顺序是氧＞氮＞硫，而 d 过渡元素则为氮＞硫＞氧，或硫＞氮＞氧。离子的半径比较大，对配体的静电引力也比较小，键强也比较弱，并且由于镧系收缩，配合物的稳定常数一般随原子序数的增大而增大。由于离子半径较大，配位数也较大，形成配合物的多面体也不同于 d 区金属配合物。

因为稀土为亲氧元素，所以稀土金属可以与很多含氧的配体如羧酸、β-二酮、含氧的磷类萃取剂等生成配合物。稀土与氮的亲和力小于氧，很难得到单纯含氮的配合物。利用具有适当极性的非水溶剂可以得到一系列含氮配合物，如$[La(bipy)_2(NO_3)_3]$等。稀土可以同时与含氮和氧原子配体生成配合物，如稀土氨基酸配合物，配体为甘氨酸、丙氨酸；用于离子交换分离的氨羧配位剂 EDTA(乙二胺四乙酸)、DTPA(二乙基三胺五乙酸)等。

稀土与大环配体生成的配合物是一类非常重要的含氧配体，如冠醚和穴醚，它们与稀土形成的配合物有着非常广泛的应用。含稀土与碳 σ 键金属有机配合物可以应用在烯烃的均相聚合的催化剂，还可以用于合成橡胶等。

23.2.3 镧系元素的分离

分离提取出单一纯稀土元素在化学工艺上是比较复杂和困难的。其主要原因有两个：一是镧系元素之间的物理性质和化学性质十分相似，二是稀土精矿分解后所得到的混合稀土化合物中伴生的杂质元素较多(如铀、钍、铌、钽、钛、锆、铁、钙、硅、氟、磷等)。因此，在分离稀土元素的工艺流程中，不但要考虑这十几个化学性质极其相近的稀土元素之间的分离，而且还必须考虑稀土元素同伴生的杂质元素之间的分离。

依据稀土与其他元素或稀土元素之间微小的化学性质差异，用分级结晶、分级沉淀和氧化还原等方法分离稀土元素。

1. 分级结晶法

分级结晶法是利用不同稀土元素生成的某种盐的溶解度差异，对它们进行多级结晶分离提纯。例如，轻稀土元素与硝酸铵生成的稀土硝酸铵复盐的溶解度随其原子序数增加而增大，经多次重复结晶和溶解，溶解度较小的稀土元素在固相不断富集，而溶解度较大的稀土元素在液相不断富集，最终达到分离提纯的目的。这是一种经典的分离方法，分离效率低。

2. 分级沉淀法

分级沉淀法是将一定量的某种试剂加入稀土溶液中，使某些稀土元素生成难溶化合物优先沉淀，其他稀土元素留在溶液中，经多次沉淀、溶解而使稀土元素分离。分级沉淀法的分离效率不高。

前面提到的方法是 20 世纪 50 年代以前的工业生产方法，分离效率低，往往为制取某种稀土元素的纯产品，甚至需数百次的重复结晶或沉淀，用这样的方法不能大量生产单一稀土。现已逐渐被氧化还原法、离子交换法和溶剂萃取法替代。

3. 氧化还原法

氧化还原法是利用某些稀土元素不同氧化态的化学性质存有较大的差别，选择性地把某些稀土元素氧化或还原，再经化学处理使它分离出来的方法。氧化还原法至今还常用于铈、铕等的分离提纯。例如，将三价态铈氧化成四价态铈后，在高酸度下四价态的铈能与硝酸铵生成硝酸铈铵复盐结晶，从而与其他稀土及非稀土杂质分离，经数次重结晶，可获得很高纯度的铈化合物(99.99%)。又如，二价态的铕具有较强的碱性，在氨性介质中不生成难溶的氢氧化物沉淀，用锌还原铕即是利用上述原理来分离提纯铕的，可制得纯度 99.99%的氧化铕。

4. 离子交换法

离子交换法基于被分离物种在离子交换树脂固体表面与水溶液之间的平衡为基础。分离镧系元素常采用强酸型阳离子交换树脂，通常用 NH_4Cl 溶液将其转化为铵型使用。

$$R—SO_3H + NH_4^+ + H_2O \longrightarrow RSO_3NH_4^+ + H_3O^+$$

分离操作包括吸附和淋洗两步：先将含有待分离 Ln^{3+} 的溶液注至离子交换柱顶部，并让其缓缓流经柱体，Ln^{3+} 置换树脂相中的 NH_4^+ 而形成 Ln^{3+} 的吸附带。然后用淋洗剂(含阴离子型螯合剂如柠檬酸盐、EDTA 等)缓慢流过柱体，淋洗过程中 Ln^{3+} 与阴离子形成螯合配体而进入溶液，树脂表面 Ln^{3+} 的位置重新被溶液中的 NH_4^+ 占据。

吸附过程：$Ln^{3+}(aq) + 3NH_4^+(res) \longrightarrow Ln^{3+}(res) + 3NH_4^+(aq)$

淋洗过程：$Ln^{3+}(res) + 3RCOO^- + 3NH_4^+(aq) \longrightarrow 3NH_4{}^+(res) + Ln(RCOO)_3(aq)$

5. 溶剂萃取法

常采用的萃取剂多为某些螯合试剂，如二(2-乙基己基)磷酸(HDEHP)，HDEHP 在有机相以双聚分子形式存在，三个双聚分子与 Ln^{3+} 螯合形成六配位配合物，萃取剂将 Ln^{3+} 萃入有机相的反应如下

$$Ln^{3+}(aq) + 3(HDEHP)_2 + 3H_2O = Ln[(HDEHP)_2]_3 + 3H_3O^+(aq)$$

HDEHP 与 Ln^{3+} 形成螯合物的能力随 Ln^{3+} 原子序数增大而增大，两相邻 Ln^{3+} 的分离因子平均约为 2.5。迄今所有的萃取剂都不能通过单级萃取实现分离，工业上是通过多级连续萃取实现对镧系元素的分离的。

23.3 锕系元素

23.3.1 锕系元素的通性

镧系元素的特征氧化态是+3，但是锕系元素则有明显的不同。从表 23-3 中可见，由 Ac 到 Am，前半部分锕系元素具有多种氧化态，其中最稳定的氧化态由 Ac 为+3 上升到 U 为+6。随后又依次下降，到 Am 为+3。Cm 以后的稳定氧化态为+3，只有 No 在水溶液中最稳定的氧化态为+2。由于 5f 轨道伸展比 4f 轨道离核更远，并且 5f、6d、7s 各轨道能量比较接

近，这些因素都有利于共价键形成并保持较高的氧化态。

表 23-3　锕系元素的氧化态

氧化值	Ac	Th	Pa	U	Np	Pu	Am	Cm	Bk	Cf	Es	Fm	Md	No
+2							2			2	2	2	2	$\underline{2}$
+3	$\underline{3}$			3	3	3	$\underline{3}$	$\underline{3}$	$\underline{3}$	$\underline{3}$	$\underline{3}$	$\underline{3}$	$\underline{3}$	3
+4		$\underline{4}$	4	$\underline{4}$	4	$\underline{4}$	4	4	4	4				
+5			$\underline{5}$	5	$\underline{5}$	5	5							
+6				$\underline{6}$	6	6	6							
+7					7	7								

注：下画线者为最稳定的氧化态

锕系元素的分离基本上与镧系元素类似，一般采用的方法、手段也是萃取和离子交换。在萃取和离子交换实验中发现 No 的化学行为与碱金属类似，这与它的电子构型 5f 层全满有关。另外，U、Np、Pu、Am 在水溶液中的多种不同氧化态，在分离和生产上有着重要的实际意义。

23.3.2　钍及其化合物

在锕系元素中，最常见的是钍和铀及其化合物。钍和铀两个元素可以用作核燃料，安全操作也比较容易。钍和铀的每年的用量以成吨计，镤(Pa)、镎(Np)、钚(Pu)、镅(Am)的使用量是以克计，从锔(Cm)以后使用量逐渐减少，锔是以毫克计，到镄(Fm)则以微克计，以后的元素以原子数计。随着原子序数增加单位质量的放射性强度也增加。

钍在自然界主要存在于独居石中。从独居石提取稀土元素时，可以分离出 $Th(OH)_4$，这是钍的重要来源之一。经过分离后，还可以用 TBP 萃取进行进一步提纯。制备金属钍，可以将 ThO_2 用 Ca 在 1200K 时于氩气气氛中还原。

$$ThO_2 + 2Ca \xlongequal{\quad} Th + 2CaO$$

金属钍在新切开或擦亮时显银白色，但是在大气中逐渐变暗，它像镧系金属一样，是活泼金属；使粉末状钍在氧气中加热燃烧；钍与沸水反应；500K 时与氧反应；1050K 时与氮反应。稀 HF、稀 HNO_3、稀硫酸和浓 HCl 或浓磷酸均与钍作用缓慢，浓硝酸则能够使钍钝化。

钍主要用于原子能工业，因为 Th-232 被中子照射后可以蜕变为裂变原料U-233。由于钍具有良好的发射性能，故用于放电管和光电管中。

将氢氧化钍、硝酸钍、乙二酸钍灼烧，生成二氧化钍(ThO_2)。二氧化钍为白色粉末，和硼砂共熔，可以得到晶体状态的二氧化钍。强灼热生成的二氧化钍几乎不溶于酸，但在 800K 灼热乙二酸钍所得二氧化钍，粒度松散，在稀盐酸似能够溶解，实际上是形成溶胶。

在钍盐溶液中加碱或氨，生成二氧化钍水合物，为白色凝胶状沉淀。它易溶于酸，不溶于碱，但溶于碱金属的碳酸盐中而生成配合物。加热脱水时，在 530～620K 温度范围内有氢氧化钍 $Th(OH)_4$ 稳定存在，在 743K 转化为二氧化钍。

在钍盐溶液中加入不同试剂，可以析出不同沉淀，最重要的沉淀有氢氧化物、过氧化物、氟化物、碘酸盐、乙二酸盐和磷酸盐。后四种盐即使在 $6mol \cdot L^{-1}$ 的强酸性溶液中也不溶解，因此可以用于分离钍离子。

钍离子在 pH 大于 3 时发生剧烈水解，形成的产物是配离子，随着溶液 pH、浓度和阴离子的性质不同，配离子的性质有所不同。例如在高氯酸溶液中，主要离子为 $[Th(OH)]^{3+}$、

$[Th(OH)_2]^{2+}$、$[Th_2(OH)_2]^{6+}$、$[Th_4(OH)_8]^{8+}$，最后产物为六聚物$[Th_6(OH)_{15}]^{9+}$。

23.3.3　铀元素

1789 年发现铀，直到 1939 年发现铀的裂变之前，它的重要性并不突出，但是当其作为核燃料以后，铀就成为特别重要的原料。

1. 铀的提炼、性质及用途

铀在自然界主要存在于沥青铀矿，其主要成分为 U_3O_8。提炼方法很多而且复杂，但最后步骤通常用萃取法将硝酸铀酰从水溶液中萃取到有机相，得到较纯的铀化合物。

金属铀的制备方法是将 UF_4 还原：$UO_2(NO_3)_2$ 加热成为 UO_2，在 HF 中加热成为 UF_4，再在加压下与 Mg 共热得金属铀。作为反应堆的核燃料能发生裂变的同位素 U-235（在天然铀中占 0.72%），U-235 与 U-238（99.2%）的分离通常是采用 UF_6 气体扩散法。

新切开的铀具有银白色光泽，是密度最大（$19.07g \cdot cm^{-3}$）的金属之一。铀是一种很活泼的金属，与很多元素可以直接化合。在空气中表面很快变成黄色，接着变成黑色氧化膜；粉末状铀在空气中可以自燃；铀易溶于盐酸和硝酸，但是在硫酸、磷酸和氢氟酸中溶解较慢；它不与碱作用。

2. 铀的化合物

主要氧化物有 UO_2（暗棕色）、U_3O_8（暗绿色）和 UO_3（橙黄色）。

三氧化铀（UO_3）可由硝酸铀酰 $UO_2(NO_3)_2$ 在 600K 分解得到。

$$2UO_2(NO_3)_2 \xrightarrow{\triangle} 2UO_3 + 4NO_2 + O_2$$

U_3O_8 和 UO_2 可以根据以下反应制得

$$3UO_3 \xrightarrow{1000K} U_3O_8 + 1/2O_2$$

$$UO_3 + CO \xrightarrow{623K} UO_2 + CO_2$$

UO_3 具有两性，溶于酸生成重铀酸根 $U_2O_7^{2-}$。U_3O_8 不溶于水，溶于酸生成相应的 UO_2^{2+} 的盐，UO_2 缓慢溶于盐酸和硫酸中，生成 U(Ⅳ)盐，硝酸容易把它氧化成 $UO_2(NO_3)_2$。

将铀氧化物溶于硝酸，由溶液可析出柠檬黄色的六水硝酸铀酰晶体 $[UO_2(NO_3)_2 \cdot 6H_2O]$，它带黄绿色荧光，在潮湿空气中吸潮，易溶于水、醇和醚。UO_2^{2+} 在溶液中水解，在 298K 时水解产物为 UO_2OH^+、$(UO_2)_2(OH)_2^{2+}$ 和 $(UO_2)_3(OH)_5^+$ 等。UO_2^+ 的水解反应介于 U^{3+} 和 U^{4+} 之间，其中 U^{4+} 水解反应强烈。硝酸铀酰与碱金属的硝酸盐生成 $M^INO_3 \cdot UO_2(NO_3)_2$ 复盐。

在硝酸铀酸溶液中加碱，即析出黄色的重铀酸盐，如黄色的重铀酸钠 $Na_2U_2O_7 \cdot 6H_2O$。将该盐加热脱水，得到无水盐，称为“铀黄”，可以应用于在玻璃及陶瓷釉中。

铀的氟化物很多，有 UF_3、UF_4、UF_5、UF_6 等，其中以 UF_6 最重要。UF_6 可以从低价氟化物氟化而制得。它是无色晶体，熔点 337K，在干燥空气中稳定，但遇水蒸气水解。

$$UF_6 + 2H_2O = UO_2F_2 + 4HF$$

六氟化铀是具有挥发性的铀化合物，利用 $^{238}UF_6$ 和 $^{235}UF_6$ 蒸气扩散速率的差别使 U-235 和 U-238 分离，而得到纯 U-235 核燃料。因此 UF_6 是重要的铀的化合物。

本章小结

本章主要介绍了镧系金属、锕系金属及其重要化合物。要求重点掌握镧系和锕系元素的电子构型与性质的关系，掌握镧系收缩的实质及其对镧系化合物性质的影响，了解稀土元素的分离和提纯方法，镧系和锕系以及与 d 区过渡元素在性质上的异同，一般了解它们的一些重要化合物的性质。

The characteristics of the lanthanide and actinide series of metal and their compounds are described in this chapter. Learn about electron configuration of the lanthanide and actinide series of elements, lanthanide contraction, the chemical properties of the lanthanide and actinide series of metal compounds, separation and purification of rare earths by chemical method.

化学史话——徐光宪创造的“中国稀土传奇”

如果没有稀土，世界将会怎样？我们每天看的电视，其鲜艳的红色就来自于稀土元素铕和钇；外出携带的照相机，镜头里就有稀土镧；天天使用的手机、计算机中也有稀土元素。有资料显示，当今世界每 5 项发明专利中便有 1 项和稀土有关。稀土在我们的生活中无处不在，可它的元素分离利用并不轻松，徐光宪院士(1920—)为此奉献了整整一辈子的光阴。徐光宪，浙江绍兴人。1944 年毕业于上海交通大学，1951 年获美国哥伦比亚大学博士学位。

稀土元素(rare earth)就是化学元素周期表中镧系元素——镧(La)、铈(Ce)、镨(Pr)、钕(Nd)、钷(Pm)、钐(Sm)、铕(Eu)、钆(Gd)、铽(Tb)、镝(Dy)、钬(Ho)、铒(Er)、铥(Tm)、镱(Yb)、镥(Lu)，以及与镧系的 15 个元素密切相关的两个元素——钪(Sc)和钇(Y)共 17 种元素，简称稀土(RE 或 R)。稀土并不是土，而是 17 种彼此相似、很难分离的金属元素。从 1787 年开始，它们逐渐被人类发现、了解和利用。由于有着非常奇特的光、电、磁、催化和生理作用，只要使用一点点就可以化腐朽为神奇，稀土成为发展电子、航天等高新科技不可或缺的原材料，被人们称为“工业的维生素”。而它在军事方面的重大用途，则使它像与核武器密切相关的铀、钍等放射性元素一样，与国防安全和国家战略紧紧联系在了一起。

中国已探明的稀土储量位列世界第一，却曾经长期由于技术的落后而受制于人。由于稀土的 17 种元素有着各自不同的用途，却往往共生在一起，必须经过分离提纯才能加以利用，但要将它们一 一分离十分困难。20 世纪 70 年代初期，年过半百的徐光宪半路出家，踏入了稀土研究领域，这已经是他自 1951 年回国后第三次根据国家需要调整专业方向了。当时，稀土分离工艺作为高度保密的尖端技术牢牢掌握在国外少数厂家手里，空守着巨大稀土资源的中国不得不低价出口稀土精矿和混合稀土，再以几十倍甚至几百倍的价格购进深加工的稀土产品。徐光宪决心打破这一尴尬局面，1972 年，他所在的北京大学化学系接到了一个军工任务：分离镨钕，这是稀土元素中最难分彼此的一对，镨钕在希腊语中本来就是双生子的意思。

当时，国际上稀土分离的主流是离子交换法和分级结晶法。两种方法在过程上不连续，成本很高，提炼出的稀土元素纯度也较低，不能适应大规模的工业生产。在中国，稀土分布很广，如内蒙古、江西、山东等地区都有，原料组成不同，稀土分离更是难上加难。研究量子化学出身的徐光宪在理论归纳方面有着扎实的功底和过人的天赋，他意识到必须创新。他思索再三，决定还是采用自己曾经研究过多年的萃取法来完成这项艰巨的任务。

萃取是利用物质在不同溶剂中具有不同溶解度的特点进行物质分离的一种方法。早在 1957 年，当徐光宪参加开创我国原子能事业时，就已开始涉足萃取这一领域了。当初核燃料的分离、提纯是原子能工业中与化学有关的核心问题之一。从 1946 年开始学习量子化学算起，已经研究了 10 年量子化学的徐光宪注意到萃取过程与络合作用的联系，以及萃取方法用于稀土分离的可能性及其优点。

当时，国际上萃取化学仍然是一门新兴学科，关于萃取体系的分类很不统一，在理论中存在很多与实际和实验不相吻合的假设，甚至对萃取机理的解释也相当混乱。徐光宪决定首先从系统整理资料入手。他做了上万张文献卡片，经过深入的思考、分析、归纳，于 1962 年提出了恰当而细致的萃取体系分类方法，随后又在此基础上阐明了若干典型体系的萃取机理，提出了几个关于萃取的一般规律。终于在美国人早已因失败而放弃的一种“推拉体系”中找到了灵感，自主创新出一套串级萃取理论，把镨钕分离后的纯度提高到了创世界纪录的 99.99%。一排排看似貌不惊人的萃取箱像流水线一样连接起来。你只需要在这边放入原料，在流水线另一端的不同出口就会源源不断地输出各种高纯度的稀土元素。原来那种耗时长、产量低、分离系数低、无法连续生产的工艺被彻底抛弃了。然而，对于徐光宪来说，这只是传奇的开始。在这些工作的基础上，他随后陆续提出了可广泛应用于稀土串级萃取分离流程优化工艺的设计原则和方法、极值公式、分馏萃取三出口工艺的设计原则和方法，建立了串级萃取动态过程的数学模型与计算程序、回流启动模式等，将稀土复杂的生产工艺“傻瓜化”。现在的稀土生产已经实现自动化，只需输入几个简单的数据就行了。

1978 年，徐光宪开办了“全国串级萃取讲习班”，把他的科研成果在国内工厂里无偿推广，国外企业视为最高机密的稀土分离技术成了连中国的乡镇企业都能掌握的工艺，法国、美国和日本在国际稀土市场的垄断地位很快被打破了，中国终于实现了由稀土资源大国向稀土生产大国、出口大国的飞跃。到了 20 世纪 90 年代初期，由于我国单一高纯度稀土大量出口，国际稀土价格降为原来的三分之一到四分之一，很多外国稀土生产厂家不得不减产甚至停产，他们把这称为“中国冲击”。

创造这个“中国传奇”的是徐光宪和他的同事们。对于取得的成就，徐光宪没有丝毫的夸耀之辞。徐光宪说：“我的工作都是团队集体的工作，我只是其中的一名代表而已。他们早已青出于蓝而胜于蓝，工作能力和成就大大超过我了。这是我最大的安慰和自豪。”同时还告诫我们，我们拥有国际领先水平的稀土分离冶炼技术，但是，作为世界上稀土储量最丰富的国家，我国还不是稀土强国，没有充分发挥稀土资源和产业的经济效益，资源浪费和环境破坏严重，稀土科学基础研究投入不足，稀土科技和产业发展战略研究缺乏，建立起拥有自主知识产权体系的稀土科技体系还任重道远。

化学知识拓展——LED 光电材料

LED 英文全称为 light emitting diode，即发光二极管，是一种能发光的半导体电子元件。此种电子元件早在 1962 年便已出现，早期只能够发出低光度的红光，被惠普买断专利后当作指示灯利用，后来陆续发展出其他单色光，到现在的遍及可见光、红外线及紫外线的 LED，光度较以前有极大的提升，并且效率高、寿命长、不易破损、反应速率快、可靠性高等，这些都是传统光源难以企及的优点。目前，LED 已被大量运用在交通道路等的指示灯、LCD 显示屏背光光源、LED 显示屏、LED 照明、窄波段光学传感器等诸多方面。仅以 LED 照明为例子，日常使用的白炽灯实际的光度仅能达到 8～14 lm/W，而白光 LED 的实际光度可以达到 85～120 lm/W。显而易见，LED 替代普通白炽灯光源，提高了能量转换效率高，节能。

作为单色光源的 LED 材料一般采用宽禁带半导体材料Ⅲ～Ⅴ族化合物及其多元混晶，如 GaN、InP、InGaN等。LED 光线的波长、颜色跟其所采用的半导体物料种类与渗入的元素杂质有关。因此，掺杂是获得白光 LED 的重要手段。1997 年，德国学者 Schlotter 等用蓝光二极管 GaN/6H－SiC 芯片作为光源(最强发射波长 430nm)，将掺三价稀土离子 Ce^{3+} 的石榴石 $Y_3Al_5O_{12}:Ce^{3+}$ 作为荧光粉，涂在发射蓝光的二极管上，成功制备出白光 LED。白光 LED 的诞生是 LED 发光器件的一个重要突破。

白光 LED 的制备技术主要有三种：多色组合法、多量子阱法、光转换法。多色组合法是由发光波长不同的蓝、绿和红光组合发射复合白光，这种方案对电路要求高，而且在电源波动或温度变化时不易获得稳定白色光源。多量子阱法是直接准备发白光的二极管，目前在技术上还不成熟。光转换法即采用光转换材料，将紫光或蓝光转换产生白光，光转换型 LED 已成为了现今白光照明发展的主流。

光转换材料一般是由作为材料主体化合物(基质)和掺入微量的杂质原子即发光中心(激活剂)所组成。基质一般就是发光二极管的基质，如 GaN。激活剂的材质多种多样，除了用 Pt、Ir 等贵金属掺杂的激活剂之外，现今使用量最大的激活剂则是稀土离子掺杂的硅酸盐或铝酸盐等。稀土元素一般是指镧系元素加上同属周期表中ⅢB 族的钪(Sc)和钇(Y)共 17 种元素。稀土元素因其特殊的电子层结构，具有一般元素所无法比拟的光谱学性质。大部分稀土元素的原子都具有未充满的受到外界屏蔽的 4f～5d 电子组态，具有丰富的电子能级和长寿命激发态，能级跃迁通道多达 20 余万个，可以产生多种多样的辐射吸收和发射，理论上可构成优良的发光材料。

例如，钇铝石榴石 $Y_3Al_5O_{12}$(YAG)是一种重要的发光基质材料，化学稳定性好且耐辐射。用 Ce^{3+} 激活的钇铝石榴石 YAG∶Ce^{3+} 激发波长在 460nm，能有效吸收 GaN 发出的蓝光。YAG∶Ce^{3+} 的发射波长在 540nm 左右，与 LED 的蓝光复合可以发射出高亮度的白光。通过掺杂 Gd^{3+} 取代 Y^{3+}，可以使发射波长向红光方向移动，掺杂 Ga^{3+} 减少 Al^{3+} 含量，可以使发射波长向蓝光方向移动，这样可以调整白光发射波长的色坐标。

又如，GaN 本身可发紫外光，在 GaN 基的 LED 中掺入不同的稀土元素可发出从可见光到红外波段的不同波长的光。掺杂稀土元素的 GaN 材料可发出从紫外到红外波段的光。例如在 GaN 中掺 Er 可发绿光，掺 Pr 可发红光，掺 Tm 可发蓝光，掺 Er 或 Pr 或 Tm 还可发红外光。如果掺入两种或多种不同比例的稀土元素则可获得混合色彩的光，如掺杂 Er 和 Tm 发青色的光，Er 和 Eu 发橘黄色的光。如果借助掩膜技术，就可以在一个芯片上可获得不同色彩的光，实现全色显示。

从这些实例可以看出，掺杂稀土元素的 LED 具有很多很奇妙的特点：①掺杂稀土的 LED 具有很高的发光强度和效率，并且可把近紫外光转换成对眼睛无害的可见光；②它可以根据人们对光源的不同需求，改变和调整发光的色坐标、相关色温和显色指数；③它具有较高的化学与物理稳定性等。但是，也要清楚地看到掺杂稀土的 LED 也仍有一些不足之处，合成方法复杂、成本较高。因此，研究各种更有效、定向性和选择性高、环境友好、更节能、更经济的新合成方法对于稀土发光材料以及掺杂稀土元素的 LED 的制备至关重要。

总而言之，LED 技术虽然取得了长足的发展，但在家庭照明和显示领域还没有大批量的投入商业生产，最主要的原因是成本太高。如果成本问题解决，LED 大量投入使用，带来的技术革新和能源节约是巨大的。而且白光 LED 照明已被证实是一种最有发展潜力的新型光源，它不仅需要半导体材料和器件的进步和发展，也需要新型荧光材料的开拓与研制，尤其是充分发挥和利用我国稀土资源优势，在新世纪照明革命中走出自己的新路。

习 题

1. 什么是“镧系收缩”？讨论出现这种现象的原因和它对第五、六周期中副族元素性质所产生的影响。
2. 试说明镧系元素的特征氧化态是+3，而铈、镨、铽却常呈现+4，钐、铕、镱又可呈现+2 的原因。
3. 从 Ln^{3+} 的电子构型、离子电荷和离子半径来说明三价离子在性质上的类似性。
4. 稀土元素有哪些主要性质和用途？说明稀土元素的乙二酸盐沉淀的特性。
5. 试述镧系元素氢氧化物 $Ln(OH)_3$ 的溶解度和碱性变化的情况。
6. 水合稀土氯化物为什么要在一定真空度下进行脱水？
7. 试写出 Ce^{4+}、Sm^{2+}、Eu^{2+}、Yb^{2+} 基态的电子构型。
8. 试计算出下列离子成单电子数。

$$La^{3+}, Ce^{4+}, Lu^{3+}, Yb^{2+}, Gd^{3+}, Eu^{2+}, Tb^{4+}$$

9. 完成并配平下列反应方程式。

(1) $EuCl_2 + FeCl_3 \longrightarrow$

(2) $CeO_2 + HCl \longrightarrow$

(3) $UO_2(NO_3)_2 \longrightarrow$

(4) $UO_3 \xrightarrow{\triangle}$

(5) $UO_3 + HF \longrightarrow$

(6) $UO_3 + NaOH \longrightarrow$

(7) $UO_3 + SF_4 \longrightarrow$

(8) $Ce(OH)_3 + NaOH + Cl_2 \longrightarrow$

10. 如何将铕与其他稀土元素分离？
11. 试讨论下列性质。

(1) $Ln(OH)_3$ 的碱强度随 Ln 原子序数的提高而降低。

(2) 镧系元素形成配合物的能力很弱，镧系元素配合物中配位键主要是离子性的。

(3) Ln^{3+} 大部分是有色的，顺磁性的。

12. 回答下列问题。

(1) 钇在矿物中与镧系元素共生的原因何在?

(2) 从混合稀土中提取单一稀土的主要方法有哪些?

(3) 根据镧系元素的标准电极电势，判断它们在通常条件下与水及酸的反应能力。镧系金属的还原能力同哪种金属的还原能力相近?

(4) 镧系收缩的结果造成哪三对元素在分离上困难?

(5) 为何镧系+3 价离子的配合物只有 La^{3+}、Gd^{3+} 和 Lu^{3+} 具有与纯自旋公式所得相一致的磁矩?

13. 试说明，在 $Ln^{3+}(aq)+EDTA(aq) \longrightarrow Ln(EDTA)(aq)$ 生成配合物的反应中，随镧系元素原子序数的增加，配合物的稳定性将发生怎样的递变? 为什么?

14. 锕系元素的氧化态与镧系元素比较有何不同?

(中南大学　易小艺)

习题参考答案

第2章　气体

2. 3.47g·L^{-1}
3. (1) 氦190.4kPa,氖111.5kPa,氩36.5kPa
   (2) 338.4kPa
4. 0.025
5. (1) 92.94kPa　(2) 90.8kPa
6. (1) 增加　(2) 减小
7. (1) 0.009 92mol　(2) 0.81g
8. 2.75g·L^{-1}
9. C_2H_4
10. CO_2 的分压:28.7kPa,N_2 的分压:37.9kPa,O_2 的摩尔分数:0.286
11. H_2 分体积 2.7L;N_2 分体积 5.3L

第3章　化学热力学基础

5. (1) −110J　(2) 10J
6. 175.5kJ·mol^{-1}
7. (1) 0.3mol　(2) 0.6mol
8. −155.2kJ·mol^{-1}
9. −203.0kJ·mol^{-1}
10. (1) 19.01kJ·mol^{-1}　(2) −1169.54kJ·mol^{-1}
11. (1) 12.9kJ·mol^{-1}　(2) −136.03kJ·mol^{-1}
12. −2816kJ·mol^{-1}
13. 熵变值由大到小的顺序为:(2)>(3)>(1)
14. (1) $\Delta_r G_m^\ominus(298K)=-6.84kJ\cdot mol^{-1}<0$,正向自发　(2) 最高反应温度为 314.3K
15. (1) $\Delta_r G_m^\ominus(298K)=30kJ\cdot mol^{-1}>0$,分解不自发　(2) 最低分解温度 400K
16. 6.77kJ·mol^{-1}>0,升温对反应不利
17. (1) $\Delta_r G_m^\ominus(298K)=503.06kJ\cdot mol^{-1}>0$,正向反应不自发
    (2) 最低反应温度为 1469.6K
18. 76.8℃

第4章　化学动力学基础

2. 二级
4. 零级
6. 4457.8倍
7. 52.89～105.79kJ·mol^{-1}

8. $k_c/k_p=(RT)^{n-1}$
9. 1∶8
10. 一级:6.6∶1,二级:99∶1
11. 160.9s
12. 一级
13. 86.1kJ·mol^{-1}
14. 1235K

第5章 化学平衡原理

3. (1) $p(O_2)=1.2\times10^{-2}$kPa (2) 465K
4. (1) 吸热;1.8×10^2kJ·mol^{-1} (2) 5.4kJ·mol^{-1} (3) 1.9×10^2J·mol^{-1}·K^{-1}
6. (1) 6.82×10^{11} (2) 1.02×10^8
7. (1) 7.0 (2) $c(Cl_2)=2.5\times10^{-3}$mol·L^{-1};$c(Br_2)=1.25\times10^{-2}$mol·$L^{-1}$;$c(BrCl)=1.5\times10^{-2}$mol·$L^{-1}$
8. −316.7kJ·mol^{-1}
9. 0.074;27kPa
10. (1) 78.3%;1.6 (2) 37% (3) 1.6×10^4kPa
11. $G_2^{\ominus}$(292K)$=7.5\times10^4$;$\Delta_r G_m^{\ominus}$(292K)=−27.2kJ·mol^{-1}
12. $n(CaO)=0.77$mol
13. −15J·mol^{-1}·K^{-1}
14. 1.90×10^4kPa
15. 4.53

第6章 酸碱理论与解离平衡

7. (1) 13.00 (2) 3.02 (3) 11.48 (4) 8.88 (5) 12.00
11. 1.0×10^{-6},1.0%;1.0×10^{-6},1.42%,4.15
12. $c(H_3O^+)=c(HC_2O_4^-)=0.080$mol·$L^{-1}$,$c(C_2O_4^{2-})=5.4\times10^{-5}$mol·$L^{-1}$,$c(OH^-)=1.25\times10^{-13}$mol·$L^{-1}$
13. (1) 1.34×10^{-3}mol·L^{-1},11.13,1.34% (2) 1.8×10^{-5}mol·L^{-1},9.26,0.018%
14. 6.5,8.35
15. 7.51
16. 5.45
17. (1) 9.25~11.25 (2) 2.74~4.74 (3) 3.74~5.74 (4) 6.2~8.2
    (5) 11.36~13.36 (6)1.12~3.12
18. 12mL
19. 3.3L,0.11mol·L^{-1},0.20mol·L^{-1}
20. 3.45L,2.0L,1.45L

第7章 沉淀与溶解平衡

2. (1) 1.28×10^{-3}mol·L^{-1} (2) 1.28×10^{-3}mol·L^{-1},2.56×10^{-3}mol·L^{-1}
   (3) 8.4×10^{-7}mol·L^{-1} (4) 1.02×10^{-4}mol·L^{-1}
3. (1) 7.74×10^{-13} (2) 2.05×10^{-13} (3) 1.19×10^{-13}
5. (3)
6. (1) 无$PbCl_2$沉淀生成 (2) 9.22×10^{-13}mol·L^{-1} (3) 4.75×10^{-3}mol·L^{-1}

7. $c(Cd^{2+})=7.8\times10^{-6}$ mol · L^{-1},沉淀完全
8. 3.20～6.19
9. 0.21mol · L^{-1}
11. $c(HCl)=1.24\times10^{5}$ mol · L^{-1}
12. (1) 2.8×10^{-16}　(2) 1.57×10^{-2}　(3) 1.54×10^{14}　(4) 1.15×10^{15}　(5) 2.94×10^{-3}
13. (1) Cd^{2+}先沉淀　(2) 0.21mol · L^{-1}　(3) 0.34mol · L^{-1}
14. 0.372mol · L^{-1}
15. $c(Cu^{+})=3.4\times10^{-6}$ mol · L^{-1},$c(I^{-})=3.5\times10^{-7}$ mol · L^{-1},$c(Cl^{-})=0.05$ mol · L^{-1}
16. Pb^{2+},Ag^{+},Ba^{2+},Sr^{2+}

第 8 章　电化学基础

6. (2) 2.988
7. 0.4304V
9. 0.0455V
10. $E=-0.235V<0$ 不能进行
11. 反应商 $J<4.98\times10^{-10}$
14. 1.44V
15. 0.44V
16. 1.229V
17. 4.2h
18. (1) Cd 先析出　(2) Zn 析出时,$m(Cd^{2+})=6.6\times10^{-14}$ mol · kg^{-1}
19. 阴极析出 Cu,阳极析出 O_2

第 9 章　原子结构与元素周期律

1. $1.60\times10^{14}\ s^{-1}$,$1.88\times10^{-6}$ m
2. (1)6.626×10^{-22} m　(2) $\lambda=7.09\times10^{-11}$ m
3. (1) 子弹 $\Delta X\geqslant 5.27\times10^{-35}$ m,不符合测不准关系　(2) 电子:$\Delta X\geqslant5.79\times10^{-10}$ m,符合测不准关系
4. (B)
5. 波函数(原子轨道)角度分布图;电子云角度分布图;电子概率的径向分布函数图。
6. (×)
7. (B)
8. [Ar]$3d^2 4s^2$;Ti
9. (C)
10. (A)
11. (1) He　(2) Ga　(3) Y　(4) Cu
12. (18),(5),(18),($5s^2 4d^{10} 5p^6$)
13. (1)Ti,$3d^2 4s^2$　(2)Mn,$3d^5 4s^2$　(3)I,$5s^2 5p^5$　(4)Tl,$6s^2 6p^1$
14. (1)1 个 2s 轨道　(2)不存在 3f 轨道　(3)3 个 4p 轨道　(4)不存在 2d 轨道　(5)5 个 5d 轨道
15. (1)$ns^2 np^2$,　ⅣA 族元素　(2)$3d^6 4s^2$,Fe 元素　(3)$3d^{10} 4s^1$,Cu 元素
16. (1) Ca(2) Al(3) Co
18. (C);19.(×);20.(√)

第 10 章　共价键与分子结构

5. CO_2:σ 键 2,π 键 2;NCS^{-}:σ 键 2,π 键 2;H_2CO_3:σ 键 3,π 键 1;HCOOH:σ 键 3,π 键 1

6. (1) Be—F>C—F>O—F (2) P—Br>O—Br>N—Br (3) B—F>N—O>C—S
7. (2) 1.51D
8. $CO_3^{2-}>CO_2>CO$
9. (1) $-1473kJ\cdot mol^{-1}$ (2) $666kJ\cdot mol^{-1}$ (3) $264.1kJ\cdot mol^{-1}$
10. (3) H_2^+ 的键级是$\frac{1}{2}$；H_2^- 的键级是$\frac{1}{2}$

第 11 章 固体结构

1. 金属晶体：Au(s)、Ag(s)、Fe(s)、Al(s)
   离子晶体：$AlF_3(s)$、$CaCl_2(s)$、$CuC_2O_4(s)$、$KNO_3(s)$
   共价键晶体：BN(s)、C(石墨)、SiC(s)、Si(s)、$B_2O_3(s)$
   分子晶体：$BCl_3(s)$、$H_2O(s)$、$H_2C_2O_4(s)$
5. 四面体空隙中可能容纳的圆球半径为堆积圆球半径的 0.225 倍；八面体空隙中可能容纳的圆球半径为堆积圆球半径的 0.414 倍
6. (1) $H_2O>H_2S$ (3) $PCl_3>NCl_3$ (4) $Na_2O>Ag_2O$ (6) $BF_3>AlCl_3$
7. 根据计算结果，理论上推断的晶体结构类型为
   (1) NaF，$r_+/r_-=0.70$，属于 NaCl 型；KF，$r_+/r_-=0.98$，属于 CsCl 型；
   RbF，$r_+/r_-=1.09$，实际属于 NaCl 型；CsF，$r_+/r_-=1.24$，实际属于 NaCl 型；
   KCl，$r_+/r_-=0.73$，属于 NaCl 型；RbCl，$r_+/r_-=0.82$，属于 CsCl 型；
   (2) CsBr，$r_+/r_-=0.87$，属于 CsCl 型；CsI，$r_+/r_-=0.78$，属于 CsCl 型；
   CsCl，$r_+/r_-=0.93$，属于 CsCl 型；TlCl，$r_+/r_-=0.77$，属于 CsCl 型；
   TlBr，$r_+/r_-=0.71$，属于 NaCl 型；NH_4Cl，$r_+/r_-=0.83$，属于 NaCl 型，
   (3) CuBr，$r_+/r_-=0.49$，属于 NaCl 型；CdS，$r_+/r_-=0.53$，属于 NaCl 型；
   MnS，$r_+/r_-=0.43$，属于 NaCl 型；BN，$r_+/r_-=0.12$，白石墨：层次，与石墨结构相似。立方 BN：原子晶体，与金刚石结构相似：
   AlAs，$r_+/r_-=0.225$，属于 ZnS 型；AIP，$r_+/r_-=0.24$，属于 ZnS 型

第 12 章 配位化学基础

1. A 2. A 3. B
6. (1) 顺、反异构 (2) 经式、面式异构
9. -3；八面体；C 或(碳)；6；$t_{2g}^6e_g^0$；d^2sp^3；反
10. (1) $-6Dq$ (2) $-20Dq+2P$ (3) $-24Dq+2P$ (4) $-8Dq$
11. (1) > (2) < (3) < (4) > (5) <
12. CFSE($[Co(NH_3)_6]^{3+}$)$=-19\,600cm^{-1}$，CFSE($[Co(NH_3)_6]^{2+}$)$=-8080cm^{-1}$，
    $K_f^\ominus([Co(NH_3)_6]^{3+})>K_f^\ominus([Co(NH_3)_6]^{2+})$
14. (1) $J=4.03\times10^{-23}$，不能产生沉淀 (2) $J=1.62\times10^{-40}$，能产生沉淀
15. (1) (b)>(a)>(c) (2) (a)>(b)
16. $[Ag(NH_3)_2^+]=4.07\times10^{-6}mol\cdot L^{-1}$，$[CN^-]=8.14\times10^{-6}mol\cdot L^{-1}$
    $[Ag(CN)_2^-]=0.10mol\cdot L^{-1}$，$[NH_3]=0.20mol\cdot L^{-1}$
17. (1) 氨浓度为 $0.91mol\cdot L^{-1}$
    (2) $J=7.24\times10^{-10}>K_{sp}(AgBr)$，所以产生 AgBr 沉淀
    (3) 氨水的浓度至少为 $33.6mol\cdot L^{-1}$时，才能防止 AgBr 沉淀，但市售氨水浓度最多仅达 $17mol\cdot L^{-1}$

第 13 章 氢和稀有气体

5. (a) He 的相对分子质量最低，是熔点、沸点最低的物质，可以用作低温制冷剂

(b) Xe 的原子半径最大，离子势最低，可以作放电光源需要的安全气

(c) Ar 在大气中含量最多，因而是最便宜的气体

6. 由 H^- 负离子与阳离子形成的化合物，称为盐型氢化物

7. PH_3 属分子型氢化合物中的富电子化合物，为有毒气体，易燃

CsH 是盐型氢化物，是一种晶形固体化合物，非挥发性、不导电

B_2H_6 属分子型氢化合物中的缺电子化合物，为一种有毒气体，易燃

$H_fH_{1.5}$ 金属型氢化物，具有非化学计量组成，显示金属导电性

14. 反应的 Xe 的压力为

$1.98\times10^{-3}-1.68\times10^{-4}-9.1\times10^{-4}=9.0\times10^{-4}$ (Pa)

反应物比例为：Xe : $PtF_6=9.0\times10^{-4}:9.1\times10^{-4}=1:1$

因此产物的化学式为：$Xe[PtF_6]$

第 14 章　碱金属和碱土金属

2. 可在溶液中加入 $Ba(OH)_2$ 或 $BaCO_3$ 调节溶液的 pH 至 5 左右

7. Na_2O_2 能同人们呼出的 CO_2 相作用放出氧气

$$2Na_2O_2 + 2CO_2 = 2Na_2CO_3 + O_2$$

8. 锂的性质在很多方面不同于其他碱土金属元素，但却与镁相似

12. 因为 NaOH 是强碱，可与玻璃中 SiO_2 的反应

第 15 章　卤素元素

8. 溶解度：AgF＞AgCl

9. 利用 $KClO_4$ 溶解度小和 KClO 溶液的漂白作用

10. A. NaCl　B. HCl　C. Cl_2　D. NaBr　E. Br_2　F. NaBr 和 $NaBrO_3$

11. $E^\ominus(Cl_2/Cl^-)>E^\ominus(MnO_2/Mn^{2+})$；浓 HCl：$E(MnO_2/Mn^{2+})=1.36V>E(Cl_2/Cl^-)=1.30V$

第 16 章　氧族元素

2. ①B　②D　③C　④B　⑤B

3. 键级：$O_2^+>O_2>O_2^->O_2^{2-}$；键长：$O_2^+<O_2<O_2^-<O_2^{2-}$；键能：$O_2^+>O_2>O_2^->O_2^{2-}$

6. pH＝4.0

8. S 在 Na_2S 中的氧化数为－2，在 $Na_2S_2O_3$ 中的氧化数为＋2，在 Na_2SO_3 中的氧化数为＋4，在 H_2SO_4 中的氧化数为＋6，在 $Na_2S_2O_8$ 中的氧化数为＋6

12. 因 H_2S 和 NH_3 会与浓硫酸发生反应，可用浓硫酸干燥的气体有 Cl_2、CO_2、H_2、SO_2

14. 因密闭容器中气体的分压比，即气体的物质的量比，故反应后容器内的压强是原压强的 $\frac{1}{4}$

15. A：$Na_2S_2O_3$；　B：SO_2；　C：S；　D：$NaHSO_4$；　E：$BaSO_4$

第 17 章　氮族元素

1. pH 大小顺序：$Na_3PO_4>Na_2HPO_4>NaH_2PO_4$

6. 酸性强弱顺序：$HNO_3>H_3PO_4>H_4P_2O_7$

11. ①K_2HPO_4，KH_2PO_4，K_3PO_4 溶液的 pH 分别为 10.11，4.10，12.12；②混合液的 pH 为 4.10

12. 酸性强弱顺序：$As_2O_3>Sb_2O_3>Bi_2O_3$；$H_3AsO_3>Sb(OH)_3>Bi(OH)_3$

第 18 章　碳族元素

1. A　2. A　3. D

6. $\Delta_r G_m^{\ominus}=58.96\text{kJ}\cdot\text{mol}^{-1}$
$K^{\ominus}=4.4\times10^{-11}$
8. (1) 热稳定性:$SrCO_3>CdCO_3$;过渡金属离子的反极化作用大于碱土金属离子
(2) 还原性:$Ge^{2+}>Sn^{2+}$;$E^{\ominus}(Sn^{4+}/Sn^{2+})=0.15V>E^{\ominus}(GeO_2/Ge^{2+})=-0.29V$
(3) 氧化性:$Pb^{2+}<Pb^{4+}$;$E^{\ominus}(PbO_2/Pb^{2+})=1.45V>E^{\ominus}(Pb^{2+}/Pb)=-0.13V$
(4) 在水中溶解度:$Ca(HCO_3)_2>CaCO_3$,$NaHCO_3<Na_2CO_3$
9. (1) $MgCO_3>MgHCO_3>H_2CO_3$
(2) $K_2CO_3>CaCO_3>Ag_2CO_3>(NH_4)_2CO_3>NH_4HCO_3$
(3) $MgCO_3<MgSO_4$
10. $E^{\ominus}(Sn^{2+}/Sn)=-0.14V<E^{\ominus}(H^+/H_2)=0V$,$H^+$ 可将 Sn 氧化为 Sn^{2+};$E^{\ominus}(Sn^{4+}/Sn^{2+})=0.15V>E^{\ominus}(H^+/H_2)=0V$,$H^+$ 不能将 Sn^{2+} 氧化为 Sn^{4+}
$E^{\ominus}(Cl_2/Cl^-)=1.36V$,可用金属锡与氯气反应制备 $SnCl_4$
13. CaC_2,离子键;SiC,共价键;Al_4C_3,离子键
14. 离子化合物:Al_4C_3 共价型化合物:SiC,B_4C 金属化合物:WC,Fe_3C,TiC
16. 热稳定性:碳酸镁>碳酸镉>碳酸锌

第 19 章 硼族元素

1. (1) A (2) B (3) D (4) D
2. 金刚砂,Al_2O_3;渗碳体,Fe_3C;白色石墨,BN
4. H_3BO_3;HClO
6. $AlCl_3$ 部分水解,$SiCl_4$ 完全水解
7. 向溶液中加入 $HgCl_2$,先生成白色沉淀,后生成黑色沉淀,证明有 Sn^{2+} 存在
向溶液中加入铝试剂,有红色沉淀生成,证明有 Al^{3+}
9. 在水溶液中,Al^{3+} 和 S^{2-} 共存时,发生水解:$2Al^{3+}+3S^{2-}+6H_2O=2Al(OH)_3\downarrow+3H_2S\uparrow$
11. 硼酸是路易斯酸,本身并不给出质子。在水中,它加合了来自 H_2O 分子中的 OH^- 而释出 1 个 H^+,因而是一元酸,即 $B(OH)_3+H_2O=[B(OH)_4]^-+H^+$
12. 焊药中的硼砂在 900℃左右熔化后,可与金属表面的氧化物反应生成复合的玻璃态硼酸盐,起到清洗金属表面的作用,提高焊接质量
14. (1) 0.72V (2) $K^{\ominus}=5.2\times10^{53}$
15. pH=9.24

第 20 章 过渡元素(Ⅰ)

2. (1) 灰绿色;$Cr(OH)_3$;肉色;MnS;棕褐色;MnO_2 (2) TiO_2;MoS_2;(Fe, Mn)WO_4;$FeCr_2O_4$;MnO_2;$K_2Cr_2O_7$;$H_3[PMo_{12}O_{40}]$ (3) $BaCrO_4$;K_2CrO_4;$CrCl_3$;CrO_5 (4) $Sc(OH)_3$;$HMnO_4$
(5) $[SiO_4]$;Mo_3O_{10}
6. 弱场:−6Dq;强场:−16Dq+P
10. (1) 较短波长 (2) d-d 跃迁,$\Delta_o=153\text{kJ}\cdot\text{mol}^{-1}$
13. 0.086 91mol · L^{-1};27.84mL
14. 15.21%
15. A:$(NH_4)_2Cr_2O_7$;B:Cr_2O_3;C:N_2;D:Mg_3N_2;E:$Cr(OH)_4^-$;F:CrO_4^{2-};G:$Cr_2O_7^{2-}$;H:$BaCrO_4$;I:CrO_2Cl_2;J:O_2
16. A:MnO_2; B:$MnCl_2$; C:Cl_2; D:$Mn(OH)_2$; E:K_2MnO_4; F:$KMnO_4$
18. $\beta([Mn(CN)_6]^{3-})/\beta([Mn(CN)_6]^{4-})=2.9\times10^{29}$

19. $[Mn(C_2O_4)_3]^{3-}$：$t_{2g}^3e_g^1$；6

$[Mn(CN)_6]^{3-}$：$t_{2g}^4e_g^0$；6

稳定性：$[Mn(C_2O_4)_3]^{3-}>[Mn(CN)_6]^{3-}$

第21章　过渡元素(Ⅱ)

10. $K_f^\ominus[Fe(bipy)_3]^{2+}=4.76\times10^{18}$；$[Fe(bipy)_3]^{2+}$比$[Fe(bipy)_3]^{3+}$稳定
11. $E^\ominus([Co(NH_3)_6]^{3+}/[Co(NH_3)_6]^{2+})=0.027V$

第22章　铜副族和锌副族元素

12. $E([Cu(NH_3)_4]^{2+}/Cu)=-0.0836V$；因为$E(O_2/OH^-)>E([Cu(NH_3)_4]^{2+}/Cu)$，铜可以溶于氨水
13. $K_f^\ominus=9.10\times10^{-4}$；反应能正向进行
14. (1) 因为$E=0.90-0.80=0.1V$，歧化反应能发生

(2) Hg^{2+}的浓度为$2.0\times10^{-3}mol\cdot L^{-1}$
15. 因$E^\ominus([Cu(CN)_4]^{3-}/Cu)=-1.27V$，$E^\ominus([Zn(CN)_4]^{3-}/Zn)=-1.26V$它们的数值很接近，可同时析出如用氨配合物$[Cu(NH_3)_4]^{2+}$和$[Zn(NH_3)_4]^{2+}$代替，则有，$E^\ominus([Cu(NH_3)_4]^{2+}/Cu)=-0.304V$，$E^\ominus([Zn(NH_3)_4]^{2+}/Zn)=0.034V$，阴极只析出铜，达不到目的
16. $K^\ominus=1.4\times10^5$；Cu^{2+}转化百分率$=88\%$
17. $K^\ominus=3.08\times10^{46}$

第23章　镧系元素与锕系元素

2. 由于气态镧系金属失去2个s电子和1个d电子或2个s电子和1个f电子所需的电离能比较低，所以一般能形成稳定的+3价氧化态。Ce、Pr、Nd、Tb、Dy存在+4价氧化态，因为它们的4f层保持或接近全空、半满或全充满的状态比较稳定，但只有+4价氧化态的铈能存在于溶液中，它是很强的氧化剂。同样的道理，Sm、Eu、Tm、Yb呈现+2价氧化态
5. Ln^{3+}的盐溶液中加入氨水或NaOH等则得到镧系元素的氢氧化物沉淀$Ln(OH)_3$，其氢氧化物的碱性与$Ca(OH)_2$接近，在水中的溶解度却较之要小得多。$Ln(OH)_3$开始沉淀的pH由$La(OH)_3$至$Lu(OH)_3$依次减小，$Ln(OH)_3$的溶度积也按相同方向减小
6. 因脱水须加热，加热过程氯化稀土水解，得不到纯无水化合物。例如，$Ln+H_2O=\!=\!=LnOCl+2HCl$，生产中控制一定真空度，一则可降低脱水温度，又能将水蒸气抽出，抑制了水解
7. $Ce^{4+}(5s^25p^6)$、$Sm^{2+}(4f^6)$、$Eu^{2+}(4f^7)$、$Yb^{2+}(4f^{14})$
8. 0、0、0、0、7、7、7

主要参考书目

阿西摩夫 I. 1977. 从元素到基本粒子. 何笑松，等译. 北京：科学出版社

北京大学. 2003. 大学基础化学. 北京：高等教育出版社

北京大学化学系普通化学原理教学组. 1996. 普通化学原理习题解答. 北京：北京大学出版社

北京师范大学无机教研室，等. 2002. 无机化学. 4 版. 北京：高等教育出版社

柏廷顿 J R. 2003. 仪器简史. 胡作玄译. 桂林：广西师范大学出版社

布里斯罗 R. 1998. 化学的今天和明天. 华彤文. 等译. 北京：科学出版社

蔡炳新. 2006. 基础物理化学. 2 版. 北京：科学出版社

陈启元，梁逸曾. 2003. 医科大学化学（上册）. 北京：化学工业出版社

迟玉兰，于永鲜，牟文生，等. 2002. 无机化学释疑与习题解析. 北京：高等教育出版社

大连理工大学无机化学教研室. 2001. 无机化学. 4 版. 北京：高等教育出版社

冯端，冯步云. 1992. 熵. 北京：科学出版社

傅献彩，沈文霞，姚天扬. 1990. 物理化学. 4 版. 北京：高等教育出版社

傅献彩. 1999. 大学化学（上、下册）. 北京：高等教育出版社

高鸿. 1989. 分析化学：络合滴定中的金属指示剂. 福州：福建科学技术出版社

关鲁雄. 2004. 高等无机化学. 北京：化学工业出版社

华彤文，陈景祖，等. 2005. 普通化学原理. 3 版. 北京：北京大学出版社

黄孟健. 1989. 无机化学答疑. 北京：高等教育出版社

考克斯 P A. 2002. 无机化学. 李亚栋，王成，邓兆祥译. 北京：科学出版社

李健美，李利民. 1993. 法定计量单位在基础化学中的应用. 北京：中国计量出版社

李聚源，张耀君. 2005. 普通化学简明教程. 北京：化学工业出版社

林平娣. 1986. 无机化学热力学. 北京：北京师范大学出版社

刘承科. 1998. 大学化学. 长沙：中南工业大学出版社

刘新锦，朱亚先，高飞. 2005. 无机元素化学. 北京：科学出版社

南京大学无机及分析化学编写组. 2006. 无机及分析化学. 4 版. 北京：高等教育出版社

彭崇慧，张锡瑜. 1981. 络合滴定原理. 北京：北京大学出版社

普里高津. 1987. 从混沌到有序. 上海：上海译文出版社

山冈望. 1995. 化学史传. 2 版. 廖正衡，等译. 北京：商务印书馆

申泮文. 2002. 近代化学导论. 北京：高等教育出版社

宋其圣，孙思修. 2000. 无机化学教程. 济南：山东大学出版社

宋天佑，程鹏，王杏桥. 2004. 无机化学（上、下册）. 北京：高等教育出版社

天津大学无机化学教研室. 2002. 无机化学. 3 版. 北京：高等教育出版社

王明华，许莉. 2002. 普通化学习题解答. 北京：高等教育出版社

吴守玉，高兴华，等. 1993. 化学史图册. 北京：高等教育出版社

徐春祥，曹凤歧. 2004. 无机化学. 北京：高等教育出版社

许善锦. 2005. 无机化学. 4 版. 北京：人民卫生出版社

严宣申，王长富. 1999. 普通无机化学. 2 版. 北京：北京大学出版社

颜肖慈，罗明道，周小海. 2004. 物理化学. 武汉：武汉大学出版社

袁翰青，应礼文. 2000. 化学重要史实. 北京：人民教育出版社

张平民. 2002. 工科大学化学（上册）. 长沙：湖南教育出版社

张淑民. 2003. 基础无机化学. 3 版. 兰州：兰州大学出版社

张祥麟. 1979. 络合物化学. 北京：冶金工业出版社

张祥麟. 1992. 无机化学(上册). 长沙:湖南教育出版社
浙江大学普通化学教研组. 张殊佳. 2002. 普通化学. 5 版. 北京:高等教育出版社
周公度. 1982. 无机结构化学. 北京:科学出版社
朱裕贞,顾达,黑恩成. 2004. 现代基础化学. 2 版. 北京:化学工业出版社
祖霍基 J A. 2004. 化学原理——了解原子和分子的世界(英文版). 北京:机械工业出版社
Chambers C, Holliday A K. 1975. Modern Inorganic Chemistry. London: Butterworth & Co(Publishers) Ltd
Cotton F A, Wilkinson G, Murillo C A, et al. 1999. Advanced Inorganic Chemistry. New York: John Wiley & Sons Inc
Cotton F A, Wilkinson G. 1976. Basic Inorganic Chemistry. New York: John Wiley & Sons Inc
Fisher J, Arnold J R P. 2000. 生物学中的化学. 李艳梅,等译. 北京:科学出版社
Greenwood N N, Earnshaw A. 1984. Chemistry of the Elements. London: Butterworth-Heinemann Ltd
Huheey J E, Keriter E A, Keriter R L. 1993. Inorganic Chemistry: Principles of Structure and Reactivity. 4th ed. New York: Harper Collins College Publishers
Liptrot G F. 1971. Modern Inorganic Chemistry. London: Bell & Hyman Ltd
Miessler G L, Tarr D A. 2004. Inorganic Chemistry. 3rd ed. Saddle River: Pearson Prentice Hall
Ronald J Gillespie, David A, Humphreys N. 1986. Colin Baird, Chemistry. 2nd ed. Boston: Allyn and Bacon Inc
Shriver D F, Atkins P W, Langford C H. 1997. 无机化学. 2 版. 高忆慈. 等译. 北京:高等教育出版社
Wertz D W. 1999. Chemistry: A Molecular Science. Toronto: Patterson Jones Interactive Inc
Whittaker A G, Mount A R, Heal M R. 2001. Physical Chemistry(影印版). 北京:科学出版社

附　　录

本书所用我国法定计量单位说明

本书采用我国法定计量单位。国际单位制(SI)是法定计量单位的基础，为了正确使用国家标准《国际单位制及其应用》(GB 3100—93)，现将有关问题简单说明如下：

1. 国际单位制的基本单位和常用的导出单位

量		单　位		
名称	符号	名称	符号	定义式
长度	l	米	m	
质量	m	千克	kg	
时间	t	秒	s	
电流	I	安[培]	A	
热力学温度	T	开[尔文]	K	
物质的量	n	摩[尔]	mol	
发光强度	I_v	坎[德拉]	cd	
频率	ν	赫[兹]	Hz	s^{-1}
能量	E	焦[耳]	J	$kg \cdot m^2 \cdot s^{-2}$
力	F	牛[顿]	N	$kg \cdot m \cdot s^{-2} = J \cdot m^{-1}$
压力	p	帕[斯卡]	Pa	$kg \cdot m^{-1} \cdot s^{-2} = N \cdot m^{-2}$
功率	P	瓦[特]	W	$kg \cdot m^2 \cdot s^{-3} = J \cdot s^{-1}$
电荷量	Q	库[仑]	C	$A \cdot s$
电位、电压、电动势	U	伏[特]	V	$kg \cdot m^2 \cdot s^{-3} \cdot A = J \cdot A \cdot s^{-1}$
电阻	R	欧[姆]	Ω	$kg \cdot m^2 \cdot s^{-3} \cdot A^{-2} = V \cdot A^{-1}$
电导	G	西[门子]	S	$A \cdot V^{-1} = kg^{-1} \cdot m^{-2} \cdot s^3 \cdot A^2 = \Omega^{-1}$
电容	C	法[拉]	F	$C \cdot V^{-1} = A^2 \cdot s^4 \cdot kg^{-1} \cdot m^{-2} = A \cdot s \cdot V^{-1}$

2. 国际单位制的词头

因　数	词头名称	词头符号	因　数	词头名称	词头符号
10^{15}	拍[它]	P(peta)	10^{-1}	分	d(deci)
10^{12}	太[拉]	T(tera)	10^{-2}	厘	c(centi)
10^{9}	吉[咖]	G(giga)	10^{-3}	毫	m(milli)
10^{6}	兆	M(mega)	10^{-6}	微	μ(micro)
10^{3}	千	k(kilo)	10^{-9}	纳[诺]	n(nano)
10^{2}	百	h(hecto)	10^{-12}	皮[可]	p(pico)
10^{1}	十	da(deca)	10^{-15}	飞[母托]	f(femto)

3. 一些常用非推荐单位、导出单位与国际单位制的换算

物理量	换算单位
长度	1Å(埃)=10^{-10}m,1in(英寸)=2.54×10^{-2}m,1fo(英尺)=0.3048m
体积	1L(升)=1dm^3
质量	1市斤=0.5kg,1市两=50g,1b(磅)=0.454kg,1oz(盎司)=28.3×10^{-3}kg 1u(原子质量单位)≈1.660 540×10^{-27}kg
压力	1atm=760mmHg=1.013 25×10^5Pa
温度	T(K)=t(℃)+273.15
能量	1cal=4.184J,1eV(电子伏特)≈1.602 177×10^{-19}J,1erg=10^{-7}J
电量	1esu(静电单位库仑)=3.335×10^{-10}C
其他	R(摩尔气体常量)=1.986cal·K^{-1}·mol^{-1}=0.082 06L^{-1}·atm·K^{-1}·mol^{-1} =8.314J·K^{-1}·mol^{-1}=8.314kPa·L·K^{-1}·mol^{-1} 1D(德拜)=3.334×10^{-30}C·m(库仑·米) 1cm^{-1}(波数)=1.986×10^{-23}J=11.96J·mol^{-1}

附表一　常见物质在 298.15K 的 $\Delta_f H_m^\ominus$、$\Delta_f G_m^\ominus$、$S_m^\ominus$

物　质	$\Delta_f H_m^\ominus$/(kJ·mol^{-1})	$\Delta_f G_m^\ominus$/(kJ·mol^{-1})	$S_m^\ominus$/(J·K^{-1}·mol^{-1})
Ag(s)	0	0	42.55
* Ag^+(aq)	105.6	77.1	72.7
$AgNO_3$(s)	−124.39	−33.41	140.92
AgCl(s)	−127.068	−109.789	96.2
AgBr(s)	−100.37	−96.90	107.1
AgI(s)	−61.84	−66.19	115.5
Ag_2CO_3(s)	−505.8	−436.8	167.4
Ag_2O(s)	−31.05	−11.20	121.3
Al_2O_3(s,刚玉)	−1675.7	−1582.3	50.92
* Ba(s)	0	0	62.5
* Ba^{2+}(aq)	−537.6	−560.8	9.6
* $BaCl_2$(s)	−855.0	−806.7	123.7
* $BaSO_4$(s)	−1473.2	−1362.2	132.2
Br_2(g)	30.907	3.110	245.463
Br_2(l)	0	0	152.231
* C(s,金刚石)	1.9	2.9	2.4
* C(s,石墨)	0	0	5.7
CO(g)	−110.525	−137.168	197.674
CO_2(g)	−393.509	−394.359	213.74

续表

物　质	$\Delta_f H_m^\ominus/(kJ \cdot mol^{-1})$	$\Delta_f G_m^\ominus/(kJ \cdot mol^{-1})$	$S_m^\ominus/(J \cdot K^{-1} \cdot mol^{-1})$
$CS_2(s)$	117.36	67.12	237.84
* $Ca(s)$	0	0	41.6
* $Ca^{2+}(aq)$	−542.8	−553.6	−53.1
$CaC_2(s)$	−59.8	−64.9	69.96
$CaCl_2(s)$	−795.8	−748.1	104.6
$CaCO_3$(s,方解石)	−1206.92	−1128.79	92.9
$CaO(s)$	−635.09	−604.03	39.75
* $Ca(OH)_2(s)$	−985.2	−897.5	83.4
$Cl_2(g)$	0	0	223.066
* $Cl^-(aq)$	−167.2	−131.2	56.5
* $Cu(s)$	0	0	33.2
* $Cu^{2+}(aq)$	64.8	65.5	−99.6
$CuO(s)$	−157.3	−129.7	42.63
$CuSO_4(s)$	−771.36	−661.8	109.0
$Cu_2O(s)$	−168.6	−146.0	93.14
$F_2(g)$	0	0	202.78
* $F^-(aq)$	−332.6	−278.8	−13.8
* $Fe(s)$	0	0	27.3
* $Fe^{2+}(aq)$	−89.1	−78.9	−137.7
* $Fe^{3+}(aq)$	−48.5	−4.7	−315.9
$Fe_{0.974}O$(s,方铁矿)	−266.27	245.12	57.49
$FeO(s)$	−272.0	−251	61
$FeS_2(s)$	−178.2	−166.9	52.93
$Fe_3O_4(s)$	−1118.4	−1015.4	146.4
$Fe_2O_3(s)$	−824.2	−742.2	87.40
$H_2(g)$	0	0	130.684
* $H^+(aq)$	0	0	0
$HCl(g)$	−92.307	−95.299	186.908
$HF(g)$	−271.1	−273.2	173.779
$HBr(g)$	−36.40	−53.45	198.695
$HI(g)$	26.48	1.70	206.594
$H_2O(g)$	−241.818	−228.572	188.825
$H_2O(l)$	−285.830	−237.129	69.91
$H_2S(g)$	−20.63	−33.56	205.79
$H_2O_2(l)$	−187.78	−120.35	109.6
$H_2O_2(g)$	−136.31	−105.57	232.7
$Hg(l)$	0	0	76.02

续表

物 质	$\Delta_f H_m^\ominus/(kJ \cdot mol^{-1})$	$\Delta_f G_m^\ominus/(kJ \cdot mol^{-1})$	$S_m^\ominus/(J \cdot K^{-1} \cdot mol^{-1})$
Hg(s,红色斜方晶)	−90.83	−58.539	70.29
Hg(s,黄色晶体)	−90.46	−58.409	71.1
I_2(g)	62.438	19.327	260.69
I_2(s)	0	0	116.135
* I^-(aq)	−55.2	−51.6	111.3
* K(s)	0	0	64.7
* K^+(aq)	−252.4	−283.3	102.5
KI(s)	−327.900	−324.892	106.32
KCl(s)	−436.747	−409.14	82.59
KNO_3(s)	−494.63	−394.86	133.05
* Mg(s)	0	0	32.7
* Mg^{2+}(aq)	−466.9	−454.8	−138.1
* MgO(s)	−601.6	−569.3	27.0
* MnO_2(s)	−520.0	−465.1	53.1
* Mn^{2+}(aq)	−220.8	−228.1	−73.6
N_2(g)	0	0	191.61
NH_3(g)	−46.11	−16.45	192.45
NH_4Cl(s)	−314.43	−202.87	94.6
$(NH_4)_2SO_4$(s)	−1180.85	−901.67	220.1
NO(g)	90.25	86.55	210.761
NO_2(g)	33.18	51.31	240.06
N_2O(g)	82.05	104.20	219.85
N_2O_4(g)	9.16	97.89	304.29
N_2O_5(g)	11.3	115.1	355.7
* Na(s)	0	0	51.3
* Na^+(aq)	−240.1	−261.9	59.0
NaCl(s)	−411.153	−384.138	72.13
NaOH(s)	−425.609	−379.494	64.455
Na_2CO_3(s)	−1130.68	−1044.44	134.98
$NaHCO_3$(s)	−950.81	−851.0	101.7
O_2(g)	0	0	205.138
O_3(g)	142.7	163.2	238.93
* OH^-(aq)	−230.0	−157.2	−10.8
PCl_3(g)	−287.0	−267.8	311.78
PCl_5(g)	−374.9	−305.0	364.58
S(s,正交)	0	0	31.80
SO_2(g)	−296.830	−300.194	248.22

续表

物　质	$\Delta_f H_m^\ominus/(kJ \cdot mol^{-1})$	$\Delta_f G_m^\ominus/(kJ \cdot mol^{-1})$	$S_m^\ominus/(J \cdot K^{-1} \cdot mol^{-1})$
$SO_3(g)$	−395.72	−371.06	256.76
SiO_2(s,α-石英)	−910.94	−856.64	41.84
* Zn(s)	0	0	41.6
* Zn^{2+}(aq)	−153.9	−147.1	−112.1
ZnO(s)	−348.28	−318.30	43.64
$CH_4(g)$	−74.81	−50.72	186.264
$C_2H_6(g)$	−84.68	−32.82	229.60
$C_3H_8(g)$	−103.85	−23.37	270.02
$C_4H_{10}(g)$　正丁烷	−126.15	−17.02	310.23
$C_4H_{10}(g)$　异丁烷	−134.52	−20.75	294.75
$C_5H_{12}(g)$　正戊烷	−146.44	−8.21	349.06
$C_5H_{14}(g)$　异戊烷	−154.47	−14.65	343.20
$C_6H_{14}(g)$　正己烷	−167.19	−0.05	388.51
$C_7H_{16}(g)$　庚烷	−187.78	8.22	428.01
$C_8H_{18}(g)$　辛烷	−208.45	16.66	466.84
$C_2H_2(g)$	226.73	209.20	200.94
$C_2H_4(g)$	52.26	68.15	219.56
$C_3H_6(g)$　环丙烷	53.30	104.46	237.55
$C_6H_{12}(g)$　环己烷	−123.14	31.92	298.35
$C_6H_{10}(g)$　环己烯	−5.36	106.99	310.86
$C_6H_6(g)$	82.93	129.73	269.31
$C_6H_6(l)$	49.04	124.45	173.26
$CH_3OH(g)$	−200.66	−161.96	239.81
$CH_3OH(l)$	−238.66	−166.27	126.8
HCHO(g)	−108.57	−102.53	218.77
HCOOH(l)	−424.72	−361.35	128.95
$C_2H_5OH(g)$	−235.10	−168.49	282.70
$C_2H_5OH(l)$	−277.69	−174.78	160.7
$CH_3CHO(l)$	−192.30	−128.12	160.2
$CH_3COOH(l)$	−484.5	−389.9	159.8
$CH_3COOH(g)$	−432.25	−374.0	282.5
** $H_2NCONH_2(s)$　尿素	−333.19	−197.15	104.60
** $C_6H_{12}O_6(s)$　葡萄糖	−1274.45	−910.52	212.13
** $C_{12}H_{22}O_{11}(s)$　蔗糖	−2221.70	−1544.31	360.24

注：本表无机物质和 C_1 与 C_2 有机物质的数据录自 Wanman D D 等. NBS 化学热力学性质表，SI 单位表示的无机物质和 C_1 与 C_2 有机物质选择值．刘天和，赵梦月译．北京：中国标准出版社，1998。

C_3 与 C_3 以上有机物质的数据录自 Stull D R，Westrum E F，Sinke G C. The Chemical Thermodynamics of Organic Compounds. New York：John Wiley & Sons Inc，1969。

带“*”号的数据录自 Lide D R. Handbook of Chemistry and Physics. 80th ed. New York：CRC Press，1999～2000，5-1～5-60。

带“**”号的数据录自 Wilhoit R C. Thermodynamic Properties of Biochemical Substances，Chapter 2，in Biochemical，Microcalorimetry. Brown H D(ed). New York：Academic Press Inc，1969。

附表二　某些物质在 298.15K 的 $\Delta_c H_m^\ominus$

物　质	$\Delta_c H_m^\ominus/(kJ \cdot mol^{-1})$	物　质	$\Delta_c H_m^\ominus/(kJ \cdot mol^{-1})$
$H_2(g)$	−285.83	$H_2(COO)_2(s)$　乙二酸	−245.6
C(s,石墨)	−393.51	$CH_3OH(l)$　甲醇	−726.51
CO(g)	−282.98	$C_2H_5OH(l)$　乙醇	−1366.82
$CH_4(g)$	−890.36	$(CH_3)_2O(g)$　二甲醚	−1460.46
$C_2H_2(g)$	−1299.58	$(C_2H_5)_2O(l)$　乙醚	−2723.62
$C_2H_4(g)$	−1410.94	$(C_2H_5)_2O(g)$	−2751.06
$C_2H_6(g)$	−1559.83	$CH_3COOCH_2CH_3$　乙酸乙酯(l)	−2254.2
HCHO(g)　甲醛	−570.77	$C_6H_6(l)$	−3267.6
$CH_3CHO(g)$　乙醛	−1192.49	$C_{17}H_{35}COOH$　硬脂酸(s)	−11281.0
$CH_3CHO(l)$	−1166.38	$C_6H_{12}O_6$　葡萄糖(s)	−2803.0
$CH_3COOH(l)$　乙酸	−874.2	$C_{12}H_{22}O_{11}$　蔗糖(s)	−5640.9
HCOOH(l)　甲酸	−254.62	$CO(NH_2)_2$　尿素(s)	−631.7

数据主要录自：Lide D R. Handbook of Chemistry and Physics. 80th ed. New York：CRC Press，1999～2000，5～89。

附表三　弱酸、弱碱的解离常数(298.15K)

弱　酸	解离常数 $K_a^\ominus$
H_3AsO_4	$K_{a_1}^\ominus=5.7\times10^{-3}$；$K_{a_2}^\ominus=1.7\times10^{-7}$；$K_{a_3}^\ominus=2.5\times10^{-12}$
H_3AsO_3	$K_{a_1}^\ominus=5.9\times10^{-10}$
$HAsO_2$	$K_a^\ominus=6.0\times10^{-10}$
$HCrO_4^-$(铬酸)	$K_{a_2}^\ominus=3.2\times10^{-7}$
H_3BO_3	$K_a^\ominus=5.8\times10^{-10}$
HOBr	$K_a^\ominus=2.6\times10^{-9}$
H_2CO_3	$K_{a_1}^\ominus=4.2\times10^{-7}$；$K_{a_2}^\ominus=4.7\times10^{-11}$
HCN	$K_a^\ominus=5.8\times10^{-10}$
H_2CrO_4	$K_{a_1}^\ominus=9.55$；$K_{a_2}^\ominus=3.2\times10^{-7}$
HOCl	$K_a^\ominus=2.8\times10^{-8}$
$HClO_2$	$K_a^\ominus=1.0\times10^{-2}$
HF	$K_a^\ominus=6.9\times10^{-4}$
HOI	$K_a^\ominus=2.4\times10^{-11}$
HIO_3	$K_a^\ominus=0.16$
H_5IO_6	$K_{a_1}^\ominus=4.4\times10^{-4}$；$K_{a_2}^\ominus=2\times10^{-7}$；$K_{a_3}^\ominus=6.3\times10^{-13}$
HNO_2	$K_a^\ominus=6.0\times10^{-4}$
HN_3	$K_a^\ominus=2.4\times10^{-5}$

续表

弱 酸	解离常数 $K_a^{\ominus}$
H_2O_2	$K_{a_1}^{\ominus}=2.0\times10^{-12}$
H_3PO_4	$K_{a_1}^{\ominus}=6.7\times10^{-3}$；$K_{a_2}^{\ominus}=6.2\times10^{-8}$；$K_{a_3}^{\ominus}=4.5\times10^{-13}$
$H_4P_2O_7$	$K_{a_1}^{\ominus}=2.9\times10^{-2}$；$K_{a_2}^{\ominus}=5.3\times10^{-3}$； $K_{a_3}^{\ominus}=2.2\times10^{-7}$；$K_{a_4}^{\ominus}=4.8\times10^{-10}$
H_3PO_3	$K_{a_1}^{\ominus}=5.0\times10^{-2}$；$K_{a_2}^{\ominus}=2.5\times10^{-7}$
H_2SO_4	$K_{a_2}^{\ominus}=1.0\times10^{-2}$
H_2SO_3	$K_{a_1}^{\ominus}=1.7\times10^{-2}$；$K_{a_2}^{\ominus}=6.0\times10^{-8}$
H_2SiO_3	$K_{a_1}^{\ominus}=1.7\times10^{-10}$；$K_{a_2}^{\ominus}=1.6\times10^{-12}$
H_2Se	$K_{a_1}^{\ominus}=1.5\times10^{-4}$；$K_{a_2}^{\ominus}=1.1\times10^{-15}$
H_2S	$K_{a_1}^{\ominus}=1.3\times10^{-7}$；$K_{a_2}^{\ominus}=7.1\times10^{-15}$
H_2SeO_4	$K_{a_2}^{\ominus}=1.2\times10^{-2}$
H_2SeO_3	$K_{a_1}^{\ominus}=2.7\times10^{-2}$；$K_{a_2}^{\ominus}=5.0\times10^{-8}$
HSCN	$K_a^{\ominus}=0.14$
$H_2C_2O_4$	$K_{a_1}^{\ominus}=5.4\times10^{-2}$；$K_{a_2}^{\ominus}=5.4\times10^{-5}$
HCOOH	$K_a^{\ominus}=1.8\times10^{-4}$
HAc	$K_a^{\ominus}=1.8\times10^{-5}$
$ClCH_3COOH$	$K_a^{\ominus}=1.4\times10^{-3}$
$Cl_2CHCOOH$	$K_a^{\ominus}=5.0\times10^{-2}$
Cl_3CCOOH	$K_a^{\ominus}=0.23$
$^+NH_3CH_2COOH$(氨基乙酸盐)	$K_{a_1}^{\ominus}=4.5\times10^{-3}$；$K_{a_2}^{\ominus}=2.5\times10^{-10}$
$CH_3CHOHCOOH$(乳酸)	$K_a^{\ominus}=1.4\times10^{-4}$
C_6H_6OH(苯酚)	$K_a^{\ominus}=1.1\times10^{-19}$
C_6H_4(—COOH)(—COOH) (邻苯二甲酸结构式)	$K_{a_1}^{\ominus}=1.1\times10^{-3}$；$K_{a_2}^{\ominus}=3.9\times10^{-6}$
CH(OH)COOH | CH(OH)COOH	$K_{a_1}^{\ominus}=9.1\times10^{-4}$；$K_{a_2}^{\ominus}=4.3\times10^{-5}$
CH_2COOH | C(OH)COOH | CH_2COOH	$K_{a_1}^{\ominus}=7.4\times10^{-4}$；$K_{a_2}^{\ominus}=1.7\times10^{-6}$；$K_{a_3}^{\ominus}=4.0\times10^{-7}$
O=C—C=C—C—C(H)(OH)—CH_2OH (环中含 —O—；OH OH H OH)	$K_{a_1}^{\ominus}=5.0\times10^{-5}$；$K_{a_2}^{\ominus}=1.5\times10^{-10}$
EDTA	$K_{a_1}^{\ominus}=1.0\times10^{-2}$；$K_{a_2}^{\ominus}=2.1\times10^{-3}$； $K_{a_3}^{\ominus}=6.9\times10^{-7}$；$K_{a_4}^{\ominus}=5.9\times10^{-11}$

续表

弱　碱	解离常数 $K_b^\ominus$
$NH_3 \cdot H_2O$	$K_b^\ominus = 1.8 \times 10^{-5}$
N_2H_4(联氨)	$K_b^\ominus = 9.8 \times 10^{-7}$
NH_2OH(羟氨)	$K_b^\ominus = 9.1 \times 10^{-9}$
CH_3NH_2(甲胺)	$K_b^\ominus = 4.2 \times 10^{-4}$
$C_2H_5NH_2$(乙胺)	$K_b^\ominus = 5.6 \times 10^{-4}$
$(CH_3)_2NH$(二甲胺)	$K_b^\ominus = 1.2 \times 10^{-4}$
$(C_2H_5)_2NH$(二乙胺)	$K_b^\ominus = 1.3 \times 10^{-8}$
$C_6H_5NH_2$(苯胺)	$K_b^\ominus = 4 \times 10^{-10}$
$H_2NCH_2CH_2NH_2$	$K_{b_1}^\ominus = 8.5 \times 10^{-5}$；$K_{b_2}^\ominus = 7.1 \times 10^{-8}$
$HOCH_2CH_2NH_2$(乙醇胺)	$K_b^\ominus = 3.2 \times 10^{-5}$
$(HOCH_2CH_2)_3N$(三乙醇胺)	$K_b^\ominus = 5.8 \times 10^{-7}$
$(CH_2)_6N_4$(六次甲基四胺)	$K_b^\ominus = 1.4 \times 10^{-9}$
吡啶（结构式，N）	$K_b^\ominus = 1.7 \times 10^{-9}$

附表四　溶度积常数(298.15K)

化学式	$K_{sp}^\ominus$	化学式	$K_{sp}^\ominus$
AgAc	1.9×10^{-3}	Ag_2S_3	2.1×10^{-22}
Ag_3AsO_4	1.0×10^{-22}	$Al(OH)_3$(无定形)	1.3×10^{-33}
AgBr	5.3×10^{-13}	AuCl	2.0×10^{-13}
Ag_2CO_3	8.3×10^{-12}	$AuCl_3$	3.2×10^{-25}
AgCl	1.8×10^{-10}	$BaC_2O_4 \cdot H_2O$	2.3×10^{-8}
Ag_2CrO_4	1.1×10^{-12}	$BaCO_3$	2.6×10^{-9}
AgCN	5.9×10^{-17}	BaF_2	1.8×10^{-7}
$Ag_2Cr_2O_7$	2.0×10^{-7}	$Ba(NO_3)_2$	6.1×10^{-4}
$AgIO_3$	3.1×10^{-8}	$Ba_3(PO_4)_2$	3.4×10^{-23}
$Ag_2C_2O_4$	5.3×10^{-12}	$BaSO_4$	1.1×10^{-10}
AgI	8.3×10^{-17}	$BaCrO_4$	1.2×10^{-10}
Ag_2MoO_4	2.8×10^{-12}	$Bi(OH)_3$	4.0×10^{-31}
$AgNO_2$	3.0×10^{-5}	$BiPO_4$	1.3×10^{-24}
Ag_3PO_4	8.7×10^{-17}	Bi_2S_3	1.0×10^{-87}
Ag_2SO_4	1.2×10^{-5}	BiI_3	7.5×10^{-19}
AgSCN	1.0×10^{-12}	BiOBr	6.7×10^{-9}
AgOH	2.0×10^{-8}	BiOCl	1.6×10^{-8}
Ag_2S	2.0×10^{-49}	$BiONO_3$	4.1×10^{-5}

续表

化学式	$K_{sp}^{\ominus}$	化学式	$K_{sp}^{\ominus}$
$CaC_2O_4 \cdot H_2O$	2.3×10^{-9}	$FePO_4$	1.3×10^{-22}
$CaCO_3$	2.9×10^{-9}	Hg_2Br_2	5.8×10^{-28}
$CaCrO_4$	7.1×10^{-4}	Hg_2CO_3	8.9×10^{-17}
CaF_2	1.5×10^{-10}	Hg_2S	1.0×10^{-47}
$Ca_3(PO_4)_2$(低温)	2.1×10^{-33}	$Hg_2(OH)_2$	2.0×10^{-24}
$Ca(OH)_2$	4.6×10^{-6}	$Hg(OH)_2$	3.0×10^{-25}
$CaHPO_4$	1.8×10^{-7}	$HgCO_3$	3.7×10^{-17}
$CaSO_4$	9.1×10^{-6}	$HgBr_2$	6.3×10^{-20}
$CaWO_4$	8.7×10^{-9}	Hg_2Cl_2	1.4×10^{-18}
$CdCO_3$	5.27×10^{-12}	HgI_2	2.8×10^{-29}
$Cd_2[Fe(CN)_5]$	3.2×10^{-17}	HgS(红色)	4.0×10^{-53}
$CdC_2O_4 \cdot 3H_2O$	9.1×10^{-5}	Hg_2CrO_4	2.0×10^{-9}
$Cd(OH)_2$(沉淀)	5.3×10^{-15}	Hg_2I_2	5.3×10^{-29}
$Ce(OH)_3$	1.6×10^{-20}	Hg_2SO_4	7.9×10^{-7}
$Ce(OH)_4$	2.0×10^{-28}	$K_2[PtCl_6]$	7.5×10^{-6}
$Co(OH)_2$(陈)	2.3×10^{-16}	Li_2CO_3	8.1×10^{-4}
$CoCO_3$	1.4×10^{-13}	LiF	1.8×10^{-3}
$Co_2[Fe(CN)_6]$	1.8×10^{-15}	Li_3PO_4	3.2×10^{-9}
$Co[Hg(SCN)_4]$	1.5×10^{-6}	$MgCO_3$	6.8×10^{-6}
α-CoS	4.0×10^{-21}	MgF_2	7.4×10^{-11}
β-CoS	2.0×10^{-25}	$Mg(OH)_2$	5.1×10^{-12}
$Co_3(PO_4)_2$	2.0×10^{-35}	$Mg_3(PO_4)_2$	1.0×10^{-24}
$Cr(OH)_3$	6.3×10^{-31}	$MgNH_4PO_4$	2.0×10^{-13}
CuOH	1.0×10^{-14}	$MnCO_3$	2.2×10^{-11}
Cu_2S	2.0×10^{-48}	MnS(无定形)	2.0×10^{-10}
CuBr	6.9×10^{-9}	MnS(晶形)	2.5×10^{-13}
CuCl	1.7×10^{-7}	$Mn(OH)_2$	1.9×10^{-13}
CuCN	3.5×10^{-20}	$Ni_3(PO_4)_2$	5.0×10^{-31}
CuI	1.2×10^{-12}	α-NiS	3.2×10^{-19}
$CuCO_3$	1.4×10^{-9}	β-NiS	1.0×10^{-24}
$Cu(OH)_2$	2.2×10^{-20}	γ-NiS	2.0×10^{-26}
$Cu_2P_2O_7$	7.6×10^{-16}	$NiCO_3$	1.4×10^{-7}
CuS	6.0×10^{-36}	$Ni(OH)_2$(新)	5.0×10^{-16}
$FeCO_3$	3.1×10^{-11}	PbS	8.0×10^{-28}
$Fe(OH)_2$	8.0×10^{-16}	$PbCO_3$	1.5×10^{-13}
$Fe(OH)_3$	4.0×10^{-38}	$PbBr_2$	6.6×10^{-6}
FeS	6.0×10^{-18}	$PbCl_2$	1.7×10^{-5}

续表

化学式	$K_{sp}^{\ominus}$	化学式	$K_{sp}^{\ominus}$
$PbCrO_4$	2.8×10^{-13}	$SrSO_4$	3.4×10^{-7}
PbI_2	8.4×10^{-9}	SrF_2	2.4×10^{-9}
$Pb(N_3)_2$(斜方)	2.0×10^{-9}	$SrC_2O_4\cdot H_2O$	1.6×10^{-7}
$PbSO_4$	1.8×10^{-8}	$Sr_3(PO_4)$	4.1×10^{-28}
$Pb(OH)_2$	1.2×10^{-15}	TlCl	1.9×10^{-4}
$Pb(OH)_2$	1.43×10^{-20}	TlI	5.5×10^{-8}
PbF_2	2.7×10^{-8}	$Tl(OH)_3$	1.5×10^{-44}
$PbMoO_4$	1.0×10^{-13}	$Ti(OH)_3$	1.0×10^{-40}
$Pb_3(PO_4)_2$	8.0×10^{-43}	$TiO(OH)_2$	1.0×10^{-29}
$Sn(OH)_2$	5.0×10^{-27}	$ZnCO_3$	1.2×10^{-10}
$Sn(OH)_4$	1.0×10^{-56}	$Zn(OH)_2$	1.2×10^{-17}
SnS	1.0×10^{-25}	$Zn_3(PO_4)_2$	9.1×10^{-33}
SnS_2	2.0×10^{-27}	α-ZnS	2.0×10^{-24}
$SrCO_3$	5.6×10^{-10}	$Zn_2[Fe(CN)_6]$	4.1×10^{-16}
$SrCrO_4$	2.2×10^{-5}	β-ZnS	2.0×10^{-22}

附表五 某些配离子的标准稳定常数(298.15K)

配离子	$K_f^{\ominus}$	配离子	$K_f^{\ominus}$	配离子	$K_f^{\ominus}$
$[AgCl_2]^-$	1.84×10^{5}	$[Ca(EDTA)]^{2-}$	1×10^{11}	$[Cu(SO_3)_2]^{3-}$	4.13×10^{8}
$[AgBr_2]^-$	1.93×10^{7}	$[Cd(NH_3)_4]^{2+}$	2.78×10^{7}	$[Cu(NH_3)_4]^{2+}$	2.30×10^{12}
$[AgI_2]^-$	4.80×10^{10}	$[Cd(CN)_4]^{2-}$	1.95×10^{18}	$[Cu(P_2O_7)_2]^{6-}$	8.24×10^{8}
$[Ag(NH_3)]^+$	2.07×10^{3}	$[Cd(OH)_4]^{2-}$	1.20×10^{9}	$[Cu(C_2O_4)_2]^{2-}$	2.35×10^{9}
$[Ag(NH_3)_2]^+$	1.67×10^{7}	$[CdBr_4]^{2-}$	5.0×10^{3}	$[Cu(CN)_2]^-$	9.98×10^{23}
$[Ag(CN)_2]^-$	2.48×10^{20}	$[CdCl_4]^{2-}$	6.3×10^{2}	$[Cu(CN)_3]^{2-}$	4.21×10^{28}
$[Ag(SCN)_2]^-$	2.04×10^{8}	$[CdI_4]^{2-}$	4.05×10^{5}	$[Cu(CN)_4]^{3-}$	2.03×10^{30}
$[Ag(S_2O_3)_2]^{3-}$	2.9×10^{13}	$[Cd(en)_3]^{2+}$	1.2×10^{12}	$[Cu(CNS)_4]^{3-}$	8.66×10^{9}
$[Ag(en)_2]^+$	5.0×10^{7}	$[Cd(EDTA)]^{2-}$	2.5×10^{16}	$[Cu(EDTA)]^{2-}$	5.0×10^{18}
$[Ag(EDTA)]^{3-}$	2.1×10^{7}	$[Co(NH_3)_4]^{2+}$	1.16×10^{5}	$[FeF]^{2+}$	7.1×10^{6}
$[Al(OH)_4]^-$	3.31×10^{33}	$[Co(NH_3)_6]^{2+}$	1.3×10^{5}	$[FeF_2]^{2+}$	3.8×10^{11}
$[AlF_6]^{3-}$	6.9×10^{19}	$[Co(NH_3)_6]^{3+}$	1.6×10^{35}	$[Fe(CN)_6]^{3-}$	4.1×10^{52}
$[Al(EDTA)]^-$	1.3×10^{16}	$[Co(NCS)_4]^{2-}$	1.0×10^{3}	$[Fe(CN)_6]^{4-}$	4.2×10^{45}
$[Ba(EDTA)]^{2-}$	6.0×10^{7}	$[Co(EDTA)]^{2-}$	2.0×10^{16}	$[Fe(NCS)]^{2+}$	9.1×10^{2}
$[Be(EDTA)]^{2-}$	2×10^{9}	$[Co(EDTA)]^-$	1×10^{36}	$[FeBr]^{2+}$	4.17
$[BiCl_4]^-$	7.96×10^{6}	$[Cr(OH)_4]^-$	7.8×10^{29}	$[FeCl]^{2+}$	24.9
$[BiCl_6]^{3-}$	2.45×10^{7}	$[Cr(EDTA)]^-$	1.0×10^{23}	$[Fe(C_2O_4)_3]^{3-}$	1.6×10^{20}
$[BiBr_4]^-$	5.92×10^{7}	$[CuCl_2]^-$	6.91×10^{4}	$[Fe(C_2O_4)_3]^{4-}$	1.7×10^{5}
$[BiI_4]^-$	8.88×10^{14}	$[CuCl_3]^{2-}$	4.55×10^{5}	$[Fe(EDTA)]^{2-}$	2.1×10^{14}
$[Bi(EDTA)]^-$	6.3×10^{22}	$[CuI_2]^-$	7.1×10^{8}	$[Fe(EDTA)]^-$	1.7×10^{24}

附表六　标准电极电势(298.15K)

A. 在酸性溶液中		
电　极	电极反应	$E^{\ominus}$/V
N_2/N_3^-	$3N_2+2H^++2e^-$ ══ $2HN_3$	−3.09
Li^+/Li	Li^++e^- ══ Li	−3.0401
Cs^+/Cs	Cs^++e^- ══ Cs	−3.026
Rb^+/Rb	Rb^++e^- ══ Rb	−2.98
K^+/K	K^++e^- ══ K	−2.931
Ba^{2+}/Ba	$Ba^{2+}+2e^-$ ══ Ba	−2.912
Sr^{2+}/Sr	$Sr^{2+}+2e^-$ ══ Sr	−2.899
Ca^{2+}/Ca	$Ca^{2+}+2e^-$ ══ Ca	−2.868
Ra^{2+}/Ra	$Ra^{2+}+2e^-$ ══ Ra	−2.8
Na^+/Na	Na^++e^- ══ Na	−2.71
La^{3+}/La	$La^{3+}+3e^-$ ══ La	−2.379
Mg^{2+}/Mg	$Mg^{2+}+2e^-$ ══ Mg	−2.372
Be^{2+}/Be	$Be^{2+}+2e^-$ ══ Be	−1.847
Al^{3+}/Al	$Al^{3+}+3e^-$ ══ Al	−1.662
Ti^{2+}/Ti	$Ti^{2+}+2e^-$ ══ Ti	−1.630
Zr^{4+}/Zr	$Zr^{4+}+4e^-$ ══ Zr	−1.45
Mn^{2+}/Mn	$Mn^{2+}+2e^-$ ══ Mn	−1.185
V^{2+}/V	$V^{2+}+2e^-$ ══ V	−1.175
Se/Se^{2-}	$Se+2e^-$ ══ Se^{2-}	−0.924
Zn^{2+}/Zn	$Zn^{2+}+2e^-$ ══ Zn	−0.7618
Cr^{3+}/Cr	$Cr^{3+}+3e^-$ ══ Cr	−0.744
Ga^{3+}/Ga	$Ga^{3+}+3e^-$ ══ Ga	−0.549
Fe^{2+}/Fe	$Fe^{2+}+2e^-$ ══ Fe	−0.447
Cr^{3+}/Cr^{2+}	$Cr^{3+}+e^-$ ══ Cr^{2+}	−0.407
Cd^{2+}/Cd	$Cd^{2+}+2e^-$ ══ Cd	−0.4030
Ti^{3+}/Ti^{2+}	$Ti^{3+}+e^-$ ══ Ti^{2+}	−0.373
Tl^+/Tl	Tl^++e^- ══ Tl	−0.336
Co^{2+}/Co	$Co^{2+}+2e^-$ ══ Co	−0.28
Ni^{2+}/Ni	$Ni^{2+}+2e^-$ ══ Ni	−0.257
Mo^{3+}/Mo	$Mo^{3+}+3e^-$ ══ Mo	−0.200
AgI/Ag	$AgI+e^-$ ══ $Ag+I^-$	−0.1522
Sn^{2+}/Sn	$Sn^{2+}+2e^-$ ══ Sn	−0.1375
Pb^{2+}/Pb	$Pb^{2+}+2e^-$ ══ Pb	−0.1262

续表

A. 在酸性溶液中		
电　极	电极反应	$E^\ominus$/V
WO_3/W	$WO_3+6H^++6e^-$ ══ $W+3H_2O$	−0.090
H^+/H_2	$2H^++2e^-$ ══ H_2	±0.000
$AgBr/Ag$	$AgBr+e^-$ ══ $Ag+Br^-$	+0.07133
$S_4O_6^{2-}/S_2O_3^{2-}$	$S_4O_6^{2-}+2e^-$ ══ $2S_2O_3^{2-}$	+0.08
Sn^{4+}/Sn^{2+}	$Sn^{4+}+2e^-$ ══ Sn^{2+}	+0.151
Cu^{2+}/Cu^+	$Cu^{2+}+e^-$ ══ Cu^+	+0.153
$AgCl/Ag$	$AgCl+e^-$ ══ $Ag+Cl^-$	+0.2223
Ge^{2+}/Ge	$Ge^{2+}+2e^-$ ══ Ge	+0.24
Cu^{2+}/Cu	$Cu^{2+}+2e^-$ ══ Cu	+0.3419
$[Fe(CN)_6]^{3-}/[Fe(CN)_6]^{4-}$	$[Fe(CN)_6]^{3-}+e^-$ ══ $[Fe(CN)_6]^{4-}$	+0.358
Cu^+/Cu	Cu^++e^- ══ Cu	+0.521
I_2/I^-	I_2+2e^- ══ $2I^-$	+0.5355
MnO_4^-/MnO_4^{2-}	$MnO_4^-+e^-$ ══ MnO_4^{2-}	+0.558
Te^{4+}/Te	$Te^{4+}+4e^-$ ══ Te	+0.568
Rh^{2+}/Rh	$Rh^{2+}+2e^-$ ══ Rh	+0.600
Fe^{3+}/Fe^{2+}	$Fe^{3+}+e^-$ ══ Fe^{2+}	+0.771
$Hg_2{}^{2+}/Hg$	$Hg_2{}^{2+}+2e^-$ ══ $2Hg$	+0.7973
Ag^+/Ag	Ag^++e^- ══ Ag	+0.7996
NO_3^-/N_2O_4	$2NO_3^-+4H^++2e^-$ ══ $N_2O_4(g)+2H_2O$	+0.803
Hg^{2+}/Hg	$Hg^{2+}+2e^-$ ══ Hg	+0.851
Hg^{2+}/Hg_2^{2+}	$2Hg^{2+}+2e^-$ ══ Hg_2^{2+}	+0.920
Pd^{2+}/Pd	$Pd^{2+}+2e^-$ ══ Pd	+0.951
Br_2/Br^-	Br_2+2e^- ══ $2Br^-$	+1.066
Pt^{2+}/Pt	$Pt^{2+}+2e^-$ ══ Pt	+1.18
ClO_4^-/ClO_3^-	$ClO_4^-+2H^++2e^-$ ══ $ClO_3^-+H_2O$	+1.189
MnO_2/Mn^{2+}	$MnO_2+4H^++2e^-$ ══ $Mn^{2+}+2H_2O$	+1.224
O_2/H_2O	$O_2+4H^++4e^-$ ══ $2H_2O$	+1.229
Tl^{3+}/Tl^+	$Tl^{3+}+2e^-$ ══ Tl^+	+1.252
Cl_2/Cl^-	Cl_2+2e^- ══ $2Cl^-$	+1.3583
$Cr_2O_7^{2-}/Cr^{3+}$	$Cr_2O_7^{2-}+14H^++6e^-$ ══ $2Cr^{3+}+7H_2O$	+1.36
HIO/I_2	$2HIO+2H^++2e^-$ ══ I_2+2H_2O	+1.439
PbO_2/Pb^{2+}	$PbO_2+4H^++2e^-$ ══ $Pb^{2+}+2H_2O$	+1.455
BrO_3^-/Br_2	$2BrO_3^-+12H^++10e^-$ ══ Br_2+6H_2O	+1.482
Au^{3+}/Au	$Au^{3+}+3e^-$ ══ Au	+1.498
MnO_4^-/Mn^{2+}	$MnO_4^-+8H^++5e^-$ ══ $Mn^{2+}+4H_2O$	+1.507
$HClO_2/Cl^-$	$HClO_2+3H^++4e^-$ ══ Cl^-+2H_2O	+1.570

续表

电　极	电极反应	$E^{\ominus}$/V
A. 在酸性溶液中		
$HBrO/Br_2$	$2HBrO+2H^++2e^-=Br_2+2H_2O$	+1.596
$HClO/Cl_2$	$2HClO+2H^++2e^-=Cl_2+2H_2O$	+1.611
MnO_4^-/MnO_2	$MnO_4^-+4H^++3e^-=MnO_2+2H_2O$	+1.679
$PbO_2/PbSO_4$	$PbO_2+SO_4^{2-}+4H^++2e^-=PbSO_4+2H_2O$	+1.6913
Au^+/Au	$Au^++e^-=Au$	+1.692
Ce^{4+}/Ce^{3+}	$Ce^{4+}+e^-=Ce^{3+}$	+1.72
H_2O_2/H_2O	$H_2O_2+2H^++2e^-=2H_2O$	+1.776
$S_2O_8^{2-}/SO_4^{2-}$	$S_2O_8^{2-}+2e^-=2SO_4^{2-}$	+2.010
F_2/F^-	$F_2+2e^-=2F^-$	+2.866

B. 在碱性溶液中

电　极	电极反应	$E^{\ominus}$/V
$Ca(OH)_2/Ca$	$Ca(OH)_2+2e^-=Ca+2OH^-$	−3.02
$Mg(OH)_2/Mg$	$Mg(OH)_2+2e^-=Mg+2OH^-$	−2.690
$[Al(OH)_4]^-/Al$	$[Al(OH)_4]^-+3e^-=Al+4OH^-$	−2.328
SiO_3^{2-}/Si	$SiO_3^{2-}+3H_2O+4e^-=Si+6OH^-$	−1.697
$Cr(OH)_3/Cr$	$Cr(OH)_3+3e^-=Cr+3OH^-$	−1.48
$[Zn(OH)_4]^{2-}/Zn$	$[Zn(OH)_4]^{2-}+2e^-=Zn+4OH^-$	−1.199
SO_4^{2-}/SO_3^{2-}	$SO_4^{2-}+H_2O+2e^-=SO_3^{2-}+2OH^-$	−0.93
$HSnO_2^-/Sn$	$HSnO_2^-+H_2O+2e^-=Sn+3OH^-$	−0.909
H_2O/H_2	$2H_2O+2e^-=H_2+2OH^-$	−0.8277
$Ni(OH)_2/Ni$	$Ni(OH)_2+2e^-=Ni+2OH^-$	−0.72
AsO_4^{3-}/AsO_2^-	$AsO_4^{3-}+2H_2O+2e^-=AsO_2^-+4OH^-$	−0.71
AsO_2^-/As	$AsO_2^-+2H_2O+3e^-=As+4OH^-$	−0.68
SbO_2^-/Sb	$SbO_2^-+2H_2O+3e^-=Sb+4OH^-$	−0.66
$SO_3^{2-}/S_2O_3^{2-}$	$2SO_3^{2-}+3H_2O+4e^-=S_2O_3^{2-}+6OH^-$	−0.571
$Fe(OH)_3/Fe(OH)_2$	$Fe(OH)_3+e^-=Fe(OH)_2+OH^-$	−0.56
S/S^{2-}	$S+2e^-=S^{2-}$	−0.476
NO_2^-/NO	$NO_2^-+H_2O+e^-=NO+2OH^-$	−0.46
$CrO_4^{2-}/Cr(OH)_3$	$CrO_4^{2-}+4H_2O+3e^-=Cr(OH)_3+5OH^-$	−0.13
O_2/HO_2^-	$O_2+H_2O+2e^-=HO_2^-+OH^-$	−0.076
$Co(OH)_3/Co(OH)_2$	$Co(OH)_3+e^-=Co(OH)_2+OH^-$	+0.17
Ag_2O/Ag	$Ag_2O+H_2O+2e^-=2Ag+2OH^-$	+0.342
O_2/OH^-	$O_2+2H_2O+4e^-=4OH^-$	+0.401
MnO_4^-/MnO_4^{2-}	$MnO_4^-+e^-=MnO_4^{2-}$	+0.558
MnO_4^-/MnO_2	$MnO_4^-+2H_2O+3e^-=MnO_2+4OH^-$	+0.595
MnO_4^{2-}/MnO_2	$MnO_4^{2-}+2H_2O+2e^-=MnO_2+4OH^-$	+0.60
ClO^-/Cl^-	$ClO^-+H_2O+2e^-=Cl^-+2OH^-$	+0.81
O_3/OH^-	$O_3+H_2O+2e^-=O_2+2OH^-$	+1.24

表中数据取自于 CRC Handbook of Chemistry and Physics. 81st ed. 2000-2001。括号中的数据取自于 Lange's Handbook of Chemistry. 15th ed. 1999。